KB169527

음식의 영혼,
발효의 모든 것

음식의 영혼, 발효의 모든 것

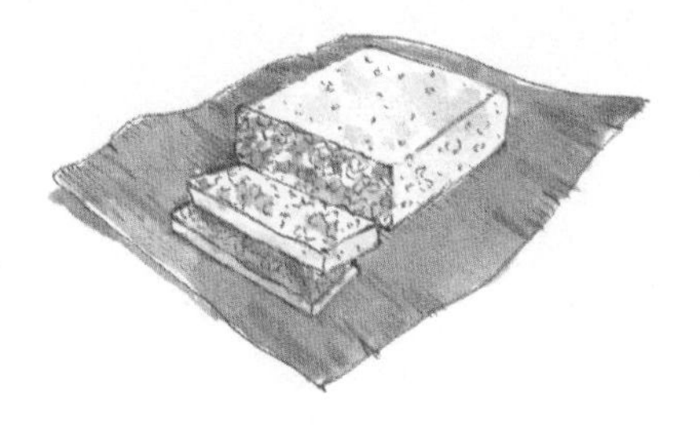

샌더 엘릭스 카츠 지음

한유선 옮김

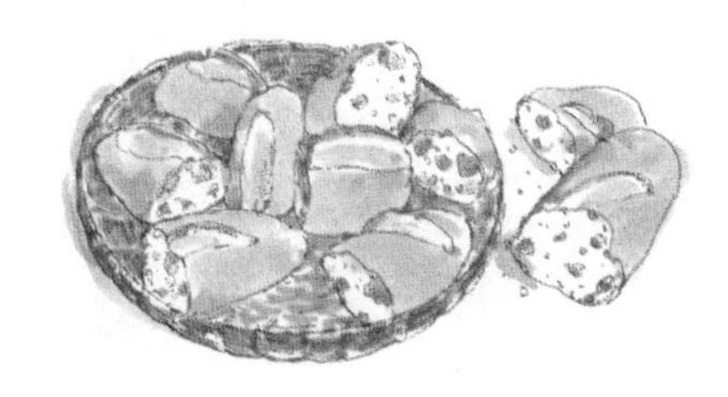

지구촌 발효음식의
역사, 개념, 제조법에 관한
기나긴 여행

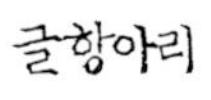

내 아버지 조 카츠는 텃밭에서 거둔 채소 이야기로 시간 가는 줄 모르는 분입니다.

나무에서 떨어진 도토리가 굴러봤자 얼마나 멀리 가겠습니까.

아버지께, 그리고 삶의 나침반이 되어준

여러 스승, 선배, 어르신들께 이 책을 바칩니다.

일러두기

- 발효 음식 표기법 중 국립국어원 외래어표기법에 어긋나지만 일반적으로 통용되는 것을 따른 것도 있다.
- 원서에서 이탤릭체로 강조한 것은 고딕체로 표기했다.
- 본문에서 [ ] 속 설명은 대부분 옮긴이 주이며, 원주는 별도로 밝혀두었다.

추천사

『음식의 영혼, 발효의 모든 것』은 독자를 움직이는 책이다. 정말이다. 나는 이 책을 읽고서 여태껏 한 번도 해본 적 없는 몇 가지 일을 행동에 옮겼다. 이 책을 읽지 않았으면 아마 시도할 생각조차 하지 않았을 작업들이었다. 이를테면 크고 작은 유리병과 항아리, 보존 용기 등이 불가사의한 빛깔로 투명하게 반짝이면서 우리 집 부엌 조리대와 지하실 선반에 한 자리 차지하기 시작한 가장 중요한 까닭은 내가 카츠의 책을 읽었기 때문이다. 나는 카츠가 설파하는 발효의 복음 앞에 무릎을 꿇으면서부터 사워크라우트와 김치를 담근 커다란 유리 용기, 오이와 당근과 비트와 콜리플라워와 양파와 후추와 도라지로 피클을 만들어 넣은 항아리, 요구르트와 케피어가 담긴 유리병, 맥주와 벌꿀주를 저장한 20*l*짜리 술통을 주위 사람들에게 선보여왔다. 이따금 나는 이 모든 것이 살아 있다는 생각이 든다. 깊은 밤에 온 집 안이 정적에 잠기면 내가 담근 발효음식들이 충실하게 익어가는 소리가 귓전을 간질인다. 나는 이 소리가 그렇게 반가울 수 없다. 내가 키운 미생물들이 행복하다는 뜻이기 때문이다.

나는 요리책을 늘 뒤적이면서도 거기에 나오는 음식을 실제로 만들어본 적이 없다. 하지만 이 책은 달랐다. 왜 그럴까? 한 가지 이유라면, 샌더 카츠가 생명을 변화시키는 발효의 힘을 말하면서 전염성이 강한 열정을 심어주기 때문일 것이다. 카츠가 바라는 대로 여러분이 일단 발효음식을 손수 만들고 대체 무슨 일이 벌어지는지 눈으로 확인한다면 똑같은 열정에 휩싸이지 않을 도리가 없을 것이다. 내가 초등학생 시절 식초와 베이킹소다를 섞으면 기적과도 같은 현상이 나타난다는 선생님 말씀에 한껏 흥분했던 것처럼. 미생물에 의한 변화과정은 실로 기적이다. 따라서 그 결과물 역시, 반드시 그런 것은 아니지만, 기적이다. 평범하기 짝이 없는 요소들로부터 놀라울 만큼 새로운 맛과 흥미로운 식감을 얻을 수 있으니 말이다. 물론 기적의 주인공은 우리가 아니라 박테리아와 곰팡이다.

우리가 이 책에서 영감을 받아 크바스kvass나 슈러브shrub처럼 존재하는 줄도 모르던 음식을 만들어보겠다고 소매를 걷어붙일 수 있는 또 다른 이유는 지은이가 겁을 주는 법이 없다는 데 있다. 오히려 정반대다. 『음식의 영혼, 발효의 모든 것』은 — 단언컨대, 한 차원 높은 요리책으로서 — 독자들에게 자신감과 솜씨를 선사한다. 이 책은 미생물의 신비를 매우 다양한 방식으로 건드리고 있다. 하지만 카츠는 간단명료하게 설명하는 재주를 타고난 사람이다. 그는 별로 어렵지 않다고, 이 책에 나온 내용만 알면 된다고, 그러면 누구든 사워크라우트를 만들 수 있다고 우리를 안심시킨다. 그런데도 결과물이 썩 마음에 들지 않는다면? 만약 여러분의 크라우트에서 곰팡이가 수염 자라듯 피어오른다면? 겁낼 필요가 전혀 없다. 그저 곰팡이를 걷어내고 그 아래쪽에서 잘 익은 크라우트를 맛있게 먹으면 그만이다.

이런 마음가짐이 부엌일을 대하는 샌더 카츠의 낙천성에서 기인한 것만은 아니다. 실은 부엌에서 벌어지는 모든 일에 정치적 역학관계가 존재하기 때문이다. 『음식의 영혼, 발효의 모든 것』은 단순한 요리책을 훨씬 뛰어넘는다. 차라리 『궁술의 이념과 실제』에서 활과 화살을 고찰하는 방식으로 음식을 대하는 책이다. 분명 이 책은 여러분에게 발효음식 만드는 기법을 세세하게 알려줄 것이다. 하지만 그보다 훨씬 중요한 대목은 발효가 의미하는 바, 나아가 사워크라우트를 손수 만드는 것처럼 일상적이고 실용적인 행위가 곧 여러분이 세상과 관계를 맺는 한 가지 방법이 되는 이유를 알려준다는 점이다. 물론 여기서 세상이란 두루뭉술한 덩어리가 아니다. 눈에 안 보이는 곰팡이와 박테리아의 세상, 여러분이 살고 있는 공동체 그리고 우리 몸과 대지의 건강을 갉아먹는 식품산업의 구조 등 얽히고설킨 여러 세계를 아우르는 의미다.

사워크라우트 한 단지를 놓고 너무 거창한 이야기를 늘어놓는 것처럼 보일 수도 있다. 그러나 샌더 카츠가 이 책에서 보여준 가장 두드러진 성취는 여러분 마음속에 진실에 대한 확신을 심어준다는 것이다. 몇몇 음식이 별반 다를 것 없는 맛으로 전 세계를 뒤덮고 있는 요즘이다. 여러분이 발효음식을 스스로 만든다면 지구인의 미각을 천편일률화하는 이 무시무시한 현상에 당당히 맞서는 셈이 된다. 아울러 각자 개성을 가미하고 자기 고장의 풍미를 살린 독특한 음식의 창조자가 아니라 수동적인 상품 소비자로 우리를 전락시키려는 경제 구조로부터 독립을 선언하는 행위이기도 하다. 여러분이 만든 사워크라우트와 맥주는 내가 만든 것과 같을 수 없고 그 누가 만든 것과도 같을 수 없기 때문이다.

발효음식 없이 못 사는 한국 사람들은 다양한 음식의 "입맛"과 "손맛"을 구별할 줄 안다. 입맛이란 미각세포와 분자의 접촉에 불과하다.

식품공학자나 식품 기업에서 값싸고 쉽게 만들어낼 수 있는 맛이기도 하다. 반면 "손맛"이란 이보다 훨씬 더 복잡한 경험의 산물이다. 정성이나 사랑처럼 음식을 만든 사람이 남긴 지울 수 없는 흔적을 느끼는 것이기 때문이다.

장담한다. 여러분은 주위에 나누어주고도 남을 만큼 발효음식을 넉넉히 만들게 될 것이다. 발효음식을 만들면서 가장 좋은 점 가운데 하나는 이웃과 나눌 수 있다는 사실이다. 돈을 줘야만 물건을 얻는 그 퍽퍽한 경제 구조에서 잠시 벗어날 수 있다는 뜻이다. 나는 요즘 집에서 술을 빚는 다른 사람들과 맥주나 벌꿀주를 서로 바꾸어 마신다. 우리 집은 언제나 사워크라우트를 담그는 유리병으로 넘쳐난다. 역시 다른 사람들과 김치나 피클을 주고받기 위해서다. 발효음식에 심취한다는 것은 발효인들의 공동체에 발을 들인다는 의미다. 발효인들은 누구보다 유쾌하고 별나며 관대한 사람들이다.

비록 우리 눈에는 안 보이지만 『음식의 영혼, 발효의 모든 것』이 일종의 입국사증으로 통하는 또 다른 공동체가 존재한다. 바로 우리 몸의 안과 밖 어디서든 살아 숨 쉬는 곰팡이와 박테리아의 공동체다. 만약 이 책의 근저에 깔린 목표가 있다면, 생물학자 린 마걸리스가 "마이크로 코스모스"라고 부른 세상과 우리 인간의 관계를 재인식하도록 돕는 것일 테다. 루이 파스퇴르가 100년도 더 전에 미생물과 질병의 관련성을 발견한 뒤로, 우리는 박테리아를 상대로 전시체제를 유지해왔다. 우리는 아이들에게 항생제를 먹이고 미생물을 최대한 멀리하라고 가르치면서 온 세상을 살균처리하는 데 총력을 기울여왔다. 실로 우리는 퓨렐[대표적인 손소독제]의 시대를 살고 있다. 그러나 생물학자들은 — 우리보다 빨리 진화할 수 있고, 그래서 언제나 우리를 이기는 — 박테리아와의 전쟁이 아무 소용없을 뿐 아니라 도리어 역효과를 낳는다는 것을 깨달았다.

항생제 남용은 인간이 죽이기 어려운 치명적인 신종 박테리아의 등장을 야기해왔다. 이와 같은 의약품들은, 박테리아도 없고 박테리아가 섭취할 섬유소도 없는 가공식품과 더불어 우리 내장의 미생물 환경을 심각하게 교란시켜왔다. 우리는 이런 사실을 이해하기 시작한 지 얼마 되지 않았다. 요즘 들어 사람들을 괴롭히는 다양한 질병의 원인도 이런 맥락에서 설명할 수 있다. 한 예로 박테리아로부터 차단당한 어린이는 알레르기와 천식으로 고생하는 비율이 높은 것으로 드러났다. 우리는 깨닫고 있다. 웰빙으로 가는 열쇠 가운데 하나는 우리 몸을 서식지로 삼는 미생물과 더불어 웰빙하고 더불어 진화하는 것이라는 사실을, 아울러 미생물이 사워크라우트를 정말, 정말 좋아한다는 사실을.

박테리아와의 전쟁에서 샌더 카츠는 확신에 찬 평화주의자다. 하지만 그는 이 전쟁을 방관하는 사람도 아니고 열변을 토하는 사람도 아니다. 그는 전쟁을 끝내기 위해서 행동하는 사람이다. 그는 파스퇴르의 후예로서 우리가 마이크로 코스모스와 맺은 협정 내용을 수정해야 한다고 말한다. 따라서 『음식의 영혼, 발효의 모든 것』은 재협상에 임하는 지침을 웅변적이고도 실용적으로 제시하는 선언문이다. 지침의 핵심은 바로 한 번에 한 병씩 사워크라우트를 만들어보자는 것이다. 나는 이 책을 읽은 수많은 독자가, 흡사 미생물이 왕성하게 증식하듯, 발효인으로 거듭날 것이라고 믿어 의심치 않는다. 신참 발효인들이여, 조금 늦었지만 괜찮다. 파티에 오신 여러분을 환영한다.

마이클 폴란

차 례

머리말

피클을 좋아하던 뉴욕 꼬맹이 시절만 해도, 그 아삭아삭 시큼털털한 피클이 이토록 놀라운 발견과 실험의 여정으로 나를 인도하리라고는 상상도 못 했다. 돌이켜보면 발효음식은 — 피클은 물론 빵과 치즈, 요구르트, 사워크림, 살라미, 식초, 간장, 초콜릿에 맥주와 포도주까지 — (대다수는 아닐지라도 상당수 집안에서 그렇듯이) 우리 집 식생활에서 없어선 안 되는 음식이었다. 물론 그때는 식구들끼리 이런 이야기를 나눈 적이 없다. 하지만 나는 그동안 살아오면서 다양한 영양학적 아이디어를 실험했고, 이 과정에서 살아 숨 쉬는 발효음식에 존재하는 박테리아가 우리 몸에 이롭다는 사실을 깨달았다. 그리고 발효음식의 건강한 힘을 체험하기 시작했다. 나를 처음 사로잡은 발효음식은 사워크라우트였다. 텃밭을 일구면서 남아도는 양배추와 무를 어떻게 처리해야 하나 고민하던 나에게 더없이 매력적인 해법이었다. 지금까지도 사워크라우트를 향한 내 사랑에는 변함이 없다.

1999년 스쿼치 밸리 인스티튜트에서 사워크라우트 만들기 워크숍을 처음 진행할 때, 나는 냉장고 바깥에서 묵어가는 음식을 끔찍이 두려워하는 풍토가 우리 문화에 존재한다는 사실을 알게 되었다. 우리 세대 사람 대부분은 박테리아를 위험한 적으로, 냉장고를 가정 필수품으로 여기며 자랐다. 박테리아가 번식하도록 음식을 냉장고 바깥에 둔다는 발상은 위험과 질병, 나아가 죽음에 대한 공포를 불러일으킨다. 흔히들 되묻는다. "좋은 박테리아가 자라는지 나쁜 박테리아가 자라는지 대체 무슨 수로 분간한단 말입니까?" 사람들은 보통 미생물에 의한 변화가 안전하려면 광범위한 지식과 통제능력이 필요하고 따라서 발효란 전문가에게 맡겨야 하는 특별한 영역으로 여긴다.

거의 모든 발효음식 또는 발효음료는 예로부터 전해 내려오는 기법을 따라서 만들면 된다. 이 기법들은 우리 조상들이 역사 시대 이전부터 음식을 만들던 방식이다. 그러나 우리는 이토록 유구한 전통을 자랑하는 발효 기법을 공업적 생산 기술의 차원으로 대부분 격하시키고 말았다. 그 결과 발효는 우리네 가정과 공동체에서 거의 자취를 감추었다. 이질적인 여러 문화권의 수많은 사람이 자연 현상을 유심히 관찰하고 다양한 조건으로 시행착오를 거치며 수천 년에 걸쳐 발전시킨 기법들이건만 지금은 애매모호한 개념으로 전락해서 연기처럼 덧없이 사라질 위기에 처한 것이다.

발효의 세계를 탐험하느라 20년 가까운 세월을 보낸 나는 미생물학이나 식품공학을 전문적으로 배운 적이 없다. 그저 음식을 사랑하는 사람, 흙으로 돌아가자고 외치는 잡학 인생이고, 왕성한 식욕과 음식물 쓰레기를 만들지 않겠다는 실천적 의지, 건강을 지키고 싶은 간절한 마음에서 발효의 매력에 스스로 사로잡힌 사람일 뿐이다. 나는 폭넓게 실험하면서 아주 많은 사람과 발효 문제로 이야기를 나누고 관련 서적도 많이 읽었다. 하지만 더 많이 경험하고 더 많이 배울수록, 전문가가 되려면 아직 멀었다는 생각을 지울 수가 없다. 음식을 발효시키는 전통이 생활의 일부인 가정에서 자라난 사람들은 나보다 발효음식에 대한 지식이 훨씬 더 풍부하다. 상업적인 제조업자가 되어 지속적인 상품의 생산 및 판매를 위해 기술적 완성도를 꾸준히 높여가는 사람들도 적지 않다. 맥주를 양조하고 치즈를 삭히고 빵을 굽고 살라미를 익히고 사케를 빚는 법에 대해서 나보다 많이 아는 사람도 이루 헤아릴 수 없다. 나는 발효 메커니즘에 정통한 미생물학자들이 술술 내뱉는 유전학과 신진대사와 동역학과 군락역학 같은 전문 용어들도 제대로 알아듣기 버거운 사람이다.

발효에 대해서 백과사전적인 지식을 보유한 사람도 아니다. 모든 대륙에서 그 많은 사람이 즐기는 발효음식의 무한대에 가까운 다양성을 어느 한 사람이 온전히 파악한다는 것은 불가능하다. 하지만 장인의 손길이 빚어낸 '작품'을 포함해 다양한 홈메이드 발효음식을 맛보면서 놀라운 이야기를 실컷 전해 듣는 특권을 오랫동안 누려왔다. 그뿐만이 아니다. 내 책을 읽은 독자들, 홈페이지 방문자들, 워크숍 참가자들은 조부모의 발효음식에 대해서 많은 이야기를 들려주었고, 이민자들은 모국에서 즐기던 발효음식을 열띤 목소리로 설명해주었으며, 여행자들은 그동안 경험한 발효음식의 맛을 전해주었다. 집안 대대로 전해오는 비법을 특별히 공개하는 이들도 있었고, 스스로 터득한 레시피를 공유하는 나 같은 실험가도 있었다. 난관에 부딪혔다는 질문을 수없이 받기도 했다. 덕분에 개인이 손수 발효음식을 만들면서 겪을 수밖에 없는 각양각색의 '변주'에 대해 더 많이 고민하고 연구할 수 있었다.

이 책은 그동안 내가 수집한 발효의 지혜를 요약해서 정리한 결과물이다. 나는 시종일관 다른 사람들의 목소리를 듬뿍 첨가했다. 발효에 관한 내용을 총망라하겠다는 각오로 책을 썼지만, 백과사전과는 거리가 멀다. 내가 이 책을 쓴 의도는 발효의 방식과 개념을 상세히 전달하고 도구를 소개함으로써 독자 여러분이 발효의 세계를 스스로 탐험하며 삶의 일부로 받아들이도록 돕는 데 있다. 나는 이 중요한 기술이 요구하는 솜씨와 재료, 정보를 널리 알려야 한다는 의무감을 느낀다. 인류는 서로 도우면서 더불어 잘 사는 여러 방법을 찾아 오랜 세월 실천에 옮겨왔다. 서로 다른 여러 문화 속에 숨어 있는 그 지혜들이 사라지지 않기를, 널리 퍼지고 잘 버무려져서 맛있게 발효하기를 소망한다.

내가 발효에 대한 탐구와 사색을 이어가는 동안 거듭해서 고개를 내미는 한 단어가 있다. 바로 컬처culture라는 말이다. 발효는 이 중요한 단어가 지니는 — 미생물학에서 지칭하는 '세균 배양'부터 이보다 훨씬 광범위한 의미를 함축하는 '문화'까지 — 다층적 의미만큼이나 무수한 방식으로 컬처와 연관을 맺는다. 우리는 요구르트를 발효시키기 위해서 우유에 첨가하는 종균種菌을 컬처culture라고 부른다. 동시에, 언어와 음악, 미술, 문학, 과학, 종교는 물론 (모두 발효가 중심적 역할을 차지하는) 농작물 재배와 조리법 등 인류가 다음 세대에 물려주기를 바라는 모든 것을 뭉뚱그려서 문화culture라고 한다.

실제로 컬처culture라는 말은 라틴어 colere의 명사형 cultura에서 왔는데, 이는 "경작한다"는 뜻이다. 인간이 땅을 일구는 행위와 그 덕분에 생명을 얻은 — 식물, 동물, 곰팡이, 박테리아 같은 — 존재들이야말로 문화의 핵심 요소가 아닐 수 없다. 따라서 식재료를 직접 기르고 손수 요리하는 행위는 개인을 어린애처럼 의존적인 소비자(이용자)로 규정하는 사회 구조를 깨부수고 생산자와 창조자로서 존엄과 권력을 되찾을 수 있는 문화적 회복의 수단이 된다.

나는 이 책에서 발효를 포함한 음식 전반의 문제까지 다룰 생각이다. 지구상의 모든 생명체는 음식을 통해서 주위 환경과 긴밀하게 상호작용한다. 하지만 첨단기술의 시대를 살아가는 우리 인간은 이와 같은 연관성을 대부분 잘라버렸고, 그 결과는 재앙 수준이다. 부유한 요즘 사람들은 옛날 사람들이 상상도 못 할 만큼 풍족한 식생활을 즐기고 있다. 게다가 한 사람의 노동력이 과거 그 어느 때보다 많은 식량을 생산하는 시절이다. 그러나 이런 현상을 가능케 하는 상업적 대량생산 체제가 도리어 우리 지구를 파괴하고 우리 건강을 망가뜨리며 우리 존엄성을 앗아가는 것 또한 사실이다.

우리는 조화로운 삶을 온전히 회복하기 위해서 적극적인 행동에 나서야 한다. 이 말은 — 식물과 동물은 물론 박테리아와 곰팡이처럼 — 우리 주위에 존재하면서 우리가 먹는 음식을 구성하는 다른 형태의 생명과 우리가 의존하는 물, 연료, 재료, 도구, 교통수단 같은 자원에 대해서 더 잘 알고 더 많이 상호작용하기 위한 방법을 찾아야 한다는 뜻이다. 문자 그대로 또는 비유적으로, 우리가 우리 똥에 책임을 진다는 뜻이기도 하다. 우리는 더 나은 세상, 훨씬 훌륭하고 지속 가능한 음식, 공유를 바탕으로 삼는 공동체의 창조자가 될 수 있다. 문화가 강인한 회복탄력성을 지니려면 기술, 정보, 가치가 서로 관련을 맺고 널리 퍼져나가면서 새로운 창조로 이어져야 한다. 소비자 또는 방관자만으로 가득한 세상에서 문화를 꽃피울 수는 없는 법이다. 우리 주위에는 참여하고 행동할 기회가 널려 있다. 여러분이 그 기회를 붙잡길 바란다.

미생물은 반드시 군락을 이루어 공동체로 존재한다. 우리 인류의 문화도 마찬가지다. 인간이 공동체를 형성하는 데 가장 중요한 요소는 바로 음식이다. 사람들은 음식을 먹기 위해 자리에 앉아 한동안 머문다. 식구들이 한자리에 모이는 이유도 음식 때문이다. 우리는 새로운 이웃과 지친 여행자들과 오랜 친구를 음식으로 환영한다. 우리가 촌락을 형성하는 것 역시 음식을 생산하기 위해서다. 여럿이 힘을 합치면 힘든 일도 쉽게 할 수 있다. 식량 생산은 분업과 교환을 촉진하기도 한다. 특히 발효음식은, 그중에서도 발효음료는 일반적인 음식과 달리 공동체 형성에 중대한 역할을 담당한다. 사람들은 빵이나 포도주 같은 발효의 산물을 한복판에 놓아두고 그 주위를 에워싼 채 축제나 제사, 잔치를 벌인다. 한마디로 발효는 인간이 수확한 농작물에 가치와 보존 가능성을 부여하는 가장 오래되고 가장 중요한 방식으로 모든 공동체의 경제적 토대에서 핵심적인 위상을 갖는다. 어떤 농업 공동체라도 술을 빚는 사람과 빵을 굽는 사람을 중요한 인물로 대접하는 이유가 여기에 있다. 그냥 내버려두면 썩고 마는 포도나 우유를 여러 사람이 오래도록 애용할 수 있는 음식으로 변화시키는 인물들이기 때문이다.

우리에게 발효음식의 부활은 공동체의 부활을 의미한다. 노동의 세분화와 전문화를 통해 사람들이 경제적으로 협동하게 만든다는 뜻에서다. 쉽게 말하면, 우리 동네에서 어떤 작물을 구할 수 있는지 파악해 그걸로 발효음식을 만들고 이웃과 나누어 먹자는 말이다. 어떤 물건을 전 세계 곳곳으로 나르려면 엄청난 자원을 소모해야 한다. 이는 환경에 크나큰 해악을 끼친다. 해외에서 수입한 음식이 짜릿한 맛을 선사할지 모른다. 그러나 온전한 삶이라는 관점에서 볼 때 부적절하고 파괴적이다. 전 세계를 주름잡는 식품 대부분은 숲을 파괴하고 자급용 농작물의 다양성을 희생시킨 방대한 단일경작지에서 나온다. 게다가 우리는 전 지구적 무역 체제에 전적으로 의존하게 되면서 (홍수, 지진, 쓰나미 등) 자연 재해와 (석유 등) 자원 고갈과 (전쟁, 테러, 조직범죄 등) 폭력을 비롯한 여러 위협에 대단히 취약한 상태에 놓이고 말았다.

발효는 경제 부흥의 중요한 지렛대가 될 수도 있다. 음식의 지역화는 농업의 개혁, 나아가 농산물을 빵이나 치즈, 맥주처럼 우리가 매일 먹고 마시는 것으로 변화시켜 보존하는 과정의 개혁을 의미한다. 우리는 지역에서 음식을 생산하고 소비하는 과정에 참여함으로써 일상의 기본 욕구를 거의 모두 충족시키는 중요한 자원을 적극적으로 창출할 수 있다. 이런 식으로 지역 음식을 부흥시키면 우리가 지출하는 돈이 공동체 안에서 돌고 돌 것이다. 우리 돈이 우리 안에서 순환한다면, 지역 음식 생산에 나서는 사람들로 하여금 필요한 기능을 습득해서 우리에게 더 신선하고 건강한 음식을 친환경적으로 공급하도록 도울 수 있다. 사람들이 지역에서 더 많은 음식을 구하고, 그래서 우리 공동체가 힘을 되찾으면, 국가 간 무역이라는 위태로운 구조에 너도나도 의존하는 현 상황을 바꿀 수 있을 것이다.

나는 이와 같은 문화적 부흥에 참여하겠다고 말하는 사람을 가는 곳마다 만난다. 농업에 뛰어드는 젊은이들이 점점 늘어나는 것도 같은 맥락이다. 20세기 후반부로 접어들면서 미국을 비롯한 여러 나라는 지역에서 음식을 자급하는 전통이 절멸 위기를 맞고 있다. 그런데 지금은 이 소중한 전통이 되살아나는 조짐을 보이고 있다. 우리의 동참과 지지가 절실한 시점이다. 생산적인 지역 음식 체계가 음식의 세계화보다 나은 까닭은 여러 가지다. 더 신선하고 영양가 높은 음식을 선사하고, 지역 일자리와 생산성을 높이며, 화석연료에 대한 의존성을 줄이고, 음식의 안전성을 훨씬 높이기 때문이다. 우리는 우리가 먹는 음식을 통해서 땅과 더 긴밀한 관계를 맺어야 하고 사람들이 농사라는 고된 노동에 기꺼이 나서도록 만들어야 한다. 그런 노동에 가치를 부여하고 보상을 제공하자. 우리 모두 손에 흙을 묻히자.

나는 이러한 문화적 부흥을 가장 먼저 부르짖은 사람이 절대 아니다. 화학적 방법을 결코 적용하지 않고 씨앗을 비축했다가 사용하는 농부들, 트랙터 대신 말을 이용하는 농장 주인들, 여전히 가정에서 발효음식을 만드는 수많은 사람처럼 새로운 기술에 저항하는 부류는 언제나 존재했다. 현대 문명의 '편리함'이 못마땅해서 전통적인 방식을 되살리려고 탐구하는 사람들 또한 늘 존재했다. 문화란 스스로 재창조를 거듭하면서 전인미답의 길로 나아가는 연속적인 흐름이다. 세상만사에는 반드시 뿌리가 있는 법이다.

문화를 되살리기 위해서 모두가 도시나 주택가를 떠나 전원으로 향할 필요는 없다. 우리는 사람과 인프라가 존재하는 도시나 주택가에서 더 조화로운 삶의 방식을 창조해야 한다. '지속 가능성' 또는 '회복탄력성'이란 그 온전한 실현을 위해 어디론가 떠나야만 하는 고립적·추상적 아이디어일 수 없다. 오히려 일상을 살아가는 곳에서 언제든 구축할 수 있고 구축해야만 하는 생활 윤리다.

거의 20년 전, 나는 맨해튼 생활을 접고 수도와 전기가 들어오지 않는 테네시주의 어느 시골 공동체에 들어갔다. 정말 기뻤다. 여러분에게도 때로는 극적인 변화가 필요할지 모른다. HIV 양성 판정을 받은 지 얼마 안 된 당시 서른 살의 나는, 무언가 커다란 변화가 절실하다는 생각에 노심초사하고 있었다. 그러다가 숲속에 둥지를 튼 동성애자 농업공동체를 우연히 알게 되었다. 나는 시골 정착이 보람된 길임을 내 삶을 통해 얼마든지 입증할 수 있다고 믿는다. 그러나 시골 생활이 도시 생활보다 본질적으로 더 낫거나 더 지속 가능하다고 말할 수는 없다. 사실 시골에서 살아가려면, (나를 포함한) 거의 모든 사람이 그렇듯이, 수시로 운전대를 잡아야 하는 반면, 내가 자란 도시에서는 거의 모든 사람이 자동차를 소유하지 않고 대중교통으로 이동한다.

도시는 대다수의 사람이 사는 곳이다. 놀랍도록 창의적이고 변혁적인 움직임 또한 도시 또는 주거지역에서 이루어진다. 특히 빈 건물이 넘쳐나는 도시에서는 도시농업과 도시주거 장려책이 각광을 받고 있다. 발효음식을 만드는 사업 역시 거대 소비 시장을 보유한 도시 주변을 중심으로 부활하고 있다.

저명한 도시이론가 고故 제인 제이컵스는 농업이 시골보다 도시에서 발전하고 확산됐다는 흥미로운 이론을 개진한 바 있다. 그는 자신의 책 『도시의 경제』에서 "도시가 농촌이라는 경제적 토대 위에서 형성되었다"는 통념에 반대하면서 "농업 중심주의적 도그마"라고 비판했다.[1] 대신 그는 도시 특유의 창조성이야말로 농업을 탄생시킨 (그리고 꾸준히 재창조한) 혁신의 촉진제였다고 주장한다. "새로운 작물과 가축은 이 도시에서 저 도시로 처음 전파된다. (…) 그때까지만 해도 식물과 동물을 기르는 것은 도시에서만 가능한 일이었다."[2] 제이컵스의 기본적인 견해는, 다른 지역에서 넘어온 사람들의 활동 근거지인 교역 장소가 새로운 씨앗과 가축의 소개를 위한 역동적인 조건을 부수적으로 형성하는 동시에 노동의 전문화와 기술의 발전 및 확산을 위한 훌륭한 기회를 제공한다는 것이다.

제이컵스의 이론이 옳다면, 발효 행위의 뿌리 역시 도시에서 찾아야 한다. 시골 주민들은 씨앗과 문화, 노하우 같은 전통적 유산의 수호자일 때가 많지만, 농부들이 작물을 내다 팔 수 있는 시장을 열거나 CSAcommunity supported agriculture로 불리는 공동체의 지원을 넉넉히 제공하는 식으로 수요를 창출함으로써 시골에 농업적 변화를 일으키는 쪽은 주로 도시 사람들이다. 도시인들 역시 농촌 사람들처럼 텃밭을 가꾸거나 발효음식을 만들 수 있다. 이들은 도시에 존재하는 창조성의 깊은 흐름과 도시에서 발생할 수밖에 없는 '이종교배'를 활용해서 변화를 촉진하는 사람들이기도 하다. 이러한 변화가 사라질 위기에 처한 조상의 지혜까지 아우른다면 놀라운 혁신으로 이어질 수 있다. 요컨대 문화적 부흥이란 시골에서만, 또는 주로 시골에서 이루어져야 하는 움직임이 아니다.

20세기 발효 연구의 상당수는 진보한 위생 및 안전 개념, 영양과 효율이라는 미명하에 발효음식의 생산을 소규모 공동체에 기반한 가내수공업 차원에서 공장 생산 차원으로 뒤바꾸는 동시에 앞선 세대가 다음 세대에게 물려주던 전통적 발효균을 실험실에서 배양한 변종 박테리아로 대체하기 위한 것이었다. 미국 농무부 발효연구소의 클리퍼드 W. 헤슬타인과 화 L. 왕의 1977년 보고서에 따르면, "맥주나 코카콜라 같은 서구식 음료가 등장했지만 반투 사람들은 외면했다. 그래서 마을 주민들이 반투 맥주를 어떻게 만드는지 연구하지 않을 수 없었다. 결국 원주민 고유의 제조법을 파악하고, 이 과정에서 발생하는 이스트와 박테리아를 분리 추출한 뒤에야, 현대적 발효 설비를 활용하는 공업적 발효 기법을 개발할 수 있었다. 이런 식으로 만든 반투 맥주는 좋은 반응을 얻었다. (…) 위생적인 환경에서 만들어진 이 제품은 균일한 품질에 저렴한 가격으로 팔렸다."[3] 값싸고 품질이 일정하며 위생적인 환경에서 대량생산한 제품은 전통적인 마을 생산 제품보다 단연코 우월하다고 여겨졌고, 마을 공동체에서 수행하는 그 문화적·경제적 행위의 가치는 무시되었다. 남아프리카 출신의 폴 바커는 이렇게 말한다. "전통적인 발효법은 수많은 풍습과 함께 아프리카 문화에서 자취를 감추고 있다. KFC나 코카콜라, 리바이스 따위에 완전히 밀려나기 전에 기록으로 남겨두어야 할 것이다."

내가 이 책을 통해서 이루고자 하는 목표는 폭넓은 관계의 그물망으로 우리 가정과 공동체에 발효 문화를 되살리는 것, 나아가 우리 음식을 되찾는 것이다. 포도나 보리, 대두도 좋지만, 도토리나 순무, 수수 등 우리가 구할 수 있거나 키울 수 있는 다른 작물을 발효시키자. 남아도는 곡물이라면 무엇이든 발효에 도전해보자. 단일경작지에서 나와 지구촌 곳곳을 뒤덮은 유명 발효식품들 역시 훌륭하다. 그러나 지역 음식을 추구하는 실용적 취지는 도토리처럼 저절로 열리거나 순무나 무처럼 텃밭에서 어렵지 않게 키울 수 있는 잉여 농산물의 발효법을 우리가 터득해야 한다는 데 있다.

나는 이 책을 발효의 유형별로, 특히 발효 기법에 초점을 맞추어 서술했다. 처음 세 장에서는 발전 과정과 실용적 이점, 기본적인 개념이라는 측면에서 발효의 맥락을 전체적으로 조망한다. 나머지 내용 대부분은 — 발효의 대상에 해당되는 — 기질의 종류 및 알코올 생성 여부에 따른 설명이라고 보면 되겠다. 마지막 몇 장에서는 발효에 대한 열정을 사업적으로 펼치려고 고민 중인 사람들이 어떤 점을 고려해야 하는지 설명하고, 음식 이외의 부문에 대한 발효의 응용 문제를 언급한 다음, 마지막으로 발효 문화의 부흥을 촉구하는 선언문까지 실었다.

발효과정을 중심으로 책을 쓰느라 (레시피까지 소개한 몇 군데를 제외하고는) 레시피를 소개하는 일반적인 포맷을 포기하고 말았다. 세세한 요리법보다 폭넓은 응용이 가능한 개념 자체를 설명하고 싶었기 때문이다. 그래서 일반적인 비율 또는 그 비율의 범위, 제조과정에 영향을 미치는 변수 정도를 제시하는 선에서 그쳤다. 간혹 양념을 추천하기도 했지만, 각각의 발효과정에서 해야 하는 작업과 그 이유가 무엇인지 설명하는 데 더 치중했다. 발효는 요리보다 훨씬 더 역동적이고 변수가 많다. 우리가 다른 생명체와 협력해야 하기 때문이다. 때때로 복잡하게 다가올 수 있는 이 협력의 방식과 그 이유가 레시피 또는 전통에 따라 상이할 수밖에 없는 첨가물의 양이나 비율보다 훨씬 더 중요하다고 본다. 나는 여러분이 발효의 기법과 이유를 제대로 이해하도록 돕고 싶다. 이해를 마치고 나면, 레시피는 사방에 널렸으니 얼마든지 창의적으로 활용할 수 있을 것이다.

1장

발효의 공진화력

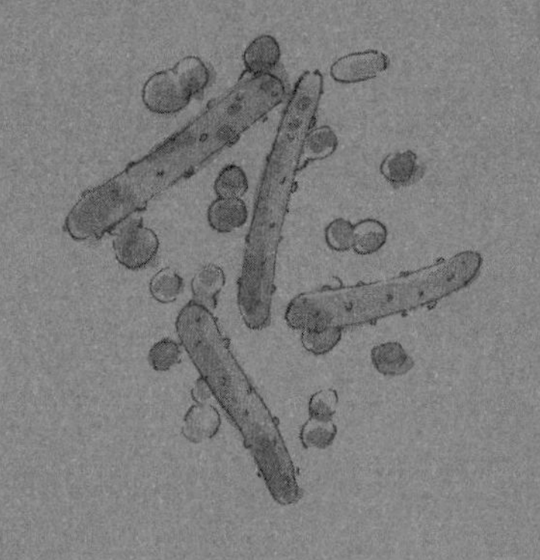

이스트
젖산균
떨어진 두리안을 먹는 코끼리
요구르트
베리
호밀
수확하는 사람

여러분이 이 책에서 얻는 대부분의 정보는 사람이 먹기에 좋고 영양 많은 음식을 발효시키는 기법들에 관한 것이다. 이런 맥락에서 발효는 다양한 박테리아와 곰팡이, 이들이 생산하는 효소에 의해서 음식이 변화하는 현상을 의미한다. 사람들은 이와 같은 변화의 힘을 이용해서 알코올을 만들고 음식을 보존하거나 소화가 쉽고 독성이 적으며 더 맛있는 음식을 만든다. 어떤 연구자들은 지구촌에서 사람이 먹는 모든 음식의 3분의 1 정도가 발효음식이며,[1] 이에 따라 발효음식 생산업이 세계에서 가장 거대한 산업 가운데 하나라고 추정하기도 한다.[2] 앞으로 살피겠지만, 발효는 인류 문화의 발전에 크게 기여했다. 그러나 중요한 점은 발효가 사람이 먹는 음식에 작용하는 것보다 훨씬 폭넓은 자연 현상임을 인식하는 것이다. 실례로 우리 몸속의 세포들조차 발효 능력을 갖추고 있다. 바꾸어 말하면, 사람이 발효를 처음 발명한 것이 아니라는 뜻이다. 오히려 발효가 우리를 창조했다고 말하는 편이 더 정확하다.

박테리아: 우리 조상이자 더불어 진화하는 동반자

생물학자들은 산소 없이 영양소에서 에너지를 생성하는 무산소성 신진대사를 설명하기 위해 발효라는 용어를 사용한다. 유산소성 생명체의 탄생과 진화에 필요한 산소가 대기층에 충분히 축적되지 못한 태곳적에 유기물 혼합 용액으로부터 비교적 이른 시기에 등장한 것이 발효를 담당하는 박테리아라고 여기는 까닭이다. 생물학자 린 마걸리스에 따르면, "지구상에 생명체가 등장하고 20억 년 동안, 박테리아는 — 유일한 서식자로서 — 행성의 표면과 대기층을 끊임없이 변화시키며 모든 생명에 필수적인 화학적 체계를 창출했다."[3] 마걸리스 등의 연구를 통해서 많은 생물학자가 발효에 관여하는 박테리아와 여타 초기 단세포 생명체 사이의 공생관계가 식물과 동물과 곰팡이를 구성하는 진핵세포들을 최초로 탄생시켰다고 확신하게 되었다.[4] 마걸리스와 도리언 세이건은 『마이크로 코스모스』에서 공생관계가 처음에는 포식자-피식자 관계에서 시작되었을 것이라고 설명한다.

> 궁극적으로 일부 피식자는 유산소성 포식자들에 대한 내성을 발달시켰고, 그래서 먹을 것이 풍부한 포식자의 몸속에서 얼마든지 생명을 유지하게 되었다. 두 종류의 유기체는 상대방 신진대사의 산물을 서로 이용했다. 피식자들이 침입해 들어간 세포들 내부에서 문제를 일으키지 않고 번식하자, 포식자들 역시 독립적인 생존 방식을 포기하고 영원한 공생을 선택한 것이다.[5]

이와 같은 공생에서 비롯된 진화를 공생발생symbiogenesis이라 부른다. 이 개념을 한층 정교하게 다듬은 미생물학자는 소린 소니어와 레오 G. 마티외다. “무수히 많은 박테리아 유전자의 공생발생은 진핵생물의 제한적인 신진대사 잠재력을 풍부하게 만드는 데 결정적인 역할을 했다. 예기치 못한 돌연변이만으로 이룩할 수 있는 수준보다 훨씬 높은 수준의 적응을 가속화하고 촉진했기 때문이다.”[6]

박테리아에 의한 발효과정은 모든 생명체를 위한 환경의 일부로 작용해왔다. 발효는 영양소의 순환에 있어서 대단히 폭넓고 핵심적인 역할을 수행함으로써 인간을 포함한 모든 생명체가 더불어 진화할 수 있도록 돕는다. 박테리아가 공생과 공진화coevolution를 통해 새로운 형태로 융합해서 다른 모든 생명을 탄생시키기 때문이다. 분자생물학자 지 안쉬 및 제프리 L. 고든에 따르면, “지난 [수십억 년의—원주] 세월 동안 박테리아 대제국의 구성원들은 진핵세포의 진화를 이룩하는 데 있어서 가장 중요한 선택적 압력으로 작용해왔다. 박테리아와 다세포 유기체 사이의 공생 및 공진화 관계는 지구 생명체의 두드러진 특징이다.”[7] 박테리아의 중요성, 박테리아와 인간의 상호작용의 중요성은 아무리 강조해도 지나치지 않는다. 우리는 박테리아라는 동반자들이 없으면 존재할 수 없고 건강하게 살아갈 수도 없다.

다른 모든 복잡한 다세포 생명체와 마찬가지로, 인간의 육체 역시 다양한 토착 생물군에 숙주 노릇을 한다. 일부 유전학자들은 우리가 인간 게놈은 물론 박테리아 공생자의 게놈까지 아우른다는 유전학적 관점에서 “다양한 종種의 집합체”라고 주장하기도 한다.[8] 우리 몸속에는 고유의 DNA를 지닌 세포들보다 10배나 많은 박

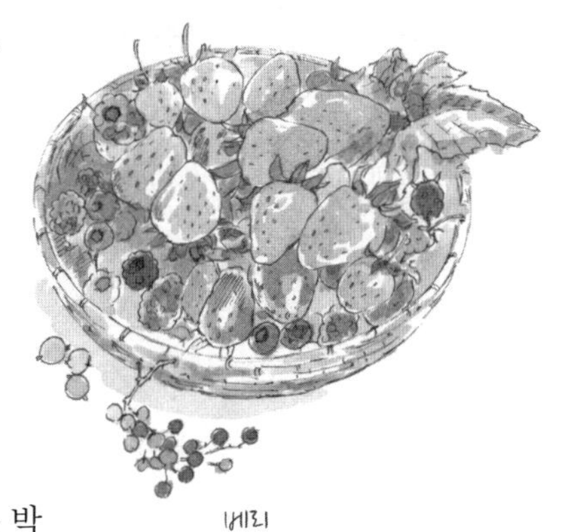

테리아가 서식한다.[9] 이들 박테리아는 대부분 장에서 발견되는데, 믿기 어렵겠지만 그 수가 무려 100조 개에 이른다.[10] 이들 장내 박테리아는 우리가 소화시킬 수 없는 영양소를 파괴한다.[11] 사용하는 에너지와 저장하는 에너지 사이에 균형을 이루는 중요한 역할을 수행한다는 사실도 최근 들어 밝혀지기 시작했다.[12] 장내 박테리아는 비타민B와 비타민K처럼 인체에 필수적인 영양소를 생산하기도 한다.[13] 또 "생태적 지위를 놓고 외부에서 침입한 병원체와 경쟁해서 우위에 섬으로써" 우리의 생명을 지켜준다.[14] 게다가 면역 반응을 비롯한 "다양하고도 기초적인 생리적 기능"과 관련 있는 우리 유전자 일부의 "형질 발현"을 조절할 줄도 안다.[15] 장 내벽에서 박테리아와 면역 세포가 나누는 "적극적인 대화의 증거가 빠르게 규명되는 중이다."[16]

여기까지는 장내 박테리아에 대한 이야기일 뿐이다. 우리 몸의 표면에서도 미생물의 공동체가 광범위하게 존재하면서 중요한 역할을 맡고 있다. 피부 박테리아의 유전적 다양성에 대한 2009년 연구를 보자. "예를 들어, 털이 많고 축축한 겨드랑이는 부드럽고 메마른 팔뚝과 가까운 곳에 위치하지만, 두 부위는 밀림과 사막의 생태적 차이에 비견될 정도로 완전히 다르다."[17] 박테리아는 특히 두 눈이나 상기도를 비롯한 인체의 여러 구멍처럼 따뜻하고 땀이 많아서 늘 축축한 부위를 중심으로 우리 몸의 표면 모든 곳에 자리를 잡고 있다. 일례로 구강 안에서만 700종이 넘는 박테리아가 서식할 정도다.[18]

인간의 재생산 또한 발효를 필요로 한다. 여성의 질에서는 젖산균이라는 토착 박테리아 집단을 돕는 신비한 글리코겐이 발견되었다. 젖산균은 이 글리코겐을 젖산으로 발효시켜 병원성 박테리아의 침입으로부터 질을 보호한다. 병원성 박테리아는 산성 환경에서 생존할 수 없기 때문이다. "젖산균은 질을 보호하는 토착 박테리아 집단의 일원으로서 임신과 출산 기능을 건강하게 유지하는 데 중요한 역할을 맡는다."[19] 우리 몸의 토착 세균은 어디서든 우리를 보호해줄 뿐 아니라, 우리가 이해하기 시작한 지 얼마 안 된 무수한 방식으로 우리 몸이 제대로 작동할 수 있도록 돕는다. 진화의 관점에서 이 광범위한 미생물군은 "우리가 스스로 진화시키지 않았던 기능적 특성들을 우리에게 선사한다."[20] 한마디로 우리는 몸속의 박테리아와 공존하는 덕분에 존재할 수 있다. 실로 공진화의 기적이 아닐 수 없다. 미생물학자 마이클 윌슨은 "외부에 노출된 사람의 피부는 그 특수한 환경에 절묘하게 적응한 미생물의 식민지"라고 묘사한다.[21] 그러나 이 미생물 집단의 역동성, 우리 몸과 주고받는 상호작용의 영역은 여전히 미지의 세계나 다름없다. 2008년에 나온 젖산균에 대한 어느 연구 결과를 보면, 관련 연구가 "인류와 미생물의 복잡다단한 관계의 표면적 사실만 겨우 건드리기 시작하는 단계"라고 인정할 정도다.[22]

박테리아는 아주 효과적인 공진화의 동반자다. 적응력이 대단히 강하고 돌연변이 발생 가능성이 무척 높기 때문이다. 박테리아 유전학자로 "DNA 분자를 새롭게 조합하는 박테리아의 구조"를 학계에 보고한 바 있다. 제임스 샤피로는 "박테리아는 끊임없이 자신의 외부적, 내부적 환경을 감시하면서 감각기관이 제공하는 정보에 근거해서 기능적 산출물을 계산한다"며 "광범위하게 존재하는 복수의 박테리아가 DNA 분자를 새롭게 조

수확하는 사람

합하는 체계를 갖추고 있다"고 말한다.[23] 불변의 유전형질을 지닌 진핵세포와 반대로, 박테리아의 원핵세포는 자유롭게 떠돌면서 수시로 변화하는 유전자를 지녔다. 이런 이유로, 일부 미생물학자는 박테리아를 별개의 종으로 간주하는 것이 부적절하다고 여긴다. 소린 소니어와 레오 G. 마티외는 "원핵세포로 이루어진 종은 없다"고 주장한다.[24] 린 마걸리스에 따르면, "박테리아는 단순한 군집을 훨씬 뛰어넘는 존재다. 어떤 유전자를 선택하기도 하고, 어떤 유전자를 내버리기도 하는데, 이 점에 있어서 대단히 유연한 모습을 보인다."[25] 마티외와 소니어는 이런 모습을 박테리아의 "유전자 자유시장"으로 묘사한다. "박테리아 한 개체는 쌍방 소통이 가능한 방송사에 비유할 수 있다. 유전자라는 정보를 송수신하는 능력을 갖추었다는 뜻이다." 유전자는 "필요한 경우에만 박테리아에 의해서 옮겨진다. (…) 인간은 정교한 도구를 활용해야 겨우 옮길 수 있다."[26]

유전자 이동에 관해서 여러 매혹적인 사실이 새롭게 밝혀지고 있다. 박테리아는 다른 박테리아와 유전자를 직접 교환할 뿐만 아니라, 프로파지prophage로부터 유전자를 받는 수용체도 지녔다. 프로파지는 소니어와 마티외가 "독특한 형태의 생물학적 구조물: 유전자 교환을 위한 마이크로 로봇"이라고 부르는 것으로 "초미세 주사기('머리')와 초미세 바늘('꼬리')로 구성된다. (…) 모든 생명체 가운데 유전자 교환만을 목적으로 하는 유일한 존재다. 박테리아 타입의 이 도구는 물과 바람, 동물 등에 의해서 아주 먼 곳으로 이동할 수도 있다."

마걸리스와 세이건은 "이 세상의 모든 박테리아는 유전자 교환을 위한 수많은 메커니즘을 지녔을 뿐 아니라 기본적으로 홑유전자 단위까지 접근 가능하고, 이에 따라 전체 박테리아 왕국의 적응 메커니즘까지도 접근이 가능하다"는 말로 요약한다.[27] 이와 같은 유전적 유연성은 물론, "박테리아는 세포 간 소통을 위해서 정교한 메커니즘을 활용하고 심지어 자신의 욕구를 충족하기 위해 자기보다 '고등' 생명체인 식물과 동물의 세포 활동에까지 간여하는 능력을 갖추었다"고 유전학자 제임스 샤피로는 말한다.[28] 이에 따라 최근 박테리아에 대한 새로운 견해가 대두되고 있는데, 단순한 '하등 형태'의 생명체가 아니라 적응력과 회복력을 발휘하는 치밀한 시스템을 갖춘, 대단히 진화한 생명체로 박테리아를 바라보는 시각이다.

그 어떤 환경에서도 전체 박테리아 유전자 풀의 부분집합이 존재한다. 최근 새로운 종류의 효소가 발견되었다는 흥미로운 연구 결과가 발표되었다. 이 효소는 해양 박테리아 조벨리아 갈락타니보란스 *Zobellia galactanivorans*가 만들어낸 것이었다. 포피란 *porphyran*으로 불리는 다당류를 소화할 수 있는 이 박테리아는 (김을 포함한) 일부 해초에서 자신이 생성한 효소와 함께 발견되었다. 연구원들은 유전자 분석을 통해서 이 박테리아에 존재하는 특정 유전자를 규명했다. 그러고는 유전자염기서열 데이터베이스를 검색해서 같은 유전자가 일본 사람들의 장에 존재하는 반면 북미 사람들의 장에는 없다는 사실을 밝혀냈다. 연구원들은 "관련 박테리아가 해초류를 통해서 인간의 장으로 이동한 결과일 수 있다"면서 "살균하지 않은 음식의 섭취가 장내 미

생물 환경에서 보이는 다양한 효소의 일반적인 원인일 것"이라고 결론지었다.[29] 이 말은 우리의 신진대사 능력이, 어느 정도는, 우리가 먹는 음식의 미생물에 달렸다는 의미다.

이 발견은 인류의 과거와 미래 양쪽을 향해서 커다란 질문들을 던진다. 『네이처』에 실린 어느 대담에서 언급하듯, "음식을 생산하고 조리하는 방법상의 변화가 인간이 진화하는 과정에서 장내 미생물군에 어떤 영향을 미쳤는지는 여전히 규명 과제로 남아 있다. 고도의 살균처리를 거쳐 대량생산하는 고칼로리 가공식품을 섭취는 공업화한 여러 나라 사람들의 장내 미생물군이 횡적 이동에 의한 적응을 가능케 하는 미생물 유전자의 넉넉한 저장고를 박탈당한 상태에서 얼마나 빨리 적응할 수 있는지 실험이 진행 중인 셈이다."[30]

우리는 스스로 박탈당할 이유가 전혀 없다! 살균처리한 가공식품이 우리 장내 미생물군으로부터 유전적 자극을 박탈하는 음식이라면, 발효음식은 박테리아 유전자의 풍부한 저장고이자 전 세계 어디든 존재하는 인류의 문화유산이기 때문이다. 식생활의 변화만 이룬다면 우리는 박테리아가 풍부한, 살아 있는 음식을 마음껏 먹을 수 있다. 그러면 우리 장내의 유전자 저장고를 넉넉히 채울 수 있고, 신진대사 능력과 면역력을 비롯한 생리적 조절 기능을 두루 강화할 수 있다.

박테리아라는 공생자와 공진화해온 것은 인류만이 아니다. 식물 역시 박테리아와 더불어 진화했고 동반자로서 박테리아에 의지한다. 많은 사람이 광합성 박테리아와 원핵세포의 공생관계를 식물 세포에서 광합성을 담당하는 엽록체의 기원으로 여긴다.[31] 근권根圈 rhizosphere으로 불리는 뿌리 주변의 흙은 식물이 다면적인 '토양의 먹이사슬'과 치밀한 상호작용을 통해서 자양분을 찾는 곳이다. 토양미생물학자 일레인 잉햄은 "우리는 자신이 밟고 있는 흙에 대해서 우주에 떠 있는 별보다 아는 것이 없다"고 말한다.[32] 사실 토양과 상호작용하는 식물의 뿌리와 그 표면은 눈으로 보는 것보다 훨씬 더 정교하다. 1년생 작물인 호밀 한 줄기에만 수백만 개의 잔뿌리가 자라는데, 모두 연결하면 1094km에 달하는 길이다. 잔뿌리는 다시 수십억 개나 되는 뿌리털로 뒤덮여 있으며, 전부 합하면 무려 1만600km나 된다.[33] 스티븐 해로드 버너에 따르면, 이 모든 초미세 뿌리털이 토양으로 분비물을 내보낸다. 이는 당분과 아미노산과 효소 등 수많은 영양소와 독특한 화학물질을 교묘하게 배합한 것으로, "자신이 성장하기에 적절한 박테리아를 선별해서 주변 토양으로 불러들이기 위함이다."[34] 식물도 사람처럼 생존을 위해 박테리아에 의존한다. 그래서 박테리아를 끌어 모아 상호작용하기 위한 놀라운 메커니즘을 발전시켜온 것이다.

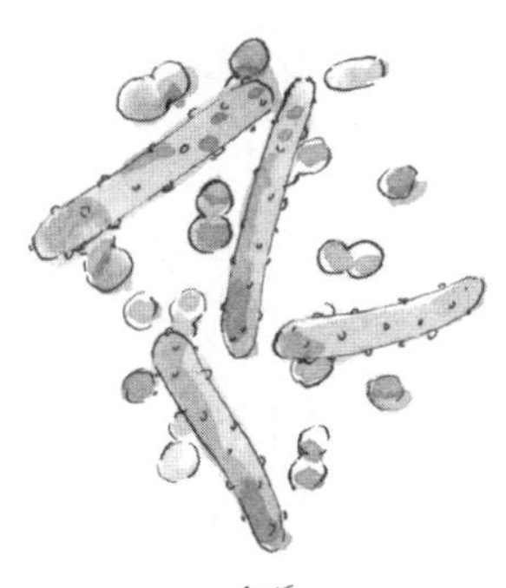
요거트

인류는 식물과 동물을 먹으면서 진화해왔기 때문에 — 그리고 이들과 더불어 진화해왔기 때문에 — 우리의 공진화 역사는 식물과 동물은 물론 그들의 미생물 동반자들까지도 아우르는 것일 수밖에 없다. 미생물 형태의 생명체는 존재하지 않는 곳이 없고 존재하지 않은 적도 없지만, 그런 까닭에 선사시대부터 우리가 즐겨 먹고 마신 발효음식을 만들어주었지만, 그들이 인류 앞에 모습을 드러낸 것은 고작 수 세기 전에 불과하다. 발효는 자연스럽게 발생하는 현상이었고, 우리는 그 현상을 목격하고 한참이 지나서야 발효과정을 어떻게 제어하는지 겨우 깨달을 수 있었다. 그러나 일단 깨달은 뒤로는 발효에 관한 방대한 지식을 쌓아가면서 다양한 발효 기법을 개발해왔다. 발효란, 그리고 발효음식을 만들 줄 아는 우리 능력이란, 사람과 식물과 이스트와 박테리아가 공진화한 결과다. 공진화의 역사가 인류의 문화까지 포괄하는 개념인 이유가 여기에 있다.

발효와 문화

문화란 정확히 무슨 뜻인가? 정보를 유전자로 암호화해서 복사하는 생물학적 재생산의 영역과 달리, 문화의 영역에서는 정보를 [저명한 진화생물학자 리처드 도킨스가 처음 제시한 개념으로 문화적 유전자 또는 문화요소라고 부르는] 밈meme에 담는다. 밈은 언어, 개념, 이미지, 문제의 해법, 추상화를 통해서 전승된다. 이야기, 그림, 책, 영화, 사진, 컴퓨터 프로그램, 장부 따위도 밈의 전달 수단이 된다. 집안 대대로 전해오는 비밀 레시피도 그렇고, 먹을 수 있는 식물을 구분하는 법, 텃밭 관리법, 요리하는 법, 낚시하는 법, 귀한 식자재를 얻고 사용하며 보존하는 법 같은 생활의 지혜도 마찬가지다. 물론 발효 기법도 빼놓을 수 없겠다.

우리가 '문화'라고 부르는 것의 발전과정은 사람이 식물과 (아울러 그 협력자인 미생물과) 상호작용해온 역사라고 해도 과언이 아니다. 무엇보다 culture라는 말 자체가 경작한다는 뜻의 라틴어 cultura에 나왔다는 점은 앞서 언급한 바 있다. 『옥스퍼드 영어사전』에서 culture를 찾으면 다음과 같이 간단한 풀이가 맨 처음으로 나온다. "토지의 경작 그리고 여기서 파생한 여러 의미." 그렇다. '경작하다'에서 파생한 여러 동사와 그 대상이 될 수 있는 다양한 목적어가 결합하면서 오늘에 이른 것이다. 그 결과, 사람들은 진주를 '양식'하고 세포를 '배양'하며 우유를 '발효'시킨다고 말할 때 culture라는 단어를 쓴다. 대중문화popular culture는 말할 것도 없고, 수경재배aquaculture, 포도재배viticulture, 원예

horticulture라는 말에도 사용한다. 우리는 '교양'이 넘치는 사람으로 자녀를 키우기 위해서 열심히 일한다. 때로는 문화의 도용을 비난하기도 하고 문화의 순수성을 지키려고 애쓰기도 한다. 문화는 땅을 일구어 씨앗을 뿌리는 행위, 다시 말해서 영속하기를 바라는 순환의 과정에 우리가 의도적으로 개입하는 행위에서 시작된다. 실제로 culture라는 단어의 더 오래된 기원은 "돈다"는 뜻의 인도-유럽어 kwel에서 찾을 수 있다. 여기서 culture와 함께 cycle, circle, [산스크리트어로 '바퀴' '중심점'을 뜻하는] chakra 같은 말이 나왔다.[35] 문화란 무언가를 기르는 것이다. 그러나 단발적인 행위에 그치지 않는다. 한 세대에서 다른 세대로 이어지며 끊임없이 순환하는 과정의 일부라는 의미가 애초부터 담겨 있는 말이기 때문이다.

우리가 생존 그 자체를 위한 행위, 언어, 음악, 미술, 문학, 과학, 영적 활동, 신앙 체계 등 인류라는 집단의 영속을 추구하기 위한 모든 것은 물론이고 우유를 요구르트로 바꾸는 박테리아 집단을 묘사할 때도 culture라는 단어를 사용한다는 점에는 상당히 심오한 측면이 있다고 생각한다. 나는 그 심오한 의미를 끊임없이 떠올리면서 발효에 대한 탐구를 지금껏 이어왔다. 앞서 언급한 대로, 우리에게는 미생물과 성공적으로 공존해야만 하는 생물학적 책무가 있다. 발효는 인류 문화가 이 중요한 목표를 달성하기 위해 발전시킨 기술이다. 남아도는 음식을 오랫동안 즐기고 싶다면, 온통 미생물로 가득한 이 세상에서 어떻게 보존해야 하는지 해법을 확실하게 알아야 한다. 발효음식이 모든 문화권에서 이러저러한 형태로 빠짐없이 등장하는 점을 고려하면, 발효가 이루어진 음식과 음료는 요리과정에서 나오는 신기한 부산물 그 이상의 무엇이 분명했을 것이다. 나는 어떤 이유로든 발효 풍습을 결여한 문화권이 있는지 샅샅이 찾아봤지만, 끝내 사례를 발견하는 데 실패했다. 도리어 발효는 수많은, 어쩌면 거의 모든 부엌에서 주인 노릇을 하고 있다. 오대양 육대주에서 미국으로 — 짐가방만 달랑 들고 — 건너온 이민자들은 발효시킨 빵과 이스트, 그리고 발효에 관한 최소한의 지식만을 지닌 채 배에서 내리는 경우가 많았다. 발효균과 그 사용법에 관한 지식이야말로 우리의 욕구와 열망 속에 깊이 새겨진, 그래서 쉽사리 포기할 수 없는 문화의 결정체라 할 수 있다.

알코올음료가 없는 문화를 상상할 수 있을까? 알코올을 전면 금지하는 지역이나 국가가 없지 않다. 자신은 술을 안 마시는 사람이라고 잘라 말하는 사람도 많다. 그러나 알코올 자체를 아예 모르는 사람은 없고, 전혀 활용하지 않는 곳도 없다. 술은 제례나 행사, 잔치에서 중요하게 쓰인다. 9000년 묵은 도자기 파편에서 알코올 잔류물을 채취한 바 있는 인류학자 패트릭 E. 맥거번은 "술은 — 생물학적, 사회적, 종교적으로 긴요하게 작용하는 — 그 탁월하고도 보편적인 매력으로 인해 우리 인류와 문화의 발전을 이해하는 데 있어서 중대한 요소로 자리잡았다"면서 "인간과 발효음료의 수백만 년에 걸친 관계가 오늘날 이런 모습의 우리를 상당 부분 만들어냈다"고 말한다.[36] 많은 사람은 의식이 우리에게 주는 행복감과 부담감 사이를 마음대로 오가고 싶어하고, 그러기 위해서 가능한 모든 수단을 활용하는 것으로 보인다. 알코올은 단연코 가장 쉽게 구할 수 있는, 그래서 가장 널리 쓰이는 취할 거리다.

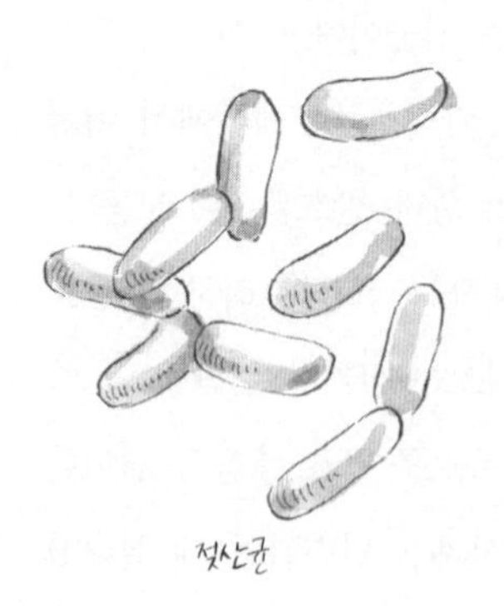
젖산균

우리는 알코올의 기원을 알지 못한다. 맥거번 교수가 중국 허난성 지아후賈湖 신석기 주거지에서 확인한 알코올은 쌀과 꿀, 과일의 혼합물에서 발생한 것이었다.[37] 당시에 알코올을 만들던 사람들은 탄수화물과 이스트를 함유한 재료를 섞은 것으로 보인다. 물론 발효라는 개념을 정확히 파악한 것은 아니었다. 인간이 알코올을 '발견'하고 제조법을 완성했다기보다, 우리가 알코올을 이미 알고 있는 상태에서 진화했다고 말할 수도 있을까? 인류학자 미칼 존 아시베드는 "모든 척추동물류는 알코올을 분해하는 효소 시스템을 간에 갖추고 있다"고 지적한다.[38] 많은 동물이 서식지에서 알코올을 소비하고 있다는 연구 결과도 꾸준히 나오고 있다. 그 가운데 하나는 말레이시아 정글에서 알코올을 매일 섭취하는 붓꼬리나무타기쥐Ptilocercus lowii다. 흥미롭게도 이 포유동물은 "과거 영장류 조상의 현존하는 후손들 중에서 형태학상으로 가장 덜 진화한 동물"로 간주된다. 고대 영장류 혈통의 "살아 있는 모델"로 여긴다는 뜻이다.[39] 붓꼬리나무타기쥐가 소비하는 알코올은 베르트람 야자나무Eugeissona tristis에서 자연스럽게 나오는 것으로, "발효 능력을 지닌 이스트 집단이 밀집해 있는 특이한 꽃봉오리" 덕분이다.[40] 붓꼬리나무타기쥐는 베르트람 야자나무의 꽃가루 매개자이기도 하다. 야자나무와 매개자, 이스트 집단이 공생관계를 바탕으로 공진화해온 것이다. 이처럼 상부상조하는 공동체에서 특정 주체만을 골라 핵심 인자로 간주하는 것처럼 불합리한 판단도 없을 것이다.

영장류는 붓꼬리나무타기쥐로부터 갈라져 나오면서 이렇게 알코올로 맺어진 대단히 특수한 관계를 상실하고 말았다. 그러나 우리 영장류와 인류에 가까운 조상들은 아마도 잘 익으면 발효하기 시작하는, 특히 무더운 정글 기후에서 빨리 발효하는 열매를 많이 먹었을 것이다. 생물학자 로버트 더들리는 우리 조상들이 열매 속에 들어 있는 알코올에 일상적으로 노출되었을 것이라면서 "현대 인류가 알코올에 적응하고 알코올을 선호하게 된 것은 이와 같은 노출이 진화를 거듭하는 내내 이루어졌기 때문"이라는 논리를 편다.[41]

열매가 함유한 알코올의 도수는 술에 비해서 낮을 수밖에 없다. 하지만 계절이 지나가면 맛볼 수 없기에 폭식이 불가피했을 것이다. 나 역시 잘 익은 산딸기 앞에서 조상들과 똑같이 반응한다. 중독 전문가 로널드 시걸은 땅바닥에 떨어져 뭉개지고 삭아가는 두리안에 동물들이 어떻게 반응하는지 관찰했다.

> 정글에 사는 동물들은 열매가 익는 냄새에 민감하다. 땅에 떨어진 열매를 향해서 줄줄이 이동하기도 한다. (…) 코끼리들도 마찬가지다. 종종 먼 길을 걸어와서 땅바닥에 남아 있는 발효된 열매들로 배를 채우는 경우가 있는데, 그러고 나면 졸린 것처럼 몸을 슬슬 흔들기 시작한다. 원숭이들 역시 운동 능력을 잃고 나무타기를 어려워한다. 그리고 머리를 흔들기 시작한다. 지구에서 가장 커다란 박쥐이자 인류와 같은 입맛을 지닌 날여우는 발효하거나 썩어버린 열매만 골라서 한밤중에 먹는다. (…) [그러고 나면] 이 박쥐는 음파 탐지 기능이 떨어지고 비행 능력에 문제가 생긴다. 땅바닥에 떨어져 비틀거리기를 반복한다.[42]

패트릭 맥거번은 "알코올은 이스트와 식물, 날여우, 코끼리, 인간 등 다양한 동물이 상호 이익과 번식을 위해 주고받는 복잡한 상호관계의 일부를 형성한다"고 정리한다.[43] 아마도 우리 영장류의 조상들은 앞서 묘사한 말레이시아 정글의 열매 잔치와 비슷한 축제에 주기적으로 참여했을 것이다. 이것이 사실이라면, 인류는 알코올을 발견했다기보다 알코올을 처음부터 알고 있었고 알코올과 더불어 진화했으며 날로 발달하는 지적 능력과 도구 활용 능력으로 알코올을 지속적으로 확보해왔다고 보는 편이 옳다. 맥거번은 이렇게 주장한다. "현생 인류의 모습을 뚜렷이 갖추기 시작한 10만 년 전, 우리는 이미 발효음료를 만들기 위해서 어떤 열매를 어디서 따야 하는지 알고 있었을 것이다. 다시 말해서, 우리는 연중 곡물과 열매를 따거나 캐러 가야 하는 시점과 그것을 술로 만드는 방법에 대해서 인류가 탄생한 시점부터 잘 알고 있었다."[44]

알코올이 만들어지는 조건을 이해하는 것, 이 내용을 공유할 줄 아는 것은 인류 문화의 진화에 있어서 일대 사건이라 할 수 있다. 더 중요한 것은, 적어도 일상적인 차원에서 더 긴요한 것은, 음식을 효과적으로 저장하는 데 필요한 문화적 정보다. 음식 저장을 위한 기초 지식이 있어야만 하루도 빠짐없이 수렵 채취에 나서지 않고도 생존할 수 있다. 사람들이 매일 먹는 걱정에서 벗어날 수 있는 유일한 길은 미래를 위해 음식을 보존하는 능력을 획득하는 것이었다.

인류학자 시드니 민츠는 다람쥐를 비롯한 많은 동물이 "나중에 먹으려고 틈날 때마다 음식을 채집하고 저장하는 본능이 있다"면서 사람이 다람쥐와 다른 점이라면 본능보다는 "창조적이고 짜임새 있는 기술, 상징체계를 통해서 전승된 기술을 사용하는 점"이라고 말한다.[45] 현대 사회에서는 상징과 언어를

코끼리

통해 전승된 문화적 정보가 과거의 공진화적 관계를 강화시켰다. 실제로 "농업생태학의 발전은 기호를 사용할 줄 아는 인간의 능력과 분리할 수 없다"는 것이 고고학자 데이비드 린도스의 주장이다.

> 언어는 자원을 — 즉시 사용하건 나중에 사용하건 간에 — 그 쓰임새와 필요량에 따라 분류하는 작업에 활용될 수 있다. 인류는 언어로 의사소통한 덕분에 당장 사용하지 않아도 되는 자원을 일단 저장해둘 수 있었다. (…) 이런 행위는 기존의 공진화 관계에 미치는 인류의 영향력을 광범위하게 강화시킬 것이다.[46]

유전자는 공진화적 변화의 매개체인 문화적 요소들에 의해서 보충되었다. 배양, 저장, 처리에 대한 정보는 소통과 교육의 대상이 될 수 있었다. 발효와 저장의 어려움은 인류 역사상 중대한 기술적 진보 가운데 하나인 도자기의 발명처럼 창조적인 해법을 낳았다. 음식을 저장하는 능력이 발전함에 따라 식량을 넉넉히 생산해도 된다는 논리가 강화되었다. 음식이 남으면 더 효과적인 저장법을 개발할 필요가 더 커졌다. 자연히 노동의 분업화와 정교화가 뒤따랐다.

발효는 음식을 저장하는 유일무이한 방법이 아니다. 말리거나 너무 차갑지 않게 냉장하거나 훈증하는 경우도 많다. 그러나 제한된 기술로 이상적인 저장 환경을 창출하는 것은 쉽지 않은 일이다. 음식을 말려서 효과적으로 저장하는 데 필요한 기술을 배우려면 많은 실수와 실패를 겪어야 한다. 씨앗과 곡물이 눅눅해지기도 하고, 싹이 트거나 곰팡이가 슬기도 하며, 열매와 채소가 발효하거나 썩기도 하고, 우유가 상하기도 하며, 육류와 어류가 습도와 염도에 따라서 심하게 변질되기도 한다. 농경사회가 점점 더 제한적인 범위의 동식물에 의존해 공진화하면서, 사람들은 음식이 이러저러한 저장 환경에서 어떻게 변해가는지 한층 확실하게 이해하지 않으면 안 되었다. 농작물이나 우유, 육류를 주식으로 삼아 정주하는 생활에 적응하려면 필수 불가결한 지식이다. 그러지 못했다면, 농경사회는 발전할 수 없었을 것이다.

신선한 음식과 썩은 음식을 구분하는 능력은 생존을 위한 삶의 지혜인 동시에 인류 문화 전반에 퍼진 신화의 주제로서 매우 중요하다.[47] 우리 입속으로 넣기에 무엇이 적절하고 무엇이 부적절한지 이해하는 것은 우리 모두가 태어나서 가장 먼저 배우는 문화적 정보 가운데 하나다. 신선과 부패라는 정반대 개념 사이의 창조적 공간에 잘 보존된 발효음식이 존재한다. 이처럼 발효는 인류의 문화적 특성 이면에 아주 깊이 스며 있다.

발효의 리듬

블래어 노선, 디트로이트, 미시간

나는 발효의 리듬이 내 삶의 일부가 된 이후로 기분이 아주 좋다. 이 리듬이 나와 함께 오랫동안 머물 것 같다는 느낌이 든다. 발효는 우리에게 순환을 요구한다. 되돌아가라고, 잘 살피라고, 생기를 되찾으라고, 그래서 다시 시작하라고 말이다. 안식일이 일주일에 한 번 찾아오듯이, 나도 매주 토요일 또는 일요일이면 요구르트를 새로 만들고 부엌 조리대 아래쪽에서 어떤 음식이 익어가는지 둘러본다. 나는 이런 리듬을 감사하게 생각한다. 이 세상에 뿌리를 내렸다는 기분을 내게 선사하기 때문이다. 나아가 우리 인류의 일상이 기후와 계절의 순환에 대한 지혜로 가득하던 그 시절로 돌아갈 수 있도록 나를 인도하기 때문이다. 나는 이토록 삭막한 (그리고 점점 더 삭막해질) 세상에서 이런 생각을 품을 수 있다는 사실만으로 정말 행복하다.

발효와 공진화

공진화라는 개념이 진정 매혹적인 까닭은 그 과정에서 보이는 무한한 상호 연관성에 있다. 공진화는 서로 다른 두 종 사이의 역동성으로 "A집단 구성원의 특성이 B집단 구성원의 특성에 반응해서 점차 변화하고, 그렇게 변화한 B집단 때문에 다시 A집단이 변화하는 것"으로 설명할 수 있다.[48] 하지만 생명활동은 서로 연관된 두 종으로 한정지을 수 있을 만큼 그렇게 단순하지 않다. 공진화란 모든 생명이 서로 연결된, 복잡하고 변수가 많은 현상이다.

수렵과 채취로 연명하던 선조들은, 그 모든 영장류 조상들과 마찬가지로, 효소와 박테리아를 비롯한 미생물 협력자들과 함께 독특한 화학적 혼합물로 이루어진 식물을 먹었다. 그 결과 조상들과 장내 미생물군은 음식으로 섭취한 그 식물에 적응했다. (아닐 수도 있다. 하지만 이야기의 당사자가 여기에 없으니 어쩌겠는가.) 식물의 공진화 역사는 인류 주위에서만 일어난 것이 아니다. 예를 들어, 어떤 커다란 열매가 지금은 사라진 어느 거대한 동물을 유혹해서 씨앗을 퍼뜨리는 매개자로 삼는 진화 방식도 가능하지 않았을까? 둘 사이의 항구적인 이익을 도모하기 위해서 말이다.[49] 우리가 '재배'라고 표현하는 방식으로 인류와 공진화해온 식물들도 있다. 마이클 폴란은 『욕망의 식물학』에서 이렇게 썼다. "우리는 '재배/사육'이라는 말을 떠올릴 때마다 인류가 다른 종에 가하는 어떤 행위라고 자동적으로 해석하곤 한다. 그러나 이 행위는 어떤 식물 또는 동물이 자신의 이익을 증진하려는 영리한 진화 전략 아래 인류를 상대하는 방식으로 여겨도 충분히 말이 된다. 이들은 어떻게 하면 우리를 먹이고 치유하고 입히고 해독하고 즐겁게 해줄 수 있을지 고민하느라 지난 수만 년의 세월을 보냈다. 그리고 자연의 위대한 성공 스토리를 스스로 써냈다."[50]

공진화의 영향력은 이와 관련된 모든 것을 변화시킨다. 특정한 종이 다른 종을 창조했다거나 주인 노릇을 한다고 말하는 것은 자기만족을 위한 지나친 단순화에 불과하다. 우리가 "재배/사육"이라고 부르는 행위는 식물학자 찰스 R. 클레멘트가 야생으로부터 "우연히 공진화한 상태"로, "처음으로 길들인 상태"로, "반쯤 길들인 상태"로, "원시 품종"에서 "오늘날의 품종"으로 이어진다고 묘사하는 연속적인 변화과정이자 "품종 선별 및 재배/사육 환경의 조성을 위한 인류의 지속적 투자 과정"이다.[51] 여타 공진화 과정과 마찬가지로, 재배/사육은 관련된 주체 전부에게 영향을 미친다. 공진화의 성공은 매우 특수한 관계의 형성으로 이어질 수 있다. 앞서 언급한 대로, 발효된 과일즙을 마시며 베르트람 야자나무의 꽃가루를 옮기는 붓꼬리나무타기쥐가 대표적인 사례다. 인류의 주된 곡식도 그렇다. 우리는 선별 및 환경 조성을 위해 엄청난 투자를 거듭하는 과정에서 "의무적인 대리인"이 되었다. "특정 식물에 상당히 의존한 결과, 식물이 살아야 우리가 사는 신세가 되었다"는 뜻이다.[52]

이와 같은 의존적 상황이 문화의 모든 구성 요소에 스며든 사실을 감안하면, 식물이 인류와 공진화한 결과물이듯 인류 역시 식물과 공진화한 결과물이라고 말할 수 있을 것

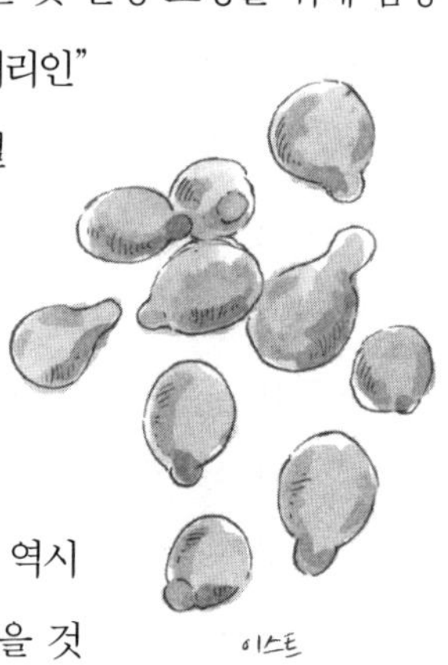

이스트

이다. 이 공진화 관계에서 인류만이 유일한 주체가 아니듯, 식물 역시 인류와 긴밀하게 협력해서 이득을 챙기는 유일한 생명체는 아니다. 알코올음료와 빵을 만드는 데 주로 쓰이는 이스트 사카로미세스 세레비시아*Saccharomyces cerevisiae*는 어떤가? 이스트는 원래 자연에 널리 퍼져 있는 것이지만, 이 특별한 이스트는 — 인류와 오랜 협력을 거쳐서, 그리고 취향에 맞추어 식물을 대량으로 재배하고 가공해 매년 넉넉히 먹겠다는 인류의 의지를 통해서 — 우리가 맥주효모균으로 부르는 공진화의 동반자로 발전했다. 칼 S. 페더슨은 1979년에 출간한 미생물학 교과서에서 "미생물은 [우리가 거느린] 하인들 중에 그 숫자가 제일 많다"고 하여 인류가 진화의 최상위 창조물이므로 다른 생명체를 마음대로 이용할 수 있다는 세계관의 전형을 고스란히 드러냈다.[53] 우리 자신을 주인으로, 미생물을 하인으로 보는 시각은 양자의 상호 의존성을 부인하는 것이다. 맥주효모균이 인류의 하인이라기보다 인류가 맥주효모균의 맹목적인 팬이자 하인이라고 말하는 편이 맞을 것이다. 우리가 비티스 비니페라*Vitis vinifera*(포도) 또는 호르데움 불가레*Hordeum vulgare*(보리)를 대하는 태도가 그런 것처럼.

우리가 많은 관심을 기울이지 않지만, 인류는 다양한 유산균과 동반자 관계를 이어왔다. 2007년이 되자 유전학자들은 이렇게 단언할 수 있었다. "세상 모든 사람은 유산균 박테리아와 접촉하며 살아왔다. 우리는 태어난 뒤로 음식과 환경을 통해서 이들에게 줄곧 노출되어왔다."[54] 유산균은 그 유전적 다양성 덕분에 "유제품, 육류, 채소, 발효빵, 포도주 같은 음식부터 구강, 질, 위장 같은 인체의 점막 표면에 이르기까지 다양한 생태적 환경에서 서식할 수 있다."[55] 유전자 비교 분석에 따르면, 유산균은 영양분이 풍부한 곳에 도착하면 유전자를 발산해서 그동안 사용하지 않던 대사 기능을 활성화시키는 방식으로 효율성을 제고한다. "특히 우유에 특화된 적응력이 흥미롭다. 이와 같은 발효 환경은 인간이 개입하지 않고서는 조성되지 않기 때문이다. 선택적인 압력은 자연적 환경에서만이 아니라 인간이 만들어낸 인위적 환경에서도 나타난다."

정확히 누가 누구의 하인인가? 우유 속 유산균 박테리아 또는 포도주스 속 이스트가 우리 하인인가? 아니면 우리가 이들의 명령에 복종해서 그렇게 마구 증식할 수 있는 독특한 환경을 제공하는 하인인가? 우리는 인류가 우월하다는 식의 사고방식을 버려야 한다. 그리고 우리도 다른 모든 생명체와 마찬가지로 상호 연관되어 영향을 주고받는 무한한 생물학적 순환고리의 한 조각임을, 상호의존적으로 지극히 다양하게 진화해나가는 자연이라는 대서사시의 일부에 불과함을 인정해야 한다.

발효라는 자연현상

사람들이 발효라는 자연적인 현상을 목격한 뒤에 인위적인 발효법을 깨달았으니, 발효음식을 인류의 발명품이라고 말하기는 어려울 것이다. 이 자연 현상은 장소에 따라 다양한 모습으로 나타났다. 남아도는 식량이 다르고, 발효시키는 방식도 다르며, 저장하는 환경 역시 다르기 때문이었다. 미생물의 특성은 지역적 특성에서 나온다. 풍부하게 자라서 남아도는 식물(또는 동물)이 지역에 따라 다르면, 거기서 발달하는 미생물 집단도 달라지는 이치다. 중국에서는 쌀과 수수가 많이 났고, 곰팡이균이 그 복합탄수화물을 알코올 발효에 필요한 단당으로 분해했다. H. T. 황은 이렇게 말한다. "신석기 시대 사람들이 곰팡이균 발효법을 발견한 것은 세 가지 요인이 사이좋게 맞물린 결과다. 첫째로 고대 중국인들이 경작한 쌀과 수수 같은 곡물의 특성, 둘째로 그 곡물을 쪄내는 기법의 발전, 마지막으로 이 과정에서 영향을 미치는 몇 종류의 박테리아. (…) 우리가 아는 한, 이 세 요인이 하나로 융합한 곳은 중국이 유일하다."[56] 이에 비해 중동의 "비옥한 초승달" 지역에서는 수수와 밀이 많이 났고, 매우 다른 방식인 발아법을 통해서 발효에 필요한 당분을 추출했다.

활용 가능한 식량의 종류와 이에 따라 자연적으로 나타나는 발효 현상은 열대의 더위와 극지의 추위라는 양극단 사이에서 대단히 다양한 스펙트럼을 보인다. 추운 지역에서는 발효음식이 없으면 살아갈 방법이 없다. 사람들은 바다의 얼음이 녹는 여름이면 물고기나 새를 잡아서 구덩이에 파묻고 몇 달 동안 발효시켰다가 식량이 부족한 겨울에 꺼내서 먹는다. 열대 기후 사람들은 혹독한 추위를 걱정할 필요는 없지만 발효음식이 중요하기는 매한가지다. 하미드 디라르는 수단에서만 80곳이 넘는 지역을 답사하면서 발효음식을 조사했다. 열대의 더위 속에서는 미생물에 의한 음식의 급격한 변화가 불가피하다. 이런 경우에 발효는 부패를 막기보다 미각을 돋우기 위한 수단으로 쓰인다. 디라르는 "수단 음식은 발효시킨 것이 대부분"이라고 설명한다.[57] 미국 농무부 발효연구소의 클리퍼드 W. 헤슬타인과 화 L. 왕[58]은 "발효음식은 전 세계 모든 나라의 식생활에서 핵심적인 지위를 차지한다"고 말한다.[59]

크라우트 기도문

엘리 브라운, 오클랜드, 캘리포니아

내 눈에 안 보이는 무수한 존재여, 변화를 일으켜주셔서 감사합니다. 여러분이 나를 풍요롭게 하듯이 나로 인해 여러분도 풍요롭기를, 여러분이 우리 안에서 번성하듯이 우리도 지구에서 번성하기를, 지구촌 방방곡곡 메아리가 울려 퍼지듯이 굶주림으로 고통받는 곳마다 풍요가 넘치기를 기원합니다.

박테리아와의 전쟁

생물학적 현실은 — 박테리아가 우리의 조상이고 모든 생명의 근간이며 인체에서 여러 중요한 생리 기능을 담당할 뿐 아니라 우리가 먹는 음식을 개선, 보존, 보호한다는 것으로 — 박테리아를 인류의 적으로 여기는 광범위한 편견과 날카로운 대조를 이룬다. 인류가 미생물을 상대로 거둔 최초의 승리가 세균성 병원균의 발견과 효과적인 치료제의 개발로 통할 만큼, 우리 문화는 내가 '박테리아와의 전쟁'이라고 부르는 살균 프로젝트를 언제나 지지해왔다. 우리는 마약과의 전쟁, 테러와의 전쟁이라는 말을 귀에 못이 박이도록 들으며 살고 있다. 이런 식의 이름이 처음부터 붙지는 않았지만, 박테리아와의 전쟁은 지난 몇 세대에 걸쳐서 거의 모든 사람의 뇌리에 깊이 각인될 정도로 상당히 오랜 역사를 자랑한다. 우리는 몇몇 중요한 이유로 (그러나 일반적으로는 과잉처방 탓에) 항생제를 복용할 뿐 아니라 가축에게도 항생제를 일상적으로 투여하고, 식수를 화학적으로 정화시키며, 박테리아를 99.9% 박멸한다는 매혹적인 광고 문구를 확인한 뒤에야 항균성 세제를 장바구니에 담는다.

박테리아를 99.9% 박멸하는 것은 문제가 있다. 대다수 박테리아는 사람을 아프게 만드는 소수의 박테리아로부터 우리를 지켜주기 때문이다. 인체의 내부와 표면과 주변에 존재하는 박테리아를 지속적으로, 무차별적으로 죽인다면, 우리는 더 건강해지기는커녕 감염에 취약한 상태가 된다. 병원성 세균이 박테리아 특유의 유전자적 변동성을 바탕으로 우리가 흔히 사용하는 항생물질에 대한 저항력을 신속하게 키우기 때문이다. 미국의학협회는 "생활용품에 일반적으로 첨가하는 항균물질은 박테리아가 이미 내성을 키운 것으로 보이므로 사용을 중단해야 한다"고 지적한 바 있다.[60] 박테리아를 가차 없이 계속해서 죽이는 행위, 그리고 이런 행위에 기름을 붓는 이데올로기는 위험한 오류가 아닐 수 없다. 린 마걸리스는 "박테리아를 증오해서 죽이려드는 사람들은 자기혐오의 수렁으로 뛰어드는 셈"이라고 비판한다.[61]

우리가 박테리아와 전쟁을 벌인 결과, 인류의 박테리아 환경은 급속하게 변화하고 있다. 예를 들어 헬리코박터파일로리는 한때 인류 전체에 만연한 박테리아였지만, 지금은 미국 어린이 가운데 보균자가 10%도 안 될 정도로 멸종이 임박했다.[62] 헬리코박터는 적어도 6만 년에 걸쳐 인류와 협력해왔고, 영장류가 등장한 1억5000만 년 전부터 가까운 친족관계의 박테리아가 그들의 위장 속에서 살아왔다. 사람들은 종종 '좋은' 박테리아와 '나쁜' 박테리아를 구분하려고 애쓴다. 헬리코박터는 궤양과 위암 같은 건강상의 문제들과 상관관계를 보여왔고, 그런 탓에 이 박테리아에 의한 발병율과 보균자 수를 낮추기 위한 노력이 꾸준히 이루어지고 있다. 하지만 인체에 문제를 일으킴에도 불구하고 헬리코박터는 우리의 일부다. 헬리코박터에 의지해서 특정한 조절 기능을 누리며 공진화해왔기 때문이다. 이 특별한 박테리아는 우리 몸속에서 위산 농도와 특정 면역 반응, 식욕 통제 호르몬의 조절 등 여러 기능을 수행하는 (또는 수행해온) 것으로 보인다. 비만과 천식, 위산역류, 식도암의 발생률이 증가한 것도 헬리코박터가 자취를 감춘 결과일 것이다.[63] "인류와 공생하는 박테리아를 '해롭다' '이롭다'로 정확히 구분하기란 여전히 어렵고, 추측에 의존하는 경우가 많다. 건강에 미치는 몇 가지 영향만을 조사해서 근거로 삼을 뿐, 종합적인 건강의 관점에서 살피려는 시도가 없었기 때문이다." 유행성 질병 전문가 볼커 마이의 지적이다.[64] 미생물학자 겸 의사인 마틴 블레이저는 "최근 새롭게 떠오르는 건강 문제와 질병의 상당수는 우리가 인체 내 미생물의 구성을 선택적으로 바꾼 탓"이라고 주장하면서 "헬리코박터를 체내 미생물 생태계의 변화 및 질병 위험성을 가리키는 '지표생물'로 삼자"고 제안한다.[65] 한마디로 인류는 공진화의 동반자를 상대로 궤멸 작전을 펼친 나머지 중대한 위기를 자초하고 말았다.

생명 사랑의 정신

나는 여러분이 이 책을 읽고 발효음식을 만들어보면서 특정 박테리아나 발효균의 배양에 도전할 뿐 아니라 공진화하는 존재이자 생명의 거대한 그물망의 일부로서 자기 자신을 바라보는 계기로 삼기를 바란다. 생물학자 에드워드 O. 윌슨은 이와 같은 사고방식에 생명사랑biophilia이라는 이름표를 붙인 바 있다.[66] 말 자체는 낯설지 몰라도, 사실 이런 관점은 우리 안에 본성으로 지녀온 것이었다. 불행히도 우리는 자연으로부터 점점 더 멀어지면서 우리 주변의 동물과 식물, 곰팡이, 박테리아에 대한 인식과 상호작용의 연결 고리를 대부분 상실하고 말았다. 우리 인류는 거대한 생명의 그물망과 자연스럽게 상호작용하는 본래의 관계성을 회복해야만 한다. 발효는 이런 의식과 관계를 '배양'하는 현실적인 방법이다.

진화하는 존재로서 우리는 미생물이 인류의 기원이고 공생의 동반자라는 사실은 물론 인류가 추구해야 할 최선의 생물학적 미래상까지도 박테리아를 통해서 배워야 한다. 그러지 않고서는 우리가 양산하는 이 모든 독성물질과 쓰레기에 대처할 방법이 없어 보인다. 박테리아는 이미 고무 타이어를 비롯한 여러 오염물질[67]과 살충제, 가소제, 제트연료, 화학무기에 쓰이는 독성물질[68]과 플라스틱, 화장품에 쓰이는 프탈레이트를 분해하는 것으로 밝혀졌다.[69] 2010년 저 끔찍한 딥워터호라이즌호 기름 유출 사건이 터지고 몇 달이 지나자, 『사이언스』는 유출된 기름이 심해에 서식하는 "프로테오박테리아proteobacteria"를 자극했다고 보고했다.[70] 이 박테리아는 석유의 생분해를 돕는 것으로 알려져 있다. 곰팡이균 역시 해독력과 적응력을 자랑한다.[71] 변화하는 환경에 적응하는 것이 진화를 위한 인류의 책무라면, 미생물을 박멸하겠다고 덤벼들 것이 아니라 포용하고 격려하면서 협력하려고 노력해야 할 것이다. 공진화는 무한대에 가까울 정도로 수많은 당사자 모두에게 영향을 미친다. 우리는 공진화라는 운명을 받아들여야만 하고, 따라서 변화에 적응하려고 최선을 다해야 한다. 다른 방법은 없다.

변화에 적응하기 위한 유전자 공식은 존재하지 않는다. 그래도 적응하고 변해야 한다. 그러려면 텔레비전, 컴퓨터, 심지어 앞에 펼쳐 놓은 책 같은 문화적 발명품의 유혹을 떨치는 동시에 문화적 뿌리와 생물학적 유산을 되살려야 한다. 여러 사람과 손잡고 공동체를 구축하며, 공진화 관계라는 드넓은 생명의 그물망을 복구해야 한다. 발효음식을 만드는 행위가 미생물의 세계를 배우고 더불어 일하는 법을 배우는 기회를 선사할 것이다. 미생물은 오래전부터 우리와 함께 공진화해왔다. 이들은 우리와 함께, 아니 우리가 없어도, 미래를 향해서 나아갈 것이다.

발효는 성장이다

쉬바니 아르주나, 위스콘신

발효를 배우면 새로운 가능성을 향해서 마음의 문이 열린다. 지금껏 한 번도 시도해본 적이 없는 방법으로 배를 채울 수 있다는 가능성 말이다. 발효는 우리에게 새로운 능력을 부여한다.

2장

발효의 이로움

공장 생산품
제조 빵
CORN
통조림
비타민

발효의 이로움
사워도
사워크라우트
양배추와 무
발효식품
김치
피클
당근
된장
올리브
템페
포도
치즈

발효는 인류에게 신성한 알코올을 만들어주기도 했지만 대개는 음식을 저장하는 유용한 수단으로 역사상 귀한 대접을 받아왔다. 예를 들어, 체다 치즈가 우유에 비해서 얼마나 안정적인 음식인지 생각해보라. 우리 세대는 통조림과 냉동과 화학처리와 열처리의 등장 탓에 음식을 저장하는 수단으로서 발효의 몰락을 목도해왔지만, 이 고래의 지혜는 여전히 활용되고 있으며 불확실성으로 가득한 미래에도 인류가 생존을 지속하기 위한 열쇠로 작용할 것이다. 요즘은 영양가 높고 건강에 무척 이롭다는 이유로 많은 사람이 발효에 관심을 보이고 있다. 미생물이 살아 있는 음식과 건강의 상관관계에 대한 지구촌 사람들의 전통적인 믿음이 과학적인 연구를 통해서 꾸준히 입증되고 있다. 박테리아는 인체의 생리 기능에서 여러 측면으로 중차대한 기능을 수행한다. 아울러 발효음식은 체내 미생물 생태계를 지원하고 보충하며 더욱 풍요롭게 만든다. 이는 인류가 변화하는 환경에 적응할 수 있는 요긴한 수단이 된다. 발효는 연료를 아끼기 위한 방편으로 활용되기도 한다. 요리

시간이 오래 걸리는 특정 영양소를 부드럽게 만들 수 있고 음식을 상온에 두어도 상하지 않게 보존할 수 있기 때문이다. 미래의 에너지 공급 여건에 대한 불안감이 높아지는 요즘, 에너지 절약이라는 측면에서 발효가 기여할 수 있는 측면이 크게 주목받고 있다. 그러나 음식 보존, 건강, 에너지 절약보다 궁극적으로 더 중요한 이점은 (적어도 나에게는) 발효음식의 그 복합적이고도 짜릿한 맛과 향기다. 애초에 내가 이 모든 것에 흥미를 느낀 이유 역시 발효음식 고유의 향미香味에 있었다. 어쨌거나 음식이란 본질적으로 실용의 도구가 아니지 않은가. 발효는 우리에게 다양한 이로움으로 엄청난 기쁨을 안겨준다. 이번 장에서는 발효의 이점을 보존, 건강, 에너지 절약, 맛으로 나누어 살펴보도록 한다.

보존의 이점과 그 한계

냉장고 없이 삼시 세 끼 먹고 사는 삶을 상상해보자. 사람들과 마찬가지로 나 역시 일평생 냉장 음식으로 넘쳐나는 시대를 살았다. 냉장고는 본질적으로 발효의 속도를 늦추기 위해서 만든 물건이다. 다시 말하면, 미생물의 신진대사뿐만 아니라 효소의 발효 작용까지 저해하거나 속도를 늦춤으로써 음식의 신선함을 오래 유지시킨다. 나는 냉장고를 역사적인 거품이라고 부른다. 대개 전력이 풍부한 몇몇 잘사는 국가에서 고작 몇 세대 전에 등장한 이래 음식의 변화에 대한 우리 관점을 대단히 왜곡했고, 냉장고가 없으면 큰일 난다는 두려움을 심어주었으며, 다량의 에너지를 소모한다는 점에서 냉장 보관이 언제 어디서든 누구나 손쉽게 사용할 수 있는 방식인지 의문스럽기 때문이다.

발효는 다양한 방식으로 음식의 생명을 연장시킬 수 있다. 첫째, 우리가 배양한 미생물은 음식 안에서 지배자로 군림하며 여타 수많은 박테리아의 성장을 막거나 밖으로 내쫓는다. 그들이 자신을 보호하는 메커니즘 가운데 하나는 박테리오신bacteriocin을 생산하는 것이다. 이는 긴밀하게 관련된 다른 박테리아에 대항해서 항균 기능을 수행하는 단백질이다. 아울러 발효균이 대사과정에서 유발하는 — 주로 알코올, 젖산, 아세트산, 여기에 이산화탄소까지 수많은 — 부산물은 다수의 미생물과 효소의 작동을 억제하는 효과가 있고, 이에 따라 음식의 변질을 제한해서 오래도록 보존하기에 적절한 선택적 환경selective environment을 유지하는 데 도움을 준다.

하지만 모든 발효균이 음식을 보존하기 위해서 존재하는 것은 아니다. 예를 들어, 밀은 발효시킨 빵으로 만들기보다 말린 상태로 보존하는 것이 더 낫다. [콩을 발효시킨 인도네시아 음식] 템페tempeh는 냉장고에 보관해도 며칠만 지나면 상해버린다. (오래 두고 먹으려면 차라리 냉동시키는 편이 낫다.) 알코올은 효과적인 방부제로서, 포도즙(와인)을 보존하는 데 쓰인다. 때로는 식물성 약품(옥도정기)을 보존하거나 처방하기 위해 사용하기도 한다. 그러나 알코올은 (발효 이외의 수단으로 응축시키지 않으면) 대기와 만나서 아세트산으로 발효한다. 식초로 변한다는 뜻이다.

산성화는 — 아세트산보다 젖산균이 담당하는 경우가 더 많은데 — 발효에 의한 음식의 보존에 있어서 중요한 수단이다. 식품과학자 겸 발효학자 키스 스타인크라우스에 따르면, "산성화한 발효음식의 이점"은 다음과 같다.

(1) 미생물에 의한 음식의 변질과 독소의 생성을 막아주고, (2) 병원성 미생물의 생성 가능성을 줄여주며, (3) 수확해서 소비하기 전까지 음식을 상당한 수준으로 보존하고, (4) 구성 요소의 맛에 변화를 일으키는 동시에 영양가를 높여주는 경우가 많다.[1]

산성화를 통한 보존은 식초, 피클, 사워크라우트, 김치, 요구르트, 치즈, 살라미 등 지구촌 사람들이 먹는 모든 종류의 발효음식에 적용되는 이야기다. 다시 말해, 음식을 사람이 먹을 수 있는 상태로 오랫동안 지켜준다는 뜻이다.

최근까지도 인류의 저장 기법이 매우 한정적이었다는 사실을 인정한다면, 보존에 있어서 발효가 차지하는 중요성을 더 분명하게 파악할 수 있을 것이다. 사실 우리가 냉장고를 사용하기 시작한 것이 오래되면 얼마나 오래되었겠는가. 물론 일부 지역에서는 얼음을 이용하기도 했지만, 이는 대부분의 지역에서 불가능한 방식이었다. 통조림 역시 19세기가 되어서야 등장했다. 음식은 그저 건조하거나 서늘한 곳에 보관하거나 햇볕, 열기 또는 연기, 소금 따위로 말리거나 발효시킬 뿐이었다. 사람들은 미생물의 신비로운 힘을 활용해 음식을 산성화시킴으로써 강렬하고도 — 오래도록 변치 않는 — 풍요로운 맛을 창조할 수 있었다.

음식의 보존은 음식의 안전과 따로 떼어서 이야기할 수 없다. 효과적인 보존법이란 음식을 안전하게 먹을 수 있도록 발효시킨다는 뜻이기 때문이다. 발효에 의한 산성화는 음식을 안전하게 보존하는 데 있어서 실로 탁월한 전략이 아닐 수 없다. 급속하게 번식한 산성화 박테리아는 병원성 미생물이 이미 출현해도 체내에서 정착하기 어렵게, 거의 불가능하게 만든다. 젖산균과 아세트산에 더해서 산성화 박테리아도 과산화수소, 박테리오신을 비롯한 항균성 '억제 물질'을 생성하기 때문이다.

최근 상당수 질병이 (주로 공장식 농장에서 흘러나온 분뇨 때문에) 생채소가 박테리아에 오염되어 발생하는 것으로 드러나고 있다. 따라서 발효음식이 원재료보다 안전하다고 말해야 옳다고 본다. 발효과정에서는, 심지어 원재료가 오염된 경우라도, 산성화 박테리아가 영양분이 대단히 풍부한 환경에 특별히 적응해서 산을 비롯한 보호 물질을 분비하며 든든하게 버티고 있으므로 독성 박테리아가 생존을 위해 힘겨운 싸움을 벌이지 않을 수 없다. 이와 같은 환경에서는 살모넬라, 대장균, 리스테리아, 파상풍균처럼 음식에서 발생한 병원균은 결국 살아남을 수가 없다. 이로써 우리는, 우유로 만든 부드러운 치즈나 생우유와 달리, 같은 우유로 만든 딱딱한 치즈를 최소 60일 이상 묵혀야 합법적으로 유통할 수 있는 까닭을 이해할 수 있다. 발효균이 생성한 산이 충분히 쌓여야만 치즈가 안전하기 때문이다. 딱딱한 치즈에서 산성화 발효과정이 진행되면 여러 위험한 병원균이 생존할 수 없다는 사실을 — 생우유가 기본적으로 위험한 음식이라고 여기는 — 식품 관련 법률조차 인정하고 있는 것이다.

인류의 집단적 상상력 속에 음식의 안전을 위협하는 가장 두려운 적으로 각인된 존재는 보툴리누스균에 의한 식중독이다. 보툴리누스 식중독은 자주 발생하는 질병은 아니지만 신경계통을 망가뜨리는 치명적인 질병으로, 클로스트리디움 보툴리눔Clostridium botulinum이라는 박테리아가 생산하는 독소에 기인한다. 이 독소는 "인류가 독성이 가장 높다고 여기는 물질"이다.[2] 이 신경학적 질병에 걸린 초기에는 사물이 흐릿하게 보이거나 여러 개로 보이는 증상, 운동 기능을 상실해 목소리가 제대로 안 나오고 음식을 삼키기 어려우며 말초근육이 약해지는 증상이 나타난다. 미국 질병통제예방센터에 따르면, "증상이 심각한 경우, 적절한 치료를 받지 못하면 호흡기 근육이 마비되어 호흡곤란으로 목숨을 잃을 수도 있다."[3]

우리는 이처럼 드문 독소가 발생하는 주된 이유에 대해서 음식 보존 방법, 특히 통조림과 관련 있다고 알고 있다. 19세기에 처음 등장한 통조림은 음식 보존법의 혁명을 일으킨 멸균 처리법으로, 발효와는 정반대에 해당되는 논리를 따른다. 우리는 음식을 발효시킬 때 재료에 원래 서식하는 미생물 집단 또는 인위적으로 집어넣은 발효균 즉 종균에 의지해서 보툴리누스균을 비롯한 병원성 박테리아가 증식할 수 없을 정도로 산성화된 환경을 창출한다. 반면 통조림은 음식에 열을 가해서 미생물 집단을 완전히 제거한다. 하지만 이와 같은 음식 보존법은 보툴리누스에 취약할 수밖에 없다. 보툴리누스가 열에 의해서 스트레스를 받으면 고온에도 너끈히 견디는 생식세포를 생성하기 때문이다. 이 생식세포를 파괴하려면 물이 끓는 온도보다 더 높은 섭씨 116도에서 121도에 이르는 열로 오랫동안 끓여야 한다. 그러려면 세제곱인치당 5~7kg의 압력이 필요한데, 결국 압력솥을 사용해야 한다는 뜻이다. 섭씨 100도의 물로 보툴리누스 생식세포를 파괴하려면? 무려 11시간이나 끓여야 한다![4] 불충분한 열을 가한 나머지 생식세포들이 비산성 매개체에서 살아남는다면, 그야말로 이상적인 증식 환경을 획득하는 셈이 된다. 통조림은 이들이 여타 박테리아와 경쟁할 필요가 전혀 없는, 무산소 진공상태이기 때문이다.

보툴리누스는 토양에서 매우 흔하게 발견되는 박테리아다. 그러나 이름 없는 질병에 불과하던 이 식중독의 발병률이 통조림의 출현과 동시에 폭발적으로 증가하기 시작했다. 1924년에는 미국 오리건주에서 비극적인 사건이 발생해 신문 지면을 뒤덮기도 했다. 집에서 만든 껍질콩 통조림이 상한 줄 모르고 먹었다가 일가족 12명이 한꺼번에 숨진 것이다.[5] 이런 식의 이야기들은 인류의 집단적 상상력에 강력한 영향을 미침으로써 세대에서 세대로 전해지는 — 대부분 매우 모호한 — 공포의 대상으로 보툴리누스 식중독이 뿌리를 내리게 만들었다. 나는 집에서 발효시킨 사워크라우트를 탐탁지 않게 여기는 사람들한테서 함부로 먹었다가 보툴리누스균 때문에 죽으면 어떡하느냐는 말을 수없이 들었다. 그러나 보툴리누스균을 풍요로운 낙원으로 인도하는 장본인은 발효시킨 음식이 아니라 잘못 만든 통조림이다. (다만 육류와 어류는 각별히 조심해서 발효시켜야 한다. 이 점에 대해서는 12장에서 다루도록 하겠다.) 식물을 발효시킨 음식은 일반적으로 안전하다. 고유의 미생물 또는 나중에 첨가한 발효균이 지켜주기 때문이다.

물론 발효시켜서 보존한 음식이라 해도 대부분 언젠가는 상하고 만다. 우리가 잘 보존된 음식에 대해서 기대하는 내용은 대개 통조림 기술과 이에 따른 화학물질, 포장, 초고온, 냉동, 방사선 같은 처리법에 의해서 형성된 것이다. 통조림 음식이라면 초대형 폭풍 같은 재난에 대비해서 피난처에 수십 년 동안 보관해둘 수도 있다. 그러나 대다수 발효음식은 그럴 수 없다. 일정 시점이 지나면 변질을 피할 수도, 맛을 유지할 수도 없다. 각각의 발효음식은 원재료의 특성, pH 농도와 수분 활동도와 염도, 보관 장소의 습도와 온도, 보관 방식, 그리고 여러분의 참을성에 따라 보존 기간이 정해진다. 발효음식은 살아 숨 쉬는 역동적 존재이

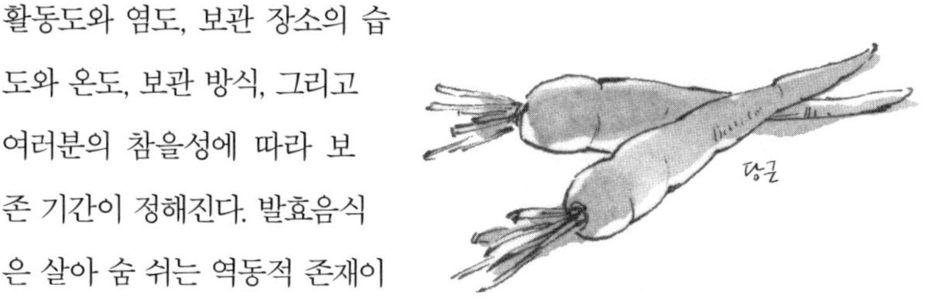

고, 발효음식을 보존시키는 미생물과 효소 역시 — 보존 조건에 따라 정도의 차이가 있겠지만 — 끝내는 또 다른 미생물과 효소에게 자리를 내줄 수밖에 없다. 사워크라우트는 결국 흐물흐물해지다가 곤죽이 되고 말 것이다. 소금을 첨가하지 않았거나 더운 여름에 만든 것이라면, 소금을 첨가했거나 추운 겨울에 만든 것보다 변질이 더 빨리 찾아올 것이다. 그러나 지구촌 곳곳의 문화권에서는 이와 같은 역동성을 이해하면서 계절적으로 발생하는 잉여 산물을 보존하기 위한 중요한 전략으로 발효를 활용해 먹을 것이 상대적으로 부족한 시기를 견뎌냈다.

비록 발효가 음식을 저장해두었다가 나중에 소비하기 위한 수단으로서 그 중요성이 점점 줄어왔지만, 한편에서는 또 다른 보존의 형태로 존중을 받으며 중요한 기술로 대접받게 되었다. 바로 문화적 보존이다. 나오미 거트먼과 맥스 웰에 따르면, "음식을 둘러싼 새로운 환경이 전통적인 발효법에 새로운 의미를 부여하고 있다. 문화의 보존이라는 새로운 기능이 영양분의 보존이라는 애초의 기능을 대체하는 중이기 때문이다."[6] 문화의 부활을 주장하는 사람들에게 음식의 보존과 문화의 보존은 떼려야 뗄 수 없는 개념이다.

발효와 HIV

나는 글을 쓰거나 강연할 때 내가 HIV 보균자라는 사실을 수시로 언급한다. 이 책에서도 밝혔듯이, 나는 1991년에 HIV 감염 사실을 처음 알았고, 이 책을 쓰는 동안 HIV 양성 판정 20주년 기념일을 지냈다. 나는 아직도 살아 있어서 정말 좋다. 하지만 나처럼 행운이 따르지 않은 친구도 많다. 나는 『천연발효』 뒤표지에 "발효음식은 내가 HIV를 치유하는 과정에서 중요한 역할을 담당해왔다"고 썼다. 그러자 많은 사람이 발효음식을 'HIV/AIDS 치료제'라고 추측했다. 나 역시 이런 추측이 진실이기를 바란다. 하지만 안타깝게도 그렇지 않은 것으로 보인다.

1999년에 건강 위기를 겪은 뒤로, 나는 항레트로바이러스와 프로테아제 억제인자 약물을 복용해왔다. 이 약물은 영양, 소화, 그 외 전반적인 면역 기능의 중요성을 절대로 부인하거나 깎아내리지 않는다. 실제로 많은 사람이 이 약물 탓에 소화 기능에 해를 입었다. 미생물이 살아 있는 음식 덕분에 나는 탁월한 소화력을 유지할 수 있었다. 나는 발효음식이 면역 기능의 다양한 측면을 자극할 수 있다는 사실도 스스로 터득했다. 인체에 유익한 여러 미생물이, 시간이 흐를수록 일반적으로 감퇴하는 면역 기능의 지표인 CD_4 세포의 증가에 도움이 되는지에 대해서 몇 가지 연구가 진행되고 있다.[10] 개인적으로는 미생물이 살아 있는 음식에 거의 모든 사람의 건강을 증진시키는 잠재력이 있다고 생각한다. 그러나 건강 일반에 이롭다고 해서 특정 질병의 치유와 직결되는 것은 아니라는 점을 다시 한번 강조하고자 한다.

건강에 이로운 발효음식

발효음식은 대체로 영양가가 높고 소화가 잘 된다. 발효는 음식을 소화하기 쉬운 상태로 변화시켜 인체가 영양소를 생물학적으로 이용하기 쉽도록 만든다. 아울러 새로운 영양소를 생성하거나 건강에 해로운 성분 또는 독소를 제거하는 경우가 많다. 발효음식은 젖산을 활발하게 생성하는 박테리아를 함유하고 있어서 소화 기능과 면역 기능을 비롯한 건강 전반에 대단히 이롭다. 내가 이 책을 집필하는 동안에 『미국 국립과학원 회보』에 흥미진진한 연구 결과가 하나 실렸다. 장내 박테리아가 멀리 떨어진 다른 장기의 면역반응에 영향을 미친다는 것으로, 특히 인플루엔자 바이러스 감염에 대응하는 "허파의 생산적 면역반응"과 관련 있어서 "호흡기 점막의 면역력을 조절하는 데 공생자인 미생물이 중요한 역할을 수행한다"고 확인하는 내용이었다.[7] 창자에 서식하는 박테리아가 (프로바이오틱 보충제를 비롯한) 음식에 존재하는 박테리아에 의해서 그 잠재력을 증강시킬 경우 인체의 건강에 훨씬 더 광범위하고 심오한 영향을 미칠 수 있다는 뜻이다. 나는 나 자신을 스스로 치유하는 오랜 여정 속에서 깨달았다. 미생물이 살아 있는 음식을 먹으면 기분이 늘 좋다는 것, 그래서 내 문제를 스스로 해결하고 남도 돕겠다는 적극적인 마음이 생긴다는 것이다. 물론 발효음식이 만병통치약이라는 말은 아니다.

어떤 발효음식을 먹고 기적을 체험했다는 이야기가 수없이 많다. 하지만 나는 그런 주장을 회의적인 시각으로 바라보는 것이 중요하다고 생각한다. 이를테면, 일부 인터넷 장사꾼들의 주장과 달리, (설탕과 찻잎을 특수한 방식으로 발효시킨) 콤부차를 매일 마신다고 해서 당뇨병이 낫는다고 믿지 않는다. 오히려 당뇨병 환자들은 콤부차 섭취에 신중해야 하고 사워크라우트나 요구르트처럼 설탕이 덜 들어간 음식으로 발효균을 얻어야 한다고 본다. 전반적인 건강의 증진이 특정한 결과를 반드시 보장하는 것은 아니므로, 무슨 효험이 있다는 주장을 접하면 비판적으로 검토해야 한다. 2010년, 거대 요구르트 기업 다농은 자사의 프로바이오틱 요구르트 제품군을 팔면서 "감기나 독감에 걸릴 확률을 줄여준다"며 "과학적으로 입증된 사실"이라고 광고하다가 미국 연방거래위원회에 적발당해 "오해를 부르는 그릇된 주장"이라는 지적을 받았다.[8] 위원회는 다농 측에 이와 같은 "근거 없는" 주장을 중단하는 동시에 문제를 제기한 39개 주에 2100만 달러를 지급하라고 결정했다.[9] 우리는 즉각적인 만족을 추구하는 세상에 살면서 기적의 특효약을 원하고 장사꾼들은 그런 우리를 만족시켜 돈을 벌려고 든다. 내 바람과 달리, 발효음식은 에이즈 치료제가 아니다. 요구르트, 사워크라우트, 미소 등등 미생물이 살아 숨 쉬는 음식을 섭취해서 발암 위험성을 낮출지언정, 그 어떤 발효음식도 맹렬하게 퍼지는 암세포에 맞서는 주무기로 삼기에 충분치 않다고 생각한다.

건강과 치유는 어느 결정적 요소 하나에 기대는 단순한 현상이 아니다. 발효음식은 건강과 장수의 유일한 비결이 아니다. 운동도, 호기심도, 열린 마음도, 다이어트도, 충만한 내면도, 성적 쾌락도, 쾌변도, 숙면도 아니다. 이 모든 것이 여타 무수한 요인과 더불어 인간의 웰빙 전반에 영향을 미친다. 발효음식은 건강이라는 커다란 퍼즐의 한 조각일 뿐이다.

소화력 증진

레슬리 콜크마이어

나는 과민성대장증후군과 [글루텐 처리 효소가 없어서 생기는] 셀리악병이 있다는 (잘못된) 진단을 몇 년 동안이나 받아왔다. 그 밖에도 속이 불편한 증상의 원인을 찾기 위해서 여러모로 노력해보았다. 사워크라우트를 만들기 시작한 것은 얼마 전부터다. 지금은 장 트러블이 거의 사라졌고, 그래서 밀가루 음식을 조금씩 다시 먹고 있다.(초콜릿칩 쿠키와 브라우니로 처음 실험했고, 다음 순서로 피자를 고려 중이다!) 내가 고통을 겪은 까닭은 라임병을 치료하겠다고 항생제를 수시로 투여하면서 이로운 미생물이 사라진 탓이라고 생각한다. 심장병이 있어서 치과치료를 받기 전에 [세균이 혈관에 침투해 심장에 염증을 일으키지 않도록] 항생제를 늘 복용한 것도 문제였다.

이번 장에서 나는 발효음식이 영양과 건강 측면에서 어떤 이로움을 주는지 간단하게 설명하고 과학적으로 입증된 의학적 발견을 요약한 다음, 여러분이 이메일이나 구두로 자주 묻는 몇 가지 질문에 대해서 해답을 제시해볼 생각이다. 많은 사람이 발효음식에 관심을 두게 된 것은 건강에 이롭다고 널리 알려졌기 때문이다. 나는 완벽한 해답을 알지 못한다. 과학자들조차 인체의 신진대사 과정을 적절히 조절하는 박테리아의 역할에 대해서 기본적인 사실을 대강 파악하는 정도다. 우리가 섭취한 박테리아가 얼마나 역동적인지, 토착 박테리아 집단과는 어떤 식으로 상호작용하는지, 장 내벽의 점막이 면역체계의 중요한 측면인 박테리아 집단의 균형을 어떻게 유지하는지에 대해서는 알려진 바가 더 적다. 요즘 빛을 보는 과학적 연구 결과의 상당수는 기업의 후원을 받으면서 지극히 협소한 범위를 다룬 것이다. 특정 상표가 붙은 "인체에 이로운" 특정 발효균이 다양하게 정량화한 생화학적 지표들에 어떤 영향을 미치는지 측정해서 사전에 통보받은 지침에 따라 신중하게 결론을 이끌어내는 식이다. 그렇게 도출한 결론으로부터 우리가 얼마나 멀리 벗어날 수 있겠는가? 수많은 기본적 사실과 메커니즘이 아직도 밝혀지지 않고 있다. 그러나 과학은 조상들이 어떤 식으로든 알아낸 사실, 즉 발효음식이 충실한 영양분을 제공해서 건강한 삶을 영위하도록 도와주는 특별한 음식이라는 사실을 하나둘 입증하고 있다.

장醬은 발효시킨 양념을 말한다. 중국인들은 2000년 전부터 장을 즐겨 먹었다. 당시에는 육류나 어류, 채소로 장을 만들었다. 이는 콩으로 만드는 미소와 간장의 조상인 셈이다. 기원전 5세기에 쓰인 『논어』를 보면, 공자가 "어울리는 장이 없으면 음식을 먹지 않았다"는 말이 나온다.[11] 유교 경전 가운데 하나인 『주례』는 "발효음식 관리자"의 책무를 기술하고 있다.[12] 윌리엄 셔틀리프와 아오야기 아키코는 미소와 장을 비롯한 콩류 발효음식에 대한 광범위한 역사적 자료 가운데 1596년에 나온 『본초강목』을 인용하면서 장이라는 말의 연원을 서기 150년에 쓰인 어느 문헌에서 찾고 있다. "장은 군대의 장수처럼 음식의 독성을 통제하면서 명령을 내린다. 군중 속에 숨어 있는 악질분자를 제압하는 모습과 똑같다."[13] 나는 이 비유적 이미지에 선뜻 찬성하기 어렵지만, 이 오래된 문서가 장이라는 발효음식에 위대한 힘이 있다고 인정한다는 사실만큼은 확실하다.

중국 사람들만 발효음식과 건강을 결부시킨 것이 아니다. 수단 다르푸르의 퍼족Fur族 사람들 역시 카왈kawal이 신비한 힘의 작용으로 질병을 예방한다고 믿었다. 카왈은 같은 이름을 지닌 식물의 초록색 이파리를 짓이겨 발효시킨 음식을 가리킨다.[14] 그 밖의 수많은 지역에서도 요구르트나 케피어kefir 같은 발효 유제품이 예로부터 건강과 장수에 기여해왔다. 1907년에는 러시아 출신 미생물학 선구자 일리야 메치니코프가 『생명의 연장』이라는 유명한 책을 쓰면서 불가리아 농부들이 장수하는 것은 요구르트에 함유된 젖산균 덕분이라고 적시했다. 이후로 지금까지 세계 각지의 수많은 사람이 요구르트, 케피어 등

유산균이 듬뿍 담긴 음식과 (특히 최근에는) 프로바이오틱스 보충제, 건강 음료를 일부러 찾아서 먹고 있다.

앞으로 자세히 살피겠지만, 내가 발효음식이 건강에 미치는 중요한 이로움으로 여기는 것은 대략 다음과 같다. (1) 영양소를 미리 분해하는 전소화前消化, pre-digestion를 통해서 음식을 소화하기 쉽게 만들어 생체이용률bioavailability을 높인다. (2) 영양가를 높이고 새로운 영양소를 만들어낸다. (3) 항영양소의 독성을 제거함으로써 영양소로 변화시킨다. (4) 전부 그런 것은 아니지만, 살아 있는 젖산균을 섭취할 수 있다.

1. 전소화

발효는 박테리아와 곰팡이균과 효소에 의한 소화작용이다. 미생물 집단이 소화작용을 시작하면 음식이 썩지는 않을지라도 내부적으로 구성에 변화가 이루어진다. 유기화합물을 더 기본적인 형태로 분해시키고 무기질 역시 생체 이용률을 높여주며 소화가 어려운 특정 물질의 경우 잘게 부수는 과정이기 때문이다. 다양한 콩류 발효음식의 곰팡이균과 박테리아는 콩의 거대한 단백질이 체내에서 쉽게 흡수되도록 아미노산으로 분해시킨다. 우유의 경우, 유산균이 젖당을 젖산으로 바꾼다. 육류와 어류는 효소의 소화작용을 거치면 육질이 부드러워진다.

사워도

2. 영양가 증진

전소화 과정을 거친 발효음식은 이전에 비해서 티아민(B_1), 리보플라빈(B_2), 니아신(B_3) 등 비타민B의 함량이 증가하는 경우가 많다. 다만, 비타민B_{12}을 두고는 논쟁이 벌어졌다. 한때 B_{12}를 다량 함유한다고 알려졌던 템페를 비롯한 일부 식물성 발효음식이 실은 비활동성 유사물질,[15] 이른바 유사 비타민B_{12}를 함유한 것으로 드러난 것이다.[16] (일각에서는 비산업적 조건에서 리조푸스 올리고스포루스*Rhizopus oligosporus*라는 순수한 템페 발효균이 박테리아에 "오염"되어야 B_{12}가 생긴다고 주장한다. B_{12}가 전통 기법으로 만든 템페에는 존재하지만 순수하게 배양한 결과물에는 존재하지 않는 이유가 여기에 있다는 것이다.[17]) 발효는 곡물에 들어 있는 필수아미노산인 리신lysine의 함량을 높여준다.(예컨대, 젖산균을 함유한 천연발효빵의 리신 함량이 효모로만 발효시킨 빵보다 훨씬 많다.)[18]

다양한 발효음식이 원재료에 없는 비타민, 미네랄 등 미량영양소를 만들어내기도 한다. 예를 들어, 일본에서 콩을 발효시켜 만드는 낫토에는 낫토키나제nattokinase라는 효소가 들어 있다. 이 효소는 "섬유소를 용해하는 강력한 힘이 있어서 (…) 고혈압, 동맥경화, (협심증 같은) 관상동맥 질환, 뇌졸중, 말초혈관계 질환 등등 광범위한 질병을 다스릴 수 있다."[19] 최근에는 낫토키나제가 녹말성 섬유를 분해할 뿐 아니라 알츠하이머 치료에 효과적일 수 있다는 연구 결과도 나왔다.[20] 양배추를 발효시킬 경우에는, 글루코시놀레이트glucosinolate로 알려진 파이토케미컬phytochemical[식물phyto과 화학물질chemical의 합성어. 항산화 작용 등 건강에 유익한 천연 생체활성 화합물질로 제7의 영양소라 불린다]이 보통 겨자유로 불리는 이소티오시아네이트isothiocyanate나 인돌-3-카비놀indole-3-carbinol 같은 물질로 분해되는데, "이는 몇 가지 암을 예방할 수 있는 항암물질"이라고 『농업 및 식품화학 저널』이 밝혔다.[21] 과학자들이 발효음식에서 아직 찾아내지 못한 좋은 물질이 얼마나 많겠는가?

3. 독소 제거

발효는 음식에 들어 있는 다양한 독성물질을 제거해준다. 어떤 경우에는 항영양소를 영양소로 바꾸어주기도 한다. 음식에 존재하는 독소 중에는 [보통 청산가리라고 불리는] 시안화물처럼 치명적인 독극물도 있다. 그러나 시안화물을 함유한 "쓰디쓴" 카사바조차 껍질을 벗기고 대충 썰어 며칠 동안 물에 담가두기만 하면 발효가 진행되면서 독성이 사라진다. (하지만 미국 주요 도시로 수출되어 상점에서 팔리는 카사바/유카/마니옥은 보통 쓴맛이 없다.) 마찬가지로, 도토리부터 호주 서부의 마크로자미아까지 수많은 견과류도 며칠에서 몇 주까지 물에 담가두면 떫거나 쓴맛을 제거할 수 있다.[22] 역시 발효가 이루어지기 때문이다.

상당히 교묘하게 작동하는 독소들도 있다. 예를 들어, 피테이트phytate는 — 모든 곡식, 콩류, 씨앗, 견과류에서 발견되는 성분으로 — 미네랄이 인체에 흡수되지 못하도록 묶어버리는 항영양소다. 그런데 발효가 시작되면, 피타아제phytase라는 효소가 미네랄의 용해도를 높여서 "궁극적으로 장내 흡수를 용이하게 함으로써" 피테이트로부터 벗어나게 만든다.[23] 이들리idli[인도 남부에서 즐겨 먹는 빵] 반죽에 들어 있는 아연과 철분의 활용성을 발효 전후로 나누어 비교한 2007년 연구에 따르면, 발효가 두 미네랄의 생체이용률을 대폭 증대시키는 것으로 드러났다.[24] 발효가 채소에서 자연적으로 생성하는 질산염[25]과 옥살산을 줄인다는 사실도 밝혀졌다.[26] 아울러 채소에 달라붙은 특정 잔류 농약을 생분해하기도 한다.[27]

발효는 오염된 식수를 정화하는 방법으로 오래전부터 쓰였다. 발효성 당분을 넣어 알코올 또는 산을 발생시키면 박테리아 오염물질을 파괴할 수 있기 때문이다. 미소가 중금속을 효과적으로 제거할지 모른다는 보고가 몇 차례 나왔지만, 불행히도 나는 이런 주장을 뒷받침하는 연구 결과를 전혀 찾을 수 없었다. 이 말이 진실로 판명되기를 바란다! 하지만 독자 여러분, 제발 조심하자. 몇 가지 긍정적인 사례만 접하고는 아무 음식이나 발효시키면 독성물질이 죄다 사라지거나 좋은 쪽으로 변할 수 있다고 추측해선 안 된다.

"발효 덕분에 목숨을 건졌어요!"

워싱턴주 벨링햄에 사는 발효음식 애호가 데이비드 웨스터룬드는 우연히 독미나리 뿌리를 캤다. 그리고 야생당근이겠거니 하고 발효시켰다. 하지만 조금 먹고는 심하게 앓았다. "두 눈이 초점을 못 맞추더군요. 안구를 움직이는 근육이 제 뜻대로 안 움직였습니다. 두려웠지요. 머리가 빙빙 도는 느낌이었습니다." 하지만 그는 심장이 마구 뛰거나 호흡이 가빠오는 식으로 생명이 위태롭지는 않았고, 혼수상태에 빠지지도 않았다. 덕분에 독극물통제센터에 전화를 걸어 상담을 받을 수 있었다. "발효가 제 생명을 구한 것 같습니다. 독소의 힘을 확실히 감소시켰으니까요."

4. 살아 있는 발효균

전소화와 영양 증진, 독소 제거라는 발효의 효능은 영양학적 이점에 관한 것이다. 이는 (몇 가지만 예로 들자면) 빵이나 발효시킨 귀리죽, 템페처럼 발효를 마친 뒤에 조리를 하는지 여부와 관계가 없는 이야기다. 그러나 젖산균으로 발효시켜서 조리과정 없이 그대로 먹는 음식의 경우, 살아 있는 박테리아 집단 자체가 우리에게 기능적인 이로움을 준다. 이 생발효균은, 내가 젖산에 의한 발효에서 가장 심오한 치유적 측면으로 꼽는 것으로서, 음식에 섭씨 47도가 넘는 열을 가하지 않을 때만 생존할 수 있다. 하지만 대량으로 생산해서 포장한 발효음식은 진열대에 보관해도 안전성을 유지할 수 있도록 살균처리를 거치기 때문에 생발효균을 파괴할 수밖에 없다. 생발효균의 이로움을 고스란히 누리려면 살균하지 않은 발효음식을 구하거나 스스로 그런 음식을 만들어야 한다.

모든 음식에 존재하는 생젖산균은 우리 식생활에서 점점 더 중요한 요소로 떠오르고 있다. 화학물질이 일상을 온통 뒤덮고 있기 때문이다. 특히 항생제 같은 화학물질이 광범위한 박테리아 집단을 깡그리 죽이는 능력으로 아주 귀한 대접을 받는 요즘이다. 학자들은 한동안 항생제를 복용할 경우 "투약을 중단한 뒤로도 최장 2년까지 인간의 장내 미생물 환경에 지속적으로 영향을 미칠 수 있다"는 사실을 발견했다.[28] 상수도에서 검출되는 항생제 농도 역시 염소 수치와 더불어 점점 더 높아지고 있다. 언제 어디서든 접할 수 있는 항균성 세정제도 마찬가지다. 박테리아와의 전쟁이 우리 시대에 그 어느 때보다 치열한 점을 감안하면, 다양한 발효음식을 꾸준하게 섭취해서 체내 미생물 생태계의 건강성을 유지하고 보강하는 행동이 더없이 절실한 시점이라 하겠다.

그러기 위한 급진적인 접근법 하나는 박테리아를 결장 속으로 직접 주입하는 것으로, 무척 좋은 효과를 실제로 보여왔다.[29] 그러나 일반적인 주입 방식은 입으로 먹는 것이다. 연구자 캐런 매드슨은 『임상위장병 저널』에서 다음과 같이 밝혔다. "인체에 이로운 박테리아는 장내 모든 세포와 상호작용하면서 영향을 미친다. 그 작동 메커니즘에는 체내 미생물 생태계, 면역 기능 조절, 상피층의 병원균 차단 기능 강화에 미치는 영향을 포함한다."[30]

최근 수십 년 동안 출간된 생발효균 섭취의 이점을 입증하는 논문들은 특정 '프로바이오틱스' 유형에 초점을 맞추는 내용이 대부분이었다. 광의의 프로바이오틱스는 인체에 들어갔을 때 상당한 도움을 주는 미생물을 말한다. 보통 이들은 실험실에서 선별하고 배양한 박테리아로, 인체의 세포에서 얻는 경우가 많다. 전통 음식 특유의 젖산균보다 장내에 정착해서 이로움을 주는 확률이 더 높다는 이론에서다.

학자들은 프로바이오틱스가 인체에 널리 이롭다는 사실을 오래전부터 증명해왔다. 1952년 『소아과학 저널』은 "유산균의 일종인 락토바실루스 아시도필루스L. acidophilus를 보충한 우유로 키운 아기는 그렇지 않은 아기보다 처음 한 달 동안 몸무게가 훨씬 더 나가는 것으로 확인됐다"는 내용의 논문을 발표했다.[31] 그 뒤로, 수많은 과학자가 플라시보 효과까지 고려한 무작위적 블라인드 테스트를 통해서 특정 프로바이오틱스의 섭취가 우리 몸에 어떻게 이로운지 검증해왔다. 예를 들어, "간 이식 수술 등 복부에 큰 수술을 받은 환자들에게 락토바실루스 플란타룸299L. plantarum299와 귀리의 섬유질을 처방하자 박테리아 감염이 확연히 줄었고 항생제 투약 및 입원 기간이 짧아지는 경향을 보였다".[32] "락토바실루스 가세리L. *gasseri*PA16/8, 비피도박테리움 롱검B. *longum*SP07/3, 비피도박테리움 비피둠B. *bifidum*MF20/5을 겨울에서 봄 사이에 최소 석 달 동안 섭취하면, 감기 증세를 다스리는 데 있어서 그렇지 않은 경우에 비해 긍정적인 효과를 보인다"는 보고도 있었다.[33]

사실, 프로바이오틱스 처방이 충분한 증거를 바탕으로 정량화할 수 있을 정도의 성공을 거두었다는 그 일련의 조건들을 살펴보면 대단히 충격적이다. 프로바이오틱스는 (항생제, 로타바이러스, HIV가 일으키는 경우를 포함한[34]) 설사, 염증성 장 질환,[35] 과민성대장증후군,[36] 변비,[37] 심지어 대장암[38] 같은 소화기 질병의 치료 및 예방에 가장 확실한 연관성을 보여왔다. 질염 치료에 효험을 나타내기도 했다.[39] 프로바이오틱스는 감기[40] 및 여러 상부호흡기 증상[41]의 발생 및 지속 기간을 단축시켜 결근 일수까지 줄이는 것으로 나타났다.[42] 나아가 생명이 위독한 중환자[43]의 감염을 예방하고 결과를 개선하는 것으로도 밝혀졌다.[44] 학자들은 고혈압 환자의 혈압수치를 낮추고 콜레스테롤을 감소시키며[45] 불안심리를 조절하고[46] HIV 양성 어린이의 CD_4 세포를 증대시키는 프로바이오틱스의 효험을 입증해왔다.[47] 프로바이오틱스를 꾸준히 섭취하면 아이들의 충치 예방에 좋다는 증거도 있다.[48] 이 밖에도 학자들은 알레르기,[49] 요로감염,[50] 신장결석,[51] 치주질환,[52] 여러 암,[53] 심지어 아직 구체적인 데이터가 거의 없는 분야에 이르기까지 인류 건강의 다양한 영역에서 프로바이오틱스 이론의 응용 방법을 탐구하고 있다. 『임상감염질환 저널』의 논평에 따르면, 프로바이오틱스는 "21세기 현대 의학에 끊임없이 저항하는 신종 병원균에 맞서기 위한 가장 효과적인 무기 가운데 하나"로 입증될 수 있다.[54]

사워크라우트

우리는 이들 박테리아가 인체에 이로움을 안겨주는 정확한 과정을 완벽하게 이해하지 못하고 있다. 나 역시 이 책을 쓰려고 준비하면서 과학 논문을 파고들기 전까지는 생발효균이 기본적으로 장내 박테리아를 보충하고 다양하게 만드는 이로운 존재라고 이해하는 수준에 불과했다. 우리가 섭취한 박테리아가 장내에 정착하는 이미지는 메치니코프의 1907년 주장이 나오고 뒤이어 케피어, 요구르트 같은 전통 생발효균 음식이 건강에 이롭다는 명성을 얻으면서 생긴 것이었다.

그러나 이 같은 시나리오는 조금은 우회적인 느낌을 준다. 최근 연구 성과를 요약한 2007년 『영양학 저널』의 논평에 따르면, "우리가 섭취한 발효균은 고유 미생물 집단의 일원으로 정착하는 것이 아니라 복용하는 그 시기 또는 비교적 아주 짧은 기간만 존속하는 것이 분명하다."[55] 미생물학자 제럴드 W. 탠노크는 메치니코프의 이론을 다음과 같이 설명한다. "자연에 존재하는 가장 강력한 힘 가운데 하나인 [체내 균형을 유지하려는 경향을 뜻하는] 항상성homeostasis을 얕보았다. (…) 각각의 생태적 지위는 이미 정해진 박테리아 집단이 모조리 차지하기 때문에, 우연히 또는 고의로 특정 생태계에 투입된 [미생물이 새로운 장소에서 자리를 잡고] 뿌리를 내린다는 것은 지극히 어려운 일이다."[56] 마이클 윌슨의 설명은 더 구체적이다.

> 어느 장소에서 안정화를 이룩한 집단은 현존하는 환경을 고수하면서 영양분을 흡수, 활용할 수 있는 미생물로 구성된다. 다시 말해서, 기존 구성원들이 무수하게 상호작용을 거친 결과 역동적인 균형 상태를 이룬 것이다. 따라서 그런 장소를 외래종 미생물이 식민지로 삼겠다고 섣불리 덤볐다가는 대단히 어려운 상황에 직면할 수밖에 없다. 신체적, 생리적, 대사적 거점을 모조리 차지하고 있는 원주민들이 "침략자에 맞선 저항"에 나서기 때문이다.[57]

하지만 이 말은 사람이 섭취한 박테리아가 인체에 별다른 영향을 미치지 못한다는 의미가 아니다. 학자들은 박테리아가 산성이 강한 위장을 — 특히 음식을 완충 장치로 삼아서[58] — 지나고도 살아남을 수 있다는 사실, 그리고 소화기관을 지나다가 미생물이 덜 우글대는 지점에 다다르면 "비록 일시적일지라도, 스스로 지배적 미생물 집단이 될 수도 있다"[59]는 사실을 충분히 입증해왔다. 일반적인 박테리아와 마찬가지로, 발효음식에 존재하는 생발효균 역시 적응력이 좋고, 유전학적 융통성이 뛰어나며, 우리가 이제 겨우 — 그것도 최신 분자분석법을 통해서만 — 이해하기 시작한 대단히 복잡한 방식으로 주위 환경과 영향을 주고받는다. 우리가 섭취한 박테리아는 장내 미생물 집단 및 소화기 내벽 점막세포와 치밀하게 상호작용하면서 인체에 이로운 다수의 면역반응을 촉진한다. 『임상위장병 저널』에 따르면, "프로바이오틱스 박테리아는 우리가 타고난 면역반응과 새롭게 적응한 면역반응 모두를 조절할 수 있다.[60] 프로바이오틱스는 항체면역글로불린A(IgA)의 생성을 자극하고 대식세포와 림프구, 수상돌기세포를 활성화시킨다.[61]

그런데 이와 같이 입증된 특정 프로바이오틱스 박테리아 집단의 이로움을 근거로 음식의 발효에 쓰이는 자연발생적 박테리아 집단 역시 똑같은 이로움을 준다고 추론할 수 있을까? 이는 열띤 논쟁을 일으킨 질문이다. 프로바이오틱스 상담가이자 국제 프로바이오틱스 및 프리바이오틱스 과학협회 국장인 메리 엘런 샌더스는 "인체에 미치는 영향을 입증하는 데이터의 유무에 있어서 프로바이오틱스와 생발효균의 구분은 중요하다"고 말한다. "항생제를 복용하는 환자들에게 생발효균을 함유한 요구르트보다 인체 실험을 통해 항생제 관련 부작용을 감소시키는 것으로 드러난 과학적인 프로바이오틱스 제품을 먹으라고 추천한다. 실험을 안 거친 제품의 경우, 어느 정도 효험을 보일지 몰라

도, 적극적으로 권할 수는 없다."[62] 이는 프로바이오틱스 제품을 만들어 파는 기업들의 주장이기도 하다.

사실 전통적인 발효음식에 대한 연구가 없었던 것은 아니다. 프로바이오틱스만큼 많지 않았을 뿐이다. 전자의 연구가 후자의 연구보다 구체적인 결론을 (또는 기업의 후원을) 이끌어내기 어려운 것도 어느 정도 이유로 작용했을 것이다. 전통적인 생발효균 음식 가운데 가장 많은 연구가 이루어진 것은 (그리고 전 세계적으로 가장 많이 팔리는 것은) 당연히 요구르트다. 『미국임상영양학 저널』은 2004년 논평에서 "요구르트 섭취가 위장의 건강에 미치는 이로움을 입증하는 상당한 증거가 존재한다"고 단정했다.[63] 눈길을 끄는 연구 결과는 또 있다. 『유제품연구 저널』에 실린 논문으로, — 주당 5인분 이상 요구르트와 치즈를 먹고 주당 3일 이상 여타 발효음식을 먹는 방식으로 — 생발효균을 꾸준히 섭취한 사람들을 관찰한 결과였다. 학자들은 혈액과 대변을 주기적으로 채취해서 발효음식을 아예 먹지 않으면 어떤 결과가 나타나는지 조사했다.[64] "조사 대상자들은 치즈 등 우유를 발효시킨 유제품, 발효된 육류, 포도주나 맥주, 식초 같은 발효음료를 포함해서 어떤 종류의 발효음식도 먹거나 마시지 말라는 지침을 받았다. 식생활에서 발효음식을 배제하자 장내 미생물 환경이 바뀌고 면역반응이 줄었다." 그렇게 2주가 흐른 뒤부터, 나머지 발효음식은 계속 금지한 상태에서 대상자들을 두 그룹으로 나누어 요구르트만 2주 동안 매일 제공했는데, 한쪽 그룹은 일반적인 생발효균 요구르트를, 다른 그룹은 프로바이오틱스를 첨가한 요구르트를 주었다. 결과는 흥미로웠다. 어느 쪽 그룹도 식사를 제한하기 이전의 혈액 및 대변 상태를 완전히 회복하지 못했기 때문이다. 조사 대상자들이 원상태로 돌아간 것은 다양한 발효음식을 즐기던 원래 식단을 되찾은 뒤였다. "다른 상업적 발효유발제는 물론 원재료 또는 주변 환경에서 유래한 천연 젖산균도 치즈 같은 발효제품이나 발효시킨 육류에 서식해야만 우리 장내에 들어와 신진대사에 크게 기여하는 것으로 보인다."

나는 건강한 생발효균의 자극을 유지함에 있어서 특정 박테리아 집단이 결정적으로 중요하다고 생각하지 않는다. 박테리아의 유전적 유동성(1장 참조) 때문이다. 더 중요한 것은 서로 다른 원재료에 서식하던 박테리아들의 다양성과 포용성과 협력이다. 특정 프로바이오틱스 박테리아가 강력한 치료제로 밝혀질 가능성 자체를 부인하지 않더라도, 우리가 박테리아의 유전적 유동성이 얼마나 큰지 파악한 만큼, 완벽한 프로바이오틱스 미생물을 찾는 일에 지나치게 매몰되는 것은 근시안적인 것 같다. 수많은 박테리아 집단 중에서 특정 집단 내지 종으로 규정한 부류가 반드시 고정불변인 것은 아니다. 미생물학자 소린 소니어와 레오 G. 마티외는 "원핵생물에 종이란 없다"고 말한다. "복잡한 이합집산 과정에서 끊임없는 선택이 이루어지면서 (…) 주어진 조건에 가장 적당한 조합이 이루어진다."[65] 발효음식 또는 프로바이오틱스의 젖산균은, 그 종류나 영구적인 정착 여부와 무관하게, 장내 조합 과정에 쓰일 수 있는 유전자의 범위를 확장시킨다.

그런데 열에 의해 파괴당한 젖산균의 유전자 물질도 중요한지 의아할 수 있다. 하와이의 발효음식 포이poi(8장 참조)는 타로taro라는 토란의 알뿌리를 푹 익혀서 만든다. 이때 발효균을 첨가하지 않는다. 전형적인 설명은 젖산균이 열을 견디고 발효에 돌입하기 때문이라는 것이다. 그러나 젖산균이 살아남지 못했다면 이 과정을 어떻게 설명할 수 있을까? 아마도 조각난 채 남아 있는 유전자들이 공중에 떠다니던 박테리아가 익은 타로에 정착할 수 있도록 유전적 출발점을 제공하기 때문일 것이다. 같은 맥락에서, 천연발효균으로 호밀 반죽을 숙성시킨 뒤 빵으로 구울 때도 새로운 박테리아가 천연발효균의 부서진 유전자에 달라붙어 탄수화물을 젖산으로 바꾸는 대사과정을 이어간다고 생각할 수 있다. 『영양학 저널』에 게재된 프로바이오틱스 박테리아 심포지엄의 어느 논문에 따르면 "대부분의 경우, 프로바이오틱스 제품의 유효성분은 생존능력이 강한 박테리아로 추정된다. 하지만 실제 연구 결과를 보면 생존능력이 필수가 아닌 몇 가지 상황이 존재한다."[66]

다양한 발효음식을 생발효균과 함께 먹도록 하자. 그리고 가능하면 다양한 채소를 섭취하자. 특히 몇몇 식물과 박테리아는 야생에서만 구할 수 있다는 사실을 명심해야 한다. 활발하게 발효하는 식물과 미생물의 범위는 무척 제한적이다. 우리는 다양한 파이토케미컬, 박테리아, 박테리아가 생성하는 물질과 부지런히 상호작용할수록 실질적인 도움을 더 많이 받을 수 있다. 다양성은 그 자체로 선물이다.

발효음식의 이로움에 대해서 자주 묻는 질문들

생발효균이 소화에 어떤 도움을 주는가?

무엇보다 발효음식은 영양소를 다양한 수준으로 전소화시켜서 체내 흡수도를 높인다. 발효균이 살아 있는 음식을 먹으면 박테리아가 인체의 장을 통과하면서 음식의 분해를 돕고 다수의 보호물질을 생성한다. 박테리아 및 박테리아가 만든 다양한 물질은 장내 미생물 생태계를 풍요롭게 만든다. 덕분에 우리는 음식으로부터 더 많은 영양소를 흡수할 수 있고, 병원성 박테리아도 억누를 수 있다. 많은 사람이 식단에 발효음식을 포함시킨 결과 소화능력이 향상된 사실을 깨닫는다. 나는 변비, 설사, 위산역류는 물론 더 심각한 여러 만성질환으로 속이 안 좋았던 사람들이 생발효균을 꾸준히 섭취한 결과 소화능력이 향상되었다는 사연을 많이 들었다. 일반적으로 말해서 생젖산균을 함유한 음식은 거의 모든 사람의 소화 기능에 도움이 되는 것으로 보인다. 게다가 부작용도 없고 큰돈이 들어가지도 않는다. 어떤 경우에는 여러 심각하고 만성적인 건강상의 문제를 개선하거나 심지어 완전히 해결하는 데 도움을 주는 것 같기도 하다. 물론 개인에 따라서 편차가 다양할 것이다. 하지만 새로운 음식을, 특히 생발효균이 들어 있는 음식을 조금씩 서서히 늘려가면서 꾸준히 먹는 것은 나쁠 이유가 전혀 없는 습관이다.

발효음식의 pH 농도가 체내 알칼리성-산성의 균형에 어떤 영향을 주는가?

거의 모든 발효음식이 산성을 띤다.(낫토나 다와다와 같은 예외도 있다. 11장 참조) 그러나 사워크라우트, 요구르트 등 수많은 산성 생발효균 음식이 실제로는 몸을 알칼리성으로 만드는 효능을 지녔다. 이처럼 명백한 패러독스는 발효균이 (그 자체로 알칼리성이고, 주위를 알칼리화시키는) 미네랄에 대한 인체의 접근성을 크게 높이기 때문이라고 설명할 수 있다.

과잉 증식한 칸디다균을 제거하려면 발효음식을 완전히 끊어야 하나?

칸디다 알비칸스*Candida albicans*는 인체의 미생물 생태계에 고유한 구성원으로 거의 모든 성인이 보유하고 있는 곰팡이균(이스트)의 일종이다. 그런데 탄수화물이 풍부한 식단으로 인해서 과다하게 증식할 수 있다. 칸디다균의 과잉 증식을 막으려면 설탕, 곡물, 과일, 감자는 물론 이들 재료를 이용해서 만든 빵, 알코올음료, 식초, 콤부차 같은 발효음식에 이르기까지 탄수화물이 많이 들어 있는 음식의 섭취를 제한하는 것이 가장 중요하다. 이런 음식 대신에, 젖산균을 함유한 채소나 우유, 콩, 육류 등 탄수화물 함량이 낮은 재료로 미생물이 살아 있는 발효음식을 만들어 먹으면 칸디다 알비칸스가 원래의 유순한 역할을 되찾는 데 도움이 될 수 있다.

발효음식은 아무리 많이 먹어도 괜찮은가?

적절하게 즐기도록 하자. 발효음식은 그 강력한 효능과 진한 맛으로 사람들의 존중을 받아 마땅하다. 그러나 한꺼번에 많이 먹기보다 조금씩 자주 먹는 편이 좋다. 발효음식을 비롯해서 짠 음식을 많이 먹으면 건강에 여러 문제가 생긴다는 연구 결과가 있다. 발효음식은 소금을 많이 넣을 필요도, 아주 많이 먹을 필요도 없다. 저장채소와 식도암 등 일부 암 사이에 상관관계가 있다는 아시아 쪽 일부 연구 결과가 있다. 반면, 신선한 과일과 채소를 먹으면 일부 암의 발생을 줄일 수 있다는 연구 결과도 있다.[67] 다시 한번 강조하지만, 다양한 음식을 적당히 먹는 것이 좋다. 끝으로, 산성이 높은 음식을 자주 먹으면 치아의 법랑질이 상할 수 있다. 음식을 먹은 뒤에는 물로 입을 헹구고 칫솔질을 하자!

발효음식이 자폐증 치료에 도움이 되는가?

나는 자녀가 자폐증을 앓는 부모들의 이야기를 많이 듣는다. 이 가운데 상당수는 발효음식을 포함시킨 식단이 자녀들에게 큰 도움을 준다고 느끼고 있다. 자폐증의 정확한 원인은 아직 밝혀지지 않았다. 미국 국립건강연구소의 퍼브메드Pubmed[국가 차원에서 관리하는 생명과학 및 의학 관련 데이터베이스] 자료에 따르면, "유전적 요인들이 중요해 보인다. (…) 식생활, 소화기관의 변화, 수은 중독, 비타민과 미네랄을 적절히 활용하는 능력의 부재, 백신 민감성 등 여러 다른 원인도 의심을 받아왔지만, 아직까지 입증된 것은 없다". 다만, 생발효균 음식은 프로바이오틱스와 더불어 영양 섭취 및 면역 기능의 향상은 물론 수은 해독에 크게 기여한다.[68]

자폐증을 극복한 아들을 둔 영국인 의사 나타샤 캠벨맥브라이드는 『장과 심리적 증상』이라는 책을 썼다.[69] 이 책에서 저자는 인공첨가물, 트랜스지방 등 식물성 기름, 설탕, 글루텐, 카세인을 배제하고 생발효균과 지방산이 풍부한 식단을 기본으로 삼은 덕분이라고 설명한다. 이 밖에도 여러 가정에서 이와 같은 식단을 통해 긍정적인 결과를 얻었다고 밝혀왔다. 맥브라이드는 장내 미생물 집단의 건강성을 회복하는 것이야말로 자폐증은 물론 우울증, 주의력결핍장애, 조현병, 심지어 난독증 같은 광범위한 심리적 증상을 치유하는 열쇠라고 주장한다.

발효음식이 갑상선 치료에 도움이 되는가?

나는 갑상선기능부전증으로 고통받는 사람들한테서 양배추류의 채소로 만든 발효음식을 피해야 하냐는 질문을 많이 받는다. 갑상선종 유발 물질인 고이트로겐goitrogen이 많이 들었기 때문이다. 이들이 주로 궁금해하는 것은 발효가 고이트로겐을 파괴하는지 여부다. 불행히도 발효는 고이트로겐을 줄이지 않는다. 건강을 위해 고이트로겐을 피하고 싶다면, 당근이나 셀러리처럼 다른 종류의 채소로 만든 발효음식을 추천하겠다. 전통적 재료인 양배추나 무 말고도 맛 좋은 발효음식을 만들 수 있는 채소는 아주 많다.

에너지를 아끼는 발효음식

우리는 화석연료 공급이 줄어들면서 한층 파괴적인 채굴 작업이 불가피한 시대에 살고 있다. 이런 상황에서 지구촌의 에너지 수요는 끝없이 상승하고, 에너지원의 개발 가능성과 비용 및 안전성에 대한 불확실성은 날로 높아지고 있다. 이제는 음식을 먹을 때도 에너지를 고민해야 한다. 이 말은 집에서 냉장고를 가동시키고 요리를 만들면서 사용하는 에너지는 물론 음식의 재료를 키우고 운반하는 데 들어가는 에너지도 고려해야 한다는 뜻이다. 발효음식을 통해서 냉장과 조리에 필요한 에너지를 아낄 수 있다. 앞서 길게 이야기한 것처럼, 일반적으로 젖산균은 음식을 냉장고에 넣지 않아도 상당 기간 안정성을 유지할 수 있도록 도와준다. 나는 — 산간벽지에 살거나, 경제적으로 어렵거나, 안 쓰겠다고 결정해서 — 집에 냉장고가 없는 사람들을 수시로 만난다. 이들 냉장고가 없는 사람이 즐겨 먹는 음식으로는 사워크라우트, 미소, 요구르트, 딱딱한 치즈, 살라미 등이 있다. 언젠가 냉장이라는 시대적 거품이 터져버리거나 평범한 가정에서 냉장고를 가동할 만한 여유가 없어지는 때가 온다면, 이와 같은 발효음식이 지금보다 훨씬 더 중요한 대접을 받을 것이다.

몇 가지 발효법을 활용하면 많은 에너지를 들여서 조리하지 않고도 맛있게 먹을 음식을 만들 수 있다. 이 경우에 해당되는 가장 대표적인 사례가 콩으로 만든 템페다. 날콩은 부드러워질 때까지 찌려면 6시간 정도 걸린다. 그러려면 많은 양의 나무, 가스, 전기를 이용해서

템페

열을 가해야 한다. 반면, 템페를 만들 때는 1시간 이내로 조리를 끝낼 수 있다. 발효가 끝난 템페는 보통 튀겨서 먹는다. 때로는 증기로 쪄낸 뒤에 튀기기도 한다. 어떤 식으로 만들더라도 발효를 마친 템페를 요리하는 데 20분 이상 걸리는 법이 없다. 정확히 말하면, 먹기 좋게 부드러워질 때까지 날콩을 조리할 경우, 템페를 만들 때보다 도합 네 배나 오랜 시간이 걸린다. 게다가 발효시키지 않은 콩은 맛도 덜하다! 발효시킨 육류나 어류는 조리과정 없이 그냥 먹는 경우도 많다. 발효를 통한 음식의 변화가 조리를 통한 음식의 변화를 대신하기 때문이다. 이것이 발효가 자원을 아끼는 방식이다.

발효음식의 탁월한 맛

나는 아주 어릴 적부터 발효음식이 내뿜는 젖산의 향기가 무척 좋았다. 특히 시큼한 피클(코셔 딜)은 끼니때마다 찾을 정도로 좋아했다. 사워크라우트 역시 피클만큼 사랑하는 발효음식이었다. 지금도 젖산의 향기를 맡거나 심지어 머릿속으로 떠올리기만 해도 입안에 침이 고인다. 이처럼 발효음식은 강렬하고도 매혹적인 맛과 향을 창조한다.

발효음식에 맛을 주는 요소가 젖산균만은 아니다. 고급 식료품점에 들어선 여러분의 눈과 코를 사로잡는 것은 주로 발효식품일 것이다. 뉴욕에 있는 식료품의 천국 자바Zabar 안으로 걸어 들어가는 내 모습을 상상해본다. 여기는 내가 꼬맹이 시절부터 찾던 곳이다. 내 눈에 처음 들어오는 음식은 올리브, 다양한 방식으로 보존처리해서 통에 넣어 둔 올리브다. (생올리브는 독성이 있고 끔찍하게 쓰다.) 보존처리란 음식을 (또는 음식이 아닌 것까지도) 오랫동안 저장하기 위한 다양한 기법을 아우르는 말인데, 주로 발효 기법을 가리킨다. 올리브는 단순한 소금물에 넣어서 발효시키는 방법으로 보존처리하는 것이 보통이다. 올리브 코너를 지나면 휘황찬란한 치즈 코너가 나를 기다린다. 모든 치즈가 발효시켜 만드는 것은 아니지만, 강렬한 맛과 향을 자랑하는 치즈라면, 그것이 딱딱한 치즈건 부드러운 치즈건 간에 발효시킨 것이 분명하다. 치즈의 종류가 그토록 다양한 것은 서로 다른 박테리아나 곰팡이균이 서로 다른 환경과 만나서 발효하기 때문이다. 치즈와 함께 먹는 빵도 보인다. 크기도, 모양도, 맛도 가지각색이다. 빵이 벽돌처럼 딱딱해지는 운명에서 벗어나 쫀득하고 바삭하며 폭신하고 맛있는 음식이 되도록 돕는 친구가 바로 발효균이다. 정육점에서는 살라미, 소금에 절인 쇠고기, 파스트라미pastrami, 프로슈토prosciutto처럼 육류를 발효시킨 음식이 눈에 띈다. 초콜릿과 바닐라 역시 커피 또는 몇 종류의 차와 함께 발효음식에 속한다. 포도주와 맥주도 발효음식이다. 식초도 마찬가지다. 발효음식은 예로부터 인류가 그 맛과 식감을 사랑하고 칭송하는, 그래서 지구촌 각지의 수많은 사람이 대대로 가장 귀하게 여겨온 음식이다.

음식의 맛을 돋우는 발효야말로 그 자체로 가장 훌륭한 양념일 것이다. 전 세계 방방곡곡의 무수한 사람이 발효시킨 양념을 하루도 거르지 않고 사용한다. 양념의 가장 중요한 기능은 — 어쩌면 평범하고 단조롭고 무미건조할 수 있는 — 주식에 짜릿한 맛을 더한다는 데 있다. 사워크라우트와 김치는 쌀, 감자, 빵 같은 음식에 향미를 보태는 반찬이자 양념으로 여길 수 있을 것이다. 하미드 디라르는 "수단의 발효음식 가운데 절반 이상이 주식인 수수에 얹어 먹는 소스를 만드는 데 쓰인다"고 추정하면서 "이 소스들은 사람들이 주식을 더 많이 먹을 수 있도록 돕고, 질 높은 단백질을 보충해주며, 전체 식단에 포함된 비타민 함유량의 상당 부분을 제공하기 때문에 영양학상 그 역할이 매우 중요하다"고 말한다.[70] 아시아 사람들은 간장과 젓갈을 비롯한 수많은 발효 양념을 애용해왔다. 역사학자 앤드루 F. 스미스에 따르면, 미국인이 사랑하는 양념인 케첩 역시 1680년 영국에서 건너왔다고 알려져 있지만 최초의 발상지는 동남아시아다.

> 영국이 발견한 케첩은 쉽게 정의할 수 있는 제품이 아니다. 오늘날 인도네시아에서 케캅kecap(공식적인 발음은 케트잡ketjap)이라고 하면 카사바 가루를 볶아서 검은콩과 함께 발효시킨 간장을 뜻한다. 종류가 다양해서 케캅 아신asin(짭짤한 콩간장), 케캅 마니스manis(달달한 콩간장), 케캅 이칸ikan(효소로 물고기를 삭혀서 만든 황갈색의 어간장), 케캅 푸티흐putih(하얀 콩간장) 등 여러 가지로 나뉜다.[71]

액상과당을 바탕으로 만드는 오늘날의 미국식 토마토케첩은 정확히 말해서 발효음식이 아니다. 하지만 현대 미국인이 애용하는 — 머스터드, 샐러드드레싱, 핫 소스, 우스터셔 소스, 고추냉이 소스, 심지어 마요네즈 등 — 양념들 대부분은 발효의 산물인 식초가 들어간다.

치즈는 발효의 변화 작용이 — 모양, 맛, 향, 식감 등의 차원에서 — 이뤄낼 수 있는 그 지극한 다양성의 세계로 우리를 인도하는 음식이다. 그중에서도 내가 제일 좋아하는 것은 흐물흐물한 치즈다. 아주 잘 삭아서 끈적끈적한 이 치즈는 톡 쏘는 맛과 향긋한 냄새가 일품이다. 나로서는 없어서 못 먹는 음식이지만, 그 냄새에 질린 사람들은 한입 먹어보라고 양보해도 고개를 절레절레 흔들 뿐이다. "치즈의 맛과 향은 어떤 이에게는 황홀함을, 또 어떤 이에게는 역겨움을 안긴다." 주방의 필독서 『음식과 요리에 대하여: 부엌의 과학과 지혜』의 저자 해럴드 맥기의 말이다.[72] 어차피 개인의 취향이야 가지각색 아니겠는가. 파르메산 치즈처럼 향이 강하고 바싹 말린 것도 있고, 페타 치즈처럼 절인 것도 있고, 브리 치즈처럼 부드러운 것도 있다. 다른 음식을 만들 때도 마찬가지겠으나, 치즈는 유별나고 독특한 제조법이 아주 많다. 우리는 치즈의 다양성을 통해서 무한대의 이질적 요소들이 한데 뒤섞여 찬란하게 꽃피는 문화의 일면을 감상할 수 있다.

포도와 치즈

코를 찌르는 치즈 냄새에 비위가 상하는 사람들은 보통 치즈의 향과 겉모양에서 부패한 음식을 떠올리기 마련이다. 맥기는 발효를 "통제된 부패"라고 묘사하면서 다음과 같이 바라보았다.

> 치즈는 동물성 지방과 단백질이 강한 냄새를 풍기는 분자들로 분해된다. 똑같은 분자들 가운데 다수가 통제되지 않은 부패과정에서, 또는 소화기 내 미생물 활동에 의해, 아울러 축축하고 따뜻하고 그늘진 피부에서 발생한다. 부패로 인한 악취를 혐오하는 행동에는 음식의 독소로부터 우리를 지켜주는 생물학적 가치가 분명히 존재한다. 따라서 발 냄새나 흙냄새, 소똥 냄새를 풍기는 동물성 식품의 경우 적응하는 데 시간이 걸릴 수밖에 없다. 하지만 일단 적응하고 나면, 이렇게 부분적으로 부패한 음식을 먹지 않고는 못 배긴다. 이는 우리 생명의 일부가 흙에서 왔음을 대단히 역설적으로 인정하는 것이기도 하다.[73]

신선함과 부패 사이를 차지하는 그 창조적인 공간에 매혹적인 맛의 세계가 존재한다. 이 세계는 지구상의 모든 문화권에서 살아 숨 쉬고 있다. 따라서 발효한 음식과 부패한 음식을 구분하는 정확하고도 객관적인 잣대란 있을 수 없다. 발효시킨 두부와 로크포르 치즈에 대해서 시드니 민츠는 이렇게 말한다.

> 발효한 음식과 썩은 음식의 구분은, 그 음식을 먹고 자란 사람한테 달린 문제다. 혹자는 두 음식 모두 맛있다고 느낄 것이고, 혹자는 두 음식 모두 상해서 못 먹는다고 여길 것이다. 완전히 썩어버린 음식이라서 먹으면 큰일 난다는 사람도 있을 것이다. 우리는 이 대목에서 개인의 의식을 형성하는 문화와 사회적 학습의 힘을 확인할 수 있다.[74]

부디 발효와 부패의 경계가 모호하다는 이런 이야기를 듣고서 예전에 썩었다고 외면하던 음식을 이제는 아무렇지 않게 먹어도 괜찮다는 말로 이해하지 말기 바란다. 먹어도 좋은 음식을 구분하는 것은 생존에 직결되는 능력이기 때문이다. 하지만 그 정확한 구분선은 대단히 주관적이며 크게는 문화적으로 결정된다.

여러분이 북극지방에서 태어났다면, 땅속에 몇 달 동안 묻어둔 물고기를 주식으로 먹으며 성장했을 것이다. 하지만 어른이 되어서 이런 음식을 처음 접한다면, 그 모양과 냄새 때문에 썩은 물고기라고 믿어 의심치 않을 것이다. 이와 같은 혐오감은 극복할 수도 있고 못 할 수도 있다. 신체 역시 이렇게 부패한 물고기와 그 속에 들어

있는 미생물 집단을 감당할 수도 있고 못 할 수도 있다. 냄새가 코를 찌르는 치즈와 마찬가지로, 발효시킨 물고기를 먹을 수 있으려면 그 맛과 미생물 생태계에 적응한 상태여야 한다. 발효음식은 우리 음식 문화가 이룩한 최고의 성취이지만, 누군가에게는 악몽이 될 수도 있다.

초기 인류는 존재의 영역을 확장시키는 과정에서 다양한 기후, 다양한 음식, 다양한 미생물에 적응했고, 그 결과 극도로 상이한 문화적 특성들을 창출했다. 하지만 발효 현상은 어느 문화권에서도 예외 없이 중요한 이야기를 써내려왔다. 사람들은 발효를 통해서 음식을 안전하고 효과적이며 능률적으로 보존할 수 있었고, 더 맛있고 영양가 높은 식생활을 즐기면서 건강을 지킬 수 있었다. 개인, 공동체, 인류의 차원에서 행복한 삶과 변화에 대한 적응력을 유지하려면, 발효라는 문화의 핵심적 구성 요소를 오늘날에 되살리고 영원히 간직해야 한다.

3장

기본 개념과 도구

쿨러
유리병
항아리
피클
소금
SALT
채칼
믹싱볼
15:00
타이머
마커
온도계
도마
강판
마스킹테이프

쉽게 말해서 발효란 미생물이 일으키는 변화 작용이다. 미생물이 영양소를 분해 내지 변화시킬 수 있는 것은 그들이 생산하는 효소가 작용한 결과이므로, 효소의 역할을 강조해서 발효를 정의하기도 한다. 실제로 아마자케(10장 참조) 또는 쌀로 빚은 술(9장 쌀로 빚은 아시아의 술 참조) 같은 일부 발효음식은 [누룩이라고 부르는] 곰팡이균을 효소의 원천으로 사용한다. 물론 곰팡이균 자체는 성장하지 않는다. 생물학자들은 과학적인 용어를 동원해 산소 없이 에너지를 생성한다는 뜻으로 혐기성(또는 무산소성) 대사 작용이라고 발효를 정의한다. 나아가 — 이스트로 발효시켰는지, 젖산균으로 발효시켰는지를 따지며 — 최대한 세분화해서 발효를 정의하려고 애쓴다. 그러나 식초, 템페, 곰팡이가 슬어 있는 치즈처럼 산소의존성 박테리아와 곰팡이균으로 만든 음식 역시 넓은 의미에서 발효의 산물로 이해할 수 있다.

기질과 미생물 공동체

우리가 발효의 대상으로 삼는 음식을 학자들은 기질基質, substrate이라고 부른다. 기질은 미생물 친구들에게 먹을거리인 동시에 성장의 터전이 된다. 발효시킬 모든 원재료에는 수많은 종류의 생명체가 존재한다. 혼자 돌아다니는 미생물은 없다. 언제나 집단으로 존재하기 때문이다. "뒤엉켜 살아가는 것이야말로 자연의 법칙이다." 진균학자 클리퍼드 W. 헤슬타인의 말이다.[1] 린 마걸리스와 도리언 세이건은 이렇게 설명한다. "박테리아는 주어진 생태적 지위에서 예닐곱 개 집단이 더불어 살아간다. 그리고 상호보완적인 효소를 통해 상부상조하면서 환경에 반응하거나 환경을 개선한다. (…) 다른 종류의 박테리아 집단들이 서로 어울려 지내면서 쓸모 있는 유전자 또는 대사의 산물을 언제든 주고받으며 번식에 호의적인 환경을 갖춘다. 그러면 공동체의 전체적인 효율성이 최상의 조건으로 유지된다."[2]

어떤 미생물이 번성하는지는 생태적 환경의 조건에 달려 있다. 발효과정이란 대체로 환경적 조건을 조절함으로써 원하는 미생물을 살리고 원치 않는 미생물은 억누른다는 의미다. 예를 들어, 양배추 한 포기가 저절로 사워크라우트가 되는 법은 없다. 양배추, 아니 어떤 채소도 상온에 놓아두면 결국 표면에 곰팡이가 시커멓게 슬어버리고 만다. 더 오래 내버려두면 산소를 좋아하는 이 미생물이 양배추 한 포기를 아삭아삭하고 새콤달콤한 사워크라우트와 조금도 닮은 구석이 없는 흉측한 점액질로 만들 것이다. 모든 채소는 젖산균, 곰팡이균 등 무수한 미생물의 서식지다. 끈적한 점액질이 아니라 맛있는 사워크라우트가 탄생할 수 있도록 환경을 조성하려면 양배추를 액체에 담가서 산소와 접촉하지 못하도록 해야 한다. 대부분의 발효음식은 이처럼 간단한 방법으로 만든다.

천연발효균 대 종균

사워크라우트를 만들 때는 양배추 등 생채소에 원래 서식하는 박테리아에 의존하는 것이 보통이다. 이렇게 재료 자체 또는 주위 환경에 존재하는 미생물로 발효시키는 방식을 천연발효라고 부른다.(이 천연발효라는 말은 내가 이전에 쓴 책의 제목이기도 하다.) 이와 반대되는 발효법은 별도의 미생물 또는 그 집단을 외부에서 기질로 공급해 발효를 촉발시키는 것으로, 배양이라 칭한다.(1장 '발효와 문화' 참조) 이스트, 누룩, 효모 등으로 불리는 대다수 종균은 활동적이고 성숙한 소량의 효소를 원재료의 신선한 영양소(또는 기질) 안으로 집어넣는 단순한 역할을 맡는다. 요구르트와 사워크라우트 역시 이런 방식으로 만들어진다. 이것을 전문 용어로 백슬로핑backslopping이라 한다. 사람들은 종균이 만족스러운 변화를 저절로 이루어내는 천연발효균과 동일한 결과를 안겨줄 것으로 기대했고, 수많은 시도 끝에 최적의 조건을 깨우쳤으며, 이렇게 만든 발효음식을 장기간 보존하기 위한 기술도 발전시켰다.

몇몇 종균은 독특한 생물학적 형태로 진화했다. 응집성이 강한 집단으로 발전한 것이다. 대표적인 사례로 케피어를 들 수 있다. 케피어 '알갱이들'은 고무처럼 탄성이 있는 다당류 덩어리로, 30종이 넘는 박테리아 및 곰팡이균 집단으로 이루어진다.[3] 이들은 서로 힘을 합해서 얇은 막을 함께 만들고 그 안에서 번식을 거듭하며 공존한다. 비록 인류가 우유를 매일 접하는 과정에서 발전한 것이지만, 케피어 알갱이를 아무런 사전 지식 없이 만들어내기란 불가능하다. 케피어는 영양소가 풍부한 우유를 매개체 삼아 증식한다. 안정적인 생물학적 개체로 진화한 이런 종류의 종균을 박테리아와 이스트의 공생 집단이라는 뜻으로 스코비SCOBY, symbiotic community of bacteria and yeast라 부른다. 콤부차의 모체 역시 (버섯으로 오해하는 경우가 많으나) 스코비 현상의 또 다른 사례다.

종균의 활력을 꾸준히 유지시키려면, 주기적으로 먹잇감을 주어야 한다. 요구르트와 케피어는 우유가, 사워도sour dough는 밀가루 같은 곡물이, 콤부차는 달콤한 차가 필요하다. 상당수의 종균은 유서 깊은 혈통을 자랑한다. 인류라는 보호자와 더불어 헤아릴 수 없을 만큼 수많은 세대를 거치면서 공진화했기 때문이다. 이들은 주기적으로 영양분을 공급받아야만 한다. 오랫동안 외면당하면, 어느 정도는 버티겠지만, 결국 굶주림에 지쳐서 죽을 수 있다. 엘리자베스 홉킨스는 이렇게 말한다. "어느 순간, 내가 만든 발효음식들이 반려동물 같다는 느낌을 받았다. 그러다가 나중에는 내 생명보다 더 소중한 벗이라는 생각마저 들었다!" 그는 여덟 가지 "부엌의 반려동물"을 동시에 키우다가 결국 가짓수를 줄이기로 마음먹었다고 한다. 손수 발효음식을 만든다고 해서 1부터 100까지 모든 일을 도맡을 필요는 없다. 자신이 좋아하는 발효음식을 특화하고 동지들을 찾아 나서자. 나누어주고 나누어 받으면서 더불어 창조하자.

천연발효균 대 젖산균 대 종균

발효과정을 설명하는 다양한 표현에 헷갈려하는 사람이 적지 않다. 특히 천연발효와 젖산발효, 배양을 혼동하는 경우가 많다. 사실 세 영역은 서로 겹치는 부분이 많다. 천연발효는 양배추나 포도에 (또는 어떤 종류의 기질이건 간에) 자연 상태로 서식하거나 주변에 떠다니는 미생물에 의해서 원재료가 자연적으로 발효하는 현상을 가리킨다. 어떤 방식으로 발효가 저절로 진행되는지는 대체로 기질의 특성에 달려 있다. 여러분이 포도를 발효시킨다면, 이스트가 알코올 생성을 도맡을 것이다. 우유나 채소를 발효시킨다면, 젖산균이 지배적 지위에 올라서 이른바 젖산발효를 진행시킬 것이다. 그러므로, 늘 그렇다는 이야기는 아니지만, 천연발효는 주로 젖산발효를 뜻한다. 그러나 천연발효는 알코올 발효, 아세트산 발효, 알칼리성 발효일 수도 있고 이 모든 현상이 복합적으로 이루어지는 발효일 수도 있다.

배양이란 원재료에 처음부터 존재하던 미생물에 의존하기보다 (이스트 한 봉지, 스코비, 요구르트 한 숟가락, 우유에서 응고물을 제거한 유청, 사워크라우트 즙 등) 몇 종류의 미생물, 즉 종균을 인위적으로 집어넣어서 발효시키는 방식이다. 종균으로는 젖산균이나 이스트를 넣기도 하고, 이들을 혼합해서 넣기도 한다. 이 밖에 다른 미생물이 들어갈 수도 있다. 일반적으로 채소는 천연발효 방식을 취한다. 모든 식물은 젖산균을 풍부하게 지니고 있기 때문이다. 따라서 채소를 물에 담그면 곰팡이균은 못 자라는 반면 젖산균은 증식이 가능하다. 물론 유청이나 가루 형태의 종균을 첨가해서 채소를 발효시킬 수도 있지만, 꼭 그럴 필요는 없다.

선택적 환경

채소를 단지에 꼭꼭 눌러 담아 즙에 잠긴 상태를 유지하면 선택적 환경selective environment이 조성된다. 이런 식으로 공기 접촉을 차단함으로

써 곰팡이의 증식을 억제하는 동시에 젖산균의 활약을 지원하는 셈이 된다. 마찬가지로, 공기를 차단하는 술통으로 알코올음료를 발효시키면 알코올과 산소를 아세트산(식초)으로 바꾸는 아세토박터Acetobacter의 성장을 막을 수 있다. 반대로 산소를 필요로 하는 식초나 템페를 만들려면 공기가 자유롭게 통하는 환경에서 발효시켜야 한다. 특히 템페는 섭씨 30~32도의 따뜻한 환경을 필요로 한다. 요구르트의 경우 산소는 필요 없지만 열기를 사랑하는 스트렙토코쿠스 서모필루스*Streptococcus thermophilus*와 락토바실리 불가리쿠스*Lactobacilli bulgaricus*가 잘 자라게 하려면 섭씨 44도가 제격이다. 우리는 오랜 실험과 연구를 거듭하고서야 비로소 발효음식을 제대로 만들고 잘 보관할 수 있는 선택적 환경을 이해하게 되었다.

사람들이 발효에 가장 적합한 선택적 환경을 조성하기 위해 통제하려고 애쓰는 요인들로는 산소 접촉, 이산화탄소 배출, 수분 함량 또는 건조 정도와 그 일관성, 염도, 산도, 습도, 온도 등이 있다. 이 중에서 특히 중요한 요인으로 온도를 꼽을 수 있다. 상당수 미생물이 특정 온도 범위 내에서만 제 기능을 다 하기 때문이다. 젖산균 같은 미생물은 온도에 있어서 융통성이 좋은 편이지만, 온도가 높을수록 대사 기능의 속도가 빨라진다. 따라서 온도가 높으면 발효의 속도가 더 빠르고 그 결과물이 더 빨리 부패할 수 있다는 점에 유의해야 한다. 공기를 좋아하는 호기성好氣性 미생물도 있고, 공기를 싫어하는 혐기성嫌氣性 미생물도 있다. 전자는 산소를 늘 필요로 하고, 후자는 산소를 견디지 못한다. 그러나 다수의 미생물은 통성通性이다. 산소가 있건 없건 생존과 활동에 문제가 없다는 뜻이다.

발효가 나에게 가르친 것: 생명 그리고 우주 만물

리사 헬드케, 철학 교수, 구스타부스 아돌푸스 대학

- 고대 그리스 철학자 헤라클레이토스가 요구르트 만드는 사람이었다면, [똑같은 강물에 두번 들어갈 수 없다는] 그 유명한 격언은 "똑같은 요구르트를 두 번 다시 만들 수 없다"는 말로 바뀌었을 것이다. 요구르트는 만들 때마다 맛과 식감이 다르기 때문이다. 우리는 여기서 주의 깊은 관찰과 꼼꼼한 기술이 중요하다는 교훈을 얻을 수 있다. 그러나 관찰과 기술이 7월과 1월의 날씨를, 미네소타와 메인의 대기를 우리 마음대로 바꿀 수 없다는 교훈도 얻을 수 있다. 그래서 나는 콤부차, 빵, 요구르트를 만들 때마다 최종 결과물의 품질이 다를 수밖에 없다고, 오히려 축하할 일이라고 받아들인다. 그저 매번 '맛 좋은' 음식을 만들려고 애쓸 뿐이다. 일관성이라는 매혹적 관념 앞에 무릎을 꿇은 사람에게는 인정하기 어려운 교훈일지 모른다.

- 어떤 원칙을 머리로 이해하는 것과 실제로 구현해내는 것은 다르다. 종이에 적힌 지침을 읽는 것만으로는 불충분하다는 말이다. 나는 발효음식을 통해서 이 사실을 주기적으로 깨닫는다. 이 세상에 글로만 배우면 그만인 것이 어디에 있겠는가. 책을 치우고 성분표를 '탐독'하라. 뜻깊은 문장을 읽을 때처럼 집중하라. 설명서를 내려놓은 뒤에는 사람에게 도움을 청하라. 어리석고, 무식하고, 순진하고, 틀려먹었다는 소리도 들을 줄 알아야 한다. 가르침을 받으면 고맙게 여길 줄 알아야 한다. 선생님이 횡설수설한다고 불평하지 말라. 삶의 진리란 12포인트짜리 명조체 글씨로 쉽사리 옮길 수 있는 성질이 아니다.

- 그럼에도 원칙은 중요하다. 따라 하기에 좋기 때문이다. 음식을 발효시킨다는 것은 기계적인 행동만을 의미하지 않는다. 그러나 조금은 조심스럽고 꼼꼼하게 (그리고 체계적으로) 발효시키면 성공할 확률이 엄청나게 높아진다. 평생토록 — 아무 재료나 대충 만들어도 먹을 만한 — 들들 볶은 음식만 씹으며 살 수는 없지 않은가. 요구르트가 특히 그렇다. 섭씨 42~46도를 벗어나지 않도록 주의해야 한다. (친구들을 떠올려보라. 여러분이 저녁 식사 자리에 한 시간이나 늦게 나타나도 대수롭지 않게 여기는 친구도 있을 테지만, 짜증 내는 정도로 그치지 않을 친구도 있을 것이다.) 그러므로 원칙을 제대로 익혀야 한다. 그래야 여러분이 손대는 무언가의 명예를 드높일 수 있다.

- ['좋은 일이 지나치게 많더라도 훌륭한 것일 수 있다'고 말한 미국의 유명 배우] 메이 웨스트는 틀렸다. 아무리 좋은 것도 너무 많으면 훌륭하지 않다. 콤부차는 필요 이상으로 발효시키면 안 된다.(식초 비슷한 것이 되고 만다.) 요구르트 한 숟가락은 괜찮다. 그러나 요구르트 한 컵은 재앙이다. 바닷가 물놀이도 일주일이면 족하다. 2주는 너무 길다.

- 발효음식은 내가 지닌 철학적 신념 가운데 하나를 그 무엇보다 훌륭하게 드러낸다. 나는 복잡하게 얽히고설킨 자연의 진실을 이보다 더 또렷하게 알려주는 주제를 알지 못한다. 그것은 바로 '나'와 '나 아닌 것'의 상호 연관성에 깃든 예측 불가능성이다. 다른 사람들은 이처럼 복잡한 상호 연관성을 정원에서 잡초를 뽑거나 물건을 팔거나 아이를 키우거나 뇌 수술을 집도하는 동안 경험한다. 내 경우에는 그 상호 연관성이 누렇게 엉겨 붙어 항아리의 내용물을 뒤덮은 모종의 덩어리들 안에 들어 있다고 본다. 맞다. 기괴하고 흉측한 덩어리다. 하

지만 점잖게 대하라. 여러분과 덩어리는 아직 미약하고도 얇디얇은 관계일 뿐이다. 무언가 제대로 깨닫기까지 아직 멀었다는 뜻이기도 하다.

미생물 공동체의 진화와 연속성

전통 방식의 모든 발효법에는 여러 종류의 미생물 집단이 관여한다. 미생물학자들은 지금까지 150년이 넘도록 수많은 미생물을 따로 떼어 배양하는 실험을 이어오고 있다. 하지만 이런 경우가 아니라면 미생물은 언제나 여러 집단이 어울리는 식으로 존재하고, 진화를 거듭할수록 더 나은 안정성과 회복능력을 보인다. 미생물 집단들은 늘 역동적으로 변화한다. 양배추를 썰어서 소금물에 담그면, 일반적으로 류코노스톡 메센테로이데스*Leuconostoc mesenteroides*라는 한 종류의 젖산균이 처음 나타나서 지배자로 군림한다. 그러나 이 박테리아가 젖산을 생성하고 환경을 바꾸면, 락토바실루스 플란타룸*Lactobacillus plantarum*이 그 자리를 이어받는다. 발효균 집단의 세대교체는 숲의 변화에 비유할 수 있다. 특정 품종이 지배적 위치에 올라 숲의 일조량과 pH, 그 밖의 여러 조건을 바꾸면 새로운 식물이 바통을 이어받는 것과 마찬가지다.

그러나 미생물 집단은 끝없이 변화하는 본성에도 불구하고, 대단히 안정적인 모습을 보이는 경우가 꽤 있다. 클리퍼드 헤슬타인은 "여러 미생물 집단이 혼합체를 구성하면 필요한 것을 서로 보충할 뿐만 아니라 원치 않는 외래 집단을 내쫓기 위해 힘을 합친다"면서, 발효균을 혼합해서 사용하는 여러 장점 가운데 하나가 "비숙련자라도 최소한의 지식만 갖추면 발효균을 무한정 살려둘 수 있다"는 점이라고 말한다.[4] 많은 경우, 미생물 집단들은 내부적으로 구성원들 사이에 균형을 이루고 있다. 예를 들어, 전통적인 요구르트 발효균은 적절하게 관리하면 세대를 거듭하면서 생존할 수 있다. 반대로 실험실에서 분리추출한 순수 발효균 몇 종류를 섞어서 만드는 (기업에서 제품화하는 사실상 모든) 요구르트의 경우, 몇 세대만 내려오면 발효균이 요구르트 생산능력을 상실하는 것이 보통이다. 고립된 환경에서 배양한 순수 발효균은 인류의 발명품이다. 미생물학자 칼 페더슨은 "순수 발효균에 의해서 발효가 이루어지는 경우는 거의 없다"고 말한다.[5] 자연 상태에서 또는 최고로 통제된 환경을 벗어나면, 미생물은 언제나 여러 집단이 어울린 모습으로 살아간다. 사람들이 미생물을 이용해 음식을 발효시키는 기법도 언제나 이런 식이었다.

발효와 직감

래거스타 이어우드

요리사인 나는 발효를 통해서 실용적인 가르침을 듬뿍 받았다. 내 요리에서 발효가 차지하는 중요성은 아무리 강조해도 지나치지 않을 정도다. 그러나 한 인간의 관점에서 이보다 훨씬 더 중요한 교훈을 발효로부터 배웠다. 바로 내 직감을 스스로 믿는 마음가짐이다. 발효를 숭배하기 전까지만 해도 나는 나 자신을 직감이 뛰어난 사람이라고 생각한 적이 없었다. 무질서한 히피 가정에서 자란 탓에 '느낌'이나 '여자의 육감' 따위를 믿지 않는 척하며 살았다. 나는 경험적인 증거를 좋아하고, 먼지 한 톨 없이 깔끔한 부엌을 좋아하며, 질서와 체계를 좋아하는 사람이다. 나는 레시피를 좋아한다. 성격도 무척 까칠하다. 하지만 발효는 나에게 속도를 늦추라고 말한다. 동물보호운동가이자 작가인 캐럴 애덤스의 말처럼, "제 손으로 직접 하라"고 강요한다. 여러분은 무엇이든 제대로 발효시키려면 자신의 직감을 믿어야 한다. 발효란 성가시지만 유쾌하고, 소란스러우며, 열린 결말의 작업과정이다. 레시피를 정확히 따를 수도 있지만, 크게 보면 정해진 레시피가 존재하지 않는 분야가 발효다. 일반적인 레시피가 있더라도 지침 정도로 여기면 된다는 뜻이다. 두 사람이 똑같은 레시피를 한 치의 오차도 없이 그대로 따르더라도 결코 똑같은 사워크라우트를 만들 수 없다. 양배추를 썰면서 내뱉는 (그리하여 대상을 변화시키는) 입김이 최종 결과물의 맛에 영향을 미칠 수 있기 때문이다. 발효는 자신의 부엌에서 실행에 옮길 수 있는 지극히 사적인 작업 가운데 하나다. 그리고 이런 이유로 (여자의 육감이건 무엇이건 간에) 직감을 살려야 한다. 천천히 일하면서 공기의 느낌을 포착해야 하고, 양배추를 공들여 썰어야 하고, 짓무르지 않으려면 소금을 얼마나 쳐야 하는지 정확히 파악하기 위해서 맨손으로 버무려야 한다.

청결과 위생

발효에 관한 요즘 논문의 상당수가 발효 도구는 물론 원재료까지 [표백제, 방부제로 쓰이는] 캠든 알약으로 유명한 나트륨 또는 메타중아황산칼륨을 활용해서 화학적으로 소독해야 한다고 강조한다. 하지만 나는 발효음식을 만들면서 이런 화학제품을 사용한 적이 단 한 번도 없다. 깨끗한 상태를 원할 뿐, 멸균 상태를 원하는 것은 아니기 때문이다. 깨끗한 손, 깨끗한 용기, 깨끗한 도구는 당연히 중요하다. 그러나 발효음식을 잘 만들겠다고 준비물을 죄다 소독할 필요는 없다.

윌리엄 셔틀리프와 아오야기 아키코의 설명을 들으면 깨끗한 상태와 위생적인 상태, 소독한 상태가 어떻게 다른지 쉽게 이해할 수 있다.

> 깨끗한 표면이란 물로 잘 씻어서 오물을 제거한 상태다. 위생적인 표면이란 물로 씻거나 위생용품 또는 살균제를 뿌려서 미생물, 독소 등 건강에 해로운 물질을 거의 또는 완전히 제거한 상태다. 소독한 표면 또는 물질이란 (압력을 가하거나 알코올로 씻거나 불을 쪼이는 식으로) 살아 있는 미생물을 완벽하게 제거한 멸균 상태다.[6]

멸균처리는 순수 배양균을 제조하는 경우처럼 전문적인 분야가 아니면 적용할 필요가 없다고 생각한다. 나는 오랜 세월 발효 용기를 사용하면서 주방용 세제와 뜨거운 물로 잘 씻기만 했다. 그래도 아무런 문제없이 훌륭한 발효음식이 탄생하곤 했다. 어쩌다 한 번씩 식초를 이용해서 각종 도구를 세척했을 뿐이다.

청결과 위생은 늘 중요하다. 그러나 대개의 경우 소독 작업까지는 불필요하다. 소독하지 않으면 깨끗한 환경이라도 미생물이 남기 마련이다. 하지만 이렇게 살아남은 미생물이 발효음식의 기질에서 발붙일 곳을 찾기란 거의 불가능하다. 고유의 미생물 집단(사워크라우트나 전통 포도주) 또는 인위적으로 투입한 종균 집단(요구르트, 템페, 요즘 나오는 거의 모든 맥주)이 확실하게 터를 잡고 있기 때문이다. 우리는 미생물의 세계에서 살고 있으며, 이 모든 과정이 멸균처리를 하지 않은 환경에서 진행된다는 사실만큼은 의심할 여지가 없다. 전통적인 발효균 역시 적절한 조건만 갖춘다면 상당히 안정적이다. 다만, 더 많은 박테리아를 추출하기 위해서 순수하게 배양한 곰팡이균 포자를 증식하는 분야의 경우, 단순히 깨끗한 수준을 넘어 위생적인 환경을 갖추어야 하는 것으로 알고 있다.

교차오염

야심차게 발효의 세계에 뛰어든 사람들이 툭하면 묻는 질문은 교차오염에 관한 것이다. 사워크라우트 때문에 맥주 발효를 망치는 것은 아닐까? 맥주 때문에 치즈 발효를 망치는 것은 아닐까? 아니면 콤부차가 케피어를 오염시키는 것은 아닐까? 이런 질문에 대한 내 짧은 답변은 서로 다른 발효음식이 공기를 통해서 미묘하게 영향을 미칠 수도 있지만 대개는 문제가 안 된다는 것이다. 술을 빚는 사람들은 아세토박터의 접근을 최대한 억제하고 싶어한다. 알코올을 식초로 발효시키기 때문이다. 하지만 이 박테리아는 거의 모든 곳에 존재하므로, 알코올이 공기와 닿지 않도록 잘 보호하는 것이 최선책이다. 밀폐만 잘 한다면 한방에서 식초를 발효시켜도 아무 문제가 없다.

한번은 '워터케피어'(6장 워터케피어 참조)를 발효시키다가 표면에 초모醋母가 생긴 적이 있다. 우리 주변에 흔히 떠다니는 아세토박터가 공기를 통해서 발효 용액에 들어간 것이었다. 그런데 사람들은 우유 발효균이 섞여 들어간 탓으로 보인다면서 공기를 통한 오염이 아니라 발효 용기가 깨끗하지 않아서 이런 현상이 발생했다는 논리로 이해하곤 한다.

작고한 남편 고든과 함께 발효균 제조사 GEM을 공동 설립한 베티 스테크마이어는 30년 동안 발효균을 키우고 판매한 경력의 소유자로, 가로세로 3.7m에 불과한 부엌에서 여러 종류의 사워도, 우유 발효균,

템페 발효균 등을 만들어왔다. “정말 원시적이고 단순하지 않습니까?” 베티는 이런 식으로 오랜 세월 발효균을 길러왔지만 교차오염을 경험한 적은 없었다고 말한다. 나는 교차오염이라는 것이 아예 불가능하다고 장담하지는 못하겠다. 그러나 일어날 가능성이 거의 없다고 본다. 그러므로 열정적인 실험가들이여, 교차오염 걱정 말고 마음껏 꿈을 펼치시라.

물

지금까지 거론한 발효음식의 상당수는 물을 필요로 한다. 그러나 물이라고 다 똑같은 물이 아니다. 발효에 쓰이는 물과 관련해서 가장 큰 문제는 염소다. 염소는 미생물을 죽이기 위해서 상수도에 일부러 집어넣는 성분이다. 음식을 발효시킬 때 염소 농도가 높은 물을 부었다간 큰일이 날 수 있다. 염소가 발효를 원천적으로 막거나 속도를 늦출 수 있고, 발효의 방향을 바꾸거나 중단시킬 수도 있다. 염소가 들어간 수돗물을 쓰고 싶다면, 염소를 제거한 뒤에 쓰는 것이 최선이다. 필터를 사용해서 염소를 걸러낼 수도 있다. 냄비에 물을 붓고 뚜껑을 열어둔 상태로 끓여서 염소를 증발시키는 방법도 있다. 다만 끓인 물은 사람의 체온 정도로 낮춘 뒤에 사용해야 한다. 원재료에 서식하는 미생물을 해치지 않기 위해서다. 하루 이틀 여유가 있다면, 널찍한 그릇에 수돗물을 담아두고 염소가 날아갈 때까지 기다리는 것도 좋다. 염소 농도를 굳이 측정하고 싶다면 수영장 관리 용품점에 가서 염소측정기를 구입하자.

불행히도 클로라민chloramine이라는 한층 안정적인 염소가 등장해서 기존 염소를 점차 대체하고 있다. 클로라민은 염소와 암모니아를 섞어서 만드는 것으로, 기존 염소보다 소실량이 적어서 각광을 받고 있다. 이 클로라민은 물을 끓인다고 해서 사라지지 않는다. 상온에서 증발하지도 않는다. 그러나 숯 필터로 잘 거르면 확실하게 제거할 수 있다. 집에서 술을 담그는 사람들은 캠든 알약으로 클로라민을 중화시키기도 한다. 이 알약은 나트륨 또는 메타중아황산칼륨으로 만든 것으로, 맥주나 포도주 회사에서 널리 사용하는 화학물질이다. 하지만 앞서 설명한 대로 이 알약의 주목적은 발효 도구를 소독하거나 이스트를 첨가하기 전에 발효 용액에 넣어서 박테리아를 죽이는 것이다. 나는 이런 화학물질을 사용한 적이 없다. 발효의 진행이 영 시원치 않다면, 물 때문일 가능성이 높다. 부엌으로 상수도를 공급하는 쪽에 클로라민을 넣었는지 물어보자.

수돗물

크리스 챈들러, 오클랜드, 캘리포니아

값비싼 교훈 한 가지. 염소를 충분히 증발시키지 않은 수돗물에 이스트를 넣으면 절대 안 된다. 나는 발효음식을 만들 때 필터로 거른 물만 사용했다. 그런데 한번은 필터가 고장 나서 수돗물이 원재료에 그대로 섞이고 말았다. 나는 황급히 꼭지를 잠갔지만 이스트는 이미 죽어버린 뒤였다. 이스트는 염소를 만나면 곧바로 죽는다.

소금

발효음식을 만들 때 소금을 반드시 넣어야 하는 경우가 많다. 일정 수치 이하의 염도는 젖산균처럼 소금기를 잘 견디는 미생물 집단의 성장을 촉진하기에 최적의 환경을 창출하는 한 가지 방법이다. 하지만 염도가 너무 높을 경우 특수한 호염성好塩性 박테리아가 아니면 살아남을 수가 없다.

소금 역시 다 똑같은 소금이 아니다. 샐리 팰런 모렐은 "소금에 대해서 이야기할 때 가공처리상의 문제를 누락하는 경향이 있다"면서 "우리가 섭취하는 소금이 — 설탕, 밀가루, 식물성 기름과 마찬가지로 — 고도로 정제한 화학제품일 뿐 아니라 고온처리 과정에서 몸에 이로운 마그네슘염은 물론 바다에서 자연적으로 생기는 미량미네랄까지 완전히 없앤 것인데도 이런 사실을 아는 사람이 거의 없다"고 지적한다.[7] 미국에서 일반적으로 사용하는 식염의 경우, 사라진 미네랄을 보충하기 위한 요오드와 소금 알갱이가 서로 들러붙지 못하게 하는 여러 화학물질을 나중에 별도로 첨가한 것이다. 전자는 항균성 물질이고 후자는 소금의 색깔을 거무튀튀하게 만들기 때문에, 일부 논문은 식염이 음식을 발효시키는 데 부적절하다고 주장하면서 요오드를 함유하지 않은 피클링용 또는 통조림용 소금, 코셔 소금을 쓰라고 권유한다.

나는 정제하지 않은 바다소금을 쓴다. 발효가 영양학적으로 중요한 이유 가운데 하나가 미네랄의 생체이용률을 높이는 것이므로, 염화나트륨보다는 광범위한 미네랄을 함유한 소금으로 발효시키는 것이 옳다는 결론에 이르렀기 때문이다. 흥미롭게도, 정제하지 않은 소금에서 발견되는 미량미네랄 가운데 하나가 요오드다. 그러나 조그만 해양생물을 통해 유기적 형태를 띠고 있어서 발효를 억제하는 기능을 하지 않는다. 실제로 나는 워크숍 주최 측이 제공하는 온갖 종류의 소금으로 채소를 발효시켜보았다. 그 결과 요오드를 첨가한 식염을 포함해서 다양한 소금을 그런대로 까탈스럽지 않게 잘 견디는 것은 젖산균이었다.

채소를 포함한 대부분의 원재료를 발효시킬 때, 좋은 맛을 위해 소금을 넣는다면 그 투여량을 정확히 측정할 필요가 없다. 반면, 발효음식의 안전과 효과적인 보존을 위해서라면 소금 비율을 조금 더 구체적으로 알아야 한다. 예를 들어, 육류를 소금으로 절일 때 적합한 소금을 적정량 사용해야 안전한 보존을 기대할 수 있다. 미소나 간장처럼 몇 달에서 몇 년씩 묵히는 발효음식일 때는 소금을 부족하게 넣으면 썩어버릴 수 있다.

앞으로는 맛을 위해서 소금을 치는 경우와 소금 투입량을 정확히 측정하는 것이 좋은 경우를 구분해서 설명하도록 하겠다. 소금 한 숟가락은 평균 14g이다. 하지만 가는 소금이라면 이보다 작은 부피로 넣어야 하고, 굵은 소금이라면 이보다 큰 부피로 넣어야 한다. 따라서 소금의 양을 측정할 때는 부피보다 무게를 재는 편이 훨씬 정확하다. 부피는 입자 모양이나 농도에 따라서 상당한 차이를 보이기 때문이다. 내 부엌에는 두 종류의 소금이 모두 있다. 굵은 소금용 컵에 굵은 소금을 가득 채우면 200g이 들어가지만, 가는 소금용 컵에 옮겨 담으면 170g밖에 안 들어간다. 대수롭지 않은 차이로 여길 수 있지만, 맛과 미생물 환경과 부패 가능성이라는 관점에서 중대한 차이가 될 수 있다. 조그만 주방용 저울을 마련하자. 무척 요긴하게 쓰인다.

염도는 주로 물의 부피(*ml*)당 소금의 무게(그램)가 차지하는 퍼센트로 표기한다. 따라서 1리터(1000*ml*)당 염도 5%를 맞추려면 소금 50g을 넣어야 한다. 실제로는 부피당 무게 비율과 무게당 무게 비율에는 차이가 없다. 오히려 후자 쪽이 이해하기 쉬울 것이다. 그러므로 원하

소금

는 양만큼 물과 소금의 무게를 달아서 비율에 맞추어 섞으면 된다. 간혹 소금물의 염도를 샐리미터(°SAL) 즉 포화도 단위로 표기하는 경우가 있다. 0샐리미터는 소금이 전혀 없다는 뜻이고, 100샐리미터는 물이 소금을 최대로 녹일 수 있는 완전포화 상태라는 뜻이다. 완전포화는 섭씨 16도일 때 염도 26.4%를 말한다. 따라서 10샐리미터는 포화도 10% 또는 염도 2.6%를 의미한다. 20샐리미터는 포화도 20%, 염도 5.2%가 된다.

소금비율표

급한 대로 참고할 수 있는, 아주 일반적인 지침이다. 미묘한 차이까지 확실하게 파악하길 원한다면 본문에서 해당 내용을 찾아보기 바란다.

채소

마른 상태로 소금에 절일 때	채소 무게의 1.5~2% 또는 파운드당 1½~2티스푼
소금물에 절일 때	물 무게의 5% 또는 쿼트[약 0.95*l*]당 대략 3큰술
곡물	마른 곡물 무게의 1½~2% 또는 파운드당 1½~2티스푼

미소

오래 묵힐 때	마른 콩과 곡물 무게의 13% 또는 파운드당 대략 $\frac{1}{4}$컵
짧게 묵힐 때	마른 콩과 곡물 무게의 6% 또는 파운드당 대략 2큰술

육류

마른 상태로 소금에 절일 때	육류 무게의 6% 또는 파운드당 대략 2큰술
소금물에 절일 때	물 무게의 10%, 여기에 설탕 5% 또는 쿼트당 대략 소금 6큰술과 설탕 3큰술
살라미	육류 무게의 2~3% 또는 파운드당 대략 1큰술

*참고-물 무게는 1*l*에 1kg이다.

어둠과 햇빛

전통 방식의 발효는 직사광선을 차단한 상태에서 이루어지는 것이 일반적이다. 자외선 지수가 높은 직사광선이 미생물을 파괴하거나 기운을 빼앗곤 하기 때문이다. 드물지만 일부 지역에서 오이로 피클을 만들 때(5장 새콤한 피클 참조) 일부러 햇볕을 쬐어 발효시키는 사례가 있다. 원재료의 표면에 뜨거운 햇볕이 내리쬐면 곰팡이균의 번식을 예방해 최적의 발효 환경을 조성할 수 있다. 그러나 햇볕은 미생물 생태계에 충격을 가할 수 있고, 지속적으로 직사광선에 노출시키면 발효 대상이 되는 원재료의 영양소가 줄어들 수도 있다. 나는 직사광선을 차단한 상태에서 발효시키는 것이 좋다는 사실을 경험으로 배웠다. 그렇다고 무조건 암흑 속에 놓아두어야 한다는 뜻은 아니다. 나는 거의 모든 발효음식을 부엌에 둔다. 직사광선이 들이치지는 않아도 간접광이 비추는 곳이다. 간접광으로부터 음식을 보호하기 위해서 유일하게 신경을 쓰는 과정은 맥아를 만들 때다. 맥아는 그 자체로 발효과정이 아니지만, 맥주 발효의 핵심적인 요소다.(9장 참조) 간접광이 계속 닿으면 어린 싹이 자라서 광합성을 시작하는데, 초록색으로 변한 싹은 씁쓸한 물질을 생성해 달콤한 향을 지워버린다. 요즘도 부엌에서 맥아를 만들지만, 볕을 피하기 위해 수건으로 유리병을 반드시 덮어둔다.

발효 용기

발효 용기에 대한 필요성은 인류의 창의성을 꾸준히 자극해왔다. 다행히 우리는 도자기, 유리그릇, 코르크, 밀폐 용기, 돌려서 여닫는 뚜껑을 더 이상 발명할 필요가 없는 21세기를 살고 있다. 발효음식을 만들겠다고 특별한 도구를 새로 구입할 필요는 조금도 없다. 집 안을 뒤지거나 재활용센터를 찾아가면 음식을 담아두었던 유리병 등을 얼마든지 구할 수 있고, 그 정도면 쓸 만하다. 유리병은 거의 모든 발효음식의 용기로 충분할 것이다. 그러나 다양한 발효음식을 만들다보면 조금 더 특화된 도구를 이용하고 싶은 마음이 들기 마련이다. 그러면 다양한 발효음식에 적합한 다양한 용기를 살펴보면서 기능, 재질, 모양, 크기별로 장단점을 따져보도록 하자.

발효 용기는 모양에 따라서 기능상 장점과 단점이 다르다. 사워크라우트처럼 단단한 음식은 손이나 집게를 넣을 수 있을 만큼 주둥이가 널찍한 용기에 담가야 한다. 콤부차나 식초처럼 산소 접촉이 원활한 윗부분에서 발효가 활발하게 이루어지는 음식도 마찬가지다. 쌉쌀한 맛의 포도주나 벌꿀주를 원한다면, 부글거리며 발효를 시작하자마자 주둥이가 조붓한 용기에 옮겨 담자. 이때 공기가 들어가지 않도록 내용물을 가득 담고 입구를 단단히 막아두어야 식초로 변하지 않는다. 어떤 용기를 사용해야 최선인지는 발효음식에 무엇을 기대하느냐에 달려 있다. 용기의 특성을 잘 이해하고 각자 취향에 맞추어 고르면 된다.

발효의 철학

조너선 새뮤얼 베트

발효는 어수선한 작업이다. 하지만 크게 걱정할 필요는 없다. 창조적 혼돈이기에 안심해도 된다. 창의성을 발휘할수록 기분 좋게 시간과 돈을 들일 수 있다. 누구나 언제든 발효음식을 만들 수 있다. 3달러 정도면 재료와 도구를 구해서 맛 좋은 사워크라우트를 넉넉히 만들고도 남는다. 머리를 잘 굴리면 3달러도 안 든다. 음식점에 가서 안 쓰는 유리병을 얻고, 쓰레기통을 뒤져서 양배추 한 포기를 줍고, 패스트푸드점에 가서 소금을 조금 챙기면, 돈 한 푼 안 들이고도 맛있는 사워크라우트를 만들 수 있다! 돈이 덜 들어가면 발효음식 만들기가 훨씬 더 재미있다. 그렇게 아낀 돈으로 지역에서 귀하게 키운 채소나 또 다른 발효음식에 적합한 단지 또는 유리병을 살 수도 있다.

유리병 발효법

재료를 병에 넣고 액체에 푹 담그면 발효가 시작된다. 나는 뚜껑 달린 유리병을 크기별로 모아두는 일을 즐기는 사람이다. 물론 주둥이는 넓을수록 좋다. 발효용기로 부적합한 조그만 유리병은 훗날 완성된 작품을 이웃에게 나누어줄 때 쓰면 된다.

여러분은 발효음식을 만들 때 유리병을 다양한 용도로 활용할 수 있다. 밀가루와 물을 유리병(또는 사발)에 넣고 섞으면 반죽이 발효하면서 시큼한 맛을 내는 사워도가 된다. 이때 공기 중의 미생물을 밀가루에 보충해서 이스트의 증식을 촉진하고 싶다면, 뚜껑을 닫을 필요가 없다. 대신 헝겊, 타월, 커피필터 따위로 덮어두면, 파리가 꼬이는 것을 막으면서 산소와 미생물을 동시에 공급할 수 있다. 그런데 사워도는 밀폐한 유리병에서도 발효가 잘된다. 따라서 주위를 떠다니는 미생물이나 산소가 반드시 필요한 것은 아니다. 신선한 산소의 공급을 꾸준히 필요로 하는 발효음식도 있다. 특히 콤부차나 식초를 유리병에 넣어 발효시킬 때는 뚜껑을 열어두는 것이 좋다. 둘 다 발효과정에서 산소를 필요로 하는 음식이기 때문이다. 아울러 표층이 나머지 부분에 비해서 더 많이 부풀어 오르므로 유리병에 반 정도만 내용물을 담아야 한다. 사워도와 마찬가지로, 공기가 통하는 소재를 이용해 주둥이를 덮어서 파리와 곰팡이균 포자의 접근을 차단하자.

사워크라우트나 발효시킨 우유 같은 여러 발효음식은 대기 중의 산소나 미생물을 필요로 하지 않는다. 이런 음식은 밀폐한 유리병에서 발효시키면 된다. 하지만 많은 경우에 활동적인 발효균이 들어 있는 유리병을 꽉 막으면 이산화탄소가 발생하면서 내부 압력이 상승할 수 있다는 사실에 주의하자. 요구르트는 걱정할 이유가 없지만, 채소나 음료를 밀폐한 유리병에 넣어서 발효시킬 때는 압력을 가끔 빼줘야 안전하다. 자칫하면 유리병이 폭발할 수도 있다. 유리병을 부엌 조리대 위에 놓아두자. 그래야 뚜껑이 부풀지는 않았는지 매일 관찰하면서 압력을 적당히 조절할 수 있다. 뚜껑을 느슨하게 닫아서 압력이 저절로 빠져나가게 만들거나 뚜껑에 조그만 구멍을 내는 것도 방법이다. 확실하게 밀폐하고 싶다면, 맥주 또는 포도주 회사에서 얻은 플라스틱 에어록(이번 장 알코올 발효 용기와 에어록 참조) 또는 고무 개스킷을 사용하자. 지금까지 설명한 기능을 갖춘 유리병을 아예 새로 구입할 수도 있다.[8]

산성을 띠는 발효음식을 장기간 보관할 경우, 금속성 뚜껑이 부식할 것이다. 나는 이럴 때 플라스틱 뚜껑을 쓰거나 유산지 또는 왁스지를 덮고 뚜껑을 닫아서 부식을 막는다. 뚜껑 안쪽에 코코넛 오일을 가볍게 발라서 부식을 예방하는 사람들도 있다. 잠시 뒤에 설명할 '열린 항아리 발효법'을 적용할 때도 유리병을 사용할 수 있다. 그러려면 크기가 다른 유리병 두 개를 고르되, 큰 유리병 속에 작은 유리병이 들어갈 수 있어야 한다. 유리병에 넣어 내용물을 눌러두기 위해 도자기, 유리, 플라스틱 등으로 누름돌을 맞춤 제작해 사용하는 사람들도 있다.

메인주에 사는 발효음식 마니아 애나 앤터키는 채소를 발효시킬 때 굵은 철사로 마개와 유리병을 단단히 죄었다 풀었다 할 수 있는 [시중에서 보통 '클립 캐니스터'라고 부르는] 제품을 사용한다고 나한테 귀띔했다. 마개 아래쪽에 고무 개스킷을 덧대서 내용물을 밀폐할 수 있는 제품이다.

저는 이런 유리병을 3~4년째 쓰면서 다양한 젖산균 발효음식을 만들어보았답니다. 이루 헤아릴 수 없을 만큼 장점이 많아요. 이 병으로 발효시켜서 실패한 적이 한 번도 없으니까요. 오랫동안 보관하기에도 좋고요. 가격도 괜찮고, 보통 젖산으로 발효시킬 때 '유지 보수'에 손이 많이 가는데 그런 것도 전혀 없습니다. 내부 압력이 강해지면 가스와 소금물이 개스킷을 비집고 유리병 바깥으로 흘러나옵니다. 하지만 그 무엇도 바깥에서 안으로 들어갈 수는 없지요. 소금물이 줄어서 채소가 드러나도 곰팡이가 슬거나 썩지 않습니다. 가스층이 생겨서 채소를 보호하니까요. 한마디로, 뚜껑을 처음에 한 번 닫으면, 식탁에 올리기 전까지 열어볼 필요가 없습니다.

이런 스타일의 유리병이라면 낡은 것을 구해서 고무 개스킷만 갈아 사용할 수도 있다.(인터넷에서 쉽게 구할 수 있다.) 아니면 킬너, 피도, 르파르페 같은 브랜드의 최신 제품을 장만해도 좋겠다.

항아리 발효법

유리병은 발효음식을 조금씩 만들 때 아주 적합하다. 하지만 많은 분량을 한꺼번에 발효시키려면 단순하게 생긴 원통형 항아리가 좋다. 나는 *2l*짜리부터 *45l*짜리까지 다양한 크기의 항아리를 모아두었다. 원기둥 모양이라서 내용물을 넣고 빼기가 편리하다. 채소가 액체에 푹 잠기도록 무언가로 눌러놓기도 아주 쉽다. 나는 과일맛 벌꿀주를 만들 때, 항아리에 물을 붓고 벌꿀을 섞은 다음, 딸기를 넣고 거품이 마구 일어날 때까지 계속 휘젓는다. 이스트로 뒤덮인 과일이 꿀물에 잘 섞이도록 수시로 휘저으면, 산소가 이스트와 만나서 증식을 촉진할 뿐 아니라 표면에 떠다니는 호기성 미생물까지 골고루 혼합할 수 있다. 나는 헝겊으로 항아리를 덮는다. 하지만 뚜껑을 닫지는 않는다. 파리는 쫓고 공기는 통하게 만들기 위해서다.

나는 사워크라우트를 만들 때, 채소를 썰고 소금을 뿌린 뒤 항아리에 넣고 접시로 꾹 누른 다음, 1갤런짜리 물병에 물을 가득 채워서 올려둔다. 그러면 채소가 즙에 푹 잠겨서 산소와 접촉할 수 없는 상태가 된다. 마지막으로, 파리가 들어가지 않도록 헝겊으로 입구를 막고 끈으로 질끈 묶는다.

사워크라우트처럼 채소를 발효시키는 경우에는 발효균이 혐기성이라서 산소를 원하지 않는다. 뚜껑을 열고 발효시키는 방법의 장점은 압력이 오르지 않는 것이다. 발효과정에서 냄새를 맡고 육안으로 살피며 맛을 보기에 편하기도 하다. 반면, 단점으로는 호기성 곰팡이균이나 이스트가 산소와 만나 발효음식의 표면에서 세력을 확장하기 쉽다는 사실이다. 나는 발효음식 겉 부분에 곰팡이가 피면, 색깔이 변한 데까지만 긁어내거나 떠내서 버린다. 그러고 나서 들여다보면 아랫부분은 멀쩡하다. 물론 곰팡이를 긁어내는 것이 탐탁지 않아서 뚜껑 달린 용기를 선호하는 사람들도 꽤 있다. 발효음식 애호가 퍼트리샤 그루노에 따르면, "발효 용기를 헝겊으로 덮는 행동이야말로 여러분이 초대장을 발송한 적 없는 미생물과 곰팡이를 끌어당기는 확실한 방법이다!" 그러나 하나를 얻으면 하나를 잃는 법. 이 세상에는 완벽한 발효 용기도, 완벽한 발효법도 없다.

헛간과 지하 창고에 가면 오래된 항아리가 많다. 내가 처음으로 사용한 항아리는 낡은 헛간에서 찾은 것이다. 가보로 내려오는 귀한 항아리를 음식이 아니라 우산이나 꽃을 꽂아두는 용도로 사용하는 집도 적지 않다. 골동품 상점에서는 이런 항아리에 비싼 값을 붙여서 판다. 그런데 골동품 항아리에 발효음식을 담그면 유약에서 흘러나온 납 성분이 스며들까봐 걱정하는 사람들이 꽤 있다. 이런 식으로 납중독이 발생한 사건이 실제로도 있었다.[9] 개인적으로 항아리에서 유약이 배어 나오는 현상을 목격한 적은 없지만, 피해 사례가 계속 나오고 있으니, 낡은 항아리가 걱정스럽다면 테스트를 해보기 바란다. 인터넷에 들어가면 측정기를 얼마든지 구할 수 있고 사용법도 간단하다.

반면, 요즘 나오는 항아리는 무연유약을 발라 구운 것이다. 그동안 내가 만나본 여러 도공은 세심한 주의를 기울여 항아리를 만들고 있었다. 가능하면 그 지역의 도공들에게 힘을 실어주기 바란다. 항아리 하면 떠오르는 미국의 대표적인 도시는 오하이오주 로즈빌이다. 이곳의 로빈슨랜스버튼사는 1900년부터 2007년까지 유약을 발라 항아리를 만들었고, 지금은 벌리클레이 사와 오하이오스톤웨어사가 그 뒤를 잇고 있다. 몇몇 옛날식 가정용품점 또는 공구점에서도 항아리를 판매한다. 이런 곳에 가서 항아리를 사면 보통 인터넷으로 구매해서 배송시키는 것보다 싸다. 예를 들어, 에이스하드웨어라는 공구 판매 사이트[10]에서 오하이오스톤웨어의 항아리를 구매하면, 해당 지역 에이스하드웨어 소매점으로 배송비 없이 보내준다. 발효음식 동호인을 여럿 모아서 생산자한테 직접 구매하면 훨씬 저렴한 가격에 질 좋은 항아리를 구할 수 있을 것이다.

항아리

항아리의 가장 큰 문제는 잘 깨진다는 것이다. 텅 빈 상태로도 무겁고, 내용물을 넣으면 더 무겁기 때문에 금이 잘 간다. 하지만 실금이 갔다고 무조건 깨지는 것은 아니므로 크게 걱정할 필요는 없다. 항아리의 가장 중요한 기능은 물을 담아두는 것이다. 따라서 실금에서 물이 새는지 확인하려면 항아리 안에 물을 가득 붓고 24시간 뒤에 살펴보면 된다. 금이 간 곳을 따라서 미생물이 터를 잡을 수 있다고 걱정하는 사람들도 있다. 실제로 항아리가 텅 빈 상태에서 실금에 곰팡이가 슬어 있는 모습이 종종 보이기도 한다. 그럴 때는 식초와 과산화수소로 문질러 닦고 뜨거운 비눗물로 세척하자. 음식을 (사워크라우트처럼) 자연발효시키건, 이스트를 일부러 집어넣어 배양하건 간에, 발효를 주도하는 미생물 집단은 환경적으로 우연히 발생하는 곰팡이균을 너끈히 제압한다. 이것이 진실이다. 지나친 걱정은 금물이다.

금이 가서 물이 새는 항아리를 고칠 수도 있다. 오하이오주 톨레도에 사는 개리 슈델은, 꿀벌이 벌집 구멍을 막듯이, 밀랍과 프로폴리스를 인두로 녹여서 물이 새는 부분을 안쪽에서 틀어막았다고 한다. 그가 나중에 말하기로, 프로폴리스가 "왁스보다 훨씬 효과적"일 수도 있다. 민족식물학자 윌리엄 리칭거에 따르면, 멕시코 북부 타라후마라 사람들도 발효음식을 담아두는 항아리 올라olla를 보수할 때 송진이나 곤충이 만들어내는 진액을 사용한다. "송진을 녹여서 바르면 빈틈을 훌륭하게 메울 수 있다." 아울러 가죽끈으로 항아리를 보강하면 더 이상의 균열을 막을 수 있다고 한다. "젖은 가죽끈으로 올라를 묶으면 물이 마르면서 단단하게 조인다."[11] 항아리에 내용물을 채웠을 때 안에서 밖으로 가해지는 압력에 효과적으로 대응할 수 있는 탁월한 방법이라고 본다.

항아리 뚜껑

뚜껑이 없는 항아리도 있고, 뚜껑이 있는 항아리도 있다. 뚜껑이 두 개인 항아리도 있는데, 하나는 항아리 안에 넣어서 내용물이 액체에 잠기도록 내리누르는 [우리가 보통 누름돌이라고 부르는] 속뚜껑이고, 다른 하나는 항아리에 씌워서 주둥이를 막는 겉뚜껑이다. 항아리에 꼭 맞는 뚜껑을 애초에 같이 만들어서 판매하는 것이 보통이지만, 그렇지 않을 때는 나무로 만든 원판이나 접시 또는 (겉뚜껑으로) 솥뚜껑 같은 가재도구를 임시변통으로 사용하기도 한다. 항아리를 채소로 그득히 채운 다음 묵직하고 평평한 물건으로 눌러놓지 않으면 채소가 항아리 주둥이 위로 서서히 비집고 올라올 것이다. 내 경우에는 채소를 접시로 누르고 그 위에 1갤런짜리 물통을 올린다. 딱딱한 나무나 돌덩이를 사용한 적도 있다. 돌덩이를 사용하고 싶다면, 단단하고 매끈한 것을 사용하되, 석회암은 피해야 한다. 산과 만나면 녹아버리기 때문이다. 항아리 내벽에 꼭 들어맞는 속뚜껑을 쓰고 싶은 마음이 들기도 할 것이다. 하지만 조금은 여유가 있어야 한다. 내려갈수록 조붓해지는 항아리라면 충분히 내리누르지 못할 수 있고, 자칫 항아리 내벽에 흠집이 생길 수도 있다.(내가 경험자다.) 나무로 만든 속뚜껑은 소금물에 팽창할 수 있다는 점도 감안해야 한다. 발효음식 제조가 앨리슨 에월드는 "집에서 떡갈나무로 뚜껑을 만들어 넣었더니 소금물에 팽창을 거듭하다가 결국 항아리가 둘로 쪼개지고 말았다"고 회상한다. 나는 헝겊으로 항아리를 덮는다. 파리가 극성인 여름이면, 헝겊을 끈으로 묶고 단단히 조인다. 파리가 발효음식에 앉았다가는 며칠 뒤에 구더기들이 꾸물거리는 장면을 보게 될 것이다.

사람들이 애용하는 방법은 또 있다. 조그만 유리병부터 거대한 술통에 이르기까지 발효 용기의 크기와 상관없이 적용할 수 있는 방법이다. 바로 비닐주머니에 물을 채워서 누름돌 겸 뚜껑으로 내용물 위에 얹는 것이다. 이 물주머니가 중력을 받아 널찍하게 퍼지면서 발효음식의 표면을 완전히 덮으면 공기 접촉을 효과적으로 막을 수 있다. 발효 애호가 릭 오튼은 "물주머니가 접시나 물병에 비해서 훨씬 간단하고 널리 적용할 수 있으며 관리하기도 편한 방법"이라고 말한다. 다만 물이 흘러나와 내용물과 섞이지 않게 하려면 두꺼운 재질의 물주머니를 쓰거나 몇 겹으로 감싸는 것이 좋다. 만에 하나 물이 흘러나오는 상황에 대비해서 처음부터 소금물로 주머니를 채우는 사람들도 있다. 기능적인 측면에서 탁월한 해법이 아닐 수 없다. 유일한 단점이라면 발효음식이 플라스틱 성분과 오랫동안 접촉한다는 것이다. 이 문제는 플라스틱 용기 편에서 자세히 다루도록 하자.

항아리 생김새

원통 모양은 미국에서 가장 흔히 보이는 항아리 디자인이다. 하지만 다른 나라 사람들은 다양한 모양의 항아리로 발효음식을 담근다. 아시아에서는 배가 불룩한 항아리를 사용하는 것이 보통이다. 한국에서는 전통적으로 옹기라고 부르는 항아리를 이용해 발효음식을 만든다. 테네시주 도웰타운에 사는 내 친구이자 이웃 에이미 포터는 자기만의 디자인으로 멋들어진 항아리를 만들어왔다. 에이미의 항아리는 언제나 배가 살짝 나온 모양새다. 뚜껑도 두 개다. 속뚜껑은 내용물을 잘 누르도록 두껍고 무겁게 만들며, 겉뚜껑은 파리가 못 들어오게 만든다. 그동안 나는 도공들이 심혈을 기울여서 제작한 창의적이고 아름다운 항아리를 많이 구경하고 많이 수집했다. 그림을 그리고 색을 넣은 항아리도 몇 개 있다. 도공들의 홈페이지가 궁금하다면 이 책 말미에 실은 참고 자료를 훑어보기 바란다.

앞으로도 수없이 반복해서 말하겠지만, 발효음식을 만들 수 있는 방법과 용기와 종류는 한 가지가 아니다. 수많은 사람이 무수한 방식으로 시도해온 자연적인 현상이기 때문이다. 주저하지 말고 색다른 모양의 발효 용기를 사용해보자. 다목적으로 활용 가능한 것을 선택할 필요도 없다. 발효 문화를 되살리는 일이 우리 공동체의 먹을거리를 되살리는 일이듯, 기술과 재능을 십분 발휘해서 색다른 발효 용기를 만들어 공동체에 선보인다면 얼마나 좋은 일이겠는가. 도공들에게 도움을 청해보자. 마음 내키는 대로 만들어봐도 좋다. 남이 버린 것도 얼마든지 쓸 수 있다. 나는 재활용센터에 갈 때마다 음식물 저장 용기, 쿠키 담는 유리병, 사발, 꽃병, 냄비 등 발효 용기로 쓸 만한 것이 있을까 싶어서 생활용품 코너를 유심히 살피곤 한다. 그릇 타령하느라 발효음식을 못 만들어서야 되겠는가.

많은 사람이 주목하는 항아리 디자인이 있다. 성채 주위에 해자를 파서 물을 댄 것 같은 주둥이의 항아리인데, 대개는 독일에서, 간혹 폴란드나 중국에서 수입하는 물건이다. 해자처럼 생긴 주둥이에 물을 부은 다음, 꼭 들어맞는 뚜껑으로 덮는 방식인데, 외부 공기를 차단하고 내부 압력을 빼는 데 효과 만점이다. 독일 하르슈사에서 만드는 항아리의 경우 반원형 누름돌 두 개가 딸려 나온다. 역시 호기성 미생물의 번식을 예방하는 데 무척 효과적인 디자인이다. 이런 디자인의 제품이 지닌 유일한 단점이라면 밀폐 상태를 계속 유지해야만 곰팡이의 침입을 막을 수 있다는 것이다. 다시 말해서, (내가 늘 그러듯이) 들여다보고 냄새를 맡고 맛을 보겠다고 수시로 뚜껑을 열었다 덮었다 하면 애초에 기대한 효과를 전혀 누릴 수 없다. 기술적인 해법이란 어차피 완벽할 수 없다. 디자인에 따라 장점도 있고 단점도 있겠거니 생각해야 한다.

금속성 발효 용기

일반적으로 말해서, 발효음식을 만들 때는 금속성 용기를 되도록 사용하지 않는 것이 최선이다. 상당수 산성발효에 쓰이는 산과 소금이 금속을 부식시키고 음식으로 스며들게 만들기 때문이다. 스테인리스의 경우 부식에 강하다. 그래서 포도주 제조업체를 비롯한 기업에서 채소를 발효시킬 때 스테인리스 소재로 만든 용기를 사용한다.(13장 사업 확장 참조) 하지만 산업적 차원에서 쓰이는 특수 제품들과 달리 가정용 스테인리스 용기들은 스테인리스 코팅이 아주 얇기 때문에 흠집이 생기면 부식이 발생할 수 있다. 금속성 용기는 음식을 내놓거나 단기간 보관할 때 사용할 수 있어도 발효음식을 담글 때처럼 장기간 접촉이 불가피할 때에는 사용하지 않는 것이 상책이다. 법랑을 입힌 냄비들도 마찬가지다. 법랑이 금속의 부식을 막아주지만, 표면에 균열이나 흠집이 없는지 잘 살펴야 한다. 법랑의 상태가 괜찮아야 발효 용기로 사용해도 안전하다.

플라스틱 발효 용기

플라스틱이야말로 우리 시대를 대표하는 소재라고 할 수 있다. 기능적으로 발효에 적합하기도 하다. 그러나 몇 가지 약점이 있다. 플라스틱 용기의 가장 큰 문제는 플라스틱에서 배어나오는 화학물질이 발효음식으로 스며들 수 있다는 점이다. 플라스틱에서 음식으로 스며드는 프탈레이트는 [플라스틱을 부드럽게 만드는 첨가제로서] 인체에 들어가 내분비계통에 교란을 일으킨다고 하여 많은 사람이 크게 우려하는 화학물질이다. 설치류를 비롯한 여러 종의 수컷에서 보이는 '불완전한 재생산 기능'과 관련 있다고 알려진 물질이기도 하다.

『환경보건전망』이라는 학술지는 생수나 청량음료에 쓰이는 폴리에틸렌 테레프탈레이트(PET 또는 PETE, 플라스틱 번호 1)에서 프탈레이트를 배출할 수 있다고 발표하면서 이렇게 요약했다. "여러 부정적 결과가 상당수 프탈레이트에 기인한다고 주장하는 논문이 점차 늘고 있다. 여기에는 비만과 인슐린 저항의 증가, 남자 아기들한테서 보이는 항문과 성기 사이의 거리 축소, 남녀 공히 성호르몬 수치 저하, 그 결과로 재생산 기능에 유발되는 다양한 문제 등이 포함된다."[12] 미국 국립건강연구소 독성물질 프로그램이 내놓은 보고서 역시 DEHP로 알려진 다이에이틸헥실프탈레이트[어린이 장난감 등에 널리 쓰이는 가소제]에 노출되면 "남성 생식기 발달에 악영향을 미칠 수 있다"고 "우려"하는 것으로 조심스럽게 동의하고 있다. 가장 취약한 쪽은 태아와 아기들이다. 안타깝게도, 모든 것을 입으로 가져감으로써 세상을 탐구하기 시작하는 아기들이 가장 큰 위험에 노출되는 경향이 있다. DEHP가 바닥재, 건축 자재, 화장품, 향수, 헤어스프레이 등 우리 일상을 뒤덮은 모든 사물에 존재하기 때문이다. 그러나 인체가 환경호르몬을 가장 많이 흡수하는 경로는 플라스틱 용기에 담긴 음식을 통해서다.[13]

다행히 발효 용기로 가장 많이 쓰이는 것으로 보이는 — 원래 식용유, 마요네즈, 피클 등을 음식점에 대량으로 공급할 때 사용하는 — 5갤런들이 용기는 고밀도폴리에틸렌(HDPE, 플라스틱 번호 2) 소재로 만들어서 프탈레이트나 비스페놀A(BPA)처럼 위험한 플라스틱 화학물질이 안 들어 있다. 그럼에도 이 밖에 다른 화학물질이 HDPE에서 음식으로 스며들지 누가 알겠는가? 나는 플라스틱으로 만든 용기를 사용하지 않지만, 이따금 발효가 끝난 음식을 플라스틱 용기에 담아두는 경우가 있다. 예를 들어 사워크라우트 같은 발효음식을 가지고 멀리 이동하는 경우, 올리브를 수입할 때 주로 쓰이는 큼직한 플라스틱 통을 구해다가 승용차 트렁크에 넣고 국물을 흘리지 않기 위한 용도로 재활용하는 식이다.

플라스틱 용기를 사용하면서 가장 걱정되는 것은 번호 1이 찍힌 생수병 또는 음료수 병의 재활용 문제다. 『환경보건전망』 연구에 따르면, "페트병에서 흘러나오는 프탈레이트 농도는 내용물의 특성에 따라 천차만별이다. 프탈레이트는 생수 같은 내용물보다 탄산음료나 식초처럼 pH 농도가 낮은 내용물에 더 쉽게 스며든다." 한 걸음 더 나아가 『내셔널 지오그래픽 그린 가이드』는, 비록 프탈레이트를 특정해서 언급하지는 않았어도, PET가 "한 번만 사용하면 안전한 플라스틱이지만 (…) 번호1이 찍힌 플라스틱은 여러 번 재사용하는 사람이 많은데, 이럴 경우 화학물질이 배어나올 수 있다"고 설명한다.[14]

나는 청량음료가 들었던 1~3*l*짜리 플라스틱 빈병을 자주 사용한다. 주로 발효가 안 끝난 음료를 채워넣고 탄산가스가 생기기까지 기다릴 때다. 유리병으로 발효음료를 만들면서 딱 한 병만 플라스틱 용기를 쓰는 때도 있다. 플라스틱이 얼마나 들어가는지 (또는 얼마나 안 들어가는지) 눌러보면 유리병 내부 압력을 미루어 짐작할 수 있기 때문이다. 그러면 발효음료에 탄산이 적당히 생겼는지, 냉장고에 넣어서 발효 속도를 떨어뜨릴 시점이 되었는지 파악할 수 있다. 탄산화 정도를 잘 살피지 않으면 무척 위험하다. 폭발할 수 있기 때문이다.(6장 탄산화 참조)

태아 또는 아기들의 성장 발달에 미치는 잠재적 악영향과 얼굴 앞에서 유리병이 터지는 위험성 가운데 어느 쪽을 중요하게 여기겠는가? 물론 각자가 처한 상황에 달린 문제일 것이다. 임신 상태도 아니고 아기를 키우지도 않는 나로서는 재활용 플라스틱 용기에 발효음식을 저장하는 실용적 이점을 이따금 취하는 편이다. 하지만 내가 임신했거나 임신하려고 노력하거나 아기를 키우는 처지라면, 병이 폭발하는 위험을 무릅쓸지언정 내 주위에서 플라스틱을 모조리 치워버릴 것이다.(아니면 탄산의 짜릿한 맛은 없어도 만들기 쉽고 안전한 발효음료를 즐기겠다.)

목재 발효 용기

발효음식을 대량으로 만들 때라면, 나무로 만든 술통이 안성맞춤이다. 나는 잭 다니엘 양조장에서 75달러에 구한 술통을 쓴다. 원래 위스키 숙성에 쓰이던 것으로 용량이 200*l*에 달한다. 대개 무를 주재료로 사워크라우트를 만들 때 이용하는데, 채소가 200kg이나 들어간다. 이 술통을 사다놓고 보니 옆구리에 조그만 구멍이 하나뿐이었다. 그래서 발효음식 제조에 적합하도록 위쪽에 구멍을 하나 더 뚫었다. 그리고 나무로 만든 마개를 꽂았다. 구멍을 완벽하게 틀어막는 마개를 인터넷에서 구입할 수 있었다.[15] 솜씨 좋은 목수라면 끝으로 갈수록 가늘어지는 술통 마개쯤이야 뚝딱 만들어낸다.

나는 항아리와 똑같은 방식으로 술통을 사용한다. 채소를 알맞게 넣은 뒤, 단단한 나무로 만든 반원형 누름돌 두 개를 맞대어 얹은 다음, 물을 채운 유리병이나 작은 항아리를 하나씩 올려두고 헝겊으로 주둥이를 뒤집어씌우면 끝이다. 나무는 미생물이 서식하기에 아주 좋지만, 젖산균이 소금물의 도움을 받아 모든 채소를 쉽사리 지배할 수 있다. 길고 더디게 흐르는 겨울철이면 발효음식 표면에 곰팡이가 자라기도 한다. 나는 곰팡이가 보이면 변색 또는 변질된 부분까지 한꺼번에 떠내서 버린다. 하지만 소금물에 잠긴 나머지 대부분은 멀쩡하기 때문에 걱정할 필요가 없다. 그렇게 만든 사워크라우트는 겨우내 먹고도 남아서 봄까지 즐길 수 있다. 물론 술통 표면은 축축해서 곰팡이로 완전히 뒤덮이고, 변질된 내용물 윗부분은 계속 제거해서 퇴비로 만들어야 한다. 하지만 그렇게 몇 달이 지나도 소금물에 잠긴 부분은 그 맛과 향이 짙어질 뿐이다.

카노아

또 다른 형태의 목재 용기는 주로 발효음료를 담글 때 쓰는 카노아 Canoa다. 카노아는 카누처럼 속을 파낸 통나무를 말한다.(카누라는 말도 카노아에서 나왔다.) 민족식물학자 윌리엄 리칭거는 "통나무 속을 파내서 만든 발효 용기 '카노아'가 예배당 동쪽을 한결같이 지켰다"고 묘사한다.[16]

> 맨 처음 물을 붓기 전, 카노아에 금이 가거나 구멍이 나지 않았는지 꼼꼼하게 살핀다. 때로는 조그만 애벌레 한 마리가 여러 군데 구멍을 내기도 한다. 이 구멍들은 산 아래쪽에 자라는 키 작은 야자나무에서 가시를 떼어다가 틀어막는다. 야자나무 가시로 막기에 구멍이 너무 크거나 카노아가 마르면서 균열이 생긴 뒤라면, 나하Naha 남쪽 고산지대에서 자라는 소나무에서 송진을 채취해

메운다. 메워야 하는 부분에 송진 알갱이들을 쌓고 성냥으로 불을 붙이면 서서히 녹으면서 빈틈없이 자리를 잡는다.

이처럼 놀라운 창의성과 독창성을 불러일으킨 것은 다름 아닌 알코올음료를 향한 사람들의 열정이었다.

박 또는 열매로 만든 발효 용기

유리병이나 항아리가 탄생하기 전, 인류에게는 박이 있었다. 전 세계 여러 문화권에서 수천 년 동안 발효 용기로 사용하던 것이 바로 박이다.[17] 물 또는 발효음식을 보존하려면 박을 잘 말리고 구멍을 내서 깨끗하게 속을 비운 다음 방수처리를 해야 한다. 바깥에 두고 비바람을 맞히면서 말리는 경우도 있고, 따뜻한 실내에서 재빨리 말리는 경우도 있다. 때로는 실외에서 말린 박에 정교하고 아름다운 곰팡이 무늬가 나타나기도 한다. 박을 키우는 내 친구 자이 셔론다는 또 다른 친구 댄 할로의 말을 인용해서 "대자연의 예술작품"이라고 칭송할 정도다. 박은 말라가면서 껍데기가 벗겨지기도 하고 안 벗겨지기도 한다. 잘 마른 박을 흔들어보면 안에서 씨앗이 돌아다니며 달가닥거리는 소리가 난다. 이제 주둥이를 내서 필요한 물건으로 만들면 된다는 신호다.

주둥이는 손이 들어갈 수 있도록 널찍하게 만들어야 한다. 어떤 박은 두께가 얇아서 과도나 문구용 칼로 자를 수 있다. 두툼한 박은 톱으로 자르거나 드릴로 작은 구멍을 여러 개 뚫은 다음 날카로운 부분을 칼이나 사포로 다듬어서 주둥이를 만들 수도 있다. 이어서 씨앗 따위를 싹 긁어내고 사포 등을 이용해 최대한 매끈하게 정리한 뒤에 밀랍을 녹여서 내부를 도포하면 된다. 모든 작업이 끝나면 물을 부어서 새는 곳이 없는지 확인한다. 만약 물이 샌다면 다시 말린 뒤에 밀랍을 더 발라야 한다.

나는 이 밖에도 수박, 호박, 가지처럼 커다란 과일 또는 채소를 이용해서 다양한 발효 용기를 만들어 단기간에 발효시키는 사워크라우트나 김치를 담근다. 이렇게 발효시킨 음식을 동료 발효가들에게 용기째로 건네면 얼마나 즐거워하는지 모른다. 물론 이상적인 발효 용기라고 말하기는 어렵다. 얼마 안 가서 박이 스스로 발효하기 시작하면 액체를 보존하는 기능을 상실하기 때문이다.

바구니

실제로 본 적은 없지만, 촘촘하게 짠 바구니로 발효음식을 담글 수 있다는 글을 읽은 적이 있다. 멕시코 고유의 발효음식을 연구한 인류학자 헨리 브루먼은 16세기 멕시코 중부지역에 대한 스페인 쪽 보고서를 인용해서 이렇게 언급했다. "흙으로 빚은 항아리도 없고 나무로 만든 그릇도 없다. 오로지 섬유를 촘촘하게 엮은 바구니뿐인데, 물을 부어도 새지 않는다. 사람들은 이 바구니로 포도주를 담근다."[18] 아마도 밀랍이나 송진으로 빈틈을 메우지 않았을까? 바구니에서 발효시킨 템페에 대해서는 10장 템페 만들기에서 자세히 살펴보기로 한다.

구덩이 발효법

나는 음식을 구덩이에 파묻고 발효시킨 경험이 없다. 그러나 발효 기법과 관련된 문화적 정보를 개괄적으로 정리한다는 측면에서 구덩이 역시 발효 용기로 쓰였다는 사실을 언급하는 것은 중요하다고 생각한다. 북극지방 사람들이 물고기를 구덩이에 파묻어 발효시킨다는 이야기도 이미 짚고 넘어간 바 있다.(2장 발효음식의 탁월한 맛 참조) 예로부터 히말라야에서는 발효시킨 푸성귀와 무를 뜻하는 군드럭gundruk과 신키 Sinki(5장 히말라야의 군드럭과 신키 참조)를 먹는데, 지름과 깊이가 각각 1m 정도인 구덩이에서 발효시킨 음식이다. "구덩이는 말끔하게 파서 내부를 진흙으로 꼼꼼하게 바른 다음 불을 피워 데운다. 재를 치운 뒤에는 대나무 껍질과 볏짚을 깐다." 그렇게 해서 구덩이에 무를 채운 뒤에는 "마른 잎으로 덮고 무거운 판자나 돌로 눌러놓는다. 마지막으로 진흙을 발라 입구를 틀어막은 뒤 발효가 끝날 때까지 기다린다."[19]

오스트리아 산악지대에 위치한 스티리아에는 ['구덩이 양배추'라는 뜻으로] 그루벤크라우트grubenkraut라고 해서 양배추를 소금도 치지 않고 통째로 구덩이에 묻어서 발효시키는 음식이 있다. 전통 음식 복원에 앞장서는 국제단체 슬로푸드 생명다양성재단은 이 과정을 이렇게 설명한다.

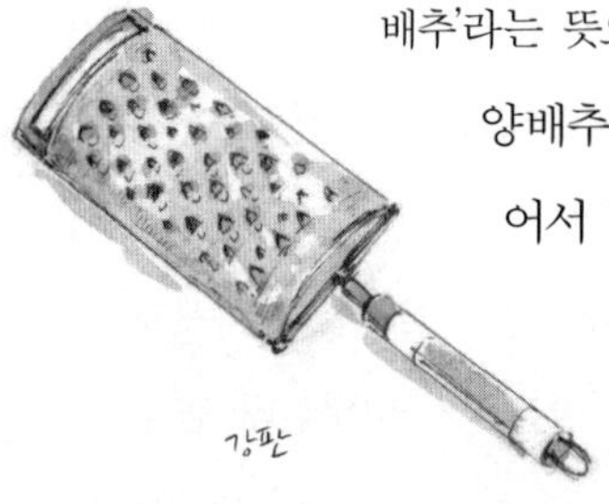

강판

> 구덩이는 (원형, 타원형, 네모 등) 모양이 다양하고, 돌이나 낙엽송으로 내부를 마감한 모습이었다. 깊이도 4m 정도로 상당했다. 양배추는 겨울에 얼어버리는 일이 없도록 바닥에서부터 일정한 방식으로 차곡차곡 쌓아올렸다. 맨 처음 지푸라기를 깔고 그 위에

양배추 이파리를 깐 다음, 양배추를 거꾸로 뒤집어 포기째로 나란히 쌓는 식이었다. 모두 쌓은 뒤에는 양털 옷으로 양배추 더미를 덮고 다시 지푸라기를 올린다. 그 위에 나무로 만든 뚜껑을 놓고 (100kg이 넘는) 커다란 돌로 눌러둔다. 양배추는 구덩이에 넣기 전에 철제 냄비에서 끓는 물로 몇 분간 데친다. 그러면 양배추의 파란 잎이 하얗게 변하는데, 이는 오염물질을 제거하고 부피를 조금 늘리며 발효를 촉진하는 과정이기도 하다. 구덩이에서 꺼낸 양배추는 (발효과정에서 부피가 절반 가까이 줄어든 상태로) 겉잎을 벗기고 잘 씻은 다음 잘게 썰어서 먹는다.[20]

폴란드 사람들 역시 20세기에 접어든 뒤에도 비슷한 음식을 즐겼다고 한다. 민족학자 안나 코발스카레비카에 따르면, "나무판자로 안쪽을 덧댄 배수로 같은 곳에 양배추를 넣고 피클로 만들어 먹는 풍습이 있었다."[21]

유엔식량농업기구 보고서도 남태평양을 비롯한 열대지역에서 "구덩이 발효법이 탄수화물을 함유한 채소를 보관하는 전통적인 방식"이라고 설명한다.

뿌리작물과 바나나는 껍질을 벗기고 빵나무 열매는 구멍을 뚫어서 구덩이에 집어넣는다. 그렇게 내버려두고 3~6주 동안 발효시키면 냄새가 심하게 나면서 반죽처럼 물렁물렁한 상태가 된다. 발효가 진행되는 동안, 이산화탄소가 구덩이를 채우면서 혐기성 박테리아가 활동하기 좋은 환경이 조성된다. 박테리아가 활동한 결과, 구덩이 내부는 바깥보다 온도가 높다. 구덩이 안에서 발효시킨 작물과 과일의 pH 농도는 4주에 걸쳐 6.7에서 3.7로 떨어진다.

(…) 발효가 끝나서 반죽 같은 상태가 되면 그대로 구덩이 안에 두거나 원하는 만큼 꺼내서 먹는다.[22]

키스 슈타인크라우스 등은 "구덩이에 보관한 음식은 몇 달 또는 몇 년이 지나도 부패하지 않을 수 있다"면서 "가뭄, 전쟁, 폭풍으로 인한 기근에 대비하는 비축물로, 배를 타고 멀리 떠날 때 가져가는 식량으로 쓰인다"고 말한다. 남태평양 구덩이 발효음식에 대한 이들의 설명을 조금 더 살펴보자.

구덩이는 토질과 배수가 적합한 곳을 잘 골라서 파야 한다. 특히 옆면이 단단해야 흙이 무너져 내리지 않는다. 그러려면 구덩이 안쪽을 두드리거나 돌을 쌓아서 막는 편이 좋다. 가정용 구덩이라면 깊이 0.6~1.5m, 지름 1.2~2m 정도로 빵나무 열매가 5개 이상 들어가는 것이 보통이다. 마을 공용 구덩이는 빵나무 열매가 1000개나 들어가기도 한다. (…) 구덩이 내부는 바나나 이파리로 마감한다. 먼저 말린 이파리를 깔고 그 위에 초록빛 이파리를 펼치는데, 이파리가 구덩이 위로 솟을 때까지 서로 겹치도록 빙 둘러가며 붙인다. 내용물에 흙이 묻지 않으려면 바나나 이파리를 두세 겹으로 붙여야 한다. 이런 식으로 마무리 작업이 끝나면 잘 씻은 열매를 구덩이에 넣고 초록빛 이파리로 덮은 다음 다시 말린 이파리를 얹는다. 끝으로 돌덩이 여러 개를 가져다가 눌러둔다.[23]

용도에 꼭 들어맞는 그릇이 없다는 이유로 발효음식 만들기를 주저해선 안 된다! 예로부터 구덩이를 파고 발효음식을 만들던 지구 저편 사람들 이야기에서 영감을 얻도록 하자. 임기응변, 임시변통의 지혜를 약간 발휘하면 두려울 것이 전혀 없다.

피클 압착기

피클 압착기는 채소를 강하게 눌러서 즙을 내는 도구다. 채소를 그 상태로 계속 눌러두면 즙에 잠긴 상태를 유지할 수 있다. 나는 플라스틱으로 만든 일본산 피클 압착기를 구경한 적이 있다. 그런데 듣자 하니 커다란 술통으로 사워크라우트를 담글 때도 비슷한 도구를 사용한다는 것이 아닌가. 냉큼 인터넷으로 '크라우트 프레스'를 검색해보았다. 하지만 아무리 찾아도 이그나츠 글랜슈니그라는 사람이 "크라우트 프레스에 새롭고 유용한 진보를 이루었다"는 이유로 1921년에 특허를 얻은 제품의 도면 말고는 안 보였다. 개인적으로 채소를 눌러두는 방법에 대해서는 앞서 언급한 정도의 단순한 기술이면 족하다고 생각한다. 하여간 인간의 창의성이란 생각할수록 대단하다. 피클 압착기라니, 참으로 영리한 발명품이 아닐 수 없다.

채썰기 도구

발효음식을 만들겠다고 채소를 썰어주는 특별한 기계를 장만할 필요는 없다. 식칼 하나면 더할 나위 없이 충분하고, 이따금 강판 등을 사용하면 족하다. 물론 전동 슬라이서 같은 조리도구를 써도 좋고, [수동 슬라이서라고 부를 수 있는] 만돌린을 써도 좋다. 내 경우 발효음식을 한꺼번에 많이 담글 때 크라우트 보드를 사용한다. 크라우트 보드란 칼

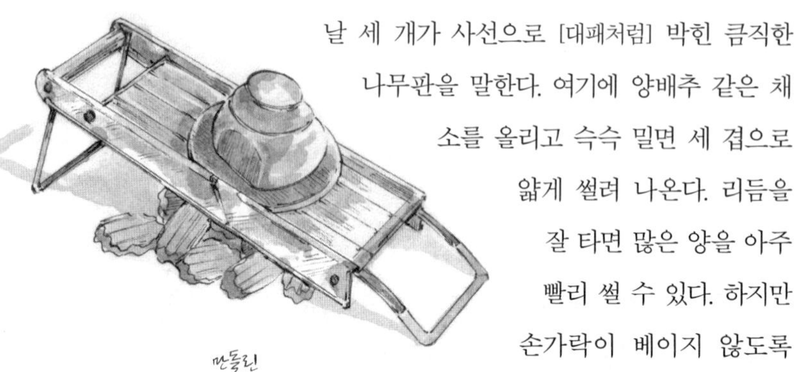

날 세 개가 사선으로 [대패처럼] 박힌 큼직한 나무판을 말한다. 여기에 양배추 같은 채소를 올리고 슥슥 밀면 세 겹으로 얇게 썰려 나온다. 리듬을 잘 타면 많은 양을 아주 빨리 썰 수 있다. 하지만 손가락이 베이지 않도록 조심하라! 섣불리 덤볐다가 다치는 사람을 많이 보았다. 나는 이 편리한 도구를 안전하게 사용하기 위해서 스테인리스강으로 짠 장갑을 반드시 착용한 뒤에 작업에 임한다. 발효음식을 대량으로 만들 때는, 채소를 연속해서 투입할 수 있는 전동 슬라이서가 정말 편하다. 양배추 썰기에 특화된 식품공장용 절단기도 있다.

두들기는 도구

채소는 잘 다져서 세포벽을 깨뜨리면 즙이 잘 나온다. 그래야 발효가 잘된다. 소량을 발효시킬 때는 그릇으로 채소를 으깨는 것이 좋다. 하지만 많은 양을 발효시키거나 수시로 발효시킬 때는 적당한 도구가 필요할 것이다. 야구 방망이나 각목처럼 단단하고 뭉툭한 나무 막대를 추천한다. 웨스턴프라이스 재단 오리건 지부에서는 이런 용도에 적합한 나무 방망이 '크라우트 파운더'를 수공 작업으로 만들어 팔고 있다.[24]

발효음식의 보존 전략

발효가 끝난 음식은 공기와 접촉하지 않도록 잘 보관해야 한다. 나는 채소나 미소를 발효시킬 때는 항아리를 사용하지만, 일단 발효를 마치면 유리병으로 옮겨 담아서 친구들에게 선물하거나 부엌에 두고 꺼내 먹는다. 유리병에 담긴 발효음식을 반쯤 먹었다면, 공기가 반쯤 들어찬 셈이다. 특히 따뜻한 계절에는 (냉장고에 넣어두더라도) 유리병 안에 공기가 많을수록 곰팡이가 피기 쉽다. 따라서 유리병에 발효음식이 절반 정도 남았을 때 작은 병에 꼭 차도록 옮겨 담아 공기 접촉을 최대한 피하는 것이 좋다.

알코올 발효 용기와 에어록

집에서 술을 빚고 싶다면, 활용 가능한 정보와 장비가 꽤 많다. 잘만 활용하면 깜짝 놀랄 만큼 훌륭한 알코올음료를 만들 수 있다. 하지만 요즘 유행하는 수많은 기법이 탄생하기 전에도 사람들은 벌꿀주와 포도주와 맥주를 얼마든지 만들어 마셨다. 나는 이 사실을 나 자신에게 부단히 상기시킨다. 여러분이 발효시키는 알코올이란 앞서 이야기한 차원을 절대로 넘지 않는다. 따라서 유리병이나 항아리(또는 구덩이)에 벌꿀과 물이면 충분할 것이다.

일반적으로 알코올 발효는 그 초반 기세가 자못 맹렬하다. 부글부글 거품을 일으키면서 발효가 시작된다. 그러나 머지않아 발효 속도가 떨어지고 — 설탕만이 부분적으로 알코올로 변하는 동시에 — 거품이

가라앉으면서 아세토박터의 증식에 취약한 상태가 된다. 아세토박터는 알코올을 아세트산(식초)으로 뒤바꾸는 미생물이다. 역사적으로 그리고 오늘날에 이르기까지 알코올음료는 부분적으로 발효시켜 새콤달콤한 향기를 유지한 상태로 낮은 도수에서 즐기는 것이 보통이다. 아세토박터는 발효음료의 표면에서 산소와 접촉하면 증식하기 시작한다. 따라서 (당분을 알코올로 전부 변환시켜) 쌉쌀한 맛을 느낄 수 있을 정도로만 발효시키려면, 특히 벌꿀 또는 과일을 기반으로 해서 (곡물로 발효시키는 알코올과 달리) 천천히 발효시키려면, 공기와 닿는 부분을 최소화하고 산소 유입을 차단해서 알코올이 산패하는 것을 막아야 한다.

카보이는 주둥이가 좁은 원통형 발효 용기다. 이 카보이를 병목까지 가득 채우면 내용물이 공기와 접촉하는 면을 최소화할 수 있다. 카보이의 주둥이를 완전히 틀어막는 것은 곤란하다. 아무리 느린 속도로 발효시키더라도 이산화탄소가 쉼 없이 발생하다가 잘못하면 마개가 튀어나오거나 용기 자체가 폭발할 수 있기 때문이다. 에어록airlock은 플라스틱으로 만든 절묘한 도구다. 산소가 잔뜩 들어 있는 바깥 공기의 유입은 차단하면서 내부 압력은 빼주기 때문이다. 몇 종류가 있지만, 모두 물을 넣어주어야 한다. 이 물을 통해서 외부 공기가 못 들어오게 막는 동시에 발효음식이 내뿜는 이산화탄소는 바깥으로 빠져나갈 수 있다. 맥주 또는 포도주 양조용품점에 가면 에어록 제품을 구입할 수 있을 것이다. 매장에서 직접 구하기 어렵더라도 인터넷으로 쉽게 구매할 수 있으니 걱정할 필요는 없다. 몇 달러짜리 에어록을 사면 특수한 코르크 마개가 딸려온다. 이 마개는 (보통 고무 재질로) 유리병이나 카보이 주둥이에 딱 맞아야 하고, 에어록 자체보다 작은 구멍이 있어야 한다. 여기에 (대체로 표시된 선까지) 물을 채워야 제 기능을 발휘한다. 물은 시간이 흐를수록 증발하므로 발효음식을 카보이에 한 달 이상 담근다면 에어록의 물 높이를 주기적으로 확인하고 모자라다 싶으면 보충해야 한다.

에어록 제품이 없다면, 자기만의 에어록을 몇 가지 방법으로 만들 수도 있다. 가장 쉬운 방법은 발효 용기를 풍선이나 콘돔으로 막는 것이다. 내부 압력이 상승하면 어느 정도까지는 팽창하다가 서서히 배출하는 기능을 지닌 물건들이다. 다만 폭발하거나 튕겨나올 수도 있으니 주의해서 살펴야 한다. 얇은 플라스틱 배관재도 에어록 대용품으로 사용할 수 있다. 자신이 사용하는 발효 용기에 알맞은 코르크 마개를 찾거나 새로 만들자. 구멍을 뚫어서 관을 삽입한 다음 물이 담긴 에어록과 결합하면 된다. 그러면 발효 용기 내부에서 발생한 이산화탄소는 물을 거쳐서 방울방울 빠져나갈 것이고, 외부 공기는 안으로 들어오지 못하게 막아 발효음식을 지킬 수 있다. 참고로, 튜브 주위에 점토를 바르면 공기 차단 효과를 한층 높일 수 있다.

맥주 양조가들은 이 밖에 여과조라고 불리는 용기도 사용한다. 맥아추출액을 걸러내는 장치다. 이 제품은 맥주 양조용품점에서 구입할 수 있다. DIY 맥주 양조법을 소개하는 서적을 보면 기성품을 대체하는 임시변통의 해법이 다양하게 등장한다.

사이펀과 래킹

알코올음료는 한 용기에서 다른 용기로, 또는 술병으로 쏟아 붓기보다 사이펀을 통해서 옮겨 담는 것이 보통이다. 사이펀의 장점은 죽은 이스트의 찌꺼기(포도주와 사케의 앙금, 맥주의 침전물 따위)를 원래 용기의 바닥에 남겨둔 채로 깨끗한 내용물만 옮긴다는 데 있다. 사이펀은 유연한 튜브여서 간단하게 설치할 수도 있고, 여기에 다양한 보조 기구를 덧붙여 설치할 수도 있다. 단단한 재질의 '래킹 튜브'를 이용하면 사이펀의 위치를 자유자재로 바꿀 수 있고, 사이펀을 열고 닫는 클램프를 덧붙일 수도 있다. 나는 내용물을 뽑아내고 싶은 발효 용기를 비교적 높은 곳에 두고 한동안 그대로 둔다. 그래야 발효 용기를 옮기는 동안 풀썩거리며 일어난 찌꺼기가 도로 가라앉는다. 내용물을 새로 옮겨 넣을 발효 용기는 낮은 위치(주로 바닥)에 두고 사이펀을 설치한다. 이때 사이펀 끝부분이 찌꺼기가 쌓인 부분까지 내려가지 않도록 주의해야 한다. 나는 내용물을 사이펀으로 옮길 때면 항상 술잔을 준비한다. 맛을 보기 위해서다. 사이펀 작업을 시작하려면, 자리에서 일어나 호스를 입에 대고 힘껏 들이마신다. 그러다가 알코올음료가 혀에 닿으면 얼른 쭈그리고 앉아서 새 용기에 호스를 집어넣는다.

이런 방법에 모든 사람이 찬성하는 것은 아니다. 홈페이지 방문객 중 한 사람은 이렇게 비판했다. "포도주나 맥주의 사이펀 작업을 하겠다고 호스에 입을 대다니, 생각만 해도 역겹다. 나는 새 통이나 병에 옮겨 담을 때 마스크와 장갑을 반드시 착용하고 0.02미크론짜리 멸균필터로 주둥이를 모조리 덮어서 공기가 액체와 접촉하지 못하게 한다." 여러분도 사이펀을 입으로 빠는 것이 역겹거나 상업적인 목적으로 알코올음료를 병에 옮겨 담는 것이라면, 단순하고 저렴한 펌프를 구해서 사용하면 된다.

래킹racking이란 사이펀을 이용해 이 용기에서 저 용기로 발효음료를 옮기는 작업을 말한다. 일반적으로 포도주나 벌꿀주를 장기간 발효시킬 때 래킹을 시도하는데, 이 작업의 주된 목적은 찌꺼기를 말끔히 제거하는 것이다. 여기서 말하는 찌꺼기는 영양소가 풍부해서 먹어도 좋은 것이지만, 전통적으로 투명한 음료를 선호하는 분위기가 강한 데다,

찌꺼기에서 풍기는 이스트 냄새를 싫어하는 사람이 많다. 알코올음료가 사이펀을 거치는 동안 공기와 접촉해서 '멈춘' 상태로 보였던 발효가 다시 시작되기도 한다. 래킹을 통해 찌꺼기를 걸러내고 나면 (일부 내용물까지 함께 버리게 되어) 전체적으로 알코올음료의 양이 줄어드는데, 그 결과 [똑같은 크기의 발효 용기로 옮길 경우] 더 많은 공기와 접촉하기 때문이다. 나는 내용물이 공기와 접촉하는 면적을 최소화하기 위해 (발효를 처음 시작할 때와 같은 비율로) 꿀물이나 설탕물을 만들어 줄어든 양만큼 보충하곤 한다.

술병에 담기

발효시킨 음료를 더 익히거나 탄산화하고 싶지 않다면, 발효 용기에서 곧바로 잔에 부어 마시면 된다. 대부분의 토착 문화에서 알코올음료를 마시는 방법이 이렇다. 하지만 요즘은 많은 사람이 발효음료를 저장하거나 묵히거나 손님에게 대접할 때 병으로 옮겨 담는 것을 선호한다. 먼저 고려할 점은 어떤 병에 담을 것이냐다. 포도주병은 코르크 마개로 틀어막는 것이 보통인데 강한 압력을 견디지는 못한다. 맥주병은 뚜껑을 씌워서 상당한 압력도 견딜 수 있지만 몇 년 동안 묵히는 용도로는 잘 사용하지 않는다. 샴페인병은 포도주병보다 두껍다. 더 강한 압력을 견디기 위해서다. 코르크 마개를 철사로 단단히 조이는 것도 같은 이유다.

재활용센터에 가면 포도주병이나 맥주병을 얼마든지 구할 수 있다. 그러나 뚜껑을 돌려서 틀어막는 방식의 맥주병은 적합한 뚜껑을 구할 수 없으니 쳐다보지도 말자. 그냥 주둥이가 매끈한 일반적인 형태의 맥주병을 고르면 된다. 샴페인병은 신년맞이 축하 파티가 끝난 뒤에 찾으러 다니는 것이 좋다. 포도주병은 코르크 마개를 끼울 때 도구가 필요하고, 맥주병 역시 쇠뚜껑을 덮어서 조일 때 연장이 있어야 한다. 이런 물건 역시 포도주나 맥주 양조용품점에 가면 살 수 있다. 가장 단순한 제품이 15달러 정도다. 물론 이보다 훨씬 정교하고 비싼 제품들도 있다. 자기만의 뚜껑 덮는 기계를 만들고 싶다면 리언 캐니어의 명저 『알래스카 양조가 바이블』을 참고하자.

뚜껑을 여닫을 수 있는 병도 훌륭하다. 이 우아하고 두툼한 병은 고무 개스킷이 붙은 뚜껑을 언제든지 꽉 닫았다가 손쉽게 열 수 있다. 그롤쉬 맥주를 마시면 이렇게 생긴 병을 얻을 수 있고, 맥주 또는 포도주 양조용품점에 가도 구할 수 있다. 뚜껑 달린 병의 가장 큰 장점은 재활용이 가능하다는 것, 그리고 특별한 도구 없이도 주둥이를 다시 막을 수 있다는 것이다. 개스킷이 낡거나 사라져도, 새것으로 갈아 끼우면 그만이다.

지금까지 발효시킨 음료를 담는 데 쓰이는 전통적인 형태의 병을 살펴보았다. 물론 음료를 담기 위한 용기도 항아리처럼 손수 빚어서 만들 수 있다. 곧바로 마시거나 단기간 보관하려고 병에 담는 것이라면, 아무 병이나 사용해도 무방하다. (기상천외한 모양의) 위스키병이나 플라스틱 청량음료병도 괜찮다. 관습에 얽매일 이유가 전혀 없다.

사이펀으로 옮겨 담는 작업을 시작하기 전에 술병을 넉넉하게 준비해둬야 한다. 일단 알코올음료가 사이펀을 타고 흐르기 시작하면 작업이 일사천리로 진행되기 때문이다. 청소하기 쉬운 곳에서 작업을 진행하는 것도 중요하다. 옮기다보면 흘리기 쉽고, 끈끈하게 말라붙으면 닦기가 어렵다. 여차하면 클램프를 잠그거나 튜브를 꺾거나 손가락으로 막겠다고 마음을 먹어야 한다. 술병을 채울 때는 병목이 좁아지는 부분까지 가능한 한 빈틈없이 내용물을 가득 담는다.

발효 관련 문헌에 나오는 통상적인 개념을 따르자면, 병, 마개, 뚜껑, 사이펀 등 모든 용기와 용품을 화학물질로 멸균처리를 해야 한다. 앞서 언급한 대로, 깨끗하면 그만이지 멸균처리까지 할 필요는 없다는 것이 내 생각이다. 멸균 상태란 일반 가정에서는 꿈꿀 수도, 다다를 수도 없는, 일종의 신화적 경지다. 알코올은 (또는 산성화된 발효음식은) 스스로 보호하는 힘을 지니는 법이다. 장기간 산소와 접촉해서 산패하지 않는 이상, 문제 될 것은 없다. 주방용 세제로 잘 닦고 뜨거운 물로 헹구면 된다. 물론 세제가 남지 않도록 주의해야 한다. 뚜껑이나 플라스틱 코르크는 끓는 물로 소독한다. 하지만 진짜 코르크는 부서질 수 있으므로 끓이면 안 된다. 대신 끓는 물을 불에서 내린 뒤 코르크를 담그는 식으로 세척한다. 숙성 작업에 들어갈 때는 코르크 마개를 새것으로 바꾸는 것이 좋다. 단기간 보관하는 병만 코르크 마개를 재활용할 수 있다.

코르크 마개와 관련해서 가장 커다란 고민거리는 지중해 참나무Quercus Suber에서 얻는 전통적인 코르크 제품을 쓸 것이냐, 아니면 플라스틱으로 만든 제품을 쓸 것이냐다. 많은 포도주 회사가 플라스틱 마개나 돌려 따는 뚜껑으로 바꾸는 추세다. 이른바 '코르크 오염'을 피하기 위해서인데, 코르크 곰팡이가 포도주와 반응해서 퀴퀴한 냄새를 풍기는 현상을 말한다. 나는 플라스틱 소재도 써보고 식물성 소재도 써보았다. 하지만 어느 쪽을 특별히 선호하는 것은 아니다. 물론 천연 소재로 만든 제품에 더 끌리는 것이 사실이고, 콕 집어서 코르크 오염이라고 부를 만한 현상도 경험한 적이 없다. 그렇다고 내가 순수한 무언가에만 집착하는 사람도 아니다. 용도에 적합하다면 플라스틱을 사용하는 것에 거부감을 느끼지 않는다. 코르크를 멸종 위기 나무에서 채취한다는 소문도 있지만 틀린 말이다. 사실 코르크 채취는 — 나무를 죽이지도 않으며, 코르크의 재생 속도 역시 빠르기 때문에 — 지속 가능한 사업이다. 나아가 코르크 산업이 남유럽과 북아프리카의 수백만 에이커에 달하는 숲과 거기서만 서식하는 수많은 멸종 위기 동물을 보호한다는 인정까지 (국제야생동물보호재단으로부터) 받고 있다.[25] 천연 코르크 마개로 밀폐한 병은 모로 눕혀서 보관해야 코르크가 습기를 유지할 수 있다. 코르크가 바싹 마르면 부서지기 쉽다.

일부 열혈 양조가들은 맥주를 절대로 병에 옮겨 담지 않고, 케그라고 불리는 저장용 술통에서 곧바로 잔에 부어 마신다. 시간과 노력을 줄일 수 있는 좋은 방법이다. 하지만 나로서는 한 번도 다루어본 적이 없는 특수한 장치를 필요로 하는 방법이기도 하다.

비중계

비중계hydrometer란 어떤 용액의 비중을 측정하는 도구다. 여기서 비중이란 물의 밀도에 대한 특정 용액의 밀도를 비율로 나타낸 값이다. 여러분이 발효시키려고 하는 특정 용액의 비중을 확인하면, 알코올 도수를 짐작할 수 있다. 아울러 특정 발효 용액의 비중을 통해서 발효가 안 된 당분이 얼마나 남았는지 (얼마나 더 알코올로 바뀔 수 있는지) 파악할 수도 있다. 그렇기는 한데, 나는 오랜 세월 벌꿀주를 발효시키는 동안 비중계를 사용한 적이 거의 없다. 하지만 값도 싸고 사용법도 간단해서 수많은 발효가가 믿고 애용하는 물건이다.

온도계

음식을 발효시킬 때는 일정한 온도를 유지해야 하는 경우가 많다. 가열해서 조리한 뒤 적당한 온도로 떨어뜨려야 발효가 시작되는 음식도 있다. 직감을 활용해서 온도를 감지하는 훈련도 필요하지만, 온도계를 사용하는 것 역시 좋은 방법이다. 온도계는 수많은 발효가가 오랫동안 요긴하게 써온 물건이다. 나도 두 가지 온도계를 사용한다. 하나는 언제 어디서든 사용할 수 있는 단순한 모양의 온도계이고, 다른 하나는 길쭉한 코드 끝에 센서가 부착된 디지털 온도계다.(원래는 오븐 속에서 익어가는 고기의 온도를 바깥에서 측정하려고 고안된 제품이다.) 후자는 배양 공간의 내부를 살피는 데 아주 적합하다.(아래 배양실 참조) 뚜껑을 열지 않고도 (그래서 온도를 떨어뜨리지 않고도) 내부 온도를 측정할 수 있기 때문이다.

사과 및 포도 압착기

과일을, 특히 사과, 배, 포도를 대량으로 구할 수 있다면, 야무지게 잘 만든 압착기가 있어야 최선의 결과를 누릴 수 있다. 압착이라고 하면 보통 분쇄까지 포함하는 과정이다. 먼저 분쇄기의 들쭉날쭉한 톱니로 과일을 으깨서 걸쭉한 상태로 만든 다음, 손잡이를 돌려서 압력을 가하는 수동압착기나 유압식 전동압착기로 즙을 짜내는 식이기 때문이다. 과일에서 즙을 짜내려면 강한 힘을 반복해서 가해야 하므로 되도록 무거운 소재로 만든 압착기를 사용하는 것이 좋다. 고급 압착기는 수백 달러도 넘는다. 이런 물건을 마을 공용품으로 비치하면 제 몫을

톡톡히 할 것이다. 한 가정에서 소유하고 관리한다면, 최소한의 비용 또는 주스 일부를 받는 대가로 마을 사람들에게 사용을 허락할 수도 있겠다. 올해 우리 마을은 배 농사가 대풍이었다. 내 친구 스파이키는 또 다른 친구 메릴과 개비의 압착기를 빌려서 100l가 넘는 배즙을 짰다. 그러고는 너그러운 우정에 감사하는 뜻으로 신선한 배즙과 페리(배즙으로 빚은 술)를 선사했다.

요즘은 필요한 것을 주변에서 얼마든지 구할 수 있다. 포도는 욕조에 넣고 (각질을 제거한) 맨발로 밟아서 으깨면 된다. 으깬 포도는 아무것이나 잡히는 대로 가져다가 눌러도 즙을 충분히 낼 수 있다. 사과나 배는 전동믹서로 갈면 된다. 하지만 가정용 믹서로는 대량의 과일을 연속해서 갈아내기 어렵다. 즙을 내는 기계가 없더라도 과일 맛을 낼 수 있는 방법은 있다. 과일 향이 꿀물에 스미게 하면 과일 맛이 나는 벌꿀주가 된다. 설탕물에 스미게 해서 과실주를 담글 수도 있다.(4장 과일 벌꿀주와 꽃잎 벌꿀주 및 설탕 기반 과실주 참조)

곡물 분쇄기

나는 빵을 구우려고 밀가루를 만들 때 곡물분쇄기를 이용한다. 템페를 만들기 위해서 콩을 쪼개거나 귀리죽 또는 맥주에 쓰려고 곡물을 거칠게 갈아낼 때도 곡물분쇄기를 쓴다. 짐작건대 사용 빈도는 후자가 더 많은 것 같다. 내가 쓰는 분쇄기는 코로나 밀로 불리는 35달러짜리다. 더없이 단순한 제품으로, 홈이 파인 원형 쇠판 두 장으로 곡물을 으깨는 방식인데, 원래는 익힌 옥수수 알갱이를 갈아서 가루로 만드는 기계다. 나는 이 분쇄기로 곡물을 갈아서 빵을 만든다. 하지만 무척 고된 작업이 아닐 수 없다. 컨트리리빙사의 곡물분쇄기처럼 플라이휠이 큼직해야 손잡이를 돌릴 때 힘이 덜 든다. 갓 갈아낸 밀가루로 매일같이 많은 빵을 굽는 사람들은 전동분쇄기를 사용하는 것이 일반적이다. 쇠판 대신 돌판으로 곡물을 갈아내는 분쇄기도 있다. 그런데 돌판 분쇄기에 콩을 넣어서 갈면 안 된다. 콩기름이 돌판에 엉겨 붙는다.

찜통

아시아 여러 나라에서는 예로부터 곰팡이균을 배양하거나(10장 참조) 곡물로 술을 빚을 때(9장 참조) 곡물이나 콩류를 뜨거운 증기로 쪄내는 과정을 거친다. 끓이는 것이 아니라 찌는 것이다. 두 가지 방법은 큰 차이가 있다. 특히 곰팡이균을 배양할 때 그렇다. 나는 여러 찜통을 사용해왔다. 가장 자주 사용하는 것은 여러 겹으로 쌓을 수 있는 대나무 찜통으로, 아시아 식품점에 가면 쉽게 구할 수 있는 물건이다. 이 찜통을 얹었을 때 꼭 들어맞는 냄비가 있어야 최상의 결과를 얻을 수 있다. 대안으로는 웍 위에 얹는 방법도 있겠으나, 아무래도 냄비에 올려두는 편이 낫다고 생각한다. 몇 시간 동안 끓이기에 충분한 물을 담아야 하기 때문이다. 이런 용도로 웍을 쓴다면 수시로 물을 보충해줘야 할 것이다. 층층이 쌓는 찜통은 맨 아래부터 증기가 닿으므로 간간이 위치를 바꾸는 것이 좋다.

찐 보리

음식을 찌는 다른 방법도 있다. 압력솥을 이용하는 것이다. 이 방법은 특히 콩을 찌는 데 적합하다. 압력솥 없이 같은 효과를 내려면 대여섯 시간이 걸릴지 모른다. 어떤 압력솥은 내부에 찜틀이 매달려 있어서 음식을 얹어두고 찔 수 있다. 나는 압력솥 바닥에 소쿠리 하나를 엎어 놓고 그 위에 콩이 담긴 소쿠리를 올려두는 식으로 찜틀을 대신하곤 한다.

배양실

발효균을 배양하려면 따뜻한 환경을 갖추어야 한다. 온도를 일정 범위로 유지해야 증식이 원활하게 진행되기 때문이다. 암탉이 달걀을 품는 것, 병원에서 조산아를 정성껏 돌보는 것과 같은 이치다. 발효균 중에는 주변의 일반적인 온도보다 따뜻한 환경을 유지해야만 하는 것들도 있다. 예로부터 사람들은 담요를 덮어 따뜻한 곳에 두는 식으로 발효균을 배양했다. 심지어 이불 속으로 끌고 들어가 체온으로 덥히는 경우도 있었다. 발효의 역사는 다른 사람의 발효법을 영리한 임기응변으로 모방해온 역사라고 할 수 있다. 21세기를 살고 있는 우리는 간단한 살림 도구만으로도 효율적인 배양실을 어렵지 않게 구축할 수 있다.

배양실을 만들기에 앞서, 공기를 필요로 하는 발효균도 있고 그렇지 않은 발효균도 있다는 사실을 이해하는 것이 중요하다.(호기성 곰팡이균에 대해서는 10장 곰팡이균 배양실 참조) 공기가 필요 없는 발효균이라면 배양실 만들기가 간단하다. 온도를 유지하는 것과 공기 유입을 최소화하는 것은 같은 맥락이기 때문이다. 이런 발효균을 배양하는 일반적인 방법은 밀폐형 보냉함을 (보온실로) 활용하는 것이다. 밀폐형 보냉함은 모양과 크기가 다양하다. 되도록 작은 것을 사용해야 원하는 온도를 유지하는 데 효과적이다. 나는 요구르트나 감주를 1갤런들이 유리병에 넣어서 발효시키는데, 주로 노점상이 레모네이드나 커피를 판매할 때 사용하는 원통형 밀폐 용기를 배양실로 사용한다. 작은 유리병 여러 개에 나누어 넣어서 발효시킬 때에는 직사각형 보냉함이 적당하다. 처음부터 보온병에 넣어서 곧바로 배양을 시작하는 방법도 있다.

밀폐형 보냉함으로 배양에 들어갈 때 가장 핵심이 되는 작업은 예열이다. 섭씨 43도의 우유를 요구르트 발효균과 함께 차가운 보냉함에 그대로 부으면 금세 식어버릴 것이다. 반면, 원하는 만큼 미리 덥혀놓은 보냉함에 넣으면 온도가 몇 시간 동안 유지될 것이다. 나는 발효를 시작하기 위한 마지막 준비 작업에 들어가면서 보냉함에 뜨거운 물을 부어 예열한다. 그렇게 15분 정도 예열을 마치면, 여전히 따뜻하고 깨끗한 물을 (설거지할 때 사용하기 위해) 다른 그릇으로 옮겨 담고 발효시킬 음식을 넣은 다음 뚜껑을 닫는다. 보냉함에 여유 공간이 있으면, 따뜻한 물이 담긴 유리병을 넣으면 된다. 보냉함 전체를 담요로 둘러싸는 것도 좋은 방법이다.

이 밖에도 배양실을 만드는 방법은 다양하다. 백열등이나 뜨거운 물병으로 덥힌 오븐(또는 전자레인지)도 좋고, 식품건조기도 좋다. 전기방석 위에 (뜨거운 열을 직접 받지 않도록 수건 따위를 깔고) 두거나 난로, 아랫목, 온풍기 근처에서 발효시킬 수도 있다. 다만 온도계를 활용해서 온도가 적정 범위를 벗어나지 않도록 주의해야 한다. 배양실을 사러 어디로 가야 하나 고민할 필요가 없다. 주변에 굴러다니는 물건이나 도구를 창의적으로

조명

활용하자. 우리네 조상님들이 그랬던 것처럼.

숙성실

어떤 발효균이 평균 이상의 온도를 원하듯, 어떤 발효균은 낮은 온도에서 서서히, 장기간 숙성하는 과정을 필요로 한다. 동굴과도 같은 숙성 조건이 필요한 발효음식으로는 치즈를 꼽을 수 있겠다. 소금에 절여서 말리는 고기류도 마찬가지다. 실제로 동굴이나 지하 저장고가 발효음식을 숙성시키는 데 가장 이상적인 환경이다. 지중 온도를 대체로 일정하게 유지하기 때문이다. 하지만 이런 공간을 이용할 수 있는 사람은 많지 않다. 실생활에서는 섭씨 13도에 맞춰진 와인냉장고가 숙성실로 활용하기에 가장 적합하다. 그러나 이보다 융통성 있는 선택은 냉장고를 외부 온도조절기에 연결하는 것이다.(아래를 참고하라.)

온도조절기

온도조절기는 미리 설정해둔 온도를 일정하게 유지하기 위해 전원을 공급 또는 차단하는 장치다. 백열등이나 온풍기처럼 열을 발생시키는 제품에 온도조절기를 연결하면, 온도가 일정 수준 아래로 떨어지는 순간 전원을 다시 공급해서 따뜻한 정도를 유지할 수 있다. 같은 원리로, 냉장고와 온도조절기를 연결하면, 온도가 일정 수준을 넘어서는 순간 전원을 차단해서 차가운 정도를 유지할 수 있다. 장기간 숙성 또는 배양이 필요할 때 요긴하게 쓰이는 제품이다.

나는 다목적으로 활용할 수 있는 제품을 사용하고 있다. 온도 센서가 섭씨 영하 18도에서 영상 124도까지 무척 넓은 범위에서 작동하는 제품으로, 열혈 발효가 마이키 스칼러가 손수 만들어 나한테 선물한 "또 하나의 온도조절기"다. 그는 자신의 동반자와 함께 "발효에 필요한 간단한 장치를 스스로 개발"할 정도로 "발효음식에 푹 빠졌다"고 말한다. 여러분도 마이키의 온도조절기를 인터넷으로 구매할 수 있다.[26]

나는 이 밖에도 두 종류의 제품을 더 사용하고 있다. 하나는 40달러 정도 하는 제품인데 온도 센서가 너무 짧아서 숙성실 또는 배양실 안에 집어넣고 사용해야 하는 단점이 있다. 다른 하나는 슈어스태트라는 브랜드의 제품으로 온실 용품을 파는 웹사이트에서 50달러에 구입해 그런대로 만족하며 사용하는 중이다. 이 밖에도 수많은 제품이 시판 중이다. 전기 배선에 대한 지식이 있다면 센서나 콘센트를 적절히 연결해서 다양한 기기에 적용할 수 있을 것이다.

마스킹테이프와 유성 펜

발효음식에 꼬리표를 달자! 발효음식 부흥운동에 동참하고 싶다면, 부엌에 마스킹테이프와 유성 펜을 반드시 비치하자. 그리고 발효음식을 담글 때마다 제목, 담근 날, 개봉하는 날 등을 꼼꼼히 적어두자. 일지에 세부 사항과 관찰 내용을 기

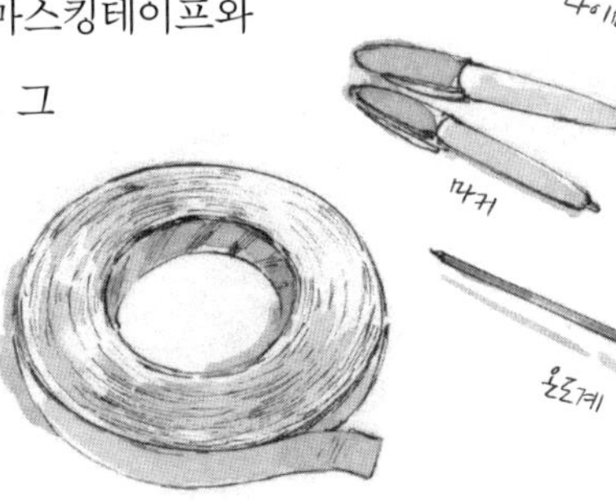

록해도 좋다. 훗날 좋은 자료가 된다. 하지만 뭐니 뭐니 해도 유리병이 나 항아리 겉면에 필요한 내용을 기록하는 것이 더 중요한 습관이다.

4장

당분의 알코올 발효:
벌꿀주, 포도주, 사과주

사과 압착기
깔때기
밀폐 뚜껑
벌꿀주
유리병
신선한 사과즙
엘더베리
꿀
생꿀
배와 사과
에어록을 설치한 카보이
포도

알코올은 신비로운 물질이다. 우리는 알코올의 힘을 빌려 자신을 꽉꽉 숨기던 망토를 벗어던지고 본모습을 드러내곤 한다. 나는 술을 마실 때마다 몸이 가벼워지는 느낌이 들어서 기분이 좋다. 물론 아주 잠깐이지만. 알코올은 걱정과 부끄러움을 없애주고, 속마음을 꺼낼 수 있도록 용기를 북돋운다. 인간관계의 윤활유이자 성적 촉매제다. 알코올은 전 세계 각지의 토착 문화와 주요 종교에서 성스러운 음식으로 대접을 받는다. 패트릭 맥거번에 따르면, "과거는 물론 요즘까지도 사람들이 신이나 조상과 소통하는 주된 절차를 살피면 술이 빠지는 법이 없다. 기독교에서 성체를 모실 때 등장하는 포도주가 그렇고, 수메르의 여신 닌카시에게 바치던 맥주가 그렇고, 바이킹의 벌꿀주가 그렇고, 아마존과 아프리카 사람들의 영약靈藥이 그렇다."[1]

술은 적당히 마시면 건강 증진과 수명 연장에 도움이 되는 것으로 보인다.[2] 지구촌 여러 문화권에서 알코올음료의 발효과정에서 생기는 비타민B는 무척 중요한 영양소다. 청교도들이 세운 식민 정부가 금주령을 선포하자 원주민들 상당수가 영양 결핍에 따른 질병을 난생처음 경험한 사례도 있다.[3] 하지만 술을 과하게 마시면 구역질, 구토, 혼절, 심신 쇠약 등의 증세를 겪거나 심하면 죽을 수도 있다. 알코올 탓에 감정이 격해져서 충동적으로 행동했다가 나중에 후회하는 사람도 적지 않다. 과도한 음주는 반사회적 행동, 알코올 중독 등 각종 사회 문제의 원인이기도 하다. 이 모든 것이 알코올의 강력한 특성을 엿볼 수 있는 일면들이다.

이스트가 당분을 알코올로 발효시키는 과정은 인간이 개입할 필요가 없는 자연 현상이다. 뭉개지거나 썩은 과일, 물을 섞은 벌꿀, 나무에서 흘러나온 수액에서 저절로 이루어지는 과정이라는 뜻이다. 이와 같은 자연적 발효 현상 덕분에 많은 동물이 술맛을 즐겨왔다. 인류만이 획득한 문화적 성취라면, 발효가 일어날 수 있는 환경을 인위적으로 조성하는 법을 깨달았다는 점일 것이다. 실제로, 인류가 의도적으로 발효시킨 최초의 음식이 알코올이라는 점에 대해서는 폭넓은 공감대가 형성되어 있다. 물론 정교한 기법과 놀라운 솜씨로 술을 빚는 사람들도 있지만, 기본적으로 알코올 발효는 로켓을 쏘아 올리는 것처럼 고도의 기술을 필요로 하는 분야가 아니다.

이번 장을 집필하려고 준비하던 어느 밤, 이웃에 사는 제이크가 담근 지 일주일밖에 안 된 과실주를 들고 찾아왔다. 그는 설탕을 물에 녹이고 (농도 측정이고 뭐고) 대충 맛을 본 뒤에, 잘 익은 과일 몇 가지를 썰어 넣었다고 했다. 신선한 상태로 슈퍼마켓 쓰레기통에 버려진 과일들이었다. 이스트를 따로 집어넣지도 않았다. 그러고는 수시로 휘저어주면서 발효시켰을 뿐이다. 제이크의 과실주는 신선하고, 상쾌하고, 새콤달콤하고, 샴페인처럼 알싸했다. 벌써부터 잘 익은 술 냄새가 슬슬 풍겼다. 며칠 뒤, 나는 6년이나 묵힌 자두맛 벌꿀주 한 병을 꺼냈다. 이 술을 6년 전에 처음 발효시킬 때만 해도 제이크의 과실주와 별반 다를 바가 없었다. 당시 나는 항아리에 벌꿀과 물을 1 대 4 비율로 부어넣었다. 그리고 신선한 자두를 통째로 넣고 수시로 휘저어주었다. 이런 식으로 일주일 정도 발효시키자 기포가 맹렬하게 일어났다. 나는 조금 덜어서 맛을 보고 나머지는 전부 체에 거른 뒤에 (주둥이가 작은 용기를 쓸 수 있었다면 얼마나 좋았을까 싶지만) 5갤런들이 카보이로 옮기고 에어록으로 틀어막았다. 그 상태로 6개월 동안 묵혀두었더니 눈에 띄는 발효 현상이 사라졌다. 그래서 사이펀을 이용해(3장 사이펀과 래킹 참조) 또 다른 에어록 카보이로 옮겨 담고 다시 6개월을 발효시킨 뒤 술병에 담아 창고에 저장하고 숙성시켰다. 6년 묵은 벌꿀주는 일주일 묵은 과실주보다 맛이 쓰고(덜 달고) 도수 역시 훨씬 강했다. 물론 제이크의 과실주도 내가 거친 여러 단계의 작업과 그 오랜 세월을 거치면 내 벌꿀주처럼 깊은 맛이 날 것이다.

알코올음료를 만드는 방법은 매우 다양하다. 씁쓸한 맛을 내기 위한 복잡한 절차도 여러 가지다. 오랫동안 숙성시키는 작업도 무척 중요하다. 그러나 이와 같은 고난도의 기술이 반드시 필요한 것은 아니다. 알코올 발효 자체는 단순한 과정이기 때문이다. 인류는 역사시대에 접어들기 한참 전부터 제례의 일부로 발효 기술을 발전시켜왔다. 그래서 우리는 알코올의 정확한 기원을 알지 못한다. 어쩌면 알아낼 도리가 없다고도 할 수 있다. 1000년 전에 페르시아의 어느 시인은 이렇게 썼다. "포도주의 기원을 탐구한다는 것은 분명 미친 짓이다."[4] 하지만 우리는 신석기 시대의 발효가들이 발효음식을 몇 년씩 숙성시키지 않았다는 사실만큼은 확신할 수 있다. 과일, 벌꿀, 설탕, 수액 따위를 알코올음료로 발효시키는 것은 지극히 단순한 작업이었다. 그들은 — 지금은 흔하디흔한 생활용품이지만 당시로서는 최첨단 기술의 산물인 — 토기 등을 활용했을 뿐이다. 그런데 우리 시대의 전문가들은 집에서 술을 빚는 사람들한테 화학적 멸균처리, 특수한 이스트, 정교한 장치 등이 필요하다고 강조하는 경향이 있다. 사실 그렇게 해서 실제로 탁월한 결과물을 만들 수도 있다. 하지만 불필요한 것들이다. 이번 장에서는 지극히 단순한 도구만으로 알코올을 만들어내는 간단한 방법, 다시 말해 조상들이 수천 년 동안 술을 빚어온 방법과 별반 다를 게 없는 내용을 배울 것이다. 특히 과일, 벌꿀, 설탕, 수액 같은 단순 탄수화물로 알코올음료를 만드는 법에 대해 살피도록 하겠다. 맥주는 곡물이나 뿌리작물 같은 복합탄수화물로 발효시켜야 하므로 9장에서 따로 다룬다.

이스트

이스트는 당분을 알코올과 이산화탄소로 발효시키는 미생물로, 알코올음료와 빵을 선사하는 존재다. 이스트는 현미경이 없으면 육안으로 들여다볼 수 없는 단세포 곰팡이균이지만, 이들의 활동은, 액체가 발효할 때 발생하는 기포나 빵 반죽이 발효할 때 부푸는 모습으로 확인할 수도 있고, 언어의 진화과정을 통해서 한층 또렷하게 관찰할 수 있다. 영어 단어 이스트yeast(네덜란드어로는 gist)의 기원은 그리스어 제스토스zestos로 '뜨겁게 끓는다'는 뜻이다. 풍미가 강하다는 뜻의 zesty와도 일맥상통한다! 흥미롭게도 발효fermentation라는 말을 파생시킨 라틴어 페르베르*fervere* 역시 '끓는다'는 의미다. 이스트가 문자 그대로 액체를 끓이는 것은 아니다. 하지만 가열하건 발효시키건 간에 거품이 일어나기는 매한가지다. 이렇듯 거품을 일으키는 두 현상은 언어적 뿌리를 공유하고 있다. 프랑스어로는 이스트를 르뷔르levure라고 한다. 라틴어 레베레*levere*에서 온 말로 '일으키다'라는 뜻이다. 독일어로는 헤페hefe라고 하는데, 역시 들어올린다는 뜻의 동사 heben에서 왔다. 거품, 일으키다, 들어올리다 같은 말은 우리가 이스트의 활동을 두 눈으로 관찰한 결과다.

발효용 이스트는 인류가 처음으로 발견해서 특정하고 이름을 붙인 몇몇 미생물 가운데 하나다. 그 결과, 사람들이 가장 많이 연구한 미생물, 경제적으로 매우 중요한 미생물 가운데 하나가 되었다. 가장 유명한 (그래서 가장 많이 연구된) 이스트는 일반적으로 맥주효모균이라고 부르는 사카로미세스 세레비시아*Saccharomyces cerevisiae*로, 대부분의 알코올 발효와 제빵과정에 쓰인다. 맥주효모균을 비롯한 여러 이스트는 인체의 세포와 마찬가지로 무산소 발효와 산소 호흡이 모두 가능하다. 이스트는 산소 호흡 모드에서 훨씬 효율적으로 성장하고 번식한다. 그러나 알코올을 생성하지는 못한다.[5] 발효시키는 액체를 마구 휘저어 산소를 공급하면 이스트가 급격히 증식한다. 하지만 알코올의 축적은 이스트가 무산소 발효 모드로 접어든 뒤에야 가능하다. 그렇다고 해서 산소가 아예 없어도 된다는 뜻은 아니다. 『이스트의 생애』에 따르면, "산소가 완전히 차단된 환경에서는 불과 몇 세대 만에 이스트의 성장이 멈추고 만다." 이스트 성장에 필수적인 두 물질 에르고스테롤과 올레산의 생합성에는 — 낮은 농도면 충분해도 — 산소가 필수다.[6] 결국 이스트는 산소 없이도 한동안 발효가 가능하지만 지속적인 발효를 위해서는 산소 공급이 필요하다고 정리할 수 있겠다. 사이펀을 이용해 알코올음료를 한 용기에서 다른 용기로 옮기는 래킹 작업이 '멈춘' 발효를 재개시키는 까닭도 여기서 찾을 수 있다. 이처럼 대사 작용이 복합적인 이스트는 번식 기능 또한 복합적이다. 자가수정(자웅동체)이 가능한 이스트도 있고, 암수 교배를 통한 번식이 가능한 이스트도 있으며, 두 기능을 동시에 갖춘 이스트도 많다.[7]

맥주효모균은 게놈 서열을 완벽하게 해독한 최초의 진핵세포다. 이렇게 철저한 연구가 이루어진 덕분에 종종 진핵세포의 '전형적 체계'로 인용되곤 한다. 그런데 맥주효모균에 관한 이 모든 연구에도 불구하고, 그 계보와 서식 환경에 대해서는 밝혀진 것이 거의 없다.[8] 자연 상태에서 이스트는 식물, 열매, 이파리, 꽃, 수액 등에서 발견되곤 한다. 계절에 따라서 정도 차이가 심하지만, 특히 여름에 번식이 가장 활발하다.[9] 『이스트의 생애』에 따르면, "자연 상태에서 이스트가 확산하는 데 가장 중요한 매개체는 아마도 곤충일 것이다."[10] 여러 종류의 맥주효모균 가운데 특정 부류는 그 기원을 놓고 뜨거운 논쟁이 이어지고 있다. 어떤 학자들은 맥주효모균이 인간의 활동과 관련해서 진화했을 뿐 자연 상태로는 발견되지 않는다고 결론을 내렸다. 미생물학자 앤 본마티니와 알레산드로 마티니는 잘라 말한다. "이스트의 생태에 대해서 자연 상태와 포도 발효액이라는 인위적 환경으로 나누어 다각도로 이루어진 무수한 연구 및 실험에 따르면, 이론의 여지가 없다. 우리는 맥주효모균의 자연 기원설을 배척해야 한다."[11]

완전히 다른 결론을 도출한 학자들도 있다. 맥주효모균이 버섯, 참나무 주변의 토양, 딱정벌레의 소화기 같은 다양한 환경에서 고립된 상태로 생존해왔다는 주장이다.[12] 최근에는 딱정벌레 소화기에서 맥주효모균을 포함해 650가지가 넘는 이스트가 발견되기도 했다. 이 가운데 적어도 200가지는 그동안 알려진 바 없는 이스트였다.[13] 자연적 환경과 인위적 환경에서 각각 몇 가지 맥주효모균을 채취해 게놈 서열을 분석한 결과, 인간이 길러낸 맥주효모균이 자연으로 증식해나간 것이 아니라, 반대로 "알코올음료 양조 작업과 관계없는 자연 집단에서 맥주효모균이 유래했다"는 결론이 나오기도 했다.[14]

여하간 알코올을 생성하는 이스트는 (맥주효모균이건 아니건 간에) 자연 상태로 풍부하게 존재한다. 20도나 되는 알코올을 지속적으로 생산하는 이스트부터 3.5도가 넘는 알코올에 죽어버리는 이스트까지 그 속성이 매우 다양하다.[15] 내가 이 책에서 높이 사는 천연발효 역시 자연적으로 발생하는 이스트가 없으면 불가능하다. 설탕물을 알코올로 발효시키는 가장 빠르고 쉽고 간단한 방법은 이스트를 집어넣는 것이다. 요즘은 수백 종류의 이스트가 상업적으로 배양되고 있다. 심지어 유전자를 조작한 이스트까지 전문 업체를 통해 구매할 수 있다. 소비자로서 선택할 수 있는 범위가 넓다는 것은 축복일 수도 있고 저주일 수도 있지만, 어쨌든 우리는 여러 종류의 특이한 이스트를 골라 쓸 수 있는 시대에 살고 있다. 그럼에도 불구하고, 거의 모든 발효용 설탕에는 이미 이스트가 살고 있다는 사실을 이해할 필요가 있다. 이들이 자라서 알코올을 생산하도록 만드는 것은 무척 쉬운 일이다. 클로에케라 아피큘라타*Kloeckera apiculata*라는 이스트는 맥주효모균에 비하면 무명에 가깝지만 포도즙이 자연적으로 발효하는 초기 단계에서 주도적인 역할을 맡곤 한다. 비록 세계 최고의 슈퍼스타 미생물은 아닐지라도 발효능력을 보유한 이스트는 도처에 존재한다. 본마티니와 알레산드로 마티니는 이렇게 결론짓는다. "우리가 그동안 실생활에 활용하고 학문적으로 연구해온 종을 모두 합해도 이스트의 종수에 비하면 한 줌밖에 안 된다. 이스트야말로 생물 다양성의 마르지 않는 원천이다."

단순한 벌꿀주

벌꿀주는 벌꿀로 빚은 술로, 무수히 다양한 맛을 낼 수 있다. 여러 과일이나 식물의 향을 첨가하는 과정에서 이스트 또는 이스트를 위한 영양소까지 들어갈 수 있다. 우리는 지금부터 사람들이 알코올로 발효시키는 과정에서 얼마나 다양한 식물을 첨가하는지 이야기할 것이다. 그러기 전에, 맹물에 벌꿀만을 녹인, 최고로 단순한 발효음료 벌꿀주에 대해서 잠시 짚고 넘어가자. 천연 벌꿀에는 이스트가 풍부하게 들어 있다.(하지만 이스트는 저온살균 또는 조리과정에서 죽는다.) 이스트는 벌꿀의 수분 함량이 17%를 밑도는 한 활동성을 띠지 않는다. 그런데 수분 함량을 이보다 조금만 높이면 이스트가 잠에서 깨어난다. 미국 농무부에 따르면, "수분 함량이 19%를 넘으면, 벌꿀 그램당 이스트가 단 한 개체만 있어도 발효가 시작된다."[16]

꿀물의 농도를 얼마로 잡을 것인지는 여러분 마음대로다. 내 경우는 벌꿀과 물의 비율을 (부피를 기준으로) 1 대 4로 잡는 것이 보통이다. 가벼운 맛을 원할 때는 (또는 달콤한 과일을 많이 넣을 때는) 1 대 5나 1 대 6까지도 허락한다. 슬로푸드 세계대회 때 테라마드레 행사에서 만났던 폴란드 출신의 어느 양조가는 풀토라크pultorak라는 벌꿀주를 만들 때 벌꿀과 물의 비율을 1 대 2로 섞는다고 했다.(그리고 최소 4년 동안 숙성시킨다.) 멕시코의 라칸돈 부족 사람들은 발체balche라는 술을 빚을 때 벌꿀과 물을 1 대 17로 섞는다. 이처럼 폭넓은 범위 안에서 (혹은 범위를 뛰어넘더라도) 여러분은 다

양한 비율로 실험할 수 있다. 각자 마음에 꼭 드는 최고의 비율을 찾아보자.

나는 천연 벌꿀에 찬물 또는 상온의 물만 붓는다. 수돗물을 사용하려면 염소를 제거해야 한다.(3장 참조) 모든 것을 끓여야 한다고 단정하는 레시피가 많다. 이스트를 별도로 첨가한다면 몰라도, 벌꿀이 이스트의 원천이기를 바란다면 날것 그대로 사용해야 한다. 이제 벌꿀과 물을 섞으면 이스트가 활동을 개시한다. 뚜껑이 꼭 들어맞는 유리병을 사용하는 것이 좋다. 주둥이가 널찍한 그릇도 괜찮다. 다만 열심히 휘젓고 흔들어서 벌꿀을 완전히 녹여야 한다. 필요하다면 집요함을 발휘해서라도 성취하고 넘어가야 하는 단계다. 그리고 파리가 덤비지 못하도록 뚜껑을 덮자. 헝겊을 덮어도 되고, 마개로 틀어막아도 된다. 관계없다. 벌꿀이 천연 상태가 아니라면 공기가 잘 통해야 한다. 공기 중에 떠다니는 이스트가 꿀물 표면에 내려앉아야 발효가 시작되기 때문이다. 반대의 경우라면 공기가 통해야 할 필요가 없지만, 이 단계에서는 통한다고 해도 문제가 되지 않는다. 휘젓고 흔들자. 열심히 그리고 수시로. 하루에 예닐곱 번씩 두 달 동안 이렇게 해야 한다. 나는 꿀물을 평퍼짐한 그릇에 담은 경우, 한쪽 방향으로 빠르게 저어서 소용돌이를 일으킨다. 그러고는 반대 방향으로도 소용돌이를 만들어준다. 이렇게 하면 꿀물에 산소를 충분히 공급해서 이스트의 증식을 촉진할 수 있다.(한마디로 자연의 조화와 리듬을 중시하는 생물역학적biodynamic 스타일이다.) 수시로 저어주기를 며칠 동안 계속하다보면, 꿀물 표면에 거품이 생기기 시작하고 휘저을 때마다 기포가 솟구칠 것이다. 물론 밀폐된 유리병에 꿀물을 넣고 열심히 흔들어도 같은 효과를 볼 수 있다. 이때 거품이 마구 일면서 내부 압력이 크게 올라간다 싶으면 뚜껑을 살짝 열어줘야 한다. 이후로도 며칠 더 휘젓기와 흔들기를 반복하면, 거품의 가공할 위력을 똑똑히 지켜볼 수 있을 것이다. 나는 이렇게 천천히, 꾸준히 발효시키는 과정이 너무너무 즐겁다.

일단 거품이 잘 일어나는 상태가 되면, 휘젓기와 흔들기를 하루도 거르면 안 된다. 그렇게 일주일에서 열흘이 지나면 거품이 가라앉기 시작한다. 꿀물은 발효를 시작해서 절정에 이르기까지 얼마 안 걸리지만 이후로도 몇 달 동안 지속적으로 발효가 이루어진다. 벌꿀은 과당과 포도당을 함유하고 있는데, 발효가 훨씬 빠른 쪽은 포도당이다.(처음 며칠 동안 거품이 발생하는 것은 이 때문이다.) 반면, 과당은 훨씬 느리게, 몇 달에 걸쳐서 발효한다. 포도당 발효가 빠르게 절정에 이르렀다가 가라앉을 때, 다시 말해서 포도당은 대부분 알코올로 바뀌고 과당은 대부분 원래 모습을 유지하는 부분 발효 상태로 벌꿀주를 마셔도 좋다. 아니면 발효가 완전히 끝난 벌꿀주를 일정 기간 숙성시켜 마실 수도 있다. 개인 취향의 문제다. 자기 취향에 맞는 발효법과 발효 기간을 선택하는 방법에 대해서는 잠시 뒤에 자세히 살피도록 하자. 가장 쉬운 방법은 복잡한 절차나 추가적인 단계를 모조리 생략하고 덜 익은 벌꿀주를 신선한 상태로 마시는 것이다. 이는 동서고금을 막론하고 거의 모든 사람이 벌꿀주를 비롯한 알코올음료를 즐겨온 방법이기도 하다.

밀랍으로 봉인한 벌꿀주

마이클 톰슨, 시카고 벌꿀 협동조합

우리는 벌꿀주를 병에 담고 밀랍으로 막아버린다. 벌꿀을 채취하고 나면 밀랍을 얻을 수 있기 때문이다.(벌집에서 밀랍을 긁어내야 안에 들어 있는 꿀이 흘러나온다.) 채취한 벌꿀은 적당한 비율로 물과 섞어서 원하는 당도를 맞춘다. 벌꿀주는 처음 일주일 정도 발효시키고 나서 새 용기에 옮겨 담는다. 이때 제거한 밀랍은 신문지에 올려두고 하룻밤 건조시켜서 양초 같은 생활용품을 만들 때 재활용한다. 이런 식으로 벌꿀주를 담그면 독특한 향기가 스민다.

식물을 첨가한 벌꿀주: 테즈와 발체

벌꿀주는 시대에 따라, 지역에 따라 다양한 이름으로 불려왔다. 에티오피아에서는 벌꿀주를 테즈Tej라고 한다. 내가 『천연발효』에서 언급한 적이 있는 술이다. 전통적으로 테즈는 게쇼gesho 또는 홉나무라고도 불리는 람누스 프리노이데스*Rhamnus prinoides*의 잔가지와 이파리를 넣어서 만든다. 이처럼 벌꿀주는 다양한 식물을 첨가함으로써 뚜렷한 개성을 표현한다. 그저 색다른 맛을 내기 위한 경우도 있지만, 강장 효과나 치료, 환각성을 목적으로 첨가하기도 한다. 이렇게 첨가한 식물은 이스트의 원천이 되어 발효의 속도를 높이기도 하고, 저온살균 처리를 거친 벌꿀이나 과일즙, 정제한 설탕의 발효를 개시하는 역할을 담당하기도 한다. 여기에 더해서 신맛, 쓴맛, 질소의 원인으로 작용하기도 하고, 이스트의 증식을 촉진하는 파이토케미컬 '성장인자'를 제공하기도 한다. 식품과학자 겸 발효학자 키스 스타인크라우스는 "벌꿀은, 특히 연한 노란색의 벌꿀은 이스트가 필요로 하는 질소와 성장인자가 부족하다"면서 "질소와 성장인자를 첨가하면 벌꿀의 발효 속도를 높일 수 있다"고 설명한다.[17] 스타인크라우스의 보고서에 따르면, 마을 사람들이 테즈를 만들 때 "벌꿀을 야생의 벌집에서 채취하거나 술통 모양으로 벌집을 만들어 생산하기 때문에 벌집 부스러기, 밀랍, 꽃가루, 꿀벌 따위가 섞여 들어갈 수밖에 없다. 이렇게 대충 긁어모은 벌꿀이 깨끗하게 정제한 벌꿀보다 더 좋은 벌꿀주가 된다."[18] 동의한다. 꽃가루나 프로폴리스, 로열젤리, 심지어 죽은 꿀벌과 밀랍까지도 발효를 지속시키는 데 도움이 되는 다양한 영양소를 공급하기 때문이다. 스타인크라우스가 언급한 테즈의 또 다른 특징은 "구수한 맛을 내기 위해서 항아리 내부를 연기에 그을리고 나서 술을 빚는다"는 점이다.

마야의 후손인 멕시코 치아파스의 라칸돈 사람들은 벌꿀주를 발체라고 부른다. 발체는 론초카르푸스 비올라세우스*Lonchocarpus violaceus*라는 나무의 이름이기도 하다. 이 나무의 껍질을 벌꿀주에 넣고 담그기 때문에 술 이름도 발체가 된 것이다. 발체는 우리가 3장에서 이야기한 카노아에 넣고 발효시킨다. 민족식물학자 윌리엄 리칭거는 발체 발효의 기법과 절차를 탐구한 자신의 박사학위 논문에서 라칸돈 부족이 벌꿀과 물을 1 대 17 비율로 카노아에 섞어 넣고 상당량의 나무껍질을 첨가한다고 적시한 바 있다.

계량(그리고 손님 접대)에는 도자기로 만든 특별한 단지를 쓰는데, "주신酒神의 술병"이라고 부른다. 리칭거의 논문에 나오는 어느 발체 양조가는 "증조할아버지가 할아버지한테 물려주신" 술병을 사용한다고 말했다. 리칭거는 술병 안쪽에서 샘플을 채취해 조사한 결과 다량의 맥주효모균을 발견했다며, "이 술병은 조상 대대로 전해 내려오는 중요한 문화적 유산의 상징과도 같은 물건"이라고 해석한다. "아울러 라칸돈의 발효 문화에서 한 가지 종의 맥주효모균이 오랜 세월 생명력을 유지할 수 있었던 것도 이 술병 덕분이다."[19]

전통적인 발효과정이 늘 그렇듯이, 발체의 생산과 소비 역시 정성스러운 제례처럼 이루어졌다. 발체를 빚는 사람들은 신성하고도 상징적인 옥수수 알갱이를 한줌 쥐고 술독 위에 손을 올려서 시계 방향으로 빙빙 돌린다. 활발히 발효하는 술에서 거품을 제거한다는 뜻이다. 그러고는 술을 마실 때 쓰는 그릇이나 컵도 같은 방식으로 축복한다. 마지막으로, 술에서 걷어낸 거품과 옥수수 알갱이를 질경이 잎사귀로 꽁꽁 싸서 숲으로 들어가 죽음의 신에게 바친다는 의미로 땅속에 파묻는다. 각 지역 특유의 발효 문화는 죽음, 생명, 변화 같은 추상적이고 광범위한 개념과 떼려야 뗄 수 없는 관계를 형성한다. 이와 같은 문화를 물려받지 못한 사람들이라면, 발효음식을 만드는 절차와 행위 하나하나를 세심하게 포착하고 재창조해서 의미를 부여하는 일에 최선을 다해야 할 것이다. 발효음식을 되살린다는 것은 우리가 먹고 마시는 것 이상의 무언가를 되살린다는 뜻이기 때문이다. 발효를 통해서 우리 영혼과 육신이 가없는 생명 세상의 일부라는 깨달음을 얻도록 노력하자.

이스트, 벌꿀주의 연금술사

터틀 T. 터틀링턴

우리 인류는 이스트를 눈에 안 보이는 조그만 요정으로 그려왔다. 지역에 따라 조금씩 다르지만 비슷한 이야기는 차고 넘친다. 마을 또는 부족에서 주술사나 무당이 신성한 술을 빚는 이야기, 주문을 외우고 춤을 추며 빙빙 돌아야 술독에 착한 신이 깃든다는 이야기도 지겹게 들었다. 하지만 중요한 이야기들이다. 문화의 전승이라는 교훈을 주기 때문이다. 어떤 조상님들은 자신이 원하는 '혼령'을 부르고 싶어서 술독 바닥에 가문비나무 또는 자작나무의 가지나 장작을 깔아두었다. 실제로는 이스트가 나무 속으로 파고들어 달콤한 수액과 만나는 과정이다. 이스트가 깃든 가지나 장작을 다른 술항아리로 옮기면 좋은 술을 손쉽게 빚을 수 있다. 부모는 집안 대대로 간직해온 이스트를 나뭇가지에 담아 결혼 선물로 자녀에게 전한다. 가보를 물려주는 셈이다! 21세기로 접어든 이 시대에, 우리는 자신의 뿌리가 약초꾼, 양조가, 무당, 연금술사에 닿아 있음을 재확인하면서 이렇게 자문해야 한다. "전통이란 무엇인가?" 물론 이스트와 양조만 놓고 말하자면, 정답이 없는 질문이다. 몽라셰 또는 프리미에 쿠베 같은 유명한 이스트부터 흔히 쓰이는 '샴페인 이스트'까지, 이 모든 것 역시 전통이다. 게다가 이스트는 타고난 성격이 각기 다르다. 저마다 특별한 성격을 지니도록 키울 수도 있다. 그 결과, 서로 다른 이스트가 서로 다른 술맛을 낸다. 우리는 수천 년 동안 이스트를 물려주고 물려받으며 살아왔다. 지금도 우리 주변에는 이스트들이 둥둥 떠다닌다. 자연의 신비가 아닐 수 없다! 그들은 하늘에서 내려와 우리 벌꿀주에 사뿐히 내려앉았다가 한껏 요술을 부리고는 사라져버린다. 그리고 우리가 원할 때 다시 찾아온다.

과일 벌꿀주와 꽃잎 벌꿀주

나는 벌꿀주를 만들 때마다 신선한 제철 과일을 넣으면 좋겠다는 생각이 든다. 신선한 과일, 특히 껍질째 먹을 수 있는 과일은 이스트로 뒤덮여 있다. 게다가 대부분의 과일은 산성이고 탄닌을 함유한 것도 많아서 (과하지 않은 정도라면) 이스트의 활동에 도움이 된다. 과일즙의 농도가 높을수록 이스트가 금세 활기를 띠고 과일 향도 짙게 밴다. 가능하면 농약을 뿌리지 않은 유기농 과일을 사용하라고 권하고 싶다. 하지만 용감무쌍하게 마트 쓰레기통을 뒤지는 발효가들이라면 어떤 과일을 가져다주어도 근사한 술로 빚어낼 수 있다고 장담한다.

딸기처럼 조그만 과일은 즙을 내거나 으깰 필요 없이 꿀물에 그대로 집어넣어도 된다. 껍질을 먹을 수 없는 커다란 과일은 껍질을 벗기고 썰어서 넣어야 꿀물과 접하는 면적이 넓어지고, 그래야 우리 몸에 유익한 각종 물질이 잘 배어나온다. 나랑 친하게 어울리는 발효가들 중에는 과일을 으깨서 집어넣는 사람도 있다. 이 또한 좋은 방법이다. 하지만 나는 유기농을 고집하는 농부이자 내 친구인 제프 포펜의 설명을 몇 해 전에 들은 뒤로는 더 이상 과일을 으깨지 않는다. "자네가 원하는 것은 과일 그 자체가 아니라 과일의 즙 아닌가?" 실제로 꿀물이 거품을 일으키며 발효하기 시작한 지 일주일 정도 지나면, 딸기를 비롯한 조그만 과일이건 큼직한 과일 조각들이건 간에 그 자체로는 달콤함이나 향긋함을 거의 잃고 만다. 과일의 비율은 별로 신경 쓰지 않는다. 과일은 많이 넣을수록 좋기 때문이다. 다만 레몬처럼 산성이 강한 과일은 적게 넣어야 발효가 잘된다. 내가 벌꿀과 물을 섞는 비율은 과일의 양에 따라서 다르다. 과일을 적게 넣을 때는 벌꿀과 물의 비율을 1 대 4로 맞추고 과일을 많이 넣을 때는 이보다 묽게 1 대 6 정도로 섞는다. 순서는 널찍한 그릇에 과일을 먼저 넣고 꿀물을 붓는 식이다. 이때 그릇을 너무 가득 채우지 않도록 주의해야 한다. 내용물이 발효하면 부피가 팽창하기 때문이다.

꽃을 넣을 경우, 먹을 수 있고 향기가 좋은 꽃만 골라서 넣어야 한다. 아울러 추측은 금물이다. 향기가 좋다고 해서 맛까지 좋다는 보장은 없다! 전통적으로 벌꿀주에 넣는 꽃으로는 민들레, 장미 꽃잎, 엘더

플라워 등이 있다. 시계초, 마리골드, 나스터튬, 서양톱풀도 시도해보기 바란다. 꽃잎을 많이 넣을수록 강한 꽃향기가 날 것이다.(주의: 꽃잎은 한꺼번에 많이 딸 수 없으니, 충분한 양이 될 때까지 냉동실에 보관하자.) 좋은 맛을 내려면, 꽃잎만 써야 한다. 줄기와 꽃받침까지 넣으면 쓴맛이 난다. 여기에 산성을 띠는 귤즙이나 탄닌을 함유한 건포도를 조금 넣으면 이스트 활동에 도움이 된다. 나는 과일과 마찬가지로 꽃잎 역시 그대로 집어넣는다. 꽃잎에 서식하는 이스트까지 꿀물 속에 집어넣고 싶어서다. 하지만 향기를 추출하기 위해서 끓이는 사람도 있고, 뜨거운 물에 담가두는 사람도 있다. 방법이야 여러 가지다.

꿀물에 과일이나 꽃을 넣고 수시로 휘저으면 발효가 금세 시작된다. 이후로는 벌꿀만으로 술을 빚을 때처럼 꾸준하게 열심히 저어준다. 거품이 일기 시작하면 과일과 꽃잎이 표면으로 떠오를 것이다. 떠오른 첨가물에서 향미를 계속 뽑아내려면, 역시 자주 저어주는 수밖에 없다. 안 그러면 공기와 접촉한 과일이나 꽃에 곰팡이가 슨다. 아무리 강조해도 지나치지 않은 말. 젓고, 젓고, 또 저어라.

거품은 일주일 정도 지나면 확연하게 줄어든다. 과일을 걸러내야 하는 때가 되었다는 뜻이다.(꽃잎은 과일에 비하면 양이 얼마 안 되므로 이보다 일찍 걸러낼 수 있다.) 새 용기에 체를 받치고 발효가 진행 중인 벌꿀주를 들이붓거나 국자로 떠서 옮긴다. 걸러낸 과일은 버리면 안 된다. 반드시 맛을 보아야 한다. 여전히 과일 맛이 난다면? 맛있게 먹고 이웃과도 나누자. 발효과일 샐러드를 만들 때도 사용하자.(발효과일 샐러드 참조) 설탕물을 붓고 잘 익히면 과일 향이 나는 식초를 얻을 수도 있다. 과일 맛이 사라진 찌꺼기는 닭에게 모이로 주거나 퇴비 더미에 던진다.

이제 여러분은 자신이 만든 과일 벌꿀주 또는 꽃잎 벌꿀주의 운명을 결정해야 하는 중대한 선택의 기로에 섰다. 다시 한번 맛을 보자. 결정을 내리는 데 도움이 될 것이다. 어떤가? 달콤하고 신선한 이 맛으로 만족하는가? 여기서 만족할 수 없다면, 더 발효시키자. 자세한 내용은 다음 단락에서 설명하겠다.

상쾌한 맛 대 진한 맛

벌꿀주를 비롯한 모든 발효음료는 "파릇파릇한 상태"로도 즐길 수 있다. 덜 익었다는 뜻이다. 더 익혀야 술맛이 제대로 난다는 뜻이기도 하다. 이 상태에서 더 오래 발효시키면 더 많은 당분을 알코올로 변환시킬 수 있다. 마침내 알코올 도수가 최고조에 오르고 더 이상 발효가 활발하게 일어나지 않으면, 병에 넣어서 몇 년, 길게는 수십 년 숙성시킨다. 나는 부드러운 맛을 즐기는 터라 몇 년에 걸쳐 숙성시킨 술을 좋아한다. 그러나 발효의 세계에 갓 입문한 사람들에게는 덜 익은 상태로 즐겨보라고 강력하게 권유한다. 당장 희열을 느낄 수 있는 마당에 뭐하러 몇 년씩 기다린단 말인가. 몇 차례 연습해서 어느 정도 실력을 갖춘 뒤에 커다란 술통을 마련하고 숙성 작업에 들어가도 늦지 않는다.

오랫동안 숙성을 거치기보다 짧은 기간에 발효시켜 마시는 편이 나은 과일도 있다. 멜론, 수박, 파파야, 바나나처럼 달콤하고 물러서 금방 썩는 과일이 여기에 해당된다. 열혈 발효가 올리비아 자이글러의 이야기를 들어보자. "한번은 칸탈로프 멜론으로 과실주를 담근 적이 있다. 아주 잘 익은 멜론이었다. 이튿날 아침에 냄새를 맡으니 정말 좋았다. 그래서 생각했다. '이따가 밤에 와서 멜론을 걸러내도 괜찮겠지?' 하지만 10시간 뒤에 뚜껑을 열어보니 멜론은 이미 썩어 있었다. 구역질이 났다." 여기서 교훈 한 가지. "냄새를 맡으면 때가 왔는지 알 수 있다. 그 때를 놓치면 안 된다!"

계속 발효시켜야겠다는 판단이 서면, 주둥이가 조붓한 유리병으로 옮겨 담자. 병목이 좁은 것을 써야 하는 이유는 공기와 접촉하는 표면적을 최소화하기 위해서다. 따라서 새 유리병에 벌꿀주를 모두 부었는데도 빈 공간이 너무 많이 남는다면, 표면이 병목까지 올라올 수 있도록 꿀물을 더 부어야 한다. 기존의 당도가 마음에 들었다면, 같은 비율로 벌꿀과 물을 섞어서 꿀물을 만들자. 더 달게 만들고 싶으면 꿀을 더 넣고, 덜 달게 만들고 싶으면 물을 더 넣자.

유리병이나 카보이를 병목까지 채웠다면, 에어록으로 마무리한다. 에어록은 공기 중의 산소로부터 벌꿀주의 표면을 보호할 수 있는 간단하고도 효과적인 제품이다. 에어록을 사용하는 이유는 우리 주위에 — 특히 고유의 이스트로 발효시키는 음식과 거기에 뒤섞인 잡다한 물질에 — 광범위하게 분포하는 박테리아 아세토박터가 알코올과 산소를 아세트산으로 바꾸기 때문이다. 발효가 활발하게 이루어질 때는 이산화탄소가 지속적으로 발생해서 아세토박터가 벌꿀주 표면에 자라지 못하도록 막는다. 그러나 발효의 기세가 수그러들고 표면이 잔잔해지면 아세토박터가 자라기 딱 좋은 환경이 조성된다. 에어록을 쓰면 공기의 유입을 차단해서 벌꿀주의 산패 가능성을 낮출 수 있고, 그래서 더 오랫동안 발효시킬 수 있다. 에어록을 대체하는 몇 가지 방법은 앞서 3장에서 설명했다.

두 달 뒤, 벌꿀주로 가득 찬 여러분의 유리병은 발효를 멈춘 것처럼 보일 것이다. 그렇다고 해서 발효가 완료되었다고 단정 지을 수는 없다. 벌꿀은 발효가 무척 느리기 때문이다. 더 이상 거품이 일지 않는다고 판단되면, 이제는 벌꿀주를 래킹할 차례다. 사이펀을 이용해서 다른 용기로 옮겨 담는다는 뜻이다.(3장 참조) 보통 발효시킨 음료를 따라내고 나면 유리병 바닥에 남아 있는 이스트 찌꺼기가 보일 것이다. 이스트의 사체라고도 할 수 있는 이 찌꺼기에는 비타민이 풍부하기 때문에 수프, 빵, 캐서롤 같은 음식을 만들 때 사용할 수 있다. 이렇게 찌꺼기를 남기고 맛도 조금 보고 나면(어떻게 맛을 안 볼 수 있단 말인가?) 처음보다 양이 줄어 있을 것이다. 하지만 여러분은 이번에도 벌꿀주를 좁은 병목까지 차오르게 담아야 한다. 처음에 옮겨 담았을 때처럼, 필요하다면 꿀물을 더 붓자. 그리고 다시 에어록으로 마무리. 새 병에 담긴 벌꿀주는 부드러운 거품이 생기기 시작할 것이다. 래킹하는 동안 잠시 공기와 접촉한 결과다. 이 정도만으로도 이스트는 필수 요소(에르고스테롤과 올레산)를 합성해서 발효를 재개하기에 충분한 산소를 얻을 수 있다. 이후로 몇 달이 흐르고 두 번째 발효가 멈춘 것처럼 보이면 드디어 벌꿀주를 술병에 담을 때가 온 것이다.(3장 참조)

술병에 넣은 벌꿀주는 몇 주, 몇 달, 몇 년 동안 숙성시킬 수 있다. 알코올 도수가 높을수록 장기 숙성의 성공 가능성도 높다. 샘플을 주기적으로 맛보면서 변화를 감지하는 것은 정말 즐거운 일이다. 몇 년이 흐른 뒤에 놀라울 정도로 훌륭한 맛이 생기기도 한다. 한번은 딸기를 넣어서 벌꿀주를 빚은 적이 있다. 술병에 담을 때만 해도 맛이 형편없었다. 하지만 차마 내다 버리지도 못했고, 결국 3년 동안 방치해두고 말았다. 그런데 지금은? 얼마나 맛있는지 모른다. 발효가 끝난 알코올음료라도 오랫동안 숙성시키면 게으르지만 다채로운 화학반응이 일어나면서 향미가 꾸준히 발전한다.

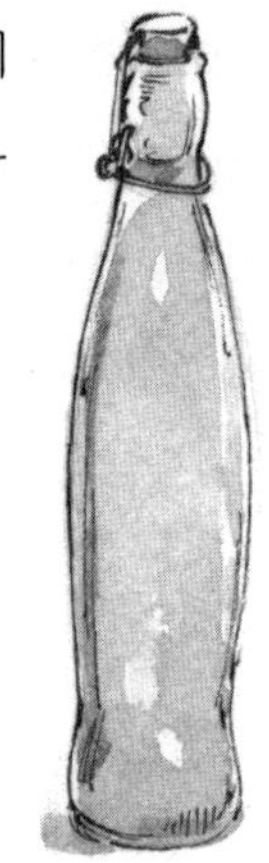
뚜껑을 여닫을 수 있는 병

종균을 통한 연속적 발효법

벌꿀주 발효의 리듬을 어느 정도 파악했다면, 발효가 활발하고 거품이 많은 벌꿀주를 한 컵 또는 두 컵 정도 떠내서 새로 발효를 시작하는 꿀물에 넣을 수 있다. 이런 방법으로 새로운 벌꿀주를 조금씩 연속해서 담글 수 있다. 예로부터 세계 각지에서 이런 식으로 발효균의 대를 이어가며 벌꿀주를 발효시켜왔다. 물론 끊임없는 발효의 여정에서 잠시 휴식을 취할 수도 있다. 발효의 속도를 늦출 수 있는 (냉장고 같은) 도구가 집에 있다면, 이스트의 대사 작용에 브레이크를 걸자. 그런 물건이 없다면, 서늘하고 어두운 곳에 보관하자. 그러나 너무 오래 내버려 두면 안 된다. 이스트의 활력을 유지하려면 사워도처럼 꾸준하게 사용할 필요가 있기 때문이다.(8장 사워도: 발효법과 보존법 참조) 이것이 원재료 고유의 발효균을 이스트 같은 종균으로 진화시키는 방법이다. 동료 발효가들과 공동체 내지 네트워크를 꾸리고 종균을 공유하자. 그러면 어떤 사람의 종균이 죽거나 기력을 잃었을 때 다른 사람이 자기 종균을 나누어줄 수 있다. 헐레벌떡 이리저리 뛰어다녀야 하는 우리 시대에 느리고 꾸준한 발효의 리듬을 나 홀로 따라가기란 지극히 어려운 일이다.

불로장생 약초 벌꿀주

벌꿀주는 여러 강력하고도 신비로운 식물성 효능을 불어넣을 수 있다. 건강과 치유에 이로운 식물이라면 벌꿀주를 비롯한 알코올음료에 넣어서 함께 발효시킬 수 있다. 아유르베다[생명의 지식을 뜻하는 인도 전통 의학]에서는 아리슈타스arishtas와 아사바스asavas라고 알려진 발효음료를 식물성 치료제로 사용한다. "보통 이런 제품들은 방부제로 작용할 뿐 아니라, 고유의 미생물 집단이 생체 내 변화에 기여해 약효를 높이고, 치료 성분의 원활한 추출 및 흡수를 돕는다."[20] 실제로 우리 시대의 식물성 치료제 상당수는 용액 형태를 띠고 있는데, 이는 식물 추출물을 정제한 알코올에 넣은 것이다. 여기서 알코올은 식물의 치료 성분, 즉 파이토케미컬을 추출해서 안정적으로 보존하다가 필요한 때에 체내로 전달하는 매개체다. 용액의 역할과 보존제의 역할을 동시에 수행한다는 뜻이다. 그러나 알코올은 증류를 통해서 정제할 필요가 없다. 몸에 좋은 식물이 들어간 벌꿀주나 과실주를 만들면 된다. 이것이 바로 식물성 치료제를 잘 보존하고 이웃과 나누는 방법이다.

나는 약초 벌꿀주라는 말을 2009년에 세상을 떠난 내 친구이자 동료 강사였던 프랭크 쿡한테서 처음 들었다. 열정적인 식물 탐구가였던 그는 다양한 약초를 찾아서 지구촌 구석구석을 헤집고 다닌 인물이었다. 캘리포니아와 노스캐롤라이나를 도보로 가로지르는 채집여행도 불사했다. 500종에 달하는 식물의 특성을 파악하는 것이 목표였다. 서른 살이 되어서야 식물 연구를 시작해 마흔일곱이라는 이른 나이에 생을 마감했지만 목표를 거의 다 이루었다. 프랭크는 뛰어난 스승이기도 했다. 자신이 얻은 지식을 남들과 나누는 것이 언제나 즐거운 사람이었다. 사람들을 데리고 자연으로 나가서 식물에 대한 이야기를 들려주는 답사길도 꾸준히 앞장섰다. 식물에 대해서 잘 알고 식물과 더불어 살아감으로써 '녹색 장벽' 너머를 바라보라며 목소리를 높였다. 나는 프랭크한테서 "야생에서 자란 것을 하루도 거르지 말고 먹으라"는 가르침을 얻었다. "남이 만들어놓은 것을 먹기만 해서는 안 된다"는 말도 마음에 새겼다. 배운 것을 익히면 스승이 될 수 있다. 가치 있는 지식을 배우고 익혀서 널리 전파하자.

프랭크와 나는 벌꿀주 만들기를 무척 좋아했다. 그래서 힘을 합했다. 그는 산과 들을 걷다가 발견한 식물을 혼합해 차를 우려서 마시기도 하고 꿀물에 섞어서 발효시키기도 했다. 그는 이렇게 빚은 술을 불로장생 약초 벌꿀주라고 불렀다. 프랭크가 약초를 활용하는 방법은 이렇다. 우선 물을 끓인다. 불을 끄고 식힌 다음 그날의 야생초를 집어넣고 휘휘 저은 뒤에 뚜껑을 덮고 한동안 내버려둔다. 뿌리, 나무껍질, 버섯처럼 단단한 식물은 달인다. 따뜻한 상태에서 녹차를 마시듯 즐기고, 나머지는 식혀서 발효시킨다. 프랭크는 무조건 1갤런(4*l*)씩만 만들어야 한다고 주장했다. 가정에서 흔히 쓰는 5갤런짜리 용기는 너무 크고 다루기 어려워서 제대로 된 결과를 얻을 수 없다고 믿었기 때문이다. 그는 벌꿀을 갤런당 세 컵 비율로 넣고 발효 용기를 완전히 채울 정도로 물을 끝까지 부었다. 식물성 첨가물은 벌꿀주를 발효시키는 내내 술통 안에 넣어두는 것이 일반적이었다.

우리가 처음 만났을 때만 해도, 프랭크는 벌꿀주를 만들면서 이스트 한 봉지를 털어넣곤 했다. 하지만 나와 함께 사람들을 가르치는 과정에서 이스트 사용량을 점차 줄이고 원재료 고유의 미생물을 더 많이 활용하게 되었다. 야생의 이스트를 활용하려면 반드시 천연벌꿀을 사용해야 한다는 점, 벌꿀을 넣기 전에 물의 온도를 체온 정도로 낮추어야 한다는 점, 주둥이가 널찍한 용기에서 발효시켜야 수시로 휘저어서 발효를 지속시킬 수 있다는 점, 잊지 말기 바란다. 또 다른 발효음료를 만들 때 이스트의 원천으로 사용할 수 있도록 식물 첨가물을 남겨둘 수도 있다. 예를 들어, 식물을 활용한 아유르베다식 발효음식을 만들 때 이스트의 원천으로 넣는 것은 '화염'처럼 생긴 (부처꽃과의 식물로 학명은 우드포르디아 프루티코사 쿠르즈*Woodfordia fruticosa Kurz*인) 다타키

*dhataki*다.[21]

이런 식으로 수많은 식물을 발효시킬 수 있다. 식물을 벌꿀주에 집어넣는 방법 또한 아주 다양하다. 위에서 언급한 우려내는 과정을 아예 건너뛰고 조그만 과일을 첨가할 때처럼 수확한 식물을 원 상태 그대로 꿀물에 넣어도 된다. 알코올 대신 벌꿀을 용액 및 보존제로 삼아서 식물을 넣어두는 방법도 괜찮다. 그러면 향미와 약효가 좋은 벌꿀을 그대로 즐기거나 (벌꿀과 물로만 발효시킨 단순한) 벌꿀주에 섞어서 마실 수 있다.

어떤 식물을 골라야 하는지 잘 모르겠다고? 산책 삼아서 밖으로 나가자. 그리고 이미 여러분의 이웃으로 살고 있는 여러 식물에 대해서 공부하자. 아래는 2006년과 2007년 노스캐롤라이나주 블랙마운틴에서 벌꿀주를 만드는 두 집단의 약초 벌꿀주 가운데 일부 사례를 정리한 것이다. 프랭크가 꾸준히 참여하던 집단들이다. 그는 벌꿀주 만드는 사람들이 점점 늘어나서 흐뭇하다고, 더 많은 약초를 주고받을 수 있어서 무척 행복하다고 말했다. 프랭크는 이미 떠나고 없지만, 그 정신만은 창조, 공유, 만취라는 그들의 신조 속에 고스란히 살아 숨 쉬고 있다.

엘더베리

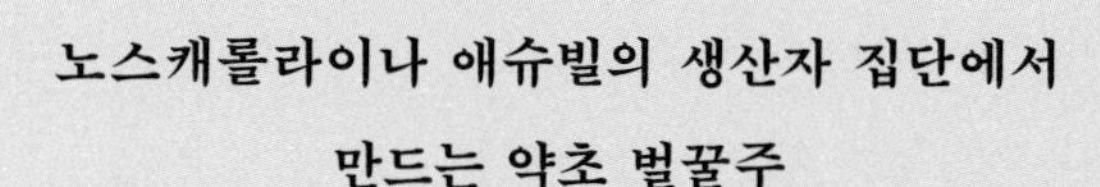

노스캐롤라이나 애슈빌의 생산자 집단에서
만드는 약초 벌꿀주

- 사과
- 아슈와간다*Ashwaganda*, 붉은 토끼풀, 빌베리, 히팔라*Hipala*, 자작나무 껍질
- 자운영, 리치, 리마니아Rymania, 대추, 오미자, 생강, 감초, 감귤, 인삼
- 자운영, 작약, 재스민, 녹차
- 자작나무, 파인애플 세이지
- 자작나무, 사사프러스, 메이플
- 자작나무, 서양톱풀, 붉은 토끼풀
- 블랙 발삼, 골든로드
- 검은 자작나무, 가문비나무
- 블랙베리, 차이Chai, 주니퍼
- 블루베리
- 차가버섯
- 차가버섯, 인삼
- 캐모마일, 민들레, 히비스커스, 엘더베리
- 국화, 고지베리
- 클레어리 세이지
- 커피, 서양톱풀, 백리향, 카르다몸, 계피, 정향
- 산딸나무
- 민들레
- 민들레, 우엉, 무화과, 계피, 치커리
- 쐐기풀, 로즈마리, 서양톱풀, 육두구, 완두콩 어린싹
- 쐐기풀, 사사프러스
- 쐐기풀, 서양톱풀, 레몬밤, 붉은 토끼풀
- 시계꽃, 다미아나, 산사나무, 장미 꽃잎

•포포나무, 골든로드, 선샤인 와인

•배, 자두, 사과, 엘더베리, 포도

•소나무, 주니퍼, 버섯

•레드 앙주배, 페니로열

•볶은 치커리, 차가버섯, 아플레나툼*Aplenatum*, 헤더, 사사프러스

•볶은 민들레

•로즈마리

•사사프러스, 자작나무

•사사프러스, 민들레

•사사프러스, 호랑가시나무, 히드라스티스의 노란 뿌리

•다질링 차, 세이지, 감초, 고투콜라, 차이, 랍상소우총

•무화과, 초콜릿칩, 민들레, 치커리, 우엉, 계피

•생강

•생강 커리

•생강, 강황, 사사프러스

•골든로드, 은행나무, 붉은 토끼풀

•인도식 녹차와 홍차 혼합, 건포도, 송이풀, 커민, 바닐라

•병꽃풀

•혼합 허브(30가지 식물과 버섯을 혼합)

•산사나무 벌꿀주

•쥐방울덩굴과 또는 미나리과

•히비스커스, 레몬그라스, 생강

•카비아나 벌꿀줄(카바카바), 다미아나

•레몬, 블루베리, 송이풀, 레몬밤

- 잎새버섯
- 망고, 장미 공푸차Rose Conjou Tea
- 박하
- 박하, 쑥, 곰딸기
- 곰딸기
- 쐐기풀, 민들레, 히숍
- 쐐기풀, 레몬밤, 로즈마리, 라벤더, 서양톱풀
- 아스파라거스, 쥐방울덩굴, 고추, 스파클베리
- 스테비아, 쐐기풀, 박하
- 떡갈나무 껍질
- 족도리풀, 큰매화노루발 잎, 생강나무 잎과 뿌리
- 머루, 족도리풀, 미나리냉이, 서양톱풀
- 곰딸기, 사사프러스
- 곰딸기, 시소紫蘇
- 약쑥
- 서양톱풀
- 서양톱풀, 커피, 백리향, 정향, 계피, 카르다몸
- 서양톱풀, 회향, 레몬밤
- 서양톱풀, 레몬밤, 레몬그라스
- 서양톱풀, 박하, 스테비아, 익모초
- 서양톱풀 뿌리, 사사프러스, 엘더플라워

포도로 빚은 술

포도주란 쉽게 말해서 포도즙을 발효시킨 술이다. 포도는 이스트의 성장을 돕는 당분과 산, 탄닌이 이상적인 균형을 이루고 있어서 저장, 숙성, 장거리 운송에 적합한 도수 높은 알코올음료로 완전히 발효시키는 것이 어렵지 않다. 게다가 포도 껍질은 희끄무레한 가루로 뒤덮여 있다. 육안으로도 확인할 수 있는 이 가루에 이스트가 들어 있다. 나는 몇 년 전 이탈리아 중부 움브리아의 작은 농장 프라탈레에서 포도 수확을 거드는 행운을 누린 적이 있다. 나를 포함한 일꾼 10명은 오전 내내 포도를 땄다. 청포도, 적포도 등 예닐곱 가지 포도가 주렁주렁 탐스럽게 매달려 있었다. 우리가 수확한 포도를 상자에 담으면 오텔로라는 이름의 노새가 포도주를 만드는 농가 주택으로 날랐다.

포도주를 만드는 첫 번째 단계는 포도 알을 으깨는 작업이다. 프라탈레 사람들은 낡았지만 창의성이 여전히 빛나는 기계로 이 작업을 진행했다. 그 기계는 홈이 파인 나무 롤러 두 개가 맞물려 돌아가는데, 수동으로 손잡이를 돌려서 작동시키는 방식이었다. 우리는 롤러 위쪽에 달린 큼직한 깔때기 안으로 계속해서 포도를 집어넣었다. 롤러를 돌리면 포도가 으깨지면서 아래쪽에 놓인 그릇에 담겼다. 1950년대 인기 시트콤 「왈가닥 루시I Love Lucy」를 보면, 우리가 익히 아는 전형적인 장면이 나온다. 주인공 배역을 맡은 배우 루실 볼이 욕조 같은 곳에 들어가 포도를 맨발로 짓이기던 장면 말이다. 별다른 기술이 필요 없는, 여전히 활용 가능한 방법이다.

포도를 으깨고 나면 포도즙에 껍질과 줄기, 과육까지 뒤섞인 상태가 된다. 여기까지 작업을 마치자 프라탈레 농장 사람들이 우리에게 점심을 대접했다.(지난해에 담근 포도주가 당연히 곁들여져 나왔다.) 두 시간 뒤에 작업장으로 돌아왔더니 으깬 포도에서 거품이 솟아오르고 있었다. 잘 익은 포도에는 이스트가 풍부하다. 그래서 으깨자마자 발효가 활발하게 시작된 것이다. 백포도주를 담글 생각이라면, 껍질 같은 건더기는 곧바로 건져내고 포도즙만 발효시켜야 한다. 적포도주라면 포도즙과 껍질을 함께 발효시킨다. 그래야 포도주가 붉은 빛깔과 떫은맛을 지닐 수 있다. 프라탈레 농장주 에타인과 마르틴은 적포도주를 만드는 사람이었다. 이들은 거품이 일어나는 으깬 포도를 뚜껑 없는 그릇에 담아두고 며칠을 보낸 다음, 건더기를 걸러내고 포도즙을 짜내서 발효 용기로 옮긴 뒤 공기를 차단한다. 그러고는 마음이 내키면 가볍게 발효한 이 상태로도 포도주를 마신다. 터키 사람들도 포도즙을 약하게 발효시킨 아주 달콤하고 거품이 많은 술 시라sira를 즐겨 마신다. 독일에서는 이렇게 부분적으로 발효시킨 덜 익은 포도주를 페더바이저federweisser라고 부른다. 그러나 에타인과 마르틴은 포도즙이 씁쓸한 맛을 낼 때까지 몇 달 더 발효시킨 뒤 병에 담는 쪽을 선호한다. 이들의 작업과정은 지극히 단순하지만, 그 결과로 탄생하는 포도주는 맛이 뛰어나서 하루도 거르지 않고 밥상에 오른다.

포도로 훌륭한 포도주를 빚듯이, 어떤 과일이든 알코올로 발효시킬 수 있다. 포도주가 세계적인 술로 발돋움한 것은 오늘날 아르메니아와 이란을 아우르는 자그로스산맥 지역에서부터다. 패트릭 맥거번의 설명은 이렇다.

> 세계에서 가장 발전된 포도주 문화가 이 고산지대에서 기원전 7000년에 등장, 포도 재배와 포도주 양조를 포함한 포도 산업이 경제, 종교, 사회를 틀어쥐었다. 이렇게 한번 정착한 포도주 문화는 이후 1000년에 걸쳐 시공간을 가로질러 뻗어나가면서 그 일대

는 물론 유럽 전역의 경제와 사회에 지배적인 동력으로 뿌리를 내렸다. 그 결과, 1만 년 전쯤에 빙하기가 끝난 뒤부터 지금까지, 유라시안 포도의 품종이 1만 종에 이를 정도로 다양화되면서 전 세계 포도의 99%를 차지하게 되었다.[22]

맥거번은 기원전 2000년 무렵부터 나타나기 시작한 가나안 사람들의 문화적 역동성으로 인해서 포도주가 지중해 근방까지 퍼졌다고 설명한다. "그들은 어디를 가든 비슷한 전략을 구사했다. 포도주를 비롯한 사치품을 현지에 소개했고, 최고급 포도주를 선물함으로써 통치세력의 환심을 샀다. 그러고는 포도주 양조 사업을 시작해달라고 부탁받는 때까지 기다렸다."[23]

여타 전통주나 맥주가 평범한 사람들의 마실거리였다면, 포도주는 주로 엘리트 계층이 마시는, 사회적 신분의 상징으로 통했다. 톰 스탠디지가 쓴 『여섯 잔에 담긴 세계사』를 보면 이런 내용이 나온다. "로마인은 그리스인의 미각을 새로운 경지로 끌어올렸다. (…) 포도주는 계층적 구분의 수단이었다. 마시는 사람의 부와 지위를 상징하게 되었다는 뜻이다. (…) 좋은 포도주를 맛보고 이름을 알아맞히는 능력이 과시적 소비의 중요한 형태였다. 최고급 포도주를 오랫동안 즐기면서 그 미묘한 차이를 구별해낼 정도로 시간도 많고 돈도 많다는 의미이기 때문이다."[24]

오늘날 포도 문화는 모든 대륙으로 퍼졌다. 몇 년 전, 나는 캘리포니아 북부에서 크로아티아까지 날아간 적이 있다. 거기서 두 곳에 들렀는데, 격자 모양으로 반듯하게 줄지어 끝없이 늘어선 포도밭을 보고 충격을 받았다. 포도는 원래 덩굴에서 연이어 뻗어나가는 게 대부분이다. 그래서 유전적인 통일성을 지킬 수 있다. 『뉴욕타임스』에 따르면,

"지난 8000년 동안 암수 교배를 통한 [포도의] 번식이 거의 없었기 때문에, [유전적] 다양성이 충분히 발현될 기회가 없었다."[25] 양성 생식의 경우, 유전자가 지속적으로 재결합하면서 해충에 대한 저항성을 획득하는 방향으로 간간이 진화하곤 한다. 그러나 포도는 맛도 좋고 술로 빚기도 좋지만 [한 가지 품목만 대단위로 키우는] 단일재배와 유전적 획일성으로 인해서 선천적으로 허약 체질이다. 생물학적 다양성이 부족한 탓에 병충해에 취약하기 때문이다.

지역 고유의 음식을 부활시키는 어려움 가운데 하나는, 세계적으로 인기가 높은 산물을 그대로 복제하는 대신 각 지역에서 풍부하게 잘 자라는 원재료를 바탕으로 우리가 원하는 음식으로 만들어내는 전략을 강구하는 것이다. 지구촌 어디를 가도 과일이나 곡물의 탄수화물을 알코올로 변환시키는 나름의 전통이 살아 있다. 물론 단일재배를 통한 포도주가 맛이 좋을 수는 있다. 하지만 우리의 욕망을 충족시킨다는 미명 아래 모든 지역에서 단일재배로 포도를 키울 필요는 없다.

사과주와 배주

사과주는 사과즙을 발효시킨 술이고, 배주는 배즙을 발효시킨 술이다. 우리가 즐겨 먹는 두 과일은 종류가 무척 다양하다. 사람들의 입맛에 맞추어 다양한 품종을 개발한 결과다. 하지만 씨앗을 심고 공들여 키워서 열매를 수확해보면, 대부분 너무 작거나 덜 익거나 지나치게 떫어서 차마 먹을 수 없는 녀석들이 나오기 마련이다. 예로부터 사람들은 이처럼 그대로 먹기에 부적합한 과일로 사과주나 배주를 빚었다.

사과나 배를 발효시키는 과정에서 유일하게 어려운 작업은 압착해서 즙을 짜는 일이다. 최선책은 사과 압착기를 쓰는 것이다.(3장 사과 및 포도 압착기 참조) 사과 압착기의 작동 순서는 사과를 잘게 찧는 단계와 압착해서 즙을 짜는 단계로 나눌 수 있다. 사과를 으깨놓고 몇 시간 내지 며칠이 지난 뒤에 압착하기도 한다. 빛깔과 향미를 높이기 위해서다. 주스를 자동으로 짜내는 전기제품을 사용해도 된다. 다만, 주스의 온도가 섭씨 45도를 넘으면 이스트가 죽어버리니 조심하자. 시중에 나와 있는 사과주스나 배즙을 만드는 과정도 이런 식이다. 차이점이라면, 가열하지 않은 신선한 주스는 이스트가 아주 풍부한 반면, 과도하게 가열한 주스는 이스트가 파괴된다는 것이다.

갓 짜낸 신선한 주스가 있다면, 그대로 내버려두자. 금세 거품이 일어나기 시작할 것이다. 주둥이가 넓은 그릇에 담아야 수시로 휘저어서 이스트의 증식을 촉진할 수 있다. 발효가 활발하게 진행하기 시작하면 주둥이가 조붓한 유리병이나 카보이로 옮겨 담는다. 아니면 곧바로 유리병이나 카보이에 넣고 별다른 개입 없이 그대로 두면서 주스가 자연 발효하는 과정을 지켜볼 수도 있다.

저온살균 주스를 활용할 경우, 천연 이스트가 열에 의해 이미 죽어버렸으므로 이스트를 새로 첨가해야 한다. 이때 반드시 방부제가 안 들어간 주스를 사용해야 한다. 방부제가 이스트의 성장을 저해할 수 있기 때문이다. 우리 시대에 이스트를 나중에 첨가하는 가장 손쉬운 방법은 이스트 한 봉지를 뜯어서 털어넣는 것이다. 이 방법이 아니라면, 대기 중에 떠도는 이스트를 적극적으로 끌어와야 하는데, 그러려면 입구가 널찍해서 공기와 접촉하기 쉽고 수시로 휘젓기도 편한 용기를 사용해야 한다. 하지만 내가 저온살균 주스를 발효시킬 때 가장 선호하는 방법은 신선한 사과나 배를 껍질째 집어넣는 것이다. 4등분해서 씨앗을 발라내고 대충 썰어 넣자. 그런 다음 젓고 또 젓자. 이윽고 발효가 활기차게 이루어지기 시작하면 주스만 걸러서 유리병이나 카보이로 옮기고 계속 발효시키자.

사과주와 배주는 발효 초기에 '끓어 넘치는' 경우가 많다. 거품이 새어나온다는 뜻이다. 이런 이유에서 유리병이나 카보이를 곧바로 틀어막지 않는 것이 중요하다. 처음에 일어나는 이 거품이 용기 바깥으로 비집고 나오거나 마개를 밀어낼 가능성이 높기 때문이다. 대신에 유리병/카보이를 싱크대나 욕조, 항아리, 쟁반에 두고 평평한 원판으로 덮거나 비닐랩으로 느슨하게 씌우는 편이 좋다. 그렇게 며칠이 지나서 거품이 가라앉으면 — 또는 그 뒤로 언제든지 — 아주 가볍게 발효한 사과주와 배주를 맛볼 수 있다. 사과주나 배주를 저장하고 싶다면, 발효용기의 주둥이 안쪽을 깨끗하게 닦아내거나 아예 새로운 용기로 옮긴 뒤에 에어록으로 막는다. 이런 상태로 한두 달 발효시키면 거품이 줄어들면서 투명하게 변한다. 이제는 다른 용기로 래킹해서 한두 달 더 발효시킬 차례. 이렇게 해서 발효가 모두 끝나면 술병에 담는다. 사과주/배주를 탄산음료처럼 만들고 싶다면, 술병으로 옮길 때 설탕 1티스푼(5*ml*)을 넣는다. 신선하고 달콤한 사과주를 리터당 $\frac{1}{4}$컵(60*ml*) 넣어도 된다. 그러면 대단히 제한적인 범위 내에서 발효가 지속될 것이다. 설탕을 너무 많이 넣거나 덜 익은 주스를 술병에 넣었다간 지나치게 탄산화할 수 있다. 심지어 폭발할 수도 있다.

사과와 배

올해 우리는 조그맣고 시큼한 배를 가지고 배주를 빚었다. 그런 열매가 맺히는 배나무를 조경수 정도로만 여기던 터였다. 그런데 테라 마드레에서 만난 영국 사람들의 생각은 달랐다. 그들은 오래전부터 시큼털털한 배로 술을 만든다고 했다. 발효과정을 거치면 시고 떫은맛이 줄어든다면서 말이다. 물론 이런 배는 가볍게 발효시켜서 마시기에 적절치 않지만, 예닐곱 달 동안 완전히 발효시키고 어느 정도 숙성 기간을 거치면, 신맛과 떫은맛이 살짝 감도는 것이 오히려 적포도주처럼 풍미를 높여주어 놀라운 맛을 느낄 수 있다는 것이었다. 올해 우리는 시큼털털한 배만 골라서 발효시켰다. 발효과정에서 신맛과 떫은맛이 줄어드는지 확인하기 위해서다. 내년에는 사과주와 배주를 만드는 일반적인 방식에 따라서 여러 가지 배를 섞어 발효시킬 생각이다.

사과주에 평생을 바치다

앤 펠루소, 리머릭, 메인주

내 주특기는 쌉쌀한 사과주 만들기다. 나는 사과주를 만드는 대강의 기법을 퀘이커 기숙학교 재학 시절에 배웠다. 당시 학생들은 하나같이 사과주를 몇 갤런씩 옷장에 쟁여두고 살았다. 술병에서 부글부글 거품이 일기 시작하면 뚜껑을 슬쩍 열어놓고 거품이 가라앉을 때까지 옷장에 보관하는 식이었다. 요즘도 나는 고등학교 다닐 때처럼 한 해에 100갤런씩 술을 담근다. 식탁 아래서 3주 동안 익힌 뒤 창고 선반으로 옮기면 끝이다. 남편은 술 빚는 아내를 바라보며 경외심을 느낀다고 했다. 나를 민중의 영웅쯤으로 우러러보는 눈빛이다. 나는 이 지역 농장 사람들, 필요한 사과를 구한 과수원 사람들, 나한테 피아노를 배우는 성인들, 협동조합원들에게 이 기초적인 기술을 아낌없이 전수했다. 하지만 아직도 이 방법으로 술을 만드는 것이 가능하다고 믿는 사람은 극히 드물다. 단 한 사람, 사과를 재배하는 과수원 주인을 제외하면 말이다. 아니, 말은 안 해도 나보다 더 잘 아는 것이 분명하다. 한번은 내가 샘플을 가져갔더니 그가 단숨에 들이키고는 맛이 아주 좋다고 칭찬했다. 찌꺼기는 오리들한테 먹인다. 다량의 니아신 성분을 섭취해야 하는 친구들이기 때문이다. 특히 겨울철에는 사료만으로 충분치 않다. 나 역시 비타민이 필요하기에 사과주를 마실 때 앙금을 남기지 않는다.

설탕 기반 과실주

사과나 배는 물론 그 밖의 과일도 알코올음료로 발효시킬 때 가장 큰 걸림돌은 즙을 짜는 것이다. 기계를 사용한다 해도 노동력과 에너지가 많이 든다. 과일을 기반으로 하는 전통적인 발효음료는 끈끈한 시럽 형태로 조리해서 물에 섞는 방식에 의존해왔다. 예를 들어, 멕시코 서북쪽 파파고족을 비롯한 몇몇 부족과 미국 서남쪽 사람들은 사와로 saguaro 선인장의 열매를 발효시킬 때 이 방법을 활용한다. 헨리 브루먼에 따르면, 키가 큰 선인장의 꼭대기에서 열매를 수확해 잘 다진 다음, "엄지손가락으로 반죽의 한복판을 파낸다. 끓이고 걸러내고 졸이는 과정을 마치면 누르스름한 시럽과 함께 섬유질이나 씨앗 같은 찌꺼기가 남는다. 이 시럽에 같은 양 내지 네 배의 물을 붓고 잘 섞은 뒤 흙으로 빚은 항아리에 붓고 가만히 두면 금세 발효해서 술이 된다."[26] 이렇게 만든 사와로주를 파파고 사람들은 나와이트navai't라고 부른다.

나는 과일을 발효시킬 때 즙을 짜거나 시럽을 만드느라 고생하는 일이 별로 없다. 꿀물 또는 설탕물에 과일을 섞어버리는 훨씬 쉬운 방법이 있기 때문이다.(4장 과일 벌꿀주와 꽃잎 벌꿀주 참조) 설탕은 두 가지 훌륭한 장점이 있다. 값이 싸고 구하기 쉽다. 게다가 맛이 비교적 중립적이어서 여러분이 첨가하는 향미와 힘을 겨루는 법이 없다. 벌꿀을 기반으로 만드는 술과 마찬가지로, 설탕의 비율 역시 다양하게 조절할 수 있다. 장기간 발효시켜 도수 높은 술을 만들려면, 갤런(4리터)당 설탕 3컵(1.5kg/1.5*l*)이 필요하다. 단기간 발효시키거나 과일 맛이 진한 술을 만들려면, 설탕을 절반 정도만 넣으면 된다.

과일, 꽃, 채소, 허브, 향신료 등을 설탕 용액에 넣어서 맛과 향을 살린 술을 일반적으로 과실주country wine라 부른다. 미국에 처음 정착한 이주민들은 "필요할 경우 다른 재료로 대체하는 영국의 전통을 옮겨왔다." 역사학자 스탠리 배런의 말이다. 그는 식민지 시대 미국에서 단감, 호박, 돼지감자 따위로 알코올음료를 만들었다는 기록을 찾아낸 사람이다.[27] 여타 발효음식이 그렇듯이, 과실주 역시 만드는 방법이 다양하다. 나는 그저 냉수에 설탕을 녹인다. 끓는 물에 설탕을 넣어서 시럽으로 만들라고 가르치는 책도 많지만, 반드시 그럴 필요는 없다고 생각한다. 여기에 신선한 과일 또는 말린 과일(또는 꽃, 채소, 허브, 향신료 등)을 넣은 뒤 젓고, 젓고, 또 젓는다. 벌꿀주를 담글 때와 정확히 같은 방법이다. 첨가물에 설탕물을 끼얹고 익히거나 펄펄 끓는 설탕물에 담그는 사람들도 있다. 신맛이 모자라면 감귤이나 건포도를, 떫은맛이 모자라면 홍차를 더 넣는 사람도 많다. 레시피라는 것은 여러분이 마음만 먹고 찾아 나서면 얼마든지 구할 수 있다. 따라서 과실주를 잘 담그는 유일무이한 최선의 방법이란 존재할 수 없다. 누구든 다양한 방식으로 성공을 거둘 수 있는 임기응변의 세계가 바로 이쪽 분야다.

과실주를 천연발효 차원에서 접근한다면, 백설탕은 천연벌꿀과 달리 가공처리 과정을 거치기 때문에 살아 있는 이스트를 함유하지 않는 점에 유의해야 한다. 반면, 원재료 상태의 첨가물은 이스트의 원천으로 작용할 수 있다. 만약 조리과정을 거친 첨가물이라면, 표면적이 넓은 발효 용기를 사용해서 공기 중의 이스트를 불러들이거나, 이스트 한 봉지 또는 잘 익은 발효음료에서 떠낸 종균을 인위적으로 넣어주어야 한다. 어느 편이 되었건 간에 젓고, 젓고, 또 젓는 과정은 동일하다. 과실주는 부글거리던 거품이 가라앉자마자 덜 익은 상태로 즐길 수 있다. 원한다면 다른 용기에 옮겨서 에어록으로 공기를 차단하고 깊은 맛이 날 때까지 계속 발효시킬 수도 있다.

기타 감미료를 활용한 알코올음료

위에서 소개한 설탕과 벌꿀을 활용한 발효 기법들은 메이플 시럽, 사탕수수 시럽, 재거리(야자나무 수액으로 만든 흑설탕), 조청, 엿기름 같은 감미료에도 그대로 적용할 수 있다. (이처럼 당분을 알코올로 발효시키는 방법은 믿기 어려울 만큼 다양하다. 어느 정도인지 설명하기 위해 실례를 들자면, 영국의 제임스 길펀이라는 사람은 당뇨병 환자들의 소변을 발효시켜 알코올을 만들기도 했다. 당뇨병을 앓는 사람들은 소변에 대사 작용을 거치지 못한 당분이 아주 많이 들어 있기 때문이다.[28]) 스테비아나 인공 감미료는 발효시킬 수가 없다. 상거래에 필수적인 안정적 상태로 만들기 위해 조리과정을 거친 탓이다. 살아 있는 이스트가 존재하지 않는다는 뜻이기도 하다. 이스트는 탄수화물만 알코올로 발효시킬 수 있다. 생과일을 집어넣건, 봉지에 담긴 것을 털어넣건, 신선한 공기가 닿기 좋고 수시로 휘젓기 편한 주둥이 널찍한 발효 용기를 사용하건, 기타 어떤 방법을 활용하건 간에 알코올음료를 만드는 데 있어서 이스트는 필수 불가결하다. 내가 여러분에게 무엇보다 강조하고 싶은 점은, 처음부터 큰 욕심 부리지 말고 작은 규모로 실험을 거듭해나가라는 것이다.

발효과일 샐러드

과일은 건더기 같은 고체 형태로도 알코올로 발효시킬 수 있다. 발효음식 애호가 마크 에릭슨은 목사였던 할아버지한테 "우정을 위한 과일"이라는 이름표가 달린 유리병이 있었다고 회상한다. "보통 과일 통조림, 프루트칵테일, 복숭아 통조림 따위를 백설탕으로 절인 것이었다. 사람들은 종균 한 컵과 레시피를 얻어가서 자기만의 발효음식을 만들었다." 거의 모든 발효음식에서 그렇듯, 종균은 발효가 지속적으로 이루어지도록 돕는다. 신선한 과일을 넣어도 이스트가 딸려 들어가므로 마찬가지 효과가 있다. 설탕은 과일을 으깨서 즙을 짜는 것과 같은 기능을 담당한다. 뚜껑이 달린 커다란 유리병에 과일과 설탕을 함께 넣자. 많은 레시피가 설탕을 신선한 과일과 같은 무게로 섞어야 한다고 강조하지만, 나는 여러분이 설탕을 조금 덜 넣고 실험하기를 바란다. 이스트가 부지런히 활약하기 전, 초기 단계에서는 유리병을 밀폐시키지 말고 공기가 통할 수 있도록 천으로 덮어두자. 그리고 수시로 휘젓자. 거품이 일기 시작하면 뚜껑을 꼭 닫아두고, 휘저을 때나 압력이 차오를 때만 열도록 한다. 직사광선이 닿지 않는 곳에 보관하되, 어디에 무엇을 두었는지 까맣게 잊지 않도록 주의하자.

휘저을 때마다 어느 정도 발효했는지 확인하는 차원에서 맛을 보도록 한다. 물론 덜 익은 채로 마실 수도 있고, 잘 익은 상태에서 즐길 수도 있다. 과일 샐러드, 디저트 토핑, 처트니[과일이나 채소에 향신료를 넣어 걸쭉하게 만든 인도식 소스], 살사 소스 또는 다른 음식의 속을 채우는 내용물로 먹어도 좋다. 우정이 가득 담긴 발효과일을 케이크로 만드는 법을 찾아볼 수도 있다. 과실주에 신선한 과일과 설탕을 적당히 계속 넣어가면서 발효를 영구적으로 이어가는 것도 그리 어려운 일은 아니다.

이런 발상의 한 갈래는 룸토프rumtopf로 알려진 독일의 전통 발효법에서 찾아볼 수 있다. 일종의 발효과일 샐러드인 룸토프는 과일-설탕 혼합물에 럼주나 브랜디를 부어 마무리한 것이다. 과일과 설탕을 버무린 뒤, 술을 조금 넣기 전에 몇 시간 놓아두는 것이 포인트다.(그래야 설탕이 과일에서 즙을 빼낸다.) 독일 사람들은 과일과 설탕, 또 다른 과일로 빚은 술을 혼합한 룸토프를 몇 달 동안 익힌 뒤 한겨울에 쉬면서 이웃과 더불어 즐긴다.

식물 수액

과일과 곡물(맥주에 대해서는 9장에서 논하기로 한다)을 뛰어넘어 전 세계에서 가장 많이 알코올로 발효시키는 식물성 당분의 형태는 수액이다. 솔직히 나는 신선한 수액을 발효시킨 경험이 많지 않다. 그러나 수십 년 전, 스물세 살의 나이에 서아프리카를 여행하면서 질 좋은 야자로 담근 술을 많이 마셔본 경험이 있다. 야자주는 야자나무가 무성한 열대지방에서 인기 있는 술이다. 이후로 수많은 자료를 읽으며 지구촌 각지의 사람들이 나무를 비롯한 다양한 식물에서 수액을 채취해 알코올을 생산하는 주된 재료로 삼는다는 것을 깨달았다.

키스 슈타인크라우스에 따르면, "분명한 사실은 거의 모든 야자나무 수액으로 술을 빚을 수 있다는 것이다. 신선한 야자 수액은 일반적으로 짙은 갈색이다. 그러나 이스트가 수액 안에서 증식하면, 차츰 투명하게 변하다가 결국 우유처럼 하얗고 영롱한 빛깔을 띠게 된다."[29] 패트릭 맥거번은 아프리카 사람들의 수액 채취 장면을 다음과 같이 묘사한다.

> 사람들이 전신주를 타듯이 야자나무 꼭대기로 올라갔다. 그러고는 수액이 잘 흐르도록 암꽃과 수꽃을 꿰어서 묶어 올린다. 아래쪽에는 조롱박 같은 용기를 매달아 수액을 담는다. 건강한 야자나무 한 그루는 하루에 9~10*l*, 반년에 걸쳐서 750*l*의 수액을 생산한다. (…) 우유처럼 하얗고 달콤한 음식을 향해 돌진하는 곤충들 때문에 수액은 이미 이스트가 증식을 시작한 상태였다. 수액이 자연적으로 발효한다는 뜻이었다. 그로부터 2시간 뒤, 수액은 4도짜리 야자주로 변해 있었다. 하루가 지나자 알코올 도수가 7~8도까지 올라갔다.[30]

야자주는 발효가 빠르다. 그래서 되도록 빨리 마셔야 한다. 유엔식량농업기구FAO에 따르면, "야자주는 유통기한이 아주 짧다. 하루 이상 보관하면 안 된다. 하루가 지나면 아세트산이 과다 축적되므로 소비자의 주의가 필요하다."[31]

멕시코와 중앙아메리카의 전통 발효음식을 연구한 민속학자 헨리 브루먼에 따르면, 치아파스 사람들은 또 다른 방법을 사용한다. 이들은 야자나무를 베어내고 수액이 1~2*l* 들어갈 정도로 그루터기를 파낸다. "수액이 1~2주 동안 계속 나온다. 하루에 한두 차례 퍼내서 충분히 발효했다고 판단될 때 마신다."[32]

코코넛야자나무의 수액을 발효시킨 것이 인도와 스리랑카에서 즐겨 마시는 토디toddy다. FAO 보고서에 따르면, "수액은 봉오리가 열리지 않은 꽃의 끝부분을 잘라서 채집한다. 꽃 아래쪽에 조그만 단지를 매달아놓으면 수액이 그리로 흘러들어간다. 토디는 6~8시간이면 완전히 발효한다. 유통기한이 짧기 때문에 즉석에서 판매하는 것이 보통이다."[33]

대나무 역시 수액을 뽑아서 발효시킬 수 있다. FAO에 따르면, 아프리카의 동부와 남부 지역에서는 발효시킨 대나무 수액을 즐겨 마시는데, 이를 울란지ulanzi라고 부른다. FAO 보고서는 울란지에 대해 "달콤한 알코올 향기가 풍기는 깨끗하고 새하얀 술"이라고 하면서 만드는 법을 다음과 같이 소개하고 있다.

> 수액이 많이 나오는 것은 어린 죽순이다. 죽순이 돋아나는 끄트머리를 자르고 통을 매달아 수액을 모은다. (…) 수액은 미생물이 증식하기에 탁월한 물질이라서 받아내자마자 발효가 시작된다. 원하는 도수에 맞추어 5~12시간 정도 발효시킨다.[34]

푸른 옥수숫대 역시 즙을 짜서 발효시키거나 졸여서 시럽을 만들 수 있다. W. C. 베넷과 R. M. 징의 민속학 연구팀이 작성한 1930년대 보고서에 따르면, "이파리를 제거한 줄기들만 가져다가 널찍하고 움푹 파인 바위에 놓고 큼직한 떡갈나무 방망이로 두들긴 뒤 마비히말라mabihímala에 넣고 즙을 짠다." 마비히말라는 즙을 짜는 용도로 만든 창의적인 도구다. 유카 섬유로 짠 거름망 양쪽에 막대기를 끼운 것인데, 한쪽 막대기를 두 발 사이에 끼우고 다른 쪽 막대기는 두 손으로 잡아서 곤죽이 된 옥수수 줄기를 비틀어 즙을 짜내는 방식이다.[35]

사탕수수 즙도 쉽게 발효시킬 수 있다. 나 역시 사탕수수 생즙을 그대로 발효시킨 사탕수수주를 마신 적이 있다. 살짝 익혀서 거품이 많은, 아주 맛있는 술이었다. 수액을 조리해서 농도를 높이는 전통적인 방식에 대해서도 읽어봤다. 사탕수수가 풍부하게 자라는 필리핀의 바시를 예로 들 수 있다. 미국 동남부에서는 수수의 줄기를 압착해서 즙을 낸 뒤 졸여서 시럽을 만든다. 이것이 바로 수수당밀이다. 신선한 수수즙 또는 물에 섞은 수수당밀 역시 같은 방식으로 발효시킬 수 있다.

달콤하게 발효시킬 수 있는 또 다른 재료는 수분을 듬뿍 머금은 사막의 식물들이다. 멕시코 사람들은 조상 대대로 이어져 내려오는 방식으로 용설란 수액 아구아미엘(꿀물)을 발효시켜 풀케pulque라는 술을 만든다. 용설란 한 그루면 발효 가능한 수액을 수백 리터나 얻을 수 있다. 풀케를 만드는 작업은 용설란이 10년 정도 자라서 퀴오테라고 불리는 꽃대가 나온 뒤에야 시작된다. 수액을 뽑는 첫 단계는 일종의 거세 작업으로, 한가운데 빽빽하게 자란 이파리들과 함께 꽃밥을 제거하는 것이다. 자라고 있는 꽃봉오리가 모습을 드러내면 역시 제거한다. 꽃밥을 잘라낸 용설란은 이후로 몇 달 또는 몇 년 동안 내버려둔다. 그 사이에 꽃봉오리가 새로 돋아 수액이 들어차는데, 부풀어 오른 꽃봉오리는 껍질에 구멍을 내고 으깨서 일주일 정도 썩히면 쉽게 떨어져 나간다. 헨리 브루먼에 따르면, "이렇게 하면 용설란에서 수액이 계속 흘러나온다. 아울러 수액이 고일 수 있는 공간도 생긴다. (…) 아구아미엘은 보통 하루에 두 번, 때로는 세 번 퍼내야 할 정도로 많이 나온다."[36] 아구아미엘은 달콤한 상태 그대로 마셔도 좋고, (전통적으로 큰 짐승의 가죽에 넣어) 발효시켜서 풀케로 만들어도 좋으며, 시럽으로 졸여서 감미료로 사용해도 좋다. 윌리엄 리칭거는 "풀케는 맛과 질감이 맥주 또는 과실주와 전혀 다르다"면서 "바실루스류의 세균들이 세포가닥을 끈끈하게 뒤덮은 결과 점액질처럼 보이는 경우가 많다"고 설명한다.[37] 다이애나 케네디는 "새콤달콤하면서도 상쾌한, 신기한 맛"이라고 썼다.[38] 용설란 같은 식물을 음식 또는 술로 바꾸는 또 다른 방법은 줄기를 잘라서 볶는 것이다. 메스칼mescal은 동그랗게 잘려 나온 용설란의 줄기로 만든 술이다. 이 줄기를 볶아서 반죽이 될 때까지 두들긴 다음, 물을 부어 걸쭉하게 만들었다가 즙을 내어 끓인다. 즙이 식은 뒤 4~5일 동안 발효시키면 메스칼이 된다.[39]

수액을 발효시키는 마지막 사례로는 단단한 활엽수를 들 수 있다. 폴란드 사람들은 예로부터 주로 자작나무의 수액을 이른 봄에 채취해서 가볍게 발효시켜 오스콜라oskola라는 술을 빚었다.[40] 메이플 수액도 발효시킬 수 있다. 내 경우는 메이플 시럽을 물에 섞어서 맛 좋은 술로 발효시킨다. 그런데 메이플 수액을 직접 발효시켰다는 기록은 아무리 찾아도 안 보였다. 헨리 브루먼은 아메리카 인디언 이로쿼이 부족 사람들이 메이플이나 자작나무에서 수액을 얻어 신선하고 달콤한 상태로 마시거나 시럽으로 졸였다면서 이렇게 언급했다. "그러지 말아야 했는데, 끓이지 않은 일부 수액이 발효될 때까지 며칠 동안 내버려두었고, 그때까지 입도 대지 않다가 어느 순간 낯선 향기를 맡았으며, 그제야 실컷 마셨더니 취기가 올랐고, 그런 사건이 벌어졌는데도 부족의 문화에 아무런 인상을 남기지 않았다는 식의 설명은 납득하기 어렵다."[41]

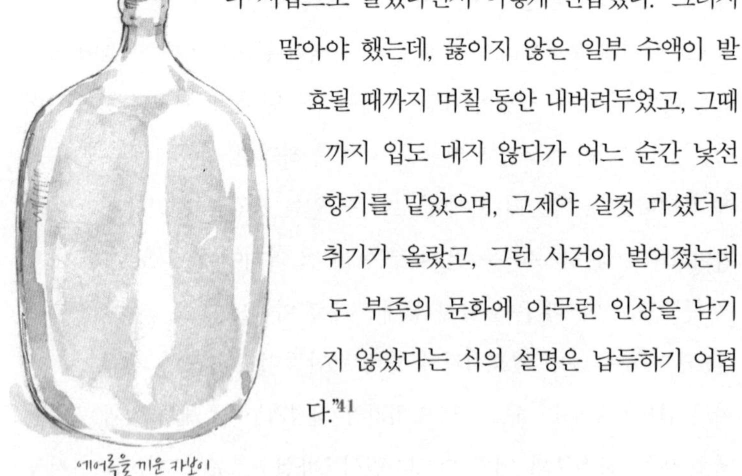
에어록을 끼운 카보이

알코올음료의 탄산화

벌꿀주와 포도주, 사과주, 배주는 술병에 넣어서 탄산음료로 만들 수 있다. 탄산화란 발효의 부산물로 생긴 이산화탄소를 술병 안에 가두는 작업이다. 탄산화의 핵심은 술병에 내용물을 담을 때 소량의 설탕을 함께 넣어야 한다는 점이다. 자칫 설탕을 너무 많이 넣어 적정 비율을 무너뜨렸다간 탄산화가 과도하게 이루어지면서 거품이 용암처럼 솟구치거나 심하면 술병이 폭발할 가능성도 있다. 여전히 달콤하고 부드러운 탄산음료를 술병에 넣는 작업과 관련해서 상세하게 설명한 바와 같이(6장 탄산화 참조), 활발하게 발효 중인 알코올음료를 술병에 담고 밀폐시킬 경우, 지속적인 발효에 연료 역할을 하는 당분이 상당량 존재한다면, 술병이 폭탄처럼 터지면서 파편이 산지사방으로 튀어 생명을 위협할 우려가 크다.

이런 이유에서, 알코올음료는 술병으로 옮겨 담기 전에 완전히 발효시켜야 한다. 발효가 완전히 끝난 뒤 다른 용기로 옮기고, 이어서 발효가 다시 멈출 때까지 충분히 발효시켜야 한다는 뜻이다. 그러고 나서 티스푼 하나(5mg) 정도로 소량의 감미료를 넣고 잘 녹인 뒤 술병에 담아야 한다. 이렇게 적당량의 당분을 첨가해야 술병 속의 알코올음료를 통제 가능한 범위 내에서 재차 발효시킬 수 있다.

탄산화 작업에는 압력을 충분히 견디는 술병을 사용해야 한다. 일반적인 포도주병이라면 탄산의 압력이 코르크 마개를 밀어내고도 남는다. 이 정도 압력을 견디려면 마개를 단단히 조일 수 있는 맥주병이나 샴페인병을 써야 한다. 꽉 조이는 뚜껑이 달린 청량음료병 또는 주스병도 괜찮다.(이와 관련해서 자세한 내용을 살피려면 3장 술병에 담기 참조) 알코올음료를 술병에 담고 충분히 탄산화하려면 적어도 2주가 걸린다.

차갑게 냉장한 뒤에 뚜껑을 열어야 거품이 솟구쳐서 아까운 술을 버리는 일이 없다.

덜 발효시킨 음료도 병에 넣어서 탄산화할 수 있다. 그러나, 앞으로 반복해서 경고하겠지만, 과도한 탄산화로 병이 터지는 위험한 상황에 신중히 대비해야 한다.(6장 탄산화 참조) 따라서 이 경우에는 하루나 이틀 정도로 아주 짧게 발효시키는 것이 좋다. 나는 적어도 한 병은 플라스틱 청량음료병을 쓰라고 늘 권유한다. 매일(유난히 발효가 활발하거나 따뜻한 기온이라면 더 자주) 유심히 관찰하면서 꾹 눌렀을 때 얼마나 들어가는지 확인해야 하기 때문이다. 일반적인 실내 온도에서 며칠 동안 발효시킨 뒤 압력이 차오르는 느낌이 든다면, 냉장고에 넣어서 발효 속도를 떨어뜨린 뒤에 마시면 된다. 술병 속에서 탄산화가 여전히 진행 중인 덜 익은 알코올음료는 나중에 즐기겠다고 오랫동안 저장하기보다 가능한 한 빨리 마시는 편이 좋다.

다양한 재료를 한꺼번에 넣기

알코올음료를 발효시키는 그 무궁무진한 세계에 비하면 포도주와 맥주는 극히 일부에 불과하다. 따라서 우리는 전 세계적으로 가장 인기 있는 몇 가지 술의 복제 방법을 배우려고 애쓰는 것이 아니라, 주위에 흔한 재료를 가지고 짜릿한 술맛을 만들어낸 조상들의 지혜에 초점을 맞춰야 한다. 알코올음료를 발효시킬 때 한 가지 탄수화물 재료만 사용할 필요는 없다. 실제로 중국 지아후 선사유적지에서 발굴된 9000년 전 항아리를 조사한 결과, 포도와 산사나무 열매, 벌꿀, 쌀로 술을 빚었다는 사실이 확인되기도 했다.[42] 전 세계 곳곳의 발효 문화 초창기 유적에서도 여러 탄수화물과 이스트를 섞어서 사용한 흔적이 발견되었다. 여전히 명맥을 이어가고 있는 각 지역의 토착 발효음식을 두루 살펴보아도 마찬가지다. 이 시대의 농업과 발효의 획일성은 훌륭한 발효음식을 만드는 데 기여했다. 그러나 탄수화물을 함유한 재료라면 어떤 것이든 알코올로 발효시키는 것이 가능하다. 우리는 다양한 탄수화물원을 혼합해서 발효음식을 만드는 조상들의 융통성, 그 놀라운 창의성을 배워야 한다. 이것이 발효를 되살리는 길이고, 나아가 지역 공동체가 자급자족하는 문화를 새롭게 부흥시키는 길이다.

문제 해결

• 아무리 발효시켜도 거품이 일지 않는다면

젓고, 젓고, 또 저어라. 그러면 이스트가 골고루 퍼지면서 활기를 띤다. 산소가 이스트의 성장을 촉진하기 때문이다. 대기 중의 이스트만을 이용한다면(이스트가 소멸한 재료를 사용하고 이스트 제품을 따로 첨가하지 않는다면), 계속 저어줘야만 이스트를 발효음식 표면에 정착시킬 수 있다. 특히 서늘한 곳에서는 발효의 시작도 늦고 진행 속도 역시 느리다. 가능한 한 미생물의 생장에 유리한 따뜻한 곳을 이용하자. 아니면, 느긋한 마음으로 따뜻한 계절이 돌아오기를 기다리자. 염소를 제거한 물을 사용하는 것도 중요하다. 앞서 언급한 것처럼, 일정 농도의 염소가 이스트를 죽이기 때문이다. 필터로 거르거나 뚜껑을 연 상태에서 끓이거나 이틀 정도 그대로 두어서 염소를 증발시키자. 자기 집 수돗물에 염소가 들어가는지 확인하되, 요즘은 물을 끓여도 사라지지 않는 신종 염소도 있다는 점에 유의하자.

• 발효음식 표면에 곰팡이가 생긴다면

곰팡이를 살살 긁어서 떼버리면 된다. 그러기 어렵다면, 사이펀으로 곰팡이 아래쪽의 내용물을 다른 용기로 옮길 수도 있다. 천연발효에 들어갈 때는 초기 단계에서 수시로 휘저어주는 것이 매우 중요하다. 충분히 저어주어야 표면을 불안정한 상태로 만들 수 있고, 그래야 곰팡이가 자라는 것을 막을 수 있다. 일반적으로 곰팡이는 충분히 젓지 않았다는 증거다.

• 식초 맛이 난다면

발효시킨 알코올음료가 공기에 노출되면 서서히 식초로 변할 수밖에 없다. 아세트산을 생산하는 박테리아 아세토박터는 어디든 존재하는데, 산소가 있어야 성장한다. 발효의 초기 단계에서는 당분이 녹아 있는 용액을 이스트가 장악한다. 게다가 발효가 활발하게 진행하는 동안에는, 주둥이가 널찍한 발효 용기를 활짝 열어두어도 이산화탄소가 지속적으로 발생하기 때문에 내용물의 표면이 식초로 변하는 것을 막을 수 있다. 그러나 발효 작용이 끝나가면서 식초화가 시작된다. 따라서 뚜껑을 열어둔 채로 발효시킨 알코올음료는 산패하기 전에 빨리 마셔야 한다. 당분을 전부 알코올로 발효시키고 싶다면, 병목이 좁은 유리병이나 카보이로 옮겨서 발효를 완료해야 한다. 발효음식에서 식초 맛이 난다면, 제조과정 어느 부분에선가 공기를 제대로 차단하지 않았다는 뜻이다.

식초로 변했다고 해서 너무 낙담할 필요는 없다. 식초 자체도 맛이 좋기 때문에 양념, 피클, 샐러드드레싱, 마리네이드 향신료 등 다양하게 쓰일 수 있다. 자신이 담근 술에서 시큼한 맛이 살짝 난다면, 그래서 아예 좋은 식초로 만들고 싶다면, 공기와 많이 접촉할 수 있도록 널찍한 그릇으로 옮겨 담자.(파리가 꼬이지 않도록 헝겊으로 덮어두자.) 자세한 내용은 6장 식초 참조.

• 발효가 끝났는데도 여전히 달달하고 술맛은 안 난다면

이른바 발효가 '멈춘' 상태다. 이럴 경우 래킹을 통해 다른 용기로 옮겨 담으면 발효가 다시 시작될 수 있다.(3장 사이펀과 래킹 참조) 서늘한 곳에서 발효시키던 것을 따뜻한 곳으로 옮기는 것도 좋은 방법이다. 때로는 소량의 산(감귤 등 과일주스) 또는 탄닌(건포도, 차)을 넣기도 한다. 이스트의 활동을 촉진하는 필수 영양소를 공급하는 셈이기 때문이다. 이스트는 알코올을 무한정 생산할 수도 없고, 알코올 도수가 일정 수준을 넘어서면 살아남을 수도 없다. 특히 천연 이스트의 알코올 저항력은 별로 높지 않다.

• 에어록 용기로 옮겨 담을 시점은?

뚜껑을 열어둔 상태로 얼마나 오랫동안 발효시킨 뒤에 에어록 용기로 옮겨야 하는지, 그리고 에어록 용기에서 얼마나 오래 발효시킨 뒤에 술병으로 옮겨야 하는지 정확히 판단하기란 애매할 수 있다. 뚜껑 없는 용기로 발효시키는 것은 수시로 휘저어서 이스트의 활력을 북돋우기 위해서다. 따라서 이스트가 왕성하게 활동한다 싶으면, 병목이 좁고 에어록이 달린 용기로 옮기는 것이 좋다. 음료에 넣었던 식물은 에어록 용기로 옮기기 전에 건져내는 것이 보통이다. 내 경우는, 첨가한 식물이 용액과 함께 며칠 동안 부글거리며 발효한 뒤에 에어록 용기로 옮기는 것이 일반적이다.

일단 에어록 용기에 넣고 나면, 적어도 몇 달 동안 발효하도록 내버려둔다. 마침내 발효가 모두 끝난 것처럼 보이면, 사이펀을 이용해서 다른 용기로 옮겨 담아 재차 발효시킨다. 만약 재발효가 시작될 기미가 안 보이거나 거품만 조금 일다가 다시 멈춘다면, 술병에 담아야 할 때가 되었다는 뜻이다.

5장

채소의 발효
(일부 과일 포함)

절굿공이
수박 껍질
핫소스
피클
물이 채워진
유리병
수박 껍질
접시
파스닙
뿌리를 사용한
마개
비트
가지
항아리
콜라비
향신료

모든 채소는 발효시킬 때 기본적인 공통점이 있다. 액체에 담가두면 곰팡이를 비롯한 호기성 미생물이 성장할 수 없다는 것, 그래서 산성화 박테리아의 증식을 촉진한다는 것이다. 이 사실을 제외하면 무엇을, 어디서, 언제, 어떻게 발효시키는지에 대한 세부 내용은 대단히 다양하고도 기발하다. 어떤 지역에서는 소금물에 담그거나 햇볕에 말리는 식으로 채소의 숨을 죽이는가 하면, 다른 지역에서는 신선한 채소를 두들기거나 다져서 활용하는 전통을 이어가기도 한다. 한 가지 채소만 발효시키는 사람들도 있고, 10여 가지 채소에 양념과 과일, 물고기, 쌀, 으깬 감자까지 넣어서 발효시키는 사람들도 있다. 고작 며칠 동안 발효시키는 사람들도 있고, 몇 주, 몇 달, 심지어 몇 년 동안 발효시키는 사람들도 있다. 밀폐한 유리병으로 발효시키는 곳도 있고, 뚜껑 없는 항아리에서 발효시키는 곳도 있으며, 특별히 고안한 용기로 발효시키는 곳도 있다. 지하 창고나 땅속에 파묻은 항아리로 발효시키는 경우도 있고, 발코니나 차고에서 발효시키는 경우도 있으며, 그냥 부엌 조리대 위에서 발효시키는 경우도 있다. 햇빛을 완전히 차단시켜야 하는 발효음식도 있고, 직사광선이 필요한 발효음식도 있다. 전통적인 발효법은 대부분 채소 고유의 박테리아를 활용하는 데 반해, 다양한 종균을 나중에 집어넣는 사람들도 있다. 왕도는 없다. 지역에 따라, 특유의 전통에 따라 무수한 방식으로 맛있게 즐겨왔고, 집안마다 세대를 거듭해서 전해 내려오는 비법이 따로 있으며, 시절에 따라, 상황에 따라 얼마든지 변용해서 만들 수 있는 것이 바로 발효음식이다.

채소는 여러분이 생애 처음으로 발효의 세계에 입문하기에 딱 좋은 재료다. 아주 쉽기 때문이다. 채소는 잠깐 발효시켜서 얼른 먹을 수 있고, 영양이 아주 풍부해서 건강에 이로우며, 어떤 음식과 함께 먹어도 잘 어울리는 데다, 기본적으로 안전한 식품이다. 못된 박테리아가 자라서 병에 걸리거나 심하면 죽을 수 있다는 두려움 탓에 발효음식 만들기를 꺼림칙하게 여기는 사람이 꽤 있다. 적어도 식물의 세계에서 이런 두려움은 사실무근이다. 미국 농무부 소속으로 채소의 발효를 전공한 미생물학자 프레드 브라이트는 "내가 아는 한, 발효된 채소를 먹고 병에 걸린 사실이 입증된 사례는 한 건도 없었다"면서 이렇게 강조했다. "나는 채소를 발효시키면 위험하다는 말을 도무지 이해할 수가 없다. 인류가 지켜온 가장 오래되고 가장 안전한 기술이기 때문이다."[1]

최근 잇따르는 식중독 사태의 원인으로 시금치, 상추, 토마토 같은 채소를 지목하는데, 나는 생채소보다 발효채소가 더 안전하다고 말해야 공정하다고 생각한다. 오염된 음식으로 인해서 끔찍한 사건이 발생하기는 했어도, 사건의 원인으로 작용한 병원균은 발효채소 고유의 젖산균과 경쟁해서 절대로 이길 수 없고, 채소를 발효시킬 때 급속하게 이루어지는 산성화가 살아남은 병원균을 모조리 파괴하기 때문이다. 모든 채소에 존재하는 젖산균을 활용하는 것이야말로 발효음식의 안전을 지키기 위한 최고의 전략이다.

어떤 사람들은 마늘을 발효시켜도 괜찮은지 걱정하곤 한다. 올리브 오일에 담아둔 마늘에서 보툴리누스균이 발견되었다는 소식 때문이다. 그러나 채소를 올리브 오일에 보존하는 것과 물 또는 즙으로 보존하는 것은 하늘과 땅 차이이다. 특히 혐기성 환경에서는 더 그렇다. 마늘을 다른 채소와 함께 소금물에 넣으면 보툴리누스균을 걱정할 필요가 없다. 만약 마늘을 올리브 오일에 안전하게 넣어두고 싶다면, 간단한 방법이 있다. 먼저 식초에 재워서 산성화시키는 것이다. 그렇게 하면 보툴리누스균에 적대적인 환경을 조성할 수 있다.

젖산균

가장 일반적인 젖산균Lactic acid bacteria(LAB)은 [김치발효균으로 불리는] 류코노스톡 메센테로이데스*Leuconostoc mesenteroides*로, 모든 채소에서 발견되는 박테리아다. 하지만 그 숫자는 적은 편이어서, 식물에 서식하는 미생물군의 1%에 못 미친다. 어느 생물학 연구팀에 따르면, "식물은 수확과 동시에 미생물 개체수가 증가하기 시작한다. 이는 파열된 세포 조직에서 많은 영양소가 흘러나온 덕분이다. 그 결과 총 개체수가 증가할 뿐 아니라, 미생물 집단들의 세력균형에도 변화가 일어난다."[2] 살아있는 식물을 지배하던 호기성 박테리아가 다양한 젖산균을 비롯한 "새로운 환경에 적응할 수 있는 혐기성 박테리아"에 의해서 대체된다. 그 가운데 하나가 바로 L. 메센테로이데스다. 채소를 물에 담갔을 때 발효가 시작되는 것은 L. 메센테로이데스 때문이다.

L. 메센테로이데스는 여러 종류의 결과물을 생성하는 혼합발효균

*heterofermentative*이다. 주된 결과물인 젖산 말고도 이산화탄소, 알코올, 아세트산 같은 부수적 결과물도 만들어낸다는 뜻이다. 반면, 젖산균은 젖산이라는 거의(85% 가까이) 단일한 결과물만 생성하는 단일발효균 Homo fermentative이다.[3] 단일발효균은 분화가 더 이루어진 것으로서 낮은 pH(높은 산성)에 더 잘 견딘다. 그런데 채소발효의 초기 단계에 다량의 이산화탄소가 발생하는 것은 혼합발효균이 활동한 결과다. 따라서 환경이 갈수록 산성화되면, 산성에 잘 견디는 락토바실루스 플란타룸 같은 단일발효균이 득세하게 된다. 채소발효가 막바지 단계에 이르렀다는 뜻이다.[4] 다시 말해서, "사워크라우트 발효의 성공 여부는 혼합발효균과 단일발효균의 원활한 공생관계에 달린 문제라고 할 수 있다."[5]

젖산균의 활동에서 문제가 되는 지점은 자기방어력이다. FAO 보고서 「채소와 과일의 발효: 지구적 전망」에 따르면, "이들이 생산하는 젖산은 다른 박테리아의 성장을 효과적으로 저해한다. 음식의 부패를 막기 위해서다."[6] 음식을 안전하게 보존하는 데 젖산균이 핵심 역할을 맡는 이유가 여기에 있다. 그렇다고 젖산균이 식물에서만 서식하는 것은 아니다. 유엔 보고서는 젖산균을 "다양한 대사능력을 지닌 다양한 미생물 집단"으로 묘사하고 있다. 신생아가 처음 접촉하는 박테리아 가운데 하나이기도 하다. 아기들은 모유를 먹으면서 젖산균에 꾸준히 노출된다. 어느 미생물 연구팀은 "전 세계 모든 사람이 젖산균과 접촉한다"면서 "우리 인류는 태어날 때부터 음식과 환경을 통해서 이런 종류의 미생물에 노출된다"고 설명한다.[7] 항균성 화학물질이 인체의 장에 서식하는 박테리아를 지속적으로 공격하는 상황에서(1장 박테리아와의 전쟁 참조), 우리는 발효시킨 채소와 그 밖의 여러 발효식품을 통해서 젖산균과 유전자를 꾸준히 보충할 필요가 있다.

비타민C와 발효채소

채소를 발효시켜 보존하는 전통은 매우 광범위하게 퍼져 있다. 지구의 온대지방에서는 겨울이 되면 신선한 채소를 구할 수 없었기 때문이다. 따라서 겨울에 채소를 먹을 수 있는 주된 방법은 이를 발효시키는 것이었다. 채소는 중요한 영양소를 함유하고 있다. 그중에서도 가장 중요한 것은 비타민C다. 겨울철의 균형 잡힌 식사에 발효가 결정적으로 기여하는 이유가 여기에 있다. 중국의 철학자 공자는 이미 기원전 6세기에 "염채鹽菜를 먹어야 겨울을 날 수 있다"고 말한 바 있다.[8] 그로부터 2000년 뒤, 영국의 모험가 제임스 쿡은 항해에 나설 때마다 사워크라우트를 몇 통씩 가지고 나가서 선원들에게 매일 먹임으로써 괴혈병(비타민C 결핍증)을 물리친 것으로 유명하다.

물론 채소를 발효시킨다고 해서 비타민C가 새로 생기는 것은 아니지만(발효과정에서 발생하는 영양소는 비타민B다. 2장 건강에 이로운 발효음식 참조), 발효를 통해서 비타민C의 소멸을 늦추어 오래도록 보존할 수는 있다. 뉴욕주 농업실험연구소에서 1938년에 수행한 연구에 따르면, "발효가 완료되어 이산화탄소 발생이 끝난 직후부터 비타민C가 소멸하기 시작한다." 당시 연구자들은 발효 이후의 비타민C 소멸이 "다른 어떤 요인보다 이산화탄소라는 보호막이 사라진 결과"라고 결론지었다.[9] 영양소를 영원토록 온전히 보존할 수야 없겠지만, 가능한 한 오랫동안 보존하는 것만으로도 그 가치는 분명하다.

크라우트-치의 기본

크라우트-치는 내가 만든 말이다. 발효채소에 해당되는 독일어 사워크라우트와 한국어 김치를 합성한 것이다. 영어에는 발효채소를 일컫는 단어가 따로 없다. 물론 '피클'이라 부른다고 해서 틀린 말은 아닐 것이다. 하지만 피클이라고 하면 발효채소 외에도 많은 것을 가리킨다. 산성화를 통해서 보존하는 모든 채소를 의미하기 때문이다. 요즘에는 강산성 식초에 의존하는 (물론 식초도 발효의 산물이긴 하지만) 발효와 전혀 무관한 피클도 나온다. 이런 피클은 대개 채소를 가열해서 살균처리하기 때문에 미생물에 의한 보존법이 아니라 미생물을 죽이는 보존법에 따른 것이다. 미국 농무부의 프레드 브라이트에 따르면, "피클은 1940년대까지만 해도 발효를 통한 보존이 일반적이었다. 직접적인 산성화 및 저온살균을 거친 오이피클이 등장한 것은 그 뒤였다."[10]

내가 만드는 발효채소는 이것저것 뒤섞은 것이어서 독일식 사워크라우트나 한국식 김치의 전통적 지향점과 부합하지 않는다. 하지만 내가 배우기로, 사워크라우트와 김치 어느 쪽도 특정한 전통 방식을 획일적으로 적용해서 만들지 않는다. 어쩌면 당연한 이야기다. 이 두 가지 발효채소는 각기 그 종류가 대단히 다양하다. 지역마다 특산품이 다르고, 집안마다 비법이 따로 있다. 그럼에도 두 나라 모두 특정 기법들이 바탕을 이루고 있다. 내 목표는, 이처럼 기본적인 발효법을 자유로운 형태로 적용하는 것이지 정통의 발효법을 새로운 방식으로 재창조하겠다는 것은 아니다.

내가 채소를 발효시킬 때 거치는 일반적인 단계를 압축하면 다음과 같다.

1. 채소를 썰거나 간다.
2. 소금을 살짝 치고(맛을 보면서 필요하면 더 치고), 축축하게 즙이 나올 때까지 두드리거나 힘껏 눌러 짠다. 아니면, 소금물에 몇 시간 담가둔다.
3. 채소를 유리병 같은 용기에 넣고 액체에 잠기도록 꾹꾹 눌러 담는다. 필요하면 물을 붓는다.
4. 기다리면서, 때때로 맛을 보다가, 됐다 싶으면 맛있게 먹는다!

물론 행간에 숨어 있는 정보와 뉘앙스가 존재한다. 지금부터 차근차근 살펴보도록 하자. 하지만 결국에는 "썰고, 소금 치고, 집어넣고, 기다리는 것"이 전부다.

썰기

모든 규칙에는 예외가 있는 법이다. 비록 크라우트-치 만들기의 첫 단계는 '썰기'지만, 채소를 발효시킬 때 썰거나 가는 단계가 반드시 필요한 것은 아니다. 채소를 통째로 발효시킬 경우 소금물에 담그거나, 썰거나 갈아서 소금에 버무린 다른 채소들 또는 발효를 촉진시키는 그 밖의 재료 속에 묻기도 한다. 썰거나 가는 이유는 채소의 표면적을 넓히기 위해서다. 그래야 즙이 잘 빠져나와서 그 즙에 채소가 잠길 수 있다. 이것이 우리의 목표다. 채소를 썰거나 갈아서 단면을 드러내지 않고는 즙을 내는 것이 불가능하다. 채소는 촘촘하게 자를수록 — 표면적이 더 넓어지면서 — 수분을 더 빠르고 쉽게 뽑아낼 수 있고, 그래야 물기가 더 많은 결과물을 얻을 수 있다. 그렇다고 해서 큼직하게 썰거나 고르지 않게 썰면 안 된다는 뜻은 아니다. 나는 채소 써는 일을 돕는 사람들에게 "써는 사람 마음대로"라고 말하곤 한다. 안 되는 경우가 아니라면, 융통성을 발휘하자.

소금: 소금을 뿌릴 것이냐, 소금물에 담글 것이냐

소금 역시 발효의 필수품이 아니다. 히말라야를 비롯한 상당수 지역에서는 대개 소금 없이 채소를 발효시킨다.(앞서 언급한 히말라야의 군드럭과 신키 참조.) 어떤 사람들은 채소를 소금기 없이 발효시켜야 우리 몸에 더 이로운 박테리아가 서식할 수 있다고 믿는다.(하지만 내 생각은 다르다.) 의사한테 소금을 멀리하라고 주의를 받은 사람들도 있을 것이다. 채소는 소금을 아예 안 넣어도 발효시킬 수 있다. 그러나 소금을 적당량 넣으면 일반적으로 맛이 더 좋고 씹는 느낌도 훌륭하다. 채소를 오랫동안 천천히 발효시키는 데 도움이 되기도 한다.

소금은 채소를 발효시킬 때 아주 다양한 측면에서 도움이 된다.

- 소금은 삼투현상을 통해서 채소로부터 수분을 뽑아낸다. 채소가 즙에 잠기도록 눌러두는 것은 이런 이유에서다.
- 채소가 소금과 만나면 펙틴이라고 불리는 식물 세포 합성물질이 단단해져서 아삭아삭한 느낌을 살려준다. 아울러 소금은 펙틴을 소화하는 효소의 활동을 느리게 만들어 아삭아삭한 상태를 오랫동안 유지시킨다. 효소가 펙틴을 소화시키면 채소가 물러버리고 만다.
- 소금은 선택적인 환경을 조성함으로써 성장 가능한 박테리아의

범위를 좁힌다. 그 결과, 소금에 견디는 젖산균이 경쟁 우위에 설 수 있다.

• 소금은 발효의 진행 속도를 떨어뜨리고, 펙틴을 소화하는 효소의 활동력을 저하시키며, 곰팡이가 표면에서 번식하는 속도를 늦추어 채소를 오랫동안 보존할 수 있게 도와준다.

추운 지방 사람들에게 발효채소란 생존에 필수적인 음식이다. 따라서 소금이 채소의 장기 보존에 기여한다는 사실은, 달리 말하면, 역사적으로 발효음식에 소금을 아주 많이 넣었다는 뜻이기도 하다. 일부 지역에서는 맹물에 헹구지 않고서는 도저히 먹을 수 없을 정도로 짜게 만들기도 한다. 이런 식으로 먹을 때 문제는 헹구는 과정에서 소금기는 물론 다른 영양소도 씻겨나간다는 데 있다.

채소를 발효시킬 때 소금 양을 정확히 측정해서 넣는 사람들이 많다. 하지만 나는 그러는 경우가 거의 없다. 채소를 썰면서 소금을 살살 뿌리고 잘 버무린 다음 맛을 봐서 싱겁다 싶으면 더 넣는다. 소금은 더 넣기는 쉬워도 덜어내기는 어렵다. 소금이 많이 들어갔다면, 채소를 더 넣거나 물을 붓는다. 하지만 물을 너무 많이 넣으면 소금을 넣은 의미가 사라진다.

사람들이 채소에 소금기를 먹이는 방법은 크게 두 가지로 나뉜다. 마른 채소에 소금을 뿌리는 방법과 소금물에 담그는 방법이다. 전자는 채소에 소금을 뿌려서 버무리는 단순한 방법이다. 내가 자주 사용하는 방법이기도 하다. 후자는 소금을 녹인 물에 채소가 잠기도록 하는 방법이다. 마른 채소에 소금을 뿌리는 방법을 택한다면, 소금이 수분을 원활하게 뽑아낼 수 있도록 채소를 잘게 썰어서 표면적을 넓혀야 한다. 채소를 통째로, 또는 큼직한 덩어리로 발효시키려면, 소금물에 담그는 방법이 더 적합하다. 지역에 따라서 진한 소금물에 채소를 잠시 담가서 숨을 죽이거나, 마른 채소에 소금을 듬뿍 치고 즙이 나올 때까지 기다렸다가 물에 헹구는 식으로 두 가지 방법을 혼용하기도 한다.(자세한 내용은 소금물에 담그기에서 소개하겠다.)

마른 채소에 소금을 치는 방법의 경우, 제조업체들은 소금의 비율을 무게당 1.5~2%로 맞추는 것이 보통이다. 채소 500g당 소금을 1.5~2티스푼가량 넣는 셈이다. 나는 『천연발효』에서 채소 2.3kg당 소금을 3큰술 넣는 것이 좋다고 권한 바 있다. 이렇게 넣었더니 너무 짜다는 사람이 많았다. 이보다 적게 넣어서 만들어봐도 좋겠다. 소금의 양은 부피보다 무게로 재는 것이 정확하다. 부피가 같더라도 소금 알갱이의 크기나 모양에 따라서 무게 차이가 크다.

채소를 발효시킬 때 소금을 얼마나 넣어야 하는지 고민이라면, 발효 환경에서 소금이 수행하는 역동적인 임무를 이해하는 것이 도움이 된다. 소금은 본질적으로 발효의 속도와 효소의 활동성을 떨어뜨린다. 그래서 발효채소의 보존 기간을 연장시키는 데 기여한다. 온도 역시 발효의 속도에 영향을 미친다. 차가운 곳에서 느리고 따뜻한 곳에서 빠른 것이 발효다. 따라서 더운 여름에는 발효를 늦추기 위해 소금을 더 쓰고, 추운 겨울에는 소금을 덜 쓰는 것이 내 방식이다. 몇 달 동안 보존할 목적으로 채소를 발효시킬 때도 소금을 많이 써야 한다. 하지만 다음 주로 예정된 만찬에 낼 생각이라면, 소금을 덜 쓰는 것이 좋겠다.

발효채소에 들어가는 소금과 관련해서 또 다른 문제는 어떤 종류의 소금을 쓰느냐다. 소금은

종류에 따라서 특징이 천차만별이다.(3장 소금 참조) 나는 보통 정제하지 않은 천일염을 사용한다. 천일염에 들어 있는 다량의 미량미네랄이 건강에 이롭기 때문이다. 채소가 거무튀튀하게 변색하고 소금물도 탁해진다면서 요오드를 첨가한 소금을 피하라고 명시한 레시피들도 있다. 그러나 여러분 가정에 있는 어떤 소금으로도 채소를 발효시킬 수 있다. 그동안 워크숍 참가자들이 건네준 온갖 소금으로 채소를 발효시킨 경험에 비추어볼 때, 젖산균은 아주 다양한 소금에도 잘 견디는 것 같다. 한마디로, 까다롭지 않은 친구다.

채소를 두들기거나 눌러 짜기(또는 소금물에 담그기)

채소를 썰고 소금으로 간을 맞춘 뒤에는 잘 두들겨서 물기를 더 빼내야 한다. 그래야 채소에서 나온 즙에 채소를 담글 수 있다. 세포는 수분을 머금는 특성이 있다. 따라서 채소를 두들겨 세포벽을 부수면 즙이 잘 나온다. 최대 20*l*이면 채소를 발효시키는 것치고는 작은 양에 속하는데, 이 정도로 만들 때가 가장 쉽고 재미있다고 본다. 깨끗한 손으로 채소를 눌러 짤 수 있기 때문이다. 나는 손을 써서 일하는 것을 좋아한다.(내 워크숍에 오면 참가자들이 맨손으로 신나게 일하는 모습을 볼 수 있을 것이다.) 깨끗하고 묵직하며 뭉툭한 도구, 이를테면 야구 방망이나 2×4 각목 같은 것으로 채소를 두드려도 된다.(압축배트 사용은 금물이다!) 오로지 채소만을 두들기는 용도로, 곡선을 우아하게 뽑아낸 수작업 제품도 있다.(3장 두들기는 도구 참조) 대규모로 채소를 담그는 사람들 중에는 맨발로 채소를 밟아대는 경우도 있다. 채소에서 즙이 흥건히 배어나올 때까지 눌러 짜고, 두드리고, 밟아 누르자. 그런 뒤에 채소를 한 움큼 쥐고 두 손으로 꽉 짜보라. 즙이 줄줄 흐를 것이다.

예로부터 아시아에서는 채소를 이런 식으로 두드리기보다 소금물에 한동안 담가두는 방식으로 숨을 죽이는 것이 보통이었다. 방식은 달라도 목적은 하나다. 소금물에 담그는 방식은 두드리는 방식에 비해서 힘이 덜 든다. 하지만 시간과 소금이 더 든다. 먼저 물에 소금을 풀고 채소를 집어넣는다. 그리고 예닐곱 시간 동안 절인다. 아주 짠 소금물은 몇 시간만 담가도 된다. 그런 다음 채소를 건져서 물기를 빼고 갖은 양념으로 버무린다. 자세한 내용은 김치 편에서 다루도록 하자.

보관

두들기거나 소금물에 담그는 과정을 거쳐서 채소가 물기를 적당히 머금었다면, 발효 용기에 집어넣는다.(다양한 발효 용기에 관한 이야기는 3장 참조) 물론 그 전에 맛을 보고 싱겁다 싶으면 소금이나 양념을 조금 더 넣어도 된다. 유리병에 넣어서 밀폐시키건 항아리에서 발효시키건 간에, 발효 용기에 넣을 때는 꾹꾹 눌러 담아야 한다. 그래야 함께 들어간 공기를 빼낼 수 있고 채소가 즙에 잠길 수 있다. 채소가 즙에 충분히 잠기지 않으면, 몇 번 더 힘껏 내리눌러서 즙을 조금 더 짜낼 수 있는지 확인하자. 계속 누르거나 무거운 물체를 몇 시간 올려두면 즙이 더 나올 것이다. 하지만 이튿날이 되어도 채소가 충분히 잠기지 않는다면, 혹은 (뚜껑을 열어두어 증발한 탓에) 물이 조금 줄어든 것처럼 보인다면, 염소를 제거한 물을 조금 보충하면 된다. 채소를 즙에 잠긴 상태로 유지하는 것이 훌륭한 발효채소를 만드는 과정에서 가장 중요한 요소다.

소금물에 들어가면 채소가 위로 떠오르는 경향이 있다. 우리 몸이 바다에서 둥둥 뜨는 것과 같은 이치다. 항아리를 사용하는 사람들은 채소가 즙에 계속 잠기도록 누름돌을 얹는다.(3장 항아리 발효법 참조) 유리병을 사용한다면, 한 가지 방법이 있다. 누름돌 대용으로 뿌리채소나 양배추 한 포기를 두툼한 원판 모양으로 자르는 것이다. 유리병 주둥이 바깥으로 조금 올라오도록 잘라야 뚜껑을 덮고 내리눌렀을 때 채소가 즙에 잠길 수 있다. 아예 도자기나 유리 재질로 용기 크기에 꼭 맞는 누름돌을 만들어 쓰는 사람들도 있고, 남아프리카공화국의 어떤 회사에서는 비스코디스크라는 플라스틱 제품을 팔기도 한다. 누름돌이나 마개가 표면 전체를 내리누르지 못해 일부 채소가 떠오른다고 해도 걱정할 필요는 없다. 문제가 되지 않는다. 표면 위로 떠오른 채소는 산소와 만나서 색깔이 변하고 곰팡이가 자랄 텐데, 그냥 건져버리면 그만이다.

채소를 유리병에 넣어 밀폐시킬 때는 발효과정에서 상당량의 이산화탄소가 발생해 내부에 압력이 찬다는 사실에 유념해야 한다. 소금물이 마개 사이를 비집고 흘러나올 수도 있고, 내용물이 팽창하면서 마개가 불룩하게 솟을 수도 있으며, 심하면 폭발할 수도 있다. 발효를 시작하고 처음 며칠은 이산화탄소 발생이 가장 심한 때이므로 유리병의 압력을 매일 빼주어야 한다. 뚜껑을 살짝 풀었다가 다시 잠그면 된다. 이후로도 며칠간은 이산화탄소가 계속 발생할 것이다. 하지만 이전에 비하면 훨씬 적은 양이다.

얼마나 오래 발효시킬까?

기다림은 고역이다. 요즘 나오는 상당수 문헌을 보면, 채소는 이틀에서 사흘 정도 짧게 발효시켜서 얼른 먹어야 한다고 강조한다. 물론 채소는 2~3일만 지나도 이미 발효가 진행 중이다. 이때 조금 맛을 보아도 무방하다. 그러나 아직은 발효채소의 잠재력이 십분 발휘된 상태가 아니라는 사실을 알아야 한다. 전통적으로 발효는 채소를 한 계절 이상 보존하기 위한 방법으로 쓰였다. 며칠이 지나고 몇 주가 흐르면, 발효채소는 각각의 재료가 지닌 향미가 뒤섞이고 산성화가 이루어진다. 식감도 달라진다. 이렇게 발효가 한창 진행 중일 때는 더 자주 맛을 봐야 한다. 2주가 되었을 때 먹어보자. 그리고 남은 것이 있다면, 두 달 뒤에 먹어보자.

나로서는 여러분이 만든 크라우트-치가 언제 가장 맛있을지 이야기할 수 없다. 판단은 여러분의 몫이다. 어떤 사람은 발효채소를 담근 지 며칠 지난 때, 덜 익어서 '파릇파릇'한 상태로 아삭아삭하게 씹히는 개운한 맛을 즐기고 싶을 것이다. 또 어떤 사람은 오랫동안 발효시켜서 잘 익은 맛이 좋다고 할 것이다. 발효는 차가운 온도보다 따뜻한 계절 또는 후끈한 환경에서 빨리 진행된다. 노스캐롤라이나 칼버러에서 '농부의 딸'이라는 상표로 발효채소를 만들어 파는 에이프릴 맥그리거에 따르면, "적어도 섭씨 21도 이하, 가능한 한 18도 이하, 가장 좋기로는 10~15도 사이의 낮은 온도에서 최상의 결과물을 얻을 수 있다." 내가 경험하기로, 따뜻한 온도의 영향은 발효 기간을 줄임으로써 어느 정도 상쇄할 수 있다. 다시 말하면, 따뜻한 상온에서 발효채소를 만드는 경우, 단기간 내에 발효시켜야 좋은 맛이 난다는 뜻이다.

여기서 온도 문제에 대한 스타인크라우스 등의 자세한 설명을 들어보자.

> 섭씨 7.5도의 낮은 온도에서 발효는 그 속도가 무척 느리다. L. 메센테로이데스가 약 10일에 걸쳐 서서히 증식하며 산도가 0.4%로 오르고 한 달 뒤에는 0.8~0.9%에 달한다. (…) 크라우트는 온도가 올라가지 않으면 6개월이 지나도 완전히 발효하지 못할 수 있다. (…) 섭씨 18도에서 소금 농도 2.25%라면 산도가 1.7~2.3%까지 오르는 데 20일 정도 소요된다. 이보다 높은 섭씨 23도에서는 발효 속도가 훨씬 빨라져서 8~10일 정도면 산도가 1.0~1.5%에 이른다. (…) 섭씨 32도라면, 발효가 급격하게 이루어져서 8~10일 사이에 산도가 1.8~2.0%로 치솟는다. (…) 이렇게 만든 크라우트는 맛이 없다. (…) 유통기한도 짧을 수밖에 없다.[11]

소금 역시 발효의 속도에 영향을 준다. 내 경우는, 여름이면 발효를 천천히 진행시키려고 소금을 많이 쓰고, 겨울에는 이보다 덜 쓰는 편이다.

어떤 사람들은 발효의 완료 문제를 엄격한 실용주의자의 태도로 접근해서 발효음식이 건강에 가장 이로운 것은 어느 시점인지, 또는 박테리아 개체수가 가장 많은 때가 언제인지 따져 묻기도 한다. 여러 자료를 살펴본바, 발효채소에 들어 있는 젖산균의 개체수와 집중도는 일반적으로 종 모양의 곡선을 그리는 것으로 보인다. 채소를 즙에 담근 뒤 차츰 상승하다가 어느 순간 정점을 찍은 다음에는 산성화가 진행됨에 따라 하향 곡선을 그린다는 뜻이다. 개체수의 변동에 더해서, 젖산균의 종류도 발효가 진행함에 따라 변화한다. 나는 발효채소가 건강에 가장 이로운 최적의 시점이 언제냐고 따지는 것보다 발효가 진행되는 동안 적당한 주기로 간간이 즐기는 편이 낫다고 믿는다. 인체가 다양한 박테리아에 노출되는 방법이기 때문이다.

크라우트-치가 자기 취향에 맞게 잘 익었다고 판단되면, 감지하기 어려울 정도로 천천히 발효가 되도록 냉장고에 넣자. 소금에 절이고 산성화가 이루어진 발효채소를 섭씨 13도 안팎의 서늘한 지하 저장고에서 보관한다면, 몇 년이 지나도 안정된 상태를 유지할 수 있다. 나는 버몬트주 북부에 위치한 플랙패밀리 농장에 갔다가 지하 저장고에서 3년이나 묵고도 여전히 아삭아삭한 김치를 대접받은 적이 있다. 물론 발효채소는 냉장고 깊숙한 곳에 숨겨두어도 몇 년은 너끈히 버틴다.

따뜻한 온도에서는 발효채소가 안정성을 잃기 쉽다. 펙틴을 소화하는 효소가 활기를 띠면 섬유질이 뭉그러지기 때문이다. 발효음식 애호가 힐라 볼스타는 문득 이런 생각이 들었다고 한다. "먹기 좋을 때 먹어치워야 한다. 아삭아삭한 그 맛이 영원하리란 보장은 없지 않은가. 우리 인생도 마찬가지다. 당장 해치우지 않고 머뭇거리다보면 뭉그러지고 혼탁해지며 곤죽이 되어버리는 법이다." 개인적으로 물러버린 발효채소를 그리 좋아하지 않는다. 하지만 오히려 그런 상태를 선호하는 사람들도 있다. 부드럽게 변한 크라우트를 더 좋아한다는 오스트리아 사람도 몇 명 만났다. 비키 펠프스는 배우자가 치아에 문제가 생겨서 아삭한 채소를 더 이상 씹을 수 없게 되었고 그래서 지금은 부드러운 크라우트를 즐긴다고 내게 편지를 보내왔다. 발효채소를 빨리 무르게 하고 싶다면, 소금을 적게 쓰고 따뜻한 곳에서 발효시키자.

나는 매년 채소를 커다란 나무통에 넣어 지하 저장고에서 여섯 달 동안 발효시킨다. 11월에 담가서 한겨울을 지나 봄까지 먹는 식이다. 그러나 7월에는 채소가 여름 더위에 금방 물러버리고 만다. 열대지방이나 혹서기라도 채소를 맛있게 발효시키는 방법이 있지만, 발효 속도가 빨라서 오랫동안 보존하기 어렵다. 정확히 말하자면, 채소를 가장 오랫동안 발효시키는 지역이란, 곡식을 재배하는 계절이 가장 짧아서 채소를 보존하는 것이 가장 중요한 곳이다.

발효가 끝난 사워크라우트를 오래도록 간직하면서 즐기고 싶어하는 사람이 많다. 물론 그럴 수도 있다. 대신, 살아 있는 미생물이 주는 이로움을 희생시켜야 한다.

곰팡이와 이스트

채소를 즙에 담그는 것은 산소와 접촉하지 못하도록 막아서 젖산균의 증식을 촉진하기 위함이다. 산소는 곰팡이류의 증식을 촉진하는데, 여기에는 이스트도 포함된다. 문제는 가장자리다. (밀폐하지 않은 발효 용기의 경우) 채소를 담가둔 즙의 맨 윗부분이 산소를 잔뜩 머금은 공기와 불가피하게 접촉하기 때문이다. 공기는 영양가 높은 채소즙의 가장자리와 닿아서 다양한 생물의 풍요로운 증식을 촉진한다. 이처럼 공기와 접촉한 내용물의 표면에서 곰팡이가 자라는 것은 당연하고도 흔한 일이다. 곰팡이는 제거해야 마땅하지만, 경각심을 느낄 것까지는 없다. 여러분이 공들여 담그는 발효채소를 곰팡이 때문에 망칠 리 없기 때문이다.

이스트 역시 표면에서 증식해 곰팡이층을 이룰 수 있다. 하지만 자라는 방식이 곰팡이와 전혀 다르다. 발효채소 표면에서 자주 증식하는 이스트층은 캄Kahm 이스트라고 불린다. 『이스트의 생애』에서 다음 구절을 살펴보자.

> 젖산 발효가 이루어지는 동안 (…) 용액 안에서 전형적인 발효성 이스트균이 증식한다. (…) 설탕을 첨가하고 젖산균이 젖산을 생산한 결과 pH가 떨어지면, 두 번째 이스트, 즉 산화성 이스트균이 용액 표면을 두텁게 뒤덮으며 증식해서 이스트층을 형성한다.[12]

캄 이스트층은 베이지색을 띠면서 물결 또는 스파게티 접시 같은 신기한 무늬를 만들어낸다. 반면, 곰팡이는 처음에 하얀 막을 형성하는 것이 일반적이다. 캄 이스트와 곰팡이를 구별하는 것은 중요하지 않다. 표면의 변색은 단순한 산화 작용에 의해서 이루어지기도 한다. 채소를 발효시키는 초기 단계에 무언가 자라거나 색깔이 변하면 일단 제거해야 한다.

표면에 자란 것을 제거할 때는 누름돌부터 조심스럽게 꺼낸다. 그리고 큼직한 스테인리스 스푼으로 곰팡이를 떠내는 방식으로 최대한 제거한다. 내용물이 축축하거나 마른 정도에 따라서 누름돌 밑에 깔아둔 접시나 안쪽 뚜껑을 들어내고 곰팡이를 치워야 할 수도 있다. 곰팡이를 완전히 제거하기 어려운 경우도 있을 것이다. 내용물 안쪽으로 밀려 들어갈 수도 있고, 약간 남아 있는 걸 모른 채 작업을 마칠 수도 있다. 최선을 다해서 곰팡이를 제거하되, 지나치게 걱정할 필요는 없다. 곰팡이가 하얀 빛깔을 띠는 한, 해롭지 않다. 그러나 다른 색깔의 곰팡이는 먹어선 안 된다. 밝은 빛깔은 포자 형성기를 뜻하는 경우가 많다. 곰팡이가 번식하는 단계라는 뜻이다. 포자가 퍼지는 것을 막으려면, 곰팡이 덩어리 전체를 조심스럽게 걷어내서 버려야 한다. 다행히, (반드시 하얀 곰팡이가 먼저 나타난 뒤에) 이따금 나타나는 색색의 곰팡이는 특정 지점에 집중적으로 생기기 때문에 완전히 제거하기가 오히려 쉽다.

발효채소에 곰팡이가 자라도록 내버려두면, 균사가 더 깊숙이 뿌리 내린다. 그러면 곰팡이가 펙틴을 소화시켜 발효채소가 무를 수 있다. 결국에는 발효채소에서 곰팡이 냄새가 나게 된다. 곰팡이는 젖산도 소화시키므로 발효채소의 산도를 낮출 수 있다. 이럴 경우 장기간 보존하겠다는 야망이 수포로 돌아갈 가능성이 높다. 따라서 발효채소 표면에 자라는 곰팡이 따위는 발견하자마자 최대한 빨리, 최선을 다해서 제거하는 것이 좋다. 제거한 뒤에는 속에 들어 있는 채소가 여전히 탄력을 유지하고 있는지 확인해야 한다. 곰팡이 때문에 표면 가까이에 있던 채소가 무르기 시작했다면, 역시 떠내서 버려야 한다.

어떤 사람들은 양배추 겉잎으로 채소를 덮어서 곰팡이 차단막으로 활용하기도 한다. 유리병이라면 알맞은 크기로 펼쳐서 덮으면 된다. 이보다 커다란 발효 용기는 여러 장을 나선형으로 조금씩 겹쳐가며 덮는다. 발효음식 애호가 리사 밀턴은 우리에게 또 다른 기법을 알려준다.

> 나는 여느 때 같으면 퇴비로 던져버릴 양배추 겉잎을 활용한다. 일단 꼼꼼하게 씻어서 담배 모양으로 단단하게 만다. 그리고 채소 혼합물 위에 나란히 놓는다. 채소가 잘 익었다 싶으면, 돌돌 말린 양배추 겉잎을 끄집어낸다. 곰팡이가 양배추 겉잎에 핀 것은 자주 봤어도 채소까지 건드린 적은 한 번도 없었다.

어떤 사람들은 발효채소 표면을 올리브 오일로 뒤덮어서 공기 접촉을 차단하는 방법을 활용하기도 한다.

발효채소 표면에서 무언가 자라지 못하게 막을 수 있는 가장 효과적인 길은 발효채소와 공기가 접촉하지 않도록 표면을 보호하는 것이다. 맹물이나 소금물을 가득 채운 묵직한 비닐백으로 표면을 덮어버리는 사람도 있고, 발효 용기에 꼭 맞는 뚜껑을 스스로 만들어 쓰는 사람도 있다. 자세한 내용은 3장 항아리 뚜껑과 생김새 부분을 참고하기 바란다. 뚜껑을 열어둔 채 발효시킬 경우, 수분이 증발한다는 점에 유의해야 한다. 건조한 기후 또는 뜨거운 공간이라면 특히 그렇다. 주기적으로 수위를 확인해서 필요하면 물을 보충하자. 발효채소 위쪽이 마르면서 곰팡이가 피었다면, 해당 부분을 걷어내자. 마르거나 변색한 것으로 보이는 채소까지 함께 퇴비 더미로 던져야 한다. 그러므로 채소가 늘 즙에 잠기도록 하라!

쉽게 포기하지 말자

루크 레갈부토와 매기 레빙어. 캘리포니아 북부에서 "야생의 서부Wild West Ferments"라는 상표로 발효채소를 만들어 판매한다.

●

우리는 기껏 발효시킨 음식을 모두 내다 버렸다는 이야기를 종종 듣는다. 냄새도 안 좋고 언뜻 보기에 잘못된 것 같았다는 이유에서였다. 하지만 우리는 곰팡이가 피고 구더기도 기어다니는 윗부분 아래쪽에 정말 맛있는 크라우트가 숨어 있다는 사실을 잘 안다. 사람들은 항아리 속의 발효채소를 유리병이나 냉장고에 넣으면 악취가 줄어들거나 아예 사라지기도 한다는 사실을 알아야 한다.

어떤 채소를 발효시킬까?

양배추만 발효시킬 수 있는 것이 아니다. 채소를 발효시키는 방법은 무척 간단하지만 이 방법의 적용 대상은 무궁무진하다. 이 세상에 발효가 불가능한 채소는 없다는 말이다. 어떤 채소든 발효가 잘된다는 뜻도 아니고, 발효만 시키면 무조건 맛있다는 뜻도 아니다. 오이나 여름 호박처럼 발효과정에서 쉽게 무르는 채소들도 있다. 나는 짧게 발효시켜서 금방 먹을 때만 이런 채소를 활용한다. 케일이나 콜라드처럼 이파리가 검푸른 채소는 엽록소가 풍부해서, 발효시키면 아주 독특한 향기를 풍긴다. 호불호가 갈리는 향기다. 오리건주 남쪽 해변에 사는 애네크 더닝턴의 이야기다. "케일을 발효시킬 때마다 이번에는 또 무슨 일이 벌어질까 싶어서 겁이 난답니다. (…) 매번 시체가 썩는 것 같은 끔찍한 냄새가 코를 찌르거든요." 내 경우는 다양한 채소를 섞어서 발효시킬 때 검푸른 녀석들을 부수적인 요소로 제한한다. 이렇게 발효시켜서 먹어보면 맛있지만, 단독으로 발효시키면 내가 느끼기에도 냄새가 역하다. 테네시주에 사는 릭 첨리는 케일과 양배추를 반씩 섞어서 발효시킨 "슈퍼그린 사워크라우트"를 가장 좋아한다고 했다.

오랫동안 저장할 목적으로 발효시키기에 가장 인기 있는 종류는 겨울로 접어들 무렵 느지막이 수확한 양배추나 무 같은 채소다. 낮은 기온은 발효 속도를 늦추어 채소를 오랫동안 보존하는 데 큰 도움이 된다. 한여름 뙤약볕에서 수확해 발효시킨 채소는 너무 빨리 익어버리는 경향이 있어 장기간 저장하기에 적합하지 않다.

개인적으로는 무, 당근, 순무, 비트, 파스닙, 루타바가, 샐러리 뿌리, 파슬리 뿌리, 우엉 같은 뿌리채소를 특히 선호한다. 비트를 많이 넣으면, 당분을 충분히 공급하는 셈이어서 이스트의 활동을 촉진하고 즙을 진득한 시럽처럼 만들 수 있다. 그런데 마키 킹은 "비트를 서양고추냉이, 양파, 마늘, 딜과 함께 발효시켜야 맛있다"고 한다. 나는 뿌리채소를 문질러 닦을 뿐 되도록 껍질은 벗기지 않는다. 근대나 청경채처럼 잎이 무성한 채소의 줄기도 준비과정에서 잘라버리는 사람이 많지만 역시 발효가 잘된다. 셀러리도 마찬가지다. 오크라를 좋아한다면 조금 발효시켜보라. 나는 썰어놓은 채소에 오크라를 통째로 넣어서 발효시키곤 한다. 이렇게 하면 끈적거리는 성분이 오크라 안에 대부분 남게 된다. 따라서 그 맛을 즐기는 (나 같은) 사람들은 이 방법을 택하면 된다. 안 그런 사람들은 오크라를 외면하면 그만이다. 오크라를 다른 채소와 함께 썰어서 발효시키면, 용기 안에 들어 있는 발효채소 전체가 끈적거리게 될 것이다.(아, 맛있겠다!)

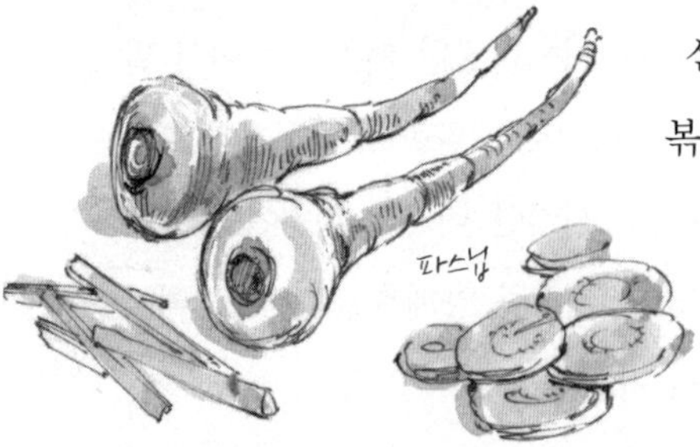

후추 종류는 달거나 매운 것, 신선하거나 말린 것, 연기를 쐬거나 볶은 것, 어떤 것을 발효시켜도 좋다.(후추에 대해서는 매운 소스 편에서 자세히 살펴보자.) 가지도 마찬가지다. 가지를 보자마자 소금부터 치고 물기를 짜는 사람들도 있던데, 내 경험에 의하면 가지의 씁쓸한 맛은 발효과정에서 전부 사라진다. 사람들은 풋토마토도 발효시키고 빨갛게 잘 익은 토마토도 발효시킨다. 풋토마토를 소금물에 절이면 아주 신맛이 난다. 유대인들이 애용하는 육류판매점에 가면 쉽게 구할 수 있다. 모든 종류의 다양한 양배추에 더해서, 브뤼셀 스프라우트, 콜리플라워, 콜라비, 브로콜리를 비롯한 배추속 채소들 역시 맛있게 발효시킬 수 있다. 근대(특히 줄기)처럼 잎사귀가 푸른 채소도 그렇고, 신선한 초록빛 콩, 노란빛 콩, 자줏빛 콩도 마찬가지다. 나는 고비, 죽순, 겨울 호박, 노팔스(식용 선인장), 표고버섯 등도 발효시켜 즐겨왔다. 내 친구 누리 E. 아마존은 마늘이 듬뿍 들어간 소금물에 국수호박을 넣고 발효시킨 것이 "인생 최고의 발효채소 가운데 하나"라고 말한다. 소금물에 절인 수박 껍질은 그 맛과 식감에서 피클로 담근 오이에 필적할 만하다. 옥수수도 채소다. 따라서 당연히 발효시킬 수 있다.

돈 빌리는 아티초크를 발효시킨 사연을 이탈리아에서 보내왔다. "나는 부드러운 속 부분만 얇게 썰어서 발효시킵니다.(…) 정말 맛있게 발효됩니다. (…) 네 살 먹은 꼬맹이는 물론 13개월짜리 아기도 잘 먹습니다." 예루살렘 아티초크Helianthus tuberosus 역시 발효에 적합하다. 선초크라고도 불리는데, 아티초크와 아무 관계없는 감자 모양의 뿌리채소다. 그 속에 들어 있는 이눌린inulin(저장 탄수화물)이 발효과정에서 분해되어 가스가 발생한다.(하지만 이눌린은 "프로바이오틱"으로 간주된다. 인체의 장내 박테리아에게 풍부한 영양분을 제공하기 때문이다. 가스가 발생하는 것도 이 때문이다.) 예루살렘 아티초크를 발효시킬 때 가장 큰 문제는 겉모양이 우툴두툴해서 구석구석 깨끗하게 손질하는 것이 어렵다는 점이다. 애네크 더닝턴은 "최대한 잘게 부순 뒤 강한 수압으로 물을 뿜어서 두어 번 세척하면 도움이 된다"고 조언한다.

여러분은 사람이 기른 채소만 발효시키겠다며 자신을 속박할 필요는 없다. 래거스타 이어우드 같은 사람들은 봄철에 야생에서 채취한 램프를 발효시키는 데 열심이다.(램프ramp는 야생부추라고도 불린다. 영국에서는 램슨ramson이라고 한다.) "램프의 톡 쏘는 맛은 어떤 채소와 함께 발효시켜도 궁합이 잘 맞는다. 박테리아들이 발효라는 신비로운 과정을 통해서 이 아름다운 야생식물의 화사하고도 풍부한 감칠맛을 한층 돋우기 때문이다." 내 친구 프랭크 쿡은 "야생에서 구한 것을 매일 먹으라"고 조언하면서 사람들이 자기 주변에 흔히 자라는 식물에 대해서 더 많이 알아야 한다고 강조했다. 나는 채소는 물론 잡초를 "뜯어 먹으려고" 매일 텃밭에 나간다. 하지만 어디까지가 잡초이고 어디부터가 채소인지 늘 헷갈린다. 덕분에 이따금, 물론 소량이지만, 잡초까지 넣어서 발효시키곤 한다.

동유럽 사람들은 예로부터 슬라브어로 바르슈츠barszcz라 불리는 미나리과 잡초를 발효시켜서 수프를 끓여왔다. 이 수프를 영어로 보시치borscht라고 하는데, 요즘은 비트를 넣어서 끓이는 것이 보통이다. 『로커보어를 위한 안내서』의 저자 레다 메러디스는 이메일에서 "갈릭 머스터드의 씨앗, 스파이스부시의 열매, 족도리풀 같은 식물과 함께 넣으면 좋다"고 밝혔다. 발효음식 애호가인 핀란드의 오시 카코는 향기가 강한 쐐기풀, 민들레 꽃송이와 이파리, 플렌테인 바나나 이파리, 명아주로 맛을 낸 발효채소를 설명하면서 자신이 경험한 바에 따르면 "이보다 더 떫은 이파리도 발효시면 괜찮은 맛으로 변한다"고 말한다. 이탈리아 출신으로 벨기에에서 발효음식을 연구하는 마리아 타란티노 역시 "쓰디쓴 이파리는 항아리 속에서 발효를 거치는 동안 강한 냄새를 풍기는데, 그 씁쓸한 맛이 날아가면서 한층 미묘한 맛으로 바뀌는 것 같다"며 이렇게 덧붙였다. "지금껏 내가 맛본 야생식물 가운데 가장 맛있는 것은 바닷가에서 자라는 회향sea fennel(이탈리아어로는 크리트모critmo)이었다. 선인장처럼 생긴 식물로, 바닷가 바위에서 자란 덕분에 이미 짠맛을 지니고 있다. 그 꽃은 정말 쓰지만 참을성 있게 기다리면 쓴맛이 조금 누그러진다. 에고포데*egopode*[학명 *Aegopodium podagraria*, 영어로는 그라운드엘더, 가우트위드, 스노인더마운틴이라고도 한다—원주]도 좋아한다. 줄기가 샐러리 같고, 이국적인 향기를 풍긴다."

미네랄이 풍부한 해초도 채소를 발효시킬 때 함께 넣으면 맛있다.

나는 해초를 물에 담갔다가 손으로 꼭 짜서 준비해둔다. 몇 분이 지나면 해초가 물기를 머금으면서 부드러워진다. 부들부들한 해초를 썰어서 그 즙과 함께 채소와 버무린 뒤 발효에 들어간다. 크라우트를 만드는 엘리자베스 홉킨스는 덜스처럼 불그죽죽한 해초보다 켈프처럼 초록빛 해초를 발효시키는 것이 낫다고 주장한다. 그는 "덜스가 완전히 녹아서 유리병 전체로 퍼지면, 처음엔 그럴싸했던 사워크라우트가 나중엔 시궁창 오물처럼 누르스름하게 변하고 만다"면서 "무조건 켈프를 써야 한다"고 목소리를 높인다.

과일 역시 놀라운 맛을 더해주는 첨가물이 될 수 있다. 동유럽에는 사과, 건포도, 크랜베리를 사워크라우트에 첨가하는 전통이 있다. 감귤이나 감귤즙을 가미할 수도 있다. 이 밖에 딸기, 파인애플, 자두를 넣어도 좋다. 캘리포니아에서 크라우트를 만드는 루크 레갈부토는 "블루베리 같은 과일은 신선한 것보다 말린 것을 넣어야 발효과정에서 형태가 유지된다"고 말한다. 사워크라우트에 모과를 넣는 그레그 올마의 방법은 이렇다. "나는 2.3kg마다 피클링 소금, 얇게 썬 깨끗한 모과에 고수씨를 조금 섞어서 한 컵 정도, 정향을 송이째로 몇 개, 말린 후추 열매 몇 개, 올스파이스 열매 몇 개, 회향과 아니스의 씨 한 자밤씩을 넣는다." 나는 발효채소에 제철 딸기도 즐겨 넣는다. 그린 파파야가 생기면 썰어서 넣기도 한다. 견과류도 발효채소의 맛을 풍요롭게 만들어준다. 씹히는 맛이 얼마나 좋은지 모른다.

한국에서는 김치를 만들면서 채소에 어류를 집어넣는 전통이 있다. 생선을 날로 넣기도 하고 말린 생선을 넣기도 한다. 새우, 굴 같은 어족도 들어가고, 생선을 발효시킨 젓갈도 들어간다. 생선은 산성화 과정에서 변화를 겪는다. 감귤로 맛을 낸 세비체ceviche처럼, 모양과 식감이 익힌 생선과 비슷해진다. 한국의 일부 내륙지방에서는 고기와 육수를 넣

어서 김치를 만들기도 한다.

신선한 채소에는 녹두 등 콩류로 키운 것, 쌀밥 등 조리한 곡물, 찌거나 으깨거나 튀긴 감자 등을 첨가해도 된다. 나는 콩을 깍지째로 쪄서 맛있는 김치로 만든 적도 있다. 튀긴 감자를 건져내고 남아 있는 딱딱한 덩어리들을 크라우트에 넣었더니 효과 만점이었다. 껍질 벗긴 완숙달걀을 집어넣은 친구도 있었다. 비트의 붉은색을 흡수한 달걀은 맛도 좋고 보기에도 예뻤다. 조리한 음식을 넣고 싶다면, 반드시 사람의 체온 정도로 식힌 뒤에 첨가해야 한다. 아울러 조리한 음식은 일반적으로 젖산균이 없기 때문에 상당량의 천연 재료 없이는 스스로 발효할 가능성이 희박하다. 하지만 채소를 발효시키는 큰 흐름 속에서 보조적인 역할 정도는 너끈히 수행하고도 남는다.

발효채소가 제일 맛있는 시점을 지나 무르기 시작한 뒤라도 계속해서 발효시킬 수 있다. 표면에 생긴 곰팡이는 제거하면 된다. 발효와 부패는 동의어가 아니다. 조급하게 굴 것 없다. 내가 만든 최악의 크라우트는 켄터키 프라이드 치킨에서 얻은 양배추와 당근과 양파 한 상자로 발효시킨 것이었다. 열성적인 식료품 재활용주의자인 내 친구 맥스진이 지역 푸드뱅크에서 배급받아 나한테도 나누어준 것이었다. 썩은 채소는 하나도 없었다. 하지만 모종의 화학적 방부제를 살포했을 것이라는 의심이 들었다. 발효가 진행된 흔적이 조금도 안 보였고 맛도 무진장 없었기 때문이다. 그럼에도 불구하고 쓰레기통에 버려진 멀쩡한 음식을 구출하겠다는 사명감에 불타는 사람들에게 발효가 큰 도움이 되는 것만큼은 분명한 사실이다.

나는 크라우트-치가 어느 정도 발효된 시점에서는 새로운 첨가물을 넣지 말라고 조언하는 편이다. 새로 들어간 채소류가 향미를 발산하는 즉시, 기존의 채소가 무르기 시작할 수 있다. 어디서 신선한 채소가 들어와 처치 곤란이라면, 아예 새로운 발효채소를 만드는 것이 낫다. 진행 단계가 상이한 몇 가지 발효채소를 동시에 거느리는 것도 나쁜 일은 아니다.

동북부 왕국의 크라우트-치

버몬트주 동북부 왕국 이스트하드윅에 사는 저스틴 랜더
〔동북부 왕국이란 버몬트주 에식스, 올리언스, 칼레도니아 세 카운티를 아우르는 별칭이다.〕

나는 다양한 채소를 혼합해 발효시키느라 부엌 싱크대를 몇 년이나 어지럽힌 뒤, 마침내 우리 동북부 왕국의 지역적 특성을 잘 살린 김치를 만들기로 결심했다. 어떻게 만들면 좋겠다는 아이디어가 떠오른 것은 친구의 사탕단풍 재배지[또 다른 이름은 메이플 숲—원주]에서 일하던 때였다. 메이플 시럽을 만드는 계절이 지나고 보니 램프가 무성하게 자란 것이었다. 램프 사이를 비집고 족도리풀도 무더기로 돋아 있었다. 나는 램프와 족도리풀, 두 가지로 김치를 담갔다. 여기에 민들레 이파리와 뿌리, 우엉 뿌리, 소금을 넣고 작년에 말려둔 고추도 넣었다. 그리고 예닐곱 주에 걸쳐서 발효시켰다. 놀랍게도 달콤한 맛과 향긋한 냄새가 났다. 디저트로 즐겨도 좋을 만한 크라우트가 탄생한 것이다.

양념

발효채소에 들어가는 양념의 세계 역시 무궁무진하다. 여러분이 원한다면, 채소는 아무것도 첨가하지 않고 발효시켜서 가벼운 양념만 곁들여 먹을 수도 있다. 일반적으로 김치는 고추, 생강, 마늘, 양파, 파, 샬럿, 리크로 양념을 한다. 고추는 가루 또는 분말 형태로 첨가하는 것이 보통이다. 물론 생고추를 넣어도 되고, 말린 고추를 넣어도 되며, 고추장으로 만들어서 넣어도 된다. 독일에서는 사워크라우트 양념으로 대개 주니퍼베리를 쓴다. 캐러웨이, 딜, 셀러리 씨앗도 인기 있는 사워크라우트 양념이다. 엘살바도르에서는 쿠르티도curtido에 오레가노와 고추를 넣어서 맛을 낸다.

지금까지 언급한 전통적인 양념 대다수는 발효음식에 곰팡이가 끼지 못하게 막는 역할을 담당한다. 이런 양념만 넣으면 곰팡이가 얼씬도 못 한다는 말이 아니다. 다만 곰팡이의 성장 속도를 늦춘다는 의미다. 만약 같은 환경에서 항아리 두 개를 나란히 놓고 같은 채소를 같은 염도로 발효시킨다면, 양념이 들어간 쪽이 곰팡이의 증식 속도가 확실히 느리다는 사실을 알게 될 것이다. 곰팡이에 대적하는 또 다른 양념으로는 나스터튬을 들 수 있겠다.

홀가분한 마음으로 전통에서 벗어나자. 강황은 발효채소에 훌륭한 향미와 빛깔을 더해줄 뿐 아니라 항산화 기능, 항바이러스 기능을 비롯한 다양한 약효를 발휘한다. 커민 역시 사랑스러운 첨가물이다. 살짝 볶은 오레가노도 마찬가지다. 사람들은 나한테 보낸 편지에서 후추, 고수, 회향, 페뉴그릭, 겨자씨를 양념으로 넣으면 좋다고 말한다. 개중에는 향미가 변덕스러운 허브들도 있다. 이런 허브를 장기간 발효시키면 맛과 향이 일정치 않을 수 있다. 그러나 단기간 발효시킬 때는 얼마든지 좋은 맛을 낼 수 있고, 먹어서 해가 될 것은 없다.

발효 허브믹스

모니크 트레이핸은 매사추세츠 서부의 "임대 농장"에서 텃밭을 일구며 젖 짜는 염소, 닭, 방목하는 돼지와 함께 산다. 저 멀리 "도시에서 가장 큰 쇼핑센터"가 보이는 곳이다.

●

나는 늦여름과 가을에 걸쳐 신선한 허브를 혼합한 샐러드드레싱을 만들어 겨우내 먹는다. 뭐든지 많이 자라는 것을 가져다가 만드는 것이 보통이지만, 내가 제일 좋아하는 허브믹스의 조합은 바질에게 주연을 맡기고, 오레가노를 조연으로 삼은 뒤, 파슬리, 파/쪽파, 마늘, 그리고 약간의 후추를 엑스트라로 기용하는 것이다. 재료들은 (믹서기의 칼날을 이용해) 썰거나 갈아서 소금물에 넣고 상온에서 사흘 정도 발효시킨다.(소금물이 짜야 발효도 잘되고 맛도 좋다.) 그런 다음 냉장고에 넣어서 보관한다.(우리는 올해 지하 저장고를 만들 계획이다.) 급하게 드레싱을 만들어야 하는 경우, 양념통에 식초 및 올리브 오일과 함께 허브믹스 한 스푼만 넣으면 끝이다. 물기를 짜낸 케피어에 섞으면 크림 같은 드레싱이 되니까 부어 먹어도 되고 찍어 먹어도 된다. 수프에 넣어도 좋고, 한여름에 한 끼 대충 먹어치울 때도 좋다. 나는 이것을 "새 힘이 솟는 양념"이라고 부른다. 손님들도 무척 좋아한다.

사워크라우트

미국과 유럽의 여러 나라에서 가장 유명한 발효채소는 사워크라우트다. 사워크라우트는 주로 양배추와 소금으로 만든다. 양배추를 썰어놓으면 주니퍼베리나 캐러웨이 씨앗과 냄새가 비슷하다. 어떤 지역에서는 사과나 크랜베리 같은 과일을 넣기도 한다. 나는 폴란드의 어느 도시 출신의 할머니를 둔 한 여성과 만난 적이 있다. 그곳에서는 모든 사람이 으깬 감자를 사워크라우트에 넣는다고 했다. 감자는 사워크라우트의 향미를 높여줄 뿐만 아니라 색다른 식감을 선사한다. (으깬 감자는 반드시 식힌 뒤에 넣어야 한다.) 나는 붉은 양배추와 하얀 양배추를 섞어서 발효시키곤 한다. 그러면 사워크라우트 전체에 밝은 핑크빛이 감돈다. 다양한 첨가물을 넣어도 아주 좋다. 어지간해서는 주로 양배추를 썰어 만드는 사워크라우트의 기본 특성이 변하지 않는다. 만드는 방법은 크라우트-치 발효법과 대체로 같다. 마른 채소에 소금을 치는 식이다.

가장 대표적인 사워크라우트는 바바리언 스타일이다. 캐러웨이 씨앗이 들어간 달달한 사워크라우트로, 설탕을 넣고 데워서 먹는 것이 일반적이다. 또 다른 독일의 전통 크라우트는 바인크라우트weinkraut다. 달콤한 백포도주를 넣어서 만든다. 뉴햄프셔에 사는 주디스 오스는 이렇게 기억한다. "한마디로 기적이었습니다. 그 형편없던 포도주가 발효 과정을 거치면서 그토록 오묘하고 사랑스러운 맛으로 바뀌게 될 줄은. (…) 맛을 본 사람마다 단연 최고라며 감탄하더군요."

전통적인 크라우트(넓게는 발효음식) 제조법 가운데 상당수는 월력月曆을 바탕으로 최적의 준비 시점을 결정한다. 테네시주 레디빌에 사는 어느 여성은 자신의 할머니 루비 레디의 사워크라우트 레시피를 나에게 알려주었다. "비밀은 간단합니다. 달이 차오를 때, 다시 말해서 달이 점점 커지는 동안 만드는 것입니다. 그러면 시들거나 거무튀튀하게 변하는 법이 없습니다." 민간에서 전해 내려오는 제조법은 워낙 다양하다. 한번은 정반대의 조언을 들은 적도 있다. 달이 이지러질 때 사워크라우트를 만드는 것이 제일 좋다는 이야기였다.[13] 솔직히 나는 달 모양과 전혀 상관없이 사워크라우트를 만들어왔고, 달 모양에 따른 차이점을 발견한 적은 한 번도 없었다.

사워크라우트 만드는 법에 대해서는 앞서 이미 설명했다. 그동안 수많은 사람이 자기 삶에서 사워크라우트가 얼마나 중요한지 내게 이야기를 들려주었다. 사연을 간직한 사람이 너무 많아서 깜짝 놀랄 정도였다. 인디애나주 인디애나폴리스에 사는 로리사 바일리의 이야기를 보자.

> 우리 부모님은 러시아에서 나고 자라셨습니다. 아버지는 제2차대전 직후 (여덟 살 때) 온 식구가 사워크라우트와 감자로 1년을 버텼다고 말씀하셨습니다. 그것 말고 먹을 것이 전혀 없었답니다. 그런데 올해 일흔이 되신 아버지는 여전히 건강하십니다.(그리고 사워크라우트를 여전히 좋아하십니다.)

코네티컷주 앤도버에 사는 크리스티나 헤이벌 탬버로는 이런 이야기도 들려주었다. "우리 증조할머니께서 브리지포트에 정착한 때가 1908년이었습니다. 사워크라우트를 얼마나 좋아하셨는지 옷가지와 양배추 써는 칼만 챙겨서 이 나라로 건너오셨다고 합니다. 그 칼을 고모할머니가 아직도 쓰고 있답니다." 여러분도 헛간, 지하실, 다락을 뒤지면 할머니들이 사워크라우트를 만들던 도마와 항아리를 발견할 것이다. 한때는 사람들의 삶에 없어서는 안 될 중요한 도구였지만, 지금은 폐품 취급을 당하는 물건이다. 이 소중한 유산들을 끄집어내서, 깨끗하게 닦자. 그리고 부엌 조리대 위로 다시 모셔오자!

밀주라고 불렸던 사워크라우트

내 친구 D는 오래전 연방교도소에서 얼마간 썩은 적이 있다. D는 잘 먹으며 지내고 싶었고, 그래서 사워크라우트를 만들기로 결심했다. 이 여성은 배식으로 나온 콜슬로를 씻어서 소금을 치고 오렌지로 눌러두었다. 하지만 불행히도 교도관들에게 들키고 말았다. 그들은 내 친구에게 "밀주" 제조 혐의를 뒤집어씌웠다. 친구의 어머니는 편지에서 이렇게 설명했다. "교도관들이 그 자리에서 압수하고는, 내용물이 무엇인지 확인하려고 킁킁대면서 냄새를 맡았다는구나.(이런 초보적인 '냄새 테스트'로 대체 무엇을 밝혀낸단 말인가?) 그러고는 불법 반입한 재료로 밀주를 만들려는 의도가 분명하다고 단정했다는 거야. 그들은 이 내용을 기록으로 남기면서, D에게도 자술서를 작성해 제출하라고 요구했어. 그리고 술을 제조한 혐의로 기소했지." D가 법정에서 "사실관계와 의도를 낱낱이 설명하자 그제야 사람들이 믿어주더란다. 과거 교도소 음식에 대해서 문제를 제기했던 기록도 참작했고. 결국 중대한 위법 행위가 아니라 (전과 기록에 한 줄 추가할 필요가 없는) 사소한 규정위반을 저지른 것으로 결론이 나서 하루 동안 독방에 머무르는 처벌만 받았단다." 출소하고 오랜 세월이 흐른 요즘, D는 자기 집에서 발효음식을 마음껏 만들어 마음을(그리고 배를) 달래며 살고 있다.

김치

김치는 한국의 문화를 대표하는 음식이다. 음식 평론가 메이 친은 요리 전문지 『사부어』에서 "도대체 어느 나라의 어떤 음식이 김치가 한국에서 차지하는 중요성에 절반이라도 미칠 수 있는지 모르겠다"고 쓴 바 있다.[14] 한국의 유력 일간지는 배추 농사가 흉작이 들었던 2010년, 김장 대란을 걱정하면서 "국가적 비극"이라고 언급하기도 했다.[15] 이 나라는 2008년에 자국인을 최초로 우주정거장에 파견하면서 특수하게도 발효시킨 김치를 싸들려 보냈다. 『뉴욕타임스』 보도에 따르면, "정부 산하 연구 기관 세 곳이 몇 년에 걸쳐 수백만 달러를 들여 우주로 보낼 김치 준비에 만전을 기했다. 우주선을 비롯한 여러 형태의 방사선이 닿아서 위험한 물질로 변하거나 한국 사람이 아닌 우주인들이 김치의 매운맛에 집중력을 잃으면 안 되기 때문이었다."[16] 과학자들은 지구 표면에 닿을 때는 이롭기 그지없는 방사선이 우주 공간에서는 김치에 서식하는 박테리아에 위험한 돌연변이를 일으키지나 않을지 걱정스러워했다. 한국원자력연구원에서 근무하는 이주운 박사는 "핵심은 특유의 맛과 색, 식감을 지키면서도 박테리아가 전무한 김치를 어떻게 만들까"였다고 말한다. 반면, 이곳 지구에서는 박테리아와 그 대사 작용의 산물로 조류독감을 치료할 수 있다는 주장이 설득력을 얻고 있다.[17]

나는 『천연발효』를 내놓은 뒤 독자들한테서 이메일을 줄기차게 받아왔다. 내 레시피를 따랐건만 진짜 김치라고 믿을 수 없는 결과물에 좌절했다는 사람들이다. 엘리자베스 홉킨스도 이메일로 절규했다. "김치는 너무 어려워요! 네 번이나 시도했지만 시원하고 매콤하고 알싸한 진짜 김치 맛을 도무지 못 내겠어요. 선생님이 『천연발효』에서 알려준 대로 만들었지만, 그런대로 맛은 있어도 김치가 아닌 것만은 분명해요." 나는 한국에 가본 적도 없고, 김치에 대해서 제대로 안 다고 말하기도 어렵지만, 김치를 만드는 방법은 믿기 어려울 정도로 다양하다는 사실만큼은 확실히 알고 있다. 뛰어난 요리책 『한국 부엌에서 자란다는 것Growing Up in a Korean Kitchen』에서 저자인 희수 신 헤핀스톨은 김치의 다양성에 대해서 다음과 같이 설명한다.

한국의 부엌에서는 백 가지가 넘는 김치를 만들어낸다. 배추부터 수박 껍질, 호박꽃까지 못 담그는 것이 없다. 가정마다 김치 맛이 다르지만, 기본적인 제조법은 채소에 소금을 치고 즙을 내어 무르지 않게 익혀서 원재료의 향미를 가두어두는 것이다. 여기에 갖은 양념을 넣고 버무려서 발효를 시작하면 김치 특유의 맛과 향이 탄생한다. 양념 중 가장 중요한 것은 신선하게 빻은 빨간 고추다. 김치의 맵싸한 맛을 내면서 신선도를 유지시키는 역할을 한다. 다진 마늘과 파도 김치에 향미를 더하고 부패를 막는다. 여기에 생강, 과일, 견과류와 새우젓, 멸치젓, 신선한 굴, 명태, 조기, 홍어, 생새우 같은 해산물, 심지어 문어나 오징어를 넣기도 한다. 신선함을 유지하는 데 도움이 되는 해초류, 총각무를 넣기도 한다. 해산물을 구하기 어려운 북쪽 지방에서는 쇠고기 육수도 쓴다.[18]

메이 친은 『사부어』에서 한술 더 뜬다.

나는 버섯이나 우엉 뿌리로 만든 김치의 오묘한 맛, 콩나물로 만든 김치의 아삭아삭하고 담백한 맛, 부드러운 호박으로 만든 김치의 고기 같은 맛, 어린 문어를 넣어서 만든 김치의 풍성한 맛을 경험한 적이 있다. 배추, 배, 잣, 통고추, 석류 등 다양한 재료가 톡 쏘는 국물에 동동 떠 있는 물김치나 동치미처럼 개운한 맛을 낼 수도 있다. 발효시키지 않고 먹는 겉절이 김치도 있다. 겉절이는 콜슬로처럼 날배추를 갖은 양념으로 버무린 것인데, 목으로 넘길 때는 시원한 맛을, 뱃속에 들어가면 후끈한 느낌을 준다. 김치는 어떤 형태로 담그건 간에 신기할 정도로 상쾌한 기분을 선사한다. 짜릿하게 혀를 감싸는 상쾌한 맛, 정수리에서 김이 나는 것처럼 느껴지는 화끈한 맛 때문이다. 김치는 사라진 입맛을 되살리는 구실도 한다. 아무리 식욕이 없더라도 김치를 한입만 먹으면, 눈에는 눈물이, 입에는 침이 고이면서 입맛이 돌아온다.[19]

이메일 펜팔 친구 크리스 캘런타인은 인디애나주 출신으로 한국인 여성과 결혼했다. 그래서 다양한 김치를 맛보았겠다고 물었더니 이렇게 대답했다. "우와, 김치가 이렇게 다양할 줄은 꿈에도 몰랐습니다."

김치는 온갖 재료를 가지고 무수한 방식으로 만들지만, 몇 가지 공통된 패턴이 존재한다. 채소를 소금물에 미리 담가두는 것이다.(무게를 기준으로 소금이 15% 들어간 소금물에 3~6시간, 5~7% 소금물에 12시간.[20]) 이때 채소를 몇 차례 뒤집거나 휘저어서 소금물이 잘 배도록 한다. 아니면, 채소를 썰고 그 위에 소금을 듬뿍 뿌려서 몇 시간 재운 뒤에 뒤집거나 버무린다. 덜 녹은 소금은 나중에 완전히 털어낸다. 내가 아는 한 김치에 관해서 가장 포괄적으로 다룬 책 『김치 만들기』를 보면, 다음과 같은 설명이 나온다.

채소를 절이는 것은 양념이 잘 배도록 만드는 단계다. 요즘은 하루 안에 끝내지만, 예전에는 농도가 다른 소금물로 옮겨가며 3일, 5일, 7일, 길게는 9일까지 절이기도 했다. 오랫동안 절이면서 소금기가 서서히 배도록 해야 김치가 깊은 맛을 낸다고 믿었기 때문이다.[21]

김치를 만드는 과정에서 또 하나 특별한 면이라면 매운 고춧가루를 사용한다는 점이다. 고춧가루에 생강, 마늘, 양파 같은 재료를 갈아 넣어서 걸쭉한 고추장을 만들어 사용한다. 풀을 쑬 때는, 주로 쌀가루(때로는 밀가루나 다른 곡물 가루)와 냉수를 1 대 8 또는 냉수 한 컵에 쌀가루 2큰술 비율로 섞은 다음, 약한 불로 몇 분간 끓이면서 끈기가 생기기 시작할 때까지 잘 저어준다. 쌀에 물을 넉넉히 붓고 묽은 죽으로 끓여도 풀이 된다. 풀이 체온 정도로 식으면 고춧가루와 함께 마늘과 생강, 양파를 다져 넣고 잘 섞는다. 그리고 맛을 보면서 원하는 만큼 양념을 추가한다. 양념이 섞인 풀이 준비되면, 물에 헹군 채소에 끼얹고 버무린다. 버무리면서 맛을 보고 소금이나 양념을 원하는 만큼 더 넣는다. 하루나 이틀이 지나서 또다시 맛을 보고 간을 맞춘다.

소금

김치는 극도로 맵게 만들 수도 있지만, 역시 방법은 여러 가지다. 덜 맵게 만들 수도 있고, 전혀 안 맵게 만들 수도 있다. 크리스 캘런타인이 말하기를, "김치라고 해서 무조건 매운 것은 아니다. 물김치에는 고추가 조금 들어가거나 아예 안 들어가기도 한다." 에코 김은 이메일에서 "새하얀" 김치를 담글 때는 고춧가루를 녹인 풀물을 안 쓰는 대신 무를 많이 넣는다고 설명해주었다. "백김치는 여름에 시원하고 달콤하게 먹는 김치랍니다." 물론 깨뜨리지 말아야 하는 법칙이란 없다. "우리 어머니는 백김치에 굵은 고춧가루를 조금 넣어서 매콤한 맛과 은은한 핑크빛이 감돌게 만드십니다. 어머니만의 맛을 내는 비결이지요."

인기가 높은 여러 김치의 또 다른 특징이라면 산도를 제한한다는 것이다. 그러려면 서늘한 곳에서 단기간에 발효시켜야 한다. 한국 연구진이 실험한 결과, "염도 3%로 섭씨 20도에서 사흘간 발효시킨 김치가 제일 맛있다." 초기 단계의 L. 메센테로이데스부터 산성을 더 잘 견디는 후기 단계의 락토바실루스 플란타룸(이번 장 앞부분에 나오는 젖산균 참조)에 이르기까지 채소의 발효를 특징짓는 미생물 집단의 변천사라는 관점에서, 김치는 일반적으로 초기 단계에 가깝다. "연구 결과를 종합할 때, 김치를 발효시키는 주된 미생물이 L. 메센테로이데스라면, 사워크라우트를 발효시키는 주된 미생물은 락토바실루스 플란타룸이라는 사실을 알 수 있다. 특히 후자는 김치의 품질을 망가뜨리는 주범이다."[22]

어떤 김치가 기포를 발생시키면서 익는다면, 발효 초기에 이산화탄소가 너무 많이 나온 탓이다. 이산화탄소 발생량은 발효가 진행되어 산성도가 올라가면 자연히 줄어든다. 이렇게 잘 익은 김치를 먹고 싶다면, 유리병에 담아서 하루에서 사흘 동안 상온에서 발효시킨 뒤 밀폐시켜 냉장고에 2주간 보관하면 된다. 냉장고에 들어간 김치는 속도가 느릴지언정 꾸준하게 발효하면서 이산화탄소를 계속해서 발생시킨다. 나중에 뚜껑을 열면 이산화탄소가 갑자기 빠져나가는 소리를 듣게 될 것이다.

중국식 채소절임

김치와 사워크라우트를 비롯한 대부분의 발효채소는 중국에서 기원한 방식으로부터 영감을 얻은 결과라고 널리 인정되고 있다. 중국 사람들은 지금도 다양한 발효음식을 만들어 먹는 전통을 지키고 있다. 거대한 중국은 지역마다 대표적인 발효채소가 따로 존재한다. 종균을 필요로 하는 경우도 있다. 일본의 미소와 비슷한 장醬이 그렇고, 쌀로 빚은 음료를 비롯한 수많은 발효음식에 필수적인 곰팡이와 박테리아 혼합물 취麴도 마찬가지다.(10장 곰팡이균 키우기 참조) 중국 역시 마른 채소에 소금을 뿌리기도 하고 소금물에 담그기도 한다. 발효의 매개체로 묽은 쌀죽을 쓰기도 하고 쌀뜨물을 쓰기도 한다.[23]

지역별로 전해 내려오는 고유의 제조법이 헤아릴 수 없을 정도로 많지만, 내가 아는 것은 별로 없다. 영어로 작성된 자료 가운데 내가 발견한 가장 상세한 것은 중국 음식을 연구하는 영국 여성 퍼치사이아 던롭의 글이다. 쓰촨 요리에 관한 던롭의 책 『풍요로운 땅』에서 한 구절을 보자.

> 채소로 만든 피클[파오차이泡菜]이야말로 쓰촨 요리의 핵심이자 근간이다. 파오차이 단지가 없는 집이 없다. 단지란 배가 불룩하고 주둥이는 좁으며 해자 모양으로 생겨서 물을 부어 공기 순환을 차단할 수 있는 토기다. 컴컴한 단지 속에는 아삭아삭한 채소가 소금물에 담겨 있다. 약간의 곡주와 황설탕, 쓰촨고추, 생강, 계피 몇 조각, 스타아니스 등 엄선한 양념도 빠질 수 없다. 하루나 이틀 간격으로 싱싱한 채소를 집어넣어 익혀서 먹는데, 이렇게 채소를 맛있는 피클로 만들어주는 소금물, 즉 모액母液은 그대로다. 아니, 중국인들의 표현을 빌리자면, 영원하다. 채소를 새로 넣을 때는 소금과 곡주도 조금씩 보충해준다. 그러면 세월이 흘러도, 심지어 세대를 거듭해도 달콤한 맛과 향이 처음처럼 신선함을 유지하면서도 풍성하고도 깊은 느낌을 지니게 된다. 쓰촨 피클은 다른 요리에도 자주 쓰이지만, 아침 식사로 쌀죽과 함께 먹거나 매 끼니 식사를 마치면서 입가심으로 먹는 것이 보통이다.[24]

한번은 어떤 콘퍼런스에 참석했다가 그 자리에서 던롭이 발표한 논문을 접하고 샤오싱紹興이라는 곳에서 아마란스의 줄기를 발효시킨다는 사실을 알게 되었다. 문득 우리 집 텃밭에 멋들어지게 피어난 붉은 아마란스가 떠올랐고, 한번 발효시켜보아야겠다는 생각이 들었다.

> 줄기는 1m 남짓 자랐을 때 수확한다. 잔가지와 이파리, 뿌리는 버리고 반듯하게 뻗은 초록빛 줄기만 5cm 길이로 자른다. 토막들은 잘 씻어서 하루 정도 찬물에 담가두다가 거품이 떠오르면 다시 씻어서 털어 말린다. 그러고는 점토로 빚은 단지(그 지역에서는 벙甏이라고 부른다)에 넣어서 밀폐시키고 따뜻한 곳에 두어 발효시킨다. 발효과정에서 가장 중요한 것은 타이밍이다. 발효가 불충분하면 너무 딱딱해서 씹을 수가 없고, 발효가 과도하면 겉과 속이 모두 무르다가 녹아서 사라지며 구정물에 섬유질 대롱만 남고 만다. 발효에 들어가서 (정확한 시점은 주위 온도에 따라 달라지겠으나) 며칠이 지나면, 줄기가 부드러워지면서 '독특한 향기'가 단지 밖으로 솔솔 피어오를 것이다. 바로 이때, 소금물을 더 붓고 단지를 또다시 밀폐시켜서 이틀 정도 더 익히면 마침내 먹기에 딱 좋은 상태가 된다.

나는 유리병을 사용했다. 아마란스 줄기는 역시 맛있었다. 내가 사랑하는 새콤한 피클과 크게 다르지 않은 맛이었다. 못 먹는 것이라며 버리곤 했던 식물의 특정 부분이 맛있는 발효채소로 바뀌다니, 새삼 놀라울 따름이었다. 버림받던 줄기의 가치를 새로이 발견하는 것도 즐겁지만, 발효과정에서 얻은 소금물(루滷) 역시 쓰임새가 좋다. 호박 등 다른 채소를 발효시키거나 토푸(11장 토푸 발효시키기 참조)를 만들 때 사용할 수 있기 때문이다. 던롭은 그 지역에서 발효채소가 지니는 중요성에 대해 이렇게 설명한다. "발효음식은 샤오싱에서 전해 내려오는 옛이야기에 자주 등장한다. 대개 극심한 가난을 겪던 중에, 썩어서 못 먹게 된 것, 먹을 수 없는 것이라고 무시했던 것, 찌꺼기에 불과한 것으로 여기던 무언가에서 우연히 놀라운 맛을 느끼고는 일상적으로 발효시키는 방법을 터득했다는 이야기들이다."[25]

지금까지 광범위하고 역동적이며 현재에도 생생하게 살아 숨 쉬는 중국의 전통적인 채소 발효법을 아주 살짝 맛보았다. 저자인 내가 더 많은 정보를 파악해서 여러분께 전달하지 못해 무척 아쉽다. 하지만 중국의 채소 발효법은 내가 잘 아는 여타 수많은 발효법을 파생시켰다는 점에서 대단히 중요하다. 인류 문화에 크나큰 선물이 아닐 수 없다! 중국 전통 발효음식의 다양성은 나머지 여러 지역의 문화에 새로운 발상의 원천으로 작용하는 동시에, 채소를 액체에 담가서 젖산균의 증식을 촉진한다는 이 단순한 아이디어가 무한히 적용 내지 변용될 수 있다는 사실을 여실히 입증해왔다.

인도의 발효채소

인도식 채소 발효법 역시 단일한 전통 위에 존재하지 않는다. 하지만 두 가지 두드러진 특징을 확인할 수 있다. 하나는 기름을 사용한다는 점이다. 여기에는 지역에 따라서 겨자유, 참기름 등이 포함된다. 다른 하나는 직사광선 아래서 채소를 발효시키는 전통이다. 겨자유의 경우로 제한해서 말하면, 이 기름은 특정 이스트, 곰팡이, 박테리아 등의 성장을 저해한다고 여겨지며, 이에 따라 발효를 위한 선택적 환경이 조성되는 데 도움이 된다. 겨자유를 사용하려면 우선 연기가 나기 시작할 때까지 가열해야 한다. 그런 다음 식을 때까지 기다렸다가 채소를 넣는다. 이렇게 하면 겨자유에 들어 있는 에루크산erucic acid을 태워 없애는 동시에 매운맛을 줄일 수 있다.[26] 요즘 나오는 인도식 발효채소 레시피를 보면, 대부분 발효시키는 대신 식초를 사용하라고 한다. 그러나 요리책 또는 인터넷을 조금 더 찾아보면, 발효 여부를 불문하고 다양한 제조법을 찾을 수 있다.

지크프리트라는 이름의 블로거[27]는 마두르 재프리의 『동방의 채식법』에서 영감을 받은 고추 피클에 대한 글로 내 시선을 사로잡았다.

> 고추를 동그랗게 썰어서 유리병에 가득 채운다. 내가 좋아하는 조합은 세라노, 할라페뇨, 바나나 페퍼, 포블라노를 함께 넣는 것이다. 여기에 소금을 원하는 만큼 치고 양념도 추가한다.(우리는 양념으로 거칠게 간 흑겨자 씨앗과 잘게 썬 생강을 좋아한다.) 기름을 데운다.(우리는 겨자유를 좋아한다.) 많을 필요는 없고, 2큰술 정도면 된다. 여기에 고추 등을 넣고 뚜껑을 덮는다. 하지만 기름이 끓을 때까지 가열하면 안 된다. 양지 바른 곳에 하루나 이틀 놓아둔다. 하루에 몇 번씩 유리병을 흔들어준다. 액체가 내용물을 완전히 뒤덮지 않았다면 더 자주 흔들어야 한다. 고추는 부피가 줄어들 것이다. 라임즙을 (몇 큰술) 넣고 다시 볕이 잘 드는 곳에 둔다.(야외에 둔다면 밤에는 실내로 들여야 한다.) 계속해서 흔들어주어야 피클링이 골고루 이루어진다! 맛을 보았을 때 적당한 신맛이 난다 싶으면 (1주나 2주? 아니면 그 이상?) 냉장고에 넣어서 발효를 늦춘다. 시큼하면서도 중독성 있는, 강렬한 음식이 탄생할 것이다.

나 역시 지크프리트가 설명한 대로 만들어보았다. 한마디로 맛의 폭발이었다. 발효과정에서 생긴 신맛, 고추와 겨자에서 나온 매운맛, 그리고 짠맛까지. 나는 이렇게 만든 것을 — 아주 아껴가면서 — 조미료로 쓰는데, 들어가는 음식마다 그 맛을 높여준다.

핫소스, 렐리시, 살사, 처트니 등의 발효

모든 종류의 매운 고추는 발효를 통해서 오래도록 보존할 수 있다. 방법은 지극히 간단해서, 사워크라우트 만드는 법과 정확히 같다. 줄기에서 고추만 따로 떼어 썬다. 맛을 봐가면서 소금을 치거나, 무게당 대략 2% 비율로 소금을 쓴다. 여기에 마늘 같은 양념 재료나 다른 채소를 원하는 대로 첨가한다. 한 달 이상 발효시키되, 즙에 잠긴 상태를 유지하고 곰팡이가 끼면 걷어낸다. 발효가 끝나면 믹서로 갈아서 다른 요리에 양념으로 사용한다. 그대로 먹어도 좋다. 릭 오튼은 "시중에 나와 있는 핫소스 제품은 공장식으로 길러낸 고추를 싸구려 식초에 담근 것이라서 처음 맛과 나중 맛이 절대로 같을 수 없다"고 경고한다. 노스캐롤라이나의 에이프릴 맥그리거는 "가보를 만들 듯이 핫소스를 담근다. 발효시킨 칠리-갈릭 소스(스리랑카 상표가 박힌 핫소스를 떠올려 보라) 또는 미국 남부에서 샐러드에 끼얹어 먹는 고추 초절임 소스의 발효 버전에 해당된다. 나는 발효시킨 고추의 복합적인 맛을 영원토록 숭배할 것이다."

렐리시도 핫소스처럼 식초에 재워서 보존하는 것이 일반적이지만 발효시키는 방법을 택할 수도 있다. 신선한 상태로 먹거나 냉장고에 보관하는 살사와 처트니 역시 발효시킬 수 있다. 레시피를 따를 생각이라면, 식초를 생략하거나 대폭 줄이자. 채소와 양념에 소금을 치고 즙에 잠긴 상태로 발효시키자. 유청, 크라우트 즙, 피클 절인 물 등을 취향에 맞게 첨가하면 발효를 촉발시킬 수 있다. 마찬가지로 토마토케첩, 아이바르(고추와 가지를 볶아서 만든 발칸지방의 맛있는 양념), 머스터드소스도 발효법을 적용해서 만들 수 있다. 이때도 식초를 생략하거나 줄이는 대신 종균을 사용하자.

콘세르바 쿠르다 디 포모도로(생토마토 페이스트)

세르지오 카를리니, 이탈리아

이 레시피는 천연발효법에 따른 것으로 이탈리아 사람들이 수백 년에 걸쳐 애용해온 것이다. 나 역시 매년 같은 방법으로 준비한다. 하지만 (어쩌면 당연한 이야기일 텐데) 유럽의 새로운 규정 탓에 여전히 상점 판매대 위에 오르지 못하고 있다.

우선 토마토를 (잘 익은 것으로 골라 깨끗하게 씻고 썩은 부분을 도려낸 뒤) 커다란 플라스틱 통에 넣고 으깨서 즙을 낸다. 그러면, 알코올을 만들 때처럼, 산성 환경이 조성되면서 젖산균과 곰팡이의 도움으로 발효가 곧바로 시작된다. 통은 완전히 가득 채우면 안 되고, (벌레가 덤비지 못하도록) 천이나 망으로 덮어야 한다. 이윽고 으깬 토마토에서 거품이 일고 과육 덩어리들이 떠오르면, 하얀 곰팡이가 표면을 뒤덮는다. 그러면 하루에 두 번씩 저어서 곰팡이를 녹여 없앤다. 표면에 떠오른 과육 덩어리를 건져서 껍질과 씨앗을 분리하는 투박한 기계에 넣는다. [미국에서는 이런 제품이 스퀴조Squeezo라는 이름으로 팔린다.—원주] 토마토 과육은 그대로 남기고, 껍질과 씨앗만 제거해서 퇴비 더미에 던진다. 과육은 촘촘한 망사나 면으로 만든 주머니에 담아서 하루 종일 매달아 두고 즙을 모은다. 주머니 겉면에도 곰팡이가 자랄 수 있다. 그럴 경우 숟가락으로 "면도"하듯이 긁어서 내버린다. 즙이 빠진 뒤에는 주머니 안쪽에 달라붙은 과육 역시 "면도"하듯 긁어모은다. 주머니를 다시 묶어서 깨끗하고 바싹 마른 두 개의 나무판자 사이에 끼우고 고르게 힘을 받도록 눌러둔다. 남아 있는 즙을 마저 짜내기 위해서다. 이 상태로 며칠 지나면 과육이 빽빽한 반죽처럼 마른다. 여기에 소금을 25~30% 치고 몇 시간 두었다가 치댄다. 이렇게 만든 토마토 페이스트는 대단히 짜기 때문에 아주 조금씩 사용해야 한다. 최종 결과물의 무게는 작업에 쓰인 토마토 총량의 8% 정도. 유리병에 담아서 저장하는 것이 보통이다. 냉장고에 넣지 않고도 보존할 수 있다. 과거에는 봉지에 싸서 몇 달씩 보관할 정도로 단단하게 만들기도 했다. 이렇게 농축시킨 토마토 페이스트는 토마토 국물로 채소나 고기를 끓여서 소스를 만드는 등 겨우내 필요할 때마다나 덜어서 쓸 수 있다.

히말라야의 군드럭과 신키

히말라야산맥에 자리 잡은 네팔, 인도, 부탄에서는 채소를 독특한 방식으로 발효시킨다. 발효에 들어가기 전 채소를 햇볕에 말리고, 소금 없이 발효시키며, 발효가 끝난 채소를 말려서 저장한다는 점에서다. 겨자 이파리, 무 이파리 등 배추류 채소를 이런 식으로 발효시켜서 군드럭이라 부르고, 무 뿌리는 신키라 부른다. 이들 채소는 유리병 또는 항아리에 넣거나, 진흙을 바르고 불을 때서 잘 말린 구덩이에 묻어 발효시킨다.(3장 구덩이 발효법 참조)

군드럭 또는 신키를 만들려면, 우선 채소를 햇볕 아래서 2~3일 말린다. 밤에는 실내로 옮겨 이슬이 맺히지 않도록 하고, 주기적으로 뒤집어서 골고루 말려야 한다. 군드럭의 경우, 말린 이파리를 잘게 썬 다음, 두들기거나 짓이겨서 즙을 짠다. 그리고 발효 용기에 꾹꾹 눌러 담는다. 다른 채소를 발효시킬 때와 마찬가지로, 채소가 즙에 잠기도록 만드는 것이 목적이다. 따라서 채소가 잠기도록 물을 더 부어도 된다. 이 상태로 일주일 이상 발효시킨 뒤, 이파리를 꺼내서 며칠 동안 햇볕에 말린 다음, 그대로 저장한다. 군드럭을 조리할 때는, 말린 이파리를 10분 정도 물에 담갔다가 물기를 짜낸 뒤에 사용한다. 양파나 기타 양념과 함께 기름에 튀기거나 국을 끓여서 먹는다. 신키의 경우, 말린 무를 물에 담갔다가 발효 용기에 가득 채워넣는데, 필요하면 물을 더 붓는다. 신키는 군드럭보다 오래, 3주 정도 발효시키는 것이 보통이다. 발효가 끝나면 작은 조각으로 썰어서 며칠간 햇볕에 말린 뒤 저장한다. 국을 끓일 때는 군드럭과 같은 방법을 따른다.[28]

소금 없이 채소를 발효시킬 때 주의할 점

소금을 쓰지 않고 채소를 발효시킬 때도 일반적인 크라우트-치 발효법을 적용할 수 있다. 앞서 언급했듯이, 내가 느끼기에는 소금을 아주 조금 넣고 발효시킨 것이 전혀 안 넣고 발효시킨 것보다 훨씬 더 맛있다. 하지만 소금을 완전히 배제하고도 채소를 얼마든지 발효시킬 수 있다. 이미 설명한 것처럼, 소금은 발효의 속도를 늦추고, 불필요한 박테리아와 곰팡이의 증식을 억제하며, 펙틴을 분해시켜 채소를 무르게 하는 효소의 활동력을 떨어뜨린다. 이와 같은 소금의 도움을 받지 않고, 소금 없이 발효시키려면 발효 기간을 훨씬 짧게 가져야 하므로, 이틀에서 사흘 사이에 발효를 끝내도록 한다. 매일 맛을 보면서 익었다고 판단이 서면 냉장고로 옮기자.

미네랄이 풍부한 다른 요소를 활용해서 소금이 주는 이로움을 부분적으로 대체할 수 있다. 특히 해초는 미네랄의 보고라 칭할 만하다. 켈프, 다시마, 대황, 톳 역시 썩 훌륭하다. 다만, 덜스는 쉽게 녹아버린다고 불평하는 사람들이 있다. 해초는 물에 살짝 담가서 조물거리면 부드럽게 만들 수 있다. 이 물은 버리지 않고 해초와 함께 사용한다. 캐러웨이, 셀러리, 딜의 씨앗 역시 미네랄이 풍부하다. 셀러리 즙도 마찬가지다. 내가 소금 없이 발효시켰던 최고의 크라우트는 셀러리 즙을 넣은 것이었다. 셀러리 줄기 몇 가닥을 즙으로 만든 뒤 같은 양의 물을 부어 희석시키고 채소에 섞어서 함께 발효시켰다. 소금 없이 채소를 발효시키는 또 다른 방법은 유청 같은 종균을 사용해서 산도를 높이고 젖산균을 증식시켜 산성화를 촉진하는 것이다. 종균에 대해서는 이번 장 뒷부분에서 살피도록 하겠다.

소금을 쓰지 않고 채소를 발효시킬 때 어려운 점이라면 채소에서 수분을 끌어내는 작업일 것이다. 아울러 소금을 쓸 때보다 채소를 더 많이 두들기고 짜내는 수고로움도 피할 수 없다. 따라서 채소를 한층 잘게 썰어서 표면적을 넓힌다면 즙을 내는 작업이 한결 수월할 것이다. 소금을 넣고 안 넣고를 떠나서, 우리의 핵심 목표는 동일하다. 바로 채소를 즙에 담그는 것이다. 목표 달성에 필요하다면, 종균 또는 물을 추가하자.

소금은 발효가 원활하게 이루어질 수 있는 선택적 환경을 조성하는 임무도 수행한다. 소금에 잘 견디는 젖산균이 주변에 존재하는 다른 박테리아보다 경쟁 우위를 차지하도록 돕기 때문이다. 소금을 쓰지 않는 대신 레몬즙이나 라임즙을 넣어 산도를 높이는 방식으로 선택적 환경을 갖추는 사람들도 있으니 참고하기 바란다.

식초를 통한 피클링 vs. 발효

식초 역시 발효의 산물이지만, 식초로 담근 피클 대다수는 채소에 서식하는 박테리아를 없애기 위해 뜨거운 식초를 사용한 것이다. 이렇게 만든 피클은 가열 처리와 식초의 높은 산성 탓에 발효가 이루어지지 않는다. 소금물을 이용하는 일부 레시피에서 상대적으로 적은 양의 식초를 쓰라고 가르치지만, 나는 이렇게 만든 피클을 '하이브리드 피클'이라고 부를 테다. 그러나 식초는 상온에서 조금만 넣으면 발효에 지장을 초래하지 않는다. 이런 맥락이라면, 식초는 젖산균이 풍부하게 증식할 수 있는 약산성의 선택적 환경을 조성하기 위한 수단 내지 조미료 정도로 보아야 한다.

소금물에 절이기

마른 채소에 소금을 뿌리는 발효법이란, 채소가 소금의 힘을 빌려 수분을 배출하고 그 속에 잠긴 상태로 맛있게 익도록 유도하는 것을 말한다. 반면, 소금물에 절이는 발효법은 소금을 물에 녹이고 여기에 채소를 푹 담가서 절이는 것이다. 아시아에서는 전통적으로 농도가 높은 소금물에 채소를 일정 시간 담가서 숨을 죽이고 푸른 이파리의 씁쓸한 맛을 빼낸 뒤 용기에 담아서 발효시킨다. 유럽에서는 오이나 올리브

같은 채소를 통째로 넣거나 큼직하게 잘라서 소금물에 넣고 그대로 발효시키는 전통이 있다. 안 볼로흐는 『러시아 음식 조리법』에서 "유구한 역사를 자랑하는 소금-피클링보다 더 간단한 발효법은 없다"고 썼다.[29]

소금물은 다양한 양념을 넣어서 향미를 높일 수 있다. 곰팡이가 생성하는 것을 미연에 방지하는 양념이 많다는 설명도 다시 한번 떠올려 보자. 아울러 발효균 증식에 도움을 주기도 한다. 이 중에서 대표적인 양념 재료로 마늘을 꼽을 수 있다. 마늘은 발효과정에서 푸르스름하게 변하기도 하지만, 걱정할 필요가 없다. 일부 품종의 마늘이 함유한 안토시아닌과 물에 있는 미량의 구리 성분이 만나서 색깔이 바뀌는 것으로 해롭지 않은 반응이다.[30] 딜 역시 피클링 양념으로 오랫동안 사랑받는 재료다. 신선한 꽃잎, 꽃망울, 말린 씨앗, 이파리 모두 훌륭한 양념으로 쓰인다. 연기를 쐰 고추 또는 기타 다양한 품종의 고추, 샬럿, 타라곤, 고수 씨앗, 정향, 호로파, 고추냉이 따위를 넣어도 좋다. 에이프릴 맥그리거의 말이다. "나는 '피클링 양념'이 들어간 남부의 맛을 사랑한다. 그래서 피클을 담그는 소금물에 레몬이나 라임, 오렌지를 조금 썰어서 넣는다. 아예 사과식초를 첨가하기도 한다. 이렇게 하면 소금물의 맛과 향기를 완전히 다른 방향으로 이끌어갈 수 있다." 터키에 거주하는 에일린 외네이 탄은 "당근에 라임 조각, 라임 잎, 새눈고추, 레몬그라스를 넣고 마늘 맛이 나는 베트남식 피클로 발효시킨 적도 있다. 양념을 다양하게 조합해서 훌륭한 맛을 찾으려고 노력하는 편이다." 그는 말린 병아리콩을 (샌드위치에 넣어서 먹기도 하지만) 종균 삼아 소금물에 넣는다면서 "한 줌만 넣어도 피클이 발효하기 시작한다"고 설명한다.

소금물에 재운 새콤한 (코셔 딜로 알려진) 피클과 올리브는 나중에 살펴보도록 하겠다. 브뤼셀 스프라우트 역시 통째로 또는 반으로 갈라서 소금물에 넣으면 아주 맛있는 발효채소로 변한다. 무, 순무, 콜리플라워, 당근, 양파, 껍질콩, 후추, 우엉, 가지, 수박 껍질도 소금물에 담가 보자. 어떤 채소라도 상관없다. 부드러운 초여름 포도 이파리는 소금물에 넣어 발효시켰다가, 나중에 돌마dolma, 사르마sarma 등 맛있는 전채의 속을 채울 때, 갖은 양념을 볶은 쌀 등 여러 내용물과 함께 쓰인다.

볼로흐의 요리책에는 호박의 속을 파서 그릇처럼 만들고 소금물과 오이를 넣어 발효시키는 레시피도 나온다.(정확히 아래에 설명한 대로다. 오직 호박 안에서만 발효시킨다.) 저자가 추천하는 일반적인 발효 용기는 1갤런짜리 오크통이다. 오크통을 사용하다니, 정말 멋지지 않은가! 나는 볼로흐의 소금물에 절인 토마토 레시피를 읽고서 완전하게는 아니지만 상당히 익은 토마토를 소금물에 담갔다. 예전에는 풋토마토만 이런 식으로 발효시키곤 했는데, 아삭아삭하지만 신맛이 아주 강했다. 반면, 잘 익은 토마토는 아주 빨리 무른다. 어느 정도 익어가는 토마토라면 행복한 절충점을 찾을 수 있다. 이런 토마토를 며칠 동안 가볍게 발효시키면, 풋토마토를 절인 것보다는 달콤하면서도 아삭한 식감을 즐길 수 있다. 사과, 레몬, 수박을 소금물에 절이는 레시피가 궁금하다면 저자의 책에서 과일의 젖산 발효 편을 참고하기 바란다.

크로아티아와 보스니아 일대부터 루마니아에 이르는 발칸지방에서는 양배추를 통째로 커다란 나무통에 넣어서 소금물에 절이는 것이 보통이다. 발효가 끝난 양배추는 이파리를 모두 떼어 저장하거나 잘게 썰어서 크라우트로 만든다. "유쾌하고도 간단한 준비 작업이고, 어마어마한 분량의 양배추를 저장하기에 적합한 방식이다. 전통적인 조리법들은 아주 훌륭하고 종류도 많다." 루크 레갈부토와 매기 레빙어의 말이다. 둘은 동유럽 곳곳을 돌아다니며 발효 기법을 배우고 캘리포니아로 돌아와서 발효음식 사업을 시작한 사람들이다. "불행히도, 양배추를 발효시키는 과정에서 상당히 불쾌한 냄새가 났다. 더러운 기저귀에서 풍기는 냄새와 비슷했다. 하지만 발효가 끝난 뒤에 저장한 양배추 이파리를 먹으면 정말 맛있다. 우리는 양배추 이파리를 심에서 전부 떼어낸 뒤 발효시키는 편이 낫다는 사실을 알게 되었다." 나 역시 양배추에서 심을 제거하고 발효시킨다. 먼저 양배추나 다른 채소를 수북하게 썰어 담은 뒤, 심을 제거한 양배추를 통째로 파묻는 식이다. 심을 제거한 양배추는 소금물이 골고루 배어들기에 좋다. 로크와 매기는 루마니아의 카르파티아 산악지대에서 유사한 방식으로 담근 발효채소를 접했다고 한다. 그곳 사람들이 무라투리 아소르타테*muraturi asortate*라고 부르는 것으로, 여러 채소와 함께 양배추를 포기째로 발효시킨 "조화로운 피클"이다.

토르쉬*Torshi*("시다"는 뜻의 페르시아어 토르슈torsh에서 유래)는 이란을 비롯한 중동, 터키, 발칸에서 광범위하게 사랑받는 발효채소다. 쿠웨이트에 거주하는 아스트리드 리처드 쿡에 따르면, 그곳에서도 토로쉬torosh라는 발효채소가 매 끼니 빠지는 법이 없다고 한다.

토로쉬는 만드는 법이 아주 간단하다. 오이, 당근, 순무가 꼭 들어간다. 콜리플라워가 들어간 토로쉬도 본 적이 있다. 여기 사람들은 채소를 큼직하게 썬다.(보통 손가락으로 집어 먹는다. 이따금 포크 또는 스푼으로 먹기도 한다.) 그리고 소금, 레몬즙, 물과 함께 발효시킨다. 우리 이란 친구들은 몇 년 동안 두고 먹어도 상하지 않는다면서 한 번에 2갤런씩 담근다.

요즘 토르쉬는 대부분 식초를 기반으로 담근다. 불가리아 민족학자 릴리야 라데바는 "20세기까지도 불가리아 사람들 사이에서는 식초로 피클을 담그는 것이 무척 드문 일이었다"면서 소금물로 투르시tursii를 담그는 간단한 방법을 다음과 같이 소개한다. "풋토마토, 말린 고추, 당근, 그리고 — 남부 지방에서는 — 덜 익은 조그만 호박, 허니듀 멜론, 수박, 오이를 소금물에 따로 또는 같이 넣는다. 발효가 끝나면, 옥수수 죽이나 고기 요리 등과 함께 먹거나 그냥 빵에 얹어서 먹는다."[31] 내가 크로아티아를 방문했을 때 남편 미로슬라프와 함께 훌륭한 식사를 대접해준 카멜라 키스는 훗날 세르비아의 전통적인 발효채소 투르시자tursija를 만드는 레시피를 보내주었다. 역시 소금물에 파프리카와 풋토마토, 오이를 절이면서 고추와 고추냉이로 맛을 내는 방식이었다.

나는 마른 채소에 소금을 치는 때도 그렇지만 소금의 양을 미리 측정해서 물에 녹이지 않는다. 그저 맛을 봐가면서 소금을 녹일 뿐이다. 채소가 들어가면 묽어질 것을 감안해서 소금물을 아주 짜게 만들자. 소금물은 발효시킬 채소의 무게 또는 부피의 절반 정도가 필요하다. 가능한 한 소금물을 적게 쓰되, 채소가 잠기도록 힘껏 눌러 담아야 한다. 소금 성분이 작용해 채소가 수분을 배출하므로 소금물의 양이 증가할 것이다. 이 과정에서 채소가 소금기를 서서히 머금는다. 하루나 이틀 뒤에 맛을 보고는 너무 싱거우면 소금을, 너무 짜면 물을 보충한다.

이쪽 분야에서는 소금의 농도를 이야기할 때 물에 대한 소금의 무게를 퍼센트 단위의 염도로 표현하는 것이 일반적이다. 5% 소금물이라고 하면, 물 무게의 5%에 해당되는 소금을 넣었다는 뜻이다.(무게를 정확히 재려면 저울이 필요하다.) 물 1l의 무게는 정확히 1kg이다. 1쿼트는 대략 2파운드이고, 1갤런은 대략 8파운드다. 물의 무게에 염도를 곱해서 소금의 양을

계산해보자. 5% 염도의 물 1쿼트라면, 소금이 1.6온스 들어갔다는 뜻이다.(물 1l에 소금 50g을 넣은 것과 같다.) 집에 저울이 없다면, 소금 3큰술을 1.6온스로 치자.(가는 소금 3큰술이면 이보다 조금 무거울 것이고, 굵은 소금 3큰술이면 이보다 조금 가벼울 것이다.) 레시피에 따라서 제각각이지만, 염도 5%가 채소를 절이기에 적당한 수준이라고 본다. 사워크라우트나 김치를 담그기에 염도 5%는 너무 짜다고 생각할 수도 있지만, 최종 결과물의 염도는 이보다 훨씬 낮아진다는 점을 이해하는 것이 중요하다. 채소가 일단 소금물에 잠기면 염분을 흡수하는 대신 즙을 내기 때문에 염도가 절반 이하로 떨어질 것이다.

'염장鹽藏'을 위한 소금물은 [보통 염도 10%에 맞추기 때문에] 대단히 짜서 미생물과 효소의 대사활동이 불가능하다. 이렇게 염장한 채소는 맹물에 헹구지 않고는 먹기 힘들다. 여기에 비하면 염도 5%는 훨씬 낮은 축에 속한다. 노스캐롤라이나 농업연구소가 1940년에 내린 결론에 따르면, "저염도 소금물은 비교적 높은 총적정산도의 급속한 달성과 비교적 낮은 pH의 발전을 돕는다. 소금물의 초기 염도가 높을수록 산이 생성되는 속도가 떨어진다. 생성된 산의 총량이 적으면, pH 값이 (…) 높아진다."[32]

채소를 소금물에 담그는 발효법이 무엇보다 좋은 까닭은 따로 있다. 바로 남는 소금물이 많이 생긴다는 점이다. 물주전자에 담아두고 소화촉진제 삼아서 한 잔씩 마실 수도 있고, 씨앗 치즈를 만들 때 종균으로 사용할 수도 있으며(11장 씨앗 또는 견과류 치즈, 파테, 우유 참조), 곡물이나 콩류를 담가서 생발효균 산화제로 만들 수도 있고(8장 물에 담그기 참조), 샐러드드레싱이나 양념장을 만들 때, 국물을 끓일 때 사용할 수도 있다. 소금물은 맛있고 영양 많은, 귀한 식재료다.

소금물에 절인 오크라

로나 모라베크, 웨스트, 텍사스

그동안 온갖 채소를 발효시켜 먹으면서 단연코 가장 맛있었던 것은 오크라였다. 텍사스의 뜨거운 여름에 아주 잘 자라는 식물이기도 하다. 거칠고 뻣뻣한 오크라지만 튀기면 그렇게 맛있을 수가 없고, 소금물에 이틀 정도 발효시켜서 검보[걸쭉한 수프]로 끓이면 더없이 환상적이다. 만드는 법도 무척 간단하다. 먼저 유리병에 오크라를 욱여넣고, 주걱 따위로 꾹꾹 누른다. 사이사이에 마늘과 할라페뇨를 몇 개씩 박고 소금물을 붓는다. 이렇게 발효시킨 오크라는, 한마디로, 순식간에 먹어치울 수밖에 없는 맛이다!

새콤한 피클

내가 발효에 처음 관심을 기울이게 된 것은 소금물에 담가서 새콤하게 발효시킨 피클 때문이었다.[새콤한 피클은 달콤한 감미피클sweet pickle과 대비시켜 산미피클sour pickle이라고도 불린다.] 나는 뉴욕에서 어린 시절을 보내며 방과 후 간식으로 맛있는 (그리고 값싼) 피클을 즐겨 먹었다. 마늘과 딜과 젖산 향기가 배어 있는 피클을 생각하면 언제나 입안에 침이 고인다. 사워크라우트를 처음 만들기 시작한 때부터 오이를 새콤한 피클로 만들겠다고 생각한 것은 어쩌면 당연한 일이었다.

내가 뉴욕에서 먹고 자란 새콤한 피클을 코셔 딜이라고 부르는 사람들이 많은데, 동유럽 유대인 음식의 상징과도 같다. 실제로 오이를 비롯한 채소피클은 지금도 동유럽의 식탁에서 중요한 위상을 지닌다. 폴란드 민족학자 안나 코발스카레비카의 설명에 따르면, "농부가 먹던 음식을 보면 고기는 별로 없고 채소, 밀가루, 메밀이 주종을 이룬다. 하나같이 심심한 맛이다." 여기에 새콤한 발효음식을 곁들이면 색다른 향미를 느낄 수 있어서 식욕을 크게 돋운다. 단순한 저장음식으로는 어림도 없는 이야기다.[33]

나는 제인 지글먼의 책 『오처드 97번가: 뉴욕의 어느 연립주택에 모인 다섯 이민 가정의 식생활사』을 통해서 피클을 향한 유대인 이민자들의 사랑이 경계의 대상, 도덕적 판단의 대상이었다는 사실을 깨달았다. 1922년 보스턴의 영양사 버사 M. 우드는 『외국에서 들어온 음식이 건강에 미치는 영향』에서 "피클을 너무 많이 먹으면, 밋밋한 맛이 싫어지고, 자극적인 맛을 찾게 되어, 소화 흡수에 지장을 초래한다"고 썼다.[34] 『울부짖는 아이들』의 저자 존 스파고는 유대인 가정의 아이들이 점심으로 피클을 자주 사 먹는 까닭이 무엇인지 이해하고 싶었다. "아이들이 만성적인 영양 결핍으로 인해서 피클의 자극적인 맛에 끌리는 것으로 보인다. 어른들 역시 같은 이유로 위스키에 의존하는 경우가 많다."[35]

요즘은 피클을 비난하는 목소리를 듣기 어렵다. 오히려 피클을 칭송하는 시대다. 나는 수많은 피클 축제에 참가하면서 고향의 전통적인 피클 문화를 뽐내는 다양한 민족 출신의 미국인을 많이 만났다. 새콤한 피클은 도덕적인 골칫거리가 아니라 발효균이 살아서 소화를 촉진하는, 몸에 이로운 음식으로 여겨야 마땅하다.

오이는 다른 채소에 비해서 발효가 까다로운 편이다. 수분이 무척 많은 데다, 펙틴을 분해하는 효소의 작용으로 무르기 쉬운 성질을 지녔기 때문이다. 또 양배추나 무가 서늘한 기후에서 익는 반면, 오이는 더운 곳에서 자란다. 발효 및 효소의 대사 작용이 급격하게 이루어질 수밖에 없다. 이런 이유에서, 발효시킨 오이는 쉽게 무르는데, 이런 식감을 좋아하는 사람은 거의 없다.

오이를 아삭아삭한 상태로 유지하려면, 포도나 오크, 체리, 고추냉이 등의 이파리처럼 탄닌이 풍부한 재료를 오이와 함께 발효시켜야 한다.(심지어 티백이나 초록색 바나나 껍질도 효과가 있다.) 해럴드 맥기에 따르면, 정제하지 않은 천일염을 사용할 경우 "칼슘과 마그네슘 덕분에 아삭한 식감을 높일 수 있다. 세포벽 펙틴의 교차결합 및 강화를 돕기 때문이다." 수산화칼슘 같은 피클링 첨가물의 역할도 마찬가지다.[36] 이밖에도 오이피클의 아삭함을 지키기 위한 아이디어는 무척 많다. 이를테면, 발효음식 애호가 시바니 아르주나는 "당근을 조금 썰어서 오이와 함께 발효시키면 잘 무르지 않는다"고 조언한다. 내 워크숍에 참석했던 러시아 여성은 오이의 식감을 지키기 위해 끓는 물에 살짝 데치고 나서 소금물에 절이던 모습을 본 적이 있다고 말했다. 프레드 브라이트 등은 상업적 생산 시설의 경우 저장한 오이가 탄력을 잃지 않도록 소금물(염도 0.1~0.4%)에 염화칼슘을 넣는다고 설명한다.[37] 사람들은 아삭한 오이피클이라는, 때로는 신기루 같은 목적을 달성하기 위해 다채로운 방법을 동원해왔다.

마늘과 딜을 듬뿍 넣어서 오이피클을 만들자. 마늘은 껍질을 벗길 필요도 없다. 나는 통마늘을 세로로 잘라서 그대로 넣는다. 그러면 마늘에서 즙이 나와 소금물에 녹아든다. 딜의 경우, 꽃망울을 넣는 것이 제일 좋지만, 씨앗이나 이파리를 넣어도 괜찮다. 고추냉이(뿌리와 이파리)와 고추 역시 훌륭하다. 최상의 결과를 얻으려면, 조그만 피클용 오이를 똑같은 크기의 것들로 준비해서 발효시키는 것이 좋다. 오이는 소금물에 넣기 직전까지 냉수에 담가두자. 아예 얼음물에 담가두는 사람들도 있다. 오이의 양쪽 끄트머리를 깨끗하게 손질하고 껄끄러운 표면을 부드럽게 문지르자. 새콤한 피클을 담글 때는 소금물의 염도를 5%로 맞춘다. 앞서 설명했듯이, 물 1l에 소금 3큰술 정도면 된다. 이보다 짧게 발효시켜서 "신맛이 절반 수준인" 말로솔malossol(러시아어로 "적은 소금")의 경우 염도 3.5%, 소금 2큰술이다. 프랑스식 코르니숑cornichons의 경우, 아주 작은 오이를 쓰고 염도 5%의 소금물에 타라곤, 마늘, 통후추를 첨가한다. 오이를 비롯한 모든 재료를 소금물에 담근다. 재료들이 표면으로 떠오르는 경향이 있으므로 접시 또는 적당히 무게가 나가는 물건으로 눌러둔다.

동유럽 사람들의 피클 레시피를 보면 호밀빵 한 쪽을 소금물에 띄우라고 주문하는 경우가 많다. 나처럼 피클을 사랑하는 아이러 와이즈는 1950년대 맨해튼 로어이스트사이드에서 성장했다. 건널목을 세 번 건널 때마다 한 번꼴로 피클을 파는 노점상과 마주치던 시절이었다. 그는 헝가리 태생의 어머니가 피클을 담글 때면 호밀빵 한 조각을 소금물에 띄우곤 했다고 회상한다. 하지만 아이러는 수많은 실험 끝에 호밀빵의 첨가 여부가 최종 결과물에 별다른 영향을 미치지 못한다고 결론짓고 더 이상 전통을 계승하지 않기로 마음먹었다고 한다.

아이러가 추천하는 어머니의 발효 기법은 따로 있었다. 오이를 담은 유리병을 창가에 두어 직사광선을 쪼이는 것이다. 이렇게 하면 "자외선의 살균 기능" 덕분에 "찌꺼기(곰팡이)를 제거하는 데 도움이 된다"는 것이다. 아이러 어머니의 조언은 상업적 오이 발효법의 교과서적인 내용과 일

맥상통한다. "일반적으로 8000~1만 갤런 규모로 발효시키는 경우, 플라스틱 또는 유리섬유로 만든 탱크에 넣어서 뚜껑을 덮지 않고 실외에 두어 소금물의 표면을 직사광선에 노출시킨다. 표면에 증식하는 호기성 이스트를 자외선으로 죽이기 위해서다."[38] 어두운 곳에서 발효시켜야 한다고 못 박은 전통적인 발효 기법도 많다. 그러나 어떤 방식을 따르더라도 훌륭한 결과물을 얻을 수 있다.

섭씨 25도 이상의 높은 기온에서 오이를 발효시킨다면, 며칠만 발효시켜서 바로 먹거나 냉장고에 넣어 보관하자. 오이는 낮은 온도에서 오랫동안 발효시킬 수 있지만, 수시로 맛을 보다가 무르기 시작하는 조짐이 나타나면 곧바로 냉장고에 넣어야 한다. 오이는 익어갈수록 껍질이 밝은 초록빛에서 어두운 올리브색으로 변하고, 하얗던 속은 반투명한 상태로 바뀐다. 절반 정도 새콤한 맛을 원한다면, 발효가 진행 중이어서 껍질이 여전히 밝은 초록빛일 때 먹자. 피클이 소금물에서 염분을 흡수함에 따라 오이의 비중은 올라가고 소금물의 비중은 내려간다. 그 결과, 피클이 밑으로 가라앉는 경향을 보인다. 천연발효 오이피클은 섭씨 16도 이하를 유지하는 지하 저장고에 보관하는 것이 좋다. 여의치 않으면 냉장고에 보관해도 좋다.

실험정신

바브 슈츠, 비로콰, 위스콘신

나는 새콤한 피클 국물에 발효시킨 당근을 정말, 정말, 정말 사랑한다. 함께 익힌 무는 유리병 전체를 아름다운 색으로 물들여준다. 하지만 당근에 독특한 맛이 배는 단점도 없지 않다. 사워크라우트를 만들 때

도 당근을 주재료로 삼고 푸른 양배추, 양파, 마늘, 무를 곁들여서 흠 잡을 데 없는 맛을 완성한다. 나는 실험을 즐기는 사람이다. 손에 잡히는 대로 집어넣곤 하지만, 맛없는 크라우트를 먹은 적은 한 번도 없다. 식감과 모양 역시 유쾌한 실험 대상이다. 유리병 하나에 여러 맛과 향, 색깔, 식감이 어우러지면 그렇게 즐거울 수가 없다.

버섯 절이기

버섯도 발효시킬 수 있냐고 묻는 사람이 많다. 나는 주로 표고버섯을 다른 채소와 함께 이따금 발효시킨다. 미네소타주 리버폴에 사는 발효음식 연구가 몰리 에이지-조이스는 나한테 보낸 편지에서 김치에 양송이버섯을 넣고 발효시켰더니 "생강과 고추의 맛과 향이 버섯과 정말 잘 어우러진다"고 했다. 하지만 나는 버섯을 주재료로 발효시킨 적은 없다.

민족학자 안나 코발스카레비카에 따르면, 폴란드에서는 전통적으로 "사람이 먹을 수 있는 거의 모든 종류의 버섯을 피클로 담근다. 그 중에서도 맛젖버섯Lactarius deliciosus[사프란 밀크 캡—원주]을 최고로 친다. (…) 버섯을 피클로 만드는 방법은 양배추와 비슷하다. 따뜻한 요리나 빵을 먹을 때 아주 좋은 반찬이 된다."[39] 안 볼로흐는 『러시아 음식 조리법』에서 소금물에 절인 버섯을 이용하는 지극히 단순한 레시피를 선보이고 있다. 준비물은 버섯 500g, 요오드를 제거한 소금 2큰술, 통후추와 캐러웨이 씨앗, 마늘, 딜 같은 양념이 전부이고, 고추냉이나 블랙커런트, 체리 이파리는 선택 사항이다. 버섯 줄기는 1cm씩 잘라서 (소금을 제외한) 양념과 버무린다. 버섯은 머리가 아래쪽을 향하도록 발효 용기에 담는다. "소금은 층층이 뿌리고, 양념류는 한 층 걸러 한 번씩 첨가한다." 그리고 버섯에서 즙이 나오도록 누름돌을 얹어둔다. 볼로흐는 실내에서 상온으로 하루나 이틀 발효시킨 뒤 냉장고로 옮겨 다시 10~14일 익히는 것이 좋다면서, 이렇게 발효시킨 버섯은 "보드카 안주로 제격"이라고 조언한다.[40]

핀란드의 발효음식 애호가이자 교사인 오시 카코는 자신을 "원예사이자 채집자로 삶을 탐구하는 사람"이라고 소개하면서 버섯을 발효시킬 때 종균을 이용하라고 권한다. 그는 발효한 자작나무 수액, 싹이 튼 곡물을 물에 담가서 발효시킨 리쥬베락rejuvelac, 이미 발효한 채소즙을 종균으로 추천하면서 이렇게 덧붙였다. "버섯이 소금물에 푹 잠기도록 하고 따뜻한 실내에서 사흘간 발효시켜보라. 얼마나 부드러운지 입안에서 사르르 녹는다! 육체와 정신과 영혼에 강한 전율을 느낄 것이다."[41]

오시는 "특별한 준비 없이 먹을 수 있는" 버섯을 사용하라면서 특히 살구버섯, 그물버섯, 뿔나팔버섯, 양털방패버섯, 깔때기뿔나팔버섯, 곰보버섯, 능이버섯류를 추천한다. 하지만 볼로흐의 레시피는 특별한 주문 사항 없이 "조그만 버섯"을 언급할 뿐이다. 그런데 야생 버섯의 경우, 종류에 따라서 발효에 적합한지 여부가 갈릴 수 있다. 한번은 일군의 진균학자들이 버섯의 발효 문제에 대해서 이메일로 의견을 주고받다가 나까지 대화에 포함시킨 적이 있었다. 『머시룸 더 저널』 편집장 리언 셔노프는 박테리아가 일부 버섯과 접촉해 발효과정에서 독성 물질을 생성한다고 우려하면서 이렇게 지적했다. "가령 잎새버섯은 자연 상태에서 아무런 문제가 없지만 (…) 냉장고에 며칠 넣어두면, 표면에 박테리아가 증식해서, 먹었을 때 입과 목에 얼얼한 느낌이 들 정도다." 버섯의 발효에 관해서는 연구 성과가 여전히 미미한 수준이므로, 신중하게 실험할 것을 권하는 바이다.

발효시킨 버섯에 대한 걱정은 여기서 그치지 않는다. 어떤 사람들은 히드라진처럼 불안정한 독소를 걱정하기도 한다. 히드라진은 많은 버섯에 존재하지만 조리과정에서 사라지는 것이 보통이다. 셔노프는 "발효 작용 그 자체로 히드라진이 파괴되는지는 의문"이라면서도 히드라진의 불안정성으로 인해서, "발효 용액이 히드라진을 분해해 증발시키는 만큼, 최종 결과물에 잔존하는 히드라진은 처음보다 줄어들 것"이라고 말한다.[42] 버섯의 세포벽을 구성하는 키틴질이 발효과정을 거치면 먹을 수 있는 성질로 바뀌는지 여부에 대해서도 의문을 제기하는 사람들이 있다. 자연 상태의 키틴은 소화 불가능하지만, 조리과정을 거치면 소화가 가능하다. 새우 껍질 같은 것에 들어 있는 키틴의 경우, 발효시키면 훨씬 소화가 잘 된다는 일부 연구 결과도 있다.[43] 하지만 버섯의 키틴도 그렇다는 연구 결과는 찾지 못했다.

올리브 절이기

올리브는 날로 먹으면 진저리가 날 정도로 쓰고 독성도 있다. 올리유로핀oleuropein이라는 물질 탓이다. 따라서 반드시 숙성과정을 거쳐 올리유로핀을 감소시킨 뒤에 먹어야 한다. 숙성이란 묵히기, 침출, 익히기 등 여러 과정을 아우르는 광범위한 개념이다. 올리브를 숙성시키는 방법들 가운데 상당수는 발효 단계를 포함한다.

나는 생올리브를 구하는 방법도 모르고, 손수 발효시킨 적도 없다. 솔직히 말해서 최근까지도 올리브를 즐겨 먹는 편이 아니었다. 다른 음식에 잘게 썰어 넣은 것은 겨우 먹을 수 있었지만, 통째로 들어간 올리브나 큼직하게 썰린 게 보이면 고개를 돌리곤 했다. 그런데 어쩌다 한번 먹어보겠노라 다짐하고 도전하기 시작했더니, 맛있는 올리브도 있다는 사실을 발견하고 좋아하게 되었다.

올리브는 온화한 지중해성 기후에서 자란다. 캘리포니아, 이탈리아, 크로아티아 같은 지역이 내가 올리브를 접한 곳이다. 올리브 나무에서 열매를 따는 시점은 늦가을에서 초겨울까지다. 행크 쇼라는 블로거는 "올리브가 잘 자라는 나라 사람들은 올리브를 아무 데서나 마음대로 따다가 먹는다"면서 "올리브를 돈 내고 따는 곳은 거의 없다"고 설명한다.[44]

올리브를 숙성시키는 구체적인 방법은 요리책이나 인터넷을 통해서 얼마든지 배울 수 있다. 나는 여러 자료를 두루 살핀 끝에 올리브를 숙성시키는 가장 손쉬운 방법은 발효라고 결론 내리게 되었다. 올리브를 비교적 단기간(한 달 또는 몇 달 정도)에 숙성시키는 경우, 먼저 껍질을 벗겨야 한다. 나무망치로 살살 두드려 껍질을 깬 뒤, 반으로 자르거나 구멍을 낸다. 생올리브를 통째로 발효시키려면 이보다 오래 걸려서, 8개월 내지 1년이 필요하다. 쓰디쓴 올리유로핀이 올리브에서 빠져나오는 속도가 크게 떨어지기 때문이다.

올리브의 껍질을 깨서 구멍을 내기로 마음먹었다면, 곧바로 물에 담가서 산화작용에 의한 변색을 예방해야 한다. 올리브가 푹 잠기도록 물을 넉넉하게 붓자. 그리고 매일 새 물로 갈아주자. 이보다 빨리 물이 탁해진다면, 더 자주 갈아야 한다. 이렇게 대략 2주가 지나면 쓴맛이 사라진다. 그러면 올리브를 다양한 양념과 함께 5%의 소금물에 담근다. 오이를 담그는 방법과 다를 것이 없다. 사람들이 올리브에 첨가하는 양념은 무척 다양하다. 행크 쇼는 "월계수 잎과 고수가 빠지지 않는다"면서 이렇게 조언한다. "나는 여기에 감귤 껍질, 검은 통후추, 고추,

오레가노, 로즈마리, 세이지, 마늘, 쓰촨 통후추 등을 첨가한다. 하지만 이 모든 것을 빠짐없이 챙겨서 넣어야 할 필요는 없다. 어렵게 생각하지 말자. 올리브는 올리브 맛이 나면 그만이다. 살짝 씁쓸하고, 단단하고, 풍요로운 그 맛 말이다." 적당한 무게를 지닌 접시 따위로 눌러서 올리브가 소금물에 잠긴 상태를 유지하자. 그리고 주기적으로 맛을 보자. 이렇게 몇 주 또는 그 이상의 시간이 지나면, 마침내 올리브가 잘 익는다. 냉장고에 넣어두고 맛있게 먹자.

껍질을 벗기지 않고 통째로 숙성시킬 경우 8개월에서 1년 정도가 소요된다. 이렇게 오랫동안 발효시키면 표면에 곰팡이가 자라는 것이 보통이다. 곰팡이는 생기는 대로 제거해주어야 한다. 물론 소금물 속에 잠긴 올리브는 멀쩡하니 안심하자. 침출된 올리유로핀으로 인해서 소금물이 탁해지면, 올리브를 건져내고 소금물은 버린다. 그리고 소금물을 새로 만들어 올리브를 넣는다. 몇 달이 지나서 쓴맛이 충분히 빠지기 전에 양념을 넣으면 안 된다. 통째로 발효시킨 올리브가 껍질을 벗긴 올리브보다 아삭함을 오랫동안 유지한다는 것이 일반적이다.

딜리빈

신선한 (초록, 노랑, 자주) 껍질콩에 딜을 첨가해서 익힌 음식을 딜리빈이라 부른다. 나는 어릴 적 아버지께서 만든 딜리빈을 맛있게 먹으면서 자랐다. 지금도 아버지를 뵈러 가면 유리병에 담긴 딜리빈을 함께 먹는다. 우리는 저녁 식사를 기다리면서 아삭하고 새콤한 딜리빈으로 허기를 가볍게 달래곤 한다. 아버지가 딜리빈을 만드는 순서는 이렇다. 우선 주둥이가 널찍한 유리병을 껍질콩으로 채우고 딜, 마늘, 고추, 소금, 셀러리 씨앗을 첨가한다. 식초와 물을 반씩 섞어서 끓인 다음 유리병에 붓고 뚜껑을 닫는다. 끝으로 널찍한 냄비에 물을 받고 유리병을 올려서 10분간 중탕한다. 딜리빈 역시 소금물에 담가서 발효시킬 수 있다. 염도 5%로 소금물을 만들고(물 1*l*에 소금 3큰술 정도) 껍질콩을 담근다. 딜과 마늘도 듬뿍 넣는다. 발효 기간은 온도에 따라서 달라진다.

어떤 요리책을 보면 줄기콩을 발효시키기 전에 조리하라고 권하고 있다. 클라우스 카우프만과 애널리스 쇠네크에 따르면, "껍질콩에는 파신phasin이라 불리는 독성 물질이 들어 있다. 파신은 소화를 방해하는 단백질로, 가열하면 분해된다." 두 사람은 "콩을 샐러드에 넣어서 날로 먹으면 절대 안 된다"고 충고하면서, 소금물에 5~10분간 끓인 뒤에 먹거나 발효시키라고 권한다.[45] 일평생 껍질콩을 날로 먹으며 이렇다 할 독성을 못 느낀 나로서는 파신에 대한 우려를 받아들이기 어렵다. 파신을 독소로 간주하는 논문도 별로 없었다. 1926년 독일의 연구 결과를 인용한 1962년 논문을 보면 "조리과정을 거치지 않은 강낭콩(파세올루스 불가리스*Phaseolus vulgaris*)의 분리단백질(파신)을 먹인 생쥐는 성장하지 않았다"고 나온다.[46] 하지만 우리 주제와 관련성이 거의 없어 보인다. 껍질콩은 강낭콩이 아니고, 우리 역시 강낭콩에서 추출한 분리단백질만 먹인 생쥐가 아니기 때문이다. 콩은 물론이고 특정 음식 한 가지에서 분리한 물질만 먹고서 건강을 기대할 수는 없을 것이다. 내가 찾아낸 또 다른 자료는 1979년 독일 의학지에 실린 논문을 식물학자 제임스 듀크가 요약한 것이다.

4~8세의 소년 세 명이 생강낭콩(파세올루스 불가리스)과 말린 울타리콩(파세올루스 코키네우스*P.coccineus*)을 조금 먹고 급작스러운

구토와 설사 등 중독 증세를 보였다. 조리과정에서 파괴되는 독소 파신에 의한 것으로 보인다. 소년들 모두 아미노기 전이효소 수치가 정상이었고, 전해질 등으로 비경구 처치한 결과 12~24시간 사이에 완전히 회복했다.[47]

소년들이 생콩과 함께 말린 콩을 먹은 사실에 주목하자. 실로 중대한 차이가 존재한다. 말린 콩에는 영양소 흡수를 방해하는 여러 독성 물질이 분명히 들어 있다.(11장 참조) 그리고 일부 품종의 "덜 익은" 콩을 날로 먹을 때도 마찬가지다. 풋콩은 조리과정을 거치더라도 먹을 수 있는 품종이 몇 가지에 불과하다. 그런데 이와 같은 독성 물질을 제거하거나 무해한 물질, 나아가 영양소로 바꾸는 효과적인 수단이 바로 발효다. 나로서는 생껍질콩을 발효시키면 문제가 생긴다는 견해를 받아들이기 어렵다. 그런데도 나는 카우프만과 쇠네크가 조언하는 방법대로 먼저 콩을 조리한 뒤에 발효시켜보았다. 애초에 지녔던 회의적인 생각에도 불구하고(생채소에 서식하는 젖산균이 조리과정에서 파괴되므로) 콩을 데쳐서 발효시켰더니 맛이 아주 좋았다. 조리과정을 거치지 않은 마늘과 딜에 젖산균이 살아서 제몫을 해낸 덕분이었다.

과일의 젖산발효

나는 이번 장에서 다양한 과일을 발효채소의 부수적 요소로 이미 언급한 바 있다. 그러나 과일의 젖산발효에 관해서 따로 한 단락을 할애하는 것이 마땅하다고 생각한다. 일반적으로 당분이 풍부한 과일 또는 과일즙은 주로 알코올로(이어서 공기와 접촉할 경우 아세트산으로) 발효된다.(과일을 알코올로 발효시키는 다른 방법에 대해서는 4장에서 상술했다.) 채소에 과일을 섞어 넣은 발효음식에는 이스트와 젖산균이 동시에 존재하는 것이 보통이다. 과일로 담근 김치의 경우 소금과 갖은 양념으로 과일을 버무리는데, 이때 과일은 주로 알코올과 아세트산으로, 채소는 주로 젖산으로 발효된다. 따라서 과일 맛이 여전히 달콤한 김치를 먹고 싶다면, 며칠간 짧게 발효시켜서 곧바로 먹거나 냉장고에 넣자.[48]

소금을 너무 많이 넣으면 이스트의 활동에 지장을 초래할 수 있다. 반면, 유청 같은 젖산 종균을 넣으면 이스트가 과도하게 활동할 수 있다. 과일을 젖산으로 발효시킨 대표적인 사례로 소금에 절인 레몬과 라임을 들 수 있다. 마두르 재프리가 쓴 『채식의 세계』를 보면 모로코 스타일로 소금에 절인 레몬을 간단하게 만드는 레시피가 나온다. 먼저 레몬 1kg과 소금 9큰술을 준비한다. 레몬은 세로로 4등분 하되, 완전히 분리하지 말고 아래쪽이 서로 붙어 있도록 자른다. 씨앗을 발라내고 "레몬의 겉과 속을 소금으로 버무린 다음 한 덩어리처럼 보이도록 오므린다." 발효 용기로는 1쿼트짜리 유리병을 쓴다. 유리병 바닥에 소금을 뿌린 뒤, 소금으로 버무린 레몬을 하나씩 넣는다. 이때 즙이 나오도록 꾹꾹 눌러서 레몬이 잠기도록 해야 한다. 이렇게 3~4주 발효시켜 레몬 껍질이 완전히 무르면 냉장 보관한다. 재프리는 "껍질과 과육 모두 새콤한 맛이 강해진다"면서 "그러나 조상의 지혜가 빛나는, 독특하고도 그윽한 새콤함"이라고 설명한다.[49] 레몬을 절일 때 쓰이는 소금의 양은 레시피에 따라서 조금씩 다르다. 내가 찾은 어떤 레시피는 레몬 4.5kg에 4큰술로 소금을 훨씬 적게 쓴다. 다시 한번 말하지만, 어떤 음식을 발효시키는 방법은 한 가지가 아니다. 여러분은 라임, 오렌

지 등 여타 감귤류 과일도 비슷한 방식으로 발효시킬 수 있다. 실제로 샐리 팰런 모렐은 마멀레이드가 원래 커다란 나무통에 눌러 담고 바닷물을 부어서 "젖산으로 발효시킨 음식"이라고 말한다.[50]

소금으로 버무려서 발효시킨 과일의 또 다른 사례는 일본의 우메보시梅干し다. 매실을 짭짤하고 새콤하게 절인 우메보시는 밥반찬으로 훌륭하고 약으로도 쓰인다. 자연식에 관한 책을 여러 권 집필한 에이블린 쿠시는 "길을 나서기 전에 우메보시 하나만 먹어도 여행 내내 건강을 지킬 수 있다"는 일본의 격언을 소개하기도 했다.[51] 우메보시에 쓰이는 매실(프루누스 무메*Prunus mume*)은 완전히 익기 전에 수확한다. 우메보시에 감도는 붉은빛은 페릴라, 비프스테이크 플랜트, 차조기 등으로 불리는 시소紫蘇(페릴라 푸르테스켄스*Perilla frutescens*) 이파리에서 나온 것이다. 내 친구 얼윈 드 월리는 40년 전 일본 서남부의 어느 시골 마을에서 가쓰라기 집안 사람들과 한동안 같이 살았다. 당시 집주인이 우메보시를 담그던 모습을 그가 일기장에 어떻게 적었는지 살펴보자.

> 매실 1.5*l*에 천일염 0.5*l*, 페릴라 이파리 100g(50개 정도)이 필요하다. 여기에 천일염 2큰술도 추가한다. 일본에서는 우메보시용 매실을 6월 중순에 수확하는 것이 보통이다. 초록빛 매실이 노랗게 변하기 시작하는 때다. 완전히 익은 매실은 도중에 녹아버릴 수 있다.

매실은 잘 씻어서 깨끗한 물에 담그고 하룻밤을 보낸다. 그런 다음 건져서 물기를 털어내고 항아리에 차곡차곡 넣으며 한층 걸러 한 번씩 소금을 뿌린다. 마지막 층을 깔고 나서 묵직한 누름돌을 올려둔다. 하루나 이틀 뒤, (소금으로 인해) 즙이 충분히 나와 매실이 푹 잠기면, 누름돌을 치우고 항아리에 뚜껑을 덮는다. 그렇게 20일을 기다린다. 앞으로 사흘간 비가 안 내리는 좋은 날씨가 이어질 것으로 보이면, 매실을 액체(우메보시 식초)에서 건져 햇볕 아래서 말린다. 매실이 잘 마르려면 한 층으로 널어야 한다. 광주리나 천 위에 펼치는 것이 가장 바람직하다. 바람이 위아래로 통하면서 잘 마르기 때문이다. 이 상태로 사흘 낮밤을 말린다. 그러는 동안 페릴라 이파리에 소금을 큰 숟가락으로 수북하게 두 번 넣고 (자줏빛) 즙이 더 이상 안 나올 때까지 손으로 쥐어짠다.(이렇게 짜낸 즙은 내버린다.) 그런 다음 매실을 도로 집어넣은 항아리에 이파리를 첨가한다. 여기에 우메보시 식초를 다시 부어 매실이 잠기게 한다.(남은 식초는 다른 요리에 사용하면 된다.) 그리고 항아리에 뚜껑을 덮는다.

여름이 오면, 매실을 다시 건져서 햇볕에 하루 말린다. 그리고 식초 없이 매실만 단지에 담아서 저장한다. 이것이 진짜 우메보시다. 처음에는 무척 짤 것이다. 하지만 시간이 흐를수록 짠맛은 줄고 감칠맛이 올라온다.

발효음식 애호가 앤드루 도널드슨은 물 1*l*에 소금 2큰술을 넣고 크랜베리를 발효시켰더니 그 맛에서 헤어날 길이 없었다고 내게 털어놓았다. 민족학자 릴리야 라베다에 따르면, 불가리아 산악지대에서는 — 소금을 전혀 넣지 않고 — "물만 부어서" 크랜베리를 발효시키는데도 "탁월한 맛과 향을 자랑한다."[52] 안 볼로호도 『러시아 음식 조리법』에서 소금물로 사과와 수박을 절이는 법에 대해 설명하고 있다. 먼저 사과의 경우, 먼저 물 3*l*에 설탕 3큰술/50*ml*와 소금 1.75큰술/25*ml*, 호밀 가루 6큰술/90*ml*를 녹인 달콤한 소금물을 만든다. 이어서 1갤런들

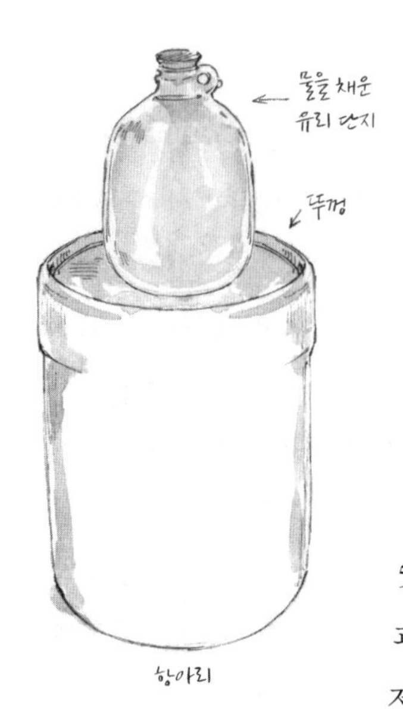

이 발효 용기에 새콤한 사과를 통째로 층층이 쌓으면서 사이사이에 타라곤과 체리 이파리를 집어넣은 다음, 달콤한 소금물을 붓고 누름돌을 얹은 뒤 뚜껑을 덮는다. 실내의 상온에서 며칠간 발효시키고 나서, 지하 저장고나 냉장고로 옮겨 한 달 이상 익힌다. 수박의 경우, (1.5kg 이하의) 조그만 것만 골라서 5% 소금물에 통째로 발효시키는데, 정향과 계피로 가미해서 40~50일 정도 지하 저장고 또는 냉장고에 둔다. 볼로흐는 이렇게 발효시킨 수박을 가리켜 "시원하게 톡 쏘는 느낌과 새콤달콤한 맛이 그 무엇과도 비교 불가"라며 자랑한다.[53]

과일은 채소와 함께 발효시킬 수도 있다. 채소를 주로 해서 과일을 조금 첨가하는 발효법에 대해서는 앞서 언급했지만, 정반대도 얼마든지 가능하다. 릭 첨리는 나한테 보낸 편지에서 파인애플 망고 처트니를 만드는 자기만의 비법을 소개했다. 요약하면, 파인애플과 망고를 썰고 무, 양파, 고수 이파리, 라임 즙, 타라곤, 생강, 후추, 소금을 첨가한 뒤 종균으로 유청을 쓰는 것이다.

과일은 유청, 사워크라우트나 김치 즙 등 젖산 종균으로 발효를 촉발시킬 수 있다. 샐리 팰런 모렐은 자신의 책 『영양가 높은 전통 음식』에서 이와 관련된 레시피를 다양하게 선보이고 있다. 버지니아주 로어노크에서 자기 지역의 식자재만을 고집하는 식당 로컬루츠 카페를 운영하는 리브스 엘리엇은 무화과를 젖산균으로 발효시켜 맛있는 잼을 만든다. 나는 아직도 그 맛을 잊지 못한다.(아래 상자 글 참조) 생과일을 택해도 좋고, 조리한 과일을 택해도 좋다.(조리한 경우, 체온 수준으로 식혀야 한다.) 어떤 과일이건 간에 젖산 종균을 첨가해서 발효시켜보자. 다만, 유리병에 설탕을 많이 넣고 발효시킬 경우 압력을 수시로 빼주어야 한다는 점만 기억하자. 압력이 강하게 차오르면 유리병이 터질 수 있기 때문이다.

로컬루츠 카페의 무화과 잼 만들기

리브스 엘리엇

(1*l* 기준)

거무튀튀한 말린 무화과 4컵/1*l*

천일염 1큰술/15*ml*

벌꿀 $\frac{1}{4}$~$\frac{1}{2}$컵/60~125*ml*, 입맛에 따라

물은 필요한 만큼

1. 무화과에서 줄기를 떼어 따뜻한 물에 1시간 담가둔다.
2. 믹서에 재료를 모두 넣고 부드러워질 때까지 간다. 이때 물을 붓고 갈아야 칼날이 잘 돌아가서 기계가 열을 받지 않는다.
3. 1*l*들이 유리병에 담는다. 주둥이 끝부분에서 2.5~4cm 아래 지점까지 차도록 물을 붓고 휘젓는다.
4. 유리병을 뚜껑으로 단단히 틀어막고, 실내 상온에서 이틀간(또는 거품이 일 때까지) 발효시킨 다음, 냉장고 맨 위 칸으로 옮긴다. 3주에서 한 달 사이면 먹기 딱 좋은 상태가 된다. 다만, 두 달 내에 먹어치워야 한다.

카왈

카왈Kawal은, 역시 카왈(카시아 오브투시폴리아*Cassia obtusifolia*)이라고 불리는 콩과 식물의 이파리를 발효시켜서 만든다. 수단의 다르푸르에서는 카왈이 향신료나 육류 대체식품으로 쓰인다. 하미드 디라르는 "카왈은 아프리카에서 극빈층이 먹는 음식 가운데 하나"라면서 "집어 먹은 손가락에서 불쾌한 악취가 몇 시간 동안 진동하는 탓에 현대적인 사회생활에 부적합하다고 해서 사회 지도층이 금지하는 음식"이라고 덧붙였다.[54] 그런데도 카왈은 수단 전역에서 널리 먹는 음식이다. "카왈 제조법을 잘 아는 난민들이 재료 즉 야생 카왈이 풍부한 곳을 찾아오지만, 원주민들은 카왈의 발효법에 대해서 알지 못한다."

카왈을 만드는 과정은 무척 간단하다. 꽃망울이 생길 무렵, 완전히 자란 카왈에서 초록빛의 부드러운 이파리를 딴다. 거추장스러운 것은 떼버리고 깨끗한 이파리만 절구에 넣고 찧어서 반죽으로 만든다. 카왈은 진흙으로 빚은 단지(부르마burma)에 담아 땅속에 묻어서 발효시킨다. 서늘한 부엌이나 지하 저장고도 괜찮다. 초록빛 반죽을 용기에 담고 수수의 푸른 잎으로 덮은 뒤 누름돌을 얹는다.

> 3~4일마다 부르마를 열어보다가 수수 이파리가 노랗게 말랐으면 걷어내고 내용물을 맨손으로 꼼꼼하게 치댄 뒤 신선한 수수 잎으로 덮고 뚜껑을 닫는다. (…) 이렇게 일주일 정도가 지나면 카왈에서 특유의 강한 악취가 나기 시작한다. 이 냄새는 먹기 전에는 절대 사라지지 않는다. (…) 두 가지 징표로 카왈이 다 익었음을 알 수 있다. 첫 번째는 반죽 표면이 노랗게 변하는 것이다. 두 번째는, 활발히 발효할 때 상온보다 높던 반죽의 온도가 떨어지는 것이다.

발효가 완전히 끝날 무렵, 흘러나왔던 즙은 도로 반죽에 스며든다. 그 결과, 반죽을 주무르면 손가락 사이로 빠져나갈 정도로 부드러워진다. 이렇게 완성한 반죽은 조그만 경단 또는 납작한 케이크로 만들어서 햇볕에 사나흘 말린다.[55]

말린 카왈 케이크는 1년 이상 보존할 수 있다. 물에 섞어 소스를 만드는 것이 전통적인 방법이지만, "도시 사람들은 카왈을 갈아서 후추처럼 다른 음식에 뿌려 먹는다."[56]

종균으로 채소 발효시키기

모든 채소는 자연적으로 발효할 수 있는 능력을 타고났다. 젖산균을 지니고 있기 때문이다. 이 박테리아는 맛있는 발효채소를 변함없이 성공적으로 만들어낸다. 내가 경험을 통해서 깨우친 사실이고, 내가 아는 거의 모든 전통적 발효법 역시 채소 고유의 박테리아에 기댄 것이다. 여러분도 채소를 발효시키는 과정에서 특정 발효균을 일부러 첨가할 필요가 없다. 그런데도 많은 사람이 발효의 속도를 높이고 진행 과정을 확실히 통제하려는 생각에 — 특수하게 배양한 박테리아 또는 젖산균 농축 제품 등 — 발효균을 집어넣는다. 이렇게 실험실에서 만들어낸 상품은 물론이고 잘 익은 사워크라우트 즙 또는 소금물, 콤부차, 케피어, 유청 따위도 종균으로 사용된다.

채소에 종균을 투여해서 발효시키는 발상 자체는 미생물학이라는 학문이 태동한 1세기 전부터 학자들의 연구 대상이었다. 그러나 대다수 학자들은 종균이 "쓸모없고 불필요하다"고 결론지었다. "발효를 담당하는 미생물이 스스로 증식해서 필요한 개체수를 충족하는 만큼 (…) 온도와 염도만 적절히 조정하면 발효가 저절로 이루어지기 때문이다."[57] 이와 같은 맥락에서 학자들이 일반적으로 규정하는 적절한 환경이란 2% 안팎의 염도와 섭씨 18도 안팎의 온도를 말한다.

종균이 제 빛을 발하는 때는 낮은 염도에서 채소를 발효시키는 경우다. 2007년 『식품과학 저널』에 발표된 내용을 보면, "소금을 50% 줄여서 발효시키면, 무르거나 이상한 냄새가 나는 등 최종 결과물의 품질에 예기치 못한 악영향을 미치는 것으로 나타났다. 그런데 L. 메센테로이데스 종균을 넣으면 염도와 무관하게 발효가 제대로 이루어져서 고품질의 사워크라우트를 만들 수 있었다."[58] 다만, 저염도에 따른 발효상의 문제는 식감이나 향미처럼 미각적인 영역에 속할 뿐, 안전성과는 무관하다는 사실에 주목하기 바란다. 염도가 낮다면 발효 기간을 짧게 가져감으로써 식감과 향미의 손실을 예방할 수 있다. 종균의 유무, 염도의 고저와 관계없이 생채소를 발효시키는 일은 본질적으로 안전하다.

나는 채소를 발효시킬 때 이미 익혀둔 발효채소의 즙을 종종 첨가하지만 발효의 속도와 품질에 있어서 극적인 차이를 겪은 적이 없다. 그러나 피클 만들기 애호가 이라 바이스는 강하게 권한다. "소금물을 만들 때 발효가 끝난 즙을 한 컵 넣으세요. 아주 훌륭한 종균이라서 발효에 걸리는 시간을 아낄 수 있습니다. 대략 섭씨 22도라면, 피클이 완전히 익을 때까지 7~10일 걸리던 것이 4~5일로 줄어들 것입니다." 하지만 내가 조사한 바로는, 사워크라우트의 경우 이와 상반되는 내용의 논문이 다수 존재한다. 유엔식량농업기구 보고서의 결론은 이렇다.

> 이미 발효한 즙이 유용한지 여부는 즙에 존재하는 미생물의 종류와 즙의 산도에 따라 달라지는 것이 보통이다. 종균으로 사용

한 즙의 산도가 0.3% 이상이라면, 형편없는 사워크라우트가 만들어질 것이다. 보통 발효의 개시를 담당하는 구균[류코노스톡 메센테로이데스—원주]이 높은 산도에 압도당한 나머지, 간균 혼자서 발효를 책임지는 사태가 벌어지기 때문이다. 반면, 즙의 산도가 0.25% 이하라면, 정상적인 사워크라우트를 얻을 수 있다. 그러나 즙 자체가 이로운 영향을 미치는 것으로 보이지 않는다. 오히려 발효한 즙이 들어가면 사워크라우트의 식감이 평소보다 물러지는 경우가 많다.[59]

나는 잘 익은 콤부차 즙을 종균으로 사용하는 사람들 이야기도 들었다. 심지어 콤부차의 모체로 채소를 덮는 사람들도 있다.

호주의 케피어 전문가인 도미닉 안피테아트로가 주인장으로 있는 케피어에 관한 유명한 웹사이트에서는, 쓰고 남은 케피어 알갱이를 — 우유를 발효시킬 때 사용하는 전통적인 케피어 알갱이건, 워터 케피어 알갱이건, 두 가지를 함께 쓰건 간에 — 종균으로 활용해서 채소를 발효시키라고 선전한다. 도미닉은 케피어 알갱이를 조그만 당근과 사과의 즙과 함께 갈아서 "케피어 알갱이 혼합액"을 만들어 채소와 함께 발효시킨다고 했다. 그리고 자신의 홈페이지에 "융통성을 얼마든지 발휘해서 만들 수 있다"고 적었다.

여러분은 케피어 알갱이를 통째로 사용할 수도 있습니다. 먼저 발효 용기의 절반을 케피어 알갱이로 채운 뒤 나머지 절반을 다른 재료들로 마저 채우면 됩니다. 아니면, 케피어 알갱이를 물 또는 신선한 과일/채소의 즙에 녹여서 미리 다져놓은 재료들과 섞은 뒤 다른 과일 또는 채소와 함께 발효 용기에 담아도 됩니다. 그것도 아니면, 신선한 채소와 케피어 알갱이를 처음부터 함께 다져서 발효 용기에 넣을 수도 있습니다. 어떤 방법을 택하더라도 놀라운 케피어크라우트를 단시간 내에 만들 수 있습니다. 실패할 리가 없습니다![60]

가정에서 채소를 발효시킬 때 가장 널리 쓰이는 종균은 발효균이 살아 있는 유청이다. 유청은 우유에서 분리한 지방 응고물로부터 추출한 액체다. 추출 방법에 따라서 발효균을 함유할 수도 있고 함유하지 않을 수도 있다. 예를 들어, 우유를 가열한 뒤에 식초를 넣어 산성화시키면, 유청이야 얻을 수 있을지언정 열처리 과정에서 박테리아가 죽고 만다. 마찬가지로 육체미 선수들이 사 먹는 유청 단백질 가루에서도 발효균이 생존할 수 없다. 우유를 발효시킨 뒤에 산성화 또는 응고효소를 활용하거나, 우유가 저절로 산성화되도록 내버려두었다가 추출해야만, 발효균이 살아 있는 유청을 얻을 수 있다. 요컨대, 가열은 금물이다.

유청을 얻을 수 있는 가장 흔한 재료는 케피어와 요구르트다. 케피어는 2~3일만 발효시키면 저절로 분리되므로, 유청만 따라내면 그만이다. 다만, 응고물과 유청이 다시 섞일 수 있으니 조심해서 따라야 한다. 요구르트의 경우, 그릇에 소쿠리를 받친 뒤 촘촘하게 짠 무명천을 여러 겹으로 깔고 그 속에 부어 넣는다. 이어 무명천의 네 귀퉁이를 한데 모아서 수평을 유지하며 천천히 들어올린다. 그러면 유청이 그릇으로 뚝뚝 떨어진다. 고리나 못을 이용해서 적당한 곳에 무명천 주머니를 매달아두고 유청을 받는다. 오래 매달아둘수록, 요구르트는 점점 굳어지고, 유청은 더 많이 고일 것이다.

이렇게 가정에서 만든 종균은 박테리아의 활동력이 왕성해서 새로운 기질에 얼마든지 정착할 수 있는 수준에 이미 도달한 상태다. 하지만 이 밖에도 실험실에서 키운 종균으로 제품을 만들어 판매하는 회사가 아주 많다. 나는 이 책을 쓰는 동안, 콜드웰 바이오-퍼먼테이션 캐나다사에서 출시한 종균을 시험 삼아 써봤다. 양배추 1kg을 썰고 1.8%의 소금물을 부었다.

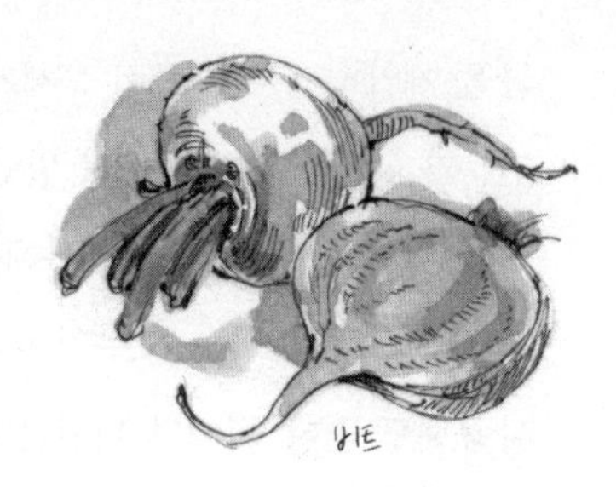

절반은 콜드웰 제품으로 발효시키고, 나머지 절반은 늘 그러듯이 자연 발효하도록 두었다. 전자는 초기에 놀라울 정도로 pH가 떨어졌지만, 후자는 그렇게 빨리 산성화가 진행되지 않았다. 물론 24시간이 지나기 전에 안전지대(pH 4.6 이하)에 도달하기는 했다. 두 가지 다 맛이 좋았고 식감도 비슷했다.

시중에서 팔리는 종균이 발효 및 산성화의 속도를 높여준다고 해도, 사용할 필요가 없다는 내 생각에는 변함이 없다. 내가 종균 제품을 비판적으로 보는 결정적인 이유는 자연 발생적 발효에 대한 공포심을 증폭시키고 위기감을 조장하는 기업들의 일반적인 마케팅 방식에 있다. 콜드웰 바이오-퍼먼테이션은 자사 홈페이지에서 채소를 그냥 발효시키면 "심지어 위험할 수 있다"고 말한다.[61] 내가 이 점에 대해 문제를 제기하자, 그쪽에서 캐나다 정부와 공동으로 수행한 연구 결과를 보내왔다. 종균을 이용한 발효법과 자생적 발효법을 비교하면서, 종균이 pH를 더 빨리 떨어뜨리는 사실을 입증하는 내용이었다. 나 역시 인정하는 지점이다. 그러나 진실을 왜곡하는 대목도 다수 등장한다. 이를테면 "채소에 원래 서식하는 미생물 중에는 (…) 곰팡이균, 이스트, 심지어 병원균도 있어서 건강을 해칠 위험이 있다"는 식의 표현이다.[62] 실제로 채소에는 위에서 언급한 미생물이 존재할 수 있다. 그러나 순수한 이론적 추정과 달리, 산성화라는 예측 가능한 과정을 통해서 병원균을 제압하므로 아무런 문제가 되지 않는다. 미국 농무부의 발효채소 전문가 프레드 브라이트의 발언으로 돌아가보자. "발효한 채소를 먹고 병에 걸린 사실이 입증된 사례는 한 건도 없다. 나는 채소를 발효시키면 위험하다는 말을 도무지 이해할 수가 없다." 원한다면 종균 제품을 사용해도 좋다. 하지만 위험하다는 걱정에서 그럴 필요는 없다. 고유의 박테리아로 발효시킨 채소는, 그 과정이야 가지각색이겠으나, 마음 놓고 즐겨도 된다. 인류의 역사가 안전성을 이미 입증했다.

액체 상태의 발효채소: 비트 또는 상추 크바스, 숙성시킨 양배추 즙, 카안지, 샬감 수유

대부분의 채소는 단단한 상태로 발효시킨다. 그러면 즙이 나와서 적절한 비율로 채소를 감싼다. 이 즙은 맛과 향이 진해서, 강력한 소화촉진제로 마실 수 있다. 『요리의 기쁨』(1975년판)에서는 사워크라우트 즙을 가리켜 "영웅을 위한 탕약"이라고 부르기도 한다.[63] 물의 비율을 높게 잡아서 채소를 발효시키면, 채소가 함유한 영양분이 즙과 함께 물에 녹아들어 발효균이 살아 있는 새콤하고 맛있는 건강 음료가 된다.

비트 크바스kvass(비트 라솔rassol로도 불리며, 소금물을 뜻한다)는 염도가 낮은 물에 비트의 즙을 우려내서 발효시킨 것이다. 나는 일반적으로 1쿼트짜리 유리병으로 비트 크바스를 담근다. 큼직한 비트 한 개 또는 작은 것 두 개를 모서리가 1cm쯤 되는 깍두기 모양으로 잘게 썬다. 유리병에 넣고 물을 가득 붓는다. 소금 한 꼬집을 첨가하고, 원한다면 유청 같은 종균을 넣는다. 며칠간 발효시키는데, 정확한 일수는 온도, 각 재료의 특성 및 비율, 미생물 환경, 선호하는 맛에 따라서 달라진다. 매일 맛을 보다가, 깊고 짙은 색으로 변하기 시작하면서 괜찮은 맛이 난다 싶으면 비트를 건져낸다. 이 상태로 비트 크바스를 음료처럼 마셔도 되고, 보르시치의 베이스로 써도 된다. 압력을 어느 정도 견디는 밀폐 용기에 옮겨 담아 뚜껑을 닫고 상온에서 하루 이상 발효시켜 가볍게 탄산화할 수도 있다. 샐리 팰런 모렐은 비트 물에 유청을 조금 넣는 편이 좋다면서, 비트 크바스가 "탁월한 조혈 강장제라서 신진대사를 원활하게 하고, 소화 기능을 도우며, 혈액을 알칼리화하고, 간을 깨끗이 씻어낼 뿐 아니라, 신장결석을 비롯한 여러 질병을 치료하는 데 좋은 효능을 보인다"고 설명한다.[64]

상추 크바스는 만드는 방법이 비트 크바스와 똑같다. 비트 대신 상추만 썰어서 넣으면 된다. 나는 캐나다 출신의 두 여성한테서 상추 크바스 이야기를 처음 들었다. 두 사람의 말을 퍼즐 맞추듯 종합하면 이렇다. 유대계 루마니아인 이민자의 손녀로 위니펙에서 자란 게일 싱어라는 사람이 있었다. 아버지는 여러 피클을 줄기차게 만들던 사람이었다. 그중에는 상추 피클도 있었는데, 아버지는 이 피클을 가리켜 살라타*salata*라고 불렀다. 아버지가 세상을 뜨고 세월이 꽤 흐른 뒤, 게일은 상추 피클에 관심이 생겼지만 만드는 법을 도무지 찾을 수 없었다. 다행히 인터넷을 통해서 상추 크바스를 기억하는 몇몇 사람을 찾아냈고, 러시아 출신 이민자로 음식사학자인 알렉산드라 그리고리에바도 알게 되었다. 그리고리에바는 자신과 게일이 힘을 합쳐 수집한 증언 목록을 제시하면서 이렇게 썼다. "게일을 비롯한 30여 명의 증언을 통해서 그런 상추 음식이 존재했다는 사실을 입증할 수 있었다. 이 모든 것이 유대인 문화의 일부분이다." 아울러 증언자들이 뿌리를 둔 지역을 살핀 결과, "유대인 가정에서 전해 내려오는 이런 음식의 존재를 알고 있는 사람들은 대부분 우크라이나의 유대인 집단 거주 지역 출신이었다." 그리고리에바는 종종 이디시어[유럽 중부의 유대인 언어]로 슈마테 *shmate*(천 조각)라 불리는 상추에서 쓴맛을 제거하려는 목적으로 이런 식의 발효과정을 거쳤다고 본다. 그는 상추 피클과 상추 크바스에 대해서 "같은 재료를 가지고 (식초로 만드는 법과 발효로 만드는 법을 따로 또는 같이 활용하면서) 다른 음식을 만들었다"고 설명한다. 그리고리에바에 따르면, 상추 크바스는 "초록빛이 연하게 감도는 시원한 음료"로서 "상추 이파리를 대충 찢어서 딜이나 마늘과 함께 염도가 낮은 — 때로는 설탕도 살짝 가미한 — 소금물에 담그는 방식으로" 발효시킨 것이다.[65]

이 전통적인 발효채소에 대해서 기억하는 사람이 거의 없는 까닭은 유대인들의 공동체 슈테틀shtele 자체가 추방 또는 일소의 대상으로 전락했기 때문이다. "여름이면 우크라이나 전역을 뒤덮던 상추에 대해서 우리가 까맣게 잊어버린 까닭은 명백하다. (…) 이와 같은 전통적 식생활 문화를 여전히 지키는 극소수의 유대인들은 주로 슈테틀의 고향집에서 쫓겨나 이스라엘, 캐나다, 미국, 러시아, 심지어 독일 같은 타국으로 이주한 사람이기 때문이다."[66]

채소를 액체 형태로 발효시킨 또 다른 사례로는 양배추 발효즙을 들 수 있다. 물론 즙보다는 혼합액이라는 표현이 정확할 수 있다. 먼저 양배추를 썰어 믹서기에 넣는다. 그리고 믹서기의 $\frac{2}{3}$ 정도까지 물을 붓는다. 걸쭉한 상태로 갈아서 단지나 유리병, 그릇에 쏟는다. 대량으로 만들고 싶으면 같은 과정을 몇 차례 반복한다. 소금은 넣어도 좋고 안 넣어도 좋다. 뚜껑을 닫고 며칠간 발효시키면서 매일 맛을 본다. 익은 맛이 날 때 양배추 건더기를 걸러낸다.(다른 음식에 넣어도 되고, 사료나 퇴비로 써도 된다.) 이렇게 만든 혼합액이 양배추 발효"즙"이다.

나는 발효에 대해서 본격적인 관심을 두기 전부터 양배추 발효즙의 존재를 알고 있었다. 에이즈 치료 문제로 지하운동이 벌어지던 초창기,

민간요법 가운데 하나로 꼽히던 것이 바로 양배추 발효즙이었다. 액체 형태인 발효즙은 음식을 제대로 소화시키지 못해 쇠약해지는 환자들이 채소의 영양소와 몸에 이로운 박테리아를 섭취하는 중요한 수단이 되고, 때로는 극적인 회복의 원동력으로 작용하기도 한다. 에이즈 보균자로 살아가는 데 도움이 되는 식이요법을 한데 모은 『면역결핍을 이겨내는 법』(1995) 역시 "양배추 발효즙의 놀라운 효험"을 치켜세우면서 하루에 두세 번 반 컵씩 마시라고 조언한다.[67]

카안지Kaanji는 당근과 겨자 씨앗을 소금물에 발효시킨 펀자브 지방의 음료로, 매콤한 맛을 자랑한다. 진홍색 당근으로 만드는 것이 원칙이지만, 여의치 않으면 당근에 비트를 섞어도 된다. 재료가 되는 채소들은 성냥개비처럼 채를 썬다. 채소 250g에 겨자 씨앗 가루 $\frac{1}{2}$컵/120*ml*, 소금 57g/$\frac{1}{4}$컵, 물 2*l* 정도로 비율을 잡는다. 발효 용기에 담고 뚜껑을 닫은 상태로 따뜻한 곳에서 일주일 동안 발효시킨다. 건더기를 제거한 혼합액만 차갑게 식혀서 마신다.

채소를 액체 형태로 발효시킨 또 다른 음료로 터키 사람들이 좋아하는 샬감 수유Salgam suyu가 있다. 자주색 당근과 순무를 소금물로 발효시켜 즙을 우려낸 것이다. 나는 친구 루카가 데려간 런던의 어느 터키 식당에서 이 음료를 마셔보았다. 정말 좋았다. 우리는 샬감 수유를 라키raki와 함께 (각각 다른 잔에 담아서) 즐겼다. 라키는 아니스로 향을 낸 독주인데, 두 음료 사이의 궁합이 절묘했다.

쓰케모노: 일본식 채소절임

쓰케모노漬物라 불리는 일본식 피클은 대단히 다양한 채소를 재료로 해서 — 일반적인 물과 소금의 조합을 뛰어넘어 — 대단히 다양한 발효 매개체에 절여 만들 수 있다. 예컨대, 미소나 쇼유醬油, 사케를 만들고 남은 쌀 찌꺼기와 이스트, 미소나 사케를 빚을 때 쓰이는 코지麴(10장 코지 만들기 참조), 쌀겨 등에 채소를 담그거나 묻어서 채소절임을 만들 수 있다. "일본식 천연발효 채소절임은 집집마다, 상점마다 서로 다른 향미를 자랑한다. 지역적인 차이도 분명하다. 같은 지역이라도 마을에 따라서 맛이 다른 경우가 종종 있다." 미국에서 태어나 일본 여성과 결혼하고 일본에서 여러 해 거주한 리처드 헤이호의 말이다. "그 맛과 향을 고집스럽게 지키는 사람들이 있다. 문화, 레시피, 제조법이 대가족 제도 아래서 세대를 거듭하며, 때로는 상당한 논쟁도 거치는 가운데 오랜 세월 전해 내려온 결과다."

다른 모든 지역과 마찬가지로, 일본에서도 전통 방식의 채소절임이 내리막길을 걷고 있다. 그러나 한편에서는 전통을 되살리겠다는 움직임도 엿보인다. 일본을 오랫동안 답사한 발효음식 애호가 에릭 하스의 이야기다.

> 채소를 손수 담가서 먹는 사람이 매우 드문 반면, 화학물질 범벅인 편의점 음식을 사 먹는 사람이 너무 많아서 다소 놀랍기도 하고 서글픈 느낌도 들었다. 한번은 외딴 마을에서 전통 방식으로 채소절임을 만들어 먹는 나이 지긋한 여성을 만났다. 이러저러한 이야기를 나누던 중, 나는 그분이 전통적 채소절임을 안 좋아한다는 사실을 알게 되었다. 어느 날 갑자기 대도시 사람이 차를 몰고 마을에 와서 주민들에게 뭐든 전통 방식으로 만들어달라고 부탁하기 시작하더니, 결국엔 전통적인 시골 마을의 풍습을 구현하기로 주민들과 계약을 맺었다는 것이다. 그분은 이후로 몇 년 동

안 그 약속을 지켰을 뿐이고, 자신은 식료품점에서 구입한, 화학 물질이 듬뿍 들어간 채소절임만 먹는다고 했다. 그저 "더 맛있게 절였기 때문"이었다. 물론 나는 — 채소절임을 포함해서 — 전통을 제대로 살리는 사람도 많이 만났다. 주로 일본 대도시의 천편일률적이고도 혼잡한 문화에 염증을 느끼며 자기 인생을 알차게 꾸려가기 위해 분투하는 20대 중반에서 40대 중반에 걸친 청장년들이었다. 어떤가? 많이 들어본 이야기 같지 않은가?

이와 같은 대안적 움직임이 미국에서도 벌어지고 있다. 획일적으로 대량생산한 식품들이 전통적인 음식 문화를 밀어내면서 허탈함을 느낀 사람들이 전통을 되살리는 문화운동에 나서기 시작한 것이다. 고귀한 전통을 망각의 늪에서 건져내 오늘날 되살리는 운동에 여러분도 동참하기 바란다!

미소 절임みそ漬け, 쇼유 절임醤油漬け, 코지 절임麹漬け, 술지게미 절임(가스즈케かす漬け 또는 나라즈케奈良漬け)은 발효의 매개체를 손수 만들거나 구할 수 있다면 절이는 방법 자체는 하나같이 아주 간단하다. 그중에서도 가장 간단한 것은 쇼유 절임이다. 액체 상태의 매개체이기 때문이다. 쇼유에 쌀식초나 사케를 따로 또는 함께 섞어서 채소가 담긴 단지에 부으면 끝이다. 쇼유를 제외한 나머지 모든 매개체는 고체 형태다. 이 경우에는 채소를 썰거나 통째로 층층이 쌓으면서 사이사이에 매개체를 깔아야 한다. 그래야 채소 조각들이 서로 접촉하지 않은 상태로 매개체에 완전히 뒤덮일 수 있다. 사워크라우트를 만들 때처럼, 채소 위에 누름돌을 얹어두는 것이 좋다. 물론 적은 양을 유리병으로 발효시킬 때는 누름돌이 없어도 된다. 미소나 사케 앙금으로 절임을 만들 때는, 다른 종류의 매개체를 함께 사용해도 되고, 사케 등을 향신료 삼아서 넣어도 된다.

채소는 본격적인 발효에 들어가기 전에 어느 정도 말리는 것이 일반적이다. 대개 마른 채소에 소금을 치고 24~48시간 정도 눌러두거나 바람에 말리는 식이다. 이렇게 하면, 채소즙이 발효 매개체를 덜 희석시킨다. 미소 절임은 가장 오랜 시간이 걸리는 축에 속한다. 때로는 몇 년씩 발효시키기도 한다. 물론 며칠만 지나도 맛있게 익기 시작하므로 금세 먹을 수도 있다. 절인 채소를 건져 먹고 남은 미소는 국을 끓이거나 소스를 만들 때 쓰면 좋다. 사케앙금 절임도 몇 달에서 몇 년씩 발효시키곤 한다. 아주 달콤한 코지 절임은 발효 기간이 가장 짧아서, 통상 일주일 이내에 먹는다. 이때 코지(또는 아마자케甘酒)에 들어갈 채소는 소금을 치고 눌러서 미리 물기를 빼는 것이 보통이다.

개인적으로 가장 많이 만들어본 일본식 절임은 누카즈케糠漬け, 즉 쌀겨 절임이다. 복합적이고도 풍부한 맛이 정말 좋다. 쌀겨는 백미를 도정하는 과정에서 나오는데, 쌀에서 영양소가 가장 풍부한 부분이기도 하다. 여기에 채소를 묻어 발효시킨 것이 누카즈케다. 밀을 비롯한 다른 곡물의 겨로 쌀겨를 대체하거나 쌀겨에 첨가해서 누카즈케를 만들 수도 있다. 과거 일본에서는 낟알을 사서 방앗간으로 가져가 쌀겨를 벗기는 것이 백미를 얻는 일반적인 방식이었다. 10% 도정이면 가볍게 벗긴 셈이고, 30% 도정이면 통상적인 백미가 된다. 고급 사케를 빚을 때는 50% 이상 도정한 쌀을 쓴다. 누런 낟알 한 자루를 방앗간에 가져가면, 자루 두 개를 들고 집으로 돌아오는데, 하나는 쌀이 든 자루이고, 다른 하나는 쌀겨가 든 자루라고 한다. 되도록 신선한 쌀겨를 구하되, 곧바로 누카즈케를 만들지 않을 생각이라면 냉장고에 넣어두어야 한다. 쌀겨에 기름기가 덮이면서 산패할 수 있기 때문이다.

쌀겨를 무쇠 냄비로 살짝 볶아서 말리면 아주 좋은 향기가 난다. 내가 참 좋아하는 향기다. 볶은 쌀겨는 항아리로 옮긴다. 이때 항아리의 절반 정도를 쌀겨로 채우는 것이 좋다. 이어서 소금을 뿌린다. 내가 여러 곳을 돌아다니며 긁어모은 레시피를 두루 살피면, 쌀겨 무게의 5~25%에 해당되는 소금이 필요하다. 소금을 무조건 최저 수준으로 쓰고 싶은 사람들도 있을 것이다. 나 역시 그런 편이다. 여하간 중요한 사실은, 여타 발효채소를 만들 때와 마찬가지로, 맛을 봐가면서 소금을 넣어야 한다는 점이다. 소금을 더 넣기는 쉬워도 덜어내기는 어렵다는 사실도 잊지 말기 바란다. 각각의 누카즈케 단지에서 서로 다른 향미가 느껴지는 까닭은 쌀겨에 첨가한 여러 양념이 서로 다른 조합으로 뒤섞이기 때문이다. 내 경우는 겨자씨 가루, 다시마 조각, 표고버섯, (줄기와 씨앗을 제거한) 고추, 마늘, 생강, 미소, 약간의 사케 또는 맥주를 즐겨 사용한다.

그리고 물을 붓는다. 나는 『천연발효』에 소개한 레시피에서 쌀겨 1kg을 기준으로 잡고 물을 넉넉히 부으라고 주문한 바 있다.(물 6컵/1.5*l* 와 맥주 1컵/250*ml*) 쌀겨가 물에 흠뻑 젖어야 짓이겨서 곤죽으로 만들 수 있고, 그래야 맛있는 절임을 만들 수 있기 때문이다. 그런데 이후로 몇 년 동안 여러 사람이 답신을 보내오기를, 누카는 곤죽보다 조금 더 빽빽한 상태로 만드는 것이 보통이라는 것이었다. 에릭 하스 역시 내게 보낸 메일에서 "사람들이 집에서 누카즈케를 어떻게 만드는지 봤더니, 훨씬 진득한 매개체를 활용한다"고 썼다. 내가 누카즈케 만드는 법을 처음 배운 것은 에이블린 쿠시의 『자연식 요리 완벽 가이드』에서였다. 저자의 레시피를 보면, 쌀겨 0.5kg에 물 2컵을 붓고 쌀겨에 누름돌을 얹어서 물에 잠긴 상태를 유지하라고 나온다. 내가 찾은 나머지 레시피는 이보다 물을 훨씬 덜 쓰고 누름돌 이야기도 없다.

내가 누카즈케에 관해서 가장 자세한 내용을 배운 것은 엘리자베스 안도가 쓴 아름다운 책 『감사感謝: 일본 전통 채식을 찬미하며』를 통해서다. 저자는 40년 전에 미국에서 일본으로 건너간 사람이다. “이웃 사람들이 내가 절임 단지를 애지중지 간수하는 모습을 보고 깜짝 놀랐다.(심한 충격을 받은 표정이었다.) 하지만 그들은 이내 ‘베이비시터’의 길에 기꺼이 동참했고, 열정을 기울이기 시작했다. (…) 나는 누카 단지를 살뜰히 돌보면서 일본 여성의 삶을 새로운 시각으로 바라볼 수 있었다. 채소절임을 통해 문화적 거리감을 지운 셈이다.”[68] 안도는 누카를 가리켜 “빽빽한 반죽”이라고 부르면서, 부피를 기준으로 쌀겨의 $\frac{1}{4}$쯤에 해당되는 용액(물과 맥주 또는 사케의 혼합액)을 사용하라고 말한다.(쌀겨 500g에 용액 $1\frac{1}{4}$컵/300*ml*. 4컵≒1*l*.)[69]

일본 사람들은 채소를 누카 단지에 묻기 전에 소금으로 문지르는데, 이 작업을 이타주리板摺り라고 부른다. 채소를 뒤척여가면서 굵은 소금으로 문질러 닦아내는 과정이다. 이렇게 하면 채소의 숨이 죽으면서 즙이 나오기 시작한다. 도중에 채소에서 씁쓸한 물질 아쿠灰汁가 하얀 거품과 함께 내어 나온다면, 발효 매개체에 묻기 전에 닦아내야 한다.

처음에는 한 가지 종류의 채소만 단지에 넣고 누카즈케를 담가보자. 무엇보다 채소가 쌀겨에 완전히 묻히도록 신경을 써야 한다. 누카의 표면을 판판하게 매만지고 발효 용기 옆면에 달라붙은 쌀겨 찌꺼기도 닦아낸다. 누카가 담긴 단지에 공기는 들어오고 파리나 먼지는 못 들어오도록 천으로 덮어서 보관한다. 하루가 지나면, 처음 담갔던 채소를 건져내고, 깨끗한 손으로 누카를 휘저은 다음, 새로운 채소를 가져다가 소금으로 문대서 집어넣는다. 한 번에 한 가지 종류의 채소로 이와 같은 과정을 몇 차례 반복하면, 건져내는 채소에서 독특한 맛과 향기가 나기 시작할 것이다. 안도는 이 작업을 가리켜 누카 반죽을 “길들인다”고 표현한다. “반죽이 필요한 조건을 갖추려면 어느 정도 시간이 필요하다. 그런데 반죽에 아무것도 넣지 않고 기다리면 좋은 박테리아를 얻기까지 아주 오래 걸린다. 시간을 아끼려면, 뭐라도 집어넣는 편이 낫다."[70]

일단 누카가 단지 안에서 숙성을 마치면, 더 많은 채소를 묻어 넣을 수 있다. 통째로 넣어도 되고, 한입 크기로 썰어서 넣어도 된다. 물론 발효에 걸리는 시간은 차이가 날 것이다. 안도는 자신이 누카를 담그는 리듬에 대해서 다음과 같이 설명한다.

> 봄이나 가을이면, 발효 작용이 활발한 단지에 채소를 넣을 경우, 8~12시간 사이에 맛과 향이 좋은 절임이 탄생한다. 아침을 먹고 나서 채소를 묻으면 저녁 반찬으로 꺼내서 먹을 수 있을 정도다. 낮 기온이 섭씨 27도를 넘는 날에는, 불과 6시간 만에(때로는 더 짧은 시간 안에) 완전히 익어버린다. 이 말은 이른 오후에 담가도 저녁상에 올릴 수 있다는 뜻이다. 날씨가 따뜻한 날에 하루 종일 집을 비우게 되면, 전날 밤에 채소를 묻었다가 아침에 꺼내서 반죽이 묻은 채로 냉장고에 넣는다. 그리고 저녁에 돌아와 반죽을 닦아서 먹는다. 기온이 섭씨 7도 아래로 떨어진 날에는, 적어도 15시간, 길게는 20~24시간 정도 발효시켜야 완전히 익는다. 따라서 겨울에는 저녁을 먹고 나서 채소를 단지에 묻어야 이튿날 저녁에 맛있게 즐길 수 있다. 다 익은 채소를 반죽 속에 계속 박아두면 신맛이 무척 강해진다. 이것을 "오래 묵힌 절임"이라는 뜻으로 후루즈케古漬け라고 하는데, (아주 시큼한 딜 피클처럼) 좋아하는 사람은 아주 좋아한다.[71]

나 역시 후루즈케를 아주 좋아하는 사람이다. 발효 기간을 달리 적용하면서 자신의 입맛에 꼭 맞는 절임을 만들어보자.

누카 단지에서 채소를 꺼내 먹을 때 주의할 것이 있다. 채소에 묻은 쌀겨 반죽을 최대한 털어내서 단지에 남겨두어야 한다. 이렇게 잘 관리하면 누카 단지를 반영구적으로 사용할 수 있다. 누카 단지를 관리하는 핵심은 하루도 빠짐없이 섞어주는 것이다. 채소가 염분을 흡수하고 그 채소를 반복해서 꺼내 먹기 때문에 주기적으로 소금을 보충할 필요가 있을 것이다. 양념과 쌀겨 반죽 자체도 이따금 보충이 필요할 것이다. 먼 길을 나설 때는 누카 반죽을 냉장고에 보관해야 한다.

마지막으로 소개할 일본의 특별한 절임은 단무지다. 무를 쌀겨에 6개월, 1년, 또는 그 이상 묻어서 만드는, 은은하고 담백한 느낌의 맛있는 절임이다. 먼저 무청이 달린 무를 매달아 햇볕에 1~2주 말린다. 가능하면 햇볕이 잘 드는 창가에 매달아두는 것이 가장 편하다. 실외에 매달아둘 경우, 매일 밤 실내로 들여야 이슬에 젖지 않는다. 이렇게 말린 무는 무게도 줄고 질감도 부드럽다. 쉽게 구부릴 수 있으면, 절일 때가 된 것이다. 이파리를 자른 뒤 (항아리 덮개용으로 남겨두고) 평평한 곳에 놓고 손으로 누르며 앞뒤로 굴려서 단단한 부위를 마저 부드럽게 만든다.

나는 어느 블로거가 포스팅한 레시피[72]를 따라서 무게를 기준으로 무의 15%에 해당되는 쌀겨와 6%에 해당되는 소금으로 (건조 기간에 부피가 대폭 줄어든) 단무지를 절인다. 여기에는 누름돌을 얹어두는 작업과 쌀겨 및 소금의 소요량을 산출해서 측정하는 작업도 포함된다. 저울이 없다면, 말린 무 500g당 소금 2큰술과 쌀겨 $\frac{1}{2}$컵 정도로 잡으면 된다. 쌀겨와 소금을 섞을 때 (색감을 위해서) 말린 감의 껍질, 다시마 몇 조각을 넣는다. 원한다면 고추 몇 개 또는 사케를 첨가해도 좋다. 이렇게 만든 발효 용액을 항아리 바닥에 야트막하게 담고, 그 위에 무를 한 층으로 깐다. 이미 부드러워진 무라서 감거나 구부려 넣을 수 있다. 무와 무 사이의 작은 틈을 이파리로 메운다. 공기 접촉을 최대한 줄이기 위해서다. 그 위를 얇은 발효 용액층으로 다시 덮는다. 이런 식으로 무와 발효 용액을 번갈아가면서 계속 쌓아 올리되, 맨 위는 발효 용액층이어야 한다. 끝으로, 남겨둔 무청을 깔고 접시로 덮은 다음 묵직한 누름돌을 얹는다. 항아리 주둥이는 헝겊으로 가려야 한다. 이 상태로 서늘한 곳에 두고 적어도 한 계절, 길게는 몇 년 동안 발효시킨다.

발효채소로 만드는 요리

지금껏 나는 발효시킨 채소를 그대로 먹는 이야기만 여러분께 들려주었다. 영양학상 발효채소의 가장 중요한 이로움이 그 속에 들어 있는 박테리아 집단이라고 믿기 때문이다. 발효채소를 조리하면 이 박테리아가 살아남을 수 없다. 하지만 발효 문화가 발달한 곳에서는 발효채소를 요리에 활용하는 경우가 아주 많다. 발효채소를 먹기로 작정한 사람이라면, 그것을 조리한 음식 또한 못 먹을 이유가 없을 것이다.

발효채소 활용을 위한 몇 가지 아이디어

- 발효채소나 그 즙에 고기를 재워두거나 뭉근히 끓인다. 산 성분과 박테리아가 고기를 부드럽게 해준다. 폴란드 사람들은 사워크라우트에 고기를 넣고 푹 끓인 비고스Bigos를 즐겨 먹는다. 비슷한 음식을 알자스 지방에서는 슈크루트 가르니choucroute garni라고 부른다.

• 팬케이크: 한국에서는 김치로 팬케이크[전]를 부쳐 먹는 경우가 많다. 잘 익은 채소를 잘게 썰어서 새콤한 맛이 물씬 풍기는 팬케이크를 만들어보자.(8장 납작하게 부친 빵/팬케이크 참조)

• 수프: 김치찌개(김치 수프)는 한국을 대표하는 음식 가운데 하나다. 양파를 비롯한 여러 채소와 삼겹살 같은 고기를 볶다가, 양파와 고기가 누르스름해지면 김치를 넣고 몇 분 더 볶는다. 여기에 육수, 두부, 간장을 넣고 끓이다가 양념으로 간을 맞추고 먹는다. 러시아 사람들도 비슷한 방식으로 사워크라우트를 (때로는 생양배추를) 끓인 시치Shchi를 즐긴다. 러시아에서는 특히 여름에 라솔로 국을 끓여 시원하게 먹기도 한다. 비트 크바스 역시 보르시치를 끓일 때 국물로 쓰인다. 발효채소는 그대로 먹을 수도 있지만, 이렇게 국을 끓일 때 넣어서 맛과 향을 돋울 수도 있고, 다른 음식에 고명으로 얹어서 즐길 수도 있다.

• 피에로기Pierogi, 스트루들, 파이, 만두: 사워크라우트는 피에로기와 필로 파이, 스트루들에 소로 들어가는 전형적인 재료다. 한국에서도 만두를 빚을 때 김치를 넣곤 한다. 발칸에서는 사르마를 만들 때 발효시킨 양배추 이파리로 내용물을 감싼다.

• 케이크: 버터밀크나 사워도, 사워크라우트는 빵을 구울 때 쓰이는 알칼리성 베이킹소다에 대응하는 산 성분으로 사용될 수 있다. 독일인 이민자들이 오래전부터 모여 사는 동네에 가면, 사워크라우트 케이크 만드는 법이 수록된 요리책을 쉽게 구해 볼 수 있다.

라페트(발효시킨 찻잎)

버마 사람들이 즐기는 라페트laphet(lephet, lahpet)는 — 차나무(카멜리아 시넨시스*Camellia sinensis*) 이파리를 발효시켜서 먹는 — 특이한 발효채소다. 내가 라페트에 대해서 처음 관심을 두게 된 것은 캘리포니아주 샌프란시스코에 사는 아델 카펜터 덕분이었다. 그는 라페트를 두고 "버마 음식을 파는 레스토랑에서 견과류 튀김과 여러 씨앗, 레몬을 곁들인 샐러드로 먹었더니, 짭짤하게 잘 익은 그 맛이 이루 말할 수 없을 정도로 좋았다"고 말한다. 라페트를 만들려면 우선 신선한 찻잎을 한 시간 정도 쪄야 한다. 그런 다음 대나무로 짠 발 위에 펼치고 손으로 으깬다. 으깬 찻잎은 발효 용기에 넣고 힘껏 눌러서 공기를 빼내고, 압축한 상태로 예닐곱 달에서 1년 정도 발효시킨다.[73] 어느 녹차 수입상은 여행 일지에 라페트 먹는 법을 이렇게 적었다. "발효시킨 (새콤한 맛의) 찻잎에 생강, 마늘, 고추, 기름을 섞고 소금을 쳐서 한꺼번에 먹는다."[74] 내 친구 수즈는 필라델피아의 어느 상점에서 버마산 라페트 한 봉지를 찾아내 "솔직히 지금껏 살면서 손에 꼽을 정도로 정말 맛있게 먹은 음식"이라는 한마디를 얹어서 나한테 부쳐주었다. 나는 위에서 설명한 양념을 첨가해서 상추와 라페트로 샐러드를 만들어 먹어봤다. 놀라운 맛의 향연이었다. 친구들에게 대접했더니 "우와, 우와" 하고 감탄사를 연발하면서 더 달라고 빈 접시를 내밀었다. 수즈는 앨라배마에 있는 자기 농장에서 녹차나무를 키우는 중이지만, 아직 키 작은 관목들이어서 잘 익은 찻잎으로 라페트를 만들려면 몇 년을 더 기다려야 한다.

거품이 난다면

걱정하지 말자. 흔히 그렇다. 특히 발효에 들어가서 처음 며칠은 거품이 나기 마련이다. 거품이 표면에 계속 떠 있으면 잘 걷어내서 버리면 된다. 거품은 얼마 못 가 가라앉을 것이다. 어쩌면 거품을 단 한 방울도 목격하지 못할 수도 있다. 역시 문제 될 것 없는 현상이다.

이스트나 곰팡이가 표면을 뒤덮는다면

뭔가가 발효음식의 표면을 뒤덮는 것은 무척 흔한 현상이다. 놀랄 이유가 전혀 없다. 이상한 것이 생겼다고 애써 만든 사워크라우트를 몽땅 내버리면 안 된다. 최선을 다해서 곰팡이를 걷어내자. 그래서 양이 조금 줄더라도 개의치 말자. 자세한 내용은 곰팡이와 이스트를 참고하기 바란다.

지나치게 짜다면

물을 조금 더 넣고 잘 섞은 뒤에 다시 간을 보자. 필요하다면 이런 과정을 반복한다. 너무 짜서 물을 많이 부어야 한다면, 소금물을 어느 정도 덜어내는 것도 방법이다. 물을 조금 첨가하는 정도라면, 사워크라우트에 즙이 조금 늘겠거니 여기면 된다. 일부 전통적인 발효법 중에는 소금을 아주 많이 써서 발효시켰다가 맹물에 헹구어 먹는 경우도 있다. 하지만 이런 식으로 소금기를 빼다가 영양소와 박테리아까지 털어버릴 수 있다는 것이 문제다.

악취가 심하다면

채소를 발효시키면 악취가 강하게 풍긴다. 당연한 현상이고, 보통은 문제가 안 된다. 여러분 또는 여러분과 함께 사는 사람들이 냄새 때문에 고통을 받는다면, 공기가 잘 통하는 반半 실외 공간에서 발효시키는 것도 방법이다. 물론 비에 젖거나 과도한 열기 또는 냉기에 노출되어선 안 된다. 유리병에 넣어서 발효시키는 것도 해법이다. 압력을 빼줄 때만 밖으로 나가면 되기 때문이다. 에어록이 달린 용기로 채소를 발효시키는 그레그 라지는 발효과정에서 생기는 거품이 창문 밖으로 직접 빠져나가도록 플라스틱 관을 연결했다. "그랬더니 집 안에 냄새도 전혀 안 나고, 곰팡이도 안 생겼다."

음식이 실제로 썩어서 풍기는 악취는 이미 많은 문제가 발생했다는 사실을 의미한다. 표면에서 자란 곰팡이가 제거되지 않은 채 그 뿌리를 오랫동안, 깊숙하게 내렸다는 뜻이기도 하다. 하지만 나무통이나 항아리를 가득 채운 발효채소의 윗부분이 아무리 끔찍한 몰골로 변해서 악취가 코를 찔러도, 그 몇 센티미터 아래쪽에는 입에 침이 고일 정도로 황홀한 맛과 향의 크라우트-치가 숨어 있다는 사실을, 나는 수많은 경험을 통해서 분명히 알고 있다.

아삭아삭하지 않고 무르다면

낮은 온도, 높은 염도, 탄닌 등의 요인들이 각기 또는 복합적으로 작용하지 않고 상당한 시간이 흐르면, 결국에는 효소가 펙틴을 망가뜨려 채소를 무르게 만들어버린다. 이는 오이나 여름호박처럼 수분이 많은 채소를 발효시킬 때 금세 나타나는 현상이다. 하지만 기온이 높거나 염도가 낮은 상태로 오래 묵히면 양배추 역시 무르지 않을 수 없을 것이다. 무른 채소를 먹어도 아무 문제가 없다. 도리어 무른 상태를 선호하는 사람들도 있다.

걸쭉한 점액질로 변한다면

때로는 채소를 발효시키는 소금물이 걸쭉하고 끈끈하며 진득한 점액질로 흉측하게 변하기도 한다. 어떤 경우에는 대사 작용이 과도하게 진행되면서 나타나는 일시적 현상일 수도 있다. 하지만 곤죽 같은 상태가 계속되는 경우도 있을 것이다. 『발효음식의 미생물학』에 따르면, "사워크라우트를 발효시키는 과정에서 종종 발생하는 이 같은 현상은 아직 그 원인이 정확히 규명되지 않았다."[75] 『현대 식품 미생물학』의 또 다른 연구 결과를 보면, "크라우트가 끈적한 상태를 보이는 것는 *L.* 쿠쿠메리스*cucumeris*와 L. 플란타룸이, 특히 높은 온도에서, 급격하게 증식한 결과"라고 한다.[76] 내 경험에 비춰볼 때도, 크라우트의 끈적임은 발효에 이상적인 수준을 넘어선 높은 온도에서 자주 발생한다는 주장이 옳다. 서늘한 계절을 기다렸다가 다시 도전해보는 것이 좋겠다.

분홍빛이 감돈다면

크라우트에 감도는 분홍빛이 붉은 양배추나 무, 비트 또는 과일 때문이라면 축하할 일이다. 그러나 새하얀 양배추로 크라우트를 담갔는데 분홍색으로 변한다면, 채소 고유의 이스트가 생성한 색소 탓이다. 주로 염도가 3%를 넘을 때 이런 현상이 종종 발생하는데, 분홍색 크라우트를 먹어도 아무 문제가 없으니 안심해도 좋다.[77] 대량의 사워크라우트를 상업적으로 제조하면서 소금을 골고루 뿌리지 않으면, 분홍색 크라우트(소금이 과도한 부분)와 무른 크라우트(소금이 부족한 부분)가 동시에 나오는 경우도 있다.[78]

구더기가 기어다닌다면

음식을 오랫동안 보존하면서 숙성시킬 경우 파리가 덤비지 못하도록 주의해야 한다. 안 그랬다간 파리가 음식 위에 낳아놓은 알에서 구더기가 나와 꼬물거리는 광경을 목격하게 될 것이다. 나는 발효음식이 들어 있는 항아리를 낡은 침대 시트처럼 촘촘하게 짜인 면직물로 덮어둔다. 특히 파리가 극성인 여름철이면 끈으로 단단히 묶어서 꼼꼼하게 차단한다. 하지만 자신이 만든 크라우트-치에서 구더기가 나왔다고 공포에 휩싸이거나 모조리 내다 버릴 필요는 없다. 구더기는 발효음식의 표면에서 알을 깨고 나온 뒤, 음식에서 벗어나 위로 올라가려는 습성이 있다. 음식 속으로 파고들지 않는다는 말이다. 구더기도 안 보이고 변색된 부분도 안 보일 때까지 발효채소 윗부분을 2.5cm 정도씩 걷어내다보면 좋은 향기가 나기 시작할 것이다. 다만, 발효 용기의 옆면을 확실하게 닦아내야 구더기나 파리 알을 완전히 제거할 수 있다. 작업을 모두 마친 뒤에는 또다시 파리가 여러분의 소중한 크라우트-치에 달려들지 못하도록 뚜껑을 야무지게 닫아두어야 한다.

6장

새콤한 건강 음료

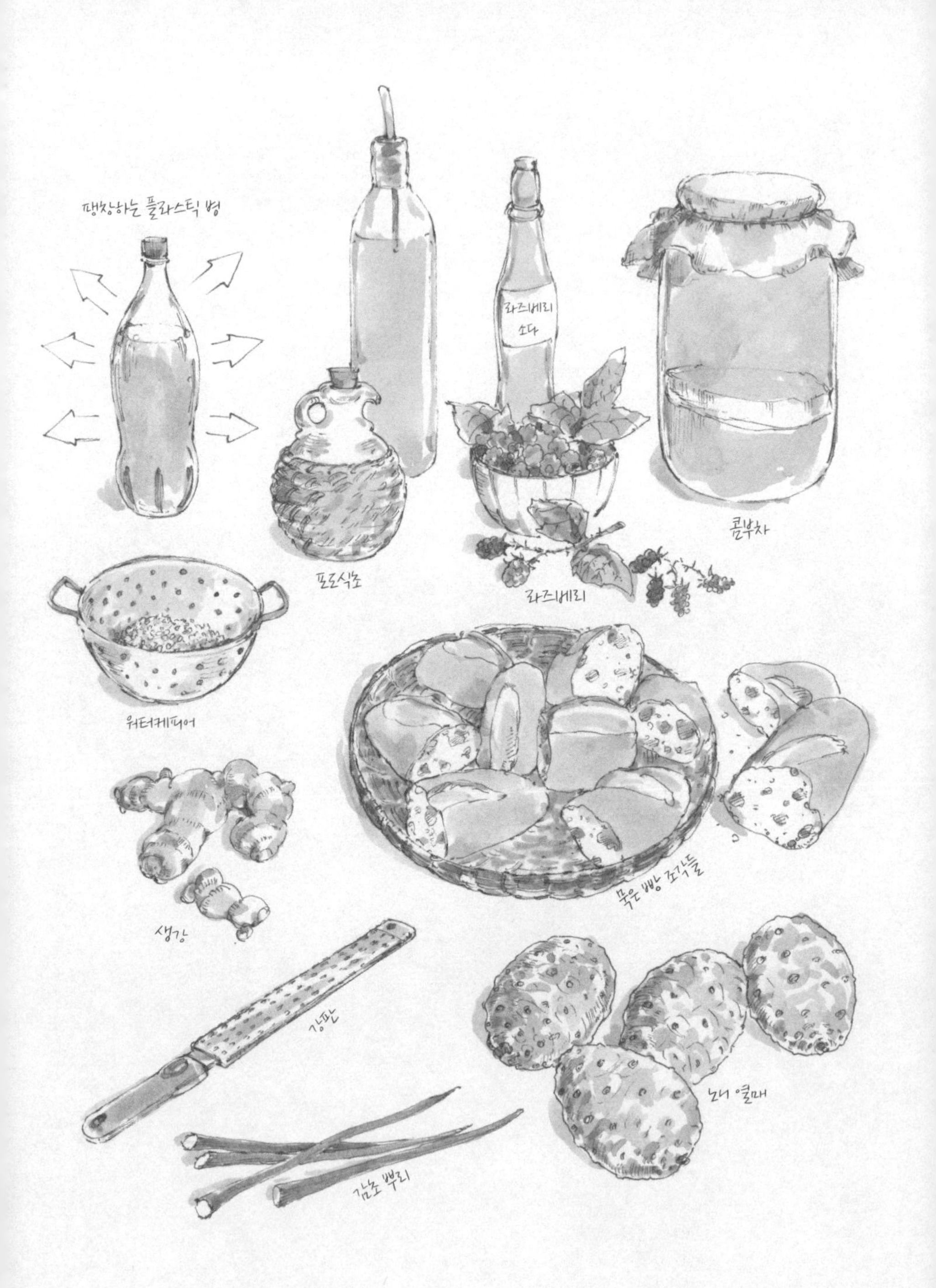
팽창하는 플라스틱 병
라즈베리 소다
포도식초
콤부차
라즈베리
워터케피어
묵은 빵 조각들
생강
강판
노니 열매
갈논 뿌리

새콤한 건강 음료Sour tonic beverage란, 내가 일군의 발효음식을 폭넓게 아우르기 위해서 최근에 하나의 개념으로 정립하기 시작한 말이다. 나는 『천연발효』에서 고구마를 가볍게 발효시킨 가이아나 사람들의 음료를 (유청을 종균으로 사용한다는 이유로) 유제품에 포함시켜서 다룬 바 있다. 이 밖에도 러시아 크바스는 곡물 편에, 진저비어는 포도주 편에, 슈럽은 식초 편에 포함시켰다. 어디에 포함시켜야 하는지 막막했던 콤부차는 결국 곡물 편으로 들어갔다. 하지만 콤부차에는 찻잎과 설탕이 들어갈 뿐, 곡물이라고 할 만한 것이 전혀 안 들어가는 만큼 어색한 자리매김이 아닐 수 없었다.

이제 나는 위에서 언급한 음료들은 물론 ― 전 세계 각지에서 오랜 세월 줄기차게 만들어온 기존 음료들과 발효 문화의 부흥을 꿈꾸는 사람들이 새롭게 만들어낸 최신 유행 음료들까지 포함한 ― 그 밖의 여러 음료까지 어떤 공통된 주제의 다양한 변주라고 여긴다. 여기서 공통된 주제라고 하면, 맛있고, 새콤하고, 달콤하고, 약간의 알코올을 함유하기도 하고, 젖산균이 (다른 박테리아들과 더불어) 살아서 우글거리고, 대체로 건강에 이로우며 강장 효과가 있다고 여겨진다는 점을 말한다. 강장 효과란, 손때 묻은 내『대학생을 위한 웹스터 영어사전』에 따르면, "원기를 북돋고 상쾌한 기분과 시원한 느낌을 선사한다"는 뜻이다. 우리가 이번 장에서 다루게 되는 음료들의 특성이 바로 이렇다. 한마디로 — 그 와전된 참뜻을 되찾는다면 — 청량음료라는 말이다.

전부는 아니지만 거의 모든 건강 음료는 특정한 종류의 종균을 넣어서 발효시켜야 한다. 일단 종균들이 활동을 시작하면, 나머지 발효 과정은 그들이 알아서 해결한다. 따라서 건강 음료는 여러분이 새로운 발효음식을 반복적으로 만들어 꾸준히 섭취하기 위한, 달리 생각하면, 발효균을 체내에 지속적으로 보충하기 위한 최선의 선택이라고 할 수 있다. 나는 단순하고도 자연스러운 리듬 속에서 일상을 살고자 하는 사람들, 살아 있는 발효균으로 건강을 지키고자 하는 사람들에게 새콤한 건강 음료만 한 것이 없다고 생각한다. 생각만 해도 입에 침이 고이는 다채롭고도 놀라운 맛, 갈증을 한 방에 날려주는 시원함, 여기에 실험정신과 창의성을 무궁무진하게 발휘할 기회까지 한꺼번에 안겨주기 때문이다.

생강청(생강청으로 진저비어 만들기 참조)이나 사워도(8장 사워도 참조) 같은 일부 종균은 흔히 구할 수 있는 재료를 가지고 가정에서도 쉽게 만들 수 있다. 한편, 콤부차나 워터케피어 같은 종균들은 박테리아와 곰팡이가 집단을 이루어 독특한 물리적 형태를 이룬 것으로, 육안으로 확인하고 손으로 만져보면서 다음번에 발효음식을 새로 만들 때 옮겨 넣을 수 있을 정도로 큼직큼직하다. 우리는 이것을 박테리아와 이스트의 공생 집단이라는 뜻으로 스코비라 부른다. 건강 음료를 즐기고 싶다면, 먼저 종균 또는 스코비를 구하거나 만들어야 한다. 다행히 사용하면 줄어들어 없어지는 것이 아니기 때문에, 발효음식 애호가들한테서 어렵지 않게 얻을 수 있다. 이 책 끝부분에 실은 참고 자료를 보면 종균의 교환이 국제적으로 이루어짐을 알 수 있을 것이다. 스코비를 기꺼이 나누어주는 사람들의 명단을 상업적인 판매처 정보와 함께 정리했으니 참고하기 바란다. 인터넷을 조금만 뒤져보면 수많은 구매 정보가 튀어나온다. 훨씬 더 비공식적인 정보 역시 얼마든지 얻을 수 있다. 여러분도 종균을 구해서 한동안 키워보면, 남아도는 스코비를 다른 사람에게 나누어주고 싶은 마음이 솟을 것이다. 발효 문화를 되살리고 널리 전파하는 길에 동참하자!

여러분이 만드는 건강 음료에 알코올 성분이 얼마나 들어갈지 정확하게 말하기는 어렵다. 모든 건강 음료는 적은 양의 알코올을 함유할 가능성이 없지 않다. 특히 밀폐한 유리병으로 발효시키면 혐기성 박테리아 활동에 도움이 되므로 그럴 가능성이 더 높다. 어린이 또는 술을 거부하는 사람을 위해서 알코올 성분을 최소화하고 싶다면, 최대한 단기간에 발효시키자. 이렇게 발효시킨 건강 음료는 탄산의 짜릿한 맛과 프로바이오틱스를 선사한다. 아울러 신맛은 덜하고 알코올 함유량도 최소화할 수 있다. 무알코올 음료의 법적 기준인 0.5% 이하의 알코올 함유량은 보통 사람이 느끼지 못하는, 무시해도 좋은 정도다. 빵이나 오렌지 주스 같은 음식들에도 그 정도의 알코올은 들어 있는 경우가 많다.[1]

탄산화

만드는 사람이 원하기만 하면, 어떤 건강 음료라도 탄산화가 가능하다. 개인적으로 탄산화한 음료를 아주 좋아한다. 우리는 언제 어디서든 청량음료를 마실 수 있는 교활한 마케팅의 시대를 살고 있다. 달콤하면서도 톡 쏘는 맛의 중독성과 탄산의 짜릿한 목 넘김이 주는 만족감을, 그 엄청난 유혹을 무슨 수로 거부한단 말인가? 하지만 달콤한 시럽을 탄산화해서 청량음료로 만들어주는 이산화탄소 압축탱크가 등장하기 전까지만 해도, 우리는 자연적인 방식으로 발효시킨 탄산음료를 즐겼다.

탄산화란 건강 음료가 이산화탄소를 머금게 만드는 것이다. 공기가 통하는 용기로 음료를 발효시키면, 이산화탄소가 거품을 가볍게 일으키면서 금세 날아가버린다. 하지만 발효음료를 탄산화하고 싶다면, 발효가 활발하게 진행될 때까지(거품이 마구 일어날 때까지) 기다렸다가, 굵은 철사로 마개를 조일 수 있는 병이나 뚜껑을 돌려서 닫을 수 있는 맥주병, 청량음료 병처럼 상당한 압력을 견디는 용기로 옮겨 담고 밀폐시켜야 한다. 이 상태로 발효시키되, 단기간에 그쳐야 한다. 온도와 발효의 활발한 정도에 따라서 다르겠지만, 고작 몇 시간 내에 끝내야 하는 경우도 있다. 발효를 마친 탄산음료는 냉장 보관하면서 마신다.

주의: 달콤한 음료의 탄산화는 대단히 위험할 수 있다! 여러분은 이 점에 대해서 분명하게 이해하지 않으면 안 된다. 맹렬하게 발효하는 음료가 들어찬 유리병은 폭발할 가능성이 있다. 샴페인이나 맥주 같은 알코올음료가 자연스럽게 탄산화하는 것은 발효가 끝나서 모든 당분이 알코올로 변한 뒤의 일이다. 나중에 미량의 설탕을 첨가하는 "프라이밍"으로는 알코올음료를 탄산화시키기에 충분할 뿐, 술병을 터뜨릴 정도에 미치지는 못한다. 반면, 건강 음료는 사정이 완전히 다르다. 대개 상당량의 당분을 고스란히 머금은 상태로 살짝 발효시켜서 유리병에 담아 즐기기 때문이다. 유리병 속에 들어간 당분은 계속 발효하면

서 이산화탄소를 생성, 과도한 탄산화를 야기해서 위험한 상황을 초래할 가능성이 매우 높다. 건강 음료를 유리병에 담아서 보관할 때 주의가 필요한 이유다.

내가 이렇게 신신당부하는 까닭은 독자 여러분을 겁주려는 의도가 아니다. 잘 알아두어야 한다고 강조하기 위해서다. 건강 음료를 적당히 탄산화하면 효능과 맛을 배가할 수 있다. 하지만 과도한 탄산화로 인해서 압력이 크게 상승했다간, 애써 만든 건강 음료가 흘러넘치거나 유리병이 폭발할 수 있다. 못 마시게 되는 것은 안타까운 일이긴 해도 큰 문제가 되는 것은 아니다. 얼마 전, 내 친구 스파이키가 어느 무더운 날 계곡에서 물놀이를 하다가 또 다른 친구 고노웨이의 진저비어 한 병을 땄다.

엄청 뜨거운 날이었어. 우리는 계곡 아래쪽 물가로 소풍을 갔지. 나는 '가방에서 진저비어를 꺼내면 친구들이 얼마나 좋아할까' 싶은 마음에 적당한 기회만 노리고 있었어. 그러다가 이때다 하고 병을 꺼내서 호기롭게 뚜껑을 땄지. 그랬더니 무슨 군악대 큰북 치는 소리처럼 펑! 하면서 뚜껑이 날아가는 거야. 속에 들었던 진저비어는 간헐천처럼 솟구쳤다가 우리 머리 위로 쏟아졌고 말이야. 정말 심장이 떨어지는 줄 알았다니까! 우리는 유치원생들처럼 한꺼번에 환호성을 내질렀지. 그러고는 유리병이 내 가방 안에서 터지지 않은 게 천만다행이라고 안도의 한숨을 내쉬었어. 물론 우리는 바위 한 귀퉁이 우묵한 바닥에 — 한 병 분량이 거의 다 — 고여 있는 진저비어를 맥 빠진 표정으로 쳐다만 봐야 했고.

기껏 발효시킨 음료가 사방으로 흩뿌려지는 광경을 지켜본다면 안타깝기 그지없을 것이다. 그러나 유리병이 폭발하면 사람이 다치거나 심할 경우 목숨을 잃을 수도 있다. 미주리주에 사는 발효음식 애호가 앨리슨 에월드는 포도즙으로 워터케피어 "과일 맥주"를 만들어 유리병에 담고 철사로 뚜껑을 단단히 틀어막은 뒤, (비교적 온도가 높은) 냉장고 맨 위 칸에 넣고 하룻밤 발효시켰다. 앨리슨은 오전 7시쯤 유리병이 터지는 소리에 깜짝 놀라 잠에서 깼다. 남편 마크는 냉장고 바로 옆에, 두 사람의 딸 콜은 불과 3m 거리에 서 있었다.

> 아무도 다친 사람은 없었어요. 마크의 등에 조그만 유리 파편들이 스치긴 했지만요. 유리 조각이 포도 음료와 함께 온 집 안에 튀었더군요. 폭발 지점에서 9m나 떨어진 침대 너머로도 구슬만 한 파편이 떨어질 정도였어요. 식구들 모두 피 한 방울 안 흘렸다는 것은 한마디로 기적이었습니다. 그때부터 폭발의 잔해를 남김없이 쓸고 닦기까지 두 시간이나 걸렸답니다. (…) 사람들이 우리가 겪은 위험한 사건을 참고한다면 병원에 실려가는 불행한 사태를 피할 수 있겠지요.

하지만 나는 불행한 사건을 겪은 사람들의 이야기도 여러 차례 들었다. 로드아일랜드의 발효음식 애호가 래피얼 라이언은 이런 편지를 보내왔다. "몇 주 전이었어요. 어떤 친구가 심하게 다쳤습니다. 진저비어였던가, 루트비어였던가 확실치는 않은데, 유리병이 터졌다는군요. (…) 정말 조심해서 살피거나 냉장고에 넣어두지 않으면 폭탄이 따로 없어요."

문제는 유리병 내부의 압력이 어느 정도인지 가늠하기 어렵다는 데 있다. 탄산화 정도를 측정하는 전통적인 방법 하나는 유리병마다 건포도를 몇 알씩 넣는 것이다. 내용물의 탄산화가 진행될수록 건포도가 떠오르기 때문이다. 나는 그간의 경험을 바탕으로 탄산화의 여지가 많은 달콤한 음료는 대부분 플라스틱 청량음료 병에 담는다. 유리병을 주로 사용하는 경우라도, 일부는 반드시 플라스틱병에 담는다. 이런 맥락에서 플라스틱병의 장점은 명확하다. 손으로 꾹꾹 눌러보면 내부에 압력이 얼마나 찼는지 쉽게 파악할 수 있기 때문이다. 플라스틱병이 쑥쑥 잘 들어가면 압력이 덜 생겼다는 뜻이고, 탱탱해서 잘 안 들어가면 압력이 많이 생겼으니 늦기 전에 냉장고에 넣거나 서둘러 마셔야 한다는 뜻이다.

안전을 확보하기 위해서 내가 추천하는 또 다른 방법은 만일의 사태에 대비해서 유리병을 수건으로 감싸는 것이다. 병뚜껑을 열자마자 아까운 음료가 솟구쳐 못 먹게 되거나 주변을 더럽히는 사태를 예방하려면, 차갑게 식힌 뒤에 개봉하는 것이 좋다. 그럼에도 불구하고 흘러넘칠 것 같으면, 싱크대에 병을 내려놓고 그 위에서 뚜껑을 열자. 한두 모금 분량이라도 건질 수 있을 것이다. 뚜껑을 열 때도 방법이 있다. 거품이 솟구치는지 유심히 살피면서 조금씩 살살 열어야 한다. 정말로 그럴 기미가 보이면 냉큼 닫고서 잠시 기다린다. 다시 살살 열어보고, 그래도 거품이 마구 일면 또 한 번 단단히 잠근다. 이런 식으로 몇 차례 반복하면 내부의 압력이 천천히 빠지기 때문에 거품이 사방으로 튀는 낭패를 당하지 않고 맛있는 음료를 개봉할 수 있을 것이다. 재차 강조하거니와, 적당한 탄산화는 건강 음료의 가치를 한 차원 높여주지만, 지나친 탄산화는 아까운 내용물을 흘러넘치게 만들 뿐 아니라 폭발을 초래할 수 있다. 조심하라!

생강청으로 진저비어 만들기

진저비어는 가정에서 만드는 대표적인 탄산음료다. 시중에서 팔리는 대다수의 진저에일처럼 가벼운 생강맛으로 만들 수도 있고, 생강을 많이 넣어서 매콤하게 만들 수도 있다. 생강청은 진저비어를 발효시키기 위한 종균으로서, 생강과 설탕과 물로 간단하게 만든다.(다른 음료에 종균으로 쓰일 수도 있다.) 진저비어는 생강청 말고도 여러 다른 종류의 종균으로 발효시킬 수 있으니, 워터케피어와 유청이라는 종균을 참고하기 바란다.

생강청만큼이나 발효가 쉬운 것도 없다. 생강을 (껍질째로) 조금 갈아서 조그만 유리병에 담고, 물과 설탕을 넣은 뒤 휘저으면 그만이다. 처음 며칠 동안 수시로 휘저으면서 생강과 설탕을 조금씩 더 넣다보면, 거품이 마구 일기 시작할 것이다. 생강뿌리는 이스트와 젖산균이 풍부하기 때문에 거품이 금방 생기는 편이다. 그런데도 생강청에서 거품이 나지 않는다고 하소연하는 사람이 꽤 많다. 내 생각에는, 미국으로 수입되는 거의 모든 생강이 방사선 처리과정을 거치면서 박테리아와 이스트가 소멸하기 때문으로 보인다. 유기농 마크가 붙은 식재료는 (미국 농부무의 유기농산물 판정 기준에 따라서) 방사선 처리과정을 거치지 않은 것이다. 따라서 유기농 생강 또는 방사선을 쪼이지 않은 것이 분명한 생강을 사용해야 최선의 결과를 얻을 수 있겠다.

생강청에서 거품이 마구 일어나기 시작하면(또는 다른 종류의 종균을 이미 가지고 있다면), 생강물을 우려내는 것으로 진저비어를 만들기 위한 첫 단계를 준비하자. 나는 생강을 넣고 끓인 물을 체온 수준으로 식힌 뒤 냉수에 희석시키는 방식을 애용한다. 생강물을 만들려면, 얻고자 하는 진저비어의 절반에 해당되는 물을 냄비에 붓는다. 그리고 생강을 얇게 썰거나 갈아서 넣는다. 진저비어 4l당 5~15cm 이상의 생강 뿌리가 필요하다. 팔팔 끓기 시작하면 불을 줄이고 뚜껑을 닫은 채로 15분 정도 보글보글 끓인다. 생강을 얼마나 넣어야 마음에 들지 잘 모르겠다면, 실험을 통해서 맛을 찾아가면 된다. 처음에는 생강을 조금만 넣고 끓여서(그리고 희석시켜서) 맛을 본다. 더 강한 맛을 원한다면, 생강을 더 넣고 다시 15분간 끓이면 된다.

다 끓었으면, 생강물을 뚜껑이 없는 발효 용기(항아리, 주둥이가 큼직한 유리병, 양동이 등)에 붓고 찌꺼기는 내버린다.(이때는 찌꺼기를 남겨두었다가 나중에 걸러내도 된다.) 그리고 설탕을 넣는다. 나는 보통 갤런당 설탕 2컵을 쓴다.(원하는 최종 결과물을 얻으려면, 여전히 물이 더 필요하다.) 그러나 여러분은 이보다 달게 만들고 싶을지 모른다. 뜨거운 생강물에 설탕이 녹으면, 최종 목표로 삼은 진저비어의 양만큼 물을 더 붓는다. 그러면 달콤한 생강물이 적당한 온도로 식을 것이다. 그래도 여전히 뜨겁다면 식을 때까지 기다려야 한다. 체온에 비해서 뜨겁다는 느낌이 전혀 안 들 정도로 식으면, 그때 생강청 또는 여타 종균을 넣는다. 원한다면 레몬즙을 조금 넣어도 좋다. 그리고 잘 저어준다. 파리가 꼬이지 않도록 천으로 주둥이를 막은 뒤, 뚜껑을 덮지 않은 상태로 발효시키면서 이따금 휘젓는다. 기온과 종균의 활동력에 따라 다르겠으나, 몇 시간 내지 며칠 사이에 진저비어에서 거품이 생기기 시작할 것이다.

진저비어에서 거품이 일기 시작하면, 병에 옮겨 담아도 된다는 뜻이다. 알코올 성분을 최소화하고 싶다면, 최대한 빨리 병에 담자. 병에 담은 뒤로도 단기간에 발효를 끝내야 한다. 술맛을 제대로 내고 싶다면, 며칠 더 발효시켰다가 병에 담는다. 거품이 절정에 달하는 과정을 하루도 빠짐없이 관찰하다가 가라앉기 시작하면 병에 담는다. 어떤 방식을 택하더라도, 탄산화가 과도하게 진행돼서 위험한 상태에 이르지 않도록 항상 예의 주시해야 한다. 병에 담은 진저비어는 탄산화가 끝날 때까지 상온에서 발효시킨다. 플라스틱 청량음료 병을 이용해서 탄산화의 정도를 가늠하자. 움켜쥐었을 때 팽팽한 느낌이 들면, 탄산화가 이루어진 것이므로, 냉장고에 넣어서 더 이상의 탄산화를 막아야 한다. 냉장고에 들어간 진저비어는 느리지만 꾸준하게 발효할 것이다.(그리고 압력도 올라갈 것이다.) 따라서 몇 주 안에는 마시는 것이 좋다.

나는 생강 말고 다른 뿌리작물로도 종균을 만든 적이 있다. 특히 강황과 갈랑갈galangal로 만든 것이 아주 좋았다. 그대로 갈아서 유리병에 넣고 묽은 설탕물을 부은 뒤 일주일간 발효시켰더니, 톡 쏘는 상쾌함에 맞은 또 얼마나 좋던지!

크바스

크바스는 감미롭고 상쾌하며 새콤한 탄산음료로, 오래된 빵으로 만드는 것이 보통이다. 러시아와 우크라이나, 리투아니아 등 동유럽 여러 나라에서 전통적으로 즐기는 음료다. 그곳에서는 여름이면 크바스를 파는 노점상이 여전히 거리를 돌아다닌다. 동유럽 일대에서 워낙 대표적인 음료다보니, 비트 크바스나 — 콤부차를 가리키는 — 티 크바스처럼 다른 종류의 새콤한 음료까지 크바스라고 불릴 정도다. 러시아의 엘레나 몰로코베츠가 1891년에 쓴 『새댁을 위한 선물』이라는 요리책에 따르면, 당시에 크바스를 마신다는 것은 "자신을 러시아 사람으로 규정하는, 러시아 고유의 문화를 상징하는 행위"였다.[2] 요즘도 러시아에서는 크바스 제품을 판매할 때 민족적 자부심에 호소하는 경향이 있다.

러시아 소식을 번역해서 소개하는 어떤 블로거에 따르면, "지방의 음료 제조업체들 중에는 자사의 상품을 서방의 음료에 대한 대안으로 광고하는 경우가 있다. 개중에는 콜라는 안 된다는 뜻으로 니콜라nicola[ne kola: not Cola—원주]라는 애국적인 제품명을 붙이는 회사도 있다. 심지어 작년에는 이들 업체가 서구 청량음료의 식민 침탈colanizing에 맞서서 '반식민anticolanization' 운동에 나서기도 했다."[3]

크바스를 만들 때 필요한 종균은 사워도 한 가지뿐이다. 밀가루와 물만 있으면 쉽게 만들 수 있는 종균이다.(8장 사워도: 발효법과 보존법 참조) 사워도를 넣었는데도 거품이 활발하게 일지 않는다면, 조금씩 더 넣어가면서 며칠간 계속 휘저어본다. 아니면, 시중에서 파는 이스트를 사다가 한 봉지 털어넣어도 좋다.

크바스의 주재료는 빵이다. 대개 오래 묵혀두어서 단단하게 말라붙은 빵을 쓴다.(물론 갓 구운 빵으로도 훌륭한 크바스를 만들 수 있다.) 전통적으로 호밀빵을 활용해왔지만, 밀가루 등 다른 곡물로 만든 빵을 사용해도 괜찮다. 내 주위에는 버려진 빵을 주기적으로 몇 봉지씩 수거해오는 사람들이 있다. 빵집에서 하루를 마감할 때 안 팔린 빵을 공짜로 내놓기도 하고, 슈퍼마켓에서는 "가장 맛있는 때"가 지나버린 빵을 봉지째로 쓰레기통에 던지기도 한다. 이렇게 모아온 빵을 큼직하게 잘라서 따뜻한 오븐에 넣고 15분간 말린다. 그사이에 물을 끓이는데, 빵이 모두 잠길 만큼 넉넉한 양이어야 한다.

나는 보통 항아리에 크바스를 담고 뚜껑을 열어둔 상태로 발효시키지만, 발효 이전 단계에서는 널찍한 냄비를 이용해도 무방하다. 빵이 바싹 마르면, 항아리나 냄비에 넣고 말린 박하 같은 허브를 조금 첨가한다. 그리고 내용물이 잠길 정도로 끓는 물을 넉넉히 붓는다. 이때 빵이 물 위로 떠오를 것이다. 하지만 수위가 적당한지 정확히 확인하려면 떠오른 빵을 물속으로 다시 집어넣어야 한다. 빵 위에 접시를 올려두면 물 높이도 제대로 보이고 빵도 물속에 잠긴 상태를 유지할 수 있다. 파리가 안 들어가도록 주둥이를 천으로 막고 하룻밤을 기다린다.

다음 날 아침, 빵 덩어리들을 건져서 액체를 짜낸다. 이어서 체를 받치고 그 위에 무명천을 몇 겹으로 깔아 한 번 걸러내는 것으로 마무리한다. 곤죽이 된 빵 건더기를 국자로 퍼서 무명천 위에 붓고 귀퉁이를 모아 잡은 뒤 비틀어 짜내는 것이다. 그러면 빵 건더기가 무명천 속에서 덩어리로 뭉치게 된다. 뭉친 덩어리를 꺼내 이쪽저쪽으로 방향을 바꿔가며 짓누르면 액체를 마저 짜낼 수 있다. 나는 찌꺼기를 내버리기 전에 액체를 최대한 짜내려고 노력한다.(그렇다고 한 방울도 남김없이 모조리 짜낼 필요는 없다.) 이런 식으로 건더기를 건지고 액체를 짜내는 작업을 여러 번 반복한다.

위 작업을 마치면 걸러낸 액체의 총량을 다시 측정한다.(처음에 부었던 물보다 양이 줄었을 것이다. 건더기에서 액체를 완벽하게 짜낼 방법은 없다.) 그리고 적당한 크기의 유리병이나 항아리에 옮겨 담는다. 여기에 4*l*당 소금 한 꼬집, 벌꿀이나 설탕이나 레몬즙 $\frac{1}{2}$컵/125*ml*, 사워도 $\frac{1}{2}$컵/125*ml*를 넣고 잘 섞이도록 열심히 젓는다. 이렇게 만든 크바스 혼합액을 천으로 덮고 하루나 이틀 발효시키면서 수시로 저어준다.

크바스에서 거품이 마구 솟기 시작하면 병에 넣을 때가 되었다는 뜻이다. 크바스를 담은 유리병은 내부 압력이 급격하게 올라갈 것이다. 앞서 추천한 방법을 다시 한번 살피고 조심스럽게 탄산화시켜야 한다. 내가 경험하기로, 크바스는 병에 들어간 지 24시간도 안 지나서 탄산화가 높은 수준으로 이루어진다. 크바스의 탄산화 정도를 가늠하는 전통적인 방법은 (탄산음료 제조 과정을 설명하면서 이미 언급했듯이) 병마다 건포도를 몇 개씩 집어넣는 것이다. 그러면 탄산화가 진행될수록 건포도가 서서히 떠오른다. 어느 정도 탄산화한 유리병은 냉장고에 보관하면서 탄산화를 천천히 이어간다. 완성된 크바스는 상쾌한 탄산음료로 그냥 즐겨도 좋고, 오크로슈카okroshka처럼 여름철에 시원한 수프로 만들어 먹어도 좋다.[4] 일상적으로 담가서 꾸준히 즐기는 수준에 이르렀다면, 사워도를 조금 남겨두었다가 다음번 크바스를 발효시킬 때 종균으로 활용할 수 있다. 거품이 생긴 크바스 역시 훌륭한 종균이 된다. 이번 장에서 소개하는 모든 음료는 이런 식으로 자가발효가 가능하다.

이 밖에도 지구촌 각지에는 곡물을 주재료로 만드는 새콤한 건강음료가 많다. 9장에서 다루는 여러 지역의 맥주들 중에도 알코올 도수가 낮으면서 새콤한 맛이 나는 것이 있다. 곡물 또는 뿌리작물의 발효를 다루는 8장에서도 비슷한 음료가 나온다. 내가 크바스를 이번 장에 포함시킨 이유는, 곡물을 발효시킨 나머지 거의 모든 음료와 비교할 때 차이점이 분명할 뿐 아니라 만드는 법도 전혀 다르기 때문이다. 한마디로 크바스는 새콤한 건강 음료의 상징과도 같은 존재다.

테파체와 알루아

테파체Tepache는 멕시코 사람들이 즐겨 마시는 청량음료다. 예전에는 옥수수로 빚었지만, 요즘은 보통 과일을 주재료로 삼아 만든다. 테파체와 아주 흡사한 알루아Aluá는 브라질 동북부에서 즐기는 음료다. 만드는 방법은 — 4장에서 설명한 대로, 설탕물에 과일을 넣는 식으로 — 과실주를 발효시키는 순서와 기본적으로 같다. 다만 발효 기간이 짧을 뿐이다. 유엔식량농업기구 보고서에 따르면, 테파체는 "파인애플, 사과, 오렌지 같은 다양한 과일을 사용해서" 만든다. "과육과 즙이 황설탕을 섞은 물속에서 하루나 이틀 발효한다. (…) 하루나 이틀이 지나면, 달콤하고 상쾌한 테파체가 된다. 이보다 오랫동안 발효시키면 알코올음료로 변하고, 나중에는 식초가 된다."[5] 테파체와 알루아의 주재료로 가장 인기 있는 과일은 파인애플이다. 만드는 법도 간단해서, 파인애플 껍질을 설탕물에 넣고 섞으면 그만이다. 설탕물을 만들 때는, 맛을 봐가면서 설탕을 넣되, 가능한 한 정제가 덜 된 설탕이나 벌꿀, 기타 감미료를 써야 한다. 열대의 뜨거운 날씨라면, 24시간 정도 발효시키는 것만으로 충분하다. 반면, 서늘한 곳에서는 일주일 정도 발효시켜야 할 것이다. 주기적으로 맛을 보면서 발효 기간을 정하자. 단기간에 발효시키면, 거품이 많고 알코올 맛이 살짝 감돈다. 며칠 더 지나면 알코올 도수가 높아질 것이고, 계속 발효시키면 결국 식초로 변할 것이다.

노스캐롤라이나주의 캐런 허터바이스는 자기 농장에서 수확한 라즈베리를 가지고 내가 설명한 내용과 정확히 똑같은 방식으로 청량음료를 만든다. 그렇게 만든 청량음료를 그 집 아이들은 "라즈버블"이라 부른다고 한다. 캐런은 물 3l에 벌꿀 1컵/250*ml*를 녹인 뒤 신선한 라즈베리 1*l*를 섞어 넣는다. 그렇게 사흘 정도 발효시키고 나서 냉장고에 넣는다. 그는 이렇게 라즈버블을 만들어두면, 아이들이 콜라 같은 청량음료보다 더 좋아한다고 한다.

일반적으로 테파체는 천연발효의 산물이다. 생과일을 제외한 어떤 종균도 필요치 않다. 간혹 티비코스나 티비스 같은 과립형 첨가제를 쓰기도 하는데, 이는 워터케피어 알갱이와 동일하거나 기능적으로 유사한 것이다.(워터케피어 참조)

과일 크바스

한나 스프링어의 블로그www.healthyfamilychronicles.blogspot.com를 인용하고 나타샤 캠벨-맥브라이드 박사의 『장과 심리적 증상』을 참고했다.

●

자기만의 조합으로 과일과 딸기류를 준비하고, 어울리겠다 싶은 허브와 향신료를 골라서 발효에 들어간다. 주둥이가 널찍한 1*l*들이 유리병에 다음과 같은 순서로 재료를 섞는다.(최상의 결과를 얻으려면 유기농 재료를 발효시켜야 한다.)

- 딸기류 크게 한 줌
- "주된" 과일(사과나 배 등) 한 개를 얇게 썬다.
- 생강을 갈아서 한 큰술
- 유청 $\frac{1}{2}$컵/125*ml*
- 유리병을 가득 채울 정도로 넉넉한 여과수

이 모든 재료를 섞어 넣고 물을 붓는다. 재료들이 서로 밀착한 상태로 물에 잠기도록 누름돌을 얹는다. 조금 따뜻한 곳에 사흘 동안 두었다가 냉장고로 옮긴다. 먹으면 먹을수록 수위가 낮아질 텐데, 과일을 모두 먹어치울 때까지 줄여든 양만큼 여과수를 보충하고 그때마다 유청을 한 방울씩 떨어뜨린다.

이 레시피는 다른 종류의 과일이나 감귤즙, 신선한 허브는 물론 채소를 주재료로 삼을 때도 적용할 수 있다.

마비/마우비

마우비mauby라고도 불리는 마비mabí는 카리브해 일대에서 인기가 높은 건강 음료다. 역시 마비라는 이름의 나무(영어로는 솔저우드Colubrina elliptica)에서 껍질을 벗겨 달콤하게 끓인 물로 만든다. 일설에는 마비라는 말이 프랑스어 '마 비에르ma biere(영어로 my beer)'에 해당되는 크리올어[프랑스어와 아프리카어의 혼성어]에서 유래했다고 한다.[6] 나한테 마비 이야기를 처음 들려준 사람은 푸에르토리코에 사는 노리셀 마사네였다. 그는 내게 마비 껍질을 부치면서 몇 가지 도움말까지 전해주었다.

> 인터넷을 찾아보니 마비에 관한 레시피가 몇 가지 나오는군요.(계피나 생강을 쓰라고도 하던데, 내 미각세포가 기억하기로 그런 맛은 느낀 적이 없어요.) 그래서 제가 오늘 산후안의 유기농 시장에서 '마비 레이디'로 통하는 분에게 여쭈었더니, 그분은 마비 껍질과 설탕만 쓴다는 겁니다. 그러고는 말이 되는 한마디를 덧붙이더군요. "이렇게도 해보고, 저렇게도 해보세요. 그러다보면 자기만의 레시피가 생길 겁니다." 지당한 말씀!

노리셀은 나한테 잘 익은 마비가 없어서 발효가 어려울 것이라고 걱정했지만, 일반적으로 종균이란 대체 가능한 발효 수단이다. 실제로 나는 워터케피어를 종균으로 삼아서 맛있고 상쾌한 마비를 만들 수 있었다. 마비는 사포닌이라는 성분으로 인해서 기포가 가득하고 거품도 많다. 나는 달콤하고도 쌉쌀한 마비가 입맛에 딱 맞았다. 하지만 다른 사람이 만든 마비를 맛본 적이 없다보니, 당시에는 그 맛을 비교해서 설명할 도리가 없었다.

그러다가 2010년에 세인트크로이섬에 위치한 버지니아 아일랜드 지속 가능 농업연구소에서 강연 의뢰가 들어왔고, 그곳에서 토요일 아침 시장을 찾았다가 마침내 마비를 발견했다. 나는 전율을 느꼈다. 세인트크로이를 비롯한 영어권 섬에서는 마비를 마우비로 부르고 있었다. 내 앞에 놓인 마우비는 짙은 빛깔에 거품이 많았다. 얼마 안 되는 양을 가내 수공업으로 빚어서 재활용 주스병 또는 술병에 담았는데, 압력이 찼는지 팽팽하게 부풀어 있었다. 나는 세인트크로이의 어느 마우비 제조업자한테서 두 병을 샀다. 그는 기념촬영을 허락하면서도 비법을 묻는 데에는 고개를 가로저었다. 그러고는 "여자라면 자기만의 비밀을 간직해야 하는 법"이라고 했다.

나는 마비가 담긴 조그만 병을 짐가방 속에 파묻고 집으로 돌아왔다. 덕분에 그 뒤로는 잘 익은 마비를 종균으로 사용하는 전통적인 방식으로 나만의 마비를 만들 수 있었다. 한 친구는 앨라배마의 어느 편의점에서 샀다며 마비 껍질을 보내주기도 했다. 나 역시 인터넷을 뒤져서 2.3kg들이 한 포대를 구입할 수 있었다. 나는 마비 껍질 한 줌을 물에 넣고 30분 정도 끓인다. 주로 마비 껍질만 넣고 끓이지만, 이따금 스타아니스, 생강, 계피, 육두구, 메이스를 함께 끓이기도 한다. 여기에 설탕을 넣고 물도 더 부은 뒤 맛을 본다. 나는 마비 껍질의 씁쓸한 맛을 고려해서 설탕을 많이 넣는다. 4*l*에 설탕 3컵을 기준으로 취향에 맞게 가감하라고 권하고 싶다. 무스코바도muscovado 설탕[정제하지 않은 흑설탕]을 추천하지만, 나는 증류한 사탕수수 즙을 주로 쓴다. 내 친구 브렛 구아다니노는 영국령 버진 제도의 어느 마우미 제조업자와 이야기를 나누다가 소금을 약간 첨가한다는 말을 들었다고 한다. 나 역시 인터넷에 올라온 마비 레시피를 찾아냈다. 가이아나에서 태어나 바베이도스로 이주한 신시아라는 여성이 포스팅한 것으로, 마비 껍질과 여러

향신료에 물을 조금 붓고 끓여서 농축액을 만든 뒤, 이 농축액을 설탕물 1갤런에 섞는 방식이었다.[7]

발효음식을 만드는 전통적인 방식이 모두 그렇듯이, 마비의 발효법 역시 세부적인 내용에 있어서 다양한 차이를 보인다. 마비 껍질을 끓인 물이 체온 수준으로 식으면 종균을 넣고 휘젓는 것이 내 방법이다. 반면, 신시아의 레시피에는 종균이 전혀 등장하지 않는다. 그는 마비의 "양조" 방법을 이렇게 설명한다. "큼직한 컵으로 한가득 펐다가 도로 부어넣는다. 이 작업을 적어도 3분가량 계속한다." 마비를 며칠 동안 발효시키면서 주기적으로 휘젓거나 "양조"하자. 그러다가 마비에서 거품이 나기 시작하면 병에 담고, 압력이 찰 때까지 하루나 이틀 더 발효시켰다가 냉장고에 넣어서 차갑게 보관하자. 손님에게 상쾌하고 시원하며 달콤 쌉쌀한 탄산음료를 대접할 수 있을 것이다.

워터케피어(혹은 티비코스)

워터케피어란 탄수화물이 풍부한 액체를 발효시키기 위해서 사용하는 다재다능한 발효균을 지칭하는 수많은 이름 가운데 하나다. 나는 주로 설탕물에 과일을 넣고 발효시킬 목적으로 워터케피어를 쓴다. 하지만 벌꿀, 과일즙, 코코넛 워터, 두유, 아몬드 밀크, 라이스 밀크를 만들 때도 사용해왔다. 이 발효균은 — 티비코스 또는 티비스, 슈거리 워터 그레인, 티베탄 크리스탈, 재패니즈 워터 크리스탈, 비스 와인으로도 불리는 것으로 — 박테리아와 이스트가 공생하는 스코비의 일종이다. 새하얗고 투명한 조그만 알갱이들처럼 보이는데, 자양분을 주기적으로 공급하면 급속하게 증식하는 경향이 있다. 워너케피어는 코카서스 산악지대 사람들이 고대부터 우유를 발효시킬 때 사용해온 케피어와 직접적인 관련이 없다. 완전히 별개의 물질이지만, 그저 모양이 비슷하다는 이유로 케피어라는 이름을 가져다 붙인 것으로 보인다. 설탕처럼 생긴 케피어 알갱이를 구성하는 미생물 집단을 연구한 결과, "주로 젖산균과 약간의 이스트로 이루어진" 사실이 드러난 바 있다.[8] 아울러 발효균 공동체의 주거지 구실을 하는 다당류 젤의 생성 임무는 락토바실루스 힐가르디Lactobacillus hilgardii라는 박테리아가 맡는 것으로 밝혀졌다.

워터케피어를 활용한 발효법은 지극히 간단하다. 나는 주로 주둥이가 널찍한 유리병에 물을 붓고 맛을 보면서 설탕을 녹인다. 물 4*l*에 설탕 2컵을 기준으로 삼고 맛을 보지만, 이보다 더 달콤한 발효음료를 원하는 사람이 많을 것이다. 여기에 워터케피어 알갱이들을 (리터당 1큰술/15*ml* 정도) 첨가하고 생과일 또는 말린 과일을 조금 넣어서 보통 2~3일 발효시킨다. 발효 용기는 단단히 틀어막아서 공기를 차단해도 되고, 느슨하게 덮어서 공기가 통하게 해도 된다. 워터케피어 자체는 산소를 필요로 하지 않지만, 산소로 인해서 방해를 받지도 않는다. 이틀 정도 지난 뒤에 (대개 표면에 떠오르는) 과일을 건져내고 면직포로 걸러서 케피어 알갱이까지 제거한 다음, 밀폐 가능한 병에 옮겨 담는다. 이어서 새로운 설탕물을 준비하고 워터케피어를 담은 병을 밀폐시킨 뒤 상온에서 하루나 이틀 더 발효시키면서 탄산화를 병행한다. 압력이 생긴 병은 지나치게 탄산화하지 않도록 냉장고에 넣는다. 워터케피어의 색깔은 첨가한 감미료나 재료의 특성, 알갱이의 성장 속도와 크기에 따라서 다양하게 바뀔 수 있다.

워터케피어

다른 스코비와 마찬가지로 워터케피어 역시 주기적인 관찰과 자양분 공급, 자상한 돌봄이 필요하다. 일반적으로 워터케피어는 신선한 설탕을 이틀 간격으로, 서늘한 곳이라면 사흘 간격으로 공급받아야 한다. 자양분 없이 산성 용액 속에 오랫동안 방치하면, 알갱이를 구성하는 미생물들이 죽고, 알갱이 자체는 문자 그대로 피클처럼 변할 것이다. 워터케피어를 제대로 즐기려면, 꾸준히 만들고 꾸준히 마시면서 발효의 리듬을 파악하는 것이 중요하다. 오랫동안 집을 비우게 되면, 워터케피어 알갱이를 신선한 설탕물에 담아서 냉장고에 보관해야 한다. 하지만 2주 이상 돌보지 않으면 생존할 가능성이 희박하므로, 다른 사람에게 주기적으로 자양분을 공급해달라고 부탁하는 것이 좋겠다. 장기간 저장하기 위해서(또는 예비용으로) 워터케피어를 건조시킬 수도 있다. 이 경우, 햇볕에 말려도 되고, 건조기를 이용해도 된다. 말린 알갱이들을 냉장고에 보관하면 생명력을 오랫동안 잃지 않는다. 워터케피어 알갱이들을 냉동시키면 몇 달 동안 보존할 수 있다고 말하는 사람들도 있다. 그러려면 알갱이들을 물에 헹구고, 가볍게 두드려 말린 뒤, 밀봉한 상태로 얼려야 한다.

워터케피어는 어떤 종류의 설탕도 발효시킬 수 있다. 벌꿀이나 메이플 시럽, 용설란 시럽, 조청, 엿기름 같은 감미료도 마찬가지다. 하지만 스테비아처럼 탄수화물을 함유하지 않은 감미료는 발효시킬 수 없다. 워터케피어를 이용해서 코코넛 워터를 발효시키는 사람도 많다. 코코넛 밀크와 너트 밀크, 시드 밀크, 그레인 밀크도 이런 방식으로 발효가 가능하다. 허브를 우리거나 달인 물은 감미료를 첨가하면 워터케피어로 발효시킬 수 있다. 과즙의 경우, 워터케피어로 발효시킬 수 있지만, 산도가 지나치게 높지 않아야 한다. 미주리주에 사는 발효음식 애호가 앨리슨 에월드는 순수 포도즙을 워터케피어로 발효시켰더니 "결국 샴페인처럼 기포가 무수하게 솟구치는 탄산음료가 되었다"면서, 이렇게 발효시킨 과즙을 식구들이 '과일 맥주'라 부른다고 전해왔다. "뿌리 대신 과일을 썼다 뿐이지, 루트비어와 정말 비슷했어요. 루트비어처럼 기본적으로 탄산수 내지 청량음료이기 때문이지요. 비록 알코올이 아주 살짝, 맛있게 배었지만요. 과일 맥주fruit beer. 발음하기도 좋고 맛도 좋아요." 다만, 파인애플이나 감귤처럼 산도가 높은 과일의 즙이라면, 낮은 비율로(25% 정도) 설탕물에 희석시켜야 한다.

워터케피어는 이 밖에도 여러 종류의 달콤한 액체를 발효시키는 데 쓰일 수 있다. 내가 마셔본 것 중에는 커피 맛이 나는 것도 있었다! 불로장생 약초벌꿀주를 담글 때, 달콤하게 만든 선티 또는 다양한 재료를 우려내거나 끓여낸 물을 시험 삼아 첨가해보자. 다만, 이럴 경우 워터케피어 알갱이들만 따로 걸러내기 어렵다는 점, 그리고 어떤 식물은 항균물질을 함유하고 있어서 알갱이들의 증식에 지장을 초래할 수 있다는 점에 유의하자. 워싱턴주에 사는 발효음식 애호가 파베로 그린포리스트는 2단계 체계를 창안했다. 먼저 알갱이들을 과일 한두 조각과 함께 설탕물에 넣어둔다. 여기에 이틀 간격으로 자양분을 공급해서 이른바 "촉매제"를 만든다. 이렇게 만든 촉매제를 종균으로 삼아서 다양한 설탕 용액에 첨가한다. "1갤런들이 유리병에 설탕 용액을 붓고 마음에 드는 과일을 넣은 다음, 촉매 용액을 첨가한다. 하지만 워터케피어 알갱이들은 원래 용기에 그대로 남겨둔다. 이런 식으로 알갱이들을 잘 간수하면 그 양이 줄어들지 않는다. 그러면 최상의 결과물을 맛보고 흡족한 기분을 느끼면서도 한편으로는 자꾸만 줄어드는 스코비를 걱정하는 딜레마를 겪을 이유가 없다."

워터케피어라는 스코비의 증식 속도는 다양한 요인에 의해서 영향을 받는다. 호주의 열혈 발효가 도미닉 안피테아트로는 케피어에 관한

한 가장 광범위한 정보를 담고 있는 웹사이트[9]의 운영자다. 그는 여기서 워터케피어 스코비의 무게가 48시간 동안 7~220%까지 늘어난다고 주장했다. 아울러 생강을 첨가하면 증식에 도움이 된다면서, 설탕도 정제가 덜된 것이나 당밀을 쓰라고 권한다. 또 미네랄이 풍부한 경수hard water가 워터케피어 스코비의 증식을 촉진하는 반면, 증류하거나 활성탄필터로 정수한 물은 증식을 저해한다고 설명한다. 만약 경수를 구할 수 없으면, 물 2*l*당 베이킹소다 $\frac{1}{8}$작은술을 섞으면 된다고 한다. 미네랄화를 위한 도미닉의 또 다른 아이디어는 달걀 껍데기나 석회암, 산호를 잘게 부셔서 발효 용액에 조금 넣는 것이다. 하지만 너무 많이 넣으면 워터케피어가 곤죽이 되어버릴 수도 있으니 주의해야 한다.

워터케피어를 가리키는 한층 더 유서 깊은 이름은 멕시코의 티비코스Tibicos다. 몇몇 논문에 따르면, 티비코스는 오푼티아*Opuntia*속屬 선인장의 열매에서 유래했다. 민족식물학자 윌리엄 리칭거에 따르면, "티비코스는 주로 잘 익은 선인장 열매의 표피 속에서 발달한 상태로 발견된다. 아울러 [콜론체colonche라는—원주] 알코올음료를 만들고 비워낸 직후에 발효 용기에 남은 찌꺼기에서도 발견된다."[10] 나는 콜론체를 만들어보려고 여러 차례 시도했지만, 매번 실패하고 말았다. 그러나 당시에 내가 갓 발효시킨 과일로 콜론체를 담그지 않았기 때문에, 리칭거의 설명이 틀렸다고 말할 수는 없다. 그가 제공하는 정보는 철저하고 신빙성이 높은 편이다. 콜론체를 제대로 빚으려면 특정한 오푼티아속

선인장들의 열매만을 써야 했던 것일 수도 있고, 그 밖에 어떤 특별한 조건이 필요했던 것일 수도 있다.

1899년에 발간된 『왕립 현미경학회 저널』에서 M. L. 러츠는 (티비tibi 알갱이들이라고 기재한) 미생물에 대해 다음과 같이 설명한다.

> 공 모양의 투명한 알갱이들이 흡사 쌀밥의 밥알처럼 보인다. 완두콩만 한 것부터 핀의 머리만 한 것까지 크기도 다양하다. 이 알갱이들이 설탕물을 발효시켜 산뜻하고 맛있는 음료를 만들어낸다. 현미경으로 조사한 결과, 티비 알갱이들은 바실루스균과 (…) 이스트로 이루어져 있다. (…) 두 미생물이 협력할 때만 발효가 시작되며, 어느 한쪽만으로는 불충분하다.[11]

러츠는 물론, 그보다 앞선 세대의 사람들도 티비 알갱이를 집으로 가져갔을 것이다. 그리고 계속 증식시켜서 여러 사람한테 나누어주었을 것이다. 이후로도 교환, 이동, 변용을 거듭하며 오늘에 이르렀으니, 티비의 기원을 찾는 일이란 지극히 어려울 수밖에 없다. 1978년에 나온 『이스트의 생애』라는 책에서는 "티비 집합체tibi konsortium"를 스위스에서 유래한 것으로 설명하고 있다.

> 이 유명한 스위스 음료는 약한 알코올성의 새콤한 탄산액으로, 15% 사탕수수 용액에 말린 무화과와 건포도를 넣고 발효시킨 뒤 레몬즙을 살짝 첨가해서 만든다. 종균으로는 상당량의 티비 알갱이를 사용한다. 이는 캡슐에 싸인 박테리아와 이스트의 공생체로 이루어져 있다. 박테리아와 이스트의 복합적 활동을 통해서 젖산균과 이산화탄소가 발생한다. 티비 알갱이들은 발효과정에서 증

식을 거듭하며, 다음번 발효 작업에 쓰일 수 있다.[12]

나는 워터케피어가 티비코스라는 사실을 깨닫기까지 오랜 시간이 걸렸다. 비슷한 발효균은 또 있다. 영국에서 "진저비어 플랜트"라는 이름으로 쓰이는 것도 마찬가지다. 진저비어 플랜트GBP는 과학적 연구의 대상이었다. 1892년 『런던 왕립학회보』에 실린 보고서에서 저자 H. 마셜 워드는 진저비어 플랜트를 미생물학적 관점으로 설명하면서도 그 기원에 대해서는 끝내 아무런 실마리도 찾지 못했다고 털어놓았다.

> 베일리 밸푸어 교수는 "진저비어 플랜트가 1855년에 군인들을 통해서 크림반도로부터 영국에 들어왔다는 이야기를 들었다"고 했다. 그러나 지금까지 내가 연구한 바에 따르면 이 말은 추측에 불과할 뿐이어서 역사적 사실로 간주할 수 없다. 랜섬 박사도 1891년 4월 내게 보낸 편지에서 "이탈리아에서 건너왔다"는 이야기를 들었다고 했다. 다시 한번 말하지만, 나는 이보다 더 자세한 사실을 밝혀내는 데 실패했다. 처음 유래한 곳이 실제로 어디인지, 진실은 여전히 미스터리로 남아 있다.[13]

한동안 나는 GBP 역시 티비코스라고, 두 가지 모두 워터케피어와 동일한 것이라고 믿었다. 그러다가 내 친구이자 민족식물학자인 제이 보스트한테서 귀한 정보를 얻게 되었다. 평소 발효에 관심이 많던 제이가 어느 멕시코 친구로부터 티비코스를 선물받고는 yemoos.com이라는 웹사이트를 나에게 소개해준 것이다. 들어가 보니, 티비코스와 진저비어 플랜트의 종균을 따로 팔고 있었다. 그래서 두 가지 종균이 서로 어떻게 다르냐고 질문을 남겼더니, 다양한 발효균을 손수 만들며 웹페이지를 운영하는 네이선과 에밀리 푸홀 부부는 "여러 차이점이 있다"면서 다음과 같이 설명해주었다.

> 두 제품에 같은 레시피를 적용하면 아주 다른 결과를 얻습니다. (…) 겉으로 보이는 모양새부터 완전히 다릅니다. GBP가 조금 더 둥근 모양에 빛깔이 어둡고 크기가 작다면, 티비코스는 삐죽삐죽하고 밝은 빛깔에 크기도 훨씬 큰 편입니다. 가끔씩 특이한 알갱이가 나오는데, 그 모양이 다르다는 사실도 알았습니다. 티비코스의 경우 큼직한 삼각형 모양의 별종이 나오는 반면, GBP는 나선형 어뢰 모양의 별종이 나옵니다. 이 두 가지 별종이 엇갈려서 발생한 적은 한 번도 없었습니다. 고로, 각각의 발효균이 서로 다른 고유의 특성을 지닌 증거가 아닌가 싶습니다.

실제로 나는 네이선과 에밀리가 두 발효균의 샘플을 보내준 덕분에 그 차이점을 시각적으로 명확하게 파악할 수 있었다. 아울러 처음으로 손에 넣었던 "워터케피어"가 실은 진저비어 플랜트였고, 이 친구들을 방치해서 모두 죽이고 나중에 새로 구한 것이 티비코스였다는 사실을 그제야 깨달았다. 두 종류를 나란히 놓고 비교한 적이 없으니, 차이점을 미처 이해하지 못했던 것이다. 활동상의 차이점도 존재했다. 가장 큰 차이점은 티비코스가 진저비어 플랜트보다 증식하는 속도가 더 빠르고 자양분을 공급하는 주기도 더 잦다는 사실이다.

생강

비슷한 스코비 알갱이들이 보고된 또 다른 지역은 수단이다. 하미드 디라르는 자신이 쓴 『수단의 토착 발효음식』에서 수단의 벌꿀 발효음

료 두마duma를 언급하며 이얄-두마iyal-duma로 알려진 알갱이들을 활용한다고 설명한다. "이 알갱이들은 육안으로도 보이는데, 납작하고 불규칙한 모양이며, 지름은 2~6mm 정도로 다양하다."[14] 알갱이들은 박테리아와 이스트의 정교한 결합체로 이루어진다. 현미경으로 들여다보면, "이스트는 박테리아에 의해서 예외 없이 포박당한 모습이다. 진득한 점액을 생성하는 두툼한 막대형 박테리아들이 사슬로 얽어매듯 이스트를 붙잡고 있다. 점액질로 뒤덮인 박테리아의 기다란 사슬이 이스트 세포 하나하나를 완전히 에워싸고 한 덩어리로 묶어놓은 것처럼 보인다."[15]

두마는 가내 수공업의 산물이기도 하다. 그래서 가정마다 만드는 법이 다르다. 디라르에 따르면, "알갱이들의 혈통이 집안마다 다르다. 이전 세대가 다음 세대로 전수하는 일종의 영업 비밀이라서, 남들에게 알려주는 법이 없다. 자기네 알갱이들로 만든 두마가 낫다고 주장하면서 집안끼리 신경전을 벌이기도 한다." 두마를 만드는 사람 중에는 이전에 쓰인 두마 알갱이들로부터만 새로운 두마 알갱이를 얻을 수 있다고 주장하는 이가 많다. 반면, 주로 달리에브dalieb 야자나무(보라수스 아에티오푸*Borassus aethiopum*)의 뿌리를 꿀물에 넣는 식으로, "천연 재료로부터 알갱이들을 길러내는 방법과 수단을 알고 있는 사람들"도 있다.[16]

아마도 여러분 중에는 달리에브 야자나무나 오푼티아 선인장을 구할 수 있는 사람이 있을 것이다. 그리고 거기서 알갱이들을 얻어내는 방법을 아는 사람도 있을 것이다. 아마도 어떤 식물을 천연발효시켜 알갱이를 찾아내고, 그것이 증식해서 다른 음식을 발효시키는 과정을 줄곧 지켜볼 수 있는 사람 역시 없지 않을 것이다. 아마도 짐작이나 추측 말고 다른 방법이 없던, 그 옛날 선사시대의 발효 문화 선구자들 역시 이런 과정을 거쳤을 것이다. 이럴 자신이 없다면, 시중에서 파는 워터케피어(또는 진저비어 플랜트, 티비코스) 알갱이를 구입해야 할 것이다.(이얄-두마라고 적힌 제품도 있을지 모르겠다. 나는 아직까지 발견하지 못했다.) 아니면, 이미 사용 중인 사람들한테 얼마간 얻어서 사용할 수밖에 없다.(이 책 말미의 참고 자료 참조.) 이런 알갱이들을 일상적으로 사용하다 보면, 그 양이 순식간에 불어난다. 알갱이를 활용하는 사람이라면 누구나 처치 곤란일 정도로 많은 양의 알갱이가 생겨서 어쩔 줄 모르게 된다. 다른 발효균도 그렇지만, 워터케피어를 기꺼이, 선뜻, 얼마든지 나누어주겠다는 사람이 꽤 있다. 원하는 발효균을 나누어달라고 부탁할 수 있는 발효 동지를 만나면, 정보와 도움을 주고받는 좋은 사이로 지내도록 노력하자. 특히 인터넷은 동지들과 좋은 관계를 유지하고 싶거나, 구하기 어려운 재료를 찾아내거나, 관심사가 비슷한 네티즌 집단에 소식을 전하고 싶을 때 큰 도움이 된다. 워터케피어 알갱이 같은 발효균이 필요하다고 질문을 올려보자. 인간관계를 형성하고 공동체를 구축하는 계기가 될 수 있다. 박테리아와 이스트는 발효에 있어서 핵심적인 요소지만, 그 증식과 전파는 인간의 활동과 소통의 결과다. 발효 문화 부흥을 위한 노력은 창의적이고도 집요해야 한다.

유청이라는 종균

유청은 얇은 우유가 응고하거나 상할 때 생기는 응고물에서 분리해낸 얇은 액체막이다. 응고한 지방을 비롯한 고체 덩어리들을 뭉친 것이 응유다. 유청은 치즈나 요구르트, 케피어를 만들 때 생기는 부산물로, 영양소가 풍부하다.(유제품의 발효에 관해서는 7장에서 설명하기로 한다.) 당면한 주제로 한정지어 이야기하자면, 유청은 자연적으로 탄산화한 청량음료를 비롯한 새콤한 건강 음료를 만들 때 종균으로 쓰일 수 있다. 만드는 방법은 다양하지만, 도중에 열을 가해서 만든다면 살아 있는 발효균을 함유하지는 못할 것이다. 다시 말하면, 유청은 발효시킨 우유 또는 생우유에 높은 열을 가하지 않아서 미생물이 풍부하게 들어 있는 발효/비발효 유제품에서 뽑아낸다.

활동력이 가장 왕성한 유청 종균은 케피어(워터케피어가 아닌 유제품 케피어)에서 얻을 수 있다. 케피어에 젖산균은 물론 이스트까지 들어 있기 때문이다. 일반적으로 발효 첫날에는 케피어가 응고하지 않다. 하지만 2~3일이 지나면 응고가 이루어지면서 유지방이 표면으로 떠올랐다가 결국엔 가라앉는다. 나는 발효 용기를 흔들어서 응유와 유청을 섞은 뒤에 케피어를 사용하곤 한다. 하지만 유청만 사용하기를 원한다면, 조심스럽게 따라내면 된다. 이런 식으로 갓 발효시킨 유청은 활동력이 가장 왕성하고, 냉장고에 넣어 몇 주에서 몇 달씩 보존할 수 있다.

유청을 이용해서 음료를 발효시킬 때는, 주성분이 되는 액체에 유청을 넣기만 하면 된다. 대략 5~10% 비율이면 적당하다. 예를 들어, 설탕물 1*l*라면 유청 $\frac{1}{4}$컵 또는 50~100*ml* 정도를 넣는다. 액체의 주성분은 과일로 맛을 낸 설탕물이 될 수도 있고, 허브를 우리거나 끓인 물이 될 수도 있으며, 과일즙이 될 수도 있다. 달콤한 주성분에 유청을 넣고 24시간 정도 발효시키면 거품이 일어나기 시작할 것이다. 이때, 유리병에 옮겨 넣고 밀폐시킨다. 이 상태로 상온에서 24시간쯤 더 발효시키다가 압력이 생기면 냉장한다. 늘 그렇듯이, 과도한 압력에 주의하고

폭발에 대비하자! 마실 때는 시원한 채로 즐긴다.

루츠비어

전통적인 루트비어는 향이 좋은 식물의 뿌리를 끓인 물에 감미료를 첨가하고 발효시킨 것이다. "루트root"라는 단수 표현 탓에 한 가지 뿌리만 들어간다는 상식과 달리, 다양한 뿌리가 쓰여왔고, 또 쓰일 수 있다. 실제로 다양한 뿌리를 섞은 루트비어가 한 가지 뿌리만 쓴 것보다 훨씬 더 맛있다. 내 친구 프랭크 쿡은 자메이카에 갔다가 여러 식물의 뿌리로 만든 여러 (루트의 복수 표현인) 루츠roots비어를 보았다고 했다.

나는 루츠비어를 만들 때 사사프러스를 위주로 여러 뿌리를 섞어왔다. 맛도 좋고, 내가 사는 숲에서 많이 나기 때문이다. 하지만 다른 뿌리들도 반드시 넣는다. 가장 자주 사용하는 부재료로는 생강, 감초, 우엉을 꼽을 수 있다. 사르사파릴라*Smilax regelii* 역시 전통적으로 쓰이는 재료 가운데 하나다. 여러분도 다양한 재료를 다양한 비율로 섞어서 자기만의 맛을 찾아보기 바란다. 루츠비어를 얼마나 만들고 싶은지 결정했다면(최종 목표량), 그 절반에 해당되는 물로 뿌리들을 끓여서 농축액을 만든다. 물을 반만 써서 뿌리들을 끓이면, 식히기 쉽다는 이점이 있다. 나머지 절반을 냉수로 채울 수 있기 때문이다. 적어도 한 시간 동안 뿌리들을 끓인 뒤, 설탕을 첨가한다. 나는 일반적으로 (최종 목표량을 기준으로) 1갤런당 설탕 2컵을 쓰지만, 여러분은 나보다 더 달게 만들고 싶을 것이다. 뜨거운 뿌리 농축액 속에서 설탕이 전부 녹으면, 나머지 절반에 해당되는 냉수를 부어서 최종 목표량을 채운다. 맛을 보고, 필요하면 설탕을 더 넣는다. 냉수를 부으면 농축액이 식을 것이다.

그래도 뜨겁다면 식을 때까지 몇 시간이고 내버려두었다가 종균을 넣는다. 체온에 비해 따뜻한 느낌이 전혀 안 들면, 곧바로 종균을 첨가하자. 종균으로는 워터케피어나 생강청, 유청, 이스트 또는 이미 만들어둔 루츠비어를 쓰면 된다.

하루나 이틀 발효시키면, 혼합액에서 거품이 부글부글 생길 것이다. 이때 병으로 옮겨 담고 밀폐시킨 뒤, 하루나 이틀 더 발효시키면 압력이 찬다. 그러면 차갑게 식혀서 발효를 천천히 이어가며 (동시에 과도한 탄산화와 폭발 위험성에 늘 주의하며) 마신다.

엘로이의 자메이카 루츠비어

프랭크 쿡

자메이카는 래스터패리언[1930년 에티오피아 황제로 즉위한 라스 타파리를 구원자로 믿는 사람]들이 만드는 루츠비어로 유명하다. 나는 여행하는 동안 그 사람들과 몇 차례 느긋하게 어울리면서 루츠비어 만드는 법과 재료로 쓰는 식물들에 대해서 조금 배울 수 있었다. 그들은 다양한 식물을 폭넓게 사용해서 루츠비어를 만들고 있었다. 특히 루츠비어에 들어가는 재료의 숫자를 대단히 중요하게 생각했다. 그 숫자의 깊은 뜻을 자세하게 배우지는 못했지만, 특정 숫자가 그들에게 무척 중요하다는 사실만큼은 이해했다.

나에게 루츠비어 만드는 법을 알려준 사람은 엘로이였다. 그가 베푼 친절을 생각하면 마음의 빚을 진 기분이다. 그는 집 밖으로 나가서 여러 식물을 한 아름 구해왔다. 그중에는 자메이카에서 두 번째로 유명한 식물 자메이칸 사르사파릴라의 뿌리도 있었다. 나는 그가 쓰는 식물의 절반 정도만 알아들을 수 있었다. 그 종류는 다음과 같다.(괄호 안은 학명) 자메이칸 사르사파릴라(*Smilax*) 뿌리, 스트롱백(*Cuphea*) 뿌리, 셧아이 마커(*Mimosa*) 뿌리, 민들레(*Senna*) 뿌리, 코코넛(*Cocos*) 뿌리, 구아바(*Psidium*) 뿌리, 마편초(*verbena*) 뿌리, 체이니chainy 뿌리, 블러드리스트bloodwrist, 허그미클로즈hug-me-close 뿌리, 탄판tan pan 뿌리, 잭 사거jack saga 뿌리, 롱리버long liver, 콜드텅cold tongue, 다크텅darktongue, 도그텅dog's tongue, 서치미하트search-me-heart, 순온디어스soon-on-the-earth, 갓스부시God's bush, 데빌해스휘프devil has whip, 워터그래스water grass, 로문raw moon.

엘로이는 냄비 하나에 이 모든 것을 넣고 물을 부은 다음 초록색 바나나 다섯 개를 찢어발겨서 얼기설기 덮었다. 그는 난롯불로 2시간 동안 끓였다. 그러고 나서 벌꿀을 섞고 병에 부었다. 그렇게 사흘 정도 지나면 마실 수 있다. 이후로 일주일이 지나면 (설마 그때까지 남아 있으면!) 식초로 변하므로, 그 전에 마셔야 한다. 나는 자메이카에 머무는 동안 다양한 종류의 루츠비어를 두루 마셔보았다. 생명력이 느껴지는 훌륭한 맛이 정말 좋았다.

프루

프루pru는 다양한 식물로 만드는 쿠바의 건강 음료다. 주로 쓰이는 몇 가지 재료로 고우아니아 폴리가마*Gouania polygama*의 껍질과 줄기, 피멘타 디오이카*Pimenta dioica*(올스파이스) 열매와 이파리, 스밀락스 도밍겐시스*Smilax domingensis*나 스밀락스 하바넨시스*Smilax havanensis*의 뿌리줄기 등을 꼽을 수 있다. 한 민족식물학 조사단은 그 준비과정을 이렇게 설명한다.

G. 폴리가마의 줄기를 심이 드러나도록 2~4가닥으로 가른다. 때로는 껍질을 벗기기도 한다. 줄기는 신선한 것으로 끓여서 농축액을 만든다. 한 번 끓인 것을 또 끓이면 안 된다. S. 도밍겐시스의 뿌리줄기는 작은 조각(루에다rueda)으로 썰어서 두세 차례 끓일 수 있다. 반면, P. 디오이카의 이파리는 말린 상태로 한 번만 끓여야 한다. 먼저 뿌리와 줄기, 이파리는 커다란 냄비에 한 시간 정도 담갔다가 끓인다.(프루 제조자들pruzeros 중에는, 물이 끓기 시작하면 곧바로 불을 끄는 사람도 있고, 10~15분 정도 더 끓인 뒤에 불을 끄는 사람도 있다.) 이어서 건더기를 건져내고 농축액을 천에 두세 번 걸러서 밤새도록 식힌다.(모직물로 거르는 사람도 있다.) 이튿날 아침, 설탕과 발효 촉매제(마드레madre)를 농축액에 첨가한 뒤 나무로 만든 스푼으로 저어준다. 그래야 신속하고 균일하게 발효가 이루어진다. 마드레는 이미 발효시킨 프루를 말한다. 2~3일 지난 것이어서 식초처럼 시큼털털한 맛이 난다. 마드레에는 발효과정을 이끌어갈 박테리아와 곰팡이균, 이스트가 들어 있다. 프루를 만드는 사람이라면 누구나 마드레를 종균으로 쓴다. 발효가 충실하고도 빠르게 이루어지기 때문이다. 마드레를 쓰지 않으면, 프루를 만드는 데 걸리는 시간이 48시간에서 72시간으로 늘어난다. 그래서 사람들은 프루를 만들 때마다 다음번에 사용할 마드레를 남겨두곤 한다. 수집한 자료에 따르면, 과거에는 프루를 만들 때 마드레를 사용하지 않았다. 하지만 지금은 널리 쓰인다. (…) 설탕과 마드레를 넣은 뒤로, 프루를 병에 넣고 뚜껑을 단단히 씌워서 온종일 햇볕 아래 두고 발효시킨다. (…) 우리가 만난 사람들 모두는 병 속

에 밀폐시키는 발효법이 왜 중요하고 왜 필요한지에 대해서 한결 같이 똑같은 의견을 피력했다. 쿠바 사람들이 "현대적" 식습관에 적응한 결과이고, 거품이 일어나는 프루가 상업적인 청량음료와 더 비슷해 보이기 때문이라는 것이었다.[17]

프루는 전통적으로 쿠바의 동쪽 지방에서 만들어 마시던 음료였다. 하지만 지금은 쿠바 전역에서 즐기는 음료가 되었다. 1991년 소련이 붕괴하고 쿠바에 경제 위기가 닥치면서, "상업적 청량음료가 상점과 가정에서 자취를 감추고, 집 주변에서 구한 재료로 손쉽게 만들 수 있는 전통 음료 프루가 그 자리를 차지했다. 프루가 서쪽 지방으로 퍼진 것은 이 때문이다."[18]

스위트 포테이토 플라이

스위트 포테이토 플라이는 남아메리카 북부에 자리 잡은 가이아나의 전통적인 건강 음료다. 나에게는 만들 때마다 보람을 안겨주는 정말 훌륭한 음료다. 나는 워터케피어, 유청, 생강청 등 다양한 종균을 이용해서 스위트 포테이토 플라이를 만들어왔다. 주재료는 고구마와 설탕이다. 4*l*를 담그려면 큼직한 고구마 두 개와 설탕 2컵/500*ml*가 필요하다. 여러분은 이보다 달콤하게 만들고 싶을 것이다. 우선 고구마를 강판에 갈아서 그릇에 담는다. 여기에 물을 붓고 휘저은 다음, 허옇게 변한 물을 따라 버린다. 탄수화물을 제거하는 과정이므로, 맑은 물이 나올 때까지 같은 과정을 반복한다.

고구마를 물 1갤런에 넣고, 맛을 봐가면서 설탕을 푼 뒤, 종균을 넣

어서 간단하게 플라이를 만든다. 아니면 조금 더 멋을 부릴 수도 있다. 레몬이나 달걀 껍데기, 그리고 내가 크리스마스의 맛이라고 부르는 정향, 계피, 너트멕, 육두구 등을 더하는 것이다. 레몬의 경우, 즙을 내고 껍질을 갈아서 갤런당 두 개를 쓴다. 메이스는 끓여서 우려낸 물로 쓴다. 물 두 컵에 메이스 한 스푼을 (신선한 상태 또는 가루 상태로) 넣고 끓인 뒤 냉수를 부어 식힌 다음, 고구마 혼합액에 부어 넣으면 된다. 정향은 통째로 몇 개를, 계피와 너트멕은 가루로 만들어서 한 꼬집 정도를 넣는다. 달걀 껍데기는 신맛을 줄여주는 효과가 있고, 앞서 워터케피어 항목에서 언급한 것처럼, 워터케피어 알갱이들을 종균으로 사용할 경우 증식에 도움이 된다. 달걀 껍데기를 첨가할 때는 깨끗하게 씻고 잘게 부숴서 넣어야 한다.

스위트 포테이토 플라이는 유청, 생강청, 워터케피어로 발효시킨다. 워터케피어를 사용할 때는, 알갱이들을 고구마 조각들과 분리해내는 일이 무척 어렵고 지루한 작업이라는 사실에 유의해야 한다. 애초에 워터케피어 알갱이들로 발효시킨 설탕물을 쓰거나, 면직포로 티백 같은 봉투를 만들어 알갱이를 밀봉하는 것이 고생을 안 하거나 덜 하는 방법일 것이다.

스위트 포테이토 플라이는 하루나 이틀 발효시켜서 거품이 잘 일어날 때 걸러서 병에 담고 밀폐시킨다. 이 상태로 하루나 이틀 더 상온에서 보관하면 압력이 차기 시작할 것이고, 그러면 곧바로 냉장고에 넣어서 과탄산화 및 폭발 가능성을 미연에 방지한다.

창의적인 맛과 향을 위하여

스위트 포테이토 플라이, 진저비어, 루츠비어, 프루트 비어 등등 어떤 종류의 건강 음료도 탄산화를 거치고 나면 천연 청량음료라고 부를 만하다. 이 탄산음료에는 섞어 넣지 못할 향미가 없다. 기본 공식은 (설탕, 벌꿀, 아가베, 메이플, 수수, 과즙, 그 밖에 탄수화물을 함유한 감미료로) 달콤하게 만든 물에 (과일, 허브, 방향유로) 맛과 향을 첨가하고, 발효 기간을 단축하기 위해 종균을 첨가한 뒤, 병에 넣어 밀폐한 다음, 탄산화가 이루어지면서 압력이 차오를 때까지 조금 더 발효시키는 것이다.

사람들이 내게 자랑해 마지않은 몇 가지 아이디어를 소개한다.

- 생강을 넣어 발효시킨 당근 즙. 필라델피아의 마이크 시얼은 "내가 마셔본 것 중에서 단연코 가장 맛있는 음료였다"고 말한다.
- 생강, 계피, 정향, 너트멕, 당밀을 넣고 워터케피어로 발효시킨 음료. 테네시주 힐스버러의 베브 홀은 "진저브레드 맛이 나는, 청량음료 비슷한, 정말 맛있는 음료"라고 한다.
- 솔잎: 에린 뉴웰은 우프 프로그램 참가자로 일본의 어느 유기농 농장에서 머물면서 미쓰야三ツ矢라는 솔잎 맛 음료를 매일 마셨다고 한다. "그냥 솔잎을 채우고 설탕물을 가득 부어서 만든다." 여기에 종균을 넣고 발효시켜서 병에 담으면, 솔향기가 흠뻑 스민 청량음료를 즐길 수 있다.
- 코코넛 워터 고트 케피어: 뉴욕 브루클린에 사는 내 친구 데스틴 조이 레인이 보내온 이야기. "발효시킨 코코넛 워터에 고트 케피어를 섞고 몇 가지 딸기류를 첨가해서 하룻밤 익혔더니, 크림 같은 거품에 기포가 마구 솟는데, 얼마나 맛있는지 몰라!"

• 캘리포니아주 버클리에서 "공동체 지원 부엌"을 모토로 사업을 펼치고 있는 어느 협동조합(threestonehearth.com)에서는 "고풍스러운 장미"와 예닐곱 가지 히비스커스 꽃잎 등 흔치 않은 재료를 조합해서 천연 탄산음료를 만든다.
• 노스캐롤라이나주 칼버러의 발효채소 판매업자 에이프릴 맥그리거는 평소에도 다양한 재료로 다양한 발효음식을 재미 삼아 만들어보는 사람인데, "인동초, 블루베리-레몬 버베나, 레몬-로즈마리, 스트로베리-로즈 제라늄은 탄산음료에 넣어서 발효시키면 가장 좋은 맛을 내는 허브"라고 조언한다.

끈질기게 실험하고, 아이디어를 떠올리고, 과감하게 시도하자! 다만, 지나친 탄산화의 심각한 위험성을 잊지 말자.

니샹가의 탄산음료 첨가물

니샹가 블리스는 샌프란시스코에서 일하는 침술사 겸 영양사로, 『일 년 내내 즐기는 진짜 음식』(뉴하브린저 시리즈, 2012)의 저자다. 천연 재료로 탄산음료 만드는 법을 가르치기도 한다. 자신이 좋아하는 첨가물 가운데 일부를 다음과 같이 알려주었다.

• 히비스커스와 오미자. 여기에 장미 열매는 넣어도 좋고 안 넣어도 좋다.
• 고지베리와 장미 열매.
• 엘더베리와 고지베리, 히비스커스

- 딸기와 스칼렛 퀸 터닙
- 레몬과 로즈마리
- 블랙베리와 히비스커스
- 그리고 어떤 손님에게 금잔화 꽃잎과 비폴런[꿀벌 꽃가루]이 속 쓰림을 달래는 데 효험이 있다고 처방했더니, 두 재료로 탄산음료를 만들어 가져온 적이 있었다.

니샹가는 이렇게 말했다. "나는 일반적으로 증류한 사탕수수 즙 또는 벌꿀을 감미료로 사용합니다. 종균으로는 요구르트 유청, 워터케피어 알갱이들, 캡슐에 넣은 프로바이오틱스(!)를 써왔고, 최근에는 생강-강황청을 넣고 있습니다. 강황 뿌리를 강판에 갈아서 생강청에 넣으면 거품이 훨씬 더 많이 (때로는 너무 많이) 생깁니다. 이런 식으로 생강청을 만들 때는 생강을 보통 때보다 반만 넣는데, 그래도 맛이 많이 달라지지는 않습니다."

스므레카

스므레카smreka는 주니퍼베리로 만드는 보스니아의 음료다. 나는 상쾌한 맛이 아주 훌륭한 이 스므레카를 루크 레갈부토와 매기 레빙어로부터 배웠다. 둘은 동유럽 일대를 돌아다니며 그 지역의 전통적 발효법을 전수받은 사람들이다.(그리고 지금은 샌프란시스코 베이 에어리어에서 발효시킨 음식과 음료를 '야생의 서부'라는 상표로 판매하고 있다.) 루크와 매기는 사라예보의 어떤 기관에 우연히 들렀다가 스므레카를 처음 마셨다. 두 사람은 내게 보낸 편지에서 "스므레카는 보스니아에서 널리 사랑받는 음료가 아닌 것 같았다"고 했다. 이들은 스므레카를 마신 곳이 무슬림 소유라고 확신한다. "알코올음료를 대신해서 스므레카를 내놓았기 때문이다." 당시 두 사람 앞에 놓인 스므레카는 냉장고에서 바로 꺼내 설탕을 한 스푼 넣은 것이었다. (내 경우에 밀폐한 유리병에서 어느 정도 탄산화시킨 스므레카를 상온에서 감미료 없이 마시는 것을 좋아한다.) "우리가 무엇을 넣어서 어떻게 만든 음료냐고 물었더니, 그들은 '스므레카'라는 대답만 되풀이하더군요.(주니퍼베리라는 뜻입니다.) 다른 재료는 아무것도 안 들어간다는 말이었는데, 우리가 느끼기에는 가당치도 않았습니다. 워낙 역동적이고 맛이 좋아서 뭔가 다른 재료가 들어간 것이 틀림없었습니다. 그런데 알고 보니 정말로 주니퍼와 모종의 이스트가 전부였습니다.(물론 천연 이스트였지요.)"

스므레카는 만드는 법도 더없이 간단하다. 유리병이나 단지에 물을 붓고 주니퍼베리를 넣는 것이 전부다. 나는 그동안 미국 서부에서 주니퍼베리를 따왔다. 그리고 사워크라우트를 담글 때 썼다. 스므레카를 만들 때는 말린 주니퍼베리를 허브 판매상한테서 대량으로 구입해 사용했는데, 품질이 좋았다. 일반적인 주니퍼루스 코무니스*Juniperus communis*를 포함해서 대부분의 주니퍼는 맛있고 먹어도 안전한 열매를 맺는 반면, 유라시안 J. 사비나*sabina*를 대표로 하는 몇몇 종에서는 독성을 지녔다고 간주되는 열매가 열린다. 낯선 곳에서 주니퍼베리를 딸 때는, 무턱대고 한꺼번에 많이 따면 안 된다. 먼저 하나만 따서 맛을 보고 더 딸지 말지를 결정하자. 쓰디쓴 맛이면 뱉어버리자. 은은하게 맛있는 열매만 사용한다.

나는 물 4*l*에 주니퍼베리 2컵/0.5*l*를 쓴다. 압력이 빠져나가도록 천으로 덮거나 뚜껑을 헐겁게 닫는다. 아니면, 뚜껑을 단단히 닫고 압력을 며칠 간격으로 빼주면서 탄산음료로 만들어도 된다. 이 상태로 한 달 정도 발효시킨다. 물론 더운 날씨라면 이보다 짧은 시간이 걸릴 것이다. 열매들이 색과 맛과 향을 물에 녹여내면서 표면으로 떠오르면, 거품이 나기 시작할 것이다. 일주일에 두 번씩 흔들거나 휘저어준다. 일주일 안에 스프레카에서 사랑스럽고도 가벼운 향기가 일어날 것이고, 몇 주가 흐르면 발효가 활기차게 이루어질 것이다. 루크와 매기에 따르면, "열매들이 전부 바닥으로 가라앉으면 비로소 스프레카가 완성되었다는 뜻이다."[19] 하지만 나는 이보다 조금 일찍 마시기 시작한다. 그리고 한 번 더 발효시키는데, 이번에는 열매들이 겨우 잠길 정도로 물을 적게 붓는다.

노니

노니noni는 열대지방에서 자라는 같은 이름의 나무에서 열리는 과일이다. 원산지는 동남아시아로, 학명은 모린다 시트리폴리아*Morinda citrifolia*다. 먼 옛날 폴리네시아인 이주민들이 하와이로 가져왔다는 것이 통설이다. 잘 익은 노니는 치즈 향이 아주 강하다. 이쪽 지방에서는 의약품이나 염색약으로 두루 쓰인다. 하와이 등지에서는 구황작물로 여기는 음식이라서 평소에는 돼지 먹이로 쓰이는 것이 보통이지만, 이 밖의 지역에서는 훨씬 더 일상적으로 먹는다. '모린다'라는 학명은 멀베리[오디]를 뜻하는 라틴어 모루스*morus*에서 유래했다. 실제로 겉모습이 멀베리와 얼추 비슷하다. 내가 노니를 처음 맛본 하와이에서는 약재로 쓰곤 했다. 어느 인류학자의 설명에 따르면, "전통적으로 하와이인들은 노니를 국소 치료제로 사용했다. 하지만 복용하지는 않았다. 사람들은 노니에 피와 내장을 비롯한 신체 조직의 여러 구성 요소를 깨끗하게 해주는 효능이 있다고 믿었다."[20] 나 역시 하와이에 갔다가 포도상구균에 감염되었을 때, 노니로 만든 국소습포제를 붙이고 확실한 효험을 체험한 바 있다.

현대로 접어들면서 하와이에서는 가정마다 노니로 발효음료를 만드는 풍습이 널리 퍼졌다. 다만, 전통적인 발효법인지 여부에 대해서는 논란의 여지가 있다.[21] 민족식물학 연구진의 보고에 따르면, "현재 하와이에서 노니를 만드는 가장 인기 있는 '전통적' 방법은 발효다. 일반적으로 열매를 커다란 유리병에 넣고 밀폐한 뒤 햇볕 아래 놓아두고 몇 시간, 며칠 내지 몇 주씩 발효시키는 방식이다."[22]

노니는 처음 따서 만져보면 단단하고 하얀 열매다. 하지만 급격히 반투명한 상태로 변하면서 즙이 흘러나온다. 발효가 시작되었다는 뜻이다! 여러분도 손수 만들고 싶다면 이렇게 해보자. 간단하다. 먼저 노니 열매들을 유리병에 넣는다. 공기가 통하지 않도록 뚜껑을 확실히 닫는다. 하지만 이따금 압력을 빼주어야 한다. 고체 형태의 과일은 부피가 서서히 줄어들고, 즙이 점점 많아질 것이다. 하와이대학의 노니 웹사이트에 따르면, 이 즙은 "처음에는 호박색 또는 황금색이었다가 서서히 짙은 빛깔로 변한다. 노니 즙을 만들 수 있는 온도와 조도의 범위는 상당히 넓다. 예를 들어, 가정에서 노니 즙을 만드는 사람의 상당수는 커다란 유리병에 노니 열매를 넣고 직사광선을 몇 달 동안 쪼인 뒤에 먹는다."[23] 발효 기간도 며칠에서 몇 달로 다양하다. 발효가 끝난 즙에서 건더기를 제거하면 새콤한 음료가 된다. "이 섬에서는 어느 마을 어느 집을 가도 라나이lanai(현관)와 옥상에 발효 용기가 놓인 모습이 눈에 띈다. 이것만 봐도 노니의 효능이 얼마나 뛰어난지 알 수 있다. 동시에 — 대체의학의 성공에 핵심 요소로 작용하는 — 공동체 의식을 떠올리게 하는 장면이기도 하다."[24]

콤부차: 만병통치약인가, 위험 물질인가?

콤부차는 설탕과 일군의 미생물 집단을 넣어 달콤하게 발효시킨 새콤한 건강 음료다. 종종 스파클링 애플 사이다에 비교될 만큼 맛있다. 콤부차는 모체라고 불리는 스코비로 만드는 것이 보통이다. 콤부차의 모체는 고무 같은 원판 모양으로, 발효 용액의 표면에 떠 있다. 미생물 집단은 콤부차 용액 자체를 통해서 이동할 수도 있다. 콤부차 모체는 식초를 만드는 과정에서 생기는 초모와 대단히 흡사하고, 공통된 미생물도 아주 많다. 그래서 두 가지 모체가 정확히 동일한 존재라고 결론을 내린 과학자들도 있다.[25]

콤부차만큼 극적으로 벼락스타의 반열에 오른 발효음식도 (적어도 미국에서는) 없을 것이다. 콤부차는 건강에 이롭다는 대대적인 광고에 힘입어 지구촌 각지에서 엄청난 인기를 구가하고 있다. 특히 지난 한 세기 내내 중부 및 동부 유럽에서 찬사를 받아왔고, 1990년대 중반 이후로는 미국에서도 존재감을 과시하고 있다. 내가 콤부차를 처음 마신 때는 1994년 무렵이었다. 에이즈 보균자인 어느 친구가 건강을 지키기 위해 콤부차를 만들어 마시는 모습에 영향을 받았던 것 같다. 당시에도 면역 기능을 전반적으로 향상시킨다며 칭찬이 자자했다. 하지만 콤부차가 건강에 이롭다는 주장은 그 내용과 범위가 대단히 다양하고 폭넓다. 당시 미국은 시중에서 상품으로 팔리는 콤부차가 없었지만, 사람들 사이에 입소문을 타고 퍼져나가면서 콤부차 모체를 키우고 주위에 나누어주는 사람이 크게 늘었다. 요즘은 콤부차 음료를 제조해서 판매하는 기업이 — 조그만 신생 기업부터 다국적 기업에 이르기까지 — 10곳도 넘는다. 미국 내 선두 기업인 GT's 콤부차의 경우, 2009년 한 해에만 100백만 병 이상을 팔아치울 정도였다.[26] 『뉴스위크』는 미국 콤부차 매출액이 2008~2009년 8000만 달러에서 3억2400만 달러로 네 배나 치솟았다고 보도하기도 했다.[27]

콤부차는 양극단의 견해가 부딪치는 맹렬한 논쟁을 불러일으켰다. 드라마틱한 치유력이 있다고 주장하는 사람들과 잠재적인 위험을 신랄하게 경고하는 사람들이 갑론을박을 거듭해왔다. 내 생각에는 양쪽 모두 과장된 주장이다. 콤부차는 만병통치약도 아니고 위험 물질도 아니다. 여느 발효음식과 마찬가지로, 콤부차 역시 콤부차만의 대사적 부산물과 박테리아를 함유하고 있다. 이것이 여러분 개인에게 적합할 수도 있고 그렇지 않을 수도 있다. 조금씩 마시기 시작하면서, 어떤 맛이고 어떤 느낌인지 살피자.

콤부차를 만병통치약, 기적의 묘약으로 여기는 애호가가 많다. 이 중에서 특히 목소리가 큰 호주 사람 해럴드 W. 티체는 콤부차가 관절염, 천식, 방광결석, 기관지염, 각종 암, 만성피로증후군, 변비, 당뇨, 설사, 부종, 통풍, 건초열, 속 쓰림, 고혈압, 높은 콜레스테롤, 신장 문제, 다발성 경화증, 건선, 전립선 질환, 류머티즘, 수면장애, 위장장애 같은 질병을 치료하는 데 효험이 있다는 보고를 받았다고 말한다.[28] 약초 전문가 크리스토퍼 홉스도 같은 맥락에서 거론되는 몇 가지 효과를 인터넷 게시판에 추가로 적었다. 콤부차가 에이즈를 치료한다는 이야기부터 주름살과 검버섯을 없애주며, 폐경기 열감을 줄이고, 근육통, 관절통, 기침, 알레르기, 편두통, 백내장 치료에 도움이 된다는 주장들이었다.[29] 위에 나열한 질병으로 고통받는 사람들은 콤부차를 마심으로써 증세가 정말 호전되었다고 느낄지 모르지만, 홉스는 "과학적인 증거가 전혀 없는 주장들"이라고 잘라 말한다.[30] 어떤 음식을 먹으면 어떤 병이 나을 것이라는 식의 기대는 버려야 한다.

콤부차의 치유력에 관한 일반적인 설명 가운데 하나는 글루쿠론산

glucuronic acid을 함유한다는 것이다. 글루쿠론산은 우리 간에서 생성하는 물질로, 다양한 독소와 결합해서 체내로 배출시키는 역할을 한다. 콤부차의 효능을 칭송하는 독일인 귄터 프랭크의 설명은 이렇다. "콤부차의 효능이 특정 신체 기관에 이롭다기보다 콤부차에 들어 있는 글루쿠론산의 해독 기능을 통해서 (…) 인체 전반에 긍정적인 영향을 미친다."[31] 하지만 거듭된 실험 결과 안타깝게도 콤부차에는 글루쿠론산이 존재하지 않는 것으로 확인되었다. 글루코스 대사과정의 부산물이자 관련 물질인 글루콘산gluconic acid을 글루쿠론산으로 혼동한 탓인 듯하다. 글루콘산은 발효음료를 비롯한 여러 음식에서 흔히 발견되는 물질이다. 1995년, 콤부차를 사랑하는 몇 사람이 실험실에 모여서 콤부차의 화학적 구조를 연구하기 시작했다. 그중 한 사람인 마이클 R. 루신은 이렇게 설명한다. "콤부차의 성분에 대한 보고 내용이 상충하는 마당에 FDA의 경고까지 나왔다. 나는 내가 대체 무엇을 마시고 있는지 면밀하게 들여다보지 않을 수 없었다."[32] 연구진은 887가지 서로 다른 콤부차 샘플을 대상으로 글루쿠론산을 찾아내기 위해 질량분광분석에 들어갔고, 마침내 그런 물질은 존재하지 않는다고 결론 내렸다.[33]

콤부차의 잠재적 위험성에 대해서는, 미국 질병통제센터CDC가 1995년에 펴낸 「발병률과 사망률에 관한 주간 보고서」를 먼저 거론해야 한다. 여기에 "콤부차 소비와 관련된 것으로 추정되는 원인 불명의 중증 질병"이라는 제목의 글이 실렸기 때문이다. 물론 제목에서 중대한 의미를 내포한 단어는 추정일 것이다. 두 가지 별개의 사건이 발생했다. 같은 주에 발생한 사건도 아니었다. 아이오와주에 사는 두 여성이 증세는 전혀 다르지만 원인을 알 수 없는 극심한 건강상의 문제를 겪었다. 둘 중 한 사람은 숨졌다. 두 사람은 동일한 모체에서 분리된 스코비로 콤부차를 만들어 매일 마셨다. 아이오와 보건국은 "두 사건에서 콤

부차가 어떤 구실을 했는지 완전한 조사가 이루어질 때까지" 콤부차 섭취를 즉각 중단하라고 경고를 발령했다. 하지만 두 사람은 자신이 겪은 고통과 콤부차 사이의 관련성을 제대로 설명할 수 없었고, 같은 모체로 콤부차를 만들어 마신 나머지 115명은 아무런 문제가 없는 것으로 확인되었다. 두 여성을 아프게 만든 것으로 추정되는 모체와 콤부차의 미생물 분포를 조사한 결과, "지금까지 알려진 병원균이나 독소를 생성하는 미생물은 하나도 발견되지 않았다."[34]

이 밖에도 수많은 의학적 보고가 지극히 다양한 증상을 콤부차 섭취와 결부시켜왔지만, 역시 특정 독소나 독성 원인 물질을 지목한 경우는 없었다.[35] CDC 보고서가 발표된 직후부터 수많은 질문이 쇄도하자 미국 식품의약국FDA에서도 경고랍시고 내놓았는데, 콤부차의 산성으로 인해서 보존 용기의 납 성분 또는 기타 독소가 배어나올 가능성이 있고 "이런 종류의 가정식 음료를 비위생적인 조건에서 발효시키면 미생물에 의한 오염을 초래할지 모른다"는 내용이었다. 하지만 여타 조사 결과와 마찬가지로, FDA의 미생물 분석에서도 "오염되었다는 증거를 전혀 찾지 못했다."[36]

콤부차의 안전성을 우려하는 사람들은 비단 정부 당국자로 국한되지 않는다. 진균학자 폴 스테이메츠는 1995년에 "'블롭'과 함께한 모험"이라는 제목으로 논문을 발표했다. 스테이메츠는 콤부차가 버섯의 일종이라고 오해한 사람들로부터 수시로 질문을 받았다. 그는 곰팡이균류를 따로 떼어 증식시키고 연구하는 전문가로서, 대체로 검증되지 않은 발효균 혼합물이 걱정스러웠다. "나는 개인적으로 이런 군집체를 아픈 친구 또는 건강한 친구에게 건넬 경우 도덕적 비난을 피할 수 없다고 믿는다. 적절한 사용법에 대해서 지금까지 알려진 것이 거의 없기 때문이다. 비위생적인 환경에서 만든 콤부차란, 어쩌면 러시안룰렛의 생물학 버전일지 모른다."[37] 나는 곰팡이 연구에 있어서 스테이메츠가 이룬 업적을 한없이 존경하지만, 집에서 만든 콤부차의 안전성을 믿기 어렵다거나 위험하다는 생각에는 반대한다. 콤부차를 포함한 모든 발효음식은 선택적 환경을 조성함으로써 안전성을 확보하는 과정을 거친다. 콤부차를(또는 어떤 발효음식이든) 전문 기술자가 만들어야 안전하다는 발상은, 가정과 마을에서 대를 이어가며 발효음식을 만들어온 인류의 유구한 역사와 문화를 부정하는 것과 다를 바 없는, 전문화 지상주의적 논리라고 할 수 있다. 여러분이 원하는 선택적 환경을 조성하는데 어떤 요소가 중요한지 확실하게 파악하자. 그러면 러시안룰렛을 걱정할 필요가 사라진다. 기본적인 지식을 정확히 이해하는 것이 중요하다. 제대로 된 정보로 무장한 이상, 두려움에 떨며 발효음식을 만들 이유가 없다.

콤부차 만들기

보통 콤부차는 설탕을 넣어 달콤하게 만든 차에 특정 박테리아와 이스트 공생체를 투여해서 발효시킨 음료를 말한다. 하지만 사람들은 콤부차에 허브, 과일, 채소 등을 향신료 삼아 첨가함으로써 새로운 맛을 창조해왔다. 이렇게 첨가한 향신료는 차와 설탕만으로 이루어지는 1차 발효에 뒤이어 2차 발효의 원천으로 작용한다.

여기서 '차'라고 하면, 차나무(카멜리아 시넨시스*Camellia sinensis*)의 이파리로 우려낸 찻물을 말한다. (카모마일이나 민트 같은) 여타 식물로 우려낸 용액도 영어로는 차라고 하지만, 진정한 의미의 차는 아니다. 여러분은 홍차, 녹차, 백차, 쿠키차茎茶, 보이차, 이 밖에 다른 종류의 차를 이용해도 된다. 하지만 얼그레이처럼 맛과 향이 강한 차는 첨가된 방향유가 발효를 방해하므로 피하는 것이 좋다. 티백을 써도 되고, 깡통에 들어 있는 말린 찻잎을 써도 된다. 진하게 우려도 되고, 연하게 우려도 된다. 여러분 마음대로다. 나는 주로 진한 농축액을 만들고 나서 냉수를 부어 희석시키고 열기도 가라앉히는 방법을 사용한다. 이렇게 하면 찻물이 식을 때까지 기다리지 않고 곧바로 스코비를 넣을 수 있다.

찻물을 달콤하게 만들려면 설탕을 넣는다. 여기서 설탕이란 사탕수수 또는 사탕무에서 추출한 자당sucrose을 뜻한다. 벌꿀, 아가베, 메이플시럽, 엿기름, 과일즙 같은 감미료를 사용해서 맛있는 콤부차를 만들었다고 이야기하는 사람들이 꽤 있다. 하지만 스코비가 쭈글쭈글해지더니 죽어버렸다고 하소연하는 사람들도 있다. 마찬가지로, 어떤 종류의 차도 쓰지 않고 허브 우린 물 또는 과일즙만으로 맛을 냈는데도 결과물이 훌륭했다고 말하는 사람들도 있다. 이 문제에 대해서 나는 콤부차 나무가 종류에 따라 특성이 각기 다르기 때문이라고 결론을 내렸다. 사람, 동물, 식물 중에도 변화한 조건에 더 잘 적응하는 개체가 따로 존재하듯, 콤부차 모체 가운데 일부도 평균 이상의 융통성과 적응력을 지닌 것으로 보인다. 나는 여러분이 다양한 감미료와 재료를 가지고 실험해보면 좋겠다고 생각한다. 하지만 모체가 하나뿐이라면 실험 대상으로 삼지는 말자. 스코비 하나를 실험 대상으로 쓴다면, 다른 하나는 전통적인 방식대로 설탕 녹인 찻물에 넣어서 만일의 사태에 대비하자. 몇 세대에 걸쳐서 실험을 거듭해야 모체가 증식 내지 생존할 수 있는 조건이라고 확신할 수 있을 것이다. 감미료의 투여량은 여러분의 입맛에 따르면 된다. 개인적으로는 설탕의 양을 미리 측정해서 한꺼번에 넣지 않고 맛을 봐가면서 양을 조절하는 편이다. 찻물 1*l*당 설탕 ½컵/125*ml*(무게로는 113g)을 기준으로 삼아보자. 설탕이 완전히 녹을 때까지 잘 저어야 한다. 찻물이 따끈할 때 설탕을 넣으면 녹이기 쉽다. 조금씩 맛을 보면서 원하는 만큼 설탕을 추가한다.

설탕 녹인 찻물을 체온 아래로 식힌다. 앞서 언급한 대로, 농축액을 만든 뒤 냉수를 부어서 희석시키는 것이 온도를 내리는 가장 쉬운 방법이다. 달콤한 찻물을 주둥이가 큼직한 발효 용기에 담는다. 유리 또는 (납유약을 바르지 않은) 세라믹 제품이 가장 좋다. 금속 용기는 피한다. 스테인리스 제품이라도 안 된다. 오랫동안 산성에 노출되면 부식할 가능성이 있다. 콤부차는 호기성 박테리아의 작품이기 때문에, 산소와 접촉이 이루어지는 표면에서 발효가 진행된다. 따라서 표면적을 최대로 넓힐 수 있는 넙적한 용기를 쓰는 것이 좋다.

이미 만들어둔 콤부차를 얼마간 부어서 뜨거운 찻물을 식힐 수도 있다. 찻물 부피의 5~10% 정도로 넣으면 된다. 그러면 찻물을 산성화시키는 동시에 콤부차의 미생물 환경을 풍요롭게 만드는 일석이조의 효과가 있다. 산성화는 콤부차의 미생물 집단에 이롭게 작용하고 변질에 의한 오염 가능성을 예방하는 선택적 환경의 유지에 무척 중요하다. (산성화 수단으로 활용할 콤부차가 없다면, 종류와 상관없이 식초로 대신해도 된다. 다만 — 리터당 2큰술/20*ml* 정도로 — 훨씬 적은 양을 넣어야 한다.) 식힌 찻물, 설탕, 이미 익은 콤부차를 발효 용기에 담고 잘 섞었으면, 모체를 넣을 차례다.

콤부차 용액에 들어간 모체는 표면에 떠 있어야 이상적이다. 하지만 처음에는 가라앉았다가 서서히 떠오르는 경우도 종종 있다. 때로는 한쪽 모서리만 떠올라서 새로운 막을 표면에 형성하기도 한다. 며칠이 지나도 스코비가 떠오르지 않거나 새로운 막을 만들어내지 않는다면, 더 이상 진전을 보기 어렵다고 봐야 한다. 처음에는 모체의 크기와 모양이 콤부차 표면과 다를 테지만, 머지않아 표면의 크기와 모양에 꼭 맞춰 새로운 막을 형성할 것이다. 발효 용기 주둥이의 경우, 파리는 막되 곰팡이 포자가 콤부차에 들어올 수 있도록 공기가 통하는 얇은 천으로 늘 덮어둔다. 따뜻한 곳에서 햇볕을 차단한 상태로 발효시킨다.

콤부차 모체는 인터넷을 통해서 구매할 수도 있고, 집에서 콤부차를 만드는 다른 사람한테 얻을 수도 있다.(참고 자료 참조) 또는 시판 중인 콤부차 발효균을 사다가 손쉽게 키울 수도 있는데, 이 경우 — 되도록 특별한 첨가물이 전혀 안 들어간 원 상태 그대로의 — 콤부차 한 병을 주둥이가 널찍한 용기에 붓고 천으로 덮은 뒤 일주일 정도 (서늘한 기온에서는 이보다 길게) 기다리기만 하면 표면에 얇은 막이 형성된다. 이 막이 바로 콤부차 스코비다.

콤부차 공동체

몰리 에이지 조이스, 리버폴, 미네소타

나는 같은 모체에서 잘라낸 스코비 조각을 내 콤부차 "농장"에서 근 4년간 키우는 중이다. 실로 보람찬 공생관계가 아닐 수 없다. 나는 모체가 존재 그 자체로 만들어내는 무언가를 수확하고, 그것을 통해서 영양분을 얻을 뿐만 아니라 내 주위의 아주 조그만 생명체와도 좋은 사이로 지낸다는 뿌듯함을 느낀다. 낯선 곳으로 이사할 때면 새로운 이웃들과 "미생물 차원"에서부터 사귈 수 있도록 돕기도 한다. 친구나 지인들과도 몇 조각씩 나누다보면, 인간적으로 한층 더 친밀해지는 느낌이 든다.

콤부차를 만들면 만들수록 스코비는 점점 두껍게 자랄 것이다. 한 겹씩 쌓이면서 자라기 때문에, 한 겹씩 벗겨서 또 다른 콤부차를 발효시킬 때 종균으로 사용하거나 다른 사람에게 나누어줄 수 있다. 나는 15cm나 되는 콤부차 모체를 본 적도 있다. 스코비가 크다고 해서 특별한 장점이 있는 것은 아니다. 따라서 몇 겹을 벗겨 주위에 나누어준다고 여러분이 콤부차를 발효시키는 데 문제가 될 이유는 없다. 남아도는 스코비 활용법 중에서 내가 직접 보거나 전해 들은 사례를 소개한다.

- 반죽으로 만들어서 얼굴 마사지에 쓴다. 넓게 펴서 얼굴에 덮은 뒤 마를 때까지 내버려두는 방법이다.
- 테네시주 내슈빌의 브룩 길런은 콤부차의 얇은 스코비를 꽃 모양으로 접어서 그대로 말린다고 한다. 멋진 생각이다!
- 런던 패션섬유학교의 수전 리는 콤부차로 옷을 만든다. 뉴스 보도에 따르면 "[길쭉한 직사각형 용기에 키운] 스코비 옷감이 마르면서 서로 겹치는 부분이 녹아 붙어 바느질이 따로 필요 없다. [인체 모형에 붙여 옷의 형태를 잡은 스코비에서] 수분이 완전히 증발하면 신체의 곡선에 꼭 맞춘 듯한 재킷 한 벌이 탄생한다. 재

질이 종이 같아 과일이나 강황, 인디고, 비트 같은 채소에서 추출한 색소로 물들일 수도 있다."[38]

- 콤부차 스코비와 초모를 액자에 펼쳐서 말린 뒤 그림을 그렸다는 이야기도 몇 사람한테 들었다. 두 가지 모두 종이와 똑같이 셀룰로스로 이루어진 것이다.
- 나타: 필리핀 사람들은 콤부차 스코비처럼 두툼한 스코비를 코코넛 워터 또는 파인애플 즙과 설탕물 혼합액으로 키운 다음 캔디로 만든다. 여러분도 콤부차 스코비를 캔디로 만들 수 있다. 이 내용은 잠시 뒤에 자세히 설명하겠다.

콤부차는 섭씨 24~30도의 따뜻한 환경에서 발효가 제일 잘 된다. 발효 기간은 온도에 따라서, 또 만드는 사람이 원하는 산도에 따라서 달라진다. 내 경우는 날씨가 따뜻할 때 열흘 정도 발효시키는 것이 보통이다. 며칠 간격으로 맛을 보면서, 발효 및 산성화를 이어갈지 결정한다. 섭씨 16도 정도로 서늘한 곳에서는 더 오랜 기간이 걸린다. 나는 겨울철에 원하는 산도를 얻기 위해서 몇 달씩 발효시킨 적도 있다.

콤부차의 산성화가 원하는 만큼 진행되면(만드는 사람만이 결정할 수 있는 문제다), 스코비를 제거하고 — 다음번 발효를 위해서 조금 남겨둔 뒤 — 병에 옮겨 담는다. 그리고 조금 더 달콤한 차를 만들어서 같은 과정을 되풀이한다. 콤부차는 꾸준히 만들어 마시는 일상적 리듬 속에서 가장 훌륭한 결과물을 얻을 수 있다. 스코비가 영양분을 지속적으로 공급받아야 활력을 유지할 수 있기 때문이다. 하지만 스코비를 콤부차에 넣어두고 몇 달 정도 집을 비워도 큰 문제는 없다. 돌아오자마자 설탕을 녹인 신선한 찻물로 영양분 공급을 재개하면 된다.

어느 날 콤부차의 산도가 입맛에 딱 맞는다고 느낀다면, 여러분에게 몇 가지 선택권이 주어진 셈이다. 가장 간단한 선택은 그대로 마시는 것이다. 병에 담아서 냉장고에 넣으면 된다. 향미를 더 높이고 싶다면, 과일이나 채소의 즙 또는 허브를 우리고 감미료를 첨가한 용액을 넣어서 2차 발효에 들어간다. 내가 마셔본 가장 맛있는 콤부차는 이런 식으로 만든 것이었다. 나는 친구들도 만나고 시음도 해볼 겸 버클리에 있는 어느 발효음식 판매점을 찾았다가 믿기 어려울 정도로 창의적인 콤부차를 맛보고 깜짝 놀란 적이 있다. 불수감Buddha's hand(감귤류)과 박하, 비폴런을 넣은 것, 순무를 넣은 것(아, 정말 맛있었다!), 그리고 비트를 넣은 것이었다. 친구들은 녹차에 설탕을 녹이고 콤부차 모체를 넣어서 1차 발효를 거치고, 과일 또는 채소의 즙을 첨가해 2차 발효를 마친 뒤, 벌꿀을 조금 넣고 병에 담아 탄산화하는 것으로 마무리한다고 했다.

2차 발효는 1차 발효와 마찬가지로 공기가 통하는 상태에서 발효시켜도 되고, 에어록으로 밀폐시킨 용기에 넣어서 발효시켜도 된다. 뚜껑을 열고 발효시킨 콤부차의 표면에는 새로운 모체가 증식하기 쉽다. 하지만 이런 식으로 증식을 거듭하게 되면, 결국 아세트산균이 지배적인 위치에 올라서게 된다. 밀폐 용기의 경우, (마시기 위해 최종적으로 병에 담은 것일 수도 있고, 아닐 수도 있지만) 2차 발효과정에서 젖산은 물론 상당량의 알코올이 생긴다.

재료를 추가로 넣어서 2차 발효에 들어가는 것을 원치 않는다면, 콤부차를 병에 넣어 탄산화하는 것은 어떨까? 아직 달콤한 맛이 느껴지는 콤부차를 병에 담고 밀폐시킨 뒤 며칠 더 발효시켜보자. 탄산의 짜릿한 맛을 느낄 수 있을 것이다. 탄산화의 속도를 높이고 탄산의 양도 늘리고 싶다면, 신선한 감미료를 병에 조금 넣는다. 무엇보다 과도한 탄산화에 주의해야 한다. 이 점에 대해서는 독자 여러분께 아무리 강조해도 지나치지 않다고 생각한다.

발효가 끝난 콤부차에 당분과 카페인이 남아 있냐고 묻는 사람들이 많다. 당분은 대사과정을 거쳐서 산으로 변한다. 따라서 당분이 남아 있지 않을 때까지 콤부차를 발효시키면 된다. 하지만 당분이 전부 산으로 변하는 그 순간 이후로, 콤부차에서 식초 냄새가 날 것이다. 따라서 조금 달콤한 콤부차, 다시 말해서 일정량의 당분이 남아 있는 콤부차가 대다수 사람의 입맛에 맞을 것이다. 카페인의 경우, 약초 전문가 크리스토퍼 홉스가 콤부차 샘플의 분석을 어느 실험실에 의뢰한 결과, 100*ml*당 3.42mg을 함유한 것으로 밝혀졌다. 차 한 잔의 카페인 양보다 적지만, 들어 있는 것만큼은 분명한 사실이다.[39] 마이클 루신은 자신의 실험 결과를 인용해 콤부차의 카페인 함량이 발효 기간 내내 일정한 수치를 나타냈다고 밝혔다.[40] 카페인 함량은 차의 종류와 양, 우려낸 시간 등 여러 요인에 따라서 상이하게 나타날 것이다. 따라서 콤부차가 차에서 카페인을 제거한다는 말은 근거 없는 주장이다. 카페인을 피하고 싶으면, 카페인 함량이 미미한 차 또는 디카페인 차를 이용해서 콤부차를 만들자.

콤부차와 관련해서 제기되는 또 다른 문제는 알코올 함량이다. 콤부차에는 알코올이 아주 적게나마 들어 있기 마련이다. 하지만 이렇게 따지면 사워크라우트를 비롯한 모든 발효음식도 마찬가지다. 일반적으로 콤부차의 알코올 함량은 0.5% 이하다. 법적으로 비알코올음료로 간주되는 수치다.(0.5% 이하의 알코올 함량이면, 과일즙, 청량음료, "무알코올" 맥주, 심지어 빵에서도 검출되는 수준이다.[41]) 하지만 콤부차의 알코올 도수가 법적 상한선인 0.5%를 넘어서는 경우도 이따금 생긴다. 특히 병에 담은 상태로 무산소성 2차 발효가 진행되면 그렇다. 미국 주류담배세금무역국TTB이 2010년 6월에 시판 중인 콤부차 제품의 샘플을 실험한 결과, 일부 제품에서 허용치 0.5%를 상회하는 알코올 성분이 검출되었다. 그러자 TTB는 "부피 기준 0.5% 이상 알코올을 함유한 콤부차 제품은 알코올음료"라고 못 박는 "지침서"를 내놓았다.[42] 그 결과 수많은 소매점 주인이 제조사 측의 한층 더 강력한 알코올 함량 제한 조치를 기다리며 콤부차를 거두어들여야 했다. 상당수 제조사들은 콤부차가 병 안에서 계속 발효할 가능성을 차단하기 위해 여러 방안을 강구하고 있다. 어떤 회사는 실험실에서 추출해 정제한 종균으로 전통적인 콤부차를 대체하기도 한다.

끝으로, 콤부차 스코비에서 이따금 자라는 곰팡이를 주의해야 한다는 말에 대해서 살펴보자. 나는 콤부차에서 곰팡이가 자라는 경우를 여러 번 경험했고, 그때마다 스코비에서 곰팡이를 손쉽게 제거했다. 곰팡이를 걷어내고 스코비를 깨끗이 헹군 뒤에 콤부차를 마시고 재활용한 것이 한두 차례가 아니지만, 탈이 난 적은 한 번도 없었다. 그런데 콤부차에 관한 폴 스테이메츠의 논문을 읽고부터 주의할 필요가 있다고 충고하기 시작했다. 스테이메츠는 "가장 주의해야 하는 것은 콤부차 주위에 떠다니는 것으로 확인된 아스페르길루스*Aspergillus* 속"이라면서 (수천 년에 걸쳐 막걸리, 미소, 간장 등 수많은 발효음식을 만들어온 누룩곰팡이*Aspergillus oryzae* 및 간장국균*A. sojae*과 달리, 일부 아스페르길루스속은 독소를 생성한다) "비전문가들이 아스페르길루스 군집체를 포크로 걷어내기만 하면 안전할 것이라고 생각하기 쉽지만 이는 매우 위험하고, 어쩌면 치명적인 추정"이라고 걱정했다. "아스페르길루스의 독소는 위험한 발암물질로, 물에 녹는 성질이 있기 때문이다."[43] 산성화된 콤부차를 이용해서 새로 만드는 콤부차를 산성화시키자. 그래서 곰팡이가 생기지 않도록 주의하자. 잘 익은 콤부차가 없다면, 식초를 조금 사용해도 된다. 그래도 곰팡이가 핀다면 스코비와 콤부차를 싹 버리고, 새 스코비로 새 콤부차를 만들자.

콤부차 캔디: 나타

나타는 필리핀 사람들이 코코넛 워터(나타 데 코코nata de coco) 또는 파인애플 우려낸 물(나타 데 피나nata de pina)로 식초를 발효시키는 동안 표면에서 자라는 두툼한 셀룰로스층으로 만드는 캔디다. 나는 나타 만드는 법을 콤부차 모체에 적용해서 달콤하고 차 맛이 살짝 밴 물컹한 캔디를 만들었다. 아이들은 물론이고 누가 먹어도 좋아할 법한 맛있는 캔디였다. 과정은 극히 단순하다. 준jun 모체나 초모로도 똑같은 방법으로 캔디를 만들 수 있다.

최소 1cm 두께의 콤부차 모체를 꺼내다가 맹물에 헹구고 예리한 칼을 이용해 씹기 좋은 크기로 잘게 썬다. 콤부차 조각들을 찬물에 10분 동안 담근다. 건져내서 행군 뒤에 다시 담근다. 그러고 나서 냄비에 담고 물을 부어 10분 동안 끓인다. 건져내서 행군 뒤에 또다시 10분 이상 끓인다. 물에 담갔다가 끓이기를 반복하는 까닭은 콤부차 모체에서 산성을 최대한 제거하기 위해서다. 신맛을 선호한다면, 헹구고 끓이는 횟수를 줄이면 된다. 내 친구 빌리는 내가 만든 나타를 맛보고는 헹구고 끓이는 과정을 완전히 생략해서 만들어보기도 했다. 그러고는 콤부차 모체의 신맛 그대로가 자기 입맛에 맞는다고 했다. 애플파이 맛이 난다면서 말이다. "콤부차는 앞으로 이렇게 먹어야겠어! 마시는 것보다 훨씬 낫군."

콤부차 모체로 캔디를 만들려면 우선 설탕에 버무려야 한다. 그러려면 콤부차 조각을 모두 합한 만큼의 설탕이 필요하다. 설탕에 버무린 콤부차를 15분 정도 끓여서 시럽으로 만든 뒤 불에서 내리고 서서히 식도록 내버려둔다. 다 식으면 시럽에서 불순물을 걸러낸다. 이어서 몇 분 동안 오븐에 넣거나 그냥 바람에 말려 바삭바삭하게 만들면 맛있는 콤부차 캔디 완성!

빌리는 콤부차 캔디에 흠뻑 빠진 나머지 자기만의 제조법을 고안해냈다. 콤부차에서 산성을 빼지 않고, 설탕에 버무린 채로 — 시럽을 만들지 않고 — 그대로 말리는 방법이었다.(바람에 말리거나 제습기로 말리면 발효균이 살아 있는 콤부차 캔디를 만들 수 있다.) 이 친구는 설탕과 여전히 시큼한 콤부차를 그릇에 층층이 담고 차갑게 식힌 (버터와 바닐라도 들어간) 설탕 시럽을 부어 하룻밤 재워둔다. 그리고 다음 날 아침 설탕 시럽을 조금 더 붓고 낮은 온도의 오븐에 넣어서 말린다. 마지막으로, 굳은 설탕 시럽을 잘게 부숴서 가볍게 얹는다. "그래야 사탕 맛이 제대로 나거든."

준

준jun은 콤부차와 비슷한 건강 음료지만, 설탕 대신 벌꿀을 써서 확연히 다른 맛이 난다. 콤부차에 비하면 증식 속도가 조금 빠르고, 더 낮은 온도에서도 활동력을 잃지 않는다. 설탕 대신 벌꿀을 쓴다는 점만 제외하면, 나머지 제조과정은 똑같다. 준의 역사에 대한 믿을 만한 정보가 부족한 나로서는 콤부차 나무에서 비교적 최근에 갈라져 나온 것이 아닌가 하고 추측할 뿐이다. 일부 웹사이트를 보면 티베트 사람들이 1000년 전부터 즐기던 음료라고 나오던데, 티베트 음식을 다룬 책이나 히말라야 발효음식에 관한 전문 서적을 아무리 뒤져도 일언반구 언급이 없다. 준은, 1000년 역사를 자랑하건 말건 간에, 정말 맛있다. 이 발효균의 정체가 자못 애매하고 알기 어렵지만, 진원지는 미국 서북부 태평양 연안, 오리건주 유진에 있는 허벌 정션 일릭서사가 판매하는 제품에서 유래한 것으로 보인다.

식초

많은 사람이 콤부차 스코비를 식초 발효과정에서 표면에 생기는 초모와 동일하거나 사실상 같다고 본다. 심지어 콤부차를 덜 익은 식초라고 주장하는 사람들도 있다. 어떤 종류의 알코올 또는 설탕 용액이라도 계속해서 발효시키다보면 식초로 변한다. 우리는 4장에서도 알코올 발효과정에서 원치 않게 생길 수 있는 물질로 식초를 거론한 바 있다. 발효가 진행 중이거나 완료된 알코올음료를 산소에 노출시키면 호기성 아세토박터 박테리아가 증식할 수 있다. 이 박테리아가 알코올을 대사 작용을 통해 변화시키면 아세트산이 되는데, 이것이 바로 흔히들 알고 있는 식초다. 포도주는 포도식초가 되고, 사과주는 사과식초가 되며, 맥주는 맥아식초가 되고, 쌀로 빚은 술은 쌀식초가 되는 식이다.

초모가 없다고 식초를 못 만드는 것은 아니다. 『식초』라는 책을 쓰고 사우스다코타주 로슬린에 식초 박물관을 세운 자칭 "식초맨" 로런스 딕스의 설명이다. "옛날에는 초모가 없으면 식초를 못 만든다고 생각했다. 하지만 우리는 이제 초모가 필요치 않다는 사실을 잘 안다. 아세토박터가 적당한 조건 아래서 적당한 용액에 살기만 하면, 식초가 생기기 때문이다."[44]

방부제 없이 발효시킨 알코올음료가 공기와 접촉하면, 어디에나 존재하는 아세토박터로 인해서 결국 식초로 변하기 마련이다. 그러나 — 식초로 만들고 싶은 알코올 양의 $\frac{1}{4}$ 정도에 해당되는 — 발효균이 살아 있는 식초를 종균으로 삼아서 조금 넣으면, 훨씬 빠르고 안전하게 제대로 된 식초를 만들 수 있다. 그런데 시중에서 파는 거의 모든 식초는 저온살균을 거친 제품이라는 점, 그래서 살아 있는 아세토박터가 존재하지 않는다는 점에 유의하자. 아세토박터가 살아 있는 생식초도 브래그Bragg's를 비롯한 몇몇 브랜드에서 나온다. 식초가 몸에 좋다는 히포크라테스의 말을 떠올리며 생식초를 건강에 좋은 음료라고 여기는 사람이 많다. 집에서 식초 만들기를 시작해보자. 그러면 지난 식초를 새 식초의 종균으로 활용해서 질 좋은 생식초를 얼마든지 만들 수 있다.

식초를 만들려면 공기와 접촉하는 면적이 넓은 비금속성 용기를 써야 한다. 예전에는 주로 나무통을 옆으로 뉘여서 반만 채우는 식으로 만들곤 했다. 항아리, 주둥이가 널찍한 유리병, 사발 따위도 제격이다. 이런 용기를 골라서 절반 이하로 식초를 담는다. 부피당 공기 접촉면을 최대로 넓히기 위해서다. 파리는 쫓되 공기가 잘 통하도록 입구를 천으로 덮고, 섭씨 15~35도 범위 내에서 발효시킨다. 발효에 걸리는 시간은 온도, 종균, 산소 공급량, 부피에 따라서 다르지만 2~4주 정도다.

알코올이 아세트산으로 완전히 바뀐 뒤에는 밀폐 용기에 옮겨 담아야 한다. 식초가 계속해서 산소와 접촉할 경우, 아세토박터가 아세트산을 물과 이산화탄소로 분해하기 때문이다. 딕스가 설명하기를, "아세트산을 만드는 과정에서 공기는 필수 불가결한 존재다. 하지만 일단 식초가 완성된 뒤에는 바람직하지 않은 존재가 된다. 식초의 산도는 정점을 찍은 뒤로 계속 떨어진다. 2% 이하로 떨어질 경우, 다른 종류의 미생물 집단이 주인 노릇을 하기 시작할 것이다."[45]

알코올이 식초로 완전히 바뀌었는지 여부를 판단할 수 있는 두 가지 방법이 있다. 전통적인 방법은, 가정에서 식초를 만드는 사람들에게 아주 적합한 것으로서, 냄새와 맛으로 알코올 성분이 남아 있는지 확인하는 것이다. 화학적 분석을 통한 과학적 방법도 있다. 인터넷으로 측정 키트를 구매하면 된다. 별로 안 비싸다.

알코올이 아세트산으로 바뀌었다고 판단이 서는 즉시, 식초를 병에 넣는다. 혹시 몰라서 저온살균을 하고 싶다면, 대다수 식초 제조업체들이 그러듯이, 아세토박터가 파괴되는 섭씨 60도에 온도를 맞춘다. 71도 이상으로 온도를 높이면 안 된다. 아세트산이 증발하기 때문이다.[46] 식초는 주둥이가 조붓한 작은 병에 담는다. 병이 가득 차도록 담고 단단히 틀어막는다. 밀랍으로 병을 봉해서 산소 유입을 완벽하게 차단하는 사람들도 있다. 포도주와 마찬가지로 식초 역시 병에 넣어서 숙성시키면 우리 몸에 더 이롭다. 딕스는 "식초에 들어 있는 에스테르와 에테르가 잘 익을 수 있고, 이 밖의 여러 좋은 성분도 나온다"면서 적어도 6개월 이상, 가장 좋기로는 오크나무 부스러기를 함께 넣어서 식초를 숙성시키라고 권한다.[47]

알코올을 완전히 발효시키는 것이 식초를 만드는 가장 효율적인 방법이지만, 알코올로 변할 수 있는 달콤한 용액이라면 그 종류를 막론하고 식초로 변화시킬 수 있다. 예를 들어, 내가 『천연발효』에 소개한 파인애플 식초 레시피가 있다. 과일 껍질이나 찌꺼기를 설탕물에 넣고 발효시키는 방법이다.[48] 먼저 물 1*l*당 설탕 $\frac{1}{2}$컵/125*ml* 정도를 녹인다. 우묵한 그릇이나 널찍한 용기에 설탕물을 담고 천으로 덮어 파리를 쫓는 동시에 발효과정에서 공기와 접촉하도록 한다. 수시로 잘 저어주어야 한다. 휘젓기는 특히 처음 단계에서 중요하다. 자주 저어주지 않으면 발효 기간도 오래 걸릴 뿐 아니라 표면에 곰팡이가 생기기 쉽다. 거품이 활발하게 일어나기 시작하면 과일 건더기를 걸러내고 식초 종균을 집어넣는다. 이후의 과정은 알코올 발효를 설명할 때 언급한 내용 그대로다. 다만, 시간이 더 걸릴 뿐이다.

슈러브

식초는 새콤한 건강 음료를 만들 때 기본이 되는 재료로 쓸 수 있다. 식초로 만든 새콤한 과일 음료를 가리키는 전통적인 이름이 슈러브shrub다. 19세기에 나온 요리책을 가만히 살펴보면, 슈러브 만드는 법이 매우 다양하게 나온다. 하지만 전형적인 레시피는 이렇다. 먼저 신선한 딸기류(그중에서도 가장 흔히 언급되는 라즈베리)에 식초를 붓고, 맛과 향이 배도록 하룻밤 묵힌 다음, 딸기 건더기를 걸러내고 (대개 식초 1파인트당 0.5kg 정도로) 설탕을 넣어 시럽으로 졸인다. 새콤달콤한 이 시럽을 차게 식혀서 보관하다가 적당량을 물에 녹여서 시원한 청량음료로 마시는 것이다.

과일 말고 박하 같은 허브를 식초로 우려낼 수도 있다. 설탕 말고 벌꿀 같은 감미료를 써도 된다. 특히 집에서 만든 생식초를 이용하는 경우 졸이는 과정을 생략하고 벌꿀이나 설탕을 적당하게 가미해서 그대로 마셔도 좋다. 톡 쏘는 슈러브를 마시고 싶다면, 탄산화한 물에 녹이면 된다.

문제 해결

발효가 시작되지 않는다면

종균이 자생력을 상실했을 수 있다. 용액이 너무 뜨거워서 발효균이 들어가자마자 죽었을 수도 있다. 종균을 넣을 때 상온이 너무 낮았을지도 모르니, 더 따뜻한 곳을 찾아보자. 수돗물에 들어 있는 염소가 발효를 방해할 가능성도 있다. 생강청의 경우, 방사선을 쪼인 생강이 들어갔을지도 모른다. 유기농 생강으로 다시 시도해보자. 과일 말고 다른 종균을 안 넣었다면, 젓고, 젓고, 또 젓자. 그리고 참을성을 기르자.

너무 시다면

지나치게 오래 발효시켰다는 의미다. 다음번에는 발효 기간을 줄여보자. 하지만 콤부차를 비롯한 대다수 발효음료는 과도하게 산성화할 경우 식초로 쓸 수 있다. 아울러 맹물 또는 탄산화한 물을 더 부어서 희석시키면 대다수의 과산성화한 음료를 되살릴 수 있다. 쉽게 포기하지 말자. 이때 원한다면 감미료를 첨가해도 된다.

너무 묽다면

다음번에는 (생강, 차, 고구마, 마우비 껍질, 과일 등) 향미를 북돋는 재료나 설탕을 더 넣자.

표면에서 곰팡이가 자란다면

잘 익은 콤부차 또는 식초를 종균으로 넣어서 콤부차를 발효시키면 곰팡이를 예방하는 데 도움이 된다. 콤부차를 제외한 발효음료의 경우, 공기가 통하는 용기에 담아서 발효시켜도 매일 저어주거나 흔들어주면 곰팡이가 생기지 않는다. 식초를 만들 때는, 초모가 생길 때까지 설탕 용액을 적어도 하루에 한 번 저어주어야 한다. 초모가 생긴 뒤에는 상승한 산도가 식초를 곰팡이로부터 지켜줄 것이다. 초모가 자리를 잡은 상태에서는 억지로 휘저으면, 도리어 초모의 활동을 방해하는 셈이다.

콤부차 모체가 가라앉는다면

차갑게 식힌 설탕찻물에 콤부차 모체를 넣으면, 표면에 떠 있지 않고 바닥으로 가라앉아버리는 일이 종종 발생한다. 참을성 있게 기다리자. 몇 시간 안에 맨 위로 떠오르는 것이 보통이다. 아니면, 모체의 한쪽 가장자리가 표면으로 떠올라 얇은 막으로 뒤덮듯이 새로운 모체를 형성하기도 한다. 이도 저도 아니고 모체가 가라앉은 채로 떠오르지 않는다면, 그 모체는 제 기능을 더 이상 수행할 수 없는 것이므로, 나타 캔디로 만들거나 새 모체를 구해야 한다. 종균으로 활용하는 잘 익은 콤부차의 비율을 더 높게 잡아서 새로 발효시키자. 그러면 새로운 모체가 표면에 생길 것이다.

크바스에서 빵을 걸러내기 어렵다면

크바스를 만들 때 가장 여려운 대목이 빵에 스민 액체를 짜내는 것이다. 소쿠리에 몇 겹의 면직포를 깔고 빵과 물이 섞인 용액을 붓는다. 횟수를 거듭할수록 더 많은 빵 건더기가 남을 것이다. 그러면 면직포 귀퉁이를 하나로 움켜쥐고 비틀어서 짜낸다. 그러고는 면직포 안에서 반죽덩어리가 된 빵을 다양한 각도로 치대면서 물기를 최대한 뺀다. 한 방울도 안 남기고 모조리 짜내겠다는 강박에 사로잡힐 것까지는 없겠다.

워터케피어 알갱이들이 자라지 않는다면

워터케피어 알갱이들은 통상 무척 빨리 자란다. 이상적인 조건이라면, 영양분을 투여할 때마다 두 배 이상 자라곤 한다. 이런 알갱이들이 자라지 않는다면, 이미 생명력을 잃었다고 봐야 한다. 워터케피어 알갱이들을 신선한 당분 없이 산성화한 용액에 며칠간 담가두면 피클처럼 변하고 만다. 따라서 새로 구한 워터케피어는 영양분을 더 자주 공급해서 이렇게 되지 않도록 주의하자.

워터케피어 알갱이들이 사라진다면

위에서 설명한 대로다. 워터케피어 알갱이들을 신선한 당분을 공급받지 않고 산성화한 용액에 방치하면 피클로 변했다가 결국에는 사라지고 만다.

7장

우유의 발효

응유로부터 유청을
짜내는 모습
유청
버터밀크
케피어
케냐식 조롱박
케피어 알갱이
요구르트
발효우유
커드
파니르
모차렐라
온도계
버터
스위스 치즈
카망베르 치즈

신선한 우유란 20세기의 산물이다. 냉장 기술(그리고 여기에 필요한 에너지)의 출현과 확산에 힘입은 것이기 때문이다. 그 전까지는 젖소, 염소 같은 포유류 반추동물의 젖을 짜는 사람들은 신선한 우유를 언제든지 마실 수 있었지만, 나머지 대다수 사람은 우유를 발효시킨 상태로 섭취할 수밖에 없는 실정이었다. 일반적으로 발효는 우유를 안정화시킨다. 부패하기 아주 쉬운 우유라는 물질을 안정적인 형태로 변형시킨다는 뜻이다. 우유는 발효 기법, 발효균, 응고제, 환경적 조건, 처리 기술 등에 따라 매우 다양한 음식으로 발효시킬 수 있다.

치즈 중에서 가장 신선한 축에 든다고 하는 부류가 보통 몇 달에서 심지어 몇 년씩 발효시킨 것이다. 말하자면, 일반적으로 딱딱한 치즈일수록 수분이 적어서 더 오랫동안 발효 및 보존할 수 있다는 것이다. 액체 형태의 우유나 크림 역시 발효시키는 경우가 많지만, 겨우 몇 시간 내지 며칠 동안 발효시킨 것이어서 단기간 보존에 적합한 수준의 안정성을 지녔을 뿐이다. 즉, 산성화를 통해서 독성 미생물로부터 음식을 지키는 정도다.

미국에서 가장 유명한 발효우유는 요구르트다. 케피어가 2위쯤 되겠지만, 1위와의 격차가 너무 크다. 요구르트는 유럽 동남부와 지중해 연안에서 즐기던 특정 스타일의 발효우유를 가리키는 터키식 호칭이다. 케피어 역시 코카서스산맥의 아주 다양한 발효우유를 지칭해서 터키 사람들이 붙인 이름이다. 일반적으로 요구르트라고 하면 단단하거나 물렁하게 만든 것을, 케피어라고 하면 마실 거리로 만든 것을 뜻한다. 요구르트와 케피어는 맛과 향, 화학 성분, 발효균의 구성, 영구화 수단, 발효 기법이 서로 다르다. 그러나 이 두 가지 말고도 우유를 발효시킨 음식은 대단히 다양하다. 실제로 지구촌 방방곡곡 인류가 오랜 세월 가축을 기르며 우유를 짜던 모든 곳에는 그 지역만의 이름과 제조법 및 발효균으로 만든 고유의 발효우유가 존재한다.

예를 들어, 케냐 서부의 웨스트포코트 사람들은 말라 야 키에니예지mala ya kienyeji 또는 카마벨레 캄보우kamabele kambou라는 이름으로 우유를 발효시킨다. 슬로푸드는 이 발효우유를 프레지디아[보존 가치를 인정받은 전통 음식]로 지정하면서 "재와 함께 박에 넣어서 만든, 전 세계 최고의 슈퍼스타 요구르트"라는 찬사를 보냈다. 하지만 사실은 요구르트와 전혀 딴판이다. 발효 대상이 되는 우유부터 지역의 특색을 반영하고 있어서, 나로서는 처음 듣는 제부zebu라고 불리는 [뿔이 길고 등에 큰 혹이 달린] 소와 토종 소를 잡종교배한 젖소의 우유를 염소젖에 섞은 것이다.

> 이렇게 섞은 우유를 박 또는 조롱박에 붓는다. (…) 인위적으로 종균을 넣지 않아도 며칠 지나면 발효 및 산성화가 저절로 이루어진다. 생우유 고유의 미생물 집단 또는 용기에 들어 있는 박테

> 리아 덕분이다. 우유가 응고하기 시작하면, 유청을 걸어내고 신선한 우유로 용기를 가득 채운다. 이런 과정을 일주일 정도 되풀이하면서 발효 용기를 주기적으로 흔들어준다.[1]

나는 영국 여성 로버타 웨지와 이메일을 몇 차례 주고받은 적이 있다. 그는 오래전 케냐의 이 지역을 들렀다가 우유를 발효시키는 조롱박 하나를 기념품으로 가져왔다고 한다. "여성들 모두가 하나씩 가지고 다니더군요. 남자들은 죄다 조그만 간이의자와 소몰이용 막대기를 지참했고요." 조롱박은 장기 보존을 위한 수단이기도 하다. 우유를 발효시킨 뒤에는, 그 지역에서 자라는 크롬워cromwo라는 나무를 태워서 재를 만들어 섞어 넣는다. 슬로푸드 웹사이트에 따르면, 이 나뭇재는 "항균성 물질로, 좋은 향기를 더해주고, 특유의 연회색을 요구르트에 입힌다."[2]

이처럼 우유를 발효시키는 전통문화의 발달과 확산은 가축의 젖을 짜는 모든 지역에서 찾아볼 수 있는 현상이다. 내가 우연히 발견한 책 『전통 발효음식에 대한 바이오테크놀로지의 적용』을 보면 "전통적" 발효우유를 현대의 과학적 제품과 구분해서 이렇게 정의한다. "그들은 조잡한 방법으로 (…) 정체를 알 수 없는, 경험을 통해서 얻어낸 발효균에 의지해서 음식을 만들었다." 이 말은 "이미 만들어둔 발효우유에서 박테리아를 구해 다음번 발효에 이용한다는 뜻이다. 어떤 종류의 미생물인

지 누구도 알 수 없었다."[3] 이미 발효한 음식의 일부를 새로 발효시키는 음식에 넣는 작업을 전문 용어로 백슬로핑이라고 한다. 반대로 "비전통적" 발효우유는 — "이미 알려진 과학적 사실에 근거"한 것으로 — 전부 20세기 들어서 등장한 것이다. 물론 이 시대의 모든 발효우유는 전통적인 발효법에 뿌리를 두고 있다.

대량생산과 유통, 마케팅을 위해서는 무엇보다 품질의 일관성이 중요하다. 전통적인 발효우유는 계절, 지역, 제조자에 따라, 그리고 만들 때마다 품질이 매번 다르다. 짐바브웨의 전통적인 우유 발효법은 진흙으로 빚은 토기에 담아 하루나 이틀 동안 상온에서 그대로 내버려두는 것이었다. 그러면 우유와 토기와 공기에 존재하는 박테리아에 의해서 발효가 이루어진다. 그런데 1980년대로 접어들면서 대량으로 생산한 발효우유 제품이 등장해 락토Lacto라는 이름으로 팔리기 시작했다. "섭씨 92도에서 20분 동안 저온살균하고 22도로 식힌 뒤에 1.2%의 종균을 인위적으로 투여하는 식으로 표준화한 제조법을 따른 제품이었다."[4] 하지만 실제로 맛을 보면 락토보다 "전통적 발효우유"의 손을 들어주는 사람이 비교할 수 없을 정도로 많았다.[5] 게다가 전통적인 발효우유는 발효를 담당하는 미생물의 다양성 덕분에 비타민B_1, 리보플라빈, 피리독신, 엽산의 함량이 락토에 비해서 훨씬 높은 것으로 분석되었다.[6]

발효우유

요구르트

요구르트는 전 세계에서 가장 인기 있는 발효우유다. 크림처럼 걸쭉한 농도와 살짝 새콤한 맛이 특징이다. 우유를 요구르트로 발효시킬 때 주로 쓰이는 것은 (예외가 있지만) 높은 온도에서 활발하게 움직이는 호열성 박테리아다. 따라서 걸쭉하고 맛있는 요구르트를 만들려면 섭씨 43~46도의 따뜻한 온도로 발효균을 배양하는 과정을 거쳐야 한다. 요구르트를 (그리고 이 밖에 몇 가지 발효음식을) 만들 때 가장 어려운 부분이라고 할 수 있는 배양 문제는 3장에서 다룬 바 있다.

요구르트를 만들려면 종균도 필요하다. 여러분이 전통적인 요구르트 발효균을 구하거나 사서 요구르트를 일정한 리듬에 맞추어 꾸준히 만든다면, 맛있는 요구르트를 일평생 손수 만들어 즐길 수 있을 것이다. 만약 지금 당장 요구르트를 만들어보고 싶다면, 시중에서 파는 요구르트 제품을 사다가 종균으로 써도 된다. 다만, 발효균이 살아 있고 첨가물이 안 들어간 플레인 요구르트를 써야 한다. (종균 이야기는 요구르트 만드는 법부터 설명한 뒤에 자세히 풀어보도록 하겠다.) 요구르트를 만드는 첫 번째 단계는 종균으로 쓸 요구르트를 냉장고에서 꺼내 실내 온도 수준으로 덥히는 것이다. 아울러 요구르트를 발효시킬 유리병에 따뜻한 물을 부어놓아야 한다. 밀폐형 보냉함을 배양기로 사용할 생각이라면, 역시 따뜻한 물로 데워야 한다. 발효 용기를 미리 데워두지 않을 경우, 적정 온도에 도달했던 우유가 그 안에 들어가서 식어버리고 만다.

나는 종균과 발효 용기를 데우는 동안, 우유를 섭씨 82도 이상으로 가열한다. 이때 서서히 그리고 부드럽게 가열해야 하고, 갑자기 끓어오르지 않도록 수시로 휘저어주어야 한다. 『참된 음식의 잃어버린 요리법』이라는 훌륭한 책을 (켄 알발라와 함께) 쓴 로재나 내프지퍼는 "우유를 급하게 가열할수록, 지나친 열에 요구르트의 단백질이 엉겨 붙으면서 거친 입자가 많이 생길 것"이라고 경고한다.[7] 이보다 낮게 섭씨 46도 이하로 가열해서 생요구르트를 만드는 것도 가능하다. 하지만 생요구르트는 가열한 우유로 만든 요구르트에 비해서 걸쭉한 느낌이 살지 않는다.

우리는 이와 같은 가열 처리를 통해 외부에서 들어온 미생물과 경쟁할 수 있는 고유의 박테리아를 죽일 뿐 아니라, 요구르트의 걸쭉함과 단단함의 열쇠가 되는 우유 속 단백질과 카세인의 구조를 바꿀 수 있다.[8] 우유에 높은 열을 가하면서 계속 저어주면 수분이 증발하면서 농도가 올라가기 때문에 한층 더 걸쭉한 최종 결과물을 만드는 데 도움이 된다. 여러 요구르트 제조업체나 집에서 요구르트를 만드는 사람들이 분유 또는 기타 첨가물로 우유를 걸쭉하게 만드는 것은 이와 같은 전통적 증발 기법을 모방한 것이다.

우유를 가열한 뒤에는 반드시 식히고 나서 종균을 넣어야 한다. 우유를 가열한 냄비가 저절로 식도록 내버려두어도 된다. 다만, 온도를 유심히 살피다가 섭씨 46도 아래로 떨어지자마자 종균을 넣어야 한다. 아니면, 싱크대나 대야, 솥, 사발에 냉수를 붓고 그 안에 뜨거운 우유 냄비를 넣어서 열기를 적극적으로 떨어뜨리는 방법도 있다. 냄비 안에 든 우유와 냄비 주변의 찬물을 휘저으면 더 빨리 식힐 수 있다. 목표로 삼은 온도로 떨어질 때까지 우유 냄비를 찬물에 담가두면 안 된다. 목표 온도 이하로 식어버리기 때문이다. 따라서 우유의 온도가 섭씨 49도로 떨어지

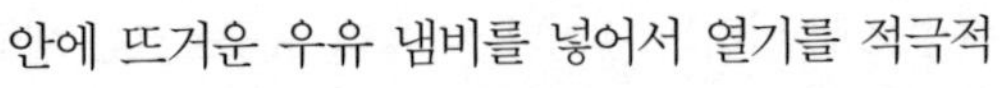

면 냄비를 찬물에서 꺼내야 한다. 온도가 더 내려가서 46도에 이르면, 우유를 한 컵 떠내서 종균을 넣고 젓는다. 내 경우에는 리터당 종균 1큰술을 쓴다. 이보다 종균을 더 많이 써야 한다고 가르치는 레시피가 많고, 나 역시 처음에는 이런 식으로 요구르트를 만들었지만, 『요리의 기쁨』에 나온 대로 "덜 넣는 것이 더 낫다"는 가르침을 실천에 옮겼더니 더 걸쭉한 요구르트를 만들 수 있었다. 한 큰술이면 1쿼트 또는 1l를 기준으로 5%도 안 되는 양이다. 내가 참고한 유제품 관련 서적에서는 요구르트 종균을 2~5% 비율로 넣으라고 권장한다. 따라서 여러분은 이보다 더 적게 넣어도 된다.[9] 가열한 우유 한 컵에 종균을 넣고 잘 섞어서 완전히 녹인 뒤, 우유 냄비에 도로 붓고 다시 섞는다. 이렇게 발효균이 들어간 우유를 미리 덥혀둔 용기에 옮겨 담아 뚜껑을 확실히 닫아서 배양기에 넣고 그대로 발효하도록 둔다.

요구르트를 섭씨 46도로 배양하면 약 3시간 안에 응고가 시작된다. 그러나 배양기 안에 너무 오래 넣어두면, 고체와 액체로 분리되기 쉽다. 나는 이보다 조금 낮은 43도의 온도로 4시간에서 8시간에 걸쳐 천천히 발효시키는 쪽을 선호한다. 발효 시간을 연장하면, 톡 쏘는 맛도 나고 젖당의 소화 및 흡수도 더 원활하게 이루어진다. 나는 요구르트를 24시간 동안 발효시키는 사람들도 있다는 이야기를 들었다. 발효 온도가 낮을수록 응고에 시간이 더 걸리고 최종 결과물 역시 걸쭉한 정도가 덜할 수 있다. 배양이 끝났을 것이라는 예상과 달리 요구르트 농도가 여전히 묽다면, 뜨거운 물병을 배양기 안에 넣어서 온도를 높이고 몇 시간 더 배양한다. 무슨 이유인지 몰라도 요구르트의 응고에 완전히 실패할 수도 있다. 그렇다고 우유를 그냥 버리지 말자. 여기에 산을 첨가하는 간단한 방법으로 치즈를 만들 수 있다.

카이마크

에일린 외네이 탄, 이스탄불, 터키[10]

요구르트를 만드는 기본적인 방법은 어느 지역에서나 대체로 비슷하다. 그러나 커다란 차이를 만들어내는 몇 가지 비법이 존재한다. 우유를 끓여서 농축 상태로 졸이는 것이 걸쭉한 요구르트의 비결 가운데 하나다. 꾸준히 저어주거나 국자로 떠서 다시 붓기를 반복하면 공기와 많이 접촉하게 되어 발효 속도를 높이고 우유가 냄비 바닥에 눌어붙는 것을 예방할 수 있다. 우유를 옹고 용기로 옮길 때, 높직한 위치에서 아래로 떨어뜨리듯이 부으면 거품이 생긴다. 이 거품이 결국에는 걸쭉하게 엉겨 붙으면서 크림처럼 변하는데, 그 자체로 아주 맛있다. 요구르트 표면에 생기는 더껑이 또는 크림을 카이마크kaymak라고 부른다. 조심스럽게 떼어낸 카이마크는 꿀을 살짝 뿌려서 아침 식사로 먹는다.

요구르트는 그 상태 그대로 먹어도 아주 맛있다. 미국 사람들은 보통 잼, 과일, 설탕 같은 것을 넣어 달게 먹지만, 전통적으로는 매콤짭짤한 향신료와 함께 즐기는 것이 일반적이었다. 요구르트는 매콤한 맛을 살짝 가미하기만 해도 그리스의 차스키tsatsiki나 인도의 라이타raita 같은 소스 또는 양념이 된다.[11] 촘촘한 면직포나 수건을 받치고 유청을 받아내면 중동 사람들이 좋아하는 요구르트 치즈 라브네labneh가 된다.[12] 불구르bulgur를 섞어서 더 발효시키면 키슈크kishk로 알려진 걸쭉한 수프가 된다.(8장 키슈크와 케케크 엘 포카라 참조) 일전에 내 친구 파르디스가 나를 위해서 페르시아 음식으로 진수성찬을 차려준 적이 있다. 나는 이 자리에서 요구르트로 만든 청량음료 두그doogh를 맛보고는 사랑에 빠지고 말았다. 그 뒤로 나는 무더운 계절이면 갈증 해소용 청량음료로 두그를 마신다. (아래 두그를 설명한 상자 글 참조) 무수한 방식으로 요구르트를 요리에 사용하는 터키에서 요구르트를 오래 보존하는 한 가지 방법은 벽돌처럼 딱딱하게 말리는 것이다. 이렇게 말린 요구르트를 쿠루트kurut라고 부른다. 쿠루트는 나중에 갈거나 으깨거나 가루로 만들어서 사용한다.[13] 수천 년 동안 요구르트를 만들어온 문화권에서는 요구르트가 요리의 모든 측면에 녹아들어 있다고 할 수 있다.

두그: 페르시안 요구르트 청량음료

두그를 만들려면 우선 플레인 요구르트를 계속 저어서 묽게 만들어야 한다. 여기에 신선한 박하나 말린 박하, 소금, 갓 갈아낸 후추를 넣고 섞는다. 첨가물이 요구르트에 잘 섞이면, 맹물 또는 탄산수를 —적어도 요구르트 양보다 많이 — 부어서 원하는 농도에 맞춘다. 그리고 마신다. 전통적인 방식으로 탄산화해서 즐길 수도 있다. 위에 언급한 첨가물을 섞은 뒤 병에 담아 공기를 차단한 상태로 두고 압력이 찰 때까지 하루나 이틀 더 발효시키면 된다.

서구에서 요구르트는 어느 슈퍼마켓, 아무 집에 가도 만날 수 있는 음식이 되었다. 하지만 과거에는 이렇지 않았다. 100년 전까지만 해도 요구르트는 주로 유럽 동남부, 터키, 중동 사람들이 알던, 그 외에 이민자 공동체를 제외하고는 잘 알려지지 않은 변방의 음식이었다. 미생물학의 선구자 엘리(일리야) 메치니코프는 불가리아 사람들이 장수하는 이유가 요구르트에 있다고 지목하면서 요구르트를 비롯한 여러 발효우유가 건강을 증진시키고 수명을 연장한다는 개념을 널리 퍼뜨렸다. 이미 많은 지역에서 문화의 일부로 받아들인 사고방식에 과학적 신빙성을 제공한 셈이었다.

사람들은 메치니코프의 연구를 기점으로 요구르트를 의약품의 일종으로 간주하고 많은 관심을 기울이기 시작했다. 이사크 카라소 박사는 1919년 스페인 바르셀로나에 최신식 공장을 세우고 파리에 있는 메치니코프의 파스퇴르연구소에서 추출 및 배양한 박테리아로 요구르트를 만들기 시작했다. 세파르디 유대인인 카라소는 요구르트가 중요한 음식인 (지금은 그리스의 일부인) 테살로니키에서 바르셀로나로 가족과 함께 이주한 지 얼마 안 된 사람이었다. 그는 공장 이름을 다농이라고 지었다. 아들 다니엘을 부르는 카탈루냐식 애칭이었다. 다니엘은 가업을 익힌 뒤 1929년 파리에 다농이라는 기업을 정식으로 세웠다. 그는 제2차 세계대전이 벌어지던 1942년 유럽에서 미국으로 건너가 뉴욕 브롱크스에 요구르트 공장을 세웠다. 회사 홈페이지에 따르면, "그는 이때 회사 이름을 미국인들이 발음하기 좋도록 다농Danone에서 대넌Dannon으로 바꾸었다."[14] 다니엘 카라소는 2009년 103세를 일기로 타계했다. 그는 "내 꿈은 다농을 세계적인 기업으로 만드는 것이었다"는 말을 남기고 눈을 감았다 한다. 회사 창립 90주년 기념일이었다.[15] 그는 요구르트의 위상을 전 세계 주요 음식의 반열로 높이는 데 성공했다.

하지만 다니엘이 만든 요구르트는 적어도 한 가지 결정적인 측면에서 전통적인 요구르트와 달랐다. 파스퇴르연구소에서 불가리아 요구르트로부터 추출한 박테리아를 섞어서 만들었다는 점이다. 여기에는 요즘 우리가 락토바실루스 델브루키 아종 불가리쿠스*Lactobacillus delbrueckii subsp. bulgaricus*와 스트렙토코쿠스 살리바리우스 아종 서모필루스*Streptococcus salivarius subsp. thermophilus*로 알고 있는 것들이 포함된다. 이는 이미 만들어둔 요구르트를 종균으로 사용하던 전통적인 발효법과 다르다. 과거에는 오랜 혈통을 자랑하는 종균을 이용해서 요구르트를 만들었을 뿐이다.

지역에 따라서 요구르트의 종류도 다양하다. 요구르트라는 말 자체는 원래 터키어지만, 요구르트 비슷한 발효우유는 터키뿐 아니라 유럽 동남부와 중동에서도 예로부터 즐겨 먹던 음식이었다. 음식, 특히 발효음식이 광대하게 확산되는 과정이 그렇듯, 발효균과 발효법 역시 유목민을 통해 퍼져나가면서 지역마다 서로 다른 색깔을 띠게 되었다. 아울러 요구르트 발효균의 구성도 파스퇴르연구소에서 중요한 발효균으로 특정한, 그래서 우리 시대 요구르트의 법적 기준으로 자리매김한 두 종류의 박테리아를 뛰어넘어 훨씬 더 복잡한 양상을 보였다. 그 결과 전통적인 요구르트 발효균은 자생력을 스스로 확보할 수 있을 만큼 다양한 집단의 공생체로 진화했다.

불가리아-일본 요구르트 발효균

애런 보로스, 보스턴, 매사추세츠주

나는 2001년 일본에 가서 요구르트 발효균을 샀다. 그리고 이 발효균을 지금까지 키우고 있다. (JFK 공항 세관원한테 들켰으면 꼼짝없이 빼앗겼을 것이다!) 방법은 아주 간단하다. 상태가 안 좋아 보이는 겉 부분을 걷어내고, 원하는 만큼 먹은 뒤, 유리병 바닥에서 1cm 정도만 남겨둔다. 여기에 지방을 제거하지 않은 우유를 채우고 면직포를 덮어서 24시간 동안 조리대 위에 둔다. 서너 번에 한 차례씩 깨끗한 용기로 모조리 옮겨 담는다. 조리할 필요도, 휘저을 필요도 없다. 아무것도 필요 없다. 얼마나 쉬운가. 같은 작업을 끊이지 않고 이어온 지 벌써 9년째다! 이렇게 만든 요구르트는 조금 묽은 편이다. (때로는 아주 훌륭한 요구르트가 되기도 하지만, 어떻게 하면 걸쭉한 요구르트를 만들 수 있을지 고민하느라 시간을 허비하지 않는다. 물론 냉장고에 넣는 시점이 문제일 것이라고 짐작은 간다. 실내 온도 역시 중요한 요소일 것이다.)

나는 내가 즐기는 이 "불가리아-일본 요구르트 발효균"이 불로장생의 묘약이라는 소문을 들었다. 그러나 소문의 출처는 불명확하다. 한번은 이 요구르트를 서너 주 동안 까맣게 잊고 지낸 적이 있다. 깜짝 놀라서 찾아보니 노란색/갈색/주황색으로 상당 부분이 변질되어 있었다. 상한 부분을 걷어내자 다행히 저 밑에 조금 깔린 새하얀 요구르트가 보였다. 나는 위에 언급한 방법대로 요구르트를 원상복구하는 데 성공했다.

나는 이 책을 쓰려고 준비할 때가 되어서야 전통적인 요구르트 발효균을 손에 넣을 수 있었다. 실은 인터넷으로 구매했고, 한 가지가 아니라 두 가지 발효균을 지금까지 키우고 있다. 이름이 불가리아와 그리스를 뜻하는 B&G라는 사실도 알게 되었다.[16] 내가 지난 1년 넘도록 여러 차례 요구르트를 발효시켜 먹었다는 사실만 봐도, 내 요구르트 속 발효균이 지금껏 상점에서 구입해 종균으로 사용한 요구르트 제품과 다른 성격이라는 것을 알 수 있다. 내가 경험하기로, 시판 중인 요구르트 제품의 발효균은 몇 세대만 지나도 종균으로서 제 기능을 하지 못한다. 실험실에서 배양해낸 발효균이 실용적인 관점에서 문제가 되는 것은 선천적으로 불안정하다는 속성이다. 세대를 거듭하며 자생할 능력이 없다는 뜻이다.

전통적인 요구르트는 세대를 거듭해도 자생할 능력이 있고, 또 실제로도 그렇다. B&G는 우리 집 부엌에 도착한 지 14개월이 지났어도 처음처럼 한결같이 걸쭉하고 맛있는 요구르트를 만들어내고 있다. 뉴욕에는 한 세기 전부터 영업을 해온 요나스 쉬멜이라는 유대 음식점이 있다. 여기서는 창업주가 뉴욕으로 이주할 때 가져온 종균으로 지금도 요구르트를 만든다고 한다. 에바 바케스레트라는 노르웨이 사람은 『천연발효』에서 요나스 쉬멜의 요구르트 이야기를 읽고, 뉴욕을 방문했을 때 음식점을 찾아가서 사 먹고는 샘플을 집으로 가져갔다. 그는 이 샘플로 지금까지 몇 년 동안 맛있는 요구르트를 만들어 먹으며 여기저기 나누어주고 있다. 심지어 자신이 나누어준 종균이 퍼져나가는 경로를 블로그로 소개하는 중이다.[17]

가보로 간직할 만한 요구르트 발효균을 구하려면

발효균이 살아 있다면 어떤 종류의 요구르트로도 새 요구르트를 발효시킬 수 있다. 하지만 가보처럼 물려주고 물려받는 전통적인 발효균만이 자생력을 갖추고 오랜 세월을 견딜 수 있다. 이와 같은 발효균의 구매처를 참고 자료에 수록했다. 잘 찾아보면 여러분이 사는 곳 근처에서 오랫동안 요구르트 발효균을 키워온 사람이 있을 것이다. 인터넷 게시판 등에 발효균을 구한다고 글을 남겨보자. 슬로푸드나 웨스턴 A. 프라이스 재단처럼 전통 음식을 지키려 애쓰는 단체 또는 그 지부에 문의해도 좋겠다. 지역 음식을 주제로 글을 쓰는 사람과도 연락을 시도해보자. 지역 신문에 여러분이 찾는 무언가에 대해서 짤막한 글을 실을 수 있다면 좋은 인연이 생길 가능성이 높다.

원래 요구르트 발효균은 두어 번에 한 번꼴로 종균을 보충해야 할 정도로 연약하거나 자생력이 부족한 존재가 아니다. 전통적인 요구르트 문화가 면면히 이어져왔다는 것은, 요구르트 발효균이 몇 세대 정도는 거뜬히 존속하고도 남을 만큼 자생력이 강하다는 의미다. 나는 다수의 미생물학자와 "전문가들"에게 전통적인 발효균이 실험실에서 배양한 발효균보다 자생력이 강한 이유가 무엇이냐고 물었다. GEM 컬처스 공동 창립자로 수십 년 동안 수많은 발효균을 판매해온 베티 스테크마이어는 전통적인 요구르트 발효균이 더 안정적으로 더 오래 견디는 이유를 미생물학적 다양성에서 찾는다. "다양성이 부족한 (발효 용기 내부의) 생태계는 여러 종류의 발효균으로 득실대는 생태계에 비해서 '균형을 상실'하기 쉽다."

미생물학자 제시카 리 역시 동의하면서 박테리아를 공격하는 살균바이러스를 언급한다. 그는 단일 혈통의 박테리아는 "살균바이러스의 공격에 몰살당하기 쉽고, 그러면 발효가 중단된다"면서, 두 종류의 고립된 박테리아로 요구르트를 만들면서 자생력을 기대한다는 것은 어불성설이라고 지적한다. "이미 서식하고 있던 살균바이러스가 증식해서 결국 몇 종류 안 되는 종균 박테리아를 감염시키고 서서히 죽여 없앨 것이다." 전통적인 종균이 다른 점이라면 훨씬 다양한 박테리아로 구성되었다는 것이다. "그래서 한 종류의 박테리아가 살균바이러스의 먹잇감으로 전락해도, 전세를 역전시킬 다른 종류의 박테리아가 존재하기 때문에 발효가 지속적으로 이루어질 수 있다. 이것이 바로 생물학적 다양성과 전통적 발효법의 실용적 가치를 확인할 수 있는 명쾌한 설명일 것이다."[18]

뉴잉글랜드 치즈용품사에서는 몇 종류의 요구르트 발효균을 판매하면서, 어떤 것은 "재배양 가능"이라는 표시를 붙이고, 어떤 것은 그런 표시를 안 붙인다. 그 이유를 물었더니, 이메일로 답신이 왔다. 재배양이 가능하다고 판매하는 제품은 "정확한 성분을 모르는" 불명확한 발효균으로, 명확한 발효균은 보통 재배양이 불가능한 제품으로 분류한다는 설명이었다. 그 이유에 대해서는, "저 역시 발효균 배양 전문가들에게 물어보았는데, 그들도 잘은 모르겠다고 하더군요."[19]

나는 불명확하거나 개개인의 경험에 의존하는 발효균보다 명확한 발효균을 사용하는 것이 실용적인 측면에서 — 특히 상업적 생산 과정에서 — 유리한 점이 많다고 확신한다. 실제로 L. 불가리쿠스와 S. 서모필루스의 조합은 아주 맛있고 식감이 좋은 요구르트를 만들어낸다. 실험실에서 추출한 종균은, 다른 것을 섞지 않고 일정하게 투여하는 한, 매번 좋은 품질을 일관적으로 뽑아낸다.

하지만 나는 이런 식으로 만들어낸 요구르트에서는 전통적인 발효균의 풍부한 다양성과 그것이 주는 이점을 찾을 수 없다고 믿어 의심치 않는다. 채소 씨앗의 비극이 겹쳐서 떠오르는 대목이기도 하다. 극소수의 "개량" 종자가 등장해서 각 지역 고유의 전통적인 종자를 밀어내버렸기 때문이다. 개량한 종자는 이상적인 조건 아래서 뛰어난 역량을 발휘한다. 하지만 실제 기후와 자연적 조건에서 적응력이 떨어지기 때문에 인공적인 급수 및 살충 작업을 필요로 한다. 게다가 이런 하이브리드 씨앗들은 저절로 자라고 번식하는 전통적인 씨앗과 달리 — 자가 번식을 못하도록 특수하게 교배한 것이어서 — 자생력이 약해서 전문가가 아니면 재배하기 어렵다. 요구르트도 마찬가지다. 과거에는 언제나 — 조상들과 그 공진화 파트너들이 물려준 살아 있는 유산인 씨앗처럼 — 이미 만들어둔 요구르트를 종균으로 넣어서 새 요구르트를 발효시키곤 했다. 이처럼 살아 있는 유산을 활용하지 못한다면, 우리는 평범한 사람들이 범접하기 힘든 과학기술의 산물에 의존할 수밖에 없다. 조상의 지혜가 빛나는 발효의 전통을 되살리고 되찾으며 재창조해나가야 하는 이유가 여기에 있다. 자생력을 갖춘, 생명력이 강한, 출처가 불분명한 요구르트 발효균을 찾아 나서자. 활력이 넘치고 자립이 가능한 토종 발효균이 회사 실험실에서 추출하고 배양한 고립된 순수 발효균에 밀려나도록 내버려두어선 안 된다. 요구르트 회사에서 무슨 장점을 내세우건 간에.

케피어

케피어는 우유를 발효시키는 데 많이 쓰이는 또 다른 발효균이다. 이 발효균은 우유보다 진득한 음료를 만들어낸다. 살짝 새콤한 것부터 진저리나게 신 것까지 맛도 다양하게 연출할 수 있고, 무엇보다 — 잘만 만들면 — 기포의 짜릿한 느낌이 좋다. 우유를 케피어로 발효시키는 미생물 집단 중에는 이스트도 포함된다. 이스트는, 발효 기간 등 여러 요인에 따라 다르지만, 무시해도 좋을 정도의 도수부터 최고 3도에 이르기까지 알코올을 생성한다. 알코올 성분과 발포성 때문에 케피어를

"샴페인 우유"라고 부르는 사람들도 있다.

케피어가 발효우유 분야에서 돋보이는 까닭은, 발효시킨 소량의 우유를 다음번 발효 때 종균으로 사용하는 것이 아니라 스코비를 이용해서 발효시키기 때문이다. 육안으로도 보이는 이 케피어 스코비는 박테리아와 곰팡이균 덩어리로서, 영양분을 공유하고 재생산에 협력하며 공동 주거지를 함께 만드는 치밀한 공생 체계를 갖추고 있다. 나는 그동안 온갖 케피어 덩어리를 수없이 들여다보았다. 하나같이 희끄무레하고 토실토실 올록볼록한 것이 콜리플라워와 조그만 뇌를 합친 모양새였다. 내가 본 거의 모든 케피어 알갱이들은 몇 센티미터씩 무더기로 자랐다. 상당수 케피어는 덩어리 자체의 크기가 커지지 않고 작은 덩어리가 여러 개 생기는 식으로 증식한다. 이례적으로 커다란 케피어 덩어리를 본 적은 몇 번 안 된다. 첨부한 사진 자료를 참고하기 바란다. 한 덩어리로 연결된 케피어는 두 손을 가득 채울 정도로 큼직하다. 내가 본 가장 커다란 케피어는 종이처럼 넓게 펴진 것이 3m도 넘을 정도였다. 케피어 덩어리 여러 개가 가장자리의 얇은 부분끼리 맞닿아 이어진 것이었다. 이처럼 생명체는 한 줄기에서 자라도 차츰 여러 갈래로 뻗어나가며 다양성을 획득하기 마련이다.

케피어는 참으로 매력적인 생명체다. 우선 자가 번식이 가능한 공생체다. 그러므로 박테리아나 곰팡이균을 따로따로 한군데 모아둔다고 해서 새로운 케피어 알갱이가 되지 않는다. 모든 케피어 알갱이는 스스로 존속을 유지해온 자발적 공생체로부터 — 또는 몇몇 알갱이로부터 — 증식했다. 『낙농학 저널』에 따르면, "케피어 알갱이에서 추출한 순수 또는 혼합 발효균으로 새로운 케피어 알갱이를 만들어내려고 집중적인 연구와 많은 시도가 이루어졌지만, 지금까지 성공을 거두었다는 보고는 없었다."[20] 생물학자 린 마걸리스는 단언한다. "케피어는 화학물질 또는 미생물을 '적당히 섞어서' 만들 수 있는 것이 절대 아니다. 오크나무나 코끼리처럼."

공생기원설symbiogenesis의 주창자인 마걸리스는 케피어를 가리켜 생명, 죽음, 성, 진화 같은 생물학 기본 개념의 생생한 표본이라고 말한다. 그는 동물이나 식물, 여타 미생물과 달리 케피어 알갱이들에게 "예정된 죽음"이란 없다고 지적하면서, 적절한 영양분과 견딜 만한 환경적 조건을 부여한다면 이론적으로는 영원히 살 수 있다고 주장한다. 마걸리스는 케피어 알갱이들이 발효음식에서 흔히 나타나는 락토바실리, 류코노스톡, 아세토박터, 사카로미세스와 기타 여러 불분명한 박테리아까지 30가지 서로 다른 미생물의 공동체로 이루어진다고 설명한다. 마걸리스에 따르면, 이 중에서 사람들에게 알려지거나 이름이 붙은 미생물은 절반도 안 된다. 그럼에도 불구하고, "이들 이스트와 박테리아는 — 수정은 물론 그 어떤 암수 구분의 개념도 개입하지 않는 협력적 세포분열에 의해서 — 재생산 과정에 공동으로 참여한다. 이례적인 미생물 개체의 통합, 즉 케피어 응유를 유지하기 위해서다." 케피어 알갱이를 구성하는 미생물들은 "그들이 스스로 만들어낸 당단백질과 탄수화물 화학물질에 의해서 긴밀히 연결되어 있다. (…) 케피어의 미생물들은 한때 공생관계를 유지하던 박테리아가 유핵세포의 구성 요소로 변해서 흡수되는 식으로 완벽하게 통합되어 새로운 존재로 거듭난다. (…) 케피어는 박테리아를 우리 인간의 세포로 발전시킨 통합의 과정이 여전히 현재 진행형이라는 명명백백한 증거다."[21]

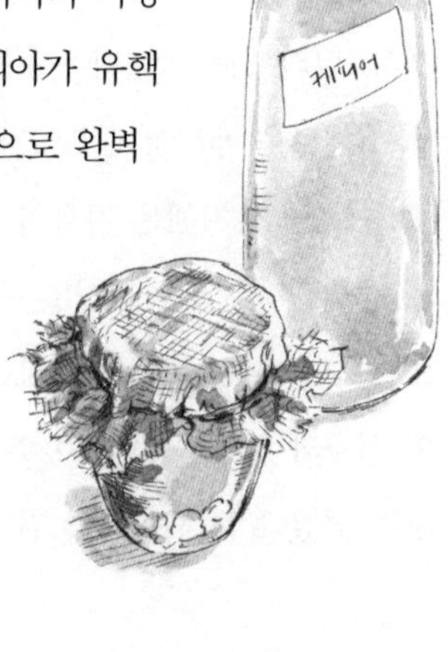

케피어 알갱이들은 영생불멸의 잠재력에도 불구하고 너무 오랫동안 영양분을 제공하지 않으면 죽어서 분해되고 만다. 한번은 나도 몇 주 동안 신경을 못 쓰는 바람에 알갱이들을 모두 죽인 경험이 있다. 알갱이들이 생성한 산으로 인해서 신맛이 강한 케피어가 되어 있었다. 마걸리스에 따르면, "죽은 케피어 응유에는 케피어와 무관한 생명체들로 바글거린다. 낯선 곰팡이균과 박테리아가 한때 살아 있었던 미생물들의 사체가 뒤엉킨 퀴퀴한 곤죽에 달라붙어 왕성하지만 전혀 통합적이지 않은 방식으로 증식하면서 대사 작용을 벌이는 것에 불과하다."[22] 이야기의 교훈: 케피어 알갱이들은 잘 돌보면서 먹이를 제때 주어야 한다.

발효의 리듬에 맞춰 꾸준히 만들어 먹는 흐름을 타기란 쉽지 않겠지만, 케피어를 만드는 방법 자체는 아주 쉽다. 가열할 필요도 없고 온도를 조절할 필요도 없다.(물론 케피어에 열을 살짝 가함으로써 냉장 온도에서 실내 상온으로 높여주면 발효가 더 빨리 이루어질 것이다.) 먼저 유리병에 우유를 담고 케피어 알갱이들을 넣는다. 우유 1*l*에 알갱이를 수북하게 1큰술 섞는 비율이다. 거의 모든 논문이 케피어 알갱이 5% 정도를 이상적인 발효 비율로 제시한다.[23] 유리병을 가득 채우면 안 된다. 이산화탄소가 발생하면서 전체적인 부피가 커지기 때문이다. 뚜껑은 밀폐해도 되고 느슨하게 덮어도 된다. 물론 밀폐하는 경우 내부에 압력이 찰 것이다. 직사광선을 피한 상태로 상온에서 발효시키며 주기적으로 흔들거나 저어준다. 미생물의 활동은 알갱이들의 표면에서 집중적으로 이루어진다. 따라서 알갱이들이 우유와 잘 섞이도록 휘저어 미생물의 활동을 골고루 확산시키는 작업이 중요하다. 이렇게 24시간쯤 지나면 케피어가 두껍게 형성된다. 준비 작업이 끝났다는 뜻이다. 물론 추운 환경이라면 (또는 신맛을 선호한다면) 이보다 시간이 더 걸릴 것이다. 알갱이들을 제거하기 전에 마지막으로 한 번 더 유리병을 흔들어 준다. 알갱이 덩어리가 큼직하면 스푼으로 건져낸다. 그렇지 않으면 도구를 써서 걸러낸다. 걸러낸 케피어는 밀폐 가능한 용기에 옮겨 담아 탄산화한다. 이때 어느 정도 팽창이 가능하도록 빈 공간을 남겨두고 담아야 한다. 밀폐한 상태로 몇 시간 두거나, 냉장고에 며칠 동안 보관해서 탄산화 작업을 마친다. 탄산화한 케피어는 개봉할 때 거품이 솟아 흘러넘칠 수 있으니 주의하자.

얼마나 쉬운가. 내 친구 니나는 무지방 우유로 케피어를 만드는 것이 좋다고 하지만, 나는 늘 전지全脂 우유를 쓰고, 구할 수 있으면 [살균 처리 하지 않은] 생우유도 쓴다. 나는 생우유, 저온살균 우유, 고온살균 우유를 모두 쓴다. 염소젖도 쓰고, [지방구를 작은 크기로 균일하게 분쇄하는] 균질화 여부도 가리지 않는다.

어떤 논문을 보면 케피어 알갱이들이 금속에 닿지 않게 하라는 말이 나온다. 동의한다. 여타 발효음식과 마찬가지로 케피어가 금속과 너무 오랫동안 접촉하면 부식이 발생할 수 있기 때문이다. 그런데 (금속성 거름망 같은) 쇠붙이에 잠시만 닿아도 케피어 알갱이들이 파괴된다고 주장하는 사람들도 있다. 내 경우에는 이런 적이 한 번도 없다. 인터넷에서 케피어의 왕으로 통하는 도미닉 안피테아트로 역시 철저하고도 집중적인 실험 끝에 다음과 같은 언급을 자신의 웹사이트에 남겨두고 있다. "우리는 스테인리스로 만든 체를 가지고 몇 달 동안 계속해서 케피어를 걸러냈지만, 알갱이들 또는 미생물 집단이 어떤 식으로든 손상을 입었다고 주장할 만한 아무런 근거도 얻지 못했다."[24]

알갱이들을 걸러낸 케피어는 깨끗한 유리병에 옮겨 담고, 알갱이들은 신선한 우유에 섞어서 발효의 리듬을 이어간다. 사실 리듬을 이어간다는 것은 꽤 어려운 일이다. 이상적으로 말하면, 잘 익은 케피어를 걸러낼 때마다 새로운 케피어를 발효시키는 것이다. 케피어 알갱이를 비롯한 스코비를 잘 키우는 것은 기본적으로 반려동물을 기르는 것과 같다. 일상적인 관심을 변함없이 기울여야 한다는 뜻이다. 알갱이들은 영양분을 적절히 공급받지 못하면 죽고 만다. 나는 먼 곳을 다녀오느라 케피어 알갱이들을 방치한 적이 한두 번이 아니다. 요즘은 케피어를 만들어 이틀에 한 번씩 두 컵을 마신다. 격일로 아침마다 케피어를 거르고 신선한 우유를 알갱이에 붓는다. 알갱이들은 일주일에서 열흘이면 두 배로 자란다. 여분의 알갱이들은 영양분을 계속 제공할 필요 없이 말리면 된다. 맹물에 헹구고 종이타월로 수분을 제거한 뒤에 햇볕으로 건조시킨다. 기온이 낮으면 제습기로 말려도 된다. 냉장고에 넣어서 케피어 알갱이들의 증식을 늦출 수도 있지만, 이 경우에는 일주일에 한 번 정도 영양분을 투여해야 한다. 아예 냉동시켜서 장기간 보관하는 방법도 있다.[25] 그러나 케피어 알갱이들은 수시로 보살피고 일정하게 먹이를 주어야 최상의 컨디션으로 최고의 결과물을 내놓을 수 있다.

건강한 케피어 알갱이의 특징이라면 증식 및 재생산 속도가 빠르다는 점을 들 수 있다. 우유에 들어간 알갱이들의 비율이 증가할수록, 케피어의 발효 속도는 점점 더 빨라진다. 과도하게 증식한 알갱이들은 제거하는 것이 좋다. 알갱이 대 우유의 비율이 10%를 넘지 않도록 한다. 케피어 알갱이를 기르면서 주기적으로 케피어를 만드는 사람들에게는 알갱이들이 남아돌기 마련이다. 이런 사람들한테 케피어 알갱이를 부탁하면, 흔쾌히 나누어줄 것이다. (알갱이를 나누어주는 사람들과 연락할 수 있는 인터넷 사이트가 궁금하다면 참고 자료를 보라. 케피어 알갱이를 상업적으로 판매하는 곳도 함께 수록해두었다.)

케피어와 관련해서 한 가지 흥미로운 사실이 있다. 미국을 비롯한 전 세계 각지에서 팔리는 케피어 제품 가운데 대다수는 전통적인 케피어 알갱이들로 만들지 않는다는 것이다. 대신 전통적 케피어 공생체의 일부로 알려진 미생물 가운데 일부를 종균으로 사용한다. 그래서 미생물 구성의 복잡성이 없고, 그 결과 케피어의 공생적 생명 형태의 특징인 통합성도 없다. 이렇게 만드는 까닭을 몇몇 논문에서 찾아볼 수 있다. 한 가지 이유는 케피어 알갱이들의 증식 속도를 떨어뜨려 부피의 팽창을 줄이기 위해서다. 다른 이유는 케피어 알갱이들의 복잡한 미생물 구성 탓에 일정한 품질의 제품을 생산하기 어렵다는 점에 있다. 게다가 케피어의 알코올 함량이 비알코올음료 기준선인 0.5도를 넘어설 가능성이 충분하므로 — 앞서 콤부차 편에서 살핀 대로 — 자칫 법적, 제도적 제재를 당할 수도 있다. 아울러 알코올 발효가 일반적으로 젖산 발효에 뒤이어 지배력을 행사하기 때문에 "제품을 유통하는 단계에서 알코올 발효가 일어나는 경향이 있다. 그러면 에탄올과 이산화탄소 가스의 형성에 의해서 맛과 향에 본질적인 변화가 일어날 뿐 아니라 용기가 부풀고 내용물이 흘러나올 수 있다."[26]

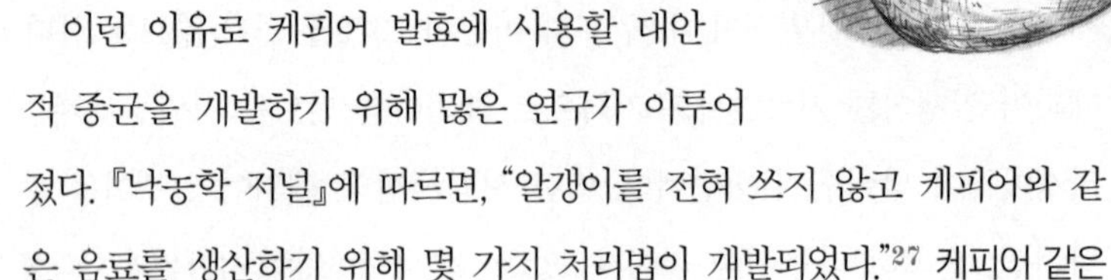

이런 이유로 케피어 발효에 사용할 대안적 종균을 개발하기 위해 많은 연구가 이루어졌다. 『낙농학 저널』에 따르면, "알갱이를 전혀 쓰지 않고 케피어와 같은 음료를 생산하기 위해 몇 가지 처리법이 개발되었다."[27] 케피어 같은 음료라니, 적절한 단어 선택이 아닐 수 없다. 케피어는 특별한 발효균이 독특한 형태로 창조해내는 특별한 음식이다. 케피어를 줄곧 정의해온 알갱이들 말고 다른 무언가로 만들어낸 발효우유 제품을 가리켜 "케피어"라고 일컫는 것은 부적절하다고 본다. 실험실에서 생산한 종균으로 아주 맛있고 건강에 이로운 음료를 만들지 못한다는 법은 없다. 하지만 케피어는 아니다. 『낙농학 저널』은 "이렇게 만든 케피어 제품의 품질은 케피어 알갱이를 가지고 제대로 발효시킨 것과 큰 차이가 있다"고 결론짓는다.[28] 『국제식품과학기술회보』 역시 "케피어 알갱이들로 생산한 최종 결과물이 소수의 순수 발효균을 혼합해서 만든 케피어에 비해서 거대하고 다양한 미생물 생태계를 자랑한다는 것은 분명한 사실"이라고 못 박고 있다.[29]

케피어와 유사한 종균 가루는 대규모 공장 생산을 위한 작업에 국한되지 않는다. 몇 종류의 케피어 종균 가루는 소규모 가정 생산용으로도 쓰인다. 나는 종균 가루를 사용한 적이 한 번도 없지만, 케피어 알갱이를 돌보는 데 신경 쓰고 싶지 않는 사람들이나 꾸준한 리듬을 타는 대신 간헐적으로 만들어 먹는 것으로 족한 사람들에게 쓸모가 없지 않다고 생각한다. 비록 이렇게 만든 것이 진짜 케피어는 아니지만.

빌리

빌리viili는 끈적임이 아주 강한 것으로 유명한 핀란드식 발효우유다. 나한테 소개받고 빌리를 먹어본 사람들은 고무풀 또는 마시멜로 같은 식감이 좋다고 했다. 빌리 만들기에 도전했던 내 친구 조니 그린웰은 어느 날 밤에 우유를 용기 끝까지 채우고 발효를 시작했다가 깜짝 놀랐다. 빌리가 발효과정에서 팽창한다는 사실을 미처 몰랐던 것이다. 이튿날 아침, 빌리는 테이블 위로 넘쳤고, 그릇 안에는 아무것도 남지 않았다. 빌리 덩어리는 찰기가 워낙 강해서 그릇 밖으로 흘러나간 일부가 나머지 전부를 끄집어낸 것이다. 이처럼 "극단적인" 질감에도 불구하고, 빌리는 은은한 향과 새콤한 맛이 살짝 감도는 진미珍味다.

빌리 발효균은 GEM 컬처스[30] 또는 다른 구매처에서 살 수 있다. 나는 GEM에서 구입했다. 베티 스테크마이어는 자기네 빌리가 작고한 남편 고든의 킨누넨 집안 사람들을 통해 핀란드에서 캘리포니아주 포트브래그로 건너온다고 내게 말했다. 베티는 남편이 반이라고 부르던 삼촌 바이노 알렉산더 킨누넨에 얽힌 가슴 아픈 사연도 들려주었다. 그는 식구들이 미국으로 이주한 뒤에 13남매 가운데 막내로 태어났다.

> 반 삼촌은 숲에 있는 방 세 개짜리 오두막에서 홀로 살았다. 우리 집에서 산길로 한참 올라가야 하는 곳이었지만, 90대 초반의 나이에도 독립해서 잘 지냈다. (…) 95세 생일이 지난 어느 날 잘못 넘어지는 바람에 건강을 잃고 말았다. (…) 하루는 오후에 삼촌 곁에서 TV를 보는데, "너, 씨앗을 잘 돌볼 수 있겠니?" 하고 묻는 것이었다. 그래서 삼촌이 간수하는 모습을 보면서 배웠으니 나도 잘할 수 있다고 대답했다. 다음 날 한밤중, 삼촌 방에 불이 켜진 것을 보고 들어갔더니 이미 돌아가신 뒤였다.
>
> 여기서 "씨앗"이란 핀란드 사람들이 필리아(빌리)라는 유제품을 발효시킬 때 사용하는 "종균" 또는 "발효균"을 뜻한다. 삼촌은 포트브래그에서 나고 자랐지만, "씨앗"은 킨누넨 식구들이 다른 몇 집과 더불어 핀란드에서 미국으로 건너올 때 가져와서 이미 소중하게 키우던 터였다. 깨끗한 손수건 귀퉁이에 발효시킨 우유를 조

금 묻히고 말린 뒤 돌돌 말아 소지품 가방 깊숙이 찔러넣음으로써 새로운 삶을 향한 머나먼 여정에 동참시킨 것이다. 씨앗, 즉 발효균은 낯선 땅에서 새로운 인생을 개척하려는 사람들에게, 또는 살면서 특별한 국면을 맞이한 사람들에게 삶의 연속성을 담보하는 수단이 된다.

반 삼촌에게 씨앗을 잘 돌본다는 것은 문화적 연속성을 지키기 위한 유산이자 자신이 세상을 떠난 뒤에도 삶이 지속된다는 확신과도 같은 의미였을 것이다.

빌리 만드는 법은 아주 쉽다. 사발이나 유리병을 발효 용기로 쓴다. 잘 익은 빌리를 한 숟갈 듬뿍 떠서 용기 안쪽에 펴 바른다. 그런 다음 우유를 붓되, 팽창에 대비해서 완전히 채우지 않는다. 공기는 통하고 파리와 먼지는 앉지 못하도록 살짝 덮어 상온에서 24시간 정도 발효시키면 빌리가 걸쭉해진다. 매번 한 숟갈 정도 남겨두었다가 다음번 발효 때 사용한다. 그대로 먹거나, 과일 또는 시리얼과 함께 먹는다. 찍어 먹거나 부어 먹는 소스로 즐겨도 좋다. 나는 테네시의 여름철에 빌리를 만들면서 적잖이 고생했다. 빌리는 섭씨 27도 이상 또는 습도가 높은 기후에서 발효가 잘 안 되는 것 같다.

2008년에 핀란드인 에롤 샤키르한테서 이메일이 한 통 날아들었다. 반 삼촌의 빌리 이야기를 내 팟캐스트로 들었다면서 이렇게 물었다. "그들이/그가/그 식구들이 오랜 세월이 흐른 지금도 '뿌리'를 간직하고 있다는 이야기는 정말 흥미로웠습니다. 내 경험으로는 '뿌리' 또는 '씨앗'이 차츰 기력을 잃다가 결국에는 우유를 빌리로 바꾸지 못하는 지경에 이르더군요. 씨앗을 오랫동안 건강하게 기르려면 어떻게 관리해야 할까요? 저는 빌리를 만들 때마다 어쩔 수 없이 상점에 가서 새 '씨앗'을 구입하거든요." 나는 이 말을 듣고 요구르트 발효균과 정확히 같은 이치라고 생각했다. 반 삼촌과 베티는 전통적인 방식으로 미생물 공생체를 살뜰히 기르는 반면, 에롤은 실험실에서 키운 발효균으로 만든 제품에 의지하고 있는 것이다.

나는 에롤이 보낸 이메일을 베티에게 전달한 후 의견을 구했다. 베티의 답변을 요약하면 다음과 같다.

> 저는 시판 중인 제품 속 미생물 구성이 자생력을 갖출 정도로 완전한 스펙트럼을 보여준다고 생각하지 않습니다. 상업적으로 쓰이는 거의 모든 발효균은 제조 및 유통상 필요한 일정에 맞추어 생산의 최종 단계에 일정한 품질을 확보한다는 조건을 충족해야 합니다. 따라서 제조업체는 이런 조건에 부합하는 미생물만을 선별적으로 사용합니다. (…) 에롤, 마트에서 구입한 빌리를 씨앗으로 사용한다면, 전통적인 발효균의 다양성을 제대로 누릴 수 없을 겁니다. (…) 어떻게든 수소문해서 전통적인 발효균을 구하세요. 그것으로 씨앗을 삼으세요. 좋은 발효균을 오랜 세월 잘 간직해온 집안이 어딘가 있을 겁니다.

요구르트나 케피어의 경우와 마찬가지로, 빌리의 대량 생산에 쓰인 종균은 세대를 거듭하며 지속적으로 쓰여온 전통적인 발효균의 다양성과 안정성을 갖출 수 없다.

그 밖의 우유 발효균

우유 발효균은 그 종류가 워낙 다양해 나로서는 전체적으로 이해하고 설명하기 어렵다. 가축을 집에서 기르거나 이동하면서 유목하는 전통을 지켜온 사람들은 우유를 발효시키는 나름의 문화를 간직하고 있다. 여기서는 특이한 사례 몇 가지만 더 살펴보기로 한다.

쿠미스Koumiss는 중앙아시아 스텝 지역에서 발달한 발효유로, 알코올 성분을 함유하기 때문에 마유주馬乳酒라고도 불린다. 알코올음료의 역사를 연구한 인류학자 패트릭 맥거번(4장 참조)은 "발효음료를 만드는 데 쓰이는 — 과일이나 곡물, 벌꿀 등 — 좋은 재료는 초원에서 구하기 어렵다"면서 "이런 지역 사람들은 어쩔 수 없이 암말의 젖으로 (터키의 키미즈kimiz나 카자크의 쿠미스 같은) 술을 빚었는데, 당분 함량이 염소젖이나 우유보다 많아서 알코올 도수 역시 (2.5%에 이를 정도로) 높다"고 설명한다.[31] 13세기에 몽골을 여행한 어떤 사람은 이 과정을 다음과 같이 묘사했다.

> 말가죽으로 만든 커다란 부대와 속이 빈 길쭉한 방망이를 준비한다. 부대를 깨끗이 씻고 말젖으로 채운다. 그리고 시큼한 말젖을 [즉, 잘 익은 쿠미스를 종균으로] 조금 넣는다. 거품이 생기기 시작해서 발효가 끝날 때까지 말젖이 든 부대를 방망이로 두들긴다. 천막 안에 들어오는 사람은 누구나 말젖 부대를 몇 차례 두들겨야 한다. 이렇게 해서 사나흘 지나면 쿠미스를 마실 수 있다.[32]

버터밀크

『요리의 기쁨』 1953년판을 보면 "미국 스타일"로 쿠미스를 만드는 레시피가 나온다. 상온에서 우유에 이스트를 넣고 병에 담아 밀폐시킨 뒤 10시간 정도 발효시킨 다음, 이따금 흔들어주면서 24시간 동안 냉장 보관하라는 내용이다. 저자는 "병을 개봉할 때 내용물이 눈에 튀지 않도록 주의하라"고 당부하면서 "쿠미스는 여러분이 기대하는 만큼이나 기포가 많을 것"이라고 썼다.[33]

버터밀크는 미국의 슈퍼마켓에서 쉽게 구할 수 있는 발효우유 제품이다. 시판 중인 제품을 구입해 신선한 우유에 종균으로 넣고 상온에서 하루 동안 발효시키면 더 많은 "버터밀크"를 얻게 될 것이다. 나는 따옴표 안에 들어 있는 버터밀크를 즐긴다. 미국에서 버터밀크라는 이름으로 팔리는 제품은 전형적인 버터밀크가 아니기 때문이다. 자고로 버터밀크란, 우유를 휘젓고 크림을 일으켜 버터를 만드는 과정에서 풍부하게 생기는 부산물이다. 버터밀크와 크림의 관계는 유청과 우유의 관계라고 보면 된다. 그리고 버터밀크는 예로부터 생크림으로 만들었기 때문에, 버터와 버터밀크 모두가 자생하는 (또는 첨가한) 박테리아로 득실대는 발효음식이다.

타라tara는 티베트의 우유 발효균으로 케피어처럼 스코비의 형태를 띠고 있다. 나는 『천연발효』 집필에 들어가기 직전에 타라 알갱이들을 선물로 받았다. 덕분에 관련 내용을 그 책에 담을 수 있었다.[34] 내가 처음으로 케피어 알갱이들을 구해서 케피어를 만들기 시작한 뒤로, 최종 결과물이건 알갱이들이건 간에, 케피어와 타라를 구분할 수 없었다. 그래서 같은 종류는 아닐지라도 둘 사이에 긴밀한 연관성이 있다고 생각한다. 불행히도 내 타라 알갱이들은 결국 무관심 속에 죽었고, 이후로 더는 구할 수 없었다.

스퀴르Skyr는 아이슬란드의 발효우유다. 요즘 미국에서는 "아이슬란드 요구르트"라는 광고 문구 아래 스퀴르라고 이름 붙인 제품이 팔리고 있다. 내가 아이슬란드의 음식 저술가 난나 론발다르도티어에게 스퀴르가 요구르트와 얼마나 비슷하냐고 물었더니 "별로"라는 대답이 돌아왔다. 그는 1960년대에 북부의 외진 농장에서 스퀴르를 키웠다면서 "요즘 만드는 것보다 푸석푸석하고 훨씬 시큼해서 요구르트와는 거리가 멀다"고 설명했다. 하지만 이제는 스퀴르를 손수 만들어 먹는 경우가 드물다보니 슬로푸드 아이슬란드라는 단체가 여전히 집에서 스퀴르를 만드는 사람을 찾아 나설 정도라고도 했다.

가리스gariss는 낙타젖을 발효시킨 수단 음식이다. 하미드 디라르에 따르면, 염소 가죽을 낙타 안장에 매달아두고 "수시로 흔들어주면서" 만든다. 그는 이집트에서 유래한 두 종류의 "유사 토종"과 대비되는 "수단의 진짜 토종 발효 유제품" 네 가지 중 하나로 가리스를 꼽는다.[35] "신선한 낙타젖을 염소 가죽에 넣어두고 발효된 일부를 언제든지 덜어내서 소비하지만, 전체적인 부피는 큰 차이 없이 일정하다."[36]

피상적이나마 여기까지 설명하기로 한다. 전 세계 각지의 토착 문화는 우유를 발효시키는 다양한 방법을 발전시켜왔다. 하지만 글로벌 경제, 도시화, 문화적 획일화의 압력에 떠밀려 급속하게 잊히면서 해당 문화 자체와 함께 송두리째 자취를 감추고 있는 실정이다.

식물에서 얻은 우유 발효균

식물을 비롯한 자연에서 재료를 구해 유제품 발효에 종균으로 사용한 사례는 아주 많다. 앞서 언급한 가리스를 만들 때 종균으로 사용할 만한 가리스를 만들어두지 않은 경우 수단 사람들은 "블랙커민의 씨앗 몇 개와 양파 한 알을 넣어서 발효시켰다"고 하미드 디라르는 설명한다.[37] 인도에서 어린 시절을 보낸 음식 블로거 프리야 역시 "마을 사람들은 종균이 상하거나 떨어지면 고추 줄기를 사용해서 새로 발효시키곤 했다"고 기억한다.[38] 터키의 음식 저술가 에일린 외네이 탄은 "무화과 수액부터 솔방울이나 도토리, 심지어 개미 알이나 풀잎에서 받아낸 아침 이슬에 이르기까지 다양한" 종균으로 요구르트를 만들었다는 기록을 제시하기도 한다.[39] 불가리아도 마찬가지다. 릴리야 라데바에 따르면, "양젖을 발효시키는 가장 오래된 방법은 유럽불개미를 넣는 것이다."[40] 나 역시 무화과로 — 특히 갓 수확한 무화과 줄기에서 나온 라텍스로 — 케피어를 발효시킨다는 이야기를 들었다. 친구 메카한테서 염소젖과 무화과 라텍스를 조금씩 섞으면 케피어 알갱이를 만들 수 있다더라는 이야기를 들었을 때는 실제로 만들어보기도 했다. 하지만 끝내 성공을 거두지는 못했다.(메카는 이 놀라운 피조물의 탄생을 위한 또 다른 열쇠가 있을 것이라고 짐작한 모양인지, 이메일로 이렇게 물어왔다. "혹시 옆에 앉아서 노래를 불러주었던가?")

테테멜크tettemelk는 스칸디나비아의 발효우유로, 대다수 발효우유가 그렇듯, 지난번에 만들어둔 것을 조금 덜어서 종균으로 쓴다. 하지만 영어로 버터워트라고 알려진 식물*Pinguicula vulgaris*의 이파리로도 발효시킬 수 있다는 이야기가 옛날부터 전해 내려오고 있다. 그렇지만 학자들이 실제로 실험한 결과 "이런 믿음을 입증할 수 없었다"고 밝혔다. 다만, 버터워트가 우유를 응고시키는 데 쓰이고 노르웨이에서는 테테그라세트tettegraset로 불리는 만큼 지금은 알 수 없는 방법으로 우유와 함께 쓰였을 수도 있다고 인정하면서 "우리가 버터워트의 역할을 잊어먹었거나 오해했을지 모른다"고 덧붙였다.[41] 문화 부흥에 앞장서는 우리에게 한 가지 과제가 주어진 셈이다!

이 밖에도 여러 식물이 우유를 응고시키는 데 쓰였다. 여기에는 쐐기풀*Urtica dioica*, 무화과*Ficus carica*, 선인장*Opuntia Ficus-Indica*, 아욱*Malva spp.*, 크리핑찰리*Glechoma bederacea*, 솔나물*Galium verum* 그리고 엉겅퀴 몇 종류(아티초크*Cynara cardunculus*, 현호색*C. humilis*, 수레국화*Centáurea calcitrapa*, 서슘아리엔티눔*Cirsium arietinum*, 칼리나*Carlina spp.*)가 포함된다.[42] 식물학자 모드 그리브는 쐐기풀 이용법을 이렇게 설명한다. "쐐기풀로 즙을 내거나 진한 소금물로 끓여서 농축액을 만들면 우유를 응고시킬 때 쓸 수 있다. 치즈를 만드는 사람에게는 레닛[응유효소]의 훌륭한 대용품이 될 수 있다."[43] 마사 워싱턴의 요리책에는 더 간단한 방법이 실려 있다. 우유를 데워서 쐐기풀을 넣고 하룻밤 기다리면 응고가 이루어진다는 내용이다.[44] 내가 마사의 방법을 따라해보니, 우유가 실제로 응고한 것은 맞지만, 쐐기풀 이파리 주변에 불과했다. 엉겨 붙은 응유를 분리해 내는 것도 어려웠다. 그러나 파릇한 쐐기풀을 진하게 우려냈더니, 조금만 넣었을 뿐인데 응고가 아주 잘되었다.(말리거나 으깬 쐐기풀 이파리 14g에 끓는 물 한 컵/250*ml*를 붓고 밤새도록 우려서 농축액을 만든다. 이 농축액을 우유 2*l*에 넣는다.) 다만 레닛처럼 응고가 빠르지는 않아서, 24시간 정도 기다리겠다는 각오가 요구된다.

사람들이 우유 발효에 식물을 사용하는 또 다른 방법은 이번 장 서두에서 이야기한 케냐식 발효법처럼 식물을 태운 연기와 재를 쓰는 것이다. 유엔식량농업기구의 보고에 따르면, "우유를 보존할 때 사용하는 용기에 연기를 쏘이는 모습을 목축업을 중심으로 하는 여러 공동체에서 공통적으로 목격할 수 있다. 이 작업을 거치면 연기의 향이 우유 또는 유제품에 스며들 뿐 아니라 용기를 소독(멸균)하는 효과까지 기대할 수 있다." FAO는 에티오피아와 케냐, 탄자니아의 다양한 집단에서 이런 식으로 쓰이는 식물 10여 가지를 나열하고 있다.[45]

크렘 프레슈, 버터, 버터밀크

생우유를 구할 수 있다면, 크림을 조금 걷어내서 발효시키자. 우유는 (염소나 양의 젖과 달리) 크림이 표면으로 떠오르면서 자연스럽게 분리된다. 크림을 걷어내면 탈지우유skim milk가 남는데, 이것이 바로 저지방 유제품의 시초다. 탈지우유는 그대로 마시거나 발효시킬 수 있으며, 치즈로 만들 수도 있다. 반면, 염소나 양의 젖은 균질화한 지방구가 구석구석 골고루 퍼져 있다. 그러나 우유 표면에 떠오른 크림은 유지방이 풍부하고 맛이 좋아서 어렵지 않게 발효시킬 수 있다.

크렘 프레슈는 크림만 가지고 하루나 이틀 발효시킨 것이다. 걸쭉하고 맛이 진하며 아주 부드럽다. 요즘 레시피를 보면 대부분 크림에 버터밀크를 종균으로 조금 넣으라고 나온다. 저온살균한 크림을 쓴다면 맞는 말이다. 하지만 생크림이라면 발효균을 첨가할 필요가 없다. 따뜻한 냄비에 넣고 24시간 정도 발효시켜서 걸쭉한 상태가 되면 냉장고로 옮긴다. 냉장고 속에서 더 걸쭉해지고 맛도 좋아질 것이다. 소스나 수프, 디저트로 즐기자.

위에 설명한 대로 크림을 발효시키는 중이라면, 휘젓거나 흔들어서 단단한 버터로 만들어보자. 그러면 그냥 버터가 아니라 발효한 버터가 된다. 별다른 도구 없이 적은 양을 만들 때 가장 손쉬운 방법은 유리병을 사용하는 것이다. 유리병의 $\frac{3}{4}$을 넘지 않도록 크림을 담고 뚜껑을 단단히 닫는다. 그리고 마구 흔들거나 앞뒤로 굴리는 식으로 5~10분 정도 뒤섞는다. 그러다보면 갑자기 버터지방구가 뭉치면서 액체 상태의 버터밀크로부터 분리될 것이다. 큼직한 버터 덩어리가 유리병 속에서 굴러다니는 모습이 보이면 흔들기를 멈춘다. 이 작업을 믹서기로 해도 되고, 사발과 숟가락으로 해도 된다. 일단 버터가 생기면, 버터밀크를 따라낸다. 버터는 냉장고에 넣어서 조금 더 굳히는 것으로 마무리한다. 신선한 버터밀크를 마시면서 기다리자. 정말 부드럽고 맛있다! 버터가 어느 정도 단단해지면 찬물에 헹군 뒤 치대서 버터밀크 방울을 제거한다. 이런 식으로 헹구고 치대기를 반복한다. 헹군 물이 깨끗하다 싶으면 말려서 보관한다. 냉장고에 넣어도 되고 안 넣어도 된다. 그러면 발효가 이어지면서 맛이 한층 깊어질 것이다.

유청

앞서 언급한 것처럼, 유청은 우유를 산성화 또는 응고시켜서 분리해낸 액체다. 샐리 팰런 모렐은 『영양가 높은 전통 음식』에서 발효채소부터 청량음료까지 여러 발효음식을 만들 때 유청을 종균으로 사용하라고 권유한다.(나 역시 이 책 곳곳에서 같은 조언을 제시한 바 있다.) 하지만 이 말은 유청이 뭔지 모르거나 만드는 법을 모르는 사람들을 혼란에 빠뜨릴 수 있다. 실례로, 유청 단백질 가루를 구입해서 음식에 넣었는데 발효가 안 되는 까닭이 뭐냐고 나한테 이메일로 묻는 사람들이 있다.

유청에는 단백질이 많이 들어 있다. 하지만 유지방은 대부분 제거한 상태다. 그래서 보디빌더처럼 고단백 식품을 찾는 사람들이 말린 유청을 찾는 것이다. 그러나 유청에 들어 있던 생발효균은 분말 형태로 말리는 과정에서 파괴되고 만다. 게다가 우유를 응고시키는 다양한 방법 중에는 가열처리도 포함되므로, 모든 유청에 발효균이 살아 있다고 말할 수는 없다. 예를 들어, 농부치즈farmer's cheese나 파니르paneer[발효시키지 않은 인도식 치즈]처럼 가열 및 산성화를 통해서 응고시킨 치즈로는 발효균이 살아 있는 유청을 만들 수 없다.[46]

그러나 발효우유나 생치즈 또는 발효치즈에서 추출한 유청은 박테리아가 풍부하게 살아 있다. 요구르트에서 유청을 얻으려면, 촘촘한 면직포 또는 깨끗한 행주에 요구르트를 담아 매달아두고 사발을 받친다. 그러면 요구르트 주머니에서 방울방울 떨어진 유청이 사발에 담길 것이다. 케피어에서 유청을 얻으려면, 유리병에 케피어를 담아 상온에 두고, 응유와 유청이 선명하게 분리될 때까지 기다리면 그만이다. 응유는 유청 위로 떠오르는 것이 보통이다. 응유를 조심스럽게 건져내고 남은 것이 바로 유청이다. 요구르트와 케피어의 미생물 차이가 유청에 고스란히 반영된다는 점에 유의하자. 케피어 유청에는 이산화탄소를 생성하는 이스트가 들어 있다. 따라서 기포가 많은 청량음료를 발효시킬 때 요구르트 유청보다 케피어 유청을 활용하는 편이 낫다.(6장 유청이라는 종균 참조)

난나 론발다르도티어는 아이슬란드에서도 유청을 광범위하게 활용한다고 말한다. 스퀴르 등 여러 발효 유제품에서 걸러낸 유청을 시라sýra라고 부른다. 물에 녹여서 마시거나 다른 음식에 보존제로 쓴다. 론발다르도티어는 어릴 적에 "유청으로 보존시킨 음식이 거의 매일 저녁 식탁에 올랐다지만, 지금은 주로 겨울 축제 때 먹는다"고 말한다. 시라로 보존하는 음식을 수르마투르súrmatur라고 부른다. 문자 그대로 "시큼한 음식"이라는 뜻이다. 육류를 유청으로 보존하는 아일랜드 사람들의 풍습에 대해서는 12장 유청으로 어류와 육류 발효시키기를 참고하기 바란다.

통조림에 생명을 불어넣는 유청

애나 래스번, 멘도시노, 캘리포니아

●

나는 저소득 가정을 위한 건강한 요리법을 가르치는 사람이다. 우리가 일상적으로 하는 일 가운데 하나는 "통조림 음식에 생명을 불어넣는 것"이다. 유청을 조금 넣고 12시간을 기다리면, 콩이나 살사는 물론 어떤 음식도 발효시킬 수 있다. 냉장고가 없더라도 아무 음식이나 유청을 조금 넣으면, 제품에 따라 다르겠지만, 하룻밤은 물론 이틀 정도는 선도를 유지할 수 있다.

이 세상이 완벽하다면, 누구든 냉장고를 가질 수 있고 신선한 유기농 식품을 매일 사먹을 수 있을 것이다. 하지만 완벽하지 못한 이 세상에는 조리 또는 보존 수단이 없어서 정부가 배급하는 통조림에 의존하는 사람이 많다. (…) 우리는 유청 덕분에 음식의 변질을 막고 통조림의 생명을 되살린다.

치즈

치즈는 우유에 포함된 수분의 상당량을 빼내서 고체 형태로 응축시킨 것이다. 유청을 제거했다는 뜻이다. 지역 또는 발효법에 따라서 비교적 소량의 유청을 제거하기도 한다. 이렇게 만들면 부드러운 치즈가 된다. 유청을 많이 제거할수록, 같은 양의 우유로 만들 수 있는 치즈의 양이 줄어든다. 마찬가지로, 유청을 많이 제거할수록, 일반적으로 치즈를 더 오래 (더 천천히) 발효시킬 수 있고, 또 더 오래 보존할 수 있다.

나는 치즈 왕국의 무궁무진한 다양성에 경외심을 느낀다. 다양한 동물이 다양한 목초지에서 다양한 기후와 다양한 계절을 겪으며 대단히 다양한 우유를 선사한다. 다양한 발효법, 다양한 응고제, 다양한 온도 조절법, 다양한 첨가물, 다양한 용기, 다양한 숙성 조건과 기간 및 방법, 이 밖에 수많은 요인이 저마다 독특한 특성을 자랑하는 대단히 다양한 치즈를 만들어낸다. 치즈는 인간이 창의적 존재라는 사실을 입증하는 증거다. 지구촌 각지의 수많은 사람이 온갖 방법을 동원해 썩기 쉬운 우유를 치즈로 만들어 오랫동안 보존하면서 보릿고개를 넘기고 때로는 내다 팔아서 이문을 남겼다.

치즈 만들기는 신비로운 체험과 다를 바 없다. 여러분도 몇 단계의 작업을 거치면 액체 상태의 우유를 맛과 향이 진한 고체 덩어리로 바꿀 수 있다. 몇 가지 도구만 있으면 가정에서도 치즈를 얼마든지 만들 수 있다. 특히 이중 냄비가 큰 도움이 된다.(없으면 큰 냄비에 작은 냄비를 집어넣으면 된다.) 정확한 온도계도 필요하다. 어떤 치즈는 면직포 cheesecloth가 없으면 안 된다. 나머지는 다른 물건으로 임시변통이 가능하다. 다른 발효음식도 그렇지만, 치즈를 만들 때 가장 어려운 점 역시 여러 단계를 잘 밟아가야 한다는 것이다. 하지만 단계별 작업 내용이 복잡하지 않으므로 크게 걱정할 필요는 없다.

1. 발효

저온살균 처리를 거친 우유로 치즈를 만들려면 발효균을 반드시 넣어야 한다.(고온살균 우유는 치즈용으로 부적합하다.) 특정한 스타일의 치즈를 흉내 내고 싶을 때도 마찬가지다. 반면, 전통적인 생우유 치즈는 우유에 자생하는 박테리아에 의지하거나, 늘 써오던 발효 용기를 이용하거나, 요구르트 같은 발효우유를 넣거나, 이따금 식물 추출물을 활용해서 만드는 것이 보통이다.

2. 응고

응고는 박테리아에 의한 산성화 또는 식물성 응고제를 통해서 가능하다. 하지만 가장 많이 쓰이는 것은 레닛이다. 레닛은 (키모신과 기타 여러 가지) 효소들의 복합체로, 원래 어린 반추동물의 네 번째 위, 즉 추위皺胃에서 추출한 것이다. 한번은 내 친구 조던이 새끼 염소를 잡고 보니 위에서 치즈 덩어리가 나왔다. 소화 과정에서 응고한 것이었다. 우리는 말린 위 한 조각을 따뜻한 물에 담가서 레닛을 얻었고, 그것으로 훌륭한 치즈를 만들었다. 그런데 레닛의 농도를 높이기란 무척 어려운 작업이었다. 시중에서 효능이 일정한 레닛 농축액을 구입할 수 있다. 자연 상태에서 저절로 자라는 털곰팡이의 일종인 무코르 미에헤이 *Mucor miehei* 역시 키모신을 생성한다. "식물성" 레닛으로 팔리는 제품이 여기에 해당된다. 요즘은 유전자 조작 미생물로 만들어낸 레닛이 주로 쓰이는데, 키모신을 얻을 수 있는 가장 값싼 방법이다. 여러분이 어떤 종류의 레닛을 선택해서 치즈를 만들건 간에, 조심해서 조금씩만 사용해야 한다. 조금만 넣어도 효과가 오래갈 것이다. 너무 많이 넣으면 거칠고 질기며 쓴맛이 나는 응유가 생길 수 있으니 주의하자. 어떤 종류의 응고제를 활용하건 간에, 일단 응고가 이루어지기 시작하면 우유를 가만히 두어야 한다. 우유를 흔들면 응고가 잘 안 된다. 우유 가장자리를 자세히 살피면 응고가 얼마나 이루어졌는지 파악할 수 있다. 응고한 덩어리가 움츠러들면서 용기 벽면으로부터 떨어져 나오기 때문이다.

3. 자르고 조리하기

우유가 응고하면 젤리 또는 커스터드 같은 덩어리로 굳는다. 일반적

으로 이 시점에 응유를 잘라서 표면적을 넓힌다. 조그만 덩어리 여러 개로 나누어야 레닛이 유청을 계속 제거하는 데 도움이 되고, 그러면 응유가 더 단단해진다. 나는 날카로운 칼을 이용해 원하는 두께에 맞추어 세로로 자르고, 가로로 한 번 더 자른다. 그리고 방향을 틀어서 대각선으로 또 자른다. 응유 조각들이 수축하면 살살 저어주다가, 큰 덩어리가 나오면 작게 자른다. 응유 조각들의 크기가 한결같아야 최종 결과물인 치즈의 식감도 한결같다는 점에 유의하자. 내 경우에는 응유 조각들을 유청에 넣고 가열해서 더 단단하게 만든다. 그러면 효소의 활동을 촉진할 수 있다. 관련 자료를 살피면, 응유는 어떤 경우라도 천천히 점진적으로 가열해야 한다고 강조한다. 그러려면 이중 냄비를 사용하는 것이 가장 손쉽다. 응유를 섭씨 46도 이상으로 가열하면 안 된다. 발효균이 죽는다. 그러면 치즈 고유의 향미를 살릴 수 없다.

4. 건지기, 소금 치기, 틀잡기

응유를 건지고 남은 유청은, 그대로 마시거나 끓여서 리코타 ricotta("다시 조리한") 치즈로 만들거나, 곡물을 담그거나, (앞서 설명한 대로) 종균으로 넣거나, 발효채소를 담글 때 사용한다. 응유는 부드럽기 때문에 조심해서 다루어야 한다. 잘못하면 뭉그러져서 녹아버릴 수 있다. 소금을 쳐서 물기를 빼는 치즈도 있고, 틀에서 모양을 잡은 뒤에 소금을 치는 치즈도 있다. 일반적으로 응유는 틀에 넣고 수분을 제거해서 치즈 모양으로 굳힌다. 치즈를 가리키는 프랑스어 프로마주fromage와 이탈리아어 포르마조formaggio는 라틴어 포르마티쿰*formaticum*에서 나왔다. 치즈를 틀에 넣어서 모양이나 형태를 잡는다는 뜻이다. 깡통에 구멍을 뚫고 면직포를 깐 다음 응유를 넣어서 물기를 빼는 식으로 치즈를 만드는 사람들도 있다고 한다. 다양한 생김새의 틀을 구입할 수도 있다. 생우유 1갤런 값도 안 된다. 가장 단단한 치즈는 강한 압력으로 눌러서 유청을 짜낸 것이다. 압력의 세기와 누르는 시간에 따라서 치즈의 강도가 결정된다.

5. 숙성

여러분이 동굴 옆집에 살지 않는 이상, 치즈를 숙성시키려면 솜씨가 좋아야 한다. 나는 치즈를 집에서 만들어 와인냉장고로 숙성시키는 사람들을 만난 적이 있다. 평범한 냉장고에 온도조절기를 달아서 섭씨 13도를 유지하는 식으로 치즈를 숙성시키는 사람들도 있다.(3장 온도조절기 참조) 습도 역시 중요하다. 습도가 높은 환경이라면 치즈가 마르는 데 시간이 오래 걸린다. 숙성실이 너무 건조하면 치즈의 겉면만 마르고 속은 덜 마르는 사태가 빚어질 수 있다. 이렇게 잘못 마른 치즈는 표면이 갈라지거나 바스러질 수 있고, 그래서 속이 드러나면 곰팡이가 피기 쉽다. 치즈를 숙성시킬 때 결정적으로 중요한 요소는 껍질이다. 어떤 치즈는 곰팡이와 함께 익는다. 이런 치즈는 곰팡이가 잘 자라도

유청

록 돕거나 일부러 키우기도 한다. 반면, 자연스럽게 껍질이 생기는 치즈는 소금물이나 포도주, 식초 등 곰팡이 억제 물질로 매일 닦아내야 한다. 장기간 숙성이 필요한 치즈의 경우, 충분히 말린 뒤에 용기에 넣고 밀봉해서 표면을 보호하기도 한다. 이 밖에도 다양한 변수와 가능성이 존재한다.

• • •

솔직히 나는 최근 몇 년 사이에 치즈를 많이 만들지 않았다. 『천연발효』를 쓸 때만 해도, 몇몇 사람이 염소 떼를 키우며 젖을 짜는 동네에 살고 있었다. 우리는 염소 다섯 마리에서 젖을 짰다. 젖이 가장 많이 나오는 여름철이면 냉장고가 모자라서 치즈를 만들지 않을 수 없었다. 그러다가 몇 년 전에 염소젖 생산량을 줄이기로 결정하고부터 남는 것이 별로 없었다. 그사이에 나는 아랫마을로 이사했고, 염소 떼를 마을에서 공동 관리하는 프로그램을 통해서 염소젖을 사먹기 시작했다.

나는 염소들과 어울려 살던 그 시절이 그립다. 그렇지만 치즈에 관한 한, 나는 연습 부족으로 기량이 떨어진 선수에 불과하다. 이 내용을 쓰려고 준비하는 동안 몇 차례 만들어보면서 치즈가 얼마나 변덕스러운 음식인지, 내 실력과 지식이 얼마나 부족한지 새삼 깨달았다. 특별히 정통한 분야가 아닌 만큼 — 더욱이 『천연발효』의 치즈 편을 쓸 때보다 나아진 구석도 전혀 없으니 — 내가 여러분을 계속 안내하기보다 이 주제를 제대로 다룬 책을 참고 자료에 소개하는 편이 낫다고 생각한다. 치즈 만들기를 진지하게 배울 작정이라면, 농장을 찾아가서 사람들이 치즈를 어떻게 만드는지 직접 보아야 한다. 가능하다면 제자로 삼아달라고 부탁해도 좋겠다.

공장 치즈 대 농장 치즈

치즈는 만드는 과정이 복잡하기 때문에 전문가의 손에 맡기는 경향이 있다. 직업으로 치즈를 만드는 사람들은 다양한 치즈를 만들기보다 몇 종류로 제한해서 특화하는 경우가 많다. 내가 만난 사람들도 그랬다. 사실 이 책의 저자로서 발효가 단순한 논리로 이루어지므로 걱정 말고 도전해보라고 독자들을 격려하지만, 치즈를 비롯한 여러 발효음식을 만드는 작업이란 이 분야에 평생을 바친 직업인들에게는 고도의 기술을 요하는 영역임을 인정하지 않을 수 없다. 좋은 치즈를 꾸준히 만든다는 것은 기술적으로 어려운 일이다. 치즈 연구의 권위자 폴 킨드스테트 역시 "농장에서 치즈를 만드는 사람들에게 가장 어려운 점은 기술과 과학 사이에서 알맞은 균형점을 찾는 것"이라고 고찰한 바 있다.[47] 런던에서 유제품 판매점을 운영하는 브론언 퍼시벌과 랜돌프 호지슨은 "이제는 반백의 장인들과 그들이 만든 제품을 향한 비아냥을 멈추어야 할 때"라면서 "장인의 힘은 정확한 조절능력에서 나온다"고 주장한다.[48] 그렇다. 치즈를 제대로 만들려면 조절해야 하는 변수가 아주 많다.

산업혁명을 통해 직업적 전문화가 이루어지면서 치즈 역시 대량생산의 길로 접어들었다. 세계 최초의 치즈 공장은 1851년에 뉴욕에서 문을 열었다. 이 공장은 사업 출범 첫해에만 45t이 넘는 치즈를 생산했다. 당시 가장 거대한 농장의 생산량보다 다섯 배나 많은 수치다. "그 결과, 규모의 경제 효과가 자명해졌고, 이후로 치즈 제조업은 생산 규모를 끊임없이 확대할 수밖에 없는 운명에 처했다"는 것이 킨드스테트의 설명이다.[49] "결국 농장에서 만든 치즈는 자취를 완전히 감추었다. (…) 농장에서 치즈를 만들던 사람들은 위신이 땅에 떨어져 조롱거리로 전락하고 말았다."

킨드스테트는 이 점에 대해 독창적인 시각을 지닌 학자다. 하지만 치즈과학 박사과정을 밟던 시절, 당시 미국에서 장인이 만든 치즈가 부활하고 있었는데도, 자신은 공장에서 일하고 싶다는 포부를 밝혔다고 한다. 그런데 당시 지도교수 프랭크 코시카우스키는 1983년에 창립한 미국치즈협회의 발기인으로, 협회 첫 회의를 개최할 때 제자의 도움을 받을 것으로 기대했던 사람이었다. 킨드스테트 이렇게 회상한다.

> 치즈는 공장에서 대규모로 만들어야 한다는 생각에 사로잡혀 있었다. 나는 농장에서 치즈를 만드는 사람들 이야기를 들을 때마다 염소나 애지중지하던 1960년대 히피 출신의 퇴물들이라고 비웃곤 했다. 농장에서 치즈를 만들다니, 사라진 지 오래된 과거로 돌아가려는 고리타분하고 시대착오적인 발상처럼 느껴졌다. 지금 돌아보면 건방진 내 모습이 부끄럽지만, 그때 나는 저런 반골 괴짜들을 위해서 회의를 준비하느라 내 소중한 시간을 낭비해야 하는 이유를 모르겠다고 속으로 투덜댔다.[50]

코시카우스키 교수가 킨드스테트와 동료 대학원생들을 설득했다. "교수님에게 전통적 기법에 의한 치즈란 단순한 음식이 아니고 미식가의 상찬을 받기 위한 요리도 아니었습니다. 지역 특유의 문화와 정체성이 고스란히 담긴 문화재이자 우리 삶의 배경과 의미를 깨닫게 해주는 소중한 유산으로 치즈를 바라보는 분이셨습니다." 사실 모든 음식은 폭넓은 맥락 속에서 존재한다. 반면, 공장에서 집중적으로 대량생산한 음식은 그런 맥락을 소멸시킨다.

치즈 제조의 맥락은 사회적 차원을 넘어 생물학적 차원으로 이어진다. 치즈를 만들어온 인류의 모든 전통은 고유의 환경적 요인을 바탕으로 발전해왔다. 다양한 동물이 다양한 기후와 토질에 적응해서 다양한 우유를 생산하고, 다양한 우유에 존재하는 미생물의 종류 또한 다양하며, 숙성 조건 역시 지역에 따라서 다양하다. "이 미생물들의 이름보다는 그들이 예로부터 수행해온 역할이 결정적으로 중요하다. 어떤 지역의 치즈에서 독특한 맛이 나는 것은 그들 덕분이다. 특정한 환경적 조건에서 특정한 미생물군이 활동해야만 특정한 결과가 도출되는 까닭이 여기에 있다." 음식사학자 켄 알발라의 말이다. 그는 — 일반적으로 포도주에 생산지 고유의 환경적 요인이 발현하는 이유를 설명할 때 쓰이는 — 테루아르terroir[풍토] 개념을 치즈 등 발효음식에 똑같이 적용할 수 있다고 주장한다.[51]

치즈를 만들 때 기초가 되는 미생물 환경으로 생우유에서 발견되는 박테리아를 꼽을 수 있다. 생우유로 만든 치즈가 저온살균한 우유에 고립화 및 표준화한 발효균을 넣어서 만든 치즈보다 훨씬 더 우수한 까닭이 여기에 있다. 인류학자 히더 팩슨은 미국에서 생우유 치즈가 부활하는 광경을 목도하면서 "장인의 손으로 빚어낸 치즈가 다시금 각광받는, 미생물이 어디든 존재하고 필요하며 무엇보다 정말 맛있다는 사실을 인정하는, 포스트-파스퇴르적 사조"라고 정의한다.[52] 이는 실용적 목적에 부합하는 특정 부류 이외의 박테리아는 위험을 야기할 수 있다는 — 미국의 규제 체계에 녹아든 — 주류 "파스퇴르주의" 세계관과 상충한다. 그러나 우유와 치즈로 인한 진짜 위험은 박테리아가 아니라 건강하지 못한 가축을 생산하는 공장식 농장에서 기인한다. 목초지에서 건강하게 자란 가축은 우리에게 훌륭한 우유를 선사한다. 이런 맥락이라면 미생물은 우유를 지켜주는 역할, 다시 말해서 인간과 인간이 먹이고 돌본 가축 사이의 공진화적 관계에 핵심적인 역할을 수행하는 존재가 된다. 미생물학자 겸 치즈 제조가 R. M. 노엘라 마르셀리노가 예측하기를, "미생물학의 관점에서, 치즈 생산이 공장으로 집중되고 상업적으로 배양한 박테리아와 곰팡이균을 사용할수록, 각 지역의 치즈와 더불어 발달한 토종 미생물 집단의 다양성은 위협받게 될 것이다."[53]

집에서 만든 치즈와 공장에서 만든 치즈는 양자택일의 대상이 아니다. 미국에서는 농장에서 만든 치즈가 부활하고 있다. 우리는 이런 흐름이 이어지도록 적극적으로 힘을 보태야 한다. 축산농장에서는 치즈 제조가 부수적인 작업 가운데 하나여서 생산량이 제한적일 수밖에 없다. 이런 규모로는 기업이 나서서 만들어 팔기 어렵다. 치즈 제조자들은 그 규모를 막론하고 식품 안전성이라는 이름으로 더 많은 요구를 받고 있기 때문에, 농장 수준에서 치즈를 만들기란 무척 벅찬 일이다.(13장 참조) 이와 같은 규제의 장벽에도 불구하고 농장에서 만드는 치즈가 부활의 기지개를 켜고 있다. 농장 치즈는 물론 소규모로 만드는 음식 전반에 관심과 지원을 아끼지 말아야겠다.

유제품이 아닌 밀크, 요구르트, 치즈

요즘은 코코넛 밀크처럼 허연 액체를 밀크라고 부른다. 두유가 소젖의 대체품으로 어디서든 팔리고, 견과류와 씨앗에서 추출한 밀크도 (그것으로 만든 치즈도) 있다. — 우리 동네에서 많이 자라고 맛도 좋고 영양가도 높지만 껍질을 벗기다가 세월이 가버리는 — 히코리나무 열매를 즐기는 한 가지 좋은 방법도 밀크로 만들어 마시는 것이다. 다만, 기름을 짜거나 향미를 우려내기 위해서라면 외피, 중피, 내피를 벗겨낼 필요가 없다. 먼저 큼직한 돌로 열매를 쪼갠다. 그리고 가장 커다란 껍질 조각을 떼어낸다. 거기에 들러붙은 과육을 거칠게 다진다. 여기에 냉수를 붓고 하룻밤 재우면서 이따금 저어준다. 그러면 열매에서 기름이 배어나올 것이다. 천으로 거르고 쥐어짜서 수분을 최대한 제거한다. 다진 과육보다 물을 적게 쓰면 걸쭉하고 희부연 밀크가 되고, 이보다 물을 많이 부으면 비교적 맑은 밀크가 된다.

다른 씨앗 또는 견과류로도 비슷한 방식으로 밀크를 만들 수 있다. 삼씨 밀크도 맛있고, 아몬드 밀크도 맛있다. 아몬드 밀크를 만들려면, 아몬드를 데친 뒤 껍질을 벗겨서 갈아야 한다. 아몬드 껍질은 아주 쓰다.(끓는 물에 1분 정도 담갔다가 냉수로 헹구면 껍질이 쉽게 벗겨진다.) 다양한 씨앗과 견과류를 가지고 다양한 비율로 조금씩 실험해보자.

포유류의 젖과 마찬가지로, 씨앗이나 열매로 만든 밀크 역시 발효가 가능하다. 그렇다고 진짜 우유를 발효시킨 맛이 날 것으로 기대하지는 말자. 발효시킨 씨앗 밀크 가운데 그 모양새가 유제품과 가장 흡사한 것은 요구르트 종균으로 발효시킨 두유다. 두유는 유제품과 똑같은 방법을 적용해서 발효시킬 수 있다. 심지어 상업적으로 배양한 두유 "요구르트" 제품을 구입해서 종균으로 사용할 수도 있다. 견과류나 씨앗만으로 만든 밀크는 천연발효도 가능하다. 아울러 아무 종균이나 넣어서 발효시킬 수도 있다. 특히 유제품 발효균, 사워크라우트 즙, 워터케피어가 적당하다.

밀크를 짜낸 견과류 또는 씨앗의 찌꺼기를 (히코리 열매처럼 먹을 수 없는 껍질이 섞이지 않았다면) 버릴 필요는 없다. 내 생각에는 씨앗과 견과류로 만든 치즈가 — 진득해서 모양을 잡기도 좋고 빵에 발라 먹기도 좋으며 씹는 맛도 좋기 때문에 — 액체 상태의 밀크보다 훨씬 매력적이다. 나는 씨앗이나 견과류로 치즈를 만들 때 두 가지를 섞어서 만들곤 한다. 우선 씨앗 또는 견과류를 물에 담갔다가 그 물까지 (믹서기나 절구에) 약간 넣고 사워크라우트 즙이나 기타 종균, 신선한 허브까지 더해서 간다. 여기에 물을 조금씩, 되도록 적게 부어서 원하는 농도를 잡고 파리가 안 꼬이도록 뚜껑을 덮는다. 그리고 주기적으로 저어주면서 하루나 이틀 동안 숙성시킨다. 필요하다면 면직포에 담고 매달아서 물기를 빼낸다.

내 경험으로는 유제품이 아닌 "치즈" 중에서 케케크 엘 포카라가 제일 맛있었다. 레바논 사람들이 밀가루 경단을 올리브 오일에 담가서 만드는 치즈다. 자세한 내용은 8장에서 다루기로 한다. 나는 여러분이 유제품과 비슷한 음식 또는 대체품(또는 먹을 수 없거나 먹을 생각이 없는 음식)을 고민하기보다, 정말 먹고 싶은 음식이 무엇인지, 그 음식을 멋들어지게 발효시키는 방법이 무엇인지 (아니면 어떻게 먹을지) 생각하는 데 에너지를 집중하면 좋겠다. 이것이 내가 이번 장을 제외한 나머지 전부를 유제품이 아닌 발효음식으로 가득 채운 이유다.

문제 해결

요구르트가 굳지 않는다면

종균이 생명력을 잃었을 것이다. 섭씨 46도가 넘는 따끈한 우유에 종균을 넣었을지도 모른다. 배양기 내부 온도가 너무 높거나(섭씨 46도 이상), 너무 낮았을 수도 있다(섭씨 38도 이하).

요구르트가 묽다면

요구르트가 배양 과정에서 온기를 잃은 것이 문제인 경우가 잦다.

뜨거운 물을 넣어서 배양기의 온도를 섭씨 43도까지 끌어올리고 우유도 이 온도로 살짝 데운 뒤에 배양 기간을 조금 더 늘려보자. 다른 요인이 영향을 미쳤을 수도 있다. 염소젖으로 만든 요구르트는 원래 우유 요구르트보다 묽은 편이다. 생우유 요구르트 역시 섭씨 82도 이상 가열했다가 식힌 우유로 만든 요구르트보다 묽다. 이렇게 열을 가하면 단백질의 구조가 변했다가 요구르트 안에서 재조합이 이루어지는 동안 고체 형태를 띠게 된다. 아주 걸쭉한 요구르트를 만들고 싶다면, 소젖을 이용하되, 섭씨 82도 이상으로 15분 정도 가열한다. 그러면 수분이 증발해서 농도가 올라가기 때문에 한층 걸쭉한 요구르트를 만들 수 있다.

요구르트의 식감이 껄끄럽다면

껄끄러운 요구르트는 우유를 너무 급하게 가열한 탓이다. 다음번에는 우유를 천천히 조심해서 가열하도록 하자.

요구르트에서 탄내가 난다면

우유를 천천히 조심스럽게 가열하면서 계속 저어줘야 타지 않는다.

요구르트가 응고해서 유청에 잠겼다면

응고한 요구르트에서 유청이 분리되는 현상을 시네레시스*syneresis*라고 한다. 이는 요구르트에 젤라틴 같은 안정제를 첨가하지 않는 한, 요구르트가 숙성하는 과정에서 일정 부분 불가피한 현상이다. 이 현상이 발효를 마치기 전에 나타났다면, 이미 발효가 너무 오래 진행되었다는 뜻이다. 나는 요구르트 배양 온도의 한계를 시험하면서 이런 문제와 맞닥뜨린 적이 있다. 요구르트를 섭씨 46도에서 4시간 동안 배양했더니 유청에 잠겨버린 것이다. 이렇게 높은 온도에서는 요구르트가 두 시간 안에 응고하고, 이후로도 산성화를 이어가면 유청이 배어나온다. 발효를 마친 요구르트가 유청에 잠겼다면, 발효 온도를 조금 낮추고 발효 시간도 단축해보자.

케피어가 너무 시다면

발효 시간을 단축하거나 우유에 넣는 케피어 알갱이들의 비율을 줄여보자.

케피어가 응고해서 유청에 잠겼다면

위에 설명한 대로다. 처음에는 케피어가 걸쭉해질 것이다. 하지만 산성화를 지속하면 응고할 수밖에 없다. 다시 섞이도록 힘껏 흔들어주자.

알갱이들을 걸러내기 어렵다면

이따금 케피어가 걸쭉하고 끈적거리곤 한다. 그러면 알갱이들을 걸러내기 어렵다. 거름망에 엉겨 붙은 케피어 알갱이들을 살살 저어주어야 액체가 밑으로 빠져나간다. 스푼이나 깨끗이 씻은 손가락으로 케피어 알갱이를 이리저리 젓고 문지르고 긁어내면 진한 케피어를 걸러낼 수 있다.

케피어 알갱이들이 자라지 않는다면

때로는 케피어 알갱이들이 더 이상 안 자란다. 일반적으로 영양분 부족, 지나친 온도, 기타 환경적 스트레스 탓이다. 심하면 완전히 죽어버리거나 산성의 케피어에 녹아버리기도 한다. 나 역시 케피어 알갱이들을 방치했다가 여러 번 죽인 경험이 있다. 여러분은 자기 물건을 소중히 간수하기 바란다. 케피어 알갱이들이 죽지는 않고 한동안 증식만 멈출 때도 있다. 성장을 멈춘 알갱이들이 케피어를 더 이상 생산하지 않는다면, 아쉽지만 내버리고 새 알갱이들을 구하자. 드물지만, 성장하지 않는 것처럼 보이는 알갱이들이 맛있는 우유를 일정하고 꾸준하게 발효시키기도 한다. 알갱이들에게 조금 더 많은 애정을 기울이고 영양분도 더 자주 공급해보자. 구할 수 있다면 생우유도 먹여보자. 너무 뜨겁거나 너무 차갑게 두면 안 된다. 불안하게 흔들어도 안 된다. 이렇게 하면 아마도 다시 자라기 시작할 것이다.

8장

곡물과 땅속작물의 발효

제분기
오트밀 불리기
발아 곡물
사워도 빵
사워도가 부푸는 모습
카사바 뿌리
사워도 야채 팬케이크

곡물과 땅속작물은 인류의 대다수를 먹여 살리는 가장 기본적인 주식이다. 우리는 채소, 과일, 육류, 치즈, 콩 등 나머지 모든 음식을 반찬 삼아서 곡물과 땅속작물을 먹는 덕분에 주린 배를 채우고 칼로리 소모량을 충당할 수 있다. 유엔식량농업기구는 지구상에서 가장 많이 재배하고 (인간 또는 가축이) 소비하는 곡물로 옥수수, 밀, 쌀, 보리, 수수, 조, 귀리, 호밀을, 가장 중요한 땅속작물로 감자, 카사바, 고구마, 얌, 타로를 꼽았다.[1]

농경문화의 등장은 초기 국가의 형성에 기여했다. 말린 곡물의 안정성 및 저장성이 전례 없는 부의 축적과 정치 권력의 구축을 가능하게 했던 것이다. 톰 스탠디지는 『역사 한잔 하실까요?』에서 "복잡한 사회 조직, 기록을 남겨야 하는 필요성, 맥주를 향한 사랑이 등장한 것은 모두 농작물이 남아돈 덕분"이라고 썼다.[2] 곡물은 지금도 정치, 경제, 사회적으로 대단히 중요한 지위를 차지하고 있다. 농사를 망치면 혁명이 일어나고 정권이 무너지기도 했다.

곡물은 단단하고 건조한 특성으로 인해서 장기간 보존이 가능하다. 하지만 같은 이유로 씹어서 소화하기가 어렵다. 곡물을 소화해서 영양분을 충분히 흡수하려면 발효라는 전소화 과정이 필요하다. 곡물에는 피틴산을 포함한 몇 종류의 "항영양소"가 들어 있어서 소화가 잘 안 된다. 『농업 및 식품화학 저널』에 실린 논문에 따르면, "피틴산과 그 파생 물질은 우리가 음식으로 섭취하는 중요한 미네랄을 묶어버림으로써 체내에 흡수가 안 되게 하거나 일부만 흡수하게 한다."[3] 피틴산은 자신을 포함하고 있는 음식의 미네랄뿐 아니라 동시에 섭취한 다른 음식의 미네랄도 흡수를 방해한다.[4]

발효는 피틴산 등 곡물에 들어 있는 독성 물질을 변형시켜서 해로운 영향력을 중화시킨다.[5] 박테리아가 곡물을 발효시키면, 리신이라는 아미노산의 생체이용률 역시 상승한다.[6] 발효의 전소화력은 카사바에서 아주 확연히 드러난다. 카사바는 열대지방에서 주식으로 먹는 중요한 땅속작물이다. 카사바는 시안화물(청산가리)로 변하는 물질을 함유하고 있어서, 조리하지 않고 먹으면 치명적일 수 있다. 곡물에 들어 있는 피틴산과 마찬가지로, 발효는 카사바 같은 땅속작물의 독성을 줄이거나 제거한다. 화학적 지식이 전혀 없던 우리 조상들이 곡물이나 카사바 뿌리를 제대로 먹으려면 (미생물의 활동을 촉진하기 위해서) 물에 담가야 한다는 사실을 직감적으로 이해하거나 관찰했다는 것은 한마디로 기적이다.

익숙한 패턴

전 세계 각지의 사람들이 주식으로 삼는 곡물과 땅속작물을 발효시키는 방법은 놀라울 만큼 다양하고 독특하다. 하지만 각 지역의 문화를 가만히 살펴보면 곡물과 땅속작물을 발효시키고 섭취하는 일정한 패턴을 확인할 수 있다. 물에 담그는 작업, 으깨거나 빻는 작업, 발효시키기 전에 싹(맥아)을 틔워서 복합탄수화물을 단당으로 분해하는 작업 등이 여기에 해당된다. 곡물에서 곰팡이가 자라게 하는 곳도 있다. 때로는 곡물을 씹어서 발효시키기도 한다. 둘 다 동일한 효소작용을 기대하는 작업이다. 곡물을 물에 넣고 끓이면 걸쭉하거나 묽은 죽이 된다. 동그랗고 납작한 팬케이크로 부치거나, 찌거나, 빵으로 구울 수도 있다.

다양한 방식으로 발효시키는 다양한 곡물 가운데 유독 인상적인 것으로 옥수수를 꼽을 수 있다. 여러 문화권을 가로지르는 전형적인 패턴을 보여주기 때문이다. 이 곡물의 원산지는 무수한 발효음식을 자랑하는 멕시코다. 이 나라 사람들은 예나 지금이나 — 싹이 나지 않은 — 옥수수를 닉스타말화nixtamalization해서 먹는 것이 보통이다. 닉스타말화란 옥수수 알갱이를 나뭇재 등과 함께 끓여서 알칼리화하는 작업을 말한다.(아래 상자 글 참조) 이렇게 하면 옥수수 알갱이의 단단한 껍질을 벗길 수 있고, 맛과 영양가를 높일 수 있다.[7]

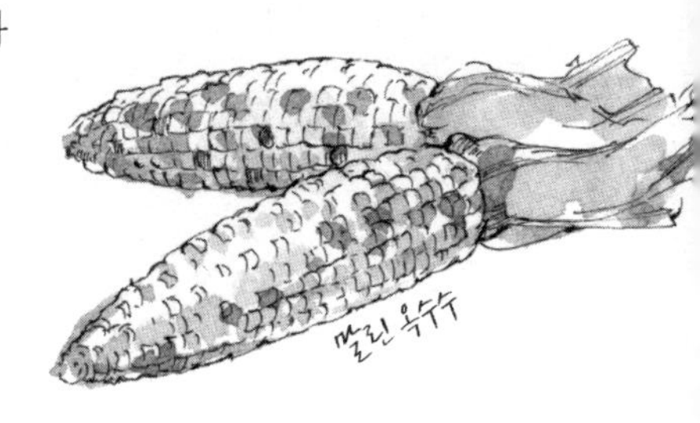

닉스타말화

닉스타말화는 중앙아메리카의 옥수수 문화에서 유래한 처리법이다.

말 자체는 아즈텍어(나와틀어)에서 따온 것이다. 대단히 광범위하게 퍼져나간 처리법이다보니, 세세한 단계는 지역에 따라서 상당한 차이를 보인다. 옥수수를 닉스타말화하는 방법은 이렇다. 나는 목질이 단단한 나무의 재를 이용해서 닉스타말화를 진행한다. 주위에서 흔하게 구할 수 있기 때문이다. 요즘 가장 널리 쓰이는 재료는 멕시코 사람들이 칼cal이라 부르는 수산화칼슘이다. 말린 옥수수 알갱이 1kg에 체로 친 나뭇재 1컵/250*ml* 또는 칼 1큰술/15*ml*를 쓴다. 먼저 옥수수를 물에 넣고 끓인다. 끓는 물에 나뭇재를 넣고 섞거나 칼을 녹인다. 옥수수가 곧바로 선명한 주황색으로 변할 것이다. 그러면 약한 불로 15분 정도, 또는 껍질이 일어날 때까지 끓인다. (너무 오래 끓이면 껍질은 물론 옥수수 알갱이 전체가 녹아버릴 것이다. 나도 나뭇재를 너무 많이 넣고 너무 오랫동안 끓였다가 옥수수가 완전히 녹아버린 경험이 있다.) 옥수수 알갱이에서 껍질이 일어나기 시작하면 냄비를 불에서 내리고 뚜껑을 덮는다. 이렇게 옥수수를 뜨거운 알칼리 용액에 담가둔 채로 하룻밤 또는 식을 때까지 기다린다. 다 식었으면 잘 헹군다. 아직도 껍질이 붙어 있는 옥수수 알갱이는 두 손바닥으로 비벼서 제거한다. 이렇게 만든 옥수수가 바로 닉스타말이다.

옥수수를 바탕으로 일어난 마야 문명의 후예들은 닉스타말화한 옥수수를 거칠게 으깨서 빽빽한 반죽(마사masa)을 만들고, (종균을 전혀 쓰지 않고) 경단으로 빚은 다음, 큼직한 바나나 이파리 따위로 감싼 채로 일주일 이상 발효시킨다.(타말레tamale처럼 옥수수 겉껍질로 감싸도 된다.) 역사학자 소피 D. 코는 16세기 유카탄 반도에서 활동한 스페인 주교 디에고 데 란다가 기록한 마야인들의 풍속을 다음과 같이 인용했다.

"가장 먹음직스러운 경단을 여행자에게 주었는데, 이렇게 만든 경단은 살짝 시큼해질지언정 몇 달이 지나도 상하지 않는다."[8] 멕시코 사람들은 발효시킨 경단을 포졸pozol이라고 부른다. 포졸은 숙성하는 과정에서 표면에 곰팡이가 자주 생긴다. 미생물학자들로 구성된 어느 연구진에 따르면, "이 표면의 미생물 집단이 포졸의 맛을 좌우하는 것으로 보인다. 따라서 전통적인 스타일의 포졸은 곰팡이로 숙성시키는 젖산발효음식으로 간주할 수 있다."[9] 치즈 제조법이 연상되는 대목이다. 중국을 비롯한 아시아 여러 나라에서도 곰팡이균으로 곡물을 발효시키는 사례를 찾아볼 수 있다.(10장 참조)

유엔식량농업기구에 따르면, 약간의 포졸을 "그 발효의 진척도와 무관하게" 1:2 또는 1:3 비율로 물에 섞고, 여기에 소금이나 고추, 설탕, 벌꿀을 첨가해서 "하얀 죽을 만들면, 많은 사람이 조리하지 않은 상태로 매일 먹을 수 있는 기본적인 음식이 된다." 포졸은 만들기도 쉽고 보존하기도 용이한 음식이어서 야외 활동이나 여행할 때 좋은 동반자가 된다. 그런데 포졸과 포솔레posole를 혼동하기 쉽다. 포솔레는 옥수수와 돼지고기로 끓인 수프를 말한다.(물론 발효시킨 옥수수로 포솔레를 끓일 수도 있다.) "포졸은 주로 멕시코 동남부 여러 주에 사는 원주민 또는 메스티소가 즐겨 먹는 음식이다."[10]

옥수수를 발효시켜서 만든 전통 음료 아톨리atolli도 있다. 스페인어로는 아톨레atole라고도 부른다. 아톨레는 옥수수를 숭늉처럼 묽은 죽으로 끓인 것이다. 디에고 데 란다 주교는 스페인 사람들이 마야 문명을 처음 접했던 당시 그곳 사람들에게 아톨레가 얼마나 중요한 의미였는지에 대해 이렇게 설명한다.

사람들은 옥수수를 아주 곱게 갈아서 밀크를 만들고 죽처럼 걸쭉하게 끓여 아침 식사로 뜨끈하게 먹는다. 남은 죽에 물을 부어 하루 종일 마신다. 이들에게 맹물을 마신다는 것은 익숙지 않은 일이다. 또 볶은 옥수수를 가루로 만들어 고추나 카카오와 함께 물에 섞어서 시원한 음료를 만들기도 한다. 축제 때는 옥수수 가루와 카카오로 발포성 음료를 빚는다. 카카오에서 짜낸 버터 비슷한 기름과 옥수수로도 맛있는 음료를 만든다. 사람들이 귀하게 여기는 음료다.[11]

아톨레는 카카오를 발효시키는 매개체 가운데 하나였던 것으로 보인다. 소피 코에 따르면, 아즈텍 사람들은 아톨레를 — "새콤하고 좋은 맛"이 날 때까지 — 4~5일 정도 묵혀서 쇼코아톨리xocoatolli를 만든다.[12] 아톨레를 만드는 과정에서 새콤한 맛을 낼 수 있는 시점은 정해져 있지 않다.

한 가지 방법은 단단하게 잘 익은 옥수수가 저절로 녹기 시작할 때까지 며칠이고 맹물에 담가두는 것이다. 아니면, 물에 담갔다가 갈아서 새콤하게 변하도록 내버려두었다가 끓이는 방법도 있다. 옥수수 가루를 물에 녹인 뒤에 새콤한 맛을 낼 수도 있다. 이런 레시피도 있다. 먼저 옥수숫가루에 물을 조금 붓고 반죽한 다음, 똑같은 크기의 두 덩어리로 나눈다. 한 덩어리만 끓여서 다른 덩어리와 다시 합치고 하룻밤을 재운다. 이튿날 반죽을 다시 끓인다. (…) 덜 익은 아톨리라도 새콤한 맛이 날 것이다.[13]

스페인에서는 쇼코아톨리를 아톨레 아그리오Atole Agrio(새콤한 아톨레)라고 부른다.(이 내용은 나중에 또 다루도록 한다.)

멕시코 사람들이 즐겨 먹는 위틀라코체huitlacoche 역시 옥수수로 만드는 음식이지만 미생물에 의한 변화 방식은 완전히 다르다. 깜부기균으로 알려진 우스틸라고 마이디스*Ustilago maydis*라는 곰팡이균이 자란 옥수수를 이용한 것이다. 이 곰팡이균은 식물이 성장하는 도중에 나타나서 병균으로 작용한다. 감염된 옥수수자루 속 알갱이들은 시커멓고 불규칙한 스펀지 덩어리처럼 커지기 때문에 "혹병"에 걸렸다고도 한다. 과거 아즈텍 사람들과 그 후예들은 곰팡이균 때문에 시커멓게 변한 옥수수의 독특한 맛과 향을 워낙 좋아한 나머지, 옥수수에 일부러 곰팡이균을 키우기도 했다.

멕시코 일부 지역, 특히 우이촐족과 타라우마라족 사람들은 옥수수를 발효시켜서 테스기노tesgüino를 빚는다. 테스기노를 만들려면, 우선 옥수수를 발아시켜야 한다.(이렇게 몰팅 과정을 거치면 효소가 증식해서 복합탄수화물을 단당으로 분해한다.) 발아한 옥수수를 갈아서 반죽을 만들어 12시간 이상 찐다. 식으면 다양한 식물성 촉매를 첨가한 뒤 발효시킨다.(자세한 내용은 9장 테스기노 참조.) 멕시코 중부 마자와족 사람들은 싹이 난 옥수수를 매운 고추와 함께 발효시켜서 센데초sendecho라고 불리는 맥주를 만들기도 한다.[14] 이처럼 옥수수로 만든 다양한 맥주가 남아메리카 안데스산맥 일대에서 사랑받고 있다. 사람의 침도 복합탄수화물을 단당으로 분해하는 효소의 원천이다. 옥수수 알갱이를 씹어서 침으로 흠뻑 적시면 효소가 작용하기 시작한다.(9장 참조) 브라질에서는 옥수수 알갱이들을 물에 담갔다가 갈아서 물과 설탕, 때로는 과일이나 생강 같은 향미료까지 섞고 알루아aluá라고 부르는 상쾌한 음료로 발효시킨다.[15]

체로키족 사람들은 옥수수를 발효시켜서 gv-no-he-nv라고 부르는 새콤한 음료를 만든다. 싹을 틔우는 대신 닉스타말화한 옥수수를

이용한다는 점만 제외하면 테스기노와 본질적으로 같은 음료다.[16]

1870~1880년대에 주니족 사람들과 어울려 살았던 프랭크 해밀턴 쿠싱은 『주니족의 빵』에서 "가장 소중한 효모"를 묘사하면서, 씹은 옥수수를 "제법 근사한 음식과 따뜻한 물에 섞어서 주둥이가 조붓한 조그만 단지에 넣고 난로 위 또는 근처에 두어서 발효가 시작될 때 석회[가공한 옥수수—원주] 가루[masa—원주]와 약간의 소금을 넣으면, 우리 것에 절대 뒤지지 않는" 이스트가 생긴다고 설명한다.[17] 주니족 사람들은 이렇게 만든 이스트로 만두, 푸딩, "팬케이크", "완자" 등 다양한 옥수수 음식을 발효시킨다고 한다.

미국 동남부 애팔래치아 일대에서는 사람들이 옥수수를 소금물에 절여서 피클을 담근다. 조지아주 길머 카운티에 사는 어니스트 파커는 어릴 적에 "사람들이 사워크라우트나 콩을 발효시킬 때와 마찬가지로 소금물이 담긴 나무통에 옥수수를 자루째로 집어넣어 절였다"고 회상한다.[18] 옥수수를 소금물에 절이는 이 방법을 나한테 처음 알려준 사람은 농부의 딸이라는 브랜드로 애팔래치아 사워콘을 만들어 파는 에이프릴 맥그리거다. 그는 "유럽의 새콤한 양배추 문화가 건너와서 현지화한 것이 새콤한 옥수수라고 줄곧 생각하다가" 어느 체로키 민속학자와 이야기를 나누고서야 "새콤한 양배추를 먹고 자란 유럽인들도 맛있다고 느꼈던 새콤한 옥수수가 이미 아메리카 원주민들의 전통 음식이었다는 사실"을 깨달았다고 한다. 에이프릴은 신선한 사탕옥수수를 — 물 1l당 소금 3큰술 정도를 녹인 — 5% 소금물에 담그고(5장 소금물에 절이기 참조), 말린 후추열매로 양념하라고 권한다. 하지만 탄수화물 함량이 더 많은 사료용 옥수수라면, 1분 정도 끓여서 "밀크를 우려내는 편이 좋다"고 한다. 사탕옥수수는 당분이 많기 때문에 날씨가 뜨거우면 금세 익어서 신맛이 난다. 자루에 붙은 채로 알갱이들을 발효시켜 새콤한 옥수수를 만들 수도 있다. 잘게 썰어서 양념으로 쓰거나 살사 소스에 섞어도 되고, 각종 샐러드를 비롯한 다양한 요리에 넣어도 된다.

옥수수와 그 발효법은 아메리카 대륙의 농경문화 초창기부터 다른 지역으로 전파되었다. 뉴질랜드의 마오리 사람들은 옥수수를 발효시키기 위해서 물에 담그는 카앙가 와이kaanga wai 단계를 거친다.(아래 상자글 참조) 빌 몰리슨에 따르면, "옥수수를 자루째로 몇 주 동안 물에 담가두고 발효시킨다. 알갱이들은 강판으로 간 고구마와 섞어서 얇은 천 또는 옥수수 이파리를 깔고 한 시간 정도 찐다.(소금이나 후추, 버터, 설탕, 우유 등을 첨가해서 맛을 낼 수도 있다.) 옥수수 알갱이들을 돼지기름으로 볶아서 소금을 뿌리거나 묽은 죽으로 끓여서 먹기도 한다.[19]

마오리족의 카앙가 와이

블로거 셰프 톨리랜드[20]

이 말은 문자 그대로 해석하면 "옥수수 물"이지만, 실은 물에 절인 옥수수 요리라는 뜻이다. 마오리족의 음식은 그들의 전통과 문화에 뿌리를 둔 것이자 필요의 산물이기도 하다. 쉽게 구할 수 있는 제철 음식으로 식단을 풍요롭게 갖추거나 오랫동안 저장해두고 먹기 위해서다. "썩은 옥수수"라고도 불리는 카앙가 와이는 후자에 포함된다. 불쾌한 냄새가 강하게 풍기지만, (마오리족이 아니면 그러기 힘들 텐데) 먹어서 삼킬 수만 있으면 그다지 나쁜 맛은 아니다.

원래는 껍질을 벗긴 하얀 옥수수를 밀가루 포대에 넣고 말뚝에 매달아 흐르는 시냇물에 담가두었지만, 요즘은 커다란 물통에 담그고 매일 물을 갈아주는 경우가 많다. 이렇게 두 달이 지나면 옥수수가 (아주 고약한 냄새가 나면서!) 흐물흐물해진다. 그러면 깨끗하게 씻어서 으깨거나 간다. 여기에 물을 붓고 화로에 올려서 걸쭉한 죽으로 끓인다.(실외 또는 창문을 활짝 열고 부글부글 끓여야 최선의 결과를 얻을 수 있다!) 다 끓었으면 크림이나 설탕을 넣어서 맛을 낸다. 카앙가 와이에 크림, 달걀, 설탕을 넣어서 오븐에 구우면 커스터드 과자가 된다. 한번 먹어보면 (…) 자꾸만 생각나는 맛이다!

옥수수로 만든 죽과 음료는 아프리카 사람들의 생존을 책임지는 중요한 음식이다. 그들은 옥수수나 조 같은 곡물로 만든 새콤한 죽을 오기ogi(나이지리아) 또는 우지uji(케냐) 등으로 부른다. 뜨거운 죽은 파프pap라 하고, 죽을 식혀서 빽빽하게 만든 것은 아기디agidi라고 한다.[21] 켄키Kenkey는 타말레와 비슷한 가나의 음식으로, 옥수수를 하루나 이틀 물에 담갔다가 갈아서 반죽으로 만들어 며칠간 발효시킨 것이다. 발효가 끝나면 두 덩어리로 나누고, 한 덩어리를 죽으로 끓여서 식힌 뒤 다른 덩어리와 섞어 경단을 빚은 다음, 옥수수 겉껍질 또는 플랜틴 이파리로 감싸서 찐다.[22] 아프리카 남부 사람들이 즐겨 마시는 마헤우mahewu는 새콤하게 발효시킨 옥수수 음료다. 옥수수 가루와 끓는 물을 1:9 비율로 섞어서 걸쭉해질 때까지 10분 정도 조리한다. 식으면 밀가루를 (옥수숫가루의 5% 분량으로) 종균 삼아서 넣고, 발효 용기에 옮겨 담은 뒤 따뜻한 곳에서 발효시킨다. 아프리카 남부에서는 마헤우를 보통 24시간 정도 발효시킨다고 한다.[23] 내 경우는, 은은하고 기분 좋은 맛이 나기까지 일주일 정도 기다려야 했다. 매일 저어주면서 맛을 보아야 발효의 진척도를 파악할 수 있다. 아프리카에는 이 밖에도 다양한 방식으로 옥수수를 발효시킨 다양한 이름의 음식이 존재한다.

물론 요즘 미국 사람들도 물에 담가서 발효시킨 옥수수로 빵이나 콘그리츠 같은 음식을 만들어 먹는다. 이탈리아의 폴렌타polenta도 마찬가지다. 옥수수는 물론 어떤 종류의 곡물이라도 발효가 가능하다. 또 하나 언급할 만한 옥수수 발효음식으로 문샤인moonshine을 들 수 있다. 옥수수로 만든 위스키다. 위스키는 증류 과정을 거쳐서 도수를 높인 술이다. 하지만 증류 대상이 되는 알코올은 발효를 통해서 얻는 것이다. 한번은 내가 사는 테네시주 시골 마을에서 문샤인이 화제가 된 적이 있다. 이곳 유권자들이 위스키 제조의 합법화를 위한 투표에 찬성했기 때문이다. 내가 가장 흥미로워한 것은 위스키가 양지로 나오게 된 역사다. 금주령이 선포되기 전까지만 해도, 우리 조그만 카운티에서 허가받고 돌아가는 양조장이 18개나 되었다. 그들은 우리 지역에서 키운 옥수수에 대한 수요를 창출했고, 썩지 않는 제품으로 만들어 카운티 바깥에 팔아서 돈을 벌어들였다. 금주령이 떨어지고 위스키 생산을 금지당한 뒤로, 우리 카운티는 경제 발전을 위한 새로운 동력을 전혀 찾지 못했다. 이 발효를 통한 부가가치 창출 행위는 우리 카운티에 번영을 되찾아줄 것이다. 농부들에게 짭짤한 수입원이 생기고 일자리도 많이 만들어지면, 소멸 직전의 지역 경제를 되살리는 데 도움이 될 것으로 여겨진다.

옥수수는 전 세계로 퍼져나갔고, 가는 곳마다 중요한 식량으로 대접을 받았다. 지역마다 나름의 재배 기술이 발달하고 옥수수를 발효시키는 방식도 지역의 특수성을 반영해서 다양한 양태를 보이게 되었다. 하지만 반복적인 패턴도 관찰할 수 있다. 이 모든 발효옥수수는 씨앗이 생기게 하는 생명의 힘과 창조적으로 협업한다는 동일한 정신에 뿌리를 둔 것이다. 매릴루 아위아크타는 『셀루: 옥수수 엄마의 지혜 구하기』에서 옥수수의 신성함과 영적인 힘을 설명하면서 "7000년 세월이 씨앗 하나에 에너지를 눌러 담아졌다"고 말한다. 우리가 그 에너지를 우리 두 손으로 느낄 수 있다면, "고대 멕시코의 어느 따뜻하고 습한 땅에서 원주민들이 어떤 야생식물에 처음으로 손대던 순간으로 시공간을 초월해, 그때 그 기분을 어렴풋이 이해할 수 있을 것이다." 아위아크타는 최초의 만남이라는 이 신화적 순간 이후 옥수수라는 식물과 농경 인류 사이에 펼쳐진 동반자 관계로 우리의 시선을 이끈다.

> 이 야생의 씨앗은 인류의 경건하고도 묵묵한 보살핌을 받으며 자신을 감싼 겉껍질을 서서히 벗었다. 그리고 번식의 운명을 인류의 손에 맡겼다. 이 과정을 사람들은 "정성으로 돌보면 풍요를 얻고, 그렇지 않으면 아무것도 못 얻는다"고 하는 성스러운 법칙 내지 대자연과 맺은 약속으로 받아들였다. 받은 것이 있다면, 돌려주는 법도 알아야 한다. 은혜에 보답하라.
>
> 사람들은 약속을 지켰다. 덕분에 그 씨앗으로 ― "식물 재배 역사상 가장 위대한 성취"로 불리는 ― 무수히 다양한 옥수수를 길러내는 선물을 받았다. (…) 사람들은 이런 정신을 통해서 ― 옥수수의 본성으로부터 ― 주어진 환경 속에서 이웃과 더불어 조화롭게 살아가는 선한 방법, 곧 생존의 지혜를 깨닫는다. 모든 부족은 이런 정신을 숭상하고 지혜를 후손에게 전하기 위해서 각자 풍습에 맞추어 격식, 제례, 노래, 그림, 이야기를 창조했다. 이야기 역시

그 자체로 옥수수의 정신과 중요한 가르침이 녹아든 씨앗이다. 이 씨앗은 아이들 마음속에 들어가 아이들과 더불어 성장하면서 지혜와 품성을 길러주는 자양분이 된다. 마치 이야기와 삶을 베틀로 섞어 짜듯이.[24]

재배법은 물론 가공법과 발효법도 옥수수 이야기에서 중요한 부분을 차지한다. 우리 음식을 되살리기 위해서는 연구와 학습이 필요하다. 하지만 궁극적으로 우리 이야기를 되살려야 한다.

밀 역시 이야기가 존재하고 전통적인 발효법이 이어져 내려오고 있다. 쌀이나 귀리를 비롯한 모든 곡물이 마찬가지다. 아울러 옥수수를 발효시키는 모든 기법을 다른 곡물에 적용할 수도 있다. 물론 곡물마다 타고난 특성, 식감, 생화학적 구성, 향미가 다르기 때문에, 동일한 발효법을 적용해도 결과물은 다를 수밖에 없다. 그러나 모든 곡물의 발효에는 몇 가지 기본적인 패턴이 있는데, 순서와 복잡성에 차이가 있을지언정 곡물을 물에 담그는 작업이 핵심을 이룬다. 곡물을 물에 담그는 방법은 아주 다양하다. 그리고 이 과정에서 발효 작용이 개입하면 그 효과를 높일 수 있다.

어느 무명씨의 선언문

우리는 글루텐이나 젖당을 못 먹는 사람들이 아니다!! 문제는 밀가루가 아니다. 모두가 나쁜 요리사들 탓이다! 고유의 효소 활동을 촉진하는 요리법으로 조금 더 여유를 가지고 음식을 만들면, 원치 않게 발생하는 항영양소를 중화할 수 있고, 탁월한 복합식물성단백질 글루텐도 소화하기 쉽도록 변환할 수 있다. 우리 시대 모든 음식의 99%가 그렇듯, 음식을 성급하게 준비하면, 특히 빵의 경우, 변환시키지 못한 글루텐이 (아울러 탄수화물 역시) 인체에 독성 물질로 작용하고 알레르기 반응을 야기한다. 이처럼 전소화는 조화로운 인체를 유지하는 데 지극히 중요하다. (…) 전통적인 조리법을 따르면, 음식에 들어 있는 독성 항영양소를 무력화할 수 있다. 또 단백질, 탄수화물, 맥아 등을 인체에 무해할 뿐 아니라 최대한 소화하기 좋게, 영양가 높고 맛있게 만들 수 있다. 하지만 1950년대 이후로 명맥이 사실상 끊기고 말았다.

우리는 발효라는 전통, 음식을 천천히 만드는 전통을 잃어버렸다. 고통은 여기서 그치지 않는다. 이득에 눈이 먼 야비한 의료/제약 기업과 그 공범인 식품 기업 카르텔, 그리고 사기꾼으로부터 우리를 보호하지 않고 묵인으로 일관한 규제 당국이 질병을 일으키고 지속시킴으로써 우리를 아프게 하고, 우리를 속이고, 우리 입에 재갈을 물렸다.[25]

물에 담그기

곡물을 발효시키는 가장 쉬운 방법은 물에 담그는 것이다. 물은 모든 생명의 근원이다. 덕분에 마른 씨앗은 온전하게 살아남을 수 있다. 물이 없으면 곡물의 표면에 서식하는 고유의 미생물이 활동할 수도 없고 증식할 수도 없기 때문이다. 하지만 미생물도 씨앗처럼 휴면 상태로 존속하다가 물과 만나면 생명력을 되찾는다. 곡물이 물속에 들어가면 부풀기 시작한다. 그리고, 적절한 조건이 주어지면, 일련의 변화가 이루어지면서 싹이 트고 자라기 시작한다. 이와 동시에, 물과 만난 박테리아와 곰팡이균이 곡물 표면에 증식하면서 발효가 진행된다.

곡물은, 통째로 담그건 갈아서 담그건 간에, 물에서 힘을 얻는다. 우리는 여기서 통곡물 또는 으깬 밀이나 귀리처럼 거친 곡물 가루를 다루기로 한다.(밀가루는 나중에 설명하도록 하겠다.) 곡물을 조리할 때는, 아무리 적은 양을 쓰더라도 염소를 제거한 물을 써야 한다. 곡물은 몇 시간만 물에 담가도 된다. 이 정도로는 전소화 효과가 미미할 수 있지만, 아예 안 담그는 것보다는 낫다. (체온 정도로) 미지근한 물일수록 전소화가 더 빠르게 일어난다. 물에 곡물을 담갔으면, 지난번에 곡물을 담갔던 물이나 유청, 사워도, 버터밀크, 사워크라우트 즙 같은 종균 또는 식초나 레몬 즙 등 산성 물질을 넣는다. 곡물을 충분히 불리려면 8~12시간 정도 담가야 한다. 하루 또는 며칠 동안 담가서 전소화를 완전하게 진행시키면 맛과 향이 더 살아난다. 곡물이 발효하는 리듬이 어느 정도 파악되면, 곡물을 담갔던 물을 몇 컵 정도 남겨두었다가 다음번 발효 때 쓰기 바란다. 아주 쉬운 작업이다. 약간의 계획만 세운다면, 달리 손이 가는 일도 전혀 없다.

곡물을 담갔던 물을 그대로 사용해서 조리할지, 아니면 그 물을 버리고 조리할지에 대해서는 전문가들의 견해가 엇갈린다. 나 또한 이 문제에 대해서 확답을 내놓기 어렵다. 내 경우에는 곡물을 오래 담갔던 물을 사용한다. 곡물을 오래 담글수록 더 많은 영양분이 배어나오고 맛과 향도 더 좋은 물이 되기 때문이다. 짧은 기간 담근 경우, 영양분을 흡수하지 못한 물이므로 그냥 버리고 같은 양의 새 물로 대체한다. 폴 피치포드는 『자연식으로 치유하기』에서 "곡물을 담갔던 물은 버린다"고 잘라 말한다.[26] 하지만 이유를 밝히지는 않는다. 『젊은 여성을 위한 자연식 가이드』의 저자 제시카 포터와 『자연식 요리 완벽 가이드』의 저자 에이블린 쿠시도 곡물을 물에 담가서 조리하는 레시피를 소개하면서 이 문제에 대한 언급은 생략한다. 샐리 팰런 모렐이 쓴 『영양가 높은 전통 음식』을 통해 곡물을 물에 담그는 방법을 배운 사람들이 많다. 하지만 이 책에도 곡물을 담갔던 물을 사용하지 않는 이유가 무엇인지 구체적으로 나오진 않는다. 내가 이메일로 물었더니, "보통은 곡물만 건져내지만, 오트밀의 경우 담근 물을 함께 쓴다"는 답신이 돌아왔다. 그도 나처럼 어떤 때는 곡물 담근 물을 쓰기도 하고 어떤 때는 버리기도 한다는 것이다. 세상만사가 그렇듯, 예외 없는 정답이란 있을 수 없다.

싹 틔우기

곡물의 싹을 틔우려면 먼저 물에 담가야 한다. 하지만 물에 담가둔 상태로는 싹이 나지 않는다. 곡물 또는 씨앗이 발아하기 위해서는 물도 필요하지만 산소도 필요하기 때문이다. 물에 담근 씨앗은 부풀다가 발효할 것이다. 그러나 물에서 건지지 않는 한 발아하지 않을 것이다. 따라서 — 일반적으로 으깨지 않은 온전한 씨앗만이 발아하므로 —통곡물 또는 씨앗을 8~24시간 물에 담갔다가 건져내야 싹이 자랄 수 있다. 나는 유리병에 물을 붓고 씨앗을 담근 뒤 방충망 조각으로 덮고 고무줄로 묶어두는 방식으로 싹을 틔운다. 그러고는 물을 따라내고 유리병을 뒤집어 식기건조대나 계량컵, 사발로 받쳐서 물기를 빼낸다. 발효가 낸시 헨더슨은 스타킹을 써도 좋다고 조언한다. "유리병보다 값도 싸고, 자리도 덜 차지하며, 다루기 쉬운 데다, 더 나은 결과를 기대할 수 있다. (…) 평소대로 하룻밤 물에 담가두었다가 스타킹에 부어넣고 수도꼭지 같은 것에 걸어두면 그만이다." 어떤 방법을 따르건 간에, 곡물이 마르지 않도록 적어도 하루에 두 번, 여름에는 더 자주 헹구고 그때마다 물기를 잘 빼주어야 한다. 싹이 나올 때까지 걸리는 시간은 곡물의 특성, 기온, 헹구는 빈도에 따라서 다르다. 싹을 틔우는 동안에는 직사광선을 피해야 한다. 자칫 광합성이 이루어지면서 쓴맛이 생길 수 있다. 경험에서 우러난 일반적인 법칙에 따르면, 하얀 꼬리 같은 싹이 곡물 크기만큼 자라면 싹 틔우는 작업이 끝났다고 본다. 싹이 난 곡물은 그 상태로 도 또는 반죽, 리쥬블락rejuvelac(아래 참조) 또는 테스기노(9장 테스기노 참조) 같은 음료를 만드는 데 쓰일 수 있다. 건조기나 햇볕, 낮은 온도의 오븐에 말려서 맥주를 만들거나(9장 참조) 가루를 낼 수도 있다.

리쥬블락

리쥬블락은 이미 싹이 난 곡물을 물속에서 발효시켜 만드는 건강 음료다. 리쥬블락을 만들기 위해서는 먼저 곡물을 발아시켜야 한다. 싹이 자랐으면 물에 담가둔 상태로 발효시킨다. 이렇게 하루나 이틀이 지나면 곡물을 건져내고 발효 용액을 마시는데, 이것이 바로 리쥬블락이다. 완성한 리쥬블락은 냉장고에 보관한다. 원한다면 한 번 발효시킨 곡물에 물을 다시 부어서 "2차 추출"에 들어갈 수도 있다. 리쥬블락을 탄생시킨 사람은 1960년대 자연식 선구자였던 앤 위그모어다. 아주 맛있다고 하는 사람들도 있지만, 별맛을 모르겠다는 사람들도 있다. 그런데 다른 음식을 발효시킬 때 리쥬베락을 종균으로 썼더니 아주 좋았다고 말하는 사람이 많았다.

죽

우리가 빵 굽는 법을 깨닫기 전까지 곡물은 죽 또는 미음을 쑤어서 먹기 위한 재료였다. 간단하고 손쉬운 조리법이 아닐 수 없었다. 미음은 연하고 묽어서 들이마시는 것이 보통이다. 반면, 죽은 걸쭉하게 끓여 그릇에 담고 숟가락으로 떠먹는 음식이다. 심지어 손가락으로 집어서 스튜에 찍어먹을 정도로 빽빽한 죽도 있다. 하지만 죽과 미음은 동일한 연속선상에 놓이는 음식이어서, 어디까지가 미음이고 어디서부터가 죽인지 무 자르듯 구분 짓기가 어렵다. 나는 미음보다 죽을 많이 끓여 먹는 편이다. 죽에 물을 부으면 미음이 된다고 생각하면서 말이다. 발효는 죽과 미음의 향미를 높여주고 소화가 잘 되도록 만들어 인체가 영양분을 원활히 흡수하게 돕는다.

죽-미음류는 지난날의 향수를 자극하는 음식이다. 나는 지금도 할머니께서 우리 형제자매들이 놀러 갈 때마다 크림 오브 휘트Cream of Wheat[아침 식사용 시리얼 브랜드]를 만들어주시던 추억을 소중하게 간직하고 있다. 죽이란 갓난아기가 젖을 떼고 맨 처음 먹는 음식이기도 하다. 『열대지방 소아의학 저널』에 따르면, "전통적으로 이유식은 해당 지역의 주식을 끓여서 죽으로 만든 것이 대부분이다."[27] 영유아는 이유기 때 영양실조와 설사병 감염 가능성이 높기 때문에 질병 및 사망 위험성이 정점에 이른다. 예로부터 전 세계 각지에서는 발효시킨 죽을 이유식으로 먹여왔다. 발효를 통해서 죽에 들어 있는 영양소의 밀도와 유효도를 증진시키고, 박테리아 오염으로부터 죽을 보호하며, 죽을 먹는 영유아에게 몸에 좋은 미생물 환경을 선사할 수 있기 때문이다. 발효의 이로움은 영유아 질병 및 사망률의 감소로 입증되어왔다.[28]

미국에서는 죽에 메이플 시럽, 벌꿀, 설탕, 액상과당 같은 감미료를 넣어서 먹곤 한다. 독자 여러분도 맛있는 재료를 다양하게 섞어가며 자기 입맛에 딱 맞는 죽을 만들어보자. 나는 버터, 소금, 후추가 들어간 죽을 먹으며 자랐다. 유대계 리투아니아 사람인 우리 아버지는 이 죽을 가리켜 "리트박Litvak[유대계 리투아니아인] 스타일"이라고 하셨다. 나는 요즘 버터, 땅콩버터, 미소, 마늘을 (모두 함께) 넣어서 죽을 끓인다. 여러분도 나처럼 양념 넣기를 좋아한다면, 아마도 거의 모든 사람이 그렇겠지만, 여러분이 좋아하는 첨가물을 먹기 위한 수단으로 죽을 활용해도 좋다. 겁낼 필요가 없다. 과감하게 실험하자.

오트밀 볼리기

발효 오트밀

오트밀을 발효시키려면, 먼저 짓눌러 으깨거나 갈아서 잘게 부순 귀리를 두세 배 되는 물에 담근다. 사용하는 귀리의 두 배로 물을 잡으면 걸쭉한 오트밀이 되고, 세 배로 잡으면 조금 더 부드럽고 묽은 오트밀이 된다. 하룻밤 또는 24시간, 아니면 며칠 동안 물에 담가두고 이따금 저어준다. 귀리를 물에 담근 채로 소금을 한 꼬집 뿌리고 끓이면서 저어주다보면 귀리가 수분을 모두 흡수하면서 죽이 된다. 오트밀이 너무 걸쭉하다 싶으면, 물을 조금씩 보충해가면서 적당한 점도를 찾는다. 너무 묽어 보이면 귀리를 더 넣는다. 발효죽을 쑨다는 것은 이렇게 쉬운 일이다. 클로드 오베르는 "예전에 프랑스 브르타뉴 지방에서는 귀리죽을 하룻밤 발효시킨 뒤에 먹곤 했다"면서 "이렇게 하룻밤 발효시키면, 요즘 사람들은 경험할 도리가 없는 전통의 맛, 살짝 시큼하고도 독특한 맛이 나게 된다."[29] 으깨거나 부수지 않은 통귀리도 물에 담그는 방법을 이용하면, 조리 시간이야 오래 걸리겠지만, 얼마든지 죽으로 끓일 수 있다. 나는 겨울철에 해가 지면 물에 담근 통귀리를 끓인 다음, 불길이 가라앉은 난로에 삼발이를 얹고 그 위에 냄비째로 올려두곤 한다. 그러면 통귀리가 밤새도록 서서히 익으면서 비할 데 없이 부드럽고 맛있는 죽이 된다.

뉴올리언스에서 제빵사로 일하는 내 친구 브렛 구아다니노는 사워도 종균을 이용해서 귀리를 발효시킨 뒤 물 대신 우유에 담근다. "나는 커다란 유리병에 귀리와 우유를 섞어 넣고 발효균을 아주 조금 첨가한다. 중요한 것은 타이밍이다. 신맛이 강하면 아침 식사로 적절치 않기 때문이다. 최적의 시점은 내용물이 걸쭉해지면서 치즈 비슷한 점도와 향미가 생기는 때다. 여기에 감미료를 살짝 치면 아침 식사로 그만이다." 브렛은 스튜를 걸쭉하게 끓이고 싶을 때도 이 새콤한 오트밀을 넣는다고 한다.

빵에 관한 글을 영국 『가디언』에 싣는 댄 리파드는 1929년에 출간된 요리책 『스코틀랜드 부엌: 그 전통과 오래된 요리법의 가르침』에 실린 소언스sowens라는 죽의 레시피를 나한테 보내주었다. 소언스는 귀리의 속껍질인 시즈sids로 만든다. 귀리에서 떼어낸 시즈에도 상당량의 탄수화물이 달라붙어 있다. 먼저, 시즈를 나흘 이상 물에 담근 뒤, 체로 거른다. 저자인 F. 마리안 맥닐은 "냉수를 조금씩 부어가면서, 좋은 성분이 모조리 빠져나오도록 시즈를 쥐어짜라"고 조언한다. 이 작업이 끝나면 시즈 찌꺼기는 버리고, 받아낸 물은 하루 더 가만히 둔다. 그러면 시즈에서 나온 녹말이 바닥에 가라앉는다. "조리할 때가 되면, 투명한 용액은 버리고 침전물을 프라이팬에 물과 함께 넣는다. 소금으로 살짝 간을 맞추고 10분 이상 끓이면서 부지런히 저어주면 걸쭉해진다."[30]

이처럼 발효란 곡물 껍질과 함께 무심코 버려질 수 있는 탄수화물까지 음식으로 알뜰하게 재탄생시키는 수단이기도 하다.

그리츠/폴렌타

그리츠는 우리 시대 미국 동남부 사람들이 즐기는 옥수수 죽이다. 뉴욕에서 자란 나로서는 그리츠라는 개념이 자못 모호했다. 그저 1970년대 TV 코미디 프로그램 「앨리스」에서 플로가 멜에게 지껄이던 “꺼져!kiss my grits!”라는 대사로만 아는 음식이었다. 반면, 이탈리아식 옥수수 죽이라고 할 수 있는 폴렌타는 내가 아주 좋아해서 종종 만들어 먹은 친숙한 음식이었다. 그리츠를 실제로 접한 것은 테네시로 이사한 뒤였다. 지금은 찐득하고 매콤한 그리츠에 달걀을 곁들인 식단이 내 아침 식사 레퍼토리가 된 지 오래다. 나는 그리츠와 폴렌타, 두 음식의 차이점이 무엇인지 곰곰이 생각해보았다. 그리츠라고 하면, 늘 그런 것은 아니지만, “호미니hominy”를 떠올리기 십상이다. 호미니란 석회수로 껍질을 벗긴 옥수수를 가리키는 (알곤킨족의 말에서 따온) 단어로, 아즈텍의 닉스타말화를 영어식으로 표현한 말이다. 그리츠는 거칠게 갈았다는 뜻이므로, 호미니 그리츠라고 하면 호미니 옥수수를 거칠게 갈았다는 의미가 된다. 반면, 폴렌타는 옥수수 알갱이를 압착해서 사용할 뿐, 호미니 과정을 거치지 않는다. 유럽 사람들이 옥수수를 들여오면서 정작 전통적인 옥수수 조리법은 누락한 셈이다. 하지만 이 차이점만 제외하면 — 즉, 옥수수를 닉스타말화했는지 여부만 배제하면 — 폴렌타와 그리츠는 똑같이 거칠게 간 옥수수로 만드는 동일한 음식이다.

두 가지 모두 같은 방법으로 발효시킬 수 있다. 하룻밤 또는 하루나 이틀, 아니면 그 이상 — 종균을 안 넣어도 무방하나, 아무 종균이나 있으면 넣고 — 물에 담가두는 것이다. 그러면 여러분이 만드는 그리츠나 폴렌타가 한층 부드러워지고, 소화하기에도 편하며, 맛도 좋아질 것이다. 건져낸 곡물에 물을 붓고 약간의 소금과 함께 끓이면서 계속 저어준다. 그래야 덩어리가 풀어지고 냄비 바닥에 눌어붙지 않는다. 나는 따로 물주전자를 끓이다가 냄비에 물이 부족하다 싶으면 얼른 보충한다.

그리츠와 폴렌타는 묽게 먹을 수도 있고, 단단하게 굳혀서 먹을 수도 있다. 뜨거운 상태에서 어떤 점도를 보이건 간에, 식으면 찰기가 어느 정도 높아지기 마련이다. 앞서 간략히 언급한 나이지리아의 발효 옥수수 죽 오기도 마찬가지다. 오기는 뜨거운 죽일 때 파프라 부르고, 식어서 굳으면 아기디agidi라 부른다. 나는 그리츠를 만들 때 양을 넉넉하게 끓이는 편이다. 휘저을 수 있을 정도로 적당히 걸쭉하게 끓여서 일부는 뜨끈한 채로 먹고, 나머지는 파이에 발라서 먹거나 빵 굽는 팬에 담아서 식힌다. 쫄깃하게 굳은 죽을 썰어서 부쳐 먹으면 얼마나 맛있는지 모른다!

옥수수 알갱이들을 그대로 물에 담갔다가 죽으로 만들 수도 있다. 닉스타말화로 껍질을 벗긴 옥수수 알갱이를 절구 따위에 넣고 찧거나 믹서기 또는 그라인더로 갈아서 반죽을 만든다.(젖은 곡물을 그라인더로 갈았다면, 깨끗하게 세척해서 완전히 말려야 녹이 슬지 않는다. 반드시 주의해야 한다.) 발효시키기를 원한다면, 미생물이 영양분을 섭취할 수 있도록 반죽 상태로 하루나 이틀 동안 둔다. 그러고 나서 반죽에 소금을 살짝 치고 물을 더 부어 끓이면서 원하는 점도에 이를 때까지 계속 저어준다. 필요하면 뜨거운 물을 조금씩 붓는다.

조 "폴렌타"

리사

우리 집 식구들은 이탈리아 북부 돌로미티 지방에서 자랐다. 추운 겨울 몇 달 동안, 우리는 폴렌타를 자주 먹었다. 옥수수를 거칠게 갈아서 죽으로 끓인 음식이다. 폴렌타를 먹을 때는 이웃 농부들이 만든 치즈와 버터밀크를 토핑으로 곁들인다. 나는 유제품을 잘 안 먹기 시작한 뒤로 그 토핑과 비슷한 맛을 내려고 다양한 곡물로 폴렌타를 만들어보았다. 그 결과, 조로 만든 폴렌타가 가장 맛있었다. 조를 발효시켜서 만든 폴렌타의 풍부한 맛을 여러분도 느껴보기 바란다.

먼저 1쿼터들이 유리병에 조 $\frac{1}{4}$컵/50*ml*를 담고, 소금 2스푼/10*ml*를 넣은 뒤, 물을 가득 붓는다. 면직포로 주둥이를 덮고 따뜻한 곳에 24시간에서 이틀 동안 둔다. 조를 건져서 헹군 다음, 물 1$\frac{1}{2}$컵/350*ml*와 함께 냄비에 담는다. 한 차례 팔팔 끓이고 나서 불을 줄인 뒤 뭉근하게 계속 끓인다.(선택 사항: 오레가노, 강황, 큐민, 파프리카, 소금을 각각 1스푼씩 첨가한다.) 이렇게 20분 정도 끓이면 조가 걸쭉해지기 시작한다. 그러면 오트밀을 만들 때처럼 이따금 저어주다가 올리브오일 3큰술/45*ml*를 넣는다.(선택 사항) 약한 불로 끓이면서 종종 저어주면 걸쭉한 폴렌타 완성. 가로세로 20cm(또는 비슷한 크기)의 용기에 담고 식힌다. 마지막으로, 얇게 썰어 팬 또는 석쇠에 구워서 식탁에 올린다. 아니면, 그대로 먹어도 좋다.

아톨레 아그리오

아톨레는 옥수수로 만든 미음이다. 음료처럼 마시는 것이 보통이다. 멕시코 음식에 관한 책을 다수 집필한 다이애나 케네디에 따르면, "말린 옥수수를 거의 조리하지 않고 석회수 처리도 생략한 채 미세한 마사로 갈아서 미음으로 끓인 것이 아톨레다. 지역마다 풍습에 따라 뜨겁게 먹기도 하고 차갑게 먹기도 한다. 다양한 재료와 함께 감미료나 양념을 넣기도 한다."[31] 아톨레 아그리오는 아톨레의 일종으로, 새콤한 아톨레다.

케네디는 아톨레 아그리오 만드는 법을 설명하면서 멕시코 우아우틀라 데 히메네스에 사는 블랑카 플로레스 부인을 소개한다. 부인은 도자기 재질의 냄비에 물을 붓고 옥수수를 나흘 동안 담그는 것으로 요리를 시작한다. "그사이에 냄비에서는 신맛이 나기 시작한다." 물에서 건져낸 옥수수를 미세하게 갈아서 마사를 만들고 하루 더 묵히면 신맛이 더 강해진다. 이렇게 만든 마사를 물에 녹이고 거친 입자를 걸러낸 뒤 아톨레로 만들어 먹는다.[32]

나 역시 플로레스 부인의 요리법을 그대로 따라서 만들어보았다. 결과는 무척 훌륭했다. 아주 부드럽고 꾸밈없이 수수한 맛이 정말 좋았다. 물론 다양한 방식으로 조리해서 달콤하고 향긋하게, 또는 매콤하게 맛을 꾸밀 수도 있다. 나는 코로나밀이라 불리는 곡물 분쇄기를 부지런히 돌려가며 물에 담근 옥수수 알갱이들을 갈았다. (이후 깨끗하게 세척한 뒤 바싹 말렸다.) 그리고 물을 넉넉하게 부어서 주무르기 쉬운 반죽으로 만들었다. 하루 더 발효시킨 뒤 물을 더 부어 곤죽으로 만든 다음, 철제 거름망으로 찌꺼기를 걸러냈다. 거름망에 담긴 찌꺼기에 물을 조금 더 붓고 쥐어짜면 녹말 용액을 최대한 추출할 수 있다. 이렇게 만든 부드러운 옥수수 녹말 용액을 냄비에 담고 천천히 끓였다. 이때 계속해서 저어주어야 타지 않는다. 끓이는 동안 너무 빽빽해진다 싶으면 뜨거운 물을 계속 보충했다. 소금을 한 꼬집 넣었더니 새콤한 옥수수 맛이 한층 살아났다. 적당히 묽은 미음이 되었다는 판단이 서자마자 냄비를 불에서 내려 차갑게 식혔다. 무더운 여름이라서 아톨레를 시원하게 마시고 싶었기 때문이다. 다 식고 나니 부드러운 옥수수 푸딩이 되어 있었다. 그대로도 좋았지만, 내가 원하는 것은 미음이었다. 그래서 다시 불 위에 올리고 물을 더 부은 다음, 푸딩이 액체로 녹을 때까지 계속 휘저었더니, 이번에는 훨씬 묽은 상태가 되었다. 죽과 미음은 융통성 있는 음식이라서, 원하는 찰기를 맞추는 것이 별로 어렵지 않다.

조죽

우리는 어떤 곡물로도 죽을 만들 수 있다. 개인적으로는 조를 발효시켜서 끓인 죽을 제일 좋아한다. 조라는 곡물 자체는 아주 은은하고 달콤한 맛이 나는데, 발효과정을 거치면 복잡한 풍미가 생긴다. 조죽을 만들려면, 우선 조를 거칠게 갈아서 하루나 이틀 물에 담갔다가 조리한다.(아니면, 조를 하루나 이틀 물에 담갔다가 갈아서 반죽한 뒤에 또 하루나 이틀 발효시킨다.) 조 가루에 물을 1:4 비율로 붓고 소금을 친 다음 죽으로 끓인다. 나는 여간해서는 계량기를 쓰지 않는다. 대신 한쪽에 뜨거운 물주전자를 준비해두고 죽이 너무 빽빽해지면 물을 더 넣는다. 발효시킨 조죽의 부드러운 맛에 깜짝 놀라는 사람들이 꽤 있다. 자신이 알고 있던, 그 바싹 마른 알갱이들로 어떻게 이런 죽을 끓였냐면서 말이다. 조죽의 놀라운 부드러움은 조를 발효시키고, 갈아서, 물을 듬뿍 넣고 끓인 덕분이다.

수수죽

수수라는 곡물은 미국 사람들에게 조보다 더 아리송한 존재다. 나는 수수로 맥주를 만들어보려고 상당량을 구입했다가(9장 수수 맥주 참조) 죽을 끓여서 맛을 보고는 그 매력에 흠뻑 빠지고 말았다. 나는 아세다 aceda를 만들기 위해서 먼저 수수를 거칠게 갈아 사발에 담는다. 수단 사람들은 이렇게 만든 수수 가루를 아진ajin이라고 한다. 이어서 염소를 제거한 물로 수수 가루를 적신다. 수수 가루가 마른 부분 없이 골고루 젖을 때까지 물을 조금 붓고 섞는 작업을 반복한다. 천으로 덮고 하루나 이틀 발효시키면서 주기적으로 저어준다. 죽을 끓일 준비가 끝나면, 아진의 부피에 3배 정도 되는 물을 끓이고, 여기에 아진을 넣은 뒤에 저어준다. 아진이 익어서 걸쭉해질 때까지 계속 저어주어야 한다. 내 경우에는 보통 15분 정도 끓인다. 디라르는 "주부들이 간단한 방법으로 아세다가 잘 익었는지 확인한다"면서 이렇게 설명한다.

> 물을 묻힌 손가락으로 아세다 덩어리를 눌러본다. 잘 익은 죽은 손가락을 떼는 즉시 원 상태로 돌아오고, 손에 묻는 것도 없다. 잘 안 익은 아세다는 탄력이 부족하고 손가락에 묻는다. 반쯤 익은 아세다는 물이 조금만 들어가도 쉽게 허물어지면서 일부가 녹아버린다.[33]

나는 아침에 아세다를 만들어서 얼마간 뜨거운 채로 먹고, 나머지는 접시에 담아서 굳힌 뒤에 남은 하루 끼니때마다 다른 음식과 함께 먹는다. 굳은 죽을 먹을 때마다, 빵하고 다를 게 뭔가 하는 생각이 든다. 실제로 수수가 주식인 수단에서는 죽을 키스라kissra라고 부르는데,

수수 반죽을 얇게 펴서 구운 빵의 이름도 키스라-라히파kissra-rahifa다. 하미드 디라르가 『수단의 토착 발효음식』을 출간한 1992년까지만 해도, 키스라라고 하면 수수로 만든 얇은 빵을 가리키는 것이 보통이었다. "도시 문화가 시골로 급속하게 퍼지면서, 단단하게 굳힌 죽은 아세다로, 얇게 구운 빵은 키스라로 부르는 경향이 점차 뚜렷해졌다."[34]

쌀죽

중국에서는 죽을 콘지congee라고 부른다. 다른 죽과 마찬가지로, 콘지 역시 곡물을 물에 담갔다가 쑤면 한결 부드럽고 소화가 잘 되는 죽으로 변한다. 쌀로 만드는 것이 보통이지만, 조나 밀 같은 곡물로도 가능하다. 콘지를 만드는 최선의 방법은 앞서 설명한 통귀리로 오트밀 만드는 법과 같다. 일단 곡물을 물에 담그자. 그 상태로 한 차례 팔팔 끓였다가, 불길이 한풀 죽은 난로나 라디에이터처럼 너무 뜨겁지 않은 난방기구에 삼발이를 받치고 밤새도록 놓아둔다. 아니면, 얼마 전 세상을 떠난 내 친구 크레이지 아울 박사가 수십 년 동안 매일 활용한 방법대로, 미리 데운 보온병에 곡물과 끓는 물을 넣고 하룻밤 기다릴 수도 있다. 캠핑 갈 때 아주 좋은 방법이다. 잘 익은 쌀죽으로 야외에서 뜨끈한 아침밥을 먹을 수 있다.

크레이지 아울은 쌀죽이 병약하거나 노쇠한 사람의 원기 회복에 특효가 있다고 노래를 부르다시피 했다. 그는 하루도 거르지 않고 심혈을 기울여 쌀죽을 만들었다. 그래서 쌀죽 만들기를 그만두고 과일 스무디를 찾기 시작하자, 주위에서는 "이제 떠날 때가 되었다"는 의미로 받아들일 정도였다. 그로부터 2주 뒤, 그는 정말로 눈을 감고 말았다. 쌀죽은 환자가 먹는 음식으로 널리 쓰인다. 『자연식으로 치유하기』의 저자 폴 피치퍼드에 따르면, 쌀죽은 "소화와 흡수가 쉽고, 혈액과 기의 흐름을 강화하여 소화 기능을 회복시키는 자양강장식으로 진통과 해열에도 효험이 있다."[35] 아울러 채소, 콩, 과일, 미소 등 발효한 양념, 육류, 약초 등을 넣어서 향미와 약효를 높일 수도 있다.

중국식 쌀죽의 경우, 죽보다 국으로 여기는 경우가 많고, 실제로도 국처럼 끓이는 것이 일반적이다. 하지만 미세한 입자가 균일하게 녹은, 건더기가 없는 국물이 아니다. 쌀 알갱이가 둥둥 떠다니기 때문이다. 쌀과 물의 비율은 1:6 정도로 잡는다. 하지만 물을 더 넣어도 되고 덜 넣어도 된다. 폴 피치퍼드는 "물을 너무 적게 넣는 것보다 차라리 많이 넣는 편이 낫다"면서 "쌀죽은 오래 끓일수록 효능이 더 '강력'해진다는 말이 있다"고 조언한다.[36]

묵은 빵으로 끓인 죽

오래 두어 마른 빵을 먹기 위한 최선책은 죽으로 끓이는 것이다. 먼저 빵을 깍두기처럼 썬 다음, 물에 담근다.(빵이 너무 단단하게 말라서 잘 안 썰리면, 먼저 물에 담근다.) 원하는 점도에 이를 때까지 물(또는 우유)을 조금씩 넣어가면서 조리한다. 미소, 간장, 땅콩버터, 타히니, 핫소스 등 다양한 양념이나 잼, 메이플 시럽, 벌꿀, 설탕 같은 감미료로 맛을 낸다.

감자죽

드디어 땅속작물로 죽을 끓일 차례다! 나는 감자죽이라는 개념을 "우리는 죽 전문가들"이라는 블로그를 운영하는 스웨덴 자매 야나와 반다 프리베르그 자매한테 배웠다. 둘이 죽에 관해 쓴 책도 조만간 나올 예정이다.[37] 감자죽이란 한마디로 삶은 감자를 으깬 것이다! 블로그에 실린 레시피를 보면, 자매는 감자를 삶은 뒤 건지지 않고 그대로 으깬다. 그러고는 귀리 가루를 섞어서 걸쭉하게 만든 뒤에 살짝 조리하는 것이다. 그러나 으깬 감자로 만든 것처럼 부드러운 죽은 아무리 생각해도 떠오르지 않을 정도다. 감자를 미리 발효시킨 뒤에 으깨도 된다. 먼저 각설탕 크기로 작게 썰어서 사발 또는 유리병에 넣고 푹 잠기도록 물을 붓는다. 이때 물 대신 유청을 써도 되고, 물과 유청을 섞어서 써도 된다. 이렇게 하루나 이틀 정도 발효시킨 뒤에 조리한다. 나는 이 방법이 곡물로 만든 죽에서 발효시킨 땅속작물로 넘어가는 중간 단계라고 생각한다. 땅속작물은 죽을 쑤는 것과 같은 방법으로 조리하는 경우가 많기 때문이다. 감자를 발효시키는 다양한 방법에 관해서는 8장 감자 발효시키기를 참고하기 바란다.

포이

포이poi는 타로*Colocasia esculenta*를 끈적끈적한 자줏빛 반죽으로 발효시킨 하와이 음식이다. 타로는 하와이 원주민들이 칼로kalo라고 부르며 신성시하는 중요한 재료다. 제임스 쿡 선장도 타로를 눈여겨보고 하와이에 상륙한 지 얼마 안 돼서 이런 말을 남겼다. "우리가 먹어본 음식

중에서 조리과정을 거친 유일한 요리는 타로 푸딩이었다. 시큼한 냄새가 풍겨서 비위가 상할 지경이었지만, 원주민들은 게걸스럽게 먹어치웠다."[38] 1933년 하와이대학 연구진은 "이 유서 깊은 음식이 다른 먹을거리에 밀려나는 중"이라고 보고한 바 있다.[39] 하지만 포이의 명맥은 아직 끊기지 않았다. 『마우이 매거진』에 따르면, "1970년대 이후로 하와이의 문화와 언어가 꾸준히 되살아나면서 칼로의 중요성 역시 재조명을 받고 있다."[40]

타로라는 식물에서 포이의 재료가 되는 부분은 줄기 아래쪽 땅속에서 자란 덩어리, 즉 알줄기球莖다. 내 친구 제이 보스트가 조언하기를, 타로 알줄기는 찌거나 끓여서 완전히 익혀야 "설익었을 때 유리섬유를 씹는 기분이 드는" 수산칼슘 결정체를 중화시킬 수 있다. 알줄기가 다 익으면, 식기 전에 껍질을 벗기고 알맹이는 으깨서 반죽으로 만든다. 이때 필요하면 물을 조금 넣고 반죽한다. 익은 타로는 나무판에 올려두고 포하쿠 쿠이아이pohaku ku'i'ai라고 부르는 묵직한 돌로 두들겨서 으깨는 것이 전통적인 방법이다. 절구 또는 감자를 으깨는 전용 도구를 써도 된다. 덩어리가 남지 않도록 꼼꼼하게 으깨야 최대한 부드러운 반죽을 만들 수 있다.

으깬 타로는 도자기 또는 유리 소재의 사발 또는 단지에 넣는다. 그러면 발효가 시작된다. 포이를 용기에 담을 때는 발효과정에서 팽창하는 점을 감안해 어느 정도 여유를 두어야 한다. 이 상태로 실온에서 며칠 동안 발효시킨다. 종균은 넣지 않는 것이 보통이지만, 잘 익은 포이가 있다면 조금 넣어도 좋다. 표면에 하얀 곰팡이가 자라면, 곧바로 내용물에 섞어 넣자.

익힌 음식이 아무런 첨가물 없이 어떻게 그토록 빨리 발효하는지 나로서는 미스터리가 아닐 수 없지만, 하여간 발효가 금세 된다. 하와이대학에 재직 중인 미생물학자 두 사람이 포이의 발효에 관해서 5년간 연구한 결과를 1933년에 발표했다. 이들은 조리하지 않은 타로 알줄기와 조리 직후 알줄기의 껍질과 껍질을 벗긴 채 조리한 타로와 발효시킨 포이에서 박테리아 세포 수가 얼마나 되는지 각각 조사했다. "타로 알줄기를 찌고 나서 곧바로 살펴보면, 발효에 관여하는 미생물이 무수히 발견된다. 으깬 알줄기를 갈면 박테리아 무리 또는 군집들이 산산이 부서진다. 그러면 미생물 개체수가 늘어날 뿐 아니라 미생물이 포이 전체에 골고루 퍼지는 효과가 있다."[41]

다른 발효음식과 마찬가지로, 하루나 이틀 발효시킨 포이의 은은한 맛을 좋아하는 사람들이 있고, 이보다 오래 발효시킨 포이의 새콤한 맛을 좋아하는 사람들도 있다. 하와이 날씨를 기준으로 사흘에서 닷새 정도면 일반적인 포이가 되고, 이보다 서늘한 기후에서는 더 오랜 시간 발효시켜야 한다. 발효가 진행하면서 포이의 색감과 식감도 변한다. 매일 맛을 보면서 발효 중단 여부를 판단하자.

포이는 묽게 먹을 수도 있고 걸쭉하게 먹을 수도 있다. 포이의 점도는 먹을 때 사용하는 손가락 개수로 표현하는 것이 일반적이다. 이상적인 포이는 두 손가락으로 먹을 수 있는 정도로 찰기가 있어야 한다는 의견이 지배적이다. 아주 걸쭉한 포이는 한 손가락, 묽은 포이는 세 손가락으로 먹는 식이다. 그러나 어떤 식감이 좋은지는 결국 먹는 사람 각자의 취향에 달린 문제다. 물을 조금씩 넣어가면서 여러분이 원하는 점도를 찾도록 하자. 천천히 발효시켜서 장기간 보존하려면 가능한 한 걸쭉하게 만드는 것이 좋다. 나중에 먹을 때 원하는 만큼 물을 부어서 섞으면 된다.

포이는 특유의 치유력이 있다. 파멜라 데이는 포이 덕분에 딸이 목숨을 부지했다고 믿는다. 모유도 두유도 못 먹고 자란 딸이 여러 음식

알레르기로 고생했는데 포이를 먹고 아무 탈이 없었다는 것이다. 실제로 『병상 간호의 영양학』은 "포이가 알레르기 또는 성장장애로 고통받는 영유아들에게 희망이 될 수 있다"고 보고한 바 있다.[42] 아울러 포이에 항암 및 면역 증진 효과가 있다고 보는 연구 결과도 나왔다.[43]

카사바

카사바는 타로처럼(아니, 그보다 훨씬 더) 전 세계 적도 부근 열대지방에서 주식으로 사랑받는 땅속작물이다. 미국 주류사회에서는 주로 푸딩을 만들 때 쓰이는 타피오카 형태로, 음식을 걸쭉하게 만들어주는 첨가물로 알려져 있다. 나는 1985년 아프리카 서부를 여행하다가 프랑스어로 마니오크manioc라 불리던 카사바를 처음 접했다. 당시 우리는 길거리 좌판에서 끼니를 해결하곤 했다. 물고기나 육고기가 들어간 채소 스튜를 주로 시키면, 마니오크로 만들었다는 설명과 함께 푸푸fufu라고 불리는 하얀 녹말 덩어리들이 딸려 나왔다. 푸푸 먹는 법은 현지인들이 먹는 모습을 곁눈질해서 배웠다. 푸푸는 조금 떼어서 공 모양으로 만들어 먹을 수도 있고, 숟가락 모양으로 우묵하게 만들어서 스튜를 떠먹을 수도 있다. 나는 푸푸의 쫄깃하고도 특이한 식감이 아주 좋았고, 숟가락처럼 만들어서 스튜를 떠 먹는 이 방식도 마음에 들었다.

나는 한동안 마니오크/카사바의 정체를 잘 모르다가, 포만감을 주는 이 탄수화물 덩어리를 길거리 좌판에서 파는 큼직한 땅속작물로 만든다는 사실을 한참 뒤에 깨달았다. 푸푸를 어떻게 만드는지 자세히 배워두자는 생각이 그때 왜 안 들었는지 안타까운 마음을 금할 길이 없다. 하지만 수없이 두들겨서 만드는 것만큼은 분명했다. 아낙네들이 뒤곁에서 마니오크/카사바 뿌리를 내리치는 리드미컬한 소리가 들렸기 때문이다. 나는 미국으로 돌아온 뒤에 푸푸 만드는 법을 찾아보았다. 그런데 유용한 정보라고 해봤자 인스턴트 으깬 감자 대신 카사바를 추천하는 정도여서 맥이 빠지는 기분이었다. 하지만 발효에 관한 책을 읽다가 발효시킨 카사바로 푸푸를 만든다는 사실을 겨우 알게 되었다.

『국제식품과학기술회보』에 따르면, "발효는 카사바의 감칠맛과 식감을 향상시키는 동시에 단백질을 강화해서 영양가를 한 차원 높이고, 시아노제닉 글루코시드cyanogenic glucoside를 감소시키는 중요한 가공 수단이다."[44] 여기서 시아노제닉 글루코시드는 흔히 청산가리로 불리는 시안화수소를 생성하기 때문에 인체에 대단히 해로울 수 있다. 카사바는 품종과 토질에 따라 정도의 차이가 있지만, 지극히 위험한 수준으로 시안화수소를 생성할 때가 있다. 이에 따라 카사바의 시안화수소 함량을 최소화하는 방법으로 껍질을 벗겨 압착한 뒤 갈아서 즙을 최대한 빼내기, 완전히 익히기, 발효시키기 등 다양한 해결책이 동원되고 있다. 이는 세계 각지에서 전통적으로 활용해온 해법들이기도 하다. 식품미생물학자 코피 아이두는 "카사바의 독성이 치명적인 결과를 초래하는 경우는 드물다"면서도 "카사바를 자주 섭취하는 사람들은 장기적으로 독성에 노출되므로 (갑상선종이나 크레틴병에 걸리는 등) 심각한 상황에 처할 수 있다. 특히 수프나 스튜를 끓일 때 카사바 즙을 이용하는 아마존 사람들이 문제다."[45] 『국제식품과학기술회보』도 여러 카사바 해독법을 소개하면서, 카사바 뿌리의 껍질을 벗기고 썰어서 물에 담그는 것이 "카사바의 시아노겐 함량을 낮추는 데 가장 효과적인 처리법으로, 그 감소율이 95~100%에 이른다는 보고가 자주 올라온다"고 밝혔다.[46] 미생물학자 음포코 보캉가 역시 자이르 사람들은 "뿌리를 통째로 물에 담그고 3~5일 동안 자연 발효하도록 내버려둔다"면서, 이렇게 하면 시아노겐이 사실상 제거될 뿐 아니라 뿌리가 산성화해 "부러지기 쉬운 단단한 조직이 부드러운 곤죽 형태로" 변한다고 설명한다.[47]

사람들이 주식으로 먹는 모든 음식이 그렇듯, 카사바를 발효시켜서 먹는 방법과 거기에 붙인 이름은 지역에 따라 매우 다양하다.(밀과 물의 혼합물에 우리가 붙인 온갖 이름을 떠올려보라.) 아프리카에는 푸푸 말고도 가리gari, 라푼lafun, 아티에케attiéké, 미온도miondo, 보볼로bobolo, 비디아bidia, 치콰그chickwangue, 아그벨리마agbelima, 아체케attieke, 플라칼리placali, 키분데kivunde를 비롯한 수많은 카사바 요리가 있다. 아시아와 중앙아메리카, 남아메리카, 카리브해에도 발효시킨 카사바로 만든 음식이 많다.[48]

카사바 뿌리

카사바 뿌리를 구해서 요리를 시작할 경우, 첫 번째 단계는 껍질을 벗기는 것이다. 껍질은 시아노제닉 글루코사이드 함량이 가장 높은 부분이다. 미국에 수입되는 카사바는 급속한 변질을 막기 위해서 밀랍을 입히는 것이 보통이다. 껍질을 벗긴 카사바는 큼직큼직하게 썰어서 물에 푹 담근다. 이렇게 발효시키면, 카사바 뿌리의 독성이 대부분 사라질 뿐 아니라, 조직이 부드러워지고 산성화가 진행된다. 거의 모든 자료가 사흘에서 닷새 정도 자연 발효하게 두라고 안내하고 있다. 카사바의 변화를 발효 기간별로 비교한 어느 논문에 따르면, "패널들[나이지리아 대학생들—원주]을 상대로 조리한 '푸푸'의 독특한 식감과 냄새를 테스트한 결과, 발효 기간이 길수록 높은 선호도를 보이는 것으로 나타났다."[49] 카사바를 담그는 물에는 소금이나 종균을 넣지 않는 것이 일반적이지만, 넣어도 상관없다. 아울러, 지역에 따라서 물을 매일 갈아주는 곳도 있다.

발효가 끝나면, 카사바 덩어리들이 부드러워질 때까지 끓이거나 찐 다음, 절구 등에 넣어 부드러운 반죽으로 만든다. 한 손으로는 익은 카사바를 (힘껏!) 두들기면서, 다른 손으로는 절구 옆면에 붙은 카사바 반죽을 가운데로 모으는 식이다. 이때 손에 물을 자꾸 묻혀가면서 카사바를 으깨면, 반죽에 물을 조금씩 첨가하는 효과가 있다. 카사바가 으깨지면서 배출된 녹말이 수분을 흡수하면, 반죽이 점점 더 끈끈해지면서 탄력이 생긴다. 부드러운 푸푸 덩어리가 완성될 때까지 절구질을 멈추지 말자.

채드라는 자메이카 학생은 자기 할머니의 카사바 조리법을 내게 들려주었다. 먼저 카사바 뿌리를 갈아서 티셔츠로 감싸고 있는 힘껏 비틀어서 독성을 지닌 즙을 최대한 짜낸다. 그러고 나서 갈린 카사바에 코코넛을 넣고 섞은 뒤 팬으로 부치면 달콤하고 담백하고 맛있는 "밤미bammy" 케이크가 된다. 나는 카사바를 사워도에 적당히 넣고 며칠간 발효시켜서 향긋한 사워도 팬케이크를 만들었다.(납작하게 부친 빵/팬케이크 참조) 발효시킨 카사바가 들어간 팬케이크는 치즈 같은 맛이 났다. 먹어본 사람들이 깜짝 놀랄 정도였다.

카사바로 만든 유명한 음식 가운데 나이지리아 사람들이 즐겨 먹는 가리gari가 있다. 가리를 만들려면 껍질을 벗긴 뒤에 갈아야 한다. 여기에 (이미 만들어둔 가리를 조금 떼어) 종균을 넣고 포대에 담은 뒤 무거운 누름돌을 얹어서 즙을 짜낸다. 이 상태로 일주일 정도 지나는 동안 고체 상태로 발효가 진행된다. 푸푸를 물에 잠긴 상태로 발효시키는 것과 정반대다. 발효가 끝난 가리는 말리거나 노르스름하게 굽는다. 포대 속에서 마른 가리는 나이지리아의 수출품이어서, 나이지리아 식재료를 판매하는 상점에 가면 구입할 수 있다. 가리는 뜨거운 물에 담가도 되고, 찬물에 담가도 된다. 걸쭉하게 반죽해도 되고, 묽게 반죽해도 된다. 나는 뜨거운 물에 담가서 걸쭉하게 반죽하는 쪽을 좋아한다. 이때 부지런히 저어주면서 숟가락으로 덩어리진 것을 으깨야 한다. 이렇게 만들어서 숟가락으로 떠먹어도 되고, 경단을 빚어서 소스에 찍어 먹어도 된다. 가리는 그 자체로 독특한 맛과 향을 자랑한다. 그러나 카사바로 만든 다른 음식이 그렇듯, 소스에 찍어 먹는 것이 좋고, 숟가락으로 떠먹는 편이 모양새가 낫다. 먹고 나면 속이 든든할 것이다.

남아메리카 카사바 빵

남미 사람들이 발효시킨 카사바를 조리하는 한 가지 방법은 달걀과 치즈를 듬뿍 넣어서 빵으로 굽는 것이다. 이렇게 만든 빵을 브라질에서는 팡 지 케이주pão de queijo, 콜롬비아에서는 판 데 유카pan de yuca 또는 판 데 보노pan de bono라고 부른다. 아이 주먹 크기로 조그맣고 동그랗게 구운 빵이다. 새콤하게 발효한 카사바 녹말에 달걀을 넣고 반죽해서 도를 만들면, 놀라울 정도로 부풀면서 팝오버[윗부분이 크게 부풀어 오른 밀가루 빵]를 연상케 하는 부드러운 빵이 된다. 『국제식품과학기술회보』에 따르면, "이 제품의 주요 특징은 이스트나 베이킹파우더 같은 특정 첨가물을 넣지 않고도 굽는 과정에서 팽창한다는 점이다."[50]

핵심 성분은 발효시킨 카사바 녹말로, 포르투갈어로 폴빌류 아미두 아제두polvilho amido azedo, 스페인어로 알미돈 아그리오 데 유카almidón agrio de yuca라 불린다. 남미 식료품점에 가거나 인터넷을 통해서 구입할 수 있다. 카사바 녹말가루 500g이면 카사바 빵 50개 정도를 만들 수 있다. 우유 1$\frac{1}{4}$컵에 식물성 기름 $\frac{1}{2}$컵/125*ml*와 소금 2티스푼/10*ml*를 넣고 끓는점 아래로 가열한다. 이렇게 만든 뜨거운 용액을 새콤한 카사바 녹말에 붓고 잘 섞어준다. 도가 충분히 식어서 손으로 만질 수 있으면 (하지만 여전히 따뜻할 때) 채 썬 치즈 1컵과 함께 달걀 두 개를 슬슬 풀어 넣고 반죽한다. 도가 부드러워질 때까지 손으로 10~15분 정도 치댄다. 오븐을 섭씨 230도로 가열한다. 빵 굽는 판에 기름을 바르고, 도를 떼어 2~3cm 크기의 조그만 경단을 빚는다. 경단이 팽창하는 것을 고려해서 넉넉한 간격으로 판에 올리고 노릇노릇해질 때까지 15분 정도 굽는다. 남은 경단은 얼렸다가 나중에 구우면 된다. 다 구운 빵은 따뜻할 때 먹는다.

감자 발효시키기

감자 역시 발효시킬 수 있다. 감자를 처음 재배하기 시작한 안데스산맥 고지대에서는, 쓴맛이 강한 여러 종류의 감자를 추노chuno로 발효시킨다. 독성 알칼로이드 성분을 제거하는 동시에 장기간 보존하기 위해서다. 추노를 프레지디아로 지정한 슬로푸드는 "극단적인 기온 변화 속에서 복잡한 과정을 거쳐 감자를 '동결건조'시킨다"고 언급했다.[51] 빌 몰리슨에 따르면, "조리하지 않은 감자를 통째로 서리에 노출시키고, 완전히 얼었는지(세포벽이 분리되어 세포액이 흘러나오는지) 꼼꼼하게 확인한 뒤, 발로 짓이겨서 껍질을 벗기고 세포가 함유한 수분을 짜낸다. 낮에는 시커멓게 변색하지 않도록 지푸라기로 덮었다가 (역시 지푸라기로 덮은 채) 흐르는 물에 담가두기를 1~3주 동안 반복해서 단맛이 나면, 햇볕에 널어서 말린다."[52] 슬로푸드는 수분을 제거한 감자가 "하얗고 가벼워 [용암이 갑자기 식어서 생긴] 부석pumice stone을 닮았다"면서 "이렇게 손질한 감자는 10년이 지나도 썩지 않는다"고 설명한다.

나는 채소 발효를 설명하면서 (으깨거나 찌거나 튀기는 식으로) 조리한 감자 이야기를 몇 차례 했다.(5장 참조) 발효 문화의 전파와 교육을 위해 "생명의 부엌"이라는 사이트[53]를 운영하는 제니 맥그루더는 감자튀김을 만들 때 발효시킨 감자를 쓴다고 한다. 그는 두께가 0.5cm를 넘지 않도록 감자를 썰어서 물에 담그고 종균을 넣는다.(그는 유청 또는 시판 중인 종균을 추천한다. 나는 여기에 사워크라우트 즙, 사워도, 기타 활동력이 왕성한 발효균을 포함시키고자 한다.) 이 상태로 상온에서 1~3일 동안 발효시킨다. 감자는 물 위로 떠오르는 경향이 있으므로, 접시 또는 무게가 적당한 누름돌을 얹어둔다. 발효한 감자는 살짝 시큼한 냄새가 날 것이다. 물에서 건져 헹구고 주방 타월로 두드려 수분을 제거한다.(그래야 바삭하게 튀길 수 있다.) 그런 다음, 기름에 넣어서 튀겨도 되고, 오븐에 넣어서 튀겨도 된다. 선택은 여러분 몫이다. 다 튀겼으면 소금과 양념을 원하는 만큼 뿌리고 따뜻할 때 먹는다. 제니는 특히 녹말 함량을 줄인 뒤에 감자를 발효시키면 아크릴아미드acrylamide가 덜 생긴다는 점을 강조한다. 아크릴아미드는 탄수화물 음식을 튀길 때 생기는 화학물질로, 유럽연합과 캐나다에서 인체발암 가능물질인지 조사를 진행 중이다.

사워도: 발효법과 보존법

사워도는 빵을 발효시켜 부풀리는 (아울러 이 밖에 여러 음식을 발효시키는) 복합 발효균을 설명할 때 가장 흔히 쓰이는 영어 단어다. 기본적으로 지난번에 발효시킨 음식의 일부를 투여해서 새로 발효시키는 음식의 종균으로 삼는 백슬로핑을 의미한다. 한층 순수한 형태의 이스트가 상품으로 등장한 두 세기 이전까지만 해도, 사실상 모든 빵이 이런 방식으로 만들어졌다. 루이 파스퇴르가 이스트 미생물만 골라서 추출해내기 전인 1780년부터, 독일 양조업자들은 발효하는 알코올 표면에서 걷어낸 이스트 거품을 제빵업자들에게 팔기 시작했다. 1867년에는 빈의 어느 공장에서 이 과정을 더욱 정교하게 다듬었다. 이스트 거품을 걷어내서 필터로 거른 뒤 세척해서 케이크 형태로 압착한 것이다. 이것이 지금도 쓰이는 "빈 공정"이다.[54] 1872년, 찰스 플라이시만이 한층 개선된 이스트 압착 공법으로 특허를 따낸 뒤 이를 바탕으로 거대한 산업을 일구어냈다. 요즘은 거의 모든 빵을 선별적으로 분리추출한 순수 이스트로 만든다. 사워도가 장인의 빵집을 제외하고는 신기한 물건 취급을 받는 이유다. 제빵업자들에게 순수 이스트는 속도와 통일성이라는 관점에서 여러모로 쓸모가 많다. 그러나 이런 장점은 복잡미묘한 향미, 촉촉한 식감, 뛰어난 보존성, 높은 전소화 수준 등 다양한 발효균이 공존하는 전통적인 효모의 긍정적 특성을 희생시킨 결과다. 밀가루를 연구하는 학자들이 복합 발효균으로 사워도를 전소화한 결과, [필수 아미노산의 하나인] 라이신 함량[55]이 "대단히 의미심장한 수준으로" 증가하는 현상을 발견하기도 했다.[56]

아무런 사전 지식 없이 사워도를 발효시키는 가장 간단한 방법은 사발에 밀가루를 조금 담고 그보다 약간 적은 양의 물을 부어서 부드러워질 때까지 젓는 것이다. 그런 다음, 물과 밀가루를 적당히 보충하면서 다른 곳에 옮겨 부을 수 있을 정도의 액체 상태로, 그러나 숟가락에 붙어 있을 정도로 만든다. 호밀 가루를 사용하는 것이 작업 속도를 가장 빠르게 할 테지만, 어떤 곡물이건 가루를 내면 사워도로 만들 수 있다. 무엇보다 염소가 안 들어간 물 또는 염소를 제거한 물을 사용하는 것이 중요하다. 부드럽고 균질한 용액이 되도록 밀가루 덩어리가 보이면 잘 풀어주자. 하지만 숟가락에 (또는 손가락에) 붙어 있을 정도로, 휘저었을 때 거품이 (금세) 마구 일어날 만큼 찰기가 있어야 한다. 하루에 적어도 한 번, 며칠 동안 계속 저어주면 표면에 거품이 생길 것이다. 이렇게 만든 종균에 신선한 밀가루와 물을 3:1 또는 4:1 비율로 섞어 넣어서 영양분을 공급한다. 밀가루 비율을 높게 잡아서 혼합하면 사워도의 산도가 떨어지면서 이스트가 경쟁 우위에 설 수 있는 환경이 조성된다. 사워도 발효균의 활력을 높이는 좋은 방법이다.

사워도를 발효시키는 방법은 이 밖에도 많다. 어떤 사람들은 감자 끓인 물을 쓰기도 하고, 곡물을 담그거나 헹구어 녹말을 함유한 물을 쓰기도 하며, 과일을 쓰기도 하고, 과일 또는 채소의 껍질을 쓰기도 한다. 다른 종류의 종균을 이용해서 사워도를 발효시키는 경우도 종종 있다. 나는 발효가 진행 중인 맥주의 거품을 사용한다는 이야기도 들었고, 요구르트나 케피어, 사워 밀크, 워터케피어, 콤부차, 리쥬블락, 발효시킨 너트밀크 이야기도 들었다. 이스트 한 봉지를 사워도에 종균으로 넣고, 이후 다양한 미생물이 저절로 자라도록 내버려두는 사람도 많다. 어떤 이들은 이미 완성된 종균을 다른 사람한테 얻거나 인터넷으로 구매해서 사용한다. 맨손으로 저어주어야 발효가 잘 된다고 주장하는 사람들도 있다. 그러나 밀가루와 물만 있어도 충분하다. 여기에 더해서 약간의 인내력과 꾸준함이 요구된다는 점만 알면 모든 종류의 사워도를 만들 수 있다.

나는 밀가루와 물만으로 사워도를 발효시킨 적이 한두 번이 아니다. 모든 곡물에는 미생물이 풍부하게 서식하고 있기 때문이다. 미생물학자 칼 페더슨은 "원래 곡물과 그 가루는 미생물이 뿌려놓은 씨앗으로 가득한 법"이어서 "이들 미생물을 제거한 상태로 도를 만들 수는 없다"고 말한다.[57] 말린 곡물과 그 가루에는 원래부터 서식하던 미생물 집단이 휴면 상태로 존재하다가 물과 만나면 활력을 되찾는다. 물을 붓고 휘젓는 행동을 통해서 미생물이 활동을 재개하도록 자극하고 골고루 퍼뜨릴 수 있다. 이스트에 산소를 공급해서 성장을 촉진하는 동시에 곰팡이균이 표면에서 증식하는 것도 막을 수 있다. 지속적으로 영양분을 공급하면서 쾌적한 환경을 유지하면, — 제시카 리가 "이스트 및 박테리아 공동체가 서로 맞물려 돌아가는 협력적 대사 작용"[58]으로 지칭하는 복합적 미생물 집단인 — 발효균이 세대를 거듭하면서 존속할 수 있다. 리는 미생물 공동체의 안정성에 있어서 "다른 미생물이 접근하지 못하게 막는 강력한 무기"가 되는 산성화한 환경이 핵심이라고 강조한다. 산도를 제한하기 위해 밀가루를 높은 비율로 섞더라도, 사워도의 산성이 미생물 집단을 지켜준다. 이후에는 굽는 작업을 통해서 곰팡이균과 박테리아의 증식으로부터 빵을 계속 보호할 수 있다. 일반적으로 사워도 빵은 숙성이 우아하게 이루어지는 편이다. 실제로 어떤 면에서는 시간이 흐를수록 맛이 더 나아진다.(빵을 오래 두고 먹으려면, 플라스틱 용기에 넣어두기보다 통기성이 좋은 종이로 빵 덩어리를 에워싸자.) 바삭하던 겉 부분이 마를지언정, 곰팡이가 생기지는 않을 것이다.

타사자라의 추억

윌리엄 셔틀리프는 아내인 아오야기 아키코와 함께 『미소에 대하여』 『템페에 대하여』 등 많은 책을 공동 집필한 사람으로 유명하다. 그는 집필 작업에 들어가기 2년 전, 즉 1968년부터 1970년까지 노스캐롤라이나에 위치한 타사자라 선원에 머물렀다. 다음은 그때 추억의 한 자락이다.

타사자라 시절 우리는 사워도에 넣을 천연 이스트를 채취하기 위해 (지름 45cm 정도로) 큼직한 사발에 (단맛이 조금 강한) 스펀지케이크를 준비한 다음, (우리가 핵심 요소라고 여기던) 아주 많이 익은 바나나 2~4개를 으깨서 반죽하곤 했다. 우리는 손으로 돌리는 코로나밀로 밀가루를 매번 새로 갈았다. 그러고는 스펀지케이크에 뚜껑을 덮지 않은 채로 주방 근처 방충망을 쳐놓은 식품 창고에 두었다. 내가 기억하기로, 주로 따뜻한 날씨에 매일 한 번씩 사나흘 정도 저어주었던 것 같다. 그러다보면 생명/활동/발효의 기미가 어느덧 엿보이기 시작했다. 우리는 사워도로 쓰려고 남겨둔 적은 없었고, 매번 새로 만들어서 발효 작업에 들어갔다.

수많은 지역에 사는 수많은 사람이 다양한 곡물 가루에 다양한 제조법을 적용해서 아주 독특한 사워도를 만들고 있다. 사람들은 사워도를 정성껏, 넉넉하게 만들어서 남들에게 흔쾌히 나누어준다. 예술가이자 제빵사인 리베카 베이나트는 모르는 사람들한테도 자신이 만든 종균 샘플을 선뜻 건네고 만드는 법을 알려주곤 한다. 그는 자신이 만든 발효균이 어떤 경로로 퍼져나가는지 보여주는 사이트를 만들기도 했다. 지구 반대편에서 특수한 사워도 종균을 구하는 사람들도 있고, 그런 수요를 충족시키는 사워도 인터내셔널[59] 같은 업체들도 있다.

나는 지난 몇 해 동안 여러 훌륭한 사람들로부터 사워도 종균을 선물 받았다. 그중 하나는 사워도로 빵을 만들고 함께 나누는 모습을 작품으로 승화시키는 '빵과 인형 극단Bread and Puppet Theatre Company'의 종균이었다. 극단 설립자 페터 슈만이 독일에서 가져다준 것이었다. 내 친구 메릴 머시룸이 선물한 사워도는 슈만의 사워도와 많이 달랐다. 그 친구 역시 다른 친구로부터 얻은 사워도를 수십 년 동안 간수해온 것이었다. 메릴의 종균은 물이 아니라 우유로 보충한다는 점에서 아주 독특했다. 독자나 수강생들도 손수 만든 사워도를 내게 나누어주었다. 하지만 가지각색의 종균을 꾸준히 간수하기란 불가능한 일이었다. 그래서 몇 년 전에 밀가루와 물로 사워도를 만들고 그동안 받아두었던 종균을 모두 집어넣었다. 나는 이렇게 만든 사워도를 지금도 사용하고 있다. 이제 우리, 발효균의 복합성을 찬미하자. 그리고 음식의 순수성을 향한 덧없는 탐구를 포기하자.

어떤 방식으로 만든 사워도 종균이건 간에, 고정불변의 미생물 독립체일 수는 없다. 그들은 자신의 환경을 스스로 조성하고, 때로는 스스로 먹이가 된다. 제빵사 대니얼 리더는 자신의 책 『로컬 브레드』에서 "사람이 천연 이스트를 선별적으로 취사선택한다는 것은 불가능한 일"이라면서 다음과 같이 설명한다.

> 곡물 가루와 주변 공기에 존재하는 이스트가 빵의 독특한 향미를 결정한다. 여러분이 샌프란시스코에 있는 어느 빵집에서 사워도 발효균을 얻었다고 치자. 하지만 그 발효균을 집으로 고이 모셔와 겨우 몇 번만 보충해도 새로운 환경에 적응할 것이다. 여러분이 사용하는 가루와 공기에 존재하는 이스트가 증식하기 때문이다. 또 다른 박테리아 혼합체가 등장하는 셈이다.[60]

저자는 이 말을 입증하기 위해서 캘리포니아에 사는 어느 제빵사로부터 사워도 종균을 얻었다. 그리고는 일부를 떼어 실험실로 보내 미생물 분석을 의뢰하고, 나머지는 뉴욕주에 있는 자기 집으로 가져갔다. 나흘에 걸쳐 북미 대륙을 가로지른 저자는 이후로 몇 차례 보충을 거친 종균에서 샘플을 채취해 또다시 실험실로 보냈다.

> 실험실에서 새로 검사한 결과, 동부로 옮겨온 종균에서 자라는 이스트가 서부에서 자라던 이스트와 다르다는 사실이 밝혀졌다. 생명력이 강한 특정 이스트가 머나먼 여정을 거치고도 살아남고 다른 지역의 곡물 가루와 공기와 물로 키운 발효균 속에서도 번성할 가능성이 없지 않다. 그러나 내 경험에 의하면 지역 고유의 이스트가 이미 차지한 자리를 굳건하게 계속 지키면서 지역의 특색이 살아 있는 빵을 한결같이 만들어낸다.[61]

미생물학자들은 사워도 발효균 집단의 역동성에 대해서 매혹적인 연구 결과를 내놓고 있다. 덕분에 거의 모든 사워도에는 이스트에 비해서 훨씬 많은 개체수를 자랑하는 젖산균이 서식한다는 사실, 그래서 이들이 형성한 집단은 탁월한 안정성을 바탕으로 오랫동안 공생관계를 유지한다는 사실이 밝혀졌다. 일제 셰어링크가 이끄는 벨기에 연구진은 전 세계 여러 빵집에서 수집한 사워도 샘플을 분석했다. 여기에는 같은 빵집에서 서로 다른 곡물과 종균으로 만든 서로 다른 사워도가 포함되기도 했다. 실험 결과, 미생물의 "공동체 구조"는 "사워도를 만드는 곡물 가루의 종류보다 빵집의 환경에 영향을 받는 것"으로 드러났다.[62] 그로부터 1년 뒤, 연구진은 똑같은 빵집 11곳에서 더 많은 사워도 샘플을 가져다가 똑같은 실험을 진행했다. 이들은 사워도가 "시간이 흘러도 변화가 거의 없다"는 사실을 발견하고 "단 한 군데 빵집에서

가져온 여러 사워도에서 변화가 제한적으로 나타났을 뿐"임을 확인했다.[63]

여러분 가정은 빵집만큼 미생물이 풍부하지 않다는 (하지만 그럴 필요도 없다는) 점을 염두에 두자. 비록 위에 소개한 연구가 사용된 곡물 가루보다 빵집의 특수한 환경이 훨씬 중요하다고 결론짓지만, 가루에 존재하는 미생물만으로도 얼마든지 발효를 시작하고도 남는다. 사워도를 발효시키려고 빵집이나 샌프란시스코에 가야 할 필요는 없다는 뜻이다. 젖산균과 이스트는 도처에 존재하므로, 꾸준히 주의를 기울이면서 조심스럽게 키우기만 하면 된다. 제시카 리는 "전 세계 각지의 온갖 사워도를 조사하면, 수많은 종류의 이스트 가운데 소수의 몇 종류만이 발견된다"고 말한다.[64] 키스 스타인크라우스 역시 "멀리 떨어진 곳에서 채취한 효모들의 미생물 구성이 놀라울 만큼 유사하다는 사실은 생물학적 선택 과정의 적절성을 여실히 보여준다"고 결론 내린다.[65]

사워도의 복합적인 미생물 집단 내에서 이스트의 활동을 촉진하는 방법은 신선한 곡물 가루를 높은 비율로 물에 섞어서 영양분으로 꾸준히 제공하는 것이다. 이 말은 거의 모두(75~95% 정도) 사용하고(또는 내버리고), 대략 그만큼의 신선한 곡물 가루와 물에 소량의 남은 종균을 넣으라는 뜻이다. 마찬가지로, 사워도 종균을 넣어서 빵을 만들 때도, 종균이 전체 반죽의 25%를 넘지 않는 낮은 비율로 사용해야 한다. 자칫 시큼한 맛이 강해질 수 있기 때문이다. 나는

사워도 야채 팬케이크

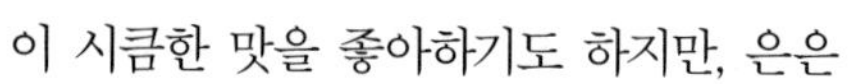
이 시큼한 맛을 좋아하기도 하지만, 은은

한 정도의 새콤한 맛이나 또 다른 맛을 즐기고 싶은 때도 있다. 사워도 종균을 제한적인 비율로 넣는 것이야말로 과하지 않은 신맛이 입안에서 살짝 감도는 빵을 만드는 비결이다.

나는 이런 식으로 사워도를 발효시키고 관리하라는 조언을 몇 년 전 어떤 책에서 읽었다. 그런데 영양분을 공급할 때마다 거의 모든 종균을 버리라는 대목에서 깜짝 놀라지 않을 수 없었다. 그렇게 많은 음식을 버린다는 발상 자체가 탐탁지 않았던 것이다. 그래서 이 내용만큼은 철저하게 무시했다. 하지만 지금은 은은한 맛을 더 훌륭하고 빠르게 낸다는 관점에서 이 방법이 지닌 장점을 경험으로 깨달았다. 아울러 불필요한 종균을 잘 활용하는 방법도 찾아냈다. 향미가 강한 팬케이크로 만드는 것이다. 이 부분은 나중에 자세히 소개하기로 한다.

나는 일반적으로 걸쭉하지만 단단하지 않은 액체 상태로 사워도를 관리한다. 물론 사워도 종균을 딱딱한 고체 상태로 관리하는 편이 낫다고 말하는 사람들도 있다. 여러 방향으로 실험해보고 자기한테 맞는 방법을 찾기 바란다. 사워도를 가지고 먼 길을 나서거나 오랫동안 집을 비우는 경우, 고체 상태로 굳히는 것이 좋다. 사워도를 고체로 만들면 미생물의 활동을 늦출 수 있기 때문이다. 종균을 얼리는 사람들도 있다. 이때도 사워도를 고체 상태로 건조시켜 냉동하면 더 높은 생존력을 유지할 수 있다. 건조 역시 사워도를 이동 또는 보존하는 방법이다. 이민자들이 사워도나 발효균을 묻혀서 말린 손수건을 품고 미국 땅을 처음 밟았다는 이야기도 전해 내려온다.

사워도는 영양분을 매일 공급하는 것이 이상적이지만, 보통 이틀 내지 사흘 간격으로 공급해도 괜찮다. 온도가 따뜻한 주방이라면 서늘한 주방보다 더 자주 공급할 수 있도록 준비하자. 종균을 자주 쓰지 않는다면, 냉장고에 넣어두었다가 일주일에 한 번 꺼내서 상온을 되찾을 때까지 기다린 뒤에 영양분을 공급한다. 그리고 상온에서 한동안 발효시킨 다음 냉장고에 도로 넣는다. 빵을 만들 때가 되면, 상온으로 돌아올 때까지 기다렸다가 곡물 가루 비율이 높은 영양분을 두 차례 공급한 뒤에 굽는다. 냉동시켜 "백업해둔" 종균도 마찬가지다. 상온까지 천천히 녹인 뒤에 영양분을 공급하면 왕성한 활동력을 되찾을 수 있다. 필요하면 영양분 공급을 몇 차례 반복한다.

사워도 문화

린 해리스: 저자 허락하에 『미식: 음식 문화 저널』에서 발췌.[66]

실험 결과를 근거로, 무엇에 홀린 것 같은 분위기에서 — 그리고 인터넷을 주무대로 — 큰 문제, 작은 문제 가리지 않고 열띤 논쟁이 벌어진다. 사워도 애호가들은 이 세상 사람들을 두 부류로 나눈다. "시큼하게" 발효시킨 음식을 먹는 사람들과 썩었다고 버리는 사람들. 그러나 이것이 전부가 아니다. 세부적으로 들어가면 더 상세한 구분이 이루어진다.

1. 발효를 촉발시킬 때 상업적인 이스트를 써도 된다고 생각하는 사람 vs. 매도하는 사람.("사워도[종균 원주]는 언제부터 사워도가 아닌가? 곡물과 물을 제외한 여타 첨가물이 들어간 그 순간부터! 논쟁 끝.")

2. 포도즙이나 우유처럼 맛을 더하는 첨가물을 종균에 넣는 사람들 vs. 곡물 가루와 물만 쓰는 순수주의자들.(순수주의자들에게 정신적 승리를 반사적으로 안겨주지 않으려면, [미국의 전설적인 요리사인] 낸시 실버튼과 앤서니 부르뎅이 "[하느님의 원주] 직속 제빵사"라고 부를 법한 거물급

인사들이 포도즙 편을 든다는 사실에 주목하자.)

3. 종균을 금지옥엽으로 돌보는 사람들 vs. 거칠게 키우는 사람들.("골드러시 때 캘리포니아로 몰려든 사람들은 구할 수 있는 재료만으로 사워도를 만들었다. 도정하지 않은 곡물과 강물을 이용하기도 했다. 해묵은 커피콩도 썼을 것이다. 이런 마당에 포도즙을 넣는다고 죄가 되느냐 말이다, 빌어먹을. 종균에 먹이로 공급하는 영양분도 마찬가지다. 쓸 만한 재료라면 종류를 가리지 않고 생기는 대로 활용했다. 이는 사워도를 애지중지하면서, 때맞춰 영양분을 공급하고, 적정량의 이유식을 먹여야 한다는 주장과 대척점에 놓이는 방식이다. 하지만 이렇게 키우지 않으면 사워도의 미래를 망치게 된다. 도시에서 자란 나약한 어린이처럼 성장한 사워도는 상황 대처 능력이 떨어진다. 결국 빵 덩어리는커녕 납작한 팬케이크 정도 부풀리는 수준에 그치고 말 것이다. 그렇게 키우면 안 된다.")

사워도에 대한 새로운 질문이 끊이지 않는다. 그리고 질문 하나에 무수한 답변이 달린다. 이집트 기자의 제빵사로부터 [1847년에 만든 사워도 종균이 아직도 살아 있다는] 그리피스 증조할머니를 거쳐 인터넷 토론방까지 아우르는 오늘날 사워도 애호가들의 문화는 그들이 서로 나누고, 때맞추어 먹이고, 애지중지하는, 그러다가 무심코 방치하기도 하는 바로 그 종균을 연상케 한다. 사워도 문화는 미생물 집단처럼 살아 움직이는 대우주로 보인다. 시큼털털한 부류도 있고, 은은하고 담백한 부류도 있다. 자기 땅을 오랫동안 지켜온 원주민들도 있고, 새로운 성장을 거칠게 촉구하는 신출내기들도 있다. 아울러 정보와 대화의 홀씨들을 더 많이 먹고 싶어 안절부절못하는 세포들도 있다. 수천 명에 달하는 칼[그리피스 증조할머니의 사워도 종균을 전파하는 인물로 유명한 공군 중령 출신의 칼 T. 그리피스—원주]의 친구들처럼, 이 선구자들이 사워도 문화의 생명을 유지시켜 탐스러운 빵으로 부풀릴 것이다.

납작하게 부친 빵/팬케이크

나는 어쩌다 한 번씩 사워도를 이용해서 빵을 굽는다. 그럴 때마다 — 사워도에 영양분을 공급해 신선도와 왕성한 활동력을 유지하면서 — 주로 만드는 빵이 팬케이크다. 사워도 팬케이크는 각자 기호에 맞추어 달콤하게 만들 수도 있다. 먼저 종균을 낮은 비율로 넣어서 반죽을 준비하고 하룻밤 발효시킨다. 종균을 높은 비율로 쓰거나 반죽이 필요 이상으로 시다면, 팬케이크를 만들기 직전에 베이킹소다를 아주 조금 (반죽 2컵/500*ml*당 1티스푼/5*ml* 정도) 넣는다. 베이킹소다가 들어가면 사워도의 젖산과 반응해서 (그 결과 중화가 이루어져서) 아주 폭신하고 달콤한 팬케이크가 된다.

내가 만드는 팬케이크는 달콤한 시럽을 끼얹어 먹는 일반적인 팬케이크가 아니라 새콤한 맛이 강한 것이다. 물론 베이킹소다는 안 들어간다. 쓰고 남은 종균을 활용하는 경우, 어떤 때는 순수 종균으로 팬케이크를 만들고, 다른 때는 물, 밀가루, 약간의 종균을 사발에 넣고 열심히 섞어서 하룻밤, 아니면 다만 몇 시간이라도 발효시킨다. 남겨둔 곡물이 있으면, 갈아서 밀가루와 함께 섞어 쓴다. 무나 순무, 고구마, 여름호박, 감자 등등 아무 채소나 갈아서 반죽에 넣기도 한다. 팬케이크 만들 준비가 끝나면, 양파나 마늘, 때로는 고구마나 오크라 같은 채소를 볶는다. 채소를 볶는 동안, 달걀 한두 개를 풀어 반죽에 섞고 소금을 친 뒤 치즈도 갈아서 첨가한다. 여기에 볶은 채소를 넣고 섞는다. 반죽이 너무 걸쭉하다면 물을 조금 붓고, 너무 묽다면 밀가루를 한 번에 조금씩 넣고 섞는다. 나는 팬에 기름을 두르고 양념을 잘 바른 뒤 반죽을 얹어서 팬케이크를 굽는다. 그리고 요구르트나 사워크림, 핫소스, 아이바르ajvar와 함께 먹는다. 그 밖에 여러 양념을 적절히 가미해도 좋다.

세상에는 납작한 빵과 팬에 부치는 빵이 무수히 많다. 땅속작물을 비롯한 어떤 곡물로도 만들 수 있다. 예로부터 에티오피아에서는 테프teff 가루로 만든 사워도 팬케이크 인제라injera를 즐겨 먹는다.[67] 미시간주 옥스퍼드에 사는 디앤 베드나는 자신의 인제라 반죽 활용법을 내게 편지로 소개해주었다. 내가 사워도로 팬케이크 만드는 방법과 아주 흡사했다.

> 저는 인제라 스타일의 반죽을 항상 구비해두곤 합니다. 사발에 담아 주방 조리대에 두거나 유리병에 넣어 냉장고에 보관하지요. (…) 원할 때마다 "샌드위치용 납작한 빵"을 만들 수 있거든요. 일부를 떼어서 빵으로 만들기 직전에 베이킹 소다를 살짝 뿌립니다.(부풀어 오른 모습이 아주 멋지니까요.) 그리고 소금도 칩니다. 가끔은 채소를 썰어서 마늘과 함께 넣기도 하고, 달걀까지 넣을 때도 있답니다. 이렇게 만든 인제라를 팬에 부치면 정말 맛있는 빵이 됩니다.

푼카소funkaso는 조를 갈아서 만든 서아프리카의 사워도 팬케이크다.[68] 수수 가루를 종이 두께로 부친 수단식 사워도 팬케이크 키스라kissra도 있다. 묽은 반죽을 팬 가장자리를 따라서 붓고, 게르게리바gergeriba라는 도구로 넓게 편다. 게르게리바는 야자수 이파리를 직사각형으로 자른 것인데, 물그릇에 담가두고 사용한다. "긴 쪽이 아래를 향하도록 게르게리바를 세워서 오른손으로 중간쯤을 잡는다. 그리고 반죽의 오른쪽 끝에 비스듬히 댄다." 『수단의 토착 발효음식』을 쓴 하미드 디라르의 설명이다.

> 그런 다음, 그 조그만 도구로 반죽을 오른쪽에서 왼쪽으로 훑어서 단번에 편다. 이렇게 게르게리바가 뜨거운 팬을 훑고 지나간 자리에는 얇은 막이 생기면서 금세 익는다. 반죽의 반대편에 도달한 게르게리바는, 손목을 비틀어 반대 방향으로 기울여서 오른쪽으로 다시 훑는다. 이번에는 굽는 사람 쪽으로 살짝 당기듯이 훑는다. 이런 식으로 좌우로 훑으면서 팬 전체를 반죽으로 뒤덮는다. (…) 이렇게 게르게리바를 재빠르게 "왕복"시키면, 얇게 펴진 반죽이 순식간에 익으므로 단시간 내에 손쉽게 키스라를 만들 수 있다.[69]

이 얼마나 상세한 설명인가! 실제로 지켜봐야 만드는 법을 가장 확실히 배울 수 있겠지만, 이 정도 설명을 바탕으로 시행착오를 겪다보면 우리 발효 문화 부흥주의자들도 그들이 개발한 기법을 터득해서 얼마든지 활용할 수 있다고 본다.

사워도 빵

나는 빵 굽는 일이 정말 좋다. 빵을 구우려면 리듬과 예민한 촉각이 필요하고, 시간도 꽤 걸리지만, 제대로 만들면 맛있는 빵을 보상으로 얻을 수 있다. 처음에는 비교적 은은한 향기를 풍기던 반죽이 숙성과정을 거치면서 찰기가 생겼다가 적당히 부풀어 오르는 모습은 시각적인 희열을 느끼기에 충분하다. 이렇게 준비한 반죽을 오븐에 넣고 굽기 시작하면 신선한 빵 냄새가 온 집 안에 진동하고, 식구들 입안에는 침이 고인다. 마침내 다 구운 빵을 오븐에서 꺼내면, 김이 모락모락 피어오르는 따뜻한 빵을 얼른 썰어 먹고 싶어서 조바심이 생긴다. 하지만 빵 덩어리의 중심부는 식는 동안에도 계속 익는 법이다. 빵 냄새만 맡으며 유혹을 참고 견뎌야 완전히 익은 빵을 먹을 수 있다는 뜻이다. 중심부까지 모두 익은 빵을 먹으려면 오븐에서 꺼낸 뒤 30분 정도 기다려야 한다. 그래도 빵은 여전히 따뜻할 것이고, 기다린 보람이 있다고 느낄 것이다. 이 세상에 갓 구워서 따뜻한 빵만큼 맛있는 음식이 몇이나 되겠는가.

이스트 한 봉지를 넣으면 쉽고 빠르게 빵을 구울 수 있다. 분명한 사실이다. 그러나 천연 이스트와 박테리아의 힘으로 빵을 만드는 것이 훨씬 신비로운 체험이다. 게다가 — 맛과 향, 바삭한 식감, 보존성, 영양의 유효도 측면에서 — 훨씬 우월한 빵을 만들 수 있다. 사워도 빵을 구울 때 가장 중요한 단 한 가지 요소를 꼽는다면 활동력이 왕성한 종균일 것이다. 오랜 족보를 자랑하는 종균일 필요는 없다. 하지만 활력이 넘치는 종균이어야 한다. 활발히 움직이면서 기포를 일으키고 빵을 부풀리는 모습이 확연하게 나타나야 한다는 뜻이다. 생기가 없고 활동력이 떨어진 종균으로 반죽을 만들어선 안 된다. 앞서 설명한 대로, 수시로 영양분을 공급하고 섞어주어야 표면에서 기포가 잘 솟는 걸쭉한 종균을 얻을 수 있다. 이런 종균을 써야만 밀도가 더 높은 빵 반죽을 기대할 수 있다.

사워도 빵이라고 해서 신맛이 나야 하는 것은 아니다. 나는 『천연발효』를 집필하던 시절만 해도 신맛이 두드러진 빵을 만들곤 했다. 종균이 천천히 걸쭉해지도록 밀가루 비율이 낮은 영양분을 반복적으로 공급함으로써 상당히 높은 산도를 유지한 결과였다. 사워도를 만들거나 간수할 때, 밀가루와 물의 비율을 높게 잡고 종균을 낮은 비율(25% 이하)로 넣으면 산도가 낮아지면서 부푸는 속도가 올라가고 신맛이 훨씬 약한 빵으로 구울 수 있다.

나는 이 책에서 제빵 과정을 자세히 다루지 않을 생각이다. 이미 많은 책이 다루고 있는 주제이기 때문이다. 나는 빵에 관한 책을 즐겨 읽는 편이고, 거기서 많은 영감을 받아왔다.(참고 자료 참조) 탁월한 재능을 뽐내는 장인들이 빵 만드는 과정을 지켜보면서 크나큰 깨달음을 얻기도 했다. 수십 수백 덩어리의 빵을 구워 내놓는 그 모습이 얼마나 우아하던지, 흡사 무용수의 춤사위를 보는 듯했다. 근사한 빵을 굽는 법이 궁금하고, 시간이 넉넉하다면, 이런 장인들을 찾아가서 청소라도 돕겠다고 자원해보자. 그들이 빵 굽는 모습을 지켜보면서 몇 마디 질문도 던질 수 있을 것이다. 그리고 책을 읽자. 빵 굽는 일에 관한 한 경험적 학습을 대체할 수 있는 것은 아무것도 없다. 다양한 방법으로 다양한 스타일의 빵을 만드는 실험에 나서자. 정보와 영감의 원천이 되는 훌륭한 책이나 웹사이트, 멘토가 되어줄 사람도 많다.

사워도 빵을 한 차원 업그레이드하려면

오리건주 윌리엄스에 사는 리즈 트리의 몇 가지 팁

- 종균에 신경을 많이 써야 한다!!! 반려동물을 키우듯 영양분을 공급하라. 나는 빵을 많이 굽는 편이라 하루도 거르지 않고 영양분을 공급한다. 내 경우는 100% 수화水和시킨[밀가루와 물을 똑같은 무게로

섞은—원주] 종균을 구비해두고, 물과 밀가루를 같은 비율로 섞은 영양분을 공급한다.

- 온도에 주의하자. 최적의 온도는 섭씨 23~26도다. 그래서 나는 밀가루와 종균의 온도를 재고 나서 물의 온도를 조절하는 방식으로 원하는 온도를 맞춘다.
- 나는 주방용 저울을 30달러 정도에 구입했다. 그리고 모든 재료를 그램 단위로 측정한다. (…) 덕분에 빵을 새로 구울 때마다 일정한 비율을 유지할 수 있다.
- '제빵사들의 퍼센트'를 사용하자.[밀가루를 100%로 잡고, 이 기준에 따라 나머지 모든 재료의 비율을 나타낸다.—원주] 다음 단계로 넘어가려는 사람들에게 중요한 대목이다. 새로운 빵을 만든다는 것은 밀가루와 물의 비율을 바꾼다는 말이나 마찬가지다.
- 이전과 다른 점이 생기면, 사소한 것일지라도 기록해둔다. (물론 내가 같은 종류의 빵만 주야장천 굽고 있기에 가능한 일이다!)

나는 온도 조절, 제빵사의 퍼센트, 메모하기 등을 통해서 빵 굽는 작업에 과학이라는 요소를 가미했다. 사실 예전에는 탐탁지 않게 여기던 것이었지만, 여러분도 결과물을 마주하면 생각이 달라질 것이다. 그럴 가치가 충분하다!!!

새콤한 호밀죽(주르)

사워도 종균은 빵이나 팬케이크 말고도 여러 음식에 다양하게 쓰일 수 있다. 폴란드 사람들은 사워도를 바탕으로 만든 주르zur라는 수프를 즐겨 먹는다. 쉽게 말하면 묽은 호밀죽이다. 안나 코발스카레비카에 따르면, "도시와 농촌 가릴 것 없이 주르를 발효시키는 단지가 없는 집은 없다. 이 단지는 여간해서는 세척해서 쓰지 않는다. 용액이 일부 남아 있어야 다음번 발효가 원활히 이루어지기 때문이다."[70] 이 수프(그리고 밀가루 비율이 높다는 점을 제외하면 주르와 같은 방식으로 만드는 키시엘kisiel[71])는 호밀을 발효시킨 일련의 슬라브 음식 가운데 하나로, 크바스와 호밀 빵 사이에 존재하는 과도적 형태라고 할 수 있다. 주르의 주재료는 자크바스zakwas, 즉 호밀 사워도다. 러시아 사람들이 묵은 빵으로 만드는 새콤한 음료 크바스는 6장에서 설명한 바 있다. "사워도"를 가리키는 러시아어 자크바스카zakvaska 역시 폴란드어 자크바스처럼 크바스에서 나온 말이다. 네 사람이 넉넉히 먹을 만큼 주르를 만들려면, 호밀 사워도 종균이 대략 2컵/500*ml* 필요할 것이다. 종균에서 신 냄새가 풍길 때까지 며칠 동안 영양분 공급 없이 묵히자. 원한다면, 사워도에 마늘을 넣어서 풍미를 높일 수도 있다. 폴란드 남부에서는 호밀 대신 귀리를 쓰는 경우가 있고, 동부에서는 메밀을 쓰기도 한다.[72] 주르 만드는 법은 다음과 같다. 우선 양파, 마늘을 볶는다. (원한다면) 베이컨이나 소시지, 기타 육류를 함께 볶아도 좋다. 그리고 월계수 이파리, 후추, 마조람marjoram, 올스파이스와 함께 끓는 물에 넣는다. 한동안 계속 끓이다가 자크바스를 넣는다. 끓는 동안 수시로 저어주어야 한다. 조리한 감자와 완숙 달걀, 그 밖에 원하는 재료도 썰어서 넣는다. 그러면 추운 겨울에 특히 맛있는, 든든한 수프가 된다. 사워크림이나 요구르트를 곁들여 먹는다.

초콜릿으로 뒤덮인 사워도 케이크

블러드루트 공동체[1970년대 후반 코네티컷에서 출범한 여성주의 공동체. 레스토랑과 서점, 출판사 등을 운영하며 여성 운동가들의 근거지로 자리매김했다.]

만들기 쉽고 맛있는 비건 케이크. 품질이 좋고 감미료가 안 들어간 코코아와 사워도 종균이 필요하다. 아래는 22cm짜리 2층 케이크를 만들 수 있는 레시피다.

1. 22cm 팬에 기름을 가볍게 두르고 파라핀지를 덮는다. 오븐에 넣고 섭씨 165도로 예열한다.

2. 마른 상태의 재료들을 사발에 담는다.

감미료가 안 들어간 코코아 $\frac{3}{4}$컵/180*ml*

설탕 2컵/500*ml*

표백하지 않은 하얀 밀가루 3컵/750*ml*

베이킹 소다 2티스푼/10*ml*

소금 $\frac{3}{4}$티스푼/3*ml*

곡물로 만든 커피 대체품(카픽스Cafix 등) 2큰술/30*ml*

계핏가루 $\frac{1}{2}$티스푼/2*ml*

위 재료를 거품기로 잘 섞어준다.

3. 물기가 있는 재료는 다른 사발에 넣고 섞는다.

사워도 종균 1컵/250*ml*

물 2$\frac{1}{4}$컵/550*ml*

식초 2큰술/30*ml*

포도씨유 $\frac{3}{4}$컵/180*ml*

바닐라 1$\frac{1}{2}$티스푼/7*ml*

거품기로 잘 섞어준다.

4. 마른 재료와 젖은 재료를 합치되, 최대한 적게 휘젓는다. 곧바로 팬에 붓고 25~30분 정도 굽고 케이크 가운데 부분이 말랐는지 확인한다. 잘 익었으면 빵을 꺼내서 식힘망rack에 올려두고 열기를 뺀다.

5. 썰어서 설탕옷을 입힌다.

품질이 좋고 너무 달지 않은 초콜릿 1컵/250*ml*을 냄비에 붓고

바닐라 1티스푼/5*ml*

메이플 시럽 3큰술/45*ml*

포도씨유 $\frac{1}{4}$컵/60*ml*

코코아 파우더 3큰술/45*ml*

약한 불로 (또는 중탕으로) 녹이면서 저어주고 한쪽으로 치운다.

6. 케이크와 설탕옷이 식으면, 설탕옷을 층과 층 사이에 펴 바르고, 겉에도 발라준다.

시에라 라이스

아로스 페르멘타도arrozfermentado 또는 아로스 레쿠에마도arroz requemado라고도 불리는 시에라 라이스sierra rice는 안데스 고산지대에 사는 에콰도르 사람들이 먹는 발효시킨 쌀이다. 안드레 G. 반 빈과 키스 스타인크라우스는 『농업 및 식품화학 저널』에서 이렇게 강조한다. "시에라 라이스는 발효과정에서 쌀을 섭씨 50~80로 가열하는 만큼 조리를 덜 해도 된다. 이는 섭씨 100도 아래서 물이 끓는 안데스 고산지대의 사

람들에게 매우 중요한 측면이다."[73] 『실용 식물학 저널』에 실린 허버트 허츠펠드의 논문에 따르면, "시멘트 또는 나무로 바닥을 깐 야적장에 축축한 쌀을 수북하게 쌓고 방수포로 덮는다. 그러면 코를 찌르는 불쾌한 냄새가 곡물에 스며든다. 악취는 쌀을 말려서 도정하면 사라지는 것처럼 보이지만, 조리과정에서 어느 정도 되살아난다."[74]

일반적으로 갓 수확한 쌀을 말리거나 도정하기 전에 발효시킨다. 축축한 쌀을 방수포로 덮어서 마르지 않게 하면, 아스페르길루스 플라부스*Aspergillus flavus*나 바실루스 서브틸리스*Bacillus subtilis* 같은 미생물이 저절로 증식하기에 적합한 환경이 조성된다.[75] 『실용 식물학 저널』의 설명에 따르면, 발효가 시작될 때까지 3~10일 정도 걸린다. 발효의 시작 여부는 온도 상승을 통해서 확인할 수 있다. 쌀에 물기가 많을수록 발효가 떠 빨리 이루어진다. 따라서 마른 쌀은 적시고 나서 발효시키는 것이 좋다. 발효에 들어간 지 4~5일 지나면, 쌀더미를 퇴비처럼 뒤집어준다. 열을 방출하는 동시에 미생물을 골고루 퍼뜨리기 위해서다. "발효 속도가 차츰 떨어질 테지만, 습도와 온도에 따라서 6~15일 동안 계속된다. 발효가 끝난 쌀더미는 한 번 더 뒤집어 그대로 말린다."[76] 발효의 진척도는 색깔을 보면 알 수 있다.

> 껍질이 계피 색으로 변한다. 오래 발효시킬수록 더 어두운 빛깔을 띤다. 반면, 발효한 쌀 알갱이를 도정하면, 황금색부터 짙은 계피 색까지 다양하다. 상품 가치가 제일 높은 것은 황금색 또는 연한 계피 색이다. 지나치게 발효시켰거나 발효가 고르게 이루어지지 않으면 검은 쌀이 나온다. 이런 쌀은 판매용으로 적합하지 않다.[77]

발효시킨 시에라 라이스의 조리법은 일반적인 쌀과 똑같다. 다만, 훨

전자현미경으로 촬영한
클로스트리디움 보툴리눔.

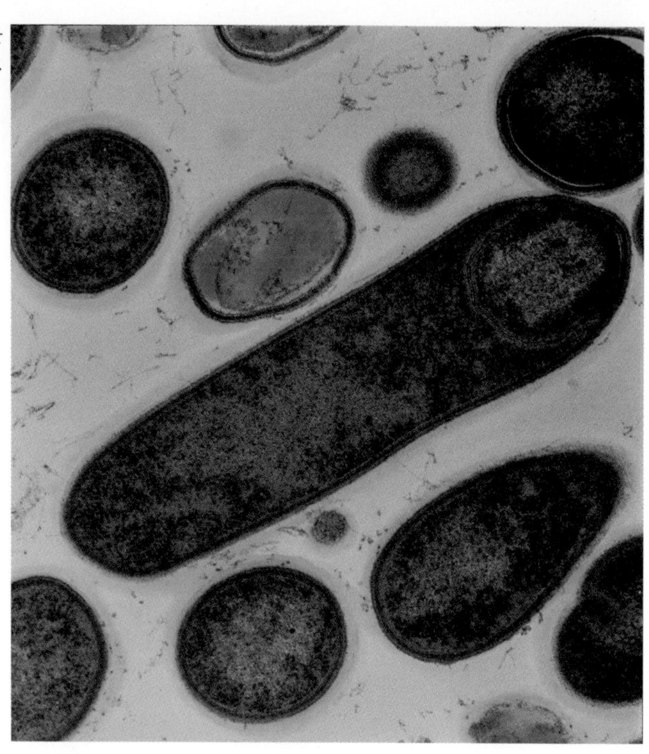

김치와 장으로 가득 찬 옹기. 서울. 제시카 레오 촬영.

제러미 오구스키가 제작한 항아리. 매사추세츠주.

새러 커스텐이 독일 하시의 유명한 제품을 본떠서 만든 항아리. 해자 모양 주둥이에 뚜껑을 덮고 물을 부으면, 발효가 이루어지는 공간에 공기가 들어가지 못하도록 차단할 수 있다.

전자현미경으로 촬영한
사카로미세스 세레비시.

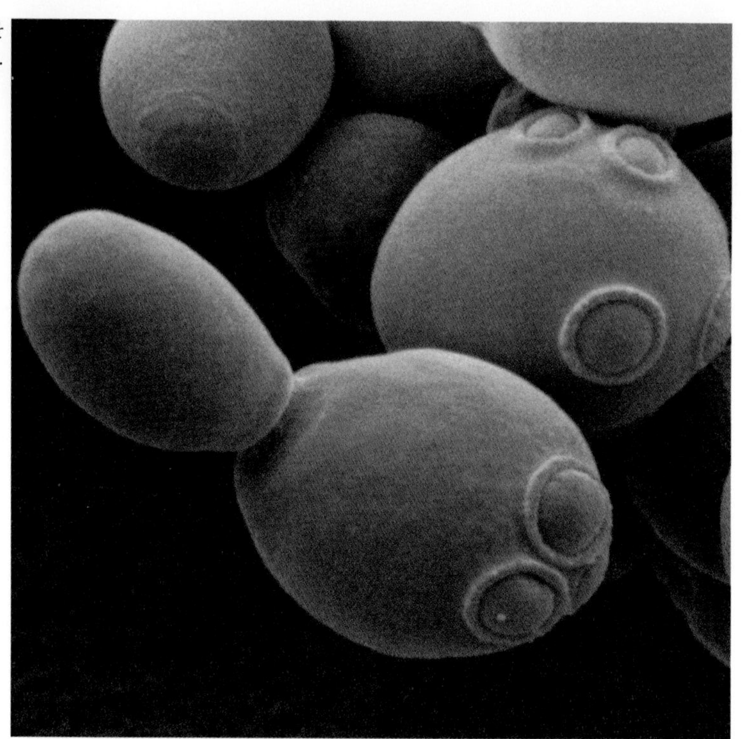

거품이 맹렬히
일어나는 배추.
앨리슨 르파주 촬영.

포도 같은 과일의 껍질에 하얀 분필가루가 앉은 것처럼 보이는 것이 이스트다.

포도즙에서 거품이 일어나는 모습.

에어록으로 밀폐시킨 나무통으로
포도주를 발효시키는 모습.

블루베리(좌)와 복숭아(우)로 만든 과실주.
서로 다른 과일로 발효시킨 술에서 무지개처럼
멋들어진 색조를 감상할 수 있다. 션 민테 촬영.

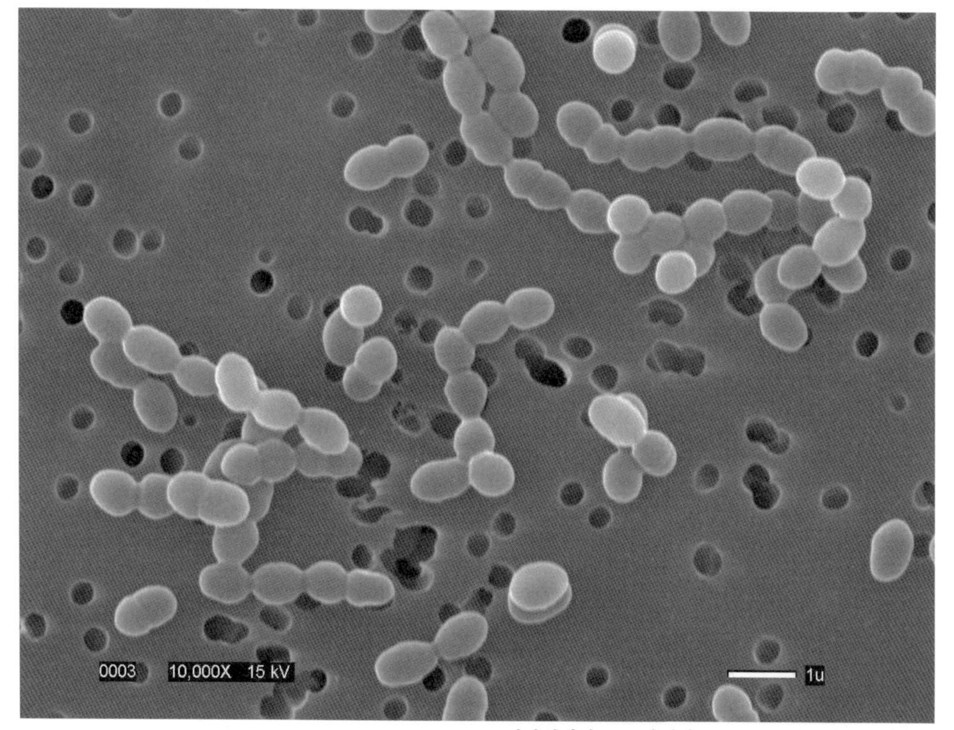

전자현미경으로 촬영한 류코노스톡 메센테로이데스.
미국농업연구청 산하 노스캐롤라이나주립대 식품과학연구소 촬영.

채소를 썰어서 소금을 치고 유리병에 담는 모습. 채소가 즙에 잠기도록 꾹꾹 눌러 담는다. 데비트레 촬영.

채소가 표면 아래 잠긴 상태를 유지하도록 힘껏 누른다.

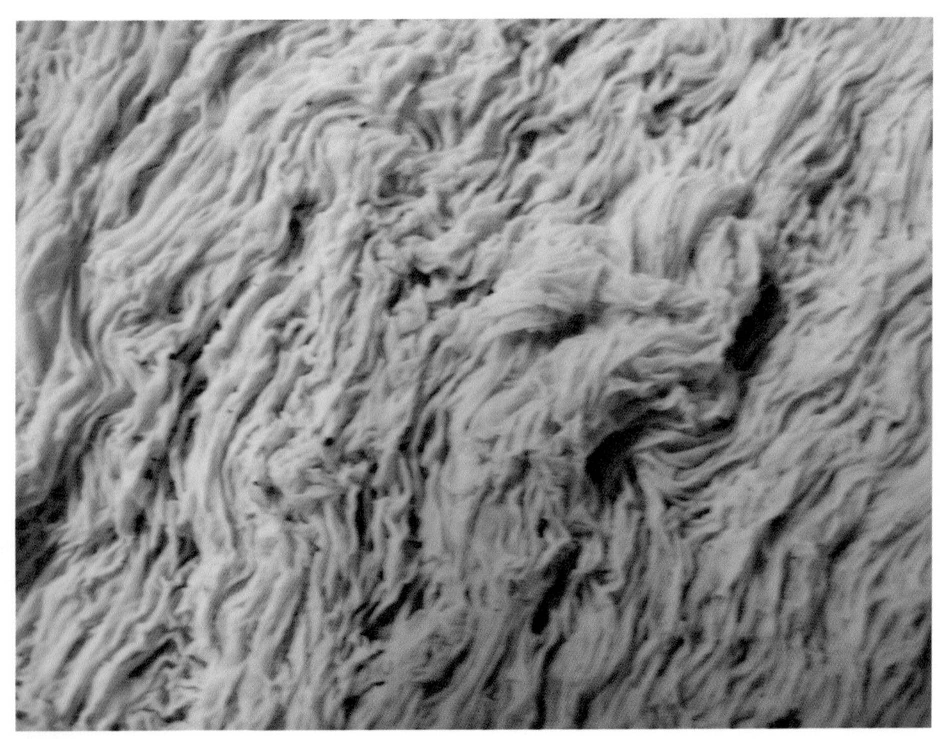

캄 이스트.

매실로 만든 우메보시. 위키커먼스 허락하에 게재.

발효 중인 채소의 표면에서 곰팡이균이 증식한 모습. 아누프 카푸르 촬영.

소금물에 통째로 발효시킨 양배추. 루마니아의 어느 시장에서. 루크 레갈부토와 매기 레빙어 촬영.

다양한 발효채소를 살 수 있는 일본 시장 풍경.

일본 시장에서 팔리는 누카즈케.

저자의 워크숍에서 수강생들이 만든 다양한 크라우트-치.

심하게 탄산화한 크바스를 개봉하자 거품이 솟아오르는 모습. 티머시 바틀링 촬영.

사진 오른쪽에 보이는 내 친구 엘러리가 리투아니아에서 크바스 마차 옆에 서 있다. "정신을 못 차릴 정도로 분주한 가판대다. 사람들이 빈 청량음료 병이나 유리병, 플라스틱 컵을 가져와서 가득 채워가곤 한다. 한 컵에 5센트 정도 한다."

세인트크로이(미국령 버진 제도)의 어느 시장에서 만난 마우비 제조자.

티비코스(위)와 진저비어 플랜트(아래)를 비교한 모습.
예무스 촬영. www.yemoos.com

스프레카. 루크 레갈부토와 매기 레빙어 촬영.

발효 중인 콤부차 속에 떠 있는 콤부차 모체.
빌리 카우프먼 촬영.

캔디로 만든 콤부차 모체.
빌리 카우프먼 촬영.

요구르트의 우유 고형분 사이로 보이는 박테리아(색깔이 있는 부분)를 전자현미경으로 촬영.
길쭉한 막대 모양의 박테리아가 락토바실루스 델브루키다. 짧은 막대 모양은 불가리쿠스,
동그란 모양은 스트렙토코쿠스 살리바리우스 아종 서모필루스다.

루 프레스턴이 키운 케피어.
캘리포니아. 루 프레스턴 촬영.

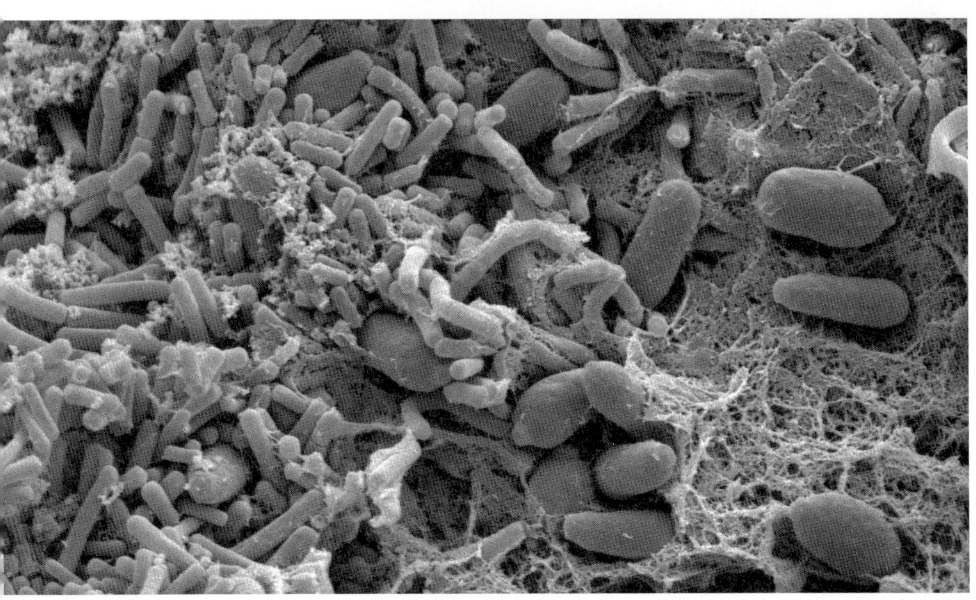

전자현미경으로 촬영한 케피어. 큼직하게 자라기 시작하는 이스트와 막대 모양의 수많은 박테리아가 보인다.
밀로스 칼랍 촬영.

빌리. 리베카 윌스 촬영.

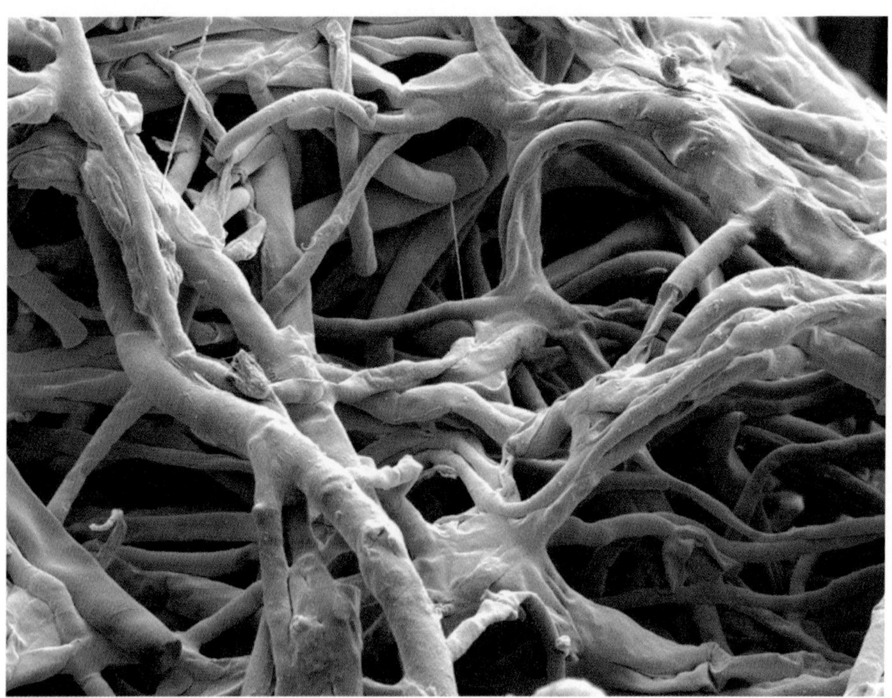

브리 치즈의 곰팡이 균사(페니실리움 아종).

카사바 뿌리. 위키커먼스 허락하에 게재.

타로 알줄기. 위키커먼스 허락하에 게재.

웍을 닮은 호퍼 팬. 제니퍼 모라고다 촬영.

호퍼. 제니퍼 모라고다 촬영.

브라이언 토머스가 손수 지은 오븐에서 갓 구운 빵 덩어리를 꺼내는 모습.

브뤼셀 칸티용 양조장의 냉각주.
널찍한 표면으로 맥아즙을 식히고 공기 중의 천연 이스트와 박테리아를 수집한다.

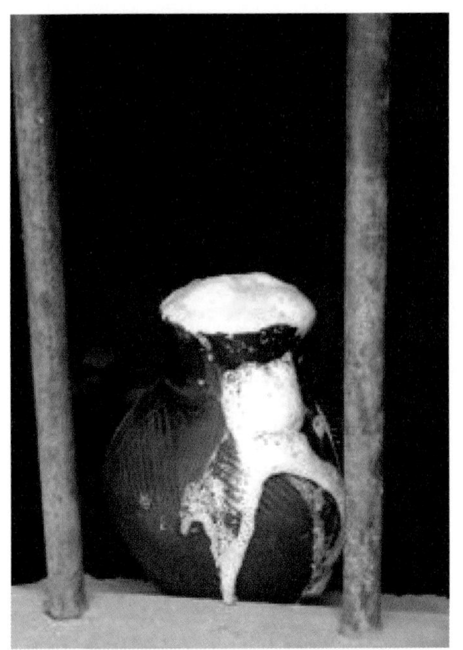

박에 넣어서 발효시키는 가나의 수수 맥주(피토).
프란 오세오-아사레, BETUMI 촬영.

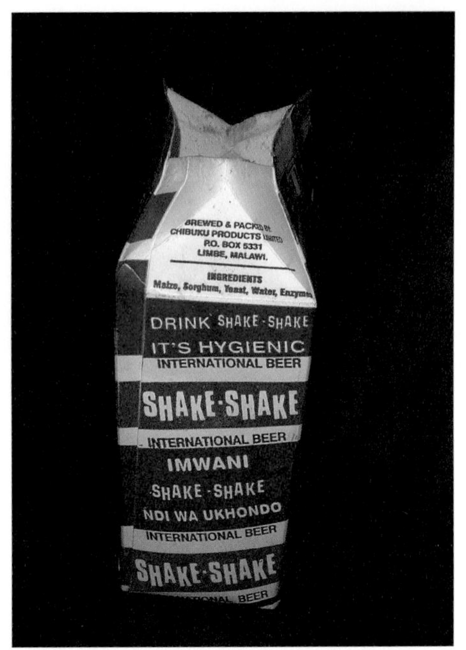

말라위의 어느 양조장에서 제조한 수수 맥주.
우유처럼 종이갑에 담아서 판매한다. 셰이크·
셰이크라는 제품명은 개봉하기 전에 흔들어서
녹말 침전물을 잘 섞은 뒤에 마시라는 뜻이다.
글렌 오스터필드 촬영.

수단식으로 수수를 끓인 죽 아세다.

아시아 식료품점에서 쉽게 구할 수 있는 중국식 "이스트" 덩어리.

캘리포니아 오클랜드의 부탄 및 네팔 이민자들이 임시방편으로 만든 락시.

콩으로 만든 코지(아스페르길루스 오리재)의 포자가 노랗게 뒤덮인 모습. 로런스 딕스 촬영.

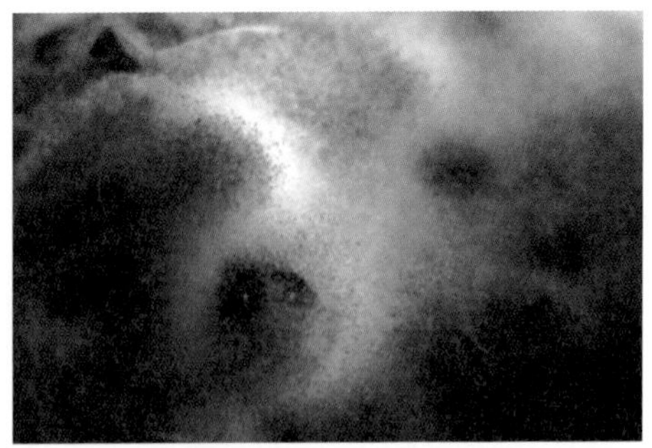

하얀 포자로 뒤덮인 템페. 로런스 딕스 촬영.

내 배양기는 안 쓰는 가정용 냉장고를 재활용한 것이다. 백열전구를 달아 열원으로 쓴다. 전구는 물 냄비 아래쪽에 위치한다. 열을 확산시키고 습도를 유지하기 위해서다. 왼쪽 아래편으로 보이는 온도조절기에 전원을 연결해서, 온도가 섭씨 30도 아래로 떨어지면 켜지고 그 위로 올라가면 꺼지도록 설정했다. 대량으로 발효시키는 과정의 후반부에 곰팡이가 증식하면서 열을 발생시켜 실내 온도가 올라가기 시작하면 배양기 문이 열린 상태로 고정해서 열기를 빼준다.

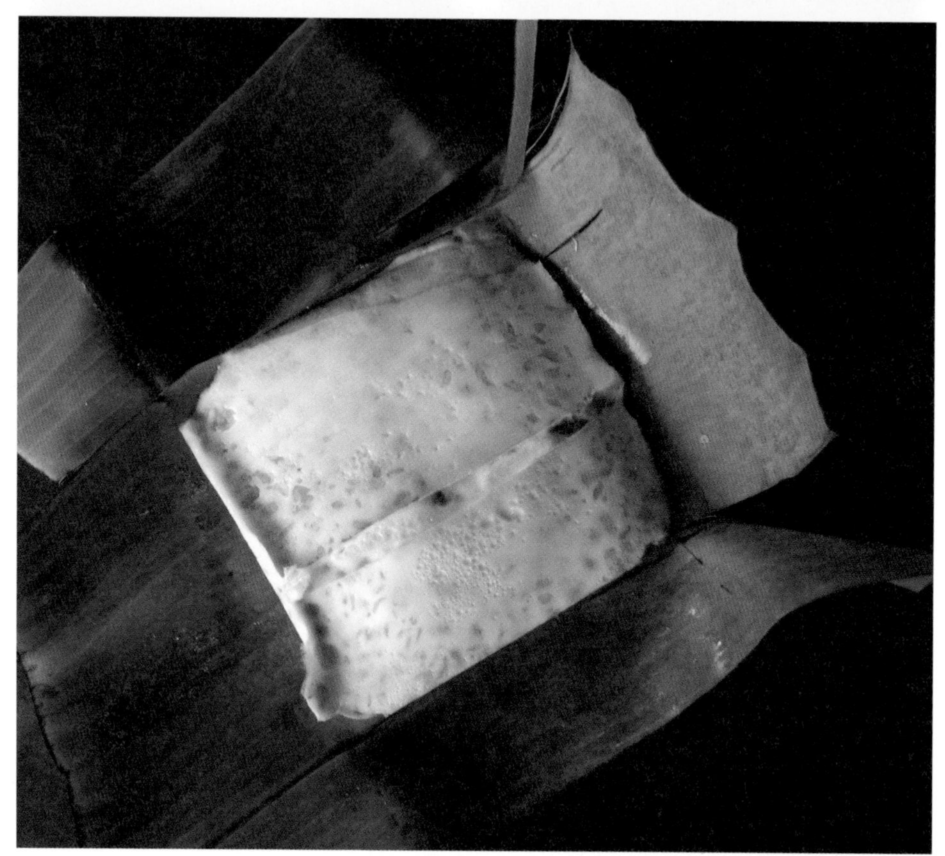

바나나 이파리에 싸서 템페를 만드는 모습.

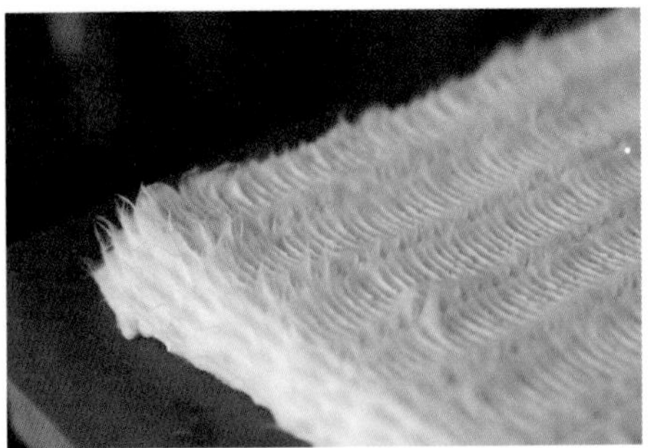
바구니로 틀을 잡고 습도가 높은 배양기에 넣어서 만든 템페. 케일런 라슨 촬영.

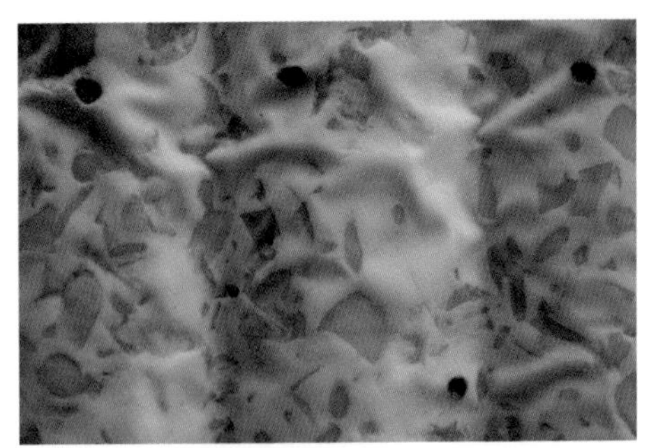
구멍 낸 비닐봉지로 만든 템페에서 포자가 자라기 시작하는 모습. 구멍 주위에 생긴 포자가 거뭇거뭇한 반점처럼 보인다.

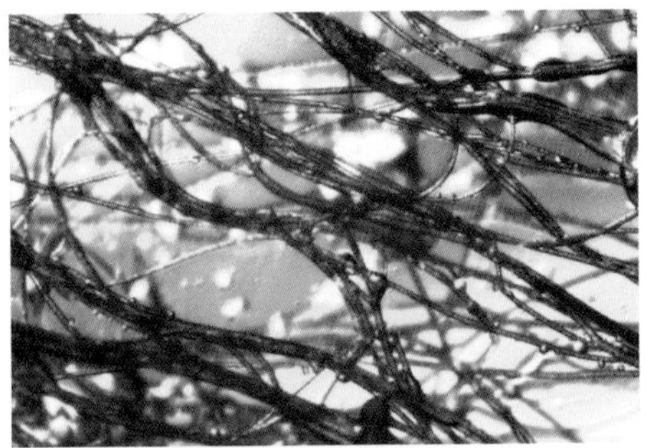
전자현미경으로 촬영한 신선한 템페의 리조푸스 오리재 균사. 에릭 어거스틴스의 허락하에 게재. www.tempeh.info.

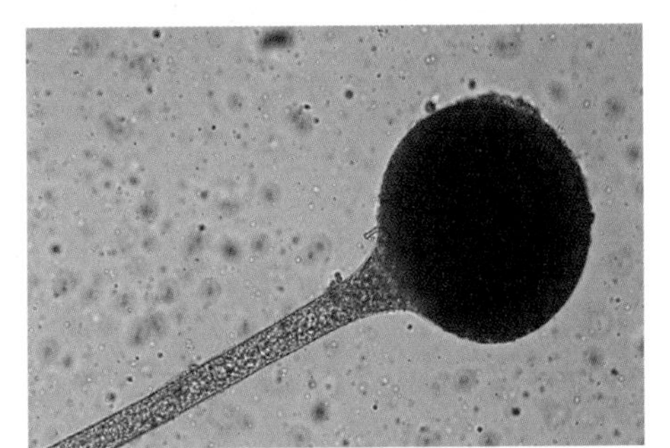
터지기 직전의 리조푸스 오리재 포자주머니. 에릭 어거스틴스의 허락하에 게재. www.tempeh.info.

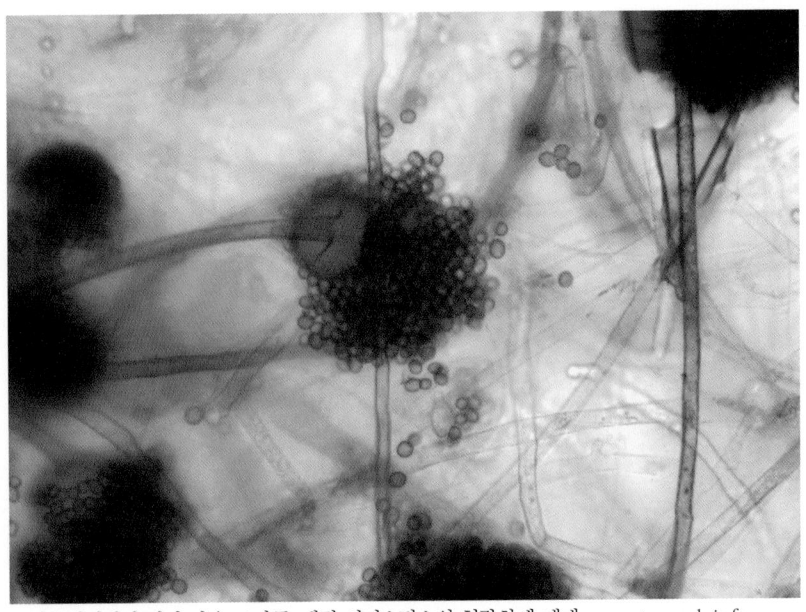
포자주머니에서 터져 나온 포자들. 에릭 어거스틴스의 허락하에 게재. www.tempeh.info.

보리를 대나무 찜통으로
쪄낸 뒤 식히는 모습.
티머시 바틀링 촬영.

콩으로 만든 코지.
티머시 바틀링 촬영.

해바라기 씨로 만든 치즈.
미셸 딕 촬영.

유리병 밖으로 부풀어 오른 이들리 반죽.

실처럼 늘어지는 점액질이 콩을 뒤덮는 낫토.

지푸라기로 감싸서 만든 뒤
그 상태 그대로 판매하는 와라 낫토.

토푸 표면에 곰팡이가 허옇게 자란 모습.
이렇게 실패한 결과물은 두엄 더미에 던진다.

토푸 표면에 악티노무코르 엘레간스가
하얀 솜털처럼 자랐다.

저자의 첫 번째 숙성건조 실험. 사슴 뒷다리를 프로슈토 스타일로 절였다.
티머시 바틀링 촬영.

비올리나 디 카프라.

저자의 살라미 숙성실. 냉장고에 온도조절기를
부착해서 섭씨 14도로 맞추었다.

내용물을 채우기 전에 껍질을 헹구는 모습.

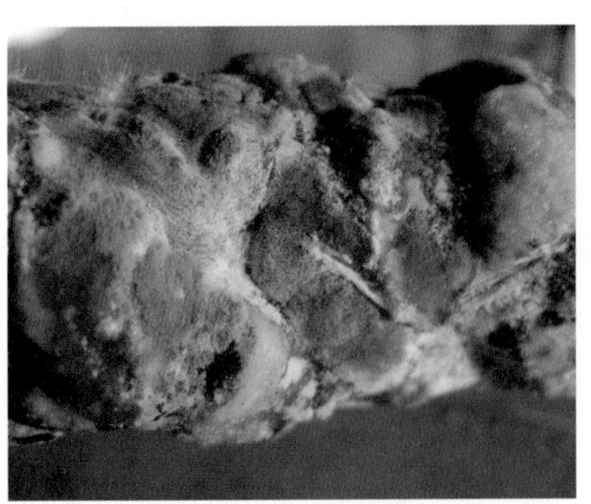

저자가 숙성시키는 살라미에 곰팡이가 자란 모습.

불룩하게 솟은 수르스트뢰밍 캔.
슈테펜 람사이어 촬영.

캘리포니아 버틀리의 발효피클 상점에 있는 스테인리스 발효통. 컬처드피클숍 촬영.

플로리다 게인즈빌의 템페숍에 있는 템페 건조기.

템페를 만들기 위한 비닐에 구멍을 뚫도록
고안된 구멍 뚫는 기구.

템페 속에서 배양하려고 준비한 구멍 뚫린 비닐 안의 접종한 콩.

김이 모락모락 피어오르는 두엄 더미.

바람을 쏘인 퇴비차에서 거품이 일어나는 모습.

발효 이후에 구릿빛 광택이 흐르는 인디고 통.

수전 리가 콤부차 섬유로 제작한 모터사이클 재킷. 바이오쿠튀르©2011.

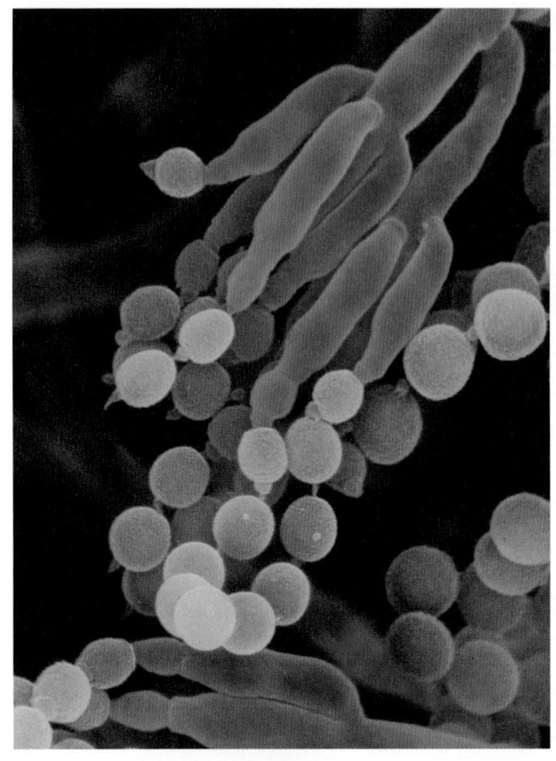

페니실리움
곰팡이균.

발효. 니키 매클루어의 종이판화.

데이비드 베일리의 콤포스트
우드블록 인쇄물.

「로거시스: 리투아니아 발효음식의 신」,
캐럴라인 파퀴타의 실크스크린 작품.

「조그만 행성의 아스팔트화에 반대하는
급진적 치즈 축제」, 빵과 인형극 출판사.

장인이 제조한
크라우트에 붙이는
예술적인 상표.
위스콘신주 매디슨.
앤디 한스 촬영.

「나 자신을
발효시키겠어」,
모던타임스 극단.

씬 빨리 익을 뿐이다.

호퍼/아팜

스리랑카에서는 발효시킨 쌀과 코코넛으로 만든 팬케이크를 호퍼 hopper라고 한다.(이따금 아파appa라고도 한다.) 인도 남부에서 아팜appam 이라고 부르는 음식이다. 나한테 호퍼를 (이메일로) 소개한 사람은 스리랑카 출신 제니퍼 모라고다였다. 그는 나중에 훨씬 자세한 레시피를 사진까지 첨부해서 보내주었다. 나는 내 손으로 만든 호퍼를 먹고 실망하지 않았다. 물론 제니퍼가 "외국에서 제대로 만들기 어려운 이유가 몇 가지 있다"고 했지만, 그래도 나는 내가 만든 호퍼가 사랑스러웠다. 호퍼는 왕성한 발효 작용으로 맛을 낸 쌀과 달콤하고 기름진 코코넛이 사발 모양으로 녹아 붙은 팬케이크다. 특히 거품이 얇고도 바삭하게 익은 테두리가 정말 맛있다!

쌀 500g과 코코넛 한 개면 적어도 8명이 먹을 수 있는 반죽을 만들 수 있다. 쌀을 물에 담그고 하룻밤 불린다. 제니퍼는 찰기가 없는 품종을 써야 한다고 했지만, 나는 [찰기가 좋은] 단립종 현미를 썼고, 결과가 무척 마음에 들었다. 제니퍼의 레시피대로 호퍼를 만들려면, 코코넛 워터와 코코넛 밀크가 모두 필요하다. 둘 다 누렇게 잘 익은 코코넛에서 추출할 수 있는 것이다.

코코넛 워터는 코코넛 중심부에 들어 있는 액체를 말한다. 코코넛을 흔들어보면 찰랑거리는 소리와 느낌을 확인할 수 있다. 코코넛을 집 밖으로 가지고 나가서 힘껏 두드릴 수 있도록 단단한 받침 위에 놓는다. 그리고 망치와 못, 사발을 준비한다. 코코넛 끝 부분에서 구멍 세

개를 찾는다. 이 구멍들이 위로 오게 세운 뒤, 못으로 구멍을 하나 뚫는다. 이어서 두 번째 구멍을 뚫을 때는, 못을 박은 채로 빙글빙글 돌려서 큼직하고 말끔한 구멍을 만든다. 그래야 코코넛 워터를 사발이나 컵에 따르기 좋다.

속을 비운 코코넛의 껍질은 망치로 두드려서 두세 조각으로 쪼갠다. 집 안으로 가지고 들어가 갈색 껍질에 붙은 하얀 과육을 숟가락으로 긁어낸다. 과육을 갈아서 사발에 담고 끓는 물 2컵/500*ml*를 붓는다. 물이 식으면, 그 상태에서 코코넛을 손으로 짠다. 코코넛 즙이 담긴 이 물이 바로 코코넛 밀크다. 면직포를 체에 받치고 코코넛 밀크를 거른다. 건더기를 있는 힘껏 쥐어짜서 코코넛 밀크를 최대한 빼낸다. 면직포에 들어 있는 코코넛 건더기를 한군데로 모아서 다시 한번 짜고, 단단한 받침에 올려서 또다시 강하게 압착한다. 그러고는 건더기에 끓는 물을 한 번 더 붓는다. 물론 이번에는 끓는 물의 양을 조금 줄여야 한다. 그리고 두 번째 압착에 들어간다.

자, 이제 물에 담가두었던 쌀로 돌아가자. 쌀을 건져서 믹서기나 분쇄기, 막자사발 따위에 넣고 미세하게 간다. 수북이 쌓인 쌀가루 한복판을 움푹하게 파내고 종균을 넣는다. 스리랑카에서는 (발효시킨 코코넛 수액을 뜻하는) 토디toddy를 종균으로 쓰는 것이 보통이다. 제니퍼의 레시피를 보면, 코코넛 워터에 이스트와 약간의 설탕을 넣어서 종균으로 쓰라고 나온다. 사워도 종균을 코코넛 워터에 조금 넣어서 쓰는 것도 한 가지 방법이다. 나는 집에서 발효시키는 쌀맥주를 코코넛 워터에 넣어서 쓴다. 코코넛 워터와 종균을 쌀가루에 섞으면 부드러운 도를 만들 수 있다. 필요하면 코코넛 워터(또는 물)를 조금 더 넣는다. 이렇게 만든 도는 뚜껑을 덮어서 예닐곱 시간 정도, 거의 두 배로 부풀 때까지 따뜻한 곳에 둔다.

일단 도가 부풀면, 냉장고에 넣어두었다가 이튿날 작업을 이어가도 된다.(냉장고에서 꺼낸 뒤에는 상온에 2시간 정도 두었다가 이후 단계를 밟아야 한다.) 맛을 보면서 소금을 치고, 코코넛 밀크도 조금씩 첨가해서 아주 얇게 펼 수 있을 만큼 무른 반죽으로 만든다. 그리고 3시간 정도 이대로 두고 발효시켜서 부풀린다.

이어서 팬을 달군다. 스리랑카에서 타크치tachhchi 또는 "차이나 채티China Chatty"라고 불리는 하퍼 전용 팬을 쓴다. 중국의 웍처럼 생겼지만, 크기가 작고 깊이가 얕은 조리도구다. 여기에 코코넛 오일을 가볍게 두른다. 반죽을 조금 붓고 재빠르게 휘돌려서 팬을 거의 뒤덮을 만큼 편다. 반죽의 중심부는 증기로 익혀서 스펀지처럼 폭신하고 도톰하게 하되, 바삭한 테두리를 만들려면 반죽이 팬의 옆 부분까지 얇게 펴져야 한다. 아울러 중심부는 팬에 뚜껑을 덮어서 찌듯이 익힌다. 약한 불로 조리하다가 테두리가 노릇하게 익으면 불에서 내린다.

기름이 잘 먹은 평평한 크레페용 팬으로 호퍼를 만들어보았더니 아주 훌륭했다. 이런 경험담을 제니퍼에게 이메일로 전하자 곧바로 답장이 왔다. "팬케이크용 팬 말고 웍을 쓰셔야 합니다. 팬케이크 팬으로 부친 호퍼는 진짜 호퍼가 아닙니다. 모름지기 호퍼란 증기로 익힌 폭신한 중심부와 레이스처럼 얇고 바삭한 테두리가 어우러진 '3D'여야지, 평평하면 안 됩니다." 무슨 말인지 알겠다. 토르티아나 노리롤, 치즈, 살라미처럼 모양새가 핵심인 음식이라는 뜻이다. 하지만 나는 내가 아끼는 팬으로도 "폭신한 중심부와

사워도 빵

레이스처럼 얇고 바삭한 테두리"라는 목표를 끝내 달성하고야 말았다. 반죽을 팬 한복판에 붓고 살살 돌려주었더니 중심부에 비해서 훨씬 얄따란 테두리를 만들 수 있었다. 이 상태로 뚜껑을 덮어서 증기로 찔 수도 있었다. 가장 인기 있는 호퍼는 달걀 호퍼다. 반죽을 편 다음, 뚜껑을 덮기 전에 달걀 하나를 깨서 중심부에 올리면 그만이다. 호퍼가 익으면서 나오는 증기가 이 달걀을 익히기 때문이다. 그러면 반숙 상태의 달걀노른자에 호퍼를 찍어 먹을 수 있다. 호퍼는 다양한 카레 또는 삼볼sambol 같은 샐러드와 함께 먹으면 좋다. 여러 양념으로 맛을 낼 수도 있지만, 그 자체로 훌륭한 맛이다. 레시피도 다양하다. 쌀 대신 쌀가루를 쓰는 사람도 있고, 시판 중인 코코넛 밀크 통조림을 쓰는 사람도 있다. 인도 남부 케랄라주 사람들이 즐겨 먹는 아팜도 레시피가 아주 다양하고 조리한 쌀은 물론 생쌀로도 반죽을 만들기도 하지만 기본적으로 호퍼와 같은 음식이다.

새콤한 세이탄

앨런 하디, 샌안토니오, 텍사스

●

저는 뭔가 새로운 사실을 발견할 때마다 다른 사람과 공유하기를 좋아합니다. 그런 제가 지난 몇 년 동안 세이탄을 즐겨 만들며 배운 것이 하나 있어서 이렇게 몇 자 적습니다. 세이탄은 밀로 만든 "고기"를 뜻하는 일본어랍니다. 아주 맛있고 영양도 풍부하지만, 단백질이라는 것이 으레 그렇듯, 소화가 잘 안 되는 사람도 없지 않습니다. 그러다가 리쥬블락으로 만든 종균으로 사워도 빵을 굽기 시작하면서 (…) 사워도 빵을 발효시키듯이 세이탄을 발효시키면 소화가 조금 더 잘 되지 않을까 하는 생각이 들었지요. 그래서 (…) 물 대신 리쥬블락에 — 바이탈 휘트 글루텐이라는 제품을 사다가 — 가루 형태의 글루텐을 섞어서 경단 모양으로 도를 빚은 다음, 하루 밤낮 묵힌 뒤에 압력솥에 찌거나 한 시간 정도 끓입니다. 이렇게 만든 세이탄은 톡 쏘는 맛이 일품이랍니다. 맛과 향은 물론 식감도 여느 세이탄과 다르지요. [추신: 저는 우리 집에 있는 사워도 종균으로 세이탄을 만들었고, 결과는 대성공이었습니다!]

키스크와 케케크 엘 포카라

키스크kishk는 (밀을 조리해서 말린 뒤 거칠게 빻은) 불구르와 요구르트를 섞고 소금을 쳐서 도를 만든 뒤 발효시킨 것을 말한다. 발효가 끝난 도를 말려서 바스러뜨린 다음 수프에 넣으면 맛과 걸쭉함이 배가된다.[78] 이탈리아 출신으로 브뤼셀에서 발효음식을 연구하는 마리아 타란티노는 불구르 대신 쿠스쿠스couscous로 키스크를 만들기도 한다. 아울러 키스크를 바스러뜨리기보다, "반죽을 완전히 말리지 않고 조그만 경단으로 키스크를 빚은 뒤, 염소젖으로 치즈를 만들 때처럼 말린 허브를 조금 넣은 올리브 오일에 담가둔다." 아주 맛있다!

나는 슬로푸드가 주최한 국제 행사 테라 마드레에서 마리아를 만났다. 거기서 우리는 가난한 사람의 치즈라는 뜻으로 케케크 엘 포카라 Keckek el Fouqara라고 불리는 음식을 함께 맛보았다. 우유를 못 구하는 사람들이 키스크 레시피를 응용해서 만들던 음식이었다. 내가 지금껏 먹어본 그 어떤 비유제품 치즈보다 훨씬 강렬한 치즈 맛이 미각을 풍요롭게 자극했다. 이 음식이 슬로푸드 프레지디아로 선정된 사유에 따르면, 케케크 엘 포카라는 불구르에 물과 소금을 넣고 (기온에 따라서)

3~5주간 발효시킨다.

그런 다음, 손으로 계속 치대서 부드러우면서도 탄력이 좋은 반죽을 만든다. 맛과 향이 은은한 상태로도 좋고, 백리향이나 큐민, 니겔, 씨앗, 참깨, 후추 같은 향미료를 넣어도 좋다. 반죽이 축축할 때 조그맣게 경단을 빚어서 유리병에 빽빽하게 집어넣는다. 이 비건 치즈에 그 지역에서 나는 엑스트라 버진 올리브 오일을 가득 붓는다. 그러면 맛도 좋아지고, 오래 보존하기에도 좋다. 이렇게 만든 가난한 사람의 치즈는 1년 이상 보관할 수 있다. 이는 "비축하다"라는 뜻의 동사 마나mana에서 온, 이른바 무네mune 생산품 가운데 하나다. 먹을 것이 없는 때를 대비해서 모든 가정이 마련해두어야 하는 비축 식량이었다는 뜻이다.[79]

다른 음식과 함께 곡물 발효시키기

곡물은 거의 모든 종류의 음식과 함께 발효시킬 수 있다. 앞서 설명한 키스크 역시 밀과 요구르트를 섞어서 함께 발효시킨 음식이다. 내 친구 메릴은 밀가루와 우유를 섞어서 사워도 종균의 영양분으로 쓴다. 이런 방식으로 종균을 키우는 사람이 메릴 말고도 많다는 이야기를 들었다. 곡물은 어류나 육류처럼 탄수화물이 거의 없는 음식에서 젖산균이 증식하는 데 결정적인 도움을 주기도 한다. 12장에 가면, 필리핀의 부롱burong과 일본의 나레즈시熱鮨가 나오는데, 모두 쌀과 함께 발효시킨 물고기를 가리킨다. 5장에서는 채소를 발효시킬 때 쌀이나 감자를 넣기도 한다고 언급한 바 있다. 이 밖에 다른 곡물이나 땅속작물도 얼마든지 넣을 수 있다. 9장에서 다룰 여러 곡물 맥주의 경우, 애초부터 과일이나 수액 등 당분을 섞어서 만들었다는 기록이 남아 있다. 11장에 나오는 이들리idli는 콩과 발효시킨 쌀로 반죽을 만들어 쪄낸 빵이다. 미소도 마찬가지다. 콩류뿐 아니라 아스페르길루스 오리재*Aspergillus oryzae*라는 곰팡이균으로 키운 코지(10장 참조)로 만들기 때문이다.

남은 곡물(또는 땅속작물) 발효시키기

발효는 남아도는 곡물이나 땅속작물을 활용하는 훌륭한 수단이다. 남은 곡물 처리법으로 내가 가장 선호하는 방법은, 이번 장 앞쪽에서 언급한 대로, 사워도 빵이나 팬케이크에 넣는 것이다. 나는 폴란드식 새콤한 호밀 수프 주르도 좋아해서, 이와 비슷한 수프를 남은 곡물로 만들어 먹는다. 만드는 법은 이렇다. 익힌 곡물을 물에 담갔다가 건져서 묽은 죽처럼 간다. 여기에 호밀 가루를 조금 넣어서 걸쭉하게 만들고 사워도 종균을 넣는다. 며칠 동안 발효시킨 뒤 수프로 끓인다. 크라우트나 김치를 만들 때도 남은 곡물이나 땅속작물을 쓸 수 있다.

문제 해결

사워도에 기포가 전혀 안 생긴다면

혹시 염소를 제거한 물을 사용했는가? 물속 박테리아를 죽이려고 집어넣은 염소 또는 클로라민이 발효를 저해할 수 있다. 아울러 이스트가 공기와 접촉해서 활발히 증식하도록 젓고 또 젓는 작업이 중요하다. 집에서 따뜻한 곳을 찾아 종균을 그리로 옮기자.(낮은 온도가 발효 속도를 떨어뜨릴 수 있다.) 다른 방법이 전부 실패로 돌아갔다면, 최후의 수단으로 유기농 호밀 가루를 넣어보자.

기포가 한 번 생기고 만다면

기포가 생겼다가 사라진 사워도라면 상당히 높은 비율로 영양분을 공급할 필요가 있을 것이다. 이 말은 대략 75%의 사워도를 버리고, 25%를 남겨서 신선한 곡물 가루의 비율이 높은 영양분을 공급하라는 뜻이다. 다시 말하면, 남아 있는 종균의 세 배 내지 네 배에 달하는 곡물 가루와 물을 넣으라는 것이다.

사워도에서 지독한 냄새가 풍긴다면

사워도는 다양한 미생물 집단의 복합체다. 여기에 고비율의 영양분이 들어가면 이스트가 왕성하게 활동하므로 사워도에서 이스트 냄새가 날 수밖에 없다. 그러다가 젖산균이 이스트 대신 사워도의 지배자로 등극하면, 산도가 점차 올라간다. 하지만 사워도에 영양분 공급을 게을리한 탓에 젖산균이 영양분을 소진할 경우, 사워도에 들어 있던 부패균이 패권을 장악할 것이다. 종균에서 지독한 냄새가 난다는 것은 바로 이런 의미다. 그렇다고 전부 내버릴 필요는 없다. 유리병 밑바닥에 멀쩡한 종균이 비록 소량이라도 살아 있을 가능성이 높기 때문이다. 고비율 영양분을 공급해서 휴면 상태의 이스트와 젖산균을 되살리자. 그리고 소중하게 돌보자. 곧바로 기포가 생기지는 않을 것이다. 그래도 매일 뒤섞어주고 따뜻하게 보관하면서 하루나 이틀 간격으로 영양분을 공급하자. 사워도는 회복탄력성이 매우 강해서 방치 상태가 아무리 길어도 소생할 가능성이 있다.

사워도 발효법이 사람마다 제각각이어서 헷갈린다면

세상만사가 그렇듯, 사워도를 발효시키는 방법 역시 한 가지가 아니다. 일견 상충하는 것처럼 보이는 여러 발효법 때문에 고민하지 말자. 모든 발효법은, 여러분이 충실하게 따른다면, 나름의 효과가 있다. 내 경우에는 곡물 가루와 물을 끊임없이 젓고, 젓고, 또 젓는 간단한 방법을 활용한다. 그러나 다른 (훨씬 정교한) 방법을 통하더라도 훌륭한 사워도 종균을 얼마든지 만들 수 있다. 어떤 방법을 택하건 간에, 영양분을 꾸준히 공급하는 것이 사워도 종균의 왕성한 활동력에 핵심이라는 점을 잊지 말자.

표면에 곰팡이가 낀다면

곰팡이가 표면에서 자라지 못하게 만드는 최선책은 수시로 휘젓는 것이다. 표면에 불안정한 상태가 지속적으로 유지될 경우, 곰팡이균이 쉽게 증식하기 어렵다. 곰팡이가 자라기 시작하면 눈에 띄는 대로 걷어내야 한다. 그리고 매일 성실하게 저어주면서 한층 예민하게 살펴야 한다. 사워도를 담아둔 사발이나 유리병에 곰팡이가 생길지도 모른다. 특히 용기 옆 부분에 말라붙은 사워도 찌꺼기에서 곰팡이가 자라기 쉽다. 이럴 경우에는 일단 사워도를 다른 용기로 옮기고 기존 용기를 깨끗하게 씻은 뒤에 다시 담아야 한다.

9장

맥주 등 곡물로 빚는 알코올음료

사케
수수 맥주
유리 플라스트
발아 수수
고구마 막걸리
고구마
맥아 보리
밥
홉
홉 덩굴
테스기노
말린 옥수수

발효라는 말을 듣고서 맥주라는 단어를 맨 처음 떠올리는 사람이 적지 않을 것이다. 내가 발효라는 광범위한 화제로 몇 마디 대화를 나누었던 많은 사람 역시 그랬다. 그들이 일반적으로 떠올리는 맥주를 나도 몹시 좋아한다. 맥아와 홉으로 빚은, 우리가 흔히 마시는 바로 그 맥주 말이다. 하지만 나는 보리, 홉, 물 같은 요소를 1516년에 법적 필수 첨가물로 성문화한 저 유명한 독일의 맥주순수령Reinheitsgebot이나 여타 법규들보다 훨씬 넓은 의미로 맥주를 정의하고자 한다. 내가 말하는 맥주란 주로 곡물(또는 땅속작물)의 복합탄수화물을 발효시켜서 만든 알코올음료다.

우리가 앞 장에서 살핀 대로, 곡물을 자연 발효시키면 알코올 대신 새콤한 향미가 생긴다. 알코올로 자연 발효하는 설탕, 과일즙, 식물 수액 등 단당류와 달리, 곡물은 복합탄수화물을 단당으로 변환하는 효소 작용을 거친 뒤에야 상당량의 알코올로 발효가 가능하다.

서구의 전통적인 맥주 제조법을 따를 경우, 이 단계의 주인공인 효소는 곡물의 몰팅 과정에서 생긴다. 흔히들 보리의 싹을 틔운다거나 발아시킨다고 말하는 단계다. 해럴드 맥기에 따르면, "싹이 생화학적 메커니즘에 재시동을 걸어 다양한 효소를 생성하면, 이 가운데 일부가 보리의 세포벽을 분해하고, 또 다른 일부가 양분저장조직 배젖을 구성하는 세포 속 탄수화물과 단백질을 분해한다"면서 "싹에서 배젖으로 흘러든 이 효소들이 서로 힘을 합쳐 세포벽을 용해시키고 구멍을 낸 뒤, 그 안에 들어 있는 녹말 입자와 단백질 알갱이들을 분해하는 것"이라고 설명한다.[1]

곡물이나 땅속작물을 알코올로 발효시키는 효소의 변환 작용이 몰팅만으로 이루어지는 것은 아니다. 예로부터 아시아에서는 쌀이나 조, 기타 곡물로 알코올을 만들 때 곰팡이에서 얻은 효소를 주로 사용했다. 남아메리카와 아프리카, 아시아 일부 지역에서는 곡물(또는 땅속작물)을 분해해서 알코올을 만들 때 사람의 침에 들어 있는 효소를 활용하기도 했다.[2] 곡물을 입에 넣고 씹는 간단한 방법이라서 아마도 가장 오래된 효소 활용법이 아닌가 싶다. 이 세 가지 방법은 이미 언급한 내용이다.

곡물로 알코올을 만들려면 포도를 비롯한 당분의 원천으로 만드는 것보다 훨씬 복잡한 작업을 거쳐야 하지만, 곡물은 특히 원재료가 지닌 유용성이라는 측면에서 고유의 장점이 여럿 존재한다. 맥기는 곡물이 "포도덩굴보다 키우기 쉽고 빨리 자라며, 동일 면적당 생산성이 훨씬 뛰어날 뿐 아니라, 몇 달 동안 보관했다가 발효시킬 수 있기에 (…) 추수철이 아니라도 연중 아무 날이나 잡아서 맥주를 만들 수 있다"고 요약한다.[3]

날알 상태의 곡물로 맥주를 만들려면 생각만 해도 주눅이 들 정도로 수많은 단계를 거쳐야 한다. 요즘에 맥주를 만드는 모든 주체가 —

집에서 취미로 만들건, 수제 맥주를 만드는 마이크로 브루어리건, 지방색이 강한 소규모 브랜드건, 거대 맥주 기업이건 간에 — 이미 만들어진 몰트 또는 몰트 추출물에 의존한다고 해도 과언이 아니다. 보리에 싹을 틔우는 작업에 대해서는 앞 장에서 설명하고 넘어왔다. 나처럼 변화의 모든 단계를 하나도 빠짐없이 체험해야 직성이 풀리는 독자라면 그 부분을 참고하기 바란다. 나는 맥주를 만들 때마다 낟알 단계부터 최종 결과물에 이르는 모든 단계를 스스로 해결하는 편이다. 하지만 탄수화물을 필터로 대부분 제거해서 투명하게 정제한 세련된 맥주보다 걸쭉하고 녹말기가 강하며 영양가도 훨씬 높은 "불투명" 맥주의 세계에 관심이 더 많다. 만드는 법이 간단하고 어려운 기술도 필요치 않기 때문이다. 이번 장에서는 내가 그동안 수많은 실험을 통해서 터득한 불투명 맥주 몇 가지에 초점을 맞추기로 한다. 나는 이런 종류의 맥주들을 고유의 맥락 속에서 경험하지 못했다. 맥주를 글로 배운 셈이다. 이렇게 획득한 정보들은 상충하는 대목도 없지 않고 세부적인 내용에서 서로 다른 경우도 많았다. 실험을 통해서 내 것으로 만드는 수밖에 없었다. 따라서 앞으로 풀어낼 맥주 제조법들은 내 나름대로 해석하고 몸으로 부딪히며 깨달은 결과라고 해도 좋을 것이다.

천연 이스트 맥주

내가 맥주를 만들 때 또 하나 별난 구석이 있다면, 천연발효에 거의 전적으로 의지한다는 점일 것이다. 포도주나 사과주, 벌꿀주 같은 알코올음료를 만들 때 쓰이는 — 과일, 벌꿀 등 단당류 — 재료들은, 준비 과정에서 가열하지 않은 날것 그대로의 상태라면, 발효의 주역인 이스트들로 언제나 북적댄다. 반면, 맥주의 재료가 되는 곡물은 대부분 조리과정을 거친 뒤에 발효에 들어가므로, 미생물의 작용에 의한 발효가 이루어질 것으로 기대하기 어렵다. "아무 재료나 넣어도 발효가 저절로 이루어지는 술과 달리, 천연 이스트의 원천과 적절한 환경을 적극적으로 제공할 필요가 있다"는 것이 『천연 양조: 양조자가 집어넣는 이스트의 영향력을 넘어선 맥주』의 저자 제프 스패로의 말이다.[4] 때로는 (벨기에의 유명한 천연 이스트 양조장처럼) 공기로부터 미생물 집단을 확보하는 사례도 있다. 싹을 틔운 곡물을 비롯한 식물성 재료, 이전에 발효시킨 종균, 심지어 발효 용기에 들러붙은 찌꺼기나 의식을 거행하듯 열심히 휘저을 때 사용하는 막대기를 통해서도 가능하다. 『성스러운 약초 맥주』의 저자 스티븐 해로드 버너는 발효의 신에게 간절한 기도를 올리는 동시에 천연 이스트의 원활한 발효 작용을 도울 수 있는 실질적 방법을 동원해야 한다고 강조한다.

맥아즙[발효를 앞둔 맥아 혼합액—원주]을 준비했으면, 주둥이가 널찍한 용기에 담고 뚜껑을 닫지 않은 채로 내버려두자. 그러고는 곁에 앉아서 브리저만bryggjemann이나 크베이크kveik 같은 이스트의 정령을 향해 이 자리에 함께해달라고, 발효가 잘되도록 도와달라고 기도하자. 이런 행위가 어떤 의미인지도 음미해보자. 신을 향해 기도를 올리는 것은 우리 조상들의 발효 문화를 부활시킨다는 뜻이다. 지구촌 구석구석에서 조그만 마을을 가꾸며 살아온 그 무수한 사람들, 지혜로운 여성과 현명한 남성들이 발효 용기를 굽어보며 발효의 정령들에게 기도했다. 이곳에 강림해서 발효의 불길을 일으켜달라고. 여러분도 마찬가지다. 가정용 천연 이스트를 구매했다면, 조각칼로 홈을 파서 무늬를 새긴 막대를 발효조에 담가두자. 그러면 이스트가 막대의 홈을 통해서 깊숙이 배어들 것이다. 맥주가 완성되면, 그 막대를 꺼내서 한쪽 구석에 걸어두고 잘 말리자. 다음에 맥주를 또 만들게 되면, 이 막대를 가져다가 발효조에 담그고 생명의 불씨를 되살려달라고 발효의 신에게 기도하자.[5]

나는 이 책을 쓰는 동안 벨기에의 수도 브뤼셀을 방문했다. 거기에 사는 내 친구이자 양조가인 이반 데 바에츠가 칸티용 양조장Brewery Cantillon에 가보라고 권했기 때문이다. 소규모 양조장이지만 천연발효시킨 람빅lambic 맥주로 아주 유명하고 견학이나 시음도 가능한 곳이다. 나는 그곳에서 양조장 소유주이자 수석 양조가인 장 반 루아를 만났다. 지금까지 4대째 가업을 이어오는 사람이었다. 장의 증조부가 1900년에 양조장을 처음 세울 때만 해도 브뤼셀에는 양조장이 수백 개에 달했지만, 오늘날 칸티용은 이 도시에서 유일하게 남은 전통적인 양조장이다.

칸티용에서는 공기 중에 떠도는 천연 이스트와 박테리아를 끌어들여 자연 발효시키는 방식으로 맥주를 만든다. 최고의 맥주를 생산하는 미생물 혼합체가 서늘한 기후를 좋아하기 때문에, 이 양조장은 서늘한 계절에만 맥주를 양조한다. 양조가 끝나면, 뜨거운 맥아즙을 냉각주冷却舟, coolship라고 부르는 거대한 발효조에서 식힌다. 야트막한 어린이용 풀장처럼 표면적

이 넓은 발효조를 구리로 만들어 통풍이 잘 되는 서까래 밑에 배치한 것이다. 맥아즙의 온도가 이스트나 젖산균이 견딜 수 있을 정도로 떨어지면, 주위 공간에 존재하던 이 미생물들이 맥아즙에 들어와 증식하기 시작한다. 칸티용의 안내 책자를 보면, "이런 식의 발효는 브뤼셀 지역, 특히 제네강(브뤼셀을 가로지르는 강) 유역에서만 가능하다는 전설이 있다"고 나온다. 제네강 일대의 독특한 이스트 환경이 예로부터 체리나무 같은 과실수를 많이 키웠기 때문이라는 설명도 들었다. 하지만 안타깝게도 과실수 재배가 지난 세기를 거치면서 큰 폭으로 줄었다고 한다.[6] 강 주변 공기의 이스트 농도가 변하면 양조장을 아예 다른 건물로 옮길 수도 있냐고 장에게 물었더니, 특유의 천연 미생물이 현재 건물 자체에 뿌리를 내렸다고 생각한다며, 그럴 일은 없을 것이라고 잘라 말했다. 제프 스패로는 "브뤼셀 인근 스카르베크에서 체리 과수원이 활기찬 천연 이스트의 지속적인 공급원으로서 제몫을 못 하는 점을 감안하면, 이제는 양조장 건물 자체가 그 어느 때보다 중요한 역할을 담당하고 있다고 결론지을 수밖에 없다"고 말한다.[7]

과거에는 모든 맥주를 천연 이스트로 만들었다. 미국에도 천연 이스트로 맥주를 만드는 양조장이 없지 않다. 보스턴에 있는 미스틱 브루어리가 그중 하나다. 홈페이지를 보면, "우리는 (문자 그대로) 지독한 냄새를 풍기는 그 어떤 미생물도 겁내지 않는다"면서 "오랜 전통에 따라서 새로운 맥주를 만드는 일, 살아 숨 쉬는 맥주를 만드는 일"을 사명으로 내걸고 있다.[8]

천연 이스트로 만든 맥주는 시큼한 맛이 강렬하다. 제프 스패로는 "일찍이 맥주라고 하면 어느 정도 시큼하게 톡 쏘는 맛으로 통했다"면서 "현대적인 양조법이 도입되면서 이와 같은 맥주 고유의 특성이 사실상 말살당했다"고 비판한다.[9] 맥주 블로거 마이클 애그뉴[10]의 열변을 들어보자. "사워비어는 그 어떤 맥주도 흉내 낼 수 없는 오묘한 맛을 자랑한다. 이 세상에서 가장 감동적인, 맛있는 맥주 가운데 하나다. 맥주란 무엇인가에 대한 통념을 산산이 부수고도 남을 맛이다."[11] 실제로 우리 모두는 맥주에 대한 선입관이 있다. 발효연구가 루크 레갈부토는 "맥주를 만들기에 앞서 가장 중요한 마음가짐은 고정관념에서 벗어나는 것이라고 생각한다"면서 이렇게 말한다.

> 천연발효법으로 만든 맥주의 맛은 미국에서 시판 중인 맥주를 주로 마시는 여러분의 기대와 사뭇 다를 것이다. 천연발효시킨 음료는 아주 시큼한 맛이 나는 경우가 많다. 무척 낯선 맛인 만큼 적응하는 데 시간이 걸린다. 나는 유럽을 여행하는 동안 전통적인 천연발효법으로 만든 맥주나 사과주의 강한 신맛을 느끼고 깜짝 놀랐다. (…) 제대로 만든 천연발효 맥주인데도 산패한 줄 알고 밀쳐버렸으니 말이다.

맥주 맛에 관한 우리의 기대감은 경험의 산물이라고 할 수 있다. 거의 모든 맥주가 실험실에서 분리해낸 고작 몇 종류의 이스트로 만들어지기 때문이다. 콜로라도에 있는 뉴 벨지움 브루잉 컴퍼니의 브루마스터 피터 부카르트는 "다른 종류의 미생물을 사용하는 문제에 대해서는 연구 성과가 거의 없고, (요즘) 양조 현장에서도 이 문제에 대해서는 거의 외면하는 것이 현실"이라고 말한다.[12] 제프 스패로에 따르면, "맥주에 신맛을 내는 미생물은 한두 가지가 아니다. 수십, 수백 종류가 존재한다. 과학자들은 람빅의 발효에 관여하는 미생물을 200 종류도 넘게 분리해냈다."[13]

이번 장에서 우리는 공기 중의 이스트에 노출시키는 방식보다는 발아한 곡물을 그대로 이용해서 만드는 맥주에 대해 주로 살필 것이다. 전통적인 방법으로 맥주를 만드는 여러 지역에서 손쉽게 활용하는 제조법이다. 그러나 주위에 떠다니는 이스트로 맥주 만들기를 실험해보기 바란다. 특히 인근에 과실수가 많은 지역이라면 도전해볼 만하다고 생각한다. 신선한 유기농 과일을 이스트의 원천으로 삼아서 맥주를 만들 수도 있다. 이스트가 왕성하게 활동하는 다른 종류의 발효음식을 활용해도 좋겠다. 수시로 열심히 휘저으면 공기 중에 떠다니는 이스트를 손으로 잡아서 집어넣는 것이나 마찬가지라는 점도 잊지 말자.(휘젓는 도구 하나를 정해두고 그것만 계속 써야 한다. 세척해서도 안 된다.) 아니면, 천연발효에 기대는 이 모든 실험을 건너뛰고 이스트 한 봉지를 사다가 넣어도 괜찮다.

테스기노

테스기노는 멕시코 일부 지역의 원주민들이 전통적으로 즐겨 마시는 맥주다. 전통적인 맥주가 대부분 그렇듯, 영양가 높은 음식으로 여겨도 충분할 만큼 걸쭉하고 탄수화물이 풍부하다. 물론 알코올 성분도 있다. 테스기노는 맛도 좋고 만들기도 쉽다. 간단히 설명하면, 우선 말린 옥수수의 싹을 틔워서 그 싹이 5~7일쯤 지나 2.5cm 정도 자라면, 미세하게 갈아서 반죽으로 만든다. 이 반죽에 물을 붓고 8~12시간, 길게는 24시간 동안 끓인다. 모자라다 싶으면 물을 보충한다. 발아한 옥수수로 반죽을 만들면 풀 맛, 풀 냄새가 난다. 따지고 보면 옥수수를 비롯한 모든 곡식이 일종의 풀이기 때문이다. 이 반죽을 오랫동안 끓이면 당분이 캐러멜화하기 때문에 풀 맛이 달콤하고 깊은 맛으로 바뀐다. 결국 특유의 옥수수 향이 진하게 풍기는 달콤한 시럽이 만들어진다. 이 시럽에 물을 부어 희석한 뒤 발효시키면 불과 며칠 만에 테스기노가 완성된다.(훨씬 상세한 제조법은 잠시 뒤에 설명하기로 한다.)

인류학자 존 G. 케네디에 따르면, 멕시코 북부 타라후마라족 사람들에게 테스기노란 "사회적 조직화와 문화에 있어서 중심적인 기능을 담당하는 중요한 발효음료"다. 테스기노를 마시는 행사를 가리키는 테스기나다tesguinada는 "부족 내 사교활동의 기본"인 동시에 각종 의식에 수반해서 수시로 열리는 행사다. 테스기나다는 경제적 측면에서도 그 역할이 중요하다. 일손을 거들어준 사람들을 위해 테스기나다를 마련하고 테스기노를 대접하는 것이 일종의 보상으로 통하기 때문이다.

> 누군가 제초 작업, 추수, 꼴 베기, 거름 뿌리기, 울타리 치기, 집짓기 같은 큰일을 해치워야 한다고 치자. 이 사람이 해야 할 일은 먼저 테스기노를 넉넉하게 준비하고 나서 주위 사람들에게 일 좀 도와주고 한잔 하자고 부탁하는 것이다. 비록 이웃 사이의 유대감, 의무감, 체면 등이 기본적인 동기로 작용하겠지만, 테스기노가 노동의 대가로 지급하는 보수로 통하는 만큼, 이런 상황이라면 의무적으로 갖추어야 하는 요소가 된다. "초대하는 사람"은 이 집 저 집 돌아다니면서 "내일 테스기노나 조금 마시지 않겠느냐"고 묻는다. 해야 할 일이 있다는 말부터 꺼낼 필요가 없으므로, 노동에 뒤따르는 테스기나다의 사교적 측면을 강조하는 것이다. 이 사람은 필요한 작업을 혼자서 해치워도 되고, 테스기노를 만들어놓고 이웃 사람들을 초대해도 된다. 하지만 대개는 후자를 훨씬 선호한다. 시간도 덜 들고 힘도 덜 들기 때문이다. 무엇보다 매일 외롭게 일하다보면 여럿이 어울리면서 더불어 일하는 희열이 그리

운 법이다. 이와 같은 집단적 동지애가 알코올의 효능에 의해서 다시 한번 크게 고취된다는 점은 두말할 나위가 없다.[14]

테스기나다의 중요성은 노동 차원에서 그치지 않는다. "종교적인 모임, 사업상 모임, 유희를 위한 모임에서도 테스기노가 중요하다. 테스기노를 마시며 갈등을 해소하고, 결혼을 약속하며, 협상을 매듭짓는다." 민족식물학자 윌리엄 리칭거는 1983년 박사학위 논문에서 타라후마라 사람들의 테스기노 만드는 법을 상당히 자세하게 묘사했다. 리칭거는 "가장 오랜 시간이 걸리는 작업은 옥수수 알갱이에서 싹을 틔우는 과정"이라면서 옥수수 발아에 쓰이는 온갖 용기를 소개한다. 특히 싹이 자랄 때 빛을 막아주는 용기를 써야 씁쓸한 맛을 내는 엽록소가 자라지 않는다고 강조한다.

옥수수 알갱이들은 나무 상자나 통조림 깡통 등 여러 용기를 활용해서 발아시킨다. 구덩이를 파서 발아 용기로 쓰기도 한다. 구덩이는 볕이 좋은 날 집 근처 안전한 곳에 여러 개 판다. 다 파고 나면 풀잎이나 나뭇잎을 깔고 솔잎으로 덮는다. 겨울철에는 발아 용기를 집 안에 두고 싹을 틔운다. 열기가 일정하게 유지되는 주방의 화덕 근처가 좋다.[15]

내 경우에는 1갤런들이 유리병을 쓴다. 빛이 들어가지 않도록 천으로 덮는다. 옥수수 500g이면 테스기노 2*l* 정도를 만들 수 있다. 옥수수 알갱이를 24시간 정도 물에 담가두었다가 건져서 물기를 잘 빼준다. 그러고는 물에 헹군 뒤 건져서 물기를 잘 빼주는 작업을 연이어 예닐곱 번 반복한다. 이 작업을 하루에 한 차례씩 일주일 정도 계속하면 싹이 2.5cm쯤 자랄 것이다.

그런데 사료용 마른 옥수수dry field corn가 대체 무슨 뜻인지 이해하지 못하는 사람이 많다. 어디서 구할 수 있는지 막막한 사람도 많을 것이다. 사료용 마른 옥수수는 일반적인 사탕옥수수sweet corn와 다르다. 대개 탄수화물 함량이 더 많고 물기는 더 적은 품종으로, 가축 사료 또는 제분 용도로 재배해서 건조시킨 뒤 자루에서 알갱이를 떼어낸 것이다. 팝콘용 옥수수하고도 다른 품종이다. 자연식품 취급점이나 협동조합 매점에 가면 구입할 수 있을 것이다. 하지만 요즘은 유전자를 조작한 옥수수가 워낙 흔하므로 주의해야 한다. 나는 여러분에게 유기농 옥수수를 사용하라고 강력하게 권하고 싶다. 혹시 옥수수를 직접 재배하고 싶다면, "덴트dent" 품종을 추천한다. 이미 발아한 옥수수를 구입할 수도 있다. 스페인어로 조라jora라고 하는데, 멕시코 식료품점에 가면 구할 수 있다.

다음 단계는 발아한 옥수수를 갈고 치대서 반죽으로 만드는 것이다. 나는 절구 또는 믹서기로 옥수수를 갈아서 테스기노를 만들어왔다. 어느 쪽을 선택해도 좋은 결과를 얻을 수 있을 것이다. 발아한 옥수수로 반죽을 만들었으면, 물을 붓고 끓인다. 오래 끓이면 끓일수록 좋다. 약한 불을 유지하면서 수시로 저어준다. 내가 참고한 레시피를 종합하면, 8~24시간 정도 끓이는 것으로 나오지만, 내 경우는 평균 12시간 정도 끓인다. 주기적으로 저어주면

서 필요하면 물을 더 붓는다. 옥수수 혼합액은 시간이 흐를수록 점점 더 좋은 향기가 난다. 충분히 끓였다 싶으면 건더기를 걸러내고 식힌 뒤 발효에 들어간다.

타라후마라 사람들은 테스기노 전용 단지라고 할 수 있는 올라olla에 옥수수 혼합액을 담는 방식으로 이스트를 첨가하는 것이 보통이다. 리칭거는 "타라후마라 사람들은 그들의 발효 용기 올라를 세척하거나 헹구는 법이 절대로 없다"면서 "덕분에 올라 안쪽에는 유기물이 엉겨 붙어 두터운 층을 이루고 있다"고 한다. 사카로미세스 세레비시아가 발견되는 곳이 바로 여기다.[16] 이 부족에 관한 책을 1935년에 출간한 W. C. 베넷과 R. M. 징크에 따르면, 타라후마라 사람들은 자신들이 사용하는 올라가 "잘 끓이는 법을 터득했다"고 생각한다.[17]

테스기노 전용 발효 용기가 없다면, 약간 다른 방식으로 발효시켜야 할 것이다. 이 시점에서 그냥 이스트 한 봉지를 넣어도 괜찮다. 나는 테스기노를 처음 발효시킬 때 사워도를 이용했고, 그다음에는 조리하지 않은 상태로 남겨두었던 발아 옥수수 반죽을 조금 사용했다. 두 방법 다 발효가 왕성하게 이루어졌고 맛도 아주 좋았다. 주기적으로 테스기노를 만들게 되었다면, 매번 조금씩 남겨서 유리병에 담고 냉장고에 넣어서 다음번에 종균으로 활용하자.

리칭거가 기록한 타라후마라 사람들의 발효 진척도 측정법은 내가 쓰는 방법과 똑같다. 바로 거품이 얼마나 일어나는지 살펴보는 것이다. "첫 번째는 거품이 슬슬 올라오는 단계다. 그러다가 거품이 마구 일어나는 단계가 이어진다. 마구 일던 거품이 가라앉으면 소비할 단계가 된 것이다." 거품의 기세가 한풀 꺾이기 시작하면 맛있게 마시라는 뜻이다. 나는 발효가 여전히 진행 중일 때 병에 — 압력을 가늠하기 위해 (그리고 폭발을 예방하기 위해) 플라스틱 병에 — 담아서 마시거나 약간의 압력이 생기자마자 냉장고에 넣어서 보관한다.

테스기노를 만드는 현대적인 레시피도 꽤 있다. 주로 마사 가루에 설탕(필론시요piloncillo)을 넣고 달콤하게 끓인 묽은 죽을 발효시키라는 내용이다. 인류학자 헨리 브루먼은 이런 식의 변주에 대해서 "스페인의 남미 정복 이후로 천박해진 풍조 탓이 명백"하다며 경멸적인 시선을 숨기지 않는다.[18] 콜럼버스가 신대륙에 발을 디딘 이후로 500여 년 동안 유럽의 문화가 영향력을 행사한 결과, 안 바뀐 풍습, 안 바뀐 전통을 찾기 어려울 지경이다. 그러나 문화는 역동적이고, 그래서 서로 다른 문화끼리 영향을 주고받는 것 또한 현실이다. 스타인크라우스는 "[테스기노—원주] 만드는 방법은 부족 집단별로 다르다"고 지적한다.[19] 베넷과 징크 역시 같은 생각이다. "우리는 가는 곳마다 그 지역 고유의 테스기노를 마셔봤는데, 그 맛이 완전히 달랐다."[20] 다양한 식물성 첨가물을 반드시 넣는 부족이 있는가 하면, 그렇지 않은 부족도 있다. 같은 뿌리에서 파생한 풍습이라도 시간이 흐르면 서로 다른 가지로 뻗어나가기 마련이다. 세대마다 각기 다른 환경과 영향력에 노출되기 때문이다. 전통은 현실에 적합하도록 변용해야 생명력을 잃지 않는 법이다.

테스기노는 푸릇한 옥수수 줄기를 압착해서 추출한 수액으로 만들 수도 있다. 아마도 이 방법이 여타 옥수수 발효음료를 파생시킨 "원조"에 해당될 것이다. 이에 따라 인류학자들은 곡물을 얻는 목적보다 줄기 추출액을 발효시키는 목적으로 옥수수를 활용한 것이 먼저라고 추측해왔다. 존 스몰리와 마이클 블레이크 역시 "옥수수는 음식이 아니라 음료를 만들기 위해서 재배하기 시작했다"면서 옥수수로 만든 최초의 음료는 달콤한 줄기를 재료로 썼을 것이라는 가설을 제시한다. "발단은 이렇다. 고대 멕시코인들이 제아Zea 옥수수 줄기를 무심코 잘라서 씹어보고 달콤한 맛을 느꼈다. 그러다가 줄기를 으깨면 달콤한 즙을 더 많이 짜낼 수 있겠다는 생각이 들었다. 마침내 이 즙을 발효시키기에 이르렀는데, 아마도 다른 식물에 이미 적용하던 기법과 기술을 동원했을 것이다." 두 사람의 이론에 따르면, 자루가 커지고 알갱이도 많아진 옥수수가 등장한 것은 오로지 이런 목적으로 재배한 결과다.[21]

모든 현상의 기원을 정확히 파악한다는 것은 불가능하다. 하지만 문화적 유산이란 어떤 기원에서 유래했건 간에 지속적으로 변용해서 실생활에 활용하지 않는 한 존속할 수 없다.

수수 맥주

수수 맥주는 아프리카 여러 지역의 전통 맥주다. 집에서 만든 신선한 수수 맥주는 새콤달콤한 맛과 오묘한 술 향기가 어우러진 매력적인 음료다. 만드는 과정 역시 재미있고 교육적이다. 테스기노처럼 탄수화물이 풍부한 현탁액이어서 "불투명 맥주" 가운데 하나로 불릴 때가 많다. 유엔식량농업기구 보고서를 보면, "불투명 맥주는 술이라기보다 음식에 가깝다"면서 "녹말과 당분의 함량이 높고 단백질과 지방, 비타민과 미네랄도 풍부하다"고 설명한다.[22] 인류학자 패트릭 맥거번은 아프리카 서부에 위치한 부르키나파소에서는 수수 맥주가 "칼로리 섭취량의 절반을 차지한다"고 말한다.[23]

미국에서도 수수 맥주가 상업적으로 생산되어 글루텐프리 맥주라는 이름으로 팔리고 있다. 이 제품들은 수수로 만들기는 했어도, 홉을 넣고 정화 작업을 거치는 일반적인 맥주 제조법을 적용하기 때문에 불투명한 진짜 수수 맥주와 다르다. 자가양조 권위자 찰리 파파지언은 "서구에서는 불투명한 수수 맥주를 맥주로 인식하거나 간주하는 경우가 거의 없다"고 지적한다.

> 나는 수수 맥주를 인류가 만든 최초의 맥주 가운데 하나로 본다. 고대 메소포타미아와 이집트 사람들의 맥주와 달리, 이 수수 맥주는 역사적 중요성을 고스란히 간직한, 살아 있는 전통으로 남아 있다. (…) 실제로 수수 맥주는 필스, 복, 페일 에일, 스타우트 같은 맥주보다 전통적 요소를 훨씬 많이 보유하고 있다.[24]

광범위하게 퍼져나간 고대의 전통이 모두 그렇듯, 수수 맥주 역시 여러 지역에서 "당황스러울 만큼 다양한 레시피와 헷갈릴 정도로 수많은 이름으로" 만들고 있다.[25] 때로는 수수 대신, 또는 수수와 함께 조, 옥수수 같은 다양한 곡물이 쓰이기도 한다.

이 맥주는 본질적으로 맥아와 함께 발효시킨 묽은 죽이다. 따라서 죽을 만들 때처럼 다양한 방법을 적용해서 수수 맥주를 만들 수 있다. 비록 세부 사항으로 들어가면 복잡한 경우가 없지 않으나, 통상적인 제조법은 대단히 간단명료하다. (1) 수수를 발아시키고 (2) 햇볕에 말린 뒤 (3) 가루를 내서 (4) 발효시키지 않고 그대로 죽을 끓이고, 당화糖化 작용과 신맛을 내기 위해 맥아 가루를 조금 첨가해서 (5) 물을 더 붓고 더 끓인 다음, 끝으로 (6) 생맥아를 종균 삼아 더 넣어서 발효시키는 것이다.

수수는 미국에서 흔히 구할 수 있는 곡물이 아니어서, 아프리카 식료품점이나 종자 판매점에 가야 살 수 있다. 수수 대신 구하기 쉬운 조를 써도 훌륭한 결과물을 만들 수 있다. 수수 역시 다른 씨앗들처럼 싹이 튼다.(8장 발아 참조) 하룻밤 물에 담갔다가 건진 뒤에 공기는 잘 통하지만 햇볕은 안 들이치는 곳에 2~4일 정도 축축한 상태로 두면,

싹이 돋아서 2cm쯤 자랄 것이다. 전통적으로 맥아는 햇볕 아래 말리는 것이 보통이지만, 건조기나 선풍기 같은 기구로 뜨겁지 않게 건조시키는 방법도 가능하다. 이렇게 말린 발아 곡물은 장기 보존에 적합한 안정성을 획득하므로 몇 달 동안 묵혀두었다가 써도 된다.[26] 싹이 튼 수수로 맥주를 만들려면, 먼저 분쇄기나 절구 따위로 갈아야 한다. 아울러 싹이 안 튼 수수도 같은 분량을 거칠게 갈아서 함께 쓴다. 찰리 파파지언은 "시골 사람이나 자가양조자들은 맥주에 다양한 향미와 빛깔이 스며들도록 발아 수수와 일반 수수를 전부 또는 일부 볶아서 쓰기도 한다"고 말한다.[27]

수수 맥주는 두 단계의 독특한 발효과정을 거쳐서 만든다. 첫 번째는 주로 젖산발효가 이루어지는 단계이고, 두 번째는 주로 이스트 발효가 이루어지는 단계다. 부지런히 마시지 않고 내버려두었다간, 세 번째로 아세트산 발효가 일어날 수도 있다. 나는 관련 문헌을 읽으면서 수수 맥주를 만드는 방법이 지역과 부족에 따라 무척 다양하다는 사실을 알게 되었다. 그러니 다음에 소개하는 발효법을 정답으로 여기면 곤란하다. 그저 누군가 실제로 적용해보았더니 결과가 좋았다더라 정도로 여기기 바란다. 이후에는 아프리카 수단의 메리사 merissa라는 맥주를 소개할 텐데, 이 또한 아주 색다른 방식으로 만든 수수 맥주다.

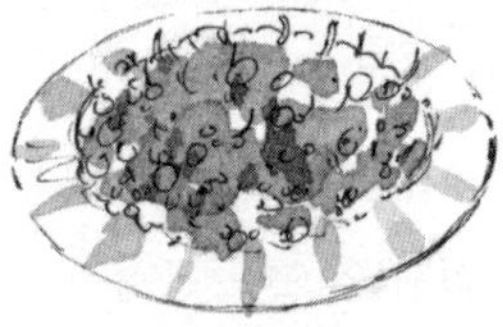

발아 수수

발아시킨 수수 500g과 발아하지 않은 수수 500g이면 대략 4*l*의 수수 맥주를 만들 수 있다. 발아 수수와 비발아 수수와 물의 비율은 1:1:3으로 잡는다. 물을 끓인다. 여기에 거칠게 또는 미세하게 간 비발아 수수를 섞어 넣고 계속 저어서 죽처럼 끈끈하게 쑨다. 불에서 내려 식히되, 죽의 온도가 섭씨 60도로 떨어지면(온도계가 없을 경우, 여전히 따끈하지만 손으로 만져도 될 만큼 식으면), 거칠게 또는 미세하게 갈아 놓은 발아 수수를 절반만 넣는다. 나머지 절반은 두었다가 나중에 넣을 것이다. 발아 수수 가루가 죽에 잘 섞이도록 저어준다. 그러면 이 온도에서 가장 왕성하게 활동하는 발아 수수의 효소들이 복합탄수화물을 단당으로 분해시킬 것이다. 따뜻한 곳에 두되, 파리가 꼬이지 않도록 주의한다. 이렇게 몇 시간이 지나서 수수죽의 온도가 섭씨 43도 아래로 떨어지면, 나머지 수수 가루의 절반을 넣고 잘 섞이도록 저어준다.(나머지 절반은 남겨두었다가 나중에 넣는다.) 다시 따뜻한 곳에 (온도에 따라 다르겠으나) 12~24시간 동안 보관하면, 그사이에 젖산균이 증식하면서 pH를 낮추어 선택적 환경을 조성하게 된다.

다음 단계는 시큼하게 변한 이 혼합물에 물을 더 붓고 예닐곱 시간 끓여서 당분을 캐러멜화하는 것이다. 필요하면 물을 더 부어가면서 귀리죽 같은 녹말 현탁액 상태를 유지한다. 체온 정도로 식힌 뒤, 나머지 발아 수수 가루를 넣는다. 그러면 가루에 들어 있던 이스트가 마지막 알코올 발효를 시작한다.(아니면 이스트 한 봉지로 대체해도 된다.) 파리가 덤비지 못하는 따뜻한 곳에 두고, 발효 기간을 시간 단위로 측정한다. 내 경우에는 우리 집 따뜻한 곳을 기준으로 두세 시간 정도 발효시키는 것이 보통이다. 발효가 끝나면 면직포로 걸러내 플라스틱 청량음료 병에 담고 몇 시간 더 발효시켜서 탄산화한다. 신선한 수수 맥주는 발효가 왕성하게 이루어지기 때문에 압력이 금세 차오른다. 따라서 과탄산화하지 않도록 늘 주의해야 한다.

다른 모든 토착 발효음료와 마찬가지로, 수수 맥주 역시 사회경제적 맥락 속에서 위상이 바뀌어왔다. 공동체의 풍습에 깊숙이 뿌리를 내린 존재이기 때문이다. 수수 맥주는 애초에 선의로 주고받는 선물 개념으로 여러 지역에서 쓰이던 음료였다. 그러나 무역로를 따라 널리 퍼지면서 가내수공업의 대상으로 일찌감치 자리를 잡았다. 경제학자 스티븐 J. 해그블레이드는 보츠나와 수수 맥주에 반영된 경제 변동의 패턴에 관한 박사학위 논문에서 "아프리카 남부에서는 여성이 일감을 찾아 도시로 떠난 남성에게 수수 맥주를 공급하는 형태로 상업적인 양조가 시작되었다"고 지적한다.[28] 1972년 국제노동기구 보고서에 따르면, "일부 아프리카 국가들의 경우, 소규모 자가양조업이 아마도 — 특히 독신 여성에게 — 가장 중요한 일자리 공급원"이었다.[29] 보츠나와 정부의 1970년대 보고서 역시 "수수 맥주 양조업이 보츠나와 농가에서 가장 널리 퍼진 제조업이며 농촌 경제에서 여성에게 일자리를 제공하는 가장 중요한 원천"이라고 밝히고 있다.[30] 보츠나와를 비롯한 아프리카 남부에서는 수수 맥주를 만들어 파는 여성을 선술집 여왕Shebeen Queen이라 부르고, 이들이 (보통 주거지를 겸해서) 수수 맥주를 판매하는 곳은 선술집shebeen이라 한다.

이 지역에 수수 맥주 공장들이 처음 생긴 것은 1900년대 초였다. 해그블레이드는 수수 맥주 양조가 보츠나와에 등장한 "최초의 현대적 제조업"이었다고 말한다.[31] 1930년대 후반에는 남아프리카공화국 정부가 농촌 지역에서 자가양조한 수수 맥주의 판매를 금지하고 지방 정부가 수수 맥주를 공급하라고 지시했다. 이 정책이 시행된 뒤에야 "상업적 양조업이 본격적으로 시작되었다"는 것이 해그블레이드의 설명이다.[32] 오늘날 아프리카 남부에서 가장 유명한 수수 맥주 브랜드는 치부

쿠Chibuku다. 셰이크셰이크라고 불리기도 하는 이 맥주는 (우유처럼) 종이갑에 담겨서 유통된다. BBC에 따르면, "수수 맥주는 액체와 고체가 분리되는 경향이 있어서, 요구르트와 달리 입자가 거친 원래 상태로 되돌리려면 흔들어주어야 한다. (…) 그 강렬한 맛과 풍성한 거품이 [이탈리아산 포도주의 일종] 람브루스코에 못지않다."[33]

산업화한 양조업의 시장 지배력은 꾸준한 증가세를 보여왔지만, 이로 인한 경제적 부작용도 만만치 않았다. 해그블레이드에 따르면, "공장식 양조업이 성장하면서 [소규모 자가양조에 종사하던 사람들이] 일자리를 잃고 가계소득이 줄어드는 등 살림살이가 전반적으로 심하게 나빠졌다. 결국 빈곤층과 중산층에서 부유층으로 부의 재분배가 큰 폭으로 이루어지는 결과를 초래하고 말았다."[34] 비단 아프리카에서만 일어나는 상황은 아닐 것이다. 어디서든 식품을 대량으로 생산하기 시작하면, 부의 집중화, 문화적 차별성의 소멸, 긴요한 문화적 지식과 기술의 폐기, 의존성 심화가 필연적이다. 대중이 사회문화적 맥락을 상실한 음식을 먹게 된다는 뜻이다.

메리사(볶은 수수로 만드는 수단식 맥주)

종교적인 이유에서 공식적으로는 금지 대상이지만 고대의 맥주 전통이 지금도 살아 있는 나라 수단에서는 수수 맥주를 보통 메리사라고 부른다. 하미드 디라르는 1993년 저서에서 "메리사는 이슬람의 가르침으로도 지울 수 없는 아프리카 특유의 전통 가운데 하나로, 수단 사람들의 복잡다단한 일상에서 남다른 의미를 갖는다"면서 "수단에서는 토속신앙인, 기독교도, 무슬림을 가리지 않고 메리사를 만들어 마신다"[35]

고 했다. 메리사는 규격화한 생산품과 거리가 멀다. 디라르에 따르면 "수단은 수수 맥주의 보고다. 이 나라에서 생산하는 수수 맥주의 종류를 헤아린다는 것은 불가능하다. (…) 들어가는 재료도 다르고, 만드는 과정도 다르다."[36] 그러나 1980년대 이후로 이슬람 율법이 통치하는 나라로 변하면서 "메리사 판매와 공공연한 소비가 불법 행위로 낙인찍히고 말았다"고 디라르는 설명한다.[37] 나는 메리사 생산이 여전히 성행하는지 확인하고 싶어서 디라르 박사에게 이메일을 보냈지만 끝내 답신을 받지 못했다. 대신 미국에 거주하는 수단 청년 크레이지 크로를 운좋게 만나서 물어볼 수 있었다. 이 친구가 말하기를, 수단에서는 — 위반 시 채찍 40대에 처하는 — 법률로 금지함에도 불구하고 메리사를 만드는 전통이 여전히 살아 있다고 한다.

남수단공화국이 2011년 7월 9일에 주권국으로 독립하면서 메리사를 얽어맸던 이슬람 율법의 족쇄를 끊어버렸다. 나는 이날을 기념하는 뜻으로 디라르의 뛰어난 저작 『수단의 토착 발효음식』에 나오는 놀랍도록 자세한 제조법에 따라서 메리사를 만들었다. 메리사는 수수와 물만 있으면 만들 수 있는 간단한 음료다. 하지만 이 두 재료를 무수히 다양한 방식으로 변주할 수 있다. 앞서 소개한 수수 맥주처럼, 수수 1kg이면 맥주 4*l* 정도가 나온다.

1. 발아

메리사에 들어가는 발아 수수의 비율은 (무게나 부피 어느 쪽을 기준으로 삼아도) 수수 총사용량의 5~10% 정도로 아주 적다. 위에 설명한 수수 맥주 만드는 법과 마찬가지로, 수수 낟알을 물에 하룻밤 담가두었다가 건져서 축축한 상태로 바람이 잘 통하고 직사광선이 들지 않는 곳에 2~4일 정도, 꼬리가 2cm쯤 자랄 때까지 둔다. 싹이 다 자란

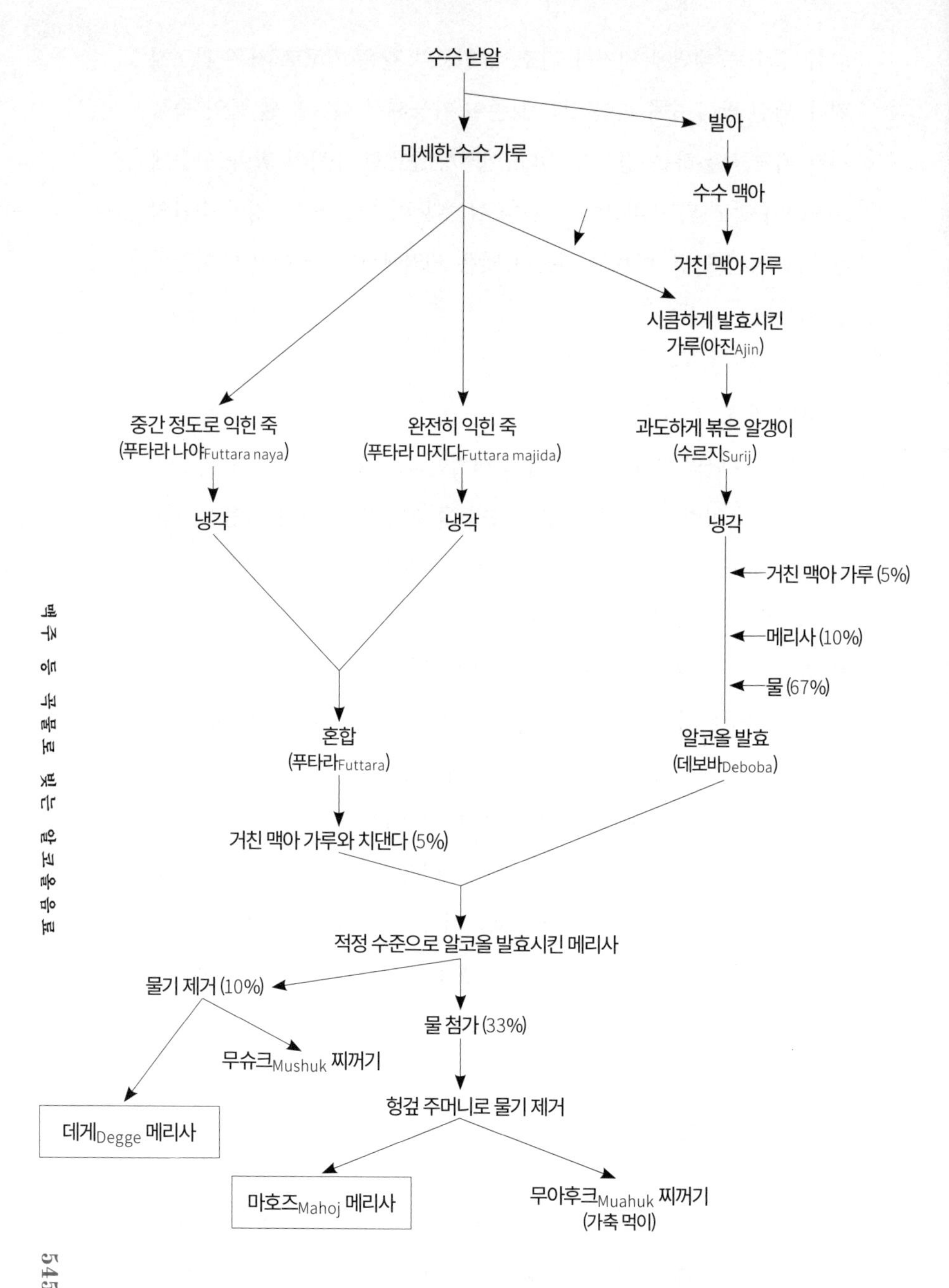

하미드 A. 디라르, 『수단의 토착 발효음식: 아프리카 음식과 영양에 관한 연구』에 실린 흐름도.

발아 수수는 햇볕에 널거나 건조기, 선풍기 같은 기구로 저온 건조시킨다. 말린 발아 수수는 장기간 보존이 가능해서 예닐곱 달 동안 숙성시킨 뒤에 사용하는 경우가 많다. 이렇게 준비한 소량의 발아 수수에 10~20배 정도 되는 비발아 수수를 섞는다. 이후로 제조과정이 수단의 경우 48시간 안팎, 이보다 기온이 낮은 지역에서는 그 이상의 시간이 걸린다.

2. 아진 발효

아진은 수단의 수수 문화에서 핵심적인 위치를 차지하는 사워도다. 아진을 만들려면, 발아하지 않은 수수를 거칠게 갈아서 삼등분하는 작업이 먼저다. 각각 쓰임새가 다르다. 한 부분의 부피가 얼마나 되는지 파악하자. 그래야 물을 얼마나 추가해야 하는지 알 수 있다. 세 부분 중에서 한 부분은 아진으로 발효시킬 것이다. 우선 비금속성 사발 또는 유리병에 담고 물을 최소로 부어서 적신다. 염소를 제거한 물을 조금 붓고 섞는 작업을 반복하면서 물기가 골고루 퍼지게 한다. 내 경우에는 적시고자 하는 수수 가루 부피의 50%에 해당되는 물이 필요했다. 작업이 끝났으면 천으로 덮어둔다. 디라르는 수단의 기후를 기준으로 이 상태에서 36시간 동안 발효시키라고 권한다. 나 역시 매일 뒤섞어주고 냄새를 맡는 내 방식대로 발효에 들어갔다. 사흘 정도 발효시켰더니 시큼한 향기가 올라오기 시작했다.

3. 수르지 로스팅

수르지surij는 아진을 달달 볶은 것이다. 이는 메리사에 고유의 향미와 색을 입히는 단계이기도 하다. 주철 같은 소재로 만든 묵직한 냄비를 중불로 가열한다. 여기에 아진을 넣고 말리면서 볶는다. 계속 뒤집고 섞어주면서 볶아야 타지 않는다. 아진이 열기에 너무 오랫동안 닿아 있지 않도록 끝 부분이 단단한 주걱이나 뒤집개로 바닥부터 긁어서 퍼 올리는 식으로 뒤집어야 한다. 특히 냄비 가장자리가 타기 쉬우니 주의하자. 덩어리진 것을 잘 풀어주어야 건조가 빠르다. 건조가 끝나면 어두운 빛깔로 변하기 시작할 것이다. 디라르에 따르면, 수분이 증발하면서 "모락모락 피어오르던 증기의 색깔이 연기처럼 탁해지면" 수르지가 완성되었다는 뜻이다.[38] 하지만 살짝 그을리는 정도에 그쳐야지, 완전히 탄소화할 때까지 볶으면 안 된다. 여타 볶은 음식이 그렇듯, 수수도 겉 부분만 조금 태우면 맛과 향이 좋아지지만, 완전히 태우면 숯이 되고 만다. 이렇게 건조시킨 수르지는 장기간 보관할 수도 있고, 곧바로 사용할 수도 있다.

"고열 처리를 통해서 수르지를 만드는 이면에는 산을 형성하는 박테리아 집단을 파괴해서 그중 소수만 이후의 이스트 발효에 관여하도록 만들겠다는 목적이 존재한다"는 것이 디라르의 설명이다.

아진 발효의 주된 기능은 이스트 증식에 도움이 되는 수준으로 pH를 낮추는 데 필요한 젖산을 공급하는 동시에 수단 사람들이 음식을 먹거나 음료를 마실 때 일반적으로 선호하는 약한 신맛을 가미하는 것이다. 하지만 젖산을 너무 많이 생산하는 것, 특히 아세트산을 일정 수준 이상으로 생산하는 것은 메리사의 향미를 망치는 지름길이다. 아진의 "위생 처리"가 중요한 이유가 여기에 있다. 미생물이 두 가지 산을 적당히 생성하도록 유도해야 좋은 수르지를 만들 수 있다는 뜻이다.[39]

4. 데보바 발효

메리사를 만들기 위한 다음 단계는 수르지에 물과 잘 익은 메리사를 조금씩 첨가해서 적시는 작업이다. 나는 메리사를 만들어둔 적이 없었기에 (앞서 설명한 대로) 종균을 쓰지 않고 생맥아만으로 일반적인 수수 맥주를 만들어 사용했다. 여러분도 생맥아를 종균으로 쓰거나, 이스트를 첨가하거나, 활발하게 발효하는 다른 종류의 맥주를 이용해서 메리사 만들기에 도전할 수 있을 것이다. 어떤 종균을 쓰더라도, 물을 조금씩 부어가면서 잘 섞어주는 것이 중요하다. 수르지가 흡수할 수 있을 정도만 물을 부어야 한다. 질척한 정도에서 그쳐야지, 물에 잠기도록 부으면 안 된다. (질척하게 만든 수르지를 맛보았더니, 아침 식사용 시리얼인 그레이프너츠와 비슷했다.) 이 상태로 몇 시간 발효시킨다. 수단에서는 네다섯 시간, 이보다 서늘한 곳에서는 더 오래 발효시켜야 한다.

살짝 질척거리는 수르지의 첫 번째 발효가 끝나면, 발아 수수 가루를 넣는다. 디라르의 지침을 보면, 처음 아진을 만들 때 사용한 수수 가루 일부분의 5% 정도를 넣으라고 나온다. 내 경우는 수수 낟알의 발아율이 낮았기 때문에 이보다 두 배를 넣었다. 발아 수수를 질척거리는 수르지에 넣고 손으로 주물러 섞어준다. 그런 다음, 수수 가루 일부분의 부피보다 세 배 많은 물을 붓는다. 다시 말하면, 메리사에 쓰이는 비발아 수수의 총량과 같은 양의 물을 부으라는 뜻이다. 물을 붓고 나면, 곧바로 거품이 마구 일면서 발효가 시작될 것이다. "양조자는 수르지에 들어간 발아 수수의 작용에 따르는 것이 보통이다. 이따금 맛을 보면서 달콤한 맛이 날 때까지 기다리되, 필요하면 발아 수수를 더 넣는다."[40] 이렇게 만든 데보바deboba는 "시커멓고 걸쭉해서 보기도 흉하고 맛도 지독하다"고 디라르는 말한다.[41]

5. 메리사 발효

데보바는 이런 식으로 예닐곱 시간 발효시킨 뒤에 다음 단계로 넘어간다. 데보바 발효가 끝나기 적어도 한두 시간 전에, 첨가할 가루를 미리 준비해두어야 한다. 세 부분 중에서 남은 두 부분은 약간 다른 방식으로 조리한다. 물을 붓고 죽(아세다)으로 끓이는 것은 동일하지만, 한 부분은 완전히 익히고, 다른 부분은 반 정도만 익힌다. 그런 뒤에 두 아세다를 식혀서 하나로 섞어 푸타라futtara라고 불리는 도로 만든다. 이 과정을 이론화한 디라르에 따르면, 아마도 완전히 익힌 죽과 반만 익힌 죽을 섞는 작업이 젤라틴화한 녹말과 그렇지 않은 녹말 사이에 최적의 비율을 형성한다고 본다. 그러나 디라르는 지역의 양조자들이 "반만 익은 푸타라의 역할을 그들이 원하는 소비자들의 미각에 모래 같은 느낌을 주는 것으로 설명한다"고 말한다.[42] 완전히 익힌 죽으로 시작한다면, 식히는 데 시간이 오래 걸린다.

죽을 만들려면, 가루 한 부분의 세 배 정도 되는 부피의 신선한 냉수로 냄비를 채운다. 냄비를 가열하면서 한 줌의 가루를 냉수 위에 살살 뿌린다. 물이 끓기 시작하면, 나머지 가루를 넣고 열심히 젓는다. 덩어리진 것을 풀어주면서 냄비 바닥을 계속 긁어주어야 들러붙지 않는다. 수수 가루가 익으면서 수분을 전부 흡수해 걸쭉한 상태가 된다. 쉬지 않고 저어준다. 물 묻은 손가락으로 아세다를 찍어보면 다 익었는지 파악할 수 있다. 손가락에 아무것도 묻지 않고 죽이 원상태로 돌아가야 다 익은 것이다. 더 익혀야 하는 경우, 몇 분 더 계속 저어준 뒤에 다시 한번 찍어본다.

아세다가 다 익었으면 냄비에서 분리시켜 식힌다. 형태가 망가지지 않도록 빵 굽는 판 위에 조심스럽게 엎어두어야 한다.

잘 익은 아세다가 식는 동안, 반쯤 익힌 죽을 만들기 위해 물을 가열하기 시작한다. 이때는 수수가루 한 부분의 부피에 해당되는, 적은 물로 시작한다. 위에 설명한 방법과 마찬가지로, 냉수를 가열하는 동안 가루 한 줌을 흩뿌린다. 물이 끓기 시작하면 나머지 가루를 넣고 저어주면서 덩어리진 것을 풀어주고 냄비 바닥을 계속 긁어 들러붙지 않게 한다. 하지만 이번에는 죽을 저어주다가 걸쭉해지면 불을 끄고 같은 양의 물을 더 부어야 한다. 그리고 입자가 고르게 퍼질 때까지 계속 저어준다. 이렇게 반만 익힌 아세다를 빵 굽는 판이나 큼직한 사발에 붓고 식힌다.

완전히 익힌 아세다와 반만 익힌 아세다가 손으로 만질 수 있을 만큼 식었을 때 "한데 섞고 손으로 버무리면 푸타라가 된다." 그리고 이제 하나로 합친 두 부분의 가루를 기준으로 5~10%에 해당되는 발아수수를 이 푸타라에 섞고 치댄다. 이렇게 반죽한 덩어리를 이미 발효가 진행 중인 데보바로 옮겨 넣어서, "걸쭉한 데보바 곤죽으로 뒤덮인 덩어리 상태로 둔다." 뒤섞지 말고 그대로 두어야 "푸타라 덩어리가 천천히 녹는다."[43] 무더운 여름에는 이런 식으로 천천히 발효시키고, 추운 겨울에는 푸타라를 데보바와 잘 섞어서 빨리 발효시킨다.[44]

마침내 서로 다른 방식으로 준비한 수수와 물의 혼합체가 모두 함께 발효하는 단계다. 그러나 단시간 내에 발효를 마쳐야 한다. 디라르에 따르면, 수단에서 메리사를 발효시키는 데 걸리는 기간은 통상 일곱 시간 정도다. 이보다 오래 발효시키면 마실 수 없다는 뜻이다. "해가 기울 때쯤이면 시큼한 냄새가 코를 찌르고, 밤이 되면 마실 수 없는 상태가 된다."[45] 하지만 테네시주의 7월 더위를 감안하면, 메리사 제조과정에 포함된 그 어떤 단계도 디라르가 말하는 정도로 빠르게 진행되지 않는다. 나는 메리사를 발효시킬 때 7시간 지나서 걸러낸 것과 24시간 지나서 걸러낸 것을 비교해서 마셔보았다. 24시간 발효한 메리사가 훨씬 강했지만, 과도하게 산성화한 맛은 전혀 아니었다.

걸러내는 방법은 다음과 같다. 우선 사발에 체를 받친 뒤 촘촘하고 널찍한 면직포를 깐다. 그리로 메리사를 붓는다. 면직포 귀퉁이를 조심스럽게 그러모아서 들어올린 다음, 힘껏 비틀어서 즙을 짜낸다. 그리고 다시 체에 올리고 강하게 누른다. 내용물의 부피가 줄어들면 면직포를 더 바짝 모아 쥐고 짜내기를 계속한다. 더 짜낼 액체가 없다는 느낌이 들 때까지 짜야 한다. 메리사는 병에 가득 담아서 냉장고에 넣어두면 며칠 동안 보존할 수 있다. 그러나 토속주라는 것이 거의 그렇듯, 이웃과 나누고 함께 즐겨야 제맛이니, 아껴두고 마시겠다고 생각하지 말자. 냉장고에 들어간 메리사는 녹말 앙금이 술병 바닥에 가라앉으면서 깨끗하고도 진한 맥주가 된다. 맛과 색이 초콜릿 같은 스타우트처럼 아주 진한 흑맥주와 비교할 만하다. 살살 따라서 마셔보자. 정말 맛있다!

디라르는 메리사를 두 등급으로 나눈다. 다가dagga는 전체 발효 용액의 $\frac{1}{4}$ 정도를 짜낸 것이다. "메리사의 대부분을 차지하는 나머지 양조액은 같은 양의 물로 희석한 뒤에 걸러낸다. 이렇게 만든 약한 메리사를 마호즈mahoj라고 부른다. 시중에서 팔리는 메리사라면 보통 이런 형태다." 나는 내 메리사 전부를 다가로 짜낸 뒤, 찌꺼기에 물을 조금 붓고 아주 약한 마호즈를 만들었다. 메리사를 만들고 남은 찌꺼기 무슈크mushuk는 가축을 먹이는데, "영양소가 풍부해서 가축을 살찌우는 먹이로 쓰인다."[46]

나는 맛있고 특이한 맥주를 만들고 싶은 사람들에게 메리사를 강력하게 추천한다. 풍부한 맛이 겹겹으로 쌓인 느낌이, 만드는 과정의 복잡함을 고스란히 품고 있다. 신생 독립국 남수단에서 메리사의 전통이 다시 한번 꽃피기를 기원한다.

쌀로 빚는 아시아의 술

쌀을 주재료로 삼는 술 가운데 서구에서 가장 유명한 것은 일본의 사케다. 사케는 나름의 특성이 뚜렷하지만, 아시아 전역에서 곰팡이균 효소로 쌀과 기타 곡물을 당화시켜 만드는 무척 광범위한 음료군의 일부이기도 하다. 곰팡이균 자체에 대해서는 그 개념 및 몇 가지 간단한 증식 방법과 함께 다음 장에서 살피고자 한다. 여기서는 곰팡이균으로 곡물을 발효시켜 알코올음료를 만드는 기본적인 방법에 대해 알아보자. 여러분이 곰팡이균을 구매했거나 선물로 받았거나 다음 장에 설명한 방법대로 손수 만들었다는 가정하에 이야기를 풀어나가도록 하겠다.

나는 그동안 중국식 누룩 취麴(10장 참조)를 사용해서 아주 훌륭한 술을 만들어왔다. 지름이 2.5cm쯤 되는 조그만 공 모양에 "이스트"라는 이름으로 팔리는데, 아시아 식료품점이나 인터넷에서 구입할 수 있다. 아시아 전역에서도 이와 비슷한 발효균이 쓰이고 있다. 이스트와 박테리아는 물론 다양한 곰팡이균이 들어 있는 복합종균으로, 지역에 따라서 라기ragi(인도네시아와 말레이시아), 마르차marcha(인도와 네팔), 누룩(한국), 부보드bubod(필리핀), 루팡loopang(타이) 등 다양한 이름으로 불린다.[47] 일본의 코지(10장 코지 만들기 참조)도 같은 전통에서 파생했지만, 요즘에는 이스트와 박테리아를 배제하고 한 종류의 곰팡이균(아스페르길루스 오리재)만을 분리시켜 배양해서 사용하는 것이 일반적이다.

아시아에서 쌀로 알코올음료를 빚는 방식은 지역에 따라서 세부적인 내용이 다르지만, 서양에서 맥주를 만드는 전통적인 방법과 구분되는 분명한 특징을 공유하고 있다. 무엇보다 복합탄수화물을 발효 가능한 단당으로 분해하는 당화 작용이 당분의 알코올 발효와 동시에 일어나는 반면, 서구에서는 당화 작용이 (발아에 의해서, 그리고 높지만 통제된 온도로 맥아즙을 유지해 효소활동을 최적화함으로써) 언제나 알코올 발효 이전에 발생한다는 점에서 차이가 난다. 곡물을 발효시킨 아시아 알코올음료의 뚜렷한 특징은 또 있다. 발아시킨 곡물 혼합액에서 추출한 맑은 맥아즙만을 발효시키는 현대 서구의 맥주처럼 추출액만 쓰는 것이 아니라, — 수수 맥주나 테스기노 등 대다수 토착 양조법과 마찬가지로 — 반드시 익힌 곡물 자체를 발효시킨다는 것이다. 쌀의 당화 및 발효가 진행되면, 역시 액체로 변한다. 고대 중국에서는 이 액체를 빨대로 뽑아내서 마셨다. (패트릭 맥거번에 따르면, 사실 빨대를 필터 삼아서 맥주를 마시는 행위는 "세계적인 현상"이어서, 고대 중국은 물론 비옥한 초승달 지대, 태평양의 여러 섬, 아메리카와 아프리카에서도 나타났으며, "지금도 널리 쓰이는"[48] 방법이다. 이번 장에 나오는, 네팔 사람들이 조로 만드는 통바tongba가 빨대로 마시는 전형적인 술이다.)

기본적인 쌀 맥주

쌀 맥주를 만드는 일반적인 과정은 지극히 단순하다. 쌀을 익힌다. 식힌다. 종균을 넣는다. 발효시킨다. 거른다. 마신다. 나는 10여 가지 레시피를 조사해서 몇 종류의 쌀 맥주를 만들어보았다. 처음으로 쌀 맥주를 만들면서 그 단순성이 얼마나 마음에 들었는지 모른다. 단립종 현미를 썼는데, 물에 미리 담그지도 않았고, (비록 소금을 안 넣었지만) 내가 일반적으로 활용하는 방식대로 조리했다. 마른 쌀 4컵/1kg(1*l*)에 조그만 취 한 알이면 대략 쌀 맥주 3*l*를 만들 수 있다.

익힌 쌀은 체온 정도로 식힌다. 식는 동안 이스트 한 알을 으깨서 가루로 만든다. 절구가 없으면, 튼튼한 사발에 넣고 숟가락 뒷면으로 짓눌러도 된다. 쌀 1kg당 이스트 한 알을 쓴다. 이보다 덜 쓰라는 레시피도 꽤 있지만, 조금 더 쓰면 제조과정의 속도를 높일 수 있다. 익힌 쌀이 식는 동안 항아리 같은 용기에 옮겨 담는다. 체온 정도로 식으면 가루 낸 이스트를 첨가한다. 나는 손을 깨끗이 씻고 덩어리진 것을 풀어주면서 이스트 가루가 골고루 섞이도록 잘 버무려준다. (물론 숟가락으로 버무려도 좋다고 생각한다.)

종균을 쌀과 잘 버무렸으면, 숟가락으로 정중앙을 우물처럼 판다. 발효가 진행되면서 액화가 일어나면, 이 우물에 액체가 고일 것이다. 이것이 바로 쌀 맥주다. 따뜻한 곳에서 배양한다. 나는 (가열하지 않은) 오븐 내부에 백열전구를 켜두고 배양기로 사용한다. 단, 여름에는 상온에서 배양해도 결과가 완벽하다. 액체로 변한 쌀이 우물을 가득 채운 뒤에는 거품이 일면서 쌀 전체를 뒤덮을 것이다. 그런데 이 거품 때문에 쌀이 액체 표면으로 떠오른다. 이 단계에서는 하루에 몇 번씩 휘저어주어야 한다.

쌀 맥주는 발효하는 과정에서 언제 마셔도 아주 맛있고, 일주일 정도 지나면 알코올 도수가 상당히 높아진다. 액체를 걸러서 탁한 상태로 즐길 수도 있고, 녹말을 가라앉힌 뒤에 맑은 술만 따라내서 마실 수도 있다. 단기간 보존하려면 냉장 보관하고, 장기간 보존하려면 저온살균을 거친다. 그러지 않으면 복합종균에서 젖산균이 증식해 산성화가 지속적으로 이루어질 것이다.

책이나 인터넷으로 레시피를 찾아보면, 다양한 제조법을 배울 수 있다. 문화적 특수성을 반영하기 때문에 세부적인 제조과정이 무척 다르다. 아시아라는 광대한 대륙 전역에서 뚜렷한 문화적 차별성을 자랑하는 수십억 인구가 나름의 전통 방식으로 쌀 맥주를 만들어 마시기 때문이다. 중국 장쑤성 소재 장난대학江南大學의 쉬관룽과 바오퉁파는 『중국 알코올음료 총조사』에서 "맑게 걸러낸 액체이거나 탁한 상태의 액체, 심지어 거르지 않은 반고체 상태의 앙금인 경우도 있다"고 설명한다.[49] 인도 타밀나두에 위치한 바라티다산대학교의 S. 세카르 박사는 『인도의 미생물에 관한 전통적 지식 데이터베이스』에서 19가지 쌀 맥주의 발효에 쓰이는 다양한 종균과 상세한 제조법을 소개하고 있다. 이 중에서 인도 동북부 나갈랜드 사람들이 루히ruhi라고 부르는 쌀 맥주의 제조과정을 살펴보자.

> 쌀을 끓인 뒤 깔개 위에 펼쳐서 식힌다. 여기에 쌀이나 노산nosan 이파리에서 자란 이스트를 섞는다. 종균을 버무린 쌀을 옥수수 모양의 대나무 바구니에 쏟아 붓는다. 도기 냄비를 바구니 밑에 받쳐서 발효한 액체를 모은다. 이 액체를 새로 끓인 쌀에 섞은 뒤 같은 방식으로 액체를 받아낸다. 이 과정을 서너 차례 반복한다. 마지막으로 받아낸 액체가 1등급 루히다.[50]

인터넷에 올라온 레시피를 보면 특정한 종류의 쌀을 써야 한다고 못 박는 경우가 많다. 지역마다 중요하게 여기는 쌀이 다르고, 그 지역의 쌀로 발효시켜야 그 지역 특유의 맛과 향이 나는 술을 만들 수 있기 때문이라고 여겨진다. 하지만 나는 되는대로 하자는 주의라서, 대개 레시피에 나온 것과 다른 종류의 쌀로 양조 실험을 진행하곤 했고, (특정한 전통적 제조법을 충실하게 따르지 않고도) 찰기가 있는 쌀 또는 없는 쌀, 흑미나 현미, 백미 등 다양한 품종으로 맥주 만들기에 도전해서 언제나 좋은 결과를 얻을 수 있었다. 쌀을 물에 넣고 끓이라는 레시피도 있고, 증기로 찌라는 레시피도 있다. 나는 두 가지 방법을 모두 활용해 보았는데, 어느 쪽을 택해도 술맛이 좋았다.

종균의 경우, 건조한 이스트를 으깬 뒤 물에 담가서 활동력을 복원시키는 지역이 있는가 하면, 위에서 설명한 것처럼 으깬 이스트를 그대로 쌀에 섞는 지역도 있다. 더러는 물을 아예 사용하지 않는 지역도 있다. 종균의 미생물과 효소가 산소와 만나 활동을 시작하고, 그래서 액화가 이루어지면, 그 액체 속에 종균이 잠기게 되는 방식이다. 쌀이 익자마자 물을 부어서 발효가 오로지 액체 매개체 속에서 일어나도록 만드는 지역도 있다.

일본의 사케를 비롯한 일부 전통적 쌀 맥주의 경우, 발효가 진행 중인 액체에 쌀을 일정한 간격으로 조금씩 넣어서 이스트가 이례적으로 높은 농도의 알코올을 생성하도록 유도하기도 한다. 이렇게 하면 다른 방식으로 발효시킨 술에 비해서 훨씬 높은, 20도가 넘는 알코올을 얻을 수 있다. 최적으로 여기는 발효 온도 역시 제조법에 따라서 다르다. 사케는 비교적 서늘한 섭씨 15도 안팎에서 몇 주 동안 발효시킨다. 이밖에는 따뜻한 환경(섭씨 32도 안팎)에서 일주일 정도 발효시키는 것이 보통이고, 서늘한 곳으로 옮겨 발효를 마무리하는 경우가 일부 있다. 물론 상온에서 발효시키는 사람도 없지는 않다.

쌀로 만든 술은 이스트 같은 찌꺼기나 침전물을 걸러낸 뒤에 마시는 것이 일반적이다. 이 침전물은 (일본인들이 사케 앙금이라 부르는 것으로) 피클링 매개체로 쓰일 수 있다.(5장 쓰케모노: 일본식 채소절임 참조) 팬케이크를 만들 때 넣어도 되고, 가축 사료나 퇴비로 써도 된다. 걸러낸 액체를 한동안 가만히 두어 녹말 부유물을 더 가라앉힌 뒤에 조심스럽게 따라내면 훨씬 투명한 액체를 얻을 수 있다. 그러나 쌀 맥주를 반드시 걸러내서 마실 필요는 없다. 발효음료 애호가 믹은 이렇게 회상한다.

한번은 친구들과 중국 중부 지역의 한 농장지대를 거닐다가 어느 농가에 들른 적이 있다. 거기서 우리는 식사와 함께 알코올로 발효시킨 쌀 한 사발을 대접받았다. 쌀로 빚은 술이 아니라, 술을 걸러내기 위해서 발효시킨 쌀이었다. 아주 독했다.

쌀이 여전히 들어 있는 양조액을 바탕으로 여러 가지 국을 끓이거나 다양한 요리를 만들기도 한다. 어느 블로거는 고향집 식구들이 주냥단酒釀蛋으로 알려진 "부드러운 수란을 만들 때 맛을 내기 위해서 쌀로 빚은 술을 가미하곤 한다"고 말한다.

흰자는 익고 노른자는 약간 덜 익은 정도로 달걀을 삶아서 1인용 사발에 담는다. 여기에 조그만 티스푼으로 설탕을 넣고 뜨거운 물을 넉넉히 붓는다. 이어서 쌀알이 떠다니는 감주酒釀를 몇 큰술 넣고 휘저으면, 설탕이 녹아 달콤하고 뜨끈한 주냥단이 된다.[51]

나는 또 다른 버전을 읽은 적이 있다. 먼저 물을 끓이고, 쌀로 빚은 술과 설탕을 넣은 다음, 달걀을 풀어 넣는다. 그러면 수란보다 계란탕에 가까운 요리가 된다.[52] 어느 방법을 택하더라도 실망하지 않을 것이다. 물론 설탕을 넣지 않아도 아주 맛있다.

그러면 기본적인 쌀 맥주의 독특한 변용으로 여길 만한 세 가지 술로 우리의 탐구를 이어가도록 하자. 고구마를 발효의 기질로 쌀에 첨가해서 만드는 한국의 막걸리, 조로 만드는 네팔의 통바, 일본의 사케에 대한 이야기다.

고구마 막걸리

막걸리는 한국의 쌀 맥주다. 나는 뉴욕에 사는 린다 김으로부터 막걸리 이야기를 처음 들었다. 그는 이메일로 자신이 막걸리 만들던 이야기를 내게 들려주었다. "만드는 법이 아주 간단해서, 3~5일만 발효시키면 된다"고 말이다. 나는 이 말을 듣고 귀가 솔깃했다. 린다는 누룩이라고 불리는 한국식 종균을 인터넷으로 구매했다고 말했다. 그래서 "nuruk"이라는 키워드로 검색했지만 도무지 찾을 수가 없었다. 결국 린다가 한국인이 운영하는 식료품 체인점의 홈페이지 주소[53]를 보내주어야 했다. 나는 이 사이트에서 "분말 효소 아밀라아제"라는 이름으로 팔고 있는 누룩을 5달러어치 구매했다. 그러고 나서 수많은 막걸리 레시피를 인터넷에서 긁어모았다. 가장 흥미로운 레시피는 "서울풀 쿠킹Seoulful Cooking"이라는 블로그에서 찾은 것으로, 내가 제일 좋아하는 음식 가운데 하나인 고구마로 막걸리 만드는 법이었다.[54] 아래에 소개하는 막걸리 제조과정은 린다 김의 이메일과 서울풀 쿠핑 블로그, 기타 온라인에서 발견한 레시피를 두루 참고해서 정리한 것이다.

막걸리를 만들려면, 찹쌀 1kg을 씻어서 하룻밤(또는 하루 종일) 물에 담가둔다. 물기를 잘 빼고 찐다. 나는 겹겹이 포개서 쌓아올린 대나무 찜통을 좋아한다. 아시아 시장에 가면 쉽게 구할 수 있는 물건이다. 쌀 알갱이들이 바닥으로 떨어지지 않도록 면직포를 깔고 쓰면 된다. 쌀이 잘 익으면, 쟁반이나 빵 굽는 철판에 펼쳐서 식힌다. 그사이에 고구마 250g 정도를 가져다가 문질러 씻고 껍질이 붙은 채로 큼직하게 썰어서 부드러워질 때까지 찐 다음 식힌다. 손으로 만질 수 있을 만큼 쌀이 식으면 최소 4*l* 용량의 항아리나 사발, 유리병에 옮겨 담는다. 여기에 염소를 제거한 물 2*l*를 붓는다. 엉겨 붙은 쌀 덩어리를 손으로 살살 매만져서 고슬고슬하게 풀어준다. 누룩을 가루로 만들어 흩뿌리고 부드럽게 버무린다. 고구마를 껍질째 넣고 손으로 주물러 으깨면서 골고루 섞어준다. 천으로 덮어서 따뜻한 곳에 둔다.

그렇게 몇 시간이 지나면, 이때부터 하루에 적어도 두 번씩 쌀-고구마-누룩의 혼합물을 휘젓는다. 그래야 효소와 이스트가 구석구석 잘 퍼져서 활발하게 움직일 수 있다. 처음에는 쌀이 물을 완전히 흡수할 것이다. 그러나 효소가 대사 작용을 진행하면서 액화가 서서히 이루어지면, 오래지 않아 혼합물이 액체 위로 둥둥 떠오를 것이다. 이틀 뒤에는 발효 용기를 덮었던 천을 벗기고 공기가 잘 안 통하는 단단한 뚜껑을 덮는다. 쌀 알갱이들이 전부 바닥에 가라앉을 때까지 발효시킨다. 따뜻한 곳에서는 이렇게 되기까지 며칠이면 충분할 것이다. 서늘한 곳에서는 2주까지 걸릴 수도 있다. 발효가 끝나면 걸러내서 술병에 담는다. 원한다면 술병을 상온에 하루 동안 두어서 탄산화시킨다. 막걸리는 냉장고에 넣어두면 2주까지 보존할 수 있다. 그러나 저온살균하지 않은 막걸리는 서서히 산성화한다는 점에 유의하자. 막걸리를 마시기 전에 설탕을 넣어서 달콤하게 즐기는 사

고구마 막걸리

람이 많지만, 꼭 그럴 필요가 없다는 것이 내 생각이다.

조 통바

통바는 조 맥주다. 만드는 법은 쌀 맥주와 같고, 전통적인 복합종균을 사용한다. 나는 네팔을 여행하면서 좋은 추억을 많이 남겼던 내 친구 빅토리한테서 통바 이야기를 처음 들었다.

> 발효시킨 조가 길쭉한 잔에 담겨서 나왔다. 뜨거운 물이 들어 있는 보온병과 함께였다. 잔에는 빨대가 꽂혀 있었다. 조 알갱이들까지 빨려들지 않도록 아랫부분을 천으로 감싼 뒤 질끈 묶은 빨대였다. 길쭉한 잔 하나면 물을 대여섯 차례 다시 부어서 마실 수 있다. 두 번째 잔을 비운 뒤부터 밤이 깊도록 왁자지껄 웃고 떠들었던 것 같다. 결국 모두가 비틀거리면서 집으로 돌아가야 했다. 이 술은 빵을 액체 상태로 만든 듯한 맛이 났다.

사실 (퉁바toongbaa로 음역하기도 하는) 통바는 예로부터 이 술(코도 코 잔르kodo ko jaanr)을 담아서 마시던 대나무 용기를 가리키는 말이다. 지오티 프라카시 타망의 책 『히말라야 발효음식』에 따르면, "통바는 발효시킨 조를 담고 따뜻한 물을 붓는 용기를 말한다. 가느다란 대나무 빨대로 빨아서 마신다. (…) 반대편 구멍으로 조 알갱이나 찌꺼기가 술과 함께 빨려들지 않도록 해야 한다."[55]

나는 이 독하고도 — 따뜻하고 우유처럼 부드러워서 — 특이한 술을 아주 좋아한다. 술 마시는 법도 무척 재미있다. 곤죽 상태로 발효시킨 조를 머그컵에 반쯤 채우고 나머지를 뜨거운 물로 마저 채운다. 10분 정도 가만히 두었다가 따뜻하게 마시기를 반복한다. 내 경우에는 뜨거운 물을 두세 번 보충해서 마시면 충분하다. 또 빨대를 쓰는 대신 이 사이로 조 알갱이들을 걸러내면서 그냥 마시는 편이기도 하다. 하지만 예르바 마테yerba maté를 마실 때 쓰는 철제 빨대 봄빌라bombilla를 이용하는 것도 재미있었다. 물론 거름망으로 조를 걸러내고 마실 수도 있다.

네팔에서 쓰이는 조(코도 밀릿kodo millet, *Paspalum scrobiculatum*)는 미국에서 재배한 조(펄 밀릿pearl millet, *Pennisetum americanum*)와 사뭇 다르다. 하지만 나는 펄 밀릿으로 만든 통바를 좋아한다. 마침 오래전 네팔에 살면서 통바와 창chaang 만드는 법을 배웠던 내 친구 저스틴 불러드가 다시 네팔에 갔다가, 네팔식 종균 마르차marcha(10장 곰팡이균의 식물성 원천 참조) 만드는 법을 꼼꼼하게 기록하고 돌아왔다. 게다가 현지에서 만든 마르차까지 가져와서 나한테 선물했다. 덕분에 나는 네팔의 정통 종균으로 통바를 만들 수 있었다. 인터넷을 아무리 뒤져도 마르차 파는 곳은 안 보인다. 그 대신에 작은 구슬처럼 생긴 중국식 이스트를 써도 좋다. 비슷한 결과물을 얻을 수 있을 것이다.

우선 조를 준비하자. 나는 준비한 조의 2.5배에 해당되는 부피로 물을 쓴다. 물에 조를 담고 불에 올려서 팔팔 끓기 시작하면 불을 줄이고 뚜껑을 덮은 다음 15분 정도 보글보글 끓인다. 그러다가 조 알갱이들이 터져서 벌어지면 불에서 내린다. 저스틴은 다 익은 조가 잠길 정도로만 냉수를 조금 부으라고 조언했다. 충분히 식었으면, 서로 들러붙은 조 알갱이들이 없도록 깨끗하게 씻은 손으로 덩어리진 것을 주물러 잘 풀어준다. 조의 온도가 체온 아래로 떨어지면 마르차 또는 중국식 이스트를 으깨서 골고루 섞어준다. 나는 조 0.5kg당 마르차 두 덩어리를 넣으라는 저스틴의 조언을 그대로 따랐다. 중국식 이스트의 경우 0.5kg당 한 알 정도면 충분하고, 반만 써도 괜찮을 것이다.

저스틴은 이렇게 말한다. "적어도 혼합물에서 거품이 더 이상 안 생길 때까지는 발효시켜야 한다. 혼합물은 한 계절 동안 현상을 유지할 테지만, 내 생각에는 한 달 정도 발효시킨 뒤에 사용하는 것이 제일 낫다." 『히말라야 발효음식: 미생물과 영양, 민족적 가치』의 저자 지오티 프라카시 타망은 도합 5~10일 정도면 끝나는 더 간단한 방법을 소개한다. 나는 일주일 발효시켜서 아주 맛있게 마셨다. 알코올 도수가 높고, 더 이상 달콤하지 않은, 살짝 새콤한 맛이었다. 먼저 소개한 방법으로 만든 통바를 다 마셔버리지 않고 항아리에 남겨두었다가 며칠 뒤에 살펴보니 거품이 일지 않기에 유리병에 옮겨 담고 밀폐했다. 2주 동안 묵혀두었다가 다시 맛을 보았더니, 알코올 도수도 훨씬 높아지고 신맛도 강한 통바가 되어 있었다. 거품이 줄어들기 시작하자마자 곧바로 유리병에 담아서 밀폐했더라면 신맛이 조금 줄었을지도 모른다.

사케

앞서 설명한 대로, 쌀을 발효시켜서 만든 알코올음료 가운데 세계적으로 가장 유명한 것이 일본의 사케酒다. 일본 식당에서 스시나 만찬을 즐길 때 부드러우면서도 독한 사케를 따뜻하게 데워서 곁들이는 사람들이 많다. 사케를 만들 때 사용하는 종균은 곰팡이균으로 곡물을 발효시킨 코지다.(10장 참조) 어쩌면 종균의 일부가 코지라고 해야 옳겠다. 코지는 아스페르길루스 오리재라는 단일한 곰팡이균의 포자를 쌀에 주입한 결과물이다. 이 곰팡이균에 들어 있는 효소가 쌀을 알코올

(또는 여러 발효음식)로 발효시키는 데 필요한 당화 작용을 담당한다. 하지만 아스페르길루스를 비롯한 여러 곰팡이균에 이스트, 박테리아까지 함유한 중국식 이스트나 한국의 누룩, 마르차 등 다른 복합종균과 달리, 코지에는 알코올 발효를 실제로 이루어내는 이스트가 들어 있지 않다. 요즘은 대부분 사케 제조에 특화된 단일 품종의 이스트 종균을 구매해서 첨가한다. 이것이 일본에서는 100년도 넘은 전통이다.[56] 물론 천연발효법으로 사케를 빚는 더 오래된 전통 역시 존재한다.

사케 제조에 필요한 조건 가운데 주목할 부분은 섭씨 7도 정도이고, 아무리 높아도 15도가 안 되는 낮은 온도에서 발효시킨다는 점이다. 내 경우에는 겨울철에 난방을 차단할 수 있는 방에서 사케를 빚는다. 대신에 와인 냉장고를 쓰거나, 일반 냉장고에 온도조절기를 달아서 써도 된다.(3장 온도조절기 참조)

사케를 빚기 위한 첫 번째 단계는 코지를 만들거나 구매하는 것이다.(10장 코지 만들기 참조) 소량의 코지를 물, 갓 쪄낸 쌀, 그리고 일반적으로 이스트 종균과 함께 섞는다. 이것을 모토酛 또는 슈보酒母라고 부른다. 섭씨 21~23도의 훈훈한 환경에서 며칠 동안 거품을 일으킨다. 이렇게 하면 본판에 넣기 전에 이스트를 활성화시키는 효과가 있다. 아울러 젖산을 생성시키기 위한 전통적인 목적도 있다. 사케에 관한 책을 여러 권 집필한 존 건트너에 따르면, 상당량의 젖산이 존재할 경우 "천연 이스트나 원치 않는 박테리아가 증식해서 향미에 악영향을 미치는 결과를 예방할 수 있다." 이미 20세기 초부터 작업 초기에 젖산을 직접 첨가하는 것이 좋다는 이야기가 정설로 통하기 시작했다. "작업을 개시하는 시점에 젖산을 넣으면 발효 속도가 빨라질 뿐 아니라 사케를 안전하게 지킬 수 있기 때문이다." 요즘은 거의 모든 사케를 (빨리 익힌다는 뜻으로) 소쿠조速醸 모토라고 불리는 이 방식으로 만든다.

전통적인 방식으로 만들면 시간이 훨씬 오래 걸리고, 그 결과로 "젖산이 느리게 생성되면, 모토가 익는 과정에서 퀴퀴한 냄새를 풍기는 박테리아나 심지어 천연 이스트까지 증식하지 않을 도리가 없다. 이렇게 만든 사케에서는 쿰쿰하고 밍밍한 맛이 난다."[57](이스트와 젖산균의 원천으로 사워도 종균을 넣어서 사케를 만들어보았더니, 정말로 밍밍한 맛이 났다!)

일단 모토가 잘 익었으면, 세 가지 재료, 즉 쌀과 코지와 물을 대략 두 배 정도씩 순차적으로 늘려가며 첨가한다. 고도로 정형화된 작업 단계인 만큼, 재료를 첨가하는 단계마다 고유의 이름이 붙어 있다. 첫 번째 단계는 하쓰조에初添다. 저녁때 코지와 물을 넣은 뒤, 이튿날 아침에 쌀을 더 넣는다. (춤이라는 뜻의) 오도리踊 발효로 불리는 이 과정을 이틀 동안 진행하고 나서, 두 번째 단계인 나카조에仲添로 넘어간다. 첫 단계에 넣은 양보다 두 배 많은 코지와 물을 섞고 나서 이튿날 아침에 역시 두 배 많은 쌀을 첨가하는 것이다. 그렇게 하루가 지난 뒤에 각 재료의 두 배씩을 더 넣는 것이 마지막 단계인 도메조에留添다. 쌀을 전부 넣고 섞은 혼합물을 모로미諸味라고 하는데, 이 상태로 2주 동안 발효시킨다. 발효가 끝나면 모로미를 건져내고 사케를 짜낸다. 발효한 액체를 고체 찌꺼기(앙금)와 분리시키는 과정이다. 사케는 걸러내자마자 마셔도 좋고, 에어록 용기에 담아서 보관하다가 거품이 완전히 사라지는 1~2주 후에 마셔도 좋다. 이때 허옇게 떠다니는 녹말을 완전히 제거해서 투명한 사케로 만들 수도 있다. 개인적으로는 희부연 사케의 풍성한 맛을 좋아한다. 일반적으로 사케는 술병에 담은 뒤 저온살균을 거치기 때문에 산성화가 계속되지 않는다. 나마자케生酒는 저온살균하지 않은 사케로 맛이 아주 좋지만, 냉장고에 보관하거나 빨리 마셔야 한다. 새콤한 사케도 마시기에 나쁘지 않다. 따끈하게 데워서 김이 모락모락 올라오는, 젖산균이 풍부한 사케를 조그만 잔으로 몇 잔 마시면 몸이 따뜻해져서 참 좋다.

우리 시대의 사케는 대개 도정한 쌀로 빚는다. 도정이란 겉껍질을 제거한다는 뜻이다. 그런데 이 대목에서 정제한 곡물을 섭취하는 것과 마찬가지의 문제가 발생한다. 겉껍질에 중요한 영양소가 들어 있기 때문이다. 거의 모든 사케 레시피가 다양한 미네랄과 이스트 영양소를 첨가해야 한다고 요구하는 이유다. 일본 각지를 다니면서 발효음식을 연구하는 에릭 하스는 "현미를 사용할 경우에는 다른 종류의 화학적 식품으로 이스트를 증식시킬 필요가 없다"고 말한다.

에릭이 일본에서 내게 전해온 이야기다. "사케를 손수 만드는 사람이 많지는 않았습니다. 하지만 대단한 사케를 만드는 사람이 있더군요." 그는 어느 사케 제조자를 예로 들면서 "그 사람이 만드는 사케는 걸쭉하고 탁하며(니고리濁), 살아 있고(나마生), 구름처럼 부드러웠습니다. 내가 마셔본 것 중에서 최고였습니다." 에릭에 따르면, 그 사람은 직접 재배한 쌀로 코지를 만드는데, 시판 중인 이스트를 절대로 넣지 않고, 천연발효균에 의지하거나 잘 익은 사케를 종균으로 사용한다.

사케 제조법에 관한 상세한 정보가 필요하다면 참고 자료에 수록한 도서와 웹사이트를 참조하기 바란다.

보리의 발아

마침내 좀더 친숙한 맥주를 다룰 차례다. 발아한 보리를 발효시키고 홉을 넣어서 향미와 보존성을 높인 음료 말이다. 맥주를 만들기 위한 첫 번째 단계는 발아다. 맥주 제조자들은 보리의 발아를 전문가의 영역으로 간주하는 경향이 강하다. 나는 발아 작업을 직접 수행하는 소규모 양조장을 단 한 군데(오리건주 뉴포트에 있는 로그 브루어리)밖에 찾지 못했다. 손수 발아시킨 보리로 맥주를 만드는 자가양조자들 역시 열정적인 극소수에 불과하다. 보리에서 싹을 틔우는 작업이 다른 곡물을 발아시키는 것에 비해서 어려울 이유는 조금도 없다. 그러나 발아 작업이 상당한 기술과 기법을 동원해서 최상의 효소 작용을 이루어내는 일종의 전문 분야로 발전해온 것 역시 사실이다.

과거에는 발아가 맥주를 만드는 과정의 일부로 간주되었지만, 양조 산업의 규모가 커지고 산업 생산 전반에 분업화가 발달하면서 발아 작업이 양조 작업에서 떨어져 나가게 되었다. 그 결과, 지역 또는 지방을 거점으로 하는 발아 전문점이 복수의 양조업체에 맥아를 공급하는 것이 일반적인 상황이다. 20세기 후반에는, 고작 몇 개 업체가 맥아 공급을 사실상 전담하는 고도의 집중화 현상이 나타나기에 이르렀다. 1998년에는 미국과 캐나다의 맥아 생산량 가운데 97%를 8개 업체가 점유한다는 조사 결과도 나왔다.[58] 맥주 양조 이면의 과학을 설명하는 유익한 책 『양조화학 입문』에는 발아를 둘러싼 현실을 정확히 짚어내는 한 문장이 실려 있다. "손수 발아시킨 보리로 맥주를 만드는 자가양조 인구가 거의 없는 마당에, 더 이상 무슨 말을 할 수 있겠는가."[59]

그러나 발아는 맥주를 만드는 전체 과정에 포함되는 하나의 단계이므로, 보리를 자기 손으로 발아시킬 수 있다면, 곡물이 맥주로 변하는 과정을 이해하는 데 분명 큰 도움이 될 것이다. 발아에 필요한 기술적 어려움을 감안하면, 전문가의 손길에 기대는 편이 안전할지 모른다. 하지만 홈메이드 맥아로도 훌륭한 맥주를 얼마든지 만들 수 있다. 곡물이라는 것이 원래 단일 재배로 대량생산해서 장거리 수송을 거쳐야만 하는 것이 아니듯, 효소의 최적화도, 발아 산업의 집중화도 필수 불가결한 요소는 아니다. 지난 10년 동안 지역 음식 부흥운동이 이어지면서, 몇 군데 지역에서 맥아제조소가 문을 열었다. 곡물 재배 역시 지역 음식 부흥과 농업의 다각화 차원에서 접근이 이루어지고 있다. 이처럼 새롭게 떠오르는 움직임을 바탕으로 "지역 고유의 색깔이 스민 맥주를 만들려면 어떻게 해야 하는가"라는 질문 역시 새롭게 고민해야 할 시점이다.

보리를 발아시키려면, 탈곡하지 않은, 겉껍질이 온전하게 붙어 있는 통보리로 작업을 시작해야 한다. 발아에 가장 적합한 온도는 조금 서늘한 섭씨 13~16도 정도다. 갓 추수한 보리를 곧바로 발아시켜서는 안 된다. 최소 6주간 보리를 저장해두었다가 발아시키라는 것이 거의 모든 자료의 추천 사항이다. 이렇게 준비한 보리를 물에 담그고 저어준다. 물 위로 떠오르는 겉껍질을 건져낸 다음, 필요하면 물을 더 붓고 8시간 정도 담가둔다. 보리를 걸러내서 물기를 빼낸 뒤 통풍이 잘 되는 곳에서 다시 8시간 동안 그대로 둔다. 이어서 또다시 물에 넣고 8시간 동안 담근다. 이렇게 "물에 담갔다가 꺼내기를 반복하는 것"은 발아가 진행 중인 보리가 "통풍"과정에서 산소와 접촉해야 하기 때문이다.[60] 보리를 두 번째로 물에 담갔다가 건진 뒤로는 각각의 보리 알갱이 끄트머리에서 무언가 하얗게 돋아난 것이 있는지 잘 살펴야 한다. 뿌리가 돋아나기 때문이다. 이번에는 보리를 더 오래, 12~16시간 동안 물 밖에서 쉬게 한 다음, 세 번째로 8시간 동안 물에 담근다. 『발아와 양조의 과학적 원리』의 저자 찰스 뱀포스는 보리를

맥아 보리

물에 담그는 시간 계획이 "품종, 알갱이 크기, 단백질 함량, 곡물의 생리학적 특성 같은 변수에 따라서" 달라질 수 있다고 설명한다.[61]

내가 추천했던 유리병 발아법(8장 발아 참조)은 0.5~1kg 이상의 곡물을 발아시키는 경우에는 적합하지 않다. 뱀포스는 "전통적으로 물에 담갔던 보리를 길고 낮은 건물의 바닥에 10cm 두께로 펼쳐서 최장 10일 동안 발아시켰다"고 말한다. "작업자들은 고무래로 보리 더미를 얇게 펴거나 그러모으는 방식으로 발효 온도를 낮추거나 높이곤 했다."[62]

나는 20l짜리 양동이로 보리를 발아시키는 사람들도 보았다. 배수와 통풍을 위해 바닥에 구멍을 낸 양동이였다. 바닥에 욕조를 놓고 발아 용기로 쓰는 사람들도 있었다. 독일의 자가양조자 악셀 겔레르트는 자신이 발아시키는 과정을 설명하면서 라우터 툰lauter tun(여과조·자가양조자들이 고체를 걸러내는 도구)을 발아 용기로 활용한다고 했다. 핵심은 보리가 산소와 접촉하되 말라붙지 않고 축축한 상태를 유지해야 한다는 것이다. 보리 알갱이가 산소와 골고루 접촉하도록 수시로 뒤집어 주어야 발아가 고르게 이루어진다. 염소를 제거한 물을 분무기로 가볍게 뿌려주면, 보리가 마르는 것을 예방할 수 있다.

발아가 진행되면서 뿌리가 돋아나면 싹도 함께 자란다. 하지만 싹은 상당 기간 동안 자라는 모습이 안 보인다. 겉껍질에 싸인 채로 자라기 때문이다. 윌리엄 스타 모크는 『자가양조』라는 잡지에서 "핵심은 (털 같은 잔뿌리가 아니라) 나선형묘조螺旋形苗條, acrospire라 불리는 주된 싹의 길이가 보리 한 알의 $\frac{3}{4}$만큼 자랐을 때 발아 작업을 멈추는 것"이라고 설명한다. "이것으로 맥아를 준비하는 작업이 마무리된다."[63] 보리를 처음 물에 담글 때부터 여기까지 일주일 정도 걸린다. 물론 품종과 온도, 습도 등 다양한 조건에 따라서 소요 기간은 달라질 수 있다.

일단 보리가 충분히 발아하면 작업을 멈추고 오븐이나 가마에 넣어 낮은 온도로 열을 가해서 건조한다. 발아 작업을 계속할 경우, 싹이 자라면서 보리 씨앗의 당분을 새로이 소모할 것이다. 맥아를 가마에 넣으면 발아가 중단될 뿐 아니라 맛과 향도 바뀐다. 찰스 뱀포스의 표현을 빌리자면, 가마 건조는 "향긋한 맥아 향을 살리는 동시에 '덜 익은' 맥아의 불쾌한 풋내(그 자체로 나쁘지 않지만 맥주의 구성 요소로 적합지 않은 콩나물이나 오이를 연상시키는 냄새)를 제거"하는 작업이다.[64]

가마의 온도는 어떤 목적으로 어떤 스타일의 맥아를 만들고 싶은지에 따라서 완전히 달라진다. 가령 효소의 당화 작용이 활발한 맥아를 원한다면, "효소가 열에 의해 파괴되지 않도록" 가마의 온도를 섭씨 55도 이하로 설정해야 한다. 하지만 "특산품" 맥주를 만드는 사람들은 220도에 이르는 고열로 맥아를 건조시키기도 한다. 이는 "양조자가 효소의 활동을 기대하지 않고 오로지 맥주의 색감을 높이거나 독특한 맛을 내는 원료로 첨가하기 위해서 비교적 소량의 맥아를 만드는 경우에 해당된다." 일반적인 가마 작업은 섭씨 50도 안팎에서 시작해 서서히 온도를 높인다. 소량의 맥아를 건조시키는 경우라면 오븐을 이용할 수도 있다. 내부에 전구 또는 표시등을 켜두거나 최저 온도로 켜고 끄기를 반복하면 된다.

불투명 보리맥주

나는 수수 맥주 같은 토착 음료를 만드는 방식으로 보리 맥주를 만들기로 마음먹었다. 그래서 껍질을 벗기지 않은 보리 0.5kg을 발아시켰다. 그러고는 발아시키지 않은 "말갛게 도정한" 보리를 거칠게 갈아서 죽으로 끓였다. 다 끓인 뜨거운 죽을 밀폐형 "냉각기"에 넣으면, 죽은 섭씨 60도 정도로 식는 반면 냉각기는 따뜻해져서 배양기로 쓰기에 적합한 상태가 된다. 나는 식은 죽에 발아시킨 보리의 절반을 (거칠게 갈아서) 섞은 다음, 미리 데워놓은 냉각기에 넣고 배양했다. 몇 시간 뒤, 나는 여전히 따뜻하고 이제는 효소 작용으로 달콤하게 변한 죽을 배양기에서 꺼내 섭씨 43도 정도로 식혔다. 이어서 남겨둔 절반의 발아 보리를 마저 넣고 12시간 정도 그대로 두었다.(더운 여름철에 해당되는 시간이다. 다른 계절에는 24시간 정도가 적절하다.) 이렇게 식힌 죽은 주기적으로 저어주고 필요하면 물을 더 넣어가면서 두 시간 동안 끓인 뒤, 이번에는 상온에서 식힌다. 마지막으로, 이스트를 첨가하기 위해 마지막 맥아를 넣고 저어주면 거품이 솟으면서 발효가 시작된다.

나는 이 혼합물을 수시로 저어주면서 일주일 정도 발효시켰다. 발효 과정에서 생기는 거품으로 보리 알갱이가 떠오르기 때문에 수시로 휘저어야 잘 섞일 수 있다. 최소한 알갱이들이 맹렬한 거품에 떠밀려 표면으로 올라온 때만이라도 저어주어야 한다. 일주일이 지나자 거품이 확연히 줄었다. 나는 면직포로 맥주를 거른 뒤, 그 위에 물을 조금 부은 다음, 마지막으로 찌꺼기를 쥐어짜서 남아 있는 액체를 최대한 빼냈다.

이렇게 만든 맥주는 도수가 상당히 높았고, 새콤한 맛도 약간 났다. 신맛은 내가 원하던 바이기도 하고 이런 스타일로 빚으면 불가피한 측면이기도 하다. 아울러 무척 보람찬 경험이었다. 우리에게 친숙한 보리 맥주와 그 밖의 곡물로 빚은 곡주 사이의 혈연관계를 눈과 입으로 확인할 수 있었기 때문이다. 흥미롭게도, 하미드 디라르는 수단의 수수 맥주 메리사가 보우자bouza[65]로 불리는 사실을 언급하고 있다. 역사학자 프리실라 마리 아이신에 따르면, 이 말은 맥주를 가리키는 고대 터키어로 "그 기원이 수메르 시대로 거슬러 올라가며 (…) 중앙아시아, 동유럽, 북아프리카의 20여 가지 언어에서 흔적이 발견"되고 있다. 아마도 [술이라는 뜻의] 부즈booze라는 영어 단어 역시 같은 뿌리에서 나온 말일 것이다.[66]

카사바 맥주와 감자 맥주

카사바를 맥주로 만드는 방법은 몇 가지가 된다. 남미 아마존과 아프리카 일부 지역에서는 마사토라는 발효음료를 만들기 위한 당화 작업으로 여성들이 카사바를 씹는다. 어느 인류학 연구진은 마사토 만드는 과정을 다음과 같이 소개한다.

> 먼저 카사바를 끓인 뒤 나무로 만든 용기에 넣고 식힌다. 한 여성이 카사바 덩어리를 으깨서 부드럽게 만들면, 다른 여성들은 으깬 카사바를 씹어서 침을 흠뻑 묻힌다. 어떤 집에서는 입으로 씹는 대신 설탕을 넣어서 발효의 효율을 높이기도 한다. 흐물흐물한 상태로 변한 카사바 덩어리는 점토로 빚은 병에 담아서 발효시킨다. 사나흘 지난 뒤 물을 섞어서 컵에 담아 손님에게 대접한다.[67]

흥미로운 점은 남미의 다른 지역 기아나에서는 사람들이 곰팡이균을 이용해서 카사바를 당화시킨 뒤 알코올로 발효시킨다는 것이다. 이렇게 만든 음료를 파라카리parakari라고 부른다. 미생물학자 테리 헹켈에 따르면, "파라카리는 녹말을 분해하는 곰팡이(리조푸스*Rhizopus*)를 활용하고 고체 기반의 에탄올 발효가 이루어진다는 점에서 아메리카 신대륙의 음료 가운데 독특한 성격을 지닌다." 그가 기아나에서 관찰한 모습은 아시아 전역에서 곰팡이균을 사용하는 방법(10장 참조)과 매우 흡사하다. 그러나 "남미에서 리조푸스를 길들여온 역사는 아시아와 비슷하기는 해도 전혀 별개"라는 것이 헹켈의 주장이다.[68]

나는 감자를 캐는 동안에도 카사바로 맥주를 어떻게 만들어야 하나 궁리했다. 하지만 카사바는 인근 도시에 나가서 사와야 했고, 그나마도 열대지방에서 수입한 것이었다. 결국 내 텃밭에서 캐낸 땅속작물로 맥주를 만들어보겠노라 결심했다. 그런데 감자를 기반으로 발효시킨 전통적인 음료에 대해서 아무런 정보를 찾을 수가 없었다. 보리를 기반으로 만드는 맥주에 감자나 감자전분을 부수적으로 첨가하는 방법이 전부였다.

씹은 감자로 만든 맥주

나는 워크숍 참가자들의 열성적인 도움을 바탕으로 씹은 감자 맥주를 만들었다. 이렇게 만든 맥주 맛이 훌륭했다고 말하지는 않겠다. (24시간 발효시켰더니) 대단히 매력적이지는 않아도 그런대로 흥미로운 맛과 향을 지닌 술임이 분명했다. 많은 사람이 그 술맛을 좋아했지만, 큼직한 머그컵에 한가득 부어서 마신 사람은 해나라는 수강생 한 사람뿐이었다. 내가 따른 레시피는 다음과 같다.(나는 이 레시피를 일반적인 제조법이라기보다는 모험심이 강한 실험가에게 출발점으로 제시하고자 한다.)

먼저 통감자를 부드러워질 때까지 삶은 다음 건져서 식힌다. 이 감자를 한입 베어 물고 치아는 물론 혀와 입천장까지 이용해 한동안 씹어서 완전히 으깬다. 아주 부드럽게 으깨서 조그만 감자볼을 만든다. 하지만 흥건할 정도로 침을 묻히면 안 된다. 감자볼은 뭉그러지지 않고 형태를 잘 유지하도록 말려야 한다. 여럿이 함께 만들자. 감자를 씹어서 내뱉는 것만으로 포만감이 느껴져서 신기할 것이다. 누구나 더 많이 만들려고 노력할 수밖에 없다! 이렇게 씹어서 으깬 감자를 그대로 써도 되고, 냉장고에 넣거나 햇볕 또는 건조기로 말려서 장기간 보관해도 된다.

냄비에 물을 조금 붓고 (씹지 않은) 감자를 몇 개 더 큼직하게 썰어서 함께 끓인다. 침이 스며든 감자볼에는 더 많은 감자의 녹말을 변환시키기에 충분한 효소가 들어 있다. 감자가 부드러워지면 끓인 물 속에서 계속 으깬다. 이 과정에서 냉수를 조금씩 부어 섭씨 65도 이하의 묽은 감자죽을 만든다. 그런 다음, 침을 섞어서 으깬 감자볼을 감자죽에 넣고 부지런히 저어주면서 섭씨 60도 이상으로 약하게 가열한다. 이 정도로 아주 따뜻한 온도는 침 속에 들어 있는 아밀라아제 효소가 가장 왕성하게 활동하도록 자극하는 효과가 있다. 이 온도를 1~2시간 유지하도록 하자. 가장 낮은 온도로 맞춘 스토브를 이용해 주기적으로 저어주면서 온도를 유지하는 것도 아주 좋은 방법이다. 아니면 미리 데워둔 밀폐형 냉각기나 배양기를 써도 된다. 감자죽의 온도를 일정 시간 유지했으면 저절로 식도록 내버려둔다.

감자죽이 상온으로 식으면 다시 한번 가열한다. 끓기 시작하면 약한 불로 2시간 동안 계속 끓인다. 이렇게 하면 효소의 활동을 중단시킬 뿐 아니라, 침 속에 들어 있던 유해한 박테리아를 죽이는 동시에 새로 생성된 당분을 캐러멜화할 수 있다. 다 끓였으면 감자죽을 불에서 내린 뒤 상온으로 내려올 때까지 식힌다.

나는 삶은 감자를 함께 씹어준 사람들이 맛볼 수 있도록 빨리 발효시키고 싶어서 이스트 한 봉지를 넣었다. 아니면 이 시점에 활동력이 왕성한 사워도나 딸기류를 종균으로 넣어도 된다. 아울러 신선한 세이지 이파리도 향신료 삼아서 넣었다. 일단 발효가 시작되자 진행이 급하게 이루어져 정점에 금세 다다랐다. 저녁에 감자죽을 끓여서, 이튿날 아침에 이스트를 넣었더니, 오후 3~4시쯤 발효가 매우 활발히 이루어지면서 거품이 끓어오른 덕분에 감자 덩어리를 표면으로 밀어 올려 손쉽게 건져낼 수 있었다. 다음 날 아침에는 발효가 끝나서 거품이 가라앉고 잔잔한 액체만 남았다. 덩어리를 마저 건져낸 뒤, 감자 맥주를 술병에 담았다. 상온에 24시간 두어서 탄산화한 다음(늘 그렇듯이 과탄산화에 주의하자) 냉장고에 넣어 차갑게 식혔다. 이날 저녁, 나는 맛있는 감자 맥주를 마실 수 있었다.

중국식 "이스트"의 곰팡이균으로 감자 맥주를 발효시키는 실험에 도전하기도 했다. 우선 감자 1kg을 찌고, 이 과정에서 생긴 물을 조금 넣어서 으깬 뒤, 체온 정도로 식혔다. 그리고 중국식 이스트 두 알을 으깨서 섞어 넣었다. 처음에는 달콤한 냄새가 나면서 액화가 이루어진다 싶더니, 이내 코를 찌르는 아세톤 냄새가 나기 시작했다. 이 악취가 끝내 사라지지 않아서 결국 실험을 포기하고 그때까지 만든 것을 모두 버리고 말았다. 실패로 돌아간 실험은 이때가 처음이 아니었다. 분명 마지막 실패도 아닐 것이다.

홉을 넘어서: 다른 허브와 식물성 첨가물로 만든 맥주

다양한 지역, 다양한 시대의 사람들이 다양한 식물성 첨가물을 맥주에 포함시켜왔다. 아니, 내가 상상하기에 가장 개연성이 높은 방식이라면, 사람들이 곡물을 포함시키기 시작했다. 다양한 식물을 포함하는 훨씬 더 오래된 발효의 전통에 곡물을 포함시키기 시작했다. 양조는 식물의 채집과 재배, 이에 따른 잉여 농산물 존재라는 연장선상에서 등장했다. 따라서 초기에 맥주를 양조하던 사람들은 식물 채집자, 즉 여성들이었고, 지금도 양조는 많은 문화권에서 여전히 여성의 배타적인 영역으로 남아 있다.

작고한 맥주 탐험가 앨런 임스는 자신의 책 『맥주의 사생활』에서 치차chicha를 양조하는 케추아 여성들에게 남성들도 맥주를 만드는지 물었다가 입씨름을 벌였던 추억을 떠올린다. "그들은 내 질문을 듣자마자 한바탕 폭소를 터뜨렸다. 숨이 넘어가게 웃어젖혔다. 재미있어 죽겠다는 듯이 허리를 굽히고 웃던 한 여성이 대답했다. '남자는 술을 못 만들어! 남자가 만든 치차를 마시면 뱃속에 가스만 차거든. 정말 우스운 사람일세. 술은 여자가 만드는 거야.'"[69] 이 점에서 케추아는 특이한 곳이 아니다. 여성주의 이론가 주디 그랜은 "예로부터 발효음료를 만드는 사람은 여성이라는 인식이 전 세계적으로 퍼져 있다"고 말한다. "아프리카에서 중국, 남미에서 북유럽에 이르기까지 양조 행위의 중심적 인물은 술집 안주인alewife이었다."[70] 아울러 맥주에 얽힌 비밀이란 식물과 그 동반자인 미생물에 얽힌 수많은 비밀의 일부다.

맥주에 들어가는 식물성 첨가물은 기능적인 측면에서 향미료나 보존제, 미생물 접종제, 이스트의 영양분인 동시에 치료제와 향정신제로도 작용한다. 독일 우주생물학자 카를에른스트 베레는 맥주에 첨가하는 식물이 유럽의 역사 문헌에 기록된 것만 따져도 40종을 웃돈다고 밝혔다. 그는 이렇게 다양한 식물을 첨가한 결과 "무수한 종류의 맥주를 만들 수 있었다"면서 "자못 획일적인 요즘 맥주와 달리 마을마다, 때로는 양조자마다 자기만의 특별한 맥주를 만들었다"고 설명한다.[71] 식물학자 스티븐 해로드 버너는 자신의 책 『성스러운 약초 맥주』에서 홉 말고도 헤더, 쑥, 세이지, 야생상추, 쐐기풀, 그라운드아이비, 사사프러스, 야생박하, 엘더, 다양한 상록수 등 여타 수많은 식물로 맥주를 만들었다고 (각각의 레시피와 함께) 소개하고 있다.

유럽 일부 지역에서는 맥주에 넣는 향미료를 그루트grut 또는 그루이트gruit라고 불렀다. 버너는 그루이트가 "미약하거나 중간 정도의 마약 성분이 들어 있는 세 가지 허브, 보그머틀로도 불리는 스위트게일*Myrica gale*과 서양톱풀*Achillea millefolium*, 마시로즈마리라고도 하는 야생로즈마리*Ledum palustre*의 조합"을 기본적으로 포함하고, 여기에 "독특한 향미와 효능을 선사하는 주니퍼베리, 생강, 캐러웨이 씨앗, 고수, 아니스 씨앗, 육두구, 계피 같은 허브를 추가"하는 것이 일반적이라면서 "각각의 그루이트를 위한 정확한 공식은 코카콜라 제조법과 마찬가지로 특정 개인의 소유물이라서 남들이 모르게 꽁꽁 숨기는 비밀이었다"고 설명한다.[72]

신성로마제국에서는 그루이트가 맥주에 세금을 매기는 수단이었다. 경제학자 다이애나 와이너트에 따르면, "신성로마제국은 11세기 내내 제국 전역의 교구별로 그루트의 생산과 판매에 관한 독점권 그루트레히트Grutrecht를 부여했다."[73] 사회적 통제력을 중앙집권화하기 위한 여러 조치 가운데 하나였다. 방대한 영토 전역에서 맥주와 그 첨가물에 대한 규제를 실시한 결과, 허브를 채집해서 맥주를 양조하는 여성들로부터 제국의 신생 조직으로 권력의 효과적인 이전이 이루어졌다. 지역 특유의 그루이트 허브와 향미료 혼합물이 배타적인 전매 사업의 대상으로 전락한 것이다. 와이너트의 분석에 따르면, "그 독특한 맛과 향이야말로 독점적 특권을 앞세워 맥주 생산자와 소비자로부터 돈을 뜯어내는 지방 권력자의 권한에 있어서 핵심적인 요소로 기능했다."[74]

홉(후물루스 루풀루스*Humulus lupulus*)은 일부 그루이트에 쓰이는 허브 가운데 하나였다. 홉이 맥주에 들어가는 향미료로 문헌상에 처음 등장한 것은 1150년 빙겐의 성인 힐데가르트가 쓴 『자연학Physica』에서였다. 홉의 확산은 맥주의 품질을 보존하는 뛰어난 효능이 한몫했다. 게다가 신성로마제국의 법률이 모든 지역에 미친 것도 아니었다. 특히 독일 북부 한자동맹에 소속된 도시들은 그루이트 규제에 얽매이지 않았다. 함부르크의 맥주 양조자들은 구리로 거대한 양조통을 만들어 생산 규모를 크게 늘리는 데 성공했다. 그리고 홉을 넣어서 보존성을 높인 맥주를 수출하기 시작했다. 한마디로, 대량생산과 장거리 수송의 선구자로서 맥주 역사의 새로운 장을 개척한 사람들이라 하겠다.

민족식물학자 데일 펜델에 따르면, "일찍이 비어beer라고 하면 홉을 첨가한 보리 음료만을 일컫는 말이었고, 다른 여러 식물을 넣어 맛과 보존성을 높인 것은 에일ale이라고 했다."[75] 1400년대에 이르자, 홉만 넣어 양조한 맥주가 널리 알려지면서 그루트로 양조한 맥주와 경쟁하기 시작했다.[76] 홉과 거대한 구리 양조통, 이로 인해서 가능해진 맥주 무역이 "기존의 규제 체제를 사실상 와해시켰다"는 것이 와이너트의 결론이다.[77] 그러나 또 다른 규제 체제가 재빨리 뒤를 이었다. 홉을 써야 한다고 강제한 최초의 포고령(1434) 역시 가격 결정과 시장 진입 제한으로 맥주 시장을 규제하는 한층 더 광범위한 법률이었다. "이 법은 소비자를 보호하기 위한 것이 아니라, 맥주 양조자들과 결탁해서 소비자에게 높은 가격을 물리기 위한 정책의 일환이었다."[78]

그루이트는 신성로마제국이 국가 차원에서 통제하는 대상이었다. 따라서 그루이트 중심적인 규제 체제에 대한 저항은 역사상 프로테스탄트 개혁으로 기억되는 이 제국의 분열과 궤를 함께하는 것이었다. 스티븐 해로드 버너는 제국의 분열과정에서 식물성 첨가물의 사용이 어떻게 쇠퇴하게 되었는지에 대해 설득력 강한 해석을 제시한다. 버너는 "가톨릭 성직자들(실제로는 가톨릭이라는 종교 자체)에 대한 종교개혁주의자들의 요구 사항 가운데 하나가 음식과 술을 마음껏 먹으며 무절제한 생활을 하고 싶다는 것이었다"면서 "이런 행위는 기독교인다움과 아주 거리가 먼 것으로 여기던 때였다"고 말한다.[79] 버너에 따르면, 그루이트의 핵심을 이루는 세 허브 스위트게일과 서양톱풀, 마시로즈마리를 넣어서 "에일을 만들면, 발효 그 자체만으로 생기는 효능을 뛰어넘는 강력한 술이 되어, 마시는 사람이 심하게 취하거나 흥분하기 쉽다."[80] 펜델은 "발효시킨 맥아 음료의 첨가물로" 쓰이는 홉을 제외한 쓴맛 허브들 가운데 "상당수가 향정신성 약물"이라고 설명한다.[81]

반면, 홉이 들어간 "맥주를 마시면 졸리거나 성욕이 줄어든다"는 것이 버너의 설명이다. 종교개혁주의자들은 가톨릭교회가 최음성, 향정신성 허브로 그루이트를 만들어 공공연히 판매하는 사실을 개탄하는 것으로 교회의 천박한 타락상을 비판하는 동시에 홉의 우월성을 강조했다.[82] 홉이 들어간 맥주도 술은 술이었지만, 다소간 차분한 행동, 결과적으로 무기력한 상태를 야기했다. "그 결과, 수천 년에 걸쳐서 다양한 허브를 첨가해 맥주를 만들던 유럽의 전통이 마침내 막을 내렸다. 궁극적으로는 비어와 에일이 한 가지 제한적인 맥주 생산의 공식으로, 다시 말해서 오늘날 우리가 맥주라고 부르는 홉이 들어간 에일로 획일화되고 말았다."[83]

문화부흥 운동가들은 홉 맥주라는 획일적 문화의 족쇄에서 벗어나 실험 정신을 바탕으로 다양한 허브를 이용한 양조법을 재창조하면서 무한대의 다양성을 자랑하는 식물로 알코올음료의 특색을 살리는 우리 인류의 소중한 유산을 부활시키는 중이다. 식물학자 겸 양조자인 에이드리엔 존퀼은 믿을 수 없을 만큼 맛있는 서양톱풀 에일을 손수 만들어서 나에게 한 병 보내주었다. 에이드리엔은 일전에 "홉이 아닌 다른 식물로 만든 에일이 육체와 정신, 영혼에 미치는 영향"에 대해서 궁금해하던 편지를 보내왔던 사람이기도 하다. 나는 다양한 식물의 특정한 작용이 발효를 통해서 어떻게 변화하는지 정확하고 구체적으로 규명하는 방향으로 문화부흥 운동가들의 작업이 이루어져야 한다고 생각한다. 체계적이어도 좋고, 아니어도 좋다. 실험하라! 어떤 종류의 허브나 향미료라도 좋다. 마찬가지로 온갖 과일, 먹을 수 있는 꽃, 나무껍질, 뿌리도 좋다. 벌꿀주(4장 참조)에 첨가하거나 그 밖에 다른 방식으로 술을 빚어 마실 수 있는 그 어떤 식물의 그 어떤 부분이라도 좋다. 곡물을 기반으로 하는 알코올음료라면 이런 재료들을 얼마든지 첨가해서 만들 수 있다.

증류

증류는 알코올(또는 기타 휘발성 물질)을 농축하는 과정이다. 발효만이 알코올을 생성할 수 있고, 증류만이 발효가 이미 끝난 알코올을 농축할 수 있다. 어떤 식으로 발효시킨 알코올이라도 증류가 가능하다. 증류는 증류기라 부르는 장치에 의해서 이루어진다. 증류는 발효균이 만들어낸 알코올을 증발시켜 농도를 높인다. 물질마다 끓는 온도가 서로 다른 덕분이다. 알코올은 섭씨 78도에서 끓는 반면, 물은 우리가 익히 아는 대로 섭씨 100도에서 끓는다. 따라서 발효의 산물인 알코올을 ― 알코올과 물의 혼합체를 ― 가열하면, 알코올 농도가 더 높은 수증기가 발생한다. 이 수증기를 식혀서 만든 액체 역시 마찬가지다. 발효를 통해서 얻어낸 알코올이 증류기를 반복해서 거칠수록 더 순수한 알코올로 변하는 것은 이러한 원리에 따른 것이다.

미국을 비롯한 전 세계 많은 나라에서 자가증류를 불법으로 규정하고 있다. 자가증류를 금지하는 전형적인 근거는 증류과정을 거치는 동안 에탄올 농축액은 물론 고독성 메탄올이 발생할 수 있으므로 증류 자체가 위험성을 내포한다는 것이다. 하지만 메탄올은 에탄올보다 끓는점이 낮다. 최초로 증류한 — 메탄올이 농축되어 있어서 증류업자들이 "헤드"라고 부르는 — 농축액을 버리는 것도 이런 이유에서다. 자가증류 금지에 관한 또 다른 설명은 증류해서 만든 독주가 세금의 중요한 원천이라는 것이다.

법률적 규제와 별개로, 자가양조를 어렵게 만드는 또 다른 걸림돌은 전문적인 장비가 필요하다는 점일 것이다. 여러분도 증류기를 구입할 수는 있다. 비록 미국 연방정부 산하 주류담배세금무역국이 증류기 판매 동향을 예의 주시하고 있을 테지만 말이다. 나는 캘리포니아주 오클랜드에서 만난 부탄 및 네팔 이민자들의 독창성으로부터 강한 인상을 받았다. 가재도구를 활용해서 그럴듯한 증류기를 만들었기 때문이다. 그들은 이 증류기로 조를 발효시킨 창chang을 증류해서 락시raksi라는 전통주를 만드는 고유의 전통을 이어가고 있다. 임시변통으로 증류기를 만들어 사용하려면, 먼저 휴대용 버너에 알루미늄 찜통을 올리고 여기에 증류 대상인 창을 채우는 것이 기본이다. 그 찜통 안에 단순한 세라믹 화분을 매달아둔다. 창에서 올라오는 수증기가 통과할 수 있도록 배수 구멍을 넓힌 화분이어야 한다. 그러고는 손잡이 두 개가 달린 조그만 사발을 화분 안에 매단다. 수증기는 이 사발 주위로 올라올 것이다. 마지막으로, 두 번째 알루미늄 찜통을 놓는다. 첫 번째 찜통보다 조금 작고 냉수를 채운 것으로, 화분 뚜껑으로 꼭 맞아야 한다. 이렇게 하면, 수증기가 여기에 부딪혀서 액체로 응결한다. 응결한 액체는 화분 안에 매달아둔 조그만 사발 속으로 똑똑 떨어진다. 찜통끼리 만나는 부위의 틈을 막기 위해 젖은 수건으로 감아서 수증기가 빠져나가지 못하게 한다. 우리는 부드럽고 맛있는, 그리고 여전히 따뜻하고 독한 락시를 마셨다.(그들이 만든 증류기를 사진 자료에서 참고하기 바란다.)

10장

곰팡이균 키우기

물에 뜨는
호텔팬
수족관 히터
플라스틱 저장통
푹 익은 템페
(홀씨 만들기)
코지 만들기
템페
대두
찐 보리
배양을 위한
백열 전구
비닐랩으로
템페 만들기

곰팡이를 먹는다는 생각만 해도 속이 메스꺼운 사람이 많을 것이다. 그러나 우리가 먹는 음식을 현미경으로 들여다보면 대부분 곰팡이가 존재하고, 아주 오래전부터 사람들이 음식을 가공하는 수단으로 일부러 키워서 활용해온 곰팡이도 있다. 서구에서 곰팡이균으로 발효시킨 음식 가운데 가장 친숙한 것은 치즈다. 물론 곰팡이가 자란 치즈가 보편적인 매력을 발휘하는 것으로 보이지는 않는다. 윌리엄 셔틀리프와 아오야기 아키코는 "대다수 서구 사람은 곰팡이가 생긴 음식에 대해 여전히 뿌리 깊은 편견을 지니고 있으며, 이에 따라 '곰팡이 때문에 못 먹게 된 빵'에서처럼 '곰팡이'라는 말을 부패한 음식과 결부시키는 것이 일반적"이라고 지적한다.[1]

아시아에서는 곰팡이가 훨씬 광범위하게 쓰이고, 용인하는 범위 역시 훨씬 넓다. 셔틀리프와 아오야기는 "아시아 사람들은 '곰팡이'라는 말을 꽤 긍정적인 의미로 사용하는데, 서구 사람들이 '이스트'를 대하는 태도와 비슷하다"고 설명한다. 곡물 표면에 배양한 — 중국어로 취라고 부르는 — 복합 발효균을 수천 년에 걸쳐 사용해왔기 때문이다. 이 발효균에는 이스트와 박테리아도 있지만 실질적인 지배자는 곰팡이균이다. H. T. 황은 "영어에는 정확히 취를 가리키는 말이 없다"고 한다.

> 취는 효모, 발효소, 이스트, 종균 등 다양한 말로 번역해왔다. 완벽하게 만족스러운 말을 찾을 수는 없겠지만, 취가 효소와 살아 있는 생명체 모두를 함유한 만큼 발효균이라는 말이 가장 적절하지 않은가 싶다. 배양하는 동안, 효소가 곡물에 들어 있는 탄수화물을 가수분해하면, 홀씨가 발아하고 균사가 급증해서 더 많은 아밀라아제를 생성한다. 이스트의 개체수가 증가하면서 생성된 당분을 그 자리에서 알코올로 발효시킨다. 이런 과정을 아밀로미세스Amylomyces, 줄여서 아밀로법Amylo process이라고 부른다.[2]

취 또는 이와 유사한 발효균은 일반적으로 (아스페르길루스, 리조푸스*Rhizopus*, 무코르*Mucor* 또는 모나스쿠스*Monascus*를 포함한) 몇 가지 곰팡이균을 동시에 함유하고 있다.[3] 이들 곰팡이균은 전통적으로 주위 환경에서, 주로 식물성 물질을 통해서 얻은 것이다. H. T. 황은 고체 케이크 또는 토막 같은 취의 형태가 다른 종류의 곰팡이균이 서식하기에 적합한 조건을 내부에 갖추고 있다고 설명한다. "대체로 케이크 내부의 환경은 리조푸스류의 곰팡이가 증식하기에 적합하고, 케이크 표면의 경우 아스페르길루스류에 적합하다."[4] 이들 별개의 곰팡이 집단의 상이한 특성이 주목받기 시작한 것은 아주 오래전부터다. 셔틀리프와 아오야기는 두 종류의 곰팡이균을 구분짓는 중국 문헌이 6세기부터 등장한다고 말한다. "요즘 우리가 아스페르길루스라고 부르는 곰팡이를 당시에는 '노란 덮개'로, 리조푸스는 '하얀 덮개'로 불렀다. 사람들은 이

두 종류의 발효균을 신중하게 구분하면서 대대로 길러왔다."[5] 사케나 미소, 간장 같은 발효음식을 만들 때 쓰이는 일본의 코지는 노랗게 덮인 곰팡이 아스페르길루스 오리재로 증식시킨 다양한 물질로 구성된다. 반대로, 자바의 템페는 하얗게 덮인 곰팡이 리조푸스 올리고스포루스*Rhizopus oligosporus*로 키운다.

취의 사용처는 쌀 또는 조를 기반으로 발효시킨 알코올음료에서부터 밀을 비롯한 곡물과 채소, 어류, 육류, 콩류 등 다양한 기질까지 포함하게 되었다. 황은 "곰팡이균을 통한 발효가 처음에는 술을 만들기 위한 방법으로 발달한 것이 사실"이라면서 "곰팡이균의 작용에 대한 연구가 거듭되면서 이내 일련의 발효음식을 만드는 쪽으로 진로를 틀게 되었고, 이는 중국 요리와 음식이 지니는 특성과 향미를 형성하는 데 중요한 역할을 담당했다"고 설명한다.[6] 취를 활용해서 음식을 만드는 풍습은 아시아 전역으로 확산됐다. 19세기 후반 미생물학이 대두되면서, "미생물학자들이 복합 발효균을 만드는 흥미로운 과정에 주목하기 시작"했고, 각각의 곰팡이균을 분리추출해서 "고대 중국인들이 곡물 곰팡이균의 안정적인 배양법을 처음 발견한 4000년 전에는 상상도 못 했을" 새로운 방식으로 응용했다.[7] 요즘은 취에서 추출한 곰팡이균으로 효소를 얻어, (옥수수로 액상과당을 만드는 등의) 식품 가공 작업, 증류, 바이오 연료, 그 밖에 여러 산업에서 광범위하게 활용하고 있다. 『생명과학, 생명공학, 생화학 저널』에 따르면, "A. 오리재의 염기서열의 변동성은 한마디로 충격적이다. 가히 효소와 대사 산물의 보물창고라 칭할 만하다."[8] 스타인크라우스에 따르면, "50가지가 넘는 효소가 코지에서 발견되었다."[9]

보리

이 보물창고가 생명공학 연구를 업으로 삼은 전문가들만의 배타적인 영역일 필요는 없다. 곰팡이균은 다루면 다룰수록 엄청난 보람을 안겨주는 존재인 데다, 가정에서도 쉽고 안전하게 얼마든지 키울 수 있기 때문이다. 그런데 곰팡이균을 키우기 위해서 갖추어야 하는 환경은 여타 발효균과 사뭇 다르다. 곰팡이균 배양에 산소가 필요하기 때문이다. 호기성 미생물이라는 뜻이다. 이스트나 젖산균 등 거의 모든 발효균은 혐기성이기 때문에, 생물학자에게 혐기성이란 발효를 정의하는 특성이다. 따라서 엄격하게 따지면 "호기성 발효"란 앞뒤가 안 맞는 말이다. 취는 물론 템페나 식초, 콤부차 등 무수한 호기성 발효의 산물이 발효음식으로 널리 이해되는 것은, 정확히 말하면, 모순이다.

곰팡이균은 산소를 필요로 하지만 너무 많으면 안 되고, 습기를 필요로 하지만 너무 습하면 안 되며, 온기를 필요로 하지만 너무 뜨거우면 안 된다. 나머지 거의 모든 발효균과 비교할 때, 다루기가 상당히 까다로운 편이다. 이 과정을 오래전에 발견한 사람들은 "적당한 곰팡이가 자라기에 적당한 조건을 우연히 알게 되었다"고 C. W. 해슬틴은 설명한다.[10] 하지만 이와 같은 조건에 대한 기본적인 식견과 창의적인 솜씨를 조금만 갖추면, 누구나 곰팡이균 배양에 적절한 환경을 자기 집 부엌에 조성할 수 있다.

내 사랑 곰팡이균

킬로의 시, 2008년 3월, 일리노이주 어배너

최상품 곰팡이균

배양하니

진줏빛 통보리
새하얗게 뒤덮네
달콤한 흙이 썩어
아무도 모르게
저녁상에서 걷어낸 낡은 식탁보 속 어디서나
화씨 95도로
변함없이

부드러운 피부
도톰하게 휘감으니
오동통한 알맹이 단단하게 싸였네

나는 썩어서
꽃망울을 틔우겠네
별빛이 반짝이는 고요한 밤에
과거를 먹어
소화시키고
지금부터 움직이네
수백만 박테리아의 도움으로

곰팡이균 배양실

코지, 템페, 취 등 아시아 음식에 쓰이는 곰팡이균을 키울 때 가장 까다로운 기술적 난관은 — 여러분이 습도가 높고 상온이 섭씨 27~32도로 일정한 기후를 누릴 만큼 운이 좋지 않다면 — 이 같은 환경과 비슷한 조건을 어떤 종류의 배양실 내부에 구현하는 것이다. 이처럼 적당히 따뜻한 기온은 곰팡이균의 증식을 촉진한다. 곰팡이균은 산소도 필요로 한다. 따라서 3장에서 설명한 대로 공기의 순환을 차단해서 온도를 일정하게 유지하는 밀폐 용기에 의존하기보다, 공기가 어느 정도 통하는 배양실에 낮은 수준의 열원과 함께 넣어서 키워야 최선의 결과를 얻을 수 있다. 그러나 조심하자. 온도가 목표로 삼은 범위를 넘어설 경우, 곰팡이균이 죽어버리고 바실루스 서브틸리스*Bacillus subtilis*라는 끈적한 낫토 박테리아(11장 낫토 참조)가 증식하기 쉽다.

이와 같은 배양 조건은 곰팡이를 활용하기 위해서가 아니라 곰팡이를 키우기 위해서 필요하다는 점에 유의하자. 이 정도로 까다로운 요구사항을 충족하지 않고도 취를 이용해서 쌀 맥주를 만들거나(9장 쌀로 빚은 아시아의 술 참조) 코지를 이용해서 미소를 만들 수 있지만,(11장 미소 참조) 이런 종균을 구성하는 곰팡이를 키우려면 최적의 온도와 습도를 유지해야 한다는 뜻이다. 그동안 내가 활용했거나 접했던 임시변통의 배양법 몇 가지를 소개한다.

1. 오븐 배양법

부엌에 있는 오븐은 곰팡이균을 배양하는 용도로 손쉽게 활용할 수 있는 밀폐 공간이다. 오븐은 원래 곰팡이가 증식하기에 적합한 범위보다 훨씬 높은 온도를 유지하도록 고안되었지만, 내부 공간 자체는 적당한 열기를 유지하는 용도로 얼마든지 쓰일 수도 있다. 요즘 나오는 거의 모든 오븐에는 내부를 밝힐 수 있는 조명등이 달려 있다. 우리 집 오븐은 조명등을 켜두기만 하면 내부 온도가 섭씨 32도를 정확히 가리킨다. 나는 오븐 안에 온도계를 넣어두고 온도가 변화하는 추이를 예의 주시하면서, 내부가 지나치게 뜨거워지면 조명등을 끄거나 문을 조금 열어서 온도를 조절한다.

점화용 불씨가 있는 오븐도 배양실로 활용할 수 있다. 오븐을 켤 필요가 전혀 없이, 점화용 불씨만 열원으로 활용하는 방법이다. 점화용 불씨를 켠 상태로 오븐의 문을 닫아두면 내부 온도가 섭씨 32도 이상으로 유지될 것이다. 온도가 얼마나 높을지는 불씨의 크기에 달렸는데, 거의 모든 오븐이 불씨의 크기를 쉽게 조절할 수 있다. 무언가를 오븐에 넣기 전에, 온도계부터 넣는 것이 순서다. 이때 이상적인 온도계는 —어떤 것은 고기를 적당히 익히기 위해서, 또 어떤 것은 외부 온도를 파악하기 위해서 만든 제품이겠으나 — 원격 판독이 가능한 제품이다. 오븐의 문을 열어서 내부 온도의 변화를 일으킬 필요 없이 수치를 읽을 수 있어야 하기 때문이다. 물론 어떤 종류의 온도계라도 되는대로 응용해서 목적을 달성할 수 있다.

온도계를 오븐에 넣고 문을 닫은 뒤, 적어도 15분이 지나서 온도를 측정하자. 이때 섭씨 32도가 넘는 것으로 나오면, 점화용 불씨의 크기를 줄이거나 조그만 물건을 문틈에 끼워서 내부 열기를 빼준다.(나는 유리병 뚜껑을 단단히 조이는 링을 애용한다.) 그리고 15분이 지난 뒤에 다시 한번 온도를 측정한다. 그래도 여전히 온도가 높으면, 조금 더 큰 물건을 끼워서 문이 더 많이 열리게 해야 한다. 나무 숟가락이나 판지 한 조각을 문틈에 끼워보자. 정확히 원하는 온도로 떨어질 때까지 오븐의 문을 열어두고, 이후로도 주기적으로 배양실 내부의 온도를 살펴야 한다.

오븐에 점화용 불씨도 없고 조명등도 없다면, 혹은 충분한 열기를 발생시키지 못한다면, 와트 수가 낮은 백열전구를 오븐 바닥에 고정시켜두어도 된다. 그 위에 세라믹 삼발이를 놓고 물이 담긴 냄비를 얹으면, 열기를 확산시키는 동시에 과도한 열로 곰팡이가 죽어버리는 "위험한 순간"을 모면할 수 있다. 이런 식으로 한동안 내부를 덥힌 뒤에는 반드시 온도를 체크하고, 원하는 범위를 넘어섰다면 문을 열어두어야 한다.

오븐 배양법의 경우 — 점화용 불씨 또는 백열전구로 발생시킨 —메마른 열기가 내부를 급격하게 건조시켜서 곰팡이가 증식하지 못할 수 있다. 따라서 발효균이 말라붙지 않도록 대책을 강구해야만 한다. 템페의 경우, 건조를 막을 수 있는 임시변통의 방법은 접종한 콩을 조그만 구멍이 점점이 뚫린 비닐봉지에 담는 것이다. 비닐봉지가 콩이 함유한 습기를 대부분 지켜주는 동시에 구멍들을 통해서 필요한 공기의 순환이 이루어질 수 있기 때문이다. 이는 예로부터 바나나 이파리로 템페를 감싸는 인도네시아 풍습을 모방한 방법이다. 코지를 만들 때도, 곡물이 급하게 말라붙지 않도록 공기가 통하는 섬유로 감싸는 것이 일반적이다. 구체적인 방법은 각각의 발효균을 다룰 때 설명하도록 하겠다.

오븐으로 발효균을 배양할 때 주의해야 할 마지막 사항은, 오븐의 조작부에 마스킹테이프나 메모지를 붙여야 한다는 것이다. 그래야 여러분 자신이나 동거인들이 오븐을 무심코 작동시켜 발효균을 고열로 파괴시키는 참사를 미연에 방지할 수 있다.

2. 수족관 히터 배양법

이 배양법은 특수한 장비라고 여길 법한 물품들이 더 필요하다는 단점이 있지만, 이 장비들이 일정한 조건을 스스로 유지한다는 장점이

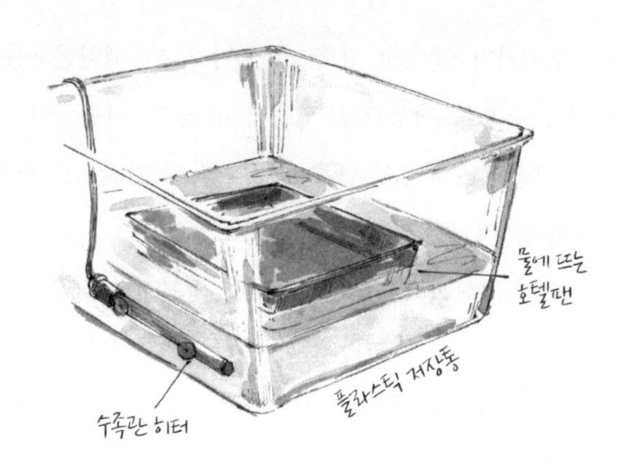

있다. 필요한 장비는 (1) 섭씨 31도 정도까지 온도를 높일 수 있는 자동온도조절 장치가 부착된 수족관 히터, (2) 물에 띄울 수 있는 호텔팬이나 (최소 5cm 정도로) 깊이가 상당한 오븐용 접시, (3) 물을 담고 호텔팬을 띄울 수 있을 정도로 큼직하고 뚜껑이 있는 플라스틱 저장통 등이다.

이 저장통에 10~15cm 깊이로 물을 담는다. 바닥에 히터를 놓고 전원을 연결한 다음, 섭씨 31도로 설정한다. 물을 한동안 가열한 뒤, 온도계로 수온을 확인하고 필요하면 히터의 설정을 조정한다. 호텔팬에 접종한 기질을 담고 수면에 띄운다. 그러면 물의 온도가 기질의 온도를 일정하게 유지할 것이다. 증식하는 곰팡이에 물방울이 떨어지지 않도록 저장통의 뚜껑을 수건으로 에워싸야 한다. 뚜껑은 조금 비스듬히 올려둘 필요가 있다. 증발을 막으면서도 공기가 어느 정도 통해야 하는데, 뚜껑을 꼭 닫으면 그럴 수 없기 때문이다. 나는 캘리포니아주 샌터크루즈에 사는 템페 애호가 맨프레드 워무스가 인터넷에 올려놓은 PPT 자료를 통해서 이 배양법을 배웠다.[11]

3. 온도조절기

온도조절기가 있으면(3장 온도조절기 참조), 백열전구를 설치해서 배양기 내부 온도를 자동으로 조절할 수 있다. 나는 온도조절기를 섭씨 30도로 설정하고 배양실 위쪽에 부착한 뒤 열원으로 활용하는 백열전구의 전원을 여기에 연결한다. 온도조절장치의 눈금이 목표한 수치에 도달하면 전구가 꺼지고, 내부 온도가 떨어지는 것을 온도조절기가 감지하면 전구가 다시 켜지는 원리다. 자동으로 온도가 조절되는 시스템을 구축하면, 수시로 온도를 체크해서 수동으로 조작하는 수고로움을 피할 수 있어 무척 편리하다.

4. 배양기 전용 설계

나는 요즘 안 쓰는 냉장고에 백열전구와 온도조절기를 달아서 배양기로 활용하고 있다. 이 밖에 변화를 준 것이라고는 냉장고 바닥에 뚫은 구멍 몇 개가 전부다. 이미 윗부분에 통풍구가 나 있는 냉장고였다. 그래서 바닥에 구멍을 추가로 냈더니 공기가 훨씬 잘 통했다. 이와 비슷한 구성을 밀폐가 가능한 스티로폼 박스와 음료수 냉장고에서 구경한 적이 있다. 조그만 배양기로 많은 양의 곰팡이균을 키운다면, 후반부 배양이 진행되는 동안 수시로 확인해야 한다. 곰팡이가 증식하면서 열을 발생시키는 단계이기 때문이다. 열기를 적절하게 빼주지 않으면, 온도가 치솟아 곰팡이균이 죽어버릴 수 있다.

어떤 창의적인 템페 제조자들은 배양실의 크기를 키우는 것으로 이 문제를 해결했다. 이렇게 하면 대량의 템페가 발생시키는 열이 쉽게 사라진다. 케일런 라슨은 수족관 히터를 활용하는 배양 시스템을 한 단계 업그레이드했다. 가열한 물 위에 개조한 실내 온실을 띄우고 그 안에 랙을 설치하는 식으로 훨씬 커다란 배양 공간을 만들어낸 것이다. 나에게 수족관 히터를 이용한 배양실 설계도를 처음 보여준 맨프레드 역시 온도조절기를 부착한 실내 난방기나 팬을 옷장이나 화장실에 두는 식으로 널찍한 배양 공간을 확보하고 있다. 그는 "옷장에 랙을 세우면 엄청난 분량을 한꺼번에 만들 수 있다"고 설명한다. 인터넷으로 "템페 배양실 디자인"을 검색하면 여러분이 영감을 받을 수 있는 설계도나 계통도, 사진 자료 등이 무수히 쏟아져 나올 것이다.

빵을 부풀리는 프루핑 박스가 있으면 그것을 사용해도 된다. 전기방석이나 뜨거운 물병을 열원으로 사용한다는 이야기도 들었다. 시애틀에 사는 파베로 그린포레스트는 "우리 집 온돌 바닥이야말로 배양을 위한 완벽한 장소"라고 말한다. 유일무이한 최고의 배양 시스템이나 디자인이란 존재하지 않는다. 저마다 장점도 있고 단점도 있다. 나는 배양 실험에 나서는 사람들에게 주위에서 쉽게 구할 수 있는 도구를 충분히 활용하라고 권하고 싶다. 하지만 곰팡이균을 수시로 또는 대량으로 키우는 사람이라면 장비를 제대로 갖추는 것이 좋겠다.

템페 만들기

내가 만드는 법을 처음으로 배운 곰팡이균은 인도네시아 자바섬에서 유래한 템페tempeh다.(때로는 tempe라고 쓰기도 한다.) 템페는 리조푸스 올리고스포루스라는 곰팡이를 대두 표면에 키워서 만드는 것이 보통이다. 곰팡이가 대두를 전소화해서 한 덩어리로 만들기 때문에 요리하는 데 걸리는 시간을 대폭 줄일 수 있다. 갓 만든 템페는 참으로 맛있다. 시중에서 파는 일반적인 템페보다 훨씬 낫다. 비록 템페가 대두를 발효시킨 음식으로 널리 알려진 것이 사실이지만, 어떤 종류의 콩이나 곡물(그 밖의 다양한 기질)을 조합하더라도 템페를 만들 수 있다. 나는 템페를 만들려면 일부 콩류가 꼭 필요하다는 믿음을 몇 년 동안 고수해왔다. 하지만 내 친구이자 조력자인 불굴의 실험가 스파이키는 어떤 종류의 콩도 넣지 않고 오로지 조와 귀리만으로 템페 만들기에 도전했고, 끝내 성공했으며, 맛도 아주 좋았다. 대두로 만든 템페보다 은은한 것이 견과류 맛과 거의 같았다. 나는 대개 콩류와 곡물을 반씩 섞어서 템페를 만들곤 한다.

나에게 템페가 오랜 세월 익숙한 것은 서구의 비주류 채식주의자들 사이에서 인기 있는 음식이었기 때문이다. 지금으로부터 40여 년 전인 1970년대, (테네시주의 어느 공동체를 의미하는) "더팜The Farm"이라는 곳에서 채식으로 먹고 살 방법을 궁리하던 일군의 히피들이 있었다. 이들은 그곳에서 대두를 재배하며 두유나 두부를 만드는 제조장을 세웠다. 그리고 다른 나라에서 대두로 어떤 음식을 만드는지 공부하던 중 템페 이야기를 접하고는, 미국 농부무 발효균 컬렉션에서 발효균을 얻어다가[12] 템페를 직접 만들면서 제조법을 기록하고 다른 사람들에게도 가르치기 시작했다. 곰팡이균의 홀씨를 생산하면서 상세한 설명서와 함께 판매하기도 했다. 셔틀리프와 아오야기는 "미국 대중에게 템페를 소개하는 데 있어서 그 농장이 기여한 바는 상당히 크다"고 언급한다.[13] 실제로 내가 템페 만들기를 처음 시도할 때 사용한 종균 역시 그 농장의 템페 연구소에서 만든 것이었다.

템페 종균은 곰팡이 홀씨(또는 포자胞子)를 배양한 것이다. 곰팡이 홀씨란 식물로 치면 씨앗에 해당되는 생식세포다. 템페를 과도하게 숙성시키면 홀씨가 형성되면서 종균이 증식하게 된다.(10장 템페 홀씨의 번식 참조) 아니면 템페 종균을 구매할 수도 있다. 일반적으로 분말 형태의 곡물을 기질로 삼아서 곰팡이 홀씨를 섞은 것이다. 템페 종균을 판매하는 곳이 차츰 늘고 있다. 내가 아는 판매처를 부록에 정리해 두었으니 참고하기 바란다.

원래 템페는 종균 없이도 만들 수 있다. 하지만 살아 있는 신선한 템페를 조금 사용해서 만들 수도 있다. 여기서 중요한 점은 신선한 템페가 필요하다는 것이다. 시중에서 파는 거의 모든 템페가 오랫동안 보존하기 위해서 저온살균을 거치기 때문이다. 여기에 냉동과정까지 거치는 템페도 적지 않다. 그러나 신선한 템페, 살아 있는 템페, 잘 익은 템페를 구할 수 있다면, 미세하게 갈자. 그리고 기질을 익히고 식히고 말린 뒤에 10% 정도로 섞자. "이렇게 하면 포자를 사용하지 않아도 균사체가 급속한 성장세를 이어간다"는 것이 셔틀리프와 아오야기의 설명이다.

> 하지만 이 종균으로 만든 템페는 일반적으로 조금 약한 균사체를 지니게 될 뿐 아니라 배양 시간도 포자 형성법에 의한 종균으로 만든 템페보다 조금 더 걸린다. (…) 그리고 원래 상태의 템페에는 원치 않는 상당수의 박테리아가 언제나 존재한다는 점을 기억해야 한다. 부주의하거나 습도가 높을 경우, 그 개체수가 세대를 거듭하면서 증가하고 결국에는 만연해서 좋은 템페의 형성을 방해할 것이다.[14]

일단 종균을 어느 정도 얻었다면, 기질로 삼을 콩 또는 곡물을 준비해야 한다. 곰팡이는 콩이나 곡물을 템페 덩어리들로 묶을 것이다. 대두를 사용하고 싶다면, 먼저 껍질을 벗겨야 한다. 대두의 껍질은 병아리콩 같은 그 밖의 콩류와 마찬가지로 난공불락의 장벽이다. 콩이 두꺼운 껍질에 싸여 있을 경우, 그 표면에 키우고자 하는 곰팡이가 단백질이 풍부한 콩의 과육에 접근할 수 없다. 콩을 으깨면 껍질이 떨어져

나간다. 나는 보통 마른 콩을 단순하게 생긴 수동 그라인더로 갈아서 물에 담근다. 이때 그라인더 칼날의 간격을 0.5cm 정도로 맞추어야 콩알이 가루가 되지 않고 두 조각 이상으로 거칠게 부서진다. 전통적인 방법은 콩에 끓는 물을 붓고 하룻밤 담가둔 채로 서서히 식히는 것이다. 그러면 슬슬 문지르거나 주무르기만 해도 껍질이 쉽게 벗겨진다.

콩에서 떨어져 나간 껍질을 모조리 골라내려고 부지런을 떠는 사람이 많다. 그러나 — 마른 상태로 으깬 콩을 키질해서 위로 떠오른 껍질을 바람으로 불어내건, 또는 수면에 떠오른 껍질을 구멍이 숭숭 뚫린 국자나 체로 떠내건 간에 — 반드시 그래야만 하는 것은 아니다. 콩에서 떨어진 껍질이 곰팡이 증식에 방해가 되는 것은 아니다. 오히려 템페에 섬유질과 부피를 보태주는 측면도 있다.

전통적으로 템페에 쓰이는 콩은 반드시 물에 담갔다가 익힌다. 이 단계가 절대적으로 필수적인 것은 아니지만, 작업 진행에 도움이 되고 최종 결과물의 품질도 높일 수 있다. 스타인크라우스는 "열대지방에서는 자연적인 조건 아래서 템페를 만들 때 두 가지 뚜렷한 발효과정을 거치게 된다"면서, 처음 24시간 동안 물에 담그는 작업은 "박테리아에 의한 콩의 산성화를 초래한다"고 말한다.[15] pH 4.5~5.3에 이르는 이 산성화 단계가 "곰팡이 증식에 영향을 미치는 것은 아니지만, 원치 않는 박테리아가 증식해서 템페를 망치는 사태를 막을 수 있다." 템페를 물에 담그는 작업의 중요성을 연구한 어느 미생물 연구진은 과거의 연구가 "대부분 리조푸스 올리고스포루스에 의한 곰팡이 발효 단계에 초점을 맞추었다"고 지적하면서, 산성화라는 예비적 발효가 "템페의 품질을 제어하는 데 있어서 중요한 수단으로 주목받고 있다"고 주장한다.[16] 또 다른 연구진은 "젖산균이 주도하는 산성화를 통해서 곰팡이가 증식하기에 더 나은 환경을 조성하고 오염 또는 독소의 생성을 억제할 수 있다"고 결론짓는다.[17] 수많은 발효음식에서 확인하듯, 박테리아가 생성한 산은 잠재적 병원균에 저항한다. 콩을 익히면 박테리아야 죽겠지만, 박테리아가 생성하는 산은 우리가 원하는 곰팡이가 증식하기 좋은 선택적 환경을 유지해준다.

온대지방에서는 물에 담그는 것만으로 열대지방처럼 급속한 산성화가 이루어지지 않을 것이다. 위에 인용한 연구 결과에 따르면, 콩의 pH를 4.5 정도로 낮추는 산성 발효가 충분히 이루어지기까지 섭씨 20도(36시간)의 경우 섭씨 37도에 비해서 시간이 세 배나 걸린다. 템페를 만들기 위한 서구의 거의 모든 접근법은 전통적인 예비적 발효 단계를 식초로 대체하는 것이었다. 윌리엄 셔틀리프와 아오야기 아키코 역시 『템페에 대하여』에서 물에 식초를 섞으라고 권한다.(콩 500g이면 물 10컵/2.5*l*에 식초 1½큰술/25*ml* 정도) 더팜의 템페 레시피는 콩을 물에 담그는 단계를 완전히 건너뛰고 그 대신 접종 직전의 익힌 콩에 (마른 콩 0.5kg당 식초 2큰술의 비율로) 식초를 직접 넣어서 산성화시키는 것이다.(이 방법을 따를 경우, 반드시 식초를 골고루 섞어준 뒤에 종균을 넣어야 한다.) 그러나 GEM의 공동 설립자 베티 스테크마이어는 자신이 만들어 파는 종균에 덧붙인 지침서에서 식초를 배제하기로 결정했다. 베티는 "내 실험은 내가 템페 만들기 지침서를 처음 집필하던 거의 30년 전으로 거슬러 올라간다"면서 이렇게 회상했다.

> 나 역시 익힌 콩에 식초를 넣은 뒤 접종하라는 『더팜 채식주의 요리책』의 레시피를 그대로 따르던 시절이었다. 하루는 식초 넣는 것을 까맣게 잊고 템페를 만들었다.(미리 계량해둔 식초를 조리대 위에 그냥 두고 템페를 배양기 안에 집어넣은 것이다.) 그런데 아무런 차이점도 발견할 수 없었다. 이후로 식초 없이, 종균도 덜 쓰고 여러

차례 템페를 만들었건만, 결과는 한결 같이 만족스러웠다.[18]

나는 몇 년 동안 물에 담그지 않고 식초도 넣지 않는 베티의 제조법으로 템페를 만들었다. 결과는 훌륭했다. 그러다가 2단계로 진행되는 템페의 독특한 발효과정에 관한 스타인크라우스의 설명을 읽고서야 물에 담그는 작업의 중요성을 비로소 깨달았다. 때로는 36~48시간 동안 담가두어도 문제가 되지 않는다. 물에 담가 발효시키는 속도를 높이기 위해서 따뜻한 배양실을 이용하거나 사워크라우트 즙, 사워도 종균, 유청 등 살아 있는 젖산균을 이용해서 발효시켜도 좋다.

템페 만들기의 핵심은 콩을 살짝 익히는 것이다. 대두의 경우, 씹어서 으깰 수 있을 정도로 부드러워질 때까지 45분쯤 끓인다. 그렇다고 콩이 뭉그러질 때까지, 그래서 그냥 먹고 싶을 만큼 부드럽게 익히면 안 된다. 콩을 너무 익히면 콩과 콩 사이에 — 공기가 순환해서 곰팡이가 자랄 수 있는 — 빈틈이 안 생기기 때문이다. 따라서 콩을 완전히 익히지 않도록 주의해야 한다. 거의 모든 콩은 대두에 비해서 익는 데 걸리는 시간이 훨씬 짧다. 5~10분만 끓여도 템페를 만들기에 적합한 상태가 되는 콩이 대부분이다. 붉은 렌틸콩은 고작 1분이면 족하다. 콩을 끓이면서 유심히 살피다가 씹을 수 있을 정도로 무르면 곧바로 건져야 한다. 뭉그러져서 원래 모습을 잃어버릴 때까지 끓이면 절대 안 된다.

다음으로 콩을 말리고 식혀야 한다. 익힌 콩은 물기가 덮여 있는데, 이 유리수遊離水는 우리가 원하는 곰팡이가 아니라 박테리아의 증식을 부추긴다. 키스 스타인크라우스는 이 불필요한 물기를 제거하는 전통적인 방법을 몇 가지 소개하고 있다.

> 말레이시아 사람들은 접종 전에 콩을 천 위에 굴려서 표면을 말린다. 콩을 밀가루에 버무리는 제조업자들도 있다. 밀가루가 과도한 물기를 흡수하기 때문이다. 인도네시아에서는 삶은 콩을 대나무로 평평하게 짠 쟁반에 펼치곤 한다. 그러면 물기가 쟁반 바닥을 통과해서 밑으로 떨어지고, 콩이 식으면서 표면이 마르게 된다.[19]

나는 『천연발효』에서 수건으로 콩 표면의 물기를 제거하는, 스타인크라우스가 말레이시아식 건조법이라고 알려준 방식으로 콩을 말리라고 권한 바 있다. 이 방법은 소규모로 작업할 때는 적합하지만, 생산 규모가 늘어나면 상당히 번거로운 방법일 수 있다. 콩을 말리는 한결 손쉬운 방법은 선풍기를 이용하는 것이다. 바람이 콩에 곧장 닿도록 선풍기 방향을 맞추자. 콩을 계속 뒤적여주면 표면이 금세 마를 것이다. 단시간에 콩을 말리고 식힐 수 있는 좋은 방법이다.

내가 곡물과 콩을 섞어서 템페를 만들게 된 한 가지 이유는 (곡물과 물을 같은 비율로 써서) 마른 상태로 볶은 곡물이 축축하게 익은 콩을 말리는 데 도움이 되기 때문이다. 그러기 위해서는 볶은 곡물과 익힌 콩 모두가 몹시 뜨거울 때 한꺼번에 골고루 섞어야 한다. 이렇게 하면 바싹 마른 곡물이 콩 표면의 물기를 흡수할 것이다. 나는 해조류를 가위로 가느다랗게 잘라서 조금 넣기도 한다. 역시 콩의 표면을 말리는 데 도움이 된다.

템페 혼합물을 배양할 때 체온보다 따뜻하면 안 된다는 점에 특별히 주의하자. 열기가 종균을 죽일 수 있다. 선풍기를 틀어놓고 익힌 콩을 뒤적이면 식는 속도가 아주 빨라진다. 따라서 콩이나 곡물을 되도록 넓게 펴서 바람이 닿는 면적을 최대한 넓히는 것이 좋다. 종균은 혼합물의 온도가 체온 정도로 떨어진 뒤에 첨가한다. 필요한 종균의 양은 종균의 원천에 따라서 달라진다. 제품에 딸려 나오는 설명서의 경우 (건조 상태의 무게를 기준으로) 콩 또는 곡물 0.5kg당 종균 1티스푼/5*ml*를 쓰라고 권하지만, 여러분이 참고하는 자료가 이와 다른 비율을 제시하면 그것을 따라도 좋다. 홀씨 대신 살아 있는 템페를 종균으로 사용한다면, 기질의 15% 비율로 하자.

종균은 골고루 퍼지도록 잘 섞어주는 것이 중요하다. 사발의 구석구석을 꼼꼼하게 긁으면서 혼합해야 모든 내용물이 완전히 섞인다는 점에 유의하자. 나는 왼손으로 사발을 빙빙 돌려가면서 오른손으로 섞는다. 종균이 부족하면 콩과 곡물을 열심히 섞어서 종균과 접촉하게 되는 표면적을 최대화하는 데 시간을 더 할애하는 것으로 보충할 수 있다. 하지만 너무 오래 섞다가 콩이 식어버리면 곤란하다. 뭔가로 감싸서 배양실에 넣을 때까지도 따뜻한 느낌이 남아 있어야 한다.

종균을 기질에 골고루 버무렸으면, 이제는 템페를 포장재로 감쌀 차례다. 템페는 그 속에 담긴 상태로 증식할 것이다. 자바에서는 바나나 같은 식물의 커다란 이파리를 포장재 삼아서 템페를 감싼다. 바나나 잎처럼 먹을 수 있는 커다란 잎을 구할 수 있으면, 그 속에 템페를 넣어서 만들어보자. 이파리로 조심스럽게 감싼 뒤에는 노끈으로 묶는다. 서구에서는 조그만 구멍을 여러 개 뚫은 비닐봉지에 템페를 넣는 것이 일반적이다. 바늘이나 꼬챙이, 포크를 가지고 2.5cm 정도 간격으로 구멍을 뚫

는다. 템페를 자주 만든다면, 타파웨어 같은 플라스틱 용기에 구멍을 내서 템페의 형틀로 사용하는 편이 나을 수도 있다. 나는 스테인리스 쟁반(때로는 바닥과 측면에 구멍이 난 쟁반)에 구멍 낸 쿠킹호일이나 파라핀지, 비닐랩을 덮는 방식으로 템페를 자주 배양한다. 독특한 형틀을 만들어 템페를 배양하는 사람도 많다. 케일런은 바구니에 템페를 담고 습도가 높은 배양실에 넣어서 환상적인 작품을 만들어낸다.(사진 자료 참조)

템페로 만든 조각품

베티 스테크마이어

갓 만든 네모난 (샌드위치 봉투 크기의) 템페 덩어리를 꺼내서 포장재를 벗기고 썰면, 통나무로 집을 짓듯이 쌓을 수 있다. 그리고 다시 배양기에 넣으면 겹친 부분이 서로 들러붙게 된다. 나는 이런 식으로 칠면조를 "쌓아올린" 적도 있다. 접종한 템페를 배양하면서 주기적으로 뒤섞어주면 균사체가 콩을 뭉치지 못하게 할 수도 있다. 16시간 정도 지나서 솜털이 보송보송하게 올라온 콩알들을 사발에 담으면 "새 둥지" 같은 모양이 나오고, 덜 익은 콩을 파이 접시에 깔고 그보다 작은 접시로 내리누르면 단백질 파이 껍질이 된다. 덜 익은 템페는 [스페인의 대표적인 소시지] 초리조chorizo에 넣는 양념처럼 곰팡이 증식을 억제하는 강렬한 양념을 섞어 넣기에 좋은 기질이기도 하다.

배양은 세심하게 주의를 기울여야 하는 작업이다. 초기에는 비교적 따뜻한 환경 덕분에 리조푸스 곰팡이가 여타 곰팡이 또는 박테리아 경쟁자들보다 강력한 경쟁 우위를 확보할 것이다. 이 곰팡이는 실제로 체온과 비슷한 섭씨 37도에서 가장 빨리 증식한다.[20] 헤슬타인과 왕은 곰팡이가 특정 박테리아, 특히 [포도상구균, 결핵균 등] "그람양성균"이나 "혐기성 홀씨 생성균"으로부터 자신을 보호하는 물질을 생성하기 때문에 최대한 빠르게 증식시키는 것이 좋다고 말한다.[21] 그러나 8~14시간 정도 지나 곰팡이가 왕성하게 증식하면 상당한 열을 발생시키기 시작하므로, 곰팡이를 죽일 만큼 높은 (체온보다 높은) 열이 축적될 가능성이 없지 않다. 따라서 템페는 섭씨 27~32도에 이르는 덜 뜨거운 온도에서 배양하는 것이 일반적이다. 곰팡이가 배양을 거치는 동안 열을 발생시킨다는 사실은 곰팡이 발효균 증식의 역동성을 이해하기 위한 결정적인 개념이다. 배양이 이루어지는 내내 배양실 온도를 짧은 간격으로 추적관찰하면, 적절한 조정 작업에 도움이 된다. 여차하면 문을 열어둔다거나 열원을 끌 수 있고, 부채질을 할 수도 있기 때문이다.

발효라는 것이 으레 그렇듯, 발효가 완료되었다고 말할 수 있는 정해진 시점이란 없다. 템페는 균사체가 빽빽하게 증식해 콩이나 곡물을 한 덩어리로 단단히 결합시키면서 모양새가 잡힌다. 갓 만든 템페는 이스트 또는 버섯 같은 맛과 향을 살짝 풍긴다. 일반적으로는 포자 형성의 징후가 — 거뭇거뭇한 부분들이 — 처음으로 나타날 때 템페가 잘 익었다고 여긴다. 구멍이 뚫린 용기로 템페를 배양하는 경우, 공기가 제일 잘 통하고 표면이 가장 건조한 그 구멍에서부터 포자 형성이 시작된다. 포자 형성이 진행될수록 템페에서는 잘 익은 치즈의 암모니아 냄새처럼 한층 강한 향과 맛이 난다. 자바 사람들은 템페가 포자 형성의 단계별로 서로 다른 좋은 맛을 뽐낸다고 생각하면서 그 맛을 음미한다. 내 친구 루카는 푹 익은 템페를 날로 먹는다. 카망베르 치즈맛이 떠오른다면서 말이다.

템페는 상온은 물론 냉장고 안에서도 발효가 계속되면서 포자로 시커멓게 뒤덮이고 진한 암모니아 냄새를 내뿜는다. 전통적으로 템페는 아주 쉽게 썩는다고 여기기 때문에 신선한 상태로 먹거나 판매하는 것이 보통이다. 바꾸어 말하면, 템페의 발효는 보존을 위한 전략과는 거리가 멀다. 서구에서는 템페를 판매하기 위해 냉동시킬 때가 많고, 특히 냉동 전에 증기로 저온살균하는 경우도 적지 않다. 나는 템페를 만들 때면, 배양실에서 꺼내자마자 일단 신선한 상태로 일부분을 먹는다. 그러고 나서 며칠 안에 먹겠다고 예상하는 분량만 냉장고에 보관한다. 이때 주의할 점은 최대한 넓은 면적이 찬 공기에 노출되도록 템페를 펼쳐서 깔아놓아야지 겹쳐서 쌓으면 안 된다는 것이다.(무더기로 쌓아놓으면 열기가 남아 있는 중심부에서 곰팡이가 계속 자랄 수 있다.) 며칠 이상 보존할 때는 남은 템페를 냉동시킨다. 역시 템페 조각을 쌓지 말고 넓게 펼쳐야 한다는 점에 주의한다. 템페가 꽁꽁 얼어붙은 뒤에는 냉동 공간을 아끼기 위해서 쌓아올린 상태로 보관해도 괜찮다. 템페를 잘 싸서 냉동시키면 6개월 이상 보존할 수 있다.

템페 요리

템페를 가지고 무엇을 어떻게 만들어 먹어야 하는지 잘 모르는 사람이 많다. 인도네시아에서는 얇게 썰어서 튀기는 것이 일반적인 요리법이다. 튀기기 전에 소금물에 담그곤 한다. 때로는 타마린드 등으로 양념을 하거나 양념장을 만들어 재웠다가 튀기기도 한다. 템페를 확실히 익히기 위해서, 양념장에 재우거나 튀기기 전에 한 번 찌는 사람들도

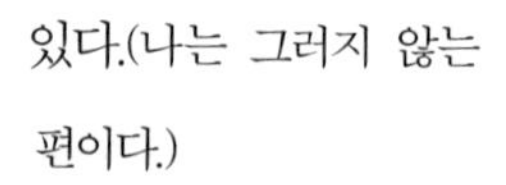

템페

있다.(나는 그러지 않는 편이다.)

나는 새콤달콤 짭짤한 소스에 재운 템페를 무척 좋아한다. 벌꿀 등 감미료, 식초 또는 사워크라우트 즙, 미소 또는 다마리, 이따금 핫소스까지 섞어서 만든 소스다. 나는 켄 알발라의 『콩: 역사』에서 새로운 템페 양념장을 배웠다. 우선 소금과 마늘, 고수 씨앗을 절구에 넣고 찧어서 반죽을 만든다. 여기에 물을 섞어 양념장을 만들고, 템페를 썰어서 담그는 것이다. 나는 주로 코코넛 오일이나 버터로 템페를 튀긴다. 한번은 슈몰츠(정제한 닭의 지방)로 튀겨서 템페 치킨이라고 이름 붙였더니 주위 사람들의 반응이 무척 좋았다. 한꺼번에 들이닥친 여러 손님을 위해서 템페를 요리할 때면, 템페를 덩어리째로 양념장에 재웠다가 덩어리째로 오븐에 튀긴 뒤에 썬다. 조금 더 편하게 살고 싶어서 머리를 쓴 결과다.

앞서 설명한 대로, 과열로 인해 잘 엉겨 붙지 않은 템페는 바스러뜨려서 고추 또는 고기를 다져 넣은 토마토소스에 섞는다. 템페에 관한 한 영어로 쓰인 최고의 책이라 할 수 있는 윌리엄 셔틀리프와 아오야기 아키코의 『템페에 대하여』에도 많은 레시피가 실려 있다. 채식주의 요리책이나 인터넷 역시 훌륭한 레시피의 원천이다.

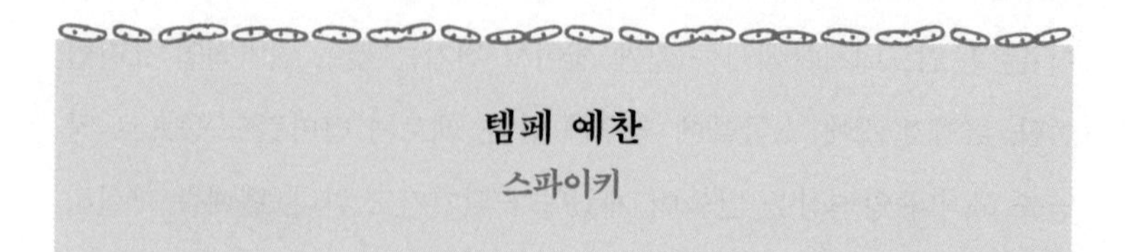

템페 예찬

스파이키

토마토가 그렇듯, 집에서 키운 템페는 슈퍼마켓에서 구입한 밍밍한 맛의 템페와 비교할 때 이름 빼고는 닮은 구석이 없다. 전자가 훨씬 맛있다는 뜻이다. 갓 배양한 템페는 오븐에서 빵을 굽는 것처럼 따스한 향기로 부엌을 가득 채운다. 그러면 굶주린 사람들이 모여들어 템페가 썰려서 나오기만 군침을 흘리며 기다린다.

나는 템페를 사랑한다. 새로 만든 템페를 친구들에게 선물하려고 포장할 때면 존 레넌의 노래 〈뷰티풀 보이〉를 부르곤 한다. 후렴구의 "보이"를 "템페"로 바꾸어서 말이다. 템페의 유혹에 넘어갈 때마다 만족을 느끼지 못한 적이 없었다. 템페는 어떤 식으로 요리해도 실망을 안기는 법이 없다. 아아, 나는 템페와 사랑에 빠진 나머지 두부를 향한 마음이 애매해지고 말았다. 이제는 모두 지난 일로 묻어두고 싶은, 학창 시절 가슴 아픈 첫사랑의 추억처럼. 나는 템페가 너무 좋아서 템페 없이는 못 산다. 그래서 템페를 어마어마하게 많이 만든다. 아침에도, 점심에도, 그리고 저녁에도 템페를 먹고 싶기 때문이다. 신선한 템페로 가득한 부엌이란 실로 축복받은 장소가 아닐 수 없다.

몇 해 전 겨울, 내가 샌더랑 템페 만들기를 시작했을 때, 우리는 새로운 배양기를 제조했다. 덕분에 매번 넉넉한 분량의 템페를 끊임없이 만들어 먹을 수 있었다. 쇼트마운틴에 거주하는 동료 요리사들에게도 마음껏 실험하고도 남을 정도로 템페를 듬뿍 선사하곤 했다. 나는 겨울이면 따뜻하고 걸쭉하며 탄수화물이 풍부한 음식을 만들곤 하는데, 하루는 템페가 이 음식과 아주 잘 어울리겠다는 생각이 들었다. 그래서 버터에 부친 템페를 해시브라운과 반숙 달걀 사이에 끼워서 아침 식사로 먹었다. 점심에는 제대로 굳지 않는 템페를 다져서 다마리를 뿌린 다음 케사디야 안에 넣어서 먹었다. 감자는 템페의 그윽한 맛을 높여주고, 고구마는 템페의 향긋한 맛을 살려준다. 크림처럼 으깬 감자에 템페를 갈아서 넣거나 토핑으로 올리면 맛이 훨씬 좋아진다.

인도네시아에서는 템페를 부치거나 기름에 튀기기도 하고, 고추나 코코넛 밀크, 레몬그라스, 타마린드와 함께 국을 끓이기도 한다. 쌀밥을 먹을 때마다 반찬으로 딸려 나오는 음식이기도 하다. 으깬 템페와 코코넛을 바나나 이파리로 감싼 뒤 찌는 방법도 있다. 두툼한 덩어리째로 달콤한 소스에 하룻밤 재웠다가 시시케밥처럼 불에 굽기도 한다. 이곳 테네시주에서는 노란호박, 껍질콩, 바질, 토마토, 고추, 양배추 등 여름철 텃밭에서 나는 온갖 채소에 곁들여 먹는 음식이다. 나는 여름에 수확한 채소들을 웍에 쏟아 붓고 템페와 코코넛 밀크, 그린커리 페이스트와 함께 들들 볶아서 먹는 것을 좋아한다.

어떤 채식주의 요리책을 보면, 템페를 손질해서 베이컨이나 스테이크 대용으로 활용하는 레시피가 나온다. 고기 없이 못 사는 사람에게 알려주면 좋을 만한 레시피다. 그러나 집에서 손수 만든 템페는 고유의 맛과 향이 워낙 뛰어난, 그 자체로 대단히 훌륭한 음식이다. 템페를 가지고 다른 음식을 흉내낼 필요가 없다는 말이다. 고기맛이라는 속박에서 자기 자신을 해방시키자. 그리고 실험하자. 여러분이 일상적으로 만들어 먹는 아무 음식에나 던져 넣고 섞어보자.

템페 홀씨의 번식

템페 홀씨를 번식시키는 방법으로는 여러 가지가 있다. 템페와 관련된 모든 사항이 그렇듯, 템페의 번식 역시 윌리엄 셔틀리프와 아오야기 아키코의 책이 가장 포괄적인 정보를 자랑한다.[22] 인도네시아에서는 일부 템페를 일반적으로 와루waru라고 하는 히비스커스 나무*Hibiscus tiliaceus Linn*의 이파리 사이에 샌드위치처럼 끼운 채로 키운다. 이 템페를 푹 익도록 두면 털이 많은 이파리에 홀씨들이 엉겨 붙는다. 이 홀씨들을 말려서 쓴다. 홀씨들이 엉겨 붙은 쪽이 바깥을 향하도록 한 손으로 잡고, 껍질을 벗기고 삶아서 식힌 콩을 다른 손으로 문대는 식으로 섞는 것이다. 푹 익어서 홀씨가 자라는 템페라면 종균으로 사용할 수도 있다. 그러나 세심하게 주의를 기울일수록 더 깨끗한 후손을 만날 수 있다. 복합 발효균이라는 전통적인 맥락에서 깨끗함은 고민의 대상이 전혀 아니었다. 곰팡이와 박테리아로 이루어진 템페 공동체가 특유의 안정성을 스스로 갖추기 때문이다. 셔틀리프와 아오야기는 "인도네시아에서는 품질 좋은 복합 발효균이 수천 곳에 이르는 저잣거리의 템페 가게에서 지극히 비위생적인 조건하에 매일 만들어진다"고 지적한다.[23] 그러나 인도네시아 바깥에서 순수배양한 템페를 즐기고 있는 우리로서는 템페가 세대를 거듭하며 박테리아에 오염되면 곰팡이균이 기력을 잃을 가능성을 염두에 두지 않을 수 없다. 순수배양한 템페를 잘 관리하려면 꼼꼼하고 체계적인 노력이 요구된다.

솔직히 말해서, 나는 템페 종균의 번식에 성공한 경험이 많지 않다. 여기서 설명한 방법 대로 몇 차례 훌륭한 종균을 만든 적도 없지는 않았다. 그러나 배양에 들어가고 며칠 뒤부터 원치 않는 곰팡이, 특히 달콤한 냄새를 풍기는 노란색 아스페르길루스 곰팡이가 번식을 시작할 때가 더 많았다. 내가 같은 배양 공간에서 많이 키웠던 곰팡이였다. 순수배양이란 여러 문화에 박식하다고 해서 쉽사리 도전할 만한 영역이 절대 아니다.

곰팡이가 번식을 통해 성장하는 포자 형성 단계는 균사체 발달 이후에 이루어진다. 템페의 경우 포자 형성 여부는 검게 변하는 색깔로

판별할 수 있다. 앞서 이야기한 것처럼, 주로 공기 구멍 근처의 템페에 생기는 거뭇거뭇한 부분들이 포자 형성의 첫 번째 징후다. 포자 형성은 산소가 풍부하고 습도가 낮을수록 촉진된다.

홀씨를 얻는 가장 쉬운 방법은 그저 템페를 푹 익히는 것이다. 홀씨 생성을 최대화하려면, 되도록 넓은 표면적을 공기에 노출시켜야 한다. 나는 균사체로 엉겨 붙은 템페를 얇게 저며서 배양기 안에 두는 식으로 이 작업을 수행한다. 한 덩어리로 엉겨 붙은 템페를 공기에 더 많이 노출시킨 상태로 두면 포자 형성과 건조에 도움이 된다. 홀씨가 생긴 템페를 갈아서 종균으로 쓰는 간단한 방법도 있다. 그러나 너무 오래 익힌 대두 조각들을 신선한 기질에 섞어 넣고 배양하면 향미가 떨어지는 템페가 만들어질 가능성이 높다.

푹 익은 템페에서 홀씨를 추출하는 가장 간단한 방법은 물에 담그는 것이다. 염소를 넣지 않았거나 완전히 제거한 물을 쓰자. 포자가 형성된 템페를 바스러뜨려서 유리병에 넣고 푹 잠길 정도로 물을 붓는다. 유리병을 밀폐하고 1~2분간 세게 흔들면, 홀씨가 녹아들면서 물빛이 검게 변할 것이다. 홀씨들이 녹아서 거무튀튀해진 물을 15분 정도 가만히 둔다. 그러면 홀씨들이 시커먼 곤죽처럼 바닥에 가라앉을 것이다. 탁한 물을 조심스럽게 따라내고 침전물은 유리병 안에 그대로 둔다. 이 침전물이 바로 여러분이 사용할 새로운 종균이다. 이 방법의 단점은 홀씨들이 젖기 때문에 마른 상태에 비해서 덜 안정적이라는 것이다. 따라서 며칠 안에 사용해야만 한다. 오랫동안 보관하려면 홀씨가 자란 템페 조각들을 냉동시켜두었다가 필요할 때마다 꺼내서 물에 넣어 홀씨를 추출하면 된다.

템페 홀씨를 대량으로 만드는 단연코 최고의 방법은, (쌀의 부피보다 적은 양의 물로) 꼬들꼬들하게 익힌 쌀을 기질로 삼아서 그 위에 홀씨를 키우는 것이다. 이렇게 하면 쌀이 덩어리지지 않기 때문에 가루로 만들기 편하다. 가루 상태여야 안정적인 보존이 가능하다. 아울러 쌀을 압력솥으로 쪄서 살균처리하면, 아무 박테리아나 멋대로 자라날 가능성도 크게 줄어든다. 종균을 넣어서 템페를 만드는 경우, 어떤 박테리아가 나타나도 별문제가 안 된다. 그러나 오염이 일정 수준 이상으로 세대를 거듭하며 이어진다면, 여러분이 잘 자라기를 원하는 리조푸스 곰팡이가 머지않아 지배력을 상실할 것이다. 가정에서 또는 가내수공업으로 템페 종균을 만들고 싶다면, 청결에 유의하는 동시에 압력솥을 사용하는 편이 좋다. 광범위한 유통을 염두에 두고 종균을 생산한다면 — 이를테면 보호 조치를 강구한 배양실에서 쌀에 접종하는 등 —한 차원 높은 수준의 보호 조치가 필수적이고, 엄격한 품질 관리를 위해서 배양 결과물을 매번 현미경으로 검사하는 과정도 거쳐야 한다. 오염에 대비한 다양한 수준의 보호 조치에 관해서는 셔틀리프와 아오야기의 『템페 만들기』에 대단히 상세하게 나와 있다. 여기서는 적당량을 만들어온 내 경험상 효과적이었던 배양법 한 가지만 소개하도록 하겠다.

핵심만 추려서 말하면 다음과 같다. (1) 큼직한 유리병에 쌀을 담근다. (2) 압력솥으로 쌀을 찐 다음, 유리병에 곧바로 넣고 커피 필터로 덮은 뒤 고무줄이나 링으로 묶는다. (3) 체온까지 서서히 식도록 둔다. (4) 쌀에 종균을 접종한다. (5) 4~7일 동안 배양하면서 온도를 관찰하고 덩어리지지 않도록 하루에 두 번씩 흔들어준다. (6) 유리병에 직접 부착할 수 있는 믹서기로 갈아서 가루를 만든다. 절구와 공이로 빻아도 된다.

거의 모든 문헌 자료가 템페 종균을 만들기 위한 쌀로 백미를 추천한다. 그러나 현미가 아닌 백미를 일반적으로 사용하는 까닭이 무엇인지는 찾지 못했다. 다만, 보호 기능을 담당하는 겉껍질을 제거한 이유로 백미에서 곰팡이가 훨씬 빨리 자라기 때문이 아닐까 추측할 뿐이다. 베티 스테크마이어는 현미 낟알을 전자현미경으로 촬영한 사진을 본 적이 있다면서 이렇게 말했다. "표면에 깊은 홈이 구불구불하고 복잡하게 뒤얽혀 있었습니다. 이 홈들이 종균 오염으로 이어지는 훼방꾼 박테리아와 곰팡이 홀씨들을 숨겨준다고 상상했지요." 그럼에도 불구하고, 내 경험에 의하면 현미를 사용할 때 더 좋은 결과가 나왔다. 백미는 덩어리지는 경향이 훨씬 강하기 때문에 낟알 하나하나에 곰팡이가 자라서 포자를 형성하기가 어렵다. 종래의 지혜를 받아들여 백미를 사용한다면, 적어도 탈크(규산마그네슘)로 뒤덮인 쌀만큼은 확실히 피하자. 작업에 들어가기 전에, 쌀뜨물이 투명해질 때까지 쌀을 잘 씻자. 표면에 붙은 녹말가루를 제거하기 위해서다.

미국 농무부 산하 북부지역연구소의 과학자들은 수분 함량이 다양한 여러 기질 위에서 생존 가능한 리조푸스의 홀씨가 몇 개나 자라는지 실험을 했다. 그 결과 밀이나 밀겨, 대두보다 쌀에서 키운 리조푸스가 더 많은 홀씨를 생산하는 것으로 밝혀졌다. (하얀) 쌀의 경우, 쌀과 물을 10대6 비율로 섞었을 때 포자 생산량이 가장 많은 것으로 나타났다.[24] 셔틀리프와 아오야기는 『템페 만들기』에서 어느 템페 제조자가 추가로 실험한 결과 쌀과 물의 비율을 10대5로 잡았을 때 "포자가 더 풍부하게 만들어졌고, 덜 건조시킨 상태로도 분쇄가 잘 이루어졌다"고 밝혔다.[25] 현미의 경우, 호주 학자 존 매컴이 "통현미가 백미보다 훨씬 잘 된다는 사실을 발견했다"면서 "무게를 기준으로 현미와 물을 10대8 비율로 잡을 때" 최선의 결과를 얻었다고 셔틀리프와 아오야기는 설명한다.[26]

위에서 언급한 비율을 실제 작업이라는 측면에서 해석한다면, 쌀이 $\frac{1}{4}$컵/50g(1파인트/500*ml*들이 유리병에 적합한 양)인 경우, 현미는 3큰술에 조금 못 미치는 40*ml*의 물이, 백미는 2큰술에 조금 못 미치는 25*ml*의 물이 필요하다는 말이 된다. 이 비율로 혼합해서 넣었을 때 유리병 대부분이 텅 빈 공간이어야 한다는 점에 주의하자. 유리병을 옆으로 뉘여야 쌀을 아주 얇게 펼칠 수 있고, 그래야 공기와 접촉하는 표면적을 최대로 만들어 포자 생산량을 최대치로 끌어올릴 수 있다. 여러분의 압력솥이 1*l*짜리 유리병을 바닥에서 띄운 상태로 넣을 수 있을 만큼 크다면, 그 커다란 유리병을 사용해서 재료들의 양을 두 배로 늘릴 수 있다. 나는 언제나 유리병 몇 개를 동시에 사용한다.

현미를 사용한다면 권장량의 물이 들어 있는 유리병에 곧바로 넣어서 하룻밤 담가둔다. 백미를 쓴다면 먼저 쌀을 잘 씻어서 건진 뒤, 주기적으로 흔들어주면서 한 시간 정도 담근다. 유리병은 커피 필터로 덮고 돌려서 조이는 링으로 고정하거나, 아니면 고무줄 또는 끈으로 묶는다. 압력솥에 5cm 깊이로 물을 부은 다음, 가재도구를 적절히 활용해서 물 위에 유리병을 고정시킨다. 그리고 압력을 가해서 찐다. (압력솥에 게이지가 있다면 대략 7kg/100킬로파스칼kPa로 맞춘다.) 현미라면 이 압력을 40분 동안 유지한다. 백미는 20분이면 충분하다. 불에서 내린 압력솥은 밀폐 상태로 두면서 압력과 온도가 서서히 떨어지도록 한다.

일단 압력이 낮아지고 온도가 체온 수준으로 식으면, 뚜껑을 열고 유리병을 꺼낸 뒤 쌀이 떡처럼 덩어리지지 않도록 맹렬하게 흔들어준다. 이렇게 흔들어도 덩어리가 풀어지지 않으면 — 끓는 물로 소독한 — 숟가락 같은 도구를 유리병 속에 넣어서 덩어리를 최대한 풀어주어야 한다. 쌀이 체온 수준에 이르면, 역시 살균처리한 도구를 이용해서 종균을 접종한다. 쌀 $\frac{1}{4}$컵에 종균 $\frac{1}{8}$티스푼이면 충분하다. 쌀 $\frac{1}{2}$컵이면 종균 $\frac{1}{4}$티스푼을 넣는다. 유리병 주둥이에 커피필터를 고정하고 여러 방향으로 흔들어서 종균이 쌀에 골고루 섞이도록 하고, 옆으로 뉘여서 배양실에 집어넣는다.

템페는 섭씨 27~32도의 범위 내에서 배양한다. 하지만 일반적인 템페를 만드는 데 24시간 정도 걸리는 반면, 종균을 배양할 때는 포자가 완전히 형성될 때까지 며칠이 — 현미는 7일이나 — 걸린다. 하루에 몇 번씩 흔들어서 덩어리를 풀어주어야 한다. 일단 홀씨가 생기면 믹서기나 원두 그라인더, 절구와 공이 등을 이용해서 쌀을 갈아야 한다. 어떤 도구라도 끓는 물로 소독해서 말리고 식힌 뒤에 사용해야 종균의 오염을 최소화할 수 있다. 템페로 만들고자 하는 마른 콩 또는 곡물 500g당 대략 1티스푼의 비율로 종균을 쓴다.

나는 — 한 차례 예외가 있지만 — 가루로 만든 종균을 미국 내에서 구입해 템페를 익혀왔다.(참고 자료 참조) 전부가 미국 농무부 산하 균주관리소에서 얻은 리조푸스 올리고스포루스의 홀씨로 만든 것이다. 균주관리소에서는 이 곰팡이에 "균주 NRRL 2710"이라는 번호를 매기고 "리조푸스 올리고스포루스 사이토"라는 이름과 함께 제공자가 키스 스타인크라우스라고 명시해두고 있다. 사이토는 리조푸스 올리고스포루스를 주요한 템페 곰팡이로 맨 처음 분리추출해서 이름을 붙인 일본 미생물학자다.

다양한 템페

병아리콩 템페

래거스타 이어우드, 뉴팔츠, 뉴욕

병아리콩 템페는 100% 병아리콩만으로, 2시간 이내에 배양을 끝낼 수 있다. 아주 빨리 익는 콩이기 때문이다. 꽤 달콤한 맛이어서 템페를 별로 안 좋아하는 사람들에게 제격이다.

파바빈 템페

그렉 바커, 버클리, 캘리포니아

내가 정말 사랑하는, 그래서 템페용으로 강력하게 추천하는 재료가 바로 껍질을 벗겨서 말린 파바빈이다. 파바빈은 맛이 아주 훌륭하다. 파바빈을 압착해서 매트를 만들면 곰팡이를 키우기에 안성맞춤이다. 하지만 핵심은 시간을 아낄 수 있다는 점에 있다. 나는 믹서기나 그라인더로 대두의 껍질을 벗겨본 적이 한 번도 없다. 껍질을 벗긴 파바빈이 이 문제를 해결해주었기 때문이다.(파바빈 역시 무척 빨리 익는다.) 물에 담갔다가 납작한 덩어리로 만들어 접종하는 번거로운 작업을 15분에 불과한 간단한 작업으로 대체할 수 있다.

볶은 콩으로 만든 템페

벳시 시플리는 한때 템페를 만들어 팔다가 지금은 은퇴하고 블로그를 운영하면서 이 템페를 비롯한 수많은 창의적인 템페를 소개하고 있다.[27]

우리가 템페를 만드는 가장 쉬운 방법은 유전자를 조작하지 않은non-GMO 유기농 콩을 반으로 쪼개서 (소금을 치지 않고) 볶는 것으로 시작한다. 그러면 표준적인 콩의 껍질을 벗기고 익히는 여러 작업을 단번에 건너뛸 수 있다. 반으로 쪼갠 콩 680g을 끓는 물에 넣었다가, 불에서 내린 뒤, 24~48시간 동안 그대로 둔다. 콩이 두 배로 부풀 것이므로, 물을 넉넉히 써야 한다. (…) 반으로 쪼갠 콩을 미리 물에 담갔다가, 이 물을 버리고 깨끗한 물을 새로 부어서 끓인다. 이때 콩보다 2.5cm 높게 물을 채워야 한다.

한 가지 예외는 내가 몇 년 전에 선물로 받은 템페 종균이다. 나처럼 템페를 좋아하는 어떤 사람이 인도네시아에서 가져온 종균이었다. 이 종균은 노란색 미세한 가루였다. 짙은 회색의 균주 NRRL 2710과는 모양새가 전혀 달랐다. 이것으로 만든 템페 역시 독특했다. 더 달콤하고, 뭔가 오묘한 맛이었다. 나는 노란 종균이 아스페르길루스는 물론 리조푸스까지 포함하는, 더 다양한 곰팡이들의 혼합체일 것으로 추측했다. 여하간 전통적인 발효균이라고 하면 전부 복합 발효균이다. 나는 또 다른 종류의 곰팡이들이 발견되는, 템페와 비슷한 음식에 대해서 읽은 적이 있다. 그 가운데 하나가 중국의 매두사霉豆渣, meidouzha인데, 두부를 만들고 남은 대두 찌꺼기(오카라okara, 즉 콩비지)를 기질로 사용한 것이다. 여기서 분리추출한 곰팡이는 악티노무코르 엘레간스*Actinomucor elegans*다.[28]

미생물학의 발전으로 분리추출이 가능해진 순수 배양균은 인류가 전통적으로 사용해온 발효균이 아니다. 전통적인 발효균은 예외 없이 다양한 발효균이 뒤섞인 잡종이어서, 그 형태가 다양하다 못해 때로는 유동적이기까지 하다. 나는 이처럼 다양한 발효균을 지켜보고, 맛보고, 다루는 일이 정말 신난다. 그래서 전통적 발효균의 비공식적인 전파를 환영하고 격려한다. 가능한 범위 안에서 말이다. 불행히도 발효균을 임의로 수입하기란 어려운 일이기도 하거니와, 엄밀히 따지면 공중보건 및 식품안전 관련 법규에서 불법으로 규정한 행위다. 새로운 템페 균주를 구할 수만 있다면 그 어떤 행정 절차라도 기꺼이 거치겠다는 사람도 있을 것이다. 그럴 시간이 있으면, 구할 수 있는 것만 가지고 템페를 만들어보라고, 놀라운 템페를 얼마든지 만들어 즐길 수 있다고 조언하고 싶다.

코지 만들기

내가 곰팡이로 발효시킨 경험이 템페 다음으로 많은 것이 중국의 취에 해당되는 일본의 코지다. 역시 예전에는 복합 발효균이었지만 요즘은 아스페르길루스 오리재라는 단일한 곰팡이 균주로 키우는 것이 보통이다. 코지를 키우기 전까지만 해도 내가 곰팡이와 사랑에 빠질 것이라는 생각을 한 번도 해본 적이 없다. 하지만 나는 코지의 향긋한 냄새에 매료당하고 말았다. 균사체가 급속도로 증식하면서 복합탄수화물의 효소 분해가 이루어져 열이 발생하면 이런 향기가 난다. 곰팡이를 향한 열정에 불타는 사람은 나뿐만이 아니다. 미주리주에 사는 발효 애호가 앨리슨 에월드는 말한다. "코지 곰팡이를 접종한 쌀의 향기를 왜 진즉에 몰랐을까 싶다. 이 향기가 나에게 주문을 건 이후로, 도무지 그 마력에서 헤어날 길이 없다. 물론 마법에서 풀려나고 싶은 생각도 없다." 워싱턴의 발효가 파베로 그린포레스트도 속마음을 털어놓았다. "코지 향기가 얼마나 좋은지 그 속에서 뒹굴고 싶을 지경이다. 이보다 더 황홀한 향기를 찾기는 어려울 듯하다." 여러분은 코지를 직접 키우기 전까지 우리가 무슨 이유로 이토록 흥분하는지 절대 이해할 수 없을 것이다.

다른 음식 없이 코지만 먹는 사람은 드물 것이다.(물론 코지만 먹어도 맛있다.) 세심한 손길로 여러 음식과 음료를 만들어가기 위한 첫 번째 관문이기 때문이다. 나는 코지를 이용해서 미소, 간장, 아마자케, 사케, 채소절임 등을 만들어왔다. 『천연발효』를 집필한 2005년까지만 해도 코지를 직접 만들지는 않았다. 처음에는 아메리카 미소 컴퍼니, 나중에는 사우스 리버 미소 컴퍼니의 제품을 썼다. 코지는 꽤 비싼 음식이다. 한 해에 미소를 75l(혹은 그 이상)나 만들던 내게는 만만치 않은 금액이었다. 아스페르길루스 오리재의 홀씨를 구할 수도 있었지만, 솔직히 48시간이라는 기나긴 배양 작업이 엄두가 나지 않았다.(그럴 필요까지는 없다는 사실을 나중에 알았다.)

코지를 만들기 위해서는 일반적으로 종균이 필요하다. 물론 신선한 옥수수 껍질에 자생하는 미생물로 코지를 만든 적도 있다. 그 이야기는 잠시 미뤄두자. 여하간 적어도 한 번은 종균을 이용해보라고 여러분에게 권하고 싶다. 신선하게 자라는 코지의 독특한 향기를 경험할 수 있기 때문이다. 이 독특한 향기를 맡는 것이야말로 옥수수 껍질을 이용해서 코지를 발효시키고자 할 때 여러분이 원하는 곰팡이가 제대로 자라고 있는지 확인할 수 있는 가장 직관적인 척도가 될 것이다.

내가 코지 종균을 구하는 곳은 GEM 컬처스라는 업체다.[29] 접종 대상이 되는 기질별로 몇 종류의 코지 종균을 판매하는 곳이다. 기질과 종균의 조합에 따라 최종 결과물이 달라진다. 하지만 선택의 여지가 너무 많다고 기죽을 필요는 없다. 아무것이나 하나 골라서 일단 시작하고, 선택의 범위를 차차 넓혀가면 된다. 내가 제일 좋아하는 것은 보리 코지다. 나는 보리 코지로 미소, 아마자케, 채소절임 등을 만들어왔다. 그러나 지금부터 설명할 내용은 여러분이 코지를 어떤 기질로 키우는지와 별로 상관이 없다.

코지를 만드는 기본적인 과정은 물에 담그고, 찌고, 식히고, 접종하고, 배양하는 것이다. 배양은 보통 36~48시간이 걸린다. 먼저 도정한 보리를 하룻밤 물에 담가둔다. 그리고 익을 때까지 두 시간 정도 찐다. 나는 면직포를 깐 중국식 대나무 찜통을 여러 개 쌓아올려서 보리를 찐다. 그래야 보리 알갱이들이 밑으로 빠지지 않는다. 이렇게 보리를 찌면 끈적한 덩어리가 된다. 찐 보리를 찜통에서 꺼내 커다란 사발이나 냄비에 담는다. 덩어리진 것을 풀어주면서 체온 수준으로 식힌다.

그러는 사이에 배양기 내부를 섭씨 27~35도로 덥힌다. 빵 굽는 판 또는 널찍하고 뚜껑이 없는 용기에 향기가 배지 않은 깨끗한 면직포나 부드러운 천을 두 겹으로 깐다. 보리가 체온 수준으로 떨어지면 (여러분이 참고하는 레시피가 추천하는 비율에 따라서) 종균을 접종하고 골고루 섞는다. 이렇게 접종한 보리를 한복판에 수북하게 쌓고, 면직포로 보리 무더기와 온도계를 감싼다. 그러면 면직포로 싸인 보리 무더기 밖으로 온도계가 삐죽 솟아나온 모양새가 된다. 이 상태로 배양기에 넣고 섭씨 27~35도 안에서 온도를 유지한다. 키스 스타인크라우스에 따르면, "일반적으로 곰팡이를 배양하는 온도가 높을수록, 녹말을 당분으로 바꾸는 분해 작용이 활발하게 일어난다." 단백질을 분해하는 "프로테아제의 생성은 배양 온도가 낮을수록 촉진된다."[30] 이 말은, 아마자케나 쌀 음료를 만들기 위한 코지의 경우 허용된 범위 안에서 최고 온도로 배양하고, 미소나 쇼유는 낮은 온도로 배양하라는 뜻이다.

온도를 주기적으로 관찰하다가, 16시간 정도 지나면 보리의 상태를 살짝 확인하기 시작하자. 24시간쯤 뒤에는 분필가루를 뿌린 것처럼 자란 하얀 곰팡이가 보이고 달콤한 향기가 나면서 알갱이들이 엉겨 붙을 것이다. 일단 이런 현상이 일어나면 곰팡이가 열을 발생시키기 시작하므로, 이제부터는 충분히 따뜻한 온도를 지키는 것이 아니라 과열을 방지하는 것에 주안점을 두어야 한다. 보리 무더기를 5cm 이하의 두께로 얇고 평평한 판 모양으로 펼친다. 중요한 작업이다. 코지 판이 너무 두꺼우면 속에 열이 쌓이면서 곰팡이를 죽일 수 있기 때문이다. 코지를 담은 용기가 너무 작으면 쿠키 굽는 판을 사용하거나 두 개의 판으로 나누어서 작업한다. 손가락으로 갈퀴질하듯이 코지를 긁어서 고랑을 만들면 온도를 낮추는 데 효과적이다. 표면적이 넓을수록 더 많은 열을 방출할 수 있기 때문이다. 이 상태로 코지에 천을 덮고 배양기에 다시 넣는다.

코지를 몇 시간 단위로 계속 점검하자. (깨끗하게 씻은) 손을 찔러 넣고 덩어리가 만져지면 풀어준다. 뜨거운 부분이 있으면 뒤적인 다음 다시 평평하게 하고 고랑도 새로 만든 뒤에 재차 감싸서 배양기에 집어넣는다. 여러분은 이 과정에서 코지가 익어가는 매혹적인 향기를 즐길 수 있을 것이다. 코지가 익을수록 하얀 곰팡이가 자라서 알갱이 하나하나를 뒤덮는다. 이렇게 곰팡이가 자라 보리 알갱이들을 뒤덮은 모습이 보이면, 코지를 사용해도 된다는 뜻이다. 하지만 황록색 부분들이 표면에 나타나기 시작한다면 코지 배양을 당장 멈추어야 한다. 포자 형성이 시작되었음을 가리키기 때문이다. 잘 만들어 신선하고 따뜻한 코지는 미소나 아마자케, 사케를 만들 때 그대로 첨가할 수 있다. 당장 사용할 것이 아니라면, 얇게 펼쳐서 실온 수준으로 식힌 다음, 포장해서 냉장고에 보관한다. 장기 보관을 위해서는 코지를 햇볕이나 건조기로 잠깐 말린 뒤에 저장한다.

쌀로 키우는 경우, GEM에서 판매하는 두 종류의 균주를 놓고 헷갈려하는 사람들이 적지 않다. 이 업체에서 파는 "밝은" 쌀 코지는 아마자케나 사케, 채소절임, 일부 종류의 미소를 만들 때 쓰는 것이다. "붉은" 쌀 코지는 "붉은" 미소를 만들 때 쓰인다. 그런데 후자를 중국의 붉은누룩곰팡이紅麴米와 혼동하면 안 된다. 겉모습은 코지와 비슷하지만 모나스쿠스 푸르푸레우스*Monascus purpureus*라는 별개의 곰팡이다. GEM에서는 두 가지 균주 다 도정한 백미를 사용하는 것이 좋다고 안내하고 있다. 하지만 나는 현미로도 썩 훌륭한 결과를 얻었다. 백미를 사용한다면, 첨가된 탈크를 반드시 제거해야 하고, 물에 헹구어 표면에 들러붙은 녹말 역시 떼어내야 한다. 아울러 물에 담갔던 쌀은 몇 분 정도 체에 받쳐두고 물기를 제거한 뒤에 찌도록 하자. 표면에 남은 물기가 적을수록, 익는 과정에서 덜 들러붙는다. 물에서 건진 쌀을 마른 수건에 바로 펼쳐서 몇 분 동안 물기를 제거해도 되고, 선풍기 바람을 쏘이면서 뒤적여주어도 된다. "물기를 최대한 제거한 상태로 익히면 덩어리가 덜 생기는 데 도움이 된다"고 베티 스테크마이어는 설명한다. GEM의 모든 발효균 제품에는 그가 단계별로 꼼꼼하고도 알기 쉽게 설명한 지침서가 들어 있다. 현미는 백미처럼 잘 들러붙지 않으므로, 세심하게 주의를 기울일 필요가 덜하다.

대두 표면에 코지를 키우는 방법은 보리를 이용한 배양법과 기본적으로 동일하다. 다만 찌는 데 걸리는 시간이 훨씬 길다. 압력솥을 이용하지 않는다면 6시간이나 걸리니 가능하면 압력솥을 이용해서 대두를 찌도록 하자. 한 시간 반이면 끝날 것이다. 대두는 손가락으로 눌렀을 때 쉽게 으스러질 만큼 부드러워야 한다. 발효가 이루어지는 내내 온도 변화를 대단히 신중하게 살펴야 한다. 대두의 고단백 성분이 섭씨 35도 이상의 온도에서 바실루스 서브틸리스에 무척 취약하기 때문이다. 대두로 키운 곰팡이는 향기가 좋기는 해도 아주 달콤한 향기를 내뿜지는 않는다. 그런데 쇼유를 만들기 위해서 볶은 밀과 함께 배양하

면 상당히 훌륭한 향기가 난다.(11장 간장 참조)

코지 종균, 즉 "씨앗 코지"라는 뜻의 타네 코지를 증식시킬 때는 현미를 사용한다. 셔틀리프와 아오야기에 따르면, "백미는 코지 종균을 만들 때 사용하지 않는다. 곰팡이가 잘 자라는 데 필요한 영양소가 부족하기 때문이다."[31] 쌀을 물에 담갔다가 건져서 물기를 충분히 제거한 뒤에 찌고 식히는 과정은 앞서 설명한 방식과 같다. 익힌 쌀이 체온 수준으로 떨어지면, 사용된 쌀 무게의 1.5% 정도에 해당되는 활엽수의 나뭇재를 체로 쳐서 섞은 뒤 종균을 접종한다. 이 나뭇재는 곰팡이의 건강한 번식과 포자 형성을 촉진하는 칼륨, 마그네슘 등 미량영양소를 공급한다. 종균을 접종한 뒤에는 코지를 키울 때보다 조금 낮은 섭씨 26도 정도로 배양한다. 처음에는 쌀을 무더기로 쌓아두고, 24시간이 지나면 한 번 뒤섞은 뒤에 무더기를 만들어 다시 24시간 동안 그대로 둔다. 이렇게 48시간이 지나면, 앞서 설명한 대로, 얇고 평평하게 펼치고 나서 면직포로 덮는다. 이 상태로 가만히 두고 섭씨 26도 정도로 다시 48시간 동안 배양한다. 그러면 코지가 황록색 곰팡이로 뒤덮일 것이다. 덩어리진 것을 풀어주고 점화용 불꽃을 켠 오븐 또는 건조기에 넣어서 섭씨 43도 정도로 말린다. 말린 종균은 냉장고 또는 서늘하고 어두운 곳에 보관한다. 이렇게 완성시킨 종균은 통곡물 상태로 쓰기도 하고, 가루로 만들어 쓰기도 한다. 체로 쳐서 홀씨를 추출한 뒤에 밀가루와 섞어서 종균으로 쓸 수도 있다. 여기서 소개한 코지 종균 만드는 과정은 셔틀리프와 아오야기의 책 『미소 만들기』에서 인용한 것이다. 저자들은 이 주제에 관해서 한 장을 몽땅 할애할 정도로 대단히 상세하게 설명하고 있다.[32]

아마자케

아마자케甘酒는 코지로 발효시킨 쌀(또는 기타 곡물)로 만든 달콤한 쌀죽, 푸딩, 음료를 말한다. 기본적으로 사케 등 쌀을 기반으로 하는 알코올음료를 만들기 위한 첫 번째 단계다. 셔틀리프와 아오야기는 아마자케를 "달콤한 사케"라고 번역한다.[33] 엘리자베스 안도는 "하룻밤에 익히는 술"이라는 뜻에서 히토야자케一夜酒로도 불린다고 덧붙인다.[34]

내가 아마자케를 곡물 편이 아니라 여기에 포함시킨 이유는 코지와 관련된 중요한 개념에 주목하기 위해서다. 곰팡이 자체의 지속적인 성장을 위해서라기보다 발효음식을 만들 때 효소의 원천으로 쓰이는 경우가 일반적이기 때문이다. 우리가 방금 전에 살핀 대로, 증식이 진행 중인 곰팡이균은 산소를 필요로 하는 데다 체온보다 훨씬 높은 열기에 과도하게 노출되면 죽어버릴 정도로 온도에 민감한 경향이 있다. 하지만 곰팡이균이 생성하는 효소들은 이와 동일한 환경적 요구 조건들을 공유하지 않는다. 산소를 필요로 하지 않을 뿐 아니라, 일부는 오히려 높은 온도에서 가장 효율적으로 작동하기 때문이다.

아마자케는 코지와 거의 똑같은 재료를 사용해서 만든다. 둘 다 쌀(또는 다른 곡물)을 익힌 뒤에 아스페르길루스 오리재 곰팡이균으로 접종한다. 유일한 차이점이라면 사용하는 곰팡이균의 생장 단계와 적절한 환경을 유지하는 방법일 것이다. 코지를 만들려면, 곰팡이균을 포자 단계에서 첨가한 뒤, 적당히 축축하고 따뜻하며 공기의 순환이 제한된 환경에서 키운다. 반면 아마자케의 경우, 갓 쪄낸 쌀을 상당히 뜨거운(섭씨 60도) 상태로 유리병 또는 항아리에 담고, 성장을 마친 곰팡이균을 섞어 넣은 뒤, 따뜻한 온도를 최대한 오랫동안 유지하려고 노력해야 한다. 신선한 코지를 적정 비율로 첨가하고 따뜻한 온도를 유지해야 코지 효소가 왕성하게 활동하기 시작한다.

나에게 아마자케를 처음 소개한 사람은 에이블린 쿠시였다. 『자연식 요리 완벽 가이드』의 저자로 장수 식품 대중화에 앞장서는 구시 미치오의 아내다. 나는 발효음식을 만들기 시작하면서 이 책에 실린 여러 레시피를 참고한 적이 있다. 구시는 (익히지 않은) 쌀 4컵/1*l*에 코지 ½컵/125*ml*를 섞으라고 권한다. 나 역시 이 비율에 맞추어 아마자케를 이따금 만들곤 했다. 그는 현미찹쌀을 하룻밤 물에 담갔다가 소금을 넣지 않고 압력솥으로 익히는 방법을 추천한다.

> 충분히 식었으면, 코지를 넣고 손으로 버무린다. 유리 사발에 옮겨 담고 젖은 천 또는 타월로 덮는다.(금속성 용기는 안 된다.) 오븐이나 라디에이터 근처 또는 따뜻한 곳에 두고 4~8시간 발효시킨다. 그 사이에 간간이 뒤섞어서 코지를 녹인다. 발효가 끝난 아마자케는 냄비에 담아서 한 차례 끓인다. 거품이 일어나면 불을 끈다.[35]

코지와 쌀의 권장 비율은 자료에 따라서 큰 폭의 차이를 보인다. 구시는 (안 익힌) 쌀 4컵에 코지 ½컵을 쓰는 반면, 셔틀리프와 아오야기는 쌀 한 컵에 코지 두 컵[36]이 좋다면서 빌 몰리슨이 『발효와 인간의 영양』에서 언급한 내용을 소개한다.[37]

어떤 비율이 옳은지 몇 년 동안 우왕좌왕하던 나는 결국 맬러리 포스터라는 친구의 도움을 받으며 실험에 나섰다. 우리는 쌀 6컵을 익힌 뒤 6등분해서 유리병 여섯 개에 나누어 담았다. 이 가운데 유리병 두 개에는 코지를 두 컵씩 섞었고(코지:쌀=2:1), 다른 두 병에는 코지를 한 컵씩 섞었으며(1:1), 마지막 두 병에는 코지를 ½컵씩 섞었다(1:2). 그러고는 비율별로 한 병씩 모아서 섭씨 32도로 배양하고, 나머지는 섭씨 60

도 정도로 배양했다.

결국에는 모든 유리병에서 아마자케가 생겼지만, 그 속도는 천차만별이었다. 12시간 뒤, 섭씨 60도로 배양한 모든 유리병에서 달콤한 맛이 났다. 2:1 비율로 만든 아마자케는 거품이 맹렬하게 일고 거의 완벽하게 액화가 이루어졌으며 지극히 달았다. 1:1 비율의 아마자케는 달콤하기도 하고 액화도 이루어졌지만 그 정도가 덜했다. 1:2 비율의 아마자케 역시 단맛도 나고 액화도 조금 진행됐지만, 역시 그 정도가 훨씬 덜했다. 반면, 섭씨 32도로 배양한 유리병 세 개에서는 단맛이 거의 안 났다.

15시간이 지나자, 섭씨 60도에서 배양한 1:1 아마자케는 단맛과 액화가 정점을 찍었고, 1:2 아마자케는 달기는 해도 그 정도에는 못 미쳤다. 섭씨 32도로 배양한 아마자케들은 여전히 단맛이 거의 안 났다. 21시간이 지나자, 섭씨 60도로 배양한 아마자케 전부가 완성되었다. 섭씨 32도로 배양한 아마자케는 2:1 및 1:1의 경우에 맛도 괜찮고 거의 모든 쌀이 액화된 반면, 1:2 아마자케는 단맛이 겨우 생길 뿐 액화의 기미는 아직도 안 보였다. 심지어 이튿날에는 시큼한 맛이 나기 시작했다.

나는 이 실험을 통해서 배양 온도가 코지 비율보다 훨씬 중요하다는 사실을 깨달았다. 물론 코지를 많이 섞을수록 발효 속도가 빨라지는 것 또한 사실이다. 이치에 부합하는 실험 결과였다. 효소는 지나친 열에 파괴당하지 않는 한 반복적으로 변형을 이루어내기 때문이다. 제조과정이 낮은 배양 온도 또는 낮은 코지 비율 탓에 너무 느리게 진행되면, 최고치의 단맛이 절대로 나지 않는다. 모든 탄수화물이 당분으로 바뀌기 전에 신맛이 생기기 때문이다. 코지가 충분히 있다면 반드시 2:1 비율로 아마자케를 만들기 바란다. 코지가 부족해서 낮은 비율로 써야 한다면, 섭씨 60도를 최대한 유지하면서 배양해야 한다는 점을 기억하자.

이 단계가 끝났다는 판단이 서자마자 발효를 멈추어야 한다. 계속 발효시키면 산과 알코올이 발생할 것이다.(알코올로 발효시키고 싶다면 9장 사케 참조) 이어서 약간의 물과 소금 한 꼬집을 넣고 한 차례 끓인다. 완성된 아마자케는 냉장고에 보관한다. 음료로 마시려면 아마자케와 물을 1:1로 섞는다. 생강 등 향미료를 첨가한다. 에릭 하스는 사케 또는 사케 앙금을 아마자케에 넣어보라고 권한다. "그렇게 해서 살짝 끓이면 맛의 조화가 무척 훌륭하다." 희석시키지 않고 푸딩처럼 즐겨도 좋고, 빵을 구울 때 감미료로 활용해도 좋다. 셔틀리프와 아오야기는 아마자케와 설탕과 벌꿀을 3½:2:1 비율로 치환하라고 조언한다.

곰팡이균의 식물성 원천

순수배양한 홀씨 가루는 마음만 먹으면 쉽게 구해서 종균으로 사용할 수 있는 것이 못 되었다. 발효에 쓰이는 사실상 모든 발효균이 그렇듯, 아시아의 전통적인 곰팡이균 역시 식물에서 원천을 찾을 수 있다. 중국 장난대학의 쉬관룽과 바오퉁파는 『중국 알코올음료 총조사』에서 "전통적인 토착 미생물로 만든 뛰어난 알코올음료는 순수 배양균으로 만든 음료가 범접할 수 없는 차원"이라고 밝혔다.[38] 식물성 요소들은 발효를 촉발하기 위해서만이 아니라, 향미를 보태고 알코올 도수를 높이기 위해서도 쓰인다.

H. T. 황은 중국 발효음식의 역사에 관한 자신의 책에서 취를 만드는 몇 가지 방법을 기록한 중국의 고대 문헌을 소개하고 있다. 가사협

賈思勰이 544년에 쓴 "백성을 이롭게 하는 중요한 기술"이라는 뜻의 『제민요술齊民要術』에는 쑥이나 약쑥 등 광범위한 식물군을 가리키는 것으로 보이는 "아르테미시아artemesia" 이파리를 이용해 "친저우欽州 사람들이 밀에서 발효균을 얻는 법"이 나온다. 황은 이 대목을 다음과 같이 옮기고 있다.

> 작업은 음력 7월에 시작해야 한다. (…) 벌레가 먹지 않은, 깨끗하고 품질 좋은 밀을 커다란 냄비에 넣고 휘저으면서 볶는다. (…) 서서히 가열한 냄비를 흔들어가면서 빠른 속도로 저어야 한다. 단 한순간도 젓는 동작을 멈추어선 안 된다. 밀알이 고르게 익지 않을 수 있기 때문이다. 밀은 노랗게 변하면서 향긋한 냄새가 날 때까지 볶되, 그을려서는 안 된다. 다 볶았으면 키질해서 불필요한 이물질을 모조리 제거한다. 그러고 나서 너무 미세하지도, 너무 거칠지도 않게 간다. (…) 작업을 시작하기 며칠 전에, 아르테미시아를 수확해서 깨끗이 씻는다. 부실한 줄기를 솎아낸 뒤, 햇볕에 말려서 수분 함량을 낮춘다. 생발효균은 가루로 만든 밀과 물을 같은 양으로 섞어서 만든다. 만졌을 때 끈적이지 않는 빽빽한 덩어리로 뭉친다. 이렇게 만든 밀가루 덩어리를 하룻밤 묵혀두었다가 이튿날 아침에 한 번 더 치대서 적당한 찰기를 이룬다. 나무로 만든 거푸집으로 눌러서 단단한 덩어리로 만든다. 덩어리 하나의 크기는 가로세로 30cm에 두께는 5cm다. 최대한 단단하게 덩어리를 누르기 위해서 힘 좋은 일꾼을 부르기도 한다. 단단한 덩어리 한복판에 구멍을 뚫는다. 나무로 틀을 짜고 대나무 판자로 선반을 만들어 걸친다. 말린 아르테미시아 이파리들을 선반에 깔고 생발효균 덩어리를 그 위에 얹은 뒤 다시 아르테미시아로 덮는다.

밑에 깔린 아르테미시아층은 발효균 덩어리를 덮은 층보다 두꺼워야 한다. 마지막으로 (오두막) 문짝과 창문을 꼭꼭 닫아 밀폐시킨다. (…) 세 번째 7일(총 21일)이 지나면 발효균 덩어리가 완전히 숙성되었을 것이다. 문을 열고 발효균 덩어리들을 점검한다. 균사가 표면을 근사한 빛깔로 뒤덮은 덩어리들을 바깥으로 가져 나와서 햇볕에 말린다. 하지만 균사체가 전혀 안 보이는 덩어리들은 그대로 두고 문을 다시 닫은 뒤 3~5일 더 배양한 다음 햇볕에 말린다. 발효균 덩어리들은 말리는 동안 몇 차례 뒤집어주어야 한다. 그렇게 완전히 말린 덩어리들은 선반에 쌓아서 보관하다가 필요할 때 꺼내서 사용한다. 이런 종류의 발효균 한 되면 (익힌) 곡물 일곱 되를 발효시킬 수 있다.[39]

"저자의 설명은 오늘날 우리가 알고 있는 지식에 비춰볼 때 과학적 사실과 대체로 맞아떨어진다"는 것이 황의 결론이다. 그는 "기질을 익혀서 가루로 만든 발효균으로 접종한 뒤 배양에 들어가는 방식이 일반적"이라고 설명하는데, 이것이 바로 백슬로핑이다.[40]

그런데 아시아 전역의 사람들은 지역에서 쉽게 구할 수 있는 식물성 재료들을 취 같은 종균에 꾸준히 집어넣었다. 종균이 지리적 특성을 대체로 반영하는 까닭이 여기에 있다. 인도네시아의 종균 라기ragi는 쌀가루에 생강뿌리, 갈랑갈 뿌리, 사탕수수 등을 썰어 넣어서 만든다. 스타인크라우스는 "만드는 사람마다 첨가하는 재료가 다르다"고 말한다.

혼합물은 물 또는 사탕수수 즙으로 적신다. (…) 그리고 지난번에 만들어둔 라기 가루로 접종한다. 덩어리는 지름이 3cm에 두께가 0.5~1cm쯤 되는 납작한 모양이다. 대나무 쟁반에 두고 7일 동안 상온에서 배양한 뒤, 수분을 제거해서 보관하다가 필요할 때 쓴다. 바람 또는 햇볕에 말린 라기 덩어리 내부의 핵심적인 미생물 집단들은 열대지방의 상온에서도 몇 달 동안이나 생명력을 유지한다.[41]

네팔의 전통적인 종균은 마르차marcha다. 첨가하는 식물은 다양하지만 방법은 매우 비슷하다. 10년 전 네팔에서 1년을 보내고 돌아와서 나한테 마르차를 처음 소개한 내 친구 저스틴 불러드는 마르차 만드는 법을 연구하기 위해서 2011년에 그곳을 다시 찾았다. "나는 단일한 식물로 마르차를 만든다는 선입견이 있었어. 그래서 [아내인 디디와 함께 저스틴에게 제조과정을 보여준—원주] 마일라가 나에게 그 '유일한 식물'이 무엇인지 알려줄 거라고 기대했지. 하지만 그가 내게 주재료라고 보여준 식물은 두 종류였어. 부부는 이 밖에도 11가지나 되는 식물성 재료를 조합해서 마르차를 만들기 시작하더군!" 마르차에 들어가는 식물성 첨가물은 바나나 이파리와 껍질, 사탕수수 이파리, 어린 파인애플 이파리, 생강뿌리, 고춧가루와 고춧잎 등이었고, 여기에 지난번에 만든 오래된 마르차까지 넣었다고 한다. "이 까다로운 마르차 레시피는 디디의 증조할머니가 어머니를 통해서 전수한 것이어서, 마가르족이 대대로 지켜온 제조법으로 여겨도 무방"하다는 것이 저스틴의 생각이다. 그러나,

네팔의 가정에서 식재료를 조합하는 방식이 대개 그렇듯, 각각의 재료를 정확히 계량하는 경우는 거의 없다. 음식을 만드는 개인이 "눈대중"으로 또는 맛을 봐가면서 혼합 비율을 결정하는 방식, 직접 경험하거나 어깨너머로 배운 제조법에 따라서 어떤 재료를 얼

마나 넣고 얼마나 뺄지 판단하는 방식이 일반적이다. 구할 수 없는 재료는 가볍게 생략하고 넘어가기도 한다.

식물성 재료들은 가루를 내서 조 가루와 섞은 뒤 물을 조금 넉넉히 붓고 반죽해 거친 도를 만든다.

이렇게 만든 도를 주물러서 손바닥보다 약간 작은 덩어리(약 80~110g)로 빚는다.(덩어리가 너무 크면 제대로 마르지 않는다.) 지난번 발효 때 만들어둔 마르차 덩어리를 빻아서 그 가루로 새 마르차 덩어리를 뒤덮는다. 마른 풀로 짠 거적을 깔고 이 덩어리를 그 위에 놓은 뒤 다시 거적을 덮어 응달에서 말린다.(덩어리를 따뜻하게 밀폐하려는 목적으로 보인다.) 사람들은 이 작업을 가리켜 새로 만든 마르차 덩어리가 잘 익어서 "꽃을 피우도록" 돕는 일이라고 말한다. 이튿날, 날씨가 뜨겁고 건조하다면, 마르차 덩어리들을 꺼내서 평평하게 짠 바구니에 펼치고 두 시간 동안 햇볕에 말린다. 덩어리를 햇볕에 말릴 때가 언제인지, 다시 말해서 덩어리가 잘 익었는지 어떻게 아느냐고 물었더니, "냄새"를 맡으면 알 수 있다는 대답이 돌아왔다. 실제로 마르차 덩어리는 빵 만드는 도처럼 이스트 냄새가 났다. 아울러 덩어리들은 미세한 흰곰팡이로 뒤덮인 상태였다.(마일라가 거적을 걷어내자 가느다란 곰팡이 균사체로 뒤덮인 마르차 덩어리들이 모습을 드러내면서 잘 익은 냄새를 물씬 풍겼다.) "꽃이 핀다"는 뜻의 풀차phool chha라는 말이 여기서 유래한 것이다. 햇볕에 말린 덩어리들은 현관 밑에 거적을 깔고 그 위에 놓는다. 셋째 날, 덩어리들을 또다시 햇볕에 말린다. 이런 식의 건조 작업이 보통 닷새 동안, 또는 그 이상 이어질 수 있다. 그 과정에서 덩어리들이 햇볕을 받아 조금씩 하얗게 변해간다고 한다. 잘 마른 마르차 덩어리들은 오랫동안 보관하면서 필요할 때마다 꺼내 쓴다.

히말라야의 다른 지역 톤스 계곡에서는, 쌀 음료에 쓰이는 킴keem이라는 종균을 만들 때 대마, 계피, 흰독말풀을 포함해서 무려 42가지(!) 식물을 사용한다. 나는 인도 타밀나두에 있는 바라티다산대학의 S. 세카르 박사가 구축한 「인도의 전통적 미생물에 관한 지식 데이터베이스」를 통해서 킴을 알게 되었다. 세카르 박사에 따르면, "신선한 대마 *Cannabis sativa* 잔가지(8kg), 무환자나무*Sapindus mukorossi*[열매를 비누로 사용해서 소프넛soap nut으로도 불린다—원주] 이파리 5kg, 이 밖에 다양한 식물 10~15kg을 썰어 응달에서 말린 뒤 가루로 만든다. 이 식물 가루에 보리 가루 50kg을 섞는다." 이 마른 상태의 혼합물을 자야라스jayaras라는 허브 추출액으로 적셔서 도를 만든 뒤 조그만 덩어리들로 빚는다.

이렇게 빚은 덩어리들은 대마와 소나무*Pinus roxburghii*의 부드러운 싹으로 만든 (그 지역에서 사타르*sathar*라고 부르는) 식물층을 밑에 깔아두거나 불가피한 경우 덩어리들 사이에 끼워서 밀폐된 방 안에 넣고 이후 작업을 진행한다. 이 상태로 24시간 동안 가만히 두어야 한다. 25일째 되는 날, 방문을 열고 덩어리들을 뒤집은 다음, 다시 12일 동안 그대로 두었다가, 밖으로 가지고 나가서 햇볕과 바람에 말린다. 덩어리들이 완전히 마르면 언제든지 종균으로 사용할 수 있다.[42]

킴의 제조과정에 관해 데이터를 수집한 연구자들이 보고하기를, "이런 목적으로 쓰이는 식물들의 조합은 지역에 따라 조금씩 차이를 보인다. 이번 연구를 진행하는 과정에서 집필자들이 만난 사람들은 선조들이 이 과정에서 몇 가지 식물을 더 사용한 것으로 안다고 밝혔지만, 그것이 어떤 식물인지는 아무도 몰랐다."[43] 이 종균의 배양에 쓰인 식물성 재료들은 급격히 자취를 감추고 있는, 그래서 매우 소중한 민족식물학적 정보다.

적절한 식물성 물질을 미생물의 원천으로 사용하는 종균 없이도 코지를 만들 수 있다. 신선한 옥수수 껍질을 사용하는 경우가 여기에 해당된다. 먼저 쌀이나 보리 등 앞서 언급한 곡물을 찐다. 다만, 면직포 위에 무더기로 쌓고 배양하는 대신, 조그맣게 (5cm 이하로) 경단을 빚어서 옥수수 껍질로 한 개씩 싼다. 그리고 줄로 묶어서 바람이 잘 통하는 선반에 매달거나 올려둔다. 섭씨 27~35도를 유지하면서 배양한다. 내 경험에 의하면 뜨겁고 습한 여름철에 처마 밑에서 작업할 때 최선의 결과를 얻곤 했다.

물론 예외는 언제든 있다. 일부 복합 발효균은 (곡물을 기질로 이용하지 않을뿐더러) 식물성 재료를 넣거나 지난번 발효 때 익혀둔 것을 백슬로핑하지 않고 만들기도 한다. 기질 또는 숙성 환경에 자생하는 미생물에 의존하지 않고 발효균을 만드는 사례도 있다. 한국의 누룩은 밀을 거칠게 갈아서 물을 적시고 치댄 뒤 (대략 지름 10~30cm에 두께 5cm에 달하는) 큼직한 덩어리를 만들어서 얻는다. 비록 요즘 들어서는 아스페르길루스 우사미*Aspergillus usamii*의 홀씨를 넣는 경우가 잦지만, 전통적인 방식으로는 일체의 접종을 하지 않는 것이 원칙이다. 이렇게 만든 덩어리들은 섭씨 30~45도 범위 안에서 10일 동안 배양한다. 이어지는 7일 동안에는 온도 범위를 섭씨 35~40도로 좁혔다가, 다시 섭씨

30~35도에서 2주간 건조시킨 뒤, 상온에서 한두 달 숙성시킨다.[44]

문제 해결

템페에서 곰팡이가 안 자라 콩끼리 들러붙지 않는다면

곰팡이 번식에 실패했다. 아마도 종균이 생명력을 잃었을 것이다. 종균을 섞었을 때 콩이 너무 뜨거웠을 수 있다. 배양실이 너무 뜨겁거나 너무 차가워서 곰팡이가 발달하지 못했을 가능성도 있다.

템페가 끈적거린다면

템페가 점액질로 뒤덮였다면 배양 온도가 너무 높았다는 뜻이다. 일단 곰팡이가 자리를 잡고 급속도로 번식하기 시작하면, 상당한 열이 발생한다. 곰팡이가 번식하면서 발생시킨 열이 곰팡이를 죽였을 가능성이 있다. 특히 템페 덩어리가 너무 두껍거나, 배양실이 환기가 잘 안되거나, 조그만 배양실에 너무 많은 템페를 넣으면 이런 현상이 발생할 수 있다. 열에 대한 저항력이 지극히 강한 바실루스 서브틸리스 같은 박테리아의 포자들은 기질을 익힌 뒤에도 생존한다. 물론 템페 곰팡이가 자라는 동안에는 B. 서브틸리스가 증식할 수 없지만, 지나치게 높은 열로 템페 곰팡이가 파괴당하면 B. 서브틸리스가 증식을 준비하고 이내 성장하기 시작하면서 템페를 점액질로 흥건하게 뒤덮고 특유의 악취를 풍긴다. 이렇게 된다고 해서 템페가 위험해지는 것은 아니지만, 결국 코를 찌르는 냄새와 함께 제대로 엉겨 붙지 못한 템페가 만들어지고 만다. 나는 이런 상황에 처할 때마다 템페에 "B등급"을 매기고 바스러뜨린다. 그리고 토마토, 고추, 육류 등을 다질 때 진한 양념과 함께 섞어서 익힌 뒤 빵 사이에 끼워 먹는다.

템페가 시커멓게 변한다면

템페 곰팡이는 하얗게 자라기 시작하면서 콩 또는 곡물의 알갱이들을 균사로 얽어맨다. 이렇게 24시간 정도 자란 뒤에는 거무튀튀한 반점들이 생기기 시작한다. 포자 형성이 이루어진다는 뜻이다. 구멍을 여러 개 뚫은 비닐봉지에 템페를 넣어두면, 곰팡이가 산소와 가장 많이 접촉하는 구멍 근처에서 포자 형성이 시작된다. 쟁반에 아무것도 안 덮고 키운다면, 템페 표면 전체가 시커멓게 변할 것이다. 포자 형성의 초기 단계는 곧 배양이 충분히 이루어졌으므로 템페를 먹어도 된다는 의미다. 그런데도 템페를 배양기에서 안 꺼내면 포자 형성이 지속되면서 냄새와 맛이 강해진다. 인도네시아 자바에서는 이런 식으로 푹 익힌 템페를 부수크busuk라고 부르면서 별미로 여긴다.

템페에서 암모니아 냄새가 난다면

곰팡이가 처음 24시간 번식하는 동안에는, 템페에서 신선하고 은은한 향기가 난다. 곰팡이가 계속 발달해서 템페가 푹 익으면, 위에서 설명한 대로 암모니아 냄새를 풍기게 된다. 윌리엄 셔틀리프와 아오야기가 감상한 바에 따르면, "품질 좋은 카망베르 치즈와 놀라울 정도로 흡사한 썩은 내가 코를 찌르고, 조직이 부드러워지면서 크림처럼 좋은 맛이 살짝 나는데, 실제로 경험하지 않고는 그 맛을 이해하기 어렵다."[45] 두려워하지 말고 잘 익은 템페의 맛을 느껴보자.

코지에서 곰팡이가 자라지 않는다면

종균이 생명력을 잃었을 것이다. 종균을 섞을 때 곡물이 너무 뜨거웠을지 모른다. 배양실이 너무 뜨겁거나 너무 차가워서 곰팡이가 못 자란 탓일 수도 있다.

코지가 끈적거린다면

코지가 점액질로 뒤덮였다면 배양 온도가 너무 높았다는 뜻이다. 일단 곰팡이가 자리를 잡고 급속도로 번식하기 시작하면, 상당한 열이 발생한다. 곰팡이가 번식하면서 발생시킨 열이 곰팡이를 죽였을 가능성이 있다. 특히 접종한 기질이 너무 두껍거나, 배양실이 환기가 잘 안 되거나, 조그만 배양실에 너무 많은 코지를 넣으면 이런 현상이 나타날 수 있다. 열에 대한 저항력이 지극히 강한 바실루스 서브틸리스 같은 박테리아의 포자들은 코지의 기질을 익힌 뒤에도 생존한다. 물론 코지 곰팡이가 자라는 동안에는 B. 서브틸리스가 증식할 수 없지만, 지나치게 높은 열로 코지 곰팡이가 파괴당하면 B. 서브틸리스가 증식을 준비하고 이내 성장하기 시작하면서 코지를 점액질로 흥건하게 뒤덮고 특유의 악취를 내뿜는다. 이렇게 된 코지로 발효음식을 만들려고 애쓰지 말자. 그냥 버리자.

코지가 황록색으로 변한다면

코지 곰팡이는 하얗게 자라기 시작하면서 콩 또는 곡물의 알갱이들을 균사로 얽어맨다. 이렇게 36~48시간 자란 뒤에는 황록색 반점들이 생기기 시작한다. 포자 형성이 이루어진다는 뜻이다. 일반적으로 포자 형성의 초기 징후가 나타나면, 곧 배양이 충분히 이루어졌으므로 코지를 사용 또는 응용해도 된다는 의미다. 그런데도 코지를 배양기에서 꺼내 식히지 않으면 포자 형성이 지속된다. 다만, 후마낫토浜納豆 등으로 코지를 응용하는 몇몇 경우에는(11장 발효시킨 콩 "너겟" 참조), 황록색 홀씨로 뒤덮인 코지를 선호하기도 한다. 배양의 후반부로 접어든 코지는 한층 면밀하게 살펴야 한다. 그래야 원하는 타입의 코지가 만들어지는 적절한 시점에 배양을 중단할 수 있다.

아마자케에 들어간 쌀이 달콤하지도 액화하지도 않는다면

아마도 종균으로 첨가한 코지가 생명력을 잃었을 것이다. 또는 코지를 넣었을 때 쌀이 섭씨 60도 이상으로 뜨거웠을지 모른다. 뜨거운 열이 코지 효소를 파괴하기 때문이다. 코지를 충분히 넣지 않았거나 너무 낮은 온도로 배양했을 수도 있다. 이런 경우에는 코지를 더 넣거나 배양실의 온도를 높여야 한다.

아마자케가 시큼해졌다면

쌀을 너무 오래 배양했다는 뜻이다. 일단 코지 효소가 쌀을 달콤하게 만들면, 젖산균과 이스트가 당분을 산과 알코올로 발효시키기 시작한다. 아마자케는 이 발효가 끝난 뒤에 수확해야 한다. 아마자케를 여러분이 원치 않는 무언가로 여차하면 변화시키는 미생물 역시 발효가 끝난 뒤에 팔팔 끓여 죽여야 한다.

11장

콩류, 씨앗류, 견과류의 발효

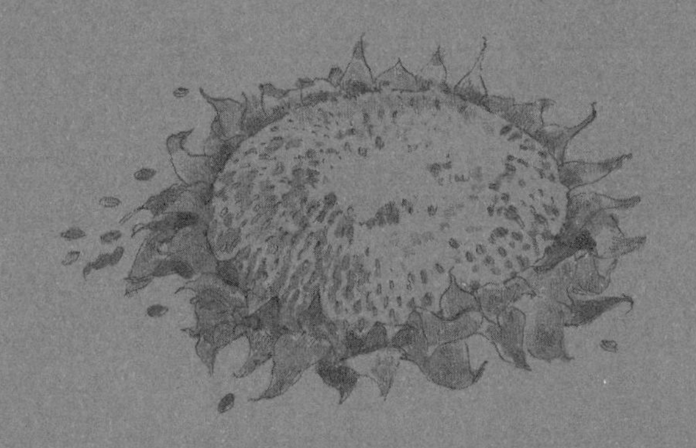

토토리 불리기
바닐라빈
간장
싹이 난 토토리
이들리 찜기
해바라기
이들리
된장
커피
막자사발

콩류는 거의 모든 농경-음식 문화권에서 중요한 구성 요소다. 특히 토양에 대한 "질소 고정nitrogen-fixing" 작용이 중요하다. 콩과식물 뿌리의 혹에 풍부한 토양 박테리아(리조비움*Rhizobium*)가 대기 중의 질소를 토양으로 대사시킨다는 의미다. 하지만 무엇보다 중요한 역할은 인류와 가축 모두에게 없어서는 안 되는 영양소를 공급한다는 점이다. 역사학자 켄 알발라는 『콩: 역사』에서 "많은 사람에게 콩이란 생사를 판가름 짓는 곡물이었다"면서 "완전히 말려서 잘 보관하면 사실상 파괴가 불가능하므로, 기근과 죽음의 시절을 대비하는 결정적인 식량이었다"고 말한다. 콩은 효율적인 영양소를 공급하기 때문에, 인구 밀도가 높은 여러 지역이 콩에 의존한다. "그러나 유럽과 이른바 선진국에서는 육류를 소비할 여력이 없는 사람들만 콩에 의지한다. 이에 따라 콩이 계층을 상징하는 곡물이 되어, 본질적으로 농부들의 음식 또는 '가난한 사람'의 고기로 여겨졌다."[1]

콩을 중요한 저장 음식으로 만든 바로 그 불멸성이 콩을 소화하기 어렵게 하는 요소로 작용한다. 다른 곡물도 마찬가지지만, 콩은 그 정도가 심하다. 특히 대두는 효소를 억제하는 인자가 단백질의 분해를 가로막는다. 콩은 여러 문화권에서 전해 내려오는 민간의 농담 속에서도 악명이 높다. 콩을 먹으면 헛배가 부르다는 이유에서다. 이에 따라 항영양소와 독소를 줄여 소화 및 흡수를 촉진하기 위한 전략으로 콩을 물에 담그거나 오랫동안 익히는 방법과 함께 발효가 동원되었다. 신기하게도 이 발효 전략이 아시아에서는 광범위하게 쓰이고, 아프리카에서도 이보다는 덜하지만 그런대로 쓰인 반면, 서구의 전통적인 음식문화에서는 전혀 쓰이지 않았다. 콩과식물도 존재하고 발효 기법도 터득했는데 말이다. 먹을 수 있는 콩 중에서 효과적인 소화를 위해 발효를 가장 필요로 하는 품종이 대두다. 물론 대두를 발효시키는 기법은 다른 콩류에도 효과적으로 적용할 수 있다.

견과류와 씨앗류도 독성 항영양 물질을 함유하는 경우가 많지만, 마찬가지로 발효를 통해서 제거할 수 있다. 도토리 같은 일부 씨앗류와 견과류는 독소를 빼내기 위해서 오랫동안 물에 담가두어야 하는데, 이 과정에서 불가피하게 발효가 진행된다. 콩류의 발효에 대한 본격적인 탐구에 들어가기 전에, 씨앗류와 견과류를 아주 맛있게 발효시키는 몇 가지 방법을 간단히 살펴보고 넘어가자. 이 친구들을 — 그대로 또는 볶아서, 소금을 치거나 안 친 채로, 통째로 또는 갈아서, 그 밖에 어떤 식으로 가공하건 간에 — 발효가 진행 중인 채소에 섞어 넣는 방법도 있지만, 여기서는 그 자체로 발효시키는 방법을 알아보자. 얼마나 맛있는지 모른다.

씨앗 또는 견과로 만든 치즈, 파테, 밀크

풍부하고도 기름진 맛을 자랑하는 견과류 및 (참깨, 해바라기씨, 호박씨, 아마씨 등) 먹을 수 있는 씨앗류는 다른 재료들과 함께 (또는 그 자체만으로) 으깨거나 갈아서 맛있는 치즈나 파테pâtés, 밀크로 만들 수 있다. 갈기 전에 물에 담가서 부드러운 감칠맛을 높일 수도 있고, 신선한 상태로 즐길 수도 있으며, 배양 및 발효과정을 거칠 수도 있다.

나는 씨앗이나 견과가 들어간 치즈와 파테를 — 식감과 첨가물에 차이가 있을지언정 — 일맥상통하는 음식으로 여긴다. 프랑스어 파테와 이탈리아어 페스토pesto는 (공이를 뜻하는 페슬pestle처럼) 두들겨서 부순다는 뜻의 라틴어 페스타레pestare에서 유래했다. 내가 알기로 페스토는 바질을 비롯한 채소, 올리브 오일, 마늘 등과 함께 씨앗과 견과가 들어가는데, 그 비율이 상당히 낮다. 반면, 씨앗치즈 또는 견과치즈의 경우 씨앗 또는 견과의 비율이 95%에 이르고, 약간의 즙 또는 오일 외에는 몇 종류의 허브를 넣기도 하고 안 넣기도 한다. 파테는 둘 사이 어디쯤에 존재하는 음식으로 볼 수 있다.[2] 그러나 여기서 중요한 사실은 어떤 것이든 배양 및 발효가 가능하다는 점일 것이다.

나는 씨앗 또는 견과 혼합물을 발효시킬 때 사워크라우트 즙이나 채소절임용 소금물, 미소 등을 주로 이용한다. 이 밖에 유청이나 생간장, 사워도(특히 표면에 고인 액체), 리쥬블락 등 산을 생성하는 박테리아가 포함된 생발효균으로 시도할 수도 있다. 이런 식으로 파테나 치즈를 만들 때면, 수시로 저어주고 맛을 보면서 하룻밤 내지 이틀 정도로 끝내는 단기 발효를 거친다. 모든 발효음식이 그렇듯, 발효 속도는 따뜻한 곳에서는 빠르고 서늘한 곳에서는 느리다. 맛이 딱 좋다고 느낄 때 신선한 상태로 즐기는 것이 좋다. 아니면 냉장고에 넣어 발효 속도를 떨어뜨린 채로 며칠 동안 즐길 수도 있다. 하지만 너무 오래 보관하면 단백질이 악취를 심하게 풍기면서 부패할 수 있다.

견과 또는 씨앗으로 만든 밀크(7장 비유제품 밀크, 요구르트, 치즈 참조) 역시 발효가 가능하다. 하지만 나는 이런 밀크를 만들어본 경험이 거의 없다. 캐슈넛과 대추야자로 만든 밀크를 발효시킨 린다 가드너 필립스의 경험담을 참고하자.[3] "첫 번째 발효는 우연히 이루어졌다. 그런데 냄새를 맡았더니 새콤한 향기가 아주 좋았다. 내가 어릴 적에 우리 아버지가 만들던 버터밀크나 사워도 종균과 비슷했다." 린다는 자신이 만든 캐슈넛 밀크와 대추야자 밀크를 종균으로 사용한다. 또 다른 발효연구가 쇼시는 곡물 대신 해바라기 씨앗을 싹틔워 리쥬블락(8장 리쥬블락 참조)을 발효시킨다고 한다.

도토리

오크나무의 열매인 도토리는 먹을 수 있는 식물 정도가 아니라 북미 등 여러 지역의 원주민들이 영양분을 얻는 중요한 원천이었다. 하지만 주류 문화는 도토리를 사람이 먹는 음식이 아니라고 무시하기 일쑤다. 역설적이지만 지구촌이 직면한 식량 부족 사태가 삼림 벌채와 바이오테크놀로지의 발전을 합리화하는 논거로 꾸준히 동원되는 실정이다. 나는 누구한테도 도토리만 먹고 근근이 살아가라는 소리를 하지 않겠다. 그러나 어디를 봐도 먹을 것이 없다는 식의 통념에만 의지하기보다 우리가 이미 보유하고 있는 풍부한 식량원과 한 걸음 더 친밀해지려고 노력하는 것은 어떨까 싶다.

땅바닥에 떨어진 도토리를 줍자. 벌레 먹은 구멍이 보이는 것은 무조건 버린다. 저장은 바람에 말린 뒤에 해야 한다. 도토리에서 이미 싹이 자란 것은 문제가 안 된다. 캘리포니아주에 사는 도토리 애호가 수엘런 오션의 말이다.

> 나는 싹이 자란 도토리를 반드시 줍는다. 싹이 도토리의 영양가를 높여주기 때문이다. "녹말" 단계에서 벗어나 "당분" 단계로 나아갔다는 뜻이기도 하다. 싹튼 도토리는 껍질을 벗기기도 쉽다. 싹이 난 도토리는 좋은 도토리이고 유익한 도토리다. 반면, 벌레 먹은 도토리를 줍는 것은 시간낭비다. 나는 과육이 초록빛을 띠지 않은 상태에서 싹이 5cm 정도 자란 도토리가 제일 좋다는 사실도 알았다. 하지만 다음 단계로 넘어가려면 싹을 부러뜨려야 한다.[4]

한 가지 주의해야 할 사항이 있다. 여러 품종의 오크나무 열매는 탄닌 함량이 매우 높기 때문에 침출시킨 뒤에 사용해야 한다. 그러려면 도토리의 껍질을 벗긴 뒤 갈아서 물에 담가야 한다. 마른 상태에서 절구에 빻아도 되고, 믹서기 또는 분쇄기에 물을 붓고 갈아도 된다. 도토리를 미세하게 갈아야 표면적이 넓어져서 탄닌을 녹여내기 좋다.

도토리는 촘촘한 망사주머니에 넣어서 흐르는 물에 담그는 방식으로 침출시킬 수 있다.(가장 빠른 침출법이기도 하다.) 또는 며칠에 걸쳐서 여러 차례 물에 담갔다가 빼는 방법도 가능하다. 으깬 도토리를 물에 담그면 용기 바닥에 가라앉는다. 그리고 물은 검게 변한다. 이 물을 적어도 하루에 한 번 조심스럽게 따라내서 버린다. 버리는 물이 차츰 맑아질수록 탄닌 함량은 줄어든다. 더 이상 탁한 물이 안 나올 때까지 깨끗한 물로 도토리를 계속 헹군다. 으깬 도토리를 발효시키고 싶다면, 탄닌을 제거한 뒤에 적은 양의 물에 며칠 더 담가둔다.

도토리는 영양가를 높이고 향미를 더하는 용도로 여러 음식에 쓰일 수 있다. 한번은 도토리로 뇨키gnocchi라는 이탈리아 음식을 만들었더니 맛이 아주 훌륭했다. 미워크/파이우트 부족의 일원으로 캘리포니아 요세미티 계곡에 거주하는 줄리아 F. 파커는 도토리 요리에 관한 아름다운 책 『영원히 살 것이다』에서 탄닌을 제거한 도토리와 물만으로 간단하지만 맛있는 죽(누파nuppa)을 끓이는 전통적인 기법을 소개하고 있다. 캘리포니아주 카토 부족의 언어를 소개하는 웹사이트에서 "발효시킨 도토리/도토리 치즈"(치인탄-누울ch'int'aan-noo'ool')에 관한 언급을 우연히 발견한 적도 있다.[5] 이 밖에는 발효시킨 도토리 치즈에 대한 정보를 찾지 못했고, 개인적으로 만들어본 경험도 없지만, 도토리를 사랑하는 다른 발효가들이 이런 방향으로 실험에 나서기를 기대하는 마음에서 이 맛있는 음식 이야기를 여기에 포함시켰다.

코코넛 오일

코코넛에서 코코넛 오일을 추출할 때도 발효를 활용할 수 있다. 노스캐롤라이나주 프랭클린에 사는 발효가 키스 니컬슨이 알려준 추출법은 아주 간단하다. 과육이 단단하게 잘 익은 갈색 코코넛만 있으면 된다. 첫 번째 단계는 코코넛을 쪼개서 과육을 긁어내는 것이다. 그러고는 물과 섞어서 곤죽을 만든 뒤, 건더기를 건져내 압착해서 코코넛 밀크를 최대한 짜낸다. 코코넛 밀크는 유리병, 항아리, 사발 등에 담아서 따뜻한 곳에 두고 하루나 이틀 발효시킨다. 발효가 시작되고 산성화가 이루어지면, 코코넛 오일이 표면에 떠오른다. 이 상태로 냉장고에 넣으면 오일이 굳으므로 쉽게 분리할 수 있다.

이와 같은 이국적인 열대지방의 콩류는 글로벌 시대로 접어들면서 부유한 나라 사람들이 매일 섭취하는 음식이 되었다. 하지만 여기에 발효가 개입한다는 사실을 아는 사람은 드물다. 열대지방 사람들은 이런 식물들을 수확한 뒤에 발효시키는 것이 보통이다. 아쉽게도 해당 발효과정을 체험한 적은 없다. 다음에 소개하는 내용은 여러 문헌을 참고해서 정리한 것이다.

1. 카카오(테오브로마 카카오*Theobroma cacao*)

추수를 마치면 꼬투리를 잘라서 열고 "하얗고 달콤한 과육에 휩싸여 있는" 씨앗을 발라낸다.[6] 빌 몰리슨은 "이 씨앗들을 수북하게 쌓거나 통에 담고 바나나 이파리로 덮은 뒤, 흙이나 모래로 눌러두고 발효에 들어간다"면서 "2일 이상, 길게는 10일간 (씨앗 무더기를 하루에 두 번씩 뒤집어주면서) 발효시킨 뒤에 말끔하게 헹군다"고 말한다.[7] 씨앗 더미를 뒤집는 것은 속에 쌓이는 열기를 배출해서 과열을 방지하는 작업이다. 지넷 패럴은 미생물 집단의 변천과정을 가리켜 "심포니 오케스트라 단원들처럼 움직인다"고 생생하게 비유한 바 있다.[8] 미생물학자 칼 페더슨은 "발효의 양상은 과육이 씨앗을 얼마나 치밀하게 감쌌는지에 달린 문제"라면서 "공기 접촉이 원활한 씨앗은 이스트와 아세트산균에 의한 발효를 선호하는 반면, 과육에 빽빽하게 싸인 씨앗은 젖산균에 의한 발효를 선호한다"고 설명한다. 일반적으로는 이 세 가지 발효균이 모두 등장한다. 페더슨은 "초콜릿의 전구체前驅體는 씨앗이 죽자마자 형성된다"면서 "미생물이 발효과정에서 생산하는 산과 알코올과 열이 씨앗의 죽음을 야기한다"고 설명한다.[9] 패럴에 따르면, "씨앗에 들어 있는 배아가 적당히 쪼글쪼글해져야" 한다. "씨앗이 마르지 않으면, 미생물이 배아를 파괴하고 곰팡이가 자라면서, 풍부하기는 해도 바람직하지 않은 향미가 생길 수 있다."[10]

2. 커피(커피나무종*Coffea spp.*)

조그만 체리 크기의 열매 하나에는 커피콩 두 알이 들어 있다. 이 커피콩은 노란 과육이 껍질에 싸인 모양새다. 발효는 이 과육을 분해시켜 씨앗을 발라내는 역할을 담당한다. 유엔식량농업기구에 따르면, "발효 작업에는 커피콩을 플라스틱 통에 넣고 과육이 점액질로 변해서 뭉그러질 때까지 내버려두는 단계가 포함된다."

> 점액질에 들어 있는 천연 효소들과 주위 환경에 존재하는 이스트 및 박테리아가 힘을 합해서 점액질을 와해시킨다. 이따금 저어주면서 그때마다 커피콩 한 줌을 물에 씻어 점검해야 한다. 커피콩의 점액질이 물에 씻겨나가서 미끌거리는 느낌이 사라지면, 커피콩을 사용할 준비가 되었다는 뜻이다.[11]

페더슨에 따르면, "커피 열매의 발효는 다양한 미생물 집단에 의해서 저절로 이루어진다. 발효가 덜 되면 건조과정이 순탄치 않고, 발효가 지나치면 맛과 향에 부정적인 영향을 미친다."[12]

3. 바닐라(바닐라종)

바닐라는 몇 가지 난초의 꼬투리를 발효시킨 뒤 말린 것이다. 꼬투리는 완전히 익기 전에, 꼬투리 밑부분이 초록색에서 노란색으로 변할 때 수확한다. 줄기에 붙은 채로 익어서 꼬투리가 벌어지고 씨앗이 드러나면 "아무 쓸모가 없다."[13] 숙성시키는 방법은 몇 가지가 있다. 여기에는 일반적으로 꼬투리를 뜨거운 물에 데친 뒤 며칠 동안 "땀을 빼는" 작업이 포함된다. 이 작업을 거치면 열에 강한 바실루스속 박테리아가 지배적인 위치를 점하게 된다.[14] 바닐라 꼬투리는 "바늘처럼 가느다란 결정체들"이 표면에 발달한 때에 숙성이 끝났다고 본다.[15] 이렇게 숙성시킨 꼬투리에서 알코올을 추출해 향미료로 쓴다.

콩류의 자연발효

이번 장 나머지 전부는 콩류의 발효에 관해서 살펴볼 것이다. 여기서 발효 대상이 되는 콩이란 완전히 자란 뒤 말린 것을 말한다. 신선한 콩은 날로 또는 익혀서 채소와 마찬가지로 발효시킨다.(5장 참조) 말린 콩은 싹을 틔운 뒤에 그대로 채소와 함께 발효시킬 수 있다. 그러나 이 밖에는, 최소한 전통적으로는, 발효 전후에 익혀서 먹는 것이 콩이다. 콩을 미리 익혔는지 여부에 따라서 발효에 관여하는 미생물의 면면이 달라진다.

생콩을 자연발효시킨 것으로는 이들리나 도사dosa 같은 인도의 발효음식과 아카라제acarajé 같은 아프리카계 브라질 사람들의 음식을 들 수 있다. 양쪽 모두 발효가 끝난 반죽을 익혀서 만드는 음식이다. 콩을 발효시키기 전에 익히면, 콩의 자연발효를 담당하는 미생물이 열에 의해 파괴된다. 그 결과, 저온살균한 우유처럼 미생물이 전혀 없는 상태가 되어 부패하기 쉽다.

따라서 익힌 콩에는 종균을 넣어 발효균을 배양하는 것이 일반적이다. 앞 장에서 다룬 템페의 경우 주로 리조푸스 올리고스포루스라는 곰팡이에 의존하는 반면, 미소나 간장은 아스페르길루스속의 곰팡이균 또는 잘 익은 미소의 형태를 띠고 있는 복합종균을 활용한다. 전 세계 수많은 발효균이 그렇듯, 이들 공통된 미생물을 얻을 수 있는 원천은 익히지 않은 상태의 다양한 식물들이었다. 조리과정을 거친 뒤에도 살아남을 수 있는 유일한 박테리아 포자는 열에 강한 바실루스 서브틸리스로, 낫토로 알려진 일본식 대두 요리 및 이와 비슷한 아시아와 아프리카의 일군의 대두 발효음식을 만들 때 사용한다. 리조푸스 또는 아스페르길루스 곰팡이가 콩에서 자라다가 높은 열과 만나서 죽어버리면, 살아남은 B. 서브틸리스가 사라진 곰팡이들 대신에 지배자로 등극하는 것이 일반적인 현상이다.

이들리/도사/도클라/카만

이들리는 발효시킨 쌀과 렌틸콩을 쪄낸 인도 남부의 대표적인 음식이다. 도사이dosai(도사의 복수형)는 똑같은 반죽을 종이처럼 얇게 빚은 크레페다. 도클라dhokla와 카만khaman 역시 동일한 연장선상의 음식이다. 이들리 또는 도사이를 만들려면, 먼저 쌀과 검은 그람달gram dal 또는 다른 렌틸콩을 따로따로 하룻밤 물에 담근다. 비율은 레시피에 따라 다르다. 스타인크라우스는 "쌀과 검은 렌틸콩의 비율은 시장 가격에 따라서 4:1에서 1:4까지 다양하다"고 말한다.[16] 나는 쌀과 붉은 렌틸콩을 2~3:1 비율로 잡는다. 페뉴그릭 씨앗을 아주 낮은 비율로 섞으면 미생물 활동에 도움이 되고 향미도 좋아진다고 강조하는 레시피가 많다.

반죽을 만들려면, 물에 담갔던 쌀, 렌틸콩, 페뉴그릭 씨앗이 걸쭉해질 때까지 갈거나 빻는다. 필요하면 물을 더 붓는다. 이들리의 경우 백빽한 반죽이 필요하다. 도사이는 이보다 물을 더 부어서 묽게 반죽해야 만들 수 있다. 여기에 소금을 약간 치고, 12~48시간 동안 발효시킨다. 발효 시간은 온도에 따라서 달라진다. 종균이 전혀 필요 없고, 그래서 아예 안 넣는 것이 일반적이지만, 요구르트나 케피어, 이전에 잘 익혀둔 일부 반죽 등을 종균으로 넣어도 무방하다. 원한다면 허브나 양념을 첨가할 수도 있지만, 단순하게 만든 뒤 토핑(도사), 스튜(이들리), 소스 등으로 맛을 내는 것이 전통적인 방식이다. 나는 이들리/도사 반죽을 유리컵에 (⅔를 넘지 않게) 담고 발효시키면서 극적으로 부풀어 오르는 광경을 지켜보는 것이 무척 즐겁다.

반죽이 확연히 부풀기 시작하면, 언제든지 이들리나 도사로 만들 수 있다는 뜻이다. 너무 오랫동안 부풀리면, 빵도 그렇듯이, 영양분을 소진하면서 팽창력을 상실할 수 있다. 이들리는 전용 형틀에 반죽을 담아서 찔 수도 있고, 되는대로 찜통을 만들어 찔 수도 있다. 임시방편으로 찜통을 만드는 좋은 방법 가운데 하나는 발효시킨 반죽을 타말레tamale처럼 옥수수 이파리에 싸서 찌는 것이다. 충분히 굳을 때까지 20분 정도 찐다. 이들리는 삼바sambar라고 부르는 매콤한 채소 달[걸쭉한 인도식 스튜]과 함께 먹을 때가 많다. 도사의 경우, 아주 묽게 반죽해서 기름을 충분히 두른 팬 또는 들러붙지 않는 팬에 최대한 얇게 펴야 한다.

이들리 찜통

도클라는 다른 종류의 콩을 사용해서 다른 모양으로 찐다는 점만 제외하면 이들리와 비슷하다. 일반적으로 껍질을 벗긴 벵갈 그람달과 쌀로 만든다. 인도의 고

향 마을을 종종 찾는 내 친구 션은 병아리콩으로 만든 도클라를 가장 좋아한다고 한다. 반죽은 큼직한 찜통에 넣고 (또는 파이를 굽는 금속성 틀에 기름을 두르고) 찐다. 쪄낸 도클라는 깍두기처럼 썰어서 식탁에 올린다. 션이 말한다. "우리 집에서는 도클라를 이렇게 먹는다. 일단 도클라 덩어리를 쪄내면, 머스터드 씨앗을 아사포에티다asafoetida[인도 음식에 들어가는 식물성 향미료—원주] 한 꼬집과 함께 기름에 볶는다. 이 향긋한 기름을 도클라에 바른 뒤, 달지 않은 코코넛을 썰어서 뿌리고 고수 이파리도 올린다." 카만은 쌀을 전혀 안 쓴다는 점만 제외하면 도클라와 정확히 같은 음식이다. 껍질을 벗긴 벵갈 그람달(또는 다른 콩류)에 물과 소금만 섞어서 반죽을 만든다.[17]

다양한 도사 제조법

오어스 파헤이, 뉴멕시코

●

나는 금지된 쌀Forbidden Rice(흑미)로 도사를 만들고 있다. 이 쌀로 도사를 만들면 짙은 자줏빛을 낼 수 있다. 붉은 달dal로 만들면 분홍색 도사가 된다. 리소토용 쌀은 물론 노란 달과 하얀 달도 쓴다. 쌀과 달의 비율을 2:1로 잡으면, 어떤 식으로 도사를 만들어도 실패할 염려가 없다. 풋고추를 다져서 반죽에 넣어도 훌륭하다.(우리는 뉴멕시코 사람들이다.) 마늘을 저미고 양파를 썰어 반죽에 섞어도 좋다. 강황을 첨가하면 노르스름한 도사를 만들 수 있다. 크레페 만드는 팬으로 도사이를 부치는데, 인도 식당에서처럼 반죽을 묽게 만들지는 않는다. 너무 얇은 도사이는 맛이 없다는 게 내 생각이다. 나는 토르티야 두께로 도사이를 만든다. 그래야 다양한 내용물을 감싸서 먹기에 좋다. 내가 좋아하는 내용물 만드는 법은 이렇다. 먼저 칠면조 고기나 양고기를 다진다. 여기에 양파 등을 썰어 넣은 뒤 양념을 버무린다. 코코넛 섬유 몇 큰술과 달걀까지 풀어 넣으면 찰기가 생긴다. 이 반죽을 어뢰 모양으로 만들면, 도사로 말아서 먹기에 딱 좋다. 우리는 신선한 과일, 크림 거품, 집에서 만든 사과소스 등을 도사로 감싼 "디저트 도사이"도 먹는다. 내용물의 달콤한 맛과 도사의 새콤한 맛이 무척 잘 어울린다.

아카라제(아프리카계 브라질 사람들이 먹는 발효한 검은눈콩 튀김)

발효한 검은눈콩으로 만든 이 브라질식 콩 튀김은 부드럽고 담백하고 맛있다! 내 여동생은 (유대인들이 즐겨 먹는 감자 팬케이크) 라트키latke 맛이 난다고 한다. 나는 블러드루트 공동체의 셀마 미리엄한테서 이 음식에 대해 처음 들었다. 이 여성주의 공동체는 코네티컷주 브리지포트에서 발효음식을 파는 채식 레스토랑을 30년 넘게 운영하고 있다. 아카라제는 검은눈콩과 마찬가지로 서아프리카에서 브라질 바히아주로 건너온 음식이다. 나이지리아 남부의 요루바족 사람들은 아카라acara라고 부른다.

아카라제를 만드는 법은 꽤나 간단하다. 우선 검은눈콩을 하룻밤 물에 담근다. 검은눈콩 한 컵(250*ml*/250g)이면 네다섯 명이 먹을 분량이다. 다음 날 아침 콩 껍질을 최대한 제거한다. 물에 잠긴 콩을 두 손바닥 사이에 끼우고 원을 그리듯 비벼서 껍질을 벗긴다. 방향을 바꾸어 가면서 비벼야 껍질이 잘 벗겨진다. 엄지와 검지로 알맹이를 짜내거나 묵직하고 뭉툭한 도구로 두들겨야 하는 콩도 있을 것이다. 새 물을 붓고 헹구면서 휘휘 저어주면 떨어진 껍질이 떠오르는데 건져내서 버리

자. 필요하면 물을 더 부어가면서 이 작업을 몇 차례 반복한다. 껍질이 적게 들어가야 반죽이 부드러워진다. 그러나 껍질을 모조리 제거할 수는 없을 것이다. 적어도 나는 그랬다. 물에 담갔다가 껍질을 벗긴 콩을 갈고 양파와 고추를 썰어 넣은 뒤 소금과 후추를 치고 버무린다. 충분히 갈아서 반죽으로 만든다. 절구와 공이를 이용해도 된다. 반죽에 물을 조금 부어서 진득한 액체 상태로 만든다. 이렇게 만든 반죽을 사발에 담아 발효시킨다. 블러드루트의 레시피를 보면 1~4시간만 발효시키라고 나오지만, 나는 이보다 오래 발효시킨다. 최장 나흘까지 발효시킨 적도 있는데, 이 정도까지는 오래 발효시킬수록 맛이 좋다는 말이 맞다. 하지만 여기서 며칠이 더 지나면 — 날짜는 온도, 염도 등 여러 요인에 따라서 달라지겠으나 — 톡 쏘는 냄새가 사라지고 썩은 내가 나기 시작한다.

브라질에서는 아카라제를 팜유로 튀기는 것이 일반적이다. 이렇게 튀겨도 정말 맛있지만, 나는 프라이팬에 기름을 살짝 두르고 부치는 편이 좋다. 어느 쪽을 선택해도 괜찮고, 아무 기름이나 내키는 대로 써도 상관없다. 다만, 튀기거나 부치기 전에 반죽을 오랜 시간 충분히 휘저어서 부드럽고 쫀득하게 만들자. 필요하면 한 번에 조금씩 물을 부어가면서 휘젓는다. 그러면 반죽에 고소한 크림 맛이 아주 짙게 배는 놀라운 변화가 일어날 것이다. 크림 또는 달걀흰자와 마찬가지로, 반죽을 열심히 휘저을수록 내부에 더 많은 공기 방울이 생긴다. 해럴드 맥기는 "단백질은 물리적 스트레스를 받을 때 접힘구조protein folding가 풀어지면서 서로 엉겨 붙는 성질"이 있다고 (다른 주제를 언급하면서) 설명한다. "따라서 단백질은 불안정한 상태에 처하거나 농축이 이루어지면, 서로 간에 연결체를 형성한다. 그리하여 단백질의 연속적이고 단단한 연결망이 거품 벽에 만연하면서, 포섭 가능한 수분과 공기를 최대한 붙잡는 것이다."[18] 아카라제 반죽에 찰기가 생길 때까지 열심히, 쉬지 말고 휘젓자. 내 경우는 (소랑을 만들 때) 거품기를 단단히 쥐고 10분 동안 최선을 다해서 저어주곤 한다. 크림이나 달걀흰자를 풀 수 있는 도구라면 전동거품기나 전동믹서, 거품기를 부착할 수 있는 핸드믹서 등 어떤 것을 사용해도 좋다. 예전에는 콩을 갈아서 거품을 낸다는 생각을 한 번도 해본 적이 없지만, 실제로 해보니 정말 부드러운 거품이 풍성하게 일어났다! 바히아에 가면 길거리에서 흔히 파는 음식이 아카라제다. 기름에 튀겨서 반으로 가른 뒤에 스튜나 소스를 얹거나 끼워서 판다. 새우가 들어간 아카라제도 있다. 인터넷을 검색하면 아카라제의 맛을 살려주는 다양한 양념을 얼마든지 찾아볼 수 있다.

나이지리아에서는 똑같은 반죽을 끓이거나 바나나 이파리로 감싼 뒤 쪄서 먹는데, 이 음식을 아바라abará라고 부른다.[19] 아바라를 만들려면, 반죽이 덩어리가 될 때까지 두었다가 타말레를 만들 듯이 옥수수 껍질로 싸고 끈으로 묶어서 20분 정도 찐다.(원한다면 맛있는 재료를 조그맣게 썰어 반죽에 섞은 뒤에 쪄도 된다.)

대두

이 밖에 내가 아는 전통적인 콩류 발효음식은 중국과 일본, 한국, 인도네시아 등 아시아의 여러 나라에서 대두를 이용해 만들어온 것이 대부분이다. 역사학자 켄 알발라는 중국의 통치자들이 거의 3000년 동안 콩 재배를 장려해왔다고 지적하면서, 중국의 문명과 제국의 안정성 덕분에 콩을 재료로 음식을 만드는 정치한 요리법의 발전, 확산, 전승이 가능했다고 말한다. 대두는 깍지째로 삶아서 먹는 에다마메枝豆[풋

콩]를 제외하면 익히기만 해서 먹는 경우가 거의 없다. 말린 콩에는 여러 항영양소가 들어 있어 — 효소저해물질이 존재할 뿐 아니라 어떤 콩류나 곡물보다 피틴산 함량이 높아서 — 소화시키기 어렵기 때문이다.[20] 중국을 비롯한 아시아 여러 나라에서 말린 대두를 발효시키거나 (치즈를 만드는 방법과 비슷하게) 밀크를 짜내서 응고시킨 뒤 두부로 만드는 것은 이런 이유에서다.

알발라에 따르면, 콩을 그대로 먹는 경우가 드물기 때문에, 과거에 아시아를 여행한 유럽인들은 "콩과 콩으로 만든 음식의 관련성을 대부분 깨닫지 못했다."[21] 처음에는 미국인들 역시 이 식물을 사람이 먹는 곡물이 아니라 토양을 보호하기 위한 지피작물地被作物 또는 가축 사료로 여겼다.[22] 그러다가 20세기 초에 몇 가지 뜻밖의 사건이 불거지면서 미국의 콩 재배량이 급속도로 증가했다. 제1차 세계대전이 터지고 식량 부족 사태가 빚어지자 육류 대체품과 식용유에 대한 수요가 폭발했다. 식물성 기름의 새로운 원천을 모색해야 하는 상황에서, 엎친 데 덮친 격으로 1920년대 들어 미국 목화밭에 목화바구미가 들끓기 시작해 면화 수확량이 급감하고 말았다. 결국 식물육종 분야의 새로운 발전은 미국 중서부 토질에 더 적합한 콩과식물의 개발로 이어졌고, 이 지역 농부들 역시 콩이 옥수수의 훌륭한 보완재라는 사실을 알게 되었다.

아울러 농경 기술의 진보와 정부의 농업 정책도 대두 생산을 촉진했다. 운송용 가축에 의존할 필요가 줄어들자 수백만 에이커에 달하던 방목지를 농경지로 바꿀 수 있었다. 새로운 농경지에서 재배하는 작물에 콩도 포함되었다. 이 콩을 주로 먹는 돼지가 미국의 농장에서 말을 대체하자, 콩에 대한 농가의 수요는 한층 더 치솟았다. 더 크고 더 좋은 트랙터와 콤바인이 등장해서 노동 효율을 크게 높인 결과, 미국 콩이 세계 시장에서 경쟁력을 획득할 수 있었다. 끝으로, 대공황 시기 미국 정부의 농업 정책이 농가 소득의 보전을 위한 농산품 가격 유지에 초점을 맞추면서 옥수수 등 여러 작물의 생산이 억제된 반면 대두 재배면적은 아무런 제한을 받지 않았다.[23]

기술의 진보는 콩류의 생산을 촉진했을 뿐 아니라 창의적인 활용법의 탄생으로 이어졌다. 1934년, 아처 대니얼 미들랜드 컴퍼니ADM는 대두유에서 레시틴lecithin을 추출하는 데 성공했다. 이 물질은 이내 수많은 산업에서 다양하게 활용되었다. 대두의 산업적 가치를 간파한 경영계의 거물 가운데 한 사람은 헨리 포드였다. 그는 대두를 자동차 생산에 활용하기 위한 연구에 자금을 댔다. 농장에서 어린 시절을 보낸 포드는 막대한 돈을 들여서 농부들을 도왔고, 1941년에는 콩으로 만든 플라스틱을 가지고 차체를 제작한 자동차 견본품을 선보이기도 했다.[24] 요즘은 자동차 산업은 물론 컴퓨터 부문에서도 콩이 널리 쓰인다. 식품 가공은 물론 연료, 페인트, 플라스틱, 잉크, 화장품 등 다양한 분야의 무수한 제품으로 응용이 이루어지고 있다. 제2차 세계대전 기간에 버터와 식용유 품귀 현상이 빚어지자 미국 소비자들은 당시로서는 최신식이었던 수소첨가법으로 콩기름을 가공한 마가린과 쇼트닝을 처음으로 접하게 되었다. 전시 수요를 충족하기 위해서 미국의 대두 생산량은 급증했고, 이 기간에 미국은 중국을 제치고 세계 최대의 콩 재배국으로 등극했다.

전시 수요품은 “평시에 누구나 좋아하는 경제적인 소비 대상으로 자리를 잡았다”고 신디 민츠는 말한다. 오늘날 대두는 미국에서 손꼽히는 환금작물 가운데 하나다. 대두 생산량의 93%가 라운드업Round-

Up이라는 제초제에 대한 내성을 획득하기 위해 유전자를 조작한 여러 품종에서 나오는 것도 우연은 아니다. 나머지 7%에 해당되는 유기농 대두 역시 안심할 수 없다. 유기농산물에 조작된 유전자가 들어 있으면 안 된다는 법률에도 불구하고, 유전자 고유의 부동성浮動性으로 인해서 조작된 유전자가 섞여 들어갔을지 모르기 때문이다.

조작된 유전자가 그렇듯이, 대두 자체도 대개는 소비자들의 눈에 띄지 않는다. "대두로 만든 대두유 제품 겉면에 '대두'라는 단어를 표기하는 경우는 거의 없기 때문"이라고 민츠는 주장한다.[25] 대두에서 추출한 기름이나 레시틴, 단백질이 거의 모든 가공식품에 들어가지만, 원료가 콩이라는 사실을 마케팅 포인트로 삼는 제품 역시 거의 없다. 게다가 미국인들이 소비하는 거의 모든 대두는 닭이나 돼지를 거치는 간접적인 경로를 통한다. 이런 식으로 소비하는 분량까지 합산한다면, 미국인의 1인당 대두 소비량은 일본인보다 훨씬 많다. 닭고기와 돼지고기를 워낙 많이 먹기 때문이다.[26]

대두 자체를 음식으로 여기는 유일한 경우는 육류를 대체하는 농산물로 건강에 이롭다고 이야기할 때다. 건강식품 전도사를 자처하는 존 하비 켈로그는 대두가 1921년부터 고단백 육류 대체식품이라고 말했다.[27] 1970년대 들어 서구에서 반체제 문화의 일부로 채식주의가 급부상하면서, 두유와 두부가 우유와 고기를 대신하는 음식으로 각광을 받았다. 역설적이지만, 농업과 산업에서 가장 중요한 이 작물이 역사학자 워런 벨라스코의 말마따나 "반체제 음식의 아이콘"이 되었다.[28]

대두 업계에서는 주류 사회가 "기능성 식품"인 대두에 더 많은 매력을 느낄 수 있도록 노력을 기울이면서, 폐경기 여성의 치유는 물론, 암이나 심장병, 동맥경화, 골밀도 저하에 좋다는 식으로 대두 섭취를 촉진하기 위한 연구에 투자하고 있다. 그러나 업계에서 주장하는 대두의 이로움에 의문을 제기하는 동시에 발효시키지 않은 대두를 먹으면 문제가 생긴다고 주장하는 의료 전문가와 운동가가 점점 늘고 있다. 영양학자 카일라 대니얼은 자신의 책 『대두의 진실: 미국이 사랑하는 건강식품의 그림자』에서 발효가 안 된 대두의 지나친 섭취가 최근 점증하는 여러 건강 문제의 중요한 원인이 될 수 있다는 증거를 제시한다. 여기에는 태아나 영유아의 비정상적인 성적 발달, 인지능력 저하, 두뇌의 급속한 노화, 알츠하이머병 발병 가능성 증대, 불임 및 생식기능의 감퇴, 부정맥, 갑상선 장애, 특정 암의 발병 가능성 증대 등 수많은 항목이 포함된다.[29] 고객들에게 수십 년 동안 우유나 고기 대신 두유나 두부를 먹으라고 권해온 베테랑 약초 전문가 수선 위드는 이렇게 요약한다. “발효시키지 않은 대두를 수시로 먹으면서 동물성 단백질을 적거나 모자라게 섭취하면 (…) 항영양소가 유전성 골형성부전, 갑상선 질환, 기억력 감퇴, 시력 손상, 부정맥, 우울증, 면역력 저하 등 온갖 문제를 일으킬 수 있다.”[30]

대두에 관한 거의 모든 비판은 발효시키지 않은 대두를 향한 것이다. 적어도 내가 알기로는 그렇다. 대두를 먹고 싶다면, 발효시켜서 먹는 것이 최선책이다. 유전자를 조작한 음식을 피하려면 유기농 대두를 고르자. 대두에 적용할 수 있는 조리법이라면, 다른 종류의 콩에도 적용할 수 있다. 물론 최종 결과물까지 같을 수는 없겠지만 말이다. 지나친 걱정은 금물이다. 대두를 비롯한 콩류의 문제점은 발효를 통해서 다양한 방식으로 해결할 수 있다.

미소

미소味噌는 일본식 된장이다. 잘 익힌 콩을 으깬 뒤 코지(아스페르길루스 오리재 곰팡이로 발효시킨 곡물. 10장 코지 만들기 참조)와 소금을 넣어서 발효시킨다. 과거에 잘 익혀둔 미소를 비롯해 여러 재료가 들어가는 경우도 많다. 예로부터 일본 사람들은 지역별로 다양한 종류의 미소를 애용해왔다. 윌리엄 셔틀리프와 아오야기 아키코의 『미소에 대하여』는 미소에 관한 한 영어로 쓰인 가장 탁월한 책으로, 풍부한 정보에 바탕을 두고 전통적인 일본 미소를 소개하고 있다. 셔틀리프와 아오야기는 미소의 역사에 관한 또 다른 기념비적 저술에서 "미소의 맛과 색, 식감과 향기의 다채로움은 세계 최정상급 포도주나 치즈에 비견할 만하다"고 목소리를 높인다.[31] 나는 조금 실험적인 자세로 미소를 경험했다. 셔틀리프와 아오야기에게 배운 제조법을 기본으로 내가 아는 모든 종류의 콩을 넣었고, 코지의 비율을 차츰 높이다가 결국은 여러 채소까지 첨가했다.

나는 나만의 코지 만드는 법을 (앞 장에서 상세하게 설명한 대로) 깨우친 뒤부터 코지를 많이 넣기 시작했다. 코지 향기가 특히 신선한 상태일 때 얼마나 매혹적인지 경험한 이상 코지의 비율을 높이지 않을 수 없었다. 결과적으로는 코지 구매에 들어가는 상당한 비용을 아낄 수 있었다. 무엇보다 미소에 코지를 많이 넣으면 소금을 덜 써도 된다는 점이 마음에 들었다. 오랫동안 보관하려고 지하저장고처럼 서늘한 환경을 갖출 필요도 없었다.

지금부터 소개하는 미소 제조법은 가장 기본적인 것이다. 재료의 혼합 비율은 아래 상자 글에 정리해두었다. 미소를 만들기 위해서는 코지부터 마련해야 한다. 10장에서 설명한 대로 손수 만들어도 되고, 시중에서 구입해도 된다.(참고 자료 참조) 우선 콩을 하룻밤 물에 담근다. 콩이 잠긴 상태로 불도록 물을 넉넉히 붓는다. 이튿날 아침에 새 물을 받아서 콩을 옮겨 담고 익힌다. 특히 대두를 팔팔 끓일 때 표면에 생기는 거품은 반드시 걷어낸다. 나는 콩이 익는 동안 다시마를 넣곤 한다. 끓이는 시간은 품종에 따라서 달라지겠으나, 콩이 물러서 쉽게 으스러질 때까지 끓여야 한다. 대두는 6시간 정도 끓이는 것이 보통이다. 너무 익힌다고 해서 문제될 것은 없다. 다만, 바닥까지 긁으면서 수시로 휘저어주어야 한다. 안 그랬다간 콩이 타버릴 것이다!

다 익은 콩은 체로 걸러서 냄비나 사발에 붓고 콩 끓인 물은 따로 담는다. 계량해 둔 소금에 뜨거운 콩물(또는 끓는 물)을 붓고 녹이기 시작한다. 이때 소금이 잠길 정도로만 콩물을 조금 부어야 한다. 이제 익은 콩을 으깰 차례다. 한 번에 미소를 20*l*씩 만드는 나는 콩 끓인 냄비를 바닥에 내려놓고 (시멘트믹서라는 이름으로 팔리기도 하는) 큼직한 기계 속으로 익은 콩을 집어넣어 으깬다. 콩 끓인 물 또는 맹물을 적당히 함께 넣으면 반죽 같은 찰기를 얻을 수 있다. 온갖 도구를 얼마든지 활용해서 최대한 곱고 부드럽게 으깨도 되며, 콩 조각이 슬쩍슬쩍 보이는 정도로 거칠게 갈아도 괜찮다. 만드는 사람의 취향 문제다. 전통적인 미소는 콩 조각이 어느 정도 씹히는 것으로 알고 있다. 요즘은 시중에서 곱게 갈거나 으깬 미소를 많이 파는데, 이는 비교적 최근에 미소를 대량생산하기 시작하면서 등장한 방식이라고 한다. 부드러운 미소에 환호할 수도 있겠지만, 나처럼 거친 미소를 즐기는 것도 나쁘지 않을 것이다.

막자사발

으깬 콩에 코지를 넣기 전에 온도부터 측정해야 한다. 코지 효소는 섭씨 60도까지 견딜 수 있으므로, 이보다 뜨겁거나 손으로 편하게 만질 수 있는 온도 이상으로 뜨거운 콩에 코지를 넣으면 안 된다. 으깬 뒤에도 콩이 여전히 뜨거우면 더 식혀야 한다. 수시로 주물러서 중심부의 열을 빼주는 것도 좋은 방법이다. 콩이 충분히 식었으면, 코지를 넣고 버무리거나 재차 으깨서 골고루 섞는다.

이제 뜨거운 물 또는 콩 끓인 물을 부었던 소금으로 시선을 옮길 차례다. 지금쯤이면 이미 체온 정도로 식었을 것이다. 오랫동안 숙성시키는 고염도 미소를 만들고 싶다면, 저온살균하지 않아 발효균이 살아 있는 잘 익은 미소를 소금물에 넣고 휘저어서 완전히 풀어준다. 이때 집어넣는 잘 익은 미소를 "씨앗 미소"라고 부른다. 코지 곰팡이와 함께 젖산균 등 다양한 미생물을 정착시키는 종균이기 때문이다. 시판 중인 미소라도 저온살균을 거치지 않았으면 종균으로 활용할 수 있다. 단기간에 발효시키는 미소는 오로지 코지에만 의존하고 씨앗 미소를 첨가하지 않는 것이 보통이다. 산화를 저해하기 때문이다. 다음으로 으깬 콩과 코지에 소금 혼합액을 섞는다. 채소 또는 기타 첨가물도 원하는 만큼 넣는다. 이렇게 준비한 콩 반죽에 콩물 또는 맹물을 더 부어서 축축하면서도 떼어내기 쉬운 정도로 만들어야 한다. 너무 묽으면 안 되고, 형체를 유지할 만큼 찰기를 지녀야 한다. 따뜻한 미소가 식으면서 찰기가 점점 더 강해진다. 메마른 상태로 사용한 코지 역시 수분을 흡수할 것이다. 어느 순간 미소가 마르는 것처럼 보이면, 물을 아주 조금 넣고 섞어주자.

모든 재료를 잘 섞었으면, 항아리에 담아서 숙성에 들어간다. 미소를 항아리에 담을 때는 한 번 넣을 때마다 꾹꾹 눌러 담아야 한다. 내부에 공기주머니가 생기면 곰팡이가 자라면서 쿰쿰한 맛이 밸 수 있다. 항아리 속에 눌러 담은 미소는 발효가 진행되는 동안에도 꾸준히 눌러주어야 한다. 내 경우에는 채소를 썰어 넣기 때문에 이렇게 하지 않을 도리가 없다. 채소는 유리병으로 발효시킬 때도 꽉꽉 눌러 담아야 하는 재료다. 코지가 미소를 처음 발효시키기 시작하는 초반부에는 발효가 지극히 활발하고 광범위하게 이루어진다. 나는 20l짜리 항아리에 콩 반죽을 담고 나서 여분으로 남겨둔 것을 가지고 미소를 따로 만들 때 이런 현상을 목격할 수 있었다. 여분의 콩 반죽을 유리병에 담아 뚜껑을 헐겁게 닫고 지하실에 보관하다가 일주일 정도 지나서 살펴보니, 내용물이 뚜껑을 날려버리고 유리병 밖으로 흘러넘쳐 있었다. 미소를 발효시킬 때는 꼭 눌린 상태를 유지하고 폭발 내지 흘러넘침을 예방하기 위해서 누름돌을 얹어둘 필요가 있다. 가스를 빼주는 것도 잊으면 안 된다.

나는 언제나 도자기 항아리에 미소를 담고 접시 또는 단단한 나무 원판을 올린 뒤, 4l들이 유리병에 물을 담아서 눌러둔다. 그리고 낡은 침대보 같은 천으로 주둥이를 덮고 끈으로 단단히 묶어서 파리나 먼지가 들어가지 못하게 한다. 이는 사워크라우트를 만드는 발효 용기의 구성과 정확히 일치한다.(3장 항아리 발효법 참조) 두툼하거나 여러 겹으로 이루어진 비닐봉지에 물을 담아 누름돌 내지 뚜껑으로 활용해도 좋다. 3장 항아리 뚜껑에서 설명한 대로, 원통형이 아닌 발효 용기 또는 주둥이가 내부에 비해서 작은 발효 용기의 경우 특히 유용한 방법이다.

미소를 어디에서 숙성시킬지에 대해서도 미리 생각해두어야 한다. 숙성 장소로 활용 가능한 곳이 각자 사정에 따

라서 다르겠지만, 장소의 성격에 따라 만들고자 하는 미소의 성격이 달라지는 측면도 있다. 비교적 단기간(2~6주 정도)에 발효시키는 달달한 미소라면, 다양한 환경에서 숙성이 가능하다. 온도가 높은 곳에서는 발효 속도가 빨라질 것이고, 그 반대라면 느려질 것이다. 달달한 미소는 코지의 비율을 높게, 소금의 비율을 낮게 잡아서 만든다. 적어도 6개월, 때로는 몇 년씩 발효시키는 짭짤한 미소라면 지하저장고처럼 온도 변화가 크지 않고 서늘한 공간에 저장할 필요가 있다. 특히 6개월 이상 숙성시킬 때는 이런 장소가 반드시 필요하다. 이렇게 장기간 발효시키는 미소들은 일반적으로 소금 비율이 높고 코지 비율이 낮다. 따라서 장기간 발효시키는 미소라면, 장기간 숙성에 적합한 장소를 구할 수 있을 때만 시도하자. 따뜻한 집 안에서 미소를 담그고 싶다면, 달달한 미소를 만드는 편이 낫다는 뜻이기도 하다. 서늘한 공간에서 1년 이상 숙성시킨 미소는 벽돌처럼 단단하게 쪼그라들 수 있다. 나는 실제로 그렇게 변한 미소를 본 적이 있다.

나는 달달한 미소를 만들 때 콩과 코지를 얼추 비슷한 양으로 섞고 소금을 6% 정도 넣는 단순한 비율을 적용한다. 장기간 발효시키는 짭짤한 미소를 만들 때는 콩과 코지를 2:1로 섞고 소금을 13% 정도 넣는다. 여기서 언급한 소금 비율은 마른 상태의 재료 무게를 기준으로 삼은 것이다. 달달한 미소를 12*l* 담근다고 가정하면 다음과 같은 비율이 나온다. 먼저 (마른) 보리 2.25kg으로 코지를 만든다. 동일한 무게의 마른 강낭콩에 이 코지를 넣는다. 이들 재료의 총 무게, 즉 4.5kg에 6%(0.06)를 곱하면, 소금의 무게는 0.27kg, 대략 1$\frac{1}{4}$컵/300*ml*이 된다. 짭짤한 미소의 경우, 2.25kg의 보리 코지로 20*l*의 미소를 만들 수 있다. 두 배나 많은 4.5kg의 콩을 섞기 때문이다. 따라서 소금의 무게는 마른 보리와 콩의 총 무게에 13%(0.13)를 곱한 0.88kg, 대략 4컵이 된다. 여러분이 어떤 측정 단위에 익숙하건 간에, 계산 방법 자체는 무척 간단하다. 곡물이나 콩의 무게를 어림잡을 때는, 2컵이면 1파운드, 1*l*는 1kg으로 치면 된다. 소금은 동일한 부피라도 미세하거나 거친 정도, 밀도에 따라서 무게가 달라진다. 따라서 무게를 최대한 정확히 측정해야 한다. 만약 주방용 저울이 없다면, 소금의 무게를 부피로 대충 환산하는 방법을 3장 소금에서 익혀두자.

미소의 일반적 비율

	달달한 미소 4*l*를 만들 때	짭짤한 미소 4*l*를 만들 때
콩	1kg	1kg
코지	1kg	500g
소금	~6%=120g	~13%=200g

미소는 의심할 나위 없이 짠 음식이다. 소금을 많이 넣지 않으면, 콩이 금세 썩기 때문이다. 따라서 여러분은 위에 소개한 비율에 반드시 얽매일 필요가 없다. 원한다면 소금을 아주 조금 써서 미소를 만드는 실험에 나서보는 것도 좋다. 하지만 여러분이 실제로 소금을 적게 쓰고도 그럴싸한 미소를 만들 수 있을지 나는 잘 모르겠다. 미소에 들어가는 소금의 양은 목표로 정하는 숙성 기간에 따라서 달라진다. 주어진 소금 비율로 얼마나 오랫동안 훌륭하게 숙성시킬지 결정하면 소금을 얼마나 넣어야 하는지 알 수 있다는 말이다.

장기간 발효시키는 짭짤한 미소는 공기 중에 떠다니는 박테리아 수치가 비교적 낮은 서늘한 계절에 만드는 것이 보통이다. 항아리 안쪽 축축한 표면에 소금을 뿌리고 나서 미소를 담는 것도 박테리아 오염을 막는 한 가지 방법이다. 나는 이 아이디어를 셔틀리프와 아오야기한테서 배우고 내용물 가장자리의 염도를 높이는 효과가 있겠다고 이해했다. 이후로는 깜박하고 잊어먹지 않는 한 이 단계를 꼭 밟으려고 노력한다. 한번은 무심결에 건너뛰고 미소를 만든 적이 있었다. 그런데 오염과 관련된 문제가 전혀 없었다! 나는 안전한 발효를 기원하는 일종의 의식으로 이 작업을 바라본다. 특히 누름돌을 얹기 직전에는 소금을 조금 더 뿌리는 것으로 이 중요한 의식을 마무리한다.

나는 미소에 관해서 너무 길게 설명하지 않을 작정이다. 셔틀리프와 아오야기가 이 주제를 『미소에 대하여』에서 이미 충분히 다루었을 뿐 아니라, 미소 이야기는 물론 두 사람이 쓴 여러 책의 상당 부분을 누구나 볼 수 있도록 인터넷에 올려두었기 때문이다. 셔틀리프와 아오야기가 설명하는 수많은 일본식 전통 미소 가운데, 내가 요즘 가장 좋아하는 것은 단기간 발효시키는 달달한 미소 두 종류다. 하나는 “손가락을 핥아먹는” 미소[나메미소嘗め味噌]로, 채소가 들어간다.(내가 붙인 이름이 아니라 원래 이름이 이렇다.) 콩과 코지를 같은 비율로 섞고 소금을 6% 첨가한 뒤에 이미 발효 중인 채소를 부피 기준 10~25% 정도로 혼합해서 만든다. 이 미소는 반죽 형태와 거리가 멀다. 오히려 재료의 조각들이 씹히는, 채소절임과 양념의 중간 형태에 가깝다. 새콤달콤하고 짭짤한 맛이 한데 어우러진, 다채롭고도 매력적인 식감을 자랑하는 미소다. 나는 발효에 들어간 지 2주 정도 지나고부터 이 미소를 맛보기 시작하는데, 시간이 흐를수록 새콤한 맛이 강해진다.

달콤하고 식감이 좋은 미소 중에는 낫토미소도 있다. 콩알이 그대로 살아 있는 미소다. 잘 익은 대두와 보리로 만든 코지와 (반드시 방부제가 안 들어간) 쇼유를 1:2:1 비율로 섞고, 다시마와 맥아즙(또는 다른 감미료), 생강편을 넣은 뒤, 다 함께 버무려 2~4주 동안 발효시킨다. 낫토미소에 들어 있는 반짝이는 콩알은 전혀 다른 대두 발효음식인 낫토(낫토 참조)의 콩알과 비슷하다. 그래서 이름도 비슷하고, 조금은 헷갈리기도 한다. 미소를 가지고 음식을 만들어 먹고 싶지만 1년 이상 기다리기 힘든 사람들에게는 나메미소나 낫토미소처럼 단기간에 발효시키는 달달한 미소를 추천한다.

윌리엄 셔틀리프와 함께 미소국을

『미소에 대하여』『템페에 대하여』 등의 공저자

이 책을 쓰는 동안 캘리포니아주 라파예트에 위치한 윌리엄 셔틀리프의 자택 겸 업무실인 소이인포센터Soy Info Cener를 찾아간 적이 있다. 근처 샌프란시스코에 볼일이 있어서 가던 길이었다. 미소를 처음 만든 1994년부터 『미소에 대하여』를 교과서처럼 간직해온 내가 지난 몇 년 동안 이메일을 주고받던 그에게 잠시 들러도 되겠냐고 물었던 것이다. 나는 미소국 한 그릇 먹으러 오라는 그의 말을 듣고 온몸에 전율을 느꼈다.

셔틀리프는 최근 몇 년 동안 대두의 역사를 다각도로 연구하면서 아카이브 구축에 몰두하고 있다. 그는 고대 중국 문헌을 영어로 번역하고, 콩에 관한 문서 자료를 연대순으로 정리하는 동시에, 미소와 템페를 미국에 처음 소개한 사람들의 이야기를 기록으로 남기는 중이다. 그는 이 일을 필생의 업으로 여긴다. 자신의 연구 주제는 물론이고 자신이 체계화한 정보를 누구나 자유롭게 활용하는 문제에 대해서도 열정적이다. 덕분에 우리는 그가 아내인 아오야기 아키코와 함께 쓴 거의 모든 책을 구글북스에서 무료로 받아볼 수 있다. 최근에 저술한 책들 역시 모조리 이북으로 자가출판해서 구글북스와 부부의 웹사이트에 무료로 올려두었다.[32] 인터넷의 무궁한 가능성을 사랑하는 셔틀리프는 자신이 축적한 정보와 자료가 대두의 영양학적 잠재력에 다가서려는 모든 사람에게 도움과 영감이 되기를 바라 마지않는다.

윌리엄 셔틀리프는 연구와 조사에 매진하느라 부엌일까지 많은 관심을 기울이지는 못해왔다. 하지만 나는 부엌일이라면 자신있다. 책을 쓰고 남을 가르치는 일 때문에 텃밭과 부엌일에 할애해야 하는 시간을 빼앗긴다고 생각하는 사람이다. 내가 집에서 만든 미소 한 병을 선물하자, 그는 미소를 만들어본 때가 언제였는지 가물가물하다면서 놀라워했다. 점심시간이 되자 그는 미소를 말려서 봉지에 담은 인스턴트 제품으로 환상적인 미소국을 끓여서 나에게 대접했다. 신선한 생강을 갈아 넣어서 맛을 돋운 미소국이었다. 도러시가 천신만고 끝에 오즈에 가서 마법사의 정체를 알게 된 기분이 이랬을까. 미소 만들기의 최고 권위자가 이 궁극의 슬로푸드를 가루로 만든 인스턴트 제품을 즐긴다니. 게다가 그는 매사에 아주 사무적인 사람으로 보였다. 자신이 정한 우선순위가 분명해서 변명을 용납하지 않는 사람 말이다. 무엇보다 미소를 말리고 가루로 만드는 공법을 처음 개발해서 인스턴트 미소국을 제품화한 이들에게 자문한 사람도 셔틀리프였다. 독자 여러분이 어쩌면 먹어보았을 그 무언가를 공장에서 만들 수 있도록 힘을 보탠 사람이라는 말이다. 그날 우리가 이 얘기 저 얘기 하는 내내, 그는 불교의 중도사상中道思想 이야기를 수시로 꺼냈다. 중도사상이란 양극단 또는 독단적 관점을 포용하고, 나와 다른 사고방식에서도 가치를 찾으며, 어느 한쪽을 배제하기보다 양쪽 모두를 포용하려고 노력하라는 가르침이다. 그래서인지 모르겠지만 그가 내게 대접한 인스턴트 미소국에는 말린 가다랑어 가루[가쓰오부시]도 들어 있었다. 하지만 그는 40년 동안 채식주의를 실천해온 사람이고, 미소에 처음 관심을 두게 된 것도 채식주의자이기 때문이었다. 그런데도 아주 느긋한 얼굴로 중도를 이야기하고 독단주의를 경계하라는 그를 보면서 언뜻 자가당착이라는 말이 떠올랐다.

미소의 활용

일본 식당에서 음식을 먹어본 사람이라면 미소국의 맛을 기억할 것이다. 국은 미소를 활용하는 참으로 훌륭한 방법이지만, 미소는 지극히 다재다능한 양념이라서 다양하게 응용할 수 있다. 달달한 미소나 나메미소는 일상적인 조미료로 얼마든지 쓰일 수 있다. 반면, 이보다 짜고 오랜 발효 기간이 필요한 미소들은 조미료로 쓰기에 너무 강하다. 미소를 이용해서 음식을 만드는 몇 가지 아이디어를 소개한다.

1. 미소 양념장

미소는 육류나 채소, 두부, 템페의 맛을 살려주는 양념장을 만들 때 훌륭한 바탕이 된다. 미소 양념장은 숯불 또는 오븐에 굽거나 팬으로 볶을 수 있는 모든 음식에 어울린다. 미소는 식초, 기름, 핫소스, 벌꿀이나 설탕, 맥주, 포도주, 사케나 미린味醂(일본 요리에 쓰이는 달콤한 술), 허브 등등 거의 모든 향미료와 혼합할 수 있다. 적당한 재료가 잘 섞인 미소 양념장을 음식 표면에 바르고 몇 시간 내지 며칠 동안 재워둔다. 주기적으로 뒤집어주면서 필요하면 양념장을 더 바른다. 남은 양념장을 음식에 올린 채로 익히면 맛있게 졸아들 것이다.

2. 미소로 만든 드레싱, 소스, 스프레드

씨앗이나 견과로 만든 버터, 요구르트, 사워크림처럼 지방이 풍부한 재료는 미소의 깊고도 짭짤한 맛과 찰떡궁합이다. 미소-타히니tahini[참깨를 으깨서 만든 소스]는 채식주의자들 사이에서 오래전부터 사랑받는 조합이다. 미소-땅콩버터와 미소-요구르트 조합도 이에 못지않게 맛있다. 바탕이 되는 재료와 미소의 비율은 4:1을 기본으로 해서 각자 취향에 맞게 조절한다. 이 혼합물에 감귤즙, 크라우트 또는 김치 국물, 채소 끓인 물이나 맹물을 섞어서 묽게 만들자. 좋아하는 향미료가 있으면 마음대로 넣어도 된다. 걸쭉하고 묽은 정도에 따라서 드레싱도 되고 소스도 되고 스프레드도 되는 것이다.

3. 미소 피클

미소는 채소절임을 만들 수 있는 훌륭한 매개체다. 자세한 내용은 5장 스케모토: 일본식 채소절임을 참고하기 바란다.

4. 달콤한 미소죽

단기간 발효시켜 만든 달달한 미소에는 대개 효소가 살아 있다. 이 효소는 복합탄수화물을 단당으로 분해한다. 나는 이 조리법을 사우스리버 미소 컴퍼니의 설립자 가운데 한 사람인 크리스천 엘웰한테서 처음 배웠다. 저녁때 소금을 치지 않고 죽을 끓인다. 섭씨 60도 이하로 식히고 달달한 미소를 넣는다. 미소가 죽에 골고루 녹아들도록 충분히 저어준 다음, 뚜껑을 덮고, 적당히 따뜻한 곳에 하룻밤 둔다. 이튿날 아침이면, 어느 정도 액화된 죽에서 훨씬 단맛이 날 것이다. 이 달콤한 죽을 살짝 데우면 근사한 아침밥이 된다.

5. 미소국

고전적이고도 훌륭한 미소 활용법이다. 미소는 음식을 만들 때 가장 나중에 첨가하는 것이 보통이다. 미소를 끓이거나 불필요한 열을 가하지 않으려는 아이디어다. 셔틀리프와 아오야기는 "미소를 지나치게 익히면 그 탁월한 향기가 사라지는 동시에 소화를 돕는 미생물과 효소 역시 파괴된다"고 지적한다.[33] 국의 온도가 끓는점 이하라도 거의 모든 미생물이 죽을 뿐 아니라 맛과 향을 살려주는 물질들이 날아갈 것이다. 그러나 끓이지만 않으면 다만 일부라도 효소들이 살아남을 수 있다.

일반적인 미소국은 소박하게 끓인 묽은 수프(다시出し)로, 다시마와 가쓰오부시를 우려낸 국물로 만든다. 여기에 셔틀리프가 내게 가르쳐준 대로 신선한 생강을 조금 갈아 넣으면 미소국의 맛이 한층 좋아진다. 육류나 어류를 끓인 육수로 여러 수프나 스튜를 만들 때도 미소가 들어가면 풍성한 맛이 살아난다. 다만, 수프를 불에서 내린 뒤에 미소를 넣도록 하자. 국자나 머그컵으로 수프를 몇 온스 떠내고, 여기에 미소를 넣어서 잘 풀어준다. 비율은 수프 한 컵에 미소 1큰술/15*ml* 정도다. 육수 자체가 진하다면 이보다 적게 넣는다. 이렇게 혼합한 미소액을 수프에 다시 부어 넣고 맛을 본다. 필요하면 이 과정을 되풀이한다.

간장

소이soy라는 영어 단어는 간장을 뜻하는 일본 말 쇼유shoyu에서 유래했다. 실제로 발효가 끝나서 안정성을 획득한 간장soy source은 중국과 일본 등 아시아 여러 나라 사람들이 요리할 때 없어서는 안 되는 조미료다. 콩으로 만든 음식 가운데 처음으로 유럽에 소개되어 오늘날 서구의 주방에서 널리 쓰이는 것이 바로 간장이다. 인류학자 시드니 민츠는 "간장이야말로 콩류를 발효시킨 식품 중에서 세계적으로 가장 널리 퍼져나간 것"이라고 언급한 바 있다.[34] 최초의 간장은 미소 또는 미소의 조상 격인 중국의 장醬처럼 용기 속에서 발효 중인 대두 반죽의 표면에 고인 액체에 불과했다. 그러나 세월이 흐르면서 간장 고유의 발효법이 등장하게 되었다.[35]

만드는 과정이라는 측면에서 미소와 간장의 가장 큰 차이점은, 미소의 경우 아스페르길루스 곰팡이가 곡물(코지) 표면에서 자란다는 것, 그리고 대두에 직접적인 영향을 미치는 것은 곰팡이 자체가 아니라 곰팡이가 생성한 효소라는 것이다. 반면, 간장은 아스페르길루스 곰팡이가 곡물뿐 아니라 곧바로 대두에서 증식하기 때문에 "미소보다 쇼유에서 훨씬 복잡한 대사물질이 생기고, 단백질의 가수분해 및 액화가 더 높은 수준으로 이루어지며, 훨씬 강하고 독한 냄새가 나게 된다."[36]

미생물학적 관점에서 간장은 가장 복잡한 발효음식 가운데 하나다. 아스페르길루스 곰팡이균, 젖산균, 이스트 등 성격이 완전히 다른 세 종류의 미생물 집단이 2단계로 이루어진 독특한 발효과정을 이끌어가기 때문이다. 유엔식량농업기구의 보고서에 따르면, "서로 다른 방식의 발효가 연이어 일어나는 동안, 곰팡이와 박테리아와 이스트가 긴밀한 관계를 몇 차례 형성하면서 다양한 맛과 향을 내는 물질들을 생성한다."[37] 그러나 일반적으로 밀과 함께 대두 표면에 곰팡이를 키우는 단계만 넘어가면, 나머지 미생물학적 변천과정은 미소와 간장의 생발효균을 종균으로 조금만 넣어도 저절로 이루어진다. 아시아 전역에는 독특한 형태의 수많은 간장이 존재한다. 심지어 어류, 고추, 야자나무 설탕 같은 향미료가 들어간 간장도 있다.

요즘은 "지방을 제거한" 대두를 산성가수분해하는 방식으로 제조하는 간장이 대부분이다. 다시 말하면, 기름을 짜고 남은 부산물로 만든다는 뜻이다. 이 제조법에는 발효과정이 포함되지 않는다. 『응용미생물학 저널』에 따르면, "산성가수분해로 얻은 간장은 맛과 향이 떨어진다. 발효과정에서 얻을 수 있는 에스테르나 알코올, 카르보닐 화합물처럼 좋은 향기를 내는 물질이 부족하기 때문이다. 어떤 나라에서는 간장 가격을 조금이라도 낮추려는 목적으로 발효와 산성가수분해를 결합한 공정을 적용하기도 한다. 한마디로 고품질의 간장을 만들기 위해서는 발효과정을 거쳐야만 한다는 말이다."[38]

나는 두 종류의 일본식 간장을 발효시킨 경험이 있다. 대두와 볶은 밀로 만드는 쇼유, 그리고 밀이나 다른 곡물을 안 넣고 오로지 대두만으로 만드는 다마리たまり다. 그런데 다마리보다 쇼유가 훨씬 더 잘 만들어졌다. 그러므로 여기서는 쇼유 만드는 법을 소개하고자 한다. 처음에는 밀이 들어간 간장을 미국식이라고 생각했다. 그러나 지금은 중국에서 수천 년 전부터 밀이 쓰였다는 사실을 잘 알고 있다. 이처럼 밀은 오랜 전통을 자랑할 뿐 아니라 간장의 향미를 깊고도 오묘하게 만들어주는 재료라고 할 수 있다.

쇼유를 만들려면, 먼저 대두와 밀의 혼합물에 아스페르길루스 곰팡이를 키워야 한다. 대두와 밀을 1.4kg씩 섞으면 쇼유를 4*l*쯤 만들 수 있다. 대두를 하룻밤 물에 담갔다가 쉽게 으스러질 때까지 찐다. 끓는 물 위에서 찌면 5~6시간, 압력솥으로 찌면 1시간 반 정도 걸릴 것이다. 그러는 동안, 무쇠 프라이팬에 밀알(가급적 연질소맥) 또는 불구르를 넣고 수시로 저어주면서 좋은 향기가 나고 노르스름해질 때까지 볶는다. 내가 상세한 제조법을 참고한 베티 스테크마이어의 설명서를 보면, "맛과 향을 살리려면 살짝 태우는 편이 좋다"고 나온다.(GEM의 모든 종균 제품에는 베티가 작성한 훌륭한 설명서가 들어 있다.) 통밀을 사용하려면, 곡물분쇄기로 거칠게 갈자. 가루를 내면 안 되고 밀알 하나가 몇 조각으로 쪼개지는 정도로만 갈아야 한다. 불구르를 이용하는 경우라면 갈 필요가 없다.

대두가 충분히 익으면, 건져서 물기를 잘 빼준다. 여전히 김이 모락모락 피어오르는 대두에 볶아서 으깬 밀을 섞어 넣고 체온 수준으로 식힌다. 종균은 대두가 식은 뒤에 넣되, 10장 코지 만들기에 설명한 대로 접종한다. 참고로 GEM에서는 1갤런당 2티스푼을 권장한다. 48시간 정도 지나서 코지가 하얀 곰팡이로 뒤덮이고 포자 형성의 조짐이 (황록색 반점으로) 나타나기 시작하면, 모로미諸味에 다른 재료를 넣고 섞어야 하는 때가 된 것이다. 이 상태로 6개월에서 2년 동안 발효시키면 쇼유가 된다.

쇼유 제조에 쓰인 마른 콩과 밀의 무게를 기준으로 40%에 해당되는 소금을 섞는다.(콩과 밀이 각각 1.4kg씩이라면 소금은 1.1kg) 여기에 콩과 밀과 소금을 합한 무게(이 경우 3.8kg, 대략 4*l*)만큼 물을 붓는다. 충분히 저어서 소금이 잘 녹으면, 코지를 넣는다. 젖산균과 이스트를 첨가하기 위해서 나마쇼유生醬油 또는 미소도 조금 넣는다. 모든 재료를 한꺼번에 섞어서 항아리 같은 발효 용기에 옮겨 담는다. 항아리 주둥이는 천으로 막아서 파리를 쫓는다.

첫 주에는 매일, 이후로는 일주일에 한두 번 저어준다.(여름에는 반드시 일주일에 두 번 저어주어야 한다.) 이렇게 꾸준히 저어주면 곰팡이를 막을 수 있다. 혹여 표면에 곰팡이가 생기면 걷어내서 버린다. 쇼유는 난방이 가능한 곳에 두고 발효시켜야 한다. 수분이 증발해서 부피가 줄어들면, 줄어든 만큼 염소를 제거한 물을 붓는다. 스타인크라우스에 따르면, "전통적인 제조법으로 상온에서 1~3년 발효시키면 진한 색과 깊은 맛이 우러난다." 잘 익은 모로미는 아주 짙은 적갈색을 띠는, 향긋하고 걸쭉한 액체다. 쇼유 맛을 보려고 3년을 기다릴 필요는 없다. 적어도 1년은 그대로 두었다가 일부를 덜어서 사용하고, 나머지는 계속 숙성시키자.

제조과정에서 가장 어려운 단계는 재료 덩어리들이 살아 있는 모로미를 힘껏 눌러서 액체, 즉 쇼유를 짜내는 작업이다. 망사나 삼베처럼 거칠게 짠 주머니 또는 몇 겹의 면직포에 모로미를 담은 뒤, 비틀고 눌러서 액체를 짜낸다. 흘러나온 액체가 고일 수 있도록 아래쪽에 사발을 받친 채로, 단단한 판에 대고 몸무게를 이용해 있는 힘껏 짜야 한다. 다른 사람과 힘을 합해서 짜는 것도 방법이다. 최대한 짜냈다 싶으면 주머니를 열고 내용물을 뒤적인 뒤 다시 한번 비틀어 짠다. 공학도적인 감수성을 십분 발휘한다면, 모로미에서 쇼유를 가능한 한 많이 짜낼 만한 자기만의 장치를 고안할 수도 있을 것이다.

이렇게 얻은 쇼유를 병에 넣어서 냉장고 또는 서늘한 장소에 보관한다. 저온살균하지 않은 쇼유는 공기와 접촉한 부분에서 곰팡이가 자랄 수 있다. 그렇다고 걱정할 일은 아니다. 걷어내서 버리면 그만이다. 풍부하고 오묘한 맛의 홈메이드 쇼유를 양념으로 맛있는 음식을 만들자. 일부를 남겼다가 다음번 발효 때 종균으로 사용해도 좋다. 쇼유를 짜낸 모로미 찌꺼기는 미소 만들 때 사용하거나 채소절임의 매개체로 활용할 수 있다.

발효시킨 콩 "너겟": 아마낫토와 더우츠

콩 "너겟"은 대두를 완전히 발효시킨 것으로 중국에서는 츠豉[한국의 메주에 해당]라고 부른다. 서구 사람들은 츠를 잘 모르지만, 대두 반죽이나 소스를 발효시켜서 만드는 모든 음식의 원형에 해당된다. 윌리엄 셔틀리프와 아오야기는 "역설적이지만, 대두를 발효시킨 모든 음식 중에서 가장 오래된 이 음식이 지금은 세계에서 가장 덜 알려진 음식이 되었다"고 말한다.[39] 두 사람은 "비록 '너겟'이라는 말에는 콩알이 단단하다는 뜻이 담겼지만, 실제로는 건포도처럼 부드럽다"면서도 이 음식에 콩 너겟이라는 이름을 붙였다.

내가 미국의 마트 진열대에서 본 적이 있는 중국식 콩 너겟은 검은 대두를 발효시킨 더우츠豆豉가 유일하다. 일본식 콩 너겟은 아마낫토浜納豆라고 불린다. 나는 그동안 아마낫토를 직접 만들어왔다. 그러니 여기서는 아마낫토에 대해서만 설명하고자 한다. 다만, (다음 순서로 소개할) 저 유명한 낫토와 아마낫토는 완전히 다른 발효음식이라는 점에 유의하자. 내가 아마낫토에 대해서 처음으로 궁금증을 느낀 것은 신시아 베이츠와 대화를 나누면서부터다. 그는 대두 발효음식 마니아로, 테네시주의 더팜에서 템페연구소를 수십 년간 운영해온 사람이다. 신시아는 자신이 먹어본 대두 발효음식 중에서 아마낫토가 제일 맛있었다고 말한다. 맞는 말이다. 나 역시 감미롭고, 부드럽고, 짭짤하고, 새콤한 아마낫토의 그 진한 감칠맛에 완전히 사로잡혔다.

아마낫토를 만들려면, 우선 대두를 하룻밤 물에 담갔다가 부드럽게 찐다. 물기를 빼고 체온 정도로 식힌다. 콩 코지로 접종한다.(GEM에서 구입할 수도 있다.) 10장 코지 만들기에 소개한 대로 섭씨 27~32도에서 48시간 이상 배양한다. 이 경우에는 포자 형성이 필요하므로 초록색으로 변할 때까지 곰팡이를 배양해야 한다. 일단 곰팡이가 대두 표면에 포자를 형성하면, 햇볕이나 건조기로 말린다. 100% 바싹 말릴 필요는 없다. 일본 발효음식을 조사한 USDA 연구원들은 일본에서 시판 중인 아마낫토 제품의 경우 "수분 함량이 12%로 줄어들 때까지" 대두를 말린다고 설명한다.[40] 나에게는 수분 함량을 정밀하게 측정할 수 있는 도구가 없다. 대신에 수분이 어느 정도 남아서 부드러운 느낌이 살아 있는 정도로만 말려야지 하고 생각한다.

곰팡이가 자란 대두를 말렸으면, 누름돌을 얹을 수 있는 항아리 같은 발효 용기에 담아서 두 번째 발효를 준비한다. 15% 소금물(물 무게의 15%에 해당되는 소금을 녹인 용액)을 대두가 잠기게 붓는다.(콩이 들어가면 이 비율이 크게 낮아진다.) 대두가 0.5kg이라면 소금물이 3컵 약간 안 되게 필요하다. 이 비율로 대두와 소금물을 혼합하면 부피가 1*l*쯤 될 것이다. 여기에 얇게 저민 생강을 넣고 잘 저어준 뒤 누름돌을 얹고 천으로 덮어서 파리를 쫓는다. 이 상태로 상온에서 6개월~1년 동안 발효시킨다.

아마낫토는 발효가 진행 중인 때라도 시식을 통해서 향미의 변화를 파악하는 것이 좋다. 드디어 발효가 끝났다는 판단이 서면, 햇볕이나 건조기로 다시 한번 말린다. 내 경우에는 6개월간 발효시킨 뒤에 말렸다. 그런데 젖은 상태의 콩알을 망가뜨리지 않고 하나씩 분리하는 것이 상당히 어려웠다. 궁리 끝에 발효가 진행 중인 대두를 빵 굽는 판에 쏟아 붓고 몇 덩어리로 나눈 뒤 강한 햇살 아래로 가지고 나가서 말렸다. 덩어리들은 몇 시간 안에 충분히 말랐고, 덕분에 콩알을 하나씩 분리하기가 수월했다. 말라가는 콩을 하나씩 떼어놓고 보니 건포도랑 비슷했다. 강렬한 풍미를 위해 썰어 넣었던 생강도 분리했다. 낮에는 햇볕에, 밤에는 선풍기로 며칠 동안 말리자, 마침내 검은 콩알들이

완전히 말랐다. 과도하게 말리지는 말자. 바싹 말라서 딱딱해지면 안 된다. 건포도처럼 부드럽고 탄력이 있어야 한다.

아마낫토는 정말 맛있다! 나는 군것질 삼아 아마낫토를 먹곤 하는데, 무척 짜서 많이는 못 먹는다. 대개는 중국식 검정콩 소스를 본떠서 소스나 드레싱을 만들 때 깊은 맛과 향을 내기 위해 아마낫토를 사용한다.(중국식으로 검정콩을 발효시키는 방법 역시 거의 동일하다. 잠시 뒤에 설명하기로 한다.) 아마낫토 몇 큰술을 사발에 담고 물을 붓는다. 물에 잠긴 상태로 몇 분간 두었다가 건져서 곱게 다진다.(아마낫토 담근 물은 따로 보관한다.) 팬에 기름을 두르고 다진 콩 너겟과 함께 마늘과 샬럿을 볶는다. 이때 양파가 들어가도 되고 안 들어가도 된다. 그런 다음, 아마낫토 담근 물, 육수, 쌀 맥주 또는 식초, 간장, 핫소스, 약간의 벌꿀이나 설탕 같은 감미료, 그 밖에 좋아하는 양념을 넣고 옥수수 전분까지 조금 섞어서 걸쭉한 반죽을 만든다. 계속 저어주면서 몇 분간 익히면 점점 더 걸쭉해진다. 이렇게 만든 진한 맛의 발효 콩 소스는 거의 모든 음식에 얹어서 먹을 수 있다.

중국의 검은 콩 너겟 더우츠는 — 위와 같은 소스의 전통적인 주성분으로서 — 아마낫토와 비슷한 방법으로 만든다. 대두(노란콩 또는 검정콩)를 물에 담갔다가 부드럽게 익혀서 식힌 뒤, 아스페르길루스 포자 또는 복합발효균으로 접종하고 섭씨 27~32도에서 72시간 정도 배양하면 콩에 자란 곰팡이가 녹색으로 변하면서 포자가 형성된다. 앞서 설명한 아마낫토 제조법과 반대로, 더우츠를 만들 때는 콩을 말리지 않고 물로 씻는다. 쓴맛을 내는 곰팡이 포자를 제거하기 위해서다. 두 번째 발효의 경우, 콩을 소금물에 담가서 4~6개월 동안 발효시킨 뒤에 말린다.[41] 이때 소금물에 설탕 또는 고추장을 섞기도 한다.

낫토

낫토는 콩을 발효시킨 일본 음식으로, 끈적끈적한 점액질이 콩을 뒤덮은 모양새가 오크라와 비슷하다. 이렇게 끈적한 상태를 일본어로는 네바粘라 하고, 끈적임이 아주 심한 낫토를 네바네바라고 부른다. 『식품과학저널』에 따르면, "점액질의 강한 찰기야말로 훌륭한 낫토의 가장 중요한 기준이다."[42] 낫토의 향기는 (일부 치즈나 푹 익은 템페처럼) 암모니아 냄새를 연상케 하는데, 발효 기간이 길어질수록 더 강해진다. 나는 낫토를 사랑하게 되었지만, 낫토를 먹으면서 성장한 사람이 아니면 꺼림칙하게 여기는 경우가 많다. 심지어 낫토를 두려워하는 사람들도 있다.

낫토는 일본 시장이나 식당에 가면 얼마든지 살 수 있는 음식이다. 일본 식당에 가면 낫토를 빼드리겠다고 말하는 종업원을 심심치 않게 만난다. 겪어본 적이 없는 사람은 먹기 힘든 음식이라서 그러겠거니 생각한다. 낫토는 분명 모든 사람이 좋아할 음식은 아니다. 그러나 낫토를 정말 사랑하는 사람이 꽤 많다. 모험심이 강한 식도락가라면, 낫토를 꼭 먹어보기 바란다. 낫토는 다른 음식과 마찬가지로 어떻게 만들어 어떻게 먹느냐에 따라서 완전히 다른 음식이 된다.

낫토와 비슷한 발효음식은 중국(단더우츠淡豆豉), 타이(투아나오thua-nao), 한국(청국장과 담수장), 네팔(키네마) 등 아시아 전역에 존재한다.[43] 서아프리카 곳곳에서도 콩 대신 다른 씨앗으로 낫토 비슷하게 만든 발효음식을 즐긴다.(다음 순서로 살펴보자.) 낫토류는 발효과정에서 곰팡이나 젖산균을 전혀 사용하지 않는 점에서 나머지 모든 콩 발효음식과 다르다. 대두를 낫토로 변화시키는 (예전에는 바실루스 낫토로 불리던) 낫토균 *Bacillus subtilis var. natto*은 산이 아니라 알칼리를 생성한다. 나는 낫토를 만들 때 주로 일본에서 들여온 종균을 GEM에서 구입해 사용했다. 나처럼 시판 중인 낫토를 구입해서 종균으로 써도 되고, 전통적인 방식대로 지푸라기를 종균 삼아 집에서 낫토를 만들어 사용해도 된다. 적정 온도를 유지함으로써 낫토균이 대두에서 저절로 자라게 할 수도 있다. 일반적으로 낫토균이 콩류에 서식하는 데다 그 포자가 열에 아주 강한 만큼, 그리 어려운 작업은 아니다.

낫토를 만들 때 유일하게 어려운 점은 적당한 배양 공간을 찾거나 갖추는 일이다. 낫토균은 체온 수준에서 섭씨 45도에 이르는 넓은 범위의 온도를 견딜 수 있다. 그러나 이상적인 배양 온도는 섭씨 40도 안팎이다. 내 경우에는 낫토를 배양할 때 점화용 불꽃이 있는 오븐을 주로 사용한다. 밀폐형 냉장고를 활용할 수도 있다. 내부를 미리 덥힌 상태에서 뜨거운 물병을 넣으면 따뜻한 온도가 유지된다.

낫토는 대두로 만드는 것이 보통이다. 나는 다른 종류의 콩으로 낫토를 만드는 실험을 거듭해왔고, 매번 먹음직스러운 낫토를 만들기도 했지만, 낫토 특유의 끈적한 점액질이 안 생기는 경우도 없지 않았다. 낫토를 만들려면, 우선 잘 씻은 콩에 물을 넉넉히 붓고 하룻밤 불린다. 그러면 콩이 두 배 이상 부풀 것이다. 이렇게 불린 콩을 다섯 시간 정도 끓이거나 찌면 엄지와 검지로 으깰 수 있을 만큼 부드러워진다. 집에 압력솥이 있으면 45분 정도만 쪄도 된다. 압력솥으로 콩을 익히는 경우, 끓이는 것보다 찌는 편이 낫다. 콩을 끓이면 껍질이 벗겨지면서 거품과 함께 떠올라 증기배출구를 막을 수 있다. 자칫 압력솥이 폭발할 수 있다는 말이다.

콩이 잘 익어서 부드러워지면 물기를 빼고 식힌다. 곰팡이균 포자로 낫토를 발효시킬 생각이라면, 콩이 섭씨 80도 정도로 여전히 뜨거운 김을 피울 때 접종하자. 연구 결과에 따르면, 이 정도 뜨거운 온도로는 포자가 죽지 않을뿐더러 "열 충격"으로 인해서 도리어 포자의 활동에 도움이 된다.[44] 종균의 비율은 각자 참고하는 레시피가 권장하는 대로 잡는다. 하지만 극소량의 종균만을 필요로 하므로, 밀가루 같은 분말 형태의 매개체와 혼합해서 접종해야 골고루 섞을 수 있다. 이전에 발효시킨 낫토를 종균으로 삼는다면, 대략 5% 비율로 섞어 넣는다. 종균으로 쓸 낫토를 미세하게 갈고, 여기에 배양 온도로 데운 물을 조금 붓는다. 이 혼합물은 익힌 콩이 배양 온도로 식은 뒤에 넣어야 한다. 박테리아는 포자에 비해서 열에 견디는 힘이 약하기 때문이다. 어느 쪽을 선택해서 접종하건 간에, 종균을 콩에 골고루 잘 섞어야 한다. 모서리에 숨어 있는 콩까지 종균이 잘 퍼지도록 구석구석 박박 긁어가면서 확실하게 버무리자.

접종한 대두를 유리 또는 스테인리스 재질의 빵 굽는 판에 옮겨 담은 뒤, 두께 5cm 이상으로 두툼하고 평평하게 편다. 비닐 랩이나 알루미늄 포일, 파라핀지 따위로 덮어서 습기를 보존한다. 배양실에 넣고 6~24시간 동안 발효시킨다. 원하는 맛과 온도에 따라서 발효 시간은 달라진다. 배양실 내부를 유심히 관찰하다가, 필요하면 문을 조금 열어두어 식힌다거나 뜨거운 물병을 넣어서 덥히는 식으로 온도를 조절한다. 발효가 끝났는지 확인하려면, 젓가락이나 숟가락으로 콩을 뒤적여서 끈적한 점액질이 실처럼 늘어지는지 살펴보자. 오래 배양할수록 실도 많이 보이고 향기도 더 강해진다.

종균을 쓰지 않고 낫토를 만들고 싶다면, 접종을 제외한 모든 과정을 위에서 설명한 대로 실행하자. 낫토의 자연발효에 도전할 때는, 압력솥으로 콩을 찌면 안 된다. 끓는 물에 살아남는 포자라도 압력솥의 고열에는 죽을 수 있다. 이렇게 만드는 낫토는 분리추출한 순수 배양균으로 낫토에 비해서 발효 기간이 조금 더 오래 걸리고 향미도 더 강하다. 아울러 지푸라기를 종균으로 삼는 전통적인 방식으로 낫토를 만들 수도 있다. 셔틀리프와 아오야기에 따르면, "과거에는 (…) 익힌 콩을 볏짚에 싸서 따뜻한 곳에 하룻밤 묵혀 끈적거리는 낫토를 만드는 것이 보통이었다."[45] 발효음식 애호가로 일본에 거주하는 샘 베트는 식료품점에서 와라藁[짚]낫토를 사먹었다고 한다. "스티로폼 포장재에 담긴 낫토보다 구수한 맛이 더 진합니다. 냄새도, 끈적임도 훨씬 강합니다. 그래서 더 맛있답니다."

다른 음식 없이 낫토만 먹는 사람은 드물다. 일본 사람들의 고전적인 식사법으로 낫토의 맛을 십분 즐기고 싶다면, 미소에 달걀노른자를 얹고 쇼유와 겨자, 쌀식초 같은 조미료를 조금씩 친다. 그리고 젓가락으로 원을 그리듯 휘저어서 끈끈한 점액질과 조미료를 잘 섞는다. 따뜻한 밥 위에 얹고 파채와 김을 올려서 먹는다. 끈적임이 싫거나 중요치 않다고 생각한다면, 김밥이나 샐러드, 부침개 등에 넣어서 먹거나 소스 또는 드레싱에 갈아 넣는다.

최근 몇 년 사이 낫토는 건강에 이로운 음식으로 각광을 받아왔다. 박테리아의 발효 작용으로 생기는 나토키나아제라는 특유의 성분이 점액질 안에 들어 있기 때문이다. 1987년 『세포 및 분자생명과학』 지에 실린 논문에 따르면 — 연구자들이 조금은 볼품없게 이름붙인 — "채소 치즈 낫토"에서 "강력한 섬유소 용해 작용이 발견되었다."[혈전을 파괴한다는 의미다.—원주][46] 그로부터 15년 후, 어느 의료 전문지에 실린 논문은 이렇게 요약했다. "지금까지 발표된 역학 조사 및 임상 연구 결과를 종합하면, 나토키나아제는 고혈압, 동맥경화, (협심증 같은) 관상

동맥 질환, 뇌졸중, 말초혈관계 질환 등 광범위한 질병의 치료에 효험과 안전성을 보였다. 일본 사람들이 오랜 세월 다량의 나토키나아제를 복용한 점으로 미루어볼 때, 강력한 섬유소 용해제이자 안전한 영양소라는 사실을 알 수 있다."[47] 최근에는 나토키나아제가 섬유소 외에 치매의 원인으로 추정되는 아밀로이드 플라크[세칭 아밀로이드반amyloid斑 또는 노인반으로 불리는 물질]도 파괴하는지 여부에 대한 연구가 진행 중이다.[48] 그러나 의료업계가 특정 물질을 음식에서 분리추출하려고 애쓴 결과, 사람들이 낫토라는 온전한 음식보다 비타민 보충제 전문점에 진열된 제품 형태로 나토키나아제를 더 많이 섭취하는 실정이다.

다와다와 등 서아프리카 발효 씨앗

서아프리카 일대의 요리법은 낫토와 비슷한 다양한 양념이 특징이다. 이 양념의 재료는 수많은 야생식물 또는 농작물의 씨앗인데, 이 중에는 발효시키지 않으면 먹을 수 없는 것도 있다. 씨앗으로 양념을 만드는 식물로는 수박(시트룰루스 불가리스*Citrullus vulgaris*), 아프리카 메뚜기콩(파르키아 비글로보사*Parkia biglobosa*). 아프리카 기름콩(펜타클레트라 마크로필라*Pentaclethra macrophylla*), 메스키트(프로소피스 아프리카나*Prosopis africana*), 바오밥(아단소니아 디기타타), 자귀나무(알비지아 사만*Albizia saman*), 세로로 홈이 파인 호박(텔페리아 옥시덴탈리스*Telferia occidentalis*), 아주까리(리시투스 코무니스*Ricinus communis*) 등이 있다.[49] 이 밖에 대두를 사용하는 경우도 갈수록 늘고 있다. 나이지리아의 미생물학자 O. K. 아치에 따르면, "양념을 만들 때 쓰이는 기질은 무척 다양하고, 여러 재료를 혼합해서 양념을 만들기도 한다."[50]

이 발효음식은 낫토처럼 양념이나 조미료로 쓰일 뿐 아니라 바실루스 서브틸리스 및 이와 긴밀하게 연관된 박테리아의 작용으로 인해서 알칼리성을 띤다. 사람들이 흔히 쓰는 이름도 따로 있다. 나이지리아에서는 다와다와dawadawa 또는 오기리ogiri, 부르키나파소와 말리와 기니에서는 소움발라soumbala, 세네갈에서는 네테토우netetou라고 불린다. 다카르 연구진에 따르면, "세네갈에서는 거의 모든 요리에 네테토우가 들어간다."[51]

지나친 일반화의 위험성이 없지 않으나, 나는 이들 발효음식을 별개의 독립적인 범주로 묶어서 이해하고자 한다. 콩류와 씨앗류의 알칼리성 바실루스 발효가 단일한 지리적 범주 안에 국한된 것이 아니라 상당히 넓게 퍼져 있다는 사실을 또렷이 드러내기 위해서다. 나는 청년 시절에 서아프리카를 여행하면서 이 가운데 몇몇 발효음식으로 맛을 낸 스튜를 분명히 먹어보았다. 그러나 불행히도 당시에는 이 사실을 알지 못했고, 그 맛을 분간하지도 못했으며, 어떻게 만드는지 묻지도 않았다. 한참 뒤에 다와다와를 시험 삼아 만들어 먹어보고서야 그 독특하고도 친숙한 향미를 추억 속에서 끄집어낼 수 있었다. 아주 오래된, 그래서 가물가물한 기억이지만, 서아프리카 스튜의 저변에 흐르던 깊은 감칠맛은 잊을 수가 없었다.

나는 관련 문헌을 통해서 이 범주에 해당되는 여러 음식 하나하나가 강한 개성을 지녔으며 만드는 과정의 세부 사항 역시 대단히 다양하다는 사실을 알았다. 그럼에도 불구하고 몇 가지 공통된 패턴이 존재하는 것으로 보인다. 일반적으로 콩과 씨앗을 — 때로는 아주 오랫동안 — 끓여서 껍질이 쉽게 벗겨질 정도로 부드럽게 만든다. 껍질을 벗긴 뒤에 다시 끓이는 경우도 있다. 씨앗을 통째로 발효시키는 전통을 지키기도 하고, 썰거나 으깨서 발효시키는 전통을 지키기도 한다.

나뭇재를 섞는 경우도 있다. 내용물이 완성되면 바나나처럼 커다란 이파리로 감싸서 수분을 유지하는 것이 보통이다. 종균을 안 쓰는 것이 일반적이지만, 이전에 발효시킨 일부로 종균을 접종하는 백슬로핑 기법을 활용할 때도 간혹 있다. 그러나 "다양한 콩류의 발효과정에서 바실루스종의 활약이 두드러진다"는 것이 아치의 설명이다. "발효가 진행될수록 내용물에 탄력이 생기는데, 치즈 같은 느낌의 두툼한 푸딩에 비유할 만하다." 발효에 걸리는 시간은 기질과 환경, 전통에 따라서 다르다. 대부분의 경우, 발효가 끝나면 말려서 보존한다. "계속 발효하도록 너무 오래 내버려두었다간 망치기 십상이다."[52]

이들 발효음식을 만드는 과정에서 맞닥뜨린 커다란 걸림돌은 문헌에 나와 있는 특정 씨앗을 구하기 어렵다는 점이었다. 나는 서남부 사막의 메스키트 꼬투리에서 발라낸 씨앗으로 만들어보려고 시도한 적이 있다. 애리조나주 투산에 사는 내 친구 브래드 랭카스터가 보내준 꼬투리였다. 그러나 씨앗이 작아도 너무 작았다. 한 시간이나 꼬투리를 깠는데도 티스푼 하나를 못 채울 정도였다. 나는 이 씨앗들을 아마란스 이파리로 감쌌고, 곰팡이를 키우는 데 성공했다. 아주까리 씨앗으로 만들면 어떨까 싶기도 했다. 그러나 리신 1mg만으로 성인이 죽을 수 있다는 연구 결과를 접하면서 발효의 독소 제거력에 대한 내 믿음이 흔들리고 말았다. 리신은 콩류에 들어 있는 가장 치명적인 독소다.[53] 콩류는 발효를 통해서 독성을 제거할 수 있다. 전통적으로 입증된 분명한 사실이다. 그러나 완전히 다른 환경에서 천연발효를 실험할 경우 완전히 다른 결과가 나올 가능성이 있다. 만약 내가 아주까리를 어떻게든 구해서 그 반죽을 발효시켰다면, 이 콩이 독성을 지녔다는 사실을 알면서도 맛을 보겠다는 생각이 들까? 나아가 여러분에게도 나처럼 해보라고 권하고 싶을까? 이들 양념의 재료가 되는 다른 종류의 아프리카 콩을 구하기도 어려운 나로서는 역사적인 추세에 따르는 것, 그래서 콩류 가운데 지구촌 최고의 슈퍼스타인 대두를 가지고 발효에 도전하는 것이 최선의 선택일 수밖에 없었다.

찰스 파쿠다 등은 소이 다와다와를 만드는 과정에 대해서 이렇게 요약한다. "대두를 골라내서 깨끗이 씻고 12시간 동안 물에 담갔다가 손으로 껍질을 벗긴다. 이어서 2시간 동안 익힌 뒤, 플랜틴 바나나 이파리를 깐 조롱박에 담아서 72시간 동안 발효시킨다."[54] O. K. 아치가 소개하는 제조법은 조금 다르다.

> 라피아 섬유로 짠 바구니에 바나나 이파리를 깔고 그 위에 떡잎들을 펼친 다음, 다시 바나나 이파리를 몇 겹으로 덮는다. 이 상태로 2~3일 동안 두고 발효시킨다. 나뭇재를 넣어도 된다. 발효가 끝난 결과물을 햇볕에 1~2일 말리면 짙은 갈색 또는 검은색을 띠게 된다.[55]

나는 대두를 하룻밤 물에 담갔다가 양 손바닥으로 비벼서 껍질을 벗기고 부드러워질 때까지 4시간 정도 끓였다. 그러고는 유리 재질의 파이 접시에 (바나나 또는 플랜틴 이파리 대신에) 옥수수 껍질을 깔고, 다른 성분을 일절 첨가하지 않은 대두를 그 위에 올린 뒤 정성스럽게 감싸서 습도를 유지하고 박테리아 증식을 도왔다. 사발을 뒤집어 덮은 뒤 오븐에 넣고 — 점화용 불씨 대신 백열전구만 밝힌 채 문을 살짝 열어 둔 상태로 — 발효시켰다. 그리고 섭씨 38도 안팎의 온도를 유지하면서 36시간 정도 기다렸다. 완성품은 그 맛과 향이 무척 진한 것이 낫토와 정말 비슷했다.

소이 다와다와와 낫토를 확연히 구분짓는 것은 이 다음 단계에 해당되는 건조 작업이다. 이 양념의 전통적인 제조법 중에는 먼저 콩을 갈아서 반죽을 만드는 경우도 있지만, 나는 콩알 하나하나가 온전한 상태로 말렸다. 되도록 햇볕에 말리는 것이 좋지만, 여의치 않으면 건조기나 낮은 온도로 설정한 오븐으로도 가능하다. 발효시켜서 말린 콩은 상온에서 보관해도 상하지 않는다. 필요할 때 꺼내서 가루로 만들어 사용한다. 스튜 같은 음식에 조미료로 넣을 수도 있다. 많이 넣을 필요는 없다. 소량만 넣어도 진하면서도 미묘한 향미가 난다. 세네갈 음식 블로거인 라마는 이와 유사한 양념 네테토우를 쓴다. 그가 올린 어느 블로그를 보면 직설적인 경고가 나온다. "네테토우는 냄새가 정말 지독하다. 하지만 스튜에 넣으면 깜짝 놀랄 만큼 훌륭한 맛이 난다."[56] 나는 다와다와를 정말 사랑한다. 그래서 냄새가 강하다는 사실을 알면서도 의도적으로 점점 더 많이 사용한다. 맛있으니까!

토푸 발효시키기

만드는 과정에서 발효시키지 않는 몇 가지 콩 음식 가운데 하나가 토푸豆腐다. 토푸는 완성하고 나서 발효에 들어간다. 토푸를 발효시키는 방법은 여러 가지다. 발효시킨 토푸는 더우후루豆腐乳 등 다양한 이름으로 불린다. 토푸 자체는 지극히 밋밋한 음식이지만, 발효를 거치면 뚜렷한 맛과 향이 생긴다. H. T. 황은 발효시킨 토푸를 "잘 모르는 사람들은 불쾌하게 여기지만, 미식가들에게는 거부할 수 없는 맛을 자랑하는 아주 귀한 음식 가운데 하나로 오랜 세월 명성이 자자했다"고 말한다.[57] 적용하는 발효법과 발효 기간에 따라서 결과물의 향미는 살짝 쏘는 정도부터 정신을 차릴 수 없을 만큼 강렬한 수준까지 다양하게 나타난다. 토푸를 발효시키면 소화도 더 잘 된다. 1861년에 출간된 『중국 음식 백과사전』에는 이런 내용이 나온다. "단단하게 만든 토푸는 [소화가 어려워서—원주] 어린이나 노인, 환자의 건강에 이롭지 않다. 이들에게는 토푸로 만든 후루腐乳[삭힌 두부]가 좋다. 숙성과정을 거치기 때문이다. 특히 환자에게 아주 좋다."[58]

발효토푸를 가장 상세하게 설명한 자료는 윌리엄 셔틀리프와 아키코 아오야기의 또 다른 책 『토푸에 대하여』다. 나는 영어로 쓰인 토푸 관련 문헌자료 가운데 이보다 더 포괄적인 것을 찾지 못했다. 저자들이 소개하는 가장 쉬운 발효법은 토푸를 깍두기처럼 썰고 미소나 중국식 미소라고 할 수 있는 장醬 또는 간장에 며칠간 재우는 것이다. 중국에서는 이렇게 만든 발효토푸를 장도우푸醬豆腐라고 부른다. 장도우푸는 익히지 않고 먹을 수 있다. 토푸 요리법을 그대로 적용해도 되고, 발효한 토푸와 장을 섞어서 소스를 만들어도 된다.

거의 모든 토푸 발효법에는 토푸에 곰팡이를 키우는 작업과 곰팡이가 자란 토푸를 소금물이나 쌀로 빚은 술에 다양한 향미료와 함께 넣고 숙성시키는 작업이 포함된다. 곰팡이가 번식한 토푸를 후루피腐乳坯라고 한다. 이 후루피는 일반적으로 악티노무코르Actinomucor나 리조푸스, 무코르 같은 곰팡이들이 우세하다. 전통적인 접종법 중에는 볏짚[59]이나 호박잎[60]을 깔고 나뭇재로 버무린[61] 토푸를 썰어서 올려두는 방법이 있다. 토푸 조각을 가장 약하게 가열한 오븐에 10~15분 정도 넣어두어 부분적으로 건조시킴으로써 잡균을 제거하는 것이 먼저라는 설명도 있다.[62]

나는 (비록 볏짚은 아니지만) 지푸라기와 호박잎을 각각 이용해서 토푸 조각을 감싼 뒤에 곰팡이가 저절로 자라는지 실험한 적이 있다. 이렇게 하면 하얀 곰팡이가 자란다는 자료도 있고, 잿빛 곰팡이가 자란다는 자료도 있다. 셔틀리프와 아오야기는 "하얗고 향긋한 균사체가 빽빽하게 자란다"[63]고 설명하는 반면, 스타인크라우스는 "털처럼 생긴 회색 균사체"가 자란다고 말한다.[64] 내 실험 결과는 또 달랐다. 선홍색 반점이 섞인 노란 곰팡이가 자랐는데, 도저히 먹을 수 없는 상태였다. 하지만 미국 농무부 산하 균주은행Culture Collection에서 구한 순수 배양균 악티노무코르 엘레간스를 이용했더니, 결과가 훌륭했다.[65] 새하얀 곰팡이가 복슬복슬하게 자라면 소금물(5장 소금물 참조)을 만든다. 나는 쌀맥주(9장 쌀로 빚은 아시아의 술 참조)와 신선한 고추를 섞어서 소금물을 만들고, 여기에 곰팡이가 자란 토푸를 넣어서 발효시켰다. 곰팡이가 번식한 토푸 조각들을 발효시키면, 끈적하고 부드러운 식감과 함께 혀와 코를 강하게 쏘는 향미를 느낄 수 있다. 치즈와 대단히 유사해서, 한 주 한 주 지날수록 점점 더 맛있어진다. 하지만 석 달 정도 지나면 더 이상 먹기 어렵다.

나는 곰팡이 없이도 토푸를 근사하게 발효시켜왔다. 중국 샤오싱紹興이라는 도시에서 "냄새가 코를 찌르는 토푸"인 취두부臭豆腐를 만들 때 사용하는 방법이기도 하다. 내가 참고한 푸크시아 던롭의 취두부 발효법은 이렇다. 토푸를 발효시키기 전에, 아마란스 줄기를 소금물에 담가서 발효시켜야 한다. 취두부를 발효시킬 때 매개체로 사용하기 위해서다. 이 과정은 5장 중국식 채소절임에서 설명한 바 있다. 이 소금물이 담긴 유리병 또는 항아리에 토푸 조각을 넣고 발효하도록 내버려두면 그만이다. 발효음식에 관한 상당수 안내 자료가 그렇듯, 던롭 역시 발효 기간에 대해서는 구체적으로 언급하지 않았다. 처음 며칠 또는 몇 주 동안에는, 토푸가 발효하면서 괜찮은 맛과 향이 났다. 악취라고 할 만한 구석이 없었다. 발효에 들어간 지 6주가 지나자, 톡 쏘는 맛과 향이 나기 시작했지만 먹기 힘들 정도는 아니었다. 적어도 나는 맛있게 익었다고 느꼈다.

하지만 3주 동안 집을 비웠다가 돌아와서 발효가 진행 중인 토푸를 먹어보았더니 향미가 대단히 강했다. 취두부라는 이름이 괜히 붙은 것이 아니구나 싶었다. "황을 함유하는 한 가지 이상의 아미노산이 분해되면서 발생하는 황화수소가 최종 결과물의 역겨운 냄새를 일으키는 장본인"이라고 던롭은 설명한다. 썩은 달걀에서 풍기는 그 악명 높은 냄새 역시 황화수소가 원인이다. 던롭에 따르면, 샤오싱은 노점에서 튀기는 취두부의 진한 냄새가 거리를 "온통 뒤덮을 지경"이어서 "취두부 애호가들의 마음을 한껏 설레게 한다."[66] 나는 완전히 썩어 악취를 풍기는 취두부를 퇴비 더미에 던졌다. 그리고 다시 한번 만들었을 때는 향긋한 맛이 악취로 변하기 전에 먹어치웠다.

토푸는 이 특이한 소금물 대신에 채소와 함께 발효시켜도 된다. 발효음식 애호가 애나 루트는 "김치 양념을 곁들여 내기도 하지만, 그냥 먹어도 맛있다"고 말한다. "이렇게 발효시킨 토푸는 (생토푸와 달리) 오래 두고 먹을 수 있을뿐더러 소화도 잘 되기 때문에 조리하지 않고 먹을 수도 있다. 짭짤한 발효토푸는 페타치즈 같은 맛이 난다."

문제 해결

미소 표면이 곰팡이로 뒤덮였다면

미소를 항아리에 담아두고 1년 이상 내버려둘 경우, 곰팡이로 뒤덮이겠거니 예상하면 틀림없을 것이다. 뚜껑을 덮지 않으면, 처음부터 곰팡이가 미소를 흉측하게 만들 수도 있다. 냄새 역시 지독할 것이다. 그렇다고 겁먹을 것까지는 없다. 곰팡이층을 긁어내고, 변색된 미소도 걷어내서 버리면 그만이다. 공기와 접촉하지 않은 아래쪽 미소는 분명 빛깔도 좋고 향기도 좋고 맛도 좋을 것이다.

미소를 말렸더니 쭈그러들었다면

장기 발효에 들어간 미소를 따뜻한 곳에 두고 숙성시킨다면, 오랜 발효과정에서 말라붙어 쭈그러들 것이다. 이 경우, 건조 및 수축 정도에 따라서 대처법이 달라진다. 냄새도 좋고 빛깔도 좋다면, 그저 물을 조금 붓고 휘저어서 적당한 찰기를 되살린 다음 표면을 평평하게 다듬는다. 하지만 미소가 벽돌처럼 굳어버렸다면, 물을 붓는다고 해서 반죽 상태로 되돌아가지 않는다. 버릴 수밖에 없다는 뜻이다. 장기간 발효시키는 미소는 지하저장고처럼 서늘한 장소에 두거나 항아리를 땅에 묻어야 한다. 따뜻한 실내에서 미소를 만들고 싶은 사람에게는, 몇 주면 발효가 끝나는 달달한 미소를 만들라고 권하겠다. 건조한 열에 의해서 수분이 증발할 만큼 오랫동안 숙성시킬 필요가 없기 때문이다.

곰팡이가 미소 구석구석에 퍼졌다면

미소 표면에 생긴 곰팡이는 쉽게 제거할 수 있다. 표면에 국한해서 자랐기 때문이다. 하지만 미소를 만들어 용기에 넣으면서 꾹꾹 눌러 담지 않으면, 큼직한 공기주머니들이 미소 안쪽에 그대로 남을 수 있고, 그 속에서 곰팡이가 자랄 수 있다. 항아리에서 미소를 퍼내다가 곰팡이 덩어리와 맞닥뜨릴 수 있다는 뜻이다. 이런 덩어리가 한두 개라면 분리 및 제거가 얼마든지 가능할 것이다. 그러나 전체적으로 퍼져 있다면 도리가 없다. 이런 문제를 겪지 않으려면, 미소를 발효 용기에 담을 때 공기주머니가 생기지 않도록 꼼꼼하게 힘껏 눌러주어야 한다.

12장

육류, 어류, 달걀의 발효

누름돌
살라미
남플라
소금
청어
프로슈토
소시지 제조

육류와 어류가 풍부한 시기에 뒤이어 계절적 결핍의 시기를 맞이하는 지구촌 각지의 사람들은 이 중요한 식량 자원을 오랫동안 보존하는 문화를 발전시켰다. 풍요의 시대를 살고 있는 — 그래서 냉장 및 냉동식품이라는 역사적 거품 현상의 왜곡된 렌즈로 세상을 바라보는 — 우리의 관점으로는, 이런 냉장고 없이 무슨 수로 육류와 어류를 저장, 유통, 활용할 수 있을지 상상하기 어렵다. 고기는 우리가 먹는 음식 중에서 안정성이 가장 낮다. 상온에 방치할 경우, 부패를 일으키는 박테리아와 효소의 작용으로 인해서 신선함을 급격하게 상실하기 때문이다. 그 결과 고기는 어떤 음식보다 세균 오염에 취약하고 전염병을 옮길 가능성이 높은 위험한 매개체로 간주되었다. 냉장 기술은 발효 속도를 늦추고 효소의 활동력을 저하시킴으로써 (다른 음식과 마찬가지로) 육류와 어류의 부패를 늦춘다. 냉장고의 시대가 도래하기 전에는 그저 땅에 묻거나, 지하저장고, 우물, 아이스박스에 보관하는 등 특별한 기술이 필요 없는 다양한 방법으로 적당히 시원한 조건을 갖추었을 뿐이다. 이 밖에도 사람들은 박테리아와 효소에 의한 육류나 어류의 부패를 막거나 늦추거나 제한하기 위해서 건조, 염장, 훈연, 숙성 등 다양한 기법을 오랜 세월 끊임없이 발전시켜왔다. 물론 여기에는 발효도 포함된다.

이런 기법들은 다양한 조합으로 활용되었다. 어류와 육류는 해당 지역의 기후와 가용 자원 및 전통에 따라 염장 또는 숙성을 거쳐서 말리기도 하고 그냥 말리기도 하며, 훈연을 거치기도 하고 안 거치기도 한다. 완전히 말리지 않은 상태에서 소금을 치거나 연기를 쏘일 수도 있다. 육류와 어류를 보존하기 위한 이 기법들 대부분이 발효과정을 포함하지만, 발효의 역할이 매번 자명한 것은 아니었다. 일반적으로 말해서, 부분적인 건조, 염장, 훈연, 숙성 등의 기법은 — 때때로 다른 기질의 첨가와 더불어 — 선택적 환경을 조성해 병균의 증식을 막고 바람직한 미생물이 자라도록 돕기 위한 전략의 일부로 활용된다.

육류와 어류는 인류가 발효시키는 다른 모든 음식물과 근본적으로 다르다. 젖산균과 이스트는 약간의 환경적 조작만 가해도 모든 식물성 기질은 물론 동물이 생산한 우유나 벌꿀까지도 확실하게 지배한다. 산과 알코올을 급속하게 생성해서 음식물에 서식하는 미생물 집단의 잠재적 위험성을 제거하기 때문이다. 반면, 육류와 어류의 살코기는 통상의 발효균을 지원하는 영양소인 탄수화물이 거의 없다. 게다가 살코기 내부는 무균 상태다. 도축 또는 정육과정에서 다수의 미생물에 오염되는 경우, 이들이 증식하면서 발효는 물론 변질 내지 부패마저 일으킬 수 있다는 이야기다.(때로는 그 경계가 모호하다.)

부패를 초래하는 미생물 가운데 가장 무서운 것은 클로스트리듐 보툴리눔Clostridium botulinum으로, 눈에 보이는 변질 또는 인지 가능한 부패 현상을 일으키지 않지만, 인류에게 알려진 가장 위험한 독소 보툴리즘 뉴로톡신botulism neurotoxin[보툴리누스 식중독을 일으키는 신경독소]을 생성한다. 사람이 체중 킬로그램당 100만 분의 1g 정도의 극소량만 섭취해도 목숨을 잃을 수 있는 치명적인 독소다.[1] 보툴리누스 식중독의 주범으로 가장 유명한 음식은 산도가 낮은 통조림(채소 통조림 포함)이다. 이는 C. 보툴리눔이 — 토양에서 흔히 발견되는 미생물임에도 — 극도로 높은 온도에서도 살아남는 포자를 생산하기 때문이다. 따라서 통조림 음식에 대한 가열처리가 불충분할 경우, 다른 모든 박테리아를 죽이는 데 성공할지언정, C. 보툴리눔의 포자는 저산도 매개체에 고스란히 살아남게 된다. 그러면 진공상태의 유리병 또는 통조림이라는 완벽한 혐기성 환경이 포자의 증식과 뉴로톡신의 생성을 가속화한다.

인류가 19세기에 통조림을 발명하기 전까지만 해도, 보툴리누스 식중독은 소시지를 잘못 먹어서 걸리는 질병으로 통했다. 고기를 갈아서 껍질에 욱여넣으면, 그 자체로 C. 보툴리눔에 우호적인 또 하나의 혐기성 환경이 조성되는 셈이다. 심지어 보툴리누스라는 말 자체가 '소시지'를 뜻하는 라틴어 보툴루스*botulus*에서 나왔을 정도다. 보툴리누스 식중독을 처음으로 관찰하고 이름을 붙인 사람들 역시 익히지 않은 채로 건식숙성시킨 소시지를 먹고 앓았던 이들이었다. 오늘날 북미에서는 특히 알래스카 지방의 보툴리누스 식중독 발병률이 높게 나온다. 과거에는 풀이 자란 구덩이에서 물고기를 발효시키던 원주민들 가운데 일부가 플라스틱 용기로 물고기를 발효시키는 오류를 저지르는 탓이다. 이는 C. 보툴리눔을 위해서 완벽한 혐기성 환경을 조성해주는 셈이 된다. 여러분은 이런 가능성을 염두에 두고 어류와 육류의 안전한 발효를 위한 여러 변수에 대해서 확실하게 이해해야 한다. 아무 걱정 없이 완벽하게 안전한 실험이 가능한 식물성 재료의 발효와 달리, 육류와 어류의 발효는 상당한 위험성을 내포한다. 그렇다고 육류나 어류를 손수 발효시키면 안 된다고 말하는 것은 아니다. 실험하자. 그러나 잠재적인 위험성을 철저히 파악하고, 예민하게 접근하자.

잠재적 위험성에도 불구하고, 고기를 발효시키면 대단히 맛있는 결과물을 얻을 수 있다. 지구촌 일부 지역에서는 발효시킨 육류와 어류가 생존을 위한 필수품이나 다름없다. 하지만 이보다 더 많은 지역에서는 음식이 주는 크나큰 기쁨을 만끽하게 해주는 존재다. 심지어 신선한 육류와 어류마저 의심의 눈초리로 바라보는 지역이 없지 않다.[2] 솔직히 말해서, 나는 식물 또는 (벌꿀이나 우유처럼) 동물의 산물에 비해서 고기를 발효시킨 경험이 훨씬 적다. 어쩌면 실험을 진행하는 중이라고 말하는 편이 맞겠다. 하지만 일천한 경험에도 불구하고 부지런히 자료를 조사하면서 동료 발효가 또는 장인을 찾아가 궁금한 것을 묻고 의견을 주고받는 등 살코기 발효의 세계를 광범위하게 연구해왔다. 덕분에 육류와 어류의 발효가 많은 사람이 관심을 두는 영역임에도 확실한 정보가 충분치 않다는 사실을 잘 알고 있다. 따라서 이번 장에서는 육류와 어류의 발효에 대해서 개념과 발효 기법을 중심으로 살펴보고, 한 걸음 더 나아가 보존 기법까지 다루도록 하겠다.

건조, 염장, 훈연, 숙성

어류 또는 육류를 말리는 가장 중요한 목적은 미생물과 효소에 의한 변질을 막기 위해서다. 대상물을 건조시키면 미생물과 미생물의 작용에 필요한 수분을 바깥으로 내보낼 수 있기 때문이다. 예를 들어, C. 보툴리눔은 수분활성도 $0.94a_w$ 이하의 환경에서 증식이 불가능하다. 반면, 리스테리아 모노사이토게네스*Listeria monocytogenes*는 이보다 건조한 $0.83a_w$ 이하의 환경을 필요로 한다.[3]

물론 살코기는 건조가 빠르게 진행되지 않으므로, 이 과정에서 부수적인 미생물 활동이 어느 정도는 늘 이루어진다. 하지만 이때는 혐기성 환경에서 건조가 이루어지는 것이 아니기 때문에 보툴리눔이 문제가 되지 않는다. 육포나 빌통, 페미컨처럼 말린 육류와 건대구 또는 소금에 절인 대구처럼 말린 어류에서 보듯이, 건조과정에서 일어나는 미생물의 증식과 효소의 활동이 최종 결과물의 향미와 식감을 상당히 높여주기도 한다. 요컨대 고기의 보존을 담당하는 것은 건조이지, 발효가 아니다.

건조와 중첩해서 이루어지는 작업으로 염장과 훈연을 들 수 있다. 노르웨이 바닷가처럼 건조하고, 서늘하며, 햇볕이 좋은 지역에서는 대상물에 소금을 뿌리거나 연기를 쏘이지 않고 바깥에 놓아두기만 해도 빨리 마른다. 그러나 다른 지역에서는 고기가 햇볕에 마르기 전에 썩기 시작하는 경우가 많다. 예를 들어, 북아메리카 태평양 연안의 상당수 원주민들은 주로 연기를 피워서 연어를 말린다. 그런데 이 연기는 대상물의 건조 외에도 다양한 결과를 초래한다. 나무를 태울 때 발생하는 연기에 수많은 화학물질이 들어 있다. 해럴드 맥기는 "섬유소에 들어 있는 당분이 (…) 설탕졸임에서 발견되는 것과 동일한 수많은 분자로 분해되면서 달콤한 과일이나 꽃, 빵 같은 향기가 밴다"고 설명한다. 나무 연기는 "바닐라나 정향의 특정한 향기를 지니는 휘발성 페놀과 같은 방향물질은 물론 매콤하고, 달콤하고, 알싸한 맛"도 생성한다.[4] 연기에 들어 있는 여러 화학물질 중에는 풍부한 향미를 선사하는 물질뿐 아니라 박테리아와 곰팡이의 증식을 방지하는 항균 및 산화방지 물질까지 있다. 덕분에 악취를 초래하는 지방의 산화를 늦출 수 있다.[5] 안타까운 사실이지만, 훈연과정에서 육류나 어류에 남게 되는 물질은 사람들에게 암을 일으킬 수도 있다.

소금 역시 건조 여부와 관계없이 육류와 어류의 보존에 중요한 역할을 담당한다.(다량의 소금 섭취도 건강상 여러 문제를 일으킬 수 있다.) 소금이 삼투 현상이라는 물리적 과정을 통해 고기에서 수분을 뽑아내고, 그 결과 살코기의 수분 함량이 낮아지면, 햇볕 혹은 불을 쪼이거나 연기를 쏘이지 않아도 미생물이 증식하기 어려워진다. 소금은 고기의 수분활성도를 낮출 뿐 아니라 그 자체로 특정 미생물과 효소를 억제한다. 따라서 고기의 염도는 어떤 종류의 미생물이 증식할지 결정하는 중요한 요소가 된다. 소금 함량 10%로 염장하면 — 최종 결과물이 아주 짜겠지만 — 중성 pH 및 상온의 조건이라도 C. 보툴리눔의 증식을 막을 수 있다.[6] 염도가 이보다 훨씬 낮아도 산성화 또는 낮은 온도, 제한적 건조 작업과 병행한다면 C. 보툴리눔 같은 병원균을 억제할 수 있다.

숙성은 염장과 밀접한 관련이 있다. 육류와 어류의 보존에 있어서 숙성이라는 말은 모호하고도 구체적이다. 넓게는 대상물을 수확해서 익히는 작업을 아우르는 말이다. 으레 숙성시킨다고 표현하는 식물과 동물의 수많은 산물로 담배, 장작, 고구마, 올리브, 베이컨 등을 꼽을 수 있다. 육류와 어류의 보존이라는 맥락에서는 단순히 설탕이나 양념과 함께 소금을 친다는 의미로 통한다. 예를 들어, 오늘날 스칸디나비아 사람들은 (조상들의 숙성법대로) 연어를 땅에 묻는 대신에 소금, 설탕, 딜 등 다양한 양념으로 물고기를 버무린 뒤에 냉장고에 넣어 며칠간 숙성시킨다. 숙성 작업은 고기의 수분 함량을 낮추어 미생물과 효소에 의한 부패를 억제하고 식감과 구조를 변화시키는 화학반응을 일으킨다.

이보다 훨씬 구체적인 의미로 숙성이라는 말이 쓰이는 사례도 꽤 있다. '숙성용 소금'이라는 특정한 미네랄 소금 혼합물(아질산염, 때로는 질산염)을 사용해서 육류의 보존을 돕기 위한 화학반응을 야기하는 것이 여기에 해당된다. 흔히 초석saltpeter으로 불리는 질산칼륨KNO_3은 육류 숙성용 물질로 오래전부터 쓰이고 있다.(화약은 물론 최근에는 비료의 원료로도 쓰인다.) 예로부터 초석은 육류의 붉은 빛깔을 한층 살려주는 물질로, 육류를 오랫동안 안전하게 지켜주는 물질로 많은 사람의 사랑을 받았다. 하지만 박테리아가 숙성 중인 육류 속의 질산염NO_3을 아질산염NO_2으로 서서히 분해시킨다는 점, 그리고 육류를 보존하는 실질적인 주인공은 질산염이 아니라 아질산염이라는 점은 20세기 초에 미생물학이 크게 발전하고서야 밝혀진 사실이다. 아질산염은 미오글로빈이라는 육류 단백질과 반응해서 지방의 산화를 억제하고 숙성시킨 육류 특유의 선홍빛을 생성한다. 아울러 일부 박테리아 세포의 단백질과 반응함으로써 C. 보툴리눔과 몇 가지 박테리아의 증식에 필수적인 효소를 무력화시킨다.

아질산염은 주로 아질산나트륨$NaNO_2$이라는 소금 형태로 육류 숙성에 사용된다. 질산염을 아질산염으로 서서히 분해시키고자 장기간 숙성시킬 때는, 질산나트륨$NaNO_3$을 쓰기도 한다. 아질산염과 질산염은 보통 숙성용 소금 브랜드 '인스타-큐어' 또는 핑크소금으로 불린다. 이들 화학물질은 소량만 사용해야 한다. 많이 넣으면 아질산염이 독소로 작용할 수 있기 때문이다. 육류의 미오글로빈과 반응하는 아질산염은 우리 혈액의 헤모글로빈과 반응해서 메트헤모글로빈을 생성한다. 메트헤모글로빈은 산소를 운반하는 혈액의 능력을 저하시키는 물질이다.

아질산염과 질산염의 섭취는 일정 부분 불가피한 측면이 있다. 질산염은 질소 순환의 필수 요소로서 토양은 물론 우리가 매일 먹는 식물 조직에서 흔히 발견되는 물질이기 때문이다. 심지어 양배추나 사워크라우트조차 질산염을 함유하는데, 생양배추보다 사워크라우트에 조금 더 많은 질산염이 들어 있다.[7] 물론 타액과 소화기관이 우리가 먹은 질산염 가운데 일부를 아질산염으로 분해하는 데다, 건강한 인체는 일정 수준의 혈중 메트헤모글로빈 농도를 견딜 수 있다. 그러나 질산염이나 아질산염을 지나치게 섭취하면 메트헤모글로빈의 과도한 생성으로 이어져 자칫 치명적일 수 있다. 미국 정부는 육류 숙성 제품의 질산나트륨 함량을 500ppm 이하로, 아질산나트륨 함량을 200ppm 이하로 규제하고 있으며, EU는 미국보다 허용치가 더 낮다.

육류에 들어 있는 질산염 및 아질산염이 건강에 미치는 악영향은 메트헤모글로빈의 생성에 그치지 않는다. 아질산염은 특히 고산성 환경인 위와 고온 환경인 프라이팬에서 아미노산과 반응해 니트로사민이라는 물질을 생성한다. "니트로사민은 DNA에 손상을 입히는 강력한 화학물질로 알려져 있다"는 것이 해럴드 맥기의 지적이다.[8] 그러나 학계는 아질산염으로 숙성시킨 육류의 섭취와 발암 위험성의 증가에 분명한 관련성이 있다는 결론을 내리지 못하고 있다. 맥기의 결론을 빌리자면, "적당히 숙성시켜서 약하게 익힌 육류를 먹는 것이 현명한 방법일 것이다."

건식숙성의 기본

건식숙성은 육류(또는 어류)에 소금을 치는 숙성법을 그대로 응용한 것이다. 소금은 육류에서 수분을 끌어내는 동시에 속으로 스며든다. 『강변 별장의 고기 요리책』에서 육류 숙성법을 멋지게 소개한 바 있는 휴 펀리휘팅스톨은 "육류를 소금에 넣고 오랫동안 숙성시킬수록 더 안정적이고 짠 결과물을 얻게 될 것"이라면서 "세계 각지에서 동물의 거의 모든 부위를 소금에 던져 넣거나 파묻거나 문질러서 보존하는 이유가 여기에 있다"고 설명한다.[9] 소금을 보존의 주요 수단으로 활용하려면, 통상 맛있다고 여기는 수준보다 짜게 육류 또는 어류를 절여야 한다. 이렇게 절인 육류는 짭짤한 맛을 내기 위해서 스튜 혹은 소스에 넣거나, 물에 담가서 염분을 제거한 뒤에 먹는다.

베이컨이나 몇 가지 햄이 그렇듯, 소금에 절인 육류를 단기간 숙성시킨 뒤에 요리하는 경우가 있다. 반면, 소금이 스며들어 수분활성도를 낮추고 안정성을 높여서 부패를 억제시킨 육류를 어딘가에 매달아 두고 장기간 숙성시키는 경우도 있다. 이렇게 숙성시킨 육류는 미국 동남부의 '시골 햄'이나 이탈리아 프로슈토처럼 익히지 않고 그대로 먹는 것이 일반적이다.

육류를 숙성시키는 과정에서 발효가 일어나는지에 대해 헷갈려하는 사람들이 있다. 실제로 논쟁이 벌어지는 문제이기도 하다. 사실 발효라는 말은 햄처럼 통째로 건식숙성시킨 육류보다 소시지에 주로 따라붙는다. 소시지의 경우, 당분(주로 덱스트로오스의 형태로)을 비롯한 탄수화물원이 육류 및 소금과 섞이면서 젖산균이 훨씬 중대한 역할을 담당하도록 영양분을 공급한다.(다음 순서로 소개하는 살라미와 기타 건식숙성 소시지가 특히 그렇다.)

햄 같은 건식숙성 육류는 분쇄 작업을 거치지 않기 때문에 안쪽 살코기가 도구나 손, 심지어 공기와도 직접적으로 접촉하지 않는다. 피터 제우신이 『육류 및 가금류 발효 핸드북』에서 "햄의 내부는 처음부터 무균 상태"라고 언급한 이유가 여기에 있다.[10] 게다가 살코기에는 탄수화물이 섞여 들어갈 수가 없다. 그 결과, 『응용미생물학 저널』에 실린 어느 논문에 따르면, 미생물의 활동은 "육류의 숙성과정에서 부수적인 역할에 그칠 뿐이다."[11] 그러나 미생물 집단이 육류에 존재한다는 사실에는 의심할 나위가 없다. 전통적인 스페인 스타일의 햄을 조사한 어느 식품과학 연구진에 따르면, "이와 같은 육류 제품에 일반적으로 존재하는 미생물 집단은 구균micrococcaceae, 젖산균, 곰팡이, 이스트로 이루어지는데, 그중에서도 구균이 특히 중요하다. 이들은 소금을 견디는 내염성을 지닌 덕분에 숙성과정을 거뜬히 견디고 살아남을 뿐 아니라, 질산염과 아질산염을 감소시킴으로써 특유의 색깔을 내는 동시에 단백질과 지방을 분해함으로써 고유의 향미를 살리는 과정에 있어서 중요한 역할을 담당한다."[12] 『농업 및 식품화학 저널』에 실린 또 다른 논문의 내용은 더 분명하다. "파르마 햄의 향미를 살리는 과정에서는 미생물의 역할이 중요하다. 이와 관련된 모든 휘발성 물질이 미생물의 2차적 대사 작용에 의해서 만들어지기 때문이다."[13]

개인적으로는 육류를 건식숙성해본 경험이 별로 없다. 첫 번째 시도는 사냥꾼 친구 존 위트모어한테서 사슴 넓적다리를 선물로 받았을 때였다. 나는 이 고기를 프로슈토 스타일로 숙성시켰다. 숙성법은 놀라울 만큼 간단했다. 먼저 고기를 누일 정도로 큼직한 비금속 용기를 구했다.(나는 플라스틱 설거지통을 사용했다.) 적절한 크기의 용기를 구할 수만 있다면 유리 또는 도자기 재질도 좋다. 금속 재질은 소금과 반응하므로 사용해선 안 된다.

숙성용 소금을 사용하라는 레시피도 없지 않다. 그러나 사슴 넓적다리처럼 육류를 덩어리째로 숙성시킬 때는, 육류를 갈거나 썰어서 껍질에 욱여넣는 소시지의 건식숙성 작업과 달리, 안전성보다 색감이나 향미를 살리는 목적으로 이 소금을 쓰는 것이 보통이다. 나 역시 소시지를 건식숙성시킬 때처럼 안전성이 관건일 때가 아니면, 숙성용 소금이 아니라 미량의 천연 질산염을 함유한, 정제하지 않은 천일염을 쓴다. 그러나 숙성용 소금이 선사하는 화사한 빛깔과 특유의 향미를 좋아하는 사람이라면 사용해도 좋다.

육류를 소금으로 절일 때는, 숙성시키고자 하는 육류 무게의 6%에 해당되는 소금을 쓴다. 육류 2kg이라면 소금 120g이 필요하다. 대략 $\frac{1}{2}$컵에 해당되는 양이다. 손을 깨끗이 씻고 소금으로 고깃덩어리의 표면 전체를 골고루 마사지하듯 주무르고 통에 담는다. 이때 소금을 고깃덩어리 위아래와 주위로 붓는다. 고깃덩어리를 소금에 파묻은 모양새가 되어야 한다는 뜻이다. 남는 소금은 사용하기 편한 곳에 보관한다. 소금에 절인 고깃덩어리는 비닐 또는 두툼한 종이로 덮어서 냉장고에 넣거나 지하저장고처럼 서늘한 곳에 둔다. 많은 지역에서 추운 계절에만 도축 또는 숙성을 진행하는 까닭은, 기온이 높으면 육류에 소금이 스며들기도 전에 부패할 수 있기 때문이다.

염장이 진행 중인 고깃덩어리는 이틀 간격으로 냉장고에서 꺼내 상태를 살핀다. 소금이 고기에서 침출시킨 액체가 숙성 용기 바닥에 고였으면 따라 버린다. 필요하면 고기 표면의 소금을 고르게 펴준다. 그리고 아래 면이 위를 향하도록 뒤집어준다. 필요하면 남겨두었던 소금을 더 뿌려서 표면이 소금으로 뒤덮인 상태를 유지한다. 고깃덩어리가 수분을 잃으면서 점점 더 단단해지는 모습을 확인할 수 있을 것이다. 첫 번째 염장은 육류 500g당 하루나 이틀 정도 걸린다. 소금에 충분히 절었는지 판단하는 최선의 방법은 무게를 측정하는 것이다. 수분을 상실

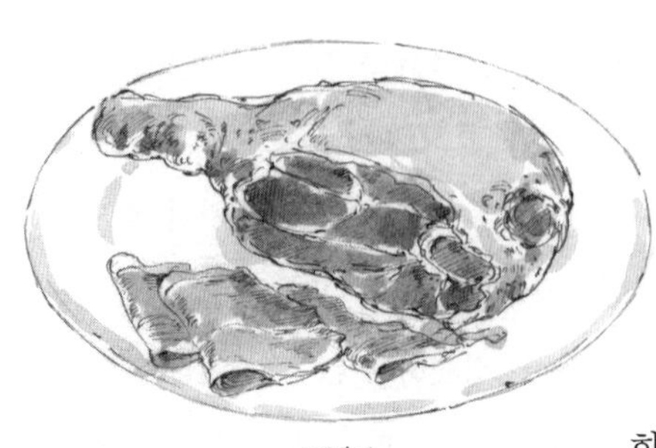

한 고깃덩어리의 무게는 처음 에 비해서 15% 정도 줄어 들어야 적당하다.

소금에 절이는 단계가 끝났다는 판단이 서면, 신선한 물로 헹군 뒤 표면을 말린다. 표면에 라드를 한 겹 펴 바르면 말라서 갈라지는 사태를 예방할 수 있다. 여기에 통후추를 빻아서 뿌리면 벌레를 쫓는 데 도움이 된다. 소금에 절이고 라드를 바른 뒤 후춧가루를 뿌린 고깃덩어리를 몇 겹의 면직포로 감싼다. 미라처럼 포장한 고깃덩어리를 끈으로 묶어서 고리에 걸어 매달면 모든 작업이 끝난다. 난방하지 않는 지하저장고처럼 서늘하고 건조한 장소에서 6개월 이상 숙성시키자. 고깃덩어리에서 물이 계속 흘러나와 바닥에 떨어질 것이다. 시간이 흐를수록 고깃덩어리가 단단해지면서 원래 무게의 $\frac{2}{3}$ 정도로 줄어들면 숙성이 끝났다는 뜻이다. 표면에 발랐던 라드를 닦아내고 얇게 썰어서 즐기자.

내가 이런 식으로 숙성시킨 사슴 넓적다리는 맛이 훌륭했다. 6개월 동안 숙성시킨 사슴 고기의 맛은 감미롭고 부드러우며 매혹적이었다. 이와 같은 프로슈토 스타일로 사슴 고기를 숙성시켜야겠다는 아이디어를 얻은 것은 이탈리아에서 열린 국제슬로푸드 행사 테라 마드레에서 숙성시킨 염소 넓적다리를 맛보고서였다. 그 고기는 비올리노 디 카프라violino di capra(염소의 바이올린)라고 불렸는데, 바이올린처럼 생긴 부위였기 때문이다. 이탈리아 북부 발치아벤나 지방의 특산품이기도 했다. 슬로푸드 행사에 참가한 그곳 사람은 실제로 바이올린을 켜듯이 염소 넓적다리를 들고 썰어주었다. 믿을 수 없을 만큼 풍부한 맛과 부드러운 식감을 자랑하는 고기였다. 8년이나 젖을 짠 염소의 고기로 이런 맛을 낸다는 것은 대단히 어려운 일이다. 내가 늘 접해온 통념은 (염소 고기를 먹을 만한 고기로 여긴다는 전제 아래서) 태어난 지 몇 달 안 된 어린 염소의 고기라야 먹을 만하다는 것이었다. 그 뒤로는 이 대단히 활동적인 생명체의 근육질이 무척 질겨지기 때문이다. 이처럼 우리 조상들은 먹을 것이 넉넉지 않은 생활 속에서 음식을 오랫동안 보존할 뿐 아니라 맛있고 부드럽게 만들기 위한 여러 방법을 창안했다. 안타깝게도 지금은 이 가운데 상당수가 잊히고 말았다.

내가 사슴-슈토 만들기에 도전하면서 책이나 인터넷에서 참고한 레시피들은 염소 고기나 사슴 고기가 아니라 돼지고기를 숙성시키는 데 초점을 맞춘 내용이 대부분이었다. 하지만 숙성과정과 관련된 거의 모든 레시피는 고기의 종류를 불문하고 상당히 비슷하다. 사슴-슈토를 만들면서 딱 한 가지 고민스러운 대목은 고기를 한 달 이상 소금에 절인 탓에 너무 짜다는 점이었다. 한 달이란 사슴보다 돼지의 넓적다리에 훨씬 적합한 기간이었다. 숙성 대상 육류의 무게를 기준으로 수분 상실 양이 15%에 이를 때까지가 소금에 절인다고 생각하면 지나치게 짠 결과물에 당황하지 않을 것이다. 육류의 건식숙성에 관해서 더 자세한 내용이 궁금하다면, 참고 자료의 도서 목록을 참고하기 바란다.

소금물에 절이기: 콘비프와 소혀

육류를 소금에 절이는 더 간단한 방법은 소금물에 담그는 것이다. 마이클 룰먼에 따르면, "소금을 액체로 만들면, 음식 표면에 균일한 농도로 100% 접촉하기 때문에 대단히 효과적인 방법이라 할 수 있다."[14]

우리 시대에 육류를 소금물에 담그는 것은 보존을 위해서라기보다 향미를 높이고 부드러운 식감을 얻기 위해서일 때가 많다. 그러나 원래 목적은 육류의 장기간 보존에 있었다.

소금물로 절인 육류 중에서 가장 유명한 것을 꼽으라면 콘비프corned beef일 것이다. 여기서 콘이란 낟알, 모래알, 소금처럼 작고 단단한 알갱이를 가리키는 옛말이다. 따라서 콘비프란 소금에 절인 소고기라는 뜻이다. 고대 아일랜드에서 소고기를 소금에 절여서 토탄 늪에 묻곤 했는데,[15] 세월이 흐르면서 이 풍습이 소금물에 담그는 방식으로 진화한 것이다. 홈메이드 콘비프는 소고기 중에서 가장 질긴 부분으로 통하는 가슴살로 만들지만, 완성품을 먹어보면 입안에서 살살 녹을 정도로 정말 부드럽다. 이 부드러움은 대체로 고기를 소금물에 담근 덕분이다. 감미롭고 지방이 풍부한 부위인 혀도 정확히 같은 방식으로 소금물에 담가서 절인다.

작업은 소금 10%와 설탕 5%를 물에 녹이는 것으로 시작한다. 소금물 1*l*당 소금 6큰술과 설탕 3큰술 정도를 뜻한다. 초석 등 숙성용 소금을 쓰라는 레시피가 많다. 하지만 나는 이런 레시피를 따르지 않았다. 프로슈토처럼 고기를 덩어리째 건식숙성시키는 경우, 질산염과 아질산염은 보툴리눔 억제가 아니라 육류에 선홍빛을 내기 위한 용도로만 쓰이기 때문이다. 그러나 숙성용 소금으로 절이지 않은 육류도 붉은 빛깔이 훌륭했다.(나는 이런 물질이 육류의 안전한 보존에 기여한다면 기꺼이 사용할 것이다. 그러나 먹음직스럽게 보이려는 목적으로는 사용하지 않을 것이다.)

가슴살 2.5kg을 절이려면 소금물 3*l*가, 소혀 1kg이면 소금물 1*l*가 필요하다. 나는 소금물에 정향이나 마늘, 통후추, 월계수 잎을 즐겨 넣는다. 주니퍼 베리, 백리향, 계피, 올스파이스, 생강을 넣으면 좋다는 레시피도 본 적이 있다. 원하는 향미료를 넣어서 소금물을 만들자. 염소를 제거한 물에 소금과 설탕, 향미료를 넣고 소금과 설탕이 완전히 녹을 때까지 젓는다.

요즘 유행하는 거의 모든 콘비프 레시피는 소금물을 냉장고에 넣으라고 한다. 냉장고에 공간이 남아돌면 그렇게 하자. 그럴 만한 공간이 없으면, 지하저장고처럼 서늘한 곳이 필요할 것이다. 섭씨 20도 정도의 상온이라면 겨우 며칠 만에 역겨운 냄새를 풍길지 모른다. 안타깝지만 소금물에 들어간 고기가 얼마나 높은 온도까지 견딜 수 있는지 나도 잘 모르겠다. 다만 소금물의 염도와 온도, 기간 사이에 상관관계가 있는 것만큼은 분명하다. 따라서 온도가 높은 곳이라면, 염도가 높은 소금물을 사용하고 육류를 소금물에 담그는 기간도 단축하자. 원래 육류의 숙성이란 비교적 서늘한 날씨에 수행하는 계절적인 작업이었다. 나는 기온이 지중온도(섭씨 13도) 이상이면 육류를 소금물에 하룻밤 이상 담가두지 말라고 조언하고 싶다. 하지만 냉장고 온도라면, 10일에서 2주 정도 절일 수 있다. 내 생각에 가장 쉬운 방법은 고기를 지퍼록 봉지에 담고 야채 보관실에 넣는 것이다. 물론 임시변통이 가능하다. 고깃덩어리를 소금물에 절일 때에는 며칠 간격으로 뒤집어주어야 한다.

소금물에 절이는 작업을 마치면, 가슴살을 깨끗한 물로 헹구고 냄비에 담는다. 그리고 2.5cm 정도 잠기도록 물을 붓는다. 여기에 양파 등 소금물에 넣었던 것과 같은 종류의 (신선한) 양념을 조금 더 첨가한다. 팔팔 끓으면 불을 줄이고 고기가 포크로 쉽게 부스러질 때까지 2~3시간 더 끓인다. 이어서 토마토와 양배추를 큼직하게 썰어 넣고 토마토가 부드러워질 때까지 15분 정도 더 끓이다가 가슴살과 채소를 물에서 건진다. 완성된 콘비프는 얇게 썰어서 먹는다. (이런 식으로 콘비프를 끓이는 대신, 숙성시킨 가슴살을 파스트라미pastrami로 만들 수도 있다. 거칠게 간 후추와 고수 등 갖은 양념이 잘 스며들도록 문질러 바르고 연기를 쏘이면 된다.)

나는 소혀를 요리할 때마다 일단 소금물에 절인 뒤로는 1975년판 『요리의 기쁨』에 나온 지침을 그대로 믿고 충실하게 따른다. 먼저 소혀를 냉수에 담그고 팔팔 끓였다가 불을 줄이고 10분 정도 더 끓인다. 뜨거운 물에서 건진 소혀를 냉수에 담근다. 이어서 냄비에 넣고 물을 새로 붓는다. 여기에 양파 등 소금물에 넣었던 것과 같은 종류의 (신선한) 양념을 조금 더 첨가한다. 500g당 50분 정도 끓인다. 뜨거운 물에서 건진 소혀를 냉수에 잠시 담가서 식혀야 손으로 만질 수 있다. 껍질이 부분적으로 벗겨졌을 텐데, 완전히 벗겨서 내버린다. 혀의 뿌리쪽에 뼈나 연골이 있으면 제거한다. 소혀를 끓였던 물에 다시 담가서 따뜻하게 데운 뒤에 식탁에 올리는 것이 좋다. 썰 때는 사선으로 칼질한다.[16] 얇게 썬 소혀는 차갑게 식혀서 샌드위치에 끼우고 머스터드 소스를 뿌려서 먹어도 훌륭하다. 지금까지 살펴본 내용을 바탕으로 말하자면, 이렇게 냉장고에서 소금물로 절인 육류는, 전혀 아니라고 부인할 수는 없겠지만, 본격적인 발효가 거의 일어나지 않았다고 할 수 있다. 그렇지만 이 자체로 훌륭한 음식인 것만큼은 분명하다.

건식숙성 소시지

발효시켰다는 설명이 가장 자주 따라붙는 육류 가공품은 살라미salami라는 이름으로 널리 알려진 건식숙성 소시지다. 발효과정에서 생성된 젖산이 — 숙성 및 공기 건조와 더불어 — 육류를 보존하고, 특히 포도상구균Staphylococcus 및 (예전에는 미크로코쿠스Micrococcus라고 불리던) 미구균Kocuria속 박테리아가 질산염을 아질산염으로 변화시킴으로써 숙

성을 돕는 식이다. 아울러 이스트와 곰팡이 역시 발효에 기여한다.[17]

살라미는 두 가지 특별한 요인이 효과적인 발효를 돕는다. 첫째, 육류를 갈거나 다지면 표면적이 크게 증가하고, 그 결과 발효균이 — 아울러 부패균이나 잠재적 병원균 역시 — 육류와 원활하게 접촉하면서 더 많은 영양분을 공급받게 된다. 더욱이 육류를 갈아서 반죽하는 작업은 — 소금, 숙성용 소금, 양념, 젖산균의 먹이가 되는 탄수화물, 종균 등 — 다양한 첨가물이 육류와 골고루 섞이게 한다. 살라미의 건강한 발효와 건조와 숙성을 돕는 또 다른 특징은 육류를 채워 넣는 — 동물의 내장으로 만든 — 껍질이 단백질을 제공한다는 점이다. 휴 편리 위팅스톨에 따르면, "내장으로 만든 껍질은 특수한 성격을 지닌다. 공기를 통한 오염을 차단할 만큼 튼튼할 뿐 아니라 '호흡'이 가능할 만큼 투과성이 좋기 때문이다."

> 천연 곰팡이는 살라미 바깥에서 피어날 뿐, 고기 속으로 파고들어 썩게 만들지 못한다. 심지어 파리가 알을 까고 도망가더라도, 조그만 구더기들은 도저히 껍질을 뚫고 들어갈 수가 없다. 이 천연 포장재는, 시원한 바람이 적절히 순환하기만 하면, 내용물의 수분을 서서히 줄여 점진적으로 건조시킨다. 이렇게 말린 "잘 익은" 살라미는 단단하면서도 촉촉한 식감에 진하고 풍부한 향미가 배어 있다.[18]

요즘 나오는 발효소시지는 간혹 냉훈cold-smoking처리를 거치기도 하지만 살짝 발효시킨 것이 대부분이다. 소시지의 향미를 살리는 동시에 냉장 보관 기간을 늘리기 위해서다. 이처럼 "빨리 발효시킨" 소시지 또는 "반건조" 소시지는 조리과정을 거친 뒤에 먹도록 만드는 것이 보통이다. 으레 종균을 사용하는데, 소시지를 단기간에 주로 따뜻한 조건에서 발효시켜 급격한 산성화를 이루기 위해서다. 하지만 살라미 같은 전통적인 발효소시지는 낮은 온도와 적당한 습도에서 몇 달 동안 숙성, 발효, 건조과정을 거친다. "이렇게 만든 소시지의 안전성과 효과적인 보존성은 — '허들 효과'라고 불리는 — 미생물 증식을 억제하기 위한 여러 장애물을 순차적으로 적용한 결과다."[19] 여기서 말하는 각각의 장애물은 순차적으로 적용할 때만 효과를 볼 수 있을 정도로 적절한 수준을 지켜야 한다. 소금 또는 숙성용 소금, 건조, 산성화 같은 장애물은 이론적으로는 육류를 보존하기 위한 단일 전략으로 적용할 수 있지만, 그럴 경우 최종 결과물이 과도하게 짜거나, 마르거나, 시큼할 수 있다. 이와 같은 처리법을 적절한 수준으로 조합해서 순차적으로 적용해야 촉촉하고 향긋하며 맛있는 살라미를 만들 수 있다. 충분히 절이고 숙성시켜서 산성화한 뒤에 말린 살라미 등 발효소시지는 서늘하고 어두운 곳에 보관할 때 탁월한 안정성을 얻게 된다. 그렇게 하면 더 이상 가공할 필요 없이 그대로 먹을 수 있다.

제조과정은 예나 지금이나 무척 간단하다. 먼저 살코기와 지방을 다진다. 소금 또는 숙성용 소금, 양념을 넣고 버무린다. 때로는 산성화에 보탬이 되는 탄수화물을 추가하기 위해서 설탕을 (타이에서는 전통적으로 쌀을) 넣기도 한다. 혼합물을 껍질에 채워넣은 뒤, 서늘하고 적당히 습한 곳에 매달아두면 서서히 발효할 뿐 아니라 너무 빨리 마르지 않을 것이다. 예로부터 발효소시지는 특정 계절에 만드는 음식이었다. 온대지방에서는 서늘한 날씨에 발효소시지를 만들었다. 다른 문화도 마찬가지겠으나, 전통 음식이란 특정한 지리적 조건과 떼려야 뗄 수 없는 문화다. 집에서 살라미를 건식숙성할 때 유일하게 어려운 지점이 바로 이와 같은 조건과 유사한 온도 및 습도를 유지하는 일이다.

물론 건식숙성과정이 특별히 복잡한 것은 아니다. 그러나, 발효 애호가이자 음식사학자인 켄 알발라가 『참된 음식의 잃어버린 요리법』이라는 대담한 저서에서 밝힌 대로, "음식 저술가가 독자들을 상대로 조심하라고, 잘못하면 큰일난다고 겁을 주는 주제 가운데 으뜸은 육류의 숙성 작업일 것이다." 이번 장 서두에서 "걱정 말고 마음껏 시도하라"는 기존의 태도를 완전히 뒤집고 보툴리누스에 대해 강력히 경고한 것처럼, 나 역시 상당한 경각심을 품고 이 주제에 접근해왔다. 정말 위험한 결과를 초래할 수 있기 때문이다. 그러나 "기본적으로 몇 가지만 주의하면, 육류를 손수 숙성시키지 못할 이유도, 독극물을 먹을지 모른다고 겁에 질려 벌벌 떨 이유도 없다"는 켄의 말에 전적으로 동의한다.[20]

나는 이 책을 쓰면서 건식숙성 소시지를 내 손으로 처음 만들어보았다. 따라서 나는 절대로 전문가가 아니다. 여러분과 공유할 거의 모든 내용은 책으로 배우거나 육류를 실제로 숙성시키는 농부, 장인, 애호가, 실험가 등을 찾아가서 맛을 보거나 대화를 나누거나 서신을 주고받은 결과물이다. 하지만 내가 처음으로 시도한 살라미는 그동안 먹어본 것 중에서 맛이 가장 좋았다! 내 친구 빈센트와 함께 살코기와 지방을 일일이 다져서 만든, 그래서 고깃덩어리들이 살아 있는 살라미였다. 큼직한 덩어리들이 입안에서 사르르 녹아내리는 맛이 얼마나 좋았는지 모른다!

육류를 건식숙성할 때, 특히 전용 장비가 없는 초보자에게 가장 어려운 대목은 최적의 온도와 습도가 유지되는 환경을 갖추는 것이다. 처음 며칠간 비교적 따뜻한 온도로 발효시키는 단계를 제외하면, 살라미는 섭씨 13~15도의 온도와 80~85%의 습도를 유지해야만 숙성이 제일 잘 된다. 소시지를 말리는 것이 목적임에도 습한 환경을 유지하는 것이 중요한 이유는, 너무 건조해서 소시지 겉면이 빠르게 마르면 소시지 내부의 습기가 빠져나가지 못해 썩을 수 있기 때문이다. 만약 소시지 껍질이 마르기 시작했다면, 분무기로 물을 살짝 뿌려서 건조 속도를 늦추어야 한다.

하루는 한 친구가 낡은 냉장고의 전원을 외부 온도조절기와 연결시켜주었다. 덕분에 나는 냉장고 문을 열지 않고도 내부의 온도를 조절할 수 있었다.(3장 온도조절기 참조) 나는 냄비에 염도가 높은 소금물을 담고 뚜껑을 덮지 않은 채로 냉장고 안에 두어 습도를 유지했다.(소금이 수면에 곰팡이가 생기는 것을 막는다.) 아울러 습도계 센서를 냉장고 내부에 부착해서 습도 변화를 관찰했다. 습도가 80% 아래로 떨어지면, 냉장고 문을 열어 여름철 습한 공기를 유입시키거나 분무기로 가볍게 물을 뿌린다. 내 친구들은 와인냉장고를 활용하기도 한다. 이 밖에도 인터넷을 검색하면 건식숙성실을 꾸밀 수 있는 번뜩이는 아이디어가 꽤 많을 것이다. 적당한 날씨, 적당한 계절, 적당한 지하저장고라면, 훌륭한 살라미를 손쉽게 만들 수 있다.

배양실을 갖춘 이후에 내가 직면한 가장 커다란 딜레마는 천연발효에 의존할 것인지, 아니면 종균을 사용할 것인지 결정하는 문제였다. 적어도 미국에서 주류에 해당된다고 볼 수 있는 거의 모든 자료가 종균을 사용하라고 명시하고 있다. 실제로 요즘 미국에서는 종균을 이용하는 살라미 제조법을 정통으로 친다. 하지만 살라미는 원래 백슬로핑으로 만드는 음식이었다. 이미 발효한 요구르트로 신선한 우유를 발효시키듯, 발효가 끝난 소시지의 일부를 종균 삼아 새로 발효시키는 소시지 반죽에 섞어 넣는 방식을 가리킨다. 인류가 특정 미생물을 분리

추출하는 능력을 갖추기 전까지는 늘 이런 식이었다. 미생물학자들은 유제품에서 특정 발효균을 분리추출한 것과 마찬가지로 살라미 제조용으로 특정 균주를 선별해서 분리해냈다. 이제는 순수배양한 발효균을 사용하면 전통적인 천연발효에 비해서 일정한 품질의 결과물을 얻을 수 있을 뿐 아니라, 발효가 곧바로 시작됨으로써 pH가 떨어질 때까지 지체되는 시간을 줄여주기 때문에 더 안전한 소시지를 만들 수 있다고 많은 사람이 믿게 되었다. 『발효소시지 제조법』의 공저자 스탠리와 애덤 메리언스키는 "요즘 유행하는 최신 제조법을 보면, 제조를 시작하는 바로 그 시점에 막대한 양의 젖산균(종균)을 고기에 섞어야 건강하고도 강력한 발효를 보장할 수 있다고 나온다"면서 "이들 이로운 박테리아 군단이 해로운 박테리아의 먹이를 빼앗아 증식과 생존의 기회를 박탈한다는 논리"라고 설명한다.[21]

전통적인 발효소시지는 가공과정에서 육류에 정착한 미생물로 만드는 음식이다. 독일의 미생물학자 겸 식품과학자 프리드리히카를 뤼케의 연구 결과에 따르면, "발효에 충분한 개체수의 미생물 집단이 원재료에 이미 존재하는 경우가 대부분이다."[22] 『육류 및 가금류 발효 핸드북』의 저자들 역시 "천연 미생물에 의지해서 만든 제품은 품질이 일정치 않다"는 이유로 종균을 쓰는 편이 낫다고 하면서도 균형 잡힌 향미에 관해서는 다른 의견을 밝히고 있다. 종균을 사용하면 "그런대로 먹음직한 제품을 대량으로 만들어낼 수 있겠지만, 대단히 뛰어난 제품의 탄생을 기대하기는 어려울 것이다. 거의 모든 종균이 고작 몇 종류의 미생물을 조합한 것에 불과하기 때문이다. 이런 종균으로는 수많은 종류의 미생물이 힘을 합쳐 탄생시키는 균형 잡힌 향미를 만들어낼 수 없다."[23] 이 말은 음식사학자이자 요리책 저자인 켄 알발라의 다음과 같은 분석을 뒷받침하는 내용이기도 하다.

식품의 안전성, 예측 가능성, 일정한 품질이라는 미명하에 이들 음식을 일상적으로 (…) 실험실에서 검증한, 세심하게 통제한 미생물 균주로 접종하고 있다. 그리하여 지역 특유의 박테리아 집단이 만들어내는 독특한 성격은 저온살균처럼 언뜻 보기에 합당한 제조과정을 통해서, 또는 엄청난 속도로 활동을 시작하는 종균에 떠밀려서 자취를 감추고 있다. 그 결과는 저급한 미각적 공통분모에 영합하는 단조롭고 균질한 음식이다. 뚜렷한 향미도, 독특한 개성도 없는 멸균식품은 지역 고유의 특성이 아니라 장거리 수송과 기나긴 유통기간, 무엇보다 통일성과 균일성이 필수적인 관련 산업과 상품 시장의 요구를 반영한 물건에 불과하다.[24]

켄은 소시지에 들어가는 재료를 섞을 때 깨끗한 맨손을 이용하면 발효균을 효과적으로 집어넣을 수 있다고 주장한다. "요즘 발효소시지 애호가들의 가장 큰 관심사는 어떻게 하면 박테리아가 다진 고기를 점령하게 만드느냐다. 하지만 여러분이 맨손으로 재료를 버무리는 한, 고민할 필요가 없다. 몇십 년 전까지만 해도 늘 이런 식으로 소시지를 발효시키곤 했다."[25]

소시지 제조

살라미 장인들은 당국의 규제에 맞서서 전통적인 제조법을 지켜야 하는 곤경에 처했다. 뉴욕의 살라미 제조자로 맨해튼 살루메리아 비엘레세의 소유주인 마르크 부치오는 제조과정에 "죽이는 단계"를 포함시키지 않았다는 이유로, 아울러 분리추출한 종균을 집어넣지 않는다는 이유로, 자신이 전통적인 방법으로 발효시킨 살라미가 안전하다는 사실을 미국 농무부에 입증해 보여야 했다.

> 아버지가 만들던 방식으로, 조상들이 수백 년간 만들어온 방식으로 소시지를 숙성시킨 사실만으로는 증명이 안 된다는 이야기였다. 이렇게 만든 음식을 먹고 탈난 사람이 아무도 없다거나 최고급 돼지고기만을 쓴다거나 자식을 키우는 심정으로 살라미를 돌보았다는 항변도 쓸모없었다. 심지어 박테리아 검사에서 음성 판정을 받은 사실조차 증거가 아니었다. 미국 농무부의 유일한 관심사는 살라미의 제조과정뿐이었다. 전통적인 제조과정 자체가 — 다시 말해서 약간의 소금과 기나긴 시간만 가지고 생고기를 음식으로 뒤바꾼다는 발상 자체가 — 너무도 신경에 거슬린다는 것이었다.[26]

부치오가 제조과정의 안전성을 입증하기 위해서 해야 할 일은 해당 기관이 자주 인용하는 어느 과학자에게 (10만 달러가 넘는) 연구비를 지급하는 것이었다.

> 그 과학자는 살루메리아 비엘레세의 제조과정을 그대로 따랐지만, 한 가지 예외가 있었다. 제품마다 순수배양한 대장균Escherichia coli과 리스테리아균Listeria monocytogenes을 주입함으로써 생고기에서 평균적으로 발견되는 것보다 훨씬 높은 수준의 박테리아를 증식시킨 것이다. 그러고는 살루메리아의 숙성법과 동일한 방식으

로 제품을 숙성시켰다. 그 과학자가 숙성 종결 시점에 육류를 시험한 결과, 매우 높은 수준으로 박테리아가 제거된 것으로 나타났다. 결국 그는 수세기에 걸쳐서 입증된 사실, 즉 확실한 지식을 바탕으로 조심스럽게 건식숙성한 고기라면 날로 먹어도 안전하다는 사실을 재차 검증한 셈이었다.[27]

미국 농무부는 이 연구 결과를 증거로 받아들였고, 미국에서 가장 뛰어난 살라미 제조자 가운데 한 사람인 부치오는 간신히 자기 사업을 이어갈 수 있었다.

건식숙성과 육류 발효에 관한 책을 몇 권이나 저술한 스페인 사람 피델 톨드라는 소시지 건식숙성을 위한 선택적 환경의 특징을 다음과 같이 설명한다.

익히지 않은 소시지 혼합물에 자연적으로 존재하는 미생물 집단의 기원과 구성은 다양하다. 어떤 미생물이 존재하는지 결정하는 요인들 역시 육류 취급과정의 위생도, 주위 환경, 첨가물에 서식하는 미생물 등으로 다양하다. 하지만 제조과정에서 소금과 아질산염의 첨가, 산소 결핍, pH 저하, 수분활성도 하락, 박테리오신 같은 특정 대사산물의 축적 등이 미구균, 포도상구균, 젖산균의 증식을 도우면서 반대로 병원균이나 부패균처럼 원치 않는 미생물의 증식을 억제하는 일종의 선택적 환경을 형성한다.[28]

거의 모든 발효음식이 그렇듯, 환경이 박테리아를 선택한다. 적절한 환경을 조성하는 것이 어려울 뿐, 그런 환경에서 박테리아를 증식시키는 것은 어려운 일이 아니다. 종균을 사용하면 발효 속도를 높이고 일정한 품질을 획득하는 데 도움이 될 수 있지만, 필수적인 것은 아니다. 장인이 만든 최고의 치즈가 그렇듯, 살라미 역시 분리추출해서 혼합한 균주들이 아니라 자연적으로 발생하는 광범위한 스펙트럼의 토착 박테리아에 의존해야만 최고의 품질을 얻을 수 있다.

나는 종균 문제에 대한 실험적 평가를 시도하기 위해서 동일한 고기를 동일하게 갈고 동일한 소금, 숙성용 소금, 설탕, 양념을 넣어 버무린 뒤 두 덩어리로 나누었다. 한 덩어리는 종균을 첨가하지 않은 채로, 다른 덩어리는 T-SPX라는 종균을 구입해서 섞은 뒤에 껍질에 넣고 살라미를 만들었다. 두 살라미 다 맛이 훌륭했다. 얇게 썰어서 먹었더니 입안에서 녹는 느낌이었다. 정말로 아무런 차이점을 발견할 수 없었다. 종균을 넣었다고 더 나을 것도 없었고, 천연발효시켰다고 특별히 오묘한 맛이 나는 것도 아니었다. 나는 실험 결과를 바탕으로 어떤 제조법을 택하더라도 훌륭한 살라미를 만들 수 있다고 결론지었다. 물론 살라미의 맛은 수많은 요인이 결정하는 것이다.

품질 좋은 살라미를 만들려면 무엇보다 품질 좋은 고기를 써야 한다. 나는 테네시주 위트웰에 사는 농부 친구 빌 키너한테서 돼지 살코기와 등 부위 지방을 얻는다. 고기라면 종류를 막론하고 소시지로 만들 수 있지만, 살코기에 지방을 충분히 다져 넣어야 촉촉한 식감과 풍부한 맛을 살릴 수 있다. 고기를 갈 때는 그라인더를 써도 되고 손으로 다져도 된다. 미세하게 갈아도 좋지만, 거칠게 갈아서 투박한 느낌을 살려도 좋다.(요령: 지방은 살짝 얼려야 갈기 쉽다.) 육류는 차갑게 보관해야지, 상온에 오래 두면 안 된다. 작업에 필요한 도구와 작업장도 최대한 청결해야 한다. 마이클 룰먼과 브라이언 폴신은 『돼지고기 요리』에서 "온도와 습도가 높은 환경에서 음식물을 건식숙성한다면 박테리아가 급격하게 증식할 수 있다"면서 "익히거나 곧바로 먹는 음식을 만

들 때보다 위생에 각별히 주의를 기울여야 한다"고 당부한다.[29]

동물 내장을 소시지 껍질로 쓰려면 냉수에 담그고 물을 몇 차례 갈아주면서 헹군 뒤에 내용물을 집어넣어야 한다. 소금기를 제거하고 부드럽게 만들기 위해서다. 소의 큰창자처럼 커다란 껍질(3~4개월)은 작은 껍질(3~4주)에 비해서 말리는 시간이 오래 걸린다. 룰먼과 폴신은 "초보자라면, 양 창자나 돼지 창자처럼 얇은 껍질을 사용해서 건조 시간이 짧은 소시지를 만드는 것이 좋다"고 조언한다. "말리는 데 시간이 걸릴수록 문제가 일어날 소지가 크기 때문이다."[30]

숙성에 쓰이는 소금의 경우, 건식숙성으로 오랫동안 말리는 소시지는 질산염과 아질산염을 모두 필요로 한다. 이때 질산염은 박테리아가 아질산염으로 서서히 분해시킨다. 미국에서는 이런 성분을 조합한 제품이 "큐어#2"라는 이름으로 팔린다. 큐어#2는 염화나트륨이 주성분으로, 아질산나트륨은 6.25%, 질산나트륨은 4%에 불과하다. 소시지를 안전하게 건식숙성하려면, 육류의 0.2%에 해당되는 큐어#2를 사용한다. 육류 1kg당 2g을 의미한다. 다른 나라에서 판매되는 큐어 제품은 성분 비율이 다를 수 있으므로, 사용법을 숙지해야 한다. 다만, 질산염과 아질산염이 함께 들어 있는 숙성용 소금을 사용해야 한다는 점에 유의하자! 천연발효에 의존할 생각이라면 육류의 무게를 기준으로 3~3.5%에 해당되는 소금을 사용하고, 종균을 넣기로 했으면 2% 정도만 사용한다. 설탕을 넣으라는 레시피가 많은데, 일반적으로 0.3%를 넘으면 안 된다. 어떤 레시피는 포도당의 일종인 덱스트로스를 콕 집어서 언급한다. 세포가 에너지원으로 활용하는 가장 기본적인 형태의 당분이고, 스탠리와 애덤 메리언스키가 설명한 대로 "모든 젖산균이 젖산으로 곧장 발효시킬 수 있는" 유일한 당분이기 때문이다.[31] 향미료와 양념은 원하는 대로 넣는다. 포도주를 조금 넣으라는 레시피도 있다.

나는 스터퍼라는 단순한 기계를 사용해서 껍질에 내용물을 채운 적도 있고, 스터퍼에 딸려온 깔때기를 이용해서 일일이 손으로 집어넣은 적도 있다.(깔때기는 클수록 작업하기 편하다.) 하지만 내가 두 가지 방법으로 처음 만든 소시지는 모두 다시 채워야 했다. 껍질에 내용물을 재빨리 가득 채우는 기술과 촉각을 단박에 익힐 수 없었기 때문이다. 하지만 학습곡선이 본궤도에 오르기까지 오랜 시간이 걸리지 않았고, 어느 쪽 방법으로도 내용물이 골고루 단단하게 가득 찬 소시지를 만들 수 있게 되었다. 나는 손으로 채우는 작업이 더 재미있었다. 내 생각에 소량의 소시지를 만들 때는 이 방법이 제격이다. 내용물을 채운 소시지에 — 가정에서 만들 때 불가피하게 나타나는 — 공기주머니가 보인다면, 불꽃으로 살균한 핀으로 찔러서 공기를 빼주면 껍질과 내용물이 빈틈없이 밀착될 것이다.

건식숙성이 진행 중인 살라미에는 곰팡이가 자라는 것이 보통이다. 가장 흔하게 발견되는 부류는 페니실리움, 아스페르길루스, 무코르, 클라도스포리움속 곰팡이들이다.[32] "바람직한 곰팡이가 표면에 두터운 층을 이루면 산소와 빛의 악영향으로부터 살라미를 지킬 수 있고, 독성을 지닌 곰팡이의 정착을 예방할 수 있다"는 것이 피델 톨드라의 설명이다.[33] 실제로 시판 중인 살라미나 집에서 만든 살라미의 표면에 곰팡이 포자가 생기는 경우도 있다. 어떤 자료를 보면, 녹색 등 하얀색이 아닌 곰팡이가 자란 살라미는 버려야 한다고 나오는데, 이런 조언에 이의를 제기하는 전통적 살라미 제조가가 많다. 휴 편리위팅스톨은 "회색과 녹색이 뒤섞인 곰팡이부터 하얀 곰팡이, 심지어 주황색 곰팡이까지 수많은 곰팡이가 껍질에 생길 수 있다"면서 "걱정할 필요가 전혀 없다"고 설명한다.[34]

『살루미』의 공저자 존 피세티와 프랑수아 베키오, 조이스 골드스타인에 따르면, "현대 가공업자들은 심미적 즐거움을 주는 새하얀 곰팡이를 피우려고 온갖 과학을 동원하지만, 원래 미술가의 팔레트 같은 총천연색 곰팡이가 자연적으로 번식하는 것이 정상이다."[35] 내가 건식숙성시킨 살라미는 흰색, 회색, 파란색, 녹색 등 다양한 색깔의 곰팡이로 뒤덮였다. 하지만 숙성실을 열고 그 깊고도 매혹적인 향기를 맡을 때마다 곰팡이가 자란 살라미의 안전성에 대한 내 믿음은 점점 더 확고해질 뿐이었다.

여느 발효음식과 마찬가지로, 이제 한 가지 커다란 의문이 남는다. 숙성이 끝나서 먹을 때가 되었는지 어떻게 알 수 있을까? 대체로 이 문제는, 건식숙성 소시지의 경우, 상온에서 보관할 수 있을 만큼 충분하게 수분을 잃었는지 여부에 달렸다. 잔여 수분을 측정하는 가장 쉬운 방법은 처음에 만든 소시지를 저울에 달고, 그 무게를 기록한 뒤, 숙성 기간 내내 주기적으로 무게를 재면서 건조 상태를 추적관찰하는 것이다. 건식숙성 소시지는 원래 무게가 $\frac{1}{3}$ 정도 줄었을 때 숙성이 끝났다고 보는 것이 일반적이다. 이때까지 걸리는 시간은 몇 주, 길게는 몇 달이나 걸릴 수 있다. 소시지의 지름이 무엇보다 중요하고, 습도와 온도, 통풍 같은 숙성 조건도 중요하다. 나는 한 달이 걸렸는데, 그때까지 소시지의 무게가 40% 줄어들었다. 그 뒤로는 무더운 한여름의 열기와 습기마저 무색하게 만드는 지하실 한쪽 어두운 구석에 매달아두었다.

액젓

액젓fish sauce은 모든 양념의 어머니다. 요즘은 동남아시아 요리에 가장 널리 쓰이지만, 2000년 전 로마에서도 인기 있는 양념이었다. 그때나 지금이나 바닷가 사람들이 작지만 풍부한 해양 생명체를 영양가 높고 안정적이며 풍미가 훌륭한 식량 자원으로 전환하기 위한 전략으로 쓰이고 있다. 액젓은 본질적으로 액화시킨 어류다. 어류의 세포가 효소의 대사 작용을 통해 고체에서 액체 상태로 변한 결과다. 과학 논문에서는 이 과정을 자기분해autolysis[스스로 분해한다는 뜻—원주]와 가수분해hydrolysis[물로 분해시킨다는 뜻—원주]라는 말로 설명한다. 역사학자 H. T. 황은 소금에 절인 어류를 빨리 건조시키지 않아야 이런 과정이 저절로 시작된다는 점에 착안해서 "액젓이란 오로지 기다림의 산물"이라고 말한다.[36]

액젓은 신선한 상태의 조그만 바닷물고기, 연체동물, 갑각류를 내장까지 통째로 사용해서 만든다. "어류 단백질의 가수분해를 담당하는 효소 또는 효소들이 주로 내장에 들어 있기 때문"이라는 것이 키스 스타인크라우스의 설명이다.[37] 어느 연구진이 『농업 및 식품화학 저널』에 게재한 타이의 남플라nampla 액젓 제조법에 따르면, 어류를 상온에 24~48시간 두었다가 소금으로 절이는데, "이는 발효를 촉발시키기 위한 작업이다."[38]

소금으로 절일 때는 어류가 소금 알갱이로 골고루 뒤덮이도록 꼼꼼하게 버무린다. 어류는 부패가 빠르고 C. 보툴리눔처럼 잠재적으로 위험한 박테리아가 쉽게 증식하기 때문에 소금을 많이 써야 한다. 요즘은 소금을 (무게 기준) 25% 이상 높은 비율로 사용해서 액젓을 만드는 것이 보통이다. 음식사학자 샐리 그레인저에 따르면, 고대 로마인들은 액젓을 만들 때 이보다 훨씬 적은 15% 정도로 소금을 썼다. 그는 현대의 액젓에 소금이 많이 들어가는 이유를 "보툴리누스 식중독처럼 위험한 박테리아에 대한 공포심"에서 찾는다.[39] 『식품 병원균 국제 핸드북』은 소금 비율이 10%만 되어도 상온에서 발효시킨 "액상" 어류의 섭취로 인한 보툴리누스 식중독을 예방하기에 충분하다고 설명한다.[40]

액젓을 만들 때는 물을 전혀 넣지 않는 것이 일반적이다. 소금에 절인 어류는 항아리, 나무통, 탱크 같은 용기에 담고 — 사워크라우트를 담글 때처럼 — 누름돌을 얹어서 공기주머니를 빼내는 동시에 표면으로 떠오르지 않도록 한다. 처음에는 소금이 어류의 세포에서 수분을 끌어내는 삼투 현상이 나타난다. 이어서 효소와 미생물의 작용으로 가수분해가 일어난다. 액젓은 온도, 염도, 전통적 제조법에 따라 6~18개월 동안 발효시키면서 주기적으로 저어준다. 나는 파티스patis라고 부르는 필리핀 스타일의 액젓 레시피를 따랐다. 어머니가 필리핀 출신인 내 친구 줄리언이 보내준 레시피였는데, 따뜻한 곳에서 "원하는 향기가 날 때까지" 발효시키라고 적혀 있었다. 시간이 흐를수록 어류가 액화하면서 빛깔이 진해졌다. 발효 기간은 6개월 정도였다. 액젓 같은 맛이 나기는 했지만, 섬세한 미각으로 맛을 감정할 만한 능력이 내겐 없었다. 키스 스타인크라우스는 파티스의 발효 기간이 6개월에서 1년 정도라고 말한다.[41] 전통적인 파티스 제조법은 어류에서 액젓을 짜내는 것이다. 이렇게 짜낸 액체를 파티스라 부르고, 파티스를 짜낸 고체 찌꺼기에서 뼈를 발라낸 뒤 갈아서 반죽한 것은 바궁bagoong이라고 한다. 바궁 역시 양념으로 쓰인다. 이렇게 걸러낸 파티스는 그대로 쓰기도 하고 저온살균해서 병에 담아 보존하기도 한다. 알코올을 섞는 경우도 있다.

미생물학자들은 액젓을 만드는 과정에서 발효가 차지하는 중요성을 놓고 논쟁을 벌여왔다. 스타인크라우스는 "일반적으로, 소금을 첨가한 뒤에는 어류에 존재하는 박테리아 개체수가 지속적으로 줄어든다"고 말한다.[42] 그러나 소금을 좋아하는 호염성halophilic 박테리아가 "액젓의 전형적인 향기와 맛을 형성 내지 강화시키는 데 있어서 중요한 역할을 담당하는 것으로 보인다"는 분석 결과도 있다.[43]

여기까지가 기본적인 액젓 제조법이다. 로마 시대 음식 애호가 하인리히 분더리히는 소금에 절인 어류를 요구르트 제조기에 넣고 온도를 섭씨 40도에 맞추면 가룸garum(고전적인 로마 액젓)의 발효 속도를 높일 수 있다고 조언한다. 그는 조그만 물고기를 통째로, 또는 내장만 모아서 그 무게의 15~20%에 해당되는 소금으로 버무린 뒤 하루에 한 번 뒤섞어주면 3~5일 안에 액화가 끝나서 앙상한 뼈만 남겠지만, 향미가 살아나는 것은 이보다 훨씬 느리다고 한다. 요구르트 제조기를 사용하더라도 몇 달이 지나야 온전한 향미를 얻을 수 있다는 것이다.[44] 기본적인 제조법을 응용하면 다양한 액젓을 만들 수 있다. 특정한 물고기나 연체동물, 갑각류를 사용하기도 하고, 설탕이나 타마린드 열매의 과육, 파인애플 같은 첨가물을 넣기도 한다. 곡물의 경우 곰팡이를 키우거나 발아시키거나 앙금 형태(9장 사케 참조)로 섞는다. 곡물의 겉껍질을 넣어서 액젓을 만드는 사람들도 있다. 발효가 진행 중인 어류에 콩으로 만든 코지를 첨가하는 식으로 어류와 콩류를 혼합한 액젓도 있다.[45]

어류는 소금물에 절여서 보존할 수도 있다. 어류를 액체로 분해시킨 액젓과 달리, 젓갈pickled fish은 어류의 원래 형태를 유지한다. 다양한 종류의 청어절임처럼 가장 널리 알려진 부류의 젓갈은 본격적인 발효 과정을 거치지 않는다. 어류에 소금을 듬뿍 쳐서 물기를 빼고 박테리아 및 효소에 의한 부패를 늦추었다가, 나중에 소금을 제거하고 양념과 함께 식초에 담가서 절이는 식이다. 청어를 절이는 과정에서는 미생물의 활동이 제한적이다. 대신에 효소가 중요한 작용을 담당하는 것이 일반적이다. 청어의 내장을 제거할 때, 효소를 저장하고 있는 소화기관 유문맹낭pyloric caecum을 그대로 남겨두는 이유다. 해럴드 맥기는 유문맹낭에 들어 있는 효소들이 "청어의 체내를 순환하면서 근육과 피부의 효소가 단백질을 분해해 부드럽고 감미로운 식감과 생선 같기도 하고 고기 같기도 하고 치즈 같기도 한, 놀랍도록 오묘한 향미가 탄생할 수 있도록 지원병 역할을 맡는다"고 강조한다.[46]

청어 등 생선에 소금을 적당히 치는 경우, 일부러 발효시키기도 한다. 번식을 시작하기 직전, 지방 함량이 최대치인 늦봄이나 초여름에 청어를 잡아서 비교적 단기간에 (8~10%의) 저염도로 절여서 숙성시킨 것을 네덜란드에서는 마트예스maatjes 청어라고 부르는데,[47] 여전히 제한적이긴 하지만 상당히 발효시킨 음식이다.[48] 예로부터 마트예스 청어는 이 계절에만 맛볼 수 있는 별미였다. 그러나 저염도 숙성에서 살아남는 기생충을 제거하기 위해 냉동시킨 청어를 사용해야 한다는 규제 법률이 등장한 이후로, 마트예스는 한 해 내내 먹을 수 있는 음식이 되었다.

스웨덴의 수르스트뢰밍surströmming은 이보다 훨씬 더 드라마틱한 사연을 지닌 발효청어로, 강력한 악취와 지독한 맛으로 악명이 자자한 음식이다. 스트뢰밍은 발트해에 서식하는 청어를 가리키고, 수르는 "시큼하다"는 뜻이다. 수르스트뢰밍은 (3~4%의 소금으로) 가볍게 절인 뒤 나무통에 담아 북유럽의 쾌적한 여름에 한두 달 발효시킨 발트해 청어라고 요약할 수 있다. 요즘에는 이렇게 발효시킨 수르스트뢰밍을 염도가 더 높은 환경으로 옮기고 캔에 담아 밀폐시킨 뒤에 더 오래 익힌다. 캔이 부풀어 오르면 수르스트뢰밍이 다 익었다는 뜻이다.[49] 해럴드 맥기에 따르면, "캔 속에서 숙성을 담당하는 박테리아는 할로아나에로비움Haloanaerobium으로, 수소와 이산화탄소 가스, 황화수소, 부티르산, 프로피온산, 아세트산을 생성한다. 그러면 기본적인 생선 비린내에 더해서 썩은 달걀과 산패한 스위스 치즈와 식초 냄새까지 뒤섞인 악취가 후각을 강타한다!"[50]

아직도 입안에 군침이 도는가? 한번은 콘퍼런스에 참석했는데, 관련 논문을 발표한 스웨덴 식품학자 르네 발레리가 수르스트뢰밍을 가져와서 함께 맛보자고 참석자들에게 제안했다. 발효가 활발하게 이루어진 덕분에 내부 압력이 차올라 상당히 부풀어 오른 캔이었다. 우리는 바깥으로 나가서 자리를 잡았다. 수르스트뢰밍이 코를 찌르는 악취를 내뿜기 때문이었다. 발레리의 논문은 "이 음식의 지독한 냄새와 훌륭한 맛이라는 상반된 성격"과 더불어 수르스트뢰밍은 물론 다른 어떤 음식이라도 "최초의 반응을 극복하고 먹을 수만 있다면, 완전히 다른 맛을 느낄 수 있다"는 사실을 고찰한 것이었다. 동석한 모든 이가 동의한 대로 그 냄새는 구역질이 날 만큼 끔찍했지만, 나를 포함한 몇몇 용감무쌍한 음식 탐험가들은 줄을 서서 먹을 정도로 맛있었다. 악취가 심한 발효청어를 스칸디나비아 스타일의 크래커에 얹어서 입안으로 밀어넣었을 때만 해도, 내가 정말 삼킬 수 있을지 심히 의심스러웠다. 그러나 씹으면 씹을수록 그 맛과 향에 익숙해졌고, 여운이 쉽사리 가시지 않는 그 뒷맛이 나로 하여금 줄을 서서 기다렸다가 한 번 더 먹게 만들었다.

대개 송어로 만드는 노르웨이의 락피스크rakfisk는 (라케피스크rakefisk 또는 라코레트rakorret로도 불리는데) 수르스트뢰밍과 상당히 비슷한 발효 음식이다. 일반적인 레시피를 보면, 발효 대상이 되는 물고기에 흙을 묻히면 안 된다고 나온다. 보툴리누스 식중독에 걸릴 수 있다는 두려움 때문이다. 나는 락피스크에 관한 가장 자세한 정보를 위키피디아에서 얻었다. 위키피디아가 소개하는 제조과정은 다음과 같다. 먼저 송어를 깨끗하게 씻어서 내장을 발라낸 뒤, 송어 무게의 6% 정도에 해당되는 소금으로 속을 채운다. 이렇게 준비한 송어를 항아리, 나무통 같은 용기에 담되, 배가 하늘을 향하게 한 층씩 깔면서 설탕을 한 꼬집씩 뿌려준다. 누름돌을 얹어두면 소금이 세포에서 즙을 빼내므로 결국 송어가 소금물에 잠긴 상태가 될 것이다. 이 상태로 섭씨 4~8도에서 두세 달 발효시킨다.[51] 북유럽은 소금을 풍부하게 구할 수 없는 곳이지만 기온이 적당하기 때문에 비교적 저염도로 어류를 발효시키는 것이 자연스러운 현상이다. 발레리에 따르면, "겨울철 식량 자원으로 활용하기 위해서 남아도는 어획량을 보존할 필요가 있는 곳"이기도 하다.[52] 이와 같은 북유럽의 저염도 발효 어류는 물고기를 땅에 묻는 풍습에서 유래했다고 보는 것이 일반적이다. 이렇게 땅에 묻은 물고기를 가리키는 포괄적인 명칭은 그라브피스크gravfisk다. 스칸디나비아 사람들은 대개 구덩이를 나무통으로 대체했고, 수르스트뢰밍의 경우만 구덩이 대신 캔을 활용했다. 그러나 다른 지역에서는 어류를 파묻는 전통이 여전히 살아 있다. 물고기를 땅속에 파묻는 풍습에 대해서는 잠시 뒤에 자세히 살피도록 하겠다.

흥미롭게도, 수르스트뢰밍은 한동안 사람들의 관심 밖으로 밀려났다가 스웨덴 전역에서 아주 인기 있는 음식으로 거듭났고, 전통적인 쓰임새의 범위도 훌쩍 뛰어넘었다. 노르웨이 민속학자 아스트리 리더볼트에 따르면, 락피스크도 마찬가지다. "산악지역이나 내륙의 농장에서 먹는 음식에서 세련된 도시 음식으로 탈바꿈했다."[53] 발레리는 "이토록 악명 높은 음식이 요즘 들어 어쩌다가 열렬한 지지자들을 거느리게 되었는지" 알다가도 모르겠다면서 "아마도 한계를 넘어서고 싶은 욕망에서 비롯된 현상이 아닌가 싶다"고 추측한다. 발효시킨 물고기는 먹을 만한 음식과 그렇지 않은 음식 사이를 가로지르는, 그 파악하기도 정의하기도 어려운 경계선 앞으로 우리를 끌고 가서 도전을 부추기는 음식이라 하겠다.

곡물과 함께 발효시킨 어류

살코기를 발효시켜 보존하는 과정에서 맞닥뜨릴 수 있는 걸림돌 가운데 하나는 탄수화물 영양소를 필요로 하는 천연방부제(산과 알코올)가 부산물로 생긴다는 점이다. 하지만 살코기는 단백질과 지방이 풍부한 반면 탄수화물은 부족하다. 아시아 여러 나라에서는 전통적으로 익힌 곡물과 함께 어류를 발효시킨다. 이때 주로 쓰이는 곡물은 쌀이다. 곡물이 젖산발효를 위한 탄수화물 기질을 제공하면, 젖산이 부패를 억제하는 선택적 환경을 조성하는 식이다. 일본에서는 쌀과 함께 절인 물고기를 나레즈시熱鮨라고 부르는데, 오늘날 세계적으로 유명한 신선한 스시의 전신이라고 할 수 있다.

H. T. 황은 탁월하고도 광범위한 책 『발효와 식품과학』(케임브리지대학 출판부에서 펴낸 중국의 과학과 문명 시리즈 가운데 한 권)의 저자로, 어

류뿐 아니라 육류도 곡물과 함께 발효시켰으며 그 역사가 수천 년 전으로 거슬러 올라간다는 사실을 문헌 기록으로 입증했다. 실제로 식물을 발효시켰다는 뜻의 중국어 취麴는 어류와 육류를 곡물과 함께 발효시켰다는 의미도 지닌다. 그는 잉어를 절여 자鮓를 만드는 과정도 자세하게 소개한다. 544년에 쓰인 『제민요술』에서 한 대목을 뽑아 요즘 말로 옮긴 것이다. 먼저 잉어의 내장을 발라내고 썬다. 그리고 물에 헹군 다음 소금을 친다. 몇 시간 또는 하룻밤 물기를 뺀다. 6세기의 저자는 "우리는 이 소금을 '수분을 재촉하는 소금'이라고 부르는데, 잉어가 머금고 있는 물기를 바깥으로 내보내기 때문"이라고 설명하면서, "너무 무르지 않고 (…) 단단한 축에 드는" 멥쌀을 써야 한다고 구체적으로 언급한다. 그러고는 이 쌀과 소금에 절인 잉어를 단지 안에 층층이 쌓고 대나무 이파리와 줄기를 여러 겹으로 덮는다고 적는다. 이 상태로 발효시키다가 "맑은 액체가 차오르고 시큼한 맛이 나면 다 익었다는 뜻"이다. 황에 의하면, 이 문헌에는 잉어 외에도 어류나 육류를 익히거나 안 익힌 채로 발효시킨 자가 6가지나 등장한다.[54]

필리핀의 부롱 이스다 및 발라오-발라오

필리핀에서는 쌀과 함께 발효시킨 어류를 부롱 이스다burong isda라고 부르고, 쌀과 함께 발효시킨 새우를 발라오-발라오balao-balao 또는 부로buro라고 부른다. 이 필리핀 발효음식은 비교적 빨리 만들 수 있고 맛도 훌륭하며 발효시킨 어류와 쌀을 익힌 뒤에 먹기 때문에 비위가 약한 사람들도 부담 없이 먹을 수 있다. 부롱 이스다는 민물고기로 만드는 것이 일반적이다. 나는 밀크피시와 틸라피아로 만들었다. 밀크피시는 관련 문헌에서 자주 언급하는 물고기로 청어와 비슷하다. 비늘을 벗기고 깨끗하게 씻은 뒤, 살코기를 발라내고 길쭉하게 썬다. 여기에 소금을 15~20%, 500g당 5~6큰술 정도 넣고 버무린다. 살코기 표면이 소금으로 뒤덮이도록 골고루 버무려야 한다. 이 상태로 몇 시간 두면, 소금이 살코기에서 수분을 배출시키는 동시에 배출된 수분을 흡수한다.

그러는 동안 한편에서는 쌀을 익힌다. 쌀의 비율에 대해서는 레시피마다 제각각 다르게 언급하지만, 나는 물고기 무게의 두 배 정도 되는 쌀을 쓰라고 권하겠다. 각자 원하는 쌀을 가져다가 각자 익숙한 방식으로 익히면 된다. 익힌 쌀이 체온 수준으로 식으면, 소금에 절인 생선과 버무린다. 마늘과 생강도 썰어 넣고 함께 버무리자. 앙칵angkak(홍국균을 배양한 쌀)을 (1~2% 정도로) 조금 넣으라는 레시피도 있다. 앙칵은 아시아 식료품점이나 영양보충제 판매점에서 구할 수 있다. 쌀을 버무린 생선을 주둥이가 널찍하고 밀폐 가능한 유리병이나 항아리에 담고 꾹꾹 눌러서 공기주머니를 빼낸다. 생선이 겉으로 삐져나오지 않고 쌀로 잘 덮인 상태가 유지되도록 주의한다. 내용물이 팽창하므로 용기 윗부분에 여유를 두어야 한다. 유리병에 담았다면, 뚜껑을 밀폐하자. 항아리에 담은 경우, 속뚜껑이나 접시, 물주머니를 이용하면 내용물의 표면을 완전히는 아니더라도 대부분 덮을 수 있을 것이다.(3장 항아리 뚜껑 참조) 그러고는 주둥이를 천으로 덮고 끈이나 고무줄로 단단히 묶어서 파리를 쫓는다. 발효 기간은 1~2주다. 먹을 때는, 마늘과 양파를 프라이팬으로 볶다가 발효한 부롱 이스다와 약간의 물을 넣고 충분히 익힌 뒤, 원하는 만큼 물을 더 부으면 된다.[55] 나는 처음 시도한 이후로 예닐곱 차례나 부롱 이스다를 만들어 먹었다. 치즈 향이 물씬 풍기는 생선 리소토 같다고 할까? 매번 정말 맛있게 먹었다. 포트럭 파티에도 두 번이나 가져갔는데, 먹어본 사람들의 반응 역시 뜨거웠다.

발라오-발라오는 생선 대신 (대가리만 떼고 껍질째로) 새우를 쓴다는 점만 빼고 동일한 방식으로 만든다. 새우를 절일 때는 조금 더 짜게, 20% 정도의 소금을 쓴다. 대략 500g당 6큰술에 해당된다. 발효 기간은 조금 짧아서 4~10일이다. 발효가 진행될수록 새우와 쌀이 산성화하고, 새우 껍질의 딱딱한 키틴질도 부드러워진다. 부롱 이스다와 마찬가지로, 발라오-발라오 역시 발효가 끝나면 익혀서 먹는다. 내가 만든 발라오-발라오는 발효과정에서 대단히 강한 냄새가 났다. 무더위가 한창인 7월이었으므로, 발효 자체의 문제라기보다 온도가 원인이었을 것이라고 생각한다. 발효 기간도 열흘이나 되었는데, 기온을 감안하면 나흘 정도(어쩌면 2~3일)가 적당했을 것이다.

나는 이렇게 만든 발라오-발라오의 안전성에 대해서 걱정하지 않았다. 여러 번 겪어본 냄새를 맡았기 때문이다. 하지만 조리할 때 몇 가지 재료를 첨가해서 강한 냄새를 잡아야겠다는 생각이 들었다.(자칫 강한 냄새가 강한 맛으로 이어질 수 있기 때문이다.) 그래서 당시 텃밭을 무성하게 뒤덮고 있던 — 토마토, 오크라, 호박, 콩 등 — 채소를 함께 넣어 스튜를 끓였다. 발라오-발라오의 맛은 냄새만큼 강하지 않았다. 그러나 과도하게 발효한 치즈처럼 농익은 맛이었다. 새우 자체는 (안타깝게도 아시아에서 건너온 냉동 새우여서) 질기고 맛도 별로였지만 발라오-발라오 스튜는 아주 맛있었다.

나는 발라오-발라오 스튜를 만들어 냉장고에 보관하다가 친구들이 찾아오면 데워서 대접했다. 다들 맛있다는 눈치였다. 나 역시 먹으면 먹을수록 마음에 들었다. 적응하면 할수록 더 매혹적으로 느껴지는 강렬한 맛이었기 때문이다. 그러던 어느 날, 또다시 포트럭 파티가 열렸고, 나는 한 달 전에 부롱 이스다를 맛있게 먹는 것처럼 보였던 친구들의 얼굴을 떠올리면서 발라오-발라오 스튜를 가져갔다. 스튜를 데우자 특유의 냄새가 일었지만, 뭐라고 하는 사람은 아무도 없었다. 그런데 먹을 만큼 덜어서 어느 방에 들어갔더니, 바로 옆방에서 연달아 폭소가 터지는 것이 아닌가. 나는 발라오-발라오 스튜의 냄새 때문이라는 사실을 직감적으로 알 수 있었다. 심지어 내 친구 지미는 냄새 때문에 구역질이 난다는 표정을 지어 보이며 발라오-발라오 스튜가 담긴 냄비를 집 바깥에 내놓았다. 도전 정신에 불타는 몇몇이 맛을 보기도 했지만, 건너뛰고 다른 음식으로 눈을 돌리거나 먹다 말고 뱉어버리는 친구들도 있었다. 거부할 수 없는 맛이라고 여겼던 나로서는 자못 충격적인 반응이었다. 그런데 이후로 몇 차례 다시 데우면서 일주일쯤 지나자 (그렇게 질기던) 새우가 문자 그대로 형체를 잃기 시작했다. 단단한 껍질마저 예외가 아니었고, 쌀 알갱이들 역시 마찬가지였다. 나는 도로 가져온 스튜의 마지막 한 끼 분량에 달걀 스크램블과 약간의 밀가루를 섞어서 일종의 새우 수플레soufflé를 만들었다. 내가 느끼기에는 정말 맛있었다. 발라오-발라오가 줄곧 맛있었듯이.

인터넷에 올라온 부롱 이스다와 발라오-발라오 레시피를 보면 세부 내용에서 많은 차이를 보인다. 필리핀 민족학자 R. C. 마베사와 J. S. 바바안은 쌀을 어떻게 익히는지(밥을 지을 것인지, 죽을 끓일 것인지), 쌀에 소금을 치는지, 어떤 어류를 쓰는지, 내장을 제거하는지, 소금에 얼마나 절였다가 쌀을 섞는지, 앙칵을 쓰는지에 따라서 레시피가 달라진다고 설명한다. "하지만 레시피의 다양함에도 불구하고 최종 결과물의 전반적인 품질에는 큰 차이가 없다."[56] 필리핀 어류가공기술연구소의 미네르바 올림피아는 1992년에 발표한 논문에서 이렇게 주장한다.

> 가정마다 제조법이 따로 있다. 제조법의 개선 역시 실제로 만드

> 는 사람들의 관찰에 근거해서 이루어졌다. 발효과정은 대대로 전해 내려오는 순서를 따르는 것이 보통이다. 미생물의 역할과 물리적·화학적 변화가 최종 결과물에 미치는 영향에 대해서는 별로 관심이 없다. 중요하게 여기는 것은 제조법의 응용 또는 재료나 조건의 변화가 최종 결과물의 색깔과 냄새와 맛을 어떻게 바꾸느냐다.[57]

여러분이 책으로 배울 수 있는 내용은 여기까지다. 이제는 이런 음식을 실제로 만들어보면서 경험적 학습을 시작할 때다!

일본의 나레즈시

예로부터 나레즈시는 어류는 물론이고 가축이나 가금류로도 만들었다.[58] 발효 기간도 전통적으로 상당히 긴 편이다. 나레즈시 중에서 지금도 맛볼 수 있는 가장 유명한 것으로 푸나즈시鮒鮨를 꼽을 수 있다. 푸나즈시는 [니고로부나煮頃鮒로도 불리는] 푸나*Carassius auratus grandoculis*로 만드는 지역 특산물이다. 푸나는 잉엇과 민물고기로, 일본 시가현의 비와호琵琶湖가 원산지다. 봄에 잡아서 내장을 발라낸 뒤 소금을 채운다. 푸나는 소금만으로 숙성시키는데, 표면으로 떠오르지 않도록 눌러둔 상태로 몇 달에서 길게는 몇 년을 보낸다. 소금숙성이 끝나면, 헹군 뒤에 익힌 쌀을 섞는다. 그리고 6개월에서 2년 동안 푸나와 쌀을 함께 발효시킨다. 푸나즈시를 만드는 사람들 중에는 "2년쯤 지나야 뼈가 부드러워진다"고 생각하는 이들도 있다.[59] 이 정도 시간이 흐르면 쌀 알갱이들 역시 부드러워지면서 형체를 잃는다. 일본 태생의 요리책 저자 기

미코 바버의 표현을 빌리자면, "끈적끈적하고 미끌미끌한 풀"이 된다.[60]

나레즈시는 지역별로 다양한 특색을 자랑한다. 코지, 발아미, 생채소 등을 넣기도 하고, 사케를 넣어서 발효 속도를 높이기도 한다. 가부라蕪菁즈시(카브라즈시)는, 도쿄재단에 따르면, "얇게 썬 순무 사이에 방어를 끼워넣고 쌀 코지에 담가서 10일 정도 절이는 음식"이다.[61] 바버는 나레즈시를 만드는 다양하고도 흥미로운 방법을 이렇게 소개한다.

> 홋카이도에는 "에즈시"가 있다. 커다란 무 또는 당근과 연어, 도루묵 또는 눈퉁횟대를 소금에 절인 뒤 발아미를 섞어서 석 달 동안 발효시킨 것이다. 한편, 아오모리현의 정어리 스시는 살코기만 발라서 소금을 치고 나무통에 쌀과 함께 층층이 쌓은 뒤 사케를 부어서 만든다. 온기가 남은 상태에서 발효에 들어가 40일 정도 지나면 먹을 수 있다. 도야마현과 이시카와현에서는 순무 스시를 만든다. 토막 낸 연어나 고등어에 소금을 버무리고 역시 소금에 절인 순무와 섞어서 양념한 쌀과 함께 일주일 정도 발효시킨다. 섬세하게 균형 잡힌 순무의 달콤함과 감칠맛으로 가득 찬 훌륭한 음식이다. 야마가타현에서는 대표적인 설날 음식으로 쌀죽 스시를 만든다. 연어, 청어 알, 연어 정자에 소금으로 절인 당근, 껍질콩, 켈프 해초를 넣고 쌀이나 발아미와 함께 섞는다. 어떤 집에서는 사케를 넣기도 한다. 이렇게 해서 2~6주간 발효시킨다.

이렇게 다양한 나레즈시 제조 기법은 어류를 보존하기 위한 전략 차원에서 발전한 것이다. 우리가 아는 — 빠른 스시라는 뜻에서 하야즈시早鮨로 불리는 — 일반적인 스시는 전통적인 젖산발효를 쌀식초로 대체한 즉석음식이다. 바버는 "자연적으로 발효시킨 스시는 멸종 위기에 처했다"면서 "기술과 기법의 상당 부분을 영원히 잃어버리고 말았다"고 말한다. 그러면서도 최근 몇 년 사이에 나레즈시를 부활시키려는 움직임이 엿보인다고 덧붙인다. "주민들의 의식을 제고하고 잃어버린 것이나 마찬가지였던 제조 기법을 되살리기 위해 불철주야 노력하는 시골의 조그만 마을들이 많이 생겼다. 발효스시를 부활시켜 마을 경제를 활성화시키기 위해서다."

H. T. 황의 가설은 이렇다. 어류를 단순히 소금에 절여서 만든 액젓 등이 최초의 발효어류였다. 이어서 코지처럼 곰팡이를 배양한 곡물(10장 취 관련 내용 참조)로 어류와 육류 모두를 발효시켜 장醬을 만든 것이 기원전 10~기원전 6세기 사이였다. 그러다가 기원전 3~기원전 1세기에 이르러 쌀과 함께 채소를 발효시키는 기법에서 영감을 받아 익힌 쌀을 섞어 넣기 시작했다.[62] 황은 육류로 장을 만드는 기법을 소개한 『제민요술』의 한 대목을 다음과 같이 번역했다.

> 소고기, 양고기, 노루 고기, 사슴 고기, 토끼 고기를 모두 사용할 수 있다. 갓 잡은 짐승에서 양질의 고기를 마련하고, 지방을 도려낸 뒤 보기 좋게 썬다. 오래되어 마른 고기는 사용하면 안 된다. 지방이 너무 많이 남으면, 고기 반죽에서 느끼한 맛이 날 것이다. (…) 썬 고기 1두斗[1말](10승升[10되]), 발효시킨 가루[취, 10장 참조—원주] 5승, 하얀 소금 2½승, 노란 곰팡이 발효체[포자를 형성한 아스페르길루스 곰팡이균, 10장 코지 만들기 참조—원주] 1승을 한꺼번에 섞는다.

위 재료를 함께 섞고 용기에 담아 (진흙으로) 밀폐한 뒤 햇볕 아래서 2주 정도 발효시킨다.[63] 아울러 황은 술까지 넣고 더 오래 발효시켜서 육류를 장으로 담그는 또 다른 기록도 소개한다.

유청, 사워크라우트, 김치로 발효시킨 어류 및 육류

젖산균 없이 산성 매개체를 사용해서 어류와 육류를 숙성시킬 수 있다. 세비체ceviche는 어류를 라임즙에 담가서 남미 스타일로 숙성시킨 담백하고 맛있는 음식이다. 불과 몇 시간이면 산에 의해서 어류가 "익은" 것처럼 변한 모습을 볼 수 있다. 나 역시 어느 농장 주인 덕분에 식초에 하룻밤 재운 소고기를 먹어보았다. 열을 가한 적이 없는 소고기였지만, 익힌 것과 비슷한 빛깔 및 식감으로 변해 있었다.

유청, 사워크라우트, 김치 등 젖산균이 풍부하고 산성화한 음식 역시 육류와 어류를 안전하게 발효시키는 환경으로 쓰일 수 있다. 아이슬란드 사람들은 일군의 "시큼한 음식"을 집합적으로 가리키는 수르마투르súrmatur를 만들 때 발효시킨 유청(시라)을 매개체로 쓴다. 수르마투르는 육류와 어류의 일부 부위를 주재료로 삼는 음식이다. 아이슬란드 음식 저술가 나나 론발다르도티어는 유청 보존법이 역사적으로 어떻게 쓰여왔는지, 자신이 부엌에서 어떻게 활용하는지 나에게 설명해주었다.

어류는 산성화보다 건조가 일반적인 보존법이었습니다. 그러나 일부 부위는 시라에 담가서 보존했지요. 위, 부레, 정소, 어란, 간, 껍질, 꼬리, 지느러미처럼 요즘은 음식으로 여기지 않을 법한 부위가 여기에 해당됩니다.(저는 지금 뭐든지 음식으로 만들어야 했던, 지독하게 가난하던 시절의 먹을거리에 대해서 이야기하는 겁니다.) 심지어 (육류의 뼈는 물론이고) 어류의 뼈마저 때로는 1년 이상 산성화 시킨 뒤에 흐물흐물해질 때까지 끓여서 먹곤 했답니다. 뼈를 시라에 오래 담가두면 부드러워진다는 이야기도 들었어요. 제가 시도해본 적은 없지만요.

육류는 예나 지금이나 산성화시킵니다. 그런데 산성화시키는 재료로 가장 흔한 것이 내장 같은 부산물입니다. 대가리 또는 헤드치즈[대가리를 고아서 치즈처럼 만든 음식], 족발, 선지, 간을 다져서 해기스[순대 비슷한 스코틀랜드 음식]처럼 만든 소시지, 양 고환, 창자, 젖통, 물개 발, 고래 지방, 바닷새 등등. 달걀은 삶아서 껍질을 벗긴 뒤에 시라에 넣어서 보존하기도 합니다. 바닷새의 조그만 알은 껍질째 산성화시키는 예도 있습니다. 물론 껍질은 시간이 흐르면 녹아버리지요.

저는 요즘 냉장고 안에 조그만 플라스틱 통을 넣어둡니다. 시라로 가득 찬 이 통에 선지, 간 소시지, 헤드치즈, 양 고환 따위를 담가두거든요.[64]

론발다르도티어는 시라를 끊임없이 재생시켜서 영구적인 매개체로 사용할 수 있다고 말한다. “어머니가 시라를 새로 담는 모습을 한 번도 못 보았습니다. 필요할 때 유청을 조금 보충하는 것이 전부였지요. 지금 사용하는 유청도 12년은 된 것 같아요.”

유청발효의 열렬한 지지자인 샐리 팰런 모렐은 자신의 책 『영양가 높은 전통 음식』에서 연어를 유청에 절이는 뛰어난 레시피 하나를 소개한다. (유청과 물을 1대8로 섞어) 희석시킨 유청에 연어 토막을 담고 벌꿀, 소금, 양파, 레몬, 딜 같은 향미료를 조금씩 첨가한 뒤 실온에서 24시간 동안 재우는 것이다.[65] 덴마크 코펜하겐의 안드레아스 하우게는 내게 보낸 편지에서 이 레시피를 따라서 실제로 만들어보았다고 알려왔다. "그런데 악취가 너무 심해서 손님들이 인내심의 한계를 느낄 것 같습니다. 물과 소금, 유청의 혼합 비율을 조금 여유롭게 응용해 레몬이나 라임을 넉넉히 넣는 편이 좋겠습니다. 그러면 대다수 사람이 용납할 수 있을 정도로 악취가 줄어들 것 같습니다!"

마찬가지로 어류는 물론 육류도 김치에 넣을 수 있다. 이 주제와 관련해 내가 찾은 책 가운데 영어로 쓰인 가장 자세한 참고서 『김치 요리책』에는 앤초비 페이스트, 굴, 명태, 가자미, 가오리, 문어, 오징어, 게, 대구 등을 김치에 묻어서 발효시키는 레시피가 나온다. 늘 그런 것은 아니지만, 소금으로 밑간을 한 뒤에 어류를 넣는 것이 일반적이다. 나는 소금에 절인 육류를 익히지 않고 넣거나 육수를 섞어서 만드는 김치 레시피도 본 적이 있다.

육류와 어류를 사워크라우트에 섞어 넣는 방식은 비슷하다. 폴란드 사람들이 좋아하는 비고스bigos는 육류를 사워크라우트에 절인 다음 스튜로 끓인 것이다. 폴란드 민족학자 안나 코발스카레비카에 따르면, "비고스는 며칠 동안 끓이고 식히기를 반복해서 만드는 요리다."[66] 미국 캘리포니아주 소노마 카운티의 릭 히들리는 스웨덴에서 와이오밍으로 이주한 자신의 오랜 친구 이야기를 내게 들려주었다. 그 친구는 어마어마하게 많은 양의 사워크라우트를 담그는데, "가지뿔 영양의 엉덩잇살을 절여서 자주 넣더라"는 이야기였다. 발효음식 애호가인 노스캐롤라이나 애슈빌의 댈린 크

레더블은 사슴 육포를 사워크라우트에 넣어서 발효시키는 실험에 성공했다는 소식을 전하기도 했다. "사슴 육포를 잘게 썰어서 양배추와 골고루 버무렸습니다. 훌륭한 맛이었답니다." 나 역시 조리해서 먹고 남은 소시지를 썰어서 잘 익은 사워크라우트에 섞어 넣었다. 보존도 잘 되고, 맛도 좋았으며, 크라우트의 맛도 한층 살아났다. 사워크라우트나 김치 같은 매개체는 소금에 절인 식물성 재료로 만들었기 때문에 예상 가능한 방식으로 산성화가 이루어질 것이다. 따라서 어류나 육류를 — 익혀도 좋고 안 익혀도 좋으니 — 낮은 비율로 첨가하면서 자유롭게 실험하면 된다. 걱정할 필요가 전혀 없다.

알래스카의 어류 발효 실험

에릭 하스

가장 최근에, 가장 신나게 만들어본 음식은 태평양 큰넙치를 썰어 넣고 망고 조각과 함께 버무린 김치였다.(나는 과일이나 견과를 첨가한 김치의 열혈 팬이다.) 먼저 강렬한 맛의 김치부터 만들었다. 생강도 듬뿍 넣었다. 육류를 부드럽게 녹여서 김치에 맛이 잘 배도록 돕는 채소이기 때문이다. 김치 맛이 진해지기 시작할 무렵(10일 정도 지나서), 생선을 잘게 썰고 양념도 조금 더 보태서 버무려 넣었다. 살짝 쪄서 넣기도 하고, 날로 넣기도 하고, 냉동시킨 것을 (물론 녹여서) 넣기도 했지만, 맛의 차이는 별로 없었다. 이 상태로 일주일 정도 발효시킨 뒤에 먹기 시작했다. 나는 정말 맛있는 연어 사워크라우트도 꾸준히 만들어왔다. 만드는 방법은 위에 설명한 큰넙치 김치와 기본적으로 같다. 그린캐비지와 채 썬 당근, 캐러웨이 씨앗, 소금으로 사워크라우트를 만들고, 맛이 진해질 때쯤 찌거나 구운 연어 조각들을 섞어 넣은 뒤, 누름돌을 얹어두고 일주일 이상 기다린다. 이렇게 하면 연어가 아주 부드럽고 촉촉하며 맛있어진다. 게다가 김치 속에 들어간 큰넙치와 달리 향미와 형체를 또렷하게 유지한다. 아주 맛있다.

달걀 발효시키기

달걀은 수많은 방법으로 발효시킬 수 있다. 삶아서 껍질을 벗긴 달걀을 발효가 진행 중인 채소 항아리에 그대로 묻으면, 채소의 산성화에 의해서 보호를 받게 된다. 중국 요리 중에는 피단皮蛋이라는 유명한 음식이 있다. 센추리 에그 또는 천 년 묵은 달걀로도 불리지만, 사실 몇 달 정도 묵혀서 만드는 것이 일반적이다. 푸크시아 던롭은 "베이킹소다와 생석회, 소금, 나뭇재를 주재료로 이따금 찻잎이나 곡물 껍질을 넣어서 반죽한 뒤 그 속에 달걀을 묻어두고 3개월 정도 기다리면 딱딱하게 굳는다"고 말한다. 그는 이렇게 굳힌 피단을 처음 먹을 때는 "거무튀튀한 빛깔에 역겨움을 느꼈다"면서도 지금은 "그 맛을 숭배할 정도로 좋아한다"고 털어놓는다. 그는 피단을 "노른자 맛이 크림처럼 부드럽고 풍부한 것이, 마치 달걀 고유의 맛을 한껏 증폭시킨 느낌"이라고 묘사한다.[67] 바스크 제과박물관을 방문한 어느 블로거는 19세기 말부터 20세기 초에 걸쳐 그 지역 사람들이 겨울철에 달걀을 보존하기 위해 비슷한 기법을 활용했다는 사실을 소개했다. "달걀을 보존하는 통상의 방법은 (…) 석회를 녹인 물에 담가두는 것이다. 커다란 토기 냄비에 달걀을 담고 물과 생석회를 섞어서 부어놓으면, 몇 달이 지나도 완벽한 상태를 유지할 수 있다."[68]

H. T. 황은 중국에서 달걀을 발효시키는 또 다른 방법, 자오糟에 대해서 설명한다. 자오란 쌀로 술을 빚고 남은 찌꺼기로, 사케 앙금과 본질적으로 같은 물질이다. "가볍게 금이 간 달걀을 소금 층과 술지게미 층 사이에 깔아두고 5~6개월 동안 배양한다."[69] 끝으로 윌리엄 셔틀리프와 아오야기 아키코의 이야기도 들어보자. 반숙으로 삶은 달걀의 노른자를 미소에 넣어서 절이는 방법이다.

> 가로세로 15cm짜리 용기 바닥에 두께 2.5cm 정도로 붉은 미소를 담는다. 달걀의 뭉툭한 쪽으로 미소를 네 군데 눌러서 조그만 구덩이 네 개를 만든 뒤, 면직포를 한 겹으로 덮고 네 구덩이 부분을 눌러준다. 달걀 네 알을 3분 동안 삶는다. 노른자가 깨지지 않도록 조심스럽게 분리해서 네 구덩이에 하나씩 담는다. 다시 면직포 한 겹을 덮고, 그 위에 미소를 살살 발라준 뒤, 하루하고 반나절이나 이틀 정도 기다린다. 치즈처럼 변한 노른자를 전체로 즐기거나 뜨거운 쌀밥에 얹어서 먹는다.[70]

셔틀리프와 아오야기는 같은 책에서 완숙 달걀을 다양한 종류의 미소로 절이는 방법도 소개하고 있으니 참고하기 바란다.

대구 간유

대구 간유는 대구의 간에서 짠 기름으로, 예로부터 북유럽에서 병을 치료하는 데 도움이 되는 약물로 쓰여왔는데, 그 전통적인 제조법에 발효가 포함된다. 상어나 홍어 등 다른 어류의 간유 역시 마찬가지다.

대구 간유를 추출하는 전통적인 방법과 현대적인 방법을 비교해서 연구한 데이비드 웨트젤에 따르면, 요즘 상업적으로 제조하는 간유는 산업화된 공정을 거치는데, 여기에는 "알칼리 정제, 표백, 동결 방지 처리, 탈취 등의 작업이 포함된다. 이런 작업, 특히 탈취 작업을 거치면, 중요한 영양소인 지용성 비타민이 상당 부분 소실된다."[71] 전통적인 제조법은 "대구 간유와 화학"이라는 제목의 1895년 논문을 인용해서 설명하고 있다. 저자인 F. 페켈 묄러는 이 논문에서 "원시적인 제조법" 한 가지를 예로 든다. 어부들이 그날 잡은 대구를 팔고 남은 간을 집으로 가져와 나무통에 넣어둔다는 이야기다.

> 어부들은 간에서 쓸개를 떼어내려 고생하는 법이 없다. 일과를 마치고 임시 숙소에 돌아오면, 가져온 간을 나무통 속에 그대로 던져넣을 뿐이다. 같은 행동을 바다에서 돌아올 때마다 반복한다. 나무통이 간으로 가득 차면 뚜껑을 덮고 새 나무통을 채우기 시작한다. 그들은 이 과정을 대구 철이 끝날 때까지 되풀이하다가 간으로 꽉 찬 나무통 여러 개를 가지고 집으로 돌아간다. 아마도 첫 번째 나무통은 1월부터 채우기 시작했다고 표기되어 있을 것이고, 마지막 나무통은 4월 초부터라고 적혀 있을 것이다. 하지만 어부들은 집에 돌아오자마자 처리할 일, 해결할 일이 산더미같이 쌓여 있기 때문에, 5월이나 되어야 나무통의 뚜껑을 열어볼 짬이 생긴다. 물론 이때쯤이면 부패가 상당히 이루어진 상태다. 분해가 진행된 결과, 간 세포벽이 파열되면서 일정량의 기름이 흘러나와 표면에 떠오른다. 이 기름을 조심스럽게 따라낸다. 나무통의 뚜껑을 닫은 뒤로 뚜껑을 다시 열 때까지 2~3주 이상 흐르지 않았다면 (…) 그리고 이 기간에 날씨가 지나치게 따뜻하지 않았다면, 기

름은 밝은 노란색을 띨 것이다. 이렇게 얻은 대구 간유를 생약 기름이라고 부른다. 짐작하겠지만, 이런 품질의 기름은 아주 조금밖에 얻지 못한다. 그 양이 워낙 적다보니 생약 기름만 따로 챙기려고 부산을 떠는 어부들이 거의 없다. 거의 모든 나무통에 다소간 짙은 노란색의 기름이 생겼을 때 따라내는 것이 보통이다. 이후로도 나무통 속에서는 부패가 계속 진행된다. 충분한 양의 기름이 표면에 고이면 따라내기를 반복한다. 갈색이 감도는 기름이 고일 때까지 이 작업을 계속한다.[72]

웨트젤은 "이 대목을 읽으면서 유럽산 천연 대구 간유가 끝내 종말을 맞을 것이라는 예감이 들었고, 그렇다면 내가 전통적인 발효법으로 대구 간유를 만들어야겠다는 결심이 섰다"고 한다.[73] 실제로 그는 대구 간유를 발효시키기 시작했고, 지금은 푸른 초장Green Pasture이라는 브랜드로 판매하고 있다.

땅에 묻기

앞서 어류를 절이는 방법을 설명할 때, 어류를 나무통으로 숙성시키는 스칸디나비아식 제조법이 그라브피스크, 즉 물고기를 땅에 묻는 전통에 뿌리를 두었다고 언급한 바 있다. 어류나 육류를 땅에 묻는 행위는 (효과적이긴 하지만 본격적인 발효를 초래하지 않는) 단순히 햇볕이나 바람, 연기로 건조시키는 방법과 더불어 남아도는 음식을 저장해서 안전하게 보존하는 가장 오래된 방법 가운데 하나다. 『절임, 병조림, 통조림』의 저자 수 셰퍼드는 "원래는 사냥꾼이 집에 돌아올 때까지 곤충이나

도둑으로부터 음식을 숨기거나 보호하려는 목적이었을 것"이라고 짐작한다. 셰퍼드에 따르면, 중세 영국에서는 "사슴 고기를 매달아두지 않고 땅에 묻는 경우가 있었다. 서늘하고 축축한 땅속에 묻어두면 육류 자체의 습도가 유지되기 때문에 고유의 이스트 및 효소가 느린 속도로 발효를 이어가게 되고, 그 결과 아주 강한 향미가 생긴다."[74]

육류나 어류를 땅에 묻어 보존하는 행위는 여러 지역에서 문헌으로 기록이 남아 있지만, 가장 두드러지게 나타나는 곳은 북부 지방이다. 기온이 낮은 기후일수록 음식의 보존 기간이 늘어나는 것은 분명한 사실이다. 그러나 예외가 있다. 남아프리카공화국 케이프타운대학의 고고학자들이 과거 네덜란드 식민 지배자들의 기록을 바탕으로 고래 고기를 모래에 묻는 풍습의 재현에 도전한 것이다. 실제로 고래 고기를 10일 정도 모래에 묻어두어도 박테리아 수치가 날로 먹어도 되는 수준 이상으로 증가하지 않았다. 특히 고기를 익혀서 묻으면 이보다 훨씬 오랫동안 보존할 수 있었다.[75]

어류를 땅에 묻는 풍습이 널리 퍼진 대표적인 지역은 아시아의 북부다. 이 지역에서 어류를 땅에 묻는 것은 생존에 직결된 행위다. 음식사학자 찰스 페리는 18세기 문헌을 인용해 러시아의 태평양 연안에 위치한 캄차카반도의 이텔멘 사람들이 "물고기를 구덩이에 넣고 연골이 녹을 때까지 썩히는데, 때로는 국자로 퍼내야 할 정도로 썩기도 한다"고 말한다.[76] 스칸디나비아식 숙성연어 그라블락스gravlax는 ("땅에 묻은 연어"라는 뜻으로) 전통적으로 연어를 모래에 묻어서 만든다.(이미 설명한 것처럼, 요즘은 땅에 묻거나 본격적인 발효를 거치기보다, 소금과 설탕으로 며칠간 절여서 냉장고에 넣고 숙성시키는 것이 보통이다.) 키비아크kiviak라는 그린란드 음식도 있다. 내장을 제거한 물개의 뱃속에 갈매기와 바다쇠오리를 통째로 넣고 꿰맨 뒤에 묻는다.(가스가 물개를 망가뜨리지 않고 빠져나올 수 있도록 꿰매야 한다.) 그 위에 널찍하고 큼직한 바위를 얹고 몇 달 동안 발효시킨다. 키비아크를 실제로 먹어본 어느 네티즌에 따르면, "사람들은 대가리를 물어뜯고 시큼한 내장을 쥐어짜내서 먹었다. 잘 익은 치즈처럼 톡 쏘는 맛이 났다. 역겨운 느낌은 전혀 없었다."[77]

알래스카 이누피아트 사람들은 치누크 연어 대가리를 땅에 묻어서 나카우라크nakaurak라는 음식을 만든다. 영어로 스팅크헤드stinkhead라고 부르는 음식이다. 2006년 어노어 존스가 정리하고 미국 어류 및 야생동식물 보호국이 펴낸 『이누피아트의 전통적인 물고기 요리 및 보존법』을 보면, 베링해협 근처 알래스카 코체부에 거주하는 메이미 비버라는 사람의 나카우라크 발효법이 상세하게 나온다.

> 연어 대가리들을 잘 씻어서 핏물과 거품 따위를 제거한다. 아가미는 그대로 둔다. 풀밭에 구덩이를 파고 밀가루 포대에 대가리들을 담아서 묻는다. 그 위에 몇 센티미터 두께로 풀을 깔고 모래로 덮은 뒤, 사람들이 밟지 않도록 판자를 얹는다. 냄새가 조금 강해지고 코 부분의 껍질이 벗겨질 때까지, 또는 쉽게 부스러질 때까지 이 상태로 둔다. 연어의 코를 덮은 껍질이 가장 맛있는 부위인데, 마치 부드러운 고무 같다. 그러나 냄새가 너무 강해질 때까지 기다리면 안 된다.[78]

물론 "냄새가 너무 강한지 여부"는 주관적인 판단이다. 구전 역사로 가득한 같은 문헌에는 이누피아트의 두 노인이 나카우라크를 주고받는 이야기가 나온다. 한 노인이 "푸릇하고 끈적일 때 먹는 것을 좋아한다"고 말하자, 다른 노인이 "그렇게 냄새가 강한 것은 못 먹는다"면서 "푸릇하고 끈적이기 시작하면 개들에게 먹일 수밖에 없다"고 대답한다. 사실 이 개들 역시 이누피아트 사람들이 식량을 생산하고 소비하는 체계의 일부이기 때문에 잘 먹여서 키울 필요가 있다.

대다수 발효음식과 마찬가지로, 땅에 묻은 어류 역시 생태적 맥락 속에 어엿하게 존재하는 음식이다. 그러나 어떤 사람들에게는 도저히 받아들일 수 없는 음식이기도 하다. 대체로 경계선을 분명하게 긋기 어려운 문제다. 그러나 명백한 경계선으로 강조해야 하는 사실이 하나 있다. 어류를 땅에 묻을 때 플라스틱 재질로 감싸면 안 된다는 것이다. 구덩이는 풀이나 이파리로 깔고, 어류는 삼베 포대에 넣는 것이 보통이다. 이 과정에서 핵심은 플라스틱을 쓰지 않는 것이다. 플라스틱이 클로스트리듐 보툴리눔의 증식을 촉진하는 일종의 완벽한 혐기성 환경을 조성할 수 있기 때문이다. 오늘날 북미에서는 알래스카 지역의 보툴리누스 식중독 사건 보고 건수가 여타 지역에 비해서 월등히 높다. 이 모든 사건은 "전통적인 알래스카 토착 음식의 부적절한 조리법 및 보존법과 관련이 있다"는 것이 미국 질병관리본부CDC의 설명이다.[79] CDC는 이해하기 쉬운 실험을 통해서 플라스틱으로 어류를 발효시키는 위험성을 입증했다. 이누피아트의 전통에 관한 어류 및 야생동식물 보호국의 보고서에는 CDC 담당자의 설명이 다음과 같이 실려 있다.

> 우리는 보툴리누스 식중독을 주로 야기하는 생선 대가리, 물개 지느러미, 비버 꼬리를 가져다가 네 묶음씩으로 나누어 총 열두 묶음을 발효시켜보기로 했다. 각각의 네 묶음 중에서 두 묶음은 전통적 발효법을 따랐고, 나머지 두 묶음은 최근에 문제가 된 플라스틱통과 비닐봉지를 사용했다. 그러고는 각각의 두 묶음 중에서 한 묶음에 보툴리누스균을 접종했고, 다른 하나는 [접종하지 않고—원주] 자연 상태로 두었다. 발효과정이 종료된 이후에 실험

했더니, 놀랍게도 전통적인 방식으로 발효시킨 묶음에서는, 심지어 보툴리누스 포자를 접종한 경우마저, 보툴리누스균의 흔적이 전혀 나타나지 않았다. 반면, 플라스틱 재질을 이용해서 만든 발효음식에서는 모조리 보툴리누스균 양성반응이 나타났다. 이 실험에서 도출한 결론은 이렇다. "음식을 발효시키는 것은 문제가 없으나, 비닐봉지나 플라스틱통 따위는 절대로 사용해선 안 된다. 원주민들의 전통적인 제조과정을 생략하거나 변용하지 말고 그대로 따라야 한다."[80]

부디 이 경고를 잊지 말기 바란다.

극지방의 기온이라면, 어류를 반드시 땅속에 묻어서 보존할 필요는 없다. 이누피아트 풍습에 관한 이 놀라운 보고서에서 언급하는 또 다른 어류 발효법은 물고기를 땅바닥에 그저 수북하게 쌓아두는 것이다. 물고기를 쌓는 작업은 여름이 끝나갈 무렵 그늘진 곳에서 진행한다. 내장을 완전히 발라내지도 않는다. 조금만 절개해서 간과 담즙만 제거해야 물고기에 입히는 손상과 산화酸化 가능성을 최소화할 수 있다. 이런 식으로 매일 잡은 물고기를 더미에 얹고 풀로 덮어두는 과정을 반복한다. 어느 이누피아트 노인은 이렇게 설명한다.

기온이 낮아질수록 발효 속도가 떨어진다. 따라서 맨 위층에 쌓인 가장 신선한 물고기들은 간을 제거할 필요가 없다. 살을 에는 찬바람 속에서 얼어붙은 손가락으로 물고기 내장을 제거하기란 무척 고통스러운 작업이기도 하다. 이때는 물고기를 통째로 쌓기만 한다. 간과 담즙은 다른 부위에 비해서 발효 속도가 빠르고 발효가 진행되는 방식도 다르다. 그래서 오래 발효시킬수록 간과 담즙을 에워싼 부위가 더 많이 상한다.

눈이 내리고 상온이 빙점 이하에 머무는 계절이 오면, 물고기 더미를 넓게 펼쳐서 한 마리씩 꽁꽁 얼린 뒤에 다시 쌓아야 한다. "이렇게 하지 않고, 땅이 얼어버릴 때까지 몇 주간 계속 발효시키면 냄새가 너무 강해지고 만다."

물고기가 전부 얼면 발효를 멈춘다. 이렇게 얼린 물고기를 티플리아크타아크 쿠아크*tipliaqtaaq quaq*라고 부른다. 이후로 무더기에서 한 마리씩 가져다 먹으면서 기나긴 겨울을 버티는 것이다. 얼어붙은 무더기에서 물고기를 떼어낼 때는, "도끼로 찍어서 한 마리씩 분리시킨다." 물고기 더미가 차츰 줄어들면서 중심부로 향할수록 더 오래 발효한 물고기가 나온다. "맨 처음 잡아서 오랫동안 묵혀둔 물고기의 살은 그 조직이 치즈처럼 변해 있었다. 신선한 물고기의 살이라고는 전혀 생각할 수 없을 정도였다. (…) 신선한 살코기와 티플리아크타아크 쿠아크의 차이란, 맹물을 마시는 것과 짭짤하고 풍부한 맛의 수프 또는 진하고 달콤한 포도주를 마시는 것의 차이에 비견할 만하다. 티플리아크타아크 쿠아크는 — 진하고, 오묘하며, 물고기마다 다른 — 아주 풍부하고 다양한 맛을 자랑한다." 하지만 맛이 강한 물고기라고 무조건 다 먹는 것은 아니다. "우리는 이 물고기를 먹을 때마다 어떤 물고기의 어떤 부위가 맛이 좋은지, 어떤 부위는 맛이 너무 강해서 개를 먹이는 편이 나은지 구분하곤 한다."[81]

상한 고기

육류와 어류를 보존하는 역사적 의미를 고찰한 일부 문헌 자료를 보면, 부패가 시작된 살코기를 "하이미트high meat"라고 지칭하곤 한다. 아울러 상한 고기를 먹으면 건강에 이롭다고 하여 이른바 "원시인의 식단Primal Diet"을 강조하는 현대 영양학의 한 조류도 있다. 이와 같은 견해의 창시자 겸 전도사인 아조너스 본더플래니츠다. 그는 알래스카에 가서 땅에 묻어두었던 고기를 먹고 극적인 치유를 경험한 뒤로 하이미트의 놀라운 힘을 믿게 되었다고 말한다.

캘리포니아 남부에 거주하는 본더플래니츠는 북극지방 이외의 지역에서 하이미트를 제조하려면 유리병에 고기를 넣고 밀폐한 뒤 냉장고로 옮겨 숙성시키면서 주기적으로 바람을 쏘이라고 설명한다. 일리노이주 에반스턴에 사는 비벌리 페더슨은 이 방법을 실행에 옮겼던 여성으로, 그 과정을 다음과 같이 설명해주었다.

> 고기를 한입 크기로 잘라서 주둥이가 널찍한 1쿼트들이 유리병을 반쯤 채웁니다. 그러고는 뚜껑을 닫고 냉장고에 넣어 보관하지요. 며칠 간격으로 꺼내 뚜껑을 열고 신선한 공기에 노출시켜야 합니다. 이 작업은 되도록 실외에서 수행하는 것이 좋아요. 집 안에서 뚜껑을 열었다간 고약한 냄새가 퍼질 수 있거든요. 바람을 충분히 쏘였으면 다시 뚜껑을 덮고 냉장고에 집어넣습니다. 이런 식으로 한 달이 지나면 먹기 시작하지요. 냉장고에 넣어두면 오래도록 먹을 수 있답니다.

나는 지난 몇 년 동안 이 음식의 효능을 확신하는 사람들을 수없이 만났다. 하지만 그들이 상한 고기를 내밀 때마다 선뜻 맛을 보기 힘들었다. 냄새가 너무 역겨웠기 때문이다. 내가 만난 어느 여성은 씹지 않고 삼킬 수 있도록 잘게 썬 고기를 부패시킨 뒤에 코를 쥔 채로 먹는다고 한다. 나로서는 이런 방법을 지지할 생각이 없고 안전성 역시 의문스럽다. 그런데 내가 만나본 사람들은 하나같이 완벽한 건강 상태로 보였고, 그중 몇몇은 상한 고기 덕분에 건강이 아주 좋아졌다고 말했다. 개인적으로는 판단을 보류하는 영역이지만, 육류 발효라는 주제를 철저하게 다룬다는 측면에서 이번 장에 포함시켰다.

육류와 어류의 윤리학

나는 육류와 어류의 발효에 관한 장을 쓰면서 이런 문화가 각 지역의 특수한 풍토라는 맥락에서 타당성을 획득한 전략으로 진화했다는 사실을 강조하지 않을 수 없다. 여기서 가장 핵심적인 요인을 꼽자면, 어떤 지역에서 어떤 시기에 어떤 종류의 육류 또는 어류를 풍부하게 얻을 수 있느냐다. 하지만 소비자의 천국을 누리고 있는 오늘날의 우리는 비통하게도 이런 맥락에서 철저히 소외되어 있다. 아마도 여러분은 우리가 나날이 먹는 음식이 — 특히 육류와 어류가 — 어디서부터, 어떤 시스템을 거쳐서 오는 것인지 그 자세한 내막을 안다면 소름이 돋을 것이다.

가축을 건강하고 지속 가능하게 키우려고 열정을 불태우는 소규모 농장이 많다. 나는 이런 농장과 직거래를 통해서 고기를 얻는다. 여러분도 그러기를 바라 마지않는다. 그러나 지속 가능하고 열정적인 축산업이 이뤄지려면 가축 한 마리당 상당한 면적의 땅이 필요하다. 그 결과 고기 값이 비쌀 뿐 아니라 생산량 역시 제한적일 수밖에 없다. 건강하고 인도적인 방식으로 키운 가축에서 고기를 얻고 싶다면, 우리 모두가 고기 소비량을 줄여야 한다. 나는 고기로 만든 음식을 사랑하고, 내가 존경하는 농장주로부터 고기를 살 수 있으며, 그럴 만한 경제적 여유도 있다. 그렇다고 해서 고기 자체를 찬미하고 싶은 마음은 없다. 육류 섭취를 지속 가능한 행위로 만들기 위해서는 육류 섭취를 줄이는 것이 한 가지 방법이라고 믿는다.

어류의 경우, 신선한 것을 구할 수 있는 루트를 모르는 데다, (아직은) 낚시를 해본 적도 없다. 그동안 내가 벌여온 실험의 소재는 냉동 어류였다. 물론 냉동식품의 국제 거래를 지지하고 싶은 생각도 없다. 신선한 어류를 매일 구할 수 있는 해안지역에 살았다면, 더 많은 수산물을 기꺼이 구매했을지도 모르겠다. 그러나 세계 시장에 공급하기 위해 조업 규모를 확대하려는 욕망이 결국 광범위한 남획과 어족 자원의 고갈로 이어졌다. 아울러 물이 얼마나 오염되었는지, 어류에 중금속 같은 독소가 얼마나 많이 축적되었는지도 잊어선 안 된다. 육류와 마찬가지로, 어류 섭취가 지속 가능하려면 어류 섭취를 줄이는 것이 한 가지 방법이다.

그럼에도 불구하고, 무엇보다 중요한 것은 맥락이다. 풍부하게 구할 수 있는 자원이 있다면, 적극적으로 활용하자. 이것이 바로 육류 및 어류 발효의 전통이 발전해온 과정이자 지속적인 유의미함을 획득하기 위한 최선의 적응과정이다.

13장

사업화를 위한 고려 사항

지역 산지
장인이 만든 음식
구운 마늘
겨자소스
Mos
김치
EXTRA
IPA
PALE ALE
신선한
유기농 제품
-生-
김치
맥주
렐리시
콤부차
홍차
프랭크의
유기농 소다
유기농
크림치즈
요구르트
유기농 치즈
소량
생산
지역 장인의
치즈
지역
신제품
산지
직송
유기농
간장
핫소스
숙성 체다
피클
치즈
유기농
사워크라우트
유기농
사워크라우트

이 책의 핵심 취지는 스스로 발효음식을 만들어 먹는 것이다. 그래서 나는 누구든 발효음식에 관심을 갖고 폭넓게 실험하라고 온 마음으로 응원한다. 하지만 그런 길을 걸어온 나조차 한두 차례 만들어본 것이 전부인 발효음식이 많고, 그 가운데 상당수는 썩 잘 만들지도 못했으며, 여기에 소개한 모든 발효음식을 실제로 만들 줄 아는 것도 아니다. 이는 실용적이지도 않고, 바람직하지도 않으며, 그럴 필요도 없다. 비공식적으로 주고받는 선물이나 물물교환의 영역에서, 또는 상업적인 생산 영역에서도, 어떤 사람은 맥주를 만들 줄 알고, 또 다른 사람은 빵을 만들 줄 안다. 크라우트, 템페, 콤부차 등도 마찬가지다. 개인이건 가정이건 간에, 이 모든 음식을 자급자족할 필요는 없고, 가능하지도 않다. 우리 모두는 교환을 통해서 능력과 가능성을 확장시킬 수 있다.

발효는 역사적으로 작업과정의 전문화를 낳았고, 그 결과 기술의 세분화 및 발달을 초래했다. 어떤 사람들은 지금까지 내가 여러 장에 걸쳐서 설명한 발효의 각 분야를 전업으로 삼아 일평생을 바친다. 비록 모든 발효음식이 그 핵심 원리는 간단할지언정, 세부적인 기법들은 미묘하고도 엄청난 차별성을 갖추기 위해 치열하게 갈고닦은 결과물이다. 발효식품이야말로 부가가치 상품의 원조라고 할 수 있다. 놀라운 기술과 장인 정신을 통해서 농부가 생산한 원재료를 안정적으로 보존 및 운송할 수 있는 음식으로, 우리의 부엌과 식량 창고를 풍요롭게 채우는 음식으로 변형시킨 결과물이기 때문이다.

마을 또는 지역 단위에서 이루어지는 발효 문화의 부흥은 우리 음식과 경제의 재지역화relocalization 운동을 위한 농업의 부흥과 맞물려 있는 주제다. 발효음식의 사업화는 경제적 이익을 획득하는 수단으로 활용하기 위해서 발효 기법을 배우려는 이들에게 커다란 기회를 제공한다. 이는 진짜 생산, 진짜 가치, 진짜 이익에 기초한 경제적 발전으로서, 지역 음식으로 활용 가능한 것의 범위를 확장함으로써 우리 공동체에 더 나은 기회를 창출할 것이다. 우리는 마이크로 브루어리와 농장 치즈, 장인의 빵집이 부활한 것처럼 발효음식의 상업적 생산 역시 지역에서 부활시킬 수 있다. 그리고 우리는 다른 사람들이 그 일을 해낼 때까지 기다릴 필요가 없다. 집에서 발효음식을 손수 만드는 것과 조금도 다를 바 없이, 지역 사업의 형태로 발효음식을 부활시키는 것 또한 혼자 힘으로 얼마든지 해낼 수 있는 일이다.

이번 장에서는 소규모 발효음식 사업을 시작한 사람들로부터 전해 들은 이야기와 교훈을 모아서 소개하고자 한다. 나는 발효에 관한 정보를 전파하는 일에 종사하는 동안, 비공식적 무허가 지하 생산자들부터 한 해 매출이 수백만 달러에 이르는 어엿한 기업주에 이르기까지 발효 사업에 뛰어든 여러 사람을 만났다. 하지만 나 자신은 어떤 규모로도 음식 사업을 벌인 적이 전혀 없다는 점을 분명하게 밝히고 싶다. 나에게 음식이란 줄곧 즐거움과 탐구, 창조, 공유의 영역이었고, 때로는 사회운동의 영역이기도 했다. 상업적 차원의 지속적 식품 생산이 내 삶의 일부인 적은 한 번도 없었다. 상업적 생산은 (꼭 그런 것은 아니지만) 기쁨의 종말을 의미할 수 있고, 손익분기점은 (꼭 그런 것은 아니지만) 이상과 충돌할 수 있다. 워싱턴주 올림피아에서 올리크라우트를 운영하는 새시 선데이는 "이윤 추구를 위한 사업적 측면과 음식을 통한 사회운동이라는 측면 사이에서 균형을 이루는 것이 가장 어려웠다"고 회상하면서 "이 사회 안에서 지속 가능한 사업이려면 어느 정도 자본주의적 고려가 필요한데, 때로는 어떤 결정이 최선인지 파악하기 어려운 것이 현실"이라고 말한다. 모델로 삼을 만한 생산 방식은 무수히 많다. 여기서는 이 가운데 몇 가지만 집중적으로 소개하고자 한다. 사람들이 발효음식을 만들 때 동원하는 독창성과 창의성은 발효 기법을 생계 수단으로 활용하려는 노력에도 그대로 적용할 수 있다.

일관성

집에서 발효음식을 실험하는 사람에게 일관성이란 필수 불가결한 요소가 아니다. 개인적으로는 미소나 사워크라우트를 만들 때마다 매번 다른 결과물을 얻는 것이 무척 즐겁고, 수강생을 가르칠 때는 새로운 발견의 원천이 되기도 했다. 드물기는 하지만 어떤 생산자들은 서로 다른 특성을 자랑하는 발효음식으로 명성을 떨치기도 한다. 예를 들어, 뉴욕주의 인라이튼먼트 와인스는 한 병 한 병 변덕스러운 품질로 술을 만들어 판매하고 있다.

그러나 상업적 생산 영역에서는 일반적으로 일정 수준의 일관된 품질을 요구한다. 이는 파란만장한 미생물의 삶을 감안할 때 상당히 어려운 과제가 아닐 수 없다. 우리가 의존하는 박테리아와 곰팡이는 훨씬 넓은 맥락에서 존재한다. 이들은 온도와 습도를 비롯한 다양한 환경적 요인과 영양분의 변동에 민감하고, 증식하는 내내 밀집도가 지속적으로 변화하며, 대사적 부산물을 만들어 자신의 환경을 스스로 바꿈으로써 군집천이群集遷移를 야기한다. 발효 자체에 다양한 결과를 초래하는 경향성이 내재한다는 뜻이다. 노스캐롤라이나주 카보로에서 농부의 딸 브랜드를 운영하는 에이프릴 맥그리거는 말한다. "나는 이 점에 관해서 고객들을 되도록 많이 가르치려고 노력합니다. 거의 모든 제품을 직거래로 판매하기 때문에 가능한 일이지요. 아울러 사람들이 무엇을 선택할지 판단할 수 있도록 새로 발효시킨 제품을 맛보라고 권하곤 합니다."

미시간주에서 예무스라는 브랜드로 발효균을 키워서 판매하는 네이선과 에밀리 푸홀은 "발효균의 일관성이 대체로 높아진 것은 낭비하는 자원과 시간을 줄이기 위해서 제조공정의 엄격성을 지속적으로 높여왔기 때문"이라고 말한다. 그럼에도 불구하고 발효균의 변화는 불가피하다. "배양균은 여러 계절을 지내는 내내 다양한 단계를 거칠 것이다. (…) 우리는 적절한 스케줄을 이어가기 위해 지속적으로 변화를 가한다. 원하는 변화가 적절히 이루어질 때까지 배양균의 요구를 아무 때나, 계속해서 충족시킬 수밖에 없다." 발효균을 배양하는 작업은 다른 어떤 발효 작업보다 지속적인 주의를 요하기 때문에 "나들이나 휴가를 수시로 즐기는 사람에게는 불가능한 작업"이다.

계절의 변화는 발효 사업에 많은 영향을 끼친다. 기온이 오르내리면 발효 속도 역시 오르내리므로 다른 종류의 미생물이나 효소의 활동이 활발해질 가능성이 있을 뿐 아니라, 핵심적인 재료들에 대한 접근성 역시 달라진다. 발효채소 사업을 시작하려고 고민하던 오리건주의

캐시 스미스는 이런 문제로 고민이 많았다. 그는 내게 보낸 이메일에서 “계절적인 재료들을 바탕으로 사업 계획을 어떻게 짜야 할지 난감하다”면서 이렇게 말했다.

> 제가 만든 피클은 맛이 아주 좋답니다. 그런데 한꺼번에 왕창 만들어 저장해두고 연중 내내 판매하는 것이 괜찮은 방법일까요? 만약 그렇다면, 그 많은 피클을 무슨 수로 냉장 보관할 수 있을까요? 한겨울에 오이 피클의 재고가 바닥나면 그 빈자리를 비트 피클로 메울 수 있을까요? 두 피클은 수요층이 다르지 않을까요?

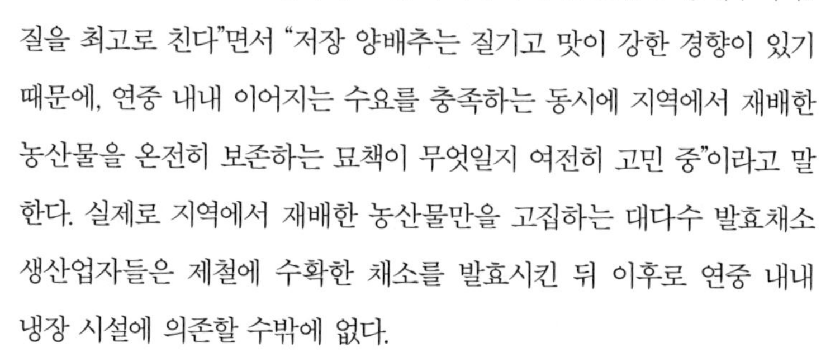

지역에서 채소를 구해 발효시켜 판매하려는 사람에게 실로 중차대한 문제가 아닐 수 없다. 워싱턴주 포트타운센드에 위치한 미도리 농장의 사워크라우트 제조자 마코 콜비는 “우리는 6월에서 11월 사이에 추수한 조생종 양배추의 품질을 최고로 친다”면서 “저장 양배추는 질기고 맛이 강한 경향이 있기 때문에, 연중 내내 이어지는 수요를 충족하는 동시에 지역에서 재배한 농산물을 온전히 보존하는 묘책이 무엇일지 여전히 고민 중”이라고 말한다. 실제로 지역에서 재배한 농산물만을 고집하는 대다수 발효채소 생산업자들은 제철에 수확한 채소를 발효시킨 뒤 이후로 연중 내내 냉장 시설에 의존할 수밖에 없다.

계절에 따른 기온의 변화는 발효음식 자체에도 영향을 미친다. 어떤 생산자들은 여름 무더위를 피해서 발효음식을 만든다. 에이프릴 맥그리거는 “기온이 높으면 이스트나 곰팡이를 통제하기 어렵기 때문에 여름철에는 발효시키는 분량을 조금 줄인다”고 말한다. “여름철은 과일을 절이느라 무척 바쁜 시기라서, 나에게는 잘 된 일이기도 하다. 그러나 엄격하게 발효시켜야 하는 제품을 여름에 만들어도 결과가 괜찮을지에 대해서는 확신이 서지 않는다." 계절적인 한계는 제품의 다각화로 어느 정도 극복할 수 있을 것이다.

계절적인 기복에 적절히 대응하는 방법을 찾아낸 사람들도 있다. "다행히 거의 모든 계절적 변화가 점진적으로 일어난다"는 것이 에린 불럭의 말이다. 그는 뉴욕 로체스터에 위치한 스몰 월드 콜렉티브에서 빵을 굽고 채소를 발효시키는 사람이다.

> 겨울이 다가오면 빵이 부푸는 데 시간이 조금 더 걸린다. 우리는 이런 현상을 알아채면, 빵 반죽을 부엌의 따뜻한 구석으로 옮기고 [빵을 발효시키는] 프루퍼의 온도를 높이며 종균의 양을 늘리는 등의 조치에 들어간다. 더 극적인 변화는 밀의 특성이 바뀌었을 때 일어난다. (…) 그해 날씨, 품종, 토양, 파종 및 추수 일정 등에 따라서 큰 차이를 보이기 때문이다. 이 차이에 적응하려면 시간이 조금 걸린다. 다행히 "연습용" 발효의 규모는 별로 크지 않고 주문받은 그대로 만들 필요도 없다.

가정에서 발효균 배양 작업을 진행하는 네이선과 에밀리 푸홀은 선반과 찬장을 "우리 집에서 한 계절 내내 직사광선 또는 극단적으로 높거나 낮은 온도를 피할 수 있는 전략적인 지점에 배치한다. 계절이 바뀌면, 최적의 조건을 새롭게 형성하기 위해서 집 안의 배치를 바꾸어야 한다." 기온의 안정성이 다른 곳에 비해서 지리적으로 뛰어난 지역도 있다. 미도리 농장의 마코 콜비는 이렇게 말한다. "우리 고장의 기온은 퓨젓만과 섀환 해협의 영향을 받기 때문에 상당히 안정적이다. 온도를 특별히 통제하지 않고도 음식을 적절히 발효시킬 수 있는 이상적인 기후가 연중 내내 이어지는 덕분에 일정한 품질의 발효음식을 꾸준히 만들어낼 수 있다." 반대로, 캘리포니아주 샌터크루즈에서 발효채소를 만드는 캐스린 루카스는 여름철 무더위에 드럼통 두 개 분량의 사워크라우트가 물러버리자 숙성실의 온도를 섭씨 18도로 유지하기 위해서 에어컨을 설치하지 않을 수 없었다고 말한다. 캐스린은 "대량생산에 있어서 일정한 온도야말로 대단히 중요한 요인으로 보인다"고 결론 짓는다.

생산자 두 사람은 발효음식의 일정한 품질을 담보하기 위한 방법으로 다른 해결책을 제시했다. 에린 불럭은 "모든 것을 기록으로 남겨두어야 한다"고 강조한다. 때로는 레시피나 발효과정, 발효 조건상의 작은 변화가 일으키는 중대한 변화를 파악하는 데 시간이 꽤 걸릴 수 있기 때문이다. 캐나다 퀘벡주 세인트에드위지에 위치한 콜드웰 바이오 퍼먼테이션의 사이먼 고먼은 과학적인 접근법을 제시한다. 그는 "과학적 자료를 체계적으로 축적해두어야만 자신이 발효시키는 음식에 무엇이 들었는지 알 수 있고, 최종 결과물을 표준화할 수 있으며, '살아 숨 쉬는' 과정의 복잡성에 대처할 때 불가피하게 맞닥뜨리는 여러 문제를 해결할 수 있다"고 조언한다. 콜드웰 바이오 퍼먼테이션은 캐나다 농무부 산하 연구소와 손잡고 종균을 개발해서 발효채소 사업을 시작했으며, 지금도 이 종균으로 만든 제품을 판매하고 있다.

일관성을 강조한다고 해서 실험의 여지가 전혀 없다는 뜻은 아니다. 수많은 생산자가 몇몇 주요 제품을 만들어 광범위하게 유통시키는 동

시에, 수요는 적을지언정 한층 실험적인 제품을 소량으로 다양하게 만들어 판매하고 있다. 캘리포니아주 버클리에서 컬처드 피클 숍을 운영하는 알렉스 호즈븐은 "앞쪽에 놓인 냉장고를 열어보면 사워크라우트 10종, 콤부차 8종, 계절 특산품 피클 15종, 전통적인 일본식 피클 3종(누카즈케, 카스즈케, 미소즈케)이 있다"면서 "이 가운데 대량생산해서 캐나다 북부 전역에 유통하는 제품은 사워크라우트뿐이고, 나머지 전부는 [생산 시설에 딸린—원주] 매점과 마을 시장에서만 판매한다"고 설명한다. 실험적인 제품을 다양하게 만드는 것이 재미도 있고 보람도 있을 것이다. 그러나 컬처드 피클 숍을 비롯한 거의 모든 상업적 제조업자들이 사업의 핵심으로 여기는 제품은, 사업 규모의 크고 작음을 막론하고, 소비자에게 가장 친숙한 음식이다. 플로리다주 게인스빌의 템페 제조업자 아트 가이는 말한다. "우리는 강낭콩과 검정콩으로 템페를 만들어왔다. 두 가지 다 반응이 아주 좋았다. 그래서 괴짜 템페를 창조하기보다 주류 레스토랑의 메뉴에 이 음식을 올리기 위해 더 노력할 생각이다."

첫 단추

그리하여 여러분이 발효음식을 만들어 작은 사업을 시작하겠다는 각오를 다졌다 치자. 이제 무엇을 어디서부터 어떻게 시작해야 할까? 마코 콜비는 "제일 처음 만드는 제품을 아주 잘 만들어야 한다"고 조언한다. "작게 시작하고 품질에 집중하라"는 뜻이다. 네이선과 에밀리 푸홀은 사업에 뛰어들기 전에 1년 사계절을 꽉 채워서 발효를 연습하는 기간이 필요하다면서, "최소한 여름철 무더위와 겨울철 추위를 겪고 나서 발효 사업을 시작하는 것이 좋다"고 권유한다.

소규모 사업이라면 규제 당국의 "레이더에 걸리지 않고" 소비자들의 입소문에 의존해서 운영하는 것이 가능하지만, 식품 생산 업체를 "합법적으로" 설립하려면 당국의 승인을 얻어야 한다. 에이프릴 맥그리거는 "해당 지역의 법규를 파악하는 것이 먼저"라면서 "관련 법규가 주마다, 때로는 카운티마다 다를 수 있다"고 충고한다. 주무 관청에서 예비 사업가들을 상대로 허가 및 자격 취득에 관한 순회 교육이나 강좌를 개설하는 지역이 많다. 펜실베이니아주에서 리티츠 피클 컴퍼니를 운영하는 마크 올레니크의 말이다. "가장 가까운 대학에서 식품과학 프로그램을 운영하는지 알아보자. 산업 연계 순회 교육 과정이 개설된 학교가 많고, 창업 지원 차원에서 국비 보조를 받을 수도 있다."

창업에 소요되는 비용과 인허가 과정의 고통을 줄일 수 있는 한 가지 방법은 공유 주방 시설에서 첫걸음을 떼는 것이다. 오하이오주 신시내티에서 파브 퍼먼츠를 운영하는 제니퍼 드 마코는 "우리는 소규모 식품 생산 업체 창업에 필요한 정보를 찾는 데만 꼬박 1년이 걸렸다"면서 이렇게 설명한다. "우리는 신생 업체를 위한 공동 주방에서 우리 사업을 출범시키기로 결정했다. 우리로서는 탁월한 선택이었다. 우리만의 주방을 만들고 유지하는 부담에서 벗어날 수 있었기 때문이다." 다양한 분야의 소규모 창업을 지원하는 신생 업체 공동 주방이 점점 더 많은 지역에 생겨나고 있다. 당분간 작은 규모를 유지할 작정이라면 큰돈을 들이지 않고도 사업 기반을 유지할 수 있고, 설령 사업이 망하더라도 막대한 손실을 보는 일이 없으며, 사업이 본궤도에 올랐다 싶을 때 공유 시설에서 벗어나면 그만이다. 매사추세츠 주 그린필드에서 리얼 피클을 운영하는 댄 로젠버그의 이야기다. "공동 주방에서 7년을 보낸 뒤, 마침내 지난해 우리만의 건물을 사들여 피클 제조에 꼭 맞는 공장으로 개조했고, 지금까지 아무런 문제없이 잘 돌아가고 있다."

내가 대화를 나누어본 대다수 발효 사업가들은 소박하게 출발하라고 조언한다. "작게 시작해서 유기적으로 성장시키라고 말하고 싶다. 본업을 포기하지 말고 부업으로 출발하라는 뜻이다." 이렇게 말하는 에이프릴 맥그리거 역시 자기 집에서 사업을 시작했다. 물론 그럴 수 있는 집이 있고, 그럴 수 없는 집이 있을 것이다. "생산에 필요한 재료를 어디서 구하게 되는지 생각해보자. 판매처 또는 주 고객층, 가격 경쟁력 등에 대해서도 알아야 한다. 직거래의 열렬한 지지자인 나로서는 사업을 시작하고 성장시킬 수 있는 장소로 농산물 직판장만큼 좋은 곳이 없었다."

신출내기 사업가라면 — 얼마나 대단한 야망을 품고 도전에 나섰건 간에 — 일단은 사업을 작게 시작해야 사업 계획의 성패가 달린 궁극적인 질문들, 즉 자신이 만들고자 하는 상품을 제대로 판매할 수 있는지, 그래서 실제로 돈을 벌 수 있는지 확실히 판단 가능하다. 목돈을 투자할지 말지 결정하는 것은 다음 문제다. 캘리포니아주 힐즈버그에 위치한 피클 및 사워크라우트 제조업체 알렉산더 밸리 구르메의 데이브 에레스는 "다른 모든 사업과 마찬가지로, 신생 기업은 충족을 원하는 수요를 발굴해서 공급하거나 새로이 창안한 제품으로 수요를 창출해야 한다"고 주장한다. "발효를 테마로 시장에 뛰어든 신생 기업이라면 흥미롭고 새로운 무언가를 소비자들에게 선보여야 할 것이다."

지역 농산물로 발효시킨 음식을 도무지 찾기 힘든 지역이 상당히 많다. 내가 사는 시골 마을도 마찬가지다. 시장 자체가 아예 형성이 안 되어 있다. 대체 그 시장은 규모가 얼마나 될까? 그 시장에 접근하려면, 또는 각광받는 시장으로 만들려면 어떻게 해야 할까? 켄터키주 프랭크퍼트에서 직접 재배한 채소를 발효시켜 사워 파워라는 상표로 판매하는 브라이언 가이어는 이렇게 말한다. "크라우트가 스스로 빛을 발하면 찾는 사람들이 저절로 생기기 마련이다. 덕분에 우리는 인근 소도시의 수요만을 감당하기에도 벅찬 상황이다. (…) 머지않아 소규모 발효 사업체가 우후죽순으로 생겨날 것 같다." 실제로 여러 지역에서 — 예를 들어 샌프란시스코 베이 지역이나 매사추세츠 서부의 파이어니어 밸리 같은 곳에서 — 새로운 유형의 발효 사업체가 선택 가능한 여러 옵션을 내세우며 잇따라 등장하고 있다. 데이브 에레스는 "이쪽 지역에 일찌감치 정착한 사업자들은 상당히 유리한 조건을 누렸다"면서 "당시만 해도 주민들이 생발효균으로 만든 음식을 식료품점에서 전혀 구할 수 없던 시절이었다"고 회상한다. "물론 거의 모든 시장이 그렇듯, 발효음식 시장 역시 경쟁이 점점 치열해지고 있다."

그러나 서로 다른 여러 발효음식이 경쟁하면서 피차간에 역량 강화 내지 보완의 기회를 제공하는 시너지 효과가 생길 수도 있다. 매사추세츠주 그린필드에서 캐털리스트 콤부차와 그린 리버 암브로시아(사과주 제조업체)를 운영하는 윌 사비트리는 이렇게 말한다. "매사추세츠 서부의 우리 지역에서 아주 독특한 상황이 벌어지고 있다는 느낌이 든다. 천연발효에 기반한 중소 규모 사업체가 전국에서 가장 많이 밀집한 지역은 여기가 아닌가 싶다." 실제로 이 지역에는 윌의 두 사업체 외에도 사우스 리버 미소 컴퍼니, 리얼 피클스, 몇몇 맥주 양조장과 포도주 양조장과 제빵업체들, 여기에 웨스트 카운티 사이더, 케이브먼 푸즈 워터케피어 소다스, 전국에 몇 군데 안 되는 소규모 발아업체 가운데 하나인 밸리 몰트에 이르기까지 수많은 기업이 30km 이내에 밀집해 있다.

일부 재능이 뛰어나고 운도 좋은 생산자들은 적절한 시기에 적절한 제품으로 적절한 시장을 공략하기도 했다. 캘리포니아주 샌터크루즈에서 팜하우스 컬처를 운영하는 크라우트 제조업자 캐스린 루카스는 이쪽 사업에 뛰어든 지 3년밖에 안 된 인물이다. "현재 월간 판매량이 3600kg 정도인데, 점차 늘어가는 추세다. 캘리포니아 사람들은 신선한 크라우트라면 얼마든지 지갑을 여는 소비자다." 노스캐롤라이나주 애슈빌에서 부치를 운영하는 콤부차 제조업자 네이선 스콤버 역시 "수요를 좇아갈 수 없을 정도"라고 말한다. 뉴욕 인근 허드슨 밸리에서 인라이튼먼트 와인스를 운영하는 래피얼 라이언스는 "공동체 지원 알코올" 모델의 데뷔를 선언하자 "엄청난 주목을 받으면서 블로그 방문자가 넘쳐났고 (…) 회원권은 며칠 만에 동이 날 정도"로 열렬한 호응을 얻기도 했다.

성공 스토리가 많다고 해서 성공이 보장되는 분야는 아니다. 루크 레갈부토는 "하루도 못 쉬고 온종일 일해도 동전 한 닢 손에 못 쥐는 수도 있다는 걸 각오하라"면서 "돈을 벌겠다는 생각일랑 몇 년 동안 접어두라"고 말한다. 이에 비해 노스캐롤라이나주 애슈빌에서 바이어블 컬처스를 설립한 브라이언 모스는 조금 낙관적이다. "적어도 내 경험에 의하면, 돈을 많이 벌어서 금전적인 성공을 거둘 수 있을지 아직은 의문이다. 하지만 가능성은 충분해 보인다."

10년 이상 피클 제조업에 종사하고 지금은 새로운 업체를 설립 중인 댄 로젠버그는 이렇게 경고한다.

> 발효음식 시장에는 여전히 심각한 한계가 존재한다. 물론 자연 식품 내지 농장 생산품을 향한 시장 수요는 상당하다. 그러나 이런 제품을 기존 일반 시장에 판매하려고 시도할 때 현실적으로 어떤

문제가 생기는지 냉철하게 파악하는 것이 중요하다.

자신이 발효시킨 제품을 실제로 판매하려면, 더 높은 수준의 일관성을 최대한 확보하기 위해서 노력하는 동시에, 잠재적인 고객층을 대상으로 자신의 제품이 "기존 일반 시장"의 기준과 어떻게 다른지 홍보하기 위해서 언제든 자원을 투입하겠다고 마음의 준비를 해두어야 한다.

고객에 대한 교육 내지 홍보의 필요성은 여러 발효음식 생산자들이 반복해서 강조하는 대목이다. 에린 불럭은 "여러분이 만든 제품은 저온살균해서 판매대에 진열해 두는 상품이 아니기 때문에 냉장 보관할 수밖에 없다는 점을 구매자들이 반드시 알도록 해야 한다"고 지적한다. 네이선과 에밀리 푸홀 역시 같은 생각이다. "발효 사업에 처음 뛰어드는 사람이라면 이해와 교육이 판매와 병행되어야 한다는 사실을 명심하라고 말해주고 싶다."

사업 확장

가내수공업에서 상업적 생산 수준으로 사업을 확장하려면 배워야 할 것이 많다. 댄 로젠버그는 "우리는 소금물을 쓰지 않는 채소피클의 경우 생산 규모 확대에 아무런 문제가 없었다"면서 이렇게 회상한다.

> 그러나 소금물을 활용하는 — 특히 오이피클 같은 — 제품은 염도를 맞추는 문제 때문에 생산 규모를 늘리는 것이 대단히 어렵다는 사실을 깨달았다. 우리는 1쿼트에서 15갤런으로, 다시 30갤런으로, 마지막에는 55갤런으로 딜 피클의 생산량을 늘려갔지만,

> 적정 소금량을 계산할 수 있는 확실한 공식을 끝내 도출하지 못했다. 결국 시행착오를 거듭한 끝에 최적의 염도를 어렵사리 찾아냈다. 반면, 사워크라우트는 생산량을 늘릴수록 품질과 일관성이 더불어 향상된다는 사실을 알게 되었다. 아마도 채소를 대량으로 사용할수록 젖산균의 개체수가 더 많아지기 때문에 더 활발한 발효가 이루어지는 것이 아닌가 싶다. 어쩌면 공기를 한층 확실히 차단한 덕분일 수도 있다.

미주리주 동북부에 사는 앨리슨 에월드는 일주일에 한 번씩 선물 또는 물물교환 목적으로 빵 열여덟 덩어리를 구워서 가까운 이웃들과 나눈다. 이렇게 작은 규모로 빵을 굽는 앨리슨조차 생산량을 늘릴 때 "어마어마한 장애물"을 넘어야 했다.

> 나는 온도, 습도, 제빵사들의 수익 등등 우리 집 부엌에서 빵을 만들 때 한 번도 고민해본 적 없는 여러 문제에 대해서 새로이 배워야 했다. 아울러 도, 빵, 불과 한 식구처럼 지내는 것이 가장 중요하다는 것, 살갑게 돌보고 꾸준히 관찰하면서 끊임없이 배워야 한다는 것도 배웠다.

브라이언 모스가 생산 규모를 확대하면서 겪었던 어려움은 "주로 장비와 시설, 기법에 관련된" 것이었다. 그는 다른 장소에서 다른 구성으로 만들어보았을 뿐, 생산 규모의 확대는 "완전히 새로운 적응의 연속이었다. (…) 세부적으로 살펴야 하는 문제가 너무 많았다. (…) 멘토로 삼은 선배 사업가도 없었던 터라, 나 자신의 창의성은 물론이고 다른 친구나 동업자들의 창의성까지 긁어모으면서 고된 변화의 시기를 헤쳐나가야 했다."

생산 규모를 늘리는 데 있어서 가장 큰 문제 가운데 하나는 적합한 용기를 찾아서 확보하는 것이다. 안전하고 합법적이며 효과적이고 튼튼할뿐더러 가격도 적당한 용기가 필요하기 때문이다. 소규모 업체들 중에는 비싸고 깨지기 쉬우며 무거운데도 불구하고 도자기 항아리를 사용하는 곳이 많다. 버클리에 있는 컬처드 피클 숍은 포도주 제조용으로 제작한 스테인리스 통과 함께 내용물을 내리누르는 동시에 진공상태를 유지할 수 있도록 조절 기능을 갖춘 뚜껑을 사용한다. 산성에 견딜 수 있도록 특별히 고안된 스테인리스 제품이 아니면 절대로 사용해선 안 된다. 루크 레갈부토는 "어쩔 수 없이 스테인리스 재질의 큼직한 냄비를 사용한 적이 있었다"면서 이렇게 회상한다.

> 우리는 이런 임시방편이 재앙을 초래할 수 있다는 사실을 경험으로 배웠다. 싸구려 스테인리스 냄비는 알루미늄으로 손잡이를 고정시키는 경우가 많기 때문이다. 결국 알루미늄 재질이 완전히 부식해버렸고, 우리는 발효시키던 음식을 전부 버려야 했다. 스테인리스 표면을 페인트 같은 물질로 마감한 싸구려 냄비를 사용한 적도 있었는데, 역시 문제가 생겼다.

위생 담당 공무원들은 대부분 나무로 만든 용기의 사용을 허용하지 않는다. 캐스린 루카스는 "적합한 용기를 찾는 일이 정말 어려웠다"면서 이렇게 말한다.

나무통은 (위생 관련 부서에 따르면) 사용 불가이고, 도자기 재질은 너무 무겁고 비싸다. 스테인리스 재질 역시 너무 비싼 데다 금속의 추출과정에서 환경에 부정적인 영향을 미친다. 우리는 57갤런짜리 식품용 플라스틱 통을 사용해서 음식을 발효시킨다. 정말 어려운 결정이었다. 우리는 제품을 담을 때 어떤 종류의 플라스틱도 사용하지 않기 위해서 무진 애써왔다.(소매점에 납품할 때는 재활용이 가능한 도자기 항아리에 사워크라우트를 담는다. 농산물 직판장에서는 생분해성 바이오플라스틱 용기에 담아서 판매한다.) 유해물질이 내용물에 배어들지 않는 안전한 발효 용기라고 전문가들이 여러 차례 확인해주었지만, 나무통을 사용하고 싶은 마음이 여전하다. 바이오플라스틱 업계에서 하루속히 대안을 마련해주면 좋겠다.

발효가 진행 중인 내용물에 얹어두는 누름돌 역시 식품 용도에 적합한 것을 구하기가 어렵다고 호소하는 생산자들이 있다. 댄 로젠버그는 피클이 소금물에 잠긴 상태를 유지하기 위한 누름돌을 맞춤 제작하려고 "요즘 유리 가공업자와 손잡고 식품용 유리원판을 만들어 테스트를 진행 중"이라면서 "식품용 누름돌로 적합한 기성품을 도무지 찾을 수 없었기 때문"이라고 하소연한다.

생산 규모를 확대하기에 적합한 용기를 찾았으면, 이번에는 적절한 도구를 찾을 차례다. 에린 불럭은 "믹서기를 친구라고 생각하라"고 말한다. 마코 콜비는 미도리 농장이 투자한 — 농장에서 "슈퍼 분쇄기"라는 애칭으로 불리는 — 로보쿠프사의 산업용 연속분쇄기를 가리켜 실로 놀라운 도구라고 입이 마르도록 칭찬한다. "이 기계를 이용하면 양배추 20kg을 8분 안에 썰 수 있고, 썰려 나오는 조각의 크기도 조절할 수 있다"면서 말이다. 에린 불럭과 동료들은 이렇게 썰린 재료를 140쿼트짜리 "나선형 믹서"에 넣고 갈거나 빻아서 사워크라우트를 만든다.

> 기계가 얼마나 대단한지 양배추를 20분만 갈아도 엄청난 분량의 즙을 낼 수 있다. 크라우트를 만들려고 양배추를 손으로 두드릴 필요가 전혀 없다. 우리는 믹서에 양배추를 $\frac{1}{4}$ 정도 채우고 3~5분 동안 돌린 뒤 꾹꾹 눌러서 다진 다음, 부피가 줄어든 만큼 양배추를 더 넣고 또 돌리는 방식으로 작업한다.

브라이언 모스는 pH 측정기를 구입해서 올바른 측정법을 배우고 정확히 사용함으로써 발효가 진행 중인 음식의 pH 농도를 추적관찰하는 것이 좋다고 권한다. 그러나 시작하기도 전에 값비싼 장비를 마구 사들이려고 조급하게 굴면 안 된다. 오리건주 포틀랜드에서 솔트, 파이어, 앤드 타임을 운영하는 트레사 옐리그는 작고 단순하게 시작하면서 "아쉬운 부분이 생길 때마다 장비를 업그레이드하라"고 조언한다.

어떤 종류의 음식 사업이건 간에 또 하나 고려할 사항은 포장이다. 건강과 환경에 민감한 소비자들은 비용을 더 치르더라도 플라스틱 통보다 유리병에 담긴 식품을 선호하곤 한다. 어떤 업체들은 소비자들의 반환을 촉진하기 위해서 포장 용기에 재활용 보증금을 매긴다. 옥수수 전분이 주원료인 생분해성 플라스틱 소재의 포장 용기를 사용하는 친환경 기업들도 있다. 식품 또는 발효균을 배송할 때는 포장에 신경을 더 써야 한다. 미국 전역으로 발효균을 배송하는 네이선과 에밀리 푸홀에 따르면, "발효균을 가장 신선하고 왕성한 상태로 배송하는 것은 만만치 않은 일이다. 발효균으로서는 익숙지 않은 환경에 처하는 셈이기 때문이다. 우리로서는 실험을 계속하면서 계절마다 방법을 달리하는 수밖에 없다. 아울러 배송지가 어디인지, 배송 기간이 얼마나 걸리는지, 그 기간에 온도는 몇 도나 될지 파악해야만 한다."

더 템페 숍

그레인스빌, 플로리다

내가 여행 중에 방문했던 어느 발효업체는 오랜 세월 창의적인 해법을 통해서 발전시킨 훌륭한 시스템으로 발효의 무수한 기술적 난관을 어떻게 극복해나가는지 여실히 보여주는 훌륭한 사례였다. 호세 카라발로는 1985년부터 상업적으로 템페를 만들기 시작했다. 지금은 아들딸과 함께 더 템페 숍이라는 업체를 운영 중이다. 이들은 자사의 템페를 농산물 직판장에서 판매하거나 지역 소매점 또는 레스토랑에 납품한다.

나는 그 업체의 "공장"을 견학하면서 기존의 활용 가능한 기술을 쓰는 호세의 탁월한 응용력에 깜짝 놀랐다. 그는 손이 가장 많이 가는 공정 가운데 하나인 콩 건조 작업을 단순하게 고안한 장치로 해치우고 있었다. 구멍이 숭숭 뚫린 냄비가 비스듬히 기울어진 상태로 돌아가면서 젖은 콩을 굴리면 팬으로 바람을 쐬어 말리는 식이었다. 템페를 담을 때도 구멍이 여러 개 뚫린 비닐봉지를 이용한다. 템페를 몇 개 만드는 정도라면 여러분도 핀이나 포크로 비닐봉지에 구멍을 뚫을 수 있을 것이다. 하지만 수백 개를 만든다면? 호세는 못이 튀어나온 롤러를 천공기로 활용하는 기발한 아이디어를 냈다. 호세와 식구들은 익힌 대두를 식히고 말려서 곰팡이 포자를 접종한 뒤, 이 천공기로 구멍을 뚫은 비닐봉지에 담는다. 롤러 위에 받침대를 놓고 선반을 올린 다음, 2.5cm 두께로 납작하게 만든 비닐봉지들을 얹는다.(사진 자료 참조) 그러고 나서 받침대를 배양실로 옮긴다. 템페가 섭씨 29도부터 32도에 이르는 최적의 환경에서 증식할 수 있도록 온도조절기를 부착한 난방기와 에어컨이 설치된 배양실이었다. 호세는 템페 제조 시스템을 이 정도로 가다듬기까지 수십 년이 걸렸다고 한다. 한마디로 인간이 발휘할 수 있는 불굴의 창의성을 자신의 삶으로 보여준 사람이다. 여러분도 할 수 있다!

관련 법규, 규제, 인허가

발효음식을 개인적으로 만들어 먹는 차원에서 상업적 생산 차원으로 확장할 때 가장 커다란 걸림돌 가운데 하나는 상업적 식품 생산과 관련된 복잡한 규제망이다. 소규모 업체들 중에는 규제 당국의 "레이더를 가까스로 피해가며" 법제도적 테두리 바깥에서 사업을 벌이는 사례가 없지 않다. 흙으로 빚은 오븐으로 일주일에 빵 덩어리 열여덟 개를 구워내는 앨리슨 에월드가 그런 경우다. 그는 자신이 "어떤 레이더에도 걸린 적이 없는 극소수 생산자 가운데 한 명"이라고 말한다. 플로리다에 사는 싱글 맘 진 코와키는 ("제각기 맛이 다른") 발효채소와 콤부차를 입소문만으로 일주일에 100병 정도 판매한다. 주 고객은 아이들이 다니는 학교의 학부모들과 지역 건강식품 판매점, 식품영양 연구 모임을 통해서 알게 된 사람들이다. 그는 "당분간 상업적인 차원으로 나가지 않을 생각이다. 당국의 규제를 받기 시작하면 감당하기 힘든 비용이 들기 때문이다." 루크 레갈부토와 매기 레빙어는 "식품 사업을 관청에 정식으로 등록하는 즉시, 번잡한 행정 절차에 치이고 막대한 경비에 짓눌릴 수밖에 없다"고 말한다. 시카고 벌꿀 협동조합의 마이클 톰

프슨 또한 "최대한 오랫동안 레이더에 걸리지 말고 비행하라!"고 힘주어 말한다.

식품 생산업과 관련된 인허가 절차가 산 넘어 산으로 무척 까다로워지고 사사건건 걸고넘어지는 공무원들의 간섭도 날로 심해지는 추세를 고려하면, 소규모 식품제조업 수준에서는 당국의 규제망에서 벗어난 비공식적 사업 운영이 최선책일 수 있다. 그러나 규제망을 피해서 사업을 영위하면 심각한 제약이 불가피하다. 정식으로 등록하지 않으면 마음껏 홍보할 수 없고, 홍보가 제대로 안 되면 사업을 발전시키기 어렵다. 이런 까닭에 세계 각지의 무수한 사람이, 그 사업의 규모를 막론하고, 기존의 법제도적 규제의 벽을 어떻게든 뛰어넘어가면서 음식과 음료를 발효시켜 판매하는 사업을 꾸려가고 있다.

이 규제망은 대체로 소규모 사업보다는 대규모 사업에 초점을 맞추면서 진화를 거듭하고 있다. 미국 식품의약국FDA은 2011년에 식품안전 현대화법Food Safety Modernization Act이 제정되면서 "식품 공급 업계 전반에 포괄적, 과학적, 예방적 통제를 부과할 수 있는 합법적 권한을 획득했다."[1] 극히 작은 규모를 제외한 모든 식품 생산업자들은 해섭HACCP으로 널리 알려진 식품위해요소중점관리기준을 따라야 한다.

해섭이란 아래 일곱 가지 원칙을 바탕으로 식품 안전을 위협하는 요소들을 파악, 평가, 통제하기 위한 체계적인 접근법이다.

원칙 1: 위해 요소 분석

원칙 2: 중요관리점CCP 결정

원칙 3: CCP 한계 기준 설정

원칙 4: CCP 모니터링 체계 확립

원칙 5: 개선 조치 수립

원칙 6: 검증 절차 수립

원칙 7: 문서화 및 기록 유지 절차 수립[2]

해섭은 대기업, 나아가 중간 규모의 기업도 활용할 수 있는 훌륭한 방법론이다. 그러나 소규모 업체나 개인 또는 동업자 관계, 가족, 시간제 종업원을 한두 명 고용하는 업체를 향해서 이 정도로 형식을 갖추라고 요구하는 것은 무리다. 소규모 생산자가 감당하기 어려운 수준이기 때문이다. 나는 몇 년 전 캘리포니아에서 염소를 키우며 치즈를 만드는 패스칼과 에릭을 찾아간 적이 있다. 두 동업자는 해섭이라는 망령이 엄습한 탓에 꿈을 포기할 수밖에 없었다고 했다. 에릭은 "해섭이 요구하는 모든 테스트를 거치고 서류 작업을 해치우려면 일주일에 25~30시간이 걸린다"면서 이렇게 설명한다.

> 아울러 시간제 직원을 위해서 미국장애인법ADA 규정에 부합하는 화장실과 탈의실, 휴게실을 마련해야 하고, 모든 장비를 완벽하게 갖춘 실험실도 필요하다. 급여와 산재보험료, 자체 실험비 및 외부 기관의 미생물 실험비까지 합하면 1년에 5만 달러가 들어간다. 우리가 1년에 생산하는 치즈가 2.3t이다. 치즈 제조업체가 매년 23~46t 정도를 꾸준히 생산해야만 버틸 수 있는 까닭이 여기에 있다고 생각한다.

2011년에 제정된 식품안전법은 총매출 50만 달러 이하에 직접 판매를 주로 하는 경우 HACCP 인증을 면제한다고 명시하고 있다. 그러나 일부 지역에서는, 특히 육류와 우유의 경우, 엄격한 규정이 적용된다.

미국 식품의약국은 생우유 치즈에 관한 정책을 반복적으로 재검토해왔다. 60일 이상 숙성시키는 한 생우유를 활용한 치즈 제조를 허용한다는 내용으로, 1940년대 이후로 명맥을 이어온, 다소 임의적이지만 합리적인 정책이다. 정부가 재검토에 나설 때마다 많은 생산자와 마니아들은 생우유 치즈 생산이 전면 금지당할지 모른다고 걱정한다. 『뉴욕타임스』 보도에 따르면, 10년 전에는 FDA가 재검토에 착수했다가 "많은 치즈 애호가가 우려하던 외국산 생우유 치즈에 대한 수입 금지 조치가 과연 내려질 것인지 뜨거운 관심을 불러일으킨 뒤에" 보류하더니, "지금은 장인이 만든 치즈가 붐을 일으키는 마당에 국내산 생우유 치즈를 정조준하고 있다."[3]

아메리카 생우유 치즈 프레지디아는 슬로푸드재단과 생우유 치즈 생산자 협회의 합작품이다. 프레지디아 회원 자격을 유지하려면, 해섭 계획은 물론 FDA 기준보다 훨씬 까다로운 박테리아 실험 등 엄격한 요건들을 자발적으로 지켜야 한다.[4] 대규모 생산업체들은 명료하고도 과학적인 요건들을 얼마든지 수용할 테지만, 소규모 업체라면 사정이 다르다. 규모가 작아도 자금력이 상당한 업체들이 있을 것이다. 그러나 이와 같은 규정을 준수하는 것이 아예 불가능하거나 큰 부담으로 작용하는 업체도 많다. 소규모 낙농업자는 대규모 낙농업자보다 건강한 가축, 위생적인 작업, 식품 안전성이 덜 중요하다는 말을 하려는 것이 아니다. 다만, 요건의 충족을 부담스럽게 만드는 작은 농장들의 그 제한적 규모가 위험의 가능성과 규모 역시 제한한다고 본다. 소규모 농장의 식품 생산을 비현실적으로 만드는 각종 규제는 바람직하지 않다.

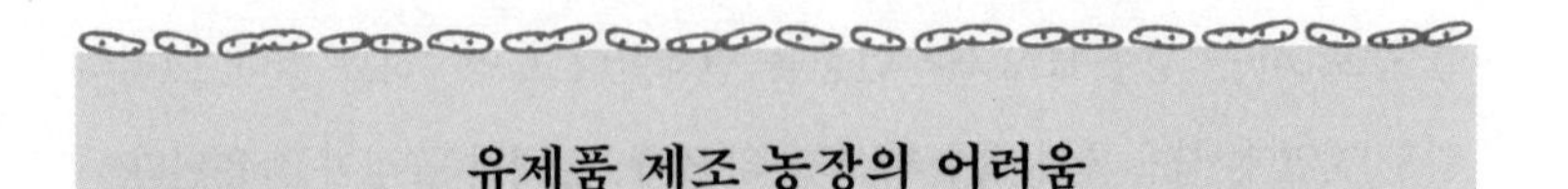

유제품 제조 농장의 어려움

네이선 아널드는 테네시주 스쿼치 카운티에 스쿼치 코브 크리머리라는 이름으로 농장을 차리고 치즈를 만들기 시작했다. 하지만 첫 번째 치즈 샘플을 주 농무부에 보내고 나서 좌절감을 맛봐야 했다. 당국의 실험 결과 리스테리아균Listeria monocytogenes이 검출되었기 때문이다. 두 번째 샘플 역시 황색포도상구균Staphylococcus aureus이 나왔다는 통보를 받았다. 주 당국은 판매를 금지할 정도로 심각한 수준은 아닌 데다, 박테리아가 생성하는 장내 독소 역시 전혀 발견되지 않은 만큼, 치즈를 판매할지 폐기할지 여부는 "경영상의 판단"에 달렸다고 덧붙였다. 안전한 쪽을 택하기로 결심한 네이선은 결국 치즈를 폐기하고 말았다. 나아가 이 농장은 황색포도상구균 양성반응을 보인 젖소들을 도태시켰다. 유기농 인증을 받은 농장이 항생제를 투여하면서 젖소를 키울 수는 없었기 때문이다. 네이선은 신참 치즈 제조자들에게 황색포도상구균 검사를 통과한 젖소를 키우라고 조언한다. 젖소를 데려오자마자 젖꼭지 하나하나를 검사하고, 이후로 매달 같은 검사를 실시하라는 것이다. 여기서 끝이 아니다. 치즈를 만들 때는 사흘 간격으로 황색포도상구균과 리스테리아균 검사를 실시하고, 최종 생산품에 대해서도 같은 검사를 실시하며, 제조 탱크에서 채취한 샘플 역시 매달 검사해야 한다. 여기에 더해서 프랑스인에게 치즈 제조 기술 자문을 받아가며 자발적인 HACCP 계획을 수립함으로써 유제품의 세균 오염 문제를 해결할 수 있었다는 것이 네이선의 설명이다. 그는 이와 같은 자사의 노력을 망라해서 "책임성을 입증하기 위한 선행적 대책"이라고 표현한다.

네이선과 직원들은 이제 치즈를 제대로 만드는 법에 정통했다. 지금은 자사에서 만든 치즈를 최대한 남김없이 판매하는 문제로 고민 중이다. 동굴 같은 환경을 갖춘 저장 공간을 추가로 확보하는 동시에 판로를 더 많이 개척해야 하는 과제가 떨어진 것이다. 그는 지난날을 돌이켜보면서 이렇게 말한다. "짧은 기간 동안 많은 것을 배우고 많은 것을 깨달았습니다!" 이 농장은 그동안 세균 검사에 많은 돈을 쏟아 부었고, 지금도 총수입의 4% 이상을 검사 비용으로 지출하고 있다. 사업 출범 2년째로 접어든 네이선은 "일정한 품질, 판로 확대, 수익 창출"이라는 자신의 목표가 5주년 전후로 달성될 것으로 내다보고 있다.

당국의 규제에 관한 경험은 사람마다 크게 다르다. 에린 불럭은 "당국의 요구 사항은 우리가 만드는 제품의 종류와 아무런 상관없이 획일적으로 보였다"고 기억한다. 마코 콜비는 "사실 우리 제품들은 (통조림이 아니라) 살아 있는 발효음식이기 때문에 오히려 허가를 쉽게 받았다"고 말한다. 버지니아주에서 콤부차를 상업적으로 생산하려고 시도했던 퍼트리샤 그루나우는 "문전박대를 당하다시피 하며 발걸음을 돌릴 때마다 좌절감을 느꼈다"고 털어놓는다. 플로리다주에서 템페를 만드는 아트 가이는 "때로는 산업/정부 전체가 사업을 가로막는 느낌이 들었다"고 회상한다.

단속 당국의 노골적인 적대감에 당황하는 신생 업체들도 있다. 캘리포니아주 마린 카운티에서 와일드 웨스트 퍼먼트를 운영하는 루크 레갈부토는 "얼마 전 가슴이 철렁 내려앉는 사건이 있었다"면서 이렇게 말한다.

하루는 평상복 차림의 어느 사내가 나를 찾아왔다. 그는 경찰 배지를 슬쩍 내보이더니 물어볼 것이 있다며 나를 한쪽 구석으로 데려갔다. 그러고는 협박 전술로 나를 겁주기 시작하더니, 곤경

> 에 처하면 도와줄 수도 있다는 묘한 말까지 꺼냈다. (…) 그는 "당신이 어디 사는지 알고 있다, 영장을 신청할 수도 있다"거나 "너희 하는 짓거리가 영 마음에 안 들어서 쫄딱 망하게 만들고 싶어 하는 단속 부서가 몇 군데나 된다"는 식의 이야기를 지껄여댔다. 나는 정확히 뭐가 문제냐고 따져 물었지만, 모호한 대답만 돌아올 뿐이었다. 모종의 불평/우려가 있다는 이야기, 우리 제품에 식중독 균이 들었을 것이라고 사람들이 걱정한다는 이야기 같았다. 하여간 이런 이유로 우리 제품의 샘플을 채취해서 자동차로 몇 시간 걸리는 실험실에 곧장 가야 하니 다음 주 월요일 아침에 보자는 것이었다. 그래서 내가 우리 제품은 발효시킨 것이어서 보툴리누스 식중독을 걱정할 필요가 없다는 말로 응수했다. 그는 어안이 벙벙한 표정으로 나를 바라볼 뿐이었다. 나는 특별조사관이라는 그 사람의 말이 영 미덥지 않았지만, 월요일 아침에 다시 만나서 샘플을 건넸다. 그러면서 우리 제품은 통조림이 아니라 생발효 식품이므로 냉장 보관이 필요하다고 다시 한번 설명했다. 이번 설명은 먹혀들었는지, 내 말을 들은 그가 상관에게 전화를 걸어 몇 마디 주고받고는 오해였다면서 조사를 취소하겠다고 말했다. 하지만 이 사건은 관계 당국의 주의를 환기시키는 결과로 이어졌고, 이후로 주 보건소가 우리의 모호한 식품 제조과정에 대해서 특별한 관심을 지속적으로 두기 시작했다. 그들은 요즘도 우리를 귀찮게 하려고 없는 시간까지 쪼개가며 부지런을 떠는 것 같다.

루크가 얻은 교훈: "보건 당국과는 웬만하면 소통하지 않는 것이 최선이다."

발효 사업의 인허가를 얻으려다가 발효과정에 대한 지식이나 이해도가 극히 낮은 공무원을 상대하는 사람도 많다. 브라이언 모스는 "규제 부서 공무원들 중에는 이와 같은 식품 제조업에 대해서 잘 모르는 사람이 적지 않다"면서 "보험사 직원들 역시 마찬가지"라고 말한다. 에이프릴 맥그리거는 "명확한 규정이 없어서 미칠 지경"이라고 하소연하기도 한다. "내가 접수한 신청서를 놓고 노스캐롤라이나주 농무부가 어쩔 줄 몰라 했다"는 것이다.

> 발효음식과 관련된 업무를 겪어본 적이 한 번도 없었던 주정부 담당 부서 공무원들로서는 도리어 나를 따라다니면서 배워야 했다. 신청자인 내가 승인을 밀어붙여서 산성화 식품의 판매 허가를 따냈는데, 나중에 알고 보니 발효식품은 '자연적으로 산성화한 식품'으로 분류되기 때문에 판매 허가를 받을 필요가 없는 것이었다. 결국 그들은 내가 pH 측정기를 구매해서 모든 생산품의 pH 농도를 측정하고 그 수치를 장부에 기록해야 판매할 수 있다는 결정만 덧붙였을 뿐이다.

규제 담당자를 거꾸로 가르치면서 품질과 안전성의 입증 방법을 스스로 찾아야 했던 사례는 또 있다. 이름을 밝히지 말아달라고 한 어느 생산자는 "우리가 상대했던 연방, 주, 카운티의 규제 담당 부서 공무원들은 젖산발효에 관한 사전 지식이 거의 없는 것 같았다"면서 이렇게 말했다.

> 그러나 우리는 이런 어려움을 소통으로 극복할 수 있다는 사실을 일찌감치 깨달았다. 우리가 젖산발효에 대해서 알고 있는 내용을 확신에 찬 어조로 설명하면, 우리 일에 대한 공무원들의 신뢰

를 얻을 수 있다는 사실 말이다. 그 결과 우리가 상대한 담당 부서 공무원들은 발효가 끝날 때마다 pH 농도를 기록으로 남기라고 요구할 뿐, (HACCP, FDA 산성화 식품 관련 규정 등) 엄격한 규제 사항을 지키라고 강요하지 않았다.

생산하고자 하는 발효음식의 안전성과 관련된 서류를 제출하라는 요구가 떨어질 수도 있다. 루크 레갈부토는 자신이 생산한 제품과 비교가 가능한 "이미 시중에 나와 있는 유명한 제품의 목록"을 작성하라고 조언한다. 공무원들을 설득하는 데 도움이 될 만한 학자들의 명단을 첨부한 생산자들도 있다. 캐스린 루카스는 "캘리포니아 주정부는 우리가 만드는 '저염도' 크라우트에 대해서 크게 우려했는데, 사실 소금 비율이 (1.5%로) 전혀 낮지 않은 크라우트였다"면서 이렇게 말한다.

그들은 캘리포니아대학 데이비스 캠퍼스의 어느 미생물학자에게 내 레시피들을 검증받으라고 요구했다. 해당 미생물학자는 다시 프레드 브레이트 박사를 소개해주었다. 박사는 사워크라우트 전문가로 알려진 미생물학자였다.(노스캐롤라이나주립대학) 그는 믿음직한 동맹군이 돼주었고, 조금 이상해 보일 수 있는 레시피로 젖산발효의 한계를 넓히고자 할 때 조언을 해주기도 했다. 이 부분을 제외하면 공무원들은 나를 아주 편하게 대해주었다. 특히 브레이트 박사한테서 사워크라우트와 관련된 식중독 사건은 한 번도 없었으며 젖산발효는 음식을 보존하는 가장 안전한 방법 가운데 하나라는 이야기를 듣고 나서는 그야말로 일사천리였다.

발효의 유효성과 안전성을 입증하는 것은 대개 쉬운 일이다. 역사적,

생물학적 사실들을 통해서 뒷받침할 수 있기 때문이다. 자료를 확보해서 제시하자. 그러면 아마도 제니퍼 드 마코와 비슷한 일을 경험할 것이다. "조사관들의 주된 목적이 우리의 성공을 돕는 것이라고 느꼈다. 여기서 성공이란 소비자들이 최대한 안전하게 생산한 음식을 즐기는 것이다. 두말하면 잔소리다! 사실 그들은 발효에 대해서 배우는 것이 즐거웠던 모양이다. 집에 가서 식구들과 함께 크라우트를 만들었다는 이야기도 들었으니 말이다."

알코올음료나 우유, 육류 제품, 유기농 인증에 관해서는 한층 꼼꼼하고 전문적인 규제가 많다. 미국에서 알코올음료 제조업은 연방정부 재무부 산하 주류담배화기단속국ATF과 주류담배세금무역국TTB과 주정부 산하 유사 기관을 비롯한 여러 부서가 엄격하게 통제 및 규제를 하면서 세금을 매긴다. 서로 한몫하겠다고 애쓰는 모양새다!

이들 부서가 관심을 두는 내용 가운데 하나는 알코올 생산업을 소유하고 통제하는 사람이 정확히 누구인지다. 래피얼 라이언스는 인라이튼먼트 와인스사를 "공동체 지원 알코올"이라고 홍보하면서 양조장의 "지분"을 사라고 신청자를 모집했다. 라이언스는 자신의 이례적인 사업 모델이 유명한 블로그 몇 군데에 실린 뒤, 뉴욕주 주류 당국으로부터 "허가받은 사업의 범위"와 관련해 엄중한 메시지를 받았다. "세 가지 복합적인 사업으로 매년 '배당금'을 주기로 약속하고 자기 양조장의 '지분'을 넘기는 행위는 절대로 불가하다, 허가받은 주체가 양조장의 일부만을 소유한다는 것은 허가 사항 위반에 해당된다"는 내용이었다.

몇몇 발효업체는 규제와 관련해서 가장 어려운 문제가 유기농 인증이라고 말한다. 마코 콜비는 "가공식품에 대해서 유기농 인증을 받으려면 서류 더미에 파묻혀 살아야 한다"고 말한다. "거의 모든 재료를 농장에서 키우는데 뭐가 어렵냐고요? 천만에! 농장에서 주방으로 가져오는 재료 하나하나에 대해서 송장을 작성하랍니다. 이게 뭡니까?"
재료들 외에도 제조 장비 역시 다 유기농 인증을 받아야 한다. 일반적인 사례는 아니지만, 예컨대 소규모 사과주 생산자가 유기농 사과를 대규모 생산 시설로 가져갈 경우, 생산 시설이 유기농 인증을 받지 못하면 거기서 만든 사과주 역시 유기농 인증을 받을 수 없다.

또 다른 사업 모델: 농장 기반 사업, 다각화, 전문화

사람들은 대단히 다양한 비전을 설정하고 발효 사업에 뛰어든다. 어떤 사람은 거창한 포부 없이 작은 규모로 약간의 돈을 버는 개인 사업을 꿈꾼다. 또 어떤 사람은 큰 기업을 일으킬 생각에 가슴이 한껏 부풀기도 한다. 농장 운영에 보탬이 되는 차원에서, 다시 말하면 농장 생산품으로 부가가치를 창출하기 위해서 사업을 시작하는 사람들도 있고, 틈새시장을 노리고 아주 구체적인 사업 계획을 짜는 사람들도 있다. 식당 또는 식료품 공급업 같은 폭넓은 식품 사업의 일부로 발효 사업에 뛰어드는 사람들도 있다. 어느 한 가지 사업 모델만을 콕 집어서 정답이라고 말할 수 없다.

역사적으로 발효의 수많은 영역이 탄생한 곳은 농장이다. 포도주 양조는 늘 포도 재배의 연속선상에서 이루어졌고, 치즈 제조는 줄곧 목축업과 떼려야 뗄 수 없는 관계를 맺어왔다. 물론 농업의 시대, 산업화 시대를 거친 오늘날의 우리에게 포도주와 치즈는 다른 모든 음식과 마찬가지로 농장이 아닌 곳에서 대량으로 생산되는 상품이다. 그러나 지금 이 순간에도 이 두 식품은 물론 사과주, 발효채소 등 수많은 발효음식을 수많은 발효운동가가 자신의 농장에서 손수 만들고 있다.

위스콘신주 비올라에 사는 마크 셰퍼드는 영속농업permaculture이라는 개념을 바탕으로 관습에 얽매이지 않고 농장을 운영하면서 개암나무, 밤나무, 사과나무 등 다양한 작물을 식구들과 함께 재배하고 있다. 수확한 사과 중에서 상품은 판매하고 땅바닥에 떨어졌거나 흠이 있는 것은 따로 모아서 사과주로 발효시킨다. 마크는 2010년에 "4년 뒤, 마침내 우리는 농작물에 부가가치를 더한 상품 (…) 발효사과주를 합법적으로 판매할 수 있게 되었다!"고 선언했다. 버몬트주에 위치한 플랙 패밀리 팜은 채소, 우유, 육류 등 여러 식품을 생산하는 곳이다. 농장 주인들은 매년 가을 친구들과 이웃을 초대해서 채소를 씻고 썰어 나무통에 집어넣는 작업을 공동으로 진행한다. 그러면 참가자들은 수고한 대가로 썰린 채소를 한 양동이씩 집으로 가져다가 발효시킬 수 있어서 좋고, 농장 사람들은 지인들의 도움으로 채소밭을 안정적인 상품으로 변환시켜 연중 내내 판매할 수 있어서 좋다. 미시간주 트래버스시에 사는 낸시와 팻 컬리는 "씨앗을 뿌리고 키워서 수확한 뒤 마무리하기까지, 우리 농장에서 모든 것이 이루어진 발효음식을 만든다"면서, 이와 같은 그들만의 사업 방식에 파먼테이션FARM-entation이라는 멋진 이름을 붙였다.

"직접 키운 농작물로 발효음식을 만들자!" 생강을 비롯한 양념 재료를 제외하고 발효 대상이 되는 모든 채소를 자신이 운영하는 미도리 농장에서 재배하는 마크 콜비의 외침이다. "신선한 농작물을 재료로 삼아야 뛰어난 발효음식을 만들 수 있기 때문이다." 내 친구 브라이언 가이어는 켄터키주 프랭크포트에서 손수 재배한 채소를 발효시켜 사워파워라는 브랜드로 판매하면서 자신의 사업을 재배자-생산자 협동조합으로 확장시키는 꿈을 꾸고 있다.

> 내 꿈은 우리가 재배하는 분량 이상으로 가공해서 판매할 수 있는 수준만큼 이 사업을 키우는 것이다. 그리고 다른 유기농 재배자들을 소유주와 생산자로 성장시키는 것이다. (…) 그때가 되면 지금 사용하는 [공유 인큐베이터—원주] 주방으로는 비좁을 것이다. 그래서 문명의 이기를 전혀 사용하지 않는, 발효 용기와 저장 용기를 보관할 지하저장고가 딸린 상업적인 주방을 만들어야 할 것이다. 이런 목표를 달성하려면 해야 할 일이 아주 많을 것이다. 각종 규제도 뒤따를 것이다. 하지만 얼마든지 가능하다고 생각한다. 정말 멋지지 않은가!

작은 사업을 시작하는 대다수 기업가처럼, 브라이언 역시 꿈이 크다. 실제로 출범과 동시에 급성장하는 발효업체들이 있다. 캘리포니아주 힐즈버그에서 알렉산더 밸리 구르메를 운영하는 데이브 에레스는 "우리 회사는 5년 전에 차고에서 1인 기업으로 출범했다"면서 "지금은 직원이 두 명이고, 아마도 올해 안에 생산량이 두 배로 증가할 것"이라고 말한다. 캐스린 루카스의 팜하우스 컬처는 불과 2년 만에 캘리포니아 북부의 농산물 직판장 9곳과 소매점 58곳으로 판로를 확장했고, 지금은 캘리포니아 남부 시장을 개척하고 있다. 루카스의 성장 비전은 제품의 전국적 유통이 아니라 "다양한 지역에 거점을 구축하고, 그 지역에서 풍부하게 나오는 재료로 레시피를 개발하며, 그렇게 만든 사워크라우트를 그 지역에서만 판매하는 방식으로 사업을 확장"하는 것이다.

모든 발효 사업가가 사업의 성장을 열망하는 것은 아니다. 에이프릴 맥그리거는 "내 사업은 여전히 아주 작고, 사업을 키워야 할지 말지, 키우려면 어떻게 해야 하는지를 놓고 매일 씨름한다"고 털어놓는다.

> 지금처럼 작은 규모를 유지한다는 것은 내 주방에서 내 손으로 제품을 만들고 검사 작업까지 직접 진행해야 한다는 뜻이다. 덕분에 일정한 품질을 유지할 수 있지만 말이다. 요즘은 부엌이 온갖 물건으로 터져버릴 지경이다. 그러면 새로운 장소를 물색해야 하고 허가도 새로 받아야 한다.(그렇게 되면 앞으로는 농무국이 아니라 보건국을 상대해야 할 것이다.)

소규모 발효 사업가들 중에는 사업의 성장을 원치 않는다고 잘라 말하는 사람들도 있다. 래피얼 라이언스는 "소규모를 유지하는 것은 기술적 고려나 사업적 판단을 넘어서는 문제"라고 목소리를 높이면서 "나로서는, 작은 규모를 고수한 덕분에 급진적인 실험을 끊임없이 이어가는 변혁적 면모를 잃지 않을 수 있었다"고 말한다.

그러나 사업이 당초 계획과 반대되는 방향으로 치닫는 일도 자주 일어난다. 실험적인 분위기에서 사업을 추진하다가 틈새시장을 발견하고 사업을 특화하는 사람들이 여기에 해당된다. DIY 발효운동에 기여하는 한 가지 흥미로운 틈새시장은 발효균을 배양해서 판매하는 사업이다. 어느 발효균 제조업체의 경우, 판매하는 배양균 자체가 음식이 아니라는 사실 덕분에 규제 담당 공무원들을 상대할 필요가 아예 없었다. "엄밀하게 말해 식품 제조업이 아니라서 인허가를 추진한 적이 없기 때문이다."

내가 아는 발효업체 가운데 캘리포니아주 시배스터폴에 위치한 세리스 커뮤니티 프로젝트라는 곳은 애초에 비영리단체로 첫걸음을 내딛었다. "청소년들에게 건강한 음식을 직접 키우고 만드는 기회를 제공하며, 암 환자 등 치명적인 질병으로 고통받는 사람들에게 영양가 높은 음식을 공급하고, 공동체 구성원들을 대상으로 음식과 치유와 행복의 상관관계를 교육하는 통합적 모델을 바탕으로 굴러가던 단체였다." 이처럼 광범위한 사업 목표 아래로 가지를 뻗은 것이 사워크라우트 제조 사업이었다. 청소년 자원봉사자들이 암 환자들을 위해서 만들던 음식 가운데 하나였던 것이다. 그들이 만든 사워크라우트가 인기를 끌자, 이 단체는 홀푸드를 비롯한 지역 소매점을 통해서 판매하기 시작했다. 지금은 사워크라우트 판매 수익금으로 공동체 지원활동에 필요한 비용을 충당하고 있다.

다양성을 즐기는 사람들을 위한 또 다른 사업 모델은 커뮤니티 지원 농업community supported agriculture, CSA에서 영감을 얻은 "커뮤니티 지원 주방CSK"이다. 전자가 생채소를 공급한다면, 후자는 만들어진 음식을 공급한다는 차이점이 있다. 다양한 발효음식을 요일별로 내놓고 소비자가 골라서 구매하는 방식이다. 캘리포니아주 버클리에 위치한 스리 스톤 허스라는 곳에서 처음 제시한 이 사업 모델은 현재 전국 각지로 급속히 확산되는 중이다. 이보다 전통적이라고 할 수 있는 음식 공급 서비스도 있다. 뉴욕주 뉴팔츠에 사는 내 친구 래거스타 이어우드는 템페와 크라우트, 미소, 식초 등을 직접 만들어 공급하는 채식주의 음식 사업을 벌이고 있다. 직접 만든 발효음식을 메뉴에 올리는 식당들 역시 적지 않다.

• • •

지금까지 발효를 향한 열정을 생계 문제와 결부시키려고 노력하는 사람들의 이야기를 개괄적으로 살펴보았다. 나는 발효를 기반으로 사업을 시작하고자 하는 이들에게 다른 사람들은 어떤 식으로 사업을 일으켰는지 최대한 많이 배우라고 조언하고 싶다. 가능하다면, 자신이 사랑하는 제품의 생산자 또는 장인에게 부탁해서 도제처럼 일을 배우는 것도 좋다. 생산자들과 인간관계를 형성하자. 그저 몇 마디 대화를 나누는 것도 좋고, 사업장을 방문하는 것도 좋다. 자기만의 길을 계획할 때 훌륭한 참고가 될 수 있다. 여러분을 잠재적인 경쟁자로 여기고 정보 공유를 꺼리는 생산자들도 있을 것이다. 괜찮다. 다른 생산자와 접촉하면 된다. 진정어린 관심으로 다가선다면, 자기만의 기법과 체계를 기꺼이 공유해줄 사람이 적지 않을 것이다.

무엇보다 발효음식을 사랑하는 사람들에게 용기를 내라고, 사업적으로 자립할 방법을 부지런히 찾아보라고 응원하고 싶다. 발효는 여러분을 성공과 명예의 길로 인도할 수도 있다. 지역농업 부흥운동이 음식의 재지역화라는 큰 흐름으로 이어지는 상황이니만큼, 발효음식을 만들고 제품화하는 개인 또는 업체에 대한 수요와 지원이 꾸준히 증가할 수밖에 없기 때문이다.

14장

비음식 분야의 발효

사일리지
비료
인디고 염색
오두막

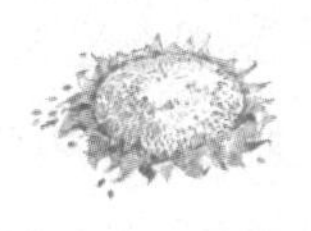

미생물은 사물을 변화시키는 힘을 지녔다. 하지만 사람들은 그 힘을 대개 음식이나 음료를 만들어 소비하는 목적으로 이용해왔다. 이번 장에서는 음식 이외의 분야에서 (호기성 미생물과 혐기성 미생물의 작용을 모두 아우르는 광의의) 발효를 어떻게 응용할 수 있는지 살피도록 하자. 발효를 응용하는 비음식 부문으로는 크게 농업, 토양 및 수질의 개선(미생물에 의한 환경 정화), 폐기물 배출 경로 관리, 섬유 및 건축 기술, 에너지 생산, 의약품과 피부 관리 제품을 들 수 있다.

농업

발효는 토양 비옥화, 씨앗 비축, 가축 사료 저장, 해충 억제 등 농업의 여러 부문에서 활용되고 있다.

1. 퇴비

박테리아와 곰팡이는 부엌과 텃밭에서 나오는 음식물 찌꺼기, 이파리, 나무, 거름, 지푸라기, 풀 등 사실상 모든 유기물질을 부엽토로 변화시킨다. 우리는 이 부엽토로 토양을 기름지게 되살릴 수 있다. 퇴비를 만드는 방법은 무척 다양하다. 심지어 특별한 방법을 동원하지 않더라도 유기물 찌꺼기를 쌓아두면 저절로 분해된다. 그러나 이 찌꺼기 더미는 여러분이 선택하는 방법에 따라서 악취를 풍길 수도 있고 좋은 냄새가 날 수도 있다. 상당한 열을 발생시킬 수도 있고 그렇지 않을 수도 있다. 빠르게 분해할 수도 있고 느리게 분해할 수도 있으며, 혐기성 미생물 환경을 조성할 수도 있고 호기성 미생물 환경을 조성할 수도 있다.

미생물 접종과 영양소 모두가 퇴비의 '재료'를 원천으로 삼는다. 일반적으로 이 재료가 다양할수록 더 좋은 결과를 얻을 수 있다. 사람들은 퇴비의 재료에 대해서 이야기할 때 탄소와 질소의 균형을 중시한다. 탄소는 살아 있는 모든 세포를 구성하는 중요한 요소다. 질소 역시 필수 불가결하다. 그러나 탄소-질소 비율은 유기물질의 종류에 따라서 다양하다. 나무는 푸른 잎사귀가 주성분인 거름에 비해서 질소 함량이 매우 낮다. 따라서 다양한 미생물이 빠르게 증식할 수 있는 환경을 조성하려면 질소 함량이 높은 재료와 질소 함량이 낮은 재료를 섞어야 한다. 음식물 찌꺼기는 상대적으로 질소가 풍부한 편이다. 톱밥이나 나무 부스러기, 지푸라기, 종이처럼 메마르고 질소가 적은 물질에 음식물 찌꺼기를 섞는 것이 최선인 것도 이 때문이다. 미국 농무부의 관련 규정을 보면, 퇴비를 하나의 과정으로 정의하면서, 모든 재료를 처음 혼합했을 때 탄소:질소가 25:1~40:1 비율을 이룬다고 나온다. 상업적 생산업체나 꼼꼼한 개인들, 인증받은 유기농 농장은 각각의 재료를 얼마나 투입해야 탄소:질소의 평균 비율이 그 범위에 들어갈 수 있는지 계산한다. 인터넷에 들어가면 탄소:질소 비율을 재료별로 정리한 도표를 얼마든지 구할 수 있다.

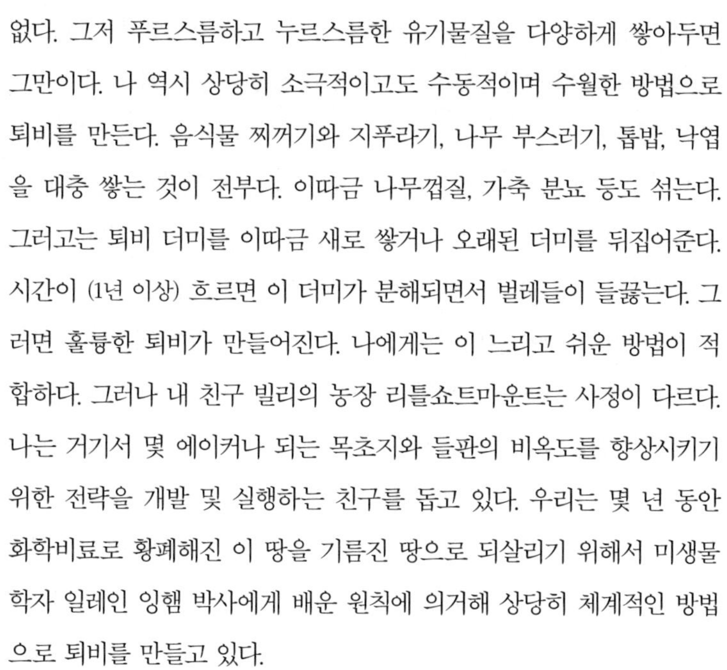

자기 집 뒷마당에서 퇴비를 조금씩 만들 때는 탄소:질소 비율에 집착할 하등의 이유가 없다. 그저 푸르스름하고 누르스름한 유기물질을 다양하게 쌓아두면 그만이다. 나 역시 상당히 소극적이고도 수동적이며 수월한 방법으로 퇴비를 만든다. 음식물 찌꺼기와 지푸라기, 나무 부스러기, 톱밥, 낙엽을 대충 쌓는 것이 전부다. 이따금 나무껍질, 가축 분뇨 등도 섞는다. 그러고는 퇴비 더미를 이따금 새로 쌓거나 오래된 더미를 뒤집어준다. 시간이 (1년 이상) 흐르면 이 더미가 분해되면서 벌레들이 들끓는다. 그러면 훌륭한 퇴비가 만들어진다. 나에게는 이 느리고 쉬운 방법이 적합하다. 그러나 내 친구 빌리의 농장 리틀쇼트마운트는 사정이 다르다. 나는 거기서 몇 에이커나 되는 목초지와 들판의 비옥도를 향상시키기 위한 전략을 개발 및 실행하는 친구를 돕고 있다. 우리는 몇 년 동안 화학비료로 황폐해진 이 땅을 기름진 땅으로 되살리기 위해서 미생물학자 일레인 잉햄 박사에게 배운 원칙에 의거해 상당히 체계적인 방법으로 퇴비를 만들고 있다.

잉햄 박사는 토양의 비옥도를 높이려면 호기성 미생물의 성장을 촉진하는 퇴비 제조법을 따르는 것이 좋다고 추천한다. 이는 발효가 혐기성 대사 작용이라는 정의에 입각해, 발효과정의 개입을 기술적으로 차단한 상태에서 퇴비를 만드는 기법이다. 잉햄 박사는 식물이 호기성 토양 환경에서 질소를 비롯한 주요 영양소들을 가장 원활하게 흡수한다고 설명한다. 맞는 말이다. 공기가 표토에 가로막히지 않고 잘 통할 수 있는 구조를 갖춘 땅이 가장 비옥하다. 박사는 호기성 박테리아와 곰팡이가 모든 물질에 "아교처럼" 들러붙어 토양을 결속시킴으로써 수분 유지에 도움이 되고 유출 및 침식에 대한 저항력을 높여주는 '초미세 구조'를 형성한다고 지적한다. 박사는 호기성 미생물의 이점을 설명하는 한편 우리가 사랑하는 알코올뿐만 아니라 포름알데히드, 휘발성 산, 페놀 등 혐기성(발효) 미생물의 특정 부산물이 식물에 독소가 될 수 있다고 경고한다. 호기성 퇴비는 은은하고 구수한 향기가 나는 반면, 혐기성 퇴비는 (꼭 그런 것은 아니지만) 시궁창 같은 썩은 내가 진동할 수 있다.

호기성 퇴비 더미는, 최소 0.76m^3 크기에 물이 질척거리지 않고 축축하게 젖은 상태라면, 상당한 열을 필연적으로 발생시킬 것이다. 이는 이로운 현상으로 여기는 것이 보통이다. 섭씨 55도가 넘는 온도가 유지되면 퇴비 더미에 들어 있는 잡초 씨앗이나 병원성 박테리아, 해충 따위를 죽이는 동시에 퇴비화를 촉진할 수 있기 때문이다. 미생물은 이상적인 증식 조건이 주어지면 대사 작용을 부지런히 진행함으로써 열을 발생시킨다. 다만, 퇴비 더미 중심부가 섭씨 70도 이상으로 지나치게 뜨거워지면, 산소와 자유롭게 접촉할 수 없는 중심부에서 산화적(호기성) 대사 작용이 이루어지는 대신에 '혐기성 환경'이 조성된다는 점이 문제가 된다.

호기성 퇴비에서 열이 나는 것은 믿기 어려울 만큼 놀라운 장면이다. 이러저러한 재료를 뒤섞어서 열을 낸다는 것이 흡사 연금술사의 비법 같아서 신비로운 느낌마저 든다. 심지어 퇴비 더미에 묻어서 음식을 익힌다거나, 그 열로 온실을 덥힌다는 이야기도 들은 적이 있다. 그러나 김이 모락모락 피어오르는 퇴비 더미는 주의 깊게 살펴야 한다. 중심부의 온도가 섭씨 66도를 넘어서면 일부러 짬을 내서라도 뒤집어줘야 한다. 그러면 중심부에 축적된 열을 방출시키고 신선한 공기를 쏘이는 효과가 있다. 아울러 퇴비를 구성하는 여러 요소와 미생물이 구석구석 고르게 퍼지도록 섞어주는 효과도 있다. 내 친구 농장에서는 트랙터를 이용해서 거대한 퇴비 더미를 뒤집는다. 우리는 1m가 넘는 큰 온도계를 구입해서 퇴비 더미 중심부의 온도를 재는데, 온도가 급격하게 오른다 싶을 때마다 뒤집어준다. 큼직한 삽이 달린 트랙터라면 30분 만에 해치울 수 있는 작업이다. 하지만 삽이나 갈퀴로는 하루 종일 걸릴 것을 각오해야 한다. 이런 식으로 몇 주에 걸쳐서 네다섯 차례 뒤집자 대사 작용이 잠잠해졌다. 우리는 이 상태 그대로 몇 달 동안 퇴비 더미를 숙성시켰다.

이렇게 해서 만들어진 퇴비는 매혹적일 만큼 풍요로운 거름이어서, 미생물 검사를 실시하면 생물 다양성의 온상임을 대번에 확인할 수 있다. 우리는 퇴비에서 일부를 가져다가 망사 주머니에 넣어 거대한 티백처럼 만들고 강력한 에어펌프가 달린 물탱크 속에 매달아 담근 뒤 켈프 가루, 부식산, 약간의 당밀을 첨가했다. 그러고는 이 호기성 퇴비차 compost tea에 24시간 동안 거센 바람을 쏘였다. 이로운 미생물을 들판 먼 곳까지 날려보내기 위해서였다. 실제로 들판을 돌아다니며 퇴비를 직접 뿌리는 것보다 훨씬 쉬운 방법이었다.

다량의 유기물질을 처리할 수 있는 장비와 인력을 갖춘 대규모 농장이라면, 이처럼 까다로운 작업도 대수롭지 않게 해낼 수 있을 것이다. 그러나 커다란 퇴비 더미를 사람 손으로 뒤집어야 한다면, 한 번만 해내기에도 벅찬 일이다. 하물며 온도가 반복적으로 치솟는 퇴비를 며칠 간격으로 뒤집는다는 것은 텃밭 가꾸는 일로 바쁜 사람들로서는 불가능한 작업이다. 이런 이유로 거의 모든 사람이 느리지만 까다롭지 않고 힘도 덜 드는 실용적인 퇴비 제조법을 활용하고 있다. 그저 퇴비로 만들 만한 것이 생길 때마다 쌓아두고 이따금 뒤집어주면서 천천히 썩히는 (나 같은) 사람들도 있고, 아이디어가 반짝이는 도구를 활용해서 퇴비를 뒤집는 사람들도 있다. 지렁이나 벌레를 이용해서 빠르고 효과적으로 음식물 찌꺼기를 변화시키는 사람들도 있고, 닭에게 모이로 먹임으로써 손가락 하나 까딱하지 않고 거름을 만드는 사람들도 있다.

어떤 사람들은 음식의 발효법과 유사한 접근 방법을 택한다. 이는 실내에서 종균을 활용해 아주 작은 규모로 퇴비를 만드는 방법이다. 뉴욕시에 사는 퇴비운동가 시그 마쓰카와는 아파트 생활에 적합한 이 퇴비 제조법에 "음식물 쓰레기 피클링"이라는 그럴싸한 이름을 붙이고 주민들에게 가르친다. 시그는 흔히 이엠EM, Efficient Microorganisms이라 불리는 접종원을 사용한다. 일본에서 개발되어 전 세계적으로 쓰이는 이엠은 젖산균, 이스트, 광영양光營養 박테리아 등을 포함하는 미생물 집단이다. 그는 "미생물을 직접적으로 사용하면 작업에 도움이 되는 특정 미생물을 정확히 통제할 수 있을 뿐 아니라, (동종의 미생물끼리 상호 소통하는 '쿼럼 센싱quorum sensing'을 통해서) 작업에 필요한 미생물을 넉넉하게 확보할 수 있다"고 말한다. 이는 앞서 설명한 퇴비 제조법처럼 "조건을 창출하고 재료를 투입해서 원하는 미생물을 끌어모으거나 발현시키는 방법과 대조를 이룬다." 음식의 발효에서 일반적으로 쓰이는 것과 동일한 수많은 미생물을 활용하면, 식물이 한층 원활하게 흡수할 수 있는 형태로 영양소를 분해시킬 수 있다. 아울러 산성이 병원균을 예방하는 덕분에 음식물 쓰레기를 악취 없이 보존할 수 있어서 공기가 안 통하는 밀폐 용기를 사용한다면 몇 달 동안 넣어두어도 된다. "결국에는 식초나 (맥주 같은) 알코올 비슷한 냄새가 난다"는 것이 시그의 설명이다.

시그의 제조법은 3단계로 구성된다. 예비 단계에서는 액체 종균 이엠-1을 이용해 밀이나 쌀, 귀리 등의 겨, 톱밥, 잘게 썬 낙엽처럼 메마르고 얇은 매개체를 발효시킨다. 밀폐 용기로 2주 정도 발효시킨 뒤 말려서 보관해두고 종균으로 사용한다. 음식물 쓰레기가 생기면 밀폐 용기에 넣고 종균을 흩뿌린다. 용기가 가득 차면, 공기를 차단한 상태로 상온에서 2주 동안 발효시킨다. 발효가 끝난 음식물 쓰레기는 악취가 나지 않기 때문에 밀폐 용기 속에 그대로 두어도 괜찮다. 그러다가 적당한 때 땅에 묻어서 (심지어 냄비에 담아 실내에서) 더 익힌 뒤에 퇴비로 써도 좋다.(구체적인 제조법이나 비율에 대해서는 아래 상자 글 참조)

음식물 쓰레기 피클링

시그 마쓰카와, recyclefoodwaste.org

밀겨, 쌀겨, 톱밥, 잘게 썬 낙엽, 뒷마당에서 나온 쓰레기 등등 어떤 종류의 유기물질을 사용해도 된다. 다만 알갱이 모양에 마른 상태여야 한다. 우리는 밀겨를 사용한다. 사용하기 쉬운 데다 비교적 저렴하기 때문이다. (가공하지 않은) 밀겨 1kg에 폐당밀 30*ml*, 미생물 접종물인 이엠-1 30*ml*, 그리고 물 600*ml*가 필요하다. 액체의 비율, 즉 당밀:이엠-1:물의 비율은 1:1:20이다. 이들 액체를 사발에 붓고 당밀이 잘 녹을 때까지 섞는다. 밀겨를 반죽통에 넣는다. 밀겨는 얇고 잘 마른 것이어야 한다. 밀겨가 30% 정도 축축할 때까지 (다시 말하면, 덩어리로 뭉칠 수 있지만, 쉽게 부스러질 만큼) 섞어둔 액체를 붓는다. 액체가 밀겨를 골고루 적시도록 (마른 부분도 없고 너무 젖은 부분도 없게끔) 꼼꼼하게 섞는다. 완전히 섞었으면 밀폐 용기에 담고, 꾹꾹 눌러서 공기를 빼낸다. 비닐봉지 또는 랩으로 덮고 뚜껑을 꽉 닫는다. 직사광선이 들이치지 않는 실내에서 상온으로 보관한다. 하얀 곰팡이가 자라는 것은 문제가 안 된다. 2주 뒤, 얇게 펴거나 햇볕을 쪼여서 자연스레 마르게 한다. 쉽게 바스러질 정도로 마르면, 습기가 배지 않도록 저장 용기나 지퍼록에 넣어둔다. 이렇게 하면 (1년 이상 보존이 가능해서) 필요할 때마다 꺼내 쓸 수 있다.

발효시킨 음식물 쓰레기를 만들려면, 우선 발효한 밀겨 한 줌을 빈 용기에 담는다. 음식물 쓰레기를 넣을 때마다 발효한 밀겨를 뿌려준다.(이상적인 비율은 1:33이다.) 발효 용기는 공기가 통하지 않도록 밀폐 상태를 유지한다. 하얀 곰팡이가 자라는 것은 문제가 안 된다. 용기가 가득 차면 밀폐 상태에서 2주 이상 실내에 보관한다. 직사광선은 피해야 한다. 땅에 묻는 경우, 아래와 같은 방법을 따른다.

- 고랑에 묻는다면 15~30cm 두께로 흙을 덮는다. 2주가 지나야 씨앗이나 묘목을 심을 수 있다.
- 구덩이에 묻는다면 기존 식물로부터 적어도 30cm 떨어진 곳이어야 한다. 나무로부터는 1m 떨어진 곳에 묻는다. 30~60cm 깊이로 묻고, 적어도 1.8m 두께로 흙을 덮어야 한다. 2주 뒤에 씨앗 등을 심거나, 그대로 두어서 주위 식물이 영양분으로 흡수하게 한다.
- 냄비나 화분이라면, 발효시킨 음식물 쓰레기 위아래로 흙을 깔아서 샌드위치 모양으로 만든다. 우선 냄비나 화분 바닥에 자갈이나 조그만 돌멩이, 모래 등을 깔고 3~5cm 두께로 흙을 덮는다. 그 위에 발효시킨 음식물 쓰레기를 5~8cm 두께로 깔고 다시 흙으로 덮는다. 이 상태로 2주 동안 비가 들이치지 않는 곳에 두었다가 식물을 심는다.

아니면, 발효시킨 음식물 쓰레기를 지렁이류의 먹이로 쓸 수도 있다. 지렁이 상자를 관리하는 일반적인 규칙을 따르자. 다만, 지렁이가 음식물 쓰레기를 너무 빨리 먹어치운다면, 먹이를 더 자주 공급해도 된다.

나는 일레인 잉햄 박사의 — 호기성 환경의 조성을 전제로 하는 — 퇴비 제조법과 이엠 발효법 사이의 명백한 모순이 의아하게 느껴졌다. 시그는 이 문제를 곰곰이 생각하더니 몇 가지 명쾌한 답변을 내놓았다. 첫마디는 이랬다. "호기성 박테리아라고 해서 무조건 이로운 것도 아니고, 혐기성 박테리아라고 해서 무조건 해로운 것도 아닙니다." 이어서 이엠-1을 넣은 퇴비와 넣지 않은 퇴비를 비교 분석한 논문을 인용했다. 이엠을 넣은 퇴비 더미에서 호기성 미생물의 개체수가 훨씬 더 많게 나타났다는 것이다.[1] "우리는 이 실험을 통해서 이엠-1 미생물을 토양에 적용하면 이엠-1에 포함되지 않은 종속영양생물heterotroph, 슈도모나드pseudomonad, 방선균actinomycetes 등 미생물과 균근mychorriz 같은 사상균의 증식에 도움이 된다는 사실을 알 수 있다." 박테리아만큼 변신술에 능한 존재가 또 있을까! 종균에 들어 있는 미생물들과 나중에 토양에서 발견되는 미생물들을 비교하면 전혀 다르다는 것을 알 수 있다. 유전적으로 유동적인 박테리아가 환경에 적응한 결과다. 시그가 추측하기로, "이엠-1에서 지배적 위치를 차지하는 미생물이 주위에 있는 다른 미생물에 영향을 미치는 동시에 투입된 유기물질과 결합하면서, 여타 이로운 미생물의 종류와 개체수를 이례적으로 증가시키는 것이 아닌가 싶습니다." 음식 발효법이나 텃밭 가꾸는 법이 그렇듯이, 아니 살면서 겪는 모든 문제가 그렇듯이, 단 하나의 유일한 정답이란 있을 수 없다. 따라서 각자 자신에게 맞는 최선의 방법을 찾으면 된다. 시그는 "가장 중요한 증거는 퇴비를 자양분 삼아 성장한 식물 그 자체"라고 말한다. 나 역시 이 말에 동의한다.

이엠은 보카시暈し라 불리는 고대 일본 농경 기법의 현대적 발현이라고 할 수 있다. 보카시는 쌀겨, 어분魚粉, 기름을 짜내고 남은 찌꺼기 등 온갖 유기물질을 발효시켜서 만드는 것이었다. 이 방법은 자연발생적 발효의 일부분으로 시작된 것이 분명하지만, 이후로는 이미 발효한 내용물의 일부를 활용해서 새롭게 발효를 시작하는 백슬로핑에 의해 의도적으로 만들어지면서 오늘에 이르렀다. 이엠은 열성적 지지자들을 무수히 거느리고 있다. 나 역시 온갖 용도로 이엠을 활용한다는 이야기를 많은 사람에게 들었고, 대단히 효과적이라는 사실도 잘 알고 있다. 실제로 이엠은 음식물 쓰레기의 발효는 물론, 음식의 발효와 프로바이오틱 보충제, 가정용 및 산업용 세척제, 박테리아를 활용한 오폐수 정화 등 여러 분야에서 응용되고 있다. 그러나 전통적인 보카시를 천연발효법으로 직접 만들 수도 있다. 브루노 버니어는 내게 보낸 이메일에서 "유청, 당밀, 물, 채 썬 종이를 섞으면 간단하고도 저렴하게 만들 수 있다"고 전해왔다. 내가 듣고 호기심을 느낀 또 다른 보카시는 "IMO(토착 미생물indigenous microorganisms)"로 불리는 것이다.

필리핀에서 나온 『보카시 자연 농법 매뉴얼』에는 "IMO란 적용 대상지 인근 미경작지 토양에서 수집한 (곰팡이, 이스트, 박테리아 등) 토양 생태군의 이로운 구성원들"이라는 설명이 실려 있다. 쌀 또는 쌀겨가 기존 토양 미생물을 증식시키는 매개체로 쓰인다. 나는 두 가지 방법에 대해서 읽은 적이 있다. 첫 번째 방법은 한 군데 또는 그 이상의 지점에서 가져온 흙에 쌀겨와 약간의 물을 섞어서 경단을 빚은 뒤 매달아두고 자연적으로 발효시키는 것이다.[2] 두 번째 방법은 나무 상자 바닥에 익힌 쌀을 한 층으로 깔고 나흘에서 일주일 동안 숲속에 묻어두는 것이다. 이때 상자는 종이 타월로 헐겁게 덮고 들쥐의 습격을 막기 위해 철망을 올린 뒤, 빗물이 흘러들지 않도록 플라스틱 뚜껑을 씌우고 이파리들로 마무리한다.[3] 어느 쪽 방법을 택하든 표면에 곰팡이가 자란 쌀을 얻을 수 있다. 이렇게 만든 종균은 음식물 쓰레기의 보카시 발효 등 다른 작업에 활용할 수 있다. 세세하고 구체적인 제조법을 알고 싶다면 인터넷을 참고하기 바란다.

토양 비옥도를 제고하기 위한 방편으로 발효를 활용하는 마지막 방법은 생물역학적biodynamic 방법이다. 생물역학적 재배자들은 연금술사처럼 혼합하고 발효시킨 여러 준비물을 이용한다. 이를테면, 젖소의 신선한 배설물을 젖소의 뿔에 채워넣고 가을부터 봄까지 땅속에 묻어둔다. 수사슴의 방광에 서양톱풀의 꽃송이들을 가득 담고 여름 내내 나무에 매달아두기도 한다. 이런 식으로 발효를 마친 준비물들은 소량을 물에 넣고 한 시간을 꽉 채워서 휘젓는다. 심지어 휘젓는 방법도 따로 있다. 오른쪽으로 원을 그리며 한 번 휘저어 소용돌이를 만들었으면, 왼쪽으로 원을 그리며 또 한 번 휘저어 소용돌이를 만드는 식으로, 한 시간 내내 같은 동작을 끊임없이 되풀이하는 것이다. 땅과 우주의 기운을 한데 모아 조화를 이루기 위한 목적에서다. 휘젓는 동작은 준비물의 에너지를 "활성화"시킨다. 달리 말하자면, 산소를 공급해서 호기성 미생물의 급속한 증식을 촉진하는 것이다. 같은 뜻이므로 각자가 마음에 드는 해석을 선택하면 된다. 이렇게 마련한 준비물은 텃밭이나 들판에 흩뿌리거나 식물에 직접 분사한다. 때로는 퇴비 더미에 집어넣기도 한다.

2. 소변 발효시키기

토양 비옥도를 높이기 위해서 쓰이는 또 다른 발효과정은 소변의 발효다. 과정은 간단하다. 소변을 모아두고 아무것도 하지 않는 것이다. 몇 주 동안 그냥 내버려둔다는 말이다. 많은 정원사가 자신의 오줌을 모으는데, 그러는 사람들끼리는 모아둔 오줌을 기꺼이 나눠주고 나눠 받는다. 질소를 사랑하는 식물에게 이롭기 때문이다. 오줌을 요강이나 통에 받은 뒤 실외에 놓아둔 용기에 차곡차곡 모은다. 쇼트마운틴에서는 한동안 '오줌은 여기에'라는 팻말이 실외 변소에 붙어 있었다. 오줌은 천천히 모아서 오랫동안 그대로 묵히는 것이 보통이고, 일부러 숙성시키는 사람들도 있다. 영어에는 발효시킨 소변을 가리키는 '랜트lant'라는 단어까지 존재한다. 세척용으로 쓰기 위해 숙성시킨 소변을 뜻하는 말이다. 1890년에 출판된 『미국 현미경 전문가 협회보』에는 '소변의 암모니아 발효'에 관한 미생물학적 분석이 실리기도 했다.[4] 소변의 발효는 한마디로 pH를 높이고 암모니아를 생성하는 알칼리 발효다.

산성 발효가 수많은 병원균을 파괴하듯, 알칼리 발효 역시 똑같은 기능을 수행한다. 블로거로 활동하는 어느 아쿠아포닉[채소 수경 재배와 물고기 양식을 결합한 생태적 순환 농법] 재배자는 자신의 시스템 내에서 발효시킨 소변을 영양분으로 활용한다. 그는 일부러 대변으로 오염시킨 소변 샘플들을 실험실에 보내 분석을 의뢰한 적이 있다. 일부 샘플은 오염된 상태 그대로 보낸 것이었고, 나머지 샘플은 pH가 9에 이를 때까지 발효시킨 것이었다. 실험 결과, 전자는 대장균 양성 반응이 나왔고, 후자는 음성 반응이 나왔다. "덕분에 숙성시킨 내 소변이라면 채소를 재배할 때 비료로 사용한다고 해도 역겨운 느낌이 들지 않을 것이라는 확신이 생겼다"[5]

소변을 숙성시켜 토양을 비옥하게 만드는 것은 지구상에 보편적으로 존재하는 질소라는 자원을 활용하기 위한 전략의 일환으로, 여러 지역에서 오래전부터 쓰이던 방법이다. 올해 86세가 된 내 친구 헥터 블랙은 아름다운 텃밭과 과수원을 돌보고 있다. 그는 소변이 숙성 여부와 관계없이 토질 개선에 도움이 된다고 장담한다. "내 소변은 이미 숙성이 끝난 셈"이라고 껄껄 웃으면서 말이다. 헥터는 건조한 날이면 숙성시키지 않은 소변과 물을 1:1 비율로 섞어서, 땅이 축축히 젖은 날이면 희석시키지 않은 채로 과수원에 소변을 뿌린다. 그는 "소변을 숙성시키면 좋은 성분이 생기는 것 같다"고 말한다. "나는 숙성시킨 소변을 채소밭에 뿌린다. 특히 푸성귀나 옥수수처럼 질소를 좋아하는 식물에는 잊지 않고 뿌려준다. 그러면 기적이 일어난다!"

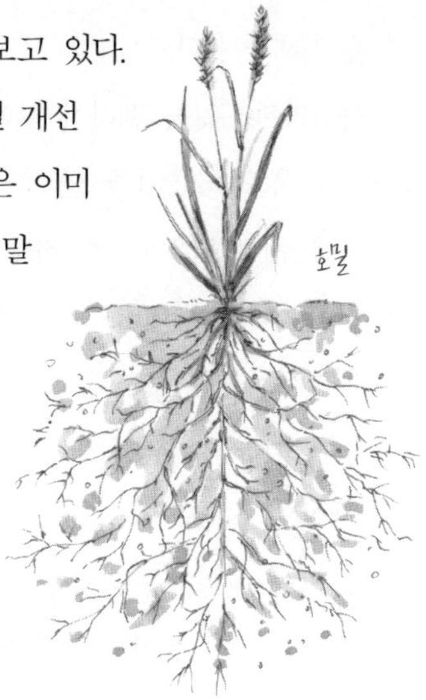

우간다에서도 발효시킨 소변을 활용하는 사람이 늘고 있다. 농부 마리 바트와윌라는 "우리는 집에서 나오는 소변을 더 이상 낭비하지 않는다"고 말한다. "밤이 되면 식구 모두에게 양동이를 하나씩 안긴다. 날이 밝으면 커다란 통에 쏟아 붓고 28일 동안 발효시킨다."[6] 숙성시킨 소변은 같은 양의 물로 희석해서 흙에 뿌린다. 나는 중국[7]이나 인도[8] 등 많은 나라에서 이런 식으로 소변을 활용한다는 기록을 인터넷으로 확인했다.

3. 가축 사료와 발효

인간이 발효의 힘을 통제함으로써 풍요의 시기에 획득한 음식을 보존 및 강화하여 결핍의 시기를 견뎌왔듯이, 가축을 기를 때도 발효의 힘으로 보존 및 전소화시킨 사료용 곡물을 먹이며 사료가 부족한 겨울을 지내곤 했다.

사일리지Silage는 말리지 않은 채 저장해두고 겨우내 먹이는 사료를 뜻한다. 옥수수 줄기 등 곡물을 추수하고 남은 부산물이나 목초 따위를 사일로[탑 모양의 곡식 저장고]에 넣거나 무더기로 쌓거나 구덩이에 묻거나 커다란 덩어리로 묶어서 발효시키는 것이다. 기본적으로 사일리지는 섬유소를 분해하고 pH를 낮추는 젖산발효에 해당된다. 노스다코타주립대 사회교육원에서 펴낸 자료에는 "효과적으로 발효시키면 한층 맛있고 소화도 잘 되는 사료를 만들 수 있다"는 언급이 나온다.[9] 사료로 만들고자 하는 대상물이 지나치게 습기를 머금었다면, 사일리지로 만들기에 앞서 어느 정도 말려야 한다. 아울러 작은 조각으로 썰어서 꾹꾹 눌러 담아야 한다. 공기를 최대한 빼냄으로써 호기성 작용을 제한하기 위해서다. 일반적으로 사일리지는 식물성 재료에 이미 존재하는 미생물에 의존하는 천연발효를 거친다.

사일리지는 섬유소가 풍부해서 사람이 먹을 수 없는 목초나 줄기에 채소 발효의 원칙을 적용한 것이다. 어떤 지역에서는 사람이 먹는 곡물의 이파리나 줄기도 발효시켜서 사료로 쓴다. 채소 절임의 역사에 관한 폴란드 학계의 연구에 따르면, "20세기 중반까지만 해도 순무나 비트, 양배추 등의 이파리는 커다란 통에 담아서 발효시킨 뒤 겨울철에 가축 사료로 썼다."[10]

가축의 건강을 증진시키고 싶어서 곡물을 물에 담그는 사람들도 있다. 피틴산 함량을 낮추고 영양흡수도를 높일 수 있기 때문이다. 모니크 트레이핸은 농부였던 할아버지 이야기를 내게 들려주었다. "할아버지는 귀리와 물을 들통에 채워넣고 거품이 날 때까지 그대로 묵혔다가 돼지를 먹이곤 하셨답니다." 가축 사료로 사용할 곡물을 치즈에서 나온 유청에 담그는 낙농인도 많다.

어떤 사람들은 가축에게 먹이려고 사워크라우트를 만들기까지 한다! 내가 기르는 개 키티도 자주는 아니지만 이따금 사워크라우트를 먹는다. 키티는 큼직한 덩어리보다 잘게 썬 크라우트를 좋아하는 것 같고, 신맛이 약한 크라우트만 골라 먹는 것 같기도 하다. 바브 슈이츠는 크라우트를 맛있게 만들고 남은 찌꺼기로 발효채소를 만들어 가축을 먹인다. "사워크라우트를 만들어 20*l*짜리 용기에 눌러 담은 것은 우리 몫이고, 남은 것은 전부 가축들 몫이랍니다."

4. 종자 저장

어떤 씨앗은 일반적으로 과육 안에 들어 있는 상태로 발효를 마친 뒤 건조과정을 거쳐서 저장한다. 우리 마을에서 채소 재배의 일인자로 통하는 내 친구 대즐도 토마토 씨앗을 이런 방식으로 저장하곤 한다. 그는 제철에 건강한 줄기에서 수확한 토마토에서 씨앗을 발라낸다.(씨앗을 발라낸 신선한 토마토 과육은 그냥 먹을 수도 있다.) 대즐은 다양한 열매의 씨앗과 과육을 물이 반쯤 담긴 유리병에 넣고 사흘간 발효시킨다. 그러고는 씨앗만 건져서 헹군다. 그는 "깨끗하게 헹굴수록 끈적임이 덜하다"고 강조한다. 그래야 말리는 동안 씨앗들이 서로 들러붙지 않기 때문이다. 대즐은 씨앗을 (들러붙기 쉬운 종이 타월보다) 신문지 위에서 말린 뒤 서늘하고 건조한 장소에 보관하다가 다음 해 파종 때 심는다.

식물 재배와 관련된 모든 일이 그렇듯, 씨앗을 저장할 때도 다양한 기법이 활용된다. 그런데 시드세이

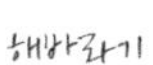

버스네트워크의 설립자 겸 『시드 세이버스 핸드북』의 저자인 호주의 마이클과 주드 팬턴 부부는 조금 다른 방법을 쓴다.

> 먹을 수 있는 단계를 약간 지나칠 때까지 과일이 익도록 내버려 둔다. 이렇게 과숙한 과일을 잘라서 젤리처럼 변한 과육과 씨앗을 짜낸다. 같은 품종의 씨앗을 유리병 또는 사발 하나에 담는다. 맛있는 이탈리아 자두처럼 실하게 말린 토마토에서 씨앗을 제대로 발라내려면, 물을 아주 조금만 넣어야 한다. 유리병에 라벨을 붙인 뒤 따뜻한 곳에 2~3일 둔다. 휘젓지 말고 가만히 두면, 게오트리쿰 칸디둠Geotrichum candidum이라는 미생물이 씨앗을 에워싸고 있는 끈적한 젤리에 작용, 표면에 거품이 생기면서 이로운 발효가 시작된다. 항생 작용 덕분에 세균성 반점이나 얼룩, 괴사 등을 일으키는 질병은 생기지 않으니 걱정하지 않아도 된다. 다만, 너무 오래 발효하도록 내버려뒀다간 씨앗에서 싹이 자랄 수 있으므로 주의하도록 한다. 거품은 생기는 대로 걷어낸다. 물을 붓고 체 위에 쏟아서 걸러낸 다음, 깨끗해질 때까지 문질러 씻는다. 씨앗을 감싼 젤리층이 씻겨나가면, 솜털 같은 것으로 뒤덮인 씨앗이 모습을 드러낼 것이다. 이 씨앗들을 광택이 있는 종이 위에 한 겹으로 깔고 직사광선이 내리쬐지 않는 안전한 곳에서 말린다. 이렇게 몇 시간 말린 뒤, 씨앗을 두 손바닥으로 비비면, 끈적이는 물질을 말끔히 제거할 수 있다.[11]

팬턴 부부는 오이 씨앗을 저장할 때도 같은 방법으로 젤리층을 녹이고 "씨앗을 해치는 병균을 죽이라"고 조언한다.[12] 일리노이대학 사회교육원의 어느 강사 역시 풍부한 과육이 씨앗을 감싸고 있는 채소라면 발효시킨 뒤에 씨앗을 발라내는 것이 좋다고 말한다.

두툼한 과육에 들어 있는 씨앗은 습식법을 활용해서 발라내야 한다. 토마토, 멜론, 수박, 오이, 장미가 여기에 해당된다. 열매를 자르거나 살짝 으깨서 씨앗 덩어리를 확보한다. 양동이나 유리병에 담고 물을 조금 붓는다. 이 상태로 2~4일 발효시킨다. 매일 저어준다. 발효과정에서 바이러스들은 죽고 나쁜 씨앗과 과육으로부터 좋은 씨앗이 떨어져 나올 것이다. 좋은 씨앗이 용기 바닥으로 가라앉고 나머지는 표면으로 떠오른다. 과육과 물, 나쁜 씨앗, 곰팡이는 쏟아버린다. 좋은 씨앗을 천이나 종이 타월에 펼치고 말린다.[13]

5. 해충 퇴치

발효를 농업에 활용하는 또 다른 부문은 해충 퇴치다. 간단하고도 오래된 방법은 박멸하고자 하는 해충의 표본들을 가져다가 가루로 만들어서 물에 섞고 며칠 동안 발효시킨 뒤 식물에 뿌리는 것이다. 그러면 해당 해충으로부터 식물을 지킬 수 있다. 이파리를 갉아먹는 애벌레의 살충제로 식물에 뿌리는 대표적인 박테리아는 바실루스 투린지엔시스*Bacillus thuringiensis*다. 이 박테리아는 애벌레 등 곤충의 소화기관 내벽 세포들과 반응해 흡수 기능을 중단시키는 단백질을 생성한다. 소화 및 흡수가 불가능한 곤충은 살아남을 도리가 없다. 최근에는 특허를 얻은 미생물 살충제가 속속 등장하고 있다. 스피노사드Spinosad는 사카로폴리스포라 사피노사*Saccharopolyspora spinosa*라는 토양 박테리아의 발효 작용을 거쳐서 만들어진다. 아바멕틴Abamectin은 또 다른 토양 박테리아 스트렙토미세테스 아베르미틸리스*Streptomycetes avermitilis*로 만든다.

캘리포니아의 포도주상 루 프레스턴은 "생우유로 치즈를 만들 때 즉석에서 얻은 (숙성시키지 않은) 생발효 유청"을 자신의 포도나무 이파리에 뿌린다. 첫해에는 시험 삼아 포도나무 몇 그루에 순수 유청을 그대로 뿌렸더니 흰곰팡이가 전혀 안 자랐다고 한다. 이듬해에는 산소를 충분히 공급한 퇴비 가루를 유청과 섞어서 더 많은 포도나무에 뿌렸다. 흰곰팡이에 취약한 몇 그루를 제외하면 거의 모든 포도나무가 멀쩡했다. 루는 "노랑나비의 공격이 사라진 덕분에 이로운 곤충이 훨씬 많아졌다"고도 했다. 안타깝게도 유청을 공급하던 낙농업체가 문을 닫는 바람에 올해는 유청을 대량으로 구하지 못했다고, 대신에 사일리지 방식으로 목초를 발효시켜 그 즙을 추출해서 뿌려보겠다는 계획을 세웠다고 한다.

생물학적 환경 정화

생물학적 환경 정화Bioremediation는 최근 다양한 분야에서 각광받기 시작한 새로운 개념으로, 박테리아와 곰팡이가 개입하는 생물학적 영양소 순환과정을 의미한다. 주목적은 오염원을 분해하고 오염된 토양과 물을 깨끗하게 되살리는 것이다. 미국 환경보호국에 따르면, "생물학적 환경 정화를 통해서 여러 오염지역을 성공적으로 복원해왔다."[14] 내가 이 책을 쓰던 2010년, 굴착선 딥워터호라이즌호에서 대량의 기름이 유출돼 멕시코만을 뒤덮는 끔찍한 사건이 터지고 말았다. 뉴스는 기름으로 범벅이 된 환경적 재앙의 끔찍한 그림들을 실시간으로 보여줬다. 선박의 기름 구멍을 막으려고 수차례 시도했지만 번번이 실패로 돌아갔다. 마침내 『사이언티픽아메리칸』 지가 선언했다. "박테리아와 미생물이야말로 현재 진행 중인 기름 오염을 궁극적으로 정화할 수 있는 유일한 존재다."[15]

사실 화석연료를 형성하는 화학물질인 탄화수소는 상당히 낮은 농도로 우리 주위 어디에나 존재한다. 그런데 이 탄화수소를 소화할 수 있는 박테리아 역시 도처에 존재한다. 미국미생물학회는 "어느 단일한 미생물이 원유의 모든 구성 물질을 분해하거나 환경을 오염시킨 기름을 정화시키는 것은 불가능하다"면서 이렇게 설명한다.

석유는 무수한 물질의 혼합체이므로 여러 미생물 집단이 힘을 합쳐야만 생물학적 분해가 가능하다. 특정 박테리아가 몇 개 또는 한 무리의 탄화수소를 분해할 수도 있지만, 박테리아 집단이 협력적으로 작용한다면 석유의 구성 물질을 거의 모두 분해할 수 있을 것이다.[16]

유출된 기름에 작용해서 탄화수소를 분해시키는 박테리아의 능력에 제약을 가하는 요소는 시간과 속도다. 박테리아가 엄청난 오염을 정화하는 데 걸리는 오랜 시간 동안, 막대한 후속 피해가 이어질 수 있다.

기름이 분해되는 속도는 여러 요인의 영향으로 크게 달라진다. 첫째, 지체되는 시간이 있다. 탄화수소를 분해할 수 있는 박테리아의 개체수가 상대적으로 적기 때문에 갑자기 밀려든 엄청난 영양분에 제대로 대처하기까지 시간이 걸릴 수밖에 없다. 미국미생물학회는 "기름의 농도가 낮아지면 분해 속도가 떨어지는 것이 일반적이므로, 종료 시점을 산출해서 특정하기 어렵다"고 설명한다. 아울러 "분해가 쉬운 구성 물질이 줄어들수록 역시 속도가 떨어진다. 박테리아가 분해하기 어려운 물질을 나중으로 미루는 경향이 있기 때문이다."[17] 온도가 낮고 산소가 존재하지 않는 바다 속 깊은 곳으로 가라앉은 기름도 대사 작용이 빠르게 이루어지지 못한다. 화학분산제는 기름의 표면적을 크게 확장시킴으로써 박테리아가 원활하게 접촉하도록 도울 수 있다. 비료를 뿌려서 박테리아의 증식을 촉진할 수도 있다. 유전공학자들은 더 효과적으로, 더 빠르게 탄화수소를 분해할 수 있는 박테리아를 만들어내려고 시도해왔다. 그러나 유전자 조작 박테리아 등 엑손발데즈호 기름 유출 사건의 정화 대책을 평가한 바 있는 미생물학자 로널드 애틀러스는 "슈퍼박테리아는 주어진 환경에 적응한 집단과 경쟁하는 실패작"이라고 지적한다.[18]

미생물을 바다에 뿌리는 것이 별로 효과적이지 못했던 반면, 땅에 뿌리는 것은 효과적일 수 있다. 미생물학자 폴 스테이메츠는 곰팡이를 이용해서 오염된 토양을 복원하는 균류 정화mycoremediation 분야의 선구자다. 스테이메츠는 "곰팡이는 분자 구조 해체의 명수로, 기다란 사슬로 얽힌 까다로운 독소를 단순하고도 덜 해로운 화학물질로 분해시킨다"고 설명한다.[19] 그는 정화 작업을 위한 첫 단계로 곰팡이 균사체를 오염된 토양에 직접 뿌리거나 나무 부스러기에 섞어서 뿌리는 것이 좋다고 말한다.

> 예를 들어 느타리버섯 균사체 같은 단일한 곰팡이를 생명력이 거의 고갈된 토양에 투입하면, 다른 미생물의 활동을 폭발적으로 증가시킬 수 있다. 네 가지 왕국 — 곰팡이, 식물, 박테리아, 동물 — 사이의 시너지는 무수한 생명체에 유용하게 작용하는 파생 물질로 독소를 변화시킨다. (…) 곰팡이가 생태적 복원을 향한 첨병으로 제몫을 해내는 결과, 궁극적으로는 자연이 상호 의존성이라는 복잡한 협력 관계를 되살릴 수 있는 것이다.[20]

스테이메츠는 순수 균사체를 투입할 것이 아니라 야생의 박테리아와 접촉해온 "적응력을 보유한 균사"를 사용해야 한다고 강조한다.

> 박테리아는 균사체와 더불어 증식하면서 독소 분해력을 지닌 그들만의 효소를 생성한다. 이런 형태의 균사체는 야생의 미생물에 노출된 적이 없는 균사체보다 독성 물질로 더럽혀진 땅을 훨씬 능숙하게 정화할 수 있다. 이런 이유로, 순수배양한 균사체는 균류 정화를 위한 최선책이 아닐 수 있다. (…) 차라리 버섯 농장 출신의 노련한 균사체가 균류 정화에 적합한 특성을 더 많이 보유하고 있다.[21]

뉴올리언스는 균류 정화의 전도사들에게 실험실 같은 위상을 지닌 도시다. 여기서 활동하는 코먼그라운드라는 풀뿌리 단체가 『뉴올리언스 주민들을 위한 자연적 토양 정화 DIY 가이드북』을 펴냈다. 코먼그라운드는 2005년 허리케인 카트리나로 막대한 홍수 피해를 겪은 뉴올리언스 사람들이 설립한 단체다. 이 책자는 "미국 내 모든 도시는 어쩌면 치명적일 수 있는 화학물질로 전부 오염된 상태"라고 지적한다.

> 뉴올리언스 일대 역시 석유 및 화학 산업이 수천 톤의 독성 화학물질을 생산해서 저장해온 역사가 있다. 허리케인 카트리나와 리타가 일으킨 홍수와 강풍 탓에 이 화학물질 가운데 엄청난 양이 저장 시설에서 흘러나와 인근 주거지역을 덮쳤다. (…) 홍수가 남기고 간 퇴적물에는 비소, 디젤연료 같은 석유화학물질, 중금속, 프탈레이트(플라스틱을 부드럽게 만드는 화학물질), 다환방향족탄화수소PAH, 살충제 등 수많은 오염물질이 안전한 수준 이상으로 들

어 있다.[22]

이 단체는 독성을 머금은 토양을 원래 상태로 복원하려면 복합적인 생물학적 환경 정화 전략을 활용해야 한다고 조언한다. 중금속을 제거할 때는 해바라기, 인디언 머스터드, 완두콩, 아시아 데이플라워, 고사리, 명아주, 무, 옥수수, 시금치, 당근 등 중금속 초집적 식물hyper accumulator을 활용하는 식물정화공법phytoremediation을, 석유화학물질이나 살충제를 제거할 때는 느타리버섯 균사를 활용한 균류 정화를 추천한다. 아울러 단체에서는 누구나 퇴비차를 만들어 토양 정화에 활용할 수 있다면서 만드는 법을 가르치고 있다.

코먼그라운드 활동가들은 토양 정화용보다는 홍수 피해를 입은 주택의 내부를 청소할 때 곰팡이 제거용으로 이엠을 활용하라고 권장한다. 『가이드북』에 따르면, "곰팡이가 자란 실내에 이엠을 뿌리고 하루가 지나면 일꾼들이 들어가서 청소하기에 훨씬 안전하고 깨끗한 공간이 된다." 카트리나가 지나간 뒤 복구 작업에 자원봉사자로 참여한 내 친구 프리는 당시 내게 보낸 이메일에서 이렇게 말했다. "벽이고 바닥이고 천장이고 할 것 없이 온통 곰팡이 천지야. 내장재를 모조리 긁어낸다고 될 일이 아닌 것 같아. 이런 곳에 사람들이 다시 들어와 살게 하려면 대체 어떻게 해야 할까?" 그는 코먼그라운드와 함께 일하면서 "이엠이 대안"이라는 교훈을 얻었다. 『가이드북』에 나온 설명처럼, "이 박테리아 집단은 곰팡이가 더 이상 증식하지 않도록 억제한다. 표백제 역시 곰팡이를 죽이지만, 곰팡이가 나중에 다시 자라지 못하게 하려면 이엠을 쓰는 것이 효과적인 것으로 나타났다."

쓰레기 처리

인류는 어마어마한 쓰레기를 만들어낸다. 우리는 생물학적 분해가 어려운 포장재를 지나치게 많이 사용한다. 신모델이 나오자마자 구모델은 냉큼 내다버린다. 어떻게 처리해야 하는지 전혀 모르면서도 위험한 방사성 폐기물을 끊임없이 만들어낸다. 자원을 개발해서 소모하고 싶은, 그 끝을 알 수 없는 집단적 갈망 탓에, 사고가 터지고, 기름이 흘러나오고, 방사능이 유출되고, 독성물질에 자연이 오염되는 것이다.

그러나 생물학적 부산물을 모조리 쓰레기로 간주해야 하는 것은 아니다. 쓰레기 발생은 불가피하다. 그러나 자연 생태계에는 쓰레기가 전혀 없다. 모든 생명체의 부산물이 다른 생명체의 먹이가 되기 때문이다. 지구가 배설물과 사체로 가득하지 않은 까닭이 여기에 있다. 열광적인 숭배자들을 거느린 고전 『인간 배설물 핸드북』의 저자 조지프 젱킨스는 "대변과 소변은 동물이 소화과정을 완료한 뒤에 배설한, 자연적이고도 이로운 유기물질"이라면서 "우리가 내버리면 '쓰레기'가 되지만, 재활용하면 자원이 되는 법"이라고 말한다.[23]

초기 정주 인류는 배설물 처리 문제로 고민할 필요가 별로 없었다. 많은 지역에서 집약적 농업을 위한 양분으로 배설물을 재활용하는 전통이 자리를 잡았기 때문이다. 다른 지역에서는 흐르는 강물에 녹여 없애면 그만이라고 여기는 것이 보통이었다. 모든 생명체의 부산물과 마찬가지로 인간의 배설물 역시 강물의 미생물에게 영양분으로 작용했다. 미

유리병

생물은 다른 생명체의 먹이가 됨으로써 이 영양분을 순환시키는 동시에 깨끗한 수질을 유지시켰다. 문제가 생기기 시작한 것은 너무 많은 배설물이 강물을 더럽히면서부터다. 미생물이 급격하게 증식하면서 물속의 산소를 소진시킨 탓이다. 과열된 퇴비 더미와 마찬가지로, '과영양 상태'의 강물도 '혐기성 환경'이 될 수 있다. 물고기 같은 수중 생명체가 질식한다는 뜻이다. 지넷 패럴은 "이런 강물은 거무튀튀하고 끈적거리며 악취를 풍기는 시궁창으로 금세 변하므로, 산소 없이 살 수 있는 생명체 말고는 전부 죽는다"고 말한다.[24]

젱킨스는 톱밥이나 음식물 쓰레기, 텃밭 쓰레기 따위를 이용해서 인간 배설물을 호기성 퇴비로 만들 수 있는 간단한 방법을 제시한다. 가축이 아니라 인간의 배설물이라는 점만 빼면 앞서 설명한 퇴비 제조법과 별반 다르지 않은 방법이다. 젱킨스는 배설물의 병원균에 대해 우려하는 사람들에게 퇴비 더미의 뜨거운 열이 병원균을 몇 분 만에 파괴할 수 있다고 강조한다.

> 낮은 온도라면 병원균을 확실히 파괴하기까지 오랜 시간을 필요로 한다. 한 시간, 며칠, 몇 주 혹은 몇 달이 걸릴 수도 있다. 하지만 퇴비 더미처럼 섭씨 65도나 되는 상당히 뜨거운 열로 병원균을 죽여야 안심이라고 생각할 필요는 없다. 이보다는 섭씨 50도로 24시간, 섭씨 46도로 일주일을 보내는 식으로, 비교적 낮은 온도를 오랫동안 유지하는 것이 더 현실적인 방법이다. (…) 인간의 배설물을 퇴비로 만들 때 병원균을 파괴하기 위한 적절한 방법은 호열성 박테리아를 활용하는 것이다. 호열성 박테리아에 의한 발열 단계가 끝난 퇴비는 오랫동안 건드리지 않고 그대로 둔다. 숙성과정에서 퇴비 내부에 생물 다양성이 실현되면, 병원균을 파괴

하는 데 도움이 될 것이다.[25]

원리 자체는 아주 간단하고 태평스럽게 보일 수도 있다. 그러나 인간 배설물의 퇴비화는 어느 정도 적극적인 관리가 불가피하다.

나는 인구 800만의 대도시 뉴욕에서 자랐다. 이런 인구 밀집 지역에서 나오는 시민들의 생물학적 부산물은 대단히 적극적인 관리를 필요로 한다. 거의 모든 도시 체계에 적용된 처리법의 개념을 살펴보면, 사람의 배설물을 자원이 아니라 쓰레기로 취급한다는 사실을 여실히 알 수 있다. 이 쓰레기를 변기로 흘려보내기 위해서 귀중한 물을 사용하면, 쓰레기의 규모를 몇 배로 키우게 된다. 자원이 될 수도 있는 우리의 배설물을 골칫거리로 만들어버리는 셈이다. 수세식 변기를 거쳐서 하수도로 빠져나간 배설물은 병원에서 처방받은 의약품, 산업 폐기물, 병원 폐기물과 뒤섞인다. 여기에 자동차나 화학물질 탱크, 이 밖에 정체 모를 온갖 물질을 닦아 내린 빗물이 우수관을 거쳐서 합류한다. 양분이 풍부해서 비옥한 토양으로 거듭날 수도 있는 우리의 똥이 화학물질 범벅이 되어 쓰레기로 전락하는 순간이라 하겠다.

오폐수 처리 정책 자체가 "흘려보내는 일에만 초점을 맞출 뿐, 거시적인 안목을 갖추지 못했다"는 것이 지넷 패럴의 비판이다. 우리가 변기 물을 내리고 나면, 배설물은 정교한 도시 인프라를 거쳐서 시립 오폐수 처리장으로 가거나 뒷마당에 설치한 '정화조'로 들어간다. 하지만 어느 쪽 경로를 거치든 결국 배설물을 분해해서 그 안에 들어 있는 양분을 재활용하는 주역은 박테리아다.

정화조 시스템은 시궁창 같은 혐기성 대사 작용을 활용하는 것인데, 이는 산소에 의한 대사 작용에 비해서 효과적이지 못할뿐더러 부산물도 많이 나온다. 오폐수의 미생물학에 관한 노던애리조나대 웹사이트 내용에 따르면, "메탄, 황화수소, 이산화황 같은 가스와 함께 고분자 탄화수소로 이루어진 침전물이 생긴다. 그러나 이런 슬러지는 산소와 호기성 박테리아와 접촉하면 쉽게 분해된다."[26] 정화조는 침전물을 주기적으로 제거해서 오폐수 처리 시설로 (때로는 매립지로) 보내야 한다. 공구 판매점에 가면 '정화조 관리 용품'을 쉽게 구할 수 있다. 이 제품은 정화조 내부의 대사 작용을 촉진 내지 가속화하기 위한 목적으로 박테리아와 효소를 혼합한 것이다.(내 친구이자 배관공인 조 프린스는 박테리아가 풍부한 생닭 껍질 한 조각을 배설물과 함께 정화조로 내려보내면 슬러지를 없애는 데 도움이 될 것이라고 조언한다.)

정화조와 달리 대규모 오폐수 처리 시설은 호기성 미생물의 비교적 신속한 산소성 대사 작용을 통해서 문자 그대로 강물처럼 쏟아져 들어오는 배설물을 분해시킨다. '제1단계' 처리는 오폐수에서 커다란 물체를 필터로 걸러낸 뒤에 바닥에 가라앉거나 수면으로 떠오르는 건더기를 분리하는 것이다. '두 번째 처리'는 일반적으로 대량의 공기를 주입해서 산소성 대사 작용을 촉진, 물속에 들어 있는 양분을 분해하는 것이다. 이때 적절한 수준의 산소를 지속적으로 공급하는 것이 관건이므로, 거대한 퇴비 더미를 살필 때처럼 면밀하게 관찰하면서 환경을 고도로 통제해야 한다. 오폐수 처리 시설은 박테리아 집단의 건강성을 유지하기 위해 양분과 산소의 흐름을 조절하는 곳이라서 종종 박테리아 농장으로 묘사되곤 한다.

오폐수를 처리할 때 아주 어려운 대목은 대변 같은 유기물질을 통칭하는 '영양소'를 제거하지 않으면서도 이와 뒤섞여 존재하는 독성 화학물질을 빠짐없이 제거하는 것이다. 분리되지 않은 독소는 오폐수 처리의 부산물인 '슬러지'가 농업용 비료로 안전하게 쓰이는 데 걸림돌로 작용한다. 우리 배설물에서 독성 화학물질을 어떻게든 제거할 수만 있다면, 제아무리 많은 슬러지라도 생물학적 비료로 만드는 것이 어려운 일은 아닐 것이다. 언젠가 더 뛰어난 해법이 나타나겠지만, 지금으로서는 오폐수 처리과정을 거치고도 독성을 제거하지 못한 슬러지를 매립하는 수밖에 없는 실정이다. 조지프 젱킨스는 "이런 식으로 슬러지를 묻어버리는 것은 음식의 원료를 묻어버리는 것과 같다"면서 "사회적으로 반드시 문제 삼아야 하는 행위"라고 비판한다.[27] 그동안 발효는 쓰레기 처리 분야에 효과적으로 응용된 것이 사실이다. 이제는 쓰레기의 개념을 뿌리에서부터 재검토함으로써 쓰레기 처리와 관련된 문제점을 철저하게 해결하는 방향으로 노력하는 동시에 자원의 재생에 초점을 맞춰 목표를 새로이 설정해야 할 때다.

시신 처리

우리가 사는 동안 지속적으로 생산하는 배설물과 마찬가지로, 죽은 뒤에 남기는 시신 역시 처리가 필요한 쓰레기 또는 재활용이 필요한 양분의 자원으로 볼 수 있다. 그런데 시신을 관에 넣어 매장하면 미생물의 분해 속도를 떨어뜨린다. 관 자체에 포름알데히드나 알코올 같은 화학물질이 들어 있어서 시신을 방부 처리한 것과 같은 효과가 발생하기 때문이다. 미생물의 증식을 제한해서 시신의 부패를 일시적으로 억제한다는 뜻이다. 마크 컬랜스키는 『소금: 세계의 역사』에서 이집트 사람들의 미라 제조과정이 "그들이 새나 물고기의 내장을 제거한 뒤 소금을 쳐서 보존하는 행위와 놀라울 정도로 비슷하다"고 언급한 바 있다.[28] 12장에서 이야기한 대로, 소금은 주로 수분의 작용을 제한해서 박테리아 증식을 억제함으로써 살코기를 보존하는 능력이 있다. 그러나 지구상에 무수한 시신이 쌓여 있지 않은 것을 보면, 미생물은 시신을 보존하려는 인류의 저항에도 굴하지 않고 결국에는 완전히 분해시키고 만다는 사실을 분명히 알 수 있다.

시신의 매장이 — 어떤 곳은 합법이고 어떤 곳은 불법이므로 — 가능한 곳이라면, 여러분의 시신을 되도록 간소한 상태로 땅에 묻도록 하자. 아무리 그래도 관이 필요하지 않겠느냐고? 그러면 관 대신에 생분해가 신속하게 이루어지는 천연섬유나 종이 수의로 시신을 감싸는 것이 어떨까? '녹색 장례' 운동이 차츰 저변을 넓히면서, 땅에 구덩이를 팔 수 없는 곳에서는 유해를 방부 처리하거나 미생물의 신속한 분해를 저해하는 여타 합성물을 사용하지 않고 생분해성 물질로 만든 함에 넣자는 목소리도 나온다. 녹색장위원회라는 기관도 설립되었다. "지속가능한 친환경 장례 문화를 장려하는 동시에 자연을 보호하는 새로운 수단으로 매장을 활용하기 위해서다. 대부분 자원봉사자로 구성된 우리 단체는 형식주의 지양, 경제적 인센티브, 순수한 과학적 견지를 모토로 이제 막 싹을 틔운 이 분야에서 선도적인 역할을 담당하고 있다. 자연보호를 향해 나아가는 길에서 사람들이 한 번도 건넌 적 없는 교차로를 지키는 안내원인 셈이다."[29] 우리가 남긴 육신이 방부처리액에 잠겼다가 부패가 힘든 물질로 번들거리는 관 속에 담기는 것보다 나무의 거름으로 쓰이는 편이 낫지 않겠는가.

섬유 및 건축

발효는 섬유, 건축, 장식 등 산업의 여러 영역에서 유기물질을 가공하는 기본적인 기법으로 광범위하게 쓰이고 있다.

1. 바이오플라스틱

식물을 원료로 만들어 생분해가 가능한 — 그래서 컵, 접시, 포크 등 일회용품이나 포장재의 '녹색' 대안으로 쓰이는 — 거의 모든 플라스틱은 발효의 산물이다. PLA라고도 불리는 폴리락트산polylactic acid은 옥수수로 만든 플라스틱이다. 옥수수당을 발효시켜 젖산을 만든 뒤 정제과정과 일련의 화학적 조작을 거쳐서 PLA로 변형시키는 것이다. 감자전분이나 카사바, 사탕수수, 대두 역시 비슷한 공법을 적용할 수 있다. 이 밖에도 젖산으로 발효시킬 수 있는 탄수화물이라면 어떤 작물에도 적용이 가능할 것이다.

2. 레팅

침수 처리를 가리키는 영어 단어 레팅retting에서 레트ret란 아마, 삼 등 길쭉한 섬유 식물이나 코코넛 껍질, 카사바 뿌리 등 식물성 섬유질로 만든 '코이어coir' 섬유를 물에 담그거나 적신다는 뜻이다. 레트는 부패rot와 어원이 같다. 레팅은 자연적 발효를 일으켜 펙틴 등 여러 물질을 분해시키는 과정이다. 이렇게 하면 섬유를 뽑아내 밧줄, 실, 종이 같은 물건으로 만드는 작업이 한결 쉬워진다.(카사바 등 섬유질이 풍부한 땅속작물의 경우, 섬유질을 제거하고 남은 물에는 전분이 녹아서 가라앉는데, 이 역시 훌륭한 음식이 된다.)

3. 염색

섬유를 염색하는 일부 공정에서도 발효가 쓰인다. 나는 테네시주 내슈빌에 위치한 아티즌내추럴다이웍스(www.ecodyeit.com)라는 업체를 방문한 적이 있다. 인디고 염료를 커다란 통에 넣고 발효시키는 중이었다. 세라와 알레산드라 벨로스 자매는 소규모 염색업체를 운영하면서 원료가 되는 인디고를 직접 키운다. 사실 자매가 염색에 끌린 것은 농업에 대한 흥미와 창의적 아이디어를 결합시키고 싶은 마음에서였다. 이들이 내슈빌의 기후에서 재배하는 (그리고 발효시켜서 염료로 만드는) 인디고는 엄밀히 말하면 인도에서 쓰이는 인도람*Indigofera tinctoria*이 아니라 마디풀knotweed과에 속하는 — 중국쪽, 일본쪽, 염색가의 마디풀, 그 밖에 여러 이름으로 불릴 것이 틀림없는 — 쪽*Persicaria tinctoria*이라는 식물이다. 따라서 인디고라고 하면 쪽을 비롯한 인디고페라속, 대청*Isatis tinctoria* 등 수많은 식물로 만든 염료를 가리키는데, 적어도 전통적인 제조법이라면 발효과정이 빠지는 법이 없다. 발효를 거치지 않음으로써 제조 기간을 단축할 수 있는 화학적 염색법이 19세기 말에 이르러서야 발명되었다.

수많은 발효과정이 그렇듯, 인디고 염색 역시 연금술의 기적과도 같은 놀라움을 안긴다. 우선, 예비적 발효과정을 통해서 식물로부터 색소를 추출한다. 이후에는 뜨거운 호기성 퇴비를 만드는 식으로 색소가 풍부한 반죽을 만들 수도 있고, 물속에 담가서 혐기성 발효음식을 만드는 기법을 채택할 수도 있다. 세라와 알레산드라 자매에 따르면, 색소를 물에 녹여서 발효시키면, 투명하던 빛깔이 갈색으로, 다시 '부동액'과 비슷한 라임 색으로 변한다. 용해 가능한 형태일 때 색소의 빛깔이 이렇다. 여기에 소석회를 첨가하고 마구 흔들면서 바람을 쏘이면 용해가 안 되는 형태로 변화시킬 수 있다. 산성발효한 색소 용액이 알칼리성 소석회 및 산소와 반응하면, 푸른 거품이 생기는 동시에 푸른 색소가 용해 불가능한 미립자들로 이루어진 침전물로 변한다. 이 미립자는 젖은 상태로 보관할 수도 있지만 운송과 판매의 편의를 위해서 가루로 말린 뒤 덩어리로 빚는 것이 일반적이다. 이렇게 만든 색소는, 어떤 형태를 띠건 간에, 꼭두서니나 볶은 보리 같은 탄수화물 영양분과 소다회를 풀어놓은 물에 섞여 들어가서 (산소의) '감소' 및 발효과정을 거친다. 소변 역시 인디고 발효과정에 쓰여왔다.

색소가 혐기성 환경에서 녹으면 특유의 푸른빛이 사라진다. 이때 색소 용액이 담긴 용기를 최대한 가만히 내버려두어야 한다. 자칫하면 산소를 다시 공급해서 색소의 용해를 늦추는 결과를 초래할 수 있다. 이 상태로 며칠이 지나고 몇 주가 흐르면, 용기에서 지독한 생선 비린내가 나기 시작한다. 일단 색소 용액 표면에 구릿빛 광택이 나기 시작하면, 염색을 시작해도 좋다는 뜻이다. 이 용액에 섬유나 옷을 담그면 황록색을 띤다. 하지만 용액에서 꺼내 바람을 쏘여 산소를 공급하면 금세 푸른색으로 변한다. 필름을 현상하는 장면과 비슷한, 실로 극적인 변화가 아닐 수 없다. 진하고 풍부한 푸른색을 얻으려면 섬유를 용액에 담갔다가 바람을 충분히 쏘이는 작업을 여러 차례 반복해야 한다.

발효시킨 염료는 인디고 말고도 또 있다. 벨로스 자매네 일터에도 철분을 발효시키는 염료통이 따로 있다. 인도 타밀나두에 위치한 바라티다산대학의 S. 세카르 박사에 따르면, 인도 북부에서는 "마니푸르의 메이테이족 사람들이 인디고는 물론 노란색, 분홍색, 빨간색, 보라색, 갈색, 검은색 등 식물로 낼 수 있는 온갖 색깔로 다양한 종류의 천연염료와 염료안정제를 전통적인 발효법에 따라서 만들고 있다."[30]

4. 천연 건축

천연 소재를 활용한 건축은 모든 건축의 기원임이 분명하다. 『점토 문화: 회반죽, 페인트, 보존』의 저자 캐럴 크루스에 따르면, "21세기인 지금도 전 세계 인구의 절반이 흙으로 지은 집에서 살고 있다. 흙집은 시멘트 벙커나 주거용 트레일러보다 훨씬 안락하다."[31] 건축 작업에 철, 시멘트, 플라스틱, 유리섬유, 아스팔트, 비닐, '압축 처리' 목재 등 점점 더 많은 합성 물질이 쓰이는 현실이지만, 최근 몇 년 사이에 흙이라는 재료가 부활의 기지개를 켜고 있다. 나는 1990년대에 생태 건축 부흥 운동가 몇몇과 사귀면서 일을 배우는 행운을 누린 적이 있다. 덕분에 간략한 학습과 상당한 인내심만으로 (물론 도움을 받아가며) 진흙과 지푸라기로 근사한 주거공간을 지을 수 있었다. 집을 짓는 과정이 그렇게 즐거울 수 없었다.

진흙은 나무에 비해서 훨씬 다루기 쉽고 너그러운 건축 자재다. 오랜 시간 체계적으로 학습할 필요가 거의 없고, 기꺼이 손을 더럽히겠다는 마음만 있다면 아이들도 뛰어들어 함께 일할 수 있다. 나무로 집을 지을 때는 목공 작업이 조금만 잘못돼도 나머지 과정 전체가 꼬여버린다. 뜯어내고 새로 작업해야 하는 경우가 비일비재하다. 그러나 진흙은 잘못 바른 구석이 있더라도 치덕치덕 덧붙이면 그만이다. 몇 번만 해보면 진흙을 어떤 식으로 반죽해야 적당한 찰기가 생기는지 느낌이 온다.

나는 적절한 반죽 비율을 배우려고 다른 사람들과 이야기를 나눌 때마다 음식을 비유로 들고 있는 내 모습을 발견하곤 했다. 밀가루와 물이 혼합 비율에 따라서 대단히 상이한 결과물로 재탄생하듯, 흙과 물과 지푸라기도 마찬가지다. 내가 사용하는 기법 가운데 하나는 슬립스트로slip straw다. 슬립스트로 기법으로 집을 지으려면 먼저 진흙 반죽을 만들어야 한다. 진흙과 물을 크림처럼 걸쭉하게, 반죽을 휘젓고 꺼낸 손이 흠뻑 뒤덮일 정도로 혼합하는 것이다. 이렇게 만든 진흙 반죽을 지푸라기에 가볍게 입힌 뒤 골조와 골조 사이에 판자로 만든 거푸집 속으로 꾹꾹 눌러 담아 벽을 만드는 것이다. 이 기법의 장점은 지푸라기와 진흙을 섞어서 사용함으로써 스트로베일 하우스처럼 지나치게 두꺼운 벽을 쌓지 않고도 훌륭한 단열 효과를 얻을 수 있다는 것이다. 지푸라기에 진흙 반죽을 입히려면, 먼저 방수포를 깔고 짚단을 풀어 헤친다. 지푸라기 하나하나를 최대한 따로 떼어 펼쳐야 한다. 이 지푸라기 더미 주위로 진흙 반죽을 늘어놓고 한 번에 조금씩 끼얹으면서 섞는다. 샐러드에 드레싱을 넣고 조금씩 버무리는 것처럼 말이다. 진흙 반죽을 낭비하지 않고 지푸라기와 골고루 섞기 위해서다.

흙과 모래와 물과 지푸라기를 섞어 피자 도 반죽과 비슷한 '코브cob'를 만들 수도 있다. 코브란 지푸라기를 섞은 벽면 부착용 진흙을 말한다. 코브 역시 도처럼 모든 구성 요소가 서로 들러붙어 있을 정도의 수분을 필요로 한다. 그러나 흐물흐물하게 흘러내릴 만큼 수분이 많으면 안 된다. 건물 외벽 마감용 회반죽의 경우, 같은 재료들이 쓰이지만 물을 훨씬 많이 넣어서 미음처럼 묽은 농도로 만든다.

이 모든 과정에서 핵심적인 단계는 진흙을 물에 담그는 것이다. 이는 밀을 물에 담그는 방법과 정확히 같다. 캐럴 크루스는 점토의 장점을 이렇게 설명한다.

> 점토 분자는 결정질 구조로 되어 있기 때문에 길쭉한 모양으로 이어질 수 있다. 다양한 크기의 얇은 판이 서로 조금씩 겹쳐지면서 물에 젖은 카드처럼 들러붙어 일직선으로 뻗어나가는 모양새다. 이 판 사이로 수분이 들어가면, 분자 구조 안에 이미 들어 있던 수분과 함께 점토에 형성력과 유연성을 부여한다. 두께가 고작 1~2나노미터에 불과한 이 초미세 판은 가장자리에 발생하는 정전기로 인해 서로 들러붙으며, 물에도 들러붙으며, 다른 물질에도 들러붙는다. 점토 입자의 결속력은 수분의 흡수에 의해서 부분적

으로 중화된다. 그러면 점토가 부드럽고 유연해지면서 액체도 아니고 고체도 아닌, 특유의 매력적인 찰기가 생긴다.[32]

점토를 물에 계속 담가서 완전히 스며들게 하면, 물이 모든 판 사이에 비집고 들어간다. 그러면 시간이 흐를수록 "입자들이 일정한 간격으로 균일하게 자리를 잡기 때문에 점토 덩어리의 찰기가 좋아지고 다루기 쉽다"는 것이 크루스의 설명이다.

중국 도공들은, 적어도 옛날에는, 다음 세대에게 물려주기 위해서 거대한 점토 구덩이를 마련하고 지푸라기로 덮어둔다. 인도에서는 축축한 진흙을 무더기로 쌓고 최소 2주 이상 덮어두었다가 집을 지을 때 사용한다.[33]

크루스는 점토를 장시간 물에 담가두는 행위를 가리켜 "발효시킨다"고 표현한다. 유기물질을 함유하지 않은 광물질 자체는 발효가 불가능하지만, 점토는 유기물질을 포함한 불순물을 함유하고 있기 때문에 실제로 발효가 일어난다. 크루스는 "숙성시킨 점토에서 지독한 냄새가 풍길 수 있다"고 경고하면서, 그럴 때는 이엠-1을 첨가해서 냄새를 잡으라고 조언한다.[34]

이렇게 만든 점토는 주로 섬유나 골재 등 다른 물질과 섞어서 건축자재로 활용한다. 여기에 결합제나 경화제를 추가하기도 한다. 점토에 쓰이는 골재는 모래가 일반적이다. 골재를 혼합하지 않은 점토는 수축하거나 갈라지는 경향이 있다. 여러분이 파낸 흙에는 진흙과 모래가 건축에 적합한 비율로 이미 섞여 있을 가능성이 높다. 그런데 내 경우는 흙집을 지을 때마다 진흙의 점도가 너무 높아서 모래를 많이 섞어야 했다. 아울러 구조에 인장력을 보태기 위한 섬유도 필요하다. 그런 섬유로 가장 유명한 것이 지푸라기지만, 다른 섬유질을 대체재로 활용할 수도 있다. 나는 성공적인 마감 작업을 위해서 본질적으로 식물성 섬유라고 할 수 있는 말똥 가루를 사용해 접착력이 좋은 회반죽을 만들어왔다. 흠뻑 적신 뒤에 사용하는 것이 제일 좋은 점토와 달리, 섬유는 혼합하기 전까지 마른 상태를 유지하는 것이 좋다. 혼합 및 사용하는 과정에서 젖는 것으로 충분하다. 발효가 이루어지는 시간도 최소한으로 억제해야 한다. 발효가 섬유질을 너무 심하게 분해시키면 강도가 떨어지기 때문이다.

진흙으로 마감재나 페인트를 만들 때 결합제로 음식을 쓰기도 한다. 밀가루를 묽게 쑤어 끈적한 액체로 만든 밀가루풀이 대표적이다. 밀가루풀은 도시 활동가나 거리의 예술가들이 애용하는 물품이기도 하다. 나 역시 점토 반죽에 밀가루풀을 섞으면 접착력을 크게 높일 수 있다고 배웠다. 다만, 그날 하루에 사용할 만큼만 섞어야 한다. 하룻밤 묵혀두면 밀이 발효하면서 점성과 접착력이 떨어진다. 너무 묽어서 못쓰게 된다는 뜻이다. 발효가 늘 좋은 것은 아니다!

점토 마감재에 덧씌워 강도를 높이는 결합제 가운데 발효과정을 거치는 식품 기반의 결합제가 카세인이다. 카세인은 (유청과 분리된) 응유에서 얻은 우유 단백질이다. 마이셀이라고 불리는 이 카세인 단백질은 덩어리로 엉겨 우유 표면으로 떠오른다. 마이셀은 산성 환경에 반응하면 큼직한 덩어리로 뭉친다. 이런 현상은 치즈나 요구르트 제조의 기초를 이룬다. 이처럼 우유를 액체에서 고체로 변화시키는 카세인의 힘을 점토 마감재 보강에 활용할 수 있다. 점토 마감재 제조와 관련된 구체적인 내용은 캐럴 크루스의 책이나 다른 자료에 상세하게 나와 있으니, 여기서는 생략하기로 한다. 카세인 자체는 수분을 제거해서 요구르트 치즈로 만들 수도 있고, 식초나 레닛을 첨가해서 응유로 만들 수도 있다. 버터밀크가 될 수도 있고, 기타 여러 음식이 될 수 있다. 나는 분유를 섞어서 점토 마감재를 만든 적도 있다. 모든 우유는 카세인을 포함하고 있기 때문이다. 크루스는 한마디로 요약한다. "어떤 우유로도 좋은 접착제를 만들 수 있다."

발효과정을 거치는 또 다른 천연 마감재는 석회를 기반으로 발효시킨 선인장을 첨가해서 만드는 페인트다. 나는 이 페인트 이야기를 내 친구 애니 데인저와 레이나로부터 처음 들었다. 두 친구는 같은 방법으로 페인트를 만들어 샌프란시스코에 있는 애니의 아파트를 칠했다고 한다. 애니는 끈적하게 발효시킨 선인장이 "페인트의 끈끈함과 반짝거림, 라텍스 같은 느낌을 살려준다"고 말한다. 그는 페인트가 "믿을 수 없을 정도로" 독성이 전혀 없었다면서 이렇게 말했다. "며칠 동안 페인트칠을 하면서 놀랍고도 신기하다는 생각이 들었다. 페인트 냄새가 전혀 불편하지 않았기 때문이다. 진정한 친환경 페인트였다!"

석회를 기반으로 페인트를 만들기 위한 첫 번째 단계는 석회의 "갈증을 해소"하는 수화水和 작업이다. 석회는 적어도 일주일 이상 물에 담가둘 필요가 있다. 따라서 주둥이를 꽁꽁 묶어둘 수 있는 양동이를 사용해야 한다. 아울러 도중에 모자라서 추가로 숙성시키느라 또다시 일주일을 기다리지 않으려면 필요한 양보다 넉넉하게 혼합하는 것이 좋다.(석회 숙성은 발효과정이 아니라 석회와 물의 화학적 반응과정이다.) 건축자재 판매점에서 쉽게 구할 수 있는 'S타입' 석회를 사용하자. 양동이에 물을 반쯤 채우고, 석회를 조심스럽게 체로 쳐서 한 컵씩 부어가며 저어준다. 애니는 낡은 보호 장구를 내다 버리라면서 "필터가 달린 마스크로 폐를 보호하고, 보안경으로 눈을 완전히 가려야 한다"고 조언하며 "자신의 체액으로 석회를 수화시키고 싶은 사람은 없을 것"이라고 경고했다. 물이 팬케이크 반죽처럼 걸쭉해질 때까지 석회를 첨가한다. 일주일은 석회의 수화에 필요한 최소한의 시간이다. 애니는 "석회는 물에 오래 담가둘수록 좋다"고 말한다. 쓰고 남은 수화 석회는 밀폐 용기에 넣어두면 얼마든지 보존할 수 있다.

석회에 수분을 충분히 공급했으면, 이제는 선인장을 준비할 차례다. 남미 식료품점에 가면 오푼티아속 노팔선인장을 구할 수 있을 것이다. 또 다른 양동이를 가져다가 노팔선인장을 발효시키자. 양동이에 따뜻한 물을 절반 이하로 담고, 리터당 소금 60*ml*를 넣는다. 물 1리터에 노팔선인장 1kg이 약간 넘는 정도로 생각하면 된다. 레이나와 애니는 가로세로 4m짜리 방을 칠할 때 노팔선인장 4kg이면 적당하다고 말한다. 선인장은 요리할 때와 마찬가지로, 가시를 제거할 필요가 없다. 1cm 안팎의 두께로 얇게 썰기만 하면 된다. 애니는 가시로 뒤덮인 선인장에 찔리지 않으려면 이렇게 하라고 조언한다. "왼손에 (왼손잡이는 오른손에) 장갑을 끼고 노팔선인장 아랫부분을 조심스럽게 잡는다. 그리고 양동이를 밑에 놓고 선인장을 가로로 최대한 얇게 잘라 떨어뜨린다." 여기에 소금물을 붓고 휘저은 뒤 푹 잠긴 상태로 며칠 동안 발효시킨다. 그러면 선인장 진액이 소금물에 배어나와 발효가 진행된다. 매일 저어주면서 선인장의 조직이 어떻게 변하는지 유심히 살핀다. "여기서 핵심은 선인장 진액을 추출해서 썩지 않을 정도로 잘 익히는 것"이라고 애니는 설명한다. 샌프란시스코의 온화한 기후라면 대략 사흘간 발효시키는 것이 적당하다. 이보다 따뜻한 곳이라면 발효가 더 빨리 이루어지고, 이보다 서늘한 곳에서는 시간이 더 걸린다고 보면 된다. 어떤 발효과정이건 간에 소금이 많이 들어가면 그 속도가 느려진다. 레이나는 "다른 종류의 선인장/다육식물로도 좋은 결과를 얻을 수 있으므로, 쉽게 구할 수 있는 것을 사용하라"면서 알로에 베라 역시 진액을 풍부하게 함유하고 있다고 조언한다.

선인장 진액의 발효가 끝나면, 체를 받쳐서 걸러낸다. 그러면 애니의 말마따나 "비할 데 없이 순수한 호박색 진액"만 남는다. 이렇게 얻은 진액을 수화시킨 석회와 섞는다. 애니와 레이나는 다양한 비율을 실험한 끝에 선인장 진액과 수화 석회를 3:2 비율로 섞는 것이 최선이라는 결론에 이르렀다. "(예를 들어 4:1로 섞은) 묽은 페인트는 너무 투명해서 여러 겹으로 발라야 진한 색이 남는다." 이 상태에서 색소를 전혀 넣지 않고 그대로 사용하면 "노르스름한 광택이 살짝 비치는 투명 도료"가 되지만, 원하는 색소가 있으면 어떤 색깔이건 섞어서 사용해도 좋다. 색소를 첨가할 때는 한 번에 조금씩 섞어야 한다. 일단 원하는 색깔이 나왔다 싶으면, 안 보이는 구석에 시험 삼아 칠해서 마른 뒤에도 그 색깔이 나는지 확인한 뒤에 필요한 만큼 비율을 조정하거나 다른 색소를 첨가하자. 이렇게 만든 페인트는 금세 마른다. 그리고 최소 두 번, 가능하면 그 이상 덧칠해야 할 것이다.

발효의 산물인 건축 자재는 또 있다. 역사적 전통의 산물이 아니라 완전히 새로운 창조물이라고 할 수 있는 균사 매트다. 이는 곰팡이가 목화 씨앗이나 메밀껍질 같은 농업의 부산물에 작용해서 영양분이 풍부한 기질을 스티로폼 단열재처럼 공기주머니가 많고 딱딱한 판자 형태로 얽어맨 것이다. 접착제나 수지가 필요 없는, 그래서 온전한 생분해가 가능한, 완전한 천연 소재다. 균사 단열재는 그린슐레이트라는 이름으로 팔리는데, 해당 제품의 개발자들이 2009년 『파퓰러사이언스』 지로부터 올해의 발명상을 수상하기도 했다. 이 과학 잡지의 설명에 따르면, "이 혼합물을 패널 (또는 어떤 모양의 구조물) 안쪽에 넣고 10~14일이 지나면, 허연색과 누런색으로 얼룩덜룩한 균사체가 빽빽하게 들어차는데, 약 0.1m^{3}의 '그린슐레이트' 단열재 안에 6km에 이르는 균사체가 뒤엉켜 있을 정도다. 이렇게 만든 패널을 오븐에 넣고 섭씨 100~150도의 고열로 건조시키면 균사체가 증식을 멈춘다. 그러고 나서 2주가 지나면 벽면으로 사용하기에 적합한 상태가 된다."[35] 같은 제조법을 활용해서 친환경 포장재를 만들 수도 있다. 안타깝게도 『파퓰러사이언스』나 제품 생산업체 홈페이지[36]는 어떤 종류의 곰팡이를 사용하는지 밝히지 않고 있다. 아마도 특허 문제가 걸린 부분으로 보인다. 구체적인 정보가 부족하지만, 다양한 곰팡이를 형틀 안에 넣고 증식시켜서 비슷한 제품 만들기에 도전하는 것도 재미있을 것이다.

에너지 생산

가장 널리 소비되는 발효음식으로 에탄올이라고도 불리는 알코올은 연료로 태울 수 있다. 또 다른 발효의 산물인 메탄 역시 연료로 활용할 수 있다. 이제 발효는 (바이오연료라고도 불리는) 신재생 에너지 또는 에너지 자립을 이야기할 때 언급하지 않을 수 없는 대단히 중요한 화제가 되었다.

1. 에탄올

이미 미국 내 거의 모든 주유소에서 에탄올-가솔린 혼합액을 판매하고 있다. 정부와 해당 산업 참여 기업들이 이 제품을 오래전부터 홍보해온 결과다. 성장이 빠른 작물을 매년 수확해서 연료로 바꿀 수 있다는 발상은 대단히 매력적이어서, 많은 사람이 에너지 자립과 지속가능성을 위한 방편으로 믿고 있다. 미국에서 생산되는 거의 모든 에탄올은 옥수수를 발효시킨 것이지만, 세계 2위 에탄올 생산국인 브라질에서는 대개 사탕수수로 만든다. 발효한 에탄올은 독한 술과 마찬가지로 증류과정을 몇 차례 거쳐서 200프루프, 즉 100% 알코올에 최대한 가깝게 농도를 높여야 한다.

최근 에탄올 생산이 증가하면서 옥수수 가격의 인상, 나아가 식품 가격의 인상을 야기한다고 비판의 목소리가 높아지고 있다. 의회 예산국 보고서를 보면 다음과 같은 지적이 나온다.

> 2008년 한 해에 미국에서 에탄올 생산에 쓰인 옥수수가 3억 부셸[1부셸은 약 36kg]에 이른다. 1년 전에 비해서 거의 1억 부셸이나 늘어난 수치다. 에탄올 제조를 위한 옥수수 수요는 다른 여러 요인과 맞물려 옥수수 가격을 높이는 압력으로 작용했다. 실제로 옥수수 가격은 2007년 4월부터 2008년 4월까지 50% 이상 올랐다. 옥수수에 대한 수요가 옥수수 경작지에 대한 수요로, 가축 사료 값의 인상으로 이어지는 형국이다. 이런 현상은 차례로 대두, 육류, 가금류, 유제품 등 수많은 농장 생산품의 가격에, 결국은 식품 소매가에 영향을 미친다.[37]

바이오연료를 만드는 일 자체는 칭찬받아 마땅하지만, 식품의 연료화는 이동 및 편리를 향한 끝없는 욕망을 충족시키기 위해 인간의 기초적 생필품을 소비한다는 점에서 엄청난 경제적 여파를 일으킨다.

단일재배한 식물로 연료를 만드는 행위가 '친환경'이라는 그럴듯한 이름으로 포장되어왔다. 그러나 바이오연료를 밀어붙인 결과는 환경적 재앙이었다. 옥수수, 사탕수수 등의 단일재배는 막대한 질소 비료를 사용해야만 가능하기 때문이다. 식품 및 농업 관련 저술가 톰 필포트는 묻는다. "생태적인 관점에서 옥수수로 만드는 에탄올만큼 불신을 사는

'친환경' 기술이 또 있을까?"[38] 브라질에서는 엄청난 면적의 아마존 열대우림이 사라졌고 지금도 사라지는 중이다. 급성장 중인 에탄올 산업을 지탱하기 위한 사탕수수밭을 만들기 위해서다. 콜롬비아와 아르헨티나 등 남미 여러 나라에서도 사람들이 대대로 지켜오던 삶의 터전에서 내쫓기고 있다는 소식이 들린다. 역시 바이오연료에 쓰이는 작물을 더 많이 재배하기 위해서다. 최근에는 건초용 지팽이풀로 에탄올을 만들거나 조류藻類로 바이오디젤을 만드는 식으로 바이오연료화가 가능한 비식품 물질을 찾기 위한 연구도 진행 중이다.(발효 작용이 포함되지 않는 완전히 다른 제조법이다.) 그러나 사람이 먹지 않는 가축 사료라고 할지라도 땅과 물과 노동력 등 여러 소중한 자원을 필요로 한다. 바이오연료는 완벽한 해결책이 아니다.

탄수화물로 에탄올을 만드는 과정은 우리가 9장에서 살핀 곡물 또는 땅속작물로 알코올을 만드는 작업에서 시작한다. 녹말을 단당으로 분해하기 위해서는 아밀라아제 효소를 투입하는 것이 일반적이다. 이는 아시아에서 곰팡이로 쌀음료를 만드는 기법을 응용한 것이다.(이 효소는 땅속작물 또는 곡물로 증류독주를 만들 때도 자주 쓰인다.) 효소 대신 맥아를 첨가할 수도 있다. 탄수화물의 변환이 시작되면 맥아즙을 끓여서 식힌 뒤 이스트를 넣어 발효를 촉발시키는 것이다.

이렇게 발효시킨 음료를 에탄올로 만들기 위해서는 증류 작업을 거쳐서 알코올 농도를 높여야 한다.(9장 증류 참조) 가솔린과 섞기에 충분할 정도로 순수한 100도의 에탄올은 대단히 특수한 장비를 필요로 하기 때문에 집에서 술을 담그는 사람들로서는 꿈도 꾸지 못할 결과물이다.

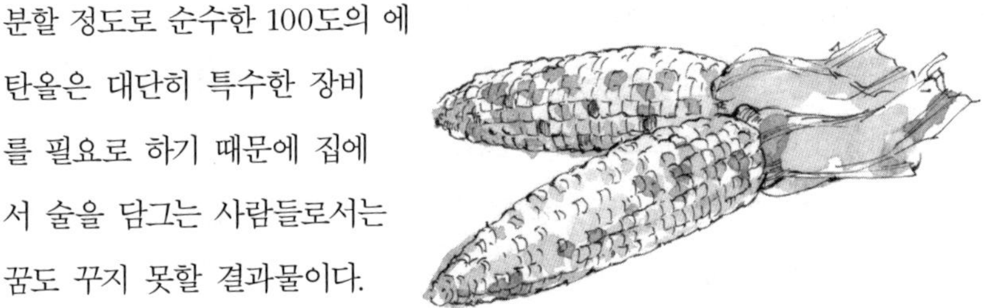

하지만 사람들은 90도 에탄올에 맞추어 개발한 엔진을, 심지어 이보다 낮은 프루프의 디젤엔진까지도 무리 없이 작동시켜왔다.

2. 메탄

사람들이 에너지원으로 개발한 가연성 물질 메탄도 발효의 산물이다. '늪지대 가스' 또는 '매립지 가스'로도 알려진 메탄은 하수처리장이나 퇴비 제조과정에서 발생하는 혐기성 대사 작용의 산물이다. 메탄은 땅속에서 뽑아내 실내를 덥히고 물을 데우며 음식을 익힐 때 널리 쓰이는 '천연가스'의 주요한 성분이기도 하다. 혐기성 대사 작용의 부산물로 생산된 '바이오가스' 역시 비슷하게 쓰일 수 있다. 실제로 여러 탈것이나 오폐수 처리 시설의 동력원으로 쓰여왔듯이, 어떤 식으로든 활용할 가능성이 있다.

혐기성 부패과정에서 메탄을 채취하겠다는 발상은 새로운 것이 아니다. 거의 1000년 전인 13세기, 마르코 폴로는 중국에서 자신이 목격한 장면을 보고한 바 있다.[39] 3000년 전 아시리아 사람들도 목욕물을 데우는 데 메탄을 활용했다.[40] 최근 수십 년 사이에는 바이오가스를 채취 및 정제하는 기술이 발전하면서 '소화조digester'라는 장치가 등장하기도 했다. 인터넷에 들어가면 메탄 바이오가스를 채집할 수 있는 혐기성 소화조를 DIY로 만드는 요령이 수두룩하다.

바이오가스의 생산과 소비는 여러 유익함을 동시에 선사한다. 먼저 환경을 오염시킬 수 있는 동물과 인간의 배설물을 에너지원으로 전환한다. 바이오가스를 연료로 사용하면 — 지구 온난화의 주원인인 — 메탄이 대기 중으로 날아가지 않도록 막을 수 있다. 아울러 시골 사람들이 난방과 요리를 위한 연료로 바이오가스를 공급받으면 나무를 베지 않아도 된다.

중국은 바이오가스 사용에 있어서 지구촌 리더라고 칭할 만하다. 2005년 기준으로 소화조가 1700만 개에 이르고 연간 바이오가스 생산량이 65억 m^3나 된다. 향후 계획은 더 야심차다. 영국에 본부를 둔 사회적과학연구소는 "바이오가스는 중국에서 급성장 중인 에코 경제의 핵심적 요소"라고 평가한다.[41]

의료 부문

전 세계의 전통 의술을 살펴보면 치료제를 만들 때 발효의 힘을 활용하는 경우가 많다. 우리는 4장에서 불로장생 벌꿀주에 대해, 그리고 식물성 의약품을 만들고 보존하는 수단으로 발효가 얼마나 오랫동안 쓰여왔는지 살펴보았다. 인도의 전통 의학 아유르베다의 경우, 아리슈타스*arishtas*와 아사바스*asavas*라고 불리는 발효시킨 형태의 식물을 사용한다. 바라티다산대학의 S. 세카르 박사에 따르면, "효험이 탁월해서 귀중한 치료제로 통하는 것들"이다. 박사가 구축한 데이터베이스에는 이와 유사한 치료제가 10여 가지나 실려 있다.[42] 중국의 유교에서는 발효시킨 양념류가 먹는 음식, 절기, 개인의 체질 등과 함께 신체의 균형을 되찾고 건강을 바로잡는 힘을 지닌다고 여긴다. 이처럼 발효를 통해서 의약품을 얻는다는 발상 역시 전혀 새로운 것이 아니다.

모든 유기체와 미생물 집단은 상당수의 잠재적 경쟁자를 억제하는 물질을 분비한다. 항생제는 이런 사실에 착안한 과학자들이 만든 것이다. 스코틀랜드의 생물학자 알렉산더 플레밍은 포도상구균을 연구하던 1928년에 배양 용기 몇 군데에서 우연히 자라난 곰팡이가 이 박테리아를 파괴하는 것을 목격했다. 그는 이 곰팡이가 푸른곰팡이속

*Penicillium*이라는 사실을 규명했다. 그리고 해당 곰팡이가 지닌 항균적 특성을 연구하기 시작했다. 의약품 역사에 새로운 시대가 열리는 순간이었다.

곰팡이는 물론 버섯도 항바이러스성은 물론 항박테리아성을 지닌 것으로 밝혀져왔다. 폴 스테이메츠는 "식물의 질병이 일반적으로 사람을 공격하지 않는 반면, 곰팡이의 질병은 사람을 공격한다"고 지적한다. "인간(동물)과 곰팡이는 같은 길항균拮抗菌을 공유하기 때문에 (…) 인간 역시 항생 물질을 생성해서 미생물의 감염에 대항하는 곰팡이의 타고난 방어 전략을 그대로 적용할 수 있다. 그러므로 우리가 사용하는 중요한 항박테리아성 항생제 대부분을 곰팡이로부터 얻는 것이 놀라운 사실은 아니다."[43] 이처럼 거의 모든 항생제를 곰팡이로 만드는 시대적 흐름과 달리, 스테이메츠는 다양한 버섯의 항균 작용을 입증해왔다. 그가 특히 주목하는 것은 나무에서 자라는 다공균多孔菌이다. 스테이메츠는 "의약품 산업은 버섯의 항생 작용에 관한 연구를 축소시켜왔다"면서 "부분적으로는 담자진균(버섯)이 사상균(곰팡이)에 비해서 성장 속도가 느리고 산출량이 적기 때문"이라고 지적한다. "버섯 게놈은 뛰어난 항균 물질을 만들 수 있는, 그러나 여전히 미개봉 상태인 자원의 보고다. (…) 미생물에 의한 질병에 맞서서 우리 사회를 지킬 수 있는 가장 훌륭한 보호막이 될 수 있을 것이다."

박테리아는 의약품 생산에서 대단히 중요한 역할을 맡게 되었다. DNA 재조합 기술의 등장으로 특정 물질의 생산을 위한 유전자를 박테리아 세포 속에 집어넣기 시작했다. 현재 인슐린이나 인터페론, 종양괴사인자 등 우리가 흔히 접하는

막자사발

수많은 의약품이 유전적으로 조작한 박테리아로 만들어지고 있다. 어느 세균학 교과서는 열정에 불타는 한마디로 이렇게 요약한다. "박테리아에 저장된 유전자들의 가능성을 고려하면 바이오테크놀로지의 쓰임새는 무궁무진하다."[44] 유전학자들은 의약품을 생산하기 위해서 박테리아는 물론 식물에도 유전자를 집어넣고 있다. 그 결과, 유전자 조작 식물에서 얻은 꽃가루가 실험실 바깥으로 날아갈 경우 강력한 의료용 화학물질로 다른 식물군을 오염시킬 수 있다는 우려가 커지고 있다.

발효를 통해서 음식의 영양가를 높이듯, 건강보조제 역시 발효의 힘으로 효능을 강화하고 생체이용률을 높일 수 있다. 건강보조제 제조사 뉴챕터는 식품을 기반으로 "자연의 이로움을 온전히 누릴 수 있도록 프로바이오틱스에서 배양한" 제품을 만든다.

성격이 무척 다르지만 약품이라는 점에서 관련이 있는 담배 역시 발효가 개입한다. 특히 시가가 그렇다. 시가 제조사 알타디스는 자사 홈페이지에서 시가를 어떻게 발효시키는지 상세히 설명하고 있다.

> 담배의 발효란 중심부에서 열이 발생하도록 이파리를 '산더미'처럼 수북하게 쌓아두는 작업이다. 이파리 더미의 중심부에서 발생하는 열은 담배의 종류에 따라서 섭씨 46~54도를 초과하지 않도록 제한해야 한다. 잘못하면 이파리가 타버려서 못쓰게 될 수 있다. 온도가 이 정도로 오르면 담뱃잎의 상태에 따라 적절한 시간 동안 유지하다가 속 부분이 겉으로 나오도록 뒤집는다. 그러면 열이 다시 발생하면서 발효가 재차 이루어진다. 그러다가 온도가 일정하게 유지되면 발효가 끝난 것이다. 그러려면 4~8번 정도 뒤집어줘야 하는데, 업계에서는 이 작업을 가리켜 "땀을 낸다"고 말한다. 발효가 지나치면 이파리가 망가지면서 "녹초"가 되어버린

다. 특유의 맛과 향을 잃고 마는 것이다. '땀을 내는' 발효과정이 진행되는 동안, 질소 화합물 등 화학물질이 날아가고 니코틴 함량도 다소간 낮아진다. 발효가 끝난 담뱃잎을 여러 겹으로 묶은 채로 계속 숙성시키면 맛도 좋아지고 연소성도 개선된다.[45]

퇴비 만드는 법과 어쩌면 이렇게 똑같은지 모르겠다!

피부 관리 및 아로마테라피를 위한 발효

발효는 사람의 피부를 관리할 때도 쓰인다. 캘리포니아주 프리스톤에 있는 오즈모시스 스파에 가면 발효가 진행 중인 톱밥과 쌀겨의 혼합물을 이용한 일본 전통의 (그러나 1940년대부터 개시했다는) 목욕 서비스를 체험할 수 있다. 일본에서 공수해온 종균을 이용해 혼합물을 발효시키면서 주기적으로 뒤집어주면 열이 발생하면서 식물성 섬유질이 서서히 분해된다고 한다. 발효가 진행 중인 톱밥과 쌀겨를 욕조(커다란 나무 상자)에 넣고 지속적으로 섞어주면 미생물이 왕성하게 활동하면서 안전하고 깨끗한 상태를 지켜준다. 오즈모시스 홈페이지에는 이런 내용이 올라와 있다.

향나무 효소 욕조에서 체험하는 열기는 발효과정에서 생물학적으로 발생한다는 점에서 여느 찜질과 성격이 다르다. 600종이 넘는 왕성한 효소들이 힘을 합쳐서 이루어내는 과정이기 때문이다. 이들 효소는 향나무 욕조 특유의 전기-화학적 환경과 더불어 우리 몸에서 가장 커다란 조직인 피부에 직접적으로, 집중적으로

> 작용한다. 향나무 욕조의 열과 에너지가 신체의 화학작용 및 정화 작용에 복합적으로 영향을 미치면, 피하에 축적된 노폐물이 말끔히 분해된다. 겉 피부는 물론 땀구멍도, 나아가 세포들까지 깨끗하게 씻어내는 셈이다.[46]

나는 오즈모시스 설립자 마이클 스튜서의 손님으로 이곳을 방문한 적이 있다. 자신이 마련한 프리스톤 발효 축제에 참가해달라고 초대를 받은 터였다. 욕조로 가보니 내가 들어갈 정도의 크기로 구멍이 파여 있었다. 보아하니 무릎을 세운 채 목만 내놓고 느긋하게 기대어 앉는 모양새였다. 내가 그 속으로 들어가서 자세를 잡자 담당 도우미 크리스틴이 나를 묻었다. 바닷가 모래에 파묻히던 어릴 적 추억이 떠올랐다.

무척 아늑하고 부드럽고 촉촉했다. 하지만 상당히 뜨거웠다!(섭씨 60도로 뜨겁지만 "피부와 접촉하는 물질이 단열막을 형성한다"고 마이클이 설명해주었다.) 크리스틴은 불편하면 팔다리를 밖으로 꺼내도 좋다고 말했다. 그러고는 냉수가 담긴 컵에 구부러진 빨대를 꽂아 수시로 권하면서 차가운 물에 담갔던 수건으로 내 얼굴을 닦아줬다. 나는 미생물이 맹렬하게 활동하는 열기 속에서 땀을 흘리는 내내 살갑게 보살핌을 받는 것 같아 기분이 좋았다. 수억 마리의 박테리아가 내 피부의 죽은 조직을 먹어치우는 광경을 상상하면서 말이다. 20분 정도 욕조 속에 머문 뒤 톱밥과 쌀겨를 털어냈다. 이어서 오랜 샤워를 마치고 미스트를 뿌린 다음에는 몸속 깊은 곳까지 자극하는 경이로운 마사지까지 받았다. 이 모든 과정을 거치고 나자 온몸이 젤리처럼 풀어진 느낌이었다. 다시 태어난 듯한, 충만한 휴식을 누린 기분이었다.

나는 발효시킨 스킨케어 제품을 경험하거나 만들어본 사람들의 이메일을 오래전부터 받아왔다. 스킨케어 제품에 공통으로 들어가는 성분 중에는 벌꿀, 크림, 우유, 코코넛, 허브 등 손쉽게 발효시킬 수 있는 재료가 많다. 발효가 이들 재료를 긍정적인 방향으로 변화시킬 것이다. 하지만 나는 이 분야와 관련된 연구 성과를 딱히 찾지 못했고, 콤부차 모체나 사워크라우트를 이용한 얼굴 마사지를 제외하면 (두 가지 모두 훌륭했지만) 효능을 실제로 체험한 적도 없다.

캐나다 회사 캐피플랜트는 케피테크라 불리는 제조 기법으로 특허를 받았다. 케피어 알갱이에서 추출한 미생물을 활용해서 식물성 발효 화장품에 쓰이는 종균을 만드는 기법이다. 이 회사는 홈페이지에 "케피플랜트로 식물을 발효시키면, 식물 안에 자연적으로 생성되어 있는 피토케미컬이 밖으로 흘러나온다"면서 "우리 몸은 이렇게 흘러나온 분자들을 쉽게 흡수해서 효과적으로 활용할 수 있다"고 주장한다.[47]

이와 관련된 발효의 응용법은 포푸리를 활용한 아로마테라피다. 프랑스어 포푸리potpourri는 "썩은 단지"라는 뜻이다. 사실 요즘 우리가 아는 포푸리는 진짜 포푸리가 아니다. 원래 포푸리는 말린 식물의 혼합물이 아니라 장미 꽃잎과 허브를 단지에 넣고 축축하게 발효시킨 것이었다. 발효는 전통적인 포푸리 제조과정에서 핵심적인 역할을 담당했다. 발효과정을 거쳐야만 꽃잎과 그 향기를 보존할 수 있기 때문이다. 제조법은 간단하다. 신선한 장미 꽃잎을 단지에 켜켜이 담으면서 소금을 뿌린다. 꽃잎과 소금의 비율은 대략 3:1이다. 사워크라우트를 만들 때처럼 장미 꽃잎이 즙에 푹 잠기도록 눌러두고, 적어도 2주 이상, 길게는 6주 동안 발효시킨다. 꽃잎 덩어리를 촉촉한 케이

크처럼 말린다. 바스러뜨린 뒤 향기가 좋은 꽃이나 향신료를 첨가해서 유리병에 담아두고 향기가 필요할 때마다 뚜껑을 연다.[48]

발효 예술

음식 이외에 발효가 활용되는 마지막 분야는 예술이다. 발효에서 영감을 얻는 예술작품 몇 점을 사진 자료에 포함시켰으니 참고하기 바란다. 발효는 미술, 음악, 시 등 예술의 여러 분야가 탄생한 초기부터 또렷한 자취를 남겼다. 발효 자체를 하나의 표현 방식으로 활용하는 미술가들도 있다. 일례로 런던 패션섬유학교 연구원으로 재직 중인 수잰 리는 콤부차로 옷을 만든다.(6장 콤부차 만들기 및 사진 자료 참조) 마이크 쿨은 친구와 함께 무대에 올라 사워크라우트를 만들면서 전자음악을 연주했다고 한다. "채소를 썰고 다지는 소리를 마이크로 담아서 음악에 믹싱하는 방식이었다. 그러다가 사워크라우트에 관한 독일 노래 슐라거schlager[히트송이라는 뜻]로 대미를 장식했다." 제니퍼 위트먼은 생물학자 겸 미술가로 진흙과 물을 틀 안에 넣고 발효시키면서 "비노그라드스키 로스코: 박테리아 생태계의 목가적 풍경"이라는 제목을 달았다. 그러고는 작가의 말을 이렇게 남겼다.

> 마크 로스코의 작품세계를 바탕으로 (…) 19세기 토양과학자 세르게이 비노그라드스키가 발전시킨 미생물학 기술을 접목했다. 진흙과 물을 풍경 삼아 그 속에 존재하는 박테리아에 색을 입힌 것이다. 박테리아는 최적의 조건 아래서 주위를 점령한다. 그러고는 자원을 소모하고 부산물을 생성함으로써 자신에게 주어진 환

경을 변화시킨다. 점령자들이 증식을 거듭해서 한계에 봉착하면, 환경은 더 이상 이들에게 우호적이지 않다. 오히려 잠재적 계승자들에게 최적의 상태가 된다. 이렇게 해서 색소들이 살아서 진화하는 색면추상화가 탄생한 것이다. 색의 발현/소멸은 한정된 자원의 획득과 상실을 가리킨다. 풍경을 누비며 성실하게 변화를 일군 주체들이 스스로 변화시킨 세상에서 내쫓긴다는 뜻이다.

미술가는 말한다. "나에게 형성/분해란 시작, 변화, 인과관계의 우연성, 상호 연계성, 가능성을 의미한다. (…) 세상을 향한 내 희망은 아마도 분해에 있을 것이다."[49]

에필로그
발효 문화 부흥운동 선언

우리는 우리 음식을 되살려야 한다. 음식이란 단순한 영양분을 훌쩍 뛰어넘는 것이다. 복잡한 관계의 그물망이 구체화된 것이기 때문이다. 우리가 존재하는 맥락의 거대한 일부분이기 때문이다. 우리 음식을 되찾는다 함은 이 그물망에 우리 자신을 능동적으로 포함시킨다는 뜻이다.

오늘날 슈퍼마켓 선반을 가득 메우고 있는 음식은 특허받은 유전물질과 위험한 화학적 합성물질, 단일재배, 장거리 수송, 공장 같은 제조 시설, 쓰레기를 양산하는 과대 포장, 에너지를 빨아들이는 냉장 시설이라는 글로벌 인프라를 바탕으로 생산한 상품이다. 이런 시스템으로 만들어진 음식은 지구를 파괴하고 우리 건강을 파괴하며 경제적 활력을 파괴한다. 그 결과 우리는 인간의 존엄성을 빼앗긴 채 의존적, 종속적 소비자로 전락하고 말았다.

이제 우리는 전혀 다른 관계의 그물망을 새로이 짜야 한다.

식물 및 동물과의 관계

우리는 식물과 동물로부터 (미생물의 도움을 받아) 음식을 얻는다. 우리는 더 이상 우리가 음식을 얻는 원천과 거리를 두고 살아갈 수 없다. 우리 삶과 동떨어진, 고도로 전문화된, 대부분 먼 곳에서 이루어지는, 획일적 대량생산 체제에 우리의 식생활을 계속 맡겨두어선 안 된다. 우리는 역사적으로, 또 어쩔 수 없이, 우리가 먹는 식물이나 동물과 관계를 형성하며 살아왔다. 우리는 동식물에 대해 잘 알고 의존했다. 동식물을 보살피고 키우는 과정에서 주위 환경과 긴밀한 연결 고리를 만들었다. 우리는 생존의 바탕이 되는 동식물과 우리 사이에 끊어진 관계를 이어 붙여야 한다. 주변에서 어떤 식물이 자라는지 살펴보자. 허브나 채소도 기르자. 수확의 손길이 미치지 않은 열매를 가져다가 음식으로 만들어보자. 나무를 심고 키우자. 뒷마당에서 꼴을 베어 가축에게 먹여보자. 달걀이나 우유, 고기를 좋아한다면, 닭이나 가축을 소규모로 기르는 방법을 찾아보자. 도축 및 가공과정을 관찰하거나 작업에 참여하자. 우리 음식으로 변하는 생명체를 존중하고 칭송하면서 고마움을 느끼자. 우리는 이런 존재들과 더불어 진화해왔다. 인간과 동식물은 운명이 뒤엉킨 사이다.

농부 및 생산자와의 관계

지역 음식을 구매하자! 지역 농업을 돕자! 농부들과 사귀면서 직거래하자. 농업의 활성화야말로 진정한 의미의 경기 부양이자 경제 안보다. 사람들은 대부분 농업의 1차 생산물보다 치즈, 살라미, 템페처럼 가공한 음식이나 음료를 좋아한다. 이렇게 원재료에 "부가가치"를 더하는 가공작업은 발효의 힘을 활용하곤 한다. 지역에서 운영 중인 소규모 가공업체나 생산자들에게 힘을 실어주자. 더 신선한 음식, 지역 일자리 증가, 지방분권화, 변화에 맞서는 더 강한 저항력으로 돌아올 것이다. 지역에서 음식을 만든다고 해서 반드시 상업적인 생산을 의미하는 것은 아니다. 선물이나 물물교환, 기부, 공공재, 공동체 지원 모델, 비합법적 판매 등 대안적인 경제활동을 바탕으로 하는 소규모의 비공식적 생산일 수도 있다. 먹을거리의 창조자들이 부활시키고 있는 그물망에서 자신이 채울 수 있는 빈틈을 찾아보자.

조상들과의 관계

우리 조상들은 지금의 우리보다 조상에 대한 애정이 훨씬 강했다. 우리는 신을 믿기도 하고 다양한 역사적, 신화적 영웅들을 받들어 모시기도 하지만, 지금까지 이어진 우리 혈통에 대한 고마움을 거의 느끼지 못하고 산다. 핏줄이 얼마나 뒤섞였건 간에 우리 모두는 누군가의 후손으로서 놀라운 문화적 유산을 물려받은 사람들이다. 우리는 조상을 기억하고 재발견하며 되찾아야 한다. 씨앗 같은 유형의 유산과 발효법 같은 무형의 유산을 아우르는 조상의 선물에 감사하면서 잘 지키고 잘 가꾸다가 후손에게 물려주어야 한다. 문화적 부흥이 필요한 것도 조상이 우리에게 남긴 훌륭한 유산을 제대로 지키기 위해서다. 조상이 물려준 지혜에 생기를 불어넣고 잘 간수하는 것이 바로 조상을 극진히 모시는 최고의 방법이다.

신비로움과의 관계

신비로움은 생명력이 강하다. 현미경 기술, 유전자 분석 등 과학적 연구 방법의 놀라운 발전에도 불구하고, 초미세의 영역은 여전히 미지의 세계나 다름없다. 미지의 세계인 것은 우리 인간의 몸과 마음도 마찬가지다. 이 신비로움을 찬미하자. 그리고 인간이 모든 것을 이해하는 것은 불가능하다는 사실을 한껏 즐기자.

공동체와의 관계

나 혼자서 모든 것을 해결할 수 있다는 발상은 위험하다. 우리는 서로를 필요로 한다. 이웃을 사랑하자. 더 나은 관계를 추구하고, 더 많은 사람을 사귀자. 손수 기른 재료로 음식을 만들어 주위 사람들과 나누자. 그리고 자기 힘으로 음식을 만들어보라고 권유하자. 공동체란 완벽하지 않고 때로는 어려움을 안기기도 한다. 저마다 사고방식이나 지향점, 가치관이 다른 사람들로 이루어졌기 때문이다. 그럼에도 불구하고 우리는 공통점을 찾고 공감대를 형성하기 위해서, 주위 사람들과 더불어 공동체를 형성하기 위해서 노력해야 한다.

저항운동과의 관계

우리는 각자가 오롯한 인격체라는 사실을 깨달으면서 우리 삶과 공동체에 변화를 일으켜왔다. 이와 같은 자각은 사회운동의 활성화로 이어질 수 있다. 아니, 이어져야만 한다.

우리는 지역 음식의 생산 및 소비 체계를 되살리기 위해 노력하는 동시에, 음식의 정의와 숭고함을 추구하는 기존 운동 단체에 참여함으로써 자원에 대한 불공평한 접근권 문제를 해결하는 데 일조할 수도 있다. 지역에서 전해 내려오는 지혜를 문화적 부흥운동에 활용하는 동시에, 생존을 위해 투쟁하는 지역 원주민들의 존재를 인정하고 연대의 손길을 내밀 수도 있다. 자신의 탄소발자국이 환경에 미치는 악영향을 줄이려고 노력하는 동시에, 기업과 정부를 향해서 함께 노력하자고 요구하는 사회운동에 동참할 수도 있다. 개인의 행동은 강력하다. 그러나 집단의 행동이 발휘하는 힘에 비할 바는 못 된다.

사물과의 관계

우리는 풍부하고도 쉽게 얻을 수 있는 것, 환경에 미치는 영향이 적은 것, 재활용이 가능한 것이라면 그것이 무엇이든 최대한 활용하기 위해서 분투해야 한다. 우리는 특별한 장치나 도구를 무한정 동원할 수 없다. 따라서 일회용품 사회를 뒤집어엎어야 한다. 그래도 괜찮은 곳이라면, 쓰레기통을 뒤져서 재활용품을 챙기자. 식물과 동물에서 얻은 재료로 옷을 만들고, 흙에서 구한 재료로 집을 짓자. 이것이 진정한 DIY 문화다!

• • •

지금까지 우리는 인간의 삶을 지속시키고 풍요롭게 만들어주는 관계의 촘촘한 그물망 가운데 몇 가닥만을 살펴보았다. 발효는 우리가 이 그물망을 의식적으로 강화할 수 있는 한 가지 길이다. 문화적 부흥을 나날이 실천하는 방법이기 때문이다. 생명의 기운과 관계를 복원함으로써 우리가 몸담고 있는 맥락을 재발견하고 연결 고리를 되살릴 수 있다면 더 바랄 것이 없겠다.

감사의 말

나는 이 책의 유일한 저자이지만 집필과정에서 여러 사람한테 다양한 도움을 받았다. 그러나 독자 여러분이 발견할지 모르는 실수, 오역, 누락은 오로지 내 책임이다. 내가 발효에 관한 식견을 키운 것은 스스로 벌여온 다양한 실험의 소산이다. 특정 인물을 스승으로 모시고 가르침을 받은 적은 없다는 뜻이다. 하지만 무수한 사람과 직접 만나거나 인터넷으로 소통하는 과정에서 다양한 정보를 얻고 적절히 방향을 잡아나갈 수 있었다. 내가 이 책을 쓰겠다고 결심한 것은 집안 대대로 지켜오던 레시피를 선뜻 알려주는 사람들, 미생물학적 관점이 같은 사람들, 흥미로운 글을 보내주는 사람들 때문만은 아니다. 오히려 나에게 질문을 던지는 사람들, 그래서 나로 하여금 발효를 더 깊이 이해하고 더 쉽게 설명하도록 더 많이 성찰하고 연구하며 실험하게 몰아붙이는 사람들 때문이다. 나는 누구를 찾아가서 발효를 따로 배운 적이 없다. 스승이 있다면 이 책을 읽고 있는 여러분 모두일 것이다. 이 자리를 빌려 고마운 마음을 전한다.

본문에서 거명한 몇몇을 비롯해 많은 분이 어렵사리 깨달은 발효의 지혜를 내게 나누어주었다. 본의 아니게 이름을 놓친 분들께는 미리 사과드린다. 정보, 아이디어, 기사, 책, 사진, 이야기를 선뜻 내어준 켄 알발라, 도미닉 안피테아트로, 네이선 아널드와 패짓 아널드, 에릭 어거스틴, 데이비드 베일리, 에바 배케슬렛, 샘 베트, 애런 보로스, 베이 보스트, 주스트 브랜드, 브룩 버드너, 저스틴 벌라드, 호세 카라발로, 아스트리드 리처드 쿡, 크레이지 크로, 에드 커런, 파멜라 데이, 래즐 F. 대즐, 미셸 딕, 로런스 딕스, 빈슨 도일, 푸크시아 던랩, 벳시 덱스터 다이어, 오레세 파헤이, 오브 포사, 브룩 길런, 파베로 그린포레스트, 알렉산드라 그리고리에바, 브렛 구아다니노, 에릭 하스, 크리스티 홀, 애니 호크로슨, 리사 헬드케, 시빌 헬드케, 킴 헨드릭슨, 빅 에르난데스, 줄리언 호킹스, 빌 키너, 린다 킴, 조엘 키먼스, 킬로 키네티코어, 데이비드 르바우어, 제시카 리, 제시카 레오, 매기 레빙어, 리즈 립스키, 래피얼 라이언, 린 마걸리스, E. 시그 마쓰카와, 새릭 마트젠, 패트릭 맥거번, 에이프릴 맥그리거, 트리 무어, 제니퍼 모라고다, 샐리 폴런 모렐, 메릴 머시룸, 앨런 무스카트, 키스 니콜슨, 레이디 프리 나우, 스시 노리, 릭 오텐, 캐럴린 파퀴타, 제시카 포터, 엘리자베스 포비넬리, 루 프레스턴, 시어 프린스, 네이선 푸욜과 에밀리 푸욜, 밀로 파인, 린 라자이티스, 루크 레갈부토, 앤서니 리히터, 지미 로즈, 빌 셔틀리프, 조시 스마더맨, 스털링, 베티 스테크마이어, 에일린 외니 탄, 마리 모르게인 템즈, 터틀 T. 터틀링턴, 얼윈 데 왈리, 파멜라 워런, 리베카 윌스, 마크 윌리엄스, 발렌시아 웜본에게 감사하다. 2010년 "염장, 발효, 훈연"에 관한 콘퍼런스에서 논문을 발표하도록 초대해준 음식과 요리법에 관한 옥스퍼드 심포지엄과 그 자리에서 다양한 관점과 자극제를 안겨준 여러 발표자 및 참석자에게도 고맙다고 말하고 싶다.

실험과 연구, 정보 취합을 거들어준 훌륭한 도우미들도 잊을 수 없다. 특히 케일럽 그레이, 스파이키, 맥스진 와인스타인, 맬러리 포스터에게 감사한다. 귀중한 자료를 구하러 먼 길도 마다 않은 차르 부스와 내 평생 친구 로라 해링턴에게도 고맙다. 집필 초기에 조용히 머물 수 있는 곳을 마련해준 레이어드 톰프슨과 리아 클라인피터, 벤지 러셀에게 감사한다. 초고를 읽고 의견을 보내준 스파이키, 실버팽, 맥스진 와인스타인, 베티 스테크마이어, 메릴 머시룸, 헬가 톰슨에게 감사한다. 이 책에 추천사를 실어준 마이클 폴란에게 감사한다. 첼시그린출판사의 멋진 사람들 모두에게, 특히 이 책을 맡은 놀라운 편집자 매키나 굿맨에게 감사한다. 내 출판 대리인 발레리 보샤드에게 감사한다.

내가 즐겨 먹으며 실험 대상과 서술 주제로 삼는 음식의 창조자들, 즉 식물과 동물 그리고 이들을 기르는 사람들에게 감사한다. 특히 우유의 짐머와 크리스타, 달걀의 브랜치와 실번과 대니얼과 준버그와 대시보드, 육류의 닐 애플바움과 빌 키너(시콰치 코브 농장), 벌꿀의 허시와 복서, 블루베리의 헥터 블랙과 브리나에게 감사한다. 다양한 채소의 수많은 사람, 특히 쇼트 마운틴의 대즐과 스파이키를 비롯한 동성애자 농부들, 맥스진을 비롯한 IDA 농장 사람들, 빌리 카우프먼과 스토니와 존 위트모어와 지미 로즈와 리틀 쇼트 마운틴 팜의 우프WWOOF[유기농업 자원봉사] 프로그램 참가자들, 마이크 본디와 로브 파커, 대니얼, 제프 포펜(롱 헝그리 크리크 팜에서 맨발로 일하는 농부), 그 밖에 마음씨 넉넉한 여러 친구에게 감사한다. 나를 포함한 수많은 사람이 다양한 방식으로 건강한 삶을 개척하도록 기회를 제공한 앤지 오트와 대즐에게 감사한다. 특히 대즐과 메릴은 소중한 씨앗을 아낌없이 나누어주었다. 음식을 만들고 서로 나누는 이 네트워크에 참여한 덕분에 많은 것을 깨달을 수 있었고 땀 흘린 보람을 느낄 수 있었다.

무엇보다 내가 발효 문제를 마음껏 파고들 수 있도록 꾸준히 격려해 준 내 아름다운 친구들과 여러 가정에 감사한다. 먼저 내 가족에게 고마움을 전한다. 사랑하는 가족이 있고, 그 가족으로부터 한결같이 응원받을 수 있어서 정말 행운아라고 생각한다. 나는 이 책을 쓰는 도중에 17년 동안 살아온 공동체를 떠나서 나만의 거처로 옮기는 어려운 결정을 내렸다. 그래서 지금은 새로운 일상에 적응 중인데, 아직은 모든 것이 만족스럽다. 쇼트 마운틴 보호구역과 IDA와 확장된 동성애 공동체에 거주하는 여러분 모두의 사랑과 헌신에 감사한다. 내가 실험적인 발효음식을 들고 나타날 때마다 어김없이 맛을 보아주는 사람들이다. 참 고맙다. 여기에 소개한 사람들과 단골손님들 중에 내가 가장 사랑하는 친구들이 있다. 내가 누구를 이야기하는지, 그리고 얼마나 사랑하는지 본인들은 잘 알 것이다.

부록

용어 해설

아세토박터 산소와 반응해서 알코올을 아세트산(식초)로 대사시키는 호기성 박테리아. 초산균이라고도 한다.

산성화 산을 생성하는 과정. 발효의 결과로 이루어지는 경우가 많다. 발효를 통해서 음식을 안전하게 보존할 수 있는 핵심적인 이유다.

호기성 박테리아 산소를 필요로 하는 박테리아.

알칼리 물에 녹아 pH 농도 7이상의 염기성을 나타내는 물질. 7 이하는 산성이다.

아밀라아제 효소 녹말(복합탄수화물)을 당분(단순탄수화물)으로 분해하는 효소.

혐기성 박테리아 산소를 필요로 하지 않는 박테리아. 산소 부재 상태에서만 기능할 수 있는 "편성偏性" 혐기성 박테리아도 있고, 산소의 존재 유무와 관계없이 기능할 수 있는 "통성通性" 혐기성 박테리아도 있다.

아스페르길루스 아시아에서 곡물이나 콩류를 발효시킬 때 전통적으로 활용하는 곰팡이속.

아유르베다 인도의 전통 의학.

백슬로핑 이전에 발효시킨 음식의 일부를 새로 발효시키는 음식에 집어넣는 작업.

생체이용률 인체가 영양분 또는 기타 물질을 흡수해서 활용하는 정도.

생물역학 바이오다이내믹스. 독일의 사상가 루돌프 슈타이너가 처음 제창한 유기농업의 포괄적 이론과 방법론.

보툴리누스 식중독 클로스트리디움 보툴리눔이라는 박테리아가 생성하는 독성에 의한, 드물게 발생하지만 치명적인 질병. 부적절한 방법으로 만든 통조림이 주원인이나, 부적절하게 발효시킨 어류나 육류를 섭취할 때도 걸릴 수 있다.

탄산화 뚜껑을 열었을 때 기포가 발생하도록 액체가 이산화탄소를 머금게 만드는 작업.

클로라민 염소의 새로운 형태. 휘발성이 없기 때문에 끓여도 사라지지 않는다.

응고제 우유 같은 액체와 반응해서 고체 또는 반고체 상태로 변화시키는 물질

발효균culture 중층적 의미를 지닌 용어지만, 발효의 맥락에서는 분리추출한 미생물("순수배양균")과 영속성을 획득한 미생물집단("복합발효균") 모두를 아울러 일컫는 종균을 뜻한다.

응유 우유를 응고시켜 액체인 유청에서 분리해낸 지방 덩어리.

숙성curing 재료를 수확한 뒤에 익히는 여러 가지 방법을 아우르는 광범위한 표현. 육류와 어류를 묵힌다는 맥락에서는, 대개 "숙성용 소금"으로 알려진 아질산염 또는 질산염을 첨가한다는 뜻으로 쓰인다.

달이다decoction 뿌리나 껍질 등 단단한 조직을 끓여서 식물 추출액을 만드는 과정.

덱스트로오스 포도당의 다른 이름.

증류 기화와 응결을 통해서 알코올(또는 기타 휘발성 물질)의 농도를 높이는 작업.

건식숙성 고체 형태의 재료에 물 없이 소금을 치는 작업.

진핵생물 세포핵 안에 DNA가, 세포막 안에 미토콘드리아 등 여타 세포질이 들어 있는 세포로 이루어진 생명체. 동물과 식물, 곰팡이 모두가 진핵생물에 포함된다. 반면, DNA가 막에 싸여 있지 않은 박테리아 등은 원핵생물에 해당된다.

통성미생물 산소의 존재 유무와 관계없이 기능하는 미생물. 반면, 산소가 존재할 때만, 또는 산소가 존재하지 않을 때만 기능하는 미생물은 편성미생물이라고 한다.

토착미생물군 주어진 기질 또는 환경에 원래부터 서식하고 있는 미생물집단.

발아 씨앗에서 싹을 틔우기.

글루코오스 세포의 주된 에너지원인 단당.

껍질 또는 껍질 제거 껍질은 (곡물, 콩류, 견과류 등) 씨앗의 표면을 덮고 있는 층으로, 딱딱해서 소화가 어려운 편이라서 제거한 뒤에 가공하는 것이 일반적이다. 하지만 발아 작업처럼 껍질을 벗기지 않는 것이 중요한 때도 있다.

배양(인큐베이팅) 온도가 특정 범위를 벗어나지 않도록 유지하는 것. 발효의 맥락에서는 미생물이 증식할 수 있는 최적의 조건을 갖춘다는 의미로 쓰인다.

우리다infusion 끓이는 것이 아니라 뜨거운 물에 담가서 만드는 식물 추출액. 이파리나 꽃잎에서 즙을 추출할 때 주로 쓰이는 방법이다.

접종 종균을 집어넣는 작업.

젖산균LAB 몇 가지 속屬을 아우르는 폭넓은 범주의 박테리아. 주요한 대사적 부산물로 젖산을 생성한다는 공통점이 있다.

락토바실리 젖산균의 한 속.

젖산발효 주로 젖산균이 수행하는 모든 발효과정.

락토오스 우유에 함유된 당분.

레븐 사워도빵의 발효균.

앙금 포도주 등 알코올음료를 발효시킬 때 생기는 고체 찌꺼기.

액화 고체가 액체로 바뀌는 물리적 변화과정. 일부 발효과정에서 일어나는 현상이다.

생발효음식 젖산발효가 끝난 뒤 가열처리를 하지 않은 음식. 덕분에 박테리아가 죽지 않고 그대로 남는다.

맥아 보리 등 곡물에 싹을 틔운 것. 발아작업은 복합탄수화물을 단순탄수화물로 분해하는 효소의 작용을 촉진한다. 알코올은 단순탄수화물을 발효시켜서 얻는다.

대사작용 활용 가능한 영양소로 만들기 위해 살아 있는 세포 내부에서 일어나는 화학반응. 영양소가 최종 결과물로 변화하는 과정을 대사 경로라고 부른다.

균사체 곰팡이가 자라면서 생성하는 미세한 실의 조직체.

닉스타말화 나뭇재나 석회를 녹인 알칼리 용액으로 옥수수를 익히는 과정. 옥수수 알갱이의 단단한 껍질을 느슨하게 분해시켜 영양가를 높인다.

산화 산소 접촉에 의한 화학적 반응.

저온살균 주로 우유를 가공할 때 활용하는 부분적인 살균작업. 포도주나 사워크라우트 등 다양한 음식과 음료에 적용할 수 있다. 전통적인 저온살균법은 최소 15초 동안 섭씨 72도로 가열하는 것이다. "초저온살균"은 이보다 높은 온도로, "냉온 살균"은 방사선으로 살균한다.

펙틴 나무가 아닌 식물 조직의 세포벽에서 발견되는 물질.

광합성 식물, 조류, 일부 박테리아가 햇빛을 에너지로 변화시키는 작용.

피틴산 곡물, 콩류, 씨앗류, 견과류의 표층에 존재하는 물질. 미네랄과 결합해서 체내 흡수를 어렵게 한다.

파이토케미컬 식물성 화학물질.

절임(피클링) 산성 매개체를 활용하는 보존방식.

프로바이오틱스 유기체가 섭취하면 이로움을 얻을 수 있는 박테리아.

원핵생물 DNA가 막에 싸여 있지 않은 채 떠도는, 특별한 세포기관이 존재하지 않는 단세포 생물. 박테리아가 여기에 해당한다. 동물과 식물, 곰팡이는 진핵생물에 속한다.

래킹 부분적으로 발효한 알코올음료를 이스트 찌꺼기와 분리하기 위해 다른 용기로 옮겨 담는 작업. "멈춘" 발효를 다시 시작하기 위해 바람을 쏘이는 목적도 있다.

뿌리줄기 생강 등 일부 식물의 땅속에 묻힌 줄기. 수평으로 뻗어나가면서 뿌리와 싹을 틔운다.

리조푸스 아시아에서 콩류와 곡물을 발효시켜 템페 등을 만들 때 사용하는 곰팡이속.

린드 딱딱하고 질긴 가장자리 또는 겉껍질.

당화작용 복합탄수화물(녹말)을 단순탄수화물(당분)으로 분해하는 효소의 소화과정. 모든 맥주의 제조과정에서 핵심적인 단계에 해당된다.

사카로미세스 세레비시아 포도주 등 알코올음료의 양조 및 제빵 작업에서 가장 흔히 쓰이는 이스트.

염도 소금의 비율.

스코비 박테리아와 이스트의 공생체. 물리적 형태를 띠는 종균으로, 이미 발효한 음식의 일부로 새로운 발효에 쓰인다.

사이폰 기존 용기에 담긴 액체를 낮은 위치에 놓인 다른 용기로 중력을 이용해서 옮길 때 사용하는 관.

포자형성 곰팡이가 증식을 위해 재생산에 접어든 단계. 색깔의 변화를 통해서 파악하는 것이 일반적이다.

종균 발효를 촉발시키기 위해서 투입하는 박테리아 또는 곰팡이 발효균.

기질 발효시키고자 하는 음식 또는 음료. 우리 미생물 친구들에게는 먹잇감이자 증식의 터전이다.

탄닌 여러 식물에 들어 있는 씁쓸한 물질.

호열성 박테리아 섭씨 43도 이상의 고온에서 가장 활발한 박테리아.

초저온살균ultra pasteurization 저온살균보다 높은 온도를 이용한다. 장기간 유통이 가능한 우유를 만들기 위해서 자주 쓰인다.

천연발효 일부러 집어넣은 미생물이 아니라 기질이나 공기에 자연적으로 존재하는 미생물에 의존하는 발효법. 이전에 출간한 저자의 책 제목이기도 하다.

맥아즙 맥아에서 추출해 양조 및 필터링 과정을 거친, 발효에 들어갈 준비가 끝난 액체.

이스트 사카로미세스 세레비시아 등 당분을 알코올로 변화시키는 광범위한 곰팡이 집단.

주

머리말

1. Jacobs, 3.

2. Ibid., 31.

3. C. W. Hesseltine and H. L. Wang, "Contributions of the Western World to Knowledge of Indigenous Fermented Foods of the Orient," in Steinkraus, 712.

1장

1. Geoffrey Campbell-Platt, "Fermentation," in Solomon Katz, Volume 1, 630–631, cited in Du Bois (2008), 58.

2. Deshpande (2000), 7.

3. Lynn Margulis, "Power to the Protoctists," in Margulis and Sagan (2007), 30–31.

4. Lynn Margulis, "Serial Endosymbiotic Theory (SET) and Composite Individuality: Transition from Bacterial to Eukaryotic Genomes," *Microbiology Today* 31:172 (2004); E. G. Nisbet and N. H. Sleep, "The Habitat and Nature of Early Life," Nature 409:1089 (2001).

5. Margulis and Sagan (1986), 131–132.

6. Sorin Sonea and Léo G. Mathieu, "Evolution of the Genomic Systems of

Prokaryotes and Its Momentous Consequences," *International Microbiology* 4:67–71 (2001).

7. Jian Xu and Jeffrey I. Gordon, "Honor Thy Symbionts," *Proceedings of the National Academy of Sciences* 100(18):10452 (2003).

8. Fredrik Bäckhed et al., "Host-Bacterial Mutualism in the Human Intestine," *Science* 307:1915 (2005).

9. D. C. Savage, "Microbial Ecology of the Gastrointestinal Tract," *Annual Review of Microbiology* 31:107–133 (1977).

10. Ruth E. Ley, Daniel A. Peterson, and Jeffrey I. Gordon, "Ecological and Evolutionary Forces Shaping Microbial Diversity in the Human Intestine," Cell 124:837 (2006).

11. Steven R. Gill et al., "Metagenomic Analysis of the Human Distal Gut Microbiome," *Science* 312:1357 (2006).

12. Bäckhed et al. (2005)

13. M. J. Hill, "Intestinal Flora and Endogenous Vitamin Synthesis," *European Journal of Cancer Prevention* 6(Suppl. 1):S43 (1997).

14. S. C. Leahy et al., "Getting Better with Bifidobacteria," *Journal of Applied Microbiology* 98:1303 (2005).

15. Lora V. Hooper et al., "Molecular Analysis of Commensal Host–Microbial Relationships in the Intestine," *Science* 291:881 (2001).

16. Denise Kelly et al., "Commensal Gut Bacteria: Mechanisms of Immune Modulation," *Trends in Immunology* 26:326 (2005).

17. Elizabeth Grice et al., "Topographical and Temporal Diversity of the Human Skin Microbiome," *Science* 324:1190 (2009).

18. Jørn A. Aas et al., "Defining the Normal Bacterial Flora of the Oral Cavity," *Journal of Clinical Microbiology* 43:5721 (2005).

19. E. R. Boskey et al., "Origins of Vaginal Acidity: High D/L Lactate Ratio Is Consistent with Bacteria Being the Primary Source," *Human Reproduction* 16(9):1809 (2001).

20. Bäckhed et al. (2005)

21. Wilson (2005), 375.

22. Joel Schroeter and Todd Klaenhammer, "Genomics of Lactic Acid Bacteria,"

FEMS Microbiology Letters 292(1):1 (2008).
23. J. A. Shapiro, "Bacteria Are Small But Not Stupid: Cognition, Natural Genetic Engineering, and Socio-Bacteriology," *Studies in the History and Philosophy of Biological and Biomedical Sciences* 38:807 (2007).
24. Sorin Sonea and Léo G. Mathieu, "Evolution of the Genomic Systems of Prokaryotes and Its Momentous Consequences," *International Microbiology* 4:67 (2001).
25. "Interview with Lynn Margulis," *Astrobiology Magazine* (October 9, 2006), online at http://astrobio.net/news/modules.php?op=modload&name=News&file=article&sid=2108, accessed December 5, 2009.
26. Léo G. Mathieu and Sorin Sonea, "A Powerful Bacterial World," *Endeavour* 19(3):112 (1995).
27. Margulis and Sagan (1986), 16.
28. Shapiro, 807.
29. Jan-Hendrik Hehemann, "Transfer of Carbohydrate-Active Enzymes from Marine Bacteria to Japanese Gut Microbiota," *Nature* 464:908 (2010).
30. Justin L. Sonnenburg, "Genetic Pot Luck," Nature 464:837 (2010).
31. Margulis and Sagan (1986), 133-136.
32. Dr. Ingham made this remark September 14, 2009, at a "Soil Foodweb" workshop the author attended.
33. Buhner, 150.
34. Ibid., 151.
35. *American Heritage Dictionary of the English Language*, 4th edition, 2000.
36. McGovern, xi-xii and 281.
37. Patrick E. McGovern et al., "Fermented Beverages of Pre- and Proto-Historic China," *Proceedings of the National Academy of Sciences* 101(51):17593 (2004).
38. Aasved, 4.
39. Frank Wiens et al., "Chronic Intake of Fermented Floral Nectar by Wild Treeshrews," *Proceedings of the National Academy of Sciences* 105:10426 (2008).
40. Ibid.
41. Robert Dudley, "Fermenting Fruit and the Historical Ecology of Ethanol Ingestion: Is Alcoholism in Modern Humans an Evolutionary Hangover?"

Addiction 97:384 (2002).

42. Siegel, 118.

43. McGovern, 266.

44. Abigail Tucker, "The Beer Archaeologist," *Smithsonian* (2011), online at www.smithsonianmag.com/history-archaeology/The-Beer-Archaeologist.html, accessed July 7, 2011.

45. Sidney W. Mintz, "The Absent Third: The Place of Fermentation in a Thinkable World Food System," in Saberi, 14.

46. Rindos, 137.

47. See Claude Levi-Strauss, *The Raw and the Cooked*.

48. D. H. Janzen, "When Is It Coevolution?," *Evolution* 34:611 (1980).

49. For a discussion of this theory, see Barlow, *The Ghosts of Evolution*.

50. Pollan, xvi.

51. Charles R. Clement, "1942 and the Loss of Amazonian Crop Genetic Resources. I. The Relation Between Domestication and Human Population Decline," *Economic Botany* 53(2):188 (1999).

52. Rindos, 159.

53. Pederson (1979), 40.

54. Erika A. Pfeiler and Todd R. Klaenhammer, "The Genomics of Lactic Acid Bacteria," *Trends in Microbiology* 15(12):546 (2007).

55. Joel Schroeter and Todd Klaenhammer, "Genomics of Lactic Acid Bacteria," FEMS Microbiology Letters 292(1):1 (2008).

56. Huang, 593.

57. Dirar, 30.

58. The laboratory, long maintained at the Northern Regional Research Laboratory in Peoria, Illinois, has become the NRRL Culture Collection, online at http://nrrl.ncaur.usda.gov.

59. C. W. Hesseltine and Hwa L. Wang, "The Importance of Traditional Fermented Foods," *BioScience* 30(6):402 (1980).

60. American Medical Association Council on Scientific Affairs, "Use of Antimicrobials in Consumer Products (CSA Rep. 2, A-00)," in Summaries and Recommendations of Council on Scientific Affairs Reports, 2000 AMA Annual

Meeting, 4, online at www.ama-assn.org/ama1/pub/upload/mm/443/csaa-00.pdf, accessed December 18, 2009.

61. Lynn Margulis, "Prejudice and Bacteria Consciousness," in Margulis and Sagan (2007), 37.

62. Martin J. Blaser, "Who Are We? Indigenous Microbes and the Ecology of Human Diseases," *European Molecular Biology Organization Reports* 7(10):956 (2006).

63. "The Twists and Turns of Fate," *Economist* 388(8594):68 (August 23, 2008).

64. Volker Mai, "Dietary Modification of the Intestinal Microbiota," *Nutrition Reviews* 62(6):235 (2004).

65. Blaser.

66. Edward O. Wilson, *Biophilia* (Cambridge, MA: Harvard University Press, 1984).

67. Akio Tsuchii et al., "Degradation of the Rubber in Truck Tires by a Strain of Nocardia," *Biodegradation* 7:405 (1997).

68. Brajesh K. Singh and Allan Walker, "Microbial Degradation of Organophosphorus Compounds," *FEMS Microbiology Reviews* 30(3):428 (2006).

69. S. Y. Yuan et al., "Occurrence and Microbial Degradation of Phthalate Esters in Taiwan River Sediments," *Chemosphere* 49(10):1295 (2002).

70. Terry C. Hazen et al., "Deep-Sea Oil Plume Enriches Indigenous Oil-Degrading Bacteria," *Science* 330:204 (2010).

71. See Paul Stamets, *Mycelium Running: How Mushrooms Can Help Save the World* (Berkeley, CA: Ten Speed Press, 2005).

2장

1. Steinkraus, 113.

2. Janak Koirala, "Botulism: Toxicology, Clinical Presentations and Management," in Khardori, 163.

3. US Centers for Disease Control and Prevention, *Botulism in the United States, 1899–1996: Handbook for Epidemiologists, Clinicians, and Laboratory Workers* (Atlanta: Centers for Disease Control and Prevention, 1998), 11; online at www.cdc.gov/ncidod/DBMD/diseaseinfo/files/botulism_manual.htm, accessed December 23, 2009.

4. US Department of Agriculture, *Complete Guide to Home Canning, Guide 1: Principles of Home Canning* (Agriculture Information Bulletin No. 539, December 2009), 1–8; online at www.uga.edu/nchfp/publications/publications_usda.html, accessed December 23, 2009.

5. Michael W. Peck, "Clostridia and Food-Borne Disease," *Microbiology Today* 29:10 (2002).

6. Naomi Guttman and Max Wall, "Sausage in Oil: Preserving Italian Culture in Utica, NY," paper delivered at 2010 Oxford Symposium on Food and Cookery.

7. Akiko Iwasaki et al., "Microbiota Regulates Immune Defense Against Respiratory Tract Influenza A Virus Infection," *Proceedings of the National Academy of Sciences* 108(13): 5354 (2011).

8. US Federal Trade Commission, "Complaint in the Matter of the Dannon Company, Inc.," docket number 082 3158, December 15, 2010, online at www.ftc.gov/os/caselist/0823158/101215dannonscmpt.pdf, accessed June 5, 2011.

9. US Federal Trade Commission, "Dannon Agrees to Drop Exaggerated Health Claims for Activia Yogurt and DanActive Dairy Drink," press release December 15, 2010 (FTC File No. 0823158), online at www.ftc.gov/opa/2010/12/dannon.shtm, accessed June 5, 2010.

10. Lívia Trois, "Use of Probiotics in HIV-Infected Children: A Randomized Double-Blind Controlled Study," *Journal of Tropical Pediatrics* 54(1):19 (2007).

11. Lun Yu, Book 10, chapter 8, verse 3, cited in Huang, 334.

12. Huang, 402.

13. According to Shiming by Liu Xi, as cited in Shurtleff and Aoyagi (2009), 55.

14. Dirar, 434–443.

15. Victor Herbert, "Vitamin B_{12}: Plant Sources, Requirements, and Assay," American *Journal of Clinical Nutrition* 48:852 (1988).

16. Fumio Watanabe, "Vitamin B_{12} Sources and Bioavailability," *Experimental Biology and Medicine* 232:1266 (2007).

17. Irene T. H. Liem et al., "Production of Vitamin B_{12} in Tempeh, a Fermented Soybean Food," *Applied and Environmental Microbiology* 34(6):773 (1977).

18. Haard, 19.

19. Martin Milner and Kouhei Makise, "Natto and Its Active Ingredient

Nattokinase: A Potent and Safe Thrombolytic Agent," *Alternative and Complementary Therapies* 8(3):157 (2002).
20. Rita P.-Y. Chen et al., "Amyloid-Degrading Ability of Nattokinase from Bacillus subtilis Natto," *Journal of Agricultural and Food Chemistry* 57:503 (2009).
21. Eeva-Liisa Ryhänen et al., "Plant-Derived Biomolecules in Fermented Cabbage," *Journal of Agricultural and Food Chemistry* 50:6798 (2002).
22. Farrer, 6.
23. G. Famularo, "Probiotic Lactobacilli: An Innovative Tool to Correct the Malabsorption Syndrome of Vegetarians?" *Medical Hypotheses* 65(6):1132 (2005); see also N. R. Reddy and M. D. Pierson, "Reduction in Antinutritional and Toxic Components in Plant Foods by Fermentation," *Food Research International* 27:281 (1994).
24. S. Hemalatha et al., "Influence of Germination and Fermentation on Bioaccessibility of Zinc and Iron from Food Grains," *European Journal of Clinical Nutrition* 61:342 (2007).
25. T. Heród-Leszczy´nska and A. Miedzobrodzka, "Effect of the Fermentation Process on Levels of Nitrates and Nitrites in Selected Vegetables," *Roczniki Pa´nstwowego Zakładu Higieny* 43(3-4):253 (1992).
26. U. Preiss et al., "Einfluss der Gemüsefermentation auf Inhaltsstoffe (Effect of Fermentation on Components of Vegetable)," *Deutsche Lebensmittel-Rundschau* 98(11):400 (2002).
27. Aslan Azizi, "Bacterial-Degradation of Pesticides Residue in Vege tables During Fermentation" in Stoytcheva, 658, online at www.intechopen.com/articles/show/title/bacterial-degradation-of-pesticides-residue-in-vegetables-during-fermentation, accessed March 12, 2011.
28. Cecilia Jernberg et al., "Long-Term Ecological Impacts of Antibiotic Administration on the Human Intestinal Microbiota," *International Society for Microbial Ecology Journal* 1:56 (2007).
29. Michael J. Sadowsky et al., "Changes in the Composition of the Human Fecal Microbiome After Bacteriotherapy for Recurrent *Clostridium difficile*-associated Diarrhea," *Journal of Clinical Gastroenterology* 44(5):354 (2010).

30. Karen Madsen, "Probiotics and the Immune Response," *Journal of Clinical Gastroenterology* 40:232 (2006).

31. Edward L. Robinson and Walter L. Thompson, "Effect on Weight Gain of the Addition of Lactobacillus Acidophilus to the Formula of Newborn Infants," *Journal of Pediatrics* 41(4):395 (1952).

32. Irene Lenoir-Wijnkoop et al., "Probiotic and Prebiotic Influence Beyond the Intestinal Tract," *Nutrition Reviews* 65(11):469 (2007).

33. Michael de Vrese et al., "Effect of Lactobacillus gasseri PA 16/8, Bifidobacterium longum SP 07/3, B. bifidum MF 20/5 on Common Cold Episodes: A Double Blind, Randomized, Controlled Trial," *Clinical Nutrition* 24:481 (2005).

34. Heiser, C. R. et al. "Probiotics, Soluble Fiber, and L-Glutamine (GLN) Reduce Nelfinavir (NFV)or Lopinavir/Ritonavir (LPV/r)-related Diarrhea," *Journal of the International Association of Physicians in AIDS Care* 3:121 (2004).

35. Eamonn P. Culligan et al., "Probiotics and Gastrointestinal Disease: Successes, Problems and Future Prospects," *Gut Pathogens* 1:19 (2009).

36. Eamonn M. M. Quigley, "The Efficacy of Probiotics in IBS," *Journal of Clinical Gastroenterology* 42:S85 (2008).

37. Yue-Xin Yang et al., "Effect of a Fermented Milk Containing Bifidobacterium lactis DN-173010 on Chinese Constipated Women," *World Journal of Gastroenterology* 14(40):6237 (2008).

38. Joumana Saikali et al., "Fermented Milks, Probiotic Cultures, and Colon Cancer," *Nutrition and Cancer* 49(1):14 (2004).

39. Lenoir-Wijnkoop.

40. Michael de Vrese et al., "Effect of Lactobacillus gasseri PA 16/8, Bifidobacterium longum SP 07/3, B. bifidum MF 20/5 on common cold episodes," *Clinical Nutrition* 24:481 (2005); Gregory J. Leyer et al., "Probiotic Effects on Cold and Influenza-Like Symptom Incidence and Duration in Children," *Pediatrics* 124(2):e177 (2009).

41. Iva Hojsak et al., "Lactobacillus GG in the Prevention of Gastrointestinal and Respiratory Tract Infections in Children Who Attend Day Care Centers: A Randomized, Double-Blind, Placebo-Controlled Trial," *Clinical Nutrition*

29(3):312 (2010).
42. Py Tubelius et al., "Increasing Work-Place Healthiness with the Probiotic Lactobacillus reuteri: A Randomised, Double-Blind Placebo-Controlled Study," *Environmental Health: A Global Access Science Source* 4:25 (2005).
43. Stig Bengmark, "Use of Some Pre-, Pro- and Synbiotics in Critically Ill Patients," *Best Practice and Research Clinical Gastroenterology* 17(5):833 (2003); editorial, "Synbiotics to Strengthen Gut Barrier Function and Reduce Morbidity in Critically Ill Patients," Clinical Nutrition 23:441 (2004).
44. Lenoir-Wijnkoop.
45. Huey-Shi Lye et al., "The Improvement of Hypertension by Probiotics: Effects on Cholesterol, Diabetes, Renin, and Phytoestrogens," *International Journal of Molecular Science* 10:3755 (2009).
46. A. Venket Rao et al., "A Randomized, Double-Blind, Placebo-Controlled Pilot Study of a Probiotic in Emotional Symptoms of Chronic Fatigue Syndrome," *Gut Pathogens* 1:6 (2009).
47. Lívia Trois, "Use of Probiotics in HIV-Infected Children: A Randomized Double-Blind Controlled Study," *Journal of Tropical Pediatrics* 54(1):19 (2007).
48. L. Näse et al., "Effect of Long-Term Consumption of a Probiotic Bacterium, *Lactobacillus rhamnosus GG,* in Milk on Dental Caries and Caries Risks in Children," *Caries Research* 35:412 (2001).
49. Sonia Michail, "The Role of Probiotics in Allergic Diseases," *Allergy, Asthma and Clinical Immunology* 5:5 (2009).
50. D. Borchert et al., "Prevention and Treatment of Urinary Tract Infection with Probiotics: Review and Research Perspective," *Indian Journal of Urology* 24(2):139 (2008).
51. Lenoir-Wijnkoop.
52. Iva Stamatova and Jukka H. Meurman, "Probiotics and Periodontal Disease," *Periodontology* 2000 51:141 (2009).
53. Kazuhiro Hirayama and Joseph Rafter, "The Role of Probiotic Bacteria in Cancer Prevention," *Microbes and Infection* 2:681 (2000).
54. Martha I. Alvarez-Olmos and Richard A. Oberhelman, "Probiotic Agents and Infectious Diseases: A Modern Perspective on a Traditional Therapy," *Clinical*

Infectious Diseases 32:1567 (2001).

55. Blaise Corthésy et al., "Cross-Talk Between Probiotic Bacteria and the Host Immune System," *Journal of Nutrition* 137:781S (2007).

56. Gerald W. Tannock, "A Special Fondness for Lactobacilli," *Applied and Environmental Microbiology* 70(6):3189 (2004).

57. Michael Wilson, 375.

58. B. M. Corcoran et al., "Survival of Probiotic Lactobacilli in Acidic Environments Is Enhanced in the Presence of Metabolizable Sugars," *Applied and Environmental Microbiology* 71(6):3060 (2005); R. D. C. S. Ranadheera et al., "Importance of Food in Probiotic Efficacy," *Food Research International* 43:1 (2010).

59. Lenoir-Wijnkoop.

60. Karen Madsen, "Probiotics and the Immune Response," *Journal of Clinical Gastroenterology* 40(3):233 (2006).

61. Michael Wilson, 398–399.

62. Mary Ellen Sanders, "Use of Probiotics and Yogurts in Maintenance of Health," *Journal of Clinical Gastroenterology* 42:S71 (2008).

63. Oskar Adolfsson et al., "Yogurt and Gut Function," *American Journal of Clinical Nutrition* 80:245 (2004).

64. Mónica Olivares, "Dietary Deprivation of Fermented Foods Causes a Fall in Innate Immune Response. Lactic Acid Bacteria Can Counteract the Immunological Effect of This Deprivation," *Journal of Dairy Research* 73:492 (2006).

65. Sorin Sonea and Léo G. Mathieu, "Evolution of the Genomic Systems of Prokaryotes and Its Momentous Consequences," *International Microbiology* 4:67 (2001).

66. Mary Ellen Sanders, "Considerations for Use of Probiotic Bacteria to Modulate Human Health," *Journal of Nutrition* 130: 384S (2000).

67. H. C. Hung et al., "Association Between Diet and Esophageal Cancer in Taiwan," *Journal of Gastroenterology and Hepatology* 19(6):632 (2004); J. M. Yuan, "Preserved Foods in Relation to Risk of Nasopharyngeal Carcinoma in Shanghai, China," *International Journal of Cancer* 85(3):358 (2000).

68. Mark A. Brudnak, "Probiotics as an Adjuvant to Detoxification Protocols," *Medical Hypotheses* 58(5):382 (2002).

69. Natasha Campbell-McBride, *Gut and Psychology Syndrome* (Cambridge, UK: Medinform Publishing, 2004).

70. Dirar, 36.

71. Andrew F. Smith, 12.

72. McGee, 58.

73. Ibid.

74. Sidney W. Mintz, "Fermented Beans and Western Taste," in Du Bois, 56.

3장

1. Clifford W. Hesseltine, "Mixed Culture Fermentations," in Gaden, 52.

2. Margulis and Sagan (1986), 91.

3. Lynn Margulis, "From Kefir to Death," in Margulis and Sagan (1997), 83-90.

4. Hesseltine, 53.

5. Pederson, 300.

6. Shurtleff and Aoyagi (1986), 143.

7. Fallon, 48.

8. www.perfectpickler.com; www.pickl-it.com.

9. S. Sabouraud et al., "Environmental Lead Poisoning from Lead-Glazed Earthenware Used for Storing Drinks," *La Revue de médecine interne* 30(12):1038 (2009).

10. www.acehardware.com.

11. Litzinger, 111.

12. Leonard Sax, "Polyethylene Terephthalate May Yield Endocrine Disruptors," *Environmental Health Perspectives* 118(4):445 (2010).

13. US Department of Health and Human Services, National Toxicology Program, Center for the Evaluation of Risks to Human Reproduction, "NTP-CERHR EXPERT PANEL UPDATE on the REPRODUCTIVE and DEVELOPMENTAL TOXICITY of DI(2-ETHYLHEXYL) PHTHALATE," NTP-CERHRDEHP-05 (2005), online at http://ntp.niehs.nih.gov/ntp/ohat/phthalates/dehp/DEHP__Report_final.pdf, accessed June 28, 2011.

14. Christine Dell'Amore and Eliza Barclay, "Why Tap Water Is Better than Bottled Water," *National Geographic's Green Guide*, online at http://environment.nationalgeographic.com/environment/green-guide/bottled-water, accessed June 28, 2011.

15. www.lehmans.com.

16. Litzinger, 119.

17. James B. Richardson III, "The Pre-Columbian Distribution of the Bottle Gourd (*Lagenaria siceraria*): A Re-Evaluation," *Economic Botany* 26(3):265 (1972).

18. Bruman, 49.

19. Tamang, 28–29.

20. Slow Food Foundation for Biodiversity, "Pit Cabbage," online at http://www.slowfoodfoundation.com/pagine/eng/presidi/dettaglio_presidi.lasso?-id=420, accessed June 12, 2011.

21. Anna Kowalska-Lewicka, "The Pickling of Vegetables in Traditional Polish Peasant Culture," in Riddervold and Ropeid, 34.

22. Battcock and Azam-Ali, 53.

23. Steinkraus, 309.

24. www.krautpounder.com.

25. World Wildlife Federation, "Cork Screwed? Environmental and Economic Impacts of the Cork Stoppers Market," May 2006, online at http://assets.panda.org/downloads/cork_rev12_print.pdf, accessed January 1, 2011.

26. The "Yet Another Temperature Controller" (YATC) costs $80 assembled or $60 as a kit at http://store.holyscraphotsprings.com.

4장

1. McGovern, xi.

2. Kari Poikolainen, "Alcohol and Mortality: A Review," *Journal of Clinical Epidemiology* 48(4):455 (1995).

3. Buhner, 71n.

4. Cited in McGovern, 110.

5. Phaff, 136.

6. Ibid., 178–179.

7. Ibid., 84.

8. Erlend Aa et al., "Population Structure and Gene Evolution in Saccharomyces cerevisiae," FEMS Yeast Research 6:702 (2006).

9. Phaff, 200–202.

10. Ibid., 211.

11. Ann Vaughan-Martini and Alessandro Martini, "Facts, Myths and Legends on the Prime Industrial Microorganism," *Journal of Industrial Microbiology* 14:514 (1995).

12. Stephanie Diezmann and Fred S. Dietrich, "Saccharomyces cerevisiae: Population Divergence and Resistance to Oxidative Stress in Clinical, Domesticated, and Wild Isolates," PLoS ONE 4(4):e5317 (2009), online at www.plosone.org/article/info%3Adoi%2F10.1371%2Fjournal.pone.0005317, accessed July 5, 2011.

13. Sung-Oui Suh et al., "The Beetle Gut: A Hyperdiverse Source of Novel Yeasts," *Mycological Research* 109(3):261 (2005).

14. Justin C. Fay and Joseph A. Benavides, "Evidence for Domesticated and Wild Populations of *Saccharomyces cerevisiae," PLoS Genetics* 1(1):e5 (2005), online at www.plosgenetics.org/article/info%3Adoi%2F10.1371%2Fjournal.pgen.0010005, accessed July 5, 2011.

15. Phaff, 144.

16. J. W. White Jr. and Landis W. Doner, "Honey Composition and Properties," in *Beekeeping in the United States* (USDA Agriculture Handbook Number 335, 1980), online at www.beesource.com/resources/usda/honey-composition-and-properties, accessed December 7, 2009.

17. Steinkraus, 366.

18. Ibid., 367.

19. Litzinger, 44.

20. S. Sekar and S. Mariappan, "Traditionally Fermented Biomedicines, *Arishtas* and *Asavas* from Ayurveda," *Indian Journal of Traditional Knowledge* 7(4):548 (2008).

21. Ibid.

22. McGovern, 82.

23. Ibid., 182.

24. Standage, 75.

25. Nicholas Wade, "Lack of Sex Among Grapes Tangles a Family Vine," *New York Times* (January 24, 2011), online at www.nytimes.com/2011/01/25/science/25wine.html, accessed January 25, 2011.

26. Bruman, 33.

27. Baron, 16.

28. "Whizky, World's First Bio Whisky Aged with Granny Whiz," *Independent* (September 4, 2010), online at www.independent.co.uk/life-style/food-and-drink/whizky-worlds-first-bio-whisky-aged-with-granny-whiz-2070491.html, accessed September 6, 2010.

29. Steinkraus, 376.

30. McGovern, 260.

31. Battcock and Azam-Ali, 37.

32. Bruman, 90.

33. Battcock and Azam-Ali, 38–39.

34. Ibid., 40.

35. Bennett and Zing, 47.

36. Bruman, 69.

37. Litzinger, 32

38. Kennedy (2000), 448.

39. Bruman, 12–30; Litzinger, 28.

40. Anna Kowalska-Lewicka, "The Pickling of Vegetables in Traditional Polish Peasant Culture," in Riddervold and Ropeid, 36.

41. Bruman, 8.

42. McGovern et al. (2004).

5장

1. Personal correspondence, February 19, 2010.

2. M. A. Daeschel, R. E. Andersson, and H. P. Fleming, "Microbial Ecology of Fermenting Plant Materials," *FEMS Microbiology Reviews* 46:358 (1987).

3. Gerald W. Tannock, "A Special Fondness for Lactobacilli," *Applied and*

Environmental Microbiology 70(6):3189 (2004).

4. Fred Breidt Jr., "Safety of Minimally Processed, Acidified, and Fermented Vegetable Products," in Sapers, 314–319.

5. J. R. Stamer et al., "Fermentation Patterns of Poorly Fermenting Cabbage Hybrids," *Applied Microbiology* 18(3):325 (1969).

6. Battcock and Azam-Ali, 43.

7. Erika A. Pfeiler and Todd R. Klaenhammer, "The Genomics of Lactic Acid Bacteria," *Trends in Microbiology* 15(12):546 (2007).

8. Cited by H. L. Wang and S. F. Fang, "History of Chinese Fermented Foods," in Hesseltine and Wang, 34.

9. C. S. Pederson et al., "Vitamin C Content of Sauerkraut," *Journal of Food Science* 4(1):44 (1939).

10. Fred Breidt Jr., "Processed, Acidified, and Fermented Vegetable Products," in Sapers, 318.

11. C. S. Pederson and M. N. Albury, "Control of Fermentation," in Steinkraus, 118–119.

12. Phaff, 229.

13. Nancy Russell, "Many Kitchen Tools No Longer Needed," *Columbia (MO) Daily Tribune* (July 14, 2011), online at www.columbiatribune.com/news/2011/jul/14/many-kitchen-tools-no-longer-needed, accessed August 10, 2011.

14. Mei Chin, "The Art of Kimchi," *Saveur* 124:76 (2009).

15. Mark McDonald, "Rising Cost of Kimchi Alarms Koreans," *New York Times* (October 14, 2010), online at www.nytimes.com/2010/10/15/world/asia/15kimchi.html, accessed October 16, 2010.

16. Choe Sang-Hun "Starship Kimchi: A Bold Taste Goes Where It Has Never Gone Before," *New York Times* (February 24, 2008), online at www.nytimes.com/2008/02/24/world/asia/24kimchi.html, accessed April 25, 2010.

17. David Chazan, "Korean Dish 'May Cure Bird Flu,'" BBC News (March 14, 2005), online at http://news.bbc.co.uk/2/hi/asia-pacific/4347443.stm, accessed April 25, 2010.

18. Hepinstall, 95.

19. Mei Chin, "The Art of Kimchi," *Saveur* 124:76 (2009).

20. T. I. Mheen et al., "Korean Kimchi and Related Vegetable Fermentations," in Steinkraus, 131.

21. Man-Jo et al., 36.

22. T. I. Mheen et al., "Traditional Fermented Food Products in Korea," in Hesseltine and Wang, 112.

23. P. P. W. Wong and H. Jackson, "Chinese Hum Choy" in Steinkraus, 135.

24. Dunlop (2003), 64–65.

25. Fuchsia Dunlop, "Rotten Vegetable Stalks, Stinking Beancurd and Other Shaoxing Delicacies," paper delivered at 2010 Oxford Symposium on Food and Cookery.

26. "Indian Cooking with Mustard Oil," IndianCurry.com, online at www.indiacurry.com/spice/mustardoilcooking.htm, accessed July 24, 2011.

27. www.friedsig.wordpress.com.

28. Tamang, 25–31.

29. Volokh, 421.

30. P. Kendall and C. Schultz, "Making Pickles," Colorado State University Extension website, online at www.ext.colostate.edu/pubs/foodnut/09304.html, accessed June 30, 2010.

31. Lilija Radeva, "Traditional Methods of Food Preserving Among the Bulgarians," in Riddervold and Ropeid, 40–41.

32. Ivan D. Jones, "Salting of Cucumbers: Influence of Brine Salinity on Acid Formation," *Industrial and Engineering Chemistry* 32:858 (1940).

33. Anna Kowalska-Lewicka, "The Pickling of Vegetables in Traditional Polish Peasant Culture," in Riddervold and Ropeid, 37.

34. Wood, 90.

35. Spargo, 90.

36. McGee, 293.

37. Frederick Breidt Jr. et al., "Fermented Vegetables," in Doyle and Beuchat, 784.

38. Ibid.

39. Kowalska-Lewicka, 36.

40. Volokh, 429–430.

41. "Personal Explanation About Fermenting Wild Foods" by Ossi Kakko (aka Orava Ituparta), summer 2006.

42. Personal correspondence, September 29, 2009.

43. Hyun-Soo Kim et al., "Characterization of a Chitinolytic Enzyme from Serratia sp. KCK Isolated from Kimchi Juice," *Applied Microbiology and Biotechnology* 75:1275 (2007).

44. Hank Shaw, "How to Cure Green Olives," October 11, 2009, posting on his blog *Hunter Angler Gardener Cook: Finding the Forgotten Feast*, online at www.honest-food.net/blog1/2009/10/11/how-to-cure-green-olives/#more-2593, accessed October 28, 2009.

45. Kaufmann and Schöneck, 16–17.

46. Irvin E. Liener, "Toxic Factors in Edible Legumes and Their Elimination," *American Journal of Clinical Nutrition* 11:281 (1962).

47. James A. Duke, *Handbook of Energy Crops* (1983), citing M. Haidvogl et al., "Poisoning by Raw Garden Beans (*Phaseolus vulgaris and Phaseolus coccineus*) in Children," *Padiatrie and Padologi* 14:293 (1979), published online by Purdue University, online at www.hort.purdue.edu/newcrop/duke_energy/Phaseolus_vulgaris.html, accessed June 12, 2011.

48. For a more detailed discussion of fruit kimchi, see *Wild Fermentation*, 50.

49. Madhur Jaffrey, *World Vegetarian* (New York: Clarkson Potter, 1999), 689.

50. Fallon, 109.

51. Kushi, 37.

52. Radeva, 39.

53. Volokh, 433.

54. Dirar, 412–413.

55. Ibid., 417.

56. Ibid., 433.

57. H. P. Fleming and R. F. McFeeters, "Use of Microbial Cultures: Vegetable Products," *Food Technology* 35(1):84 (1981).

58. Suzanne Johanningsmeier et al., "Effects of Leuconostoc mesenteroides Starter Culture on Fermentation of Cabbage with Reduced Salt Concentrations," *Journal of Food Science* 72(5):M166 (2007).

59. Battcock and Azam-Ali, 50.

60. http://users.sa.chariot.net.au/~dna/kefirkraut.html, accessed May 10, 2010.

61. http://www.caldwellbiofermentation.com, accessed February 13, 2010.

62. Arnaud Schreyer et al., "Culture Starters: Study and Comparison," Caldwell Bio-Fermentation Canada, Inc., and Agriculture and Agri-Food Canada, 2009.

63. Rombauer and Becker (1975), 43.

64. Fallon, 610.

65. Alexandra Grigorieva, "Pickled Lettuce: A Forgotten Chapter of East European Jewish Food History," unpublished paper, 2010.

66. Alexandra Grigorieva and Gail Singer, "A Pickletime Memoir: Salt and Vinegar from the Jews of Eastern Europe to the Prairies of Canada," paper delivered at 2010 Oxford Symposium on Food and Cookery.

67. Konlee, 40.

68. Andoh, 220-221.

69. Ibid., 214.

70. Ibid., 216.

71. Ibid., 217-218.

72. Dragonlife, "Takuan/Japanese Pickled Daikon: Basic Recipe," *Shizuoka Gourmet* blog, online at http://shizuokagourmet.wordpress.com/2010/01/27/takuanjapanese-pickled-daikon-basic-recipe, accessed December 2, 2010.

73. "Lephet, A Unique Myanmar Delicacy," www.myanmar.com, accessed May 22, 2010, no longer posted online as of June 14, 2011.

74. "Laphet, a Burmese Tea Snack," *In Pursuit of Tea, Travel Diary* (2002), online at www.inpursuitoftea.com/category_s/91.htm, accessed May 22, 2010.

75. Brian J. B. Wood, 54.

76. Jay, 180.

77. E. B. Fred and W. H. Peterson, "The Production of Pink Sauerkraut by Yeasts," *Journal of Bacteriology* 7(2):258 (1921).

78. Steinkraus, 125.

6장

1. A. M. Morad et al., "Gas-Liquid Chromatographic Determination of Ethanol

in 'Alcohol-Free' Beverages and Fruit Juices," *Chromatographia* 13(3):161 (1980); Bruce A. Goldberger et al., "Unsuspected Ethanol Ingestion Through Soft Drinks and Flavored Beverages," *Journal of Analytical Toxicology* 20:332 (1996); Barry K. Logan and Sandra Distefano, "Ethanol Content of Various Foods and Soft Drinks and Their Potential for Interference with a Breath-Alcohol Test," *Journal of Analytical Toxicology* 22:181 (1998).

2. Toomre, 468.

3. Online at http://riowang.blogspot.com/2008/07/great-patriotic-war.html, accessed June 15, 2010.

4. See *Wild Fermentation*, 121.

5. Battcock and Azam-Ali, 35.

6. Gabriele Volpato and Daimy Godínez, "Ethnobotany of Pru, a Traditional Cuban Refreshment," *Economic Botany* 58(3):387 (2004).

7. "Making Mauby," *Tastes Like Home* blog (January 26, 2007), online at www.tasteslikehome.org/2007/01/making-mauby.html, accessed November 16, 2010.

8. M. Pidoux, "The Microbial Flora of Sugary Kefir Grain (the Gingerbeer Plant): Biosynthesis of the Grain from *Lactobacillus hilgardii* Producing a Polysaccharide Gel," *World Journal of Microbiology and Biotechnology* 5(2):223 (1989).

9. http://users.sa.chariot.net.au/~dna/kefirpage.html.

10. Litzinger, 4.

11. A. W. Bennett, ed., *Journal of the Royal Microscopical Society* (1900), p. 373, online at http://books .google.com/books?id=0ewBAAAAYAAJ, accessed May 2010.

12. Phaff, 244-245.

13. H. Marshall Ward, "The Ginger-Beer Plant, and the Organisms Composing It: A Contribution to the Study of Fermentation Yeasts and Bacteria," *Philosophical Transactions of the Royal Society of London* 83:125-197 (1892).

14. Dirar, 292.

15. Ibid., 296.

16. Ibid., 293.

17. Volpato and Godínez, 386.

18. Ibid., 390.

19. Luke Regalbuto and Maggie Levinger, "Smreka! A Fermented Juniper Berry Drink from Bosnia," online at www.regalbuto.net/Travels/?p=51, accessed May 19, 2010.

20. Anna R. Dixon et al., "Ferment This: The Transformation of Noni, a Traditional Polynesian Medicine," *Economic Botany* 53(1):56 (1999).

21. Dixon et al., 51; Will McClatchey, "From Polynesian Healers to Health Food Stores: Changing Perspectives of Morinda citrifolia," Integrative Cancer Therapies 1(2):110 (2002).

22. Dixon et al., 57.

23. www.ctahr.hawaii.edu/noni, accessed April 7, 2011.

24. Dixon et al., 58.

25. Hobbs, 15.

26. Malia Wollan, "A Strange Brew May Be a New Thing," *New York Times* (March 24, 2010), online at: http://www.nytimes.com/2010/03/25/fashion/25Tea.html, accessed June 28, 2010.

27. Meredith Melnick, "Fermentation Frenzy," *Newsweek* (July 13, 2010), online at http://www.thedailybeast.com/newsweek/2010/07/13/fermentation-frenzy.html, accessed July 14, 2010.

28. Tietze, 40.

29. Hobbs, 3.

30. Ibid., 10.

31. Günther W. Frank, "Kombucha Tea: What's All the Hoopla?" online at www.kombu.de, accessed July 14, 2010.

32. Michael R. Roussin, "Analyses of Kombucha Ferments" (Information Resources: 1996-2003), 1, online at www.kombucha-research.com, accessed July 13, 2010.

33. Roussin, 80.

34. Centers for Disease Control and Prevention, "Unexplained Severe Illness Possibly Associated with Consumption of Kombucha Tea—Iowa, 1995," *Morbidity and Mortality Weekly Report* 44(48):892 (1995).

35. Alison S. Kole et al., "A Case of Kombucha Tea Toxicity," *Chest* 134(4):c9001 (2008); A. D. Perron et al., "Kombucha 'Mushroom' Hepatotoxicity [letter],"

Annals of Emergency Medicine 26:660 (1995); Chris T. Derk et al., "A Case of Anti-Jo1 Myositis with Pleural Effusions and Pericardial Tamponade Developing After Exposure to a Fermented Kombucha Beverage," *Clinical Rheumatology* 23:355 (2004); J. Sadjadi, "Cutaneous Anthrax Associated with the Kombucha 'Mushroom' in Iran," *Journal of the American Medical Association* 280:1567 (1998).

36. "FDA Cautions Consumers on 'Kombucha Mushroom Tea,'" US Food and Drug Administration Press Release T95-15 (March 23, 1995).

37. Paul Stamets, "My Adventures with 'The Blob,'" *Mushroom, The Journal* (winter 1994-1995), online at www.fungi.com/info/articles/blob.html, accessed July 15, 2010.

38. Jasmin Malik Chua, "BioCouture: UK Designer 'Grows' an Entire Wardrobe from Bacteria," online at www.ecouterre.com/20103/u-k-designer-grows-an-entire-wardrobe-from-tea-fermenting-bacteria, accessed July 22, 2010.

39. Hobbs, 27.

40. Roussin, 22.

41. See note 1 in this chapter.

42. US Alcohol and Tobacco Tax and Trade Bureau, "TTB Guidance: Kombucha Products Containing at Least 0.5 Percent Alcohol by Volume Are Alcohol Beverages," TTB G 2010-3 (June 23, 2010), online at www.ttb.gov/pdf/kombucha.pdf, accessed July 22, 2010.

43. Stamets (1994-1995).

44. Diggs, 92.

45. Ibid., 111-112.

46. Ibid., 118.

47. Ibid., 113.

48. See *Wild Fermentation*, 154.

7장

1. John Kariuki, "On the Hunt for Traditional Foods in Kenya," Terra Madre website, online at www.terramadre.org/pagine/leggi.lasso?id=3E6E345B0ca612CDC5mJT14C3621&ln=en, accessed August 17, 2010.

2. "Ash Yogurt in Gourds . . . From a Kenyan Community of Herders and Producers," *Slow Food Newsletter* (September 2009), online at http://newsletter.slowfood.com/slowfood_time/12/eng.html#itemD, accessed August 17, 2010.

3. M. Kroger et al., "Fermented Milks—Past, Present, and Future," in Gaden, 62–63.

4. Sara Feresu, "Fermented Milk Products in Zimbabwe," in ibid., 80.

5. Ibid., 82.

6. Ibid., 84.

7. Albala and Nafzifer, 157.

8. Miloslav Kaláb, "Foods Under the Microscope," online at www.magma.ca/~pavel/science/Yogurt.htm, accessed August 3, 2010.

9. Kosikowski and Mistry, 92.

10. Excerpted with permission from Aylin Öney Tan, "From Soup to Dessert: Yoghurt—Not Only Fermented, But Cured, Preserved, Dried, Smoked—An Ingredient of Vast Variety Indispensible in the Turkish Kitchen," paper presented at the Oxford Symposium on Food and Cookery (2010).

11. For recipes, see *Wild Fermentation*, 77.

12. See ibid.

13. Tan.

14. "Our Heritage," Dannon Company website, online at www.dannon.com/pages/rt_aboutdannon_oheritage.html, accessed August 1, 2010.

15. William Grimes, "Daniel Carasso, a Pioneer of Yogurt, Dies at 103," *New York Times* (May 20, 2009), online at www.nytimes.com/2009/05/21/business/21carasso.html?scp=1&sq=Daniel%20Carasso&st=cse, accessed August 1, 2010.

16. I purchased my heirloom yogurt cultures from www.culturesforhealth.com.

17. www.culturalfermentation.wordpress.com.

18. Personal correspondence, September 3, 2010.

19. Personal correspondence with Jim Wallace, September 9, 2010.

20. T.-H. Chen et al., "Microbiological and Chemical Properties of Kefir Manufactured by Entrapped Microorganisms Isolated from Kefir Grains," *Journal of Dairy Science* 92:3002 (2009).

21. Lynn Margulis, "From Kefir to Death," in Margulis and Sagan (1997), 73-74.

22. Ibid., 73.

23. 아르헨티나 연구진의 실험 결과, 케피어 알갱이와 우유의 비율에 따라서 최종 결과물인 케피어의 품질에 상당한 차이가 발생하는 것으로 나타났다. 1% 접종의 경우 "끈적거리면서도 산성이 강하지 않은" 결과물이 나온 반면, 10% 접종의 경우 "점도가 낮고 거품이 더 많이 생기는 산성 음료가 만들어졌다." Graciela L. Garrote et al.,"Characteristics of Kefir Prepared with Different Grain: MilkRatios," *Journal of Dairy Research* 65:149(1998).

24. http://users.sa.chariot.net.au/~dna/kefirpage.html, accessed March 3, 2010.

25. 이와 관련해서 자세한 설명이 필요하면, 바로 위에 소개한 도미닉 안피테아트로의 충실한 웹사이트를 참고하라.

26. Taketsugu Saita et al., "Production Process for Kefir-Like Fermented Milk," US Patent 5,055,309 (1991).

27. Chen, 3003.

28. Ibid.

29. Edward R. Farnworth, "Kefir—A Complex Probiotic," *Food Science and Technology Bulletin: Functional Foods* 2(1):1 (2005).

30. www.gemcultures.com.

31. McGovern, 123.

32. William de Rubriquis, 1253, cited in Huang, 249.

33. Rombauer and Becker (1953), 818.

34. See *Wild Fermentation*, 79.

35. Dirar, 304.

36. Ibid., 319.

37. Ibid., 319.

38. http://live2cook.wordpress.com/2008/08/22/the-secret-of-making-soy-yogurt-without-store-bought-culture, accessed August 4, 2010.

39. Tan, 3.

40. Lilija Radeva, "Traditional Methods of Food Preserving Among the Bulgarians," in Riddervold and Ropeid, 42.

41. Kjell Furuset, "The Role of Butterwort (*Pinguicula vulgaris*) in 'Tettemelk,'" *Blyttia* (Journal of the Norwegian Botanical Society) 66:55 (2008).

42. Maria Salomé S. Pais, "The Cheese Those Romans Already Used to Eat: From Tradition to Molecular Biology and Plant Biotechnology," Memórias da Academia das Ciências de Lisboa, Classe de Ciências (2002), online at www.acad-ciencias.pt/files/Memórias/Salomé%20Pa%C3%ADs/cheese.pdf, accessed August 20, 2010.

43. Grieve, 579.

44. Trudy Eden, "The Art of Preserving: How Cooks in Colonial Virginia Imitated Nature to Control It," *Eighteenth-Century Life* 23(2):19.

45. United Nations Food and Agriculture Organization, *The Technology of Traditional Milk Products in Developing Countries* (FAO Animal Production and Health Paper 85, 1990), online at www.fao.org/docrep/003/t0251e/T0251E00.htm, accessed August 20, 2010.

46. See *Wild Fermentation*, 83.

47. Kindstedt, 37.

48. Bronwen Percival and Randolph Hodgson, "Artisanship and Control: Farmhouse Cheddar Comes of Age," paper delivered at 2010 Oxford Symposium on Food and Cookery.

49. Kindstedt, 29–30.

50. Ibid., 32.

51. Ken Albala, "Bacterial Fermentation and the Missing Terroir Factor in Historic Cookery," paper delivered at 2010 Oxford Symposium on Food and Cookery.

52. Heather Paxson, "Post-Pasteurian Cultures: The Microbiopolitics of Raw-Milk Cheese in the United States," *Current Anthropology* 23(1):15 (2008).

53. Marcellino, 21.

8장

1. FAOSTAT 2008 data, accessed August 12, 2010.

2. Standage, 39.

3. Joseph A. Maga, "Phytate: Its Chemistry, Occurrence, Food Interactions, Nutritional Significance, and Methods of Analysis," *Journal of Agricultural and*

Food Chemistry 30(1):1 (1982).

4. Fallon, 452.

5. N. R. Reddy and M. D. Pierson, "Reduction in Antinutritional and Toxic Components in Plant Foods by Fermentation," *Food Research International* 27(3):217 (1994).

6. Haard, 19–20.

7. Solomon H. Katz, M. L. Hediger, and L. A. Valleroy, "Traditional Maize Processing Techniques in the New World," *Science* 184 (1974).

8. Coe, 136.

9. L. Nuraida et al., "Microbiology of Pozol, a Mexican Fermented Maize Dough," *World Journal of Microbiology and Biotechnology* 11:567 (1995).

10. Rodolfo Quintero-Ramirez et al., "Cereal Fermentation in Latin American Countries," in Haard, 105.

11. Pagden, 66.

12. Coe, 118.

13. Ibid., 138.

14. Ulloa and Herrera, 164; Bruman, 43.

15. "Recipe—Aluá," *Flavors of Brazil* blog (October 14, 2010), online at http://flavorsofbrazil.blogspot.com/2010/10/recipe-alua.html, accessed March 5, 2011.

16. See *Wild Fermentation*, 112.

17. Cushing, 294.

18. Dabney, 335.

19. Mollison, 52

20. From his website www.tallyrand.info.

21. Steinkraus, 212–213.

22. S. A. Odunfa, "Cereal Fermentation in African Countries," in Haard, 37–39.

23. Ibid., 40.

24. Awiakta, 18–19.

25. Excerpted from *Simply Seeking Sustenance*, online at www.sacred-threads.com/wp-content/uploads/2008/12/simply-seeking.pdf.

26. Pitchford, 458.

27. Editorial, "Energy Content of Weaning Foods," *Journal of Tropical Pediatrics*

29(4):194 (1983).

28. Ulf Svanberg, "Lactic Acid Fermented Foods for Feeding Infants," in Steinkraus, 311–347; Patience Mensah et al., "Fermented Cereal Gruels: Towards a Solution of the Weanling's Dilemma," *Food and Nutrition Bulletin* 13(1) (March 1991), online at archive.unu.edu/Unupress/food/8F131e/8F131E08.htm, accessed August 26, 2010.

29. Claude Aubert, *Les Aliments Fermentés Traditionnels*, cited in Fallon, 457.

30. McNeill, 202.

31. Kennedy (2010), 428.

32. Ibid., 337.

33. Dirar, 117.

34. Ibid., 169.

35. Pitchford, 478.

36. Ibid., 477.

37. In Swedish, http://porridgehunters.wordpress.com.

38. Cited in O. N. Allen and Ethel K. Allen, *The Manufacture of Poi from Taro in Hawaii: With Special Emphasis upon Its Fermentation* (Honolulu: University of Hawaii, 1933) (Bulletin; B-070), 5; online at http://scholarspace.manoa.hawaii.edu/handle/10125/13437, accessed September 30, 2010.

39. Allen and Allen, 3.

40. Sky Barnhart, "Powered by Poi: Kalo, a Legendary Plant, Has Deep Roots in Hawaiian Culture," *Maui Magazine* (July–August-2007), online at www.mauimagazine.net/Maui-Magazine/July-August-2007/Powered-by-Poi, accessed September 29, 2010.

41. Allen and Allen, 29.

42. Amy C. Brown and Ana Valiere, "The Medicinal Uses of Poi," *Nutrition in Clinical Care* 7(2):69 (2004).

43. Amy C. Brown et al., "The Anti-Cancer Effects of Poi (Colocasia esculenta) on Colonic Adenocarcinoma Cells in Vitro," *Phytotherapy* 19(9):767–771 (September 2005).

44. Ramesh C. Ray and Paramasivan S. Sivakumar, "Traditional and Novel Fermented Foods and Beverages from Tropical Root and Tuber Crops,"

International Journal of Food Science and Technology 44:1075 (2009).

45. Kofi E. Aidoo, "Lesser-Known Fermented Plant Foods," in Gaden, 38.

46. Ray and Sivakumar, 1079.

47. Bokanga, 179.

48. Fran Osseo-Asare, "Chart of African Carbohydrates/Starches" (September 2007), online at http://betumiblog.blogspot.com/2007/09/chart-of-african-carbohydratesstarches.html, accessed October 3, 2010; "Table 3. Fermented Foods from Tropical Root and Tuber Crops, Microorganisms Associated and Advantages Arising Out of Fermentation," Ray and Sivakumar, 1080.

49. O. B. Oyewole and S. L. Ogundele, "Effect of Length of Fermentation on the Functional Characteristics of Fermented Cassava 'Fufu,'" *Journal of Food Technology in Africa* 6(2):38 (2001).

50. Ray and Sivakumar, 1078-1079.

51. "Slow Food Presidia in Peru," online at www.slowfood.com/sloweb/eng/dettaglio.lasso?cod=3E6E345B1dcfb174DBotN395D956, accessed January 2, 2011.

52. Mollison, 81.

53. www.nourishedkitchen.com.

54. P. Christian Klieger, *The Fleischmann Yeast Family* (Mount Pleasant, SC: Arcadia Publishing, 2004), 13.

55. A. M. Hamad and M. L. Fields, "Evaluation of the Protein Quality and Available Lysine of Germinated and Fermented Cereals," *Journal of Food Science* 44:456 (1979).

56. Carlo G. Rizzello et al., "Highly Efficient Gluten Degradation by Lactobacilli and Fungal Proteases During Food Processing: New Perspectives for Celiac Disease," *Applied and Environmental Microbiology* 73(14): 4499 (2007); Maria De Angelis et al., "Mechanism of Degradation of Immunogenic Gluten Epitopes from Triticum turgidum L. var. durum by Sourdough Lactobacilli and Fungal Proteases," *Applied and Environmental Microbiology* 76(2): 508 (2010).

57. Pederson, 242-243.

58. Jessica A. Lee, "Yeast Are People Too: Sourdough Fermentation from the Microbe's Point of View," paper delivered at 2010 Oxford Symposium on Food

and Cookery.

59. www.sourdo.com.

60. Leader, 44–45.

61. Ibid., 45.

62. Ilse Scheirlinck et al., "Influence of Geographical Origin and Flour Type on Diversity of Lactic Acid Bacteria in Traditional Belgian Sourdoughs," *Applied and Environmental Microbiology* 73(19):6268 (2007).

63. Ilse Scheirlinck et al., "Taxonomic Structure and Stability of the Bacterial Community in Belgian Sourdough Ecosystems as Assessed by Culture and Population Fingerprinting," *Applied and Environmental Microbiology* 74(8):2414 (2008).

64. Lee, 3.

65. Steinkraus, 202.

66. *Gastronomica: The Journal of Food and Culture* 3(3):76–79 (summer 2003).

67. See *Wild Fermentation*, 105.

68. Albala (2008), 78.

69. Dirar, 173.

70. Anna Kowalska-Lewicka, "The Pickling of Vegetables in Traditional Polish Peasant Culture," in Riddervold and Ropeid, 35.

71. Ibid., 36.

72. Ibid., 35.

73. Andre G. van Veen and Keith Steinkraus, "Nutritive Value and Wholesomeness of Fermented Foods," *Journal of Agricultural and Food Chemistry* 18(4):576 (1970).

74. Herbert C. Herzfeld, "Rice Fermentation in Ecuador," *Economic Botany* 11(3):269 (1957).

75. Hunter, 234.

76. Herzfeld.

77. Ibid.

78. See *Wild Fermentation*, 78, for the recipe.

79. www.slowfoodfoundation.com/eng/presidi/dettaglio.lasso?cod=320, accessed November 6, 2009.

9장

1. McGee, 743.

2. McGovern, 255.

3. McGee, 739.

4. Sparrow, 37.

5. Buhner, 76–77.

6. Sparrow, 45.

7. Ibid., 155.

8. "Our Story: Brewing with Mystic Intentions," online at www.mystic-brewery.com/story, accessed December 12, 2010.

9. Sparrow, 4.

10. theperfectpint.com.

11. Michael Agnew, Wild Beers blog (February 11, 2010), online at www.aperfectpint.net/blog.php/?p=914, accessed February 16, 2010.

12. Peter Bouckaert, foreword, Sparrow, x.

13. Sparrow, 99.

14. John G. Kennedy, "Tesguino Complex: The Role of Beer in Tarahumara Culture," *American Anthropologist*, New Series 65(3), Part 1:620 (1963)

15. Litzinger, 103.

16. Ibid., 111.

17. Bennett and Zingg, cited in Bruman, 42.

18. Bruman, 41.

19. Steinkraus, 417.

20. Bennett and Zing, 46.

21. John Smalley and Michael Blake, "Sweet Beginnings: Stalk Sugar and the Domestication of Maize," *Current Anthropology* 44(5):675 (2003).

22. United Nations Food and Agriculture Organization, "Sorghum and Millets in Human Nutrition" (Rome: Food and Nutrition Series No. 27, 1995), online at www.fao.org/docrep/T0818E/T0818E00.htm, accessed November 30, 2010.

23. McGovern, 256.

24. Papazian, 202.

25. L. Novellie, "Sorghum Beer and Related Fermentations of Southern Africa," in Hesseltine and Wang, 220.

26. Steinkraus, 409.

27. Papazian, 202.

28. Haggblade, 28.

29. Haggblade, 20; citing International Labour Office, "Employment, Incomes, and Equality: A Strategy for Increasing Productive Employment in Kenya" (Geneva: 1972), 69.

30. Cited in Tsimako, 4.

31. Haggblade, 77.

32. Ibid., 34.

33. Trout Montague, "Chibuku—'Shake Shake,'" BBC (April 15, 2003), online at www.bbc.co.uk/dna/h2g2/A965036, accessed October 24, 2009.

34. Haggblade, 264.

35. Dirar, 224.

36. Ibid., 233.

37. Ibid., 225.

38. Ibid., 227.

39. Ibid., 251.

40. Ibid., 251.

41. Ibid., 228.

42. Ibid., 264.

43. Ibid., 228.

44. Ibid., 264.

45. Ibid., 229.

46. Ibid., 228.

47. Haard, 67.

48. McGovern, 70.

49. Xu Gan Rong and Bao Tong Fa, *Grandiose Survey of Chinese Alcoholic Drinks and Beverages*, online at www.sytu.edu.cn/zhgjiu/umain.htm, accessed July 12, 2011.

50. Dr. S. Sekar, "Rice and Other Cereal-Based Beverages," in *Database on*

Microbial Traditional Knowledge of India, online at http://www.bdu.ac.in/schools/life_sciences/biotechnology/sekardb.htm, accessed December 5, 2010.

51. yclept, "Homemade Chinese Rice Wine" (March 8, 1004), online at http://everything2.com/title/rice+wine, accessed December 18, 2010.

52. "Jiu Niang (Sweet Rice Wine Soup)," *Lau Lau's Recipes: A Memorial to Grandma Chou* blog (February 18, 2008), online at http://laulausrecipes.com/?p=8, accessed July 12, 2011.

53. www.hmart.com.

54. http://seoulkitchen.wordpress.com/2010/02/04/homemade-sweet-potato-makgeolli, accessed February 17, 1011.

55. Tamang, 203.

56. John Gauntner, "History of Yeast in Japan," online at www.sake-world.com/html/yeast.html, accessed July 13, 2011.

57. Gaunter.

58. David Buschena et al., *Changing Structures in the Barley Production and Malting Industries of the United States and Canada* (Bozeman: Montana State University Trade Research Center, Policy Issues Paper No. 8, 1998), 7, online at http://ageconsearch.umn.edu/bitstream/29168/1/pip08.pdf, accessed December 4, 2010.

59. Janson, 41.

60. Bamforth (2006), 33.

61. Ibid., 32.

62. Ibid., 36.

63. William Starr Moake, "Make Your Own Malt," *Brew Your Own* (1997), online at http://byo.com/stories/article/indices/44-malt/1097-make-your-own-malt, accessed October 19, 2009.

64. Bamforth (2008), 86.

65. Dirar, 224.

66. Priscilla Mary Is¸in, "Boza, Innocuous and Less So," paper delivered at 2010 Oxford Symposium on Food and Cookery.

67. Rhoades and Bidegaray, 58-59.

68. Terry W. Henkel, "Parakari, an Indigenous Fermented Beverage Using

Amylolytic Rhizopus in Guyana," *Mycologia* 97(1):1 (2005).

69. Eames, 2.

70. Grahn, 113.

71. Karl-Ernst Behre, "The History of Beer Additives in Europe—A Review," *Vegetation History and Archaeobotany* 8:35 (1999).

72. Buhner, 169.

73. Weinert, 33.

74. Ibid., 34.

75. Pendell, 54.

76. Weinert, 38–39.

77. Ibid., 43.

78. Ibid., 50.

79. Buhner, 172.

80. Ibid., 173.

81. Pendell, 66.

82. Buhner, 172.

83. Ibid., 172.

10장

1. Shurtleff and Aoyagi (2007).

2. Huang, 154–155.

3. Ibid., 280.

4. Ibid., 167.

5. Shurtleff and Aoyagi (2007).

6. Huang, 593.

7. Ibid., 608.

8. Tetsuo Kobayashi et al., "Genomics of *Aspergillus oryzae*," *Bioscience, Biotechnology, and Biochemistry* 71(3):662 (2007).

9. Steinkraus, 480.

10. C. W. Hesseltine, "A Millennium of Fungi, Food, and Fermentation," *Mycologia* 57(2):150 (1965).

11. http://users.soe.ucsc.edu/~manfred/tempeh.

12. NRRL(Northern Regional Research Laboratory)로도 불리는 미국 농부무 발효균 컬렉션은 9만5000종에 달하는 박테리아와 이스트, 곰팡이 샘플을 연구 및 개발 목적으로 보유하고 있으며, "제휴 기관" 소속인 사람은 무료로 얻을 수 있다. 보유 샘플을 확인하려면 해당 사이트http://nrrl.ncaur.usda.gov를 참고하라.

13. Shurtleff and Aoyagi (2007).

14. Shurtleff and Aoyagi (1979a), 120.

15. Steinkraus, 18.

16. Robert K. Mulyowidarso et al., "The Microbial Ecology of Soybean Soaking for Tempe Production," *International Journal of Food Microbiology* 8:35 (1989).

17. Jutta Denter and Bernward Bisping, "Formation of B-Vitamins by Bacteria During the Soaking Process of Soybeans for Tempe Fermentation," International Journal of Food Microbiology 22:23 (1994).

18. Betty Stechmeyer, personal correspondence, July 31, 2010.

19. Steinkraus 25-26.

20. Ibid., 29.

21. C. W. Hesseltine and Hwa L. Wang, "The Importance of Traditional Fermented Foods," *BioScience* 30(6):402 (1980) online at www.jstor.org/stable/1308003, accessed December 21, 2009.

22. Shurtleff and Aoyagi's *Book of Tempeh* covers the topic in 7 pages (117-124), while their more specialized book *Tempeh Production* does so in considerably more depth in 22 pages (140-162). (Both are freely available on the Internet.)

23. Shurtleff and Aoyagi (1986), 143.

24. Hwa L. Wang et al., "Mass Production of *Rhizopus Oligosporus* Spores and Their Application in Tempeh Fermentation," *Journal of Food Science* 40:168 (1975).

25. Shurtleff and Aoyagi (1986), 145.

26. Ibid., 151.

28. www.makethebesttempeh.org.

27. C. W. Hesseltine, "A Millennium of Fungi, Food, and Fermentation," *Mycologia*, 57(2):190 (1965).

29. www.gemcultures.com.

30. Steinkraus, 480.

31. Shurtleff and Aoyagi (1980), 55.

32. Ibid., 53–57.

33. Shurtleff and Aoyagi (1976), 162.

34. Andoh, 280.

35. Kushi, 341.

36. Shurtleff and Aoyagi (1976), 162.

37. Mollison, 212.

38. Xu Gan Rong and Bao Tong Fa, *Grandiose Survey of Chinese Alcoholic Drinks and Beverages*, online at www.sytu.edu.cn/zhgjiu/u2-1.htm, accessed December 18, 2010.

39. Huang, 172–173. Reprinted with the permission of Cambridge University Press.

40. Ibid., 281.

41. Steinkraus, 451–452.

42. Dr. S. Sekar, "Prepared Starter for Fermented Country Beverage Production," in *Database on Microbial Traditional Knowledge of India,* online at http://www.bdu.ac.in/schools/life_sciences/biotechnology/sekardb.htm, accessed December 5, 2010.

43. T. S. Rana et al., "Soor: A Traditional Alcoholic Beverage in Tons Valley, Garhwal Himalaya," *Indian Journal of Traditional Knowledge* 3(1):61 (2004).

44. Cherl-Ho Lee, "Cereal Fermentations in Countries of the Asia-Pacific Region," in Haard, 70; Steinkraus, 448.

45. Shurtleff and Aoyagi (1979b), 163.

11장

1. Albala (2007), 1–2.

2. 채소-견과 빠테에 관해서는 내가 쓴 『혁명은 전자레인지로 데울 수 없다』 183쪽을 참고하라.

3. "캐슈넛 밀크를 만들려면, 먼저 캐슈넛 조각 1컵을 갈아서 가루로 만든다. 여기에 대추야자 열매를 서너 개 넣고 물을 넉넉히 부어 4컵 분량으로 만든다. 가루가 완전히 풀어지도록 열심히 섞어준다."

4. Suellen Ocean, *Acorns and Eat 'Em* (Oakland: California Oak Foundation, 2006),

online at www.californiaoaks.org/ExtAssets/acorns_and_eatem.pdf, accessed November 16, 2009.

5. www.billabbie.com/calath/word4day/sk7ee7.html, accessed January 5, 2010.

6. Pederson, 340.

7. Mollison, 214.

8. Farrell, 82.

9. Pederson, 342.

10. Farrell, 84-85.

11. Battcock and Azam-Ali, 79.

12. Pederson, 337-338.

13. Ibid., 343.

14. Wilfred F. M. Röling et al., "Microorganisms with a Taste for Vanilla: Microbial Ecology of Traditional Indonesian Vanilla Curing," *Applied Environmental Microbiology* 67(5):1995 (2001).

15. Pederson, 345.

16. Keith Steinkraus, "Lactic Acid Fermentation in the Production of Foods from Vegetables, Cereals and Legumes," *Antonie van Leeuwenhoek* 49:341 (1983).

17. Steinkraus (1996), 149.

18. McGee, 101-102.

19. "West African Cuisine in the New World," online at www.bahia-online.net/FoodinSalvador.htm, accessed March 20, 2011.

20. 여기서 에다마메는 예외다. 완전히 익히지 않은 채로 조리할 뿐 아니라 저장을 목적으로 건조시키지도 않는, 특별한 경우에 해당되기 때문이다.

21. Albala, 221.

22. Sidney Mintz et al., "The Significance of Soy," in Du Bois, 5.

23. Christine M. Du Bois, "Social Context and Diet: Changing Soy Production and Consumption in the United States," in Du Bois, 210-213.

24. Benson Ford Research Center, "Soybean car," online at www.thehenryford.org/research/soybeancar.aspx, accessed January 11, 2011.

25. Du Bois, 5.

26. Ibid., 218.

27. John Harvey Kellogg, *New Dietetics: A Guide to Scientific Feeding in Health*

and Disease (1921), cited in Albala, 225.

28. Belasco, 189.

29. Daniel.

30. Susun S. Weed, 163.

31. Shurtleff and Aoyagi (2009), 7.

32. www.soyinfocenter.com.

33. Shurtleff and Aoyagi (1976), 100.

34. Sidney Mintz, "Fermented Beans and Western Taste," in Du Bois, 60.

35. 간장과 미소, 기타 이와 유사한 음식을 역사적으로 고찰하고자 한다면, 황의 책 및 셔틀리프와 아오야기의 책을 강력히 추천한다.

36. D. Fukushima, "Soy Sauce and Other Fermented Foods of Japan," in Hesseltine and Wang, 122.

37. Deshpande, 83.

38. B. S. Luh, "Industrial Production of Soy Sauce," *Journal of Industrial Microbiology* 14:469 (1995).

39. Shurtleff and Aoyagi (2007).

40. A. K. Smith, US Department of Agriculture, ARS-71-1 (1958), cited in C. W. Hesseltine, "A Millennium of Fungi, Food, and Fermentation," *Mycologia* 57(2):187 (1965).

41. Hui (2006), 19-11 to 19-12.

42. Q. Wei et al., "Natto Characteristics as Affected by Steaming Time, Bacillus Strain, and Fermentation Time," *Journal of Food Science* 66(1):172 (2001).

43. Shurtleff and Aoyagi (2007).

44. Hui (2004), 616.

45. Shurtleff and Aoyagi (2007).

46. H. Sumi et al., "A Novel Fibrinolytic Enzyme (Nattokinase) in the Vegetable Cheese Natto; A Typical and Popular Soybean Food in the Japanese Diet," *Cellular and Molecular Life Sciences* 43(10):1110 (1987).

47. Martin Milner and Kouhei Makise, "Natto and Its Active Ingredient Nattokinase: A Potent and Safe Thrombolytic Agent," *Alternative and Complementary Therapies* 8(3):163 (2002).

48. Ruei-Lin Hsu et al., "Amyloid-Degrading Ability of Nattokinase from

Bacillus subtilis Natto," *Journal of Agricultural and Food Chemistry* 57:503 (2009).

49. Charles Parkouda et al., "The Microbiology of Alkaline-Fermentation of Indigenous Seeds Used as Food Condiments in Africa and Asia," *Critical Reviews in Microbiology* 35(2):140 (2009); O. B. Oyewole, "Fermentation of Grain Legumes, Seeds, and Nuts in Africa" (chapter 2), in Deshpande.

50. O. K. Achi, "Traditional Fermented Protein Condiments in Nigeria," *African Journal of Biotechnology* 4(13):1614 (2005).

51. Food and Nutrition Library, "Netetou—A Typical African Condiment," online at www.greenstone.org/greenstone3/nzdl;jsessionid=2818D949147C6837BD89B5344237C2F7?a=d&d=HASHdee10c9b85605053eeb12f.8&c=fnl&sib=1&dt=&ec=&et=&p.a=b&p.s=ClassifierBrowse&p.sa=, accessed January 30, 2011.

52. Achi, 1616-1617.

53. Cornell University Plants Poisonous to Livestock Database, "Castor Bean Poisoning," online at www.ansci.cornell.edu/plants/castorbean.html, accessed August 24, 2011.

54. Parkouda, 144.

55. Achi, 1616.

56. Rama, "Okra Soup," *Okra & Cocoa* blog (June 24, 2007), online at http://okra-cocoa.blogspot.com/2007/06/okra-soup.html, accessed October 13, 2011.

57. Huang, 325.

58. Cited in Steinkraus, 633.

59. Steinkraus, 634.

60. Fuchsia Dunlop, "Rotten Vegetable Stalks, Stinking Beancurd and Other Shaoxing Delicacies," paper delivered at 2010 Oxford Symposium on Food and Cookery.

61. Huang, 326.

62. C. W. Hesseltine, "A Millennium of Fungi, Food, and Fermentation," *Mycologia* 57(2):164 (1965).

63. Shurtleff and Aoyagi (1998), 255.

64. Steinkraus, 634.

65. http://nrrl.ncaur.usda.gov.

66. Dunlop.

12장

1. Stephen S. Arnon et al., "Botulinum Toxin as a Biological Weapon," *Journal of the American Medical Association* 285(8):1059 (2001).

2. Riddervold (1990), 12.

3. Ana Andrés et al., "Principles of Drying and Smoking," in Toldrá (2007), 40.

4. McGee, 448.

5. McGee, 449; Karl O. Honikel, "Principles of Curing," in Toldrá (2007), 17

6. John N. Sofos, "Antimicrobial Effects of Sodium and Other Ions in Foods: A Review," *Journal of Food Safety* 6:54 (1984).

7. Eeva-Liisa Ryhänen, "Plant-Derived Biomolecules in Fermented Cabbage," *Journal of Agricultural and Food Chemistry* 50:6798 (2002).

8. McGee, 125.

9. Fearnley-Whittingstall (2007), 414-416.

10. Peter Zeuthen, "A Historical Perspective of Meat Fermentation," in Toldrá (2007), 3.

11. G. Giolitti et al., "Microbiology and Chemical Changes in Raw Hams of Italian Type," *Journal of Applied Microbiology* 34:51 (1971).

12. I. Vilar et al., "A Survey on the Microbiological Changes During the Manufacture of Dry-Cured Lacón, a Spanish Traditional Meat Product," *Journal of Applied Microbiology* 89:1018 (2000).

13. Lars L. Hinrichsen and Susanne B. Pedersen, "Relationship Among Flavor, Volatile Compounds, Chemical Changes, and Microflora in Italian-Type Dry-Cured Ham During Processing," *Journal of Agricultural and Food Chemistry* 43(11):2939 (1995).

14. Ruhlman, 153.

15. Máirtín Mac Con Iomaire and Pádric Ôg Gallagher, "Corned Beef: An Enigmatic Irish Dish," paper delivered at 2010 Oxford Symposium on Food and Cookery.

16. Rombauer and Becker (1975), 507.

17. Toldrá (2002), 89; Marianski and Marianski, 20-25.

18. Fearnley-Whittingstall (2007), 418.

19. Toldrá (2002), 91.

20. Albala and Nafziger, 120.

21. Marianski and Marianski, 28.

22. Friedrich-Karl Lücke, "Fermented Meat Products," *Food Research International* 27:299 (1994).

23. Herbert W. Ockerman and Lopa Basu, "Production and Consumption of Fermented Meat Products," in Toldrá (2007), 12.

24. Ken Albala, "Bacterial Fermentation and the Missing Terroir Factor in Historic Cookery," paper delivered at 2010 Oxford Symposium on Food and Cookery.

25. Albala and Nafziger, 121.

26. Marc Buzzio, quoted in Sarah diGregorio, "The Salami Maker Who Fought the Law," *Gastronomica* 7(4):54 (2007).

27. diGregorio, 57.

28. Toldrá (2002), 89.

29. Ruhlman and Polcyn, 176.

30. Ibid., 175.

31. Marianski and Marianski, 77.

32. Margarita Garriga and Teresa Aymerich, "The Microbiology of Fermentation and Ripening," in Toldrá (2007), 130.

33. Toldrá (2002), 106.

34. Fearnley-Whittingstall (2001), 162.

35. Piccetti and Vecchio, 24.

36. Huang, 396.

37. Steinkraus, 590.

38. Robert C. McIver, "Flavor of Fermented Fish Sauce," *Journal of Agricultural and Food Chemistry* 30:1017 (1982).

39. Sally Grainger, "Roman Fish Sauce: Part 2, an Experiment in Archaeology," paper delivered at 2010 Oxford Symposium on Food and Cookery.

40. Giovanna Franciosa et al., "*Clostridium botulinum*," in Miliotis and Bier, 81.

41. Steinkraus, 586.

42. Ibid., 565.

43. Ibid., 573.

44. Christianne Muusers, "Roman Fish Sauce—Garum or Liquamen," *Coquinaria* (April 24, 2005), online at www.coquinaria.nl/english/recipes/garum.htm, accessed April 17, 2011.

45. Mollison, 127–159.

46. McGee, 232.

47. Belitz, 636.

48. Ulrike Lyhs, "Microbiological Methods," chapter 15 in Rehbein and Oehlenschläger, 318.

49. Renée Valeri, "A Preserve Gone Bad or Just Another Beloved Delicacy? Surströmming and Gravlax—the Good and the Bad Ways of Preserving Fish," paper delivered at 2010 Oxford Symposium on Food and Cookery.

50. McGee, 236.

51. http://en.wikipedia.org/wiki/Rakfisk, accessed March 20, 2011.

52. Valeri, 4.

53. Riddervold, 63.

54. Huang, 384–386.

55. Sanchez, 264; R. C. Mabesa and J. S. Babaan, "Fish Fermentation Technology in the Philippines," in Lee, 87–88.

56. Lee, 88.

57. Minerva S. D. Olympia, "Fermented Fish Products in the Philippines," in Gaden, 131.

58. Naomichi Ishige, "Cultural Aspects of Fermented Fish Products in Asia," in Lee, 15.

59. Chieko Fujita, "Funa Zushi," *Rediscovering the Treasures of Food* Volume 13, The Tokyo Foundation website, published February 16, 2009, online at www.tokyofoundation.org/en/topics/japanese-traditional-foods/vol.-13-funa-zushi, accessed February 5, 2011.

60. Kimiko Barber, "Hishio—Tastes of Japan in Humble Microbes," paper delivered at 2010 Oxford Symposium on Food and Cookery.

61. Chieko Fujita, "Koji, an Aspergillus," *Rediscovering the Treasures of Food*

Volume 10, The Tokyo Foundation website, published December 16, 2008, online at www.tokyofoundation.org/en/topics/japanese-traditional-foods/vol.-10-koji-an-aspergillus, accessed April 1, 2010.

62. Huang, 391.

63. Huang, 381–382.

64. Personal correspondence, February 11, 2011

65. Fallon, 241.

66. Anna Kowalska-Lewicka, "The Pickling of Vegetables in Traditional Polish Peasant Culture," in Riddervold and Ropeid, 35.

67. Dunlop (2003), 153.

68. Katharine L Giery, *Basque Fishing* blog (April 30, 2011), online at http://basquefishing.tumblr.com/post/5075347526/xocolatl-or-however-you-call-it, accessed August 4, 2011.

69. Huang, 413.

70. Shurtleff and Aoyagi (1976), 159.

71. David Wetzel, "Update on Cod Liver Oil Manufacture," April 2009, online at www.westonaprice.org/cod-liver-oil/1602-update-on-cod-liver-oil-manufacture, accessed May 7, 2011.

72. David Wetzel, "Cod Liver Oil Manufacturing," *Wise Traditions* (fall 2005), online at www.westonaprice.org/cod-liver-oil/183, accessed May 7, 2011.

73. David Wetzel, "Update on Cod Liver Oil Manufacture," April 2009, online at www.westonaprice.org/cod-liver-oil/1602-update-on-cod-liver-oil-manufacture, accessed May 7, 2011.

74. Shephard, 131.

75. Andrew B. Smith et al., "Marine Mammal Storage: Analysis of Buried Seal Meat at the Cape, South Africa," *Journal of Archaeological Science* 19:171 (1992).

76. Charles Perry, "Dried, Frozen, and Rotted: Food Preservation in Central Asia and Siberia," paper delivered at 2010 Oxford Symposium on Food and Cookery.

77. Yann_Chef, *Food Lorists* blog (December 2008), online at http://foodlorists.blogspot.com/2008/12/kiviak.html, accessed November 29, 2009.

78. Jones, 86, online at http://alaska.fws.gov/asm/fisreportdetail.cfm?fisrep=21, accessed February 8, 2011.

79. Centers for Disease Control and Prevention, *Botulism in the United States, 1899–1996: Handbook for Epidemiologists, Clinicians, and Laboratory Workers* (Atlanta: Centers for Disease Control and Prevention, 1998), 7.

80. Jones, 284.

81. Jones, 146–148.

13장

1. US Food and Drug Administration, "Questions and Answers on the Food Safety Modernization Act," March 4, 2011, online at www.fda.gov/Food/FoodSafety/FSMA/ucm238506.htm, accessed March 8, 2011.

2. US Food and Drug Administration, "Hazard Analysis and Critical Control Point Principles and Application Guidelines," adopted August 14, 1997, by the National Advisory Committee on Microbiological Criteria for Foods, online at www.fda.gov/Food/FoodSafety/HazardAnalysisCriticalControlPointsHACCP/HACCPPrinciplesApplicationGuidelines/default.htm, accessed March 8, 2011.

3. William Neuman, "Raw Milk Cheesemakers Fret Over Possible New Rules," *New York Times* (February 4, 2011), online at www.nytimes.com/2011/02/05/business/05cheese.html, accessed June 11, 2011.

4. American Raw Milk Cheese Presidium, "Presidium Mission and Protocol for Presidium Members," July 2006, appendix A, online at www.rawmilkcheese.org/index_files/PresidiumProtocol.htm#Appendix%20A, accessed June 11, 2011.

14장

1. See www.teraganix.com/EM-Solutions-for-Compost-s/90.htm, accessed June 10, 2011.

2. Helen Jensen et al., *Nature Farming Manual* (Batong Malake, Los Baños Laguna, Philippines: National Initiative on Seed and Sustainable Agriculture in the Philippines and REAP-Canada, 2006), online at www.scribd.com/doc/15940714/Bokashi-Nature-Farming-Manual-Philippines-2006, accessed February 24, 2011.

3. Hoon Park and Michael W. DuPonte, "How to Cultivate Indigenous Microorganisms," published by the Cooperative Extension Service of the College of Tropical Agriculture and Human Resources, University of Hawai'i-

Mãnoa (August 2008), online at www.ctahr.hawaii.edu/oc/freepubs/pdf/BIO-9.pdf, accessed June 27, 2010.

4. Veranus A. Moore, "The Ammoniacal Fermentation of Urine," *Proceedings of the American Society of Microscopists* 12:97 (1890). Published by Blackwell Publishing on behalf of American Microscopical Society, online at www.jstor.org/stable/3220677, accessed March 2, 2011.

5. "Pee Ponics," posting on Aquaponic Gardening: A Community and Forum for Aquaponic Gardeners by TCLynx (June 6, 2010), online at http://aquaponicscommunity.com/profiles/blogs/pee-ponics, accessed February 3, 2011.

6. Joseph Mazige, "Farmers Use Human Urine as Fertilizers, Pesticide," *Monitor* (Kampala) (August 19, 2007), online at http://desertification.wordpress.com/2007/08/21/uganda-farmers-use-human-urine-as-fertilizers-pesticide-monitor-allafrica, accessed February 3, 2011.

7. George Chan, "Livestock in South-Eastern China," Second FAO Electronic Conference on Tropical Feeds: Livestock Feed Resources Within Integrated Farming Systems (1996), 148, online at www.fao.org/ag/againfo/resources/documents/frg/conf96htm/chan.htm, accessed March 28, 2011.

8. Y. L. Nene, "*Kunapajala*—A Liquid Organic Manure of Antiquity," Asian Agri-History Foundation, online at www.agri-history.org/pdf/AGRI.pdf, accessed March 28, 2011.

9. J. W. Schroeder, "Silage Fermentation and Preservation," North Dakota State University Agriculture and University Extension publication AS-1254 (June 2004), online at www.ag.ndsu.edu/pubs/ansci/dairy/as1254w.htm, accessed March 27, 2011.

10. Anna Kowalska-Lewicka, "The Pickling of Vegetables in Traditional Polish Peasant Culture," in Riddervold and Ropeid, 37fn.

11. Michel and Jude Fanton, *The Seed Savers' Handbook* (Byron Bay, NSW, Australia: Seed Savers' Network, 1993), 152.

12. Ibid., 90.

13. Barbara Larson, "Saving Seed from the Garden," *Home Hort Hints* (August-September 2000), University of Illinois Extension, online at http://urbanext.

illinois.edu/hortihints/0008c.html, accessed March 27, 2011.

14. US Environmental Protection Agency Office of Solid Waste and Emergency Response, "A Citizen's Guide to Bioremediation," EPA 542-F-01-001 (April 2001), online at www.epa.gov/tio/download/citizens/bioremediation.pdf, accessed March 29, 2011.

15. David Biello, "Slick Solution: How Microbes Will Clean Up the *Deepwater Horizon* Oil Spill," *Scientific American* (May 25, 2010), online at www.scientificamerican.com/article.cfm?id=how-microbes-clean-up-oil-spills, accessed March 29, 2011.

16. American Academy of Microbiology, Microbes and Oil Spills FAQ (2011), 1, online at http://academy.asm.org/images/stories/documents/Microbes_and_Oil_Spills.pdf, accessed March 29, 2011.

17. American Academy of Microbiology, 8.

18. Cited in Biello.

19. Stamets (2005), 82.

20. Ibid., 85.

21. Ibid., 86.

22. Common Ground Collective Meg Perry Health Soil Project, *The New Orleans Residents' Guide to Do It Yourself Soil Clean Up Using Natural Processes* (March 2006), online at https://we.riseup.net/blooming-in-space/the-new-orleans-residents-guide-to-do-it+22865.

23. Joseph Jenkins, *The Humanure Handbook: A Guide to Composting Human Manure*, 3rd edition (Grove City, PA: Joseph Jenkins, Inc., 2005).

24. Farrell, 126–127.

25. Jenkins, 151–152.

26. "The Fundamental Microbiology of Sewage," On-Site Wastewater Demonstration Program, Northern Arizona University, online at www.cefns.nau.edu/Projects/WDP/resources/Microbiology/index.html, accessed March 30, 2011.

27. Jenkins, 227.

28. Kurlansky, 43.

29. The Green Burial Council, "Who We Are," online at www.greenburialcouncil.

org/who-we-are, accessed March 31, 2011.
30. Dr. S. Sekar, "Fermented Dyes," in *Database on Microbial Traditional Knowledge of India*, online at http://www.bdu.ac.in/schools/life_sciences/biotechnology/sekardb.htm, accessed December 5, 2010.
31. Carole Crews, *Clay Culture: Plasters, Paints, and Preservation* (Rancho de Taos, NM: Gourmet Adobe Press, 2009), 103.
32. Ibid., 98-99.
33. Ibid., 103.
34. Ibid., 104.
35. Jeremy Hsu, "Invention Awards: Eco-Friendly Insulation Made from Mushrooms," *Popular Science* (May 2009), online at www.popsci.com/environment/article/2009-05/green-styrofoam, accessed June 10, 2011.
36. www.ecovativedesign.com.
37. Congressional Budget Office, *The Impact of Ethanol Use on Food Prices and Greenhouse-Gas Emissions* (April 2009), vii, online at www.cbo.gov/ftpdocs/100xx/doc10057/04-08-Ethanol.pdf.
38. Tom Philpott, "The Trouble with Brazil's Much-Celebrated Ethanol 'Miracle,'" April 13, 2010, online at www.grist.org/article/2010-04-13-raising-cane-the-trouble-with-brazils-much-celebrated-ethanol-mi, accessed April 3, 2011.
39. Dhruti Shah, "Will We Switch to Gas Made from Human Waste?" *BBC News Magazine* (April 19, 2010), online at http://news.bbc.co.uk/2/hi/uk_news/magazine/8501236.stm, accessed April 5, 2011.
40. Greg Votava and Rich Webster, "Methane to Energy: Improving an Ancient Idea," Nebraska Department of Environmental Quality *Environmental Update* (spring 2002), online at www.deq.state.ne.us/Newslett.nsf/d62915495a2871080625 6bd5006a4d84/f60aa501092d797606256bd500646afa?Open Document, accessed April 5, 2011.
41. Li Kangmin and Mae-Wan Ho, "Biogas China," Institute of Science in Society (February 10, 2006), online at www.i-sis.org.uk/BiogasChina.php, accessed April 5, 2011.
42. Dr. S. Sekar, *Database on Microbial Traditional Knowledge of India*, online at http://www.bdu.ac.in/schools/life_sciences/biotechnology/sekardb.htm,

accessed April 6, 2011.

43. Paul Stamets, "Novel Antimicrobials from Mushrooms," *Herbalgram* 54:29 (2002), online at www.fungi.com/pdf/pdfs/articles/HerbalGram.pdf, accessed April 6, 2011.

44. Kenneth Todar, *Todar's Online Textbook of Bacteriology,* online at www.textbookofbacteriology.net/bacteriology_6.html, accessed April 5, 2011.

45. http://altadisusa.com/cigar-101/judge/fermentation, accessed November 19, 2010.

46. "Principles of the Cedar Enzyme Bath Treatment," Osmosis Day Spa, online at www.osmosis.com/cedar-enzyme-bath/principles, accessed April 9, 2011.

47. www.kefiplant.com.

48. Arlene Correll, "How to Make Your Own Liquid Potpourri and Other Good Stuff!," online at www.phancypages.com/newsletter/ZNewsletter530.htm, accessed July 28, 2011.

49. Jenifer Wightman, "Winogradsky Rothko: Bacterial Ecosystem as Pastoral Landscape," *Journal of Visual Culture* 7:309 (2008), online at http://vcu.sagepub.com/cgi/content/abstract/7/3/309, accessed February 4, 2011.

참고 자료

3장
항아리 빚는 장인들

애덤 필드

전통적인 한국 옹기

www.adamfieldpottery.com

로비 하이딩어

www.robbieheidinger.com/products-page/pickling-crocks/

새러 커스텐

www.counterculturepottery.com

제레미 오거스키

www.etsy.com/people/oguskyceramics

에이미 포터

http://amypotter.com/Amy_Kraut_Crocks.htm

4장

관련 도서

Bruman, Henry J. *Alcohol in Ancient Mexico*. Salt Lake City: University of Utah Press, 2000.

Garey, Terry A. *The Joy of Home Winemaking*. New York: Avon, 1996.

Kania, Leon. *Alaskan Bootlegger's Bible*. Wasilla, AK: Happy Mountain Publications, 2000.

Mansfield, Scott. *Strong Waters: A Simple Guide to Making Beer, Wine, Cider and Other Spirited Beverages at Home*. New York: The Experiment, 2010.

McGovern, Patrick. *Uncorking the Past: The Quest for Wine, Beer, and Other Alcoholic Beverages*. Berkeley, CA: University of California Press, 2009.

Spence, Pamela. *Mad About Mead! Nectar of the Gods*. St. Paul, MN: Llewellyn Publications, 1997.

Vargas, Pattie, and Rich Gulling. *Making Wild Wines and Meads: 125 Unusual Recipes Using Herbs, Fruits, Flowers, and More*. Pownal, VT: Storey Books, 1999.

Watson, Ben. *Cider Hard and Sweet: History, Traditions, and Making Your Own*. Woodstock, VT: Countryman, 1999.

인터넷

포도주 가내양조 매뉴얼

무료로 다운로드 받을 수 있는 럼 아이젠만의 책.

www.winebook.webs.com

포도주 가내양조의 기쁨

『포도주 가내양조의 기쁨』의 저자 테리 개리의 웹사이트.

www.joyofwine.net

포도주 만들기 블로그

미주리 주에서 포도주와 맥주의 가내양조 관련 용품 판매업자인 E. C. 크라우스가 제공하는 FAQ, 제조법, 관련 정보 등.

www.winemakingblog.com

와인메이킹 홈페이지

포도주 애호가 잭 켈러가 포스팅한 포도주 제조의 기초, 용어 설명, 질의응답, 레시피 등.

www.winemaking.jackkeller.net

와인메이킹 토크

애호가들의 토론 공간.

www.winemakingtalk.com

와인 프레스

애호가들의 토론 공간.

www.winepress.us

5장

관련 도서

Andoh, Elizabeth. *Kansha: Celebrating Japan's Vegan and Vegetarian Traditions*. Berkeley, CA: Ten Speed Press, 2010.

Hisamatsu, Ikuko. *Quick and Easy Tsukemono: Japanese Pickling Recipes*. Tokyo: Japan Publications, 2005.

Kaufmann, Klaus, and Annelies Schöneck. *Making Sauerkraut and Pickled Vegetables at Home*. Summertown, TN: Books Alive, 2008.

Man-Jo, Kim, Lee Kyou-Tae, and Lee O-Young. *The Kimchee Cookbook: Fiery Flavors and Cultural History of Korea's National Dish*. Singapore: Periplus Editions, 1999.

Shimizu, Kay. *Tsukemono: Japanese Pickled Vegetables*. Tokyo: Shufunotomo, 1993.

United Nations Food and Agriculture Organization. *Fermented Fruits and Vegetables: A Global Perspective*. Online at www.fao.org/docrep/x0560E/x0560E00.htm.

6장

발효균을 구할 수 있는 곳

COMO CONSEGUIR KEFIR

워터케피어 알갱이, 밀크케피어 알갱이, 콤부차 모체의 판매처 또는 제공처를 한눈에 살펴볼 수 있는 스페인 사이트.

www.lanaturaleza.es/bdkefir.htm

인터내셔널 케피어 커뮤니티

"전 세계 회원들이 살아 있는 케피어 알갱이를 공유하는 곳": 이용자들이 케피어 알갱이를 제공할 수 있는지 여부와 자신이 거주하는 지역을 표시한다. 잘 고르면 공짜로 얻을 수도 있지만, 일정한 비용이 드는 경우가 대부분이다.

www.torontoadvisors.com/Kefir/kefir-list.php

콤부차 익스체인지

귄터 W. 프랑크가 영어와 독일어로 정리한 전 세계 콤부차 제공처 목록.

www.kombu.de/suche2.htm

프로젝트 케피어

"진짜 케피어 알갱이와 콤부차를 공짜로, 이따금 돈을 내고 구할 수 있는" 전 세계 제공처 목록.

www.rejoiceinlife.com/kefir/kefirlist.php

마우비 바크 온라인 판매처

에인절 브랜드 스파이스 허브 앤드 티

www.angelbrand.com

샘스 캐리비언 마켓플레이스(뉴욕)

www.sams247.com

웨스트 인디언 숍(뉴욕)

www.westindianshop.com

xniC StoRe (ConneCtiCut)

stores.xnicstore.com

워터케피어 및 진저비어플랜트 판매처

위에 안내한 목록들은 전 세계 10여 개 나라에 걸친 판매처 또는 제공처를 소개하고 있는데, 개인 애호가가 대부분이다. 여기서는 발효균을 전문적으로 배양하는 소규모 업체들을 소개한다. 나는 해당 업체마다 어떤 발효균을 판매하는지(워터케피어는 WK, 진저비어플랜트는 GBP로), 판매하는 나라가 어디인지 표시했다. 내 경우에는 미국 내 업체 3곳에 발효균을 주문하면서 연락을 주고받은 경험이 있다. 거래한 적이 없는 호주와 영국의 업체들 몇 군데도 목록에 실었다. 요즘 같은 인터넷 시대에는 부지런히 검색해야 많은 것을 얻을 수 있는 법이다. 독자 여러분이 이 책을 읽을 즈음에는 이미 사라진 업체들도 있을 것이다.

컬처스 얼라이브(호주) (WK 및 GBP)

www.culturesalive.com.au

건강에 이로운 발효균(미국) (WK)

www.culturesforhealth.com

GEM 컬처스(미국) (WK)

www.gemcultures.com

진저비어 플랜드(영국) (GBP)

www.gingerbeerplant.net

케피어 숍(영국) (WK 및 GBP)

www.kefirshop.co.uk

예무스 컬처스(미국) (WK 및 GBP)

www.yemoos.com

콤부차 모체 판매처

위에 안내한 목록들은 전 세계 10여 개 나라에 걸친 판매처 또는 제공처를 소개하고 있는데, 개인 애호가가 대부분이다. 여기서는 발효균을 전문적으로 배양하는 소규모 업체들을 소개한다. 나는 목록에 실린 미국 업체 전부와 발효균을 주문하거나 대화를 나누는 식으로 소통한 경험이 있다. 요즘 같은 인터넷 시대에는 부지런히 검색해야 많은 것을 얻을 수 있는 법이다. 독자 여러분이 이 책을 읽을 즈음에는 이미 사라진 업체들도 있을 것이다.

컬처스 얼라이브(호주)

www.culturesalive.com.au

건강에 이로운 발효균(미국)

www.culturesforhealth.com

GEM 컬처스(미국)

www.gemcultures.com

케피어 숍(영국)

www.kefirshop.co.uk

콤부차 브루클린(미국)

www.kombuchabrooklyn.com

콤부차 캠프(미국)

www.kombuchakamp.com

예무스 컬처스(미국)

www.yemoos.com

콤부차 참고 자료

콤부차 저널(권터 W. 프랑크)

콤부차 등을 만드는 자세한 방법이 30개 언어로 실려 있다!

www.kombu.de

콤부차 언베일드(콜린 앨런)

콤부차 FAQ, 연구 자료, 관련 사이트 등.

http://users.bestweb.net/~om/~kombu/FAQ/homeFAQ.html

온라인 콤부차 브루잉 매뉴얼(프란티섹 아펠베크)

www.noisebridge.net/wiki/Kombucha_Brewing_Manual

•식초 참고 자료•

관련 도서

Diggs, Lawrence J. Vinegar: *The User-Friendly Standard Text Reference and Guide to Appreciating, Making, and Enjoying Vinegar*. Lincoln, NE: Authors Choice Press, 2000.

인터넷

사과주 식초의 이로움

캐나다 식초 애호가 웨인의 포스팅. 식초 제조와 관련된 정보가 실려 있다.

www.apple-cider-vinegar-benefits.com

식초 만드는 법

www.howtomakevinegar.com

국제 식초 전문가 협회

같은 제목으로 책을 쓴 로렌스 딕이 포스팅 및 관리를 담당하는 "식초 관련 정보의 난장판".

www.vinegarman.com

7장

•생우유 참고 자료•

관련 도서

Gumpert, David E. *The Raw Milk Revolution: Behind America's Emerging Battle Over Food Rights*. White River Junction, VT: Chelsea Green, 2009.
Schmid, Ron. *The Untold Story of Milk: The History, Politics and Science of Nature's Perfect Food*. Warsaw, IN: New Trends Publishing, 2009.

인터넷

생우유 캠페인

웨스톤 A. 프라이스 재단의 우유 프로젝트 웹사이트. 생우유의 영양학적, 법적 정보와 함께 미국 또는 전 세계의 생우유 공급처를 소개한다.

www.realmilk.com

농장-소비자 법률보호기금

생우유 생산자 및 소비자를 위한 법률적 지원 내지 방어.

www.farmtoconsumer.org

생우유 연구소

"안전한 생우유 생산을 돕는 멘토들과 선배들."

www.rawmilkinstitute.org

탁월한 요구르트 발효균 판매처

컬처스 얼라이브(호주)

www.culturesalive.com.au

건강에 이로운 발효균(미국)

www.culturesforhealth.com

뉴잉글랜드 치즈용품사(미국)

www.cheesemaking.com

요구르트 참고 자료

요구르트 만드는 법, 단계별 지침서

www.makeyourownyogurt.com

요구르트 에브리데이

요구르트 애호가 제나가 소개하는 요구르트 만드는 법, 레시피, 관련 링크 등.

www.yogurt-everyday.com

요구르트 포에버

로베르토 플로라가 쓰고 피아메타 세스타로가 번역한 요구르트 백과사전.

www.yogurtforever.org

케피어 알갱이 판매처

6장 참고 자료에서 안내한 목록들은 전 세계 10여 개 나라에 걸친 판매처 또는 제공처를 소개하고 있는데, 개인 애호가가 대부분이다. 여기서는 케피어를 포함한 발효균을 전문적으로 배양하는 소규모 업체들을 소개한다. 내 경우에는 미국 내 업체 3곳에 발효균을 주문하면서 연락을 주고받은 경험이 있다. 거래한 적이 없는 호주와 영국의 업체들 몇 군데도 목록에 실었다. 요즘 같은 인터넷 시대에는 부지런히 검색해야 많은 것을 얻을 수 있는 법이다. 독자 여러분이 이 책을 읽을 즈음에는 이미 사라진 업체들도 있을 것이다.

컬처스 얼라이브(호주)

www.culturesalive.com.au

건강에 이로운 발효균(미국)

www.culturesforhealth.com

GEM 컬처스(미국)

www.gemcultures.com

케피어 숍(영국)

www.kefirshop.co.uk

예무스 컬처스(미국)

www.yemoos.com

•치즈 제조 참고 자료•

관련 도서

Amrein-Boyes, Debra. *200 Easy Homemade Cheese Recipes: From Cheddar and Brie to Butter and Yogurt*. Toronto: Robert Rose, 2009.

Carroll, Ricki. *Home Cheese Making*. North Adams, MA: Storey Publishing, 2002.

Emery, Carla. Encyclopedia of Country Living. Seattle: Sasquatch Books, 1994. 가장 기본이 되는 참고 자료로 강력히 추천하는 책이다. 치즈 제조법을 대단히 상세하게 다루면서 우유와 관련한 정보를 광범위하게 제공하고 있다.

Farnham, Jody, and Marc Druart, *The Joy of Cheesemaking*. New York: Skyhorse Publishing, 2011.

Hurst, Hurst. *Homemade Cheese: Recipes for 50 Cheeses from Artisan Cheesemakers*. Minneapolis: Voyageur Press, 2011.

Karlin, Mary. *Artisan Cheese Making at Home: Techniques & Recipes for Mastering WorldClass Cheeses*. Berkeley, CA: Ten Speed Press, 2011.

Kindstedt, Paul. *American Farmstead Cheese*. White River Junction, VT: Chelsea Green, 2005.

Kosikowski, Frank V., and Vikram V. Mistry. *Cheese and Fermented Milk Foods*. South Deerfield, MA: New England Cheesemaking Supply Company, 1999.

Le Jaouen, Jean Claude. *The Fabrication of Farmstead Goat Cheese*. Ashfield, MA: Cheesemaker's Journal, 1990.

Morris, Margaret. *The Cheesemaker's Manual*. Lancaster, Ontario: Glengarry Cheesemaking, 2003.

Peacock, Paul. *Making Your Own Cheese: How to Make All Kinds of Cheeses in Your Own Home*. Begbroke, UK: How To Books, 2011.

Smith, Tim. *Making Artisan Cheese: Fifty Fine Cheeses That You Can Make in Your Own Kitchen*. Minneapolis: Quarry Books, 2005.

Twamley, Josiah. Dairying Exemplified. London: J. Sharp, 1784. 구글북스에서 찾을 수 있다. 기본적인 제조법은 별로 안 변했다.

전문 잡지

CULTURE: THE WORD ON CHEESE

www.culturecheesemag.com

인터넷

치즈 포럼

"글로벌 & 독립 포럼(판매자 광고 없음)"

www.cheeseforum.org

프랭크하우저의 치즈 페이지

신시내티대학 생물학과 교수인 데이비드 B. 프랭크하우저의 포스팅.

www.biology.clc.uc.edu/fankhauser/cheese/cheese.html

글렌개리 치즈용품사

치즈 제조에 필요한 장비, 발효균 등 각종 용품을 판매하는 캐나다 업체.

www.glengarrycheesemaking.on.ca

뉴잉글랜드 치즈용품사

치즈 제조에 필요한 장비, 발효균 등 각종 용품을 판매하는 미국 업체.

www.cheesemaking.com

•생우유 치즈 판매처•

관련 도서

Roberts, Jeffrey. *Atlas of American Artisan Cheese*. White River Junction, VT: Chelsea Green, 2007.

인터넷

슬로푸드 USA 미국 생우유 치즈 프레지디아

www.slowfoodusa.org/index.php/programs/presidia_product_detail/american_raw_milk_cheeses/

8장

•사워도-빵-제빵 관련 자료•

관련 도서

Alford, Jeffrey, and Naomi Duguid. *Flatbreads and Flavors: A Baker's Atlas*. New York: William Morrow, 1995.

Brown, Edward Espe. *The Tassajara Bread Book*. Boston: Shambhala, 1971.

Buehler, Emily. *Bread Science: The Chemistry and Craft of Making Bread*. Hillsborough, NC: Two Blue Books, 2006.

Denzer, Kiko, and Hannah Field. *Build Your Own Earth Oven: A Low-Cost Wood-Fired Mud Oven; Simple Sourdough Bread; Perfect Loaves,* 3rd Edition. Blodgett, OR: Hand Print Press, 2007.

Hamelman, Jeffrey. *Bread: A Baker's Book of Techniques and Recipes*. Hoboken, NJ: Wiley, 2004.

Leonard, Thom. *The Bread Book: A Natural, Whole Grain Seed-to-Loaf Approach to Real Bread*. Brookline, MA: East West Health Books, 1990.

Rayner, Lisa. *Wild Bread: Handbaked Sourdough Artisan Breads in Your Own Kitchen*. Flagstaff, AZ: Lifeweaver, 2009.

Reinhart, Peter. *The Bread Baker's Apprentice: Mastering the Art of Extraordinary Bread*. Berkeley, CA: Ten Speed Press, 2001.

Robertson, Chad. *Tartine Bread*. San Francisco: Chronicle Books, 2010.

Wing, Daniel, and Alan Scott, *The Bread Builders: Hearth Loaves and Masonry Ovens.* White River Junction, VT: Chelsea Green, 1999.

인터넷

신선한 빵

www.thefreshloaf.com

구글 사워도 그룹

www.groups.google.com/group/rec.food.sourdough

이 그룹에서 제공하는 FAQ는 www.nyx.net/~dgreenw/sourdoughqa.html 참조.

댄 레퍼드의 빵굽기 포럼

영국 『가디언』 칼럼니스트의 웹사이트에 있는 토론 공간.
www.danlepard.com/forum

사워도 데일리

www.sourdough.typepad.com/my-blog

사워도 FAQ

발효음식 애호가 브라이언 딕슨의 포스팅
www.stason.org/TULARC/food/sourdough-starter/

사워도 홈

www.sourdoughhome.com

9장

•쌀 맥주 참고 자료•

내가 찾은 두 곳의 온라인 참고 자료는 각자의 지리적 영역 안에서 다양한 쌀맥주를 광범위하게 조사한 것이다.

인도의 미생물에 관한 전통적 지식 데이터베이스

인도 타밀나두에 위치한 바라티다산대학의 S. 세카르 박사
www.bdu.ac.in/schools/life_sciences/biotechnology/sekardb.htm

중국 알코올음료 총조사

중국 장쑤성 소재 장난대학의 쉬관룽과 바오퉁파
www.sytu.edu.cn/zhgjiu/umain.htm

•사케 참고 자료•

관련 도서

Eckhardt, Fred. *Sake (USA): The Complete Guide to American Sake, Sake Breweries and Homebrewed Sake*. Portland, OR: Fred Eckhardt Communications, 1992.

인터넷

홈 브루 사케

http://homebrewsake.com

프레드 에카르트의 레시피가 주로 올라오는 웹사이트. 사케 용품도 판매한다. 관련 정보를 살필 수 있는 링크들도 있다.

사케 월드

일본에 거주하는 미국인 존 건트너의 사케 정보 웹사이트. 주인장은 사케에 관한 책을 다섯 권이나 집필한 사람으로, 일본인이 아닌 최고의 사케 전문가로 널리 인정받는다. 구체적인 레시피를 소개하는 사이트가 아니지만, 제조과정 및 다양한 종류의 사케에 대한 설명이 훌륭하다.

http://sake-world.com

테일러메이드 AK-브루잉 사케

밥 테일러가 소개하는 "가내양조 사케에 대한 정보 및 자료"로, 프레드 에카르트를 포함한 여러 전문가의 레시피 몇 가지를 무료로 얻을 수 있다. 장기간 숙성을 위한 체크리스트와 스프레드시트도 있다.

www.taylor-madeak.org

•소규모 맥아 제조 업체•

레벨 몰팅 컴퍼니

르노, 네바다주

www.rebelmalting.com

밸리 몰트

해들리, 매사추세츠주

www.valleymalt.com

•맥주 양조 참고 자료•

맥아와 호프로 빚는 전통적 맥주 양조법을 배울 수 있는 훌륭한 책과 인터넷 자료를 소개한다.

관련 도서

Bamforth, Charles W. *Scientific Principles of Malting and Brewing*. St. Paul, MN: American Society of Brewing Chemists, 2006.

Fisher, Joe, and Dennis Fisher. *The Homebrewer's Garden*. North Adams, MA: Storey Publishing, 1998.

Janson, Lee W. *Brew Chem 101: The Basics of Homebrewing Chemistry*. North Adams, MA: Storey Publishing, 1996.

Kania, Leon W. *The Alaskan Bootlegger's Bible*. Wasilla, AK: Happy Mountain Publications, 2000.

Mosher, Randy. *Radical Brewing*. Boulder, CO: Brewers Publications, 2004.

Palmer, John. *How to Brew: Everything You Need to Know to Brew Beer Right the First Time*. Boulder, CO: Brewers Publications, 2006; available free online at www.howtobrew.com.

Papazian, Charlie. *The Complete Joy of Homebrewing*. New York: HarperCollins, 2003.

———. *The Home Brewer's Companion*. New York: William Morrow, 1994.

Sparrow, Jeff. *Wild Brews: Beer Beyond the Influence of Brewer's Yeast*. Boulder, CO: Brewers Publications, 2005.

인터넷

바이오해저드 램빅 브루어스 페이지

램빅 스타일 맥주와 이스트 배양에 관한 정보.

www.liddil.com/beer/index.html

브루어스 라운드테이블

토론 포럼.

www.brewersroundtable.com

홈브루 다이제스트

가입자 전원에게 이메일로 정보를 제공하는 사이트. 맥주 양조 관련 Q&A와 토론 공간을 이용할 수 있고, 오랜 세월 축적된 포스팅을 검색할 수도 있다. 브루어리www.brewery.org라는 사이트도 운영한다.

www.hbd.org

홈브루 토크

거대하고 정리가 잘 된 토론 포럼.

www.homebrewtalk.com

매드 퍼먼테이셔니스트

수많은 포스트와 링크로 가득한 마이클 톤스마이어의 브루잉 블로그.

www.themadfermentationist.com

리얼비어닷컴 라이브러리

요긴한 양조 관련 자료를 풍부하게 모아놓은 포털 사이트.

www.realbeer.com/library

10장

• 템페 종균 판매처 •

건강에 이로운 발효균(미국)

www.culturesforhealth.com

GEM 컬처스(미국)

www.gemcultures.com

템페 인포(벨기에)

www.tempeh.info

템페 랩

PO Box 208

Summertown, TN 38483

(931) 964-4540

tempehlab@gmail.com

• 템페 참고 자료 •

관련 도서

Shurtleff, William, and Akiko Aoyagi. *The Book of Tempeh*. New York: Harper and Row, 1979. Available full-text at www.books.google.com.

———. *Tempeh Production: A Craft and Technical Manual*. Lafayette, CA: Soyinfo Center, 1986. Available full-text at www.books.google.com.

인터넷

벳시의 템페 재단

www.makethebesttempeh.org

템페 인포

템페 종균을 판매하는 벨기에 사이트로 각종 정보와 레시피를 많이 소개하고 있다. 템페 곰팡이를 현미경으로 촬영한 놀라운 사진도 볼 수 있다.

www.tempeh.info

맨프레드 와무스

http://users.soe.ucsc.edu/~manfred/tempeh/tempehold.html

•코지 판매처•

코지를 만들어 판매하는 업체

콜드마운틴 코지

캘리포니아에서 코지를 만들어 판매하는 업체. 개인적으로는 일본 식료품점이나 가내 양조 용품점, 우편 주문 공급업자 등을 통해서 접한 경험이 있다.

www.coldmountainmiso.com

사우스리버 미소 컴퍼니

매사추세츠에서 현미로 코지를 만들어 판매하는 업체.

www.southrivermiso.com

주위에 미소나 사케를 만드는 업체가 있으면 코지도 파는지 물어보자.

코지 소매업체

건강에 이로운 발효균

www.culturesforhealth.com

GEM 컬처스

www.gemcultures.com

11장

•낫토 종균 판매처•

내가 접해본 모든 낫토 종균은 미토쿠 트래디셔널 낫토 스포어스에서 만든 것이었다. 이 제품은 아래 판매처에서 구입할 수 있다.

건강에 이로운 발효균

www.culturesforhealth.com

GEM 컬처스

www.gemcultures.com

내추럴 임포트 컴퍼니

www.naturalimport.com

낫토에 관한 모든 정보의 훌륭한 원천은 낫토킹www.nattoking.com이라는 웹사이트다.

12장

•소시지 참고 자료•

용품사

소시지 메이커

www.sausagemaker.com

관련 도서

Bertolli, Paul. Cooking by Hand. New York: Clarkson Potter, 2003.

Fearnley-Whittingstall, Hugh. *River Cottage Meat Book*. Berkeley, CA: Ten Speed Press, 2007.

Jarvis, Norman. *Curing of Fishery Products*. Kingston, MA: Teaparty Books, 1987; originally published in 1950 by the US Fish and Wildlife Service.

Kutas, Rytek. *Great Sausage Recipes and Meat Curing*, 3rd edition. Buffalo, NY: The Sausage Maker, 1999.

Lee, Cherl-Ho, et al., eds. *Fish Fermentation Technology*. Tokyo: United Nations University Press, 1993. Out of print but available on Google books.

Livingston, A. D. *Cold-Smoking and Salt-Curing Meat, Fish, and Game*. Guilford, CT: Lyons Press, 1995.

Marianski, Stanel, and Adam Marianski. *The Art of Making Fermented Sausages*. Denver, CO: Outskirts Press, 2008.

Riddervold, Astri. *Lutefisk, Rakefisk and Herring in Norwegian Tradition*. Oslo: Novus Press, 1990.

Ruhlman, Michael, and Brian Polcyn. *Charcuterie: The Craft of Salting, Smoking, and Curing*. New York: W. W. Norton, 2005.

Toldrá, Fidel, ed. *Handbook of Fermented Meat and Poultry*. Ames, IA: Blackwell, 2007.

13장

관련 도서

Caldwell, Gianaclis. *The Farmstead Creamery Advisor: The Complete Guide to Building and Running a Small, Farm-Based Cheese Business*. White River Junction, VT: Chelsea Green, 2010.

Fix, Mimi. *Start & Run a Home-Based Food Business*. North Vancouver, British Columbia: Self Counsel Press, 2009.

Hall, Stephen. *Sell Your Specialty Food: Market, Distribute, and Profit from Your Kitchen Creation*. New York: Kaplan, 2008.

Lewis, Jennifer. *Starting a Part-Time Food Business: Everything You Need to Know to Turn Your Love for Food into a Successful Business Without Necessarily Quitting Your Day Job*. Rabbit Ranch Publishing, 2011.

Weinzweig, Ari. *A Lapsed Anarchist's Approach to Building a Great Business*. Ann Arbor, MI: Zingerman's Press, 2010.

14장

관련 도서

Ingham, Elaine. *The Compost Tea Brewing Manual*. Corvallis, OR: Soil Foodweb, 2005.

Kellogg, Scott, and Stacy Pettigrew. *Toolbox for Sustainable City Living*. Cambridge, MA: South End Press, 2008.

Lowenfels, Jeff, and Wayne Lewis. *Teaming with Microbes: A Gardener's Guide to the Soil Food Web*. Portland, OR: Timber Press, 2006.

Park,Hoon, and Michael W. DuPonte. How to Cultivate Indigenous Microorganisms. 2008년 8월 하와이대학 마노아 캠퍼스 열대농업인적자원대학 산하 사회교육원 출간. 인터넷으로는 www.ctahr.hawaii.edu/oc/freepubs/pdf/BIO-9.pdf 참조.

Wistinghausen, Christian von, et al. *Biodynamic Sprays and Compost Preparations: Directions for Use*. Biodynamic Agricultural Association, 2003; and *Biodynamic Sprays and Compost Preparations: Production Methods*. Biodynamic Agricultural Association, 2000.

인터넷

음식물 쓰레기 재활용

www.recyclefoodwaste.org

토양생물학 프라이머

www.soils.usda.gov/sqi/concepts/soil_biology/biology.html

•생물학적 환경정화 참고 자료•

관련 자료

Common Ground Collective Meg Perry Health Soil Project. *The New Orleans Residents' Guide to Do It Yourself Soil Clean Up Using Natural Processes*. March 2006, online at https://we.riseup.net/assets/6683.

Stamets, Paul. *Mycelium Running: How Mushrooms Can Help Save the World*. Berkeley, CA: Ten Speed Press, 2005.

인터넷

캐나다 정부 생물학적 환경정화 정보 포털

www.biobasics.gc.ca/english/View.asp?x=741

펀자이 퍼펙티

www.fungi.com

미국 환경보호청 생물학적 환경정화 포털

www.clu-in.org/remediation

•녹색장례 참고 자료•

녹색장위원회

www.greenburialcouncil.org

•인디고 발효 및 천연염색 참고 자료•

Balfour-Paul, Jenny. *Indigo*. London: British Museum Press, 1998.

Buchanan, Rita. *A Weaver's Garden: Growing Plants for Natural Dyes and Fibers*. Mineola, NY: Dover Publications, 1999.

Liles, J. N. *The Art and Craft of Natural Dyeing: Traditional Recipes for Modern Use*. Knoxville: University of Tennessee Press, 1990.

•자연건축 참고 자료•

Crews, Carole. *Clay Culture: Plasters, Paints, and Preservation*. Rancho de Taos, NM: Gourmet Adobe Press, 2009.

Evans, Ianto, et al. *The Hand-Sculpted House: A Practical and Philosophical Guide to Building a Cob Cottage*. White River Junction, VT: Chelsea Green, 2002.

Guelberth, Cedar Rose, and Dan Chiras. *The Natural Plaster Book: Earth, Lime, and Gypsum Plasters for Natural Homes*. Gabriola Island, British Columbia: New Society, 2002.

•에탄올 참고 자료•

영원을 향한 여정

http://journeytoforever.org/ethanol_link.html

로버트 워런의 스스로 만드는 연료 웹사이트

http://running_on_alcohol.tripod.com/index.html

•바이오가스 참고 자료•

Cook, Michael. *Biogas Volume 3: A Chinese Biogas Manual*. Warren, MI: Knowledge Publications, 2009.

House, David. *The Biogas Handbook*. Aurora, OR: House Press, 2006.

People of Africa Biogas. *Biogas: Volumes 1 and 2*. Warren, MI: Knowledge Publications, 2009.

참고 자료에 관하여

발효 방식을 기록한 훌륭한 자료는 많다. 여기서는 일반적인 발효 방법을 소개하는 자료와 특정 지역의 발효 방식을 모아 설명하는 유명한 자료들을 몇 가지 소개하려 한다. 이 설명에 이어 인용 도서 목록을 확인할 수 있다. 아울러 주석과 자료 출처란에는 기사, 기타 도서, 인터넷 사이트, 그 외에 다양한 정보 출처를 소개한다.

내가 처음 알게 된 일반적인 발효에 관한 도서는 빌 몰리슨의 『효소와 인간의 영양 Ferment and Human Nutrition』(Tagari, 1993)이었다. 몇 가지 발효 방식을 배우고 발효가 세계적으로 널리 사용되는 방식이라는 것을 알게 되면서 그에 대한 궁금증이 점점 커져갔던 나는 빌 몰리슨의 책을 읽으면서 그렇게 다양한 발효 방식이 있다는 사실에 깜짝 놀랐다. 이 책은 몰리슨이 각지를 돌아다니고 책을 읽으면서 터득한 내용을 토대로 쓴 것으로, 발효에 관한 설명과 관찰, 연구 기록을 광범위하게 담고 있다. 전반적인 발효 지식과 더불어 인간이 사용하는 일반적인 발효 방식 및 그 변형을 소개하는 이 책은 실용적인 발효 기술 안내서 그 이상이라고 볼 수 있다. 빌 몰리슨은 '퍼머 컬처'라는 개념의 창시자 중 한 명으로서 잘 알려져 있다.

키스 스타인크라우스의 『토속 발효 음식 안내서Handbook of Indigenous Fermented Foods』(Marcel Dekker, 1996)는 영어로 출판된 발효 관련 도서 중 가장 포괄적인 내용을 담고 있다. 이 책의 초판(1983)은 두 가지 국제 행사에서 시작되었다. 그 첫 번째는 인도네시아에서 열렸던 1974년 유네스코 연수로서 그 자리에는 오대륙의 미생물학자들이 모였다. 토속 발효법 연구에 관심이 있었던 미생물학자들은 토속 발효법 정보를 집대성할 필요가 있다는 사실을 깨달았다. 그리고 1974년의 연수를 계기로 또 다른 국제 행사가 탄생했다. 1977년에 태국에서 열린 토속 발효 음식 심포지엄이 바로 그것이다. 그때 키스 스타인크라우스가 그 심포지엄에서 발표된 논문 2500쪽 분량을 요약해 책을 썼고, 1996년에 개정판을 냈다.

국제 콘퍼런스를 통해 탄생한 훌륭한 자료가 몇 가지 더 있다. 1980년에 캐나다에서 열린 제6회 국제 발효 심포지엄 결과 C. W. 헤셀타인과 화 L. 왕의 『비서구 지역 토속 발효 음식Indigenous Fermented Food of Non-Western Origin』(J. Cramer, 1986)이 세상에 나왔다. 또, 1987년 노르웨이에서 열린 제7회 국제 민속 음식 연구 콘퍼런스 결과, 아스트리 리더볼트와 안드레아스 로페이드가 편집한 『식품 보존의 민족학적 연구Food Conservation Ethnological Studies』(Prospect Books, 1988)가 탄생했다. 이 책에는 주로 유럽의 전통적인 식품 보존 방식이 소개되어 있다. 마지막으로 내가 참석했던 2010년 옥스퍼드 식품 조리 심포지엄에서는 보존 처리 음식, 발효 음식, 훈제 음식을 주제로 해서 굉장히 흥미로운 내용이 많이 발표되었으며, 그것이 이 책의 토대가 되었다. 이 심포지엄에서 발표된 논문을 모아 출판된 책이 『2010년 옥스포드 식품 조리 심포지엄 회의록: 보존 처리 음식, 발효 음식, 훈제 음식Proceedings of the Oxford Symposium on Food and Cookery 2010: Cured, Fermented and Smoked Foods』(Prospect Books, 2011)이다.

유엔식량농업기구에서는 발효 음식을 다룬 농업 회보를 정기적으로 발행하고 있다. 또 『전 지구적 관점에서 본 발효 과일 및 발효 채소Fermented Fruits and Vegetables: A Global Perspective』(1998), 『전 지구적 관점에서 본 발효 곡물Fermented Cereals: A Global Perspective』(1999), 『전 지구적 관점에서 본 발효 콩, 발효 씨앗, 발효 견과류Fermented Grain Legumens, Seeds, and Nuts: A Global Perspective』(2000)도 출판했다. 이런 편찬물들은 모두 여러 지역의 학자들이 작업한 결과물로서 편리한 식품 보존 방식과 발효 지식을 널리 알리기 위해 작업 순서도와 자세한 설명을 기록한 것이다.

중국, 수단, 인도 지역의 발효 방식을 전문으로 다루는 도서와 웹 기반 데이터베이스도 있다. H. T. 황이 쓴 방대한 저서 『발효와 식품과학Fermentations and Food Science』(Cambridge University Press, 2000)은 중국 과학과 문명 시리즈 중 하나로서 중국에서 발달한 정교하고 독특한 발효 방식을 역사적 관점에서 광범위하게 다루면서도, 역사 문헌에 나온 처리 방법을 따라할 수 있을 정도로 자세히 설명하는 책이다. 하미드 디라르가 쓴 『수단의 토속 발효음식The Indigenous Fermented Foods of the Sudan』(CAB International, 1993)은 수단의 풍부한 전통 발효 기법에 대한 인류학적 탐험서인 동시에 그 책의 설명을 토대로 실험해보려는 사람들을 위한 자세한 안내서다. 인도 티루치라팔리에 있는 바라티다산 대학의 생명공학 교수 S. 세카는 인도 미생물 전통 지식 데이터베이스를 웹 사이트 www.bdu.ac.in/schools/life_sciences/biotechnology/sekardb.htm에 아주 상세하게 발표했다. 끝으로 중국 장수 지역, 장난대학의 쉬간룽과 바오퉁파는 웹 사이트 www.sytu.edu.cn/zhgjiu/umain.htm에 『중국 알코올음료 총조사Grandiose survey of Chinese Alcoholic Drinks and Beverages』를 발표했다.

『미소에 대하여The Book of Miso』와 『템페에 대하여The Book of Tempeh』의 저자 윌리엄 셔틀리프와 아오야기 아키코가 지금까지 완성한 방대한 연구, 그리고 지금도 진행 중인 콩과 발효 콩의 역사를 기록하고 역사적인 참조 문헌을 아카이브에 수록하는 프로젝트 역시 그 가치를 인정하지 않을 수 없다. 이 책을 쓰면서 윌리엄 셔틀리프를 찾아갔을 때 그 아카이브를 책으로 출판할 것인지 묻자 그는 무료 인터넷 출판의 장점에 대해 열변을 쏟았다. 셔틀리프와 아오야기의 최근 저서는 모두 디지털 무료 도서로서 구글 북스와 그들의 웹사이트 www.soyinfocenter.com에서 그들이 직접 출판했다. 아울러 그들의 웹사이트 역시 빼놓을 수 없는 중요한 자원이다.

전통적인 발효 방식을 복원하려는 사람들에게 필요한 정보는 수천 권의 요리책, 그리고 수백만 명의 행위와 기억 속에 산재해 있다. 발효는 그 범위가 너무 넓고 표준화되어 있지 않기 때문에 한 권의 책에 종합적으로 담기 어렵다. 그래서 전통적인 효소에 대한 정보를 구하려면 다양한 방식을 시도해야 한다. 그리고 획득한 정보를 공유할 방법도 찾아야 한다. 이런 노력은 발효의 부흥을 이끌 뿐만 아니라 지금까지 알려진 다양한 전통 방식을 통합할 수 있는 계기가 될 것이다.

인용 도서

Aasved, Mikal John. *Alcohol, Drinking, and Intoxication in Preindustrial Society: Theoretical, Nutritional, and Religious Considerations*. PhD dissertation, University of California–Santa Barbara, 1988.

Albala, Ken. *Beans: A History*. Oxford: Berg, 2007.

———. *Pancake: A Global History*. London: Reaktion Books, 2008.

Albala, Ken, and Rosanna Nafzifer. *The Lost Art of Real Cooking*. New York: Perigee, 2010.

Andoh, Elizabeth. *Kansha: Celebrating Japan's Vegan and Vegetarian Traditions*. Berkeley, CA: Ten Speed Press, 2010.

Awiakta, Marilou. *SELU: Seeking the Corn-Mother's Wisdom*. Golden, CO:

Fulcrum Publishers, 1993.
Bamforth, Charles W. *Grape vs. Grain*. New York: Cambridge University Press, 2008.
———. *Scientific Principles of Malting and Brewing*. St. Paul, MN: American Society of Brewing Chemists, 2006.
Barlow, Connie. *The Ghosts of Evolution: Nonsensical Fruit, Missing Partners, and Other Ecological Anachronisms*. New York: Basic Books, 2000.
Baron, Stanley. *Brewed in America: A History of Beer and Ale in the United States*. Boston: Little Brown, 1962.
Battcock, Mike, and Sue Azam-Ali. *Fermented Fruits and Vegetables: A Global Perspective*. FAO Agricultural Services Bulletin Number 134. Rome: Food and Agriculture Organization of the United Nations, 1998.
Belasco, Warren. *Appetite for Change*. New York: Pantheon, 1989.
Belitz, Hans-Dieter, et al. *Food Chemistry*, 3rd revised edition. New York: Springer, 2004.
Bennett, W. C., and R. M. Zing. *The Tarahumara: An Indian Tribe of Northern Mexico*. Chicago: University of Chicago Press, 1935.
Bokanga, Mpoko. *Microbiology and Biochemistry of Cassava Fermentation*. PhD dissertation, Cornell University, 1989.
Bruman, Henry J. *Alcohol in Ancient Mexico*. Salt Lake City: University of Utah Press, 2000.
Buhner, Stephen Harrod. *Sacred and Herbal Healing Beers: The Secrets of Ancient Fermentation*. Boulder, CO: Siris Books, 1998.
Coe, Sophie D. *America's First Cuisines*. Austin: University of Texas Press, 1994.
Cushing, Frank Hamilton. *Zuni Breadstuff*. New York: Museum of the American Indian, 1974.
Dabney, Joseph. *Smokehouse Ham, Spoon Bread, & Scuppernong Wine*. Nashville, TN: Cumberland House, 1998.
Daniel, Kaayla. *The Whole Soy Story: The Dark Side of America's Favorite Health Food*. Washington, DC: New Trends Publishing, 2005.
Deshpande, S. S., et al. *Fermented Grain Legumes, Seeds, and Nuts: A Global Perspective*. FAO Agricultural Services Bulletin Number 142. Rome: Food and

Agriculture Organization of the United Nations, 2000.

Diggs, Lawrence J. *Vinegar: The User-Friendly Standard Text Reference and Guide to Appreciating, Making, and Enjoying Vinegar.* Lincoln, NE: Authors Choice Press, 2000.

Dirar, Hamid A. *The Indigenous Fermented Foods of the Sudan.* Oxon, UK: CAB International, 1993.

Doyle, M. P., and L. R. Beuchat (editors). *Food Microbiology: Fundamentals and Frontiers.* Washington, DC: ASM Press, 2007.

Du Bois, Christine M., et al. (editors). *The World of Soy.* Urbana: University of Illinois Press, 2008.

Dunlop, Fuchsia. *Land of Plenty: Authentic Sichuan Recipes Personally Gathered in the Chinese Province of Sichuan.* New York: W. W. Norton, 2003.

Eames, Alan D. *Secret Life of Beer: Legends, Lore & Little-Known Facts.* Pownal, VT: Storey Books, 1995.

Fallon, Sally, with Mary Enig. *Nourishing Traditions: The Cookbook That Challenges Politically Correct Nutrition and the Diet Dictocrats*, revised 2nd edition. Washington, DC: New Trends Publishing, 2001.

Farrell, Jeanette. *Invisible Allies: Microbes That Shape Our Lives.* New York: Farrar Straus Giroux, 2005.

Farrer, Keith. *To Feed a Nation: A History of Australian Food Science and Technology.* Collingwood, Victoria, Australia: CSIRO Publishing, 2005.

Fearnley-Whittingstall, Hugh. *River Cottage Cookbook.* London: Collins, 2001.

———. *River Cottage Meat Book.* Berkeley, CA: Ten Speed Press, 2007.

Gaden, Elmer L., et al. (editors). *Applications of Biotechnology to Traditional Fermented Foods.* Washington, DC: National Academy Press, 1992.

Grahn, Judy. *Blood, Bread, and Roses: How Menstruation Created the World.* Boston: Beacon Press, 1993.

Grieve, Maud. *A Modern Herbal.* New York: Dover, 1931.

Haard, Norman, et al. *Fermented Cereals: A Global Perspective.* FAO Agricultural Services Bulletin No. 138. Rome: Food and Agriculture Organization of the United Nations, 1999.

Haggblade, Steven J. *The Shebeen Queen; or Sorghum Beer in Botswana: The*

Impact of Factory Brews on a Cottage Industry. PhD dissertation, Michigan State University, 1984.

Hepinstall, Hi Soo Shin. *Growing Up in a Korean Kitchen*. Berkeley, CA: Ten Speed Press, 2001.

Hesseltine, C. W., and H. L. Wang (editors). *Indigenous Fermented Food of Non-Western Origin*. Mycological Memoir No. 11. Berlin: J. Cramer, 1986.

Hobbs, Christopher. *Kombucha: The Essential Guide*. Santa Cruz, CA: Botanica Press, 1995.

Huang, H. T. *Science and Civilisation in China*, Volume 6, *Biology and Biological Technology*, Part V: *Fermentations and Food Science*. Cambridge, UK: Cambridge University Press, 2000.

Hui, Y. H. (editor). *Handbook of Food Science, Technology, and Engineering*. Boca Raton, FL: CRC Press, 2006.

Hui, Y. H., et al. (editors). *Handbook of Food and Beverage Fermentation Technology*. New York: Marcel Dekker, 2004.

Hunter, Beatrice Trum. *Probiotic Foods for Good Health: Yogurt, Sauerkraut, and Other Beneficial Fermented Foods*. Laguna Beach, CA: Basic Health Publications, 2008.

Jacobs, Jane. *The Economy of Cities*. New York: Vintage, 1970.

Janson, Lee W. *Brew Chem 101: The Basics of Homebrewing Chemistry*. North Adams, MA: Storey Publishing, 1996.

Jay, James Monroe, et al. *Modern Food Microbiology*, 7th edition. New York: Springer, 2005.

Jenkins, Joseph. *The Humanure Handbook: A Guide to Composting Human Manure*, 3rd edition. Grove City, PA: Joseph Jenkins, Inc., 2005.

Jones, Anore. *Iqaluich Nigiñaqtuat, Fish That We Eat*. Final Report No. FIS02-023. US Fish and Wildlife Service Office of Subsistence Management, Fisheries Resource Monitoring Program, 2006.

Katz, Sandor Ellix. *The Revolution Will Not Be Microwaved: Inside America's Underground Food Movements*. White River Junction, VT: Chelsea Green, 2006.

———. *Wild Fermentation: The Flavor, Nutrition, and Craft of Live-Culture Foods*. White River Junction, VT: Chelsea Green, 2003.

Katz, Solomon (editor). *Encyclopedia of Food and Culture*. New York: Scribner, 2003.

Kaufmann, Klaus, and Annelies Schöneck. *Making Sauerkraut and Pickled Vegetables at Home*. Summertown, TN: Books Alive, 2008.

Kennedy, Diana. *The Essential Cuisines of Mexico*. New York: Clarkson Potter, 2000.

———. *Oaxaca al Gusto: An Infinite Gastronomy*. Austin: University of Texas Press, 2010.

Khardori, Nancy (editor). *Bioterrorism Preparedness*. Weinheim, Germany: Wiley InterScience, 2006.

Kindstedt, Paul. *American Farmstead Cheese: The Complete Guide to Making and Selling Artisan Cheeses*. White River Junction, VT: Chelsea Green, 2005.

Klieger, P. Christian. *The Fleischmann Yeast Family*. Mount Pleasant, SC: Arcadia Publishing, 2004.

Konlee, Mark. *How to Reverse Immune Dysfunction: A Nutrition Manual for HIV, Chronic Fatigue Syndrome, Candidiasis, and Other Immune Related Disorders*. West Allis, WI: Keep Hope Alive, 1995.

Kosikowski, Frank V., and Vikram V. Mistry. *Cheese and Fermented Milk Foods. Volume I: Origins and Principles*, 3rd edition. Ashfield, MA: New England Cheesemaking Supply Company, 1999.

Kurlansky, Mark. *Salt: A World History*. New York: Walker, 2002.

Kushi, Aveline. *Complete Guide to Macrobiotic Cooking*. New York: Warner Books, 1985.

Leader, Daniel. *Local Breads: Sourdough and Whole-Grain Recipes from Europe's Best Artisan Bakers*. New York: W. W. Norton, 2007.

Lee, Cherl-Ho, et al. (editors). *Fish Fermentation Technology*. Tokyo: United Nations University Press, 1993.

Levi-Strauss, Claude. *The Raw and the Cooked*. Translated by John and Doreen Weightman. New York: Harper & Row, 1969.

Litzinger, William Joseph. *The Ethnobiology of Alcoholic Beverage Production by the Lacandon, Tarahumara, and Other Aboriginal Mesoamerican Peoples*. PhD dissertation, University of Colorado–Boulder, 1983.

Man-Jo, Kim, et al. *The Kimchee Cookbook: Fiery Flavors and Cultural History of Korea's National Dish*. North Clarendon, VT: Periplus, 1999.

Marcellino, R. M. Noella. *Biodiversity of Geotrichum candidum Strains Isolated from Traditional French Cheese*. PhD dissertation, University of Connecticut, 2003.

Margulis, Lynn, and Dorion Sagan. *Dazzle Gradually: Reflections on the Nature of Nature*. White River Junction, VT: Chelsea Green Publishing, 2007.

———. *Microcosmos: Four Billion Years of Evolution from Our Microbial Ancestors*. New York: Summit Books, 1986.

———. *Slanted Truths*. New York: Springer Verlag, 1997.

Marianski, Stanley, and Adam Marianski. *The Art of Making Fermented Sausages*. Denver, CO: Outskirts Press, 2008.

McGovern, Patrick E. *Uncorking the Past: The Quest for Wine, Beer, and Other Alcoholic Beverages*. Berkeley: University of California Press, 2009.

McNeill, F. Marian. *The Scots Kitchen: Its Traditions and Lore with Old-Time Recipes*. London and Glasgow: Blackie & Son, 1929.

Miliotis, Marianne D., and Jeffrey W. Bier(editors). *International Handbook of Foodborne Pathogens*. New York: Marcel Dekker, 2001.

Mollison, Bill. *The Permaculture Book of Ferment and Human Nutrition*. Tyalgum, Australia: Tagari Publications, 1993.

Pagden, A. R. (editor and translator). *The Maya: Diego de Landa's Account of the Affairs of the Yucatan*. Chicago: J. Philip O'Hara, 1975.

Papazian, Charlie. *Microbrewed Adventures*. New York: HarperCollins, 2005.

Pederson, Carl S. *Microbiology of Food Fermentations*, 2nd edition. Westport, CT: AVI Publishing, 1979.

Pendell, Dale. *Pharmako/poeia: Plant Powers, Poisons, and Herbcraft*. San Francisco: Mercury House, 1995.

Phaff, H. J., et al. *The Life of Yeasts*. Cambridge, MA: Harvard University Press, 1978.

Piccetti, John, and Francois Vecchio with Joyce Goldstein. *Salumi: Savory Recipes and Serving Ideas for Salame, Prosciutto, and More*. San Francisco: Chronicle Books, 2009.

Pitchford, Paul. *Healing with Whole Foods*, 3rd edition. Berkeley, CA: North Atlantic Books, 2002.

Pollan, Michael. *The Botany of Desire: A Plant's-Eye View of the World*. New York: Random House, 2001.

Rehbein, Hartmut, and Jörg Oehlenschläger (editors). *Fishery Products: Quality, Safety and Authenticity*. Oxford, UK: Blackwell, 2009.

Rhoades, Robert E., and Pedro Bidegaray. *The Farmers of Yurimaguas: Land Use and Cropping Strategies in the Peruvian Jungle*. Lima, Peru: CIP, 1987.

Riddervold, Astri. *Lutfisk, Rakefisk and Herring in Norwegian Tradition*. Oslo: Novus Press, 1990.

Riddervold, Astri, and Andreas Ropeid (editors). *Food Conservation Ethnological Studies*. London: Prospect Books, 1988.

Rindos, David. *The Origins of Agriculture: An Evolutionary Perspective*. Orlando, FL: Academic Press, 1984.

Rombauer, Irma S., and Marion Rombauer Becker. *Joy of Cooking*. Indianapolis: BobbsMerrill, 1975.

———. *Joy of Cooking*. Indianapolis: Bobbs-Merrill, 1953.

Ruhlman, Michael. *Ratio: The Simple Codes Behind the Craft of Everyday Cooking*. New York: Scribner, 2009.

Ruhlman, Michael, and Brian Polcyn. *Charcuterie: The Craft of Salting, Smoking, and Curing*. New York: W. W. Norton, 2005.

Saberi, Helen(editor). *Cured, Fermented and Smoked Foods*. Proceedings of the Oxford Symposium on Food and Cookery 2010. Totnes, UK: Prospect Books, 2011.

Sanchez, Priscilla C. *Philippine Fermented Foods: Principles and Technology*. Quezon City: University of the Philippines Press, 2008.

Sapers, Gerald M., et al. (editors). *Microbiology of Fruits and Vegetables*. Boca Raton, FL: CRC Press, 2006.

Shephard, Sue. *Pickled, Potted, and Canned*. New York: Simon & Schuster, 2001.

Shurtleff, William, and Akiko Aoyagi. *The Book of Miso*. Brookline, MA: Autumn Press, 1976.

———. *The Book of Tempeh*. New York: Harper & Row, 1979a.
———. *The Book of Tempeh*, professional edition. New York: Harper & Row, 1979b.
———. *The Book of Tofu*. Berkeley, CA: Ten Speed Press, 1998.
———. *History of Miso, Soybean Jiang (China), Jang (Korea) and Tauco/Taotjo (Indonesia) (200 bc–2009): Extensively Annotated Bibliography and Sourcebook*. Lafayette, CA:Soyinfo Center, 2009.
———. *History of Soybeans and Soyfoods: 1100 bc to the 1980s*. Lafayette, CA: Soyinfo Center, 2007.
———. *Miso Production: The Book of Miso*, Volume II. Lafayette, CA: Soyfoods Center, 1980.
———. *Tempeh Production: A Craft and Technical Manual*. Lafayette, CA: Soyfoods Center, 1986.
Siegel, Ronald K. *Intoxication: Life in Pursuit of Artificial Paradise*. New York: Pocket Books, 1989.
Smith, Andrew F. *Pure Ketchup: A History of America's National Condiment*. Washington, DC: Smithsonian Institution Press, 2001.
Spargo, John. *The Bitter Cry of the Children*. New York: MacMillan, 1906.
Sparrow, Jeff. *Wild Brews: Beer Beyond the Influence of Brewer's Yeast*. Boulder, CO: Brewers Publications, 2005.
Stamets, Paul. *Mycelium Running: How Mushrooms Can Help Save the World*. Berkeley, CA: Ten Speed Press, 2005.
Standage, Tom. *A History of the World in Six Glasses*. New York: Walker, 2005.
Steinkraus, Keith (editor). *Handbook of Indigenous Fermented Foods*, 2nd edition. New York: Marcel Dekker, 1996.
Stoytcheva, Margarita(editor). *Pesticides: Formulations, Effects, Fate*. Rijeka, Croatia: Intech, 2011.
Tamang, Jyoti Prakash. *Himalayan Fermented Foods: Microbiology, Nutrition, and Ethnic Values*. Boca Raton, FL: CRC Press, 2010.
Tietze, Harald W. *Living Food for Longer Life*. Bermagui, Australia: Harald W. Tietze Publishing, 1999.
Toldrá, Fidel. *Dry-Cured Meat Products*. Trumbull, CT: Food and Nutrition

Press, 2002.
Toldrá, Fidel (editor). *Handbook of Fermented Meat and Poultry*. Ames, IA: Blackwell, 2007.
Toomre, Joyce. *Classic Russian Cooking: Elena Molokhovets' A Gift to Young Housewives*. Bloomington: Indiana University Press, 1992.
Tsimako, Bonnake. *The Socio-Economic Significance of Home Brewing in Rural Botswana: A Descriptive Profile*. Master's thesis, Michigan State University, 1983.
Volokh, Anne. *The Art of Russian Cuisine*. New York: MacMillan, 1983.
Weed, Susun S. *New Menopausal Years: The Wise Woman Way*. Woodstock, NY: Ash Tree Publishing, 2002.
Weinert, Diana. *An Entrepreneurial Perspective on Regulatory Change in Germany's Medieval Brewing Industry*. PhD dissertation, George Mason University, 2009.
Wilson, Edward O. *Biophilia*. Cambridge, MA: Harvard University Press, 1984.
Wilson, Michael. *Microbial Inhabitants of Humans: Their Ecology and Role in Health and Disease*. Cambridge: Cambridge University Press, 2005.
Wood, Bertha M. *Foods of the Foreign-Born in Relation to Health*. Boston: Whitcomb & Barrows, 1922.
Wood, Brian J. B. *Microbiology of Fermented Foods*. London: Thomson Science, 1998.

옮긴이 한유선

성균관대에서 교육학과 영문학을 전공하고 세상에 대한 호기심으로 25개국을 여행했다. 중·고등학교 영어 교사, NGO 활동가로 일했고 지금은 전문 번역가로 활동하고 있다. 옮긴 책으로는 『캣 센스: 고양이는 세상을 어떻게 바라보는가』 『파멸 전야』 등이 있다.

음식의 영혼, 발효의 모든 것

1판 1쇄	2021년 6월 7일
1판 3쇄	2024년 1월 2일
지은이	샌더 엘릭스 카츠
옮긴이	한유선
펴낸이	강성민
편집장	이은혜
마케팅	정민호 박치우 한민아 이민경 박진희 정경주 정유선 김수인
브랜딩	함유지 함근아 박민재 김희숙 고보미 정승민 배진성
제작	강신은 김동욱 이순호
펴낸곳	(주)글항아리 | **출판등록** 2009년 1월 19일 제406-2009-000002호
주소	10881 경기도 파주시 심학산로 10 3층
전자우편	bookpot@hanmail.net
전화번호	031-955-8869(마케팅) 031-955-5158(편집부)
팩스	031-941-5163
ISBN	978-89-6735-900-3 03590

• 잘못된 책은 구입하신 서점에서 교환해드립니다.
기타 교환 문의 031-955-2661, 3580

geulhangari.com